Taschenbuch der Schulmathematik

TASCHENBUCH DER SCHULMATHEMATIK

Von HANS SIMON, KURT STAHL und HELMUT GRABOWSKI

Mit 445 Bildern und zahlreichen Beispielen

VERLAG HARRI DEUTSCH · THUN UND FRANKFURT/MAIN

ISBN 3 87144 519 3

1. Auflage
Lizenzausgabe für den Verlag Harri Deutsch, Thun 1980
Printed in GDR
Gesamtherstellung: Offizin Andersen Nexö,
Graphischer Großbetrieb, Leipzig III/18/38
Redaktionsschluß: 15.1.1979

Vorwort

Die Fächer Mathematik, Physik und Chemie gewinnen auf allen Stufen unseres modernen Bildungswesens, in der allgemein- und berufsbildenden Schule, der Fach- und Fachhochschule ebenso wie in jeder Form der Erwachsenenqualifizierung, wachsende Bedeutung. Ohne entsprechende Kenntnisse in diesen Fächern gibt es im Zeichen des wissenschaftlich-technischen Fortschritts kein Vorwärtskommen. Keiner, der in der Technik tätig ist, kann sich dieser Tatsache verschließen. Die Kenntnisse dürfen jedoch nicht formal erworben sein, um dann in Vergessenheit zu geraten, sie müssen jederzeit griffbereit und anwendbar sein.
Hierfür sollen Taschenbücher zuverlässige Helfer sein. Sie sollen den Benutzer schnell und gründlich informieren. Deshalb stellen sie einerseits keine Lehrbücher dar, gehen aber andererseits über den Rahmen der Formelsammlungen hinaus. So werden z.B. in den Nachschlagebüchern die wichtigsten Gesetzmäßigkeiten und Beziehungen hergeleitet und ihre Anwendungen erläutert. Sie sind also praktische Ratgeber bei der Arbeit auf den betreffenden Gebieten. Darüber hinaus werden sie an vielen Schulen an Stelle einer Nachschrift benutzt werden können.
Im Band Mathematik wurde die Untergliederung weitgehend der in der Wissenschaft üblichen Systematik angepaßt, so daß es öfters vorkommt, daß Begriffe und Gesetze in einem Abschnitt verwendet werden, die erst in einem späteren erläutert und systematisch abgehandelt werden. Der Leser muß dann gegebenenfalls dort nachschlagen.
Besonderer Wert wird auf eine genaue Erklärung und Benutzung aller Begriffe, Gesetze, Symbole usw. gelegt. Hinweise auf besonders häufig vorkommende Fehler und zahlreiche Beispiele sollen der heute noch immer vorhandenen Laxheit in Ausdruck und Form mathematischer Schülerarbeiten steuern helfen.
Die Abgrenzung des dargestellten Stoffes war nicht leicht. Da die Mathematik mehr als jedes andere Wissensgebiet einen lückenlosen Aufbau erfordert, waren Stoffgebiete, die Grundlagen für andere darstellen, nicht zu entbehren. Es galt demnach, eine obere Grenze festzulegen, die sicher manchem zu eng erscheinen muß. Um aber den Charakter eines übersichtlichen Ratgebers zu wahren und den Rahmen nicht zu sprengen, konnte der Bogen nicht zu weit gespannt werden, ohne daß die Gründlichkeit der Darstellung gelitten hätte. Das aber sollte unter allen Umständen vermieden werden. So wurde im wesentlichen der Stoff aufgenommen, der auf jeder schulischen Institution, die zum Abitur führt,

vermittelt wird und auf dem dann die weiterführenden Schulen aufbauen können. Möge das Buch diesem Zwecke gerecht werden!
Es war ein Hauptanliegen der Autoren, das besondere Augenmerk auf eine faßliche Darstellung des Stoffes zu richten. Dadurch sind, auch im Hinblick auf den Leserkreis, mitunter manchen in der Wissenschaft üblichen Formulierungen gewisse Grenzen gesetzt. Die Verfasser waren aber bemüht, bei der Darstellung des Stoffes und bei den verwendeten Formulierungen stets Faßlichkeit und Wissenschaftlichkeit in optimaler Weise zu verbinden.
Es ist zu hoffen und zu wünschen, daß das Buch recht vielen Benutzern ein wertvoller Helfer sein möge.

VERLAG HARRI DEUTSCH

Inhaltsverzeichnis

Symbole

Symbol	Sprechweise	Bedeutung
Logik und Mengenlehre		
$\neg$	nicht	Negation
$\wedge$	und	Konjunktion
$\vee$	oder	Alternative (nichtausschließend)
$\Rightarrow$	wenn … so	Implikation
$\Leftrightarrow$	genau dann, wenn	Äquivalenz
$\forall$	für jedes, für alle	Generalisierung
$\exists$	es gibt ein	Partikularisierung
$:=$	ist definitionsgemäß gleich	Definitionszeichen für Terme
$:\Leftrightarrow$	gilt definitionsgemäß genau dann, wenn	Definitionszeichen für Eigenschaften und Relationen
$\in$	ist Element von	Elementbeziehung
$\notin$	ist nicht Element von	Negation der Elementbeziehung
$\{\ldots\}$	Menge, bestehend aus …	Mengen-Klammer
$\emptyset$	leere Menge	Menge, die kein Element enthält
$=$	gleich	Gleichheit (von Mengen)
$\subseteq$	enthalten in	Inklusion
$\subset$	echt enthalten in	echte Inklusion
$\cap$	geschnitten mit	Durchschnitt (von Mengen)
$\cup$	vereinigt mit	Vereinigung (von Mengen)
Δ	Delta	symmetrische Differenz
$\setminus$	minus	Differenz (von Mengen)
$P(M)$	Potenzmenge von M	Menge aller Teilmengen von M
$[x_1, x_2]$	geordnetes Paar x_1, x_2	geordnetes Paar
$[x_1, \ldots, x_n]$	geordnetes n-tupel $x_1, \ldots, x_n$	geordnetes n-tupel
$M \times N$	M Kreuz N	Produktmenge
F	F	Abbildung

Symbol	Sprechweise	Bedeutung
F^{-1}	F hoch minus 1	inverse Abbildung zu F
$G \circ F$	G verkettet mit F	Verkettung (von Abbildungen)
$x_1 \, R \, x_2$	x_1 Relation $R \, x_2$	Relation R wird erfüllt von $[x_1, x_2]$
$x_1 \, Op \, x_2$	x_1 Operation $Op \, x_2$	binäre Operation Op angewendet auf $[x_1, x_2]$
$\cong$	isomorph	Isomorphie (von Bereichen)
$\sim$	gleichmächtig	Gleichmächtigkeit (von Mengen)
card (A)	Kardinalzahl von A	Kardinalzahl einer endlichen Menge A

Arithmetik und Algebra

Symbol	Sprechweise	Bedeutung
N	N	Menge oder Bereich der natürlichen Zahlen
G	G	Menge oder Bereich der ganzen Zahlen
R^*	R Stern	Menge oder Bereich der gebrochenen Zahlen
R	R	Menge oder Bereich der rationalen Zahlen
P	Rho	Menge oder Bereich der reellen Zahlen
K	K	Menge oder Bereich der komplexen Zahlen
n'	n Strich	$n + 1$, Nachfolger von n
$+$	plus	Addition (Infix-Operator), pos. Vorzeichen (Präfix-Operator)
$-$	minus	Subtraktion (Infix-Operator), neg. Vorzeichen (Präfix-Operator)
$\cdot$, $\times$	mal	Multiplikation
:, /	durch	Division
——	durch	Bruchstrich, auch Division
:	zu	Proportion
$=$	(ist) gleich	Gleichheits-Relation
$<$	(ist) kleiner (als)	Kleiner-Relation
$>$	(ist) größer (als)	Größer-Relation
$\neq$	(ist) ungleich, nicht gleich	Negation der Gleichheits-Relation
$\geqq$	(ist) größer oder gleich (ist) nicht kleiner (als)	Negation der Kleiner-Relation

Symbol	Sprechweise	Bedeutung
$\leqq$	(ist) kleiner oder gleich (ist) nicht größer (als)	Negation der Größer-Relation
$\approx$	(ist) angenähert gleich	
$\sim$	(ist) proportional (zu)	
$\triangleq$	entspricht	
(a, b)	offenes Intervall von a bis b	alle x mit $a < x < b$
$\langle a, b \rangle$	abgeschlossenes Intervall von a bis b	alle x mit $a \leqq x \leqq b$
$(a, b\rangle$	links offenes Intervall von a bis b	alle x mit $a < x \leqq b$
$\langle a, b)$	rechts offenes Intervall von a bis b	alle x mit $a \leqq x < b$
%	Prozent, vom Hundert	Hundertstel
‰	Promille, vom Tausend	Tausendstel
$\sum_{i=0}^{n}$	Summe von $i = 0$ bis $i = n$ über ...	Summensymbol
$\prod_{i=0}^{n}$	Produkt von $i = 0$ bis $i = n$ über ...	Produktsymbol
$n!$	n Fakultät	$1 \cdot 2 \cdot 3 \cdot \ldots \cdot n$
$\binom{n}{k}$	n über k	Binomial-Koeffizient Eulersches Symbol
$\lvert\ldots\rvert$	Betrag von ...	
sgn ...	signum von ...	
[...]	ganzer Teil von ...	größte ganze Zahl nicht größer als ...
$\sqrt[n]{\ldots}$	n-te Wurzel aus ...	
$\log_a \ldots$	Logarithmus zur Basis a von ...	
lg ...	Zehner-Logarithmus von ...	$\log_{10} \ldots$
lb ...	Zweier-Logarithmus von ...	$\log_2 \ldots$
ln ...	natürlicher Logarithmus von ...	$\log_e \ldots$
(...)	runde Klammer auf ... zu	arithmetische Klammer auch: offenes Intervall
[...]	eckige Klammer auf ... zu	arithmetische Klammer auch: n-tupel auch: abgeschlossenes Intervall
{...}	geschweifte Klammer auf ... zu	arithmetische Klammer auch: Menge
$\langle\ldots\rangle$	spitze Klammer	arithmetische Klammer

Symbol	Sprechweise	Bedeutung
	auf ... zu	auch: abgeschlossenes Intervall
Analysis		
f	f	Funktion f
$f(x)$	f von x	Wert der Funktion f an der Stelle x
f^{-1}	f hoch minus 1	Inverse Funktion zur Funktion f
$\mathrm{Db}(f)$	Definitionsbereich von f	Definitionsbereich der Funktion f
$\mathrm{Wb}(f)$	Wertebereich von f	Wertebereich der Funktion f
sin	sinus	goniometrische Funktionen
cos	cosinus	
tan	tangens	
cot	cotangens	
sec	secans	
cosec	cosecans	
arcsin	arcus sinus	Arcus-Funktionen oder zyklometrische Funktionen
arccos	arcus cosinus	
arctan	arcus tangens	
arccot	arcus cotangens	
$\sin^2 x$	sinus quadrat x	$(\sin x)^2$
$\{a_k\}$	Folge (der) a_k	
$\lim\limits_{n\to\infty} a_n$	limes (von) a n für n gegen unendlich	Grenzwert einer Zahlenfolge
$\lim\limits_{x\to\dots} f(x)$	limes (von) f von x für x gegen ...	Grenzwert einer Funktion (für ... kann stehen: a, $+\infty$, $-\infty$)
$\lim\limits_{x\to a+0} f(x)$	limes (von) f von x für x gegen a plus null	rechtsseitiger Grenzwert
$\lim\limits_{x\to a-0} f(x)$	limes (von) f von x für x gegen a minus null	linksseitiger Grenzwert
f'	f Strich	1. Ableitung der Funktion f
$f'(x)$	f Strich von x	Wert der 1. Ableitung f' der Funktion f an der Stelle x
f''	f zwei-Strich	2. Ableitung der Funktion f
$f^{(n)}$	f n-Strich	n-te Ableitung der Funktion f
$\dfrac{\mathrm{d}f(x)}{\mathrm{d}x}$	d f von x nach d x	1. Differentialquotient von $f(x)$

Symbol	Sprechweise	Bedeutung
$\frac{d^2f(x)}{dx^2}$	d zwei *f* von *x* nach d *x* quadrat	2. Differentialquotient von $f(x)$
$\frac{d^nf(x)}{dx^n}$	d *n* *f* von *x* nach d *x* hoch *n*	*n*-ter Differentialquotient von $f(x)$
Δx	Delta *x*	Argumentwertdifferenz
$\Delta y = \Delta f(x)$	Delta *y* gleich Delta *f* von *x*	Funktionswertdifferenz
dx	d *x*	Argumentwertdifferential
$dy = df(x)$	d *y* gleich d *f* von *x*	Funktionswertdifferential
$\int f(x)\,dx$	Integral (über) *f* von *x* d *x*	unbestimmtes Integral
$\int_a^b f(x)\,dx$	Integral von *a* bis *b* (über) *f* von *x* d *x*	bestimmtes Integral
$F(x)\Big\vert_a^b$		$F(b) - F(a)$

Geometrie

$\parallel$	parallel	
$\nparallel$	nicht parallel	
$\uparrow\uparrow$	gleichsinnig parallel	gleichgerichtet
$\uparrow\downarrow$	ungleichsinnig parallel	entgegengerichtet
$\llcorner$	rechter Winkel	
$\perp$	senkrecht	
$\sphericalangle$	Winkel	
$\triangle$	Dreieck	
$\cong$	kongruent	
$=$	gleichlang flächeninhaltsgleich volumengleich	
$\sim$	ähnlich	

LOGIK – MENGENLEHRE

1. Einiges aus der Logik

1.1. Vorbemerkungen

Die Mathematik wird zu den exakten Wissenschaften gezählt. Was aber soll damit gesagt sein, da es sich doch keine Wissenschaft leisten kann, unexakt zu sein? Zur Klärung seien einige Sätze (Sätze im Sinn der Sprachlehre, nicht als Abkürzung für Lehrsätze) angeführt:

1. Für jedes Dreieck gilt: Wenn es rechtwinklig ist, so ist es nicht gleichseitig.
2. Die Zahl π ist sowohl irrational als auch transzendent.
3. Es gibt höchstens eine Primzahl zwischen 3 und 5.
4. Sind u und v beliebige reelle Zahlen, so gilt:
   $u \cdot v = 0$ dann und nur dann, wenn $u = 0$ oder $v = 0$.
5. Es gibt eine gerade Primzahl.
6. Wenn die Zahl 1 gerade ist, so ist die Zahl 2 ungerade.
7. Zu jeder natürlichen Zahl gibt es genau eine unmittelbar folgende.
8. Das Produkt der Zahl 2 mit sich selbst ist gleich 4 („Ist gleich" im Sinn der Identität).
   Symbolisch: $2 \cdot 2 = 4$; gelesen: zwei mal zwei gleich vier.
9. Aus $x \geqq 3$ folgt $x^2 \geqq 9$ (x reell).
10. Aus 2 teilt 12 und 3 teilt 12 folgt $2 \cdot 3$ teilt 12.

Diese Sätze sind charakteristisch für die Mathematik wegen der auftretenden Begriffe wie Dreieck, Primzahl usw., besonders aber wegen der Wörter

> nicht; sowohl als auch; oder; wenn, so; dann und nur dann, wenn; es gibt ein; es gibt höchstens ein; es gibt genau ein; für jedes; aus ... folgt; gleich.

Die moderne Logik (mathematische Logik) ist die Theorie dieser Redewendungen, wobei der **Folgerungsbegriff** der zentrale Begriff der Logik ist.

Im Zusammenhang mit dem Gewinnen von Folgerungen läßt sich auch die Rede von der Mathematik als einer exakten Wissenschaft erklären. Bemerkungen zu den zehn Beispielsätzen:

a) Das Gemeinsame der Sätze 1. bis 8. besteht darin, daß irgendwelche Sachverhalte beschrieben (behauptet, ausgesagt) werden. Man nennt solche Sätze **Aussagesätze** im Gegensatz zu Befehlssätzen, Fragesätzen, Wunschsätzen.

b) Beschreibungen von Sachverhalten werden **Aussagen** genannt. Liegt der von einer Aussage widergespiegelte Sachverhalt tatsächlich vor, so heißt die betreffende Aussage **wahr**; liegt der Sachverhalt dagegen nicht vor, so heißt die betreffende Aussage **falsch** (unwahr) (vgl. 1.2.).

c) Die Ausdrucksweise des Mathematikers weicht teilweise von der Umgangssprache ab. So wird z. B. das Wort „*oder*" (Beispiel 4) im nichtausschließenden Sinn gebraucht, im Gegensatz zur Redeweise „entweder – oder" (ausschließendes Oder).

d) Die Gleichung $u \cdot v = 0$ (Beispiel 4) und die Ungleichungen $x \geqq 3$ bzw. $x^2 \geqq 9$ (Beispiel 9) sind keine Aussagen, also weder wahr noch falsch. Es sind sogenannte **Aussageformen** (vgl. 1.4.3.).

e) Im Beispiel 2 wird etwas über die Zahl π (also über ein einzelnes mathematisches Objekt) ausgesagt. 2. ist ein Beispiel für eine **Einzelaussage (Individualaussage)**. Im Beispiel 5 wird ausgesagt, daß es eine gerade Primzahl gibt. 5. ist ein Beispiel für eine **Existenzaussage.** Im Beispiel 1 wird etwas über alle rechtwinkligen Dreiecke ausgesagt. 1. ist ein Beispiel für eine **Allaussage (Universalaussage).**

f) 5. besagt, daß es eine gerade Primzahl gibt. Da es aber auch nur eine gerade Primzahl gibt, ist man berechtigt zu sagen: Es gibt genau eine gerade Primzahl. Dann darf aber der bestimmte Artikel verwendet und von **der** geraden Primzahl gesprochen werden.
Allgemein gilt: Der bestimmte Artikel (der, die, das bzw. derjenige, diejenige, dasjenige) darf nur dann verwendet werden, wenn es genau ein Objekt mit einer vorgegebenen Eigenschaft gibt.

g) Durch 9. wird eine Beziehung (und zwar die **Folgerungsrelation**) zwischen zwei Aussageformen dargestellt, während 10. ein Beispiel für die Anwendung von *aus ... folgt* auf Aussagen ist.

h) In der Mathematik gilt für alle natürlichen Zahlen n: „Wenn n eine gerade Zahl ist, so ist $n + 1$ eine ungerade Zahl."
Dann muß gelten (z. B. $n = 2$): „Wenn 2 gerade ist, so ist 3 ungerade. Es muß aber auch gelten (z. B. $n = 1$):
α) „Wenn 1 gerade ist, so ist 2 ungerade" (vgl. Beispiel 6).
Obwohl die Teilaussagen („1 ist gerade"; „2 ist ungerade") falsch sind, ist die Gesamtaussage (**Aussagenverbindung**; vgl. 1.3.) wahr.
Mit α) sind gleichwertig die beiden Aussagen
β) „Wenn 2 gerade ist, so ist 1 ungerade" [**Kontraposition** von α)].
γ) „1 ist ungerade, oder 2 ist ungerade" (vgl. 1.3.2.).
β) und γ) sind wahre Aussagen. Dagegen ist
δ) „1 ist gerade, und 2 ist gerade" als **Negation** (vgl. 1.3.2.) von γ) und damit auch von α) und β) eine falsche Aussage.
Diese Beispiele machen besonders deutlich, daß man ohne gewisse Kenntnisse der Logik schwerlich Mathematik treiben kann.

i) 7. ist eines der fünf PEANOschen **Axiome** (Grundvoraussetzungen) zur axiomatischen Definition der natürlichen Zahlen (vgl. 4.2.2.) Die

Arbeitsweise der Mathematik ist dadurch gekennzeichnet, daß man, ausgehend von gewissen Grundbegriffen (vgl. 1.8.) und Grundaussagen (Axiomen), lediglich durch logisches Schließen zu neuen wesentlichen Sätzen gelangt, die sich in der Praxis bewährt haben. Allgemein wird jede Wissenschaft, die sich der axiomatischen Methode bedient (z. B. die Theoretische Physik), als exakte Wissenschaft bezeichnet.

1.2. Aussagen

Der Begriff der **Aussage** gehört zu den fundamentalen Begriffen der modernen Logik. Es sollen nur solche Aussagen betrachtet werden, die wahr oder falsch sind; eine dritte Möglichkeit soll nicht zugelassen werden. Es sollen auch Aussagen ausgeschlossen sein, die sowohl wahr als auch falsch sind, also einander widersprechen. Das ist der Inhalt des

Satzes der Zweiwertigkeit

▌ Jede Aussage ist entweder wahr oder falsch.

Der Satz der Zweiwertigkeit besagt nicht, daß von jeder vorgelegten Aussage entschieden werden kann, ob sie wahr oder falsch ist. Auch in der Mathematik gibt es gegenwärtig noch unbewiesene Aussagen. Im folgenden sollen große lateinische Buchstaben, auch solche mit einem Zahlenindex, stellvertretend irgendwelche konkreten Aussagen bezeichnen.

Ist die Aussage A wahr, so sagt man auch, daß A gilt oder daß A den **Wahrheitswert** W (das Wahre) hat. Ist die Aussage B falsch, so sagt man auch, daß B nicht gilt oder den **Wahrheitswert** F (das Falsche) hat.

1.3. Aussagenfunktionen

1.3.1. Verknüpfungen von Aussagen

Aus gegebenen Aussagen kann man mit Hilfe von gewissen Bindewörtern neue Aussagen erzeugen. So entsteht z. B. aus den beiden Aussagen „Die Zahl π ist irrational" (A_1) und „Die Zahl π ist transzendent" (A_2) durch das Wort „und" (im Sinn von sowohl als auch) die neue (zusammengesetzte) Aussage „A_1 und A_2" (vgl. Beispiel 2 in 1.1.).

Andere Aussagenverbindungen, die man aus gegebenen Aussagen A_1 und A_2 gewinnen kann, sind:

„Wenn A_1, so A_2"; „A_1 genau dann, wenn A_2"; „A_1 oder A_2".

Das Gemeinsame dieser Beispiele besteht darin, daß, ausgehend von *zwei* Aussagen, durch Anwendung gewisser Bindewörter *eine* neue Aussage erzeugt wird.

Man kann aber auch dadurch zu einer neuen Aussage gelangen, daß man von einer einzigen Aussage ausgeht. So erhält man durch Ver-

neinung (Negation) der Aussage „Die Sonne scheint" die neue Aussage „Die Sonne scheint nicht".
Allgemein kann man zu jeder Aussage A (auch zu zusammengesetzten Aussagen!) ihre Verneinung „nicht A" bilden („nicht A" heißt das Negat von A; vgl. h) in 1.1.).
Auf die angegebenen Aussagenverbindungen kann man den Begriff der Funktion (vgl. 3.3.1.) anwenden. Man spricht dann von **Aussagenfunktionen.**
In der Logik ist eine Aussagenfunktion eine Funktion im üblichen mathematischen Sinn. Die Argumente einer Aussagenfunktion sind Aussagen, die Werte einer Aussagenfunktion sind ebenfalls Aussagen.
Aussagenfunktionen können eine verschiedene Anzahl von Argumenten haben. Die Negation ist eine einstellige Funktion. Bei den anderen Aussagenfunktionen handelt es sich um zweistellige Funktionen, d.h., je zwei Aussagen wird durch die angegebenen Bindewörter eindeutig eine neue Aussage zugeordnet.
Man kann kompliziertere Aussagenverbindungen erzeugen, indem man so wie im folgenden Beispiel vorgeht (g.d.w. als Abkürzung für „genau dann, wenn").

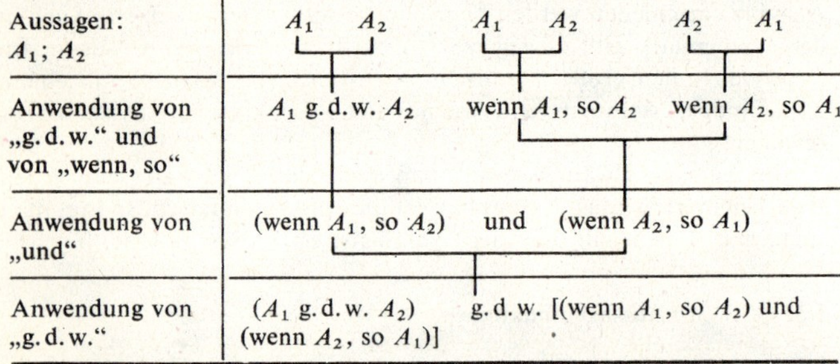

Aussagen: A_1; A_2
A_1 A_2 A_1 A_2 A_2 A_1
Anwendung von „g.d.w." und von „wenn, so"
A_1 g.d.w. A_2
wenn A_1, so A_2
wenn A_2, so A_1
Anwendung von „und"
(wenn A_1, so A_2) und (wenn A_2, so A_1)
Anwendung von „g.d.w."
(A_1 g.d.w. A_2) g.d.w. [(wenn A_1, so A_2) und (wenn A_2, so A_1)]

Solche komplizierteren Aussagenverbindungen kann man wiederum als Aussagenfunktionen auffassen. Die Klammern (sogenannte technische Zeichen) zeigen die Reihenfolge an, in der die einzelnen Bestandteile zu verbinden sind.

Beachte:

Man unterscheide sorgfältig
„(nicht A_1) oder A_2" und „nicht (A_1 oder A_2)".

1.3.2. Die klassischen zweiwertigen Aussagenfunktionen

Die klassische Aussagenlogik kann als die Theorie der klassischen Aussagenfunktionen (Negation, Konjunktion, Alternative, Disjunktion, Implikation, Äquivalenz) angesehen werden. Es ist bemerkenswert, daß sich alle Aussagenfunktionen durch die klassischen Aussagenfunktionen ausdrücken lassen.

Die einstellige Aussagenfunktion Negation

Mit $\neg A$ (auch $\bar{A}$, A', $\sim A$; Sprechweise: Nicht A) wird das logische Gegenteil (die Negation) von A bezeichnet.
Definitionsbereich der Negation: $D = \{W, F\}$
Wertebereich der Negation: $V = \{W, F\}$

Beachte:

Nicht jede negierte Aussage muß falsch sein. Das Negat der falschen Aussage „4 ist eine Primzahl" ist wahr.

Allgemein gilt:

Ist A wahr, so ist $\neg A$ falsch. Ist A falsch, so ist $\neg A$ wahr.

Dies drückt man in Form einer Wahrheitswerttafel wie folgt aus:

A	$\neg A$
W	F
F	W

Die zweistelligen klassischen Aussagenfunktionen

Sie haben sämtlich

den Definitionsbereich $D = \{[W; W], [W; F], [F; W], [F; F]\}$
den Wertebereich $V = \{W, F\}$

Die Konjunktion

Mit $A \wedge B$ (auch: $A \cdot B$, AB, $A \& B$; Sprechweise: A und B, auch: A et B, sowohl A als auch B) wird das Zusammenbestehen von Sachverhalten zum Ausdruck gebracht, sofern $A \wedge B$ wahr ist.

$A \wedge B$ ist genau dann wahr, wenn A und B beide wahr sind.

Diese Festlegung unterscheidet sich nicht vom Gebrauch des Wortes „und" in der Umgangssprache.

Die Alternative

Mit $A \vee B$ (Sprechweise: A oder B; auch A vel B) wird ausgedrückt, daß von zwei Sachverhalten mindestens einer zutrifft, sofern $A \vee B$ wahr ist.

$A \vee B$ ist genau dann wahr, wenn A und B nicht beide falsch sind. (Nichtausschließendes Oder)

Man beachte den Unterschied zur Disjunktion.

Die Disjunktion (auch Antivalenz)

Mit $A \dot{\vee} B$ (Sprechweise: entweder A oder B; auch A aut B) wird ausgedrückt, daß von zwei Sachverhalten genau einer zutrifft, sofern $A \dot{\vee} B$ wahr ist.

> $A \dot{\vee} B$ ist genau dann wahr, wenn von A und B genau eines wahr und eines falsch ist. (Ausschließendes Oder)

Die Implikation (auch Subjunktion)

Mit $A \Rightarrow B$ (auch: $A \rightarrow B$, $A \supset B$; Sprechweise: wenn A, so B) wird ausgedrückt, daß von zwei Sachverhalten A und B nicht gleichzeitig der erste zutrifft und der zweite nicht, sofern $A \Rightarrow B$ wahr ist.

> $A \Rightarrow B$ ist genau dann wahr, wenn A falsch oder B wahr ist.

Beachte:

1. Ein kausaler Zusammenhang zwischen A und B wird durch die Implikation $A \Rightarrow B$ nicht zum Ausdruck gebracht.
2. Wegen des Zusammenhanges von „wenn A, so B" mit „aus A folgt B" vgl. 1.7.
3. „Wenn A, so B" ist gleichwertig mit „(nicht A) oder B" und mit „wenn (nicht B), so (nicht A)" (vgl. 1.6.).

Die Äquivalenz (auch Koimplikation)

Mit $A \Leftrightarrow B$ (Sprechweise: A äquivalent B; auch: A genau dann, wenn B) wird ausgedrückt, daß zwei Sachverhalte beide zutreffen oder beide nicht zutreffen, sofern $A \Leftrightarrow B$ wahr ist.

> $A \Leftrightarrow B$ ist genau dann wahr, wenn A und B denselben Wahrheitswert haben, also beide wahr oder beide falsch sind.

Das Zeichen $\Leftrightarrow$ ist als Zusammenfassung der Zeichen $\Rightarrow$ und $\Leftarrow$ aufzufassen (daher Koimplikation).

Wahrheitswerttafeln der zweistelligen Aussagenfunktionen

A	B	Konj. $A \wedge B$	Altern. $A \vee B$	Disj. $A \dot{\vee} B$	Implik. $A \Rightarrow B$	Äquiv. $A \Leftrightarrow B$
W	W	W	W	F	W	W
W	F	F	W	W	F	F
F	W	F	W	W	W	F
F	F	F	F	F	W	W

1.3.3. Extensionale Aussagenfunktionen und Wahrheitsfunktionen

Die klassischen Aussagenfunktionen wie überhaupt alle in der modernen Logik verwendeten Aussagenfunktionen sind **extensional,** d.h., der Wahrheitswert einer zusammengesetzten Aussage hängt nur von den Wahrheitswerten der Einzelaussagen, nicht aber von deren speziellen Inhalten ab.

BEISPIEL

Extensionalität von „und": Sind A_1 und A_2 wahre Aussagen, so ist auch „A_1 und A_2" wahr. Dieser Wahrheitswert ändert sich auch dann nicht, wenn für A_1 und A_2 irgendwelche anderen Aussagen eingesetzt werden, vorausgesetzt, daß diese wahr sind.

Bisher war von Aussagen, Aussagenverknüpfungen, Aussagenfunktionen und Wahrheitswerten die Rede.
In den Wahrheitswerttafeln (vgl. 1.3.2.) handelt es sich aber eigentlich nur um die Zuordnung von Wahrheitswerten. Man spricht daher von **Wahrheitsfunktionen.**
Der Übergang von Aussagen und Aussagenfunktionen zu Wahrheitswerten und Wahrheitsfunktionen, der nur auf Grund der Extensionalität möglich ist, ist ein für die Mathematik typischer Abstraktionsprozeß.

1.4. Variablen, Terme, Aussageformen

1.4.1. Variablen

Definition

Eine Variable ist ein Zeichen für ein beliebiges Element aus einem vorgegebenen Bereich (Grundbereich, Variablenbereich, Variabilitätsbereich, Individuenbereich).

BEISPIEL

Der Variabilitätsbereich X soll aus den natürlichen Zahlen bestehen, die kleiner als 10 sind, also $X = \{0, 1, 2, 3, 4, 5, 6, 7, 8, 9\}$. Die Variable x mit X als Grundbereich ist hier ein Zeichen für eine der natürlichen Zahlen 0, 1, ..., 9. Man sagt auch, daß x mit einer dieser Zahlen belegt werden kann.

Beachte:

Für das Rechnen mit Variablen gibt es nicht etwa besondere Regeln oder Gesetze. Zu jeder Variablen gehört ein Grundbereich, dessen Gesetze für das Arbeiten mit der jeweiligen Variablen maßgebend sind.

1.4.2. Terme

Unter **Termen** versteht man sowohl Bezeichnungen von mathematischen Objekten (z. B. $+\frac{3}{4}$; π; $-\sqrt{2}$) als auch gewisse Aneinanderreihungen von Konstanten, Variablen, Zeichen für Rechenoperationen und technischen Zeichen (verschiedenartige Klammern).

BEISPIELE

$5(x^2 - 1)$; x reell

$\sin^2 x$ (x reell)

$a + \frac{1}{a}$ (a rational, $a \neq 0$)

Durch Belegung der auftretenden Variablen mit Namen für Objekte des Grundbereiches erhält man Bezeichnungen für mathematische Objekte. So ergibt z. B. der Term $5(x^2 - 1)$ für $x = -1$ die Zahl Null.
Es ist üblich, Terme mit großen lateinischen Buchstaben zu bezeichnen.
Ein Term ist einstellig, wenn er genau eine Variable enthält. $T(a)$ (gelesen: T von a) bedeutet, daß dieser Term die Variable a, aber auch keine weiteren Variablen enthält, z. B. $a^2 - 4$.
Ein n-stelliger Term enthält n Variablen. Schreibweise: $T(a_1, \ldots, a_n)$ oder $T(x_1, \ldots, x_n)$ usw. Auf eine Präzisierung des Termbegriffs muß in diesem Buch verzichtet werden.

Beachte:

1. In Termen kommt kein Relationszeichen (vgl. 3.5.1.) vor.
2. Terme sind weder wahr noch falsch. Es ist abwegig, Terme beweisen zu wollen.

1.4.3. Aussageformen

Die Gleichung $u \cdot v = 0$ sowie die Ungleichungen $x \geqq 3$ und $x^2 \geqq 9$ (vgl. 1.1.) haben zwar die Form von Aussagen (nämlich von Gleichheitsaussagen bzw. von Ungleichheitsaussagen), sind aber keine Aussagen, da ihnen ein Wahrheitswert nicht zugeordnet werden kann. Das gilt auch von Formulierungen wie „x ist eine Primzahl", „x ist Student", „a teilt b" usw.
$u \cdot v = 0$, $x \geqq 3$ usw. sind Beispiele für **Aussageformen.** Zu jeder Variablen, die in einer Aussageform auftritt, gehört ein Variablenbereich.
Unter einer Aussageform versteht man ein sprachliches Gebilde, das mindestens eine freie Variable enthält und das zu einer Aussage wird, wenn für alle auftretenden freien Variablen Bezeichnungen für bestimmte Objekte aus den entsprechenden Variablenbereichen eingesetzt werden.

BEISPIEL

Aussageform: $5x + 3 = 13$ (mit der Menge der natürlichen Zahlen als Variablenbereich). Für $x = 1$ erhält man die falsche Aussage $8 = 13$, für $x = 2$ erhält man $13 = 13$ (wahre Aussage).

Stellenzahl einer Aussageform

Eine einstellige Aussageform mit der freien Variablen x und dem Grundbereich X soll durch $H(x)$ (gelesen: H von x) bezeichnet werden.

BEISPIEL

$H(x)$ sei die Aussageform „x ist eine Quadratzahl"; X sei die Menge der natürlichen Zahlen; x sei ein Zeichen für eine natürliche Zahl. Belegt man x in $H(x)$ mit 16, so erhält man eine wahre Aussage.

Mit $H(x_1, \ldots, x_n)$ soll eine n-stellige Aussageform bezeichnet werden. Zur Vermeidung von Fallunterscheidungen werden Aussagen als nullstellige Aussageformen betrachtet.

Beachte:

Aussagen und Aussageformen bezeichnet man als **Ausdrücke.** Diese sind von den Termen (vgl. 1.4.2.) sorgfältig zu unterscheiden.

Verknüpfung von Aussageformen

In 1.3.1. wurde gezeigt, wie aus gegebenen Aussagen durch Anwendung von *nicht*, *und*, *oder* usw. neue Aussagen gebildet werden können. Man kann aber auch aus gegebenen Aussageformen neue Aussageformen gewinnen mit Hilfe der aussagenlogischen Verknüpfungen *nicht*, *und*, *oder* usw.

BEISPIEL

Gegebene Aussageformen:

α) „x teilt y" β) „y teilt z" γ) „x teilt z"

Konjunktion von α) und β): δ) „x teilt y und y teilt z"

Implikation mit δ) als Vorderglied und γ) als Hinterglied:

ε) „Wenn x teilt y und y teilt z, so x teilt z."

Wie alle Aussageformen sind auch α), β), γ), δ), ε) weder wahr noch falsch (vgl. aber 1.5.).

Erfüllbare und nichterfüllbare Aussageformen

Von großer Tragweite ist die Klassifikation der Aussageformen im Hinblick auf die erfüllenden Belegungen.

Sei $H(x)$ eine Aussageform über dem Grundbereich X.

Genau dann, wenn jedes x aus X die Aussageform $H(x)$ erfüllt (verifiziert; zu einer wahren Aussage macht), ist $H(x)$ eine **Identität** (*allgemeingültig*; stets erfüllt) *bezüglich* X,

Genau dann, wenn es mindestens eine erfüllende Belegung gibt, ist $H(x)$ *erfüllbar bezüglich* X (H ist dann eine **Neutralität**).
Genau dann, wenn jede Belegung von x mit Objekten aus X die Aussageform zu einer falschen Aussage macht, ist $H(x)$ *unerfüllbar bezüglich* X (H ist dann eine **Kontradiktion**).

1.5. „Für alle" und „Es gibt"

Durch Belegung der Variablen können Aussageformen zu Aussagen werden. Es gibt aber noch eine weitere Möglichkeit, aus Aussageformen Aussagen zu bilden. Man spricht in diesem Zusammenhang von **Quantifizierungen** (Variablenbindungen).
Es sei $H(x)$ eine einstellige Aussageform mit der freien Variablen x und dem Variabilitätsbereich X (z.B. $H(x)$ sei die Aussageform „x ist eine Primzahl"; X sei die Menge der natürlichen Zahlen). Durch gewisse Redewendungen (z.B. „für alle"; „es gibt ein"; „es gibt genau ein") wird die Variable x gebunden.

Redewendung	Beispiel Aussage	Wahrheitswert	Art der Aussage
Für jedes; für alle	Für jedes x gilt: x ist eine Primzahl	F	Universalaussage (Allaussage)
Es gibt ein (im Sinn von es gibt wenigstens ein)	Es gibt ein x, so daß gilt: x ist eine Primzahl	W	Existentialaussage (partikuläre Aussage) (Existenzaussage)
Es gibt höchstens ein, d.h., entweder gibt es kein x, oder es gibt genau ein x	Es gibt höchstens ein x, so daß gilt: x ist eine Primzahl	F	weder Allaussage noch Existentialaussage
Es gibt genau ein, d.h., es gibt höchstens ein und es gibt wenigstens ein	Es gibt genau ein x, so daß gilt: x ist eine Primzahl	F	Existentialaussage (partikuläre Aussage)

Beachte:

1. „Für alle x gilt $H(x)$" ist eine wahre Aussage genau dann, wenn für jedes x aus X die Aussageform $H(x)$ eine wahre Aussage wird (in Übereinstimmung mit dem Gebrauch von „für alle" in der Umgangssprache).

2. „Es gibt ein x, so daß gilt $H(x)$“ ist eine wahre Aussage genau dann, wenn für mindestens ein x aus X die Aussageform $H(x)$ eine wahre Aussage wird (im Gegensatz zur Umgangssprache, wo „es gibt ein Ding“ oft im Sinn von „es gibt ein einziges derartiges Ding“ gebraucht wird).

Dasjenige Gebiet der Logik, das sich mit den Aussagenverknüpfungen „nicht“, „und“, „oder“ usw. beschäftigt, heißt **Aussagenlogik.** Diese betrachtet die Aussagen als unzerlegte Einheiten. Damit hängt zusammen, daß die Aussagenlogik für logische Untersuchungen nicht ausreichen kann. So ist z. B. der folgende, unmittelbar einleuchtende Satz „Wenn alle Schüler einer Klasse Schwimmer sind, genau dann gibt es keinen Schüler dieser Klasse, der nicht schwimmen kann“ mit aussagenlogischen Mitteln weder zu formulieren noch zu bestätigen (vgl. 1.6.).
Dasjenige Gebiet der Logik, das die Aussagen weiter zerlegt und damit eine Analyse der logischen Feinstruktur von Aussagen ermöglicht, wird **Prädikatenlogik** genannt. Sie ist die Theorie von „für alle“ und „es gibt“ (Theorie der Quantifizierung).

Individuen, Prädikate, Attribute

Im einfachsten Fall besteht eine Aussage aus einem einzigen Prädikat und einem einzigen Individuum, z. B. „3 ist eine ungerade Zahl“. Der Satzteil „ist eine ungerade Zahl“ ist ein einstelliges Prädikat, weil zu ihm nur ein einziges Individuum (im Beispiel *drei*) gehört. Der Zahl *drei* wird durch „ist eine ungerade Zahl“ der Wahrheitswert W zugeordnet. Man sagt auch: Das sprachliche Gebilde „ist eine ungerade Zahl“ trifft auf die Zahl *drei* zu.
Allgemein: Gegeben sei eine Aussageform $H(x)$ in einem Bereich X von Individuen. Eine Funktion, die jedem Individuum aus X eindeutig einen der beiden Wahrheitswerte W oder F zuordnet, nennt man ein **einstelliges Attribut** (Eigenschaft) in X.
Eine Funktion, die jedem n-Tupel (vgl. 3.3.1.) von Individuen aus X eindeutig einen der beiden Wahrheitswerte W oder F zuordnet, nennt man ein **n-stelliges Attribut** (Relation) in X.

BEISPIEL

„$x < y$“ als zweistellige Aussageform; x, y natürliche Zahlen. Der Aussageform „$x < y$“ entspricht dann das zweistellige Attribut im Bereich der natürlichen Zahlen, das auf Paare wie [0; 1] [0; 2], …, [1; 2], [1; 3], … zutrifft. (Es ist $0 < 1$; $0 < 2$; $1 < 2$ usw.)

Beachte:

Ein Prädikat ist ein sprachliches Gebilde; ein Attribut ist eine Funktion. Die Prädikatenlogik, zu deren Aufgaben die Untersuchung der Attribute gehört, müßte also eigentlich Attributenlogik heißen.

Eine große Rolle spielt diejenige binäre Relation, die Identität (vgl. 1.1., Beispiel 8) genannt wird. Unter der **Identität** in einem Bereich X von

Individuen versteht man dasjenige Attribut in X, für das bei beliebigen u, v aus X gilt:

> Dem Paar $[u; v]$ wird der Wahrheitswert W zugeordnet genau dann, wenn $u = v$.

Quantoren

Zur Überwindung der Unzulänglichkeiten der Aussagenlogik führt man zwei prädikatenlogische Operatoren ein, nämlich

a) den **Generalisator,** der sprachlich in den Formen „für alle x", „für jedes x" und in anderen Formen auftritt und für den das Zeichen $\forall$ (auch $\wedge$ ist üblich) verwendet werden soll;

b) den **Partikularisator,** der sprachlich in den Formen „es gibt ein x", „es existiert ein x" und in anderen Formen auftritt und für den das Zeichen $\exists$ (auch $\vee$ ist üblich) verwendet werden soll.

BEISPIELE

1. Aussageform: $a + 5 = 5 + a$; a reell
   Variablenbindung: Für jede reelle Zahl a gilt: $a + 5 = 5 + a$ (wahre Aussage).
   Symbolisch: $\forall a\, [a + 5 = 5 + a]$ mit $a \in P$.
   In der so entstandenen generalisierenden Aussage ist die ursprünglich freie Variable a gebunden, d.h., daß sie für Einsetzungen gesperrt ist.
   $\forall x\, H(x)$ wird gelesen: Für alle x gilt $H(x)$.
2. Aussageform: $x < 20$; x eine natürliche Zahl
   Variablenbindung: Es gibt ein x, so daß gilt $x < 20$ (wahre Aussage).
   Symbolisch: $\exists x\, [x < 20]$ mit $x \in N$
   $\exists x\, H(x)$ wird gelesen: Es gibt ein x, so daß gilt $H(x)$.
3. Aussageform: $a = b + d$; a, b, d reell
   $\exists d\, [a = b + d]$ ist keine Aussage, sondern eine Aussageform (a und b sind freie Variablen)
   $\forall a\, \forall b\, \exists d\, [a = b + d]$ bedeutet die Aussage:
   Für jedes $a \in P$ und für jedes $b \in P$ existiert ein $d \in P$ mit $a = b + d$.
   In einem Ausdruck mit mehreren freien Variablen kann jede von ihnen durch $\forall$ bzw. $\exists$ gebunden werden.

Ausdrucksmöglichkeiten mit zweistelligen Prädikaten:

	Symbolik	Bedeutung
1.	$\forall x\, \forall y\, H(x, y)$	Für alle x und für alle y gilt $H(x, y)$.
2.	$\forall x\, \exists y\, H(x, y)$	Für jedes x gibt es ein y, so daß $H(x, y)$ gilt.
3.	$\exists x\, \forall y\, H(x, y)$	Es gibt ein x, so daß für alle y gilt $H(x, y)$.
4.	$\exists x\, \exists y\, H(x, y)$	Es gibt ein x und es gibt ein y, so daß $H(x, y)$ gilt.

BEISPIELE (x und y reelle Zahlen)

1. $\forall x \, \forall y \, [(x + y)^2 = x^2 + 2xy + y^2]$
2. $\forall x \, \exists y \, [x^2 - y + 1 = 0]$
3. $\exists x \, \forall y \, [x^y = 1]$
4. $\exists x \, \exists y \, [x^y = y^x]$

Ausdrucksmöglichkeiten mit einstelligem Prädikat und Negation:

	Symbolik	Bedeutung
1.	$\neg \forall x \, H(x)$	Nicht alle x haben die Eigenschaft H.
2.	$\forall x \neg H(x)$	Alle x haben die Eigenschaft H nicht.
3.	$\neg \exists x \, H(x)$	Es gibt kein x mit der Eigenschaft H.
4.	$\exists x \neg H(x)$	Es gibt ein x, das die Eigenschaft H nicht hat.

BEISPIELE (x und y reelle Zahlen)

1. $\neg \forall x \, [x + 3{,}1 = 4{,}9]$
2. $\forall x \neg [x^2 + 1 = 0]$
3. $\neg \exists x \, [x^2 + 1 = 0]$
4. $\exists x \neg [x + 3{,}1 = 4{,}9]$

Beachte:

Zwischen „nicht alle ...“ und „alle ... nicht“ ist sorgfältig zu unterscheiden.

1.6. Logische Identitäten; Wertverlaufsgleichheit

Aussagenlogische Ausdrücke

Im folgenden bezeichnen kleine lateinische Buchstaben (p, q, r, ...), evtl. mit Indizes (p_0, p_1, p_2, ...) Variablen für Wahrheitswerte. Für diese ist (nicht ganz treffend) die Bezeichnung **Aussagenvariable** gebräuchlich.

Aussagenlogische Ausdrücke sind Zeichenreihen wie

$$p \vee (\neg q), \quad \neg (p \vee q), \quad p \wedge (\neg q), \quad (p \Rightarrow q) \Leftrightarrow [(\neg p) \vee q].$$

Aussagenlogische Identität

Ein aussagenlogischer Ausdruck nimmt bei Belegung der darin vorkommenden Aussagenvariablen mit Wahrheitswerten selbst einen Wahrheitswert an.

Ein aussagenlogischer Ausdruck, der bei jeder Belegung den Wahrheitswert W annimmt, heißt eine **aussagenlogische Identität,** eine **Tautologie** oder **allgemeingültig.**

BEISPIELE

1. $p \vee (\neg p)$
2. $[p \wedge (p \Rightarrow q)] \Rightarrow q$
3. $(p \Rightarrow q) \Leftrightarrow [(\neg q) \Rightarrow (\neg p)]$
4. $(p \Rightarrow q) \Leftrightarrow [(\neg p) \vee q]$

Der Nachweis für das Bestehen einer aussagenlogischen Identität kann durch Aufstellen der vollständigen Wahrheitswerttafel geführt werden.

BEISPIEL

Für $(p \Rightarrow q) \Leftrightarrow [(\neg p) \vee q]$ erhält man

p	q	$p \Rightarrow q$	$\neg p$	$(\neg p) \vee q$	$(p \Rightarrow q) \Leftrightarrow [(\neg p) \vee q]$
W	W	W	F	W	W
W	F	F	F	F	W
F	W	W	W	W	W
F	F	W	W	W	W

Also ist $(p \Rightarrow q) \Leftrightarrow [(\neg p) \vee q]$ allgemeingültig (eine aussagenlogische Identität).

Wertverlaufsgleichheit

Zwei aussagenlogische Ausdrücke A_1 und A_2 heißen **wertverlaufsgleich** oder äquivalent, wenn bei jeder Belegung jeweils beide Ausdrücke denselben Wahrheitswert annehmen.
In Zeichen: A_1 äq A_2 (auch: $A_1 \underset{w}{=} A_2$ oder $A_1 \equiv A_2$)

BEISPIEL

$p \Rightarrow q$ äq $\neg [p \wedge (\neg q)]$

Beachte:

1. A_1 äq A_2 ist nicht ein neuer, aus A_1 und A_2 gebildeter Ausdruck, sondern eine Aussage über A_1 und A_2 (nämlich die, daß sie wertverlaufsgleich sind).
2. Die Aussage A_1 äq A_2 ist genau dann wahr, wenn der Ausdruck $A_1 \Leftrightarrow A_2$ allgemeingültig (eine aussagenlogische Identität) ist.

Prädikatenlogische Identitäten

Prädikatenlogische Ausdrücke, die unabhängig von den darin auftretenden Aussageformen stets wahr sind, heißen **prädikatenlogische Identitäten.**

BEISPIELE

1. $\forall x\, [H(x) \vee \neg H(x)]$
2. $\forall x\, H(x) \Rightarrow \exists x\, H(x)$

3. $\forall x\, [H_1(x) \Rightarrow H_2(x)] \Rightarrow [\forall x\, H_1(x) \Rightarrow \forall x\, H_2(x)]$
4. $\neg \forall x\, H(x) \Leftrightarrow \exists x \neg H(x)$
5. $\neg \exists x\, H(x) \Leftrightarrow \forall x \neg H(x)$
6. $\forall x\, [H_1(x) \wedge H_2(x)] \Leftrightarrow [\forall x\, H_1(x) \wedge \forall x\, H_2(x)]$
7. $\forall x\, [H_1(x) \vee H_2(x)] \Leftarrow [\forall x\, H_1(x) \vee \forall x\, H_2(x)]$
8. $\exists x\, [H_1(x) \wedge H_2(x)] \Rightarrow [\exists x\, H_1(x) \wedge \exists x\, H_2(x)]$
9. $\exists x\, [H_1(x) \vee H_2(x)] \Leftrightarrow [\exists x\, H_1(x) \vee \exists x\, H_2(x)]$

1.7. Folgerungsrelation

Definition der Folgerungsrelation

In 1.3. wurde den Aussagen A_1 und A_2 die extensionale Aussagenverbindung „wenn A_1, so A_2" zugeordnet. Ferner wurde gezeigt, daß auch Aussageformen durch „wenn, so" verknüpft werden können.
Ist $H_1(x)$ die Aussageform „x ist eine positive Zahl" und ist $H_2(x)$ die Aussageform „$2x$ ist eine positive Zahl", so gilt für alle x des Grundbereichs „Wenn x eine positive Zahl ist, so ist $2x$ eine positive Zahl". Es kann bei diesem Beispiel für kein x der Fall eintreten, daß $H_1(x)$ wahr und $H_2(x)$ falsch wird. Dann sagt man auch:

Aus $H_1(x)$ folgt $H_2(x)$.

Entsprechendes gilt für mehrstellige Aussageformen.

Definition

Aus H_1 folgt H_2 gilt genau dann, wenn jede Interpretation der Variablen, die H_1 erfüllt, zugleich auch H_2 erfüllt.

H_1 wird Voraussetzung (Prämisse), H_2 wird Behauptung (Konklusion) genannt. Man sagt auch:

H_1 impliziert H_2.

Beachte:

„Aus H_1 folgt H_2" und „Wenn H_1, so H_2" kann man nicht ohne weiteres als gleichbedeutend verwenden. Die erste Formulierung (als Beziehung zwischen Aussageformen) deckt sich inhaltlich nicht mit der zweiten (als Verbindung von Aussageformen).

Der Zusammenhang zwischen beiden Formulierungen ergibt sich aus dem **Satz** (vgl. 1.9.):

„Aus H_1 folgt H_2" gilt genau dann, wenn „wenn H_1, so H_2" allgemeingültig ist.

BEISPIELE

1. „Aus $a \mid b$ und $b \mid c$ folgt $a \mid c$", denn: „Für alle natürlichen Zahlen gilt: wenn $a \mid b$ und $b \mid c$, so $a \mid c$" (vgl. 4.6.1.).

2. „Aus $x \neq x$ folgt $x > 7$". Begründung: Für kein x gilt $x \neq x$. Es kann also nicht der Fall eintreten, daß $x \neq x$ wahr und $x > 7$ falsch wird.

Für Aussagen (also nullstellige Aussageformen) gilt:

Wenn gilt „Aus A_1 folgt A_2", so ist „Wenn A_1, so A_2" wahr.

Die Umkehrung dieses Satzes gilt nicht.

Notwendige und hinreichende Bedingungen

Gilt „Aus H_1 folgt H_2", so wird H_1 eine in bezug auf H_2 **hinreichende** Bedingung und H_2 eine in bezug auf H_1 **notwendige** Bedingung genannt.

BEISPIELE

1. Damit ein bestimmtes Dreieck gleichseitig ist, ist hinreichend (aber nicht notwendig), daß die Länge aller Seiten 3 cm beträgt.
2. Damit ein Dreieck gleichseitig ist, ist notwendig (aber nicht hinreichend), daß das Dreieck gleichschenklig ist.

Gilt „Aus H_1 folgt H_2" und gilt außerdem „Aus H_2 folgt H_1", so wird H_1 eine in bezug auf H_2 (bzw. H_2 eine in bezug auf H_1) **notwendige und hinreichende** Bedingung genannt. In diesem Fall heißen H_1 und H_2 äquivalent.

BEISPIEL

Damit ein Dreieck gleichseitig ist, ist notwendig und hinreichend, daß alle Winkel gleiche Größe haben.

Umkehrbarkeit der Folgerungsbeziehung

Mit „Aus H_1 folgt H_2" gilt im allgemeinen nicht die Umkehrung „Aus H_2 folgt H_1".
Hat man einen Satz bewiesen, so ist für die Umkehrung ebenfalls ein Beweis erforderlich (bzw. eine Widerlegung, falls die Umkehrung nicht gilt).

Theoreme und Definitionen

Beim Aufbau einer mathematischen Theorie werden Theoreme (oder Lehrsätze, auch kurz Sätze genannt) formuliert und bewiesen. Beim Beweis eines Satzes hat man zu zeigen, daß er aus bereits bewiesenen Sätzen folgt.
Es werden aber auch Definitionen gegeben. Ohne diese wären viele Theoreme zu umfangreich und damit schwer faßlich. In der Mathematik spielen die **expliziten Definitionen** eine entscheidende Rolle. Durch eine explizite Definition wird eine Abkürzung (das Definiendum, das zu Definierende) für eine wenig handliche Formulierung eines Sachverhaltes

(das Definiens, das Definierende) eingeführt. Definitionen sind weder wahr noch falsch. Sie haben eine erhebliche praktische Bedeutung.
Als *Definitionszeichen für Terme* verwendet man das Zeichen $:=$, gelesen: „ist nach Definition gleich".

BEISPIEL

$M_1 \cap M_2 := \{x; x \in M_1 \text{ und } x \in M_2\}$ (vgl. 2.4.)

Als *Definitionszeichen für Eigenschaften und Relationen* wird das Zeichen $:\Leftrightarrow$ verwendet, das „gilt nach Definition genau dann, wenn" gelesen wird.

BEISPIEL

„x ist eine Primzahl" $:\Leftrightarrow$ x ist eine von 0 und 1 verschiedene natürliche Zahl, die außer 1 und sich selbst keinen Teiler hat.

Eine explizite Definition muß so abgefaßt sein, daß der definierte Begriff aus der betreffenden Theorie wieder entfernt (eliminiert) werden kann durch Ersetzen durch das Definiens.
Außer den expliziten Definitionen spielen in der Mathematik noch die **induktiven Definitionen** eine bedeutende Rolle (vgl. 4.3.1.). Schließlich verwendet der Mathematiker noch die sogenannten **Definitionen durch Klassenbildung oder durch Abstraktion** (vgl. 3.5.4.). Für induktive Definitionen und für Definitionen durch Abstraktion ist charakteristisch, daß sie in explizite Definitionen umgewandelt werden können.
Fehler, die beim Definieren auftreten können, sind:

a) Es fehlen wesentliche Merkmale (dann ist die Definition zu weit).
b) Die Definition enthält zu viele Merkmale (damit ist sie zu eng).
c) Der zu definierende Begriff kommt im Definiens vor (Zirkelschlußartige Definition).
d) Als Abkürzung werden bereits mit einer anderen Bedeutung belegte Bezeichnungen verwendet.

1.8. Schlußregeln

Um Aussagen zu gewinnen, kann man Sachverhalte direkt untersuchen. Eine andere Möglichkeit besteht darin, von bekannten Sätzen ausgehend, durch logische Schlußfolgerungen neue Sätze zu erhalten. In diesem Zusammenhang spielt der Begriff der **Schlußregel** eine entscheidende Rolle. Schlußregeln sind formale Regeln für das Umformen von Ausdrücken. Eine Schlußregel muß von allgemeingültigen Ausdrücken stets zu allgemeingültigen Ausdrücken führen. (Man sagt auch, sie muß gültigkeitserblich sein.) Schlußregeln beruhen auf aussagenlogischen bzw. prädikatenlogischen Identitäten.

Beachte:

1. Das Übergehen von Ausdrücken zu anderen Ausdrücken unter Verwendung von Schlußregeln wird **Schließen** genannt.

2. Vom Führen eines Beweises, kurz vom **Beweisen,** spricht man, wenn durch einzelne logische Schlüsse ein ganz bestimmter Satz gewonnen werden soll.

BEISPIEL

Zu beweisen: Für alle reellen x und y gilt:

$$x \cdot y \leqq \frac{x^2 + y^2}{2}$$

Beweis: Für alle reellen x und y gilt

1. $\quad 0 \leqq (x - y)^2$

2. Wenn $0 \leqq (x - y)^2$, so $\quad x \cdot y \leqq \dfrac{x^2 + y^2}{2}$

(Zwischenschritte vgl. 11.5.2.)
Damit ist der geforderte Beweis erbracht.

Dieser Beweis ist stichhaltig, da eine gültigkeitserbliche Schlußregel verwendet wurde. Ist nämlich H_1 allgemeingültig und ist „Wenn H_1, so H_2" allgemeingültig, so ist es auch H_2.
Schlußregeln werden vielfach in der Form von Schlußfiguren dargestellt (Schlußschemata mit einer oder mehreren Oberformeln; Schlußstrich, der „folglich" zu lesen ist; Unterformel). Für das Beispiel erhält man:

$$\frac{\begin{array}{c} H_1 \\ \text{Wenn } H_1\text{, so } H_2 \end{array}}{H_2}$$

Diese Regel wird **Abtrennungsregel** (der modus ponens der traditionellen Logik; Schluß *aus* einer Implikation; Beseitigung von „wenn, so") genannt. Es darf H_1 von $H_1 \Rightarrow H_2$ abgetrennt werden; H_2 ist dann gültig.
Die Abtrennungsregel beruht darauf, daß der aussagenlogische Ausdruck $[H_1 \wedge (H_1 \Rightarrow H_2)] \Rightarrow H_2$ allgemeingültig ist (vgl. 1.6.).

Einige aussagenlogische Schlußregeln

1. Schluß *aus* einer Konjunktion (Beseitigung von $\wedge$)
   $(H_1 \wedge H_2) \Rightarrow H_1$ bzw. $(H_1 \wedge H_2) \Rightarrow H_2$
   Man kann aus einer Konjunktion auf deren Glieder schließen.
2. Schluß *aus* einer Alternative (Beseitigung von $\vee$)
   Gilt $H_1 \vee H_2$ und gelten $H_1 \Rightarrow H_3$ und $H_2 \Rightarrow H_3$, so gilt H_3 (Prinzip der Fallunterscheidung).
   Gilt $H_1 \vee H_2$, so sind zwei Fälle zu unterscheiden:
   Fall 1: Es gilt H_1. Dann beweist man $H_1 \Rightarrow H_3$. Wegen der Abtrennungsregel gilt dann H_3.
   Fall 2: Es gilt H_2. Dann beweist man $H_2 \Rightarrow H_3$. Wegen der Abtrennungsregel gilt dann H_3.

Da nun mindestens einer dieser Fälle vorliegen muß, ist H_3 bewiesen. Das Prinzip der Fallunterscheidung ist auch anwendbar, wenn die Alternative mehr als zwei Glieder hat.

3. Schluß *auf* eine Alternative (Einführung von $\vee$)
   Aus einem Alternativglied kann man auf die Alternative schließen. $H_1 \Rightarrow (H_1 \vee H_2)$ bzw. $H_2 \Rightarrow (H_1 \vee H_2)$ sind allgemeingültig.
4. Schluß *aus* einer Implikation (Beseitigung von $\Rightarrow$)
   $[H_1 \wedge (H_1 \Rightarrow H_2)] \Rightarrow H_2$ ist allgemeingültig (Abtrennungsregel).
5. Schluß *auf* eine Implikation (Einführung von $\Rightarrow$)
   Wenn aus den gegebenen Voraussetzungen und H_1 beweisbar ist H_2, so ist aus den gegebenen Voraussetzungen beweisbar $H_1 \Rightarrow H_2$. Man beweist also „Wenn H_1, so H_2", indem H_1 zu den Voraussetzungen genommen wird. Daraus beweist man dann H_2.
6. Schluß *auf* eine Äquivalenz (Einführung von $\Leftrightarrow$)
   Schlußfigur: $$\frac{\begin{array}{c} H_1 \Rightarrow H_2 \\ H_2 \Rightarrow H_1 \end{array}}{H_1 \Leftrightarrow H_2}$$
7. Schluß *aus* einer Negation (Beseitigung von $\neg$)
   $\neg(\neg H) \Rightarrow H$ ist allgemeingültig.
8. Schluß *auf* eine Negation (Einführung von $\neg$)
   Wenn aus den gegebenen Voraussetzungen und einem gegebenen Ausdruck H ein Widerspruch folgt, so ist aus den gegebenen Voraussetzungen beweisbar $\neg H$ (Anwendung beim indirekten Beweisen).

Einige prädikatenlogische Schlußregeln

a) Schluß *auf* „Für alle ... gilt" (Einführung von „für alle": Beweis einer Allaussage)
   Wenn für ein beliebiges Individuum a beweisbar ist $H(a)$, so ist beweisbar „Für alle x gilt $H(x)$".

   Beachte:

   1. Zum Nachweis der Wahrheit einer Universalaussage genügt die Angabe von Beispielen nicht.
   2. Eine Allaussage ist durch die Angabe eines einzigen Gegenbeispiels widerlegt.

b) Schluß *auf* „Es gibt ein ..." (Einführung von „Es gibt ein ...")
   „Es gibt ein x, für das $H(x)$ gilt" ist gültig, wenn für irgendein Individuum a gültig ist $H(a)$.
   Andere Möglichkeit: Man geht von der Annahme aus „Es gibt kein x mit $H(x)$" und führt diese Annahme zu einem Widerspruch.

   Beachte:

   1. Zum Nachweis der Wahrheit einer Existenzaussage genügt die Angabe eines Beispiels.

2. Zum Nachweis der Falschheit einer Existenzaussage ist ein Beweis nötig.

Die Frage, ob alle angegebenen Regeln wirklich gebraucht werden bzw. ob man mit ihnen auch auskommt (d.h. die Frage nach Systemen von Schlußregeln), kann hier nicht beantwortet werden. Dagegen soll kurz auf die Bildung von Theorien in der Mathematik eingegangen werden.
Beim Beweis eines Satzes ist zu zeigen, daß er aus bereits bewiesenen Sätzen folgt. Zur Festlegung eines Begriffes verwendet man andere, bereits erklärte Begriffe. Beides kann aber nicht ins Unendliche fortgesetzt werden. Die Mathematik bedient sich beim Aufbau ihrer Theorien der axiomatischen Methode. An die Spitze einer axiomatisch (deduktiv) aufgebauten Theorie werden Grundbegriffe (nichtdefinierte Begriffe) und nichtdefinierte Relationen gestellt. Über Grundbegriffe und Grundrelationen werden in Ausgangssätzen (Axiomen) Aussagen gemacht. Mit Hilfe einzelner logischer Schlüsse werden aus den Axiomen Aussagen über die Grundbegriffe und die Grundrelationen gefolgert. Diese Aussagen heißen Sätze der betreffenden Theorie. Damit diese Sätze in der Formulierung nicht zu schwerfällig werden, führt man durch Definitionen neue Begriffe ein. An ein Axiomensystem (Gesamtheit der Axiome) sind gewisse Grundforderungen zu stellen. Vor allem darf es nicht möglich sein, aus den Axiomen sowohl einen Satz als auch sein Gegenteil herzuleiten. Für ein und dasselbe mathematische Teilgebiet lassen sich mitunter mehrere Axiomensysteme angeben. Dabei ist es keineswegs so, daß es Aussagen gibt, die ihrem Wesen nach Axiome sind, während andere Aussagen von Natur aus Theoreme darstellen. Ein und dieselbe Aussage kann in einem Aufbau Axiom, in einem anderen Aufbau dagegen Theorem sein. Deshalb ist auch die Auffassung völlig unhaltbar, derzufolge ein Axiom ein Satz ist, der eines Beweises weder fähig noch bedürftig ist.

1.9. Direkte und indirekte Beweise

Bei **direkten Beweisen** folgert man, ausgehend von gültigen Voraussetzungen, unter Verwendung von zulässigen Schlußregeln nach endlich vielen Schritten die Behauptung.
Im Gegensatz dazu stehen **indirekte Beweise,** bei denen die Negation der Behauptung noch zu den Voraussetzungen hinzugenommen wird:

Sei B eine wahre Aussage. Dann ist eine Aussage A wahr, falls aus der angenommenen Richtigkeit ihrer Negation $\neg A$ die Richtigkeit von $\neg B$ folgen würde.

Begründung: Der Ausdruck $[q \wedge (\neg p \Rightarrow \neg q) \Rightarrow p$ ist allgemeingültig. Mitunter kann ein indirekter Beweis in einen direkten umgewandelt werden. Es gibt aber auch Sätze, die bisher nur indirekt bewiesen

werden konnten, und solche, bei denen ein direkter Beweis grundsätzlich nicht geführt werden kann.
Die indirekte Beweisführung wird u.a. bei der Umkehrung von bereits bewiesenen Sätzen angewandt, bei negierten Existenzaussagen (vgl. 1.5. und 1.6.), bei Aussagen der Form „Es gibt genau ein ...“ (vgl. 1.5.).
Die Kenntnis von Beweisverfahren sichert noch nicht das Auffinden eines Beweises im Einzelfall. Diese Fähigkeit ist nur in einem langwierigen Prozeß zu erwerben.
Für das Verständnis der folgenden Beispiele kann diese Übersicht von Nutzen sein:

		Implikation	Konversion (Umkehrung) von $p \Rightarrow q$	Konträrer Satz zu $p \Rightarrow q$	Kontraposition von $p \Rightarrow q$	Negation von $p \Rightarrow q$
p	q	$p \Rightarrow q$	$q \Rightarrow p$	$\neg p \Rightarrow \neg q$	$\neg q \Rightarrow \neg p$	$\neg (p \Rightarrow q)$
W	W	W	W	W	W	F
W	F	F	W	W	F	W
F	W	W	F	F	W	F
F	F	W	W	W	W	F

Gleichwertig sind

1. die gegebene Implikation mit ihrer Kontraposition;
2. die Konversion von $p \Rightarrow q$ mit dem zu $p \Rightarrow q$ konträren Satz.

BEISPIELE

1. Für Beweiszwecke spielt das Formulieren und Umformulieren von Sätzen eine wesentliche Rolle.
   a) Satz: Die quadratische Gleichung $x^2 + px + q = 0$ mit $p^2 - 4q \geqq 0$ hat mindestens eine reelle Lösung.
   b) „Wenn, so“ -Form von a): Wenn $p^2 - 4q \geqq 0$, so hat die quadratische Gleichung $x^2 + px + q = 0$ mindestens eine reelle Lösung.
   c) Umkehrung von b): Wenn die quadratische Gleichung $x^2 + px + q = 0$ mindestens eine reelle Lösung hat, so ist $p^2 - 4q \geqq 0$.
   d) Konträrer Satz zu b): Wenn $p^2 - 4q < 0$, so hat die quadratische Gleichung $x^2 + px + q = 0$ keine reelle Lösung.
   e) Kontraposition von b): Wenn die quadratische Gleichung $x^2 + px + q = 0$ keine reelle Lösung hat, so ist $p^2 - 4q < 0$.

f) Negation von b): Es gilt sowohl, daß $p^2 - 4q \geqq 0$, als auch, daß die quadratische Gleichung $x^2 + px + q = 0$ keine reelle Lösung hat.
$[\neg (r \Rightarrow s)$ ist gleichwertig mit $r \wedge (\neg s)]$

Die Sätze a) bis e) sind bei diesem Beispiel wahr, weil Voraussetzung und Behauptung von b) äquivalent sind. Satz f) als Negation von b) ist falsch, weil b) wahr ist. Da mit b) auch c) wahr ist, darf man formulieren (verschärfen): Die quadratische Gleichung $x^2 + px + q = 0$ hat mindestens eine reelle Lösung genau dann, wenn $p^2 - 4q \geqq 0$ ist (p, q reell beliebig).

2. Umkehren von Sätzen mit mehreren Voraussetzungen
Satz: Wenn p_1 und p_2, so p_3
Umkehrungen:
a) „Wenn p_3, so p_1 und p_2"
b) „Wenn p_1 und p_3, so p_2"
c) „Wenn p_2 und p_3, so p_1"
Diese Umkehrungen sind neue Aussagen, die eines Beweises bedürfen.
Hat ein Satz mehrere Behauptungen, so ist zu beachten, daß $p_0 \Rightarrow (p_1 \wedge p_2)$ und $(p_0 \Rightarrow p_1) \wedge (p_0 \Rightarrow p_2)$ gleichwertig sind.

3. Beweis einer „Genau dann, wenn"-Aussage
Bewiesen werden soll der Satz aus 1.7.: „Aus H_1 folgt H_2" genau dann, wenn „Wenn H_1, so H_2" allgemeingültig ist.
Es ist also *auf* eine Äquivalenz (vgl. 1.8.) zu schließen. Man hat zu zeigen:
α) Wenn gilt: H_1 impliziert H_2, so ist „Wenn H_1, so H_2" allgemeingültig.
β) Wenn „Wenn H_1, so H_2" allgemeingültig ist, so folgt H_2 aus H_1.
Zu α) Annahme: H_1 impliziert H_2. Nach Definition der Folgerungsrelation gilt, daß jede Variableninterpretation, die H_1 erfüllt, auch H_2 erfüllt. Der Fall, daß H_1 gilt, H_2 aber nicht gilt, kann nicht eintreten. „Wenn H_1, so H_2" ist also allgemeingültig (vgl. die Wahrheitswertmatrix von *wenn, so* in 1.3.2.).
Zu β) Annahme: „Wenn H_1, so H_2" ist allgemeingültig. Dann muß aber jede Variableninterpretation, die H_1 erfüllt, auch H_2 erfüllen.

4. Satz: Für alle natürlichen Zahlen $n \geqq 0$ gilt $2^n > n$.
Zu beurteilen sind die folgenden „Beweisführungen":
α) Die Funktionen $f_1(x) = 2^x$ und $f_2(x) = x$ werden in einem kartesischen x, y-Koordinatensystem grafisch dargestellt. Man entnimmt dieser Darstellung, daß für alle x gilt $f_1(x) > f_2(x)$.
β) Indirekte Beweisführung: Annahme: $2^n \leqq n$. Man weist nach, daß die Annahme falsch ist (z. B. $2^3 > 3$).
Zu α): Mit Hilfe einer Veranschaulichung kann kein Beweis geführt werden.

Zu β): Die Negation von „Für alle n gilt $2^n > n$" heißt „Es gibt ein n mit $2^n \leqq n$" (vgl. 1.6.).
Diese Existenzaussage müßte zum Widerspruch geführt werden, was nicht geschehen ist.
Wegen des Beweises des Satzes durch vollständige Induktion vgl. 4.3.2. und 1.10.

5. Beweis durch Fallunterscheidung
Wenn ein Lehrsatz nicht für alle Individuen nach demselben Vorgehen bewiesen werden kann, so teilt man die Individuen erschöpfend in Klassen ein und führt den Beweis jeweils für die entsprechenden Klassen (vollständige Fallunterscheidung).
   a) Satz: Wenn ein Dreieck nicht rechtwinklig ist, so ist die Summe der Quadrate der Längen zweier Seiten verschieden von dem Quadrat der Länge der dritten Seite.
   Die Voraussetzung „Dreieck ABC ist nicht rechtwinklig" ist gleichwertig mit der Alternative „Dreieck ABC ist spitzwinklig oder stumpfwinklig". Eine Fallunterscheidung ist bei diesem Beweis erforderlich.
   b) Zu beweisen sei der Sinussatz. Dann wird man die Dreiecke einteilen in spitzwinklige, rechtwinklige und stumpfwinklige und den Beweis für diese drei Fälle führen.

6. Satz: Die natürliche Zahl n ist eine gerade Zahl, wenn n^2 eine gerade Zahl ist.
„Wenn, so"-Form: Wenn n^2 gerade ist, so ist n gerade.
Kontraposition: Wenn n ungerade ist, so ist n^2 ungerade (indirekte Beweisführung).
Voraussetzung: n ist ungerade, also $n = 2n_1 + 1$ ($n_1 \geqq 0$, natürliche Zahl).
Dann ist $n^2 = (2n_1 + 1)^2 = 4n_1^2 + 4n_1 + 1 = 2 \cdot (2n_1^2 + 2n_1) + 1$.
In der Klammer steht eine natürliche Zahl. $2 \cdot (2n_1^2 + 2n_1)$ ist eine gerade Zahl, $2 \cdot (2n_1^2 + 2n_1) + 1$ ist eine ungerade natürliche Zahl.

7. Abschließend ein Beispiel dafür, daß eine unzulässige Schlußweise zu einer gültigen Aussage führen kann:
A: Es gibt Parallelogramme, die keine Rechtecke sind.
B: Es gibt Parallelogramme, deren Diagonalen nicht gleiche Länge haben.
C: Parallelogramme, deren Diagonalen nicht gleiche Länge haben, sind keine Rechtecke.
Diese drei Aussagen sind wahr. Die Schlußweise *Aus A und B folgt C* ist nicht zulässig.

1.10. Beweisverfahren der vollständigen Induktion

Das Beweisverfahren der vollständigen Induktion (vgl. 4.3.2.) gehört zu den direkten Beweisen.

Bei diesem Beweisverfahren werden u.a. gebraucht:

- der Schluß auf eine Implikation beim Induktionsschritt,
- die Abtrennungsregel, nachdem $H(0)$ als wahre Aussage nachgewiesen und der Induktionsschritt vollzogen wurden (vgl. 1.8.).

Logische Struktur des Beweisverfahrens der vollständigen Induktion:

$$\underbrace{\underbrace{[H(0)}_{\text{Induktions-anfang}} \wedge \underbrace{\forall k\,(H(k) \Rightarrow H(k+1))]}_{\text{Induktionsschritt}}}_{H_1\ \text{(Voraussetzung; Konjunktion)}} \Rightarrow \underbrace{\forall n\, H(n)}_{H_2\ \text{(Behauptung)}}$$

Beachte:

1. Das Beweisverfahren der vollständigen Induktion wird oft kurz als Induktion oder Induktionsverfahren bezeichnet. Tatsächlich ist es aber ein *deduktives* Verfahren, da es auf logischem Schließen beruht.
2. Der Induktionsschritt ist gleichsam ein „Beweis im Beweis", da die vollständige Induktion im Nachweis der Gültigkeit von $H(0)$ [allgemein: $H(a)$] **und** im Beweis von $\forall k\,(H(k) \Rightarrow H(k+1))$ besteht.
3. Der Induktionsschritt heißt **nicht**: $\forall k\, H(k) \Rightarrow H(k+1)$, denn dann würde man beim Beweis die zu beweisende Behauptung verwenden.

2. Mengen

2.1. Allgemeines

Die Mengenlehre (Theorie der Mengen von Objekten), die heute von den meisten Mathematikern als Fundament der Mathematik betrachtet wird, wurde von dem Hallenser Professor der Mathematik GEORG CANTOR (1845 bis 1918) begründet. Sie zählt zu den bedeutendsten Leistungen des menschlichen Denkens. Von seinen Zeitgenossen wurde CANTOR teils nicht verstanden, teils abgelehnt und teilweise heftig bekämpft. Durch CANTORS Ideen und Erkenntnisse entstanden neue Gebiete der Mathematik. Bestehende mathematische Disziplinen erfuhren eine lebhafte Weiterentwicklung. Besonders hervorzuheben ist jedoch, daß durch die Mengenlehre, die auch als Theorie der Eigenschaften bzw. der Relationen aufgefaßt werden kann, eine weitere Präzisierung und Vereinheitlichung des Systems der mathematischen Begriffe erreicht werden konnte.

2.2. Mengen; Elementbeziehung

Gegenstand der Mengenlehre sind die **Mengen.** Andere Bezeichnungen für eine Menge sind: Gesamtheit; charakteristisches Gemeinsames; gedankliche Zusammenfassung zu einer Einheit. Mengen werden gebildet, indem man aus einem **Grundbereich** (einem zugrunde gelegten Bereich von Objekten) Objekte mit einer ganz bestimmten Eigenschaft herausgreift und zu einer Gesamtheit zusammenfaßt.

BEISPIELE

1. Grundbereich G: alle Schüler einer Schule;
   Menge: eine bestimmte Klasse dieser Schule;
   Mengenbildung durch Zusammenfassung von Objekten des zugrunde gelegten Grundbereichs (hier Schüler), die eine bestimmte Eigenschaft gemeinsam haben (nämlich Schüler einer bestimmten Schulklasse zu sein).
2. Grundbereich: alle Schulklassen einer Schule;
   als Menge soll die Gesamtheit aller Schulklassen einer Klassenstufe dieser Schule betrachtet werden. (Diese Menge besteht aus Mengen, nämlich Schulklassen.)
3. Grundbereich G: alle natürlichen Zahlen;
   Menge: Lösungsmenge der quadratischen Gleichung $(x-3)(x-4)=0$;

Mengenbildung durch Zusammenfassung derjenigen natürlichen Zahlen (hier Zahlen 3 und 4), die die Eigenschaft haben, die Aussageform (Gleichung) zu erfüllen.

4. Grundbereich wie bei 3.;
   Menge: Lösungsmenge der Ungleichung $3 < x < 7$;
   die Menge enthält die Zahlen 4, 5, 6.
5. Grundbereich wie bei 3.;
   Menge: Lösungsmenge der Ungleichung $8 < x < 9$;
   diese Menge enthält keine Zahl; sie ist, wie man sagt, leer.
6. Grundbereich wie bei 3.;
   zu bilden ist die Menge der Zahlen, die sowohl Lösungen der Gleichung von 3. als auch der Ungleichung von 4. sind;
   diese Menge enthält genau eine Zahl, nämlich die 4.
7. Grundbereich: alle Primzahlen;
   zu bildende Menge: Menge der Primzahlen;
   Grundbereich und gebildete Menge stimmen hier überein.

Die zu einer Menge gehörenden Objekte nennt man **Elemente.** Als Variablen für Mengen (bzw. Elemente) werden große (bzw. kleine) lateinische Buchstaben verwendet. Um auszudrücken, daß a ein Element der Menge M ist (zur Menge M gehört, aus der Menge M ist), benutzt man das Zeichen $\in$ (ein stilisiertes ε).

$a \in M$ (gelesen: a Element M; a aus M)

bedeutet also, daß die Menge M das Element a enthält.
Durch $b \notin M$ wird dargestellt, daß b nicht zu M gehört.
Die durch $\in$ ausgedrückte Relation heißt **Elementbeziehung** ($\in$-Beziehung, Elementrelation). Sie ist die grundlegende Begriffsbildung der Mengenlehre.
$M = \{a, b, c\}$ bezeichnet eine Menge, die aus den Elementen a, b, c und nur aus diesen besteht.
$N = \{u, v, w, \ldots\}$ bezeichnet eine Menge, die u.a. die Elemente u, v, w enthält.
In der Umgangssprache verwendet man das Wort Menge in einem wenig bestimmten Sinn („Menge Wasser", „Menge Zeit", „Menge Menschen"). „Eine Menge Menschen war anwesend" soll besagen, daß es unüberschaubar viele Menschen waren.
Die in der Mathematik zugelassenen Mengen sind nicht an eine bestimmte Anzahl von Elementen gebunden. (Der Mengenbegriff darf nicht mit dem Anzahlbegriff verwechselt werden!)
Beispiel 4: Dreiermenge $\{4; 5; 6\}$;
Beispiel 3: Zweiermenge $\{3; 4\}$;
Beispiel 6: Einermenge $\{4\}$; die Zahl 4 ist begrifflich etwas anderes als die Einermenge $\{4\}$;
Beispiel 5: diese Menge enthält überhaupt kein Element; sie wird **leere Menge** genannt (Zeichen: $\emptyset$). Von der leeren Menge $\emptyset$ ist die Einer-

menge $\{0\}$ mit dem einzigen Element Null und die Zahl Null zu unterscheiden.
Die Menge aus Beispiel 7 ist eine **Allmenge,** da sie alle Objekte des angegebenen Grundbereichs enthält.
Von einer **endlichen** Menge spricht man, wenn endlich viele Objekte zusammengefaßt werden (Beispiele 1 bis 6). Im Beispiel 7 liegt eine **unendliche** Menge vor.
Man kann die Frage aufwerfen, weshalb in den bisherigen Ausführungen noch keine Definition des Mengenbegriffs gegeben wurde. CANTORS Definition einer Menge lautet:

Eine **Menge** ist eine Zusammenfassung bestimmter wohlunterschiedener Objekte unserer Anschauung oder unseres Denkens, welche die **Elemente** der Menge genannt werden, zu einem Ganzen.

Beachte:

1. Um eine strenge Definition handelt es sich bei CANTORS bekanntem Satz nicht, da die Forderungen an eine Definition (vgl. 1.7.) nicht erfüllt sind. Er kann lediglich dazu dienen, gewisse inhaltliche Vorstellungen von einer Menge zu gewinnen.
2. Der Begriff der Menge ist so allgemein, daß er nicht auf andere Begriffe zurückgeführt werden kann, d. h. aber, er entzieht sich einer Definition. Er zählt zu den Grundbegriffen (nichtdefinierbaren Begriffen, vgl. 1.8.) der Mathematik. Aus diesem Grunde wurde auch von Beispielen für Mengen ausgegangen.
3. Von CANTORS „Definition" ausgehend, lassen sich **antinomische** Mengen bilden, also solche, die zu logischen Widersprüchen führen. Beispiele hierfür sind:
   1. die Gesamtheit aller Mengen
   2. die Gesamtheit aller Kardinalzahlen
   3. Am bekanntesten ist die RUSSELsche antinomische Menge. Das ist die Menge aller Mengen, die sich nicht selbst als Element enthalten.

   Ein theoretischer Ansatz, der zu Widersprüchen führt, ist aber unbrauchbar. Zumindest bedarf er einer Korrektur bzw. einer Präzisierung (vgl. 2.3.).
4. Die fundamentale Begriffsbildung der Mengenlehre ist gar nicht der Begriff der Menge, sondern grundlegend ist die ε-Relation.
5. Nachdem den Mathematikern antinomische Mengen bekannt wurden, gelang es, die Mengenlehre axiomatisch (und zwar auf mehrere Arten) zu begründen. Dabei geht man nicht vom Begriff der Menge aus, sondern stellt gewisse Prinzipien (Axiome, Grundgesetze, Postulate, Forderungen) an den Anfang.

2.3. Mengenbildungsprinzip und Extensionalitätsprinzip

Vorgegeben sei

a) ein Grundbereich G (vgl. Beispiele in 2.2.); x sei die Variable für die Objekte von G, die man Urelemente nennt;
b) eine Aussageform $H(x)$ über G (vgl. 1.4.3.).

Dann gibt es für ein beliebiges $x = x_1 \in G$ genau zwei Möglichkeiten: $H(x_1)$ trifft zu (ist eine wahre Aussage) oder $H(x_1)$ trifft nicht zu (ist eine falsche Aussage).
Man faßt nun diejenigen x, für die $H(x)$ zutrifft, zu einer Menge M zusammen. Das Mengenbildungsprinzip fordert (postuliert) nun gerade die Existenz von M. Andererseits verhindert es eine uneingeschränkte (man sagt auch „uferlose") Mengenbildung.

Mengenbildungsprinzip (für Mengen erster Stufe):

Es sei $H(x)$ eine Aussageform über die Individuen (Objekte) eines gegebenen Grundbereiches G.
Dann gibt es eine Menge M, so daß für alle x gilt:
$x \in M$ genau dann, wenn $H(x)$ zutrifft (wahr ist).
Symbolisch: $\exists M \, \forall x \, [x \in M \Leftrightarrow H(x)]$

$H(x)$ wird eine die Menge M erzeugende Aussageform genannt. Für die durch $H(x)$ erzeugte Menge schreibt man $\{x; H(x)\}$ oder $\{x | H(x)\}$.

BEISPIEL

G sei der Bereich der natürlichen Zahlen.
$M = \{x; (x - 3)(x - 4) = 0\} = \{3; 4\}$
Begründung: Die Aussageform $(x - 3)(x - 4) = 0$ trifft nur zu für $x = x_1 = 3$ und $x = x_2 = 4$ (vgl. 10.3.2.).

Derartig gebildete Mengen nennt man Mengen erster Stufe. Die Urelemente werden auch als Mengen nullter Stufe betrachtet. Man kann Mengen erster Stufe erneut zu Mengen zusammenfassen und erhält so Mengen zweiter Stufe (vgl. Bsp. 2 aus 2.2.) usw.
Die **Gleichheit von Mengen** wird erklärt durch das **Extensionalitätsprinzip** (für Mengen erster Stufe):

Zwei Mengen M_1 und M_2 sind gleich (identisch) genau dann, wenn sie dieselben Elemente enthalten, d.h., wenn für alle x gilt:
$x \in M_1 \Leftrightarrow x \in M_2$.
In Zeichen: $M_1 = M_2 :\Leftrightarrow \forall x \, [x \in M_1 \Leftrightarrow x \in M_2]$

Folgerungen

1. Die Gleichheit von Mengen ist eine Äquivalenzrelation (vgl. 3.5.4.).
2. Eine Menge ist durch die in ihr enthaltenen Elemente eindeutig

bestimmt, unabhängig davon, durch welche Aussageform, Eigenschaft oder Beschreibungsart sie gegeben ist.
3. Die Reihenfolge der Niederschrift der Elemente einer Menge ist beliebig.
4. Es sind nur voneinander verschiedene Elemente anzugeben. Statt $\{a, b, b, c\}$ wird $\{a, b, c\}$ geschrieben.

Aus dem Extensionalitätsprinzip folgt der wichtige

Satz

Es gibt genau eine Menge, die kein Element enthält: **die leere Menge.** Sie wird mit $\emptyset$ bezeichnet.

Beachte:

1. Die leere Menge ist unabhängig vom verwendeten Grundbereich G.
2. Es ist $\emptyset = \{\ \}$.
3. Man kann die leere Menge beispielsweise durch die Aussageform $x \neq x$ beschreiben: $\emptyset = \{x; x \neq x\}$.
4. $\emptyset$ ist nicht zu verwechseln mit der einelementigen Menge $\{0\}$ und mit der Zahl 0.

2.4. Operationen mit Mengen

Alle in diesem Abschnitt auftretenden Mengen sind über ein und demselben Grundbereich G gebildet.

Durchschnitt

In Verallgemeinerung des Beispiels 6 aus 2.2. kann von zwei beliebigen Mengen M_1 und M_2 ausgegangen werden.
$H(x)$ sei die Aussageform „$x \in M_1$ und $x \in M_2$" („und" im Sinn von „sowohl als auch"). Dann gibt es nach dem Mengenbildungs- und Extensionalitätsprinzip genau eine Menge D, die genau diejenigen Urelemente enthält, für die $H(x)$ wahr ist, die also sowohl in M_1 als auch in M_2 liegen:

$x \in D$ genau dann, wenn $x \in M_1$ und $x \in M_2$.

Die Menge D wird der **Durchschnitt** der Mengen M_1 und M_2 genannt.
Bezeichnung: $D = M_1 \cap M_2 := \{x; x \in M_1 \text{ und } x \in M_2\}$.
Andere, heute seltener verwendete Bezeichnungen sind $M_1 \cdot M_2$; $M_1 M_2$.

Beachte:

In der Mengenlehre hat das Wort „Durchschnitt" nicht die Bedeutung einer Mittelbildung (arithmetisches Mittel). Durchschnitt kommt von „schneiden"; man sagt auch, M_1 und M_2 werden „geschnitten".

Zur Veranschaulichung mengentheoretischer Zusammenhänge ist zu empfehlen, Punktmengen der Ebene zu verwenden [z.B. Kreise; man spricht von EULER-Diagrammen oder VENN-Diagrammen (JOHN VENN, gest. 1923).]

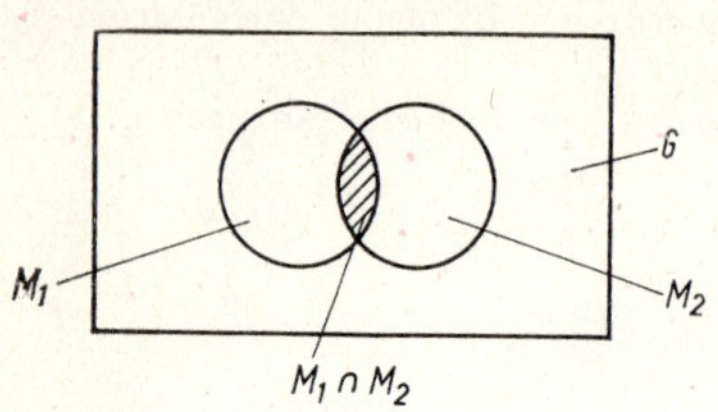

BEISPIELE

1. $\{2, 4, 6, 8\} \cap \{2, 4, 6, 10\} = \{2, 4, 6\}$
2. M_1: Menge aller Rechtecke; M_2: Menge aller Rhomben; $M_1 \cap M_2$: Menge aller Quadrate
3. $[a, b) \cap (a, b] = (a, b)$; $a < b$; a, b reelle Zahlen; zum Intervallbegriff vgl. 11.3.
4. $M \cap M = M$; der Durchschnitt ist, wie man sagt, eine idempotente Operation [idem (lat.) derselbe]

Vereinigung

Es sei $H(x)$: „$x \in M_1$ oder $x \in M_2$" („oder" im nichtausschließenden Sinn, vgl. 1.3.). Dann gibt es genau eine Menge V, die alle und nur diejenigen Urelemente enthält, die in mindestens einer der Mengen M_1, M_2 liegen:

$x \in V$ genau dann, wenn $x \in M_1$ oder $x \in M_2$.

V heißt **Vereinigungsmenge** (kurz: Vereinigung) der Mengen M_1, M_2. Bezeichnung: $V = M_1 \cup M_2 := \{x; x \in M_1 \text{ oder } x \in M_2\}$.
$M_1 \cup M_2$ wird gelesen: M_1 vereinigt mit M_2. Das Symbol $\cup$ ähnelt dem Buchstaben U (Union).
VENN-Diagramm:

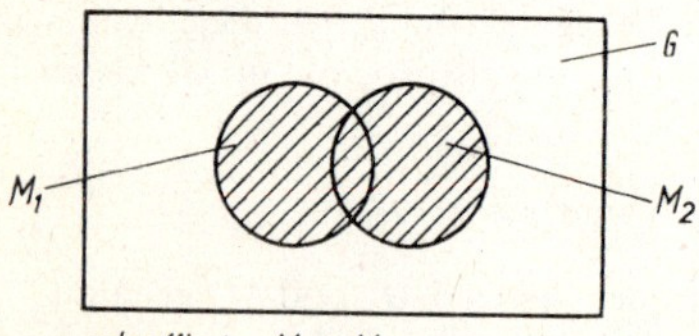

schraffiert: $M_1 \cup M_2$

BEISPIELE

1. $\{9, 11, 14\} \cup \{3, 9, 10\} = \{3, 9, 10, 11, 14\}$
2. Es sei A die Menge aller Parallelogramme, B die Menge aller Rechtecke und C die Menge aller Quadrate. Dann ist $A \cup B = A, \quad A \cup C = A, \quad B \cup C = B.$
3. $M \cup M = M$; die Vereinigung ist eine idempotente Operation.

Überschuß (symmetrische Differenz)

$H(x)$ sei die Aussageform „Entweder $x \in M_1$ oder $x \in M_2$" (ausschließendes oder; vgl. 1.3.). Die durch $H(x)$ eindeutig bestimmte Menge wird als **symmetrische Differenz** (Überschuß) bezeichnet.
Symbolisch: $M_1 \Delta M_2$ (gelesen: M_1 delta M_2).

> $x \in M_1 \Delta M_2$ genau dann, wenn x in genau einer der Mengen M_1, M_2 liegt.

VENN-Diagramm:

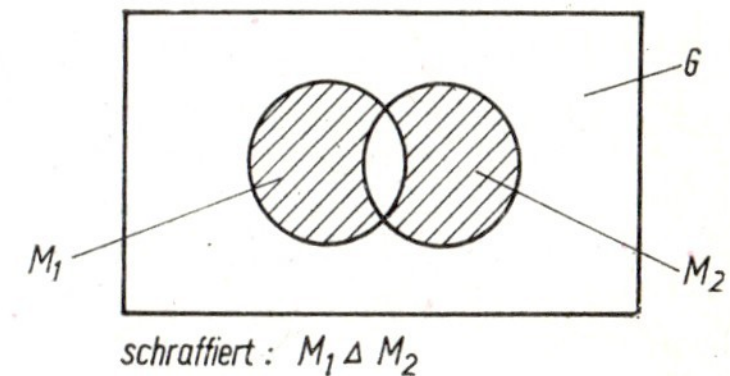

schraffiert: $M_1 \Delta M_2$

BEISPIEL

$$\{1, 2, 3, 4, 5\} \Delta \{4, 5, 6, 7\} = \{1, 2, 3, 6, 7\}$$

Differenzmenge

$H(x)$ sei die Aussageform „$x \in M_1$ und $x \notin M_2$".
Die durch $H(x)$ eindeutig bestimmte Menge wird **Differenzmenge** oder auch Mengendifferenz genannt und mit

> $M_1 \setminus M_2$ (gelesen: Differenzmenge aus M_1 und M_2; auch M_1 minus M_2)

bezeichnet.

> $x \in M_1 \setminus M_2$ genau dann, wenn x zwar aus M_1, aber nicht aus M_2 ist.

VENN-Diagramm:

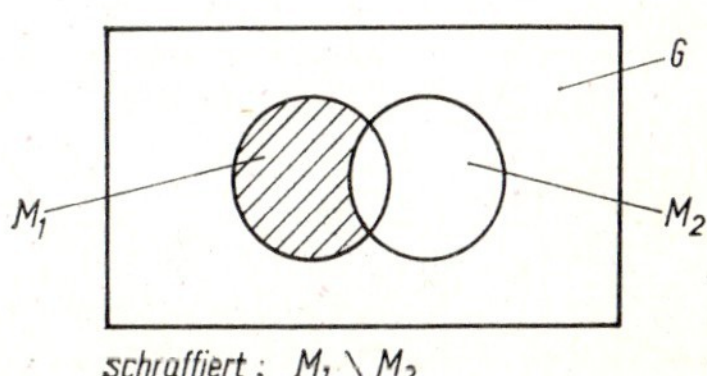

schraffiert: $M_1 \setminus M_2$

BEISPIELE

1. $\{5, 6, 7, 8\} \setminus \{4, 6, 7, 8\} = \{5\}$
2. $\{2, 3, 4\} \setminus \{8, 9, 10, 11\} = \{2, 3, 4\}$
3. A: die Menge aller Fünfecke;
   B: die Menge aller regelmäßigen Vielecke;
   $A \setminus B$: die Menge aller unregelmäßigen Fünfecke

Komplement

Das **Komplement** ist ein Spezialfall der Mengendifferenz.
Grundbereich: G; $H(x)$: $x \notin M$.
Dann gibt es genau eine Menge, deren Elemente nicht zu M gehören. Diese Menge wird mit

$C_G M$ (gelesen: Komplement von M bezüglich G)

bezeichnet. Man nennt diese Menge auch Komplementärmenge von M (kurze Bezeichnung: M^*). Es ist also

$$C_G M = M^* = G \setminus M.$$

VENN-Diagramm:

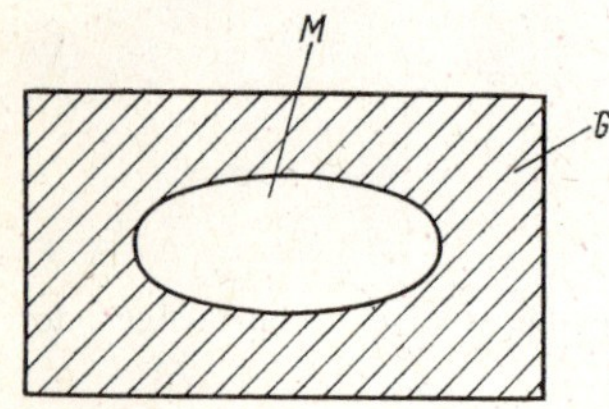

schraffiert: $C_G M$

BEISPIEL

G sei die Menge der ganzen Zahlen, M die Menge der geraden Zahlen. Dann ist

$M^* = C_G M = G \setminus M$ die Menge der ungeraden Zahlen.

Rechengesetze für Operationen mit Mengen

Für die Operationen Durchschnitt, Vereinigung und symmetrische Differenz gelten einige algebraische Rechengesetze, die vom Rechnen mit Zahlen her bekannt sind.

Kommutativgesetz

Für beliebige Mengen M_1 und M_2 gilt

$$M_1 \cap M_2 = M_2 \cap M_1$$
$$M_1 \cup M_2 = M_2 \cup M_1$$
$$M_1 \Delta M_2 = M_2 \Delta M_1.$$

Assoziativgesetz

Für beliebige Mengen M_1, M_2, M_3 gilt

$$(M_1 \cap M_2) \cap M_3 = M_1 \cap (M_2 \cap M_3)$$
$$(M_1 \cup M_2) \cup M_3 = M_1 \cup (M_2 \cup M_3)$$
$$(M_1 \Delta M_2) \Delta M_3 = M_1 \Delta (M_2 \Delta M_3)$$

Da die Reihenfolge der Zusammenfassung beliebig ist, kann man auf Klammern verzichten. Für Mengen $M_1, M_2, \ldots$ definiert man sukzessiv mehrgliedrige Durchschnitte und Vereinigungen, z.B.

$$(M_1 \cup M_2 \cup M_3) \cup M_4 = M_1 \cup M_2 \cup M_3 \cup M_4.$$

Es ist zu empfehlen, sich diese und die noch folgenden Gesetze an VENN-Diagrammen zu veranschaulichen. Dabei ist zu beachten, daß Veranschaulichungen noch keine Beweise sind. Die Behauptungen folgen vielmehr unmittelbar aus den jeweiligen Definitionen.

Distributivgesetze *für Durchschnitt und Vereinigung*

Für das Rechnen mit Zahlen gilt: Für alle a, b, c ist $a(b + c) = a \cdot b + a \cdot c$. Die Multiplikation ist distributiv bezüglich der Addition, aber die Addition ist nicht distributiv bezüglich der Multiplikation. Abweichend hiervon gelten für Durchschnitt und Vereinigung folgende Gesetze:

$(M_1 \cup M_2) \cap M_3 = (M_1 \cap M_3) \cup (M_2 \cap M_3)$ rechtsseitige Distributivität von $\cap$ bzgl. $\cup$

$M_3 \cap (M_1 \cup M_2) = (M_3 \cap M_1) \cup (M_3 \cap M_2)$ linksseitige Distributivität von $\cap$ bzgl. $\cup$

$(M_1 \cap M_2) \cup M_3 = (M_1 \cup M_3) \cap (M_2 \cup M_3)$ rechtsseitige Distributivität von $\cup$ bzgl. $\cap$

$M_3 \cup (M_1 \cap M_2) = (M_3 \cup M_1) \cap (M_3 \cup M_2)$ linksseitige Distributivität von $\cup$ bzgl. $\cap$

Die letzten vier Gesetze gelten für alle Mengen, also darf z.B. für $M_3 = M_4 \cap M_5$ gesetzt werden.
Man erkennt, daß sich die Distributivgesetze verallgemeinern lassen (entsprechend beim Rechnen mit Zahlen: $(a + b) \cdot (c + d + e) = ac + ad + ae + bc + bd + be$).
Durchschnitt und Vereinigung sind *idempotente* Operationen:

a) $M \cap M = M$ für alle M
b) $M \cup M = M$ für alle M

Verschmelzungsgesetze

Für beliebige Mengen M_1 und M_2 gilt:

$$(M_1 \cup M_2) \cap M_1 = M_1$$
$$(M_1 \cap M_2) \cup M_1 = M_1.$$

Ferner gilt für alle M:

$$M \cap \emptyset = \emptyset$$
$$M \cup \emptyset = M.$$

Diese Formeln haben ein Analogon beim Zahlenrechnen:

$$a \cdot 0 = 0 \text{ für alle } a;\ a + 0 = a \text{ für alle } a.$$

Während man aber bei Zahlen aus $a \cdot b = 0$ schließen kann, daß mindestens ein Faktor gleich Null ist, ist die Gleichung $M_1 \cap M_2 = \emptyset$ so zu deuten, daß M_1 und M_2 keine gemeinsamen Elemente haben. Solche Mengen heißen **disjunkt** (elementefremd). Notwendige und hinreichende Bedingung (vgl. 1.7.) dafür, daß zwei Mengen disjunkt sind, ist

$$M_1 \cap M_2 = \emptyset.$$

Einige Gesetze für die Differenzbildung

$$M \setminus \emptyset = M$$
$$M \setminus M = \emptyset$$
$$M_1 \cap M_2 = M_1 \setminus (M_1 \setminus M_2)$$
$$M_1 \cup M_2 = M_1 \cup (M_2 \setminus M_1)$$
$$M_1 \setminus (M_2 \setminus M_1) = M_1$$
$$M_1 \mathbin{\Delta} M_2 = (M_1 \setminus M_2) \cup (M_2 \setminus M_1)$$

Durch die letzte Gleichung wird der Name „Symmetrische Differenz" verständlich.

$$M_1 \setminus (M_2 \setminus M_3) = (M_1 \setminus M_2) \cup (M_1 \cap M_3)$$
$$(M_1 \cap M_2) \setminus M_3 = (M_1 \setminus M_3) \cap (M_2 \setminus M_3)$$
$$(M_1 \cup M_2) \setminus M_3 = (M_1 \setminus M_3) \cup (M_2 \setminus M_3)$$

Einige Gesetze für die Komplementbildung

$$M \cap M^* = \emptyset \qquad M \cup M^* = G$$

$$\left.\begin{aligned}(M_1 \cap M_2)^* &= M_1^* \cup M_2^* \\ (M_1 \cup M_2)^* &= M_1^* \cap M_2^*\end{aligned}\right\} \text{Gesetze von DE MORGAN}$$

Wegen Operationen für Mengen höherer Stufe muß auf Spezialliteratur verwiesen werden.

2.5. Beziehung des Enthaltenseins

Von der Elementbeziehung $x \in A$ (Relation zwischen einem Element und einer Menge) ist die **Enthaltenseinsbeziehung** (Inklusion) zu unterscheiden (Relation zwischen Mengen).

M_1 und M_2 seien beliebige Mengen über einem Grundbereich G. Eine Menge M_1 heißt **Teilmenge** (Untermenge) einer Menge M_2, in Zeichen: $M_1 \subseteqq M_2$ oder $M_1 \subseteq M_2$, genau dann, wenn für alle x gilt:

Wenn $x \in M_1$, so $x \in M_2$.

Man sagt auch: „M_1 ist in M_2 enthalten"; „M_2 umfaßt M_1". Ist M_1 eine Teilmenge von M_2, so wird M_2 eine **Obermenge** von M_1 genannt (in Zeichen: $M_2 \supseteqq M_1$). Jede Menge ist nach der Definition der Inklusion eine Teilmenge von sich selbst. Diese Auffassung widerspricht zwar der üblichen Vorstellung von einem Ganzen und seinen Teilen, sie hat sich aber in der Mathematik bewährt.

Eine Menge M_1 heißt **echte Teilmenge** von M_2 (echte Inklusion; in Zeichen: $M_1 \subset M_2$) genau dann, wenn $M_1 \subseteqq M_2$ und $M_1 \neq M_2$ ist.

M_2 heißt dann **echte Obermenge** von M_1. Es gibt dann wenigstens ein x, das zu M_2, aber nicht zu M_1 gehört.

Beachte:

Mitunter wird auch für die Inklusion das Zeichen $\subset$ verwendet.

VENN-Diagramm für die Inklusion:

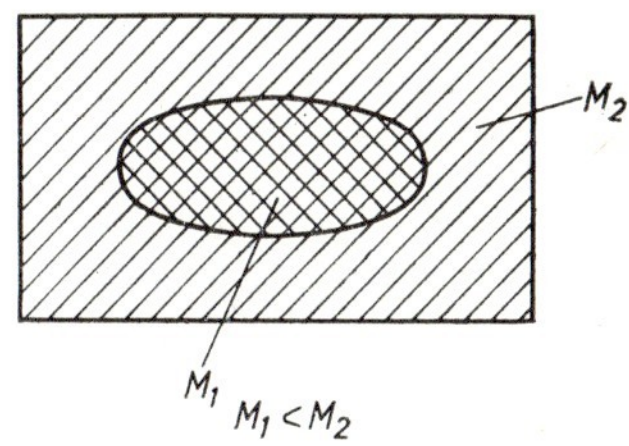

BEISPIELE

1. $\{1, 2, 3, 4\} \subseteqq \{1, 2, 3, 4\}$
   Zwei Mengen M_1 und M_2 sind gleich genau dann, wenn $M_1 \subseteqq M_2$ und $M_2 \subseteqq M_1$ (ein für Beweisführungen wichtiger Satz).
2. M_1: Menge aller gleichseitigen Dreiecke;
   M_2: Menge aller Dreiecke;
   $M_1 \subset M_2$.
3. Die Menge aller geraden Zahlen ist eine echte Teilmenge der Menge aller ganzen Zahlen:
   $\{0, +2, -2, +4, -4, \ldots\} \subset \{0, +1, -1, +2, -2, \ldots\}$.
4. $M_1 = \{3, 4, 5\}$; $M_2 = \{2, 6, 7, 8\}$. Diese Mengen sind unvergleichbar, da weder $M_1 \subseteqq M_2$ noch $M_2 \subseteqq M_1$ gilt. Reelle Zahlen sind dagegen stets vergleichbar, denn für alle a und b gilt stets $a \leqq b$ oder $b \leqq a$.

Bemerkenswert ist der wichtige Satz, daß die leere Menge Teilmenge jeder anderen Menge ist:

$\emptyset \subseteqq M$ gilt für alle M.

Zum Beweis ist zu zeigen, daß für alle x gilt:

Wenn $x \in \emptyset$, so $x \in M$.

Diese Aussage ist aber wahr (vgl. 1.3.2.), da das Vorderglied der Wenn-so-Verbindung falsch ist. (Für kein x gilt $x \in \emptyset$.)

Eigenschaften der Inklusion

(Zu Eigenschaften von Relationen vgl. 3.5.2.)

1. Reflexivität: $M \subseteqq M$ für alle M
2. Transitivität: Wenn $M_1 \subseteqq M_2$ und $M_2 \subseteqq M_3$, so $M_1 \subseteqq M_3$ für alle Mengen M_1, M_2, M_3.
3. Antisymmetrie: Wenn $M_1 \subseteqq M_2$ und $M_2 \subseteqq M_1$, so $M_1 = M_2$ für alle Mengen M_1, M_2.

Eigenschaften der echten Inklusion

1. Irreflexivität: $M \subset M$ für kein M
2. Transitivität: Wenn $M_1 \subset M_2$ und $M_2 \subset M_3$, so $M_1 \subset M_3$ für alle Mengen M_1, M_2, M_3.
3. Asymmetrie: Wenn $M_1 \subset M_2$, so nicht $M_2 \subset M_1$ für alle Mengen M_1, M_2.

Zum Beweis der Irreflexivität der echten Inklusion ist zu zeigen, daß $M \subset M$ für kein M gilt. $M \subset M$ genau dann, wenn $M \subseteqq M$ und $M \neq M$ (nach Definition). $M \neq M$ gilt aber für kein M. Dann gilt auch „$M \subseteqq M$ und $M \neq M$“ für kein M. Somit gilt auch $M \subset M$ für kein M, was zu beweisen war.
Der Durchschnitt $M_1 \cap M_2$ ist die größte in M_1 und M_2 enthaltene Menge.
Die Vereinigungsmenge $M_1 \cup M_2$ ist die kleinste M_1 und M_2 umfassende Menge.
Durchschnitt und Vereinigung sind bezüglich der Inklusion *monoton:*

Wenn $M_1 \subseteqq M_2$, so $M_1 \cap M_3 \subseteqq M_2 \cup M_3$.
Wenn $M_1 \subseteqq M_2$, so $M_1 \cup M_3 \subseteqq M_2 \cup M_3$.

Die Inklusion läßt sich ausdrücken durch
den Durchschnitt: $M_1 \subseteqq M_2 \Leftrightarrow M_1 \cap M_2 = M_1$ oder
die Vereinigung: $M_1 \subseteqq M_2 \Leftrightarrow M_1 \cup M_2 = M_2$.

2.6. Potenzmengen

Gegeben sei die Menge $M = \{7; 8\}$. Dann sind die folgenden Mengen Teilmengen von M:

$$X_1 = \emptyset;\ X_2 = \{7\};\ X_3 = \{8\};\ X_4 = \{7; 8\}.$$

Diese vier Mengen können zu einer Menge zusammengefaßt werden, die wir **Potenzmenge** von M nennen und mit $P(M)$ bezeichnen:

$$P(M) = \{\emptyset, \{7\}, \{8\}, \{7; 8\}\}$$

Allgemein:

Gegeben sei eine Menge erster Stufe: M.
Für die Teilmengen von M verwenden wir die Variable X.

$H(X)$ sei die Aussageform $X \subseteq M$.
Dann ist $P(M)$ eine Menge zweiter Stufe, deren Elemente Teilmengen von M, also Mengen erster Stufe, sind. Es ist zu beachten, daß $\emptyset \in P(M)$ und $M \in P(M)$ ist.

Definition

Wenn M eine beliebige Menge ist, so gibt es genau eine Menge $P(M)$, die **Potenzmenge** von M, derart, daß

$$P(M) := \{X; X \subseteq M\}.$$

Wenn M eine Menge k-ter Stufe ist, so ist $P(M)$ eine Menge der Stufe $(k + 1)$. Von $P(M)$ läßt sich erneut die Potenzmenge bilden usw.
Die Potenzmengenbildung erweist sich als eine Möglichkeit zur Bildung neuer Mengen. Potenzmengen sind für theoretische Untersuchungen, aber auch für Anwendungen (z. B. auf dem Gebiet der Optimierung) von Bedeutung.
Die Existenz von Potenzmengen wird gesichert durch das Mengenbildungsprinzip für Mengen zweiter Stufe, die Eindeutigkeit ergibt sich aus dem Extensionalitätsprinzip für Mengen zweiter Stufe.

BEISPIELE

1. $M = \{u\}$; $P(M) = \{\emptyset; \{u\}\}$
2. $M = \emptyset$; $P(M) = P(\emptyset) = \{\emptyset\}$. Das ist eine Einermenge mit genau einem Element, nämlich der leeren Menge erster Stufe.
3. $M = \{u\}$; $P(M) = P(\{u\}) = \{\emptyset, \{u\}\}$
   Wir bilden von $P(M)$ erneut die Potenzmenge und erhalten die Mengenfamilie (Menge dritter Stufe)

$$P(P(M)) = \{\emptyset, \{\emptyset\}, \{\{u\}\}, \{\{\emptyset, \{u\}\}\}\}.$$

In den bisherigen Darlegungen wurden Mengen betrachtet, deren Existenz durch Mengenbildungsprinzipien gesichert war und deren Eindeutigkeit aus den Extensionalitätsprinzipien folgte. Es ergeben sich nun zwei Fragen:

a) Kommt man beim Aufbau der Mengenlehre mit diesen beiden Prinzipien aus?
b) Gibt es noch andere Möglichkeiten der Mengenbildung?

Vor Jahrzehnten war man der Ansicht, daß man mit den zwei Prinzipien auskommen müßte. Heute verwendet man noch weitere Axiome, z. B. das Unendlichkeitsprinzip, das besagt, daß es wenigstens eine unendliche Menge gibt, und ein Auswahlprinzip, das die Bildung von Mengen unabhängig von den Mengenbildungsprinzipien gestattet. Auf Einzelheiten kann hier nicht eingegangen werden.

3. Abbildungen

3.1. Begriff der Abbildung

3.1.1. Geordnetes Paar; geordnetes n-Tupel

Von entscheidender Bedeutung für viele mathematische Betrachtungen ist der Begriff des geordneten Paares $[x; y]$ aus gegebenen Individuen (Objekten) x und y. Dabei heißt x die erste Komponente und y die zweite Komponente des geordneten Paares. Statt $[x; y]$ schreibt man auch $(x; y)$ oder auch (x, y).
Vom geordneten Paar $[x; y]$ ist die Zweiermenge $\{x, y\}$ wohl zu unterscheiden. In der letzteren sind beide Elemente gleichberechtigt zu einer Gesamtheit zusammengefaßt. Dabei gilt

$$\{x, y\} = \{y, x\}.$$

Zwei geordnete Paare $[x_1; y_1]$ und $[x_2; y_2]$ sind genau dann gleich, wenn $x_1 = x_2$ und $y_1 = y_2$ ist. Symbolisch:

$$[x_1; y_1] = [x_2; y_2] :\Leftrightarrow (x_1 = x_2) \wedge (y_1 = y_2).$$

Gleiche geordnete Paare stimmen also komponentenweise überein. Geordnete Paare können durchaus gleiche Komponenten haben, z.B. $[4; 4]$.
Das geordnete Tripel (3-Tupel) aus den Individuen x, y, z läßt sich unter Verwendung des geordneten Paares erklären:

$$[x; y; z] := [[x; y]; z].$$

Die geordneten Tripel $[x_1; y_1; z_1]$ und $[x_2; y_2; z_2]$ sind gleich genau dann, wenn

$[[x_1; y_1]; z_1] = [[x_2; y_2]; z_2]$, also genau dann, wenn

$[x_1; y_1] = [x_2; y_2]$ und $z_1 = z_2$, also genau dann, wenn

$x_1 = x_2$ und $y_1 = y_2$ und $z_1 = z_2$.

Ist $n \geqq 2$, so definiert man allgemein für Individuen $x_1, \ldots, x_n$ das geordnete n-Tupel $[x_1; \ldots; x_n]$ induktiv durch

$$[x_1; \ldots; x_n] := [[x_1; \ldots; x_{n-1}]; x_n].$$

Dabei ist unter dem 1-Tupel $[x_1]$ das Individuum x_1 zu verstehen. Dann läßt sich zeigen, daß n-Tupel gleich sind dann und nur dann, wenn sie in den entsprechenden Komponenten übereinstimmen.

Für $n = 2$ spricht man vom 2-Tupel (Dupel, Paar);

$n = 3$: 3-Tupel (Tripel);

$n = 4$: 4-Tupel (Quadrupel);

$n = 5$: 5-Tupel (Quintupel);

$n = 6$: 6-Tupel (Sextupel) usw.

3.1.2. Produktmenge (kartesisches Produkt)

Definition

Es sei $x \in M$ und $y \in N$. Die Menge aller geordneten Paare $[x; y]$ mit $x \in M$ und $y \in N$ wird **Produktmenge** (auch kartesisches Produkt, Kreuzprodukt, Kreuzmenge) aus den Mengen M und N genannt, im Zeichen: $M \times N$ (gelesen: M Kreuz N).
Symbolisch: $M \times N := \{[x, y]; x \in M \wedge y \in N\}$.

Unter dem Produkt $M_1 \times M_2 \times \ldots \times M_n$ der Mengen $M_1, \ldots, M_n$ mit $n \geqq 2$ versteht man die Menge aller n-Tupel $[x_1; \ldots; x_n]$ von Objekten $x_1 \in M_1, x_2 \in M_2, \ldots, x_n \in M_n$.
Im allgemeinen ist $M \times N$ verschieden von $N \times M$.

BEISPIEL

Es sei $M = \{2, 4\}$; $N = \{1, 3, 5\}$.
Dann ist

$$M \times N = \{[2; 1], [2; 3], [2; 5], [4; 1], [4; 3], [4; 5]\}.$$

$$N \times M = \{[1; 2], [1; 4], [3; 2], [3; 4], [5; 2], [5; 4]\}$$

$$M \times M = \{[2; 2], [2; 4], [4; 2], [4; 4]\}$$

$$N \times N = \{[1; 1], [1; 3], [1; 5], [3; 1], [3; 3], [3; 5], [5; 1], [5; 3], [5; 5]\}.$$

Die Elemente dieser vier Produktmengen lassen sich als Punkte eines ebenen Koordinatensystems darstellen. Für $M \times N$ erhält man beispielsweise:

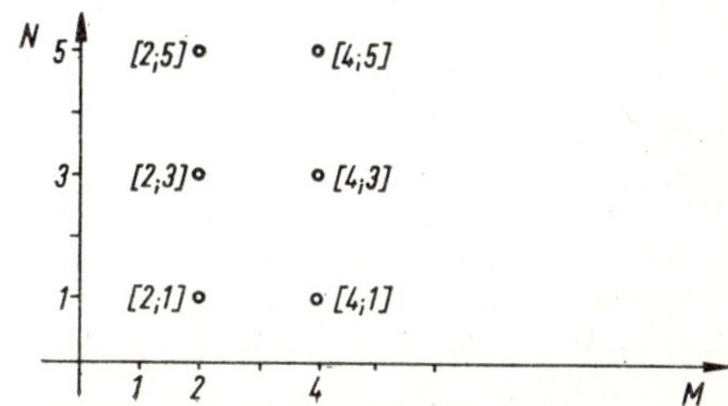

Es sei P die Menge der reellen Zahlen. Dann läßt sich $P \times P$ (bzw. $P \times P \times P$) als Menge aller Punkte in einem ebenen (bzw. räumlichen) kartesischen Koordinatensystem deuten.
Der Name „Produkt" für $M \times N$ ist u.a. insofern gerechtfertigt, als z.B. das kartesische Produkt distributiv (und zwar rechtsseitig und linksseitig) in bezug auf die Operationen Durchschnitt und Vereinigung ist. Es gelten nämlich die Relationen

$$(M \cap N) \times A = (M \times A) \cap (N \times A)$$
$$A \times (M \cap N) = (A \times M) \cap (A \times N)$$
$$(M \cup N) \times A = (M \times A) \cup (N \times A)$$
$$A \times (M \cup N) = (A \times M) \cup (A \times N)$$

3.1.3. Abbildungen

Die Erläuterungen unter 3.1.1. und 3.1.2. sind nötig zur Definition des Abbildungsbegriffs, der einer der wichtigsten Begriffe der Mathematik überhaupt ist.

Definition

Unter einer **Abbildung** *aus* einer Menge A *in* eine Menge B versteht man irgendeine Teilmenge F der Produktmenge $A \times B$.
Symbolisch: F ist eine Abbildung aus A in B: $\Leftrightarrow F \subseteqq A \times B$.

F ist demnach eine Menge geordneter Paare $[x; y]$ mit $x \in A$ und $y \in B$. Die Mengen A und B können auch gleich sein.
Ist $[x; y] \in F$, so ist es üblich zu sagen, daß durch F dem Element x das Element y zugeordnet wird.
Als Bezeichnungen für Abbildungen verwendet man die Zeichen $F, G, \ldots, f, g, \ldots$, gegebenenfalls mit Indizes.

BEISPIELE

1. A sei die Menge aller Männer, B die Menge aller Frauen. Durch F soll jedem Mann seine Ehefrau zugeordnet werden. Offensichtlich ist $F \subset A \times B$.
2. Es sei $A = B$ die Menge der reellen Zahlen. Durch F soll jedem $x \in A$ das um 2 verminderte Dreifache von x zugeordnet werden. Dann gilt $[x; 3x - 2] \in F \subset A \times B$, da jeder reellen Zahl genau der Wert zugeordnet ist, den der Term $3x - 2$ bei Belegung von x mit der betreffenden reellen Zahl annimmt.
3. Es sei A die Menge der sporttreibenden Menschen, B die Menge der Sportarten. Durch F sollen jedem Menschen die von ihm betriebenen Sportarten zugeordnet werden.
4. Es sei $A = B$ die Menge der reellen Zahlen und $[x; x^2] \in F$. Dann ist $F \subset A \times B$.

Ist F eine Abbildung aus A in B und $[x; y] \in F$, so wird y ein **Bild** von x und x ein **Urbild** von y genannt.
Die Menge aller $x \in A$, für die ein $y \in B$ existiert derart, daß $[x; y] \in F$, heißt **Definitionsbereich** (Argumentbereich, Urbildbereich, Vorbereich) von F; in Zeichen: $\mathrm{Db}(F)$.
In Beispiel 1. ist $\mathrm{Db}(F)$ die Menge aller verheirateten Männer;
bei 2. ist $\mathrm{Db}(F)$ die Menge der reellen Zahlen;
bei 3. ist $\mathrm{Db}(F) = A$;
bei 4. ist $\mathrm{Db}(F) = A$.
Die Menge aller $y \in B$, für die ein $x \in A$ existiert derart, daß $[x; y] \in F$, heißt **Wertebereich** (Bildbereich, Nachbereich, Wertevorrat) von F; in Zeichen: $\mathrm{Wb}(F)$.
In Beispiel 1. ist $\mathrm{Wb}(F)$ die Menge der verheirateten Frauen;
bei 2. ist $\mathrm{Wb}(F)$ die Menge der reellen Zahlen;
bei 3. ist $\mathrm{Wb}(F) = B$;
bei 4. ist $\mathrm{Wb}(F)$ die Menge aller nichtnegativen reellen Zahlen, weil $x^2 \geqq 0$ für alle x.
Die Menge aller Bilder y eines Elementes $x \in A$ heißt das **volle Bild** von x bei F (vgl. Beispiel 3., denn ein Mensch kann mehrere Sportarten betreiben).
Die Menge aller Urbilder x von $y \in B$ heißt das **volle Urbild** von y bei F (in Beispiel 3. gibt es nicht nur einen Menschen, der Schwimmsport betreibt).
Abbildungen F_1 und F_2 sind gleich genau dann, wenn für jedes x das volle Bild von x bei F_1 dem vollen Bild von x bei F_2 gleich ist.
Der Begriff der Abbildung stellt an das Abstraktionsvermögen wegen seiner Allgemeinheit hohe Anforderungen. Die nachstehende Zeichnung erleichtert das Verständnis der eingeführten Begriffe.

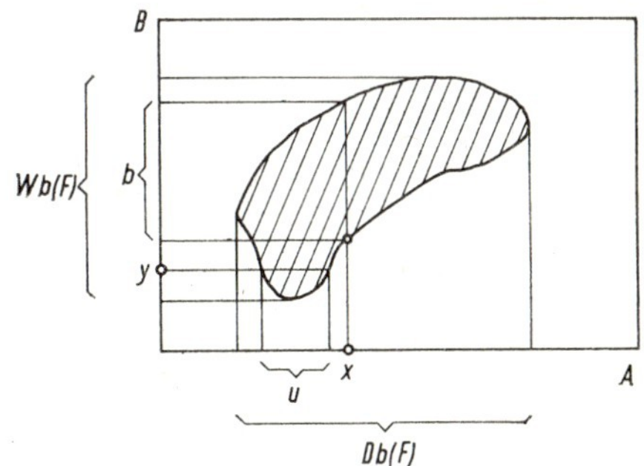

Rechteck (Seiten A und B) als Veranschaulichung von $A \times B$
Schraffierte Fläche soll F darstellen
$x \in A$; $y \in B$
b ist das volle Bild von x; u ist das volle Urbild von y

Der Definitionsbereich (bzw. Wertebereich) einer Abbildung F aus A in B ist eine Teilmenge von A (bzw. von B). Es gibt aber auch Abbildungen, bei denen $\mathrm{Db}(F) = A$ bzw. $\mathrm{Wb}(F) = B$ gilt. Die möglichen Fälle und ihre Bezeichnungen sind in der folgenden Übersicht zusammengestellt.

	B	
A	in	auf
aus	$\mathrm{Db}(F) \subseteqq A$ $\mathrm{Wb}(F) \subseteqq B$	$\mathrm{Db}(F) \subseteqq A$ $\mathrm{Wb}(F) = B$
von	$\mathrm{Db}(F) = A$ $\mathrm{Wb}(F) \subseteqq B$	$\mathrm{Db}(F) = A$ $\mathrm{Wb}(F) = B$

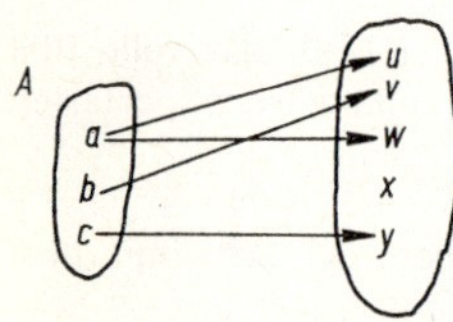

Ist z.B. F eine Abbildung von A in B, so ist $\mathrm{Db}(F) = A$ und $\mathrm{Wb}(F) \subseteqq B$. Die Veranschaulichung kann durch ein Pfeildiagramm erfolgen.

3.2. Inverse Abbildungen

Unter der zu F inversen Abbildung (Umkehrabbildung) F^{-1} versteht man die Menge aller geordneten Paare $[y; x]$ mit $[x; y] \in F$. (F^{-1} ist nicht etwa als Potenz aufzufassen!)
Wenn F eine Abbildung aus A in B ist, so ist die inverse Abbildung F^{-1} eine Abbildung aus B in A.
Es gilt: $\mathrm{Db}(F^{-1}) = \mathrm{Wb}(F)$, $\mathrm{Wb}(F^{-1}) = \mathrm{Db}(F)$
Die inverse Abbildung der inversen Abbildung ist die ursprüngliche Abbildung: $(F^{-1})^{-1} = F$.

BEISPIELE

1. $A = \{5, 6, 8\}$; $B = \{5, 2, 9\}$
   Es sei $F = \{[5; 2], [5; 9], [8; 2]\} \subset A \times B$
   Dann ist $F^{-1} = \{[2; 5], [9; 5], [2; 8]\}$
   $\mathrm{Db}(F) = \mathrm{Wb}(F^{-1}) = \{5, 8\}$
   $\mathrm{Wb}(F) = \mathrm{Db}(F^{-1}) = \{2, 9\}$
2. $A = \{a, b, c\}$; $B = \{d, e, f\}$
   Es sei $F = \{[a; e], [b; e], [c; d]\}$
   Dann ist $F^{-1} = \{[e; a], [e; b], [d; c]\}$

3. $A = \{4, 7, 8\}$; $B = \{a, b, c\}$
   Es sei $F = \{[4; a], [7; c], [8; b]\}$
   Dann ist $F^{-1} = \{[a; 4], [c; 7], [b; 8]\}$

3.3. Funktionen

3.3.1. Begriff der Funktion

Eine Abbildung F aus A in B heißt **eindeutig**, wenn durch F jedem $x \in A$ höchstens ein Bild $y \in B$ zugeordnet wird.
F ist eindeutig also genau dann, wenn gilt:

$$\text{Wenn } [x; y_1] \in F \quad \text{und} \quad [x; y_2] \in F, \quad \text{so} \quad y_1 = y_2.$$

Ist $x \in \mathrm{Db}(F)$, so wird bei einer eindeutigen Abbildung F jedem x genau ein y zugeordnet, das Wert von x bei F genannt wird. Seit EULER bezeichnet man es mit $F(x)$.

▌ Jede eindeutige Abbildung wird **Funktion** genannt.

Funktionen bezeichnet man im allgemeinen mit kleinen lateinischen Buchstaben.
Es ist üblich, eine Funktion f auch als Menge geordneter Paare $[x; y]$ zu erklären, wobei jedem $x \in \mathrm{Db}(f)$ genau ein $y \in \mathrm{Wb}(f)$ zugeordnet ist.
Eine Abbildung, die nicht eindeutig ist, wird mehrdeutig genannt.

BEISPIELE

Sind die folgenden Mengen geordneter Paare Funktionen?

1. $\{[4; 2], [6; 3], [8; 4], [10; 5]\}$
2. $\{[4; 2], [6; 2], [6; 1]\}$

   Die Menge 1. ist eine Funktion, weil den Elementen des Definitionsbereichs $\{4, 6, 8, 10\}$ jeweils genau eine Zahl zugeordnet ist.
   Dagegen ist die unter 2. genannte Menge keine Funktion, da der Zahl 6 sowohl die Zahl 2 als auch die Zahl 1 zugeordnet ist.

Ist $[x; y] \in f$, so schreibt man auch $[x; f(x)]$ oder $y = f(x)$ (gelesen: y gleich f von x; f(x) wird der Funktionswert von f an der Stelle x genannt; x heißt Argument der Funktion f). In älteren Darstellungen wird x vielfach unabhängige Veränderliche genannt, während y als abhängige Veränderliche bezeichnet wird.

BEISPIEL

Es sei die Funktion f durch die Gleichung $y = f(x) = 1 - x^2$ gegeben. Zu berechnen sind die Funktionswerte $f(-2)$, $f(0)$, $f(2)$.
$f(-2) = 1 - (-2)^2 = 1 - 4 = -3$
$f(0) = 1 - 0^2 = 1$
$f(2) = 1 - 2^2 = -3$

Beachte:

Die verwendete Schreibweise hat den Vorteil, daß sofort ersichtlich ist, für welches Argument der Funktionswert angegeben wird.

Der Einteilung der Abbildungen in 3.1.3. entsprechend, unterscheidet man Funktionen

aus A in B; von A in B; aus A auf B und von A auf B.

Für Funktionen f von A in B hat sich die Schreibweise

$$f\colon A \to B$$

eingebürgert.

Zwei Funktionen f_1 und f_2 von A in B sind gleich genau dann, wenn für alle x gilt:

$$\text{Wenn } x \in A, \text{ so } f_1(x) = f_2(x).$$

BEISPIELE

Es sind weder die Funktionen $y_1 = f_1(x) = \frac{x}{x}$ und $y_2 = f_2(x) = 1$ noch die Funktionen $y_3 = f_3(x) = x^0$ und $y_4 = f_4(x) = 1$ gleich, da y_1 und y_3 für $x = 0$ nicht erklärt sind.

Beachte:

1. Bei der Formulierung eines funktionalen Zusammenhangs ist auf sprachliche Korrektheit zu achten. „Dem Argument x_1 ist der Funktionswert $f(x_1)$ zugeordnet." und „Durch eindeutige Zuordnung der Funktionswerte $f(x)$ zu den Argumenten x entstehen geordnete Paare $[x; f(x)]$." sind mögliche Redeweisen.
2. Indem Funktionen als spezielle Abbildungen definiert werden, ordnet man den Funktionsbegriff in größere Zusammenhänge ein.
3. Es ist zweckmäßig, für Funktionen die Eindeutigkeit der Zuordnung zu fordern mit Rücksicht auf gewisse Begriffe, die mit dem Funktionsbegriff in Zusammenhang stehen [z. B. Grenzwert einer Funktion (vgl. 17.2. und 17.3.), Ableitung einer Funktion (vgl. 18.1.)].
4. Der Sprachgebrauch ist in der Mathematik nicht einheitlich. Mitunter werden in der Literatur Abbildungen als Korrespondenzen bezeichnet. Die eindeutigen Korrespondenzen werden dann Abbildungen (Funktionen) genannt.
   Oder es wird „Abbildung" im Sinn von „Funktion" gebraucht und von mehrdeutigen Funktionen gesprochen, wenn es sich um Abbildungen im oben dargelegten Sinne handelt.

3.3.2. Eineindeutige Funktionen

Definition

Eine Funktion f aus A in B heißt **eindeutig umkehrbare Funktion** (eineindeutige Funktion) genau dann, wenn gilt:
f ist Teilmenge von $A \times B$, und sowohl f als auch f^{-1} sind eindeutig.

BEISPIELE

1. $y = x^2$ $(x \geqq 0)$ ist eine eineindeutige Funktion, da jedem $x \geqq 0$ genau ein y und jedem $y \geqq 0$ genau ein x zugeordnet ist.
2. Im 3. Beispiel aus 3.2. liegt eine eineindeutige Funktion vor, denn $F = f$ ist Teilmenge von $A \times B$ und f und f^{-1} sind eindeutig.
3. Es sei $A = B = \{u, v, w\}$ und $f = \{[u; v], [v; w], [w; u]\}$. Es ist f eine eineindeutige Funktion von A auf sich.

3.3.3. Zueinander inverse Funktionen

Ist f eine eineindeutige Funktion mit $\mathrm{Db}(f) = A$ und $\mathrm{Wb}(f) = B$, so versteht man unter der **Umkehrfunktion** (inverse Funktion) f^{-1} von f die Menge der geordneten Paare $[y; x]$, für die $[x; y] \in f$ gilt.

Es ist $\mathrm{Db}(f^{-1}) = B$ und $\mathrm{Wb}(f^{-1}) = A$.
$[y; x] \in f^{-1}$ also genau dann, wenn $[x; y] \in f$.
Wie jede Abbildung, so hat auch jede Funktion (eindeutige Abbildung) eine inverse Abbildung, die aber nicht wieder eine Funktion sein muß.

BEISPIELE

1. Die Funktion mit der Gleichung $y = x^2$ (x reell) ist eindeutig, aber nicht eineindeutig. Deswegen ist die inverse Abbildung zu $y = x^2$ keine Funktion. Die geordneten Paare $[-2; 4]$ und $[+2; 4]$ sind z. B. Elemente von f. Dann sind $[4; -2]$ und $[4; +2]$ Elemente von f^{-1}. Da 4 sowohl $+2$ als auch -2 zugeordnet werden kann, ist f^{-1} keine eindeutige Abbildung.
2. Die Funktion $y = x^2$ $(x \geqq 0)$ aus 3.3.2. dagegen ist eine eindeutig umkehrbare Funktion.
3. Es sind alle linearen Funktionen anzugeben, die die Bedingung $f = f^{-1}$ erfüllen.
   Offensichtlich gilt $f = f^{-1}$
   a) für die Identitätsfunktion $y = x$ (vgl. Abschn. 14.),
   b) für die Funktionen $y = -x + n$.
   Die Punkte $[x; y]$ und $[y; x]$ liegen nämlich axialsymmetrisch zur Geraden mit der Gleichung $y = x$ (vgl. 15.2.2.3.). Das aber trifft für alle geordneten Paare $[x; x]$ bzw. $[x; -x + n]$ zu.

3.4. Verkettung von Abbildungen

Es sei F eine Abbildung aus A in B und G eine Abbildung aus B in C. Dann ist unter der Verkettung (Hintereinanderausführung) $G \circ F$ (gelesen: G verkettet mit F) die Abbildung aus A in C zu verstehen, die alle geordneten Paare $[x; z]$ enthält, für die gilt:
Es existiert ein $y \in B$ derart, daß $[x; y] \in F$ und $[y; z] \in G$.

BEISPIEL

Es sei $A = \{1, 2, 3, 4, 5, 6\}$; $B = \{3, 4, 5, 6, 7, 8, 9\}$;
$C = \{\frac{1}{3}, \frac{1}{5}, \frac{1}{7}, \frac{1}{9}\}$ und $F = \{[1; 3], [3; 5], [4; 7], [5; 6], [5; 7], [6; 8]\}$;
$G = \{[3; \frac{1}{3}], [5; \frac{1}{5}], [6; \frac{1}{7}], [7; \frac{1}{7}]\}$.
Dann ist $G \circ F = \{[1; \frac{1}{3}], [3; \frac{1}{5}], [4; \frac{1}{7}], [5; \frac{1}{7}]\}$.
Begründung für das Paar $[1; \frac{1}{3}]$: Durch F ist der $1 \in A$ die $3 \in B$ zugeordnet; durch G ist der $3 \in B$ die Zahl $\frac{1}{3} \in C$ zugeordnet. Also ist $[1; \frac{1}{3}] \in G \circ F$.

Die Verkettung von Abbildungen ist zwar *nicht kommutativ*, aber es gilt das **assoziative Gesetz:**

▌ $U \circ (V \circ W) = (U \circ V) \circ W.$

Bemerkenswert ist noch die Relation

▌ $(G \circ F)^{-1} = F^{-1} \circ G^{-1}$

Bei der Verkettung von eindeutigen Abbildungen (Funktionen) ist eine Darstellung üblich, die am Beispiel der Funktion $y = \sqrt{x^2 - 1}$ erläutert werden soll. Diese kann durch die beiden Gleichungen $y = f(z) = \sqrt{z}$ und $z = \varphi(x) = x^2 - 1$ dargestellt werden. Dann ist

$$(f \circ \varphi)(x) = f(\varphi(x)) = \sqrt{x^2 - 1}.$$

Diese Darstellung hat den Vorteil, daß die Reihenfolge der Verkettung („f nach φ") gut zu erkennen ist. Man nennt φ die **innere Funktion** und f die **äußere Funktion** der Verkettung.

BEISPIEL

Die Funktion $y = \lg |\sin x|$ läßt sich in der Form

$$y = f(z) = \lg z; \quad z = \psi(u) = |u|; \quad u = \varphi(x) = \sin x$$

schreiben.
Es kann also $\lg |\sin x| = f(\psi(\varphi(x)))$ als durch Verkettung entstanden („ψ nach φ; f nach ψ") aufgefaßt werden.

3.5. Relationen

3.5.1. Der Relationsbegriff

Relationen (Beziehungen) sind spezielle Abbildungen.
Im täglichen Leben wie in der Mathematik besteht oft der Anlaß, Objekte zu Mengen zusammenzufassen. Darüber hinaus besteht oft die Notwendigkeit, nach Beziehungen zwischen den Objekten einer Menge zu fragen.
Eine Schulklasse habe 30 Schüler ($s_1, s_2, \ldots, s_{30}$). Dann kann man für je zwei Schüler z. B. feststellen: s_3 ist größer als s_7; s_{14} ist in Mathe-

matik tüchtiger als s_6. Die Feststellungen „ist größer als" und „ist in Mathematik tüchtiger als" sind Beispiele für Relationen. Diese sind stets in einer bestimmten Menge erklärt. Weitere Beispiele für solche Beziehungen sind: „ist Vater von"; „ist Freund von"; „ist verheiratet mit". In der Mathematik sind bedeutende Beziehungen: „ist Teiler von"; „ist Nachfolger von"; „ist das Quadrat von".

Definition

Es sei M eine beliebige Menge. Unter einer zweistelligen (binären) Relation R in einer Menge M versteht man irgendeine Teilmenge von $M \times M$.
Symbolisch: R ist eine binäre Relation in M: $\Leftrightarrow R \subseteqq M \times M$.

Relationen sind Abbildungen aus M in M, also Mengen.

BEISPIEL

Es sei $M = \{10, 12, 14, 16\}$. R sei die „Kleiner als"-Relation. Dann gilt $10 < 12$; $10 < 14$; $10 < 16$; $12 < 14$; $12 < 16$; $14 < 16$. Die in der Relation „$<$" stehenden Zahlen bilden jeweils ein geordnetes Paar. R ist die Menge der geordneten Paare
$\{[10; 12], [10; 14], [10; 16], [12; 14], [12; 16], [14; 16]\} \subset M \times M$.

Wenn $[x_1; x_2] \in R$ ist, so sagt man, daß die Relation R auf das geordnete Paar $[x_1; x_2]$ zutrifft oder daß x_1, x_2 in der Relation R stehen. Symbolisch: $R(x_1; x_2)$ oder $x_1 \, R \, x_2$.
Beispiele für dreistellige Relationen sind: „x liegt zwischen y und z"; „A ist auf B eifersüchtig wegen C".
Allgemein versteht man unter einer k-stelligen Relation in M eine Teilmenge der Menge $M \times M \times \ldots \times M$ (k Faktoren) aller k-Tupel $[x_1, x_2, \ldots, x_k]$ von Elementen der Menge M.
Da die binären Relationen besonders wichtig sind, heißen sie auch kurz Relationen.
Unter der zu R inversen Relation R^{-1} versteht man die Menge aller geordneten Paare $[x_2; x_1] \in M \times M$ mit $[x_1; x_2] \in R$. Ist R eine Relation in M, so ist stets auch R^{-1} eine Relation in M. Sind R_1 und R_2 Relationen in M, so ist auch stets $R_2 \circ R_1$ (R_2 verkettet mit R_1) eine Relation in M.

3.5.2. Eigenschaften von Relationen

Im folgenden werden wichtige Eigenschaften von Relationen dargestellt. Die Bedeutung der Aussonderung gewisser Eigenschaften von Relationen besteht u.a. darin, daß sie die Grundlage für die Herausarbeitung von Typen von Relationen bildet (vgl. 3.5.3. und 3.5.4.), die in der Mathematik eine bedeutende Rolle spielen.

Reflexivität

Eine Relation R heißt **reflexiv** in der Menge M genau dann, wenn jedes $x \in M$ in der Relation R zu sich selbst steht, wenn also gilt:

$x\, R\, x$ für alle x.

BEISPIELE

1. $\leqq$-Relation im Bereich der reellen Zahlen.
2. Relation $a \mid b$ (a teilt b) im Bereich der natürlichen Zahlen (vgl. 4.6.).

Irreflexivität

Eine Relation R heißt **irreflexiv** in der Menge M genau dann, wenn es kein $x \in M$ gibt, welches in der Relation R zu sich selbst steht, wenn also gilt:

$[x; x] \notin R$ für alle $x \in M$.

BEISPIELE

1. $<$-Relation in der Menge der reellen Zahlen
2. „ist Bruder von"

Beachte:

1. Eine Relation, die nicht reflexiv ist, muß nicht irreflexiv sein.
2. Es gibt Relationen, die weder reflexiv noch irreflexiv sind.

Transitivität

Eine Relation R heißt **transitiv** in der Menge M genau dann, wenn für alle x_1, x_2, x_3 aus dem Zutreffen von R auf $[x_1; x_2]$ und dem Zutreffen von R auf $[x_2; x_3]$ das Zutreffen von R auf $[x_1; x_3]$ folgt.

BEISPIELE

1. Gleichheitsrelation für reelle Zahlen
2. Die Relation $a \mid b$ (a teilt b) in der Menge der natürlichen Zahlen
3. „ist älter als"

Symmetrie

Eine Relation R heißt **symmetrisch** in der Menge M genau dann, wenn für x_1 und x_2 aus M aus dem Zutreffen von R auf $[x_1; x_2]$ das Zutreffen von R auf $[x_2; x_1]$ folgt. Es gilt also

$$\text{Wenn } x_1\, R\, x_2, \text{ so } x_2\, R\, x_1 \text{ für alle } x_1, x_2.$$

BEISPIELE

1. Die Relation „a ist senkrecht zu b" in der Menge der Geraden
2. „ist verschwistert mit"

Asymmetrie

Eine Relation R heißt **asymmetrisch** in der Menge M genau dann, wenn für jedes x_1 und x_2 aus M aus dem Zutreffen von R auf $[x_1; x_2]$ das Nichtzutreffen von R auf $[x_2; x_1]$ folgt.

BEISPIELE

1. Die $<$-Relation für reelle Zahlen
2. „ist Vater von"

Antisymmetrie

Eine Relation R heißt **antisymmetrisch** in der Menge M genau dann, wenn aus dem Zutreffen von R auf $[x_1; x_2]$ und dem Zutreffen von R auf $[x_2; x_1]$ folgt, daß dann $x_1 = x_2$ ist für alle x_1, x_2.

BEISPIELE

1. Die $\leqq$-Relation in der Menge der natürlichen Zahlen
2. Die Relation „a teilt b"

Beachte:

Es gibt Relationen, die weder symmetrisch noch asymmetrisch noch antisymmetrisch sind.

Linearität

Eine Relation R heißt **linear** in der Menge M genau dann, wenn für alle x_1 und x_2 aus M wenigstens einer der Fälle $x_1 \; R \; x_2$ oder $x_2 \; R \; x_1$ zutrifft.

BEISPIEL

Die Relation $\leqq$ ist linear in der Menge der natürlichen Zahlen.

Konnexität

Eine Relation R heißt **konnex** in der Menge M genau dann, wenn für alle $x_1, x_2 \in M$ mindestens einer der Fälle $x_1 \; R \; x_2$ oder $x_2 \; R \; x_1$ oder $x_1 = x_2$ zutrifft.

BEISPIEL

Die $<$-Relation in der Menge der natürlichen Zahlen.

Trichotomie

Eine Relation R heißt **trichotom** in der Menge M genau dann, wenn stets genau einer der Fälle $x_1 \; R \; x_2$ oder $x_2 \; R \; x_1$ oder $x_1 = x_2$ zutrifft.

Beachte:

Die Trichotomie stellt eine Verschärfung der Konnexität dar.

3.5.3. Ordnungsrelationen

Ein wichtiger Sonderfall der Relationen sind die sogenannten Ordnungsrelationen. Wenn eine Relation eine Ordnungsrelation sein soll, muß R ganz bestimmte Eigenschaften haben (vgl. 3.5.2.).

Reflexive Halbordnung

Eine Relation in M wird **reflexive Halbordnung** genannt genau dann, wenn sie sowohl *reflexiv* als auch *transitiv* als auch *antisymmetrisch* ist.

BEISPIELE

1. Die Inklusion für Mengen gleicher Stufe (vgl. 2.5.)
2. Die $\leqq$-Relation für reelle Zahlen
3. Die Relation „a teilt b" für natürliche Zahlen
   Um diese Behauptung zu beweisen, ist die Reflexivität, die Transitivität und die Antisymmetrie zu zeigen.
   Beweis der Reflexivität: Man geht von der Definition von $n_1 \mid n_2$ aus: $n_1 \mid n_2$ genau dann, wenn es ein n_3 gibt mit $n_1 \cdot n_3 = n_2$ (n_1, n_2, n_3 natürliche Zahlen). Es ist zu zeigen, daß es ein n_3 gibt, so daß gilt: $n_1 \cdot n_3 = n_1$. Für $n_3 = 1$ ist diese Gleichung erfüllt.

Beachte:

Eine Halbordnung wird oft auch teilweise Ordnung, partielle Ordnung oder auch kurz Ordnung genannt.

Irreflexive Halbordnung

Eine Relation in M wird **irreflexive Halbordnung** genannt genau dann, wenn sie sowohl *irreflexiv* als auch *transitiv* ist.

BEISPIELE

1. Die echte Inklusion für Mengen gleicher Stufe (vgl. 2.5.)
2. Die $<$-Relation für natürliche Zahlen

Reflexive Ordnung

Eine Relation R in M heißt **reflexive Ordnung** in M genau dann, wenn sie *reflexiv*, *transitiv*, *antisymmetrisch* und *linear* ist.

BEISPIEL

Die $\leqq$-Relation für reelle Zahlen

Beachte:

Eine reflexive Ordnung wird auch totale Ordnung genannt.

Irreflexive Ordnung

Eine Relation R in M heißt eine **irreflexive Ordnung** in M genau dann, wenn sie *irreflexiv*, *transitiv* und *konnex* ist.

BEISPIEL

Die $<$-Relation für natürliche Zahlen

Wohlordnung

Eine geordnete Menge heißt **wohlgeordnet** durch eine Ordnungsrelation R genau dann, wenn in jeder ihrer nichtleeren Teilmengen ein Element existiert, das allen anderen Elementen dieser Teilmenge hinsichtlich R vorangeht.

Jede endliche geordnete Menge ist stets auch wohlgeordnet. Der Begriff der Wohlordnung ist eine Verschärfung des Begriffs der Ordnungsrelation.

3.5.4. Äquivalenzrelationen

Eine bedeutende Rolle spielen in der Mathematik diejenigen Relationen, die sowohl reflexiv als auch symmetrisch als auch transitiv sind.

BEISPIELE

1. Es sei $M = \{11, 12, 20, 21, 23, 33, 101\}$. R sei die Relation „x_1 hat dieselbe Quersumme wie x_2". Diese Relation ist eine Äquivalenzrelation, denn stets hat x dieselbe Quersumme wie x. Ferner gilt: Wenn x_1 dieselbe Quersumme hat wie x_2, so hat x_2 dieselbe Quersumme wie x_1. Schließlich ist R transitiv:
   Wenn x_1 dieselbe Quersumme hat wie x_2 und wenn x_2 dieselbe Quersumme hat wie x_3, so hat x_1 dieselbe Quersumme wie x_3.
   Faßt man diejenigen $x \in M$, die dieselbe Quersumme haben, zu Mengen zusammen, so erhält man

$$K_1 = \{11, 20, 101\}; \quad K_2 = \{12, 21\};$$

$$K_3 = \{23\}; \quad K_4 = \{33\}.$$

Jedes Element von M gehört zu genau einer der vier Teilmengen (Klassen). Diese sind elementefremd, und ihre Vereinigung ergibt M: $K_1 \cup K_2 \cup K_3 \cup K_4 = M$. Die Äquivalenzrelation bewirkt eine Zerlegung von M. Unter einer **Zerlegung** einer nichtleeren Menge M wird ein System von nichtleeren paarweise disjunkten Teilmengen von M verstanden derart, daß M die Vereinigungsmenge des Systems ist.
Wenn R eine Äquivalenzrelation in M ist, so schreibt man für $x_1 \, R \, x_2$ auch $x_1 \sim x_2$; gelesen: x_1 äquivalent x_2 bezüglich R (oder nach R).
Die **Äquivalenzklasse** (Restklasse, Abstraktionsklasse) von x nach R ist die Menge derjenigen Elemente von M, die zu x in der Relation R stehen. Jedes Element einer solchen Klasse heißt **Repräsentant** (Ver-

treter) dieser Klasse. Jede Klasse kann durch irgendeines ihrer Elemente repräsentiert werden.
In Beispiel 1. bilden die Zahlen 11, 12, 23, 33 (aber ebenso z. B. 20, 21, 23, 33 usw.) ein sogenanntes **Repräsentantensystem.** Das System der Restklassen wird **Restsystem** von M nach R (in Zeichen: M/R) genannt.

BEISPIELE

2. Die Gleichheit (Identität) von reellen Zahlen ist eine Äquivalenzrelation, denn für alle reellen Zahlen gilt: $x_1 = x_1$; wenn $x_1 = x_2$, so $x_2 = x_1$; wenn $x_1 = x_2$ und $x_2 = x_3$, so $x_1 = x_3$. Jede Äquivalenzklasse besteht bei dieser Relation aus genau einer Zahl, da jede Zahl nur mit sich selbst identisch ist. Die Identität wird daher mitunter auch als „feinste" Gleichheit bezeichnet.
3. Es sei M die Menge aller ebenen Dreiecke. In M sei die Kongruenzrelation erklärt, die ohne Mühe als Äquivalenzrelation zu erkennen ist.
4. Entsprechendes gilt für die Ähnlichkeit ebener Dreiecke.

Die Bedeutung der eingeführten Begriffsbildungen kommt zum Ausdruck im

Hauptsatz über Äquivalenzrelationen

Jede in einer nichtleeren Menge M definierte Äquivalenzrelation R liefert eine eindeutig bestimmte Zerlegung von M in nichtleere, paarweise elementefremde Teilmengen, die Äquivalenzklassen genannt werden und deren Vereinigung die Menge M ergibt. $x_1 \, R \, x_2$ gilt genau dann, wenn x_1 und x_2 derselben Klasse angehören.

Es gilt auch die Umkehrung:

Zu jeder Zerlegung einer Menge M in paarweise disjunkte, nichtleere Teilmengen gibt es eine eindeutig bestimmte Äquivalenzrelation R derart, daß die Zerlegung von M Restsystem von M nach R ist.

Der Hauptsatz besagt, daß es durch Äquivalenzrelationen und nur durch diese zu einer Zerlegung von Mengen in Klassen kommt. Das Übergehen von einer Menge zur Menge der Äquivalenzklassen (Abstraktionsklassen) wird in der Mathematik als **Abstraktionsprozeß** bezeichnet. Für diesen Prozeß sind vier Schritte charakteristisch:

a) Ausgangspunkt ist eine Menge M.
b) In M wird eine Äquivalenzrelation definiert.
c) Elemente aus M, die zueinander äquivalent sind, werden zu Klassen zusammengefaßt.
d) Die Menge M wird durch die Menge der Äquivalenzklassen ersetzt.

Abstrahieren heißt absehen. Bei der Betrachtung von Elementen einer Menge wird davon abgesehen, daß sie sich in gewissen Eigenschaften unterscheiden. Solche Elemente, die in einer vorgegebenen Äquivalenzrelation stehen, d.h., die zueinander äquivalent sind, werden als nicht voneinander verschieden betrachtet. Die Klasse tritt an Stelle ihrer Repräsentanten. Diese werden, wie man sagt, „identifiziert".

BEISPIEL

a) M sei die Menge der Brüche $\frac{a}{b}$ $(a, b \in N; b \neq 0)$. Also gilt z.B. $\frac{4}{7} \in M$; $\frac{5}{1} \in M$.
Beachte, daß $\frac{2}{4}$ und $\frac{8}{16}$ voneinander verschiedene Brüche sind.

b) In M wird folgende Äquivalenzrelation erklärt:

$$\frac{a_1}{b_1} R \frac{a_2}{b_2} \text{ genau dann, wenn } a_1 \cdot b_2 = b_1 \cdot a_2.$$

c) R bewirkt eine Zerlegung der Menge M in Klassen. Brüche sind äquivalent, wenn sie durch Erweitern oder Kürzen auseinander hervorgehen. Beispielsweise gehören die Brüche $\frac{2}{4}$ und $\frac{8}{16}$ ein und derselben Klasse an. Man identifiziert beide und schreibt $\frac{2}{4} = \frac{8}{16}$.

d) Die entstehenden Klassen werden gebrochene Zahlen genannt.

Durch R ist der Begriff der gebrochenen Zahl gebildet worden. Der Vorteil des beschriebenen Abstraktionsprozesses liegt auf der Hand. Als Beispiel für eine Äquivalenzrelation werde die Ähnlichkeitsrelation betrachtet. Ist ein Satz für ein spezielles Dreieck bewiesen, so gilt dieser Satz dann auch für alle ähnlichen Dreiecke, unabhängig von der Lage und anderen Eigenschaften, durch die sich die Dreiecke unterscheiden.

3.6. Operationen

3.6.1. Der Operationsbegriff

Zu zwei natürlichen Zahlen n_1 und n_2 gibt es genau eine natürliche Zahl s, die Summe von n_1 und n_2 heißt, in Zeichen:

$$n_1 + n_2 = s.$$

Das Zeichen „+" heißt Operationszeichen. Die Bildung von s stellt eine zweistellige Operation dar, die **Addition** genannt wird.
$4 + 3 = 7$ bedeutet, daß dem geordneten Paar [4; 3] genau eine Zahl, nämlich 7, zugeordnet wird. Die Operation der Addition ist eine eindeutige Abbildung.
Wie der Begriff der Relation, so ist auch der Begriff der Operation ein Sonderfall des Abbildungsbegriffs.

Definition

Unter einer **zweistelligen** (binären) **Operation** in einer Menge M versteht man eine eindeutige Abbildung Op von der Menge $M \times M$ aller geordneten Paare $[x_1; x_2]$ von Elementen aus M in die Menge M.

Die zweistelligen Operationen sind besonders wichtig. Sie werden daher auch kurz Operationen genannt.

Wird einem geordneten Paar $[x; y]$ aus $M \times M$ ein eindeutig bestimmtes Element $z \in M$ durch die Operation Op zugeordnet, so wird das geschrieben:

$$x \; Op \; y = z \quad \text{oder} \quad Op\,(x, y) = z.$$

BEISPIEL

Die Operation des Potenzierens ($a^k = c$) in der Menge der natürlichen Zahlen $\{1, 2, 3, \ldots\}$

Die Definition für Operationen läßt sich für k-stellige Operationen in M verallgemeinern:

> Op ist eine k-stellige Operation in M genau dann, wenn Op eine eindeutige Abbildung von $M \times M \times \ldots \times M$ (k Faktoren) in M ist.

Eine einstellige Operation ($k = 1$) in M ist eine eindeutige Abbildung von M in M.

BEISPIELE

1. Die Operation „Bildung von $(-a)$" für jedes reelle a
2. Die Operation „Bildung von $\frac{1}{a}$" für jedes reelle $a \neq 0$
3. Die Operation „Bildung des Nachfolgers" für jede natürliche Zahl

In $Op\,(x, y)$ heißen x und y Operanden. Bei speziellen Operationen haben die Operanden meist spezielle Bezeichnungen. In dem Term x^y wird x als Basis, y als Exponent bezeichnet. Eine eindeutige Abbildung *von* $M \times M$ in M nennt man auch eine *unbeschränkt ausführbare* Operation. Im Gegensatz dazu versteht man unter einer *beschränkt ausführbaren* (*partiellen*) Operation eine eindeutige Abbildung *aus* $M \times M$ in M.

Im Bereich der natürlichen Zahlen ist die Addition eine unbeschränkt ausführbare, die Subtraktion eine beschränkt ausführbare Operation.

3.6.2. Eigenschaften von Operationen

Kommutativität

> Eine zweistellige Operation Op in der Menge M heißt **kommutativ** genau dann, wenn für alle $a, b \in M$ gilt:
>
> $$a \; Op \; b = b \; Op \; a.$$

BEISPIEL

Die Multiplikation in der Menge der komplexen Zahlen

Assoziativität

Eine zweistellige Operation in der Menge M heißt **assoziativ** genau dann, wenn für alle $x, y, z \in M$ gilt:

$$(x\ Op\ y)\ Op\ z = x\ Op\ (y\ Op\ z).$$

BEISPIEL

Die Addition in der Menge der rationalen Zahlen

Distributivität

Sind Op_1 und Op_2 Operationen in M, so heißt Op_1 **linksseitig distributiv** bezüglich Op_2 genau dann, wenn für alle $x, y, z \in M$ gilt:

$$x\ Op_1\ (y\ Op_2\ z) = (x\ Op_1\ y)\ Op_2\ (x\ Op_1\ z).$$

BEISPIEL

$a \cdot (b + c) = a \cdot b + a \cdot c$ (a, b, c reelle Zahlen)

Entsprechend wird die **rechtsseitige Distributivität** erklärt. Im Fall der beiderseitigen Distributivität sagt man auch, daß Op_1 distributiv bezüglich Op_2 ist.

Idempotenz

Eine zweistellige Operation Op in der Menge M ist **idempotent,** wenn für alle $x \in M$ gilt:

$$x\ Op\ x = x.$$

BEISPIELE

Durchschnitt und Vereinigung von Mengen (vgl. 2.4.)

Monotonie

Ist R eine Relation in M und Op eine Operation in M, so wird Op **rechtsseitig monoton** bezüglich R genannt genau dann, wenn für alle $x, y, z \in M$ gilt:

$$\text{Wenn } x\ R\ y, \quad \text{so} \quad (x\ Op\ z)\ R\ (y\ Op\ z).$$

BEISPIEL

Ist M die Menge der reellen Zahlen, R die $<$-Relation und Op die Addition, so gilt für alle $x, y, z \in M$:

$$\text{Wenn } x < y, \quad \text{so} \quad x + z < y + z.$$

Entsprechendes gilt für die **linksseitige Monotonie.**

3.7. Strukturen

Durch das geordnete Paar $[M; R]$ wird dargestellt, daß in der Menge M die Relation R erklärt ist. $[M; Op]$ bedeutet, daß in der Menge M die Operation Op erklärt ist.
Sei M eine nichtleere Menge, in der die Relationen $R_1, R_2, \ldots, R_m$ und die Operationen $Op_1, Op_2, \ldots, Op_n$ erklärt sind. Dann nennt man $[M; R_1, \ldots, R_m; Op_1, \ldots, Op_n]$ eine **mathematische Struktur** oder eine **Algebra.** M heißt die **Trägermenge** der Struktur.
Zu den wichtigsten Strukturen gehören Gruppe, Ring, Körper, Vektorraum.
Eine nichtleere Menge M ist eine **Gruppe,** wenn sie folgende Eigenschaften hat:

1. In M ist eine unbeschränkt ausführbare binäre Operation (mit $*$ bezeichnet) erklärt.
2. Diese Operation ist assoziativ:
   $a * (b * c) = (a * b) * c$ für alle $a, b, c \in M$.
3. Es gibt ein neutrales Element $e \in M$, so daß $e * a = a$ für jedes $a \in M$ gilt.
4. Für jedes $a \in M$ gibt es ein inverses Element $a^{-1} \in M$, so daß $a^{-1} * a = e$ gilt.

Eine Gruppe heißt kommutativ (oder abelsch), wenn $a * b = b * a$ für alle $a, b \in M$ gilt.
Eine nichtleere Menge M ist ein **Ring,** wenn sie folgende Eigenschaften hat:

1. In M sind zwei unbeschränkt ausführbare binäre Operationen (mit $+$ und $\cdot$ bezeichnet) erklärt.
2. $a + b = b + a$ für alle $a, b \in M$.
3. $a + (b + c) = (a + b) + c$ für alle $a, b, c \in M$.
4. Für beliebige $a, b \in M$ gibt es stets genau ein $x \in M$, so daß $a + x = b$.
5. $a \cdot (b \cdot c) = (a \cdot b) \cdot c$ für alle $a, b, c \in M$.

6.1. $a \cdot (b + c) = a \cdot b + a \cdot c$ für alle $a, b, c \in M$.
6.2. $(b + c) \cdot a = b \cdot a + c \cdot a$ für alle $a, b, c \in M$.

Ein Ring heißt kommutativ, wenn $a \cdot b = b \cdot a$ für alle $a, b \in M$.
Körper: Vgl. 7.2.1.
Vektorraum: Vgl. 13.3.

3.8. Isomorphe Abbildungen

Zwei mathematische Strukturen $[M_1; R_1]$ und $[M_2; R_2]$ sind gleich genau dann, wenn $M_1 = M_2$ und $R_1 = R_2$ ist.
Nun ist es aber möglich, daß zwei Strukturen zwar nicht gleich sind, die Mengen aber trotzdem gemeinsame Eigenschaften haben. Man verwendet in diesem Zusammenhang die Begriffe Isomorphie, isomorphe

Abbildung, Isomorphismus (isomorph wörtlich: gestaltgleich; sinngemäß: die Relationen übertragen sich).

Zwei Mengen M_1 und M_2 heißen **isomorph** bezüglich der Relationen R_1 und R_2 (in Zeichen: $M_1 \cong M_2$; gelesen: M_1 isomorph M_2) genau dann, wenn es eine eineindeutige Abbildung f von M_1 auf M_2 gibt derart, daß die Elemente $x_1, x_2 \in M_1$ genau dann in der Relation R_1 stehen, wenn ihre Bilder $f(x_1)$, $f(x_2)$ in M_2 in der Relation R_2 stehen; für Operationen: wenn $x_1 \, R_1 \, x_2 = x_3$ genau dann, wenn $f(x_1) \, R_2 \, f(x_2) = f(x_3)$ ist, d.h.,
$f(x_1) \, R_2 \, f(x_2) = f(x_1 \, R_1 \, x_2)$.

BEISPIEL

M_1: Menge der positiven reellen Zahlen; R_1: Operation der Multiplikation
M_2: Menge aller reellen Zahlen; R_2: Operation der Addition
Die eineindeutige Abbildung f sei durch die Gleichung $f(x) = \lg x$ gegeben.
Für alle $x_1, x_2 \in M_1$ gilt (vgl. 8.3.):
$\lg(x_1 \cdot x_2) = \lg x_1 + \lg x_2$, d.h.,
$f(x_1 \, R_1 \, x_2) = f(x_1) \, R_2 \, f(x_2)$.
Linke Seite der Gleichung: x_1 und x_2 werden multipliziert; das Produkt wird logarithmiert.
Rechte Seite der Gleichung: Es werden die Logarithmen von x_1 und x_2 gebildet; diese werden dann addiert.
Die Logarithmusfunktion ist also eine isomorphe Abbildung oder ein Isomorphismus von M_1 hinsichtlich R_1 auf M_2 hinsichtlich R_2.
Die Strukturen $[M_1; R_1]$ und $[M_2; R_2]$ sind isomorph ($[M_1; R_1] \cong [M_2; R_2]$).

Beachte:

Man kann nicht von Isomorphie von Mengen an sich reden, sondern nur im Hinblick auf gewisse Relationen bzw. Operationen.

Die Isomorphie von Strukturen $[M_1; R_1, \ldots, R_k]$ und $[M_2; R_1^*, \ldots, R_k^*]$ wird entsprechend erklärt.
Eine Abschwächung des Begriffs der Isomorphie stellt der Begriff der Homomorphie dar insofern, als es genügt, daß die Abbildung eindeutig ist.

3.9. Mächtigkeit von Mengen

Bisher wurde von endlichen Mengen nur im anschaulichen (naiven) Sinn gesprochen. Der Begriff der endlichen Menge soll jetzt präzisiert werden.
Es ist möglich, Mengen zu vergleichen, ohne sie abzuzählen. Die Mengen $A = \{a, b, c, d, e, f\}$ und $B = \{u, v, w, x, y, z\}$ sind zwar nicht gleich.

Da aber jedem Element der Menge A genau ein Element der Menge B zugeordnet werden kann und umgekehrt, besteht zwischen A und B eine Relation. Man sagt, daß beide Mengen dieselbe Mächtigkeit haben.

A	a	b	c	d	e	f
B	u	v	w	x	y	z

Definition

Zwei Mengen M_1 und M_2 haben dieselbe **Mächtigkeit** (oder Kardinalzahl oder sind gleichmächtig; in Zeichen: $M_1 \sim M_2$; gelesen: M_1 gleichmächtig mit M_2) genau dann, wenn es eine eineindeutige Abbildung von der Menge M_1 auf die Menge M_2 gibt.

BEISPIEL

Wird jeder natürlichen Zahl n die Zahl $2n$ zugeordnet, so erhält man eine eineindeutige Abbildung von der Menge der natürlichen Zahlen N auf die Menge der geraden natürlichen Zahlen N_1. Daß $N_1 \subset N$ ist, schließt nicht aus, daß $N \sim N_1$ gilt.

Zum Begriff der Kardinalzahl vgl. 4.2.1.
Eine Menge M heißt **endlich** genau dann, wenn es keine echte Teilmenge von M gibt derart, daß diese mit M gleichmächtig ist. Unter der **Kardinalzahl** einer endlichen Menge A wird die Anzahl aller Elemente im üblichen Sinn verstanden; in Zeichen: $|A|$ oder card (A).
Eine Menge heißt **unendlich,** wenn sie wenigstens einer echten Teilmenge gleichmächtig ist.
In 2.5. wurde bereits erwähnt, daß die Existenz unendlicher Mengen durch ein besonderes Axiom (Unendlichkeitsaxiom) gefordert werden muß, demzufolge es mindestens eine unendliche Menge gibt.
Als Beispiel für eine unendliche Menge sei die Menge der natürlichen Zahlen genannt.
Die folgende induktive Definition der **endlichen Menge** geht auf Russel (engl. Mathematiker, geb. 1872) zurück:

a) Die leere Menge ist endlich.
b) Ist M endlich, so ist auch $M \cup \{a\}$ endlich, wobei a ein beliebiges Urelement ist.
c) Eine Menge ist nur endlich auf Grund von a) und b).

Es ergeben sich also genau alle endlichen Mengen dadurch, daß man zur leeren Menge genau ein Element hinzufügt und das Hinzufügen von genau einem Element endlich oft wiederholt.
Eine Menge M heißt **abzählbar** unendlich (kurz abzählbar; abzählbar ist nicht dasselbe wie „zählbar"), wenn sie mit der Menge der natürlichen Zahlen gleichmächtig ist. Die Elemente von M lassen sich also mit Hilfe der natürlichen Zahlen numerieren.

BEISPIELE

1. Die Menge der ganzen Zahlen
2. Die Menge der rationalen Zahlen

Nicht jede unendliche Menge ist abzählbar. Eine unendliche Menge, die nicht abzählbar ist, wird **überabzählbar** genannt.

BEISPIELE

1. Die Menge der reellen Zahlen
2. Die Menge $0 < x < 1$; x reell

ARITHMETIK – ALGEBRA

4. Der Bereich der natürlichen Zahlen

4.1. Grundlegende Begriffe

4.1.1. Begriff der Zahl, Darstellung von Zahlen

Die Zahlen sind ein geistiges Werkzeug des Menschen, mit dem er die Umwelt quantitativ erfaßt.
Historisch sind Zahlen zunächst aus dem Bedürfnis entstanden, die Anzahl von Gegenständen zu ermitteln oder für solche Gegenstände eine Ordnung (erster, zweiter, dritter, ...) festzulegen.
Im Verlauf der Entwicklung wurden an den Zahlbegriff immer höhere Anforderungen gestellt, so daß sich eine schrittweise Erweiterung der Zahlenbereiche und damit einhergehend eine schrittweise Verallgemeinerung des Zahlbegriffes erforderlich machte.
Dieser Prozeß war immer darauf ausgerichtet, eine bessere quantitative Erfassung der Umwelt zu ermöglichen.
Zur Kommunikation (Mitteilung, Verständigung) bedient man sich unterschiedlicher Darstellungsarten für Zahlen. Man unterscheidet

a) die Darstellung einer Zahl in sprachlicher Form mit Hilfe eines Zahlwortes (z. B. „neunundzwanzig", „двацать девять" oder „twenty-nine", je nachdem, ob man sich der deutschen, russischen oder englischen Sprache bedient);
b) die Darstellung einer Zahl durch ein Zahlsymbol (z. B. „29", „LLL0L" oder „XXIX", je nachdem, ob man sich des dezimalen oder dualen Positionssystems oder des Römischen Additionssystems bedient) (vgl. 4.7.).

Beachte:

> Ein und dieselbe Zahl kann also durch verschiedene Zahlwörter und verschiedene Zahlsymbole dargestellt werden. Jedes Zahlwort und jedes Zahlsymbol hingegen stellt jeweils eine eindeutig bestimmte Zahl dar.

4.1.2. Variablen, Terme, Aussageformen

„Man denke sich eine Zahl, vermehre diese um 2, quadriere diese Summe, subtrahiere von diesem Quadrat das Quadrat der gedachten Zahl, dividiere diese Differenz durch 4 und vermindere schließlich diesen Quotienten um die gedachte Zahl. Das nun erhaltene Ergebnis ist gleich

1.“ – Solche und ähnliche Zahlenspielereien werden in Unterhaltungsveranstaltungen gelegentlich scherzhaft als „Gedankenlesen“ vorgeführt. Welche Zahl man sich nämlich auch denkt, sei es 7, 8, 13 oder irgendeine andere (ganze oder gebrochene, positive oder negative, rationale oder irrationale, reelle oder komplexe) Zahl, man erhält immer das angegebene Ergebnis:

$$[(7 + 2)^2 - 7^2]:4 - 7 = 1$$

$$[(8 + 2)^2 - 8^2]:4 - 8 = 1$$

$$[(13 + 2)^2 - 13^2]:4 - 13 = 1$$

Um solche Sachverhalte, die für jedes Element einer gewissen Menge gültig sind, kurz und prägnant darzustellen, verwendet man Variablen und schreibt beispielsweise:
Für jede natürliche Zahl (auch für jede ganze, jede gebrochene, jede rationale, jede reelle und jede komplexe Zahl) n ist

$$[(n + 2)^2 - n^2]:4 - n = 1.$$

„Welche natürliche Zahl hat die Eigenschaft, daß ihr um 1 vermehrtes Dreifaches dividiert durch ihr um 1 vermindertes Doppeltes den Quotienten 2 ergibt?“
Auch in solchen Fällen benutzt man Variablen zur Formulierung der geforderten Eigenschaft der gesuchten Zahl:

$$(3 \cdot x + 1):(2 \cdot x - 1) = 2 \qquad x \in N$$

Aber nicht nur zur Darstellung rein mathematischer Sachverhalte, sondern auch in all denjenigen Bereichen von Wissenschaft, Technik und Ökonomie, in denen man sich mathematischer Methoden und Hilfsmittel bedient, finden Variablen Verwendung, um Zusammenhänge zwischen verschiedenen Größen kurz und übersichtlich darstellen zu können.

Eine **Variable** steht stellvertretend für jedes beliebige Element einer anzugebenden Menge. Diese Menge bezeichnet man als Variablenbereich oder Variabilitätsbereich (vgl. auch 1.4.1.)
Werden Zahlen und Variablen durch Rechenoperationen – gegebenenfalls unter Verwendung von Klammern – sinnvoll verknüpft, so entsteht ein **Term** (vgl. auch 1.4.2.).

BEISPIELE

1. $(n + m)^2 - m^2 \qquad n, m \in N$
2. $(3 \cdot x + 1):(2 \cdot x - 1) \qquad x \in P \wedge x \neq \frac{1}{2}$
3. $\sqrt{5 + 4 \cdot t - t^2} \qquad t \in P \wedge -1 \leqq t \leqq 5$
4. $a \cdot x^2 + b \cdot x + c \qquad a, b, c, x \in P$

Werden zwei Terme durch ein im betreffenden Bereich erklärtes Relationszeichen, z. B. durch „=“ (ist gleich), „<“ (ist kleiner als) oder „|“ (ist Teiler von), verbunden, so entsteht eine **Aussageform** (vgl. auch 1.4.3.), insbesondere eine **Gleichung** (vgl. 10.), eine **Ungleichung** (vgl. 11.) oder eine **Teilbarkeitsaussageform** (vgl. 4.6.).

BEISPIELE

5. $(3 \cdot x + 1):(2 \cdot x - 1)$
$= (7 \cdot x + 1):(3 \cdot x + 2)$ $\qquad x \in P \wedge x \neq \frac{1}{2} \wedge x \neq -\frac{2}{3}$
6. $\sqrt{5 + 4 \cdot t - t^2} > 3$ $\qquad t \in P \wedge -1 \leqq t \leqq 5$
7. $(n + 2 \cdot m) \mid [(n + m)^2 - m^2]$ $\qquad n, m \in N$

Nach der Anzahl der in einem Term bzw. in einer Aussageform auftretenden (verschiedenen) Variablen spricht man von ein-, zwei-, drei-, ..., n-stelligen Termen bzw. Aussageformen. Terme bzw. Aussageformen ohne Variablen bezeichnet man auch als nullstellig. Ersetzt man in einem Term bzw. in einer Aussageform jede Variable durch ein Element ihres Variabilitätsbereiches, so nimmt der betreffende Term einen bestimmten Wert bzw. die betreffende Aussageform einen bestimmten Wahrheitswert an (vgl. 1.4.2., 1.4.3.). Man spricht in diesem Fall von einer **Belegung** der Variablen mit zulässigen Werten oder auch von einer zulässigen Belegung.

Beachte:

1. Tritt in einem Term bzw. in einer Aussageform ein und dieselbe Variable mehrmals auf, so ist sie an jeder Stelle durch ein und dasselbe Element zu ersetzen. Verschiedene Variablen hingegen können mit beliebigen (also sowohl gleichen als auch verschiedenen) Elementen belegt werden.
2. Aussageformen können für
   - alle zulässigen Belegungen (Bsp. 7)
   - gewisse (endlich oder unendlich viele) zulässige Belegungen (Bsp. 5: $x = 3 \vee x = -\frac{1}{5}$)
   - keine zulässige Belegung (Bsp. 6)

   wahre Aussagen ergeben.

Da Variablen stellvertretend für beliebige Elemente gewisser Bereiche stehen, können unter Beachtung der in diesen Bereichen gültigen Gesetze äquivalente Umformungen derart vorgenommen werden, daß bei jeder zulässigen Belegung Terme ihren Wert bzw. Aussageformen ihren Wahrheitswert nicht infolge dieser Umformungen ändern.

4.1.3. Zahlenmengen und Zahlenbereiche

Die Elemente einer **Menge** stehen zunächst zusammenhanglos nebeneinander. Erst durch die Erklärung von **Relationen** und **Operationen** werden die Elemente miteinander in Verbindung gebracht, und es entsteht ein **Bereich.** In diesem Zusammenhang bezeichnet man die einem Bereich zugrunde liegende Menge als dessen **Trägermenge.** Trotz dieses begrifflichen Unterschiedes ist es üblich, einen Bereich und seine Trägermenge durch ein und dasselbe Symbol zu bezeichnen.

So soll in diesem Buch verstanden werden unter

N Menge und Bereich der **natürlichen Zahlen,**
G Menge und Bereich der **ganzen Zahlen,**
R^* Menge und Bereich der **gebrochenen Zahlen,**
R Menge und Bereich der **rationalen Zahlen,**
P Menge und Bereich der **reellen Zahlen,**
K Menge und Bereich der **komplexen Zahlen.**

4.2. Definition der natürlichen Zahlen

4.2.1. Genetische Definition der Menge der natürlichen Zahlen

Bei der quantitativen Erfassung unserer Umwelt interessiert zunächst die Frage nach der Anzahl von Dingen.
So ist 5 (fünf) die Anzahl der Finger einer Hand, die Anzahl der Zehen eines Fußes, die Anzahl der Arbeitstage einer Woche, die Anzahl der in der Schule gebräuchlichen Leistungsprädikate, die Anzahl der ständigen Mitglieder des UNO-Sicherheitsrates.
Werden 0, 1, 2, 3, ... in dieser Weise als Anzahlen gebraucht, so werden sie auch als endliche **Kardinalzahlen** bezeichnet.
Unter Verwendung des Begriffes der Gleichmächtigkeit von Mengen (vgl. 3.9.) ergibt sich die folgende

Definition

Endliche Kardinalzahlen sind Klassen gleichmächtiger endlicher Mengen.
Oder:
Endliche Kardinalzahlen sind Namen für die Mächtigkeiten endlicher Mengen.

Die Menge der so definierten endlichen Kardinalzahlen ist die Trägermenge des Bereiches der natürlichen Zahlen:

$$N = \{0, 1, 2, 3, 4, 5, \ldots\}$$

Es ist heute allgemein üblich, die 0 (Null) als natürliche Zahl zu betrachten. Soll sie einmal ausdrücklich ausgeschlossen werden, so wird die so reduzierte Menge mit N^* bezeichnet:

$$N^* = \{1, 2, 3, 4, 5, \ldots\} = N \setminus \{0\}$$

Beachte:

1. Die hier gegebene Erklärung der natürlichen Zahlen als endliche Kardinalzahlen spiegelt in Kurzform die historische Entstehung der natürlichen Zahlen wider.

2. Unter Bezugnahme auf Mengenrelationen und -operationen kann man auf der Menge N Relationen und Operationen erklären und erhält auf diese Weise den Bereich N der natürlichen Zahlen. In diesem Buch wird jedoch ein anderer Weg gewählt.

4.2.2. Axiomatische Definition

4.2.2.1. Definitionen, Axiome und Theoreme

In den verschiedenen Teilgebieten der Mathematik werden zahlreiche **Begriffe definiert.** Diese Begriffe bilden das Grundvokabular der Mathematik und müssen erlernt werden. Sie haben gewisse Eigenschaften, und zwischen ihnen bestehen gewisse Beziehungen und Zusammenhänge. Diese Eigenschaften, Beziehungen und Zusammenhänge werden vorwiegend in **Theoremen** (Lehrsätzen) ausgedrückt. Solche Lehrsätze werden bewiesen, indem sie aus einfacheren Eigenschaften, Beziehungen und Zusammenhängen unter Beachtung der Gesetze der Logik hergeleitet **(deduziert)** werden. Dieser Prozeß muß zwangsläufig einmal auf solche Eigenschaften, Beziehungen und Zusammenhänge führen, die sich nicht mehr auf andere, einfachere zurückführen lassen. Solche Grundeigenschaften, Grundbeziehungen und Grundzusammenhänge werden ohne Beweis und ohne Herleitung in Form von **Axiomen** an den Anfang des jeweiligen Teilgebietes der Mathematik gestellt (vgl. 1.8.). In ihnen werden insbesondere solche Grundforderungen **(Postulate)** ausgedrückt, ohne deren Erfüllung das betreffende Teilgebiet der Mathematik nicht oder nur mit Einschränkungen als Instrument zur adäquaten Beschreibung der objektiven Realität geeignet wäre.

4.2.2.2. Die Axiome von Peano

Der italienische Mathematiker Giuseppe Peano (1858 bis 1932) stellte im Jahre 1891 das folgende, nach ihm benannte Axiomensystem für die natürlichen Zahlen auf:

1. 0 (Null) ist eine natürliche Zahl.
2. Jede natürliche Zahl n hat genau eine natürliche Zahl als unmittelbaren Nachfolger, die mit n' bezeichnet werde.
3. 0 ist nicht unmittelbarer Nachfolger einer natürlichen Zahl. Oder: 0 hat keine natürliche Zahl als unmittelbaren Vorgänger.
4. Jede natürliche Zahl ist unmittelbarer Nachfolger höchstens einer natürlichen Zahl. Oder: Jede natürliche Zahl hat höchstens eine natürliche Zahl als unmittelbaren Vorgänger.
5. Enthält eine Menge von natürlichen Zahlen die 0 und mit jeder natürlichen Zahl k auch deren unmittelbaren Nachfolger k', so enthält diese Menge alle natürlichen Zahlen.

Beachte:

1. Die endlichen Kardinalzahlen stellen eine Realisierung oder ein **Modell** für das PEANOsche Axiomensystem dar.
   Dabei gilt insbesondere:
   a) 0 ist (der Name für) die Mächtigkeit der leeren Menge.
   b) Ist n die Mächtigkeit einer Menge M und enthält die Menge M' sämtliche Elemente der Menge M und genau ein zusätzliches, so hat M' die Mächtigkeit n'.
2. Nach dem PEANOschen Axiomensystem könnten die natürlichen Zahlen in der Form $0, 0', 0'', 0''', 0'''', \ldots$ dargestellt werden. Ähnliche Formen der Darstellung natürlicher Zahlen sind durchaus gebräuchlich, beispielsweise beim Fixieren des Bierkonsums auf einem Bierdeckel, wobei lediglich zur Vereinfachung das Symbol 0 weggelassen und zur Erhöhung der Übersichtlichkeit jeder fünfte Strich quer durch die vorangegangenen vier gezogen wird.
3. Das 5. PEANOsche Axiom bildet die Grundlage für das Prinzip der vollständigen Induktion (vgl. 4.3.).

4.3. Vollständige Induktion

4.3.1. Definitionen durch vollständige Induktion

Soll eine Funktion f definiert werden, deren Definitionsbereich die Menge der natürlichen Zahlen (oder die Menge aller natürlichen Zahlen $n \geqq a$) und deren Wertebereich eine beliebige Menge W ist, so geschieht dies oftmals zweckmäßig in Form einer Definition durch vollständige Induktion. Diese beruht auf dem folgenden

Satz

Es sei M eine Menge (die den Wertebereich W der zu definierenden Funktion f enthält oder gleich diesem ist) und R eine Funktion, die jedes Wertepaar $[n, x]$ mit $n \in N$, $x \in M$ auf einen Wert $y \in M$ abbildet.
Dann ist durch
(D1) $f(0) = y_0 \in M$
(D2) $f(k') = R(k, f(k))$
eindeutig eine Funktion f von N in M definiert.

Beachte:

1. Die Beziehung (D2) stellt eine Vorschrift dar, nach der man den Wert der Funktion f an der Stelle k' ($k' = k + 1$, Nachfolger von k) aus dem Wert der Funktion f an der Stelle k **rekursiv** berechnen kann. (D2) wird deshalb auch eine Rekursionsformel genannt, und statt Definition durch vollständige Induktion ist auch die Bezeichnung **rekursive Definition** gebräuchlich.

2. Da die Verwendung von (D2) für die Berechnung eines Funktionswertes die Kenntnis des vorangegangenen Funktionswertes voraussetzt, muß – soll der Berechnungsprozeß überhaupt beginnen – ein Startwert oder Anfangswert gegeben sein. Dies geschieht in der Beziehung (D1), die gewöhnlich als **Induktionsanfang** oder **Rekursionsbasis** bezeichnet wird.
3. Soll eine Funktion f nicht für alle natürlichen Zahlen, sondern nur für $n \geqq a$ definiert werden, so ist (D1) zu ersetzen durch
(D1) $f(a) = y_a \in M$.

BEISPIELE

1. Die Fakultät $F(n) = n!$ ist folgendermaßen erklärt:

(D1) $F(0) = 1$ oder $0! = 1$

(D2) $F(k') = F(k) \cdot k'$ oder $(k')! = k! \cdot k'$

So ist

$1! = (0')! = 0! \cdot 1 = 1 \cdot 1 = 1$ oder $1! = 1$

$2! = (1')! = 1! \cdot 2 = 1 \cdot 2 = 2$ oder $2! = 1 \cdot 2$

$3! = (2')! = 2! \cdot 3 = 2 \cdot 3 = 6$ oder $3! = 1 \cdot 2 \cdot 3$

$4! = (3')! = 3! \cdot 4 = 6 \cdot 4 = 24$ oder $4! = 1 \cdot 2 \cdot 3 \cdot 4$

usw.

2. Es seien $a_1, a_2, a_3, \ldots$ vorgegebene Zahlen, die mit Hilfe von Indizes 1, 2, 3, ... numeriert sind und die einem Bereich angehören, in dem eine Addition erklärt ist. Die Bedeutung der Summe

$$s(n) = \sum_{i=1}^{n} a_i$$

ist folgendermaßen erklärt:

(D1) $s(1) = a_1$ oder $\sum_{i=1}^{1} a_i = a_1$

(D2) $s(k') = s(k) + a_{k'}$ oder $\sum_{i=1}^{k'} a_i = \sum_{i=1}^{k} a_i + a_{k'}$

So ist

$$\sum_{i=1}^{2} a_i = \sum_{i=1}^{1} a_i + a_2 = a_1 + a_2$$

$$\sum_{i=1}^{3} a_i = \sum_{i=1}^{2} a_i + a_3 = a_1 + a_2 + a_3$$

$$\sum_{i=1}^{4} a_i = \sum_{i=1}^{3} a_i + a_4 = a_1 + a_2 + a_3 + a_4$$

3. Analog Beispiel 2 ist die Bedeutung des Produktes

$$p(n) = \prod_{i=1}^{n} a_i$$

folgendermaßen erklärt:

(D1) $p(1) = a_1$ oder $\prod_{i=1}^{1} a_i = a_1$

(D2) $p(k') = p(k) \cdot a_{k'}$ oder $\prod_{i=1}^{k'} a_i = \prod_{i=1}^{k} a_i \cdot a_{k'}$

So ist

$$\prod_{i=1}^{2} a_i = \prod_{i=1}^{1} a_i \cdot a_2 = a_1 \cdot a_2$$

$$\prod_{i=1}^{3} a_i = \prod_{i=1}^{2} a_i \cdot a_3 = a_1 \cdot a_2 \cdot a_3$$

$$\prod_{i=1}^{4} a_i = \prod_{i=1}^{3} a_i \cdot a_4 = a_1 \cdot a_2 \cdot a_3 \cdot a_4$$

Beachte:

Die Fakultät kann als Spezialfall des Produktes mit $a_i = i$ aufgefaßt werden:

$$n! = \prod_{i=1}^{n} i \quad (n \in N, n \neq 0)$$

Neben der dargestellten Form der Definition durch vollständige Induktion gibt es noch eine zweite Form, die insbesondere zur Definition von Relationen verwendet wird. Diese zweite Form sei hier nur an zwei typischen Beispielen dargestellt.

BEISPIELE

4. Die Ordnungsrelation „<" (sprich: „ist kleiner als") kann im Bereich der natürlichen Zahlen folgendermaßen erklärt werden:
   (Da) Es ist $k < k'$ für jede natürliche Zahl k.
   (Db) Wenn für zwei natürliche Zahlen k und n die Relation $k < n$ gilt, dann gilt auch $k < n'$.
   (Dc) Für zwei natürliche Zahlen k und m gilt die Relation $k < m$ genau dann, wenn dies aus (Da) und (Db) folgt.
5. Die Teilbarkeitsrelation „|" (sprich: „teilt" oder: „ist Teiler von") kann im Bereich der natürlichen Zahlen folgendermaßen erklärt werden:
   (Da) Es gilt $k \mid 0$ für jede natürliche Zahl k.
   (Db) Wenn für zwei natürliche Zahlen k und n die Relation $k \mid n$ gilt, dann gilt auch $k \mid (n + k)$.
   (Dc) Für zwei natürliche Zahlen k und m gilt die Relation $k \mid m$ genau dann, wenn dies aus (Da) und (Db) folgt.

Beachte:

1. In der Literatur sind auch andere Definitionen für die Relationen „<" und „|" zu finden. Diese sind den obigen völlig gleichwertig (äquivalent).

2. Eine ausführliche Behandlung der Eigenschaften der Ordnungsrelationen erfolgt in 4.5.; eine Einführung in die Theorie der Teilbarkeit wird in 4.6. gegeben.

4.3.2. Beweise durch vollständige Induktion

Viele Lehrsätze, in denen natürliche Zahlen eine wesentliche Rolle spielen, haben die Form „Für jede natürliche Zahl n (oder: für jede natürliche Zahl $n \geqq a$) gilt $H(n)$ (d.h. wird die Aussageform $H(n)$ zu einer wahren Aussage)". (Vgl. 1.4.3.) Solche Lehrsätze werden in vielen Fällen durch vollständige Induktion bewiesen (vgl. auch 1.10).
Diese Beweismethode beruht auf dem folgenden

Satz

Es sei $H(n)$ eine Aussageform in einer Variablen $n \in N$. Diese Aussageform wird für jede natürliche Zahl n zu einer wahren Aussage, wenn die folgenden Bedingungen beide erfüllt sind:
(B1) $H(0)$ ist wahr.
(B2) Für jede natürliche Zahl k gilt: Wenn die Aussage $H(k)$ wahr ist, dann ist auch die Aussage $H(k')$ wahr.

Beachte:

1. (B1) wird als **Induktionsanfang** bezeichnet.
   Es wird also zunächst die Richtigkeit (Wahrheit) von $H(n)$ für die spezielle Belegung $n = 0$ nachgewiesen.
2. (B2) wird als **Induktionsschritt** bezeichnet.
   Man nimmt an, k sei eine solche natürliche Zahl, für die $H(k)$ wahr ist (Induktionsannahme, Induktionsvoraussetzung).
   Es ist nun zu beweisen, daß daraus folgt, daß auch $H(k')$ ($k' = k + 1$, Nachfolger von k) wahr ist (Induktionsbehauptung, Induktionsfolge).
3. Soll nur bewiesen werden, daß $H(n)$ für jede natürliche Zahl $n \geqq a$ gilt, sind die Forderungen (B1) und (B2) zu ersetzen durch
   (B1) $H(a)$ ist wahr.
   (B2) Für jede natürliche Zahl $k \geqq a$ gilt: Wenn die Aussage $H(k)$ wahr ist, dann ist auch die Aussage $H(k')$ wahr.
   In diesem Fall wird über die Richtigkeit von $H(n)$ für $n < a$ nichts ausgesagt.
4. Ein Beweis durch vollständige Induktion ist nur dann erbracht, wenn sowohl (B1) als auch (B2) erfüllt ist.
   Beispielsweise erfüllt die Aussageform „$3 \mid 2^n$, $n \in N$" zwar die Bedingung (B2), jedoch wird sie für keine einzige natürliche Zahl n zu einer wahren Aussage.
5. Beim Induktionsschritt ist sorgfältig darauf zu achten, daß die Richtigkeit (Wahrheit) von $H(k')$ nicht vorausgesetzt werden darf, sondern aus der angenommenen Richtigkeit (Wahrheit) von $H(k)$ zu folgern ist.

BEISPIELE

1. Zu beweisen: Es ist $2^n > 2 \cdot n$ für jedes $n \in N$, $n \geqq 3$

   Beachte: $H(n)$ ist die Aussageform $2^n > 2 \cdot n$

   (B1) *Induktionsanfang*

   $H(3)$ ist wahr: $2^3 > 2 \cdot 3$, denn $8 > 6$

   (B2) *Induktionsschritt*

   a) *Induktionsannahme*

   Es sei $k \geqq 3$ eine solche natürliche Zahl, für die $H(k)$ wahr ist: $2^k > 2 \cdot k$

   b) *Induktionsbehauptung*

   Dann ist auch $H(k')$ wahr: $2^{k'} > 2 \cdot k'$

   c) *Beweis*

   Beachte: Bei diesem Beweis darf $H(k')$ noch nicht als wahr vorausgesetzt werden.

   Es ist

   $$2^{k'} = 2^{k+1} = 2 \cdot 2^k > 2 \cdot (2 \cdot k) = 2 \cdot (k + k) > 2 \cdot (k + 1)$$
   $$= 2 \cdot k'$$

   und somit

   $$2^{k'} > 2 \cdot k'$$

   Es wurde also gezeigt:

   (B1) $H(n)$ ist wahr für $n = 3$

   (B2) Wenn $H(n)$ für $n = k \geqq 3$ wahr ist, dann ist es auch für $n = k'$ wahr.

   Folglich ist $H(n)$ für jede natürliche Zahl $n \geqq 3$ wahr.

2. Durch vollständige Induktion sei $s(n)$ für alle $n \in N$, $n \geqq 1$ wie folgt definiert:

   (D1) $s(1) = 1$

   (D2) $s(k') = s(k) + k'$

   Es ist also

   $$s(2) = s(1) + 2 = 1 + 2$$
   $$s(3) = s(2) + 3 = 1 + 2 + 3$$
   $$s(4) = s(3) + 4 = 1 + 2 + 3 + 4$$

   usw.

   Zu beweisen: Für jedes $n \in N$, $n \geqq 1$ gilt

   $$s(n) = \frac{n \cdot (n + 1)}{2}$$

   Beachte: $H(n)$ ist die Aussageform $s(n) = \frac{n \cdot (n + 1)}{2}$

   (B1) *Induktionsanfang*

   $H(1)$ ist wahr: $s(1) = 1$ und $\frac{1 \cdot (1 + 1)}{2} = 1$

(B2) *Induktionsschritt*

a) *Induktionsannahme*
Sei $k \geqq 1$ eine solche natürliche Zahl, für die $H(k)$ wahr ist:

$$s(k) = \frac{k \cdot (k+1)}{2}$$

b) *Induktionsbehauptung*

Dann ist auch $H(k')$ wahr: $s(k') = \dfrac{k' \cdot (k'+1)}{2}$

c) *Beweis*
Es ist

$$\begin{aligned} s(k') &= s(k) + k' && \text{(Def. von } s(n)) \\ &= \frac{k \cdot (k+1)}{2} + (k+1) && \text{(Ind. ann., } k' = k+1) \\ &= \frac{k \cdot (k+1) + 2 \cdot (k+1)}{2} \\ &= \frac{(k+1) \cdot (k+2)}{2} \\ &= \frac{k' \cdot (k'+1)}{2} && (k+1 = k', \\ & && k+2 = k'+1) \end{aligned}$$

Es wurde also gezeigt:
(B1) $H(n)$ ist wahr für $n = 1$
(B2) Wenn $H(n)$ für $n = k \geqq 1$ wahr ist, dann ist es auch für $n = k'$ wahr.
Folglich ist $H(n)$ für jede natürliche Zahl $n \geqq 1$ wahr.

4.4. Rechenoperationen mit natürlichen Zahlen

4.4.1. Erklärung der vier Grundrechenoperationen

Im Bereich der natürlichen Zahlen sind zwei **direkte Operationen** erklärt:

Addition

Zwei natürlichen Zahlen a und b – den **Summanden** – wird eindeutig eine dritte natürliche Zahl s – die **Summe** – zugeordnet:

$a + b = s$

Multiplikation

Zwei natürlichen Zahlen a und b – den **Faktoren** – wird eindeutig eine dritte natürliche Zahl p – das **Produkt** – zugeordnet:

$a \cdot b = p$

Definition durch vollständige Induktion:

$a + 0 = a$
$a + k' = (a + k)'$

$a \cdot 0 = 0$
$a \cdot k' = a \cdot k + a$

Frage nach der **Umkehroperation**

der Addition:	*der Multiplikation:*

Unter welchen Bedingungen gibt es zu zwei natürlichen Zahlen a und b eine dritte natürliche Zahl

d, so daß $b + d = a$	q, so daß $b \cdot q = a$

und unter welchen Bedingungen ist diese dritte natürliche Zahl eindeutig bestimmt?

Satz

Zu zwei gegebenen natürlichen Zahlen a und b gibt es genau dann eine dritte natürliche Zahl

d, so daß $b + d = a$ wenn $b \leqq a$ (d.h., wenn $b < a$ oder $b = a$) (vgl. 4.3.1., Bsp. 4, und 4.5.) Diese Zahl d ist dann auch eindeutig bestimmt.	q, so daß $b \cdot q = a$ wenn $b \mid a$ (vgl. 4.3.1., Bsp. 5, und 4.6.1.) Diese Zahl q ist eindeutig bestimmt, wenn $b \neq 0$.

Dieser Sachverhalt ermöglicht die folgende Erklärung der beiden **Umkehroperationen** (auch *inverse* oder *indirekte* Operationen genannt) im Bereich der natürlichen Zahlen:

Subtraktion	**Division**
Zwei natürlichen Zahlen a und b wird unter der Voraussetzung $b \leqq a$ durch die Beziehung $b + d = a$ eindeutig eine dritte natürliche Zahl d zugeordnet: $a - b = d$	Zwei natürlichen Zahlen a und b wird unter der Voraussetzung $b \mid a$ und $b \neq 0$ durch die Beziehung $b \cdot q = a$ eindeutig eine dritte natürliche Zahl q zugeordnet: $a:b = q$

Fachbezeichnungen:

a **Minuend**	a **Dividend**
b **Subtrahend**	b **Divisor**
d **Differenz**	q **Quotient**

Beachte:

1. Die Division durch Null ist grundsätzlich unmöglich. Ist $b = 0$ und $a \neq 0$, so gilt niemals $b \mid a$, und es gibt keine natürliche Zahl q, so daß $b \cdot q = a$ wäre, denn für jede natürliche Zahl q ist $b \cdot q = 0 \cdot q = 0 \neq a$. Ist $b = 0$ und $a = 0$, so gilt zwar $b \mid a$, jedoch erfüllt jede natürliche Zahl q die Bedingung $b \cdot q = a$, denn für jede natürliche Zahl q ist $b \cdot q = 0 \cdot q = 0 = a$. In letzterem Fall ist also q nicht eindeutig bestimmt.

2. Diese Einschränkung „Divisor $\neq$ Null" gilt auch in allen anderen Zahlenbereichen. Der Versuch, eine Division durch Null durch Einführung einer zusätzlichen Zahl (z. B. „∞") doch zu ermöglichen, führt zu einer Vielzahl von Widersprüchen (Scheinbeweise mittels Division durch Null!).
3. Die Einschränkung „Divisor $\neq$ Null" ist auch bei der Division von Termen zu beachten, wenn nämlich der Divisor-Term bei bestimmten Belegungen der Variablen den Wert Null annehmen kann. Solche Belegungen sind dann jeweils auszuschließen.

BEISPIEL

$(x^3 + 3x^2 - 2x - 2) : (x^2 - 5x + 6)$

Einschränkung: $x^2 - 5x + 6 \neq 0$, d.h., $x \neq 2$ und $x \neq 3$

4. Alle anderen Einschränkungen bei Subtraktion und Division entfallen durch geeignete Zahlenbereichserweiterungen.

4.4.2. Einige technische Vereinbarungen

Die vier Grundrechenoperationen sind jeweils für zwei Operanden erklärt. Sollen drei oder mehr Operanden durch die vier Grundrechenoperationen verknüpft werden, so kann dies nur schrittweise erfolgen. Dazu ist es erforderlich, die Reihenfolge, in der die einzelnen Operationen auszuführen sind, in geeigneter Weise anzugeben. Dies geschieht

1. durch Verwendung von **Klammern** als technische Zeichen,
2. durch Festlegung von **Vorrang-Regeln**.

Klammerausdrücke werden vorrangig ausgewertet.
Ist keine andere Reihenfolge durch Verwendung von Klammern vorgeschrieben, werden Rechenoperationen zweiter Stufe (Multiplikation und Division) vor Rechenoperationen erster Stufe (Addition und Subtraktion) ausgeführt (Merk-Regel: „Punktrechnung geht vor Strichrechnung").
Rechenoperationen gleicher Stufe werden nacheinander von links nach rechts ausgeführt.

BEISPIEL

Die Berechnung des Wertes

$$r = a + b : (c + d \cdot e) \cdot [(f - g) \cdot (h : i + j) - k]$$

geschieht in folgender Reihenfolge, wobei $z_1, z_2, \ldots$ Bezeichnungen für auftretende Zwischenergebnisse sein sollen:

1. Klammer:
$z_1 = d \cdot e$
$z_2 = c + z_1$

2. Klammer:

1. Klammer in der 2. Klammer:

$z_3 = f - g$

2. Klammer in der 2. Klammer:

$z_4 = h : i$

$z_5 = z_4 + j$

$z_6 = z_3 \cdot z_5$

$z_7 = z_6 - k$

$z_8 = b : z_2$

$z_9 = z_8 \cdot z_7$

$r = a + z_9$

Beachte:

1. Klammern treten stets paarweise auf: „Klammer auf", „Klammer zu".
2. Mehrere Klammer-Paare können „disjunkt" oder „verschachtelt", aber niemals „überlappt" auftreten.
3. Bei verschachtelten Klammer-Paaren werden zur leichteren Lesbarkeit verschiedene Klammer-Arten verwendet:
   $\langle \ldots \{ \ldots [\ldots (\ldots) \ldots] \ldots \} \ldots \rangle$
4. Die in diesem Abschnitt getroffenen Festlegungen sind keine Theoreme, sondern technische Vereinbarungen, die keiner Beweise bedürfen.
5. Diese technischen Vereinbarungen bleiben auch in erweiterten Zahlenbereichen gültig.

4.4.3. Rechengesetze

Für die vier Grundrechenoperationen gelten verschiedene Gesetze, die es ermöglichen, Terme so umzuformen, daß sie für beliebige zulässige Belegungen der Variablen ihren Wert nicht infolge solcher Umformungen ändern.

Diese Gesetze werden in Form von Aussageformen angegeben, die in dem Sinn allgemeingültig sind, daß sie für jede zulässige Belegung der Variablen zu wahren Aussagen werden.

Im folgenden sind a, b und c natürliche Zahlen. Jedoch gelten die angegebenen Gesetze auch in erweiterten Zahlenbereichen. Gesetze, in denen Subtraktionen und Divisionen auftreten, gelten jeweils vorbehaltlich der Ausführbarkeit der Operationen.

Kommutativgesetz

der Addition:

$a + b = b + a$

Summanden können vertauscht werden.

der Multiplikation:

$a \cdot b = b \cdot a$

Faktoren können vertauscht werden.

Beachte:

Subtraktion und Division sind nicht kommutativ.

Assoziativgesetz

der Addition:

$a + (b + c) = (a + b) + c$
$= a + b + c$

Bei der Addition von mehr als zwei Summanden können benachbarte beliebig zu Teilsummen zusammengefaßt werden.

der Multiplikation:

$a \cdot (b \cdot c) = (a \cdot b) \cdot c$
$= a \cdot b \cdot c$

Bei der Multiplikation von mehr als zwei Faktoren können benachbarte beliebig zu Teilprodukten zusammengefaßt werden.

Gesetze der vermischten

Addition und Subtraktion:

$a + (b - c) = (a + b) - c$
$= a + b - c$

$a - (b + c) = (a - b) - c$
$= a - b - c$

$a - (b - c) = (a - b) + c$
$= a - b + c$

Multiplikation und Division:

$a \cdot (b : c) = (a \cdot b) : c = a \cdot b : c$ $(c \neq 0)$

$a : (b \cdot c) = (a : b) : c = a : b : c$ $(b, c \neq 0)$

$a : (b : c) = (a : b) \cdot c = a : b \cdot c$ $(b, c \neq 0)$

Distributivgesetz

(*Gesetz für die Kopplung von Addition und Multiplikation***)**

$a \cdot (b + c) = a \cdot b + a \cdot c$ oder $(b + c) \cdot a = b \cdot a + c \cdot a$

Ist eine Summe mit einem Faktor zu multiplizieren, so kann man jeden Summanden einzeln mit dem Faktor multiplizieren und die einzelnen Produkte addieren.
Aber auch:
Enthalten alle Summanden einer Summe einen gemeinsamen Faktor, so kann dieser ausgeklammert werden.

Gesetz für die Kopplung von Subtraktion und Multiplikation:

$a \cdot (b - c) = a \cdot b - a \cdot c$ oder $(b - c) \cdot a = b \cdot a - c \cdot a$

Gesetze für die Kopplung von Addition bzw. Subtraktion und Division:

$(b + c) : a = b : a + c : a$ $(a \neq 0)$
$(b - c) : a = b : a - c : a$ $(a \neq 0)$

Beachte:

Für Terme der Form

$a : (b + c)$ und $a : (b - c)$

gibt es keine Umformungsgesetze von dieser Art.
Insbesondere ist

$a : (b + c) \neq a : b + a : c$ und $a : (b - c) \neq a : b - a : c$,

sofern nur $a \neq 0$, $b \neq 0$, $c \neq 0$ und $b + c \neq 0$ bzw. $b - c \neq 0$.

4.4.4. Besonderheiten der Zahl Null

Für eine natürliche Zahl a gilt

$a + 0 = 0 + a = a$	insbesondere: $0 + 0 = 0$
$a - 0 = a$	insbesondere: $0 - 0 = 0$
$a \cdot 0 = 0$	insbesondere: $0 \cdot 0 = 0$
$0 : a = 0$ für $a \neq 0$	hingegen: $0 : 0$ nicht erklärt
$a : 0$ nicht erklärt	insbesondere: $0 : 0$ nicht erklärt

4.5. Ordnungsrelationen im Bereich der natürlichen Zahlen

Durch die Definition in 4.3.1., Bsp. 4, wird im Bereich der natürlichen Zahlen die Ordnungsrelation „<“ erklärt.
Einen wichtigen Zusammenhang zwischen dieser Ordnungsrelation und der Addition beschreibt der folgende

Satz

Zwischen zwei natürlichen Zahlen a und b besteht die Ordnungsbeziehung $a < b$ genau dann, wenn es eine natürliche Zahl $c \neq 0$ gibt, so daß $a + c = b$ ist.

Eine Beziehung zur Mengenlehre enthält der folgende

Satz

Zwischen zwei natürlichen Zahlen a und b besteht die Ordnungsbeziehung $a < b$ genau dann, wenn jede Menge B der Mächtigkeit b mindestens eine echte Teilmenge A der Mächtigkeit a besitzt.

Beachte:

Jeder dieser beiden Sätze kann als Definition der Ordnungsrelation „<“ benutzt werden.

Bezeichnung:

Statt $a < b$ schreibt man auch $b > a$.
„>“ heißt die zu „<“ inverse Relation.

Trichotomie

Für zwei beliebige natürliche Zahlen a und b gilt entweder $a < b$ oder $a = b$ oder $a > b$.

Negation

Die Negation einer der drei Relationen $<$, $=$, $>$ ist gleichbedeutend damit, daß genau eine der beiden anderen gilt:

gilt nicht	so gilt	Bezeichnung
$a < b$	$a = b$ oder $a > b$	$a \geqq b$
$a = b$	$a < b$ oder $a > b$	$a \neq b$
$a > b$	$a < b$ oder $a = b$	$a \leqq b$

Eigenschaften der Ordnungsrelationen

(1) Gilt sowohl $a \leqq b$ als auch $b \leqq a$, so gilt $a = b$
(*Antisymmetrie* der Relation „$\leqq$")
(2) Gilt sowohl $a \leqq b$ als auch $b \leqq c$, so gilt $a \leqq c$
(*Transitivität* der Relation „$\leqq$")
(3) Gilt sowohl $a < b$ als auch $b < c$, so gilt $a < c$
(*Transitivität* der Relation „$<$")
(4a) Gilt sowohl $a \leqq b$ als auch $b < c$, so gilt $a < c$
(4b) Gilt sowohl $a < b$ als auch $b \leqq c$, so gilt $a < c$

Beziehungen zwischen Ordnungsrelationen und Rechenoperationen

(1) Wenn $a < b$ (bzw. $a \leqq b$) und $c \in N$
dann $a + c < b + c$ (bzw. $a + c \leqq b + c$)
und $a - c < b - c$ (bzw. $a - c \leqq b - c$)
(2) Wenn $a < b$ (bzw. $a \leqq c$) und $c \in N$, $c > 0$
dann $a \cdot c < b \cdot c$ (bzw. $a \cdot c \leqq b \cdot c$)
und $a : c < b : c$ (bzw. $a : c \leqq b : c$)

Beachte:

1. Die angegebenen Beziehungen, in denen die Subtraktion oder die Division auftritt, gelten vorbehaltlich der Ausführbarkeit dieser Operationen in N.
2. Die angegebenen Eigenschaften und Beziehungen gelten auch in den erweiterten Zahlenbereichen der ganzen, gebrochenen, rationalen und reellen Zahlen. Sie werden dort durch weitere Beziehungen ergänzt. Ausführbarkeitsbeschränkungen (außer Divisor $\neq 0$) fallen schrittweise weg.
3. Die angegebenen Eigenschaften und Beziehungen sind von besonderer Wichtigkeit für das Lösen von Ungleichungen (vgl. Abschn. 11.).

Der **Zahlenstrahl** als geometrische Veranschaulichung der Ordnung der natürlichen Zahlen:
Markiert man auf einem Strahl (vgl. 20.1.3.2.), am Strahlanfang beginnend, gleichabständig Punkte, so erhält man eine **gleichmäßig geteilte Skale.** Schreibt man an diese Punkte, mit 0 am Strahlanfang beginnend, die natürlichen Zahlen in der durch die Nachfolger-Beziehung (vgl. 4.2.2.2.) festgelegten Reihenfolge, so erhält man einen **Zahlenstrahl.**
Zwischen dem Zahlenstrahl und dem Bereich der natürlichen Zahlen bestehen folgende Beziehungen:

1. Jeder natürlichen Zahl ist umkehrbar eindeutig (d.h. eineindeutig) ein markierter Punkt des Zahlenstrahles zugeordnet.
2. Legt man den Strahl – wie allgemein üblich – so, daß der Strahlanfang links liegt, so besteht zwischen zwei natürlichen Zahlen a und b genau dann die Beziehung $a < b$, wenn der der Zahl a zugeordnete Punkt links von dem der Zahl b zugeordneten liegt.

Man kann aber auch jeder Zahl den Pfeil zuordnen, der vom Strahlanfang zu dem der Zahl zugeordneten Punkt zeigt.

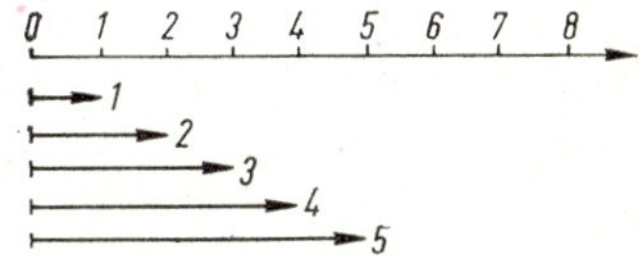

Mit Hilfe des Zahlenstrahls können Additions- und Subtraktionsaufgaben grafisch gelöst werden:

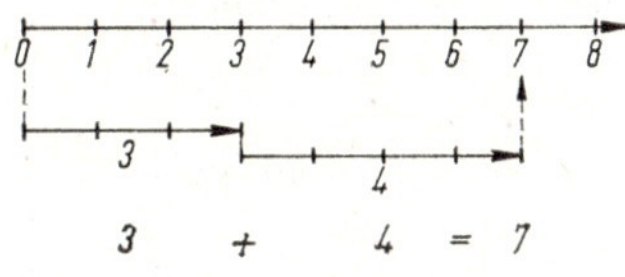

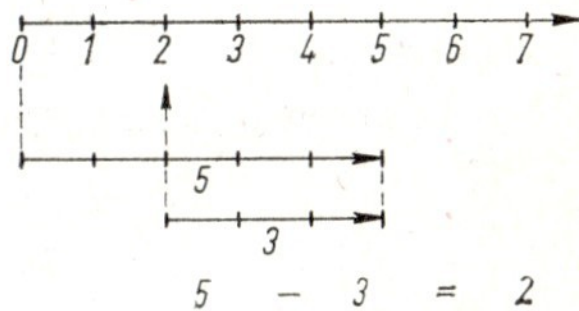

4.6. Teilbarkeit im Bereich der natürlichen Zahlen

4.6.1. Teiler, Vielfache

Durch die Definition in 4.3.1., Bsp. 5, wird im Bereich der natürlichen Zahlen die Teilbarkeitsrelation „|“ erklärt.
Einen wichtigen Zusammenhang zwischen der Teilbarkeitsrelation und der Multiplikation beschreibt der folgende

Satz

Zwischen zwei natürlichen Zahlen a und b besteht die Teilbarkeitsbeziehung $a \mid b$ genau dann, wenn es eine natürliche Zahl c gibt, so daß $a \cdot c = b$ ist.

Beachte:

1. Dieser Satz kann als Definition der Teilbarkeitsrelation „|" benutzt werden.
2. Man schreibe „|" (Zeichen für die Teilbarkeitsrelation) und „/" (schräger Bruchstrich, Zeichen für die Division) sorgfältig, um Verwechslungen zu vermeiden!

Bezeichnungen:

1. Gilt $a \mid b$, so sagt man, „a teilt b" oder „a ist **Teiler** von b", aber auch „b ist **Vielfaches** von a".
2. Als **triviale Teiler** einer natürlichen Zahl b bezeichnet man die natürlichen Zahlen 1 und b. Andere (d.h. nichttriviale) Teiler einer natürlichen Zahl b heißen deren **echte Teiler.**

BEISPIELE

1. 15 hat die Teiler 1, 3, 5 und 15.
2. 31 hat nur die trivialen Teiler 1 und 31.
3. 36 hat die Teiler 1, 2, 3, 4, 6, 9, 12, 18 und 36.

Eigenschaften der Teilbarkeitsrelation

(1) Es gilt $a \mid a$ für jede natürliche Zahl a.
(*Reflexivität* der Teilbarkeitsrelation)

(2) Wenn sowohl $a \mid b$ als auch $b \mid a$, dann $a = b$
(*Antisymmetrie* der Teilbarkeitsrelation)

(3) Wenn sowohl $a \mid b$ als auch $b \mid c$, dann $a \mid c$
(*Transitivität* der Teilbarkeitsrelation)

Beziehungen zwischen Teilbarkeitsrelation und Rechenoperationen

(1) Wenn sowohl $a \mid b$ als auch $a \mid c$,
dann $a \mid b + c$
und $a \mid b - c$ (falls $b \geqq c$) bzw. $a \mid c - b$ (falls $c \geqq b$).

(2) Wenn sowohl $a \mid b$ als auch $c \mid d$,
dann $a \cdot c \mid b \cdot d$

4.6.2. Primzahlen, zusammengesetzte Zahlen

Definition

Eine natürliche Zahl $p > 1$, die keine echten Teiler besitzt, heißt **Primzahl.** Eine natürliche Zahl $z > 1$, die echte Teiler besitzt, heißt **zusammengesetzte Zahl.**

Beachte:

Mit dieser Definition werden die natürlichen Zahlen 0 und 1 nicht erfaßt. Sie sind weder Primzahlen noch zusammengesetzte Zahlen. (Auf eine Begründung dieser Festlegung kann hier nicht eingegangen werden.)

Satz

Eine natürliche Zahl $n > 1$ ist genau dann Primzahl, wenn es keine Primzahl p mit $p^2 \leqq n$ und $p \mid n$ gibt.

Sieb des Eratosthenes zur Ermittlung aller Primzahlen $p \leqq n$ (ERATOSTHENES, griech. Gelehrter, 276(?) bis 194 (?) v. u. Z.):

Aus der geordneten Menge der natürlichen Zahlen von 2 bis n streicht man alle echten Vielfachen der ersten Zahl (2), alle echten Vielfachen der nächsten verbliebenen Zahl (3), alle echten Vielfachen der nächsten verbliebenen Zahl (5) usw.
Sobald die nächste verbliebene Zahl v die Beziehung $v^2 > n$ erfüllt, ist der Auswahlvorgang abgeschlossen, und alle verbliebenen Zahlen $p \leqq n$ sind Primzahlen.

BEISPIEL

Es sollen alle Primzahlen $p \leqq 20$ ermittelt werden.

	2	3	4	5	6	7	8	9	10	11	12	13	14	15	16	17	18	19	20
1. Streichen:			×		×		×		×		×		×		×		×		×
2. Streichen:					×			×			×			×			×		

Da $5^2 > 20$, sind alle verbliebenen Zahlen Primzahlen:
2, 3, 5, 7, 11, 13, 17, 19.

4.6.3. Zerlegung in Primfaktoren

Satz

Jede natürliche Zahl $n > 1$ kann als Produkt aus lauter Primzahlen **(Primfaktoren)** auf genau eine Weise, abgesehen von deren Reihenfolge, dargestellt werden.

Die systematische Zerlegung einer Zahl in Primfaktoren erfolgt durch schrittweises Abspalten der einzelnen Primfaktoren, beginnend mit dem kleinsten, wie es nebenstehendes Beispiel zeigt.

BEISPIEL

Zerlegung der Zahl 7920:

$$\begin{aligned} 7920 &= 2 \cdot 3960 \\ 3960 &= 2 \cdot 1980 \\ 1980 &= 2 \cdot 990 \\ 990 &= 2 \cdot 495 \\ 495 &= 3 \cdot 165 \\ 165 &= 3 \cdot 55 \\ 55 &= 5 \cdot 11 \\ \hline 7920 &= 2^4 \cdot 3^2 \cdot 5 \cdot 11 \end{aligned}$$

4.6.4. Anzahl der Teiler einer Zahl

Für zahlentheoretische Untersuchungen wichtig ist der folgende

Satz

Enthält eine natürliche Zahl $n > 1$ die verschiedenen Primfaktoren $p_1, p_2, p_3, \ldots, p_k$ mit den von Null verschiedenen Häufigkeiten

$h_1, h_2, h_3, \ldots, h_k$, ist also

$$n = p_1^{h_1} \cdot p_2^{h_2} \cdot p_3^{h_3} \ldots p_k^{h_k} \qquad (h_i \neq 0)$$

so hat n eine Anzahl von

$$t(n) = (h_1 + 1) \cdot (h_2 + 1) \cdot (h_3 + 1) \cdot \ldots \cdot (h_k + 1)$$

verschiedenen Teilern, darunter auch die beiden trivialen.

4.6.5. Teilbarkeitsregeln

Für einige spezielle Zahlen kann man ohne effektive Ausführung der Division feststellen, ob sie Teiler einer vorgegebenen natürlichen Zahl n sind.

1. Eine Zahl n ist durch 2^k bzw. durch 5^k teilbar, wenn die aus den letzten k Ziffern von n bestehende Zahl durch 2^k bzw. durch 5^k teilbar ist.

BEISPIELE

$2 \mid 376$, denn $2 \mid 6$	$5 \mid 765$, denn $5 \mid 5$
$4 \mid 13556$, denn $4 \mid 56$	$25 \mid 17475$, denn $25 \mid 75$
$8 \mid 37528$, denn $8 \mid 528$	$125 \mid 76875$, denn $125 \mid 875$

2. Eine Zahl n ist durch 3 bzw. durch 9 teilbar, wenn ihre Quersumme (= Summe ihrer Ziffern) durch 3 bzw. durch 9 teilbar ist.

BEISPIELE

$3 \mid 78351$, denn $1 + 5 + 3 + 8 + 7 = 24$ und $3 \mid 24$
$9 \mid 89451$, denn $1 + 5 + 4 + 9 + 8 = 27$ und $9 \mid 27$

3. Eine Zahl n ist durch 11 teilbar, wenn ihre alternierende Quersumme (auch Querdifferenz genannt) (= 1. Ziffer − 2. Ziffer + 3. Ziffer − 4. Ziffer + − …) durch 11 teilbar ist.

BEISPIEL

$11 \mid 37082518$, denn $8 - 1 + 5 - 2 + 8 - 0 + 7 - 3 = 22$ und $11 \mid 22$

4. Eine Zahl n ist durch 7 bzw. durch 11 bzw. durch 13 teilbar, wenn die alternierende Quersumme der aus jeweils drei Ziffern bestehenden Zahlenabschnitte durch 7 bzw. durch 11 bzw. durch 13 teilbar ist.

BEISPIELE

$7 \mid 22248723$, denn $723 - 248 + 22 = 497$ und $7 \mid 497$
$11 \mid 20248723$, denn $723 - 248 + 20 = 495$ und $11 \mid 495$
$13 \mid 6248723$, denn $723 - 248 + 6 = 481$ und $13 \mid 481$

4.6.6. Division mit Rest, Kongruenz, Rest-Proben

Satz

Zu zwei gegebenen natürlichen Zahlen $m > 0$ und n gibt es zwei eindeutig bestimmte natürliche Zahlen q und r, so daß $n = q \cdot m + r$ mit $0 \leqq r < m$ ist.

Bezeichnungen:

Die Ermittlung von q und r aus n und m heißt **Division mit Rest.** Sie wird gewöhnlich in folgender Form geschrieben:
$n : m = q$ Rest r.

BEISPIELE

1. $34 : 9 = 3$ Rest 7, d.h., $34 = 3 \cdot 9 + 7$
2. $24 : 6 = 4$ Rest 0, d.h., $24 = 4 \cdot 6 + 0$
3. $5 : 7 = 0$ Rest 5, d.h., $5 = 0 \cdot 7 + 5$

Definition

Zwei natürliche Zahlen a und b, die bei Division durch m denselben Rest r ergeben, heißen **kongruent modulo** m, in Zeichen: $a \equiv b \pmod{m}$.

BEISPIELE

1. $34 \equiv 25 \pmod 9$, denn $34:9 = 3$ Rest $\underline{7}$ und $25:9 = 2$ Rest $\underline{7}$
2. $24 \equiv 18 \pmod 6$, denn $24:6 = 4$ Rest $\underline{0}$ und $18:6 = 3$ Rest $\underline{0}$

Satz

Wenn $a \equiv b \pmod{m}$ und $c \equiv d \pmod{m}$
dann $a + c \equiv b + d \pmod{m}$
$a - c \equiv b - d \pmod{m}$ (falls $a \geqq c$ und $b \geqq d$)
$a \cdot c \equiv b \cdot d \pmod{m}$

BEISPIEL

$m = 9$
$a = 34,\ b = 25,\ c = 20,\ d = 2,\ 34 \equiv 25 \pmod 9,\ 20 \equiv 2 \pmod 9$
$a + c = 54,\ b + d = 27,\ 54 \equiv 27 \pmod 9$
$a - c = 14,\ b - d = 23,\ 14 \equiv 23 \pmod 9$
$a \cdot c = 680,\ b \cdot d = 50,\ 680 \equiv 50 \pmod 9$

Dies ist das Prinzip der **Rest-Proben,** speziell der **Neuner-Probe.**
Für $m = 9$ gilt der folgende

Satz

Ist a eine beliebige natürliche Zahl und b ihre Quersumme (= Summe ihrer Ziffern), so ist $a \equiv b \pmod 9$.

BEISPIELE

1. $21 \equiv 3 \pmod 9$
2. $31764 \equiv 21 \pmod 9$
3. $175839 \equiv 33 \pmod 9$
4. $33 \equiv 6 \pmod 9$

Beachte:

Die Kongruenz bezüglich eines festen Moduls m ist eine Äquivalenzrelation (d.h., sie ist reflexiv, symmetrisch und transitiv). Insbesondere gilt also:
Wenn $a \equiv b \pmod{m}$ und $b \equiv c \pmod{m}$, dann $a \equiv c \pmod{m}$.

BEISPIELE

1. $31764 \equiv 21 \pmod{9}$ und $21 \equiv 3 \pmod{9}$, also $31764 \equiv 3 \pmod{9}$.
2. $100 \equiv 72 \pmod{7}$ und $72 \equiv 2 \pmod{7}$, also $100 \equiv 2 \pmod{7}$.

Folgerung

Ist a eine beliebige natürliche Zahl, b deren (ggf. mehrziffrige) Quersumme und c wiederum die Quersumme von b, so ist $a \equiv c \pmod{9}$.

Neuner-Probe

Soll die Summe, Differenz oder das Produkt zweier Zahlen gebildet werden, so kann man zur Kontrolle die Summe, Differenz oder das Produkt der Quersummen der beiden Zahlen bilden. Die beiden Resultate müssen dann kongruent modulo 9 sein, was man ggf. wieder unter Benutzung ihrer Quersummen überprüft.

BEISPIEL

623 hat die Quersumme 11, 431 hat die Quersumme 8.
$623 + 431 = 1054$, $11 + 8 = 19$
$1054 \equiv 19 \pmod{9}$, denn sowohl 1054 als auch 19 haben die Quersumme 10.

4.6.7. Gemeinsame Teiler und Vielfache

4.6.7.1. Gemeinsame Teiler und Vielfache von zwei Zahlen

Definition

Eine Zahl t, die sowohl Teiler von $n > 0$ als auch Teiler von $m > 0$ ist, heißt ein **gemeinsamer Teiler** von n und m. Eine Zahl v, die sowohl Vielfaches von $n > 0$ als auch Vielfaches von $m > 0$ ist, heißt ein **gemeinsames Vielfaches** von n und m.

BEISPIELE

1. 1, 2, 7 und 14 sind gemeinsame Teiler von 42 und 70.
2. 210, 420, 630, ... sind gemeinsame Vielfache von 42 und 70.
3. 24 und 35 haben nur den (trivialen) gemeinsamen Teiler 1.

Definition

Zwei Zahlen, die außer dem trivialen Teiler 1 keine weiteren gemeinsamen Teiler haben, heißen **teilerfremd** oder **relativ prim** (zueinander).

BEISPIEL

24 und 35 sind teilerfremd.

Größter gemeinsamer Teiler von zwei Zahlen:

Unter den gemeinsamen Teilern zweier Zahlen n und m gibt es einen gemeinsamen Teiler g, welcher durch jede der beiden folgenden Eigenschaften eindeutig bestimmt ist:

1. Für jeden gemeinsamen Teiler t von n und m gilt $t \mid g$.
2. Für jeden gemeinsamen Teiler t von n und m gilt $t \leqq g$.

Dieser gemeinsame Teiler g wird größter gemeinsamer Teiler (g. g. T.) von n und m genannt und mit ggT (n, m) bezeichnet.

BEISPIELE

1. $14 = \text{ggT}(42, 70)$
2. $84 = \text{ggT}(672, 1260)$
3. $14 = \text{ggT}(672, 1190)$

Bestimmung des g.g.T. zweier Zahlen n und m

1. Auswahl von $g = \text{ggT}(n, m)$ aus der Menge aller gemeinsamen Teiler von n und m
2. Konstruktion von $g = \text{ggT}(n, m)$ aus den Primfaktorzerlegungen von n und m:
   g enthält jeden Primfaktor in der geringeren der beiden Häufigkeiten, in der dieser in den Zahlen n und m auftritt.

BEISPIELE

1. $42 = 2 \cdot 3 \cdot 7, \quad 70 = 2 \cdot 5 \cdot 7$
   $\text{ggT}(42, 70) = 2^1 \cdot 3^0 \cdot 5^0 \cdot 7^1 = 2 \cdot 7 = 14$
2. $672 = 2^5 \cdot 3 \cdot 7, \quad 1260 = 2^2 \cdot 3^2 \cdot 5 \cdot 7$
   $\text{ggT}(672, 1260) = 2^2 \cdot 3^1 \cdot 5^0 \cdot 7^1 = 2^2 \cdot 3 \cdot 7 = 84$

3. **Euklidischer Algorithmus**

(Euklid, griech. Mathematiker, um 325 v. u. Z.)
(Algorithmus: Berechnungsvorschrift, Rechenverfahren)

Man berechnet	**BEISPIEL** $n = 1190$, $m = 672$
$n : m = q_1$ Rest r_1	$1190 : 672 = 1$ Rest 518
$m : r_1 = q_2$ Rest r_2	$672 : 518 = 1$ Rest 154
$r_1 : r_2 = q_3$ Rest r_3	$518 : 154 = 3$ Rest 56
...	$154 : 56 = 2$ Rest 42
$r_{k-2} : r_{k-1} = q_k$ Rest r_k	$56 : 42 = 1$ Rest 14
$r_{k-1} : r_k = q_{k+1}$ Rest 0	$42 : 14 = 3$ Rest 0
Dann ist $r_k = \text{ggT}(n, m)$	$14 = \text{ggT}(1190, 672)$

Beachte:

Jeder gemeinsame Teiler zweier Zahlen n und m ist auch Teiler der Zahlen $n + m$ und $n - m$ bzw. $m - n$.

BEISPIEL

Der g.g.T. von 1859 und 1833 muß auch ein Teiler von $26 = 1859 - 1833$ sein. Es kommen also nur in Frage: 1, 2, 13 oder 26. Da 1859 und 1833 ungerade sind, entfallen 2 und 26. Tatsächlich gilt: $13 \mid 1859$ und $13 \mid 1833$. Also: ggT (1859, 1833) = 13

Kleinstes gemeinsames Vielfaches von zwei Zahlen:

Unter den gemeinsamen Vielfachen zweier Zahlen n und m gibt es ein gemeinsames Vielfaches k, welches durch jede der beiden folgenden Eigenschaften eindeutig bestimmt ist:

1. Für jedes gemeinsame Vielfache v von n und m gilt $k \mid v$.
2. Für jedes gemeinsame Vielfache v von n und m gilt $k \leqq v$.

Dieses gemeinsame Vielfache k wird kleinstes gemeinsames Vielfaches (k.g.V.) von n und m genannt und mit kgV (n, m) bezeichnet.

BEISPIELE

1. 210 = kgV (42, 70)
2. 10080 = kgV (672, 1260)

Bestimmung des k.g.V. zweier Zahlen n und m

1. Konstruktion von $k = \text{kgV}(n, m)$ aus den Primfaktorzerlegungen von n und m:
   k enthält jeden Primfaktor in der größeren der beiden Häufigkeiten, in denen dieser in den Zahlen n und m auftritt.

BEISPIEL

$$672 = 2^5 \cdot 3 \cdot 7, \quad 1260 = 2^2 \cdot 3^2 \cdot 5 \cdot 7$$

$$\text{kgV}(672, 1260) = 2^5 \cdot 3^2 \cdot 5 \cdot 7 = 10080$$

2. Aus Eigenschaft 3 (s.u.) folgt: $\text{kgV}(n, m) = n \cdot m : \text{ggT}(n, m)$

BEISPIEL

$$\text{kgV}(672, 1260) = 672 \cdot 1260 : \text{ggT}(672, 1260)$$
$$= 672 \cdot 1260 : 84 = 10080$$

Eigenschaften des g.g.T. und des k.g.V. zweier Zahlen

1. $a = n : \text{ggT}(n, m)$ und $b = m : \text{ggT}(n, m)$ sind teilerfremd.
2. $a = \text{kgV}(n, m) : m$ und $b = \text{kgV}(n, m) : n$ sind teilerfremd.
3. $\text{ggT}(n, m) \cdot \text{kgV}(n, m) = n \cdot m$
4. Wenn n und m teilerfremd, dann $\text{ggT}(n, m) = 1$ und $\text{kgV}(n, m) = n \cdot m$.

Beachte:

1. Eigenschaft 1 findet Anwendung beim Kürzen (vgl. 6.1.5.).
2. Das k.g.V. spielt in der Bruchrechnung eine bedeutende Rolle als Hauptnenner.

4.6.7.2. Gemeinsame Teiler und Vielfache beliebig vieler Zahlen

Für beliebig viele natürliche Zahlen $n_1, n_2, \ldots, n_k$ kann man analog definieren:

gemeinsame Teiler
gemeinsame Vielfache
den größten gemeinsamen Teiler ggT $(n_1, n_2, \ldots, n_k)$
das kleinste gemeinsame Vielfache kgV $(n_1, n_2, \ldots, n_k)$

Bestimmung des g.g.T. und des k.g.V. beliebig vieler Zahlen

1. Konstruktion aus den Primfaktorzerlegungen aller n_i:
   Das g.g.T. enthält jeden Primfaktor in der niedrigsten der k Häufigkeiten, das k.g.V. hingegen in der größten der k Häufigkeiten.

   BEISPIEL

   $$72 = 2^3 \cdot 3^2,\ 180 = 2^2 \cdot 3^2 \cdot 5,\ 216 = 2^3 \cdot 3^3,$$
   $$240 = 2^4 \cdot 3 \cdot 5$$
   $$\text{ggT}\,(72, 180, 216, 240) = 2^2 \cdot 3 = 12$$
   $$\text{kgV}\,(72, 180, 216, 240) = 2^4 \cdot 3^3 \cdot 5 = 2160$$

2. Rekursiv:

   $$\text{ggT}\,(n_1, n_2, n_3) = \text{ggT}\,(\text{ggT}\,(n_1, n_2), n_3) \quad \text{usw.}$$
   $$\text{kgV}\,(n_1, n_2, n_3) = \text{kgV}\,(\text{kgV}\,(n_1, n_2), n_3) \quad \text{usw.}$$

   BEISPIEL

   $$\text{ggT}\,(72, 180) = 36$$
   $$\text{ggT}\,(72, 180, 216) = \text{ggT}\,(36, 216) = 36$$
   $$\text{ggT}\,(72, 180, 216, 240) = \text{ggT}\,(36, 240) = 12$$
   $$\text{kgV}\,(72, 180) = 360$$
   $$\text{kgV}\,(72, 180, 216) = \text{kgV}\,(360, 216) = 1080$$
   $$\text{kgV}\,(72, 180, 216, 240) = \text{kgV}\,(1080, 240) = 2160$$

Beachte:

1. Die Reihenfolge der n_i hat keinen Einfluß auf g.g.T. und k.g.V.
2. Ist n_l Teiler von n_m, so kann n_m bei der Bestimmung des g.g.T., n_l bei der Bestimmung des k.g.V. ausgelassen werden.

BEISPIEL

$$\begin{aligned} \text{ggT}(72,180,216,240) &= \text{ggT}(72,180,240), \\ \text{kgV}(72,180,216,240) &= \text{kgV}(180,216,240), \end{aligned} \quad \text{denn } 72 \mid 216$$

4.7. Zahlensymbole, Ziffernsysteme

4.7.1. Grundbegriffe

Eine einfache Möglichkeit, natürliche Zahlen (zunächst mit Ausnahme der Null) darzustellen, ist die Verwendung von Strichen:
|, ||, |||, ||||, |||||, ||||||, |||||||, ||||||||, ...
Es ist offensichtlich, daß diese Darstellungsart insbesondere für größere Zahlen zu aufwendig und zu unübersichtlich ist. Aus dem Bestreben, Zahlen möglichst einfach und übersichtlich darzustellen, entstanden verschiedene **Ziffernsysteme**. Diese unterscheiden sich in ihrem Vorrat an Grundzeichen **(Ziffern)**, in der Art und Weise, wie diese Ziffern zur Darstellung von Zahlen miteinander verbunden werden, und in der Bevorzugung bestimmter Zahlen.
Bezüglich der Art und Weise der Verbindung der Ziffern zur Darstellung von Zahlen unterscheidet man

1. **Additionssysteme:** Die Werte der hintereinandergestellten Ziffern werden durch Addition (ggf. durch Subtraktion) verknüpft.
2. **Positionssysteme:** Die mit einem Positionsfaktor multiplizierten Werte der Ziffern werden addiert.

Die Bevorzugung bestimmter Zahlen spiegelt sich in den Additionssystemen gewöhnlich in der Wahl der Grundzeichen wider, in den Positionssystemen hingegen in der **Basis des Systems** und daraus folgend in der Anzahl der Grundzeichen.
Am gebräuchlichsten sind Ziffernsysteme, bei denen die Zahl „zehn" sowie deren Potenzen bevorzugt werden, was vermutlich mit der Zahl der Finger an beiden Händen – die ja ein stets verfügbares und oft benutztes Zähl-Hilfsmittel darstellen – zusammenhängt. Jedoch sind auch Ziffernsysteme von Bedeutung gewesen bzw. heute noch von Bedeutung, in denen andere Zahlen bevorzugt werden, so das „Sexagesimalsystem" der Babylonier (möglicherweise wegen der günstigen Teilbarkeitseigenschaften der Zahl 60), das „Duodezimalsystem" (12er-System), an das uns Begriffe wie „Dutzend" erinnern, und – besonders im Zusammenhang mit der EDV – das „Dualsystem" (2er-System), das „Oktalsystem" (8er-System) und das „Hexadezimalsystem" (16er-System).

4.7.2. Das römische Additionssystem

Ziffern:

I = 1, V = 5, X = 10, L = 50, C = 100, D = 500, M = 1000

Die Ziffern werden, mit der größten beginnend, aneinandergefügt. Ihre Werte werden addiert. Steht jedoch I vor V oder X, X vor L oder C, C vor D oder M, so wird dieser voranstehende kleinere Wert vom nachfolgenden größeren subtrahiert. Die „Hilfsziffern" V, L und D werden niemals größeren vorangestellt und kommen auch höchstens je einmal in einem Zahlensymbol vor.

BEISPIELE

$$\mathrm{MMMCDLXXVIII} = \mathrm{M} + \mathrm{M} + \mathrm{M} + (\mathrm{D} - \mathrm{C}) + \mathrm{L} + \mathrm{X} + \mathrm{X} + \mathrm{V} + \mathrm{I} + \mathrm{I} + \mathrm{I} = 3478$$

$$\mathrm{MMCMXLIV} = \mathrm{M} + \mathrm{M} + (\mathrm{M} - \mathrm{C}) + (\mathrm{L} - \mathrm{X}) + (\mathrm{V} - \mathrm{I}) = 2944$$

4.7.3. Positionssysteme

4.7.3.1. Das dekadische oder dezimale Positionssystem

Basis: 10 (zehn)
Ziffern: 0, 1, 2, 3, 4, 5, 6, 7, 8, 9
Positionsfaktoren: $1 = 10^0$, $10 = 10^1$, $100 = 10^2$, $1000 = 10^3, \ldots$
Mit diesen Positionsfaktoren werden die Ziffern von rechts beginnend multipliziert.

BEISPIEL

$$\begin{aligned} 42075 &= 4 \cdot 10^4 + 2 \cdot 10^3 + 0 \cdot 10^2 + 7 \cdot 10^1 + 5 \cdot 10^0 \\ &= (((4 \cdot 10 + 2) \cdot 10 + 0) \cdot 10 + 7) \cdot 10 + 5 \end{aligned}$$

Aus der zweiten Zeile im Beispiel ergibt sich der folgende fundamentale Zusammenhang mit der Division mit Rest:

$$\begin{aligned} 42075 &= 4207 \cdot 10 + 5 \\ 4207 &= 420 \cdot 10 + 7 \\ 420 &= 42 \cdot 10 + 0 \\ 42 &= 4 \cdot 10 + 2 \\ 4 &= 0 \cdot 10 + 4 \end{aligned}$$

Als Divisionsreste ergeben sich die Dezimalziffern der darzustellenden Zahl von rechts nach links. Unter Berücksichtigung der zugehörigen Positionsfaktoren bezeichnet man diese Ziffern als

Einer
Zehner
Hunderter
Ein-Tausender
Zehn-Tausender
Hundert-Tausender
...

Die weiteren Sechser-Gruppen von Ziffern erhalten die Zusätze

Millionen (eine Million $= 10^6$)
Billionen (eine Billion $= 10^{12}$)
Trillionen (eine Trillion $= 10^{18}$)
Quadrillionen (eine Quadrillion $= 10^{24}$)
... .

Auch gebräuchlich sind die Bezeichnungen

Milliarde für Tausend Millionen $= 10^9$
Billiarde für Tausend Billionen $= 10^{15}$
...

Beachte:

In der UdSSR, den USA und Frankreich ist eine Billion $= 10^9$

4.7.3.2. Das duale oder dyadische oder binäre Positionssystem

Basis: 2 (zwei)
Ziffern: 0, 1 (auch: 0, L)
Positionsfaktoren: $1 = 2^0$, $2 = 2^1$, $4 = 2^2$, $8 = 2^3$, $16 = 2^4$, ...
Zur Unterscheidung von der dezimalen Darstellung wird eine Zahl in dualer Darstellung durch den Index „dual" gekennzeichnet. Es ist also beispielsweise $2 = 10_{\text{dual}}$, $3 = 11_{\text{dual}}$, $4 = 100_{\text{dual}}$, $5 = 101_{\text{dual}}$, $6 = 110_{\text{dual}}$, $7 = 111_{\text{dual}}$, $8 = 1000_{\text{dual}}$, ... Diese Kennzeichnung ist in der Literatur nicht einheitlich.
Unter **Konvertierung** versteht man die Übertragung einer Zahl aus einer Darstellungsart in eine andere.
Während die Konvertierung von dualer in dezimale Darstellung unter Ausnutzung der Positionsfaktoren erfolgt, bedient man sich im entgegengesetzten Fall der Division mit Rest.

BEISPIELE

1. $$\begin{aligned} 1101001_{\text{dual}} &= 1 \cdot 2^6 + 1 \cdot 2^5 + 0 \cdot 2^4 + 1 \cdot 2^3 + 0 \cdot 2^2 + 0 \cdot 2^1 \\ &\quad + 1 \cdot 2^0 \\ &= 64 + 32 + 0 + 8 + 0 + 0 + 1 \\ &= 105 \end{aligned}$$

2. $$\begin{aligned} 26 &= 13 \cdot 2 + 0 \\ 13 &= 6 \cdot 2 + 1 \\ 6 &= 3 \cdot 2 + 0 \\ 3 &= 1 \cdot 2 + 1 \\ 1 &= 0 \cdot 2 + 1 \\ 26 &= 11010_{\text{dual}} \end{aligned}$$

Als Divisionsreste erhält man die Ziffern der dualen Darstellung von rechts nach links.

4.7.3.3. Weitere Positionssysteme

Das Oktalsystem

Basis: 8 (acht)
Ziffern: 0, 1, 2, 3, 4, 5, 6, 7
Positionsfaktoren: $1 = 8^0$, $8 = 8^1$, $64 = 8^2$, $512 = 8^3, \ldots$
Kennzeichnung: Index „oktal"
Einfache Beispiele: $8 = 10_{\text{oktal}}$, $9 = 11_{\text{oktal}}$, $10 = 12_{\text{oktal}}, \ldots$

BEISPIELE für Konvertierung

1. $14703_{\text{oktal}} = 1 \cdot 8^4 + 4 \cdot 8^3 + 7 \cdot 8^2 + 0 \cdot 8^1 + 3 \cdot 8^0$
$= 4096 + 2048 + 448 + 0 + 3$
$= 6595$

2. $1273 = 159 \cdot 8 + 1$
$159 = 19 \cdot 8 + 7$
$19 = 2 \cdot 8 + 3$
$2 = 0 \cdot 8 + 2$
$1273 = 2371_{\text{oktal}}$

Das Hexadezimalsystem

Basis: 16 (sechzehn)
Ziffern: 0, 1, 2, 3, 4, 5, 6, 7, 8, 9, A (10), B (11), C (12), D (13), E (14), F (15)
Positionsfaktoren: $1 = 16^0$, $16 = 16^1$, $256 = 16^2$, $4096 = 16^3, \ldots$
Kennzeichnung: Index „hd" (in der EDV auch „X" gebräuchlich)
Einfache Beispiele: $16 = 10_{\text{hd}}$, $17 = 11_{\text{hd}}, \ldots, 31 = 1F_{\text{hd}}, \ldots$

BEISPIELE für Konvertierung

1. $2B5E_{\text{hd}} = 2 \cdot 16^3 + 11 \cdot 16^2 + 5 \cdot 16^1 + 14 \cdot 16^0$
$= 8192 + 2816 + 80 + 14$
$= 11102$

2. $1273 = 79 \cdot 16 + 9$
$79 = 4 \cdot 16 + 15$
$4 = 0 \cdot 16 + 4$
$1273 = 4F9_{\text{hd}}$

5. Erweiterung von Zahlenbereichen

5.1. Grundgedanken

5.1.1. Notwendigkeit der Erweiterung von Zahlenbereichen

Im Bereich der natürlichen Zahlen sind zwar Addition und Multiplikation, nicht aber Subtraktion und Division unbeschränkt ausführbar.
Dies ist nicht nur mathematisch unbefriedigend, sondern es stellt auch eine erhebliche Einschränkung der Brauchbarkeit der Zahlen als Mittel zur quantitativen Erfassung der Umwelt dar.
Es ist deshalb notwendig, den Zahlbegriff in einer solchen Weise zu verallgemeinern und umfassendere Zahlenbereiche zu konstruieren, daß die genannten (und auch weitere, noch nicht genannte) Beschränkungen entfallen.

5.1.2. Prinzipien der Erweiterung von Zahlenbereichen

Bei der Erweiterung von Zahlenbereichen wird prinzipiell in folgender Weise vorgegangen:
Unter Verwendung der Elemente, Operationen und Relationen des zu erweiternden Bereiches B_1 werden neuartige Objekte (z.B. Zahlenpaare, Klassen von Zahlenpaaren, Zahlenfolgen, ...) konstruiert. Die Gesamtheit dieser neuen Objekte wird dem erweiterten Bereich B_2 als Trägermenge zugrunde gelegt. Auf dieser Trägermenge (d.h. zwischen den Elementen dieser Trägermenge) werden Operationen und Relationen erklärt. So entsteht der neue Bereich B_2. An diesen neuen Bereich werden folgende Forderungen gestellt:

1. Den Elementen des alten Bereiches B_1 und den zwischen ihnen bestehenden Beziehungen entsprechen eineindeutig gewisse Elemente des neuen Bereiches B_2 und die zwischen diesen bestehenden Beziehungen. Man sagt dafür auch: B_1 ist einem Teil B_1' des Bereiches B_2 **isomorph** (vgl. 3.8.). Oder: B_1 ist in B_2 **eingebettet.** Man identifiziert dann die Elemente von B_1 mit denen von B_1'.
2. Im neuen Bereich B_2 sollen – sofern dies möglich und sinnvoll ist – alle Gesetze des alten Bereiches B_1 gelten. Diese Forderung bezeichnet man als **Permanenzprinzip** (erstmalig klar formuliert von Hermann Hankel, deutscher Mathematiker, 1839 bis 1873).

3. B_2 soll in dem Sinn eine **echte Erweiterung** von B_1 sein, daß
   a) B'_1 echte Teilmenge von B_2 ist,
   b) gegenüber B_1 Ausführbarkeitsbeschränkungen entfallen.
4. B_2 soll in dem Sinn **minimal** sein, daß es keinen echten Teilbereich von B_2 gibt, der die gewünschten Verallgemeinerungen gegenüber B_1 unter Beachtung der Forderungen 1. bis 3. gewährleistet.

Am Beispiel der Erweiterung des Bereiches der natürlichen Zahlen zum Bereich der ganzen Zahlen werden diese Prinzipien im folgenden Abschnitt demonstriert.

5.2. Erweiterung des Bereiches *N* der natürlichen Zahlen zum Bereich *G* der ganzen Zahlen

5.2.1. Ziel der Bereichserweiterung

Der Bereich *N* der natürlichen Zahlen soll zu einem Bereich erweitert werden, in dem neben der Addition und Multiplikation auch die Subtraktion unbeschränkt ausführbar ist.

5.2.2. Die Menge der ganzen Zahlen

Zunächst wird die Menge M aller Paare $[a, b]$ von natürlichen Zahlen a und b betrachtet: $M = N \times N$.
Denjenigen Paaren $[a, b]$, bei denen $a \geqq b$ ist, wird durch die Operation „Subtraktion" eindeutig eine natürliche Zahl $e = a - b$ zugeordnet. Dabei kann verschiedenen Paaren $[a, b]$ und $[c, d]$ ein und dieselbe natürliche Zahl $e = a - b = c - d$ zugeordnet werden. In diesem Fall nennt man die Paare $[a, b]$ und $[c, d]$ differenzgleich, in Zeichen: $[a, b] \,_{\mathrm{d}}\!= [c, d]$.
Dies ist offenbar genau dann der Fall, wenn $a + d = c + b$ ist.

BEISPIELE

1. $[17, 11] \,_{\mathrm{d}}\!= [10, 4]$, denn $17 - 11 = 10 - 4 = 6$ bzw.
   $17 + 4 = 10 + 11$
2. $[35, 21] \,_{\mathrm{d}}\!= [14, 0]$, denn $35 - 21 = 14 - 0 = 14$ bzw.
   $35 + 0 = 14 + 21$
3. $[16, 16] \,_{\mathrm{d}}\!= [0, 0]$, denn $16 - 16 = 0 - 0 = 0$ bzw.
   $16 + 0 = 0 + 16$

Im Bereich der natürlichen Zahlen ist die Beziehung $a - b = c - d$ nur unter der Voraussetzung $a \geqq b$ und $c \geqq d$ sinnvoll, d.h., nur bei Belegung der Variablen mit solchen natürlichen Zahlen, die der angegebenen Voraussetzung genügen, wird die Aussageform $a - b = c - d$ zu einer wahren oder falschen Aussage.
Die Beziehung $a + d = c + b$ ist **nicht** an diese Voraussetzung gebunden.

Eine auf alle Paare natürlicher Zahlen anwendbare echte Erweiterung des Begriffes „differenzgleich“ ergibt sich durch folgende

Definition

Zwei Paare $[a, b]$ und $[c, d]$ natürlicher Zahlen a, b, c und d heißen **differenzgleich,** in Zeichen: $[a, b] \;{}_{d}{=}\; [c, d]$, wenn $a + d = c + b$ ist.

BEISPIELE

1. $[12, 8] \;{}_{d}{=}\; [21, 17]$, denn $12 + 17 = 21 + 8$
2. $[5, 13] \;{}_{d}{=}\; [16, 24]$, denn $5 + 24 = 16 + 13$

Die Differenzgleichheit ist eine Äquivalenzrelation, d.h., sie ist reflexiv, symmetrisch und transitiv (vgl. 3.5.).
Durch diese Äquivalenzrelation ist eine Zerlegung der Menge $M = N \times N$ in Klassen differenzgleicher Paare gegeben.
Diese Klassen sind die Elemente der Menge G der ganzen Zahlen, d.h. die Elemente der Trägermenge des Bereiches der ganzen Zahlen.

Definition

Ganze Zahlen sind Äquivalenzklassen differenzgleicher Paare $[a, b]$ natürlicher Zahlen a und b.

Positive und negative ganze Zahlen, die ganze Zahl Null:

Eine Klasse differenzgleicher Paare natürlicher Zahlen, die ein Paar $[c, d]$ mit $c > d$ enthält, enthält auch das Paar $[a, 0]$ mit $a = c - d$ ($a \in N$, $a \neq 0$). Eine solche Klasse heißt eine **positive ganze Zahl.** Sie wird mit $+a$ bezeichnet. Das Zeichen „+“ heißt ihr **Vorzeichen.**

Die Klasse differenzgleicher Paare natürlicher Zahlen, die ein Paar $[c, d]$ mit $c = d$ enthält, enthält auch das Paar $[0, 0]$. Diese Klasse heißt die **ganze Zahl Null.** Sie wird mit 0 bezeichnet.

Eine Klasse differenzgleicher Paare natürlicher Zahlen, die ein Paar $[c, d]$ mit $c < d$ enthält, enthält auch das Paar $[0, b]$ mit $b = d - c$ ($b \in N$, $b \neq 0$). Eine solche Klasse heißt eine **negative ganze Zahl.** Sie wird mit $-b$ bezeichnet. Das Zeichen „−“ heißt ihr **Vorzeichen.**

BEISPIELE

1. $+4 = \{[6, 2], [4, 0], [9, 5], [16, 12], \ldots\}$
2. $0 = \{[5, 5], [1, 1], [0, 0], [14, 14], \ldots\}$
3. $-6 = \{[3, 9], [1, 7], [0, 6], [13, 19], \ldots\}$

Bezeichnungen, Vereinbarungen, Bemerkungen:

1. Eine **nichtnegative ganze Zahl** ist eine positive ganze Zahl oder die ganze Zahl Null.

Eine **nichtpositive ganze Zahl** ist eine negative ganze Zahl oder die ganze Zahl Null.

2. Das Paar [0, 0] kann man auffassen
   - als Sonderfall eines Paares $[a, 0]$ mit $a = 0$,
   - als Sonderfall eines Paares $[0, b]$ mit $b = 0$.

   Es wird vereinbart, daß man für die ganze Zahl Null neben 0 auch $+0$ oder -0 schreibt: $0 = +0 = -0$.
3. Die ganze Zahl Null ist
   - weder positiv noch negativ,
   - sowohl nichtnegativ als auch nichtpositiv.
4. Zwei ganze Zahlen $+a$ und $-a$ $(a \in N)$, die sich nur im Vorzeichen unterscheiden, heißen (einander) **entgegengesetzt.**
5. Wird ein Paar natürlicher Zahlen stellvertretend für die Klasse differenzgleicher Paare natürlicher Zahlen, der es angehört, verwendet, so bezeichnet man es als einen **Repräsentanten** dieser Klasse, also als einen Repräsentanten der betreffenden ganzen Zahl.
6. Paare der Form $[a, 0]$ und $[0, b]$ werden als Repräsentanten für die ganzen Zahlen $+a$ bzw. $-b$ bevorzugt.
7. $[a, b]$ und $[b, a]$ sind Repräsentanten entgegengesetzter ganzer Zahlen.

Beachte:

1. Eine nichtnegative ganze Zahl $+a$ $(a \in N)$ ist die Äquivalenzklasse aller Paare $[c, d]$ natürlicher Zahlen c und d, denen durch die Subtraktion die natürliche Zahl $a = c - d$ zugeordnet wird.
2. Daraus ergibt sich in ganz natürlicher Weise eine eineindeutige Abbildung der Menge der natürlichen Zahlen auf die Menge der nichtnegativen ganzen Zahlen (die ihrerseits eine echte Teilmenge der Menge G der ganzen Zahlen ist):

$$a \longleftrightarrow +a$$

natürliche Zahl nichtnegative ganze Zahl

3. Diese eineindeutige Abbildung ist die Grundlage der Einbettung des Bereiches der natürlichen Zahlen in den Bereich der ganzen Zahlen (vgl. 5.2.5.), vorausgesetzt, daß im Bereich der ganzen Zahlen Operationen und Relationen so erklärt werden, daß sich irgendwelche Beziehungen zwischen natürlichen Zahlen in entsprechenden Beziehungen zwischen den entsprechenden nichtnegativen ganzen Zahlen widerspiegeln.

5.2.3. Rechenoperationen mit ganzen Zahlen

In diesem Abschnitt bezeichnen a, b, c und d natürliche Zahlen, $+a$ und $+b$ nichtnegative ganze Zahlen, $-a$ und $-b$ nichtpositive ganze Zahlen.

Im Bereich der natürlichen Zahlen gelten – vorbehaltlich der Ausführbarkeit der auftretenden Subtraktionen – folgende Rechengesetze, die sich aus 4.4.3. ergeben:

$$(a - b) + (c - d) = (a + c) - (b + d)$$

$$(a - b) \cdot (c - d) = (a \cdot c + b \cdot d) - (a \cdot d + b \cdot c)$$

Als echte Erweiterung dieser Beziehungen werden die direkten Rechenoperationen Addition und Multiplikation mit Paaren natürlicher Zahlen folgendermaßen definiert:

$$[a, b] + [c, d] = [a + c, b + d]$$

$$[a, b] \cdot [c, d] = [a \cdot c + b \cdot d, a \cdot d + b \cdot c]$$

Ersetzt man in diesen Beziehungen beliebige Operanden jeweils durch differenzgleiche Paare, so erhält man ein Resultat, welches dem ursprünglichen Resultat ebenfalls differenzgleich ist. Man sagt: Die hier erklärten Operationen mit Paaren natürlicher Zahlen sind **invariant** gegenüber differenzgleicher Substitution. Diese Invarianz rechtfertigt es, die Paare als Repräsentanten ihrer Äquivalenzklassen zu betrachten und so Rechenoperationen im Bereich der ganzen Zahlen zu definieren:

Addition	**BEISPIELE**
$(+a) + (+b) = +(a + b)$	$(+3) + (+5)$ $= +(3 + 5) = +8$
$(+a) + (-b) = \begin{cases} +(a - b), & \text{falls } a > b \\ 0, & \text{falls } a = b \\ -(b - a), & \text{falls } a < b \end{cases}$	$(+6) + (-4)$ $= +(6 - 4) = +2$ $(+5) + (-5) = 0$ $(+4) + (-6)$ $= -(6 - 4) = -2$
$(-a) + (+b) = \begin{cases} -(a - b), & \text{falls } a > b \\ 0, & \text{falls } a = b \\ +(b - a), & \text{falls } a < b \end{cases}$	$(-6) + (+4)$ $= -(6 - 4) = -2$ $(-5) + (+5) = 0$ $(-4) + (+6)$ $= +(6 - 4) = +2$
$(-a) + (-b) = -(a + b)$	$(-3) + (-5)$ $= -(3 + 5) = -8$

Multiplikation	**BEISPIELE**
$(+a) \cdot (+b) = +(a \cdot b)$	$(+3) \cdot (+5)$ $= +(3 \cdot 5) = +15$
$(+a) \cdot (-b) = -(a \cdot b)$	$(+3) \cdot (-5)$ $= -(3 \cdot 5) = -15$
$(-a) \cdot (+b) = -(a \cdot b)$	$(-3) \cdot (+5)$ $= -(3 \cdot 5) = -15$
$(-a) \cdot (-b) = +(a \cdot b)$	$(-3) \cdot (-5)$ $= +(3 \cdot 5) = +15$

Subtraktion (Umkehrung der Addition)

$$(+a) - (+b) = \begin{cases} +(a-b), & \text{falls } a > b \\ 0, & \text{falls } a = b \\ -(b-a), & \text{falls } a < b \end{cases}$$

$$(+a) - (-b) = +(a+b)$$

$$(-a) - (+b) = -(a+b)$$

$$(-a) - (-b) = \begin{cases} -(a-b), & \text{falls } a > b \\ 0, & \text{falls } a = b \\ +(b-a), & \text{falls } a < b \end{cases}$$

BEISPIELE

$(+6) - (+4)$
$= +(6-4) = +2$
$(+5) - (+5) = 0$
$(+4) - (+6)$
$= -(6-4) = -2$

$(+3) - (-5)$
$= +(3+5) = +8$
$(-3) - (+5)$
$= -(3+5) = -8$

$(-6) - (-4)$
$= -(6-4) = -2$
$(-5) - (-5) = 0$
$(-4) - (-6)$
$= +(6-4) = +2$

Beachte:

1. Die Subtraktion ist im Bereich der ganzen Zahlen unbeschränkt ausführbar.
2. Zwischen Addition und Subtraktion besteht folgender Zusammenhang:

$$(+a) - (+b) = (+a) + (-b)$$

$$(+a) - (-b) = (+a) + (+b)$$

$$(-a) - (+b) = (-a) + (-b)$$

$$(-a) - (-b) = (-a) + (+b)$$

BEISPIELE

$(+8) - (+5)$
$= (+8) + (-5)$
$(+3) - (-5)$
$= (+3) + (+5)$
$(-7) - (+4)$
$= (-7) + (-4)$
$(-2) - (-6)$
$= (-2) + (+6)$

Division (Umkehrung der Multiplikation)

Voraussetzung: Die Division $a:b$ ist in N ausführbar.

$$(+a) : (+b) = +(a:b)$$

$$(+a) : (-b) = -(a:b)$$

$$(-a) : (+b) = -(a:b)$$

$$(-a) : (-b) = +(a:b)$$

BEISPIELE

$(+12) : (+4)$
$= +(12:4) = +3$
$(+12) : (-4)$
$= -(12:4) = -3$
$(-12) : (+4)$
$= -(12:4) = -3$
$(-12) : (-4)$
$= +(12:4) = +3$

5.2.4. Ordnungsrelationen zwischen ganzen Zahlen

In diesem Abschnitt bezeichnen a, b, c und d natürliche Zahlen, $+a$ und $+b$ nichtnegative ganze Zahlen, $-a$ und $-b$ nichtpositive ganze Zahlen.
Im Bereich der natürlichen Zahlen gilt – vorbehaltlich der Ausführbarkeit der auftretenden Subtraktionen – die Beziehung

$$a - b < c - d \text{ genau dann, wenn } a + d \lhd c + b.$$

Als echte Erweiterung dieser Beziehung wird für Paare natürlicher Zahlen definiert:

$$[a, b] < [c, d] \text{ genau dann, wenn } a + d < c + b.$$

Die so definierte Ordnungsbeziehung zwischen zwei Paaren bleibt bestehen, wenn man die Paare jeweils durch differenzgleiche Paare ersetzt, d.h., die hier erklärte Ordnungsrelation zwischen Paaren natürlicher Zahlen ist invariant gegenüber differenzgleicher Substitution.
Diese Invarianz rechtfertigt es, die Paare als Repräsentanten ihrer Äquivalenzklassen zu betrachten und so die Ordnungsrelation zwischen ganzen Zahlen zu definieren.

Definition

$(+a) < (+b)$ genau dann, wenn $a < b$
$(-a) < (-b)$ genau dann, wenn $a > b$
$(-a) < (+b)$ genau dann, wenn nicht $a = b = 0$

BEISPIELE

1. $(+5) < (+9)$ 2. $(-9) < (-5)$
3. $(-5) < (+9)$ 4. $(-9) < (+5)$
5. $0 < (+5)$ 6. $(-5) < 0$

Es ist auch üblich, Ordnungsbeziehungen zwischen mehr als zwei ganzen Zahlen fortlaufend zu schreiben.

BEISPIEL

$$(-9) < (-5) < 0 < (+5) < (+9)$$

Beachte:

Alle Darlegungen dieses Abschnitts hätten ebensogut unter Benutzung der zu „<“ inversen Ordnungsrelation „>“ formuliert werden können (vgl. 4.5.).

BEISPIEL

$$(+9) > (+5) > 0 > (-5) > (-9)$$

Das Bestehen einer Ordnungsrelation zwischen ganzen Zahlen rechtfertigt die grafische Darstellung der ganzen Zahlen auf der **Zahlengeraden:**

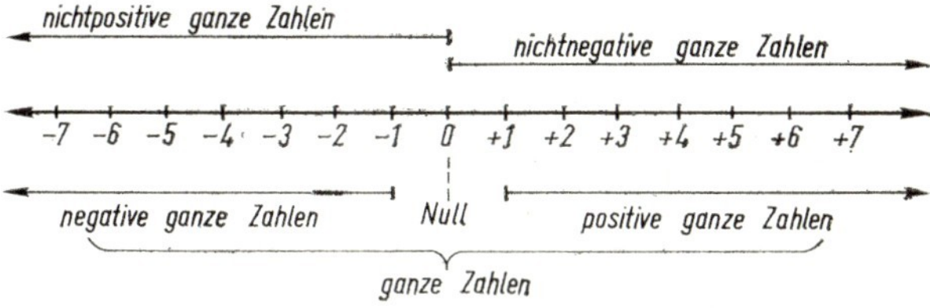

Auf der Zahlengeraden können Addition und Subtraktion ganzer Zahlen grafisch ausgeführt werden:

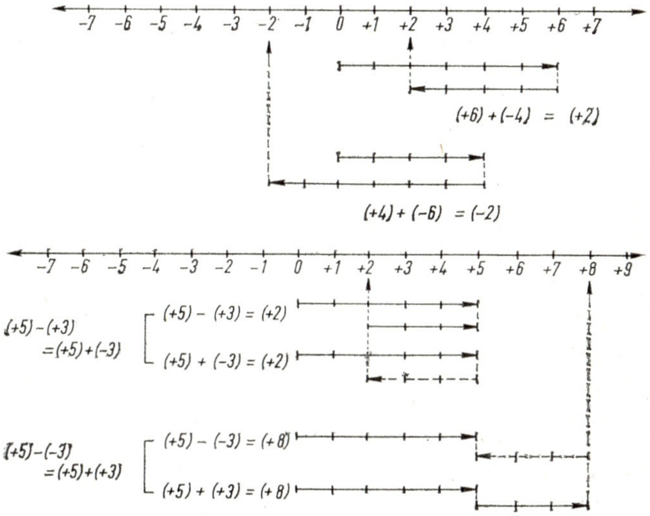

5.2.5. Einbettung von N in G

Der Bereich N der natürlichen Zahlen wird in den Bereich G der ganzen Zahlen eingebettet, indem jeder natürlichen Zahl a die nichtnegative ganze Zahl $+a$ zugeordnet wird:

$$a \longleftrightarrow +a$$

natürliche Zahl — nichtnegative ganze Zahl

Alle Beziehungen zwischen natürlichen Zahlen spiegeln sich in den entsprechenden Beziehungen zwischen den zugeordneten nichtnegativen ganzen Zahlen wider:

natürliche Zahlen		nichtnegative ganze Zahlen
a, b, s, p	$\longleftrightarrow$	$(+a), (+b), (+s), (+p)$
$a + b = s$	$\longleftrightarrow$	$(+a) + (+b) = (+s)$
$a \cdot b = p$	$\longleftrightarrow$	$(+a) \cdot (+b) = (+p)$
$a < b$	$\longleftrightarrow$	$(+a) < (+b)$

Beachte:

Die entsprechenden Widerspiegelungen bei Subtraktion und Division ergeben sich aus denen bei Addition und Multiplikation, wenn Subtraktion und Division in G gleichermaßen wie in N als eindeutig bestimmte Umkehroperationen von Addition und Multiplikation erklärt sind.

Grafisch wird die Einbettung von N in G durch die Zuordnung des Zahlenstrahls zum positiven Teil der Zahlengeraden dargestellt:

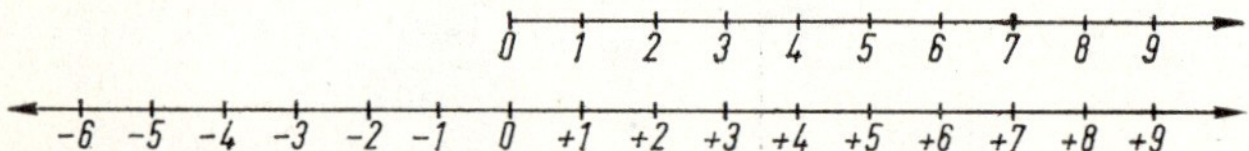

Im folgenden wird zwischen einer natürlichen Zahl a und der entsprechenden nichtnegativen ganzen Zahl $+a$ nicht mehr unterschieden. Insbesondere wird vereinbart, daß bei positiven ganzen Zahlen das Vorzeichen „+" nicht geschrieben werden muß. Hingegen darf das Vorzeichen „–" bei negativen ganzen Zahlen niemals fehlen.

5.2.6. Eigenschaften des Bereiches der ganzen Zahlen

Die ganzen Zahlen bilden mit den in den vorangehenden Abschnitten erklärten Rechenoperationen und Ordnungsrelationen einen geordneten kommutativen **Ring,** der zudem ein Einselement besitzt und nullteilerfrei ist. Ein solcher Ring wird auch als **Integritätsbereich** bezeichnet.
Im Bereich der ganzen Zahlen gelten die in 7.2. zusammengestellten Gesetze und Beziehungen mit folgenden Einschränkungen:

1. Die Division (Divisor $\neq 0$) ist nicht uneingeschränkt ausführbar.
2. Alle Aussagen, in denen Brüche auftreten, sind gegenstandslos.
3. Alle Aussagen, in denen Begriffe, wie reziproke Zahl, reziprokes Element usw., auftreten, sind gegenstandslos.
4. Alle Aussagen, in denen Divisionen auftreten, gelten vorbehaltlich der Ausführbarkeit dieser Divisionen.

Ferner gilt im Bereich der ganzen Zahlen alles in 7.3. über Beträge Gesagte mit obigen Einschränkungen.

5.3. Überblick über die Erweiterung von Zahlenbereichen

5.3.1. Von den natürlichen Zahlen zu den rationalen Zahlen

Im Bereich der natürlichen Zahlen sind zwar Addition und Multiplikation, nicht aber Subtraktion und Division unbeschränkt ausführbar. Es soll ein erweiterter Zahlenbereich – der Bereich der rationalen Zahlen – konstruiert werden, in dem diese Beschränkungen nicht mehr gelten, in dem also Addition, Multiplikation, Subtraktion und Division (mit Ausnahme der Division durch Null) unbeschränkt ausführbar sind.

Da es sich bei dieser Erweiterung um die Beseitigung zweier Beschränkungen handelt, führt man sie zweckmäßig in zwei Schritten durch. Je nachdem, ob man zunächst die Subtraktion oder die Division (Divisor $\neq 0$) unbeschränkt ausführbar macht, ergibt sich als Zwischenbereich der Bereich der ganzen oder der gebrochenen Zahlen.

Ausgehend vom **Bereich *N* der natürlichen Zahlen** erhält man durch

Bildung von Klassen differenzgleicher Paare natürlicher Zahlen	Bildung von Klassen quotientengleicher Paare natürlicher Zahlen

eine Trägermenge, auf der man Operationen und Relationen so erklären kann, daß ein Zahlenbereich entsteht, der eine Erweiterung des Bereiches der natürlichen Zahlen ist und in dem neben der Addition und der Multiplikation auch die

Subtraktion	Division (Divisor $\neq 0$)

unbeschränkt ausführbar ist. Dieser Zwischenbereich ist der

Bereich *G* der ganzen Zahlen (vgl. 5.2.).	**Bereich *R** der gebrochenen Zahlen** (vgl. 6.).
Durch Bildung von Klassen quotientengleicher Paare ganzer Zahlen	Durch Bildung von Klassen differenzgleicher Paare gebrochener Zahlen

und Erklärung von Operationen und Relationen auf dieser Trägermenge erhält man als zweite Erweiterungsstufe einen Bereich, in dem Addition, Multiplikation, Subtraktion und Division (Divisor $\neq 0$) unbeschränkt ausführbar sind. Dies ist der

Bereich *R* der rationalen Zahlen (vgl. Abschn. 7.).

Die rationalen Zahlen bilden einen sogenannten **Körper** – den kleinsten Erweiterungskörper der natürlichen Zahlen.

Beachte:

Die Symbole für die einzelnen Zahlenbereiche werden in der Literatur nicht einheitlich benutzt. Während für den Bereich der natürlichen Zahlen fast ausschließlich *N* geschrieben wird, wird der

Bereich der ganzen Zahlen auch mit Z oder Γ (griechischer Buchstabe: Gamma) bezeichnet. Für die gebrochenen Zahlen ist neben R^* auch Q^* üblich, für die rationalen Zahlen neben R auch Q, K (für „Körper") oder P (griechischer Buchstabe: Rho).

5.3.2. Von den rationalen Zahlen zu den reellen Zahlen

Bereits bei solch einfachen Anwendungen wie bei der Längenmessung zeigt sich eine Unzulänglichkeit der rationalen Zahlen. So lassen sich beispielsweise die Längenverhältnisse von Diagonale und Seite eines Quadrates oder von Umfang und Durchmesser eines Kreises nicht durch rationale Zahlen beschreiben. Die rationalen Zahlen weisen „Lücken" auf.

Aber auch eine Betrachtung über Dezimalbrüche läßt die „Unvollständigkeit" der rationalen Zahlen erkennen.

Die Beseitigung dieser Mängel führt auf den Bereich der reellen Zahlen.

5.3.3. Von den reellen Zahlen zu den komplexen Zahlen

Im Bereich der reellen Zahlen haben bereits solch einfache Gleichungen wie beispielsweise $x^2 + 1 = 0$ oder $x^2 - 6x + 13 = 0$ keine Lösung. Mit Hilfe von Paaren reeller Zahlen erhält man schließlich den Bereich der komplexen Zahlen, in dem auch dieser Mangel wegfällt.

6. Der Bereich der gebrochenen Zahlen

6.1. Erweiterung des Bereiches N der natürlichen Zahlen zum Bereich R^* der gebrochenen Zahlen

6.1.1. Ziel der Bereichserweiterung

Der Bereich N der natürlichen Zahlen soll zu einem Bereich erweitert werden, in dem neben der Addition und Multiplikation auch die Division (Divisor $\neq 0$) unbeschränkt ausführbar ist.

6.1.2. Die Menge der gebrochenen Zahlen

Zunächst wird die Menge M aller Paare $[a, b]$ natürlicher Zahlen a und b mit $b \neq 0$ betrachtet: $M = N \times N^*$.
Auf dieser Menge wird eine Äquivalenzrelation erklärt.

Definition

> Zwei Paare $[a, b]$ und $[c, d]$ natürlicher Zahlen a, b, c und d mit $b \neq 0$ und $d \neq 0$ heißen **quotientengleich,** in Zeichen: $[a,b]\,{}_q\!= [c,d]$, wenn $a \cdot d = c \cdot b$ ist.

Beachte:

Falls $b \mid a$ und $d \mid c$, falls also die Divisionsaufgaben $a : b$ und $c : d$ in N ausführbar sind, gilt $[a, b] = [c, d]$ genau dann, wenn $a : b = c : d$ ist.

BEISPIELE

1. $[7, 4]\,{}_q\!= [21, 12]$, denn $7 \cdot 12 = 21 \cdot 4 = 84$
2. $[8, 4]\,{}_q\!= [10, 5]$, denn $8 \cdot 5 = 10 \cdot 4 = 40$
   bzw. $8 : 4 = 10 : 5 = 2$

Durch die Äquivalenzrelation „${}_q\!=$" ist eine Zerlegung der Menge $M = N \times N^*$ in Klassen quotientengleicher Paare gegeben. Diese Klassen sind die Elemente der Menge der gebrochenen Zahlen, d.h. die Elemente der Trägermenge des Bereiches der gebrochenen Zahlen.

Definition

> **Gebrochene Zahlen** sind Äquivalenzklassen quotientengleicher Paare $[a, b]$ natürlicher Zahlen a und b $(b \neq 0)$.

6.1.3. Gemeine Brüche als Darstellungsform gebrochener Zahlen

Sind a und b natürliche Zahlen mit $b \neq 0$, so nennt man $\frac{a}{b}$ (auch: a/b) einen (gemeinen) **Bruch,** a seinen **Zähler,** b seinen **Nenner.**

Bezeichnung gebrochener Zahlen durch Brüche

Ein Bruch $\frac{a}{b}$ bezeichnet diejenige gebrochene Zahl, d.h. diejenige Klasse quotientengleicher Paare aus $N \times N^*$, der das Paar $[a, b]$ angehört.

Da ein Bruch eine Bezeichnung für eine gebrochene Zahl ist, wäre es nicht sinnvoll, zwei Brüche $\frac{a}{b}$ und $\frac{c}{d}$, die ein und dieselbe gebrochene Zahl bezeichnen, als verschieden anzusehen, selbst wenn $a \neq c$ und $b \neq d$ ist.

Definition

Zwei Brüche $\frac{a}{b}$ und $\frac{c}{d}$ heißen gleich $\left(\text{in Zeichen: } \frac{a}{b} = \frac{c}{d}\right)$, wenn sie ein und dieselbe gebrochene Zahl bezeichnen.

Satz

$\frac{a}{b} = \frac{c}{d}$ genau dann, wenn $a \cdot d = c \cdot b$, $b \neq 0$, $d \neq 0$.

Beachte:

Falls $b \mid a$ und $d \mid c$, gilt $\frac{a}{b} = \frac{c}{d}$ genau dann, wenn $a : b = c : d$.

BEISPIELE

1. $\frac{1}{2} = \frac{3}{6} = \ldots = \{[1, 2], [2, 4], [3, 6], \ldots, [27, 54], \ldots\}$
2. $\frac{6}{4} = \frac{15}{10} = \ldots = \{[3, 2], [6, 4], \ldots, [15, 10], [18, 12], \ldots\}$

Beachte:

Es ist gebräuchlich, die kurze Formulierung

„die gebrochene Zahl $\frac{a}{b}$"

anstelle der ausführlichen Formulierung

„die durch den Bruch $\frac{a}{b}$ bezeichnete gebrochene Zahl" zu verwenden, also einen Bruch mit der durch ihn bezeichneten gebrochenen Zahl sprachlich zu identifizieren.

6.1.4. Einige Bezeichnungen

Ein Bruch $\frac{a}{b}$ heißt		BEISPIELE
echter Bruch,	falls $a < b$	$\frac{3}{4}, \frac{2}{5}, \frac{5}{6}, \frac{1}{3}$
unechter Bruch,	falls $a \geqq b$	$\frac{4}{3}, \frac{7}{1}, \frac{3}{3}, \frac{5}{2}$
uneigentlicher Bruch,	falls $b \mid a$	$\frac{4}{2}, \frac{5}{1}, \frac{3}{3}, \frac{9}{3}$
Stammbruch,	falls $a = 1$	$\frac{1}{4}, \frac{1}{6}, \frac{1}{2}, \frac{1}{9}$
abgeleiteter Bruch,	falls $a \neq 1$	$\frac{2}{3}, \frac{5}{4}, \frac{7}{6}, \frac{3}{4}$

6.1.5. Erweitern und Kürzen

Definition

Multipliziert man Zähler und Nenner eines Bruches $\frac{a}{b}$ mit ein und derselben natürlichen Zahl $f \neq 0$, so sagt man, der Bruch $\frac{a}{b}$ wird mit f erweitert:

$$\frac{a}{b} \xrightarrow[(f \neq 0)]{\text{Erweitern mit } f} \frac{a \cdot f}{b \cdot f}$$

Dividiert man Zähler und Nenner eines Bruches $\frac{c}{d}$ durch einen gemeinsamen Teiler f von c und d, so sagt man, der Bruch $\frac{c}{d}$ wird mit f gekürzt:

$$\frac{c}{d} \xrightarrow[(f \mid c \quad \text{und} \quad f \mid d)]{\text{Kürzen mit } f} \frac{c : f}{d : f}$$

M.a.W.: Läßt man einen gemeinsamen Faktor $f \neq 0$ in Zähler und Nenner eines Bruches $\frac{a \cdot f}{b \cdot f}$ weg, so sagt man, der Bruch $\frac{a \cdot f}{b \cdot f}$ wird mit f gekürzt:

$$\frac{a \cdot f}{b \cdot f} \xrightarrow{\text{Kürzen mit } f} \frac{a}{b}$$

BEISPIELE

1. $\frac{3}{4} \xrightarrow{\text{Erweitern mit 5}} \frac{3 \cdot 5}{4 \cdot 5} = \frac{15}{20}$
2. $\frac{15}{20} \xrightarrow{\text{Kürzen mit 5}} \frac{15 : 5}{20 : 5} = \frac{3}{4}$
3. $\frac{15}{20} = \frac{3 \cdot 5}{4 \cdot 5} \xrightarrow{\text{Kürzen mit 5}} \frac{3}{4}$

Satz

Zwei Brüche, die durch Kürzen oder Erweitern ineinander übergeführt werden können, sind gleich.
M.a.W.:
Durch Kürzen oder Erweitern wird der Wert eines Bruches nicht verändert.

Beachte:

Unter dem „Wert eines Bruches" wird die durch ihn bezeichnete gebrochene Zahl verstanden.

BEISPIEL

$$\frac{3}{4} \underset{\text{Kürzen mit } 5}{\overset{\text{Erweitern mit } 5}{\rightleftarrows}} \frac{15}{20} \qquad \left(\frac{3}{4} = \frac{15}{20}\right)$$

Beachte:

Erweitern und Kürzen eines Bruches mit ein und derselben natürlichen Zahl $c \neq 0$ heben einander auf.

6.1.6. Gleichnamige Brüche

Definition

Brüche mit gleichen Nennern heißen **gleichnamig.**

Satz

Beliebige Brüche können durch geeignetes Erweitern stets gleichnamig gemacht werden.

1. Variante:
Der erste Bruch wird mit dem Nenner des zweiten, der zweite mit dem Nenner des ersten erweitert. Der gemeinsame Nenner ist dann das Produkt der beiden Einzelnenner.
2. Variante:
Beide Brüche werden so erweitert, daß als gemeinsamer Nenner das k.g.V. (vgl. 4.6.7.) der beiden Einzelnenner entsteht.

BEISPIEL

$\frac{7}{6}$ und $\frac{3}{4}$ sollen gleichnamig gemacht werden.

1. Es ist $\frac{7}{6} = \frac{7 \cdot 4}{6 \cdot 4} = \frac{28}{24}$ und $\frac{3}{4} = \frac{3 \cdot 6}{4 \cdot 6} = \frac{18}{24}$.

2. Es ist kgV (6, 4) = 12.
Erweiterungsfaktoren: 12:6 = 2 und 12:4 = 3
$$\frac{7}{6} = \frac{7 \cdot 2}{6 \cdot 2} = \frac{14}{12} \quad \text{und} \quad \frac{3}{4} = \frac{3 \cdot 3}{4 \cdot 3} = \frac{9}{12}$$

6.1.7. Veranschaulichung gebrochener Zahlen

Brüche und gebrochene Zahlen stehen in unmittelbarem Zusammenhang mit dem Vorgang des Teilens (und somit mit der Operation „Division"). Auch das Kürzen und Erweitern sowie die im folgenden zu betrachtenden Rechenoperationen und Ordnungsrelationen sind (insbesondere in historischer Sicht) immer wieder in diesen Zusammenhang zu stellen.
Soll beispielsweise eine Tafel Schokolade in drei gleiche Teile geteilt werden, so entfällt auf jeden Teil $\frac{1}{3}$ Tafel.
Sollen zwei Tafeln in sechs gleiche Teile geteilt werden, so entfällt auf jeden Teil $\frac{2}{6}$ Tafel.
Die Gleichheit $\frac{1}{3} = \frac{2}{6}$ ist mathematische Widerspiegelung des objektiv realen Sachverhaltes, daß die bei den beiden beschriebenen Teilungsprozessen entstandenen Teile „$\frac{1}{3}$ Tafel" und „$\frac{2}{6}$ Tafel" gleich groß sind.
Zur grafischen Veranschaulichung gebrochener Zahlen besonders geeignet sind **Flächendiagramme,** insbesondere Rechteck- und Kreisflächen:

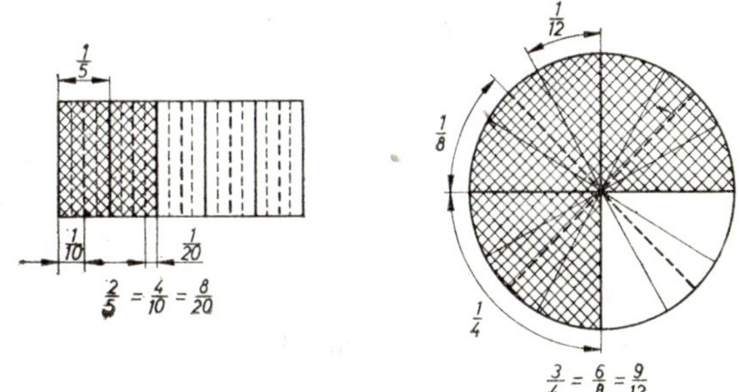

6.1.8. Reziproke

Definition

> Zwei gebrochene Zahlen, die durch Brüche $\frac{a}{b}$ und $\frac{c}{d}$ bezeichnet werden, heißen (zueinander) reziprok,
> wenn $a \cdot c = b \cdot d$ ist.
> Dies ist insbesondere dann der Fall,
> wenn $a = d$ und $b = c$ ist.
> Man sagt auch, die eine gebrochene Zahl sei dann der reziproke Wert oder das Reziproke oder der Kehrwert der anderen.

6.1.9. Erklärung der vier Grundrechenoperationen

Im Bereich der natürlichen Zahlen gelten – vorbehaltlich der Ausführbarkeit der dabei auftretenden Subtraktionen und Divisionen – folgende Rechengesetze:

$$(a + c) : b = a : b + c : b$$
$$(a - c) : b = a : b - c : b$$
$$(a : b) \cdot (c : d) = (a \cdot c) : (b \cdot d)$$
$$(a : b) : (c : d) = (a \cdot d) : (b \cdot c)$$

Diese Gesetze sind in 4.4.3. entweder unmittelbar angegeben oder können aus den dort angegebenen Gesetzen hergeleitet (deduziert) werden.
Als echte Verallgemeinerung dieser Beziehungen werden die Rechenoperationen mit gebrochenen Zahlen erklärt und mit Hilfe von Brüchen (d.h. Bezeichnungen für diese gebrochenen Zahlen) formuliert:

Addition

$$\frac{a}{b} + \frac{c}{b} = \frac{a + c}{b}, \qquad b \neq 0$$

Sind die Brüche nicht gleichnamig, so sind sie zunächst durch geeignetes Erweitern (vgl. 6.1.6.) gleichnamig zu machen.
Gemäß Variante 1 ergibt sich dann

$$\frac{a}{b} + \frac{c}{d} = \frac{a \cdot d}{b \cdot d} + \frac{c \cdot b}{d \cdot b} = \frac{a \cdot d + c \cdot b}{b \cdot d}, \qquad b, d \neq 0$$

Subtraktion

$$\frac{a}{b} - \frac{c}{b} = \frac{a - c}{b}, \qquad b \neq 0, a \geqq c$$

bzw.

$$\frac{a}{b} - \frac{c}{d} = \frac{a \cdot d}{b \cdot d} - \frac{c \cdot b}{d \cdot b} = \frac{a \cdot d - c \cdot b}{b \cdot d}, \qquad b, d \neq 0, a \cdot d \geqq c \cdot b$$

Multiplikation

$$\frac{a}{b} \cdot \frac{c}{d} = \frac{a \cdot c}{b \cdot d}, \qquad b, d \neq 0$$

Division

$$\frac{a}{b} : \frac{c}{d} = \frac{a \cdot d}{b \cdot c}, \qquad b, c, d \neq 0$$

Beachte:

1. Es ist $\frac{a}{b} : \frac{c}{d} = \frac{a}{b} \cdot \frac{d}{c}$, d.h.: Eine gebrochene Zahl wird durch eine zweite gebrochene Zahl dividiert, indem man die erste mit dem Kehrwert der zweiten multipliziert.
2. Die so erklärte Division ist die Umkehrung der so erklärten Multiplikation, denn es ist

$$\frac{a}{b} : \frac{c}{d} \cdot \frac{c}{d} = \frac{a \cdot d}{b \cdot c} \cdot \frac{c}{d} = \frac{a \cdot d \cdot c}{b \cdot c \cdot d} = \frac{a}{b}.$$

6.1.10. Erklärung der Ordnungsrelation

Im Bereich der natürlichen Zahlen gilt – vorbehaltlich der Ausführbarkeit der auftretenden Divisionen – die Beziehung

$$a : b < c : d \quad \text{genau dann, wenn} \quad a \cdot d < c \cdot b$$

(vgl. 4.5.).
Als echte Verallgemeinerung dieser Beziehung wird die Ordnungsrelation zwischen gebrochenen Zahlen erklärt und mit Hilfe von Brüchen formuliert:

Ordnungsrelation

$$\frac{a}{b} < \frac{c}{d} \quad \text{genau dann, wenn} \quad a \cdot d < c \cdot b, \quad b, d \neq 0$$

Beachte:

Zwischen zwei gleichnamigen Brüchen besteht dieselbe Ordnungsbeziehung wie zwischen ihren Zählern:

$$\frac{a}{b} < \frac{c}{b} \quad \text{genau dann, wenn} \quad a < c, b \neq 0.$$

BEISPIELE

1. Welche Ordnungsbeziehung besteht zwischen $\frac{1}{3}$ und $\frac{3}{8}$?
   $1 \cdot 8 < 3 \cdot 3$, folglich $\frac{1}{3} < \frac{3}{8}$.
2. $\frac{5}{8}$, $\frac{2}{3}$ und $\frac{7}{11}$ sind der Größe nach (mit dem Kleinsten beginnend) anzuordnen.

$$\frac{5}{8} = \frac{5 \cdot 3 \cdot 11}{8 \cdot 3 \cdot 11} = \frac{165}{264}, \quad \frac{2}{3} = \frac{2 \cdot 8 \cdot 11}{3 \cdot 8 \cdot 11} = \frac{176}{264},$$

$$\frac{7}{11} = \frac{7 \cdot 8 \cdot 3}{11 \cdot 8 \cdot 3} = \frac{168}{264}$$

Aus der Anordnung der Zähler $165 < 168 < 176$ ergibt sich die Anordnung der gebrochenen Zahlen: $\frac{5}{8} < \frac{7}{11} < \frac{2}{3}$.

Satz

Zwischen zwei gebrochenen Zahlen $\frac{a}{b}$ und $\frac{c}{d}$ $(b, d \neq 0)$ besteht die Ordnungsbeziehung $\frac{a}{b} < \frac{c}{d}$ genau dann, wenn es eine gebrochene Zahl $\frac{e}{f} \neq \frac{0}{f}$ $(f \neq 0)$ gibt, so daß $\frac{a}{b} + \frac{e}{f} = \frac{c}{d}$ ist.

BEISPIEL

Es ist $\frac{1}{3} < \frac{3}{8}$, denn es ist $\frac{1}{3} + \frac{1}{24} = \frac{3}{8}$.

Eine anschauliche Vorstellung von der Ordnung im Bereich der gebrochenen Zahlen erhält man, wenn man diese auf einem Zahlenstrahl darstellt:

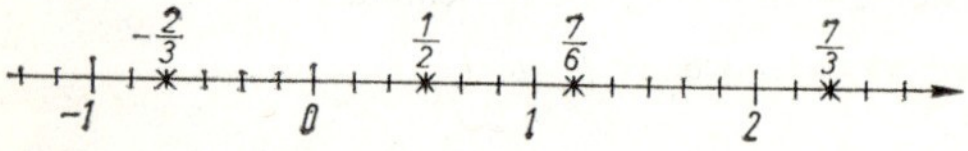

Beachte:

Zwischen zwei verschiedenen gebrochenen Zahlen liegen noch beliebig viele weitere gebrochene Zahlen.
Man sagt dazu:
Die gebrochenen Zahlen liegen **dicht.**
Auch bei Wahl eines noch so großen Maßstabes ist es also nicht möglich, an den Zahlenstrahl alle gebrochenen Zahlen auch nur eines begrenzten Abschnittes anzuschreiben.

6.1.11. Der Bereich R^* der gebrochenen Zahlen als Erweiterung des Bereiches N der natürlichen Zahlen

Mit der Zuordnung

$$a \longleftrightarrow \frac{a}{1} \qquad a \in N$$

wird der Bereich N der natürlichen Zahlen in den Bereich R^* der gebrochenen Zahlen eingebettet.
Alle Beziehungen zwischen natürlichen Zahlen spiegeln sich in den entsprechenden Beziehungen zwischen den zugeordneten gebrochenen Zahlen wider.
Im folgenden soll deshalb zwischen einer natürlichen Zahl a und der ihr zugeordneten gebrochenen Zahl $\frac{a}{1}$ nicht mehr unterschieden werden. Insbesondere wird vereinbart, daß statt $\frac{a}{1}$ einfach a geschrieben wird.

Beachte:

1. Mit dieser Einbettung wird dem Bruch $\frac{a}{b}$ bzw. der durch diesen Bruch bezeichneten gebrochenen Zahl die Bedeutung „Ergebnis der Divisionsaufgabe $a : b$“ gegeben, gleichgültig, ob diese Division in N ausführbar ist oder nicht.
2. Man identifiziert sogar den Bruch $\frac{a}{b}$ mit der Divisionsaufgabe $a : b$ und gleichzeitig mit deren (eindeutig bestimmtem) Ergebnis. Damit bekommt der Bruchstrich neben seiner Bedeutung als technisches Zeichen zur Darstellung eines Bruches gleichzeitig die Bedeutung eines Operationszeichens für die Division.
3. Uneigentliche Brüche (vgl. 6.1.4.) entsprechen natürlichen Zahlen und gleichzeitig in N ausführbaren Divisionsaufgaben.
4. Insbesondere entsprechen

   – alle Brüche der Form $\frac{0}{a}$ mit $a \neq 0$ der Zahl 0 (Null),

   – alle Brüche der Form $\frac{a}{a}$ mit $a \neq 0$ der Zahl 1.

6.2. Darstellung gebrochener Zahlen

6.2.1. Überblick

Für gebrochene Zahlen sind verschiedene Formen der Darstellung gebräuchlich:

Darstellung als gemeiner Bruch } reine Formen
Positionsdarstellung }
Darstellung als gemischter Bruch

BEISPIELE

	Darstellung als gemeiner Bruch	Positionsdarstellung	Darstellung als gemischter Bruch
1.	$\frac{7}{5}$	1,4	$1\frac{2}{5}$
2.	$\frac{3}{4}$	0,75	nicht möglich
3.	$\frac{13}{3}$	$4{,}\overline{3}$	$4\frac{1}{3}$
4.	$\frac{4}{7}$	$0{,}\overline{571428}$	nicht möglich

Die Darstellung als gemeiner Bruch wird besonders in der reinen Mathematik bevorzugt. Sie entspricht unmittelbar der Erklärung der gebrochenen Zahl, wie sie in 6.1. gegeben wurde. Jedoch ist sie etwas unhandlich bei der Addition und Subtraktion und bei Größenvergleichen.
In der numerischen Mathematik bedient man sich vorwiegend der

(dezimalen) Positionsdarstellung. Die verschiedenartigsten Rechenhilfsmittel (Tafeln; Rechenstab; mechanische, elektromechanische und elektronische Tischrechenmaschinen; Taschenrechner; EDVA) sind auf diese Form der Darstellung ausgerichtet.
Besonders im Alltag ist die Darstellung einer gebrochenen Zahl als gemischter Bruch (d.h. als Summe aus natürlicher Zahl und echtem Bruch, wobei das Additionszeichen weggelassen wird) weit verbreitet (z.B. $2\frac{1}{2}$ Stunden, $3\frac{1}{2}$ Jahre, $1\frac{3}{4}$ kg).
In physikalisch-technischen Anwendungen und in der EDV spielen ferner Darstellungen mit abgetrennten Zehnerpotenzen bzw. mit abgetrennten Potenzen der Basis des verwendeten Ziffernsystems eine wesentliche Rolle (vgl. 7.4.3.2.).

Beachte:

> Die für „Positionsdarstellung" verbreitete Bezeichnung „Dezimaldarstellung" ist insofern nicht treffend, als diese Darstellungsform nicht an das Dezimalsystem gebunden ist. Neben der vorwiegend gebräuchlichen dezimalen Positionsdarstellung kann ebensogut eine duale, oktale, ... Positionsdarstellung verwendet werden.

6.2.2. Dezimale Positionsdarstellung gebrochener Zahlen

Das in 4.7. erklärte Prinzip der Positionsdarstellung natürlicher Zahlen wird konsequent verallgemeinert. Die hinter dem Komma (d.h. rechts vom Komma) stehenden Ziffern werden mit den Positionsfaktoren

$$\frac{1}{10}, \frac{1}{100}, \frac{1}{1000}, \frac{1}{10000}, \frac{1}{100000}, \frac{1}{1000000}, \frac{1}{10000000}, \ldots,$$

d.h. mit

$$10^{-1}, 10^{-2}, 10^{-3}, 10^{-4}, 10^{-5}, 10^{-6}, 10^{-7}, \ldots,$$

(vgl. auch 7.4.2.) multipliziert.

BEISPIEL

$$\begin{aligned} 625{,}304 &= 6 \cdot 100 + 2 \cdot 10 + 5 \cdot 1 + 3 \cdot \frac{1}{10} + 0 \cdot \frac{1}{100} + 4 \cdot \frac{1}{1000} \\ &= 6 \cdot 10^2 + 2 \cdot 10^1 + 5 \cdot 10^0 + 3 \cdot 10^{-1} + 0 \cdot 10^{-2} + 4 \cdot 10^{-3} \end{aligned}$$

Man nennt

$$a_n a_{n-1} \ldots a_2 a_1 a_0,\ a_{-1} a_{-2} a_{-3} a_{-4} \ldots$$

mit

$$a_i \in \{0, 1, 2, 3, 4, 5, 6, 7, 8, 9\}$$

einen dezimalen **Positionsbruch** (kurz: **Dezimalbruch**).

Er hat den Wert

$$a_n \cdot 10^n + \ldots + a_2 \cdot 10^2 + a_1 \cdot 10^1 + a_0 \cdot 10^0 + a_{-1} \cdot 10^{-1} + a_{-2} \cdot 10^{-2} + \ldots$$

Ein Dezimalbruch heißt

- **endlich,** wenn er nur endlich viele (von Null verschiedene) Ziffern hat.
- **unendlich periodisch,** wenn sich eine endliche Ziffernfolge, die Periode, laufend wiederholt. Die Periode wird dann nur einmal geschrieben und durch Überstreichen gekennzeichnet. Je nachdem, ob die Periode sofort hinter dem Komma beginnt oder zunächst einige nicht zur Periode gehörige Ziffern (die Vorperiode) auftreten, unterscheidet man reinperiodische und vorperiodische Dezimalbrüche.
- **unendlich nichtperiodisch,** wenn hinter dem Komma eine unendliche Ziffernfolge ohne Periode auftritt.

Beachte:

1. Bei der Darstellung gebrochener Zahlen treten nur endliche und unendlich periodische Dezimalbrüche auf.
2. Jeder endliche Dezimalbruch kann als unendlich periodischer Dezimalbruch mit der Periode 0 aufgefaßt werden.

6.2.3. Konvertierung

Unter Konvertierung versteht man den Wechsel der Darstellungsform unter Beibehaltung des Wertes einer Zahl, d.h. den Übergang von einer Darstellungsform zu einer anderen Darstellungsform ein und derselben Zahl.
Dabei entsprechen einander

gemeiner Bruch (vollständig gekürzt)	Dezimalbruch
Nenner enthält nur Primfaktoren 2 oder 5	endlich
Nenner enthält nur von 2 und 5 verschiedene Primfaktoren	unendlich reinperiodisch
Nenner enthält sowohl Primfaktoren 2 oder 5 als auch andere	unendlich vorperiodisch

Die größere der Häufigkeiten der Primfaktoren 2 und 5 im Nenner stimmt im ersten Fall mit der Anzahl der Dezimalziffern hinter dem Komma, im dritten Fall mit der Länge der Vorperiode überein.

6.2.3.1. Konvertierung vom gemeinen Bruch zum Dezimalbruch

Es soll $\frac{a}{b}$ in die Form $g{,}a_{-1}a_{-2}a_{-3}a_{-4}\ldots$ konvertiert werden, wobei g eine natürliche Zahl ist, die auch aus mehreren Ziffern bestehen kann, während $a_{-1}, a_{-2}, \ldots$ Dezimalziffern sind. g heißt der ganze Teil der betreffenden gebrochenen Zahl, $0{,}a_{-1}a_{-2}a_{-3}a_{-4}\ldots$ ihr echt gebrochener Teil.

Man erhält den ganzen Teil und die Ziffern des echt gebrochenen Teiles durch eine Folge von Divisionen mit Rest:

allgemein: $\frac{a}{b}$	**BEISPIEL:** $\frac{127}{8}$	**BEISPIEL:** $\frac{127}{7}$
$a : b = g$ R. r_1	$127:8 = 15$ R. 7	$127:7 = 18$ R. 1
$10 \cdot r_1 : b = a_{-1}$ R. r_2	$70:8 = 8$ R. 6	$10:7 = 1$ R. 3
$10 \cdot r_2 : b = a_{-2}$ R. r_3	$60:8 = 7$ R. 4	$30:7 = 4$ R. 2
$10 \cdot r_3 : b = a_{-3}$ R. r_4	$40:8 = 5$ R. 0	$20:7 = 2$ R. 6
$10 \cdot r_4 : b = a_{-4}$ R. r_5		$60:7 = 8$ R. 4
$10 \cdot r_5 : b = a_{-5}$ R. r_6		$40:7 = 5$ R. 5
$10 \cdot r_6 : b = a_{-6}$ R. r_7		$50:7 = 7$ R. 1
…		…
$\frac{a}{b} = g{,}a_{-1}a_{-2}a_{-3}\ldots$	$\frac{127}{8} = 15{,}875$	$\frac{127}{7} = 18{,}142857\ldots$

Bei der Division mit Rest durch den Divisor b können nur die Reste 0, 1, 2, 3, …, $b-1$ auftreten. Folglich muß spätestens beim b-ten Divisionsschritt entweder der Rest 0 auftreten und die Division abbrechen (vgl. 1. Beispiel) oder einer der anderen möglichen Reste wiederholt auftreten, was eine periodische Wiederholung einer endlichen Divisionsfolge bewirkt $\left(\text{vgl. 2. Beispiel: } r_7 = r_1,\ \frac{127}{7} = 18{,}\overline{142857}\right)$. Die Periodenlänge kann maximal $b-1$ sein.

Praktisch führt man die Folge von Divisionen mit Rest in dem gebräuchlichen Divisionsschema aus:

BEISPIELE

```
127:8 = 15,875        127:7 = 18,142857 (Periode 142857)
 47                    57
  70                    10 ─────┐
   60                    30     │
    40                    20    │
     0                     60   =
                            40  │
                             50 │
                              10┘
```

6.2.3.2. Konvertierung vom Dezimalbruch zum gemeinen Bruch

(a)

x: *endlicher Dezimalbruch* mit *n* Ziffern hinter dem Komma.
$z = 10^n$
$y = z \cdot x$ hat keine Ziffern hinter dem Komma.
$x = \frac{y}{z}$ (ggf. noch kürzen)
ergibt die gewünschte Form.

BEISPIEL

$x = 16{,}375$
$n = 3$
$z = 10^3 = 1000$
$y = 1000 \cdot x = 16375$
$x = \frac{16375}{1000}$ (kürzen mit 125)
$x = \frac{131}{8}$

(b)

x: *unendlich reinperiodischer Dezimalbruch* mit Periodenlänge *n*.
$z = 10^n$
$y = z \cdot x$ eine Periode versetzt.
$v = y - x = (z - 1) \cdot x$ hat keine Ziffern hinter dem Komma.
$x = \frac{v}{z - 1}$ (ggf. noch kürzen)
ergibt die gewünschte Form.

BEISPIEL

$x = 7{,}\overline{345} = 7{,}345\overline{345}$
$n = 3$
$z = 10^3 = 1000$
$y = 1000 \cdot x = 7345{,}\overline{345}$
$v = 999 \cdot x = 7338$
$x = \frac{7338}{999}$ (kürzen mit 3)
$x = \frac{2446}{333}$

(c)

x: *unendlich vorperiodischer Dezimalbruch* mit Vorperiodenlänge *m* und Periodenlänge *n*.
$u = 10^m$
$w = u \cdot x$: reinperiodisch.
w gemäß (b) behandeln.
$x = \frac{w}{u}$ (ggf. noch kürzen)
ergibt die gewünschte Form.

BEISPIEL

$x = 32{,}61\overline{345}$
$m = 2$
$n = 3$
$u = 10^2 = 100$
$w = 3261{,}\overline{345}$
$w = \frac{3258084}{999} = \frac{1086028}{333}$
$x = \frac{1086028}{33300}$ (kürzen mit 4)
$x = \frac{271507}{8325}$

Zu (b) und (c) vgl. auch 16.5.2.2.

6.3. Praktische Durchführung der vier Grundrechenoperationen mit gebrochenen Zahlen

6.3.1. Addition und Subtraktion

6.3.1.1. Addition und Subtraktion gemeiner Brüche

1. Gleichnamigmachen
   a) Hauptnenner bestimmen: HN = k.g.V. der Einzelnenner
   b) Erweiterungsfaktoren bestimmen: EF = HN : Einzelnenner
   c) Erweitern
2. Addieren bzw. Subtrahieren der gleichnamigen Brüche gemäß

$$\frac{a}{b} + \frac{c}{b} = \frac{a+c}{b} \quad \text{bzw.} \quad \frac{a}{b} - \frac{c}{b} = \frac{a-c}{b}$$

3. Kürzen (falls möglich)

$$\frac{13}{10} - \frac{7}{15} + \frac{11}{6} = \frac{39}{30} - \frac{14}{30} + \frac{55}{30}$$

$$= \frac{39 - 14 + 55}{30} = \frac{80}{30} = \frac{8}{3}$$

HN = kgV (10, 15, 6) = 30, Erweiterungsfaktoren: 3, 2, 5

6.3.1.2. Addition und Subtraktion gemischter Brüche

1. Variante: Alle Operanden zunächst in gemeine Brüche umformen, dann gemäß 6.3.1.1. behandeln.
2. Variante: Ganze und echt gebrochene Teile zunächst trennen, getrennt addieren und am Ende ggf. anpassen.

BEISPIELE

1. $5\frac{5}{6} - 2\frac{3}{4} + 1\frac{11}{12}$

1. Variante: $= \frac{35}{6} - \frac{11}{4} + \frac{23}{12} = \frac{70 - 33 + 23}{12} = \frac{60}{12} = 5$

2. Variante: $= 5 - 2 + 1 + \frac{5}{6} - \frac{3}{4} + \frac{11}{12}$

$$= 4 + \frac{10 - 9 + 11}{12} = 4 + \frac{12}{12} = 5$$

2. $5\frac{5}{6} + 4\frac{7}{10} - 2\frac{2}{15}$

1. Variante: $= \frac{35}{6} + \frac{47}{10} - \frac{32}{15} = \frac{175 + 141 - 64}{30}$

$$= \frac{252}{30} = \frac{42}{5}$$

2. Variante: $= 5 + 4 - 2 + \frac{5}{6} + \frac{7}{10} - \frac{2}{15}$

$$= 7 + \frac{25 + 21 - 4}{30} = 7 + \frac{42}{30} = 7 + \frac{7}{5} = 8\frac{2}{5}$$

6.3.1.3. Addition und Subtraktion von Dezimalbrüchen

Die Zahlen werden zunächst positionsrichtig untereinander geschrieben (d.h. Komma unter Komma). Sodann wird die Addition bzw. Subtraktion positionsweise von rechts beginnend mit Übertrag ausgeführt.

BEISPIELE

22,702	325,72
1,0082	− 16,008
13,5	− 125,2292
7,101	− 0,4001
44,3112	184,0827

6.3.2. Multiplikation

6.3.2.1. Multiplikation gemeiner Brüche

Gemeine Brüche werden gemäß $\frac{a}{b} \cdot \frac{c}{d} = \frac{a \cdot c}{b \cdot d}$ multipliziert.

BEISPIEL

$$\frac{11}{12} \cdot \frac{2}{3} = \frac{11 \cdot 2}{12 \cdot 3} = \frac{22}{36} = \frac{11}{18}$$

Um die auftretenden Zahlen so klein wie möglich zu halten, ist es zweckmäßig, vor dem Ausmultiplizieren in Zähler und Nenner einzelne Faktoren aus Zähler und Nenner gegeneinander zu kürzen.

BEISPIELE

1. $\frac{11}{12} \cdot \frac{2}{3} = \frac{11 \cdot 2}{12 \cdot 3} = \frac{11 \cdot 1}{6 \cdot 3} = \frac{11}{18}$

2. $\frac{10}{21} \cdot \frac{14}{15} \cdot \frac{3}{2} = \frac{10 \cdot 14 \cdot 3}{21 \cdot 15 \cdot 2} = \frac{5 \cdot 14 \cdot 1}{7 \cdot 15 \cdot 1} = \frac{1 \cdot 2 \cdot 1}{1 \cdot 3 \cdot 1} = \frac{2}{3}$

Es ist besonders übersichtlich, wenn man vor dem Kürzen in Zähler und Nenner eine Zerlegung in Primfaktoren durchführt.

BEISPIEL

$$\frac{10}{21} \cdot \frac{14}{15} \cdot \frac{3}{2} = \frac{10 \cdot 14 \cdot 3}{21 \cdot 15 \cdot 2} = \frac{2 \cdot 5 \cdot 2 \cdot 7 \cdot 3}{3 \cdot 7 \cdot 3 \cdot 5 \cdot 2} = \frac{2}{3}$$

6.3.2.2. Multiplikation gemischter Brüche

Gemischte Brüche sind für das Multiplizieren ungeeignet. Sie sind zunächst in gemeine Brüche umzuformen und dann gemäß 6.3.2.1. zu multiplizieren. Das Ergebnis kann dann wieder als gemischter Bruch dargestellt werden.

BEISPIEL

$$3\frac{3}{4} \cdot 4\frac{2}{5} = \frac{15}{4} \cdot \frac{22}{5} = \frac{15 \cdot 22}{4 \cdot 5} = \frac{3 \cdot 11}{2 \cdot 1} = \frac{33}{2} = 16\frac{1}{2}$$

Soll die Umwandlung in gemeine Brüche vermieden werden, so sind die gemischten Brüche als Summen zu schreiben und unter Beachtung des Distributivgesetzes zu multiplizieren.

BEISPIEL

$$\begin{aligned} 3\frac{3}{4} \cdot 4\frac{2}{5} &= \left(3 + \frac{3}{4}\right) \cdot \left(4 + \frac{2}{5}\right) \\ &= 3 \cdot 4 + 3 \cdot \frac{2}{5} + 4 \cdot \frac{3}{4} + \frac{3}{4} \cdot \frac{2}{5} \\ &= 12 + \frac{6}{5} + 3 + \frac{3}{10} = 15 + \frac{15}{10} = 15 + \frac{3}{2} = 16\frac{1}{2} \end{aligned}$$

Offensichtlich ist dieses zweite Vorgehen aufwendiger.

6.3.2.3. Multiplikation von Dezimalbrüchen

Zwei Dezimalbrüche werden zunächst ohne Berücksichtigung der Kommas wie natürliche Zahlen multipliziert. Der Positionsfaktor der letzten Ziffer des Resultats ist gleich dem Produkt der Positionsfaktoren der letzten Ziffern der Operanden.
Daraus folgt: Die Anzahl der Ziffern hinter dem Komma beim Resultat ist gleich der Summe der Anzahlen der Ziffern hinter den Kommas bei den Operanden.
Eine andere Möglichkeit, die Stellung des Kommas im Resultat zu ermitteln, besteht in einer Überschlagsrechnung mit gerundeten Operanden (vgl. dazu auch 6.4.). Von dieser zweiten Möglichkeit macht man auch beim Rechnen mit dem Rechenstab Gebrauch (vgl. 8.4.).

BEISPIEL

```
23,703 · 13,12
23703 · 1312
--------------
 23703
  71109
   23703
    47406
--------------
 31098336
```

$$\frac{1}{1000} \cdot \frac{1}{100} = \frac{1}{100000}$$

bzw.

$3 + 2 = 5$

<u>310,98336</u>

Überschlagsrechnung:
$24 \cdot 13 = 312$

6.3.3. Division

6.3.3.1. Division gemeiner Brüche

Gemeine Brüche werden gemäß $\frac{a}{b} : \frac{c}{d} = \frac{a}{b} \cdot \frac{d}{c} = \frac{a \cdot d}{b \cdot c}$ dividiert.

BEISPIEL

$$\frac{10}{21} : \frac{25}{28} = \frac{10}{21} \cdot \frac{28}{25} = \frac{10 \cdot 28}{21 \cdot 25} = \frac{2 \cdot 4}{3 \cdot 5} = \frac{8}{15}$$

Bezüglich des Kürzens beachte man die Hinweise in 6.3.2.1.

6.3.3.2. Division gemischter Brüche

Gemischte Brüche sind für das Dividieren ungeeignet. Sie sind zunächst in gemeine Brüche umzuformen und dann gemäß 6.3.3.1. zu dividieren. Das Ergebnis kann wieder als gemischter Bruch dargestellt werden.

BEISPIEL

$$12\frac{1}{2} : 3\frac{1}{3} = \frac{25}{2} : \frac{10}{3} = \frac{25}{2} \cdot \frac{3}{10} = \frac{25 \cdot 3}{2 \cdot 10} = \frac{5 \cdot 3}{2 \cdot 2}$$
$$= \frac{15}{4} = 3\frac{3}{4}$$

6.3.3.3. Division von Dezimalbrüchen

a) **Der Divisor ist eine natürliche Zahl $\neq 0$**

Wie bei natürlichen Zahlen wird eine Folge von Divisionen mit Rest im bekannten Divisionsschema durchgeführt. Jedoch wird beim Herunterziehen der Zehntel-Ziffer (d.h. der ersten Ziffer hinter dem Komma) des Dividenden im Resultat ein Komma gesetzt. Sind die Ziffern des Dividenden erschöpft, wird jeweils eine 0 an den Rest angehängt. Die Division wird fortgeführt, bis der Rest 0 bleibt oder sich ein Rest wiederholt (→ Periode).

BEISPIELE

1. 557,58 : 25 = 22,3032
   57 ↓ ↑
   7 5 ⟶ Komma
   08
   80
   50
   0 Ende

2. 985,23 : 55 = 17,91$\overline{27}$
   435 ↓ ↑
   50 2 ⟶ Komma
   73
   180
   150 ⎤
   400 ⎥ zweistellige Periode!
   150 ⎦

b) **Der Divisor ist ein endlicher Dezimalbruch $\neq 0$**
Es sei der Divisor ein endlicher Dezimalbruch mit n Ziffern hinter dem Komma. Zunächst werden Dividend und Divisor mit 10^n multipliziert. Aus der Divisionsaufgabe $a : b$ entsteht so eine Divisionsaufgabe $(10^n \cdot a) : (10^n \cdot b)$, die das gleiche Ergebnis hat wie jene, deren Divisor $10^n \cdot b$ aber eine natürliche Zahl ist. Diese „erweiterte" Divisionsaufgabe wird gemäß a) ausgeführt.

BEISPIELE

1. $12{,}5 : 1{,}125 = 12500 : 1125 = 11{,}\overline{1}$
2. $5{,}3342 : 14{,}4 = 53{,}342 : 144 = 0{,}370430\overline{5}$

c) **Der Divisor ist ein unendlich periodischer Dezimalbruch**
Eine direkte Ausführung solcher Divisionen bringt verschiedene Schwierigkeiten mit sich. Insbesondere kann die Stellung des Kommas im Resultat nicht auf die unter a) und b) beschriebene Art ermittelt werden, da ein Erweitern der Divisionsaufgabe mit einer Potenz von 10 nicht auf eine natürliche Zahl als Divisor führt. Ferner ist zu beachten, daß die bei den einzelnen Divisionsschritten auftretenden Reste ebenfalls unendlich periodische Dezimalbrüche wären.
Deshalb empfiehlt es sich, die Division auf eine der folgenden Arten auszuführen:

1. Man rundet den Divisor (vgl. 6.4.) entsprechend der erforderlichen Genauigkeit auf eine endliche Anzahl von Ziffern hinter dem Komma und dividiert dann gemäß b).
2. Man konvertiert den Dividenden und den Divisor in gemeine Brüche (vgl. 6.2.3.2.) und führt die Division gemäß 6.3.3.1. aus. Das Resultat kann dann wieder in einen Dezimalbruch konvertiert werden (vgl. 6.2.3.1.). Letztere Konvertierung entspricht formal einer Division, bei der der Divisor eine natürliche Zahl $\neq 0$ ist (vgl. a).

6.4. Runden von Zahlen

6.4.1. Einführung

Als **zählende Ziffern** bei natürlichen Zahlen und Dezimalzahlen werden alle Grundziffern außer den am Anfang oder Ende stehenden Nullen bezeichnet.

BEISPIELE

3470205000	0,007002400
7 zählende Ziffern	5 zählende Ziffern

Übermäßig *viele* zählende Ziffern täuschen oft bei Ergebnissen von Messungen oder Schätzungen eine ungerechtfertigte Genauigkeit vor. Sie werden durch **Runden** beseitigt.
Das geschieht dadurch, daß von rechts her beginnend die *überflüssigen* zählenden Ziffern bei natürlichen Zahlen durch Nullen ersetzt und bei Dezimalstellen weggelassen werden. Die (von rechts her) erste *nicht überflüssige* Grundziffer (x) wird dabei entweder um 1 erhöht **(aufgerundet)** oder unverändert gelassen **(abgerundet)**. Das richtet sich nach der (von rechts her) *letzten überflüssigen* Grundziffer (o).

6.4.2. Rundungsregeln für alle Ziffern außer 5

37642 ≈ 37600
xo xo

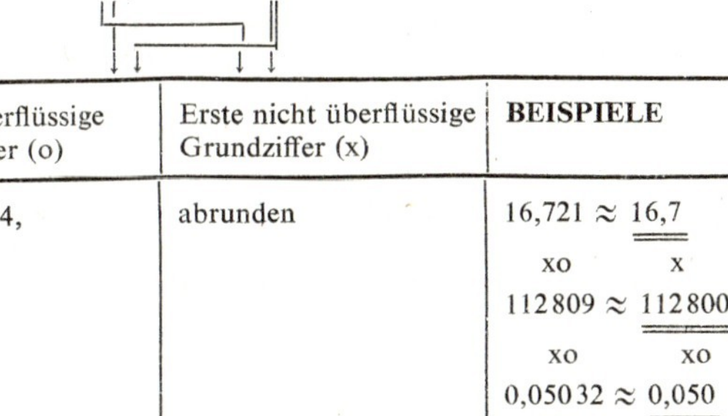

Letzte überflüssige Grundziffer (o)	Erste nicht überflüssige Grundziffer (x)	**BEISPIELE**
0, 1, 2, 3, 4,	abrunden	16,721 ≈ 16,7 xo x 112809 ≈ 112800 xo xo 0,05032 ≈ 0,050 xo x
6, 7, 8, 9	aufrunden (Das greift bei einer 9 auf links davor stehende Stellen über.)	58,3791 ≈ 58,38 xo x 127062 ≈ 127100 xo xo 0,89624 ≈ 0,90 xo x

6.4.3. Rundungsregeln für 5

Ist die (von rechts her) letzte überflüssige Grundziffer eine 5, so gelten im *Geldwesen* und im *Geschäftsleben* andere Regeln als in *Wissenschaft* und *Technik*.

Runden der 5 im Geschäftsleben

▌ Vor einer 5 wird *stets aufgerundet*.

BEISPIELE

1275 ≈ 1280 3,9524 ≈ 4,0
xo x xo x
⌣ ⌣

Runden der 5 in Wissenschaft und Technik

Vor einer 5 wird *aufgerundet*, wenn rechts von der 5 noch *weitere zählende Ziffern* (□) folgen.

BEISPIELE

0,25002 ≈ 0,3 160953 ≈ 161 000
xo□□□ x xo□ xo
⌣ ⌣

Ist 5 die *letzte zählende Ziffer* und ist bekannt, daß sie bei einer vorangegangenen Rundung durch *Abrunden (Aufrunden)* entstanden ist, so wird vor ihr *aufgerundet (abgerundet)*.

BEISPIELE

1. Rundung	16,254321 ≈ 16,25 xo x	27 486 ≈ 27 500 xo x
2. Rundung	16,25 ≈ 16,3 xo x	27 500 ≈ 27 000 xo x

Ist 5 *von vornherein die letzte zählende Ziffer* oder ist nicht bekannt, wie sie entstand, so wird nach der **Gerade-Zahl-Regel** gerundet, d.h. so, daß die vor ihr stehende Grundziffer (x) **gerade** wird.

BEISPIELE

13,77500 ≈ 13,78 *(aufrunden)*
xo x

2685 ≈ 2680 *(abrunden)*
xo x

0,995 ≈ 1,00 *(aufrunden)*
xo x
⌣⌣ ⌣⌣

6.4.4. Einige allgemeine Bemerkungen zum Runden

1. Sind die *letzten Dezimalstellen Nullen*, so können diese *bei reinen Zahlen* ohne weiteres weggelassen werden. Denn es gilt z.B. $15,\overline{0} = 15$; $13,79\overline{0} = 13,79$ (vgl. 6.2.2.). Das bedeutet allerdings kein Runden im eigentlichen Sinn, sondern ein Kürzen des Dezimalbruchs mit 10^k, wenn k Nullen weggelassen werden.

BEISPIELE

1. $17{,}00 = \frac{1700}{100} = \frac{1700:10^2}{100:10^2} = \frac{17}{1} = 17$

2. $5{,}79000 = \frac{579000}{100000} = \frac{579000:10^3}{100000:10^3} = \frac{579}{100} = 5{,}79$

Beachte:

Bei physikalischen Größen ist diese Vereinfachung nicht ohne weiteres erlaubt. Denn die Angabe 1,320 m ist nicht gleichwertig der Angabe 1,32 m, sondern bedeutet verschiedene Meßgenauigkeiten, im ersten Fall auf Millimeter, im zweiten auf Zentimeter.

2. Zu bedenken ist der mitunter beachtliche Unterschied, der sich ergibt, je nachdem ob das Runden *frühzeitig* bereits am *Anfang* (in den Ausgangszahlen) einer Rechnung oder erst am *Ende* (im Ergebnis) durchgeführt wird.

BEISPIEL

$256 \cdot 8$ ist auf Hunderter zu runden.
$256 \cdot 8 \approx 300 \cdot 8 = 2400$; $256 \cdot 8 = 2048 \approx 2000$

3. *Frühzeitiges* und vor allem dabei *zu starkes Runden* kann besonders bei Sachaufgaben zu Ergebnissen führen, die dem Sachverhalt nach infolge zu großer Abweichung vom wahren Wert nicht sinnvoll sind, wenn sich dabei auch meist ein einfacherer Rechengang ergibt. Bei *frühzeitigem Runden* ist also *Vorsicht* geboten!

BEISPIEL

Der Jahresbedarf eines Betriebes an Kohle soll auf Grund des durchschnittlichen Tagesverbrauchs von 2,41 t in ganzen Tonnen abgeschätzt werden.
$2{,}41\ \text{t} \cdot 365 \approx 2\ \text{t} \cdot 365 = 730\ \text{t}$ ist nicht sinnvoll, da viel zu knapp; wohl aber $2{,}41\ \text{t} \cdot 365 = 879{,}65\ \text{t} \approx 880\ \text{t}$.

4. Das trifft insbesondere zu, wenn bei *Divisionsaufgaben* mit einem *gerundeten Divisor* gerechnet wird, vor allem, wenn dieser wesentlich kleiner als der Dividend ist.

BEISPIEL

$82{,}78 : 2{,}46$ ist auf Zehntel genau zu berechnen.
Runden im Ergebnis: $82{,}78 : 2{,}46 = 33{,}65\ldots \approx 33{,}7$
Runden des Divisors auf Zehntel: $82{,}78 : 2{,}5 = 33{,}11\ldots \approx 33{,}1$
Runden des Divisors auf Ganze: $82{,}78 : 2 = 41{,}39 \approx 41{,}4$
33,1 weicht um etwa 2% vom wahren Wert ab, 41,4 aber um etwa 23%, was auf keinen Fall vertretbar ist.

6.5. Einheiten physikalischer Größen

Bei Anwendungsaufgaben muß meist mit **(physikalischen) Größen** gerechnet werden. Diese bestehen aus einer Zahl (dem **Zahlenwert** der Größe) und einer Maßeinheit (der **Einheit** der Größe), z. B. 5,12 m. Die Größe wird als Produkt aus Zahlenwert und Einheit aufgefaßt:

$$\overbrace{5{,}12 \cdot 1\,\mathrm{m}}^{\text{Größe}}$$

Zahlenwert (5,12) — Einheit (1 m)

Beim Rechnen dürfen durch Gleichheitszeichen verbunden werden

gleiche *Größen*	oder	gleiche *Zahlenwerte*
$3\,\mathrm{m} \cdot 5\,\mathrm{m} = 15\,\mathrm{m}^2$ **(Größengleichung)**		$3 \cdot 5 = 15$ **(Zahlenwertgleichung)**

Beachte:

1. Gleichungen wie $3 \cdot 5 = 15\,\mathrm{m}^2$ oder $3\,\mathrm{m} \cdot 5\,\mathrm{m} = 15$ sind nicht erlaubt.
2. Wird eine Größe, z. B. 5,12 m, durch ein allgemeines Symbol, z. B. l, dargestellt, so bezeichnet $\{l\}$ ihren Zahlenwert, also: $l = 5{,}12\,\mathrm{m}$; $\{l\} = 5{,}12$.

Wichtige dezimal unterteilte Einheiten:

Länge: $1\,\mathrm{km} = 10\,\mathrm{hm} = 10^2\,\mathrm{dam} = 10^3\,\mathrm{m} = 10^4\,\mathrm{dm} = 10^5\,\mathrm{cm} = 10^6\,\mathrm{mm}$

Fläche: $1\,\mathrm{km}^2 = 10^2\,\mathrm{ha} = 10^6\,\mathrm{m}^2 = 10^8\,\mathrm{dm}^2 = 10^{10}\,\mathrm{cm}^2 = 10^{12}\,\mathrm{mm}^2$

Volumen: $1\,\mathrm{km}^3 = 10^9\,\mathrm{m}^3 = 10^{12}\,\mathrm{dm}^3 = 10^{15}\,\mathrm{cm}^3 = 10^{18}\,\mathrm{mm}^3$
$= 10^{12}\,\mathrm{l} \quad = 10^{15}\,\mathrm{ml}$

Masse: $1\,\mathrm{t} = 10^3\,\mathrm{kg} = 10^6\,\mathrm{g} = 10^9\,\mathrm{mg}$

Beachte:

1. *Volumeneinheiten:* $1\,\mathrm{l} = 1\,\mathrm{dm}^3$; $1\,\mathrm{ml} = 1\,\mathrm{cm}^3$
   In der Praxis noch üblich: 1 hl = 100 l.
2. *Masseeinheiten:* In der Praxis noch üblich: 1 dt = 100 kg. Die *Dezitonne* (dt) entspricht der nicht mehr zugelassenen Einheit Doppelzentner (dz). Auch Zentner (Ztr.) und Pfund sind nicht mehr zulässig.

Nicht dezimal unterteilte Einheiten:

Zeitspanne: 1 d (Tag) = 24 h (Stunden) = 1440 min = 86400 s.

Beachte:

1. Von der Angabe einer *Zeitspanne* ist die eines *Zeitpunktes* zu unterscheiden.

Zeitangabe		Kurzzeichen	Sprechweise
Zeitspanne		2 h 25 min 3 s	2 Stunden 25 Minuten 3 Sekunden
Zeitpunkt (Uhrzeit)	mit Sek.	$2^{h}\ 25^{min}\ 3^{s}$	2 Uhr 25 Minuten 3 Sekunden
	ohne Sek.	2^{25} oder 2.25 Uhr	2 Uhr 25

2. Beim *Sport* werden *Zeitspannen* gewöhnlich mit anderen Kurzzeichen angegeben, im obigen Beispiel durch 2:25:03,00 Std.

6.6. Proportionen

6.6.1. Vergleichen von Zahlen

Zwei Zahlen, z.B. 15 und 3, können in verschiedener Weise verglichen werden.

Art des Vergleichs	Formulierung in	
	Worten	Symbolen
Differenz: $15 - 3 = 12$	15 ist *um* 12 *größer als* 3 3 ist *um* 12 *kleiner als* 15	$15 = 3 + 12$ $3 = 15 - 12$
Quotient: $15:3 = 5$	15 ist *fünfmal so groß wie* 3 3 ist *der fünfte Teil von* 15 3 ist *ein Fünftel von* 15	$15 = 5 \cdot 3$ $3 = \frac{15}{5}$ $3 = \frac{1}{5} \cdot 15$
Verhältnis $15:3 = 5:1$	15 und 3 *verhalten sich wie* 5 *zu* 1 15 und 3 *stehen im Verhältnis* 5 *zu* 1	$15:3 = 5:1$

Beachte:

Die in der Tabelle angegebenen sprachlichen Formulierungen sind verbindlich. Oft anzutreffende wie „15 ist fünfmal größer als 3" oder „3 ist fünfmal kleiner als 15" sind mathematisch und grammatisch falsch.

6.6.2. Verhältnis, Verhältniskette und Proportion

6.6.2.1. Einführung

Das **Verhältnis zweier Zahlen** $a : b$ (gelesen: *a zu b*) ist eine andere Lesart für die Divisionsaufgabe $a : b$ (gelesen: *a durch b*) und entspricht infolgedessen für $a, b \in N$, $b \neq 0$ einer gebrochenen Zahl bzw. einem Bruch.

BEISPIELE

$$15 : 3 = \frac{15}{3} \qquad \Big| \qquad a : b = \frac{a}{b}$$

Das Verhältnis zweier Zahlen läßt sich wie jeder Bruch *erweitern* und gelegentlich *kürzen*:

$$\frac{15}{3} = \frac{5}{1} = \frac{10}{2} = \frac{30}{6} = \frac{40}{8} = \frac{125}{25} = \ldots$$

Werden diese Brüche wieder als Verhältnisse geschrieben, so ergibt sich eine **Verhältniskette:**

$$15 : 3 = 5 : 1 = 10 : 2 = 30 : 6 = 40 : 8 = 125 : 25 = \ldots$$

Zwei beliebige Verhältnisse daraus ergeben eine **Verhältnisgleichung** oder **Proportion,** z.B.

$10:2 = 40:8$, gelesen 10 **zu** 2 **wie** 40 **zu** 8

$a:b = c:d$, gelesen a **zu** b **wie** c **zu** d.

6.6.2.2. Grundlegende Eigenschaften der Proportion

1. Fachbezeichnungen:

   Die vier Zahlen, die eine Proportion bilden, heißen ihre **Glieder,** die beiden durch das Gleichheitszeichen verbundenen Teile ihre **Seiten.** Dabei werden unterschieden:

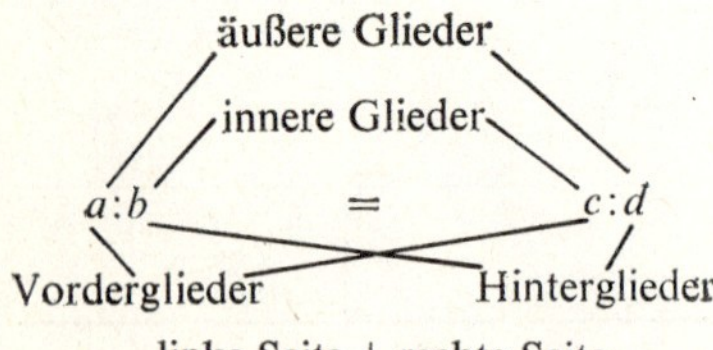

linke Seite | rechte Seite

2. Die Proportion

   $a : b = c : d$ ist äquivalent der **Produktgleichung** $a \cdot d = b \cdot c$

Lehrsatz

> Bei jeder Proportion ist das Produkt aus den inneren Gliedern gleich dem Produkt aus den äußeren Gliedern.

3. Zu jeder Proportion gehört genau eine Produktgleichung. Umgekehrt gehören aber zu einer Produktgleichung stets acht einander entsprechende Proportionen:

	$10 \cdot 8 = 2 \cdot 40$		$a \cdot d = b \cdot c$	
	I	II	I	II
a)	$10:2 = 40:8$	$2:10 = 8:40$	$a:b = c:d$	$b:a = d:c$
b)	$8:2 = 40:10$	$2:8 = 10:40$	$d:b = c:a$	$b:d = a:c$
c)	$10:40 = 2:8$	$40:10 = 8:2$	$a:c = b:d$	$c:a = d:b$
d)	$8:40 = 2:10$	$40:8 = 10:2$	$d:c = b:a$	$c:d = a:b$

4. Aus einer dieser acht Proportionen entstehen die übrigen sieben durch die **Vertauschungsgesetze:**

> Aus einer Proportion entstehen entsprechende Proportionen, wenn man
> a) die äußeren Glieder miteinander vertauscht
> (z. B. Ia → Ib; Ic → Id; IIa → IIc; IIb → IId);
> b) die inneren Glieder miteinander vertauscht
> (z. B. Ia → Ic; Ib → Id; IIa → IIb; IIc → IId);
> c) die inneren Glieder gegen die äußeren austauscht
> (z. B. Ia, b, c, d → IIa, b c, d).

5. Aus einer Proportion können weitere entsprechende Proportionen gewonnen werden, wenn auf jeder Seite entsprechende Summen oder Differenzen aus den Vorder- und Hintergliedern gebildet und diese ins Verhältnis gesetzt werden.

$$(a \pm b):b = (c \pm d):d$$

$$a:b = c:d \qquad\qquad (a+b):(a-b) = (c+d):(c-d)$$

$$a:(a \pm b) = c:(c \pm d)$$

(Diagram: from $a:b = c:d$, arrows lead to $(a \pm b):b = (c \pm d):d$ and to $a:(a \pm b) = c:(c \pm d)$; from both of these, arrows lead to $(a+b):(a-b) = (c+d):(c-d)$.)

Dieser Weg zur Gewinnung neuer Proportionen heißt das Verfahren der **korrespondierenden Addition und Subtraktion.**

6. Jede Verhältniskette kann auch als **fortlaufende Proportion** geschrieben werden:

Verhältniskette: $a_1:b_1 = a_2:b_2 = a_3:b_3 = a_4:b_4 = \ldots$
Fortlaufende Proportion: $a_1:a_2:a_3:a_4:\ldots = b_1:b_2:b_3:b_4:\ldots$

6.6.3. Proportionalität

6.6.3.1. Einführung

In der Praxis finden sich oft Größen, die miteinander in folgender Weise in Beziehung stehen:

In dem gleichen Maße, wie die eine Größe sich multiplikativ **vergrößert** (oder *verkleinert*), **vergrößert** (oder *verkleinert*) sich auch die andere (je **größer** – desto **größer**, je *kleiner* – desto *kleiner*).

BEISPIEL

Verbrauchte elektrische Energie und berechneter Preis

Verbrauchte Energie *V* in kWh	0,5	1	2	3	4	5	10	20	30	40	50
Preis *P* in Pf	4	8	16	24	32	40	80	160	240	320	400

Daraus kann eine *fortlaufende Proportion* gebildet werden:

0,5 kWh : 1 kWh : 2 kWh : 3 kWh : 4 kWh : 5 kWh : ...
= 4 Pf : 8 Pf : 16 Pf : 24 Pf : 32 Pf : 40 Pf : ...

Solche Größen heißen **verhältnisgleich**, in **geradem Verhältnis** stehend oder **(direkt) proportional.**

Wegen der grafischen Darstellung der direkten Proportionalität vgl. 15.2.2.3.

6.6.3.2. Proportionalitätsfaktor

Anstelle der fortlaufenden Proportion kann auch die Verhältniskette geschrieben werden:

4 Pf : 0,5 kWh = 8 Pf : 1 kWh = 16 Pf : 2 kWh
= 32 Pf : 4 kWh = ... = $P : V = k$ = 8 Pf/kWh

Der konstante Verhältniswert k heißt der **Proportionalitätsfaktor** der proportionalen Größen.

Beachte:

1. Beim Aufstellen einer Verhältniskette ist die Benutzung des Rechenstabs vorteilhaft (vgl. 8.4.).
2. Der Proportionalitätsfaktor ist meist eine Größe mit einer bestimmten realen Bedeutung (im Beispiel: Preis für 1 kWh).
3. Es gilt:

$$P : V = \frac{P}{V} = k \quad \text{oder} \quad P = k \cdot V$$

6.6.4. Produktgleichheit

6.6.4.1. Einführung

Ebenfalls sehr häufig finden sich in der Praxis Größen, die in folgender Weise in Beziehung stehen:

In dem gleichen Maße, wie die eine Größe sich multiplikativ **vergrößert** (oder *verkleinert*), **verkleinert** (oder *vergrößert*) sich die andere (je **größer** – desto **kleiner,** je *kleiner* – desto *größer*).

BEISPIEL

Betriebsdauer für elektrische Geräte mit unterschiedlicher Leistungsaufnahme bei vorgegebenem Energiekontingent von 3 kWh = 3000 Wh

Leistungsaufnahme A in Watt	60	100	150	500	1000	1500	3000	6000
Betriebsdauer D in Stunden	50	30	20	6	3	2	1	$\frac{1}{2}$

Daraus kann eine **Produktkette** gebildet werden:

$$60\ \text{W} \cdot 50\ \text{h} = 100\ \text{W} \cdot 30\ \text{h} = 150\ \text{W} \cdot 20\ \text{h} = 500\ \text{W} \cdot 6\ \text{h} = \ldots$$
$$= A \cdot D = c = 3000\ \text{Wh}$$

Solche Größen heißen **produktgleich,** in **umgekehrtem Verhältnis** stehend oder **indirekt proportional.**

Wegen der grafischen Darstellung der indirekten Proportionalität vgl. 15.2.3.2.

6.6.4.2. Konstantes Produkt

Der feste Wert c jedes Teiles der Produktkette heißt das **konstante Produkt** der produktgleichen Größen.

Beachte:

1. Das konstante Produkt ist meist eine Größe mit einer bestimmten realen Bedeutung (im Beispiel: Energiekontingent in Wh).
2. Es gilt:

$$A \cdot D = c \quad \text{oder} \quad D = \frac{c}{A} \quad \text{oder} \quad A = \frac{c}{D}$$

6.6.4.3. Produktgleichheit und Proportionalität

Aus $P : V = k$ (vgl. 6.6.3.2.) folgt $P \cdot \frac{1}{V} = k$ und aus $A \cdot D = c$ (vgl. 6.6.4.2.) entsprechend $A : \frac{1}{D} = c$. Das heißt:

Jede Verhältniskette läßt sich als Produktkette und jede Produktkette als Verhältniskette (und als fortlaufende Proportion) schreiben, wenn für die einen der beiden in Beziehung stehenden Größen ihre Reziproken verwendet werden. Proportionalitätsfaktor und konstantes Produkt stimmen dabei überein.

BEISPIELE

1. Beispiel aus 6.6.3.

Produktkette:

$$4\text{ Pf} \cdot \frac{1}{0{,}5\text{ kWh}} = 8\text{ Pf} \cdot \frac{1}{1\text{ kWh}} = 16\text{ Pf} \cdot \frac{1}{2\text{ kWh}}$$

$$= 32\text{ Pf} \cdot \frac{1}{4\text{ kWh}} = \ldots = 8\text{ Pf/kWh} = c = k$$

2. Beispiel aus 6.6.4.

Verhältniskette:

$$60\text{ W} : \frac{1}{50\text{ h}} = 100\text{ W} : \frac{1}{30\text{ h}} = 150\text{ W} : \frac{1}{20\text{ h}}$$

$$= 500\text{ W} : \frac{1}{6\text{ h}} = \ldots = 3000\text{ Wh} = k = c$$

Fortlaufende Proportion:

$$60\text{ W} : 100\text{ W} : 150\text{ W} : 500\text{ W} : \ldots$$

$$= \frac{1}{50\text{ h}} : \frac{1}{30\text{ h}} : \frac{1}{20\text{ h}} : \frac{1}{6\text{ h}} : \ldots$$

Wird aus der Verhältniskette eine beliebige Proportion, etwa $A_1 : \frac{1}{D_1} = A_2 : \frac{1}{D_2}$, herausgegriffen, so kann diese auch in der Form $A_1 : A_2 = \frac{1}{D_1} : \frac{1}{D_2}$ oder in der Form $A_1 : A_2 = D_2 : D_1$ geschrieben werden. Aus der ersten Form erklärt sich für die Produktgleichheit $A_1 \cdot D_1 = A_2 \cdot D_2$ die Bezeichnung *indirekte Proportionalität*, aus der zweiten die Bezeichnung *umgekehrtes Verhältnis*.

6.6.5. Praktische Anwendungen

In vielen Gebieten der Praxis, z.B. in Physik, Technik, Wirtschaft, finden sich proportionale Zusammenhänge, sowohl direkte (etwa Menge und Preis derselben Ware oder Weg und Zeit bei konstanter Geschwindigkeit) als auch indirekte (etwa Widerstand und Stromstärke bei konstanter Spannung oder Druck und Volumen einer bestimmten Gasmenge). Dabei ergibt sich oft die Aufgabe, zu drei gegebenen Größen die vierte zu ermitteln. Dazu empfiehlt sich die Verwendung eines *Schemas*, in dem die vier Größen entsprechend ihrer Zusammengehörigkeit knapp und übersichtlich zusammengestellt werden. Dabei ist es nötig, darauf zu achten, daß entsprechende Größen in denselben Einheiten angegeben werden, und zwar in solchen, die bei dem vorliegenden Sachverhalt sinnvoll sind. Ob es sich bei der jeweiligen Aufgabe um direkte oder indirekte Proportionalität handelt, läßt sich nach 6.6.3.1. und 6.6.4.1. entscheiden: *je ... desto ...*

BEISPIELE

1. Im Schmelzofen werden für 2,5 t Grauguß 3500 kg Koks benötigt. Wieviel Koks ist für 600 t Grauguß erforderlich?
(Direkte Proportionalität)

2. Bei einer Durchschnittsgeschwindigkeit von 40 km/h benötigt ein Kraftwagen für eine gewisse Strecke $2\frac{1}{2}$ h. Wie lange dauert die Fahrt auf der gleichen Strecke bei 50 km/h Geschwindigkeit?
(Indirekte Proportionalität)

Schema: (Der Zahlenwert der gesuchten Größe sei dabei x.)

2,5 t Guß $\hat{=}$ 3500 kg Koks
600 t Guß $\hat{=}$ x kg Koks

40 km/h $\hat{=}$ $2\frac{1}{2}$ h
50 km/h $\hat{=}$ x h

($\hat{=}$ lies: entspricht; das Gleichheitszeichen wäre an dieser Stelle falsch.)
Zur Aufstellung der *Bestimmungsgleichung für x* wird jetzt durch Überlegung an Hand des Sachverhalts die reale Bedeutung der jeweiligen unveränderlichen Größe, d.h.

des Proportionalitätsfaktors k (vgl. 6.6.3.2.),

des konstanten Produkts c (vgl. 6.6.4.2.),

festgestellt. Das ist bei den vorliegenden Beispielen

die für 1 t Grauguß benötigte Koksmenge m in kg/t,

die durchfahrene Strecke s in km.

Diese konstante Größe wird nun mit Hilfe der im Schema zusammengestellten vier Größen zweimal ausgedrückt:

$m = 3500\ \text{kg} : 2{,}5\ \text{t}$
$m = x\ \text{kg} : 600\ \text{t}$

$s = 40\ \text{km/h} \cdot 2\frac{1}{2}\ \text{h}$
$s = 50\ \text{km/h} \cdot x\ \text{h}$

Durch Anwendung des Satzes von der Drittengleichheit (vgl. 10.1.) ergibt sich schließlich die Bestimmungsgleichung für x als Größengleichung und daraus (bei gleichen Einheiten) als Zahlenwertgleichung:

$3500\text{ kg} : 2{,}5\text{ t} = x\text{ kg} : 600\text{ t}$	$40\text{ km/h} \cdot 2\tfrac{1}{2}\text{ h} = 50\text{ km/h} \cdot x\text{ h}$
$3500 : 2{,}5 = x : 600$	$40 \cdot 2\tfrac{1}{2} = 50 \cdot x$

Als Lösung folgt daraus:

$x = 840000$, d.h., es werden 840000 kg Koks benötigt.	$x = 2$, d.h., bei 50 km/h Geschwindigkeit dauert die Fahrt 2 h.

Die Herleitung der Bestimmungsgleichung für x läßt sich im Schema *formal* darstellen:

$\dfrac{2{,}5}{600}$ | $2{,}5\text{ t} \mathrel{\hat{=}} 3500\text{ kg}$, $600\text{ t} \mathrel{\hat{=}} x\text{ kg}$ | $\dfrac{3500}{x}$ → $\dfrac{2{,}5}{600} = \dfrac{3500}{x}$	$40 \cdot 2\tfrac{1}{2}$; $40\text{ km/h} \mathrel{\hat{=}} 2\tfrac{1}{2}\text{ h}$; $50\text{ km/h} \mathrel{\hat{=}} x\text{ h}$; $50 \cdot x$ → $40 \cdot 2\tfrac{1}{2} = 50 \cdot x$

Dieses Schema ist stets anwendbar bei

direkter	indirekter

Proportionalität.

6.7. Prozentrechnung

6.7.1. Prozentbegriff

Statt des Verhältnisses zweier Größen kann auch angegeben werden, welchen Bruchteil die eine von der anderen ausmacht.

BEISPIEL

$30\text{ t} : 75\text{ t} = 2 : 5$
↗ 30 t ist $\frac{2}{5}$ von 75 t ($30\text{ t} = \frac{2}{5} \cdot 75\text{ t}$)
↘ 75 t ist $\frac{5}{2}$ von 30 t ($75\text{ t} = \frac{5}{2} \cdot 30\text{ t}$)

Wenn mehrere solcher Verhältnisse verglichen werden sollen, ist es zweckmäßig, die Bruchteile auf denselben Nenner zu bringen. Meist wird dazu der Nenner 100 verwendet und dann statt von *Hundertsteln* von **Prozenten** gesprochen. Symbol: %

Prozentuale Angaben werden in immer stärkerem Maße in der Praxis verwendet, so bei betrieblichen Vergleichen, Wirtschaftsstatistiken, Planauflagen und deren Erfüllung, ökonomischen Untersuchungen, Wahrscheinlichkeitsbetrachtungen usw., da sie übersichtliche und anschauliche Überblicke rasch wiederzugeben erlauben. Absolute Angaben sind daraus allerdings nur zu entnehmen, wenn die jeweilige

Bezugsgröße bekannt ist. Diese, d.h. 100%, sollte daher stets mit angegeben werden, wenn das auch bei nur vergleichenden Betrachtungen prozentualer Angaben nicht unbedingt erforderlich ist.

BEISPIEL

Welcher der folgenden Betriebe beschäftigt im Verhältnis zur Belegschaftsstärke die meisten, welcher die wenigsten Frauen?

Betrieb	I	II	III
Belegschaftsstärke B davon Frauen F	80 20	400 93	135 38
Bruchteil $\frac{F}{B}$	$\frac{20}{80} = \frac{1}{4}$	$\frac{93}{400}$	$\frac{38}{135}$
umgerechnet in Hundertstel	$\frac{25}{100}$	$\frac{23{,}25}{100}$	$38:135 = 0{,}2814\ldots = \frac{28{,}14\ldots}{100}$
übliche Schreibweise	25%	23,25%	≈28,14%

Ergebnis: Betrieb III beschäftigt die relativ meisten, Betrieb II die relativ wenigsten Frauen.

Beachte:

Das Verwandeln des Verhältniswertes in eine Prozentangabe kann geschehen durch *Erweitern* (I), *Kürzen* (II) oder *Umwandlung in eine Dezimalzahl* (III).

Fachbezeichnungen:

Prozentwert w **Prozentsatz** p

$$\frac{20}{80} = \frac{25}{100} = 25\%$$

Grundwert g **Bezugszahl** **Prozentzeichen**

Allgemeine Grundbeziehungen der Prozentrechnung:

$$\frac{w}{g} = \frac{p}{100} = p\% \quad \text{oder}$$

$$w : g = p : 100$$

(Prozentproportion)

6.7.2. Grundaufgaben der Prozentrechnung

In der Praxis sind Aufgaben häufig, bei denen zwei der drei Größen w, g, p gegeben und jeweils die dritte gesucht ist. Sie können, wenn nicht die Deutung des Prozentsatzes als Bruchteil (Hundertstel) zum Ziele führt, im allgemeinen mit der *Prozentproportion als Bestimmungsgleichung* gelöst werden.

Beachte:

> Voraussetzung für die Verwendbarkeit dieser Proportion ist die Proportionalität zwischen Prozentwert und Prozentsatz. Diese liegt zwar meistens, aber nicht immer vor (vgl. 6.7.3.2.)

BEISPIELE

1. In einem Betrieb werden statt des Solls von 125 Maschinen im gleichen Zeitraum 150 hergestellt. Prozentuale Sollerfüllung?

   $w = 150$; $g = 125$; p gesucht.

   Lösung

mit der Prozentproportion:	als Bruchteil:
$150:125 = p:100$ $\underline{\underline{p = 120}}$	$\frac{150}{125} = 1{,}2 = \frac{120}{100} = \underline{\underline{120\%}}$

   Ergebnis: Die Sollerfüllung beträgt 120%.

2. Von den Gesamteinnahmen des Staatshaushaltes von rund 50810 Millionen Mark sollen 64% von einem bestimmten Sektor aufgebracht werden.

   w gesucht; $g = 50810000000$; $p = 64$

   Lösung

mit der Prozentproportion:	als Bruchteil des Grundwertes:
$w : 50810000000 = 64 : 100$ $w \approx 32520 \cdot 10^6$	$\frac{64}{100} \cdot 50810 \cdot 10^6 \approx \underline{\underline{32520 \cdot 10^6}}$

   Ergebnis: Vom Sektor sind rund 32520 Millionen Mark aufzubringen.

3. Es gelingt bei der Produktion eines Massenartikels, den Ausschuß auf 0,8% herabzudrücken. Bei welcher Produktionsmenge ist mit 1000 unbrauchbaren Erzeugnissen zu rechnen?
   $w = 1000$; g gesucht; $p = 0{,}8$

   Lösung mit der Prozentproportion:

   $$1000:g = 0{,}8:100$$

   $$\underline{\underline{g = 125000}}$$

   Ergebnis: Bei einer Auflage von 125000 Stück ist mit 1000 Stück Ausschuß zu rechnen.

6.7.3. Schwierigere Prozentaufgaben

6.7.3.1. Vermehrter oder verminderter Grundwert

BEISPIEL

Eine Preissenkung um 15% ergibt einen neuen Verkaufspreis von 38,25 Mark. Um wieviel wurde der Verkaufspreis vermindert?
Grundwert g ist der alte Verkaufspreis. 38,25 Mark ist alter Verkaufspreis minus Preissenkung, also *Grundwert minus Prozentwert* ($g - w$, sog. **verminderter Grundwert**). Diesem entspricht auch ein veränderter Prozentsatz ($100 - 15 = 85$, allgemein $100 - p$).
Lösung: Aus $w : g = p : 100$ folgt nach der korrespondierenden Subtraktion (vgl. 6.6. 2.2. Pkt. 5)

$$w : (g - w) = p : (100 - p).$$

w gesucht; $g - w = 38{,}25$; $p = 15$; $100 - p = 85$

$$w : 38{,}25 = 15 : 85$$

$$\underline{\underline{w = 6{,}75}}$$

Ergebnis: Die Preissenkung betrug 6,75 Mark

Beachte:

Bei derartigen Aufgaben ist in besonderem Maße auf eine eindeutige sprachliche Formulierung zu achten, z. B.: „Einer Steigerung *um* 5% entspricht eine Steigerung *auf* 105%." Oder: „Eine Verminderung *um* 20% des Grundwertes ergibt einen Neuwert *von* 80% des Grundwertes und entspricht einer Verminderung *um* 25% des Neuwertes."

6.7.3.2. Prozentaufgaben ohne Proportionalität zwischen Prozentwert und Prozentsatz

BEISPIEL

Die Normzeit (66 h) für die Überholung einer Maschine konnte um 6 h unterboten werden. Welcher prozentualen Normerfüllung entspricht das?
Lösung: Zwischen Normerfüllung (p) und Arbeitszeit (w) besteht *keine direkte, sondern indirekte* Proportionalität. Deshalb kann die Prozentproportion nicht benutzt werden (vgl. 6.7.2.). Vielmehr gilt hier

$$p \cdot w = g \cdot 100 \quad \text{(Produktgleichheit).}$$

$w = 60$; $g = 66$; p gesucht.

$$p \cdot 60 = 66 \cdot 100$$

$$\underline{\underline{p = 110}}$$

Ergebnis: Die Norm wurde mit 110% erfüllt.

6.7.4. Einfache Zinsrechnung

6.7.4.1. Begriffsbestimmung

Zinsen sind Vergütungen, die beim Entleihen oder Sparen von Geldsummen vom Entleiher (Schuldner) an den Verleiher (Gläubiger) bzw. vom Geldinstitut (Sparkasse) an den Sparer zu zahlen sind. Sie werden prozentual vom Leih- oder Sparbetrag gewöhnlich für 1 Jahr festgelegt und für andere Fristen proportional zur Zeit berechnet. Bei der einfachen Zinsrechnung werden die Zinsen nicht wieder verzinst. Die bei Sparkassen übliche Wiederverzinsung (früher Zinseszins genannt) wird in der Praxis mit Hilfe von Tabellen ermittelt, auf deren Berechnung im Rahmen dieser Darstellung nicht eingegangen werden soll.

6.7.4.2. Grundformeln der einfachen Zinsrechnung

Die Berechnung der einfachen Zinsen für ein Jahr ist eine Grundaufgabe der Prozentrechnung:
Prozentwert $w \triangleq$ **Zinsen** z; Grundwert $g \triangleq$ **Leih- oder Sparbetrag** b;
Prozentsatz $p \triangleq$ **Zinsfuß oder Zinssatz** p.
Für *1 Jahr*

$z_1 : b = p : 100$ oder $$z_1 = \frac{b \cdot p}{100}$$

Die Proportionalität der Zinsen zur Zinszeit ergibt schließlich

für *t Jahre* $$z = \frac{b \cdot p \cdot t}{100}$$

Beachte:

Falls der Zinssatz, wie gewöhnlich, für 1 Jahr (also eigentlich in %/Jahr) angegeben ist, muß in der zweiten Formel t in Jahren eingesetzt werden. Wenn eine Verzinsung über andere Zeiträume als ganze Jahre läuft, muß für die Anwendung der Formel eine Umrechnung in Bruchteile von Jahren erfolgen. Dafür gilt die Beziehung 1 Jahr = 12 Monate = 360 Tage.

BEISPIELE

Verzinsungszeit	2 Jahre 6 Monate	7 Monate	133 Tage
t	$\frac{5}{2}$	$\frac{7}{12}$	$\frac{133}{360}$

7. Der Bereich der rationalen Zahlen

7.1. Erweiterung des Bereiches R^* der gebrochenen Zahlen zum Bereich R der rationalen Zahlen

7.1.1. Ziel der Bereichserweiterung

Der Bereich R^* der gebrochenen Zahlen soll zu einem Bereich erweitert werden, in dem neben der Addition, Multiplikation und Division (Divisor $\neq 0$) auch die Subtraktion unbeschränkt ausführbar ist.

7.1.2. Die Menge der rationalen Zahlen

Zunächst wird die Menge M aller Paare $[a, b]$ gebrochener Zahlen a und b betrachtet: $M = R^* \times R^*$.
Auf dieser Menge wird eine Äquivalenzrelation erklärt.

Definition

Zwei Paare $[a, b]$ und $[c, d]$ gebrochener Zahlen a, b, c und d heißen **differenzgleich,** in Zeichen: $[a, b] \,_{\mathrm{d}}\!= [c, d]$, wenn $a + d = c + b$ ist.

Beachte:

Falls $b \leqq a$ und $d \leqq c$, falls also die Subtraktionsaufgaben $a - b$ und $c - d$ in R^* ausführbar sind, gilt $[a, b] \,_{\mathrm{d}}\!= [c, d]$ genau dann, wenn $a - b = c - d$ ist.

BEISPIELE

1. $[\frac{1}{2}, \frac{4}{3}] \,_{\mathrm{d}}\!= [\frac{5}{4}, \frac{25}{12}]$, denn $\frac{1}{2} + \frac{25}{12} = \frac{5}{4} + \frac{4}{3} = \frac{31}{12}$
2. $[\frac{2}{3}, \frac{1}{2}] \,_{\mathrm{d}}\!= [\frac{3}{2}, \frac{4}{3}]$, denn $\frac{2}{3} + \frac{4}{3} = \frac{3}{2} + \frac{1}{2} = 2$
   bzw. $\frac{2}{3} - \frac{1}{2} = \frac{3}{2} - \frac{4}{3} = \frac{1}{6}$

Durch die Äquivalenzrelation „$_{\mathrm{d}}\!=$" ist eine Zerlegung der Menge $M = R^* \times R^*$ in Klassen differenzgleicher Paare gegeben. Diese Klassen sind die Elemente der Menge der rationalen Zahlen, d.h. die Elemente der Trägermenge des Bereiches der rationalen Zahlen.

Definition

Rationale Zahlen sind Äquivalenzklassen differenzgleicher Paare $[a, b]$ gebrochener Zahlen a und b.

Wichtig für die Wahl einer geeigneten Darstellungsform der rationalen Zahlen ist der folgende

Satz

Enthält eine Äquivalenzklasse differenzgleicher Paare gebrochener Zahlen ein Paar $[c, d]$

- mit $c > d$, so enthält sie auch ein Paar $[a, 0]$;
- mit $c = d$, so enthält sie auch das Paar $[0, 0]$;
- mit $c < d$, so enthält sie auch ein Paar $[0, b]$.

7.1.3. Darstellung rationaler Zahlen, Bezeichnungen

Definition

Eine Klasse differenzgleicher Paare gebrochener Zahlen,

- die ein Paar $[a, 0]$ ($a \in R^*$, $a \neq 0$) enthält, heißt eine **positive rationale Zahl.** Sie wird mit $+a$ bezeichnet.
  Das Zeichen „+" heißt ihr **Vorzeichen.**
- die das Paar $[0, 0]$ enthält, heißt die **rationale Zahl Null.** Sie wird mit 0 bezeichnet.
- die ein Paar $[0, b]$ ($b \in R^*$, $b \neq 0$) enthält, heißt eine **negative rationale Zahl.** Sie wird mit $-b$ bezeichnet. Das Zeichen „–" heißt ihr **Vorzeichen.**

BEISPIELE

1. $+\frac{1}{6} = \{[\frac{2}{3}, \frac{1}{2}], [\frac{1}{6}, 0], [\frac{3}{2}, \frac{4}{3}], \ldots\}$
2. $0 = \{[\frac{2}{5}, \frac{2}{5}], [\frac{7}{4}, \frac{7}{4}], [0, 0], \ldots\}$
3. $-\frac{5}{6} = \{[0, \frac{5}{6}], [\frac{1}{2}, \frac{4}{3}], [\frac{5}{4}, \frac{25}{12}], \ldots\}$

Fachbezeichnungen, Vereinbarungen, Bemerkungen

1. Eine **nichtnegative** rationale Zahl ist eine positive rationale Zahl oder die rationale Zahl Null.
   Eine **nichtpositive** rationale Zahl ist eine negative rationale Zahl oder die rationale Zahl Null.
2. Es wird vereinbart, daß man für die rationale Zahl Null neben 0 auch $+0$ oder -0 schreibt: $0 = +0 = -0$.
3. Die rationale Zahl Null ist
   - weder positiv noch negativ,
   - sowohl nichtnegativ als auch nichtpositiv.
4. Zwei rationale Zahlen $+a$ und $-a$ ($a \in R^*$), die sich nur im Vorzeichen unterscheiden, heißen (einander) **entgegengesetzt.**
5. Wird ein Paar gebrochener Zahlen stellvertretend für die Klasse differenzgleicher Paare gebrochener Zahlen, der es angehört, verwendet, so bezeichnet man es als einen **Repräsentanten** dieser Klasse, also als einen Repräsentanten der betreffenden rationalen Zahl.

7.1.4. Erklärung der Rechenoperationen mit rationalen Zahlen

In 5.2.3. wurden die Rechenoperationen mit ganzen Zahlen erklärt. Auf analoge Weise erhält man die Erklärung der Rechenoperationen mit rationalen Zahlen.
Es seien a und b gebrochene Zahlen, $+a$ und $+b$ nichtnegative rationale Zahlen, $-a$ und $-b$ nichtpositive rationale Zahlen.

Addition

$$(+a) + (+b) = +(a + b)$$

$$(+a) + (-b) = \begin{cases} +(a - b), & \text{falls} \quad a > b \\ 0, & \text{falls} \quad a = b \\ -(b - a), & \text{falls} \quad a < b \end{cases}$$

$$(-a) + (+b) = \begin{cases} -(a - b), & \text{falls} \quad a > b \\ 0, & \text{falls} \quad a = b \\ +(b - a), & \text{falls} \quad a < b \end{cases}$$

$$(-a) + (-b) = -(a + b)$$

Subtraktion

$$(+a) - (+b) = \begin{cases} +(a - b), & \text{falls} \quad a > b \\ 0, & \text{falls} \quad a = b \\ -(b - a), & \text{falls} \quad a < b \end{cases}$$

$$(+a) - (-b) = +(a + b)$$

$$(-a) - (+b) = -(a + b)$$

$$(-a) - (-b) = \begin{cases} -(a - b), & \text{falls} \quad a > b \\ 0, & \text{falls} \quad a = b \\ +(b - a), & \text{falls} \quad a < b \end{cases}$$

Multiplikation

$$(+a) \cdot (+b) = +(a \cdot b)$$

$$(+a) \cdot (-b) = -(a \cdot b)$$

$$(-a) \cdot (+b) = -(a \cdot b)$$

$$(-a) \cdot (-b) = +(a \cdot b)$$

Division (Voraussetzung $b \neq 0$)

$$(+a) : (+b) = +(a : b)$$

$$(+a) : (-b) = -(a : b)$$

$$(-a) : (+b) = -(a : b)$$

$$(-a) : (-b) = +(a : b)$$

Beachte:

1. Zwischen Subtraktion und Addition besteht der Zusammenhang

$$(+a) - (+b) = (+a) + (-b)$$

$$(+a) - (-b) = (+a) + (+b)$$

$$(-a) - (+b) = (-a) + (-b)$$

$$(-a) - (-b) = (-a) + (+b)$$

2. Mit Ausnahme der Bedingung „Divisor $\neq 0$" unterliegen die hier erklärten Rechenoperationen mit rationalen Zahlen keinerlei Ausführbarkeitsbeschränkungen.

7.1.5. Erklärung der Ordnungsrelation

In 5.2.4. wurde die Ordnungsrelation „$<$" zwischen ganzen Zahlen erklärt.
Analoge Überlegungen führen zur Erklärung der Ordnungsrelation „$<$" zwischen rationalen Zahlen.

Definition

Sind a und b gebrochene Zahlen, so gelten zwischen zwei rationalen Zahlen (für die verschiedenen Vorzeichenkombinationen) folgende Ordnungsbeziehungen:

$(+a) < (+b)$ genau dann, wenn $a < b$,
$(-a) < (-b)$ genau dann, wenn $b < a$,
$(-a) < (+b)$ genau dann, wenn nicht $a = b = 0$.

Beachte:

Entsprechende Festlegungen könnten für die zu „$<$" inverse Ordnungsrelation „$>$" formuliert werden.

BEISPIELE

1. $(+\frac{7}{4}) < (+\frac{9}{5})$ oder $(+\frac{9}{5}) > (+\frac{7}{4})$
2. $(-\frac{8}{3}) < (-\frac{3}{2})$ oder $(-\frac{3}{2}) > (-\frac{8}{3})$
3. $(-\frac{5}{4}) < (+\frac{2}{3})$ oder $(+\frac{2}{3}) > (-\frac{5}{4})$

Beachte:

Zwischen zwei verschiedenen rationalen Zahlen liegen immer noch beliebig viele weitere rationale Zahlen.
Man sagt dazu: Die rationalen Zahlen liegen **dicht.**

Die rationalen Zahlen kann man auf der Zahlengeraden grafisch darstellen:

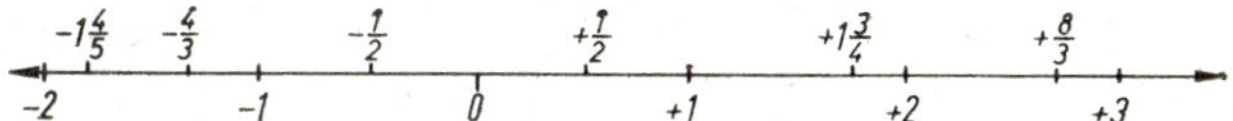

Dabei entspricht einer kleineren bzw. größeren rationalen Zahl ein weiter links bzw. weiter rechts gelegener Punkt.

7.1.6. Der Bereich *R* der rationalen Zahlen als Erweiterung des Bereiches *R** der gebrochenen Zahlen

Mit der Zuordnung

$$a \longleftrightarrow +a \quad a \in R^*$$

wird der Bereich R^* der gebrochenen Zahlen in den Bereich R der rationalen Zahlen eingebettet.
Alle Beziehungen zwischen gebrochenen Zahlen spiegeln sich in den entsprechenden Beziehungen zwischen den zugeordneten (nichtnegativen) rationalen Zahlen wider.
Im folgenden soll deshalb zwischen einer gebrochenen Zahl a und der ihr zugeordneten (nichtnegativen) rationalen Zahl $+a$ nicht mehr unterschieden werden. Insbesondere wird vereinbart, daß bei positiven rationalen Zahlen das Vorzeichen „+" nicht geschrieben werden muß. Hingegen muß das Vorzeichen „−" bei negativen rationalen Zahlen unbedingt geschrieben werden.

7.2. Struktur des Körpers *R* der rationalen Zahlen

7.2.1. Grundrechenoperationen – Algebraische Struktur

Die rationalen Zahlen bilden im Sinn der modernen Algebra einen **Körper.** Die im folgenden zusammengestellten Rechengesetze für rationale Zahlen gelten auch für andere Körper, insbesondere für den Körper P der reellen Zahlen und für den Körper K der komplexen Zahlen.

7.2.1.1. Gesetze der Addition und Subtraktion

Existenz und Eindeutigkeit der **Addition**:

> Zwei rationalen Zahlen a und b – den **Summanden** – wird eindeutig eine dritte rationale Zahl s – die **Summe** – zugeordnet: $a + b = s$.

Kommutativgesetz der Addition:

> $a + b = b + a$ für alle $a, b \in R$

Assoziativgesetz der Addition:

$a + (b + c) = (a + b) + c$ für alle $a, b, c \in R$
$= a + b + c$ (beachte 4.4.2.)

Existenz und Eindeutigkeit der **Subtraktion**:

Zu zwei rationalen Zahlen a und b gibt es genau eine dritte rationale Zahl d, so daß $b + d = a$ ist.
Dafür schreibt man: $d = a - b$

Fachbezeichnungen:

a: **Minuend** b: **Subtrahend** d: **Differenz**

Existenz und Eindeutigkeit der **Null**:

Es gibt genau eine rationale Zahl 0, so daß
$a + 0 = 0 + a = a$ für alle $a \in R$.

Existenz und Eindeutigkeit **inverser Zahlen**:

Zu jeder rationalen Zahl a gibt es genau eine zweite rationale Zahl x, so daß $a + x = 0$ ist.
Dafür schreibt man: $x = -a$

Beachte:

1. $-a$ ist die zu a entgegengesetzte Zahl (vgl. 7.1.3.)
2. Das Zeichen „$-$" bei $-a$ ($a \in R$) ist kein Vorzeichen, sondern ein Operationszeichen, da $-a$ nur eine kürzere Schreibweise für $0 - a$ ist.
3. Während es für alle rationalen Zahlen ein und dasselbe **neutrale Element der Addition** 0 gibt, hat jede rationale Zahl a ihr eigenes **inverses Element** $-a$.

Einige Klammer-Regeln:

$$\left.\begin{aligned} a + (b - c) &= (a + b) - c = a + b - c \\ a - (b + c) &= (a - b) - c = a - b - c \\ a - (b - c) &= (a - b) + c = a - b + c \end{aligned}\right\} \text{ für alle } a, b, c \in R$$

Sonderfälle dieser Klammer-Regeln sind die folgenden Eigenschaften der inversen Zahlen:

$$\left.\begin{aligned} a + (-b) &= a - b \\ a - (-b) &= a + b \end{aligned}\right\} \text{ für alle } a, b \in R$$

$$-(-a) = a \qquad \text{für alle } a \in R$$

Differenzgleichheit:

$a - b = c - d$ genau dann, wenn $a + d = c + b$
für alle $a, b, c, d \in R$

7.2.1.2. Gesetze der Multiplikation und Division

Existenz und Eindeutigkeit der **Multiplikation**:

Zwei rationalen Zahlen a und b – den **Faktoren** – wird eindeutig eine dritte rationale Zahl p – das **Produkt** – zugeordnet: $a \cdot b = p$.

Kommutativgesetz der Multiplikation:

$a \cdot b = b \cdot a$ für alle $a, b \in R$

Assoziativgesetz der Multiplikation:

$$a \cdot (b \cdot c) = (a \cdot b) \cdot c \quad \text{für alle} \quad a, b, c \in R$$
$$= a \cdot b \cdot c \quad \text{(beachte 4.4.2.)}$$

Existenz und Eindeutigkeit der **Division**:

Zu zwei rationalen Zahlen a und $b \neq 0$ gibt es genau eine dritte rationale Zahl q, so daß $b \cdot q = a$ ist.

Dafür schreibt man: $q = a : b = \frac{a}{b}$

Fachbezeichnungen:

a: **Dividend** b: **Divisor** q: **Quotient**

Existenz und Eindeutigkeit der **Eins**:

Es gibt genau eine rationale Zahl 1, so daß
$a \cdot 1 = 1 \cdot a = a$ für alle $a \in R$.

Existenz und Eindeutigkeit **reziproker Zahlen**:

Zu jeder rationalen Zahl $a \neq 0$ gibt es genau eine zweite rationale Zahl x, so daß $a \cdot x = 1$ ist.

Dafür schreibt man: $x = \frac{1}{a}$ oder $x = 1/a$

Beachte:

1. $\frac{1}{a}$ ist die zu a reziproke Zahl im Sinn von 6.1.8., falls a eine positive rationale Zahl ist, also einer gebrochenen Zahl entspricht.
2. Während es für alle rationalen Zahlen ein und dasselbe **neutrale Element der Multiplikation** 1 gibt, hat jede rationale Zahl $a \neq 0$ ihr eigenes **reziprokes Element** $\frac{1}{a}$.

Einige Klammer-Regeln:

$$\left.\begin{aligned} a \cdot (b : c) &= (a \cdot b) : c = a \cdot b : c \\ a : (b \cdot c) &= (a : b) : c = a : b : c \\ a : (b : c) &= (a : b) \cdot c = a : b \cdot c \end{aligned}\right\} \text{ für alle } a, b, c \in R \begin{cases} c \neq 0 \\ b \neq 0, c \neq 0 \\ b \neq 0, c \neq 0 \end{cases}$$

Als Sonderfälle dieser Klammer-Regeln ergeben sich die folgenden Regeln für das Rechnen mit reziproken Elementen:

$$\left.\begin{aligned} a \cdot \frac{1}{b} &= a : b = \frac{a}{b} \\ a : \frac{1}{b} &= a \cdot b \end{aligned}\right\} \quad \text{für alle } a, b \in R,\ b \neq 0$$

$$\frac{1}{\frac{1}{a}} = 1/(1/a) = a \qquad \text{für alle } a \in R,\ a \neq 0$$

Quotientengleichheit:

$$\frac{a}{b} = \frac{c}{d} \text{ genau dann, wenn } a \cdot d = c \cdot b$$

für alle $a, b, c, d \in R$, $b \neq 0$, $d \neq 0$

Besonderheiten der Zahl 0 bezüglich Multiplikation und Division:

$a \cdot 0 = 0 \cdot a = 0$ für alle $a \in R$

$0 : a = 0$ für alle $a \in R, a \neq 0$

$a : 0$ nicht definiert für alle $a \in R$

Satz (Nullteilerfreiheit eines Körpers)

Ein Produkt $a \cdot b$ ist genau dann gleich 0, wenn mindestens einer der Faktoren gleich 0 ist.
$a \cdot b = 0$ genau dann, wenn $a = 0$ oder $b = 0$

7.2.1.3. Zusammenhänge zwischen den Operationen 1. und 2. Stufe

Den Zusammenhang zwischen Addition und Multiplikation beschreibt das **Distributivgesetz**

$$\left.\begin{aligned} a \cdot (b + c) &= a \cdot b + a \cdot c \\ (b + c) \cdot a &= b \cdot a + c \cdot a \end{aligned}\right\} \quad \text{für alle } a, b, c \in R$$

Für den Zusammenhang zwischen Subtraktion und Multiplikation gilt

$$\left.\begin{aligned} a \cdot (b - c) &= a \cdot b - a \cdot c \\ (b - c) \cdot a &= b \cdot a - c \cdot a \end{aligned}\right\} \quad \text{für alle } a, b, c \in R.$$

Für den Zusammenhang zwischen Addition und Division gilt

$$(b + c) : a = b : a + c : a \quad \text{für alle } a, b, c \in R,\ a \neq 0.$$

Für den Zusammenhang zwischen Subtraktion und Division gilt

$(b - c) : a = b : a - c : a$ für alle $a, b, c \in R, a \neq 0$.

Beachte:

Für Terme der Form

$a : (b + c)$ und $a : (b - c)$

gibt es keine derartigen Umformungsgesetze.
Insbesondere ist

$$\left.\begin{array}{l} a : (b + c) \neq a : b + a : c \\ a : (b - c) \neq a : b - a : c \end{array}\right\} \text{ für alle } \begin{array}{l} a, b, c \in R, a \neq 0, b \neq 0, c \neq 0, \\ b + c \neq 0 \text{ bzw. } b - c \neq 0. \end{array}$$

Einige Folgerungen:

$$\left.\begin{array}{l} (-a) \cdot b = -(a \cdot b) \\ a \cdot (-b) = -(a \cdot b) \\ (-a) \cdot (-b) = a \cdot b \end{array}\right\} \text{ für alle } a, b \in R$$

$$\left.\begin{array}{l} (-a) : b = -(a : b) \\ a : (-b) = -(a : b) \\ (-a) : (-b) = a : b \end{array}\right\} \text{ für alle } a, b \in R, b \neq 0$$

Beachte:

Die Zeichen „–" sind bei diesen Formeln keine Vorzeichen, sondern Operationszeichen, da $-a$ nur eine kurze Schreibweise für $0 - a$ ist.

7.2.2. Ordnungsrelationen – Ordnungstheoretische Struktur

Im Körper der rationalen Zahlen ist eine Ordnungsrelation „<" definiert, die folgende grundlegende Eigenschaften hat:

Trichotomie

Für zwei beliebige rationale Zahlen a und b gilt entweder $a < b$ oder $a = b$ oder $a > b$.
Dabei ist $a < b$ gleichbedeutend mit $b > a$.

Transitivität

Für drei beliebige rationale Zahlen a, b und c gilt:
Wenn $a < b$ und $b < c$, dann $a < c$.

Beachte:

1. Wenn nicht $a < b$, dann $a = b$ oder $a > b$.
   Dafür schreibt man $a \geqq b$.
2. Wenn nicht $a > b$, dann $a = b$ oder $a < b$.
   Dafür schreibt man $a \leqq b$.

3. Wenn nicht $a = b$, dann $a < b$ oder $a > b$.
   Dafür schreibt man $a \neq b$ (selten: $a \lessgtr b$).
4. Für jede positive rationale Zahl a gilt $a > 0$.
5. Für jede negative rationale Zahl b gilt $b < 0$.
6. Für jede nichtnegative rationale Zahl c gilt $c \geqq 0$.
7. Für jede nichtpositive rationale Zahl d gilt $d \leqq 0$.

Transitivität der Relation „$\leqq$"

Für drei beliebige rationale Zahlen a, b und c gilt:
Wenn $a \leqq b$ und $b \leqq c$, dann $a \leqq c$.

Beachte:

Für drei beliebige rationale Zahlen a, b und c gilt:

1. Wenn $a < b$ und $b \leqq c$, dann $a < c$.
2. Wenn $a \leqq b$ und $b < c$, dann $a < c$.

Antisymmetrie der Relation „$\leqq$"

Für zwei beliebige rationale Zahlen a und b gilt:
Wenn $a \leqq b$ und $b \leqq a$, dann $a = b$.

Zwischen den Ordnungsrelationen und den Rechenoperationen im Körper der rationalen Zahlen bestehen zahlreiche Beziehungen.

Satz

Zwischen zwei rationalen Zahlen a und b besteht die Ordnungsbeziehung $a < b$ genau dann, wenn es eine positive rationale Zahl c gibt, so daß $a + c = b$ ist.

Monotonie-Gesetze

Für beliebige rationale Zahlen a, b und c gilt:

Wenn $a < b$, dann $a + c < b + c$
und $a - c < b - c$.

Wenn $a \leqq b$, dann $a + c \leqq b + c$
und $a - c \leqq b - c$.

Wenn $a < b$ und $c > 0$, dann $a \cdot c < b \cdot c$
und $a : c < b : c$.

Wenn $a \leqq b$ und $c > 0$, dann $a \cdot c \leqq b \cdot c$
und $a : c \leqq b : c$.

Wenn $a < b$ und $c < 0$, dann $a \cdot c > b \cdot c$
und $a : c > b : c$.

Wenn $a \leqq b$ und $c < 0$, dann $a \cdot c \geqq b \cdot c$
und $a : c \geqq b : c$.

Einige Folgerungen

Für beliebige rationale Zahlen a, b, c und d gilt:

Wenn $a < b$ und $c < d$, dann $a + c < b + d$.

Wenn $a < b, c < d, b > 0$ und $c > 0$, dann $a \cdot c < b \cdot d$.

Wenn $a < b$, dann $-a > -b$.

Wenn $a > 0$, dann $\frac{1}{a} > 0$.

Wenn $a > 1$, dann $0 < \frac{1}{a} < 1$.

Wenn $a < 0$, dann $\frac{1}{a} < 0$.

Wenn $a < -1$, dann $-1 < \frac{1}{a} < 0$.

Beachte:

Die hier dargestellten Gesetze bilden die Grundlage für das Rechnen mit Ungleichungen (vgl. Abschn. 11.).

7.3. Rechnen mit Beträgen rationaler Zahlen

7.3.1. Definition des Betrages einer rationalen Zahl

Es sei a eine rationale Zahl.
Dann ist ihr **Betrag** $|a|$ die nichtnegative der beiden Zahlen a und $-a$:

$$|a| = \begin{cases} a, \text{ falls } a > 0 \\ 0, \text{ falls } a = 0 \\ -a, \text{ falls } a < 0 \end{cases} \quad \text{oder:} \quad |a| = \begin{cases} a, \text{ falls } a \geqq 0 \\ -a, \text{ falls } a < 0 \end{cases}$$

Sprechweise für $|a|$: „Betrag a“ oder „Betrag von a“, früher auch „absoluter Betrag von a“ oder „a absolut“.

Beachte:

Der Betrag einer rationalen Zahl ist eine nichtnegative rationale Zahl. Diese entspricht wegen der Einbettung von R^* in R einer gebrochenen Zahl.

7.3.2. Grundlegende Eigenschaften der Beträge rationaler Zahlen

Beträge entgegengesetzter Zahlen:

$|a| = |-a|, \quad a \in R$

Beträge von Produkten und Quotienten:

$|a \cdot b| = |a| \cdot |b|, \quad a, b \in R$

$|a : b| = |a| : |b|, \quad a, b \in R, b \neq 0$

Beträge von Summen und Differenzen:

$$|a + b| \leqq |a| + |b|, \quad a, b \in R$$
$$|a - b| \leqq |a| + |b|, \quad a, b \in R$$

7.3.3. Auflösen von Beträgen durch Fallunterscheidungen

Aus der Definition des Betrages folgt

$$|a + b| = \begin{cases} +(a + b), & \text{falls } a + b \geqq 0, \text{ d.h., } a \geqq -b \\ -(a + b), & \text{falls } a + b \leqq 0, \text{ d.h., } a \leqq -b \end{cases}$$

$$|a - b| = \begin{cases} a - b, & \text{falls } a - b \geqq 0, \text{ d.h., } a \geqq b \\ b - a, & \text{falls } a - b \leqq 0, \text{ d.h., } a \leqq b \end{cases}$$

Mit Hilfe dieser Beziehungen kann man Beträge in Termen durch Fallunterscheidungen „auflösen".

BEISPIELE

1. $|x + 3| + |x - 4|, \quad x \in R$

$$|x + 3| = \begin{cases} x + 3 & \text{für } x \geqq -3 \\ -(x + 3) & \text{für } x \leqq -3 \end{cases}$$

$$|x - 4| = \begin{cases} x - 4 & \text{für } x \geqq 4 \\ 4 - x & \text{für } x \leqq 4 \end{cases}$$

Insgesamt sind folgende Fälle zu unterscheiden:
(1) $x \geqq 4$ (2) $-3 \leqq x \leqq 4$ (3) $x \leqq -3$

$$|x + 3| + |x - 4| = \begin{cases} x + 3 + x - 4 = 2 \cdot x - 1 & \text{für } x \geqq 4 \\ x + 3 + 4 - x = 7 & \text{für } -3 \leqq x \leqq 4 \\ -(x + 3) + 4 - x = 1 - 2 \cdot x & \text{für } x \leqq -3 \end{cases}$$

2. $|x - a| + |x - b| - |x - c|, x, a, b, c \in R, \quad a < b < c$

Insgesamt sind folgende Fälle zu unterscheiden:

(1) $x \geqq c$ (2) $b \leqq x \leqq c$ (3) $a \leqq x \leqq b$ (4) $x \leqq a$

Fallunterscheidung bei den einzelnen Beträgen:

$$|x - a| = \begin{cases} x - a & \text{für } x \geqq a \text{ (Fall (1), (2) und (3))} \\ a - x & \text{für } x \leqq a \text{ (Fall (4))} \end{cases}$$

$$|x - b| = \begin{cases} x - b & \text{für } x \geqq b \text{ (Fall (1) und (2))} \\ b - x & \text{für } x \leqq b \text{ (Fall (3) und (4))} \end{cases}$$

$$|x - c| = \begin{cases} x - c & \text{für } x \geqq c \text{ (Fall (1))} \\ c - x & \text{für } x \leqq c \text{ (Fall (2), (3) und (4))} \end{cases}$$

Daraus ergibt sich für den gesamten Term

$$|x - a| + |x - b| - |x - c|$$

$$= \begin{cases} x - a + x - b - (x - c) = x - a - b + c & \text{für } x \geqq c \\ x - a + x - b - (c - x) = 3 \cdot x - a - b - c & \text{für } b \leqq x \leqq c \\ x - a + b - x - (c - x) = x - a + b - c & \text{für } a \leqq x \leqq b \\ a - x + b - x - (c - x) = -x + a + b - c & \text{für } x \leqq a \end{cases}$$

7.3.4. Hinweise

Beträge spielen eine wesentliche Rolle im Zusammenhang mit

- Gleichungen (vgl. Abschn. 10.)
- Ungleichungen (vgl. 11.4.6.)
- Funktionen (vgl. 15.4.)
- Grenzwertbetrachtungen (vgl. 17.2.1. und 17.3.2.)
- Integralrechnung (vgl. 19.3.1.)

7.4. Potenzieren im Körper der rationalen Zahlen

7.4.1. Potenzen mit natürlichen Zahlen als Exponenten

7.4.1.1. Einführung des Potenzbegriffes

Es ist heute allgemein üblich, Potenzen mit natürlichen Zahlen als Exponenten mittels vollständiger Induktion (vgl. auch 4.3.1.) zu definieren: Durch die Vorschrift

$$\begin{array}{lll} a^0 = 1 & \text{für} & a \in R, a \neq 0 \\ a^{k+1} = a^k \cdot a & \text{für} & a \in R, k \in N \\ 0^n = 0 & \text{für} & n \in N, n \neq 0 \end{array}$$

wird jedem Paar

$$[a, n] \in R \times N, [a, n] \neq [0, 0]$$

eindeutig eine Zahl

$$x = a^n \in R$$

zugeordnet.

Fachbezeichnungen:

a **Basis**	a^n **Potenz**
n **Exponent**	x **Potenzwert**

Beachte:

1. 0^0 ist nicht definiert.
2. Basis und Exponent dürfen im allgemeinen nicht vertauscht werden, d.h., die Operation „Potenzieren" ist nicht kommutativ: $3^5 \neq 5^3$. Einzige Ausnahme für $a \neq n$: $2^4 = 4^2$.

3. Aus 2. folgt, daß das Potenzieren zwei verschiedene Umkehroperationen hat, das Radizieren (vgl. 8.2.) und das Logarithmieren (vgl. 8.3.).

7.4.1.2. Produktdarstellung von Potenzen

Aus obiger Definition folgt für $a \in R$, $a \neq 0$

$$a^0 = 1$$

$$a^1 = a$$

$$a^2 = a \cdot a$$

$$a^3 = a \cdot a \cdot a$$

$$a^4 = a \cdot a \cdot a \cdot a$$

$$a^5 = a \cdot a \cdot a \cdot a \cdot a$$

...

$$a^n = a \cdot a \cdot a \cdot a \cdot a \cdot \ldots \cdot a \quad (n \text{ Faktoren})$$

Beachte:

1. Diese Produktdarstellung wird in der Literatur teilweise zur Definition des Potenzbegriffes verwendet.
2. In der Produktdarstellung spiegelt sich die historische Entstehung des Potenzbegriffes wider.

7.4.1.3. Positive und negative Basen – gerade und ungerade Exponenten

Das Vorzeichen des Potenzwertes hängt ab vom Vorzeichen der Basis und davon, ob der Exponent gerade oder ungerade ist:

	Exponent gerade	Exponent ungerade
Basis positiv	Potenzwert positiv	Potenzwert positiv
Basis negativ	Potenzwert positiv	Potenzwert negativ

Beachte:

$$3^4 = 81 = (-3)^4 = 81 \neq -3^4 = -81$$

$$2^3 = 8 \neq (-2)^3 = -8 = -2^3 = -8$$

7.4.1.4. Rechengesetze für Potenzen

Summen und Differenzen von Potenzen können nur dann durch Zusammenfassen mehrerer Glieder vereinfacht werden, wenn diese sowohl in den Basen als auch in den Exponenten übereinstimmen.

BEISPIELE

1. $2a^3 + 5a^2 - \frac{1}{3}b^2 + \frac{7}{2}b^3 + 3a^3 - \frac{4}{3}a^2 + \frac{1}{4}b^2 - b^3$
$= (2 + 3)\,a^3 + (5 - \frac{4}{3})\,a^2 + (-\frac{1}{3} + \frac{1}{4})\,b^2 + (\frac{7}{2} - 1)\,b^3$
$= 5a^3 + \frac{11}{3}\,a^2 - \frac{1}{12}\,b^2 + \frac{5}{2}\,b^3$

2. $(x - y)^3 - 4\,(y - x)^3 = (x - y)^3 + 4\,(x - y)^3 = 5\,(x - y)^3$

Produkte und Quotienten von Potenzen können durch Zusammenfassen vereinfacht werden, wenn sie a) in den Basen *oder* b) in den Exponenten übereinstimmen.

a) Potenzen mit gleichen Basen:

Potenzen mit gleichen Basen werden

multipliziert	dividiert

indem man die Basis beibehält und die Exponenten

addiert:	subtrahiert:
$a^m \cdot a^n = a^{m+n}$	$\frac{a^m}{a^n} = \begin{cases} a^{m-n} & \text{für} \quad m \geqq n \\ \frac{1}{a^{n-m}} & \text{für} \quad m < n \end{cases}$

BEISPIELE

1. $3^7 \cdot 3^4 = 3^{7+4} = 3^{11}$

2. $\frac{3^7}{3^4} = 3^{7-4} = 3^3$

3. $\frac{3^4}{3^7} = \frac{1}{3^{7-4}} = \frac{1}{3^3}$

b) Potenzen mit gleichen Exponenten:

Potenzen mit gleichen Exponenten werden

multipliziert	dividiert

indem man den Exponenten beibehält und die Basen

multipliziert:	dividiert:
$a^n \cdot b^n = (a \cdot b)^n$	$\frac{a^n}{b^n} = \left(\frac{a}{b}\right)^n$

BEISPIELE

1. $2^4 \cdot 5^4 = 10^4$

2. $\frac{6^5}{2^5} = 3^5$

Potenzen von Potenzen können in jedem Fall vereinfacht werden.

> Potenzen werden potenziert, indem man die Basis beibehält und die Exponenten multipliziert:
> $(a^m)^n = a^{m \cdot n}$

BEISPIEL

$(4^3)^2 = 4^6$

Beachte:

Beim Multiplizieren und Dividieren von Potenzen mit gleicher Basis und beim Potenzieren von Potenzen werden mit den Exponenten jeweils Rechnungen ausgeführt, die eine Stufe niedriger liegen:

Rechenoperationen mit den

Potenzen	Exponenten
Multiplizieren	Addieren
Dividieren	Subtrahieren
Potenzieren	Multiplizieren

7.4.2. Potenzen mit ganzen Zahlen als Exponenten

7.4.2.1. Erweiterung des Potenzbegriffes

Durch die Einbettung des Bereiches der natürlichen Zahlen in den Bereich der ganzen Zahlen (vgl. 5.2.) wird jeder natürlichen Zahl n umkehrbar eindeutig eine nichtnegative ganze Zahl $g = +n$ zugeordnet. Entsprechend dieser Zuordnung wird der Potenzbegriff von Potenzen mit natürlichen Zahlen als Exponenten auf Potenzen mit nichtnegativen ganzen Zahlen als Exponenten übertragen:

$$a^g = a^n \quad \text{für} \quad g = +n$$

Damit werden alle Beziehungen, die für Potenzen mit natürlichen Zahlen als Exponenten gelten, auf Potenzen mit nichtnegativen ganzen Zahlen als Exponenten übertragen. Insbesondere gilt

$$a^{g+1} = a^g \cdot a \quad \text{bzw.} \quad a^g = a^{g+1} : a$$
$$(a \in R,\ a \neq 0,\ g \in G,\ g \geqq 0).$$

Läßt man die Forderung $g \geqq 0$ fallen, so wird auf diese Weise der Potenzbegriff auf beliebige ganzzahlige Exponenten erweitert. Man erhält

$$a^{-1} = a^0 : a = 1 : a = \frac{1}{a} = \frac{1}{a^1}$$

$$a^{-2} = a^{-1} : a = \frac{1}{a} : a = \frac{1}{a \cdot a} = \frac{1}{a^2}$$

$$a^{-3} = a^{-2} : a = \frac{1}{a^2} : a = \frac{1}{a^2 \cdot a} = \frac{1}{a^3}$$

und allgemein

$$a^{-n} = \frac{1}{a^n}.$$

Zusammengefaßt ergibt sich die Festlegung

$$a^g = \begin{cases} a^n & \text{für} \quad g = +n \quad a \in R,\, n \in N,\, a \neq 0 \quad \text{oder} \quad n \neq 0 \\ \dfrac{1}{a^n} & \text{für} \quad g = -n \quad a \in R,\, n \in N,\, a \neq 0 \end{cases}$$

7.4.2.2. Verallgemeinerung der Rechengesetze für Potenzen

Es läßt sich zeigen, daß alle in 7.4.1.4. aufgeführten Rechengesetze für Potenzen mit natürlichen Zahlen als Exponenten auch für Potenzen mit ganzen Zahlen als Exponenten gelten. Dabei erübrigt sich bei der Division von Potenzen mit gleichen Basen die angegebene Fallunterscheidung.

Zusammenfassung:

Für $a, b \in R$, $a \neq 0$, $b \neq 0$, $g, h \in G$ gilt

$$a^g \cdot a^h = a^{g+h} \qquad \text{(I)}$$

$$\frac{a^g}{a^h} = a^{g-h} \qquad \text{(II)}$$

$$a^g \cdot b^g = (a \cdot b)^g \qquad \text{(III)}$$

$$\frac{a^g}{b^g} = \left(\frac{a}{b}\right)^g \qquad \text{(IV)}$$

$$(a^g)^h = a^{g \cdot h} \qquad \text{(V)}$$

Beachte:

Die Bedingungen $a \neq 0$ und $b \neq 0$ können entfallen, d.h., die Basen können auch gleich 0 sein, sofern
a) die zugehörigen Exponenten positiv sind und
b) dadurch kein Divisor den Wert 0 annimmt.

7.4.3. Einige Anwendungen

7.4.3.1. Schreibweise ohne Bruchstrich

BEISPIELE

$$\frac{a}{b} = a \cdot b^{-1}; \quad \frac{x \cdot y^3}{z^2} = x \cdot y^3 \cdot z^{-2}; \quad \frac{4}{100} = \frac{4}{10^2} = 4 \cdot 10^{-2}$$

Besonders bei physikalisch-technischen Größen wird der Bruchstrich weitestgehend vermieden:

BEISPIELE

Geschwindigkeit: $50 \frac{\text{km}}{\text{h}} = 50 \text{ km} \cdot \text{h}^{-1}$

Beschleunigung: $9{,}81 \frac{\text{m}}{\text{s}^2} = 9{,}81 \text{ m} \cdot \text{s}^{-2}$

Frequenz: $440 \text{ Hz} = 440 \frac{1}{\text{s}} = 440 \text{ s}^{-1}$

7.4.3.2. Schreibweise mit abgetrennten Zehnerpotenzen

BEISPIELE

$$24000000 = 24 \cdot 10^6 = 2{,}4 \cdot 10^7 = 0{,}24 \cdot 10^8$$

$$0{,}000032 = 32 \cdot 10^{-6} = 3{,}2 \cdot 10^{-5} = 0{,}32 \cdot 10^{-4}$$

Von dieser Schreibweise wird besonders bei physikalisch-technischen Größen Gebrauch gemacht, vor allem, wenn es sich um sehr große oder sehr kleine Werte handelt.
Dabei wird die Darstellung

$$r \cdot 10^g$$

gewöhnlich so „normiert“, daß $1 \leqq r < 10$ ist.

BEISPIELE

Lichtgeschwindigkeit: $3 \cdot 10^{10} \text{ cm} \cdot \text{s}^{-1} = 3 \cdot 10^8 \text{ m} \cdot \text{s}^{-1}$

Masse eines Elektrons: $9{,}11 \cdot 10^{-28} \text{ g}$

Mitunter werden auch bestimmte Zehnerpotenzen, die in Verbindung mit metrischen Einheiten vorkommen, durch besondere Symbole (Vorsatzzeichen) gekennzeichnet, die dann mit dem betreffenden Einheitensymbol verbunden werden.

Symbole	**BEISPIELE**
10^3 = k (Kilo)	10^3 m = 1 km
10^6 = M (Mega)	10^6 N = 1 MN
10^9 = G (Giga)	10^9 W = 1 GW
10^{-3} = m (Milli)	10^{-3} g = 1 mg
10^{-6} = μ (Mikro)	10^{-6} V = 1 μV
10^{-9} = n (Nano)	10^{-9} F = 1 nF

Auch in der EDV spielt die Schreibweise mit abgetrennten Zehnerpotenzen in Form der sogenannten Gleitkomma-Darstellung eine wesentliche Rolle.

7.5. Rechnen mit rationalen Termen

7.5.1. Übersicht

Rationale Terme setzen sich aus *rationalen Zahlen* oder aus *Variablen* mit dem Bereich der rationalen Zahlen als Variabilitätsbereich oder aus beiden bzw. aus deren *Potenzen* mit ganzzahligen Exponenten zusammen. Sie können im Term untereinander *verknüpft* sein

nur additiv (durch Rechenarten 1. Stufe; vgl. 7.5.2.) oder
nur multiplikativ (durch Rechenarten 2. Stufe; vgl. 7.5.3.) oder
sowohl additiv als auch multiplikativ (vgl. 7.5.4.).

Auch ganze *Terme* können in diese Verknüpfungen einbezogen sein. Insbesondere ist ihr *Potenzieren* mit natürlichen Zahlen als Exponenten von Bedeutung (vgl. 7.5.5.) sowie ihre *Zerlegung in Faktoren* (vgl. 7.5.6.) und das Rechnen mit *gebrochenen Termen* (vgl. 7.5.7.).

Beachte:

Sofern nicht ausdrücklich etwas anderes vermerkt ist, soll im gesamten Abschnitt 7.5. der Variabilitätsbereich für alle Variablen der Bereich der rationalen Zahlen sein.

7.5.2. Nur additive Verknüpfungen

7.5.2.1. Einige Fachbezeichnungen

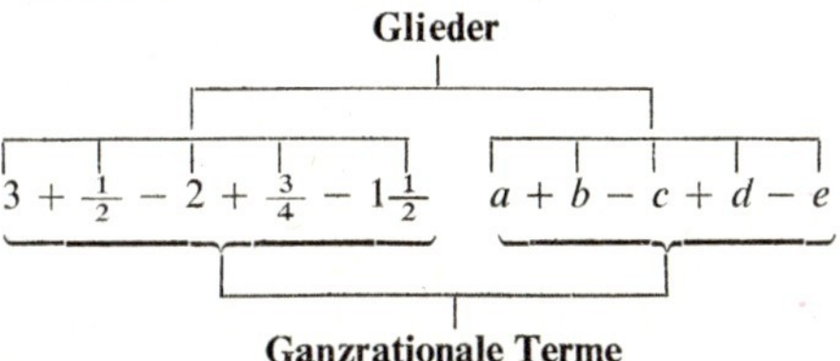

Die Glieder werden gelegentlich auch als **Monome,** die Terme als **Polynome** oder **algebraische Summen** bezeichnet. Ein zweigliedriger Term (wie $a + b$ oder $x - y$) heißt **Binom** (Plural: Binome).

7.5.2.2. Zusammenfassen von Gliedern

1. Die Glieder werden normalerweise *in der Reihenfolge der Aufgabenstellung* zusammengefaßt.

BEISPIEL

$$
\begin{aligned}
& 4 + \tfrac{1}{2} - 2 + \tfrac{3}{4} - 1\tfrac{1}{2} \\
= {} & 4\tfrac{1}{2} - 2 + \tfrac{3}{4} - 1\tfrac{1}{2} \\
= {} & 2\tfrac{1}{2} + \tfrac{3}{4} - 1\tfrac{1}{2} \\
= {} & 3\tfrac{1}{4} - 1\tfrac{1}{2} \\
= {} & \underline{\underline{1\tfrac{3}{4}}}
\end{aligned}
$$

Beachte:

Rechenzeichen, Vorzeichen, Gleichheitszeichen dürfen bei einer über mehrere Zeilen laufenden Rechnung keinesfalls *am Anfang der neuen Zeile fehlen.* Am Ende der vorhergehenden Zeile sind sie nicht erforderlich, wohl aber zusätzlich gestattet.

2. *Gleiche Summanden* können durch Vervielfachung zusammengezogen werden. Dabei kann der Malpunkt weggelassen werden, wenn Mißverständnisse ausgeschlossen sind. Der Faktor, der bei *Variablen* die Anzahl der gleichen Summanden angibt, heißt **Vorzahl** oder **Koeffizient.**

BEISPIELE

$4 + 4 + 4 = 3 \cdot 4 \;(\neq 34)$ ↑ nicht weglassen	**Koeffizient** $a + a + a = 3 \cdot a = 3a$ ↑ kann wegbleiben

3. Auf Grund des Kommutativgesetzes kann die *Reihenfolge* der Glieder beliebig *geändert* werden (Rechenvorteile!).

BEISPIELE

1. $4 + \frac{1}{2} - 2 + \frac{3}{4} - 1\frac{1}{2}$

$= 4 + \frac{1}{2} + (-2) + \frac{3}{4} + (-1\frac{1}{2})$

$= 4 + (-2) + \frac{1}{2} + (-1\frac{1}{2}) + \frac{3}{4}$

$= \quad 2 \qquad + (-1) \quad + \frac{3}{4}$

$= \qquad 1 \qquad + \frac{3}{4}$

$= \qquad \underline{\underline{1\frac{3}{4}}}$

2. $m + 1\frac{1}{2}n - 3m - n$

$= m + 1\frac{1}{2}n + (-3m) + (-n)$

$= m + (-3m) + 1\frac{1}{2}n + (-n)$

$= -2m \qquad + \quad \frac{1}{2}n$

$= \qquad \underline{\underline{\frac{1}{2}n - 2m}}$

7.5.2.3. Additions- und Subtraktionsklammern

1. Wenn die Glieder *nicht in der Reihenfolge der Aufgabenstellung* zusammengefaßt werden sollen, werden **Klammern** gesetzt.

Dann muß beim Zusammenfassen der Glieder einer der folgenden *zwei Wege* beschritten werden.
1. Weg: **Ausrechnen der Klammer** (hauptsächlich bei *Zahlen* angewendet).

> Was in Klammer steht, wird zuerst zusammengefaßt.

BEISPIEL

$$3 + (\tfrac{1}{2} + 9 - \tfrac{3}{4}) - (2 - \tfrac{1}{2} + \tfrac{3}{4})$$
$$= 3 + \quad 8\tfrac{3}{4} \quad - \quad 2\tfrac{1}{4}$$
$$= \quad \underline{\underline{9\tfrac{1}{2}}}$$

2. Weg: **Auflösen der Klammer** (hauptsächlich bei *Variablen* angewendet)

> Das vor der Klammer stehende Rechenzeichen wird auf alle Glieder der Klammer angewendet.

BEISPIEL

$$2a + (3a + b - 2c) - (a - 2b + 3c)$$
$$= 2a + (+3a) + (+b) + (-2c) - (+a) - (-2b) - (+3c)$$
$$= 2a + 3a + b - 2c - a + 2b - 3c$$
$$= 2a + 3a - a + b + 2b - 2c - 3c$$
$$= \underline{\underline{4a + 3b - 5c}}$$

2. Aus der dritten Zeile des Beispiels ergeben sich die **Klammerauflösungsregeln für Additions- und Subtraktionsklammern:**

> Eine Additionsklammer (vor ihr steht +) kann ohne weitere Änderungen der Zeichen in der Klammer weggelassen werden. Eine Subtraktionsklammer (vor ihr steht −) kann weggelassen werden, wenn alle Zeichen in der Klammer jeweils in die entgegengesetzten verwandelt werden (+ in − bzw. − in +).

BEISPIEL

$$3x + (2y - z + x) - 2y - (3z - 2x + 2y) + 4z$$
$$= 3x + 2y - z + x - 2y - 3z + 2x - 2y + 4z$$
$$= \underline{\underline{6x - 2y}}$$

3. Bei *ineinandergeschachtelten Klammern* ist es zweckmäßig, die Ausrechnung wie die Auflösung (beide Wege sind auch hierbei möglich) bei der innersten Klammer zu beginnen. Als Klammersymbole werden dabei runde (), eckige [] und geschweifte {} Klammern verwendet, gelegentlich auch spitze ⟨⟩.

BEISPIELE

1. *Lösung durch Ausrechnen:*

$$
\begin{aligned}
&3\tfrac{1}{2} - \{2 + [\tfrac{1}{5} - \tfrac{3}{10} - (1\tfrac{1}{5} - 2\tfrac{1}{10})]\}\\
&= 3\tfrac{1}{2} - \{2 + [\tfrac{1}{5} - \tfrac{3}{10} - (-\tfrac{9}{10})]\}\\
&= 3\tfrac{1}{2} - \{2 + [\tfrac{1}{5} - \tfrac{3}{10} + \tfrac{9}{10}]\}\\
&= 3\tfrac{1}{2} - \{2 + \tfrac{4}{5}\}\\
&= 3\tfrac{1}{2} - 2\tfrac{4}{5}\\
&= \underline{\underline{\tfrac{7}{10}}}
\end{aligned}
$$

2. *Lösung durch Auflösen:*

$$
\begin{aligned}
&2a - \{x + [y - a - (2a - x)]\}\\
&= 2a - \{x + [y - a - 2a + x]\}\\
&= 2a - \{x + y - a - 2a + x\}\\
&= 2a - x - y + a + 2a - x\\
&= 2a + 2a + a - x - x - y\\
&= \underline{\underline{5a - 2x - y}}
\end{aligned}
$$

7.5.3. Nur multiplikative Verknüpfungen

Die bei den additiven Verknüpfungen angegebenen Regeln usw. (vgl. 7.5.2.) gelten in sinngemäßer Übertragung auch bei den multiplikativen Verknüpfungen.

7.5.3.1. Zusammenfassen

1. Das Zusammenfassen geschieht normalerweise *in der Reihenfolge der Aufgabenstellung.*

BEISPIEL

$$
\begin{aligned}
&5 \cdot 16 : 8 \cdot 7\\
&= 80 : 8 \cdot 7\\
&= 10 \cdot 7\\
&= \underline{\underline{70}}
\end{aligned}
$$

2. *Gleiche Faktoren* können zu *Potenzen* zusammengefaßt werden.

BEISPIELE

$7 \cdot 7 \cdot 7 = 7^3 \qquad g \cdot g \cdot g \cdot g = g^4$

3. Auf Grund des Kommutativgesetzes kann die *Reihenfolge der Faktoren geändert* werden (Rechenvorteile). Das gilt auch für *Divisoren,* wenn an ihrer Stelle ihre reziproken Werte in Bruchform als Faktoren geschrieben werden.

BEISPIELE

1.

$$
\begin{aligned}
&12 \cdot 9 : 4 : 3 \cdot 2\\
&= 12 \cdot 9 \cdot \frac{1}{4} \cdot \frac{1}{3} \cdot 2\\
&= 12 \cdot \frac{1}{4} \cdot 9 \cdot \frac{1}{3} \cdot 2\\
&= 3 \cdot 3 \cdot 2\\
&= 9 \cdot 2\\
&= \underline{\underline{18}}
\end{aligned}
$$

2.

$$
\begin{aligned}
&6a^3 \cdot 4b : 2a^2 \cdot c : b\\
&= 6a^3 \cdot 4b \cdot \frac{1}{2a^2} \cdot c \cdot \frac{1}{b}\\
&= 6a^3 \cdot \frac{1}{2a^2} \cdot 4b \cdot \frac{1}{b} \cdot c\\
&= 3a \cdot 4 \cdot c\\
&= 12a \cdot c\\
&= \underline{\underline{12ac}}
\end{aligned}
$$

7.5.3.2. Multiplikations- und Divisionsklammern

1. Die in 7.5.2.3. für die Additions- und Subtraktionsklammern angegebenen *zwei Wege* zur Berechnung (*Ausrechnen* und *Auflösen*) sind in sinngemäßer Übertragung auch bei den Multiplikations- und Divisionsklammern anwendbar, wenn beim Auflösen an Stelle jedes Divisors sein reziproker Wert in Bruchform als Faktor geschrieben wird [vgl. 7.5.3.1. Punkt (3)].

BEISPIELE

1. *Lösung durch Ausrechnen:*

$$
\begin{aligned}
&5 \cdot (6 \cdot 12 : 8) : (10 \cdot 3 : 2)\\
&= 5 \cdot 9 : 15\\
&= \underline{\underline{3}}
\end{aligned}
$$

2. *Lösung durch Auflösen:*

$$
\begin{aligned}
&2a \cdot (3b \cdot x : a) : (6b \cdot x : a)\\
&= 2a \cdot 3b \cdot x \cdot \frac{1}{a} \cdot \frac{1}{6b \cdot x \cdot \frac{1}{a}}\\
&= 2a \cdot 3b \cdot x \cdot \frac{1}{a} \cdot \frac{1}{6b} \cdot \frac{1}{x} \cdot \frac{1}{\frac{1}{a}}\\
&= 2a \cdot 3b \cdot x \cdot \frac{1}{a} \cdot \frac{1}{6b} \cdot \frac{1}{x} \cdot a\\
&= 2a \cdot \frac{1}{a} \cdot a \cdot 3b \cdot \frac{1}{6b} \cdot x \cdot \frac{1}{x}\\
&= 2a \cdot \frac{1}{2} \cdot 1\\
&= a \cdot 1\\
&= \underline{\underline{a}}
\end{aligned}
$$

2. Wird die vierte Zeile des rechten Beispiels in der Form $2a \cdot 3b \cdot x : a : 6b : x \cdot a$ geschrieben, so ergeben sich daraus die **Klammerauflösungsregeln für Multiplikations- und Divisionsklammern**:

> Eine Multiplikationsklammer (vor ihr steht ·) kann ohne weitere Änderungen der Zeichen in der Klammer weggelassen werden.
> Eine Divisionsklammer (vor ihr steht :) kann weggelassen werden, wenn alle Zeichen in der Klammer jeweils in die entgegengesetzten verwandelt werden (· in : bzw. : in ·).

BEISPIEL

$$\begin{aligned} & 3x \cdot (y \cdot 4z : x) \cdot 6z : (2y : 3x \cdot z) \\ &= 3x \cdot y \cdot 4z : x \cdot 6z : 2y \cdot 3x : z \\ &= 3x \cdot y \cdot 4z \cdot \frac{1}{x} \cdot 6z \cdot \frac{1}{2y} \cdot 3x \cdot \frac{1}{z} \\ &= 9x \cdot \frac{1}{2} \cdot 24z = \underline{\underline{108xz}} \end{aligned}$$

3. Bei *ineinandergeschachtelten Klammern* beginnen Ausrechnung und Auflösung auch hier zweckmäßig von innen.

7.5.4. Kopplung additiver und multiplikativer Verknüpfungen

7.5.4.1. Grundregel

> Erst wenn alle multiplikativen Verknüpfungen (· und :) ausgeführt sind, darf mit der Bearbeitung der additiven Verknüpfungen (+ und −) begonnen werden.
> *Kurzform:* Punktrechnung geht vor Strichrechnung.

BEISPIELE

1. $$\begin{aligned} & 12 - 8 : 4 + 2 \cdot 3 \\ &= 12 - 2 + 6 \\ &= \underline{\underline{16}} \end{aligned}$$

2. $$\begin{aligned} & 4a^2 - 3a^2 : a + 2a \cdot a \\ &= 4a^2 - 3a + 2a^2 \\ &= \underline{\underline{6a^2 - 3a}} \end{aligned}$$

Beachte:

Es wäre in diesen Fällen falsch, die Rechnungen in der Reihenfolge der Aufgabenstellung nacheinander auszuführen.

7.5.4.2. Klammern

Sollen in einer Rechnung additive Verknüpfungen einmal im Gegensatz zur Grundregel (vgl. 7.5.4.1.) vor den multiplikativen ausgeführt werden, so werden sie in **Klammer** gesetzt. Bei der Berechnung ist einer der folgenden *zwei Wege* zu beschreiten.

1. Weg: **Ausrechnen der Klammer** (hauptsächlich bei *Zahlen* angewendet)

Was in Klammer steht, wird zuerst zusammengefaßt.

BEISPIEL

$$\begin{aligned} & 3\cdot\underbrace{(4\tfrac{1}{3}+5)}_{\downarrow} - \underbrace{(16-8)}_{\downarrow} : 1\tfrac{1}{3} \\ = {} & 3\cdot 9\tfrac{1}{3} - 8 : 1\tfrac{1}{3} \\ = {} & 28 - 6 \\ = {} & \underline{\underline{22}} \end{aligned}$$

2. Weg: (Anwendung des Distributivgesetzes)
Ausmultiplizieren bzw. **Ausdividieren der Klammer** (hauptsächlich bei *Variablen* angewendet)

Jedes Glied der Klammer wird mit dem dabei stehenden Faktor multipliziert bzw. durch den dabeistehenden Divisor dividiert.

BEISPIEL

$$\begin{aligned} & a(2b+a) - (a^2b - ab) : b \\ = {} & a\cdot 2b + a^2 - a^2 - (-a) \\ = {} & 2ab + a^2 - a^2 + a \\ = {} & \underline{\underline{2ab + a}} \end{aligned}$$

7.5.4.3. Multiplikation zweier Polynome

Jedes Glied des einen Polynoms ist mit jedem Glied des anderen unter Beachtung der Vorzeichenregeln zu multiplizieren:

$$\begin{aligned} (a+b+c+d)\cdot(x+y+z) = {} & ax + bx + cx + dx \\ & + ay + by + cy + dy \\ & + az + bz + cz + dz \end{aligned}$$

BEISPIEL

$$\begin{aligned} & (3m - \tfrac{1}{2}p)\cdot(4m - 2p - x) \\ = {} & 12m^2 - 2mp - 6mp + p^2 - 3mx + \tfrac{1}{2}px \\ = {} & \underline{\underline{12m^2 - 8mp + p^2 - 3mx + \tfrac{1}{2}px}} \end{aligned}$$

7.5.4.4. Division zweier Polynome (Partialdivision)

Der *Divisionsalgorithmus* (Divisionsrechengang) unter Verwendung von Variablen ist dem Divisionsschema für natürliche Zahlen nachgebildet.

$$\begin{array}{l} 2144 : 32 = 67 \\ -\underline{192} \\ \quad 224 \\ -\underline{224} \\ \quad\quad 0 \end{array} \qquad \begin{array}{l} (12a^2 - 11ab + 2b^2) : (6a - 4b) = \underline{\underline{2a - \tfrac{1}{2}b}} \\ \underline{-(12a^2 - 8ab)} \\ \qquad - 3ab + 2b^2 \\ \qquad \underline{-(-3ab + 2b^2)} \\ \qquad\qquad 0 \end{array}$$

Jede Teilrechnung besteht hier wie dort jeweils aus *4 Schritten*:

1. *Dividieren* des ersten Gliedes des Dividenden durch das erste Glied des Divisors; Niederschrift des Teilquotienten im Ergebnis.
2. *Multiplizieren* des Teilquotienten mit dem gesamten Divisor.
3. *Subtrahieren* des bei 2. erhaltenen Teilproduktes.
4. *Herunterziehen* noch nicht benutzter Teile des Dividenden.

Beachte:

1. Die Glieder müssen dabei im Dividenden und Divisor nach dem gleichen Gesichtspunkt geordnet sein, etwa nach fallenden Potenzen derselben Variablen. Ist das nicht der Fall, muß im Dividenden oder Divisor umgestellt werden.
   Dasselbe gilt auch für alle Teildividenden.

   BEISPIEL

   $(27x^3 - 8y^3):(2y - 3x)$ umstellen zu

   $(27x^3 - 8y^3):(-3x + 2y)$ oder zu $(-8y^3 + 27x^3):(2y - 3x)$

2. Ergeben sich in den *Teilprodukten* Glieder, die im Dividenden enthalten sind, werden sie unter diese gesetzt. Andernfalls werden sie nach rechts herausgerückt.

   BEISPIEL

$$
\begin{array}{l}
(27x^3 - 8y^3):(2y - 3x) \\
(27x^3 - 8y^3):(-3x + 2y) = \underline{\underline{-9x^2 - 6xy - 4y^2}} \\
\underline{-(27x^3 \qquad - 18x^2y)} \\
\qquad\qquad +18x^2y - 8y^3 \\
\qquad\quad \underline{-(+18x^2y \qquad - 12xy^2)} \\
\qquad\qquad\qquad\qquad +12xy^2 - 8y^3 \\
\qquad\qquad\qquad\quad \underline{-(+12xy^2 - 8y^3)} \\
\qquad\qquad\qquad\qquad\qquad 0
\end{array}
$$

   Der Divisionsalgorithmus findet in diesem Beispiel dadurch seinen natürlichen Abschluß, daß die *letzte Teildifferenz* 0 ist. Das entspricht einer Zahlendivision wie z. B.

$$
\begin{array}{l}
\underline{32}3 : 17 = \underline{\underline{19}} \\
\underline{153} \\
\quad 0
\end{array}
$$

3. Ist die *letzte Teildifferenz* nicht 0 und nicht durch den verwendeten Divisor teilbar, so ist im Ergebnis additiv ein Bruch mit der letzten Teildifferenz als Zähler und dem Divisor als Nenner beizufügen.

BEISPIEL

$$\begin{array}{l}
(3m^2 - 13mx - x^2) : (6m - 2x) = \underline{\underline{\frac{1}{2}m - 2x + \frac{-5x^2}{6m - 2x}}} \\
\underline{-(3m^2 - \quad mx)} \\
\quad -12mx - x^2 \\
\quad \underline{-(-12mx + 4x^2)} \\
\quad\quad -5x^2
\end{array}$$

Das entspricht einer Zahlendivision wie z. B.

$$\begin{array}{l}
\underline{329} : 17 = \underline{\underline{19 + \tfrac{6}{17}}} \\
\underline{159} \\
\quad 6
\end{array}$$

4. Bei solchen Partialdivisionen können sich bei *verschiedenen Anordnungen der Glieder* in Dividend und Divisor zu derselben Aufgabe als Quotienten Terme mit unterschiedlichen Gliedern ergeben.

BEISPIEL

(Beispiel aus 3. bei anderer Gliederanordnung)

$$\begin{array}{l}
(-x^2 - 13mx + 3m^2) : (-2x + 6m) = \underline{\underline{\frac{1}{2}x + 8m + \frac{-45m^2}{-2x + 6m}}} \\
\underline{-(-x^2 + \quad 3mx)} \\
\quad -16mx + 3m^2 \\
\quad \underline{-(-16mx + 48m^2)} \\
\quad\quad -45m^2
\end{array}$$

Bei fehlerfreier Rechnung ist die Identität der scheinbar verschiedenen Ergebnisse leicht nachzuweisen:

$$\left(\tfrac{1}{2}m - 2x\right)(6m - 2x) - 5x^2 = \left(\tfrac{1}{2}x + 8m\right)(-2x + 6m) - 45m^2$$
$$3m^2 - 13mx - x^2 = 3m^2 - 13mx - x^2$$

7.5.5. Potenzieren von Binomen

7.5.5.1. Binomische Grundformeln

$$(a + b)^2 = a^2 + 2ab + b^2$$
$$(a + b)(a - b) = a^2 - b^2$$

Beachte:

1. Die oft noch zu findende Grundformel $(a - b)^2 = a^2 - 2ab + b^2$ bedeutet gegenüber der genannten ersten nichts Neues, da es sich bei beiden Grundformeln um Aussageformen handelt, die auch bei beliebigen Belegungen von a und b (z. B. mit negativen Zahlen für b oder mit anderen Variablen) gültig bleiben.

BEISPIELE

1. $\left(\frac{3}{2}m - \frac{1}{3}n\right)^2 = \underline{\underline{\frac{9}{4}m^2 - mn + \frac{1}{9}n^2}}$

2. $48g \cdot 52h^3 = (50 - 2)(50 + 2)gh^3 = (50^2 - 2^2)gh^3 = \underline{\underline{2496gh^3}}$

2. Die Grundformeln finden von links nach rechts, aber auch von rechts nach links (vgl. 7.5.6.3.) Anwendung.

7.5.5.2. Binomischer Lehrsatz

$$(a + b)^0 = 1$$
$$(a + b)^1 = a + b$$
$$(a + b)^2 = (a + b) \cdot (a + b) = a^2 + 2ab + b^2$$
$$(a + b)^3 = (a + b)^2 \cdot (a + b) = a^3 + 3a^2b + 3ab^2 + b^3$$
$$(a + b)^4 = (a + b)^3 \cdot (a + b) = a^4 + 4a^3b + 6a^2b^2 + 4ab^3 + b^4$$

Beachte:

Da a und b als Variablen für positive wie negative Zahlen stehen, sind auch die Differenzbinome mit $b < 0$ eingeschlossen.

Bildungsgesetze für $(a + b)^n$:

1. Die n-te Potenz des Binoms $(a + b)$, also $(a + b)^n$, ergibt einen Term mit $(n + 1)$ Gliedern.
2. Jedes dieser Glieder ist ein Produkt aus einem Zahlenkoeffizienten B (dem **Binomialkoeffizienten**) und je einer **Potenz** von a und b, also $B \cdot a^p \cdot b^q$.
3. Die Summe der Exponenten ist stets gleich n, also: $p + q = n$.
4. Der Exponent p beginnt beim ersten Glied mit n und fällt von Glied zu Glied um 1 bis Null.
5. Der Exponent q beginnt beim ersten Glied mit Null und steigt von Glied zu Glied um 1 bis n.
6. Die Binomialkoeffizienten B können mit Hilfe des **PASCALschen Dreiecks** bestimmt werden (über einen anderen Weg vgl. 16.2.1.1.)

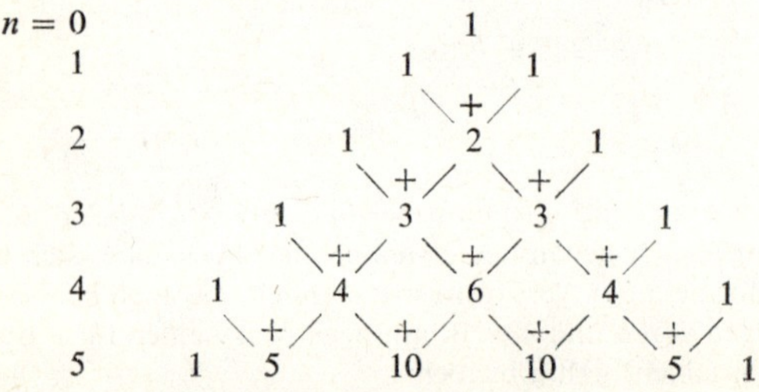

7. *Allgemein* gilt also:

$$(a+b)^n = B_{n0}a^nb^0 + B_{n1}a^{n-1}b^1 + B_{n2}a^{n-2}b^2 + \ldots$$
$$+ B_{n(n-2)}a^2b^{n-2} + B_{n(n-1)}a^1b^{n-1} + B_{nn}a^0b^n$$
$$= \sum_{i=0}^{n} B_{ni}a^{n-i}b^i$$

Das **Summensymbol** $\sum\limits_{i=0}^{n} \ldots$ wird gelesen: Summe von $i = 0$ bis $i = n$ über ...

7.5.6. Faktorenzerlegung von ganzrationalen Termen

7.5.6.1. Einführung

Die *Faktorenzerlegung von Termen* ist der *entgegengesetzte Rechenvorgang zum Ausmultiplizieren* von Klammerausdrücken (gegenseitige Probe!).

Ausmultiplizieren

$$a \cdot (b + c) \underset{\longleftarrow}{\overset{\longrightarrow}{=}} ab + ac$$

Zerlegen in Faktoren

Diese Verwandlung von Termen in Produkte ist für manche Rechenvorgänge zweckmäßig (z. B. beim Lösen von Gleichungen; vgl. 10.3.2.4.), für andere sogar notwendig (z. B. beim Kürzen von gebrochenen Termen; vgl. 7.5.7.1.). Von den mannigfachen Wegen zur Erreichung dieses Zieles werden im folgenden die wichtigsten dargelegt.

7.5.6.2. Ausheben (Ausklammern) gemeinsamer Faktoren

BEISPIELE

1. $3xy^2 - 6xyz + 12x^2y - 3xy = \underline{\underline{3xy(y - 2z + 4x - 1)}}$
2. $2^{n+2} - 2^{n+1} - 3 \cdot 2^n + 15 \cdot 2^{n-3} = 2^{n-3} \cdot (2^5 - 2^4 - 3 \cdot 2^3 + 15 \cdot 1)$
   $= 2^{n-3} \cdot (32 - 16 - 24 + 15) = \underline{\underline{7 \cdot 2^{n-3}}}$

Beachte:

1. Enthalten nicht alle Glieder des gegebenen Terms gemeinsame Faktoren, dann führt oft *schrittweises Ausklammern* zum Ziel.

BEISPIEL

$$6a^2 - 3ab - 14ax + 7bx$$
$$= 3a(2a - b) - 7x(2a - b)$$
$$= \underline{\underline{(2a - b) \cdot (3a - 7x)}}$$

2. Mitunter können auch *Terme als gemeinsame Faktoren* auftreten.

BEISPIEL

$3a\,(2x + 3) - b\,(2x + 3) + 2c\,(2x + 3) = \underline{\underline{(2x + 3) \cdot (3a - b + 2c)}}$

7.5.6.3. Verwendung der binomischen Grundformeln

BEISPIELE

1. $\frac{1}{4}a^2b^2 \pm 3abxy + 9x^2y^2 = (\frac{1}{2}ab \pm 3xy)^2 = \underline{\underline{(\frac{1}{2}ab \pm 3xy) \cdot (\frac{1}{2}ab \pm 3xy)}}$
2. $0{,}25 - 0{,}64p^2 = \underline{\underline{(0{,}5 + 0{,}8p) \cdot (0{,}5 - 0{,}8p)}}$

Beachte:

1. Nur *Summen aus zwei oder drei Gliedern* sind durch einmalige Anwendung der binomischen Grundformeln zerlegbar.
2. Bei *zweigliedrigen* Summen müssen im Bereich der rationalen Zahlen beide Glieder Quadratzahlen mit *verschiedenen* Vorzeichen sein.
3. Bei *dreigliedrigen* Summen müssen im Bereich der rationalen Zahlen zwei Glieder Quadratzahlen mit *gleichen* Vorzeichen sein. Das dritte Glied muß „dazu passen“ (sog. „doppeltes Produkt“; Probe machen!); sein Vorzeichen kann + oder − sein.

7.5.6.4. Abtrennen eines Faktors bei Potenzbinomen

Bei *Binomen aus Potenzen mit gleichen Exponenten* von der Form $a^{2n+1} \pm b^{2n+1}$ oder $a^{2n} - b^{2n}$ ($n \in N$; $n > 0$) läßt sich stets der Faktor $a \pm b$ bzw. $a - b$ abtrennen. Binome der Form $a^{2n} + b^{2n}$ lassen sich dagegen nicht in Faktoren zerlegen.

BEISPIELE

1. $a^5 + b^5 = \underline{\underline{(a + b) \cdot (a^4 - a^3b + a^2b^2 - ab^3 + b^4)}}$
2. $x^3 - 1 = \underline{\underline{(x - 1) \cdot (x^2 + x + 1)}}$
3. $m^4 - 16 = m^4 - 2^4 = \underline{\underline{(m - 2) \cdot (m^3 + 2m^2 + 4m + 8)}}$

Beachte:

1. Der zweite Faktor kann aus dem gegebenen Term durch Partialdivision mit dem abgetrennten Faktor als Divisor ermittelt werden.
2. Auch *bei ungleichen Exponenten* ist diese Faktorenabtrennung möglich, wenn die Potenzen vorher durch geeignete Umformung auf gleiche Exponenten gebracht werden können.

BEISPIEL

$$\begin{aligned} p^6 - q^{18} &= p^6 - (q^3)^6 \\ &= \underline{\underline{(p - q^3) \cdot (p^5 + p^4q^3 + p^3q^6 + p^2q^9 + pq^{12} + q^{15})}} \end{aligned}$$

7.5.6.5. Zerlegen quadratischer Terme in Linearfaktoren

Ein quadratischer Term der Form $x^2 + mx + n$ ($m, n \in R$) kann als Produkt zweier Linearfaktoren $(x - x_1) \cdot (x - x_2)$ mit $x_1, x_2 \in R$ geschrieben werden, wenn es möglich ist, n in zwei rationale Faktoren x_1 und x_2 zu zerlegen, deren Summe gleich $-m$ ist (zur Anwendung vgl. 10.3.2.3.).

BEISPIELE

1. $x^2 - 8x + 15 = (x - 3)(x - 5)$, denn $15 = 3 \cdot 5$ und $3 + 5 = 8$.
2. $x^2 + 8x + 20$ ist nicht zerlegbar.
3. $4a^2 - 8a - 12 = (2a)^2 - 4 \cdot (2a) - 12 = (2a - 6)(2a + 2)$, denn $-12 = 6 \cdot (-2)$ und $6 + (-2) = 4$.
4. $4a^2 + 8a - 12 = (2a)^2 + 4 \cdot (2a) - 12 = (2a + 6)(2a - 2)$, denn $-12 = (-6) \cdot 2$ und $(-6) + 2 = -4$.

7.5.6.6. Anwendungen: g.g.T. und k.g.V. von ganzrationalen Termen

Auch für ganzrationale Terme, die Variablen enthalten, kann eine Bestimmung des g.g.T. und des k.g.V. (vgl. 4.6.7.) durch Faktorenzerlegung durchgeführt werden.

BEISPIEL

$\underline{3x - 6y;\ ax^2 - 4axy + 4ay^2;\ 4x^2 - 16y^2;\ \text{g.g.T.? k.g.V.?}}$

$$\begin{aligned}
3x - 6y &= * \cdot * \cdot 3 \cdot * \cdot (x - 2y) \cdot \quad * \quad \cdot \quad * \\
ax^2 - 4axy + 4ay^2 &= * \cdot * \cdot * \cdot a \cdot (x - 2y) \cdot (x - 2y) \cdot \quad * \\
4x^2 - 16y^2 &= 2 \cdot 2 \cdot * \cdot * \cdot (x - 2y) \cdot \quad * \quad \cdot (x + 2y)
\end{aligned}$$

g.g.T.: $\underline{\underline{(x - 2y)}}$

k.g.V.: $2 \cdot 2 \cdot 3 \cdot a \cdot (x - 2y)(x - 2y)(x + 2y)$
$= \underline{\underline{12a(x + 2y)(x - 2y)^2}}$

Die nicht zum g.g.T. benötigten Faktoren geben jeweils den Quotienten aus dem betreffenden Term und dem g.g.T. an:

$$\begin{aligned}
(3x - 6y):(x - 2y) &= 3 \\
(ax^2 - 4axy + 4ay^2):(x - 2y) &= a(x - 2y) \\
(4x^2 - 16y^2):(x - 2y) &= 4(x + 2y)
\end{aligned}$$

Die Lücken (*) geben den Quotienten aus dem k.g.V. und dem jeweiligen Term an:

$$12a(x + 2y)(x - 2y)^2 : (3x - 6y) = 2 \cdot 2a(x - 2y)(x + 2y)$$
$$12a(x + 2y)(x - 2y)^2 : (ax^2 - 4axy + 4ay^2) = 2 \cdot 2 \cdot 3 \cdot (x + 2y)$$
$$12a(x + 2y)(x - 2y)^2 : (4x^2 - 16y^2) = 3a(x - 2y)$$

7.5.7. Rechnen mit gebrochenrationalen Termen

7.5.7.1. Erweitern und Kürzen

1. Durch Multiplizieren des Zähler- und des Nennerterms mit demselben Faktor können gebrochene Terme wie Brüche stets *erweitert* werden.

BEISPIEL

$$\frac{x+y}{x-y} \overset{\cdot 2(x+y)}{=} \frac{2(x+y)\cdot(x+y)}{2(x+y)\cdot(x-y)} = \underline{\underline{\frac{2(x+y)^2}{2(x^2-y^2)}}}$$

Beachte:

Da es unbegrenzt viele Möglichkeiten solcher Erweiterungen für ein und denselben gebrochenen Term gibt, entstehen mitunter Ausdrücke, denen nicht ohne weiteres ihre Gleichheit anzusehen ist.

BEISPIEL

$$\frac{2x-8}{1-6x} = \frac{56-14x}{42x-7} = \frac{x-4}{0{,}5-3x} = 2\cdot\frac{4-x}{6x-1} = \frac{\frac{1}{4}x-1}{\frac{1}{8}-\frac{3}{4}x}$$

2. Gebrochene Terme können nur *gekürzt* werden, wenn Zähler- und Nennerterm gleiche Faktoren enthalten.

BEISPIEL

$$\frac{3p^2\cdot q\cdot(5x-6y)}{9p\cdot qxy} \overset{:3pq}{=} \underline{\underline{\frac{p(5x-6y)}{3xy}}}$$

Beachte:

1. Einzelne Glieder aus Zähler- und Nennerterm dürfen niemals gegeneinander gekürzt werden. Vielmehr muß stets eine *Faktorenzerlegung* der beiden Terme (vgl. 7.5.6.) durchgeführt werden, um den Divisor zum Kürzen zu ermitteln.

BEISPIEL

$$\frac{4m^2-9n^2}{4m^2+12mn+9n^2} = \frac{(2m+3n)(2m-3n)}{(2m+3n)(2m+3n)} \overset{:(2m+3n)}{=} \underline{\underline{\frac{2m-3n}{2m+3n}}}$$

2. Ist das Ergebnis einer Rechnung ein gebrochener Term, ist es normalerweise üblich, diesen am Ende so weit wie möglich zu kürzen,

7.5.7.2. Additive Verknüpfung von gebrochenen Termen

1. *Terme mit demselben Nennerterm* (d.h. *gleichnamige*) können durch additive Verknüpfung der Zählerterme unter Beibehaltung des gemeinsamen Nennerterms zusammengefaßt werden.

BEISPIEL

$$\frac{2(a+b)}{3ab-b}+\frac{2(a-3b)}{3ab-b}-\frac{4a+8b}{3ab-b}$$

$$=\frac{2(a+b)+2(a-3b)-(4a+8b)}{3ab-b}$$

$$=\frac{2a+2b+2a-6b-4a-8b}{3ab-b}=\frac{-12b}{b(3a-1)}=\underline{\underline{\frac{-12}{3a-1}}}$$

Beachte:

Ein Bruchstrich hält eine Summe im Zähler oder Nenner wie eine Klammer zusammen. Fällt er weg, muß eine Klammer geschrieben werden (3. Bruch im Beispiel).

2. Kommen bei den Summanden *verschiedene Nennerterme* vor, sind sie zunächst durch geeignetes Erweitern auf ein und denselben Nennerterm (*Hauptnenner*; d.i. das k.g.V. aller einzelnen Nenner; vgl. 7.5.6.6.) zu bringen. Dann wird nach 1. verfahren.

BEISPIEL

$$\frac{5}{1-x}+\frac{8}{1+x}-\frac{x+9}{1-x^2}-2=\frac{5}{1-x}+\frac{8}{1+x}-\frac{x+9}{1-x^2}-\frac{2}{1}$$

Bestimmung des k.g.V. (Hauptnenner H.N.) und der Erweiterungsfaktoren (E.F.):

$$\begin{array}{lll}
\text{H.N.:}\; 1-x &= (1-x) & \\
1+x &= & (1+x) \\
1-x^2 &= (1-x) & (1+x) \\
1 &= 1 & \\
\hline
\end{array}$$

$$\underline{\underline{\text{k.g.V.} = 1\cdot(1-x)\cdot(1+x) = \text{H.N.}}}$$

E.F.: $(1-x^2):(1-x) = 1+x$; $(1-x^2):(1+x) = 1-x$

$(1-x^2):(1-x^2) = 1$; $(1-x^2):1 = 1-x^2$

Hauptrechnung:

$$\frac{5}{1-x} + \frac{8}{1+x} - \frac{x+9}{1-x^2} - 2$$
$$= \frac{5(1+x) + 8(1-x) - (x+9) - 2(1-x^2)}{1-x^2}$$
$$= \frac{2 - 4x + 2x^2}{1-x^2} = \frac{2(1-x)(1-x)}{(1+x)(1-x)} = \underline{\underline{\frac{2(1-x)}{1+x}}}$$

7.5.7.3. Multiplikative Verknüpfung von gebrochenen Termen

1. Bei der *Multiplikation gebrochener Terme* werden Zählerterm mit Zählerterm und Nennerterm mit Nennerterm multipliziert und aus den Produkten wird ein neuer gebrochener Term gebildet.

BEISPIEL

$$3\frac{1}{2}ab \cdot \frac{4(a-x)}{7b^2(x-a)} = \frac{7}{2} \cdot \frac{ab}{1} \cdot \frac{4(a-x)}{7b^2(x-a)} = \frac{7 \cdot ab \cdot 4(a-x)}{-2 \cdot 7b^2 \cdot (a-x)} \overset{:14b(a-x)}{=} \underline{\underline{\frac{2a}{-b}}}$$

2. Bei der *Multiplikation von Summen*, deren Glieder gebrochene Terme sind, können *zwei Wege* eingeschlagen werden.

BEISPIEL

$$\left(\frac{x}{5} - \frac{y}{3}\right) \cdot \left(\frac{5}{x} + \frac{3}{y}\right)$$

1. Weg *(Vereinigen auf einem Bruchstrich)*

$$\frac{3x-5y}{15} \cdot \frac{5y+3x}{xy} = \frac{(3x-5y)(3x+5y)}{15xy} = \underline{\underline{\frac{9x^2-25y^2}{15xy}}}$$

2. Weg *(Ausmultiplizieren)*

$$\frac{x}{5} \cdot \frac{5}{x} + \frac{x}{5} \cdot \frac{3}{y} - \frac{y}{3} \cdot \frac{5}{x} - \frac{y}{3} \cdot \frac{3}{y} = 1 + \frac{3x}{5y} - \frac{5y}{3x} - 1 = \underline{\underline{\frac{9x^2-25y^2}{15xy}}}$$

3. Die *Division zweier gebrochener Terme* wird ausgeführt, indem der Dividend mit dem reziproken Wert des Divisors multipliziert wird.

BEISPIEL

$$\frac{x-y}{x+y} : \frac{x^2-2xy+y^2}{x^2-y^2}$$

$$= \frac{(x-y) \cdot (x+y)(x-y)}{(x+y) \cdot (x-y)(x-y)} \overset{:(x-y)^2(x+y)}{=} \frac{1}{1} = \underline{\underline{1}}$$

Beachte:

Mitunter werden derartige Aufgaben in Form von **Doppelbrüchen** geschrieben. Der Lösungsweg bleibt der gleiche, wenn an Stelle des Hauptbruchstrichs ein Divisionszeichen geschrieben wird.

BEISPIEL

$$\frac{\frac{a}{b}-\frac{b}{a}}{\frac{1}{b}-\frac{1}{a}} = \left(\frac{a}{b}-\frac{b}{a}\right) : \left(\frac{1}{b}-\frac{1}{a}\right) = \frac{a^2-b^2}{ab} : \frac{a-b}{ab}$$

$$= \frac{a^2-b^2}{ab} \cdot \frac{ab}{a-b} = \frac{(a^2-b^2)\cdot ab}{ab\cdot(a-b)} = \underline{\underline{a+b}}$$

4. Bei der *Division von Summen*, deren Glieder gebrochene Terme sind, können *zwei Wege* eingeschlagen werden.

BEISPIEL

$$\left(\frac{a}{2x}-\frac{2x}{a}\right) : \left(\frac{2x}{a}+1\right)$$

1. Weg *(Vereinigen auf einem Bruchstrich)*

$$\frac{a^2-4x^2}{2ax} : \frac{2x+a}{a} = \frac{(a^2-4x^2)\cdot a}{2ax\cdot(2x+a)} = \underline{\underline{\frac{a-2x}{2x}}}$$

2. Weg *(Partialdivision)*

$$\left(-\frac{2x}{a}+\frac{a}{2x}\right) : \left(\frac{2x}{a}+1\right) = -1+\frac{a}{2x} = \underline{\underline{\frac{a-2x}{2x}}}$$

$$\begin{array}{l}
-\left(-\frac{2x}{a} \qquad -1\right) \\
\hline
\qquad\qquad +1+\frac{a}{2x} \\
\qquad\qquad -\left(+1+\frac{a}{2x}\right) \\
\hline
\qquad\qquad\qquad 0
\end{array}$$

8. Der Bereich der reellen Zahlen

8.1. Erweiterung des Bereiches *R* der rationalen Zahlen zum Bereich *P* der reellen Zahlen

8.1.1. Einige Unzulänglichkeiten des Bereiches *R* der rationalen Zahlen – Ziel der Bereichserweiterung

Im Körper der rationalen Zahlen sind die vier Grundrechenoperationen mit der einzigen Einschränkung „Divisor $\neq 0$“ ausführbar. Auch das Potenzieren rationaler Basen mit ganzzahligen Exponenten liefert bei Beachtung der Bedingung „Basis $\neq 0$ oder Exponent > 0“ stets rationale Zahlen als Resultat. Aus der Vielzahl der Probleme, die sich mittels rationaler Zahlen nicht beschreiben lassen, seien hier nur einige Beispiele angeführt.

1. Es sei a die Seitenlänge und d die Länge der Diagonale eines Quadrates. Nach dem Lehrsatz des PYTHAGORAS ist $d^2 = 2 \cdot a^2$. Der Wert des Verhältnisses $d : a$ läßt sich nicht durch eine rationale Zahl ausdrücken.
2. Es sei d die Länge des Durchmessers und u die Länge des Umfanges eines Kreises. Der Wert des Verhältnisses $u : d$ läßt sich nicht durch eine rationale Zahl ausdrücken.
3. Es gibt keine rationale Zahl, deren Quadrat gleich 2 ist. M.a.W.: Die Gleichung $x^2 = 2$ ist in R nicht lösbar.
   Bemerkung: Eine positive Lösung der Gleichung $x^2 = 2$ wäre gleichzeitig der fragliche Verhältniswert in 1.
4. Ein mit einem Vorzeichen versehener Dezimalbruch (dezimaler Positionsbruch) stellt nur dann eine rationale Zahl dar, wenn er endlich oder unendlich periodisch ist. Unendlich nichtperiodische Dezimalbrüche werden durch den Begriff der rationalen Zahl nicht erfaßt.
   Bemerkung: Dies gilt auch für Positionsbrüche bezüglich einer beliebigen Basis $b \in N$, $b > 1$.

Das Ziel der vorzunehmenden Bereichserweiterung besteht darin, diese und ähnliche Unzulänglichkeiten zu beseitigen.

8.1.2. Die Menge der reellen Zahlen

Reelle Zahlen können erklärt werden als

1. DEDEKINDsche Schnitte (RICHARD DEDEKIND, deutscher Mathematiker, 1831 bis 1916),

2. Äquivalenzklassen rationaler Fundamentalfolgen oder CAUCHY-Folgen (AUGUSTIN LOUIS CAUCHY, französischer Mathematiker, 1789 bis 1857),
3. Äquivalenzklassen rationaler konzentrierter Intervallschachtelungen.

Die ausführliche Darstellung auch nur einer dieser Erklärungen würde den Rahmen dieses Buches sprengen. Es soll deshalb lediglich versucht werden, die an dritter Stelle genannte Erklärung zu skizzieren. Dies geschieht an dem folgenden

BEISPIEL

Gesucht werde eine positive Zahl x, die der Gleichung $x^2 = a$ (a positiv, rational) genügt.
Für zwei positive rationale Zahlen y und z gilt bekanntlich $y < z$ genau dann, wenn $y^2 < z^2$.
Diese Eigenschaft wird auch von den zu konstruierenden reellen Zahlen gefordert (Permanenz!).
Es sei z eine positive rationale Zahl mit $z^2 > a$.
Dann ist $y = \frac{a}{z}$ eine positive rationale Zahl mit $y^2 < a$.
Es gilt also $y^2 < a < z^2$, d.h. (wegen $x^2 = a$), $y^2 < x^2 < z^2$, und folglich $y < x < z$.
Es sei nun z_1 der arithmetische Mittelwert von y und z:

$$z_1 = \frac{y + z}{2}$$

Dann ist z_1 eine positive rationale Zahl mit $z_1^2 > a$, denn es ist $z_1^2 - a = \left(\frac{z + y}{2}\right)^2 - z \cdot y = \ldots = \left(\frac{z - y}{2}\right)^2 > 0.$
Dann ist $y_1 = \frac{a}{z_1}$ eine positive rationale Zahl mit $y_1^2 < a$. Es ist $y^2 < y_1^2 < a < z_1^2 < z^2$ und $y < y_1 < x < z_1 < z$. Ferner ist $0 < (z_1 - y_1) < \frac{1}{2}(z - y)$, d.h., der „Spielraum" für x ist auf weniger als die Hälfte geschrumpft.

Setzt man das beschriebene Verfahren fort, so erhält man eine Folge von Intervallen $y \ldots z$, $y_1 \ldots z_1$, $y_2 \ldots z_2$, $y_3 \ldots z_3$ usw. mit folgenden Eigenschaften:

1. Jedes nachfolgende Intervall ist im vorhergehenden enthalten.
2. Die Länge dieser Intervalle unterschreitet jeden noch so kleinen positiven rationalen Wert.

Eine solche Folge von Intervallen heißt eine konzentrierte Intervall-Schachtelung.
Hätte man statt z eine andere positive rationale Zahl v mit $v^2 > a$ als „Startwert" gewählt, so hätte man auf entsprechende Weise eine Folge von Intervallen $u \ldots v$, $u_1 \ldots v_1$, $u_2 \ldots v_2$, $u_3 \ldots v_3$ usw. mit gleichen

Eigenschaften erhalten, also ebenfalls eine konzentrierte Intervall-Schachtelung.
Man könnte dann zu jeder genügend großen natürlichen Zahl k eine natürliche Zahl l angeben, so daß das Intervall $u_k \dots v_k$ im Intervall $y_l \dots z_l$ enthalten ist, und man könnte zu jeder genügend großen natürlichen Zahl m eine natürliche Zahl n angeben, so daß das Intervall $y_m \dots z_m$ im Intervall $u_n \dots v_n$ enthalten ist.
In diesem Sinn bezeichnet man die y, z-Intervall-Schachtelung und die u, v-Intervall-Schachtelung als äquivalent.
Eine **reelle Zahl** ist eine auf diese Weise erklärte Äquivalenzklasse von konzentrierten Intervall-Schachtelungen.
Jede nach obiger Vorschrift konstruierte konzentrierte Intervall-Schachtelung ist ein Repräsentant für unsere fragliche reelle Zahl x.

Beachte:

Das beschriebene Vorgehen hat nicht nur theoretische Bedeutung, sondern es dient – in verschiedenen Modifikationen – der numerischen Berechnung reeller Zahlen, die durch Bedingungen in Form von Aussageformen (meist als Gleichungen) charakterisiert sind.
Die oben formulierte zweite Eigenschaft konzentrierter Intervall-Schachtelungen gewährleistet, daß man auf diese Art den gesuchten Wert beliebig genau approximieren (annähern) kann. Es ist jedoch nicht immer einfach, nachzuweisen, daß ein Verfahren der Intervall-Schachtelung diese Eigenschaft besitzt (konzentriert ist).

8.1.3. Rationale und irrationale, algebraische und transzendente reelle Zahlen

Bei der Konstruktion einer konzentrierten Intervall-Schachtelung als Repräsentant für eine reelle Zahl geht man gewöhnlich von einer Forderung (Bedingung) aus, die die fragliche Zahl erfüllen soll.
Gibt es eine rationale Zahl, die diese Forderung ebenfalls erfüllt, so wird zwischen dieser rationalen und jener reellen Zahl im folgenden nicht mehr unterschieden und auf diese Weise der Bereich der rationalen Zahlen in den Bereich der reellen Zahlen eingebettet.

Eine reelle Zahl, die auf diese Art keiner rationalen Zahl zugeordnet werden kann, heißt eine **irrationale** Zahl.

BEISPIELE

Bezeichnung der gesuchten Zahl	Forderung an die gesuchte Zahl	Art der gesuchten Zahl
x	$x^2 = \frac{5}{2}, \quad x > 0$	irrational
y	$y^2 = \frac{9}{4}, \quad y > 0$	rational: $y = \frac{3}{2}$
z	$u_{\text{Kreis}} = z \cdot d_{\text{Kreis}}$	irrational: $z = \pi$

Läßt sich die Forderung an eine reelle Zahl in Form einer algebraischen Gleichung (vgl. 10.2.) darstellen, so heißt die betreffende reelle Zahl **algebraisch,** andernfalls **transzendent.**

Algebraisch sind insbesondere alle die reellen Zahlen, die sich mittels Addition, Subtraktion, Multiplikation, Division, Potenzieren und Radizieren (vgl. 8.2.) aus natürlichen Zahlen berechnen lassen, darunter auch alle rationalen Zahlen (d.h. die den rationalen Zahlen zugeordneten reellen Zahlen).

BEISPIELE

$+\frac{5}{3}$, $-0{,}6$, $2{,}\overline{14}$, $-\frac{22}{7}$	rational	algebraisch
$\sqrt{3}$, $-\sqrt[3]{2{,}\overline{6}}$	irrational	algebraisch
$\log_3 5$, π, $\sin 20°$	irrational	transzendent

8.1.4. Darstellung reeller Zahlen

Aus der Konstruktion der reellen Zahlen als Äquivalenzklassen konzentrierter Intervall-Schachtelungen ergibt sich nicht unmittelbar eine einheitliche handliche Darstellungsform für reelle Zahlen.

Besonders zur Beschreibung theoretischer Zusammenhänge bevorzugt man zur Bezeichnung reeller Zahlen Terme, in denen Zahlen und Operationssymbole in einer solchen Verbindung auftreten, daß die Ausführung der Operationen auf die jeweils interessierende reelle Zahl führt.

BEISPIELE

1. $\sqrt{2}$	(vgl. 8.2.)	2. $\log_2 5$	(vgl. 8.3.)
3. $\sin 20°$	(vgl. 15.3.3.)	4. $\lg \sin 10°$	

Auf diese Weise ist jeweils eine reelle Zahl eindeutig beschrieben. Inwieweit ein Leser damit jeweils eine konkrete Vorstellung verbindet, hängt weitgehend davon ab, in welchem Maße er die auftretenden Operationen beherrscht.

Für einige besonders wichtige reelle Zahlen werden spezielle Symbole benutzt. Am bekanntesten sind

- die Zahl π (vgl. 20.8.4.1.)
- die EULERsche Zahl e (vgl. 18.1.6.1.2.), die Basis der natürlichen Logarithmen (vgl. 8.3.3.).

Für numerische Berechnungen bedient man sich vorwiegend der Darstellung im dezimalen Positionssystem.

BEISPIELE

1. $\sqrt{2} = 1{,}4142\ldots$	2. $\log_2 5 = 2{,}32\ldots$
3. $\sin 20° = 0{,}3420\ldots$	4. $\lg \sin 10° = -0{,}7603\ldots$
5. $\pi = 3{,}14159\ldots$	6. $e = 2{,}7182818284590\ldots$

Es entsprechen einander:

endliche Dezimalbrüche unendlich periodische Dezimalbrüche	$\}$	$\leftrightarrow$ rationale Zahlen
unendlich nichtperiodische Dezimalbrüche		$\leftrightarrow$ irrationale Zahlen

Praktisch rechnet man mit gerundeten Werten (Näherungswerten in Form endlicher Dezimalbrüche) und spricht dann von der **numerischen Darstellung** der betreffenden Zahl (Runden: vgl. 6.4.). Die numerische Darstellung einer reellen Zahl entnimmt man entweder aus Tafeln (vgl. 8.2.6., 8.3.4.2., 15.3.3.3.5.) oder man ermittelt sie mit Hilfe eines Näherungsverfahrens (vgl. 10.5.), eventuell auch durch eine konzentrierte Intervall-Schachtelung (vgl. 8.1.2.).

8.2. Potenzieren und Radizieren im Körper *P* der reellen Zahlen

8.2.1. Potenzen mit reellen Basen und ganzzahligen Exponenten

Für reelle Basen sind Potenzen mit ganzzahligen Exponenten in gleicher Weise wie für rationale Basen erklärt:

$$
\begin{array}{ll}
a^0 = 1 & a \in P, \quad a \neq 0 \\
a^{g+1} = a^g \cdot a & a \in P, \quad a \neq 0, \quad g \in G \\
a^{g-1} = a^g : a & a \in P, \quad a \neq 0, \quad g \in G \\
0^g = \begin{cases} 0 \\ \text{nicht definiert} \end{cases} & \begin{array}{l} g \in G, \quad g > 0 \\ g \in G, \quad g \leqq 0 \end{array}
\end{array}
$$

Beachte:

1. Potenzen mit reellen Basen und ganzzahligen Exponenten sind wie Potenzen mit rationalen Basen und ganzzahligen Exponenten nur mit der einschränkenden Bedingung „Basis $\neq 0$ oder Exponent > 0“ erklärt.
2. Für Potenzen mit reellen Basen und ganzzahligen Exponenten gelten die gleichen Gesetze wie für Potenzen mit rationalen Basen und ganzzahligen Exponenten (vgl. 7.4.).

8.2.2. Begriff der Wurzel im Körper der reellen Zahlen

Es sei

$$c \in P, \quad c \geqq 0, \quad n \in N, \quad n \neq 0.$$

Dann ist durch die Forderung

$$x^n = c, \quad x \in P, \quad x \geqq 0$$

genau eine reelle Zahl x bestimmt. Dafür schreibt man

$$x = \sqrt[n]{c} \quad \text{(sprich: x ist gleich n-te Wurzel aus c)}$$

Fachbezeichnungen:

c **Radikand**
n **Wurzelexponent**
x **Wurzelwert**
$\sqrt{}$ **Wurzel-Zeichen, Wurzel-Symbol**

Definition

Unter der n-ten Wurzel aus der nichtnegativen reellen Zahl c versteht man diejenige nichtnegative reelle Zahl x, deren n-te Potenz gleich c ist, wobei n eine natürliche Zahl $\neq 0$ ist:
$(\sqrt[n]{c})^n = c$

BEISPIELE

1. $\sqrt[2]{25} = 5$, denn $5^2 = 25$ und $5 > 0$
2. $\sqrt[3]{3{,}375} = 1{,}5$, denn $1{,}5^3 = 3{,}375$ und $1{,}5 > 0$
3. $\sqrt[4]{\frac{16}{81}} = \frac{2}{3}$, denn $(\frac{2}{3})^4 = \frac{16}{81}$ und $\frac{2}{3} > 0$
4. $\sqrt[2]{3} = 1{,}732\ldots$, denn $1{,}732\ldots^2 = 3$ und $1{,}732\ldots > 0$

Beachte:

1. Durch die Schreibweise $\sqrt[n]{c}$ ($n \in N$, $n \neq 0$, $c \in P$, $c \geqq 0$) wird infolge obiger Definition eindeutig eine reelle Zahl bezeichnet. Deshalb wird diese Schreibweise als eine mögliche Form der Darstellung für die betreffende reelle Zahl benutzt (vgl. auch 8.1.4.).
2. Da irrationale Zahlen (wie in Beispiel 4) unendlichen nichtperiodischen Dezimalbrüchen entsprechen, kann ihre numerische Darstellung nur mit beschränkter Genauigkeit erfolgen (vgl. auch 8.1.4.).
3. Die Gleichung $x^2 = 25$ hat die beiden Lösungen
   $x_1 = +5$ und $x_2 = -5$.
   Diese können in der Form geschrieben werden
   $x_1 = +\sqrt{25}$ und $x_2 = -\sqrt{25}$,
   denn es ist $\sqrt{25} = 5$.
4. Die Gleichung $x^3 = -8$ hat die reelle Lösung $x = -2$. Die Schreibweise $x = \sqrt[3]{-8}$ ist unzulässig, da Wurzeln für negative Radikanden nicht erklärt sind.
   Korrekt ist folgender Lösungsgang:
   $$(-x)^3 = -x^3 = -(-8) = 8$$
   $$-x = \sqrt[3]{8} = 2$$
   $$x = -\sqrt[3]{8} = -2$$
5. Auf eine Begründung der einschränkenden Festlegungen, die in 3. und 4. zum Ausdruck kommen und die zunächst etwas willkürlich erscheinen, muß im Rahmen dieser Darstellung verzichtet werden.

6. Die Operation „Radizieren" ist eine eindeutige Abbildung:

$$[n, c] \longrightarrow x = \sqrt[n]{c}$$

$$n \in N, \quad n \neq 0, \quad c \in P, \quad c \geqq 0 \qquad x \in P, \quad x \geqq 0$$

8.2.3. Gerade und ungerade natürliche Zahlen > 0 als Wurzelexponenten

8.2.3.1. Ungerade natürliche Zahlen als Wurzelexponenten

Der in 8.2.2. unter Beachte 4. am Beispiel der Gleichung $x^3 = -8$ dargelegte Lösungsweg und die exakte Schriftform $x = -\sqrt[3]{8}$ für die Lösung gelten sinngemäß für alle Gleichungen der Form $x^{2n+1} = c$ mit $n \in N$; $x, c \in P$; $c < 0$:

$$\left.\begin{aligned} -x^{2n+1} = (-x)^{2n+1} &= -c \\ -x &= \sqrt[2n+1]{-c} \\ x &= -\sqrt[2n+1]{-c} \end{aligned}\right\} \begin{aligned} &c < 0, \\ &\text{also} \\ &-c > 0. \end{aligned}$$

Für $c \geqq 0$ führt Radizieren ohne weitere Umformungen zum Ziel:

$$x^{2n+1} = c \quad \text{mit} \quad n \in N;\ x, c \in P;\ c \geqq 0$$

$$x = \sqrt[2n+1]{c}$$

Zusammenfassung:

Aus $x^{2n+1} = c$ folgt mit $x, c \in P$, $n \in N$
$x = +\sqrt[2n+1]{c}$, falls $c \geqq 0$, bzw.
$x = -\sqrt[2n+1]{-c}$, falls $c < 0$.
Beim Radizieren ergibt sich bei *ungerader natürlicher Zahl als Wurzelexponent* und *nichtnegativem Radikanden* stets *eindeutig* der (nichtnegative) *Wurzelwert*.
Die entsprechende Potenzbeziehung ist aber auch bei *negativem Potenzwert c* durch eine reelle Zahl zu erfüllen, nämlich durch die *entgegengesetzte* (also negative) *Zahl zum* (positiven) *Wurzelwert* aus der *entgegengesetzten* (also positiven) *Zahl zum* (negativen) *Potenzwert c*.

Beachte:

1. Die unzulässige Schriftform $x = \sqrt[3]{-8}$ ist leider noch oft anzutreffen und verführt überdies zu der fehlerhaften Sprechweise, daß es bei ungeraden Wurzelexponenten auch Wurzeln aus negativen Radikanden gäbe. Beides widerspricht der Wurzeldefinition und ist daher abzulehnen.
2. $\sqrt[2n+1]{0} = 0$ $(n \in N)$, denn $0^{2n+1} = 0$ (vgl. 8.2.1.).

8.2.3.2. Gerade natürliche Zahlen > 0 als Wurzelexponenten

In 8.2.2. wurde unter Beachte 3. am Beispiel der Gleichung $x^2 = 25$ die exakte Schriftform der beiden Lösungen $x_1 = +\sqrt{25}$ und $x_2 = -\sqrt{25}$ erläutert. Das gilt sinngemäß für alle Gleichungen der Form $x^{2n} = c$ mit $n \in N$; $n > 0$; $x, c \in P$; $c \geqq 0$:

$$x_1 = +\sqrt[2n]{c}; \quad x_2 = -\sqrt[2n]{c}$$

Gleichungen dieser Form mit $c < 0$ haben im Bereich der reellen Zahlen keine Lösungen, da Wurzeln mit negativen Radikanden nicht definiert sind (vgl. 8.2.2.).

Zusammenfassung:

Aus $x^{2n} = c$ folgt mit $x, c \in P$; $c \geqq 0$; $n \in N$; $n > 0$
$x_1 = +\sqrt[2n]{c}$ und $x_2 = -\sqrt[2n]{c}$.
Beim Radizieren ergibt sich bei *gerader natürlicher Zahl* > 0 *als Wurzelexponent* und *nichtnegativem Radikanden* stets eindeutig der (nichtnegative) *Wurzelwert.*
Die entsprechende Potenzbeziehung ist aber auch noch durch die *zu ihm entgegengesetzte* (also nichtpositive) *Zahl* erfüllt.

Beachte:

1. Oft wird für die beiden Lösungen $x_1 = +\sqrt{25}$ und $x_2 = -\sqrt{25}$ die vereinfachte Schriftform $x_{1,2} = \pm\sqrt{25} = \pm 5$ verwendet. Das darf aber nicht dazu verleiten, von der Doppeldeutigkeit der Wurzel $(\sqrt{25} = \pm 5)$ zu sprechen. Das ist unzulässig und daher abzulehnen.
2. $\sqrt[2n]{0} = 0$ $(n \in N;\ n > 0)$, denn $0^{2n} = 0$ (vgl. 8.2.1.).
3. Der Wurzelexponent 2 wird meist nicht geschrieben:
   $\sqrt[2]{\frac{1}{9}} = \sqrt{\frac{1}{9}} = \frac{1}{3}$; $\sqrt[2]{17} = \sqrt{17}$
4. Jede Wurzel mit gerader natürlicher Zahl > 0 als Wurzelexponent aus einer Potenz mit gleichem Exponenten ist gleich der Basis dieser Potenz, wenn sie positiv oder gleich 0 ist, und gleich der entgegengesetzten Zahl zur Basis, wenn sie negativ ist:
   $$\sqrt[2n]{a^{2n}} = \begin{cases} a & \text{für } a \geqq 0 \\ -a & \text{für } a < 0 \end{cases}, \quad \text{d.h.} \quad \sqrt[2n]{a^{2n}} = |a|$$

   BEISPIELE

   1. $\sqrt{(-2)^2} = \sqrt{4} = +2 = -(-2)$
   2. $\sqrt[4]{(+3)^4} = +3$
5. Während Aufgaben der Form $x^{2n+1} = c$ $(n \in N;\ c \in P)$ im Bereich der reellen Zahlen Lösungen unabhängig davon haben, ob $c \gtreqless 0$ gilt (vgl. 8.3.2.1.), ist bei Aufgaben der Form $x^{2n} = c$ die Bedingung $c \geqq 0$ unabdingbar für das Vorhandensein von Lösungen im Körper der

reellen Zahlen. Lösungen für solche Aufgaben mit geraden Wurzelexponenten und $c < 0$ lassen sich nur nach einer weiteren Bereichserweiterung mit Hilfe der komplexen Zahlen darstellen (vgl. Abschn. 9.).

8.2.4. Wurzeln als Potenzen mit gebrochenen Exponenten (2. Erweiterung des Potenzbegriffes)

Nach der Definition der Wurzel (vgl. 8.2.2.) gilt:

$$(\sqrt[q]{a})^q = a \quad \text{bzw.} \quad (\sqrt[q]{a^g})^q = a^g$$

$$(a \in P,\ a \geqq 0; \quad q \in N, q > 0; \ g \in G)$$

Andererseits gilt, wenn das Potenzgesetz (V) (vgl. 7.4.2.2.) formal auch für rationale Exponenten $m = \frac{g}{q}$ angewendet wird, sofern $a \geqq 0$:

$$\left(a^{\frac{1}{q}}\right)^q = a^{\frac{1}{q}\cdot q} = a^1 = a \quad \text{bzw.} \quad \left(a^{\frac{g}{q}}\right)^q = a^{\frac{g}{q}\cdot q} = a^g$$

Dadurch erscheinen folgende *Festsetzungen* als sinnvoll gerechtfertigt:

$$\sqrt[q]{a} = a^{\frac{1}{q}} \quad \text{und} \quad \sqrt[q]{a^g} = a^{\frac{g}{q}} \quad (a \in P, a \geqq 0; q \in N; \ q > 0; \ g \in G)$$

Das bedeutet einerseits eine *neue Darstellung der Wurzeln*, andererseits aber eine *Erweiterung des Potenzbegriffs*:

Als Exponenten von Potenzen können beliebige rationale Zahlen $\frac{g}{q}$ mit $g \in G$ und $q \in N$, $q > 0$ Verwendung finden.

Beachte:

1. Für die Basen der Potenzen sind in diesem Fall nur nichtnegative reelle Zahlen zugelassen.
2. Schreibformen wie $\sqrt[q]{-x}$ sind aber bei Belegung von x mit negativen Zahlen zulässig.

Ohne Beweis sei mitgeteilt:

Die Potenzgesetze (I) bis (V) (vgl. 7.4.2.2.) gelten für beliebige rationale Exponenten $\frac{g}{q}$ mit $g \in G$, $q \in N$; $q > 0$; $a \in P$; $a \geqq 0$.

8.2.5. Rechnen mit Wurzeln

8.2.5.1. Die Wurzelgesetze

Besonders wichtig sind die Gesetze (III), (IV) und (V) aus 7.4.2.2. für $m = \frac{1}{p}$ und $n = \frac{1}{q}$ $(p, q \in N; p, q > 0)$. Sie können sowohl mit

Potenzsymbolen als auch mit Wurzelsymbolen geschrieben werden. In der zweiten Form werden sie meist **Wurzelgesetze** genannt. Die dabei als Basen bzw. Radikanden verwendeten reellen Zahlen a und b unterliegen der Beschränkung $a, b \geqq 0$.

Potenzschreibweise	*Wurzelschreibweise*
(III*) $a^{\frac{1}{p}} \cdot b^{\frac{1}{p}} = (ab)^{\frac{1}{p}}$	$\sqrt[p]{a} \cdot \sqrt[p]{b} = \sqrt[p]{ab}$

Wurzeln *mit gleichen Wurzelexponenten* werden *multipliziert*, indem man das Produkt der Radikanden mit diesem Wurzelexponenten radiziert.

(IV*) $a^{\frac{1}{p}} : b^{\frac{1}{p}} = \left(\frac{a}{b}\right)^{\frac{1}{p}}$	$\sqrt[p]{a} : \sqrt[p]{b} = \sqrt[p]{\frac{a}{b}}$

Wurzeln *mit gleichem Wurzelexponenten* werden *dividiert*, indem man den Quotienten der Radikanden mit diesem Wurzelexponenten radiziert.

(V*) $\left(a^{\frac{1}{p}}\right)^{\frac{1}{q}} = a^{\frac{1}{p \cdot q}}$	$\sqrt[q]{\sqrt[p]{a}} = \sqrt[p \cdot q]{a}$

Wurzeln werden *radiziert*, indem man den Radikanden beibehält und die Wurzelexponenten multipliziert.

Aus (V) ergeben sich noch 2 *Sonderfälle*:

(V^a) $\left(a^{\frac{1}{p}}\right)^q = a^{\frac{q}{p}} = (a^q)^{\frac{1}{p}}$	$(\sqrt[p]{a})^q = \sqrt[p]{a^q}$

Wurzeln werden *potenziert*, indem man den Radikanden potenziert.

(V^b) $\left(a^{\frac{1}{p}}\right)^{\frac{1}{q}} = a^{\frac{1}{p \cdot q}} = \left(a^{\frac{1}{q}}\right)^{\frac{1}{p}}$	$\sqrt[q]{\sqrt[p]{a}} = \sqrt[p]{\sqrt[q]{a}}$

Beim *Radizieren einer Wurzel* können die beiden Wurzelexponenten vertauscht werden.

8.2.5.2. Umformen von Wurzelausdrücken

1. *Vereinfachen durch Faktorenzerlegung des Radikanden*

BEISPIELE

1. $\sqrt{63} = \sqrt{9 \cdot 7} = \sqrt{9} \cdot \sqrt{7} = \underline{\underline{3\sqrt{7}}}$
2. $\sqrt[3]{250a^4b^5c^6} = \underline{\underline{5abc^2 \sqrt[3]{2ab^2}}}$

2. *Zusammenfassen von Wurzeln*

BEISPIELE

1. $\sqrt[3]{4a^3xy^2} \cdot \sqrt[3]{7xyz} : \sqrt[3]{2a^2x^2y} = \sqrt[3]{\dfrac{4a^3xy^2 \cdot 7xyz}{2a^2x^2y}} = \underline{\underline{\sqrt[3]{14ay^2z}}}$

2. $\sqrt[3]{a\sqrt[2]{a\sqrt[4]{a}}} = \left\{\left[\left(a^{\frac{1}{4}}\right) \cdot a\right]^{\frac{1}{2}} \cdot a\right\}^{\frac{1}{3}} = \left\{\left[a^{\frac{5}{4}}\right]^{\frac{1}{2}} \cdot a\right\}^{\frac{1}{3}}$

$= \left\{a^{\frac{5}{8}} \cdot a\right\}^{\frac{1}{3}} = \left\{a^{\frac{13}{8}}\right\}^{\frac{1}{3}} = a^{\frac{13}{24}} = \underline{\underline{\sqrt[24]{a^{13}}}}$

3. $-\sqrt[3]{24} + \sqrt[3]{81} + \sqrt[3]{375} + \sqrt[3]{1029}$

$= -2\sqrt[3]{3} + 3\sqrt[3]{3} + 5\sqrt[3]{3} + 7\sqrt[3]{3} = \underline{\underline{13\sqrt[3]{3}}}$

3. *Rationalmachen des Nenners*

BEISPIELE

1. $\dfrac{1}{\sqrt{2}} = \dfrac{\sqrt{2}}{\sqrt{2} \cdot \sqrt{2}} = \dfrac{\sqrt{2}}{(\sqrt{2})^2} = \dfrac{\sqrt{2}}{2} = \underline{\underline{\dfrac{1}{2}\sqrt{2}}}$

2. $\sqrt[3]{\dfrac{a}{b}} = \sqrt[3]{\dfrac{ab^2}{b \cdot b^2}} = \sqrt[3]{\dfrac{ab^2}{b^3}} = \underline{\underline{\dfrac{1}{b}\sqrt[3]{ab^2}}}$

3. $\dfrac{6}{\sqrt{7} - \sqrt{5}} = \dfrac{6(\sqrt{7} + \sqrt{5})}{(\sqrt{7} - \sqrt{5})(\sqrt{7} + \sqrt{5})}$

$= \dfrac{6(\sqrt{7} + \sqrt{5})}{7 - 5} = \underline{\underline{3\sqrt{7} + 3\sqrt{5}}}$

4. $\dfrac{\sqrt{a} + \sqrt{b}}{b\sqrt{a} + a\sqrt{b}} = \dfrac{(\sqrt{a} + \sqrt{b})(b\sqrt{a} - a\sqrt{b})}{(b\sqrt{a} + a\sqrt{b})(b\sqrt{a} - a\sqrt{b})}$

$= \dfrac{ab - a\sqrt{ab} + b\sqrt{ab} - ab}{b^2a - a^2b} = \dfrac{\sqrt{ab}\,(b - a)}{ab\,(b - a)} = \underline{\underline{\dfrac{\sqrt{ab}}{ab}}}$

Beachte:

In den Beispielen 3. und 4. wird der Erweiterungsfaktor so gewählt, daß im Nenner die zweite binomische Grundformel zum Tragen kommt.

8.2.6. Potenz- und Wurzeltafeln

Näherungen von Wurzelwerten werden in *Wurzeltafeln* tabelliert. Je nach der Zahl der angegebenen zählenden Ziffern unterscheidet man drei-, vier-, fünf-, ...-stellige Tafeln.

Meist tabelliert man aber die Potenzwerte und benutzt diese *Potenztafeln* zugleich zum Ablesen der Wurzelwerte.

Auszug aus einer *Tafel vierstelliger Werte dritter Potenzen*

	m \ m^3	letzte zählende Ziffer von m									
		0	1	2	3	4	5	6	7	8	9
erste	2,0	8,000	8,121	8,242	8,365	8,490	8,615	8,742	8,870	8,999	9,129
zwei	2,1	9,261	9,394	9,528	9,664	9,800	9,938	10,08	10,22	10,36	10,50
zählende	2,2	10,65	10,79	10,94	11,09	11,24	11,39	11,54	11,70	11,85	12,01
Ziffern	…	…	…	…	…	…	…	…	…	…	…
von m	4,7	103,8	104,5	105,2	105,8	106,5	107,2	107,9	108,5	109,2	109,9
		Näherungswerte von m^3									

8.2.6.1. Einfaches Ablesen

BEISPIELE

1. *Potenzieren:* $m = 2{,}16;\qquad m^3 = 2{,}16^3 \approx \underline{\underline{10{,}08}}$ (→)

2. *Radizieren:* (←) a) $m^3 = 10{,}65;\quad m = \sqrt[3]{10{,}65} \approx \underline{\underline{2{,}20}}$

   b) $m^3 = 106{,}5;\quad m = \sqrt[3]{106{,}5} \approx \underline{\underline{4{,}74}}$

8.2.6.2. Lineares Interpolieren

Durch lineares Interpolieren können bei m, obwohl die Tafel dafür nur drei zählende Ziffern ausweist, noch eine *vierte Ziffer* berücksichtigt und bei m^3 die letzten zählenden Ziffern entsprechend *verbessert* werden.

BEISPIELE

1. *Potenzieren:* $m = 2{,}037$ (→)

In der Tafel sind nur die Werte 2,03 und 2,04 tabelliert. Offenbar gilt:

$$2{,}030 < 2{,}037 < 2{,}040$$

$$10 \leftarrow \left[\, n = 7 \quad \begin{array}{l} 2{,}030^3 \approx 8{,}365 \\ 2{,}037^3 \approx \ldots \\ 2{,}040^3 \approx 8{,}490 \end{array} \right] d \;\rightarrow 490 - 365 = 125 = D$$

10: Feststehende **Stellendifferenz**; D: **Tafeldifferenz**;
n: **vierte zählende Ziffer**; d: zu n gehörende **Eigendifferenz**.

$$10 : D = n : d \qquad 10 : 125 = 7 : d$$

$$d = \frac{D}{10} \cdot n \qquad d = \frac{125}{10} \cdot 7 = 87{,}5 \approx 88$$

Folglich: $2{,}037^3 \approx 8{,}365 + 0{,}088 = \underline{\underline{8{,}453}}$

2. *Radizieren:* $m^3 = 10{,}54$

In der Tafel sind nur die Werte 10,50 und 10,65 tabelliert.
Offenbar gilt:

$$\sqrt[3]{10{,}50} < \sqrt[3]{10{,}54} < \sqrt[3]{10{,}65}$$

$$D = 15 \leftarrow \left[d = 4 \leftarrow \left[\begin{array}{l} \sqrt[3]{10{,}50} \approx 2{,}190 \\ \sqrt[3]{10{,}54} \approx 2{,}19\cdot \leftarrow n \\ \sqrt[3]{10{,}65} \approx 2{,}200 \end{array} \right] \right] \rightarrow 10$$

$$10 : D = n : d \qquad 10 : 15 = n : 4$$

$$n = \frac{10d}{D} \qquad n = \frac{10 \cdot 4}{15} = 2{,}6 \ldots \approx 3$$

Folglich: $\sqrt[3]{10{,}54} \approx \underline{\underline{2{,}193}}$

Beachte:

1. Eine Erhöhung der Genauigkeit kann nur bei *einmaligem Interpolieren* erreicht werden; wiederholtes Interpolieren ist zwecklos.
2. Durch das Interpolieren kann die *Stellenzahl der Tafel* nicht vergrößert werden. Es ist also falsch, im Beispiel 1 zu rechnen:

$$d = 87{,}5; \quad 2{,}037^3 \approx 8{,}365 + 0{,}0875 = 8{,}4525$$

8.2.6.3. Reduzieren größerer und kleinerer Zahlen auf die Tabellenwerte

Jede Potenztafel enthält nur eine begrenzte Anzahl von Zahlenwerten. Größere und kleinere Zahlen können durch *Abspalten von Zehnerpotenzen* (vgl. 7.4.3.2.) auf die tabellierten Zahlen zurückgeführt werden. Notfalls muß vorher *gerundet* werden.

BEISPIELE

Potenzieren:

1. $20710^3 \approx 20700^3 = (2{,}07 \cdot 10^4)^3 = 2{,}07^3 \cdot 10^{12} \approx \underline{\underline{8{,}870 \cdot 10^{12}}}$
2. $0{,}002179^3 \approx 0{,}00218^3 = (2{,}18 \cdot 10^{-3})^3 = 2{,}18^3 \cdot 10^{-9}$
$\approx 10{,}36 \cdot 10^{-9} = \underline{\underline{1{,}036 \cdot 10^{-8}}}$

Radizieren: Dabei müssen stets solche Zehnerpotenzen abgespalten werden, deren *Exponenten Vielfache des Wurzelexponenten* sind; also bei dritten Wurzeln: $\ldots, 10^{-6}, 10^{-3}, \ldots, 10^3, 10^6, 10^9, \ldots$

3. $\sqrt[3]{10790} = \sqrt[3]{10{,}79 \cdot 10^3} = \sqrt[3]{10{,}79} \cdot \sqrt[3]{10^3} \approx 2{,}21 \cdot 10 = \underline{\underline{22{,}1}}$
4. aber: $\sqrt[3]{107900} = \sqrt[3]{107{,}9 \cdot 10^3} = \sqrt[3]{107{,}9} \cdot \sqrt[3]{10^3} \approx 4{,}76 \cdot 10 = \underline{\underline{47{,}6}}$
5. $\sqrt[3]{0{,}000008} = \sqrt[3]{8 \cdot 10^{-6}} = \sqrt[3]{8} \cdot \sqrt[3]{10^{-6}} = 2 \cdot 10^{-2} = \underline{\underline{0{,}02}}$

8.3. Logarithmieren im Körper P der reellen Zahlen

8.3.1. Begriff des Logarithmus im Körper der reellen Zahlen

Es sei

$a, c \in P, \quad a, c > 0, \quad a \neq 1$

Dann ist durch die Forderung

$a^x = c, \quad x \in P$

genau eine reelle Zahl x bestimmt. Dafür schreibt man

$x = \log_a c$
(sprich: x ist gleich Logarithmus zur Basis a von c).

Fachbezeichnungen:

c **Logarithmand** oder **Numerus**
a **Basis**
x **Logarithmuswert** oder **Wert des Logarithmus**
log **Logarithmus-Zeichen** oder **Logarithmus-Symbol**

Definition

Unter dem Logarithmus einer positiven reellen Zahl c zur positiven reellen Basis $a \neq 1$ versteht man diejenige reelle Zahl x, die zur Basis a exponiert (d.h. als Exponent zur Basis a genommen) den Potenzwert c ergibt: $a^{\log_a c} = c$.

BEISPIELE

1. $\log_2 8 = 3, \quad$ denn $2^3 = 8$
2. $\log_5 \frac{1}{25} = -2, \quad$ denn $5^{-2} = \frac{1}{25}$
3. $\log_8 4 = \frac{2}{3}, \quad$ denn $8^{2/3} = 4$
4. $\log_{0,5} \sqrt{2} = -\frac{1}{2}, \quad$ denn $0{,}5^{-1/2} = \left(\frac{1}{0{,}5}\right)^{1/2} = 2^{1/2} = \sqrt{2}$
5. $\log_{10} 2 = 0{,}30103\ldots, \quad$ denn $10^{0{,}30103\ldots} = 2$

Beachte:

1. Durch die Schreibweise $\log_a c$ ($a, c \in P,\ a, c > 0,\ a \neq 1$) wird nach obiger Definition eindeutig eine reelle Zahl bezeichnet. Deshalb wird diese Schreibweise als eine mögliche Form der Darstellung für die betreffende reelle Zahl benutzt (vgl. auch 8.1.4.).
2. Die *numerische Darstellung* solcher Logarithmen, die irrationale Zahlen sind, kann nur mit beschränkter Genauigkeit erfolgen (Beispiel 5; vgl. auch 8.1.4.).
3. Das Logarithmieren ist wie das Radizieren eine Umkehrung des Potenzierens. Während beim Radizieren zu gegebenem Potenzwert und gegebenem Exponenten die Basis gesucht ist, ist beim Logarith-

mieren zu gegebenem Potenzwert und gegebener Basis der Exponent gesucht:

$$a^b = c \quad \begin{matrix} \nearrow & a = \sqrt[b]{c} \\ \searrow & b = \log_a c \end{matrix}$$

4. Die Operation „Logarithmieren" ist eine eindeutige Abbildung:

$$[a, c] \longrightarrow x = \log_a c$$

$$a, c \in P, \quad a, c > 0, \quad a \neq 1 \qquad x \in P$$

8.3.2. Allgemeine Eigenschaften der Logarithmen

1. Logarithmen sind Exponenten.
2. Auf Grund der Definition (vgl. 8.3.1.) existieren Logarithmen $b = \log_a c$ im Körper der reellen Zahlen nur unter der Bedingung $a, c > 0$, $a \neq 1$. Es gilt also:

> Logarithmen mit
> a) negativen Basen,
> b) der Basis 0,
> c) der Basis 1,
> d) negativen Logarithmanden,
> e) dem Logarithmanden 0
> sind im Körper der reellen Zahlen nicht definiert.

BEISPIELE zur Begründung:

1. zu a) $\log_{-2} 2 \neq b$, denn $(-2)^b \neq 2$ für $b \in P$
2. zu b) $\log_0 c \neq b$, denn $0^b \neq c$, sondern $0^b = 0$ für $b \in P$ und $b > 0$
3. zu c) $\log_1 c \neq b$, denn $1^b \neq c$, sondern $1^b = 1$ für $b \in P$
4. zu d) $\log_4 (-16) \neq b$, denn $4^b \neq -16$ für $b \in P$
5. zu e) $\log_a 0 \neq b$, denn $a^b \neq 0$ für $a \neq 0$ und $b \in P$

Beachte:

Solche im Körper der reellen Zahlen nicht definierte Logarithmen können nach einer weiteren Bereichserweiterung mit Hilfe von komplexen Zahlen erklärt und dargestellt werden (vgl. Abschn. 9.).

3. Im Körper der reellen Zahlen können Logarithmen rationale oder irrationale (und zwar transzendente) Zahlen sein.

> Eine *rationale Zahl* r ergibt sich als Logarithmus, wenn der Logarithmand die Potenz der Basis a mit dem Exponenten r ist:
> $\log_a a^r = r \quad (r \in R; \quad a > 0, \quad a \neq 1)$.

4. Eine numerische Darstellung der Logarithmen, die *irrationale Zahlen* sind, kann nur mit beschränkter Genauigkeit erfolgen, da es sich dabei um unendliche nichtperiodische Dezimalzahlen handelt (vgl. 8.1.4. und 8.3.1., Beispiel 5.).

8.3.3. Logarithmensysteme

8.3.3.1. Übersicht

Die *Logarithmen zu ein und derselben Basis* faßt man zu einem **Logarithmensystem** zusammen. Voraussetzung ist dabei, daß zu einem gewissen Bereich aus der Menge der reellen Zahlen als Logarithmanden (z. B. zu den positiven) *ohne Ausnahme* reelle Logarithmenwerte existieren und umgekehrt.

1. Unter der notwendigen Voraussetzung, daß Basis $a > 0$ und Logarithmand $c > 0$ sowie $a \neq 1$ gilt, ergeben sich, je nachdem ob $a \gtrless 1$ und $c \gtreqless 1$ ist, Logarithmensysteme mit Logarithmuswerten $b \gtreqless 0$ entsprechend der folgenden *Zusammenstellung:*

$0 < a$	<1			>1		
$0 < c$	<1	$=1$	>1	<1	$=1$	>1
b	>0	$=0$	<0	<0	$=0$	>0

BEISPIELE

1. $a = 9;\ c = 3;\ b = \log_9 3 = \frac{1}{2};$ denn $9^{\frac{1}{2}} = \sqrt[2]{9} = 3$

2. $a = 9;\ c = \frac{1}{81};\ b = \log_9 \frac{1}{81} = -2;$ denn $9^{-2} = \frac{1}{9^2} = \frac{1}{81}$

3. $a = \frac{1}{4};\ c = 64;\ b = \log_{\frac{1}{4}} 64 = -3;$ denn $\left(\frac{1}{4}\right)^{-3} = 4^3 = 64$

4. $a = \frac{1}{4};\ c = \frac{1}{16};\ b = \log_{\frac{1}{4}} \frac{1}{16} = 2;$ denn $\left(\frac{1}{4}\right)^2 = \frac{1}{16}$

2. In jedem Logarithmensystem gilt wegen $a^0 = 1$ und $a^1 = a$ mit $a > 0$ und $a \neq 1$

   ▌ $\log_a 1 = 0$ und $\log_a a = 1$.

3. Besondere praktische Bedeutung haben drei Logarithmensysteme:
   1. *zur Basis 10:* **Zehner-, dekadisches oder BRIGGSsches Logarithmensystem**

      ▌ Besonderes Symbol: $\log_{10} c = \lg c$
   2. *zur Basis* $e = 2{,}71828\ldots$: **natürliches Logarithmensystem**

      ▌ Besonderes Symbol: $\log_e c = \ln c$
      (Wegen der Zahl e vgl. 15.3.1. und 18.1.6.1.2.).
   3. *zur Basis 2:* **dyadisches oder binäres Logarithmensystem**

      ▌ Besonderes Symbol: $\log_2 c = \operatorname{lb} c$

8.3.3.2. Die vier Logarithmengesetze

Die Logarithmen von Produkten, Quotienten, Potenzen und Wurzeln lassen sich als Summen, Differenzen bzw. Vielfache von Logarithmen desselben Systems schreiben. Diese Beziehungen heißen die vier **logarithmischen Rechengesetze** oder kurz die vier **Logarithmengesetze.** (Für die im folgenden zu ihrer Darstellung verwendeten Variablen gelten die in 8.3.1. bis 8.3.3.1. dargelegten Beschränkungen.)

1. Der Logarithmus eines *Produktes* ist gleich der Summe der Logarithmen der Faktoren:

$$\log_a (c_1 \cdot c_2) = \log_a c_1 + \log_a c_2$$

Beweis: $c_1 = a^{\log_a c_1}$; $c_2 = a^{\log_a c_2}$

Multipliziert: $c_1 \cdot c_2 = a^{\log_a c_1 + \log_a c_2}$
Andererseits: $c_1 \cdot c_2 = a^{\log_a (c_1 \cdot c_2)}$
Daraus folgt: $a^{\log_a c_1 + \log_a c_2} = a^{\log_a (c_1 \cdot c_2)}$
und: $\log_a (c_1 \cdot c_2) = \log_a c_1 + \log_a c_2$

2. Der Logarithmus eines *Quotienten* ist gleich der Differenz der Logarithmen des Dividenden und des Divisors:

$$\log_a \frac{c_1}{c_2} = \log_a c_1 - \log_a c_2$$

Der *Beweis* erfolgt analog zu dem von Gesetz 1.

3. Der Logarithmus einer *Potenz* ist gleich dem mit dem Exponenten multiplizierten Logarithmus der Basis:

$$\log_a c^n = n \cdot \log_a c$$

Beweis: $c = a^{\log_a c}$

Potenziert mit n: $c^n = (a^{\log_a c})^n = a^{n \cdot \log_a c}$
Andererseits: $c^n = a^{\log_a c^n}$
Daraus folgt: $a^{\log_a c^n} = a^{n \cdot \log_a c}$
und: $\log_a c^n = n \cdot \log_a c$

Gesetz 3 gilt auch für gebrochene Exponenten $n = \frac{1}{p}$.
Daraus folgt:

4. Der Logarithmus einer *Wurzel* ist gleich dem durch den Wurzelexponenten geteilten Logarithmus des Radikanden:

$$\log_a \sqrt[p]{c} = \frac{1}{p} \cdot \log_a c$$

Beachte:

1. Die Logarithmengesetze entsprechen völlig den Potenzgesetzen (vgl. 7.4.1.4.) und führen bei der Benutzung von links nach rechts eine Rechenoperation auf die entsprechende der nächstniederen Stufe zurück. Dadurch ergeben sich oft beachtliche Rechenerleichterungen.

BEISPIELE

1. $\log_2 (8 \cdot 64) = \log_2 8 + \log_2 64 = 3 + 6 = \underline{\underline{9}}$
   denn: $2^9 = 2^{3+6} = 2^3 \cdot 2^6 = 8 \cdot 64$

2. $\log_5 \frac{3125}{125} = \log_5 3125 - \log_5 125 = 5 - 3 = \underline{\underline{2}}$

denn: $5^2 = 5^{5-3} = \frac{5^5}{5^3} = \frac{3125}{125}$

3. $\log_3 27^2 = 2 \cdot \log_3 27 = 2 \cdot 3 = 6$

denn: $3^6 = 3^{3 \cdot 2} = (3^3)^2 = 27^2$

4. $\log_{10} \sqrt[3]{1000000} = \frac{1}{3} \log_{10} 1000000 = \frac{1}{3} \cdot 6 = \underline{\underline{2}}$

denn: $10^2 = 10^{6 \cdot \frac{1}{3}} = (10^6)^{\frac{1}{3}} = \sqrt[3]{1000000}$

2. Mitunter ist auch die Anwendung der Logarithmengesetze in entgegengesetzter Richtung von Nutzen.

BEISPIEL

$\ln 5628 - \ln 1876 = \ln \frac{5628}{1876} = \ln 3 = 1{,}0986$

8.3.3.3. Zusammenhang zwischen Logarithmen verschiedener Systeme

Zwischen den Logarithmuswerten in zwei verschiedenen Systemen, die jeweils zu demselben Logarithmanden gehören, besteht *Proportionalität*. Der *Proportionalitätsfaktor* (Fachbezeichnung: **Modul**) ist eine für die betreffenden Logarithmensysteme charakteristische Zahl. Mit seiner Hilfe sind Umrechnungen wie folgt möglich:

Logarithmuswerte zu ein und demselben Logarithmanden c in verschiedenen Logarithmensystemen, z. B. mit den Basen u und v, lassen sich mit Hilfe eines konstanten Faktors (des Moduls) ineinander umrechnen:

$$\log_v c = \log_u c \cdot \underbrace{\frac{1}{\log_u v}}_{\text{Modul}} = \log_u c \cdot \log_v u$$

Beweis: $c = v^{\log_v c}$

Beiderseits logarithmiert zur Basis u:

$$\log_u c = \log_u v^{\log_v c} = \log_v c \cdot \log_u v$$

$$\log_v c = \log_u c \cdot \frac{1}{\log_u v}$$

(Daß das Logarithmieren beider Seiten einer Gleichung zur gleichen Basis, das hier durchgeführt wurde, eine äquivalente Umformung (vgl. 10.1.) ist, bedarf an sich eines Beweises, auf den aber hier verzichtet wird.)

BEISPIELE

1. $u = 2; \quad v = 4; \quad c = 16$

$$\textit{Modul } u \to v: \frac{1}{\log_2 4} = \frac{1}{2}$$

$$\log_4 16 = (\log_2 16) \cdot \frac{1}{2} = 4 \cdot \frac{1}{2} = \underline{\underline{2}}$$

2. $u = 10; \quad v = 4; \quad c = 50$

$$\textit{Modul } u \to v: \frac{1}{\log_{10} 4} = \frac{1}{0{,}60206\ldots}$$

$$\log_4 50 = (\log_{10} 50) \cdot \frac{1}{0{,}60206\ldots} = 1{,}69897\ldots \cdot \frac{1}{0{,}60206\ldots}$$

$$\approx \frac{1{,}7}{0{,}6} \approx \underline{\underline{2{,}8}}$$

8.3.4. Das dekadische Logarithmensystem

Alle in diesem Abschnitt zusammengestellten Regeln, Anleitungen, Hinweise usw. beziehen sich nur auf *dekadische Logarithmen.* Auf andere Logarithmensysteme (z. B. natürliche Logarithmen und ihre Tafeln) sind sie nicht ohne weiteres übertragbar, doch ist eine entsprechende Darlegung für weitere Logarithmensysteme im Rahmen dieses Buches nicht möglich.

8.3.4.1. Kennzahl und Mantisse

Im dekadischen Logarithmensystem steht die *Größenordnung der Logarithmanden N* (Numeri) in einer einfachen Beziehung zur *Größe der jeweiligen Logarithmuswerte* lg *N* (Logarithmen).

N	0,001	0,001 … bis 0,009…	0,01	0,01 … bis 0,09…	0,1	0,1 … bis 0,9 …	1	
lg *N*	−3	−2, … = 0, … −3	−2	−1, … = 0, … −2	−1	−0, … = 0, … −1	0	
N	1	1, … bis 9, …	10	10, … bis 99, …	100	100, … bis 999, …	1000	1000, …
lg *N*	0	0, …	1	1, …	2	2, …	3	3, …

Regel 1:

Numeri mit gleicher Folge zählender Ziffern ergeben bei verschiedener Größenordnung Logarithmuswerte, die sich nur um Ganze unterscheiden.

BEISPIEL

$\lg 3{,}84 = 0{,}5843\ldots$

$$\lg 3840 = \lg(3{,}84 \cdot 1000) = \lg 3{,}84 + \lg 1000 = 0{,}5843\ldots + 3 = 3{,}5843\ldots$$

$$\lg 0{,}0384 = \lg \frac{3{,}84}{100} = \lg 3{,}84 - \lg 100 = 0{,}5843\ldots - 2 \quad (= -1{,}4156\ldots)$$

Fachbezeichnungen:

Die Logarithmen, die zu Logarithmanden $1 \leqq N < 10$ gehören, heißen die **Mantissen.** Die Ganzen, um die sich die Logarithmen für $0 < N < 1$ oder $N \geqq 10$ von der Mantisse unterscheiden, heißen die **Kennzahlen.**

Beachte:

1. Die *Mantissen* sind Zahlen in den Grenzen $0 \leqq \lg N < 1$ ($\lg N = 0, \ldots$).
2. Die *Kennzahlen* umfassen den Bereich der ganzen Zahlen.
3. *Negative Logarithmuswerte* werden meist in der Differenzform $0, \ldots - |k|$ geschrieben, um die Kennzahl k deutlich erkennen zu lassen.

BEISPIELE

1. $\lg 23 = 1{,}3617\ldots = 1 + 0{,}3617\ldots$
2. $\lg 0{,}0073 = -2{,}1366\ldots = 0{,}8633\ldots - 3$

(Mantisse: $0{,}3617\ldots$ bzw. $0{,}8633\ldots$; Kennzahl: 1 bzw. -3)

Regel 2:

Nach 8.3.3.1. (1) gilt für Numerus N und Kennzahl k:

$$N \geqq 1 \leftrightarrow k \geqq 0$$
$$0 < N < 1 \leftrightarrow k < 0$$

Regel 3:

Die *positive Kennzahl* ist um 1 *kleiner* als die *Anzahl der Stellen des Numerus vor dem Komma.*
Der *Betrag der negativen Kennzahl* ist um 1 *größer* als die *Anzahl der Nullen des Numerus unmittelbar hinter dem Komma.*

BEISPIELE

1. $\lg 6{,}5 = 0{,}8129\ldots$
2. $\lg 273{,}5 = 2{,}4370\ldots$
3. $\lg 0{,}72 = 0{,}8573\ldots - 1$
4. $\lg 0{,}00054 = 0{,}7324\ldots - 4$

Zusammenfassung: Es entsprechen einander beim

Numerus	Logarithmus
Größenordnung	Kennzahl
Ziffernfolge	Mantisse

8.3.4.2. Dekadische Logarithmentafeln

In den Tafeln der dekadischen Logarithmen werden zu den *Ziffernfolgen der Numeri* nur die *Dezimalstellen der Mantissen* der zugehörigen Logarithmen tabelliert. Die *Kennzahlen* sind entsprechend der Größenordnung des Numerus jeweils zu *ergänzen*. Die tabellierten Dezimalstellen der Mantissen sind auf 4, 5, 7, … Stellen gerundet; je nachdem unterscheidet man vier-, fünf-, sieben-, …-stellige Tafeln. Die Anzahl der Ziffern der Ziffernfolge richtet sich nach der Anzahl der tabellierten Dezimalstellen; sie ist stets um 1 kleiner als diese. Anordnung und Gebrauch entsprechen den Potenztafeln (vgl. 8.2.6.).

Auszug aus einer *Tafel vierstelliger dekadischer Logarithmen*

N \ $\lg N$		letzte zählende Ziffer von N									
		0	1	2	3	4	5	6	7	8	9
erste zwei zählende Ziffern von N	62	7924	7931	7938	7945	7952	7959	7966	7973	7980	7987
	63	7993	8000	8007	8014	8021	8028	8035	8041	8048	8055
		auf 4 Ziffern gerundete Dezimalstellen der Mantisse von $\lg N$									

BEISPIELE

	$N \to \lg N$	$\lg N \to N$
Einfaches Ablesen	$\lg 63\,400 = \underline{\underline{4{,}8021}}$	$\lg x = 3{,}8055$ $x = \underline{\underline{6390}}$
Mit Interpolieren	$\lg 0{,}063079$ $\approx \lg 0{,}06308 = \underline{\underline{0{,}7999 - 2}}$	$\lg x = 0{,}8040 - 4$ $x = \underline{\underline{0{,}0006368}}$

Beachte:

> Obwohl mit Hilfe der Tafel nur Näherungswerte bestimmt werden können, schreibt man = und nicht ≈.

8.3.4.3. Berechnungen mit Hilfe dekadischer Logarithmen

Da die Logarithmen im Vergleich zu ihren Numeri stets durch die entsprechende Rechenoperation der nächstniederen Stufe verknüpft sind (vgl. 8.3.3.2.), ergeben sich Rechenvorteile, wenn statt mit zwei Zahlen a und b mit ihren Logarithmen $\lg a$ und $\lg b$ gerechnet wird.

BEISPIEL

Übergang zu den Logarithmen →

Aufgabe: $x = 357 \cdot 926$	$\lg x = \lg(357 \cdot 926)$	Berechnung
	$\lg x = \lg 357 + \lg 926$	als $\lg x$
	$= 2{,}5527 + 2{,}9666$	↓
$x = 330600$	$\lg x = 5{,}5193$	

Übergang zum Numerus x ←

Beachte:

1. Logarithmische Rechnungen werden zweckmäßig unter Verwendung eines übersichtlichen *Rechenschemas* durchgeführt.
2. Vorher wird ein runder *Näherungswert* des Ergebnisses durch *Überschlagen im Kopf* mit zweckmäßig vereinfachten Ausgangswerten bestimmt.

Addieren und Subtrahieren kann stufenmäßig nicht weiter vereinfacht werden, d.h.,

Additionen und Subtraktionen können logarithmisch nicht durchgeführt werden.

Es verbleiben deshalb folgende vier *Grundaufgaben für die logarithmische Berechnung* (Zahlenbeispiele unter Benutzung einer vierstelligen Tafel):

1. *Multiplizieren:* $x = 0{,}735 \cdot 17{,}4$

	N	$\lg N$	
·	0,735	0,8663 − 1	+
	17,4	1,2405	+
		2,1068 − 1	
x	12,79	1,1068	$\lg x$

Überschlag:

$$x \approx \frac{7}{10} \cdot 20 = 14$$

Beachte:

1. Auch die negativen *Kennzahlen* müssen in die Rechnung einbezogen werden.
2. Im Ergebnis sind positive und negative Kennzahlen zusammenzufassen.

2. *Dividieren:* $x = 4{,}16 : 0{,}0835$

	N	$\lg N$	
		1,6191 − 1	+
	4,16	(0,6191)	
:	0,0835	0,9217 − 2	−
		0,6974 + 1	
x	49,82	1,6974	$\lg x$

Überschlag:

$$x \approx 4 : \frac{8}{100} = 4 \cdot \frac{100}{8} = 50$$

Beachte:

1. Ist der Minuend zu klein (0,6191), so daß die Subtraktion im Bereich der positiven Zahlen nicht möglich ist, so ist er unter Verwendung negativer Kennzahlen geeignet zu verändern (1,6191–1). (Im Schema deshalb zunächst oben eine Zeile frei lassen!)
2. Die Subtraktion negativer Kennzahlen kann positive Werte ergeben:

$$-1 - (-2) = -1 + 2 = +1$$

3. Im Ergebnis sind die Kennzahlen zusammenzufassen.

3. *Potenzieren:* $x = 0{,}923^3$

	N	$\lg N$	
hoch 3	0,923	0,9652 − 1	· 3
		2,8956 − 3	
x	0,7863	0,8956 − 1	$\lg x$

Überschlag:

$$x \approx \left(\frac{9}{10}\right)^3 \approx \frac{80 \cdot 9}{1000} = \frac{72}{100} = 0{,}72$$

Beachte:

1. Auch negative Kennzahlen müssen multipliziert werden.
2. Im Ergebnis sind positive und negative Kennzahlen zusammenzufassen.

4. *Radizieren:* $x = \sqrt[4]{0{,}0276}$

	N	$\lg N$	
		2,4409 − 4	: 4
$\sqrt[4]{\ }$	0,0276	(0,4409 − 2)	
x	0,4075	0,6102 − 1	$\lg x$

Überschlag:

$$x \approx \sqrt[4]{\frac{256}{10000}} = \frac{4}{10} = 0{,}4$$

Beachte:

1. Auch die Kennzahlen (positive wie negative) müssen dividiert werden (2, ... und −4).
2. Ist die negative Kennzahl kein Vielfaches des Divisors (0, ... −2; Divisor 4), muß sie vorher unter Verwendung positiver Kennzahlen in ein solches Vielfaches verwandelt werden (2, ... −4). (Im Schema deshalb zunächst oben eine Zeile frei lassen!)

8.4. Der Rechenstab

Der Rechenstab kann zum Multiplizieren, Dividieren, Potenzieren und Radizieren anstelle der Logarithmentafel als Rechenhilfsmittel benutzt werden. Der normale 25-cm-Stab erreicht dabei etwa die Genauigkeit einer vierstelligen Logarithmentafel.

Der Rechenstab gehört zu den **Analogrechengeräten.** Das sind Geräte, die rechnerische Aufgaben dadurch zu lösen erlauben, daß sie statt der Ziffern analoge physikalische oder geometrische Größen (im vorliegenden Fall Strecken geeigneter Länge) miteinander verknüpfen.

Das Arbeiten mit dem Rechenstab ist wesentlich rentabler als das mit der Logarithmentafel, obwohl dieses gegenüber dem numerischen Rechnen ohne jedes Hilfsmittel schon beträchtliche Vorteile aufweist. Neuzeitliche elektronische Geräte (Taschenrechner u.ä.) sind allerdings den beiden genannten Hilfsmitteln in dieser Hinsicht noch ganz beachtlich überlegen.

8.4.1. Aufbau des Stabes

Der Stab besteht aus

a) einem festen Grundteil, dem **Stabkörper,**
b) einem beweglichen Mittelteil, der **Zunge,**
c) einem ebenfalls beweglichen durchsichtigen Aufsatz, dem **Läufer.**

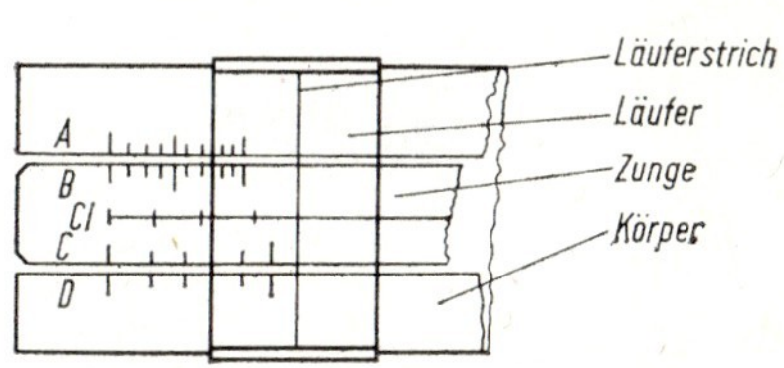

Der Läufer trägt einen senkrecht zum Stab verlaufenden Strich. Dieser dient

a) zum Markieren oder Festhalten einzelner Skalenpunkte,
b) zum Verbinden senkrecht übereinander liegender Punkte verschiedener Skalen.

Beachte:

1. Es gibt Rechenstäbe verschiedener Länge. Je größer der Stab, desto weitergehend ist die Skalenunterteilung und desto größer ist die Ablesegenauigkeit. Im folgenden wird der 25-cm-Stab zugrunde gelegt.
2. Es gibt Rechenstäbe verschiedener Systeme mit verschiedenen Spezialskalen. Allen Systemen sind die fünf **Grundskalen A, B, C, D und CI** gemeinsam
3. A- und B-Skale bzw. C- und D-Skale stimmen jeweils völlig überein.

8.4.2. A- und B-Skale

Werden auf dem Zahlenstrahl die Logarithmen der positiven ganzen Zahlen und ihrer dezimalen Teile dergestalt markiert, daß die Bildpunkte nicht mit ihrer eigentlichen Bedeutung lg N, sondern mit dem Numerus N bezeichnet werden, so ergeben sich die **logarithmischen Skalen** des Rechenstabs.

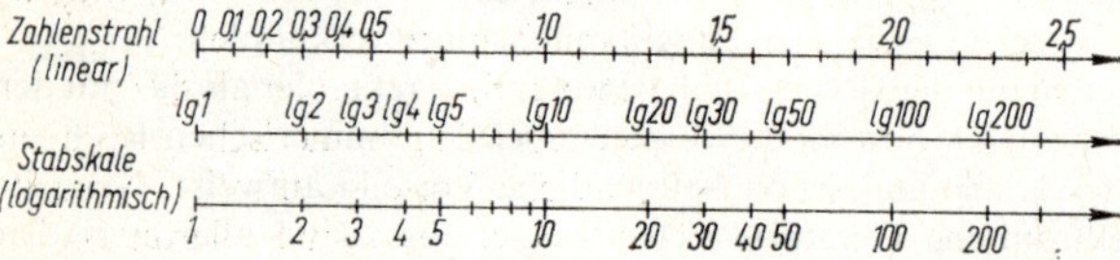

Beachte:

1. Das Bild der Skale wiederholt sich in *Zehnerpotenzabschnitten.*

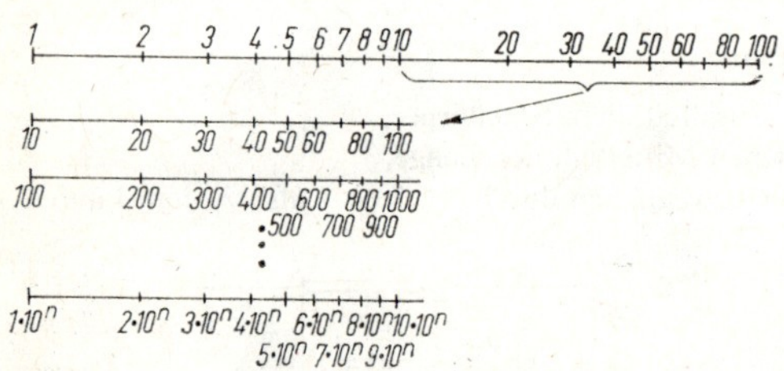

Begründung

z. B.: $\lg(5 \cdot 10^n) = \lg 5 + \lg 10^n = \lg 5 + n \cdot \lg 10 = n + \lg 5$

2. Die A-B-Skalen enthalten je zwei solcher Abschnitte: 1 bis 10 und 10 bis 100.
3. Die markierten *Zwischenstriche* liegen infolge der Ungleichmäßigkeit der logarithmischen Skale in den verschiedenen Teilintervallen verschieden dicht und haben unterschiedliche Bedeutung. Die Ablesegenauigkeit ist daher auch verschieden.

A-B-Skale des 25-cm-Rechenstabes		
Bereich	Abstand der Zwischenstriche	Schätzen bis auf
1 ... 2	$0{,}02 = \frac{1}{50}$	$0{,}005 = \frac{1}{200}$
2 ... 5	$0{,}05 = \frac{1}{20}$	$0{,}01 = \frac{1}{100}$
5 ... 10	$0{,}1 = \frac{1}{10}$	$0{,}02 = \frac{1}{50}$

Mit Hilfe der beweglichen Zunge kann die grafische Addition bzw. Subtraktion (vgl. 4.5., 5.2.4.) der Logarithmen mechanisch ausgeführt werden. Das bedeutet nach den Logarithmengesetzen eine Multiplikation bzw. Division der am Stab notierten Numeri.

1. *Multiplikation*

BEISPIEL

$7{,}55 \cdot 4{,}73$ *Überschlag:* $7 \cdot 5 = 35$

$x = 7{,}55 \cdot 4{,}73 \approx \underline{\underline{35{,}7}}$ $(\lg x = \lg 7{,}55 + \lg 4{,}73)$

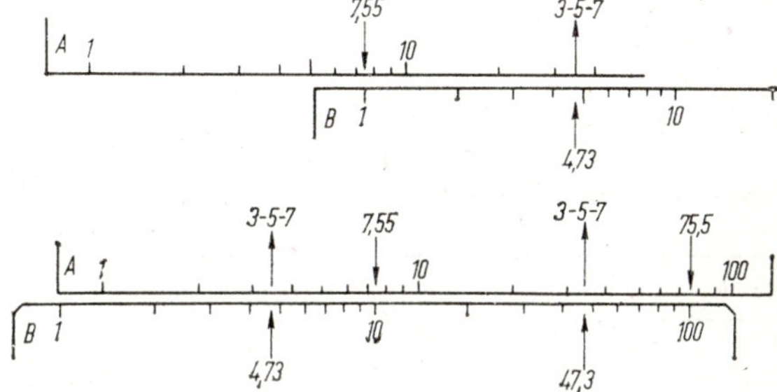

Anweisung

Beim *Multiplizieren* wird 1, 10 oder 100 der Zungenskale B neben den einen Faktor auf der Körperskale A gestellt und neben dem zweiten Faktor auf der Zungenskale B das Ergebnis auf der Körperskale A abgelesen.

Beachte:

Es werden nur Ziffernfolgen abgelesen (im Beispiel: 3 – 5 – 7). Die Größenordnung (Stellung des Kommas) muß durch Überschlag im Kopf bestimmt werden.

2. *Division*

BEISPIEL

66,5 : 7,42 *Überschlag:* 63 : 7 = 9

$x = 66{,}5 : 7{,}42 \approx \underline{\underline{8{,}9}}$ $(\lg x = \lg 66{,}5 - \lg 7{,}42)$

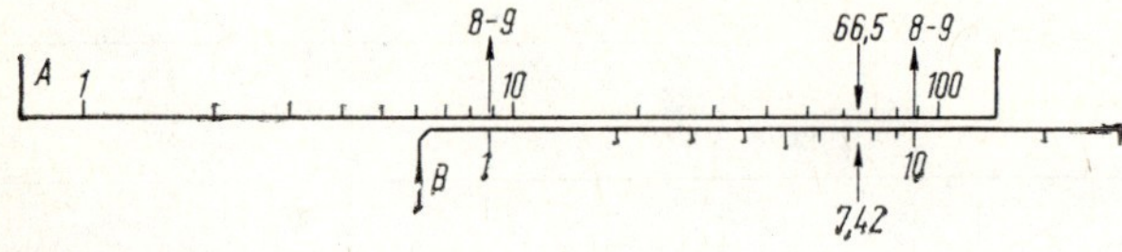

Anweisung

Beim *Dividieren* wird neben den Dividenden auf der Körperskale A der Divisor auf der Zungenskale B gestellt und neben 1, 10 oder 100 der Zungenskale B das Ergebnis auf der Körperskale A abgelesen.

8.4.3. C- und D-Skale

Die C-D-Skalen des Rechenstabes enthalten je nur einen Grundabschnitt, diesen aber mit doppelt so großer Einheit wie auf den A-B-Skalen. Dadurch wird die Genauigkeit der Ablesung gesteigert.

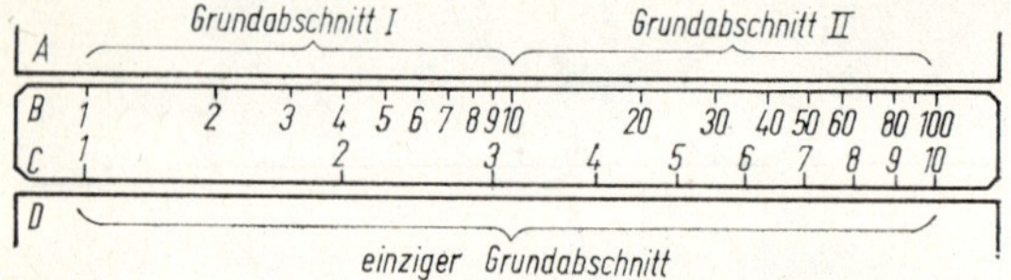

C-D-Skale des 25-cm-Rechenstabes

Bereich	Abstand der Zwischenstriche	Schätzen bis auf
1 ... 2	$0{,}01 = \frac{1}{100}$	$0{,}002 = \frac{1}{500}$
2 ... 4	$0{,}02 = \frac{1}{50}$	$0{,}005 = \frac{1}{200}$
4 ... 10	$0{,}05 = \frac{1}{20}$	$0{,}01 = \frac{1}{100}$

Beachte:

1. Die für das Multiplizieren und Dividieren mit den A-B-Skalen gegebenen Anweisungen (vgl. 8.4.2.) bleiben auch für das Arbeiten mit den C-D-Skalen gültig.

2. Da der Grundabschnitt II fehlt, kann beim *Multiplizieren* mit den C-D-Skalen, falls 1 der Zungenskale C zum Einstellen benutzt wird, das Ergebnis außerhalb der Körperskale D liegen. Dann muß 10 der Zungenskale C zum Einstellen verwendet werden, wozu die Zunge nach links bis zur richtigen Stellung durchgeschoben werden muß (Fachbezeichnung: **Zungenrückschlag**).

BEISPIEL

57,5 · 0,37 *Überschlag:* 50 · 0,4 = 20

$x = 57{,}5 \cdot 0{,}37 \approx \underline{\underline{21{,}3}}$ $(\lg x = \lg 57{,}5 + \lg 0{,}37)$

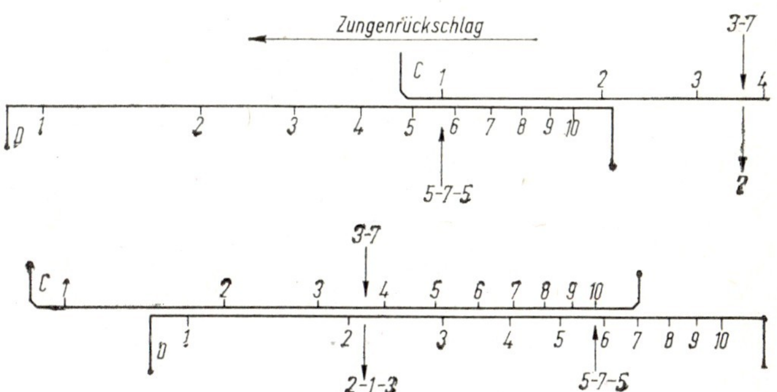

8.4.4. CI-Skale

Ein Zungenrückschlag kann beim Dividieren niemals auftreten.

▌ Die geeignetste Rechenoperation für den Rechenstab ist die Division.

Jede *Multiplikation* kann auf eine *Division* zurückgeführt werden, wenn das Reziproke des einen Faktors als Divisor verwendet wird:

$$a \cdot b = a : \frac{1}{b}$$

Die CI-Skale (**Invers-** oder **Reziprokskale**; lies C-i-Skale) enthält die Logarithmen der zehnfachen Reziproken der Zahlen eines Grundabschnittes; sie liegt in Zungenmitte.

$\lg\frac{10}{10}$ $\lg\frac{10}{9}$ $\lg\frac{10}{8}$ $\lg\frac{10}{7}$ $\lg\frac{10}{6}$ $\lg\frac{10}{5}$ $\lg\frac{10}{4}$ $\lg\frac{10}{3}$ $\lg\frac{10}{2}$ $\lg\frac{10}{1}$

CI 10 9 8 7 6 5 4 3 2 1

Beachte:

1. Auch diese Skale ist nicht mit den eigentlichen Werten $\lg \frac{10}{N}$, sondern mit N beschriftet.
2. Die CI-Skale ist eine umgekehrte C-D-Skale.

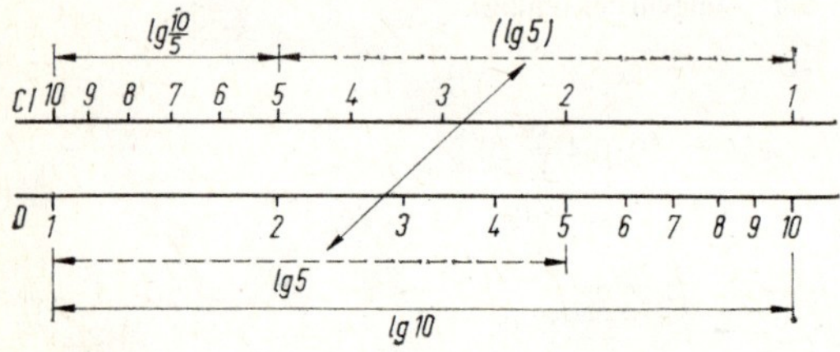

Begründung

$$\lg \frac{10}{N} = \lg 10 - \lg N; \quad \text{z. B.} \quad \lg \frac{10}{5} = \lg 10 - \lg 5$$

Anwendung

Mit Hilfe der D- und CI-Skalen werden *Multiplikationen als Divisionen* ausgeführt. Zur Verbindung beider Skalen wird dabei der Läuferstrich benutzt.

BEISPIEL

$$4{,}82 \cdot 0{,}084 \quad \textit{Überschlag:} \quad 5 \cdot \frac{8}{100} = \frac{4}{10} = 0{,}4$$

$$x = 4{,}82 \cdot 0{,}084 = 4{,}82 : \frac{1}{0{,}084} \approx \underline{\underline{0{,}405}}$$

$$\left(\lg x = \lg 4{,}82 - \lg \frac{1}{0{,}084}\right)$$

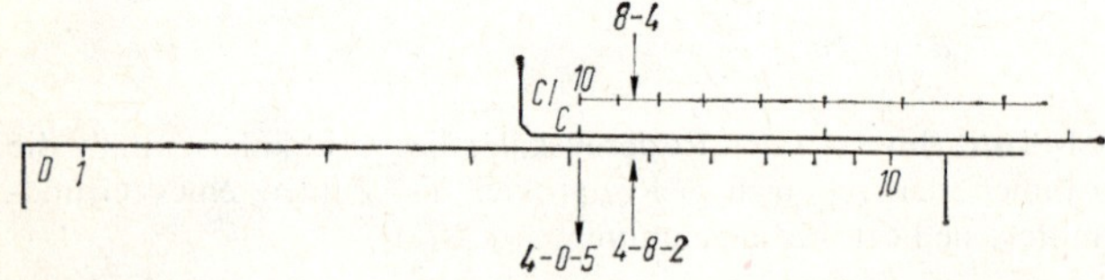

Anweisung

Beim *Multiplizieren mit der D- und CI-Skale* wird der eine Faktor auf der Zungenskale CI neben den anderen Faktor auf der Körperskale D gestellt und neben 1 oder 10 der Zungenskale CI das Ergebnis auf der Körperskale D abgelesen.

Grundregel zur Skalenbenutzung:

Multiplizieren: D und CI
Dividieren: D und C bzw. A und B

8.4.5. Quadrate und Quadratwurzeln

Da die Einheiten der C-D-Skalen und der A-B-Skalen im Verhältnis 2:1 stehen, folgt:

$$\lg N \overset{!}{\triangleq} 2 \lg N = \lg N^2$$

auf D | auf A

Der *Läuferstrich* verbindet also stets

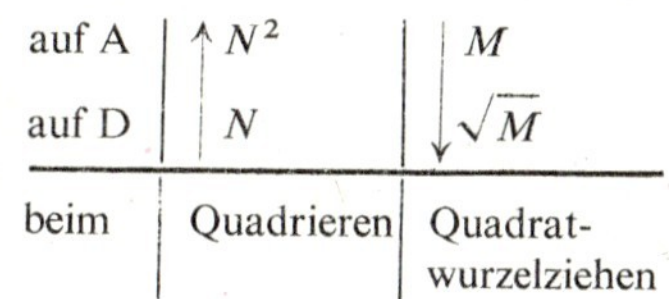

auf A	↑ N^2	M
auf D	N	↓ $\sqrt{M}$
beim	Quadrieren	Quadrat-wurzelziehen

1. *Quadrieren*

BEISPIEL

$0{,}632^2$ *Überschlag:* $0{,}6^2 = 0{,}36$

$x = 0{,}632^2 \approx \underline{\underline{0{,}40}}$ $(\lg x = 2 \cdot \lg 0{,}632)$

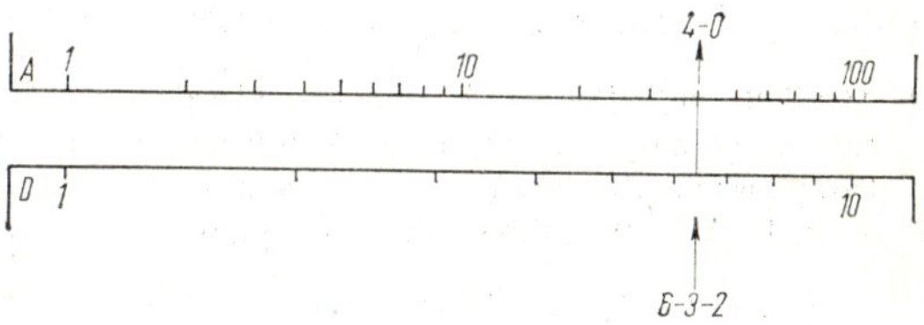

Anweisung

Beim *Quadrieren* wird über die Basis auf der D-Skale der Läuferstrich gestellt und unter ihm auf der A-Skale das Ergebnis abgelesen. Die Zunge wird nicht benutzt.

2. *Quadratwurzelbestimmung*

Hierbei müssen gegebenenfalls vor der Benutzung des Stabes die Radikanden durch *Abspalten von Zehnerpotenzen* mit geradzahligen Exponenten auf Zahlen zwischen 1 und 100 reduziert werden:

$\sqrt{R \cdot 10^{2n}}$ mit $1 < R < 100$; $n \in G$

Auf dem Stab wird dann mit R gearbeitet, wobei darauf zu achten ist, daß R auf der A-Skale im richtigen Grundabschnitt (1 ... 10 bzw. 10 ... 100) aufgesucht wird.

BEISPIELE

1. $\sqrt{715}$ *Überschlag:* $\sqrt{729} = 27$

$$x = \sqrt{715} = \sqrt{7{,}15 \cdot 10^2} \approx \underline{\underline{26{,}7}} \qquad (\lg x = \tfrac{1}{2} \lg [7{,}15 \cdot 10^2])$$

2. $\sqrt{0{,}0072}$ *Überschlag:* $\sqrt{0{,}0064} = 0{,}08$

$$x = \sqrt{0{,}0072} = \sqrt{72 \cdot 10^{-4}} \approx \underline{\underline{0{,}085}} \qquad (\lg x = \tfrac{1}{2} \lg [72 \cdot 10^{-4}])$$

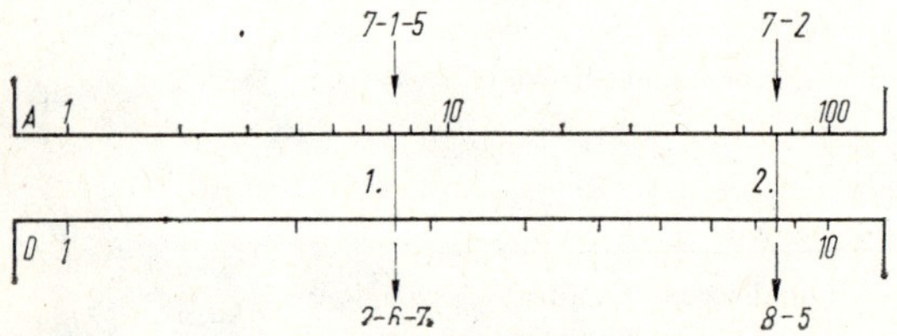

Anweisung

Bei der *Quadratwurzelbestimmung* wird über den Radikanden auf der A-Skale der Läuferstrich gestellt und unter ihm auf der D-Skale das Ergebnis abgelesen. Die Zunge wird nicht benutzt.

8.4.6. Marken π, C, C_1 und der Läufer mit Nebenstrichen

1. Alle Stäbe enthalten auf den vier Grundskalen die *Marke* π. Sie wird zur Berechnung der Länge des *Kreisumfangs* u aus der Länge des Durchmessers d und umgekehrt verwendet. Dabei handelt es sich um normale Multiplikations- bzw. Divisionsaufgaben (vgl. 8.4.2. bis 8.4.4.): $u = \pi \cdot d$ bzw. $d = \dfrac{u}{\pi}$

2. Die *Marken C und* C_1 auf der C-Skale dienen zur Berechnung des Inhalts A der *Kreisfläche* aus der Länge des *Durchmessers* d und umgekehrt:

$$A = \frac{\pi}{4} \cdot d^2 = \frac{d^2}{\frac{4}{\pi}} = \left(\frac{d}{\sqrt{\frac{4}{\pi}}}\right)^2 = \left(\frac{d}{\mathrm{C}}\right)^2 \quad \text{mit} \quad \mathrm{C} = \sqrt{\frac{4}{\pi}}$$

bzw. $d = \sqrt{A} \cdot \mathrm{C}$

Beide Berechnungen erfordern eine Verknüpfung des Quadrierens bzw. des Quadratwurzelziehens mit einer Division bzw. einer Multiplikation.

BEISPIELE

1. *Berechnung von A*

$$d = 7{,}2; \quad A = \frac{\pi}{4} \cdot 7{,}2^2 \quad \textit{Überschlag:} \ \frac{3}{4} \cdot 7^2 \approx 36$$

$$A = \left(\frac{7{,}2}{\mathrm{C}}\right)^2 \approx \underline{\underline{40{,}7}}$$

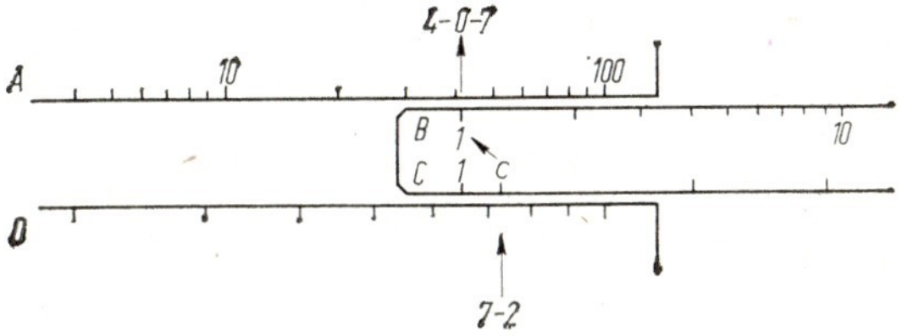

Anweisung

Zur Berechnung des *Kreisflächeninhalts A* wird die Marke C der Zungenskale C neben die Durchmesserlänge *d* auf der Körperskale D gestellt und neben 1, 10 oder 100 der Zungenskale B der Flächeninhalt *A* auf der Körperskale A abgelesen.

2. *Berechnung von d*

$$A = 7240; \quad d = \sqrt{\frac{4}{\pi} \cdot 7240} \quad \textit{Überschlag:} \ \sqrt{\frac{4 \cdot 70 \cdot 10^2}{3}}$$

$$\approx \sqrt{90 \cdot 10^2} \approx 90$$

$$d = \sqrt{7240} \cdot \mathrm{C} = \sqrt{72{,}4 \cdot 10^2} \cdot \mathrm{C} \approx \underline{\underline{96}}$$

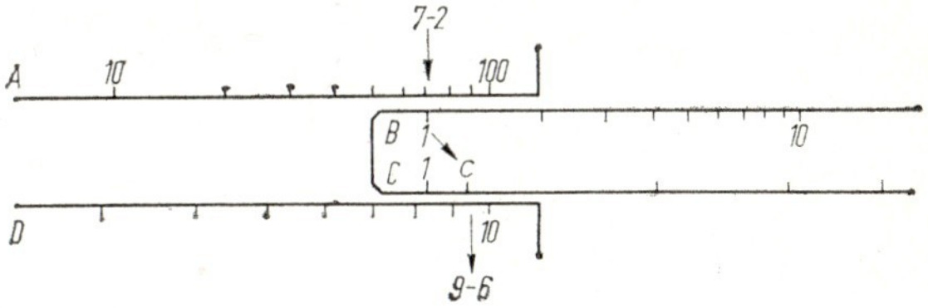

Anweisung

Zur Berechnung der *Kreisdurchmesserlänge d* wird die Zahl 1 der Zungenskale B neben den Flächeninhalt *A* auf der Körperskale *A* gestellt und neben der Marke C der Zungenskale C auf der Körperskale D die Durchmesserlänge *d* abgelesen.

Beachte:

Auf der C-Skale ist eine weitere Marke C_1 angebracht. Mit ihr kann genauso wie mit *C* gearbeitet werden, wenn auf der B-Skale 10 statt 1 benutzt wird.

Die Lösung des letzten Beispiels unter Verwendung von C_1 und 10 zeigt das nachstehende Bild.

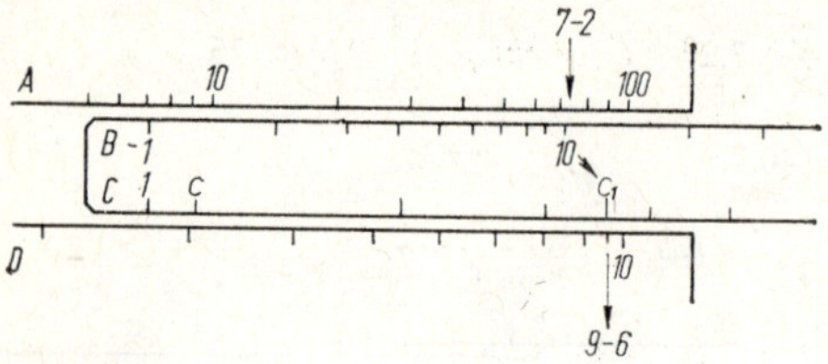

3. Das Entscheidende bei den Marken C und C_1 ist der Abstand a gegenüber 1 bzw. 10 auf der B-Skale.

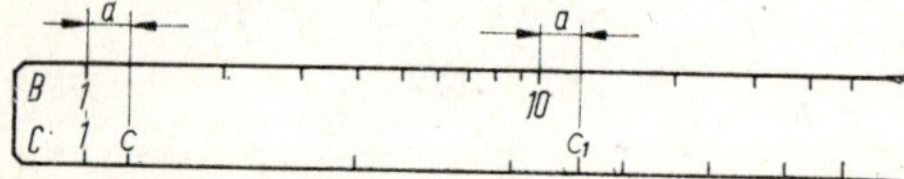

Beim heute am meisten verbreiteten *Läufer mit zwei Nebenstrichen* ist dieser Abstand a rechts und links vom Läuferstrich durch zwei weitere Striche markiert. Dann sind die Festmarken C und C_1 überflüssig, da jetzt ohne Zuhilfenahme der Zunge die Kreisberechnungen mit A- und D-Skale und mit dem mit zwei Nebenstrichen versehenen Läufer gelöst werden können.

BEISPIELE

1. *Berechnung von A*

$$d = 22{,}5; \quad A = \frac{\pi}{4} \cdot 22{,}5^2 \quad \textit{Überschlag:}\ \frac{3}{4} \cdot 20^2 = 300$$

$$A = \left(\frac{22{,}5}{\mathrm{C}}\right)^2 \approx \underline{\underline{397}}$$

2. *Berechnung von d*

$$A = 0{,}72; \quad d = \sqrt{\frac{4}{\pi} \cdot 0{,}72} \quad \textit{Überschlag:}\ \sqrt{\frac{4 \cdot 0{,}7}{3}} \approx 0{,}9$$

$$d = \sqrt{0{,}72} \cdot \mathrm{C} \approx \underline{\underline{0{,}95}}$$

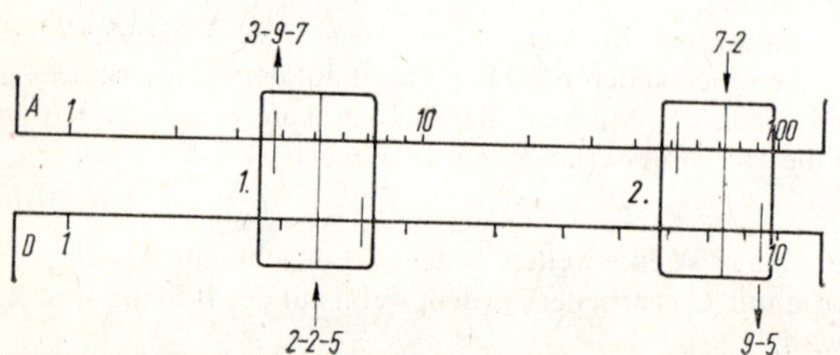

Anweisungen

Zu 1.: Zur Berechnung des *Kreisflächeninhalts* A wird der Hauptstrich über die Durchmesserlänge d auf der Körperskale D gestellt und unter dem linken Nebenstrich auf der Körperskale A der Flächeninhalt A abgelesen.
Zu 2.: Zur Berechnung der *Kreisdurchmesserlänge* d wird der Hauptstrich über den Flächeninhalt A auf der Körperskale A gestellt und unter dem rechten Nebenstrich auf der Körperskale D die Durchmesserlänge d abgelesen.

9. Der Bereich der komplexen Zahlen

9.1. Erweiterung des Bereiches P der reellen Zahlen zum Bereich K der komplexen Zahlen

9.1.1. Ziel der Bereichserweiterung

Allen bisherigen Bereichserweiterungen waren zwei Dinge gemeinsam:

1. Jedem Bereich entspricht eine Klasse von Gleichungen, die in diesem Bereich Lösungen besitzen, d.h., deren Lösungsmengen in diesem Bereich nicht leer sind.
   Jedem erweiterten Bereich entspricht auch eine erweiterte Klasse derartiger Gleichungen.
2. Jedem Bereich entspricht eine Menge von Punkten auf der Zahlengeraden, durch die die Zahlen des betreffenden Bereiches grafisch veranschaulicht werden.
   Jedem erweiterten Bereich entspricht auch eine erweiterte Menge derartiger Punkte.

Jedoch gibt es noch zahlreiche Typen von Gleichungen, die nur unter einschränkenden Bedingungen eine Lösung $x \in P$ besitzen.

BEISPIELE

Gleichung	einschränkende Bedingung
1. $x^n = a, \quad n \in N, \quad a \in P$	n ungerade oder $a \geqq 0$
2. $e^x = a, \quad a \in P$	$a > 0$
3. $\sin x = a, \quad a \in P$	$-1 \leqq a \leqq +1$

In dem zu konstruierenden Bereich sollen weitere Beschränkungen für die Existenz von Lösungen von Gleichungen wegfallen. Insbesondere sollen Gleichungen vom Typ

$$x^n = a, \quad n \in N, \quad a \in P \quad (\text{sogar: } a \in K)$$

in diesem Bereich Lösungen haben.
Die Zahlengerade ist jedoch durch den Körper P lückenlos erfaßt, so daß eine Darstellung des zu konstruierenden Bereiches auf der Zahlengeraden nicht möglich ist.
Damit zusammenhängend ergibt sich die Notwendigkeit, in dem neuen Bereich auf eine Ordnungsrelation zu verzichten.

9.1.2. Die Menge der komplexen Zahlen

Definition

▌ **komplexe Zahlen** sind Paare $[a, b]$ reeller Zahlen a und b.

Beachte:

Zwischen diesen Paaren wird keine besondere Äquivalenzrelation (z. B. Quotientengleichheit, Differenzgleichheit o. ä.) erklärt.
Es wird lediglich Gebrauch gemacht von der gewöhnlichen Gleichheitsrelation zwischen Zahlenpaaren:
$[a, b] = [c, d]$ genau dann, wenn $a = c$ und $b = d$.

9.1.3. Erklärung der vier Grundrechenoperationen

Direkte Operationen

Addition: $[a, b] + [c, d] = [a + c, b + d]$

Multiplikation: $[a, b] \cdot [c, d] = [a \cdot c - b \cdot d, a \cdot d + b \cdot c]$

Umkehroperationen

Subtraktion: $[a, b] - [c, d] = [a - c, b - d]$

Division: $[a, b] : [c, d] = \left[\frac{a \cdot c + b \cdot d}{c^2 + d^2}, \frac{b \cdot c - a \cdot d}{c^2 + d^2}\right]$

$[c, d] \neq [0, 0]$

Beachte:

Mit diesen Rechenoperationen bilden die komplexen Zahlen einen **Körper** (vgl. 7.2.1.), den Körper K der komplexen Zahlen.

9.1.4. Der Bereich *K* der komplexen Zahlen als Erweiterung des Bereiches *P* der reellen Zahlen

Mit der Zuordnung

$a \longleftrightarrow [a, 0] \quad a \in P$

wird der Bereich P der reellen Zahlen in den Bereich K der komplexen Zahlen eingebettet.
Alle Operationen mit reellen Zahlen spiegeln sich in den entsprechenden Operationen mit den zugeordneten komplexen Zahlen wider.

9.2. Darstellung komplexer Zahlen

9.2.1. Die imaginäre Einheit

▌ Die komplexe Zahl $[0, 1]$ heißt **imaginäre Einheit**.

Sie wird gewöhnlich mit i (in einigen wichtigen Anwendungsbereichen, z. B. in der Elektrotechnik, auch mit j) bezeichnet. Die imaginäre Einheit hat die Grundeigenschaft

$$i^2 = -1, \quad \text{d.h.,} \quad [0, 1]^2 = [-1, 0].$$

Beachte:

1. Die früher gebräuchliche Erklärung $i = \sqrt{-1}$ ist nicht haltbar.
2. Die Bezeichnung „imaginär" ist historisch bedingt und darf nicht Anlaß sein, in den betrachteten Zahlen etwas Mystisches zu sehen.

9.2.2. Reelle, imaginäre und komplexe Zahlen und ihre arithmetische Darstellung

Eine komplexe Zahl der Form $[a, 0]$ $(a \in P)$ entspricht der reellen Zahl a und wird mit dieser identifiziert (vgl. 9.1.4.). Eine komplexe Zahl der Form $[0, a]$ $(a \in P)$ wird als **imaginäre** (gelegentlich auch als rein imaginäre) Zahl bezeichnet. Unter Verwendung reeller Zahlen und der imaginären Einheit i ergeben sich folgende Bezeichnungen:

$$[a, 0] = a$$

$$[0, b] = b \cdot i$$

$$[a, b] = a + b \cdot i$$

$a + b \cdot i$ heißt die **arithmetische Darstellung** der komplexen Zahl $[a, b]$, a ihr **Realteil,** b ihr **Imaginärteil.**

9.2.3. Grafische Darstellung komplexer Zahlen

Jede komplexe Zahl $[a, b] = a + b \cdot i$ kann eindeutig auf einen Punkt $P(a, b)$ in einem ebenen kartesischen Koordinatensystem, auf dessen Achsen gleiche Einslängen festgelegt sind, abgebildet werden.

Da der Realteil der Abszisse und der Imaginärteil der Ordinate entspricht, nennt man die Abszissenachse in diesem Zusammenhang **reelle Achse**, die Ordinatenachse **imaginäre Achse**. Die in dieser Weise zur Darstellung der komplexen Zahlen verwendete Ebene wird als **Gaußsche Zahlenebene** bezeichnet (CARL FRIEDRICH GAUSS, 1777 bis 1855, deutscher Mathematiker).

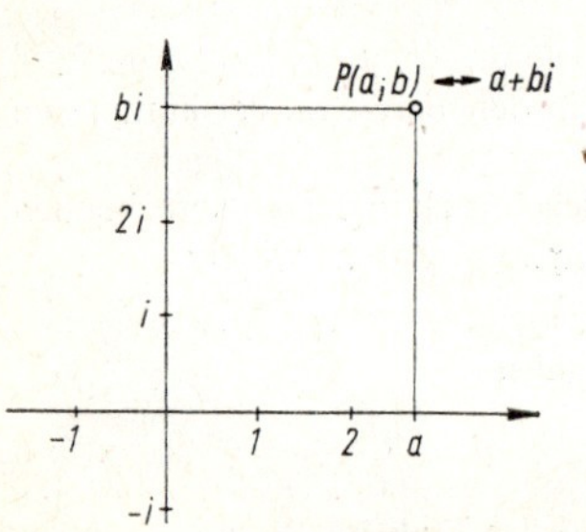

Beachte:

1. Den reellen Zahlen entsprechen die Punkte der reellen Achse. Auf diese Art ist die Einbettung von P in K auch grafisch veranschaulicht.
2. Den imaginären Zahlen entsprechen die Punkte der imaginären Achse.

9.2.4. Kenellysche und goniometrische Darstellung komplexer Zahlen

Der die komplexe Zahl $a + b \cdot \mathrm{i}$ darstellende Punkt $P(a, b)$ in der Gaussschen Zahlenebene wird auch eindeutig beschrieben durch seinen Abstand r vom Nullpunkt (gemessen in Einslängen) und den Winkel φ, den der Strahl von $N(0, 0)$ nach $P(a, b)$ mit dem Strahl von $N(0, 0)$ nach $E(1, 0)$ bildet.

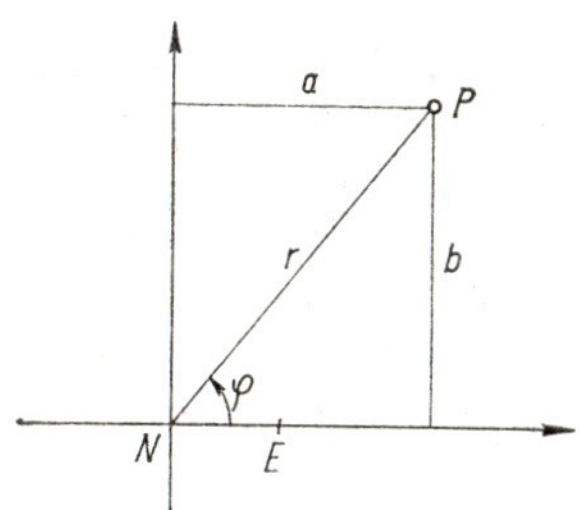

Definition

Man nennt

$r \angle \varphi$ (sprich: „r versor phi") die **Kenellysche Darstellung** der komplexen Zahl $a + b \cdot \mathrm{i}$

r den **Betrag** der komplexen Zahl $a + b \cdot \mathrm{i}$

φ das **Argument** der komplexen Zahl $a + b \cdot \mathrm{i}$

Satz

Zwischen Realteil a und Imaginärteil b einerseits sowie Betrag r und Argument φ andererseits bestehen die Beziehungen

$$a = r \cos \varphi \qquad r = \sqrt{a^2 + b^2}$$

$$b = r \sin \varphi \qquad \tan \varphi = \frac{b}{a}; \quad \sin \varphi = \frac{b}{r}; \quad \cos \varphi = \frac{a}{r}$$

Daraus ergibt sich die

goniometrische Darstellung einer komplexen Zahl:

$$a + b \cdot \mathrm{i} = r \cdot (\cos \varphi + \mathrm{i} \cdot \sin \varphi)$$

Beachte:

1. Die Kenellysche Darstellung kann man als Abkürzung für die goniometrische Darstellung interpretieren.

2. Durch r und φ sind a und b eindeutig bestimmt. Durch a und b ist zwar r eindeutig bestimmt, jedoch ist φ nur bis auf ganzzahlige Vielfache von 360° bestimmt, denn für $k \in G$ ist $\sin(\varphi + k \cdot 360°) = \sin\varphi$, $\cos(\varphi + k \cdot 360°) = \cos\varphi$, $\tan(\varphi + k \cdot 360°) = \tan\varphi$
3. Da jede der Funktionen $\sin\varphi$, $\cos\varphi$ und $\tan\varphi$ im Intervall 0 ... 360° (mit unwesentlichen Ausnahmen) jeden möglichen Funktionswert zweimal annimmt, müssen zur eindeutigen Bestimmung von φ bei Beschränkung auf das Intervall 0 ... 360° mindestens zwei der drei Beziehungen $\tan\varphi = b/a$, $\sin\varphi = b/r$ und $\cos\varphi = a/r$ verwendet werden.

BEISPIELE

1. Die komplexe Zahl $-4 + 3\mathrm{i}$ ist in goniometrischer Form darzustellen. Dabei ist φ im Intervall 0 ... 360° zu wählen.

$$r = \sqrt{(-4)^2 + 3^2} = 5$$

$$\tan\varphi = \frac{3}{-4} = -0{,}75 \rightarrow \varphi = 143{,}1° \quad \text{oder} \quad \varphi = 323{,}1°$$

$$\sin\varphi = \frac{3}{5} = 0{,}60 \quad \rightarrow \varphi = 36{,}9° \quad \text{oder} \quad \varphi = 143{,}1°$$

$$\cos\varphi = \frac{-4}{5} = -0{,}80 \rightarrow \varphi = 143{,}1° \quad \text{oder} \quad \varphi = 216{,}9°$$

Nur der Winkel $\varphi = 143{,}1°$ erfüllt alle drei Bedingungen; er ist aber auch durch zwei der drei Bedingungen eindeutig festgelegt.

$$-4 + 3\mathrm{i} = 5 \cdot (\cos 143{,}1° + \mathrm{i} \cdot \sin 143{,}1°) = 5 \,\underline{/143{,}1°}$$

2. Die komplexe Zahl $\sqrt{3}\,\underline{/300°}$ ist in arithmetischer Form darzustellen.

$$\begin{aligned}\sqrt{3}\,\underline{/300°} &= \sqrt{3}\,(\cos 300° + \mathrm{i} \cdot \sin 300°)\\ &= \sqrt{3}\left[\tfrac{1}{2} + \mathrm{i} \cdot \left(-\tfrac{1}{2}\sqrt{3}\right)\right]\\ &= \tfrac{1}{2}\sqrt{3} - \tfrac{3}{2}\mathrm{i}\end{aligned}$$

9.3. Rechnen mit komplexen Zahlen

9.3.1. Gleichheit

In arithmetischer Form:

$a + b \cdot \mathrm{i} = c + d \cdot \mathrm{i}$ genau dann, wenn $a = c$ und $b = d$

In KENELLYscher Form:

$r\,\underline{/\varphi} = s\,\underline{/\psi}$ genau dann, wenn $r = s$ und $\varphi = \psi + k \cdot 360°$ $(k \in G)$

In goniometrischer Form:

$r(\cos\varphi + i \cdot \sin\varphi) = s(\cos\psi + i \cdot \sin\psi)$ genau dann, wenn $r = s$ und $\cos\varphi = \cos\psi$ und $\sin\varphi = \sin\psi$, also genau dann, wenn $r = s$ und $\varphi = \psi + k \cdot 360°$ $(k \in G)$.

9.3.2. Konjugiert komplexe Zahlen

Zwei komplexe Zahlen heißen konjugiert komplex (zueinander), wenn sie sich im Vorzeichen des Imaginärteiles, aber auch nur darin unterscheiden.

$a + b \cdot i$ und $a - b \cdot i$ sind zueinander konjugiert komplex.
$r\,\underline{/\varphi}$ und $r\,\underline{/-\varphi}$ sind zueinander konjugiert komplex.

Soll das Argument im Intervall 0 … 360° liegen, so ersetzt man die Darstellung in KENELLYscher Form durch $r\,\underline{/360° - \varphi}$.

$r\,\underline{/\varphi}$ und $r\,\underline{/360° - \varphi}$ sind zueinander konjugiert komplex.

Beachte:

1. Die Gleichwertigkeit der Darstellung in arithmetischer Form mit der (bzw. denen) in KENELLYscher Form ergibt sich aus den Beziehungen
   $\cos(360° - \varphi) = \cos(-\varphi) = \cos\varphi$
   $\sin(360° - \varphi) = \sin(-\varphi) = -\sin\varphi$ (vgl. dazu 15.3.3.4. und15.3.3.5.),
   wenn man die KENELLYsche Form als Abkürzung für die goniometrische Form interpretiert.
2. Konjugiert komplexe Zahlen haben gleichen Betrag.

9.3.3. Entgegengesetzte komplexe Zahlen

Zwei komplexe Zahlen heißen entgegengesetzt (zueinander), wenn sie sich im Vorzeichen von Real- und Imaginärteil, aber auch nur darin unterscheiden.

$a + bi$ und $-a - bi$ sind einander entgegengesetzt.
$r\,\underline{/\varphi}$ und $r\,\underline{/180° + \varphi}$ sind einander entgegengesetzt.

Beachte:

Einander entgegengesetzte komplexe Zahlen haben gleichen Betrag.

9.3.4. Addition und Subtraktion komplexer Zahlen

Anwendung der Rechengesetze in Zahlenkörpern (vgl. 7.2.1.) ergibt in arithmetischer Form die Beziehungen

$$(a + bi) + (c + di) = a + bi + c + di = a + c + bi + di = (a + c) + (b + d)i$$
$$(a + bi) - (c + di) = a + bi - c - di = a - c + bi - di = (a - c) + (b - d)i$$

BEISPIELE

1. $(1{,}5 - 2{,}1\mathrm{i}) + (-0{,}6 + 1{,}3\mathrm{i}) = (1{,}5 - 0{,}6) + (-2{,}1 + 1{,}3)\,\mathrm{i}$
   $= 0{,}9 + 0{,}8\mathrm{i}$
2. $(1{,}5 - 2{,}1\mathrm{i}) - (-0{,}6 + 1{,}3\mathrm{i}) = (1{,}5 + 0{,}6) + (-2{,}1 - 1{,}3)\,\mathrm{i}$
   $= 2{,}1 - 3{,}4\mathrm{i}$

Sonderfälle:

$$(a + b\mathrm{i}) + (a - b\mathrm{i}) = 2a$$

Die Summe zweier konjugiert komplexer Zahlen ist reell.

$$(a + b\mathrm{i}) - (a - b\mathrm{i}) = 2b\mathrm{i}$$

Die Differenz zweier konjugiert komplexer Zahlen ist imaginär.

$$(a + b\mathrm{i}) + (-a - b\mathrm{i}) = 0$$

Die Summe zweier entgegengesetzter komplexer Zahlen ist Null.

Die KENELLYsche bzw. goniometrische Form ist für die Addition und Subtraktion komplexer Zahlen nicht geeignet.

9.3.5. Multiplikation komplexer Zahlen

Anwendung der Rechengesetze in Zahlenkörpern (vgl. 7.2.1.) und Beachtung der Beziehung $\mathrm{i}^2 = -1$ ergibt in arithmetischer Form

$$\begin{aligned}(a + b\mathrm{i})(c + d\mathrm{i}) &= ac + ad\mathrm{i} + bc\mathrm{i} + bd\mathrm{i}^2\\ &= (ac - bd) + (ad + bc)\,\mathrm{i}.\end{aligned}$$

BEISPIEL

$$(3 + 4\mathrm{i})(2 - 2\mathrm{i}) = 6 - 6\mathrm{i} + 8\mathrm{i} - 8\mathrm{i}^2 = 14 + 2\mathrm{i}$$

In goniometrischer Form erhält man unter Verwendung der Additionstheoreme (vgl. 15.3.3.6.1.) die Beziehung

$$\begin{aligned} r\,\underline{/\varphi} \cdot s\,\underline{/\psi} &= r(\cos\varphi + \mathrm{i}\cdot\sin\varphi)\cdot s(\cos\psi + \mathrm{i}\cdot\sin\psi)\\ &= rs\,[(\cos\varphi\cdot\cos\psi - \sin\varphi\cdot\sin\psi)\\ &\quad + (\cos\varphi\cdot\sin\psi + \sin\varphi\cdot\cos\psi)\,\mathrm{i}]\\ &= rs\,[\cos(\varphi+\psi) + \mathrm{i}\cdot\sin(\varphi+\psi)]\\ &= rs\,\underline{/\varphi + \psi}\end{aligned}$$

Beim Multiplizieren (zweier) komplexer Zahlen in KENELLYscher bzw. goniometrischer Form werden die Beträge multipliziert und die Argumente addiert.

BEISPIEL

$$5\,\underline{/53{,}1^\circ}\cdot 2\cdot\sqrt{2}\,\underline{/315^\circ} = 10\cdot\sqrt{2}\,\underline{/368{,}1^\circ} = 10\cdot\sqrt{2}\,\underline{/8{,}1^\circ}$$

Sonderfall:

$$(a + bi)(a - bi) = a^2 + b^2$$

$$r \angle \varphi \cdot r \angle -\varphi = r^2 \angle 0 = r^2$$

Das Produkt zweier konjugiert komplexer Zahlen ist reell und gleich dem Quadrat des Betrages jedes der beiden Faktoren.

9.3.6. Division komplexer Zahlen

Das Resultat der Divisionsaufgabe $(a + bi):(c + di)$ ist diejenige komplexe Zahl $x + yi$, die der Gleichung $(x + yi)(c + di) = a + bi$ genügt.

$(x + yi)(c + di) = a + bi$	Ausführen der Multiplikation
$(cx - dy) + (dx + cy)\,i = a + bi$	Gleichheit komplexer Zahlen
$cx - dy = a$	Gleichheit der Realteile
$dx + cy = b$	Gleichheit der Imaginärteile

Die letzten beiden Gleichungen bilden ein lineares Gleichungssystem in den Variablen x und y (vgl. 10.6.1.). Es hat die *Lösung*

$$x = \frac{ac + bd}{c^2 + d^2}, \quad y = \frac{bc - ad}{c^2 + d^2} \quad (c^2 + d^2 \neq 0).$$

Somit ist

$$(a + bi) : (c + di) = \frac{ac + bd}{c^2 + d^2} + \frac{bc - ad}{c^2 + d^2}\,i \quad (c + di \neq 0).$$

Bequemer erhält man dieses Ergebnis, indem man $\frac{a + bi}{c + di}$ mit $c - di$ erweitert, wodurch der Nenner reell wird, und den Bruch sodann in zwei Summanden – einen reellen und einen imaginären – zerlegt:

$$\frac{a + bi}{c + di} = \frac{(a + bi)(c - di)}{(c + di)(c - di)} = \frac{ac - adi + bci - bdi^2}{c^2 - d^2i^2}$$

$$= \frac{ac - adi + bci + bd}{c^2 + d^2} = \frac{ac + bd}{c^2 + d^2} + \frac{bc - ad}{c^2 + d^2}\,i$$

BEISPIEL

$$\frac{3 - 4i}{2 + 5i} = \frac{(3 - 4i)(2 - 5i)}{(2 + 5i)(2 - 5i)} = \frac{6 - 15i - 8i + 20i^2}{4 - 25i^2}$$

$$= \frac{-14 - 23i}{29} = -\frac{14}{29} - \frac{23}{29}\,i$$

In KENELLYscher bzw. goniometrischer Darstellung bestehen zwei analoge Möglichkeiten zur Ausführung der Division. Beide ergeben

$$\frac{r \angle\varphi}{s \angle\psi} = \frac{r(\cos\varphi + \mathrm{i}\cdot\sin\varphi)}{s(\cos\psi + \mathrm{i}\cdot\sin\psi)}$$

$$= \frac{r}{s}[\cos(\varphi - \psi) + \mathrm{i}\cdot\sin(\varphi - \psi)] = \frac{r}{s} \angle\varphi - \psi.$$

Beim Dividieren zweier komplexer Zahlen in KENELLYscher bzw. goniometrischer Form werden die Beträge dividiert, die Argumente subtrahiert.

BEISPIELE

$$\frac{10{,}5 \angle 60°}{3 \angle 210°} = \frac{10{,}5}{3} \angle 60° - 210° = 3{,}5 \angle -150° = 3{,}5 \angle 210°$$

Sonderfall

Kehrwert (reziproker Wert) einer komplexen Zahl:

$$\frac{1}{a + b\mathrm{i}} = \frac{a - b\mathrm{i}}{(a + b\mathrm{i})(a - b\mathrm{i})} = \frac{a}{a^2 + b^2} - \frac{b}{a^2 + b^2}\mathrm{i}$$

$$\frac{1}{r \angle\varphi} = \frac{1}{r} \angle -\varphi = \frac{1}{r} \angle 360° - \varphi$$

9.3.7. Potenzen mit ganzzahligen Exponenten

Das Potenzieren mit ganzzahligen Exponenten kann auf komplexe Basen übertragen werden und führt auch dort auf eine eindeutige Rechenoperation.

Definition

Sei $c = [a, b] = a + b\mathrm{i} = r \angle\varphi = r(\cos\varphi + \mathrm{i}\cdot\sin\varphi)$ eine komplexe Zahl in irgendeiner möglichen Darstellung.
Dann werden durch die folgenden Beziehungen eindeutig Potenzen c^g mit beliebigem $g \in G$ erklärt:

$$c^0 = 1 \quad c^{k+1} = c^k \cdot c \quad c^{k-1} = c^k : c \quad (c \neq 0)$$

$$0^g = \begin{cases} 0 & \text{für } g > 0 \\ \text{nicht definiert} & \text{für } g \leqq 0 \end{cases}$$

In arithmetischer Form ergibt sich

a) für positive ganzzahlige Exponenten:

$$(a + b\mathrm{i})^1 = a + b\mathrm{i}$$
$$(a + b\mathrm{i})^2 = (a + b\mathrm{i})(a + b\mathrm{i}) = (a^2 - b^2) + 2ab\mathrm{i}$$
$$(a + b\mathrm{i})^3 = (a + b\mathrm{i})^2(a + b\mathrm{i}) = (a^3 - 3ab^2) + (3a^2b - b^3)\mathrm{i}$$
$$(a + b\mathrm{i})^4 = (a + b\mathrm{i})^3(a + b\mathrm{i}) = (a^4 - 6a^2b^2 + b^4) + (4a^3b - 4ab^3)\mathrm{i}$$

b) für negative ganzzahlige Exponenten:

$$(a + b\mathrm{i})^{-1} = \frac{1}{(a + b\mathrm{i})^1} = \frac{1}{a + b\mathrm{i}} = \frac{a}{a^2 + b^2} - \frac{b}{a^2 + b^2}\,\mathrm{i}$$

$$(a + b\mathrm{i})^{-2} = \frac{1}{(a + b\mathrm{i})^2} = \frac{1}{(a^2 - b^2) + 2ab\mathrm{i}}$$

$$= \frac{a^2 - b^2}{(a^2 + b^2)^2} - \frac{2ab}{(a^2 + b^2)^2}\,\mathrm{i}$$

...

In KENELLYscher bzw. goniometrischer Form ergibt sich der

Satz von Moivre

$$(r \underline{/\varphi})^g = [r(\cos\varphi + \mathrm{i}\cdot\sin\varphi)]^g$$

$$= r^g[\cos(g\varphi) + \mathrm{i}\cdot\sin(g\varphi)] = r^g \underline{/g\varphi}$$

(ABRAHAM DE MOIVRE, 1667 bis 1754, franz. Mathematiker)

BEISPIELE

1. $(2\underline{/60^\circ})^3 = 2^3 \underline{/3\cdot 60^\circ} = 8\underline{/180^\circ} = -8$
2. $(3\underline{/60^\circ})^{-2} = 3^{-2}\underline{/-2\cdot 60^\circ} = \frac{1}{9}\underline{/-120^\circ} = \frac{1}{9}\underline{/240^\circ}$

Sonderfall:

Für die Basis $[0, 1] = \mathrm{i} = 1\underline{/90^\circ} = 1(\cos 90^\circ + \mathrm{i}\cdot\sin 90^\circ)$ ergeben sich folgende Potenzwerte:

$\mathrm{i}^1 = \mathrm{i}$ $\quad \mathrm{i}^2 = -1$ $\quad \mathrm{i}^3 = -\mathrm{i}$ $\quad \mathrm{i}^4 = 1$

$\mathrm{i}^5 = \mathrm{i}$ $\quad \mathrm{i}^6 = -1$ $\quad \mathrm{i}^7 = -\mathrm{i}$ $\quad \mathrm{i}^8 = 1$

...

$\mathrm{i}^{4g+1} = \mathrm{i}$ $\quad \mathrm{i}^{4g+2} = -1$ $\quad \mathrm{i}^{4g+3} = -\mathrm{i}$ $\quad \mathrm{i}^{4g+4} = \mathrm{i}^{4g} = 1 \quad (g \in G)$

Diesen Viererzyklus präge man sich gut ein!

9.4. Gleichungen in K

9.4.1. Grundsätzliches

Das Auflösen von Gleichungen in K ist ein sehr umfassendes und kompliziertes Problem. Es wird hier nur an einem sehr speziellen, besonders wichtigen Gleichungstyp demonstriert. Dabei wird – wie allgemein üblich – die komplexe Variable mit z bezeichnet. Je nachdem, ob die arithmetische oder die KENELLYsche bzw. goniometrische Darstellung gewählt wird, ist für die Variable anzusetzen

$$z = x + y\mathrm{i} \quad \text{oder} \quad z = s\underline{/\psi} = s(\cos\psi + \mathrm{i}\cdot\sin\psi).$$

Eine komplexe Gleichung wird gewöhnlich unter Beachtung der Eigenschaften der Gleichheitsrelation in K (vgl. 9.3.1.) auf zwei reelle Gleichungen zurückgeführt, die dann mit Hilfe der entsprechenden Verfahren (vgl. Abschn. 10.) zu lösen sind.

9.4.2. Potenzgleichungen in K

Darunter werde eine Gleichung der Form

$$z^n = c \quad n \in N, \quad c \in K, \quad z \in K, \quad n \text{ und } c \text{ gegeben, } z \text{ gesucht}$$

verstanden.
Für beliebiges $n \in N$ wählt man c und z zweckmäßig in KENELLYscher Form: $c = r \angle \varphi$, $z = s \angle \psi$. Es ergibt sich

$$(s \angle \psi)^n = r \angle \varphi$$

$$s^n \angle n\psi = r \angle \varphi$$

$$s^n = r, \quad \text{folglich} \quad s = \sqrt[n]{r}$$

$$n\psi = \varphi + k \cdot 360°, \quad \text{folglich} \quad \psi = \frac{\varphi + k \cdot 360°}{n}$$

Während s eindeutig bestimmt ist, ergeben sich für ψ n wesentlich verschiedene Werte (d.h. solche Werte, deren Differenzen keine ganzzahligen Vielfachen von 360° sind):

$$\psi_0 = \frac{\varphi}{n}, \quad \psi_1 = \frac{\varphi + 360°}{n}, \quad \psi_2 = \frac{\varphi + 2 \cdot 360°}{n}, \ldots$$

$$\ldots, \psi_{n-1} = \frac{\varphi + (n-1) \cdot 360°}{n}$$

Die weiteren Werte $\psi_n = \psi_0 + 360°$, $\psi_{n+1} = \psi_1 + 360°$, ... sind von den schon angegebenen nicht wesentlich verschieden, da sich die damit gebildeten komplexen Zahlen von jenen nicht unterscheiden:

$$s \angle \psi_n = s \angle \psi_0, \quad s \angle \psi_{n+1} = s \angle \psi_1, \ldots$$

Somit hat die Gleichung

$$z^n = r \angle \varphi = r(\cos \varphi + \mathrm{i} \cdot \sin \varphi)$$

n verschiedene Lösungen:

$$z_k = s \angle \psi_k = \sqrt[n]{r} \angle \frac{\varphi + k \cdot 360°}{n} \quad (k = 0, 1, \ldots, n-1)$$

$$= s(\cos \psi_k + \mathrm{i} \cdot \sin \psi_k)$$

$$= \sqrt[n]{r} \left(\cos \frac{\varphi + k \cdot 360°}{n} + \mathrm{i} \cdot \sin \frac{\varphi + k \cdot 360°}{n} \right)$$

BEISPIEL

$$z^6 = -64 = 64 \underline{/180°}$$
$$s = 2$$
$$\psi_0 = 30°, \quad \psi_1 = 90°, \quad \psi_2 = 150°, \quad \psi_3 = 210°, \quad \psi_4 = 270°, \quad \psi_5 = 330°$$
$$z_0 = 2 \underline{/30°} = 2(\cos 30° + i \cdot \sin 30°) = \sqrt{3} + i$$
$$z_1 = 2 \underline{/90°} = 2(\cos 90° + i \cdot \sin 90°) = 0 + 2i$$
$$z_2 = 2 \underline{/150°} = 2(\cos 150° + i \cdot \sin 150°) = -\sqrt{3} + i$$
$$z_3 = 2 \underline{/210°} = 2(\cos 210° + i \cdot \sin 210°) = -\sqrt{3} - i = -z_0$$
$$z_4 = 2 \underline{/270°} = 2(\cos 270° + i \cdot \sin 270°) = 0 - 2i = -z_1$$
$$z_5 = 2 \underline{/330°} = 2(\cos 330° + i \cdot \sin 330°) = \sqrt{3} - i = -z_2$$

Beachte:

Alle Lösungen einer Potenzgleichung haben gleichen Betrag. In der GAUSSschen Zahlebene liegen sie alle auf einem Kreis um den Nullpunkt. Sie bilden die Eckpunkte eines regelmäßigen n-Ecks.

Sonderfall:

Die Lösungen der Potenzgleichung

$$z^n = 1$$

sind die komplexen Zahlen

$$z_k = 1 \underline{/\frac{k}{n} \cdot 360°} = \cos \frac{k \cdot 360°}{n} + i \cdot \sin \frac{k \cdot 360°}{n}$$

$(k = 0, 1, \ldots, n-1)$

Sie werden als n-te **Einheitswurzeln** bezeichnet.

10. Gleichungen

10.1. Allgemeines

Gleichheit und Gleichung

Es sei eine Menge, d.h. eine Gesamtheit von Objekten (Elementen), gegeben (vgl. Abschn. 2.). Die Elemente sollen mit kleinen lateinischen Buchstaben bezeichnet werden.

a und b sind entweder gleich ($a = b$) oder ungleich ($a \neq b$).

$a = b$ bedeutet, daß die Buchstaben a und b ein und dasselbe Objekt bezeichnen. Unter **Gleichheit** ist also die Identität zu verstehen. Diese ist eine Äquivalenzrelation (vgl. 3.5.4.).

Die Gleichheit ist

1. reflexiv: $a = a$ gilt für jedes a,
2. symmetrisch: Aus $a = b$ folgt $b = a$,
3. transitiv: Aus $a = b$ und $b = c$ folgt $a = c$.

Es gibt viele Äquivalenzrelationen, aber nur eine Identität. Für diese gilt das **Leibnizsche Ersetzbarkeitstheorem**:

Unter der Voraussetzung $a = b$ kann nach Belieben in jeder Aussage a durch b ersetzt werden.

Aus der Symmetrie und der Transitivität der Gleichheitsrelation folgt die sogenannte **Drittengleichheit**:

Wenn $b = a$ und $c = a$, so $b = c$.

Beweis (Schluß *auf* eine Implikation, vgl. 1.8.):
Voraussetzung: $b = a$ und $c = a$.
Wegen der Symmetrie der Gleichheitsrelation gilt: $a = c$.
Aus $b = a$ und $a = c$ folgt $b = c$ (Transitivität der Gleichheit).
In 1.4.2. ist der Termbegriff erklärt.

Wird zwischen zwei Termen T_1 und T_2 das Gleichheitszeichen gesetzt, so erhält man eine Zeichenreihe der Form $T_1 = T_2$, die **Gleichung** genannt wird.

BEISPIEL

$T_1(x) = 2x$; $T_2(x) = 3x + 4$; Gleichung: $2x = 3x + 4$.

T_1 heißt linke Seite, T_2 rechte Seite der Gleichung.
Für x ist ein Variablenbereich G anzugeben.

Die Zeichenreihe $2x = 3x + 4$ ist eine Aussageform, also weder wahr noch falsch. Durch Belegen von x mit Zahlen aus G werden aus den Aussageformen entweder wahre oder falsche Aussagen. Ergibt sich eine wahre Aussage, so sagt man, daß die Gleichung durch die eingesetzte Zahl erfüllt wird. Diejenigen Zahlen, die eine Gleichung erfüllen, heißen **Lösungen** der betreffenden Gleichung.

Beachte:

> Mitunter werden die Lösungen auch Wurzeln genannt, weil beim Auflösen mancher Gleichungen Wurzelterme auftreten. In diesem Buch wird die doppelte Bedeutung des Wortes Wurzel vermieden.

Die Lösungen werden zur **Lösungsmenge** (Erfüllungsmenge) zusammengefaßt. Eine Gleichung aufzulösen heißt, sämtliche Lösungen in G zu ermitteln.

Im obigen Beispiel erhält man für $x = 1$ die falsche Gleichheitsaussage $2 \cdot 1 = 3 \cdot 1 + 4$. In 10.3.1. wird gezeigt, daß die Gleichung $2x = 3x + 4$ mit den ganzen Zahlen als Variablenbereich genau eine Lösung hat, nämlich $x = -4$, während die Lösungsmenge im Bereich der natürlichen Zahlen leer ist.

Ob eine Gleichung Lösungen hat, hängt ab

a) von der Gleichung selbst,

b) vom vorgegebenen Variablenbereich.

Die Lösungen von Gleichungen mit den Variablen x_1, x_2 sind geordnete Paare $[x_1, x_2]$. Die Lösungen von Gleichungen mit den Variablen $x_1, x_2, \ldots, x_n$ sind geordnete n-Tupel $[x_1, x_2, \ldots, x_n]$ (vgl. 3.1.1.).

Die Lösungsmenge L einer Gleichung kann mit dem Variablenbereich G übereinstimmen: $L = G$. Dann ist die Gleichung stets erfüllt (allgemeingültig) über G.

Ist $L = \emptyset$, so ist die Gleichung unerfüllbar bezüglich G.

Gibt es mindestens eine Zahl, die eine vorgelegte Gleichung erfüllt, so ist diese erfüllbar bezüglich G.

Die Lösungsmenge L ist stets Teilmenge (vgl. 2.5.) von G: $L \subseteqq G$.

BEISPIELE

1. Gleichung: $x - x = 0$;
   G sei die Menge der reellen Zahlen;
   da alle reellen Zahlen die Gleichung erfüllen, ist $L = G$.
2. Gleichung: $x^2 - 6x - 16 = 0$;
   x ist eine rationale Zahl;
   nur die Zahlen $+8$ und -2 erfüllen die Gleichung; $L = \{+8; -2\}$;
   L ist echte Teilmenge des Variablenbereichs.
3. Gleichung: $x = x + 1$; x reell;
   keine reelle Zahl erfüllt die Gleichung; $L = \emptyset$.
4. Das geordnete Zahlentripel $[x_1, x_2, x_3]$ erfüllt die Gleichung $4x_1 + x_2 - 3x_3 = -2$, wenn beispielsweise $x_1 = 2$, $x_2 = -1$, $x_3 = 3$ gesetzt wird.

Beachte:

In der älteren Literatur wird x vielfach als Unbekannte bezeichnet, die zu bestimmen ist. Eine Gleichung wie $2x = 3x + 4$ heißt dann Bestimmungsgleichung, im Gegensatz zu den identischen Gleichungen [z.B. $3 = 2 + 1$; $a + 1 = 1 + a$; $(a + b)^2 = a^2 + 2ab + b^2$] und den Funktionsgleichungen (z.B. $4x = y + 1$; $y = x$). Man ist von diesem Sprachgebrauch abgekommen.

Mit den Begriffen wie Zahlenwertgleichung, Größengleichung, algebraische Gleichung, Differentialgleichung usw. wird Bezug genommen auf die in der jeweiligen Gleichung auftretenden Variablen und Zeichen für gewisse mathematische Gegenstände, wie Zahlen, Größen, Operationen, Funktionen.

BEISPIELE

1. Gegeben ist die Fläche eines Kreises. Wie groß ist dessen Radius? Dieser ergibt sich aus der Gleichung $\pi r^2 = A$ (reinquadratische Gleichung in der Variablen r; vgl. 10.3.2.).
2. Zwischen dem Radius eines Kreises und seiner Fläche besteht ein funktionaler Zusammenhang: Jedem Radius ist genau eine Kreisfläche zugeordnet. Dieser Zusammenhang kann durch die Gleichung $A = \pi r^2$ dargestellt werden (Potenzfunktion; r als Argument; vgl. 15.2.2.2.).
3. Die Bestimmung der Nullstellen (vgl. 14.4.) der Funktion mit der Gleichung $y = 2 + 3x + x^2$ führt auf die Gleichung $x_0^2 + 3x_0 + 2 = 0$ (x_0 als Variable für die Nullstellen).
4. $x^2 + y^2 = 16$ ist die Gleichung einer Kurve (Kreis in Mittelpunktslage; vgl. 22.5.1.).
5. Die Frage nach denjenigen Funktionen, die mit ihrer Ableitung (vgl. 18.1.1.4.) übereinstimmen, führt auf die Gleichung $y = y'$ (Differentialgleichung).

Umformung von Gleichungen

Gelegentlich läßt sich die Lösungsmenge einer Gleichung durch Einsetzen (Probieren) ermitteln. Hat man z.B. erkannt, daß $+5$ und -6 die quadratische Gleichung $x^2 + x - 30 = 0$ erfüllen, und weiß man, daß eine quadratische Gleichung im Bereich der reellen Zahlen stets höchstens zwei Lösungen hat, so ist diese Gleichung bereits gelöst. Im allgemeinen aber löst man eine Gleichung durch schrittweises zielgerichtetes Umformen (vgl. hierzu aber 10.5.). Wesentlich ist in diesem Zusammenhang der Begriff der Äquivalenz von Gleichungen.

Definition

Eine Gleichung heißt **äquivalent** (gleichwertig) zu einer anderen Gleichung bezüglich G, wenn beide ein und dieselbe Lösungsmenge über eben diesem Grundbereich G haben.

So sind z.B. die Gleichungen $3x + 7 = 5x - 3$ und $x = 5$ zueinander äquivalent. Aus der Gleichung $x = 5$ aber kann die Lösungsmenge unmittelbar abgelesen werden: Es ist $L = \{5\}$. Man kommt von $3x + 7 = 5x - 3$ zu $x = 5$ durch zielgerichtetes äquivalentes Umformen.
Eine Umformung, durch die eine Gleichung in eine zu ihr äquivalente Gleichung übergeht, heißt **äquivalente Umformung.**
Man erhält zu einer Gleichung eine äquivalente Gleichung, wenn man folgende **Sätze** anwendet:

1. $T_1 = T_2$ ist äquivalent mit $T_1 + T = T_2 + T$.
2. $T_1 = T_2$ ist äquivalent mit $T_1 - T = T_2 - T$.
3. $T_1 = T_2$ ist äquivalent mit $T_1 \cdot T = T_2 \cdot T \quad (T \neq 0)$.
4. $T_1 = T_2$ ist äquivalent mit $\frac{T_1}{T} = \frac{T_2}{T} \quad (T \neq 0)$.
5. $T_1 = T_2$ ist äquivalent mit $T_2 = T_1$ (Vertauschung der Seiten).

Dabei ist T eine Zahl oder ein Term, der für alle Elemente des Definitionsbereichs der Ausgangsgleichung $T_1 = T_2$ definiert sein muß.

In Worten lautet der erste Satz: Wird auf beiden Seiten einer Gleichung derselbe Term T addiert, so ist die neue Gleichung äquivalent zur ursprünglichen Gleichung.
Die angegebenen Sätze über äquivalente Umformung von Gleichungen beziehen sich auf die Anwendung der vier rationalen Rechenoperationen (Addition, Subtraktion, Multiplikation, Division). Hinsichtlich der Anwendung von Rechenoperationen der dritten Stufe (Potenzieren, Radizieren, Logarithmieren) sind oft zusätzliche Überlegungen nötig. So stellt man ohne Umformungen fest, daß in P die Wurzelgleichung $\sqrt{x-4} + \sqrt{2-x} = 2$ unerfüllbar ist, da ihr Definitionsbereich leer ist. ($x - 4 \geqq 0$ **und** $2 - x \geqq 0$ gilt für kein x.)
Durch ausgiebiges Üben erwirbt man den Blick für diejenige Reihenfolge der Umformungen, die einen möglichst bequemen Lösungsweg liefert.

BEISPIEL

$3x(x-4) = 6(x-4)$; x reell

$3x(x-4) - 6(x-4) = 0$ — Auf der rechten Seite soll der Nullterm stehen. Zu diesem Zweck wird von beiden Seiten $6(x-4)$ subtrahiert.

$(x-4)(3x-6) = 0$ — Auf der linken Seite soll ein Produkt stehen, deshalb wird $(x-4)$ ausgeklammert.

$x - 4 = 0$ oder $3x - 6 = 0$ — Anwendung des Satzes: $a \cdot b = 0$ ist gleichwertig mit $a = 0$ oder $b = 0$.

$x = 4$ oder $x = 2$

$L = \{4; 2\}$

Eine Kontrolle der Lösungsmenge durch Einsetzen der Elemente der Lösungsmenge in die Ausgangsgleichung (sog. Probe) ist bei diesem Beispiel aus mathematischen Gründen nicht erforderlich, da nichtäquivalente Umformungen nicht vorgenommen wurden. Proben dienen in erster Linie zum Aufdecken von Fehlern bei Umformungen.

Beachte:

> Bei der Probe ist jede Gleichungsseite getrennt auszurechnen, d.h., es dürfen bei der Probe keine Gleichungsumformungen vorgenommen werden!

Nicht falsch, aber umständlich wäre der Weg über das Ausmultiplizieren beider Seiten der Gleichung $3x(x-4) = 6(x-4)$.
Nicht zulässig ist dagegen die Division durch $(x-4)$, da für $x = 4$ der Term $(x-4)$ gleich Null wird (vgl. Satz 3 über äquivalentes Umformen).
In den folgenden Beispielen wird die **Auswirkung einiger nichtäquivalenter Umformungen** gezeigt:

1. Gegebene Gleichung: $4x - 3 = 2x + 1$; $L = \{2\}$
   Nichtäquivalente Umformung: Multiplikation beider Seiten mit x

   $$(4x-3)\cdot x = (2x+1)\cdot x; \quad L = \{2; 0\}$$

   Die Zahl Null ist Lösung der neuen Gleichung, erfüllt aber die ursprüngliche Gleichung nicht.
   Begründung: $T_1 = T_2$; $T_1 - T_2 = 0$; $(T_1 - T_2)\cdot x = 0$; die letzte Gleichung ist äquivalent mit $x = 0$ oder $T_1 - T_2 = 0$.
2. Gegebene Gleichung: $\sqrt{x+20} = x$ (Wurzelgleichung); x reell
   Nichtäquivalente Umformung: Quadrieren; x reell. Man erhält $x + 20 = x^2$. Diese quadratische Gleichung hat die Lösungsmenge $L = \{-4; 5\}$.
   Nur $x = 5$ erfüllt die gegebene Gleichung; $x = -4$ ist eine Scheinlösung.
   Man verhindert bei diesem Beispiel das Auftreten von Scheinlösungen, indem man zunächst den Definitionsbereich der Gleichung ermittelt:

   $$x + 20 \geqq 0 \quad \textbf{und} \quad x \geqq 0, \quad \text{also} \quad x \geqq 0.$$

   Für $x \geqq 0$ ist das Quadrieren eine äquivalente Umformung. Man erhält

   $$x + 20 = x^2; \quad x \geqq 0. \quad \text{Also ist } L = \{5\}.$$

   Allgemein gilt: $a = b$ ist äquivalent mit $a^2 = b^2$ sowohl bezüglich der nichtnegativen reellen als auch der nichtpositiven reellen Zahlen, nicht aber bezüglich aller reellen Zahlen.

Während bei diesen beiden Beispielen zwar keine Lösungen verlorengingen, wohl aber Scheinlösungen auftraten, gehen bei den beiden nächsten Beispielen durch unzulässiges Umformen Lösungen verloren.

3. Gegebene Gleichung: $x^2 + 4x = 6x - x^2$; $L = \{1; 0\}$
   Nichtäquivalente Umformung: Division beider Seiten durch x; $L = \{1\}$; die Lösung $x = 0$ erfüllt die neue Gleichung

$$x + 4 = 6 - x$$

   nicht; sie ist durch die unzulässige Umformung verlorengegangen.
4. Gegebene Gleichung: $(x - 2)(x + 8) = (x - 6)(x - 2)$; $L = \{2\}$
   Nichtäquivalente Umformung: Division beider Seiten durch $(x - 2)$ ergibt $x + 8 = x - 6$ mit $L = \emptyset$
   Die Lösung $x - 2 = 0$, also $x = 2$ ist verlorengegangen.

10.2. Einteilung der Gleichungen

Für Gleichungen gibt es verschiedene Einteilungsmöglichkeiten:

a) *Einteilung nach der Anzahl der Variablen*
b) *Einteilung nach der Anzahl der Gleichungen*
   Liegen zwei oder mehr als zwei Gleichungen vor, so spricht man von einem System von Gleichungen (Gleichungssystem).
c) *Einteilung in allgemeingültige, erfüllbare und unerfüllbare Gleichungen* (vgl. 10.1.)
d) *Einteilung nach den Operationen*, die auf die Variable angewandt werden
   Diese Einteilung entspricht der Einteilung der Funktionen.

1. Algebraische Gleichungen

1.1. Algebraische Gleichungen n-ten Grades

Sie können auf die Form

$$a_n x^n + a_{n-1} x^{n-1} + \ldots + a_1 x + a_0 = \sum_{k=0}^{n} a_k x^k = 0$$

($n \geqq 1$, natürlich; a_k reell; $a_n \neq 0$) gebracht werden.
Der größte auftretende Exponent n heißt Grad der Gleichung.

BEISPIEL

$f(x) = a_2 x^2 + a_1 x + a_0$ (Polynom zweiten Grades oder ganze rationale Funktion zweiten Grades);
$f(x) = 0$, also $a_2 x^2 + a_1 x + a_0 = 0$ (quadratische Gleichung oder algebraische Gleichung zweiten Grades)
Die Lösungen der quadratischen Gleichung sind die Nullstellen des Polynoms zweiten Grades.
Mit der Auflösung algebraischer Gleichungen und den Fragen, die damit zusammenhängen, beschäftigte sich die klassische Algebra. Heute ist der Themenkreis der Algebra wesentlich umfassender.

1.2. Gebrochenrationale Gleichungen

BEISPIEL

$\frac{x^2 + 2x - 8}{x^2 + x - 6} = 0$; x tritt im Nenner auf

1.3. Algebraisch-nichtrationale Gleichungen

BEISPIEL

$6(x - 1) - \sqrt{x + 4} = 0$; x tritt im Radikanden auf

2. Transzendente Gleichungen

(transcendere (lat.) überschreiten, d.h. über die algebraischen Gleichungen hinausgehend) nennt man Gleichungen, die nicht algebraisch sind.

BEISPIELE

1. Exponentialgleichungen (x tritt als Exponent auf), z.B.

   $2^x = x^3$ oder $\exp(2x + 1) - 10x = 0$

   [$\exp(x) = e^x$ zur Vermeidung eines unübersichtlichen Formelaufbaus; wegen der Zahl e vgl. 18.1.6.1.2.]

2. Logarithmische Gleichungen

   $x + \lg x = 6$; $2\lg(5 - x) - \lg(x - 5) = \lg(x - 5)$

3. Goniometrische Gleichungen

   $2 \sin x - x = 0$; $\sin x + \cos x = 0{,}8$

Die Einteilung nach d) gibt nicht in jedem Fall Aufschluß über die anzuwendende Auflösungsmethode.

e) *Einteilung im Hinblick auf die Auflösbarkeit*

1. Geschlossen auflösbare Gleichungen
   Bei diesen läßt sich durch Umformungen die Variable isolieren.
2. Nicht geschlossen auflösbare Gleichungen
   Diese löst man durch Anwendung von grafischen und numerischen Näherungsverfahren (vgl. 10.5.).

10.3. Geschlossen auflösbare algebraische Gleichungen

10.3.1. Lineare Gleichungen in einer Variablen

Gleichungen der Form

$$ax + b = 0 \quad (a, b, x \text{ reell}; a, b \text{ konstant})$$

sowie diejenigen Gleichungen, die durch äquivalente Umformung auf diese Form gebracht werden können, heißen **lineare Gleichungen in einer Variablen**. Wichtig ist die folgende *Fallunterscheidung*:

Fall	Lösung
$a \neq 0$	$x = -\frac{b}{a}$
$a = 0$ und $b = 0$	Alle x erfüllen die Gleichung
$a = 0$ und $b \neq 0$	Kein x erfüllt die Gleichung

Die einfachsten linearen Gleichungen sind dadurch gekennzeichnet, daß die Variable x nur durch genau eine der vier rationalen Rechenoperationen mit einer Konstanten verknüpft ist. Ist etwa die Gleichung $3 \cdot x = 2$ zu lösen, so ist zu beachten, daß $3 \cdot x$ ein Produkt, x also Faktor ist. Die Umkehrung der Multiplikation ist die Division. Die Variable x wird isoliert, indem beide Seiten der Gleichung durch 3 dividiert werden (symbolisiert durch einen senkrechten Strich, hinter dem die Operation vermerkt wird).

$$3 \cdot x = 2 \mid :3$$

$$\frac{3 \cdot x}{3} = \frac{2}{3}$$

$$x = \tfrac{2}{3}$$

Übersicht über die einfachsten Typen linearer Gleichungen

Die Variable ist	Gleichung	Variablenisolierung	Lösungsmenge
Summand	$x + a = b$	$x + a = b \mid -a$ $x = b - a$	$L = \{b - a\}$
Minuend	$x - a = b$	$x - a = b \mid +a$ $x = b + a$	$L = \{a + b\}$
Subtrahend	$a - x = b$	1. Weg: $a - x = b \mid +x$ $a = x + b \mid -b$ $a - b = x$ 2. Weg: $a - x = b \mid \cdot(-1)$ $x - a = -b \mid +a$ $x = a - b$	$L = \{a - b\}$

Übersicht über die einfachsten Typen linearer Gleichungen (Fortsetzung)

Die Variable ist	Gleichung	Variablenisolierung	Lösungsmenge
Faktor	$3 \cdot x = 2$	$3 \cdot x = 2 \mid :3$ $x = \frac{2}{3}$	$L = \{\frac{2}{3}\}$
Dividend	$\frac{x}{3} = 2$	$\frac{x}{3} = 2 \mid \cdot 3$ $x = 2 \cdot 3$	$L = \{6\}$
Faktor	$-\frac{3}{2} \cdot x = 12$	$-\frac{3}{2} \cdot x = 12 \mid :(-\frac{3}{2})$ $x = \frac{12}{-\frac{3}{2}}$ $x = -12 \cdot \frac{2}{3}$ $x = -8$	$L = \{-8\}$
Divisor	$\frac{6}{x} = 2$ $x \neq 0$	$\frac{6}{x} = 2 \mid \cdot x$ $6 = 2x \mid :2$ $3 = x$	$L = \{3\}$

Die Gleichung $\frac{6}{x} = 2$ wird auf die lineare Gleichung $2x = 6$ zurückgeführt.

Kompliziertere Gleichungen werden durch möglichst rationelles äquivalentes Umformen auf Gleichungen vom einfachsten Typ zurückgeführt.

BEISPIELE

1. $\frac{10x + 5}{3} + 2 = 12 - \frac{3x + 5}{2} - \frac{2x + 1}{3}$; x reell

   Multiplikation mit dem Hauptnenner $2 \cdot 3$ gibt nach Beseitigung der auftretenden Klammern $33x = 33$; $x = 1$. Bei der Probe erhält man sowohl für die linke als auch für die rechte Seite die Zahl 7.

2. $x + \frac{u - vx}{w} = \frac{wx - v}{w}$; $w \neq 0$; $v \neq 0$; u, v, w Parameter; x als

Variable. Man erhält $vx = u + v$; $x = \frac{u}{v} + 1$. Die Probe liefert für beide Seiten $\frac{u}{v} - \frac{v}{w} + 1$.

3. $\frac{4x + 11}{2x + 10} = \frac{2 - 2x}{10 - x}$; x reell

$2x + 10 \neq 0$, also $x \neq -5$ und $10 - x \neq 0$, also $x \neq 10$.
Nach Multiplikation mit dem Hauptnenner $(2x + 10)(10 - x)$ wird diese Gleichung nennerfrei. Man erhält

$45x + 90 = 0$; $L = \{-2\}$.

4. Es ist die Nullstelle x_0 der linearen Funktion $y = \frac{2}{3}x - 4$ zu berechnen. Das geordnete Paar $[x_0, 0]$ muß nach der Definition des Begriffs der Nullstelle die Gleichung erfüllen:

$0 = \frac{2}{3}x_0 - 4$; $x_0 = 6$.

Die gegebene Funktion hat genau eine Nullstelle, nämlich $x_0 = 6$.

Grafische Auflösung linearer Gleichungen

Dieses Verfahren ist nur anwendbar bei numerischen Gleichungen, d.h. bei Gleichungen, deren Koeffizienten Zahlen sind.

BEISPIEL

Es ist die Gleichung $\frac{2}{5}x = 1$ grafisch aufzulösen.
Form $ax + b = 0$: $\frac{2}{5}x - 1 = 0$
Zugehörige Funktion: $y = \frac{2}{5}x - 1$

Grafische Darstellung:

Als Abszisse des Schnittpunkts der Geraden mit der x-Achse liest man 2,4 ab. Das ist eine Näherungslösung der Gleichung $\frac{2}{5}x = 1$. Der genaue Wert ist $\frac{5}{2}$. Im allgemeinen wird man mit Rücksicht auf die Zeichengenauigkeit nur Näherungslösungen erhalten (vgl. 10.5.).

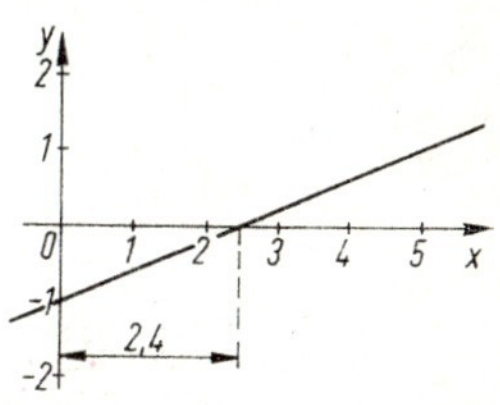

10.3.2. Quadratische Gleichungen in einer Variablen

10.3.2.1. Lösungsformel für quadratische Gleichungen

Allgemeine Form der quadratischen Gleichung oder der algebraischen Gleichung zweiten Grades:

$a_2x^2 + a_1x + a_0 = 0$ ($a_2 \neq 0$; a_0, a_1, a_2 reelle Konstanten)

Die Variable x kommt in der zweiten, aber nicht in höherer Potenz vor. Man nennt

a_2x^2 das quadratische Glied,
a_1x das lineare Glied,
a_0 das absolute Glied.

Die Division durch a_2 ist stets möglich. Man erhält die reduzierte Form oder **Normalform**:

$$x^2 + px + q = 0 \quad \left(\text{mit } \frac{a_1}{a_2} = p; \quad \frac{a_0}{a_2} = q\right),$$

auf die man die weiteren Untersuchungen beschränken kann. Der Term $x^2 + px + q$ wird äquivalent umgeformt:

$$x^2 + px + q$$
$$= \underbrace{x^2 + 2 \cdot \frac{p}{2} \cdot x + \frac{p^2}{4}} + q - \frac{p^2}{4} = \underbrace{\left(x + \frac{p}{2}\right)^2} + q - \frac{p^2}{4}$$

vollständiges Quadrat

$\left(\frac{p}{2}\right)^2 = \frac{p^2}{4}$ heißt quadratische Ergänzung.

Die Normalform geht dann über in

$$\left(x + \frac{p}{2}\right)^2 = D \quad \text{mit} \quad D = \frac{p^2}{4} - q.$$

Der Term D wird Diskriminante (discrimen (lat.) Entscheidung) der Gleichung $x^2 + px + q = 0$ genannt. Ob deren Lösungen reelle oder komplexe Zahlen sind, hängt von D ab. Zur Lösungsformel kommt man durch weitere äquivalente Umformungen.
Es sei $D \geqq 0$:

$$\left(x + \frac{p}{2}\right)^2 - D = 0$$

$$\left.\begin{aligned} &\left(x + \frac{p}{2}\right)^2 - (\sqrt{D})^2 = 0 \\ &\left[\left(x + \frac{p}{2}\right) + \sqrt{D}\right] \cdot \left[\left(x + \frac{p}{2}\right) - \sqrt{D}\right] = 0 \end{aligned}\right\} \text{binomische Formel}$$

Anwendung von „$a \cdot b = 0$ genau dann, wenn mindestens einer der Faktoren gleich Null ist" ergibt

$$x_1 = -\frac{p}{2} + \sqrt{D}; \quad x_2 = -\frac{p}{2} - \sqrt{D}.$$

Kurzschreibweise: $x_{1,2} = -\frac{p}{2} \pm \sqrt{D}$

Für $D = 0$ erhält man $x_1 = x_2 = -\frac{p}{2}$ (Doppellösung).

Es sei $D < 0$:

$$\left(x + \frac{p}{2}\right)^2 - D = 0$$

$$\left.\begin{aligned} &\left(x - \frac{p}{2}\right)^2 - [(-1)\cdot(-D)] = 0 \\ &\left(x + \frac{p}{2}\right)^2 - \mathrm{i}^2\cdot(-D) = 0 \end{aligned}\right\} \quad \begin{aligned} &\mathrm{i}^2 = -1 \text{ (vgl. 9.2.1.)} \\ &-D > 0 \end{aligned}$$

$$\left(x + \frac{p}{2}\right)^2 - (\mathrm{i}\sqrt{-D})^2 = 0$$

$$\left[\left(x + \frac{p}{2}\right) + \mathrm{i}\sqrt{-D}\right]\cdot\left[\left(x + \frac{p}{2}\right) - \mathrm{i}\sqrt{-D}\right] = 0$$

$$x_{1,2} = -\frac{p}{2} \pm \mathrm{i}\sqrt{-D}$$

x_2 ist die Konjugierte von x_1, also $x_2 = x_1^*$ (vgl. 9.3.2.). Entsprechend gilt $x_1 = x_2^*$.
Eine quadratische Gleichung hat also im Bereich der reellen Zahlen **höchstens** zwei Lösungen.
Die folgende Übersicht zeigt die drei möglichen Fälle:

Fall	Diskriminante	Beschaffenheit der Lösungen
1	$D > 0$, d.h., $\left(\frac{p}{2}\right)^2 > q$	Zwei verschiedene reelle Lösungen $x_{1,2} = -\frac{p}{2} \pm \sqrt{\left(\frac{p}{2}\right)^2 - q}$
2	$D = 0$, d.h., $\left(\frac{p}{2}\right)^2 = q$	Eine reelle Lösung $x_1 = x_2 = -\frac{p}{2}$
3	$D < 0$, d.h., $\left(\frac{p}{2}\right)^2 < q$	Keine reellen Lösungen

Die Anzahl der Nullstellen der Funktion $y = x^2 + px + q$ beträgt im ersten Fall zwei; im zweiten Fall gibt es genau eine Nullstelle; im dritten Fall existiert keine reelle Nullstelle.

Dagegen hat eine quadratische Gleichung im Bereich der komplexen Zahlen **genau** zwei Lösungen. Im Fall $D > 0$ sind die beiden Lösungen reelle komplexe Zahlen, also komplexe Zahlen der Form $[a; 0]$. Für $D = 0$ ist $x_1 = x_2 = -\frac{p}{2}$ $\left(a \text{ ist also } -\frac{p}{2}\right)$. Für $D < 0$ erhält man als Lösungen zwei zueinander konjugiert komplexe Zahlen. Rechnerisch löst man die allgemeine Gleichung zweiten Grades formelmäßig in folgenden Etappen:

α) Herstellen der Normalform

β) Berechnen von D; Feststellung, ob $D \gtreqless 0$.

γ) Anwendung der entsprechenden Lösungsformel

δ) Probe (zwecks Aufdeckung von Rechenfehlern; aus mathematischen Gründen ist eine Probe nicht erforderlich, da zur Gewinnung der Lösungsformel nur äquivalente Umformungen vollzogen wurden).

BEISPIELE

1. $24x^2 - 19x + 2 = 0$

α) Normalform: $x^2 - \frac{19}{24}x + \frac{1}{12} = 0$

β) $p = -\frac{19}{24}$; $\quad \frac{p}{2} = -\frac{19}{48}$; $\quad \left(\frac{p}{2}\right)^2 = \frac{361}{2304}$; $\quad -\frac{p}{2} = +\frac{19}{48}$;

$q = +\frac{1}{12}$; $\quad D = \frac{169}{2304} > 0$

γ) $x_{1,2} = +\frac{19}{48} \pm \frac{13}{48}$

$\underline{\underline{x_1 = \frac{2}{3}}}$; $\quad \underline{\underline{x_2 = \frac{1}{8}}}$

δ) Probe: Sowohl für x_1 als auch für x_2 erhält man die wahre Aussage $0 = 0$.

2. $24\,x^2 - 20ax + 2a^2 = 0 \quad (a \neq 0)$

α) Normalform: $x^2 - \frac{5a}{6}x + \frac{a^2}{12} = 0$

β) $p = -\frac{5a}{6}$; $\quad \frac{p}{2} = -\frac{5a}{12}$; $\quad \left(\frac{p}{2}\right)^2 = \frac{25a^2}{144}$; $\quad -\frac{p}{2} = \frac{5a}{12}$;

$q = \frac{a^2}{12}$; $\quad D = \frac{13a^2}{144} > 0$

γ) $x_{1,2} = \frac{5a}{12} \pm \frac{a\sqrt{13}}{12}$

a) $\underline{\underline{x_1 = \frac{a}{12}(5 + \sqrt{13})}}$; $\underline{\underline{x_2 = \frac{a}{12}(5 - \sqrt{13})}}$

b) $\underline{\underline{x_1 \approx 0{,}717a}}$; $\underline{\underline{x_2 \approx 0{,}166a}}$

δ) Die genauen Lösungen der Form a) verwendet man für die Probe oder zur exakten Berechnung von Größen, die von x_1 und x_2 abhängen.
Die Näherungslösungen b) gibt man so genau an, wie es der praktische Zweck der Rechnung erfordert.

3. Es ist die Beschaffenheit der Lösungen der Gleichung $2x^2 - 12x = -50$ zu diskutieren.
Normalform: $x^2 - 6x + 25 = 0$

$$p = -6; \quad q = +25; \quad \frac{p}{2} = -3; \quad \left(\frac{p}{2}\right)^2 = +9$$

$$+9 < +25, \quad \text{also} \quad \left(\frac{p}{2}\right)^2 < q, \quad \text{d.h.,} \quad D < 0.$$

Die Gleichung $2x^2 - 12x = -50$ hat keine reellen Lösungen.

4. Es soll a in der Gleichung $x^2 + ax + 529 = 0$ so bestimmt werden, daß sich eine Doppellösung ergibt.
Bedingung: $\frac{p^2}{4} = q$, also $p = \pm 2\sqrt{q}$.

Aus der gegebenen Gleichung folgt:

$p = a; \quad q = 529.$

Mithin erhält man:

$$\underline{\underline{a}} = \pm 2\sqrt{529} = \pm 2 \cdot 23 \underline{\underline{= \pm 46}}$$

Damit ergibt sich:

$x^2 + 46x + 529 = 0 \quad$ bzw. $\quad (x + 23)(x + 23) = 0 \quad$ mit

$x_1 = x_2 = -23;$

$x^2 - 46x + 529 = 0 \quad$ bzw. $\quad (x - 23)(x - 23) = 0 \quad$ mit

$x_1 = x_2 = +23.$

10.3.2.2. Sonderfälle

Übersicht:

	Gleichung	Art der Gleichung	p	q	Lösungen
1.	$x^2 + px + \frac{p^2}{4} = 0$	Die linke Gleichungsseite ist ein vollständiges Quadrat	$p \neq 0$	$q = \frac{p^2}{4}$	$x_1 = x_2 = -\frac{p}{2}$
2.	$x^2 + px = 0$	gemischt-quadratische Gleichung ohne Absolutglied	$p \neq 0$	$q = 0$	$x_1 = 0$; $x_2 = -p$
3.	$(x-c)(x-d) = 0$	Produktform (vgl. 10.3.2.3.)	entfällt		$x_1 = c$; $x_2 = d$
4.	$x^2 + q = 0$	rein-quadratisch	$p = 0$	$q \neq 0$	$q < 0$: $x_{1,2} = \pm\sqrt{-q}$; $q > 0$: $x_{1,2} = \pm\sqrt{+q} \cdot \mathrm{i}$
5.	$x^2 = 0$	reinquadratische Gleichung ohne Absolutglied	$p = 0$	$q = 0$	$x_1 = x_2 = 0$

In allen fünf speziellen Fällen läßt sich die linke Seite der Gleichung als Produkt zweier Faktoren derart schreiben, daß jeder Faktor die Variable x in der ersten Potenz ($x = x^1$) enthält:

zu 1.: $\left(x + \frac{p}{2}\right)\left(x + \frac{p}{2}\right)$

zu 2.: $x\,(x + p)$

zu 3.: Die Produktform liegt bereits vor; Ausmultiplizieren wäre unrationell.

zu 4.: $q < 0$: $(x + \sqrt{-q})\,(x - \sqrt{-q})$;
$q > 0$: $(x + \sqrt{q} \cdot \mathrm{i})\,(x - \sqrt{q} \cdot \mathrm{i})$

zu 5.: $x \cdot x$

Die Lösungen ergeben sich sofort nach Anwendung des Satzes: $a \cdot b = 0$ genau dann, wenn $a = 0$ oder $b = 0$.

10.3.2.3. Vietascher Satz

Die Gleichung $x^2 - 9x + 20 = 0$ hat die Lösungen $x_1 = 4$ und $x_2 = 5$. Das Produkt der Lösungen ergibt das Absolutglied; die Summe der Lösungen, multipliziert mit (-1), ergibt den Koeffizienten des linearen Gliedes. Dieser von dem französischen Mathematiker VIËTA (1540 bis 1603) entdeckte Zusammenhang gilt allgemein.

$x^2 + px + q = 0$ hat die Lösungen $x_{1,2} = -\frac{p}{2} \pm \sqrt{D}$.

Dann gilt

$$x_1 + x_2 = -\frac{p}{2} + \sqrt{D} + \left(-\frac{p}{2} - \sqrt{D}\right) = -p;$$

$$x_1 \cdot x_2 = \left(-\frac{p}{2} + \sqrt{D}\right) \cdot \left(-\frac{p}{2} - \sqrt{D}\right) = \left(\frac{p}{2}\right)^2 - D$$

$$= \left(\frac{p}{2}\right)^2 - \left(\frac{p}{2}\right)^2 + q = q.$$

VIËTAscher Satz für quadratische Gleichungen

$$x_1 + x_2 = -p$$
$$x_1 \cdot x_2 = q$$

Produktform der quadratischen Gleichung

Die linke Seite der Normalform einer quadratischen Gleichung ist ein dreigliedriger Term. Dieser kann mit Hilfe des VIËTAschen Satzes als Produkt dargestellt werden:

$$x^2 + px + q = x^2 - (x_1 + x_2)\,x + x_1 \cdot x_2 = (x - x_1)(x - x_2).$$

Diese Beziehung ist für jedes x richtig.
So erhält man im Beispiel $x^2 - 9x + 20 = 0$ ($p = -9$, $q = +20$, $x_1 = +4$, $x_2 = +5$) für $x = 3$:

$$3^2 + (-9) \cdot 3 + 20 = 3^2 - 9 \cdot 3 + 4 \cdot 5 = (3 - 4) \cdot (3 - 5)$$

$$2 \quad = \quad 2 \quad = \quad 2$$

Für die Lösungen $x = x_1$ oder $x = x_2$ wird $(x - x_1) \cdot (x - x_2)$ gleich Null:

$$x^2 + px + q = (x - x_1) \cdot (x - x_2) = 0$$ **(Produktdarstellung der quadratischen Gleichung)**

Die Faktoren $(x - x_1)$ und $(x - x_2)$ heißen **Linearfaktoren** (weil die Variable in der ersten Potenz vorkommt). Im Fall der Doppellösung sind die beiden Linearfaktoren einander gleich.
Ferner gilt

$$\frac{x^2 + px + q}{x - x_1} = x - x_2; \quad \frac{x^2 + px + q}{x - x_2} = x - x_1, \quad \text{d.h.:}$$

hat eine quadratische Gleichung in der Normalform die Lösungen x_1 und x_2, so ist sie durch die Linearfaktoren $(x - x_1)$ bzw. $(x - x_2)$ ohne Rest teilbar. Das Ergebnis der Division ist der Linearfaktor $(x - x_2)$ bzw. $(x - x_1)$.

Übersicht:

Produktdarstellung der quadratischen Gleichung in der Normalform	
$x^2 + px + q = (x - x_1)(x - x_2) = 0$	
$\frac{x^2 + px + q}{x - x_1} = x - x_2$	$\frac{x^2 + px + q}{x - x_2} = x - x_1$

Beachte:

Für Gleichungen höheren Grades gelten entsprechende Zusammenhänge (vgl. 10.3.2.4.).

Anwendungen des Viëtaschen Satzes

Der Satz von VIËTA kann angewandt werden

a) zur Probe,
b) zur Bildung von quadratischen Gleichungen bei vorgegebenen Lösungen,
c) zur Darstellung der Gleichung in Produktform.

BEISPIELE

zu a) Mit Hilfe des Satzes von VIËTA ist festzustellen, ob $x_1 = \frac{6}{7}$ und $x_2 = -\frac{5}{6}$ die Lösungen der Gleichung $x^2 - \frac{x}{42} - \frac{5}{7} = 0$ sind.

Erster Teil des Satzes von VIËTA: $x_1 + x_2$ soll gleich sein $-\left(-\frac{1}{42}\right)$;
$\frac{6}{7} + \left(-\frac{5}{6}\right)$ ist tatsächlich $\frac{1}{42}$.

Zweiter Teil des Satzes von VIËTA: $x_1 \cdot x_2$ soll gleich sein $-\frac{5}{7}$;
$\frac{6}{7} \cdot \left(-\frac{5}{6}\right)$ ist tatsächlich $-\frac{5}{7}$.
Die Lösungen sind richtig angegeben, da beide Teile des Satzes von VIËTA erfüllt sind.

zu b) Wie heißt die quadratische Gleichung mit den Lösungen

$$x_1 = \frac{2}{3} \quad \text{und} \quad x_2 = -\frac{3}{2}?$$

$$(x - x_1) \cdot (x - x_2) = 0;$$

$$(x - \tfrac{2}{3}) \cdot (x + \tfrac{3}{2}) = 0;$$

$$x^2 + \tfrac{5}{6}x - 1 = 0.$$

zu c) Die linke Seite der Gleichung $x^2 - \frac{1}{4}x - \frac{1}{8} = 0$ ist in das Produkt der Linearfaktoren zu zerlegen.
Die Lösungen sind $x_1 = \frac{1}{2}$, $x_2 = -\frac{1}{4}$. Dann heißt die Produktform

$$(x - \tfrac{1}{2}) \cdot (x + \tfrac{1}{4}) = 0.$$

10.3.2.4. Gleichungen, die sich auf quadratische Gleichungen zurückführen lassen

Kubische Gleichungen ohne Absolutglied

BEISPIEL

$$x^3 - 3x^2 - 54x = 0$$

$$x(x^2 - 3x - 54) = 0$$

$$x_1 = 0 \quad x^2 - 3x - 54 = 0$$

$$x_{2,3} = +\tfrac{3}{2} \pm \sqrt{\tfrac{9}{4} + 54}$$

$$\underline{\underline{x_1 = 0}}; \quad \underline{\underline{x_2 = 9}}; \quad \underline{\underline{x_3 = -6}}.$$

Die vorgelegte kubische Gleichung hat drei (reelle) Lösungen. Produktdarstellung der gegebenen Gleichung: $x(x - 9)(x + 6) = 0$ wegen $x^2 - 3x - 54 = (x - 9)(x + 6)$.

Abspalten von Linearfaktoren

Ist irgendwoher eine Lösung x_1 einer Gleichung dritten Grades bekannt, so kann der Linearfaktor $(x - x_1)$ abgespalten werden. Der Restfaktor ist dann ein quadratischer Term. Durch Anwendung des Satzes „$a \cdot b = 0$ genau dann, wenn $a = 0$ oder $b = 0$“ erhält man eine lineare und eine quadratische Gleichung.

BEISPIEL

$x^3 - \frac{1}{2}x^2 - \frac{15}{2}x + 9 = 0$; bekannt sei die Lösung $x_1 = 2$. Abspalten von $(x - 2)$ ergibt die Produktform (vgl. 7.5.6.).
$(x - 2)(x^2 + \frac{3}{2}x - \frac{9}{2}) = 0$, die äquivalent ist mit $x - 2 = 0$ (lineare Gleichung) oder $x^2 + \frac{3}{2}x - \frac{9}{2} = 0$ (quadratische Gleichung).

$L = \{+2;\quad +\frac{3}{2};\quad -3\}$

Entsprechend kann bei Gleichungen vierten Grades vorgegangen werden, wenn sowohl das absolute als auch das lineare Glied fehlen oder wenn zwei Lösungen bekannt sind oder wenn das absolute Glied fehlt und eine (von Null verschiedene) Lösung bekannt ist.

Gleichungen der Form $x^{2n} + ax^n + b = 0$

Gleichungen dieser Form löst man durch Einführung einer neuen Variablen $z = x^n$. Dann gilt $z^2 = (x^n)^2 = x^{2n}$.

BEISPIEL

$$x^4 - 13x^2 + 36 = 0$$

Die Substitution $x^4 = z^2$; $x^2 = z$ liefert die in z quadratische Gleichung

$$z^2 - 13z + 36 = 0$$

mit den Lösungen $z_1 = 9$; $z_2 = 4$. Wegen $x^2 = z$ ergibt sich

$$x_{1,2} = \pm\sqrt{9} \qquad x_{3,4} = \pm\sqrt{4}$$

$$\underline{\underline{x_1 = +3}};\ \underline{\underline{x_2 = -3}};\ \underline{\underline{x_3 = +2}};\ \underline{\underline{x_4 = -2}}.$$

Die vorgelegte Gleichung vierten Grades hat vier (reelle) Lösungen.

Bruchgleichungen

BEISPIEL

Gleichung: $2x + \frac{3}{x} = 7$; x reell, $x \neq 0$.
Quadratische Gleichung in der Normalform: $x^2 - \frac{7}{2}x + \frac{3}{2} = 0$.
Lösungsmenge: $L = \{+3;\quad +\frac{1}{2}\}$

Wurzelgleichungen (vgl. 10.3.3.)

Exponentialgleichungen (vgl. 10.4.1.)

BEISPIEL

$\left(\sqrt{2 + \sqrt{3}}\right)^x + \left(\sqrt{2 - \sqrt{3}}\right)^x = 4$; x reell, $x < 0$.

Setzt man $u = \left(\sqrt{2 + \sqrt{3}}\right)^x$, so ist $\frac{1}{u} = \left(\sqrt{2 - \sqrt{3}}\right)^x$.

Quadratische Gleichung in u: $u^2 - 4u + 1 = 0$; $u_{1,2} = 2 \pm \sqrt{3}$
Die gegebene Gleichung wird wegen $x < 0$ nur von der Zahl (-2) erfüllt.

10.3.2.5. Zeichnerische Auflösung der quadratischen Gleichung

Erste Möglichkeit: **Parallelverschiebung der Parabel**

BEISPIEL

Die Gleichung $4x^2 + 8x - 12 = 0$ soll zeichnerisch durch Parallelverschieben der Parabel gelöst werden.

Schritt	Erläuterungsbeispiel	Erklärung
1	$x^2 + 2x - 3 = 0$	Herstellung der Normalform
2	$y = x^2 + 2x - 3$	Übergang zur zugeordneten Funktion
3	$S\left[-\frac{p}{2};\quad -\left(\frac{p^2}{4} - q\right)\right]$ $S[-1; -4]$	Bestimmung des Scheitels der Parabel
4	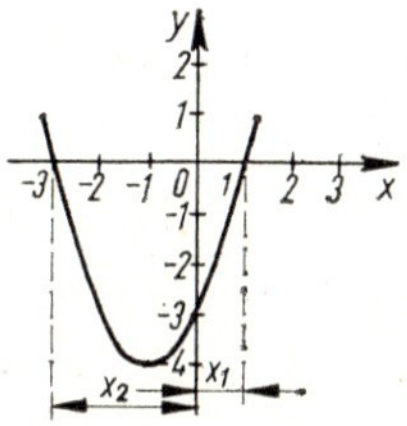	Zeichnung der Parabel durch Verwendung der Schablone [den Scheitel der Parabel auf den Punkt $S[-1; -4]$ legen; Symmetrieachse der Schablone parallel zur Ordinatenachse]
5	$x_1 = +1;\ x_2 = -3$	Ablesen der Abszisse der Schnittpunkte der Parabel mit der x-Achse. Diese sind die Lösungen der gegebenen Gleichung.
6	Kontrolle für x_1: $4(1)^2 + 8 \cdot 1 - 12 \mid 0$ $0 = 0$ Kontrolle für x_2: $4(-3)^2 + 8(-3) - 12 \mid 0$ $0 = 0$	Kontrolle von x_1 und x_2 durch Einsetzen in die Ausgangsgleichung

Diskussion der zeichnerisch ermittelten Lösungen

Eine quadratische Gleichung kann nicht mehr als zwei Lösungen haben, weil die zugehörige Parabel zweiten Grades mit der x-Achse höchstens zwei Punkte gemeinsam hat.

Fall	Lage der Parabel zur x-Achse	Abstand des Parabelscheitels von der x-Achse $y_s = -\left(\frac{p^2}{4} - q\right)$	Beschaffenheit der Lösungen Diskriminante
1	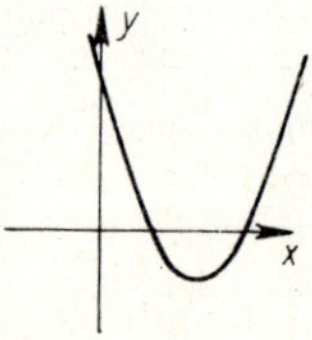 Die Parabel *schneidet* die x-Achse	$\left(\frac{p^2}{4} - q\right) > 0$ bzw. $y_s < 0$	*Zwei verschiedene reelle Lösungen* (zwei getrennte Schnittpunkte) $D > 0$
2	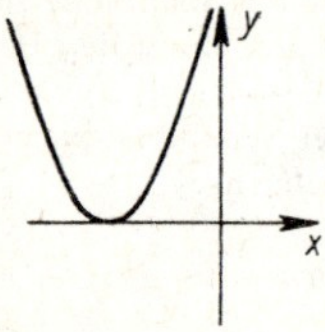 Die Parabel *berührt* die x-Achse	$\left(\frac{p^2}{4} - q\right) = 0$ bzw. $y_s = 0$	*Reelle Doppellösung* (die beiden Schnittpunkte fallen in einem Punkt zusammen) $D = 0$
3	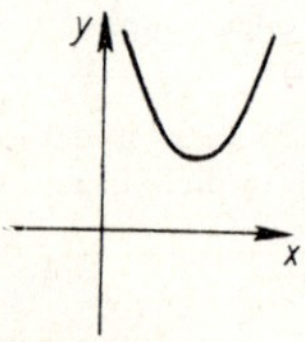 Die Parabel *meidet* die x-Achse	$\left(\frac{p^2}{4} - q\right) < 0$ bzw. $y_s > 0$	*Keine reellen Lösungen* (keine Schnittpunkte) $D < 0$

Zweite Möglichkeit: **Verwendung der Parabel $f(x) = x^2$ mit dem Scheitel $S\,(0;\,0)$.** Bei diesem Verfahren wird die Gleichung $x^2 + px + q = 0$ in der Form $x^2 = -px - q$ verwendet.

BEISPIEL

Die Gleichung $4x^2 + 8x - 12 = 0$ soll unter Verwendung der Parabel $f(x) = x^2$ zeichnerisch gelöst werden.

Schritt	Erläuterungsbeispiel	Erklärungen
1	$x^2 + 2x - 3 = 0$	Herstellung der Normalform
2	$x^2 = -2x + 3$	Das quadratische Glied wird isoliert
3	$f(x) = x^2$ $g(x) = -2x + 3$	Übergang zu den Funktionen $f(x) = x^2$ und $g(x) = -2x + 3$
4	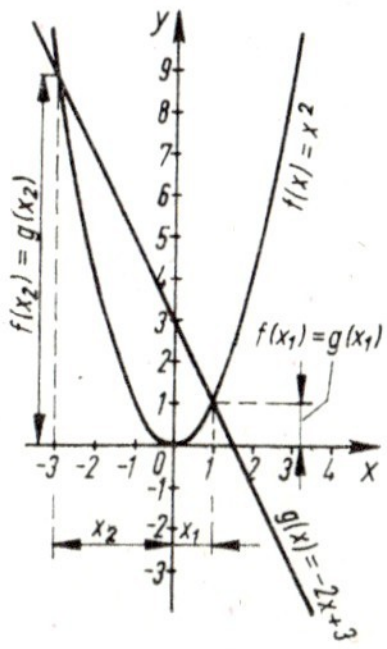	Grafische Darstellung beider Funktionen in ein und demselben x, y-Koordinatensystem $y = x^2$: Parabel mit dem Scheitel $S\,(0;\,0)$; $y = -2x + 3$: Gerade Für ein beliebiges x ist im allgemeinen $f(x) \neq g(x)$. So erhält man für $x = -1$ die Funktionswerte $f(-1) = +1$ und $g(-1) = +5$. Nur für die Koordinaten der Schnittpunkte beider Kurven gilt $f(x_1) = g(x_1)$ und damit $x_1^2 = -2x_1 + 3$ oder $x_1^2 + 2x_1 - 3 = 0$ $x_2^2 = -2x_2 + 3$ oder $x_2^2 + 2x_2 - 3 = 0$ Mithin erfüllen die Abszissen der Schnittpunkte die Gleichung $x^2 + 2x - 3 = 0$
5	$x_1 = 1; \quad x_2 = -3$	Ablesen der Abszissen der Schnittpunkte von Parabel und Gerade
6	Kontrolle x_1 und x_2 siehe unter „Erste Möglichkeit“	Kontrolle von x_1 und x_2 durch Einsetzen in die Ausgangsgleichung

Allgemein gilt: Die (reellen) Lösungen der quadratischen Gleichung $x^2 + px + q = 0$ erhält man durch Ermittlung der Abszissen der Schnittpunkte der Parabel $f(x) = x^2$ und der Geraden $g(x) = -px - q$.

Diskussion der zeichnerisch ermittelten Lösungen

Eine Gerade kann zu einer Parabel folgende drei verschiedene Lagen einnehmen:

Fall	Lage der Geraden zur Parabel	Beschaffenheit der Lösungen
1	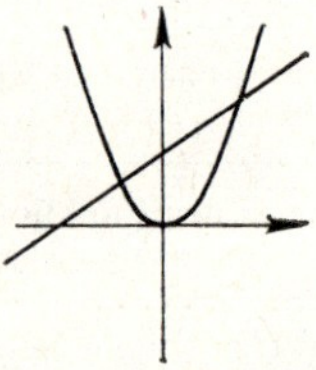 Die Gerade *schneidet* die Parabel.	Zwei verschiedene reelle Lösungen (zwei Schnittpunkte)
2	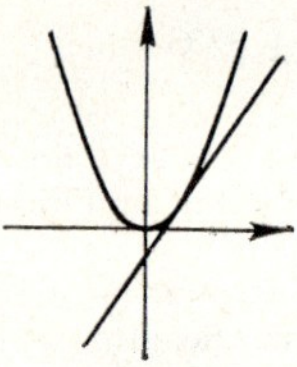 Die Gerade *berührt* die Parabel.	Reelle Doppellösung (die beiden Schnittpunkte sind in dem Berührungspunkt zusammengefallen)
3	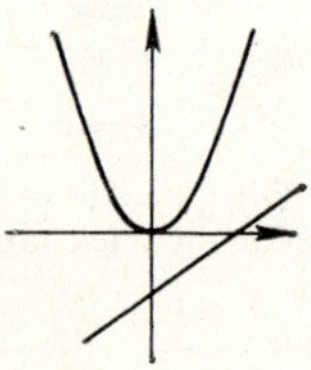 Die Gerade *meidet* die Parabel.	Keine reellen Lösungen (keine Schnittpunkte)

10.3.3. Wurzelgleichungen

Einer Wurzelgleichung sieht man i.allg. nicht an, ob sie auf eine lineare, eine quadratische oder eine höhergradige Gleichung führt.
Beim Lösen jeder Wurzelgleichung ist zunächst, wenn nicht eine geeignete Substitution (siehe unten) möglich ist, durch geeignetes Isolieren und Potenzieren zu erreichen, daß die Wurzelsymbole verschwinden. Da aber beim Potenzieren mit geradzahligen Exponenten Vorzeichenunterschiede verlorengehen, sind solche Umformungen nicht äquivalent. Die so umgeformte Gleichung kann also Lösungen haben, die nicht Lösungen der ursprünglichen Gleichung sind. Eine Probe ist deshalb unbedingt erforderlich. Außerdem macht sich die Angabe des Variablenbereichs nötig.

BEISPIELE

1. $x + \sqrt{x+2} = 10; \quad x \in [-2; \infty)$ (vgl. 11.3.)

Die Wurzel wird isoliert:

$$\sqrt{x+2} = 10 - x$$

Die beiden Seiten der Gleichung werden quadriert:

$$x + 2 = 100 - 20x + x^2$$

Normalform:

$$x^2 - 21x + 98 = 0$$

Diskriminante:

$$D = (-10{,}5)^2 - 98 = 12{,}25 > 0$$

Lösungen der quadratischen Gleichung:

$$x_{1,2} = 10{,}5 \pm 3{,}5$$

$$x_1 = +14; \quad x_2 = +7$$

Probe 1: $14 + \sqrt{16} \mid 10$

$14 + 4 \mid 10$

$18 \neq 10$

Probe 2: $7 + \sqrt{9} \mid 10$

$7 + 3 \mid 10$

$10 = 10$

Lösung: $\underline{\underline{x = +7}}$

2. $\sqrt{2x+10} + \dfrac{3}{\sqrt{3x+10}} = \sqrt{3x+10};$

$x \in [-5; +\infty) \cap \left(-\dfrac{10}{3}; +\infty\right) \cap \left[-\dfrac{10}{3}; +\infty\right)$, d.h.,

$x \in \left(-\dfrac{10}{3}; \infty\right)$

Multiplikation mit $\sqrt{3x + 10}$, Isolieren der verbleibenden Wurzel $\sqrt{(3x + 10)(2x + 10)}$, Quadrieren und Ordnen führen auf die allgemeine Form

$$-3x^2 + 8x + 51 = 0.$$

Diese quadratische Gleichung hat die Lösungen

$$x_1 = \tfrac{17}{3}; \quad x_2 = -3.$$

Nur $x = +\tfrac{17}{3}$ erfüllt die Wurzelgleichung.

3. $x + \sqrt{x + 2} = 10, \quad x \geqq -2$, reell

Lösung der Gleichung des Beispiels 1. durch Substitution:

$$x + 2 + \sqrt{x + 2} = 12$$

$$u = \sqrt{x + 2}; \quad u \geqq 0; \quad u^2 = x + 2$$

$$u^2 + u - 12 = 0$$

$$u_1 = +3 \quad (u_2 = -4 \text{ entfällt})$$

$$\underline{\underline{x = +7}}$$

4. $x - \sqrt{-x} + 2 = 0; \quad x$ reell

$$x + 2 = \sqrt{-x}; \quad x \leqq 0 \quad \text{und} \quad x + 2 \geqq 0, \quad \text{d.h.,} \quad -2 \leqq x \leqq 0$$

Für x-Werte aus diesem Intervall ist

$$x + 2 = \sqrt{-x} \quad \text{äquivalent mit} \quad (x + 2)^2 = (\sqrt{-x})^2.$$

Man erhält die quadratische Gleichung $x^2 + 5x + 4 = 0$, die von den Zahlen (-1) und (-4) erfüllt wird.
Wegen $-2 \leqq x \leqq 0$ hat die Wurzelgleichung genau eine Lösung nämlich $x = -1$.

10.4. Geschlossen auflösbare transzendente Gleichungen

10.4.1. Exponentialgleichungen

Im Gegensatz zu den Potenzgleichungen, die zu den algebraischen Gleichungen gehören und bei denen die Variable nur als Basis auftritt, erscheint bei einer Exponentialgleichung die Variable im Exponenten.
Häufig sind Exponentialgleichungen nur durch Näherungsverfahren lösbar. Das gilt insbesondere für solche Exponentialgleichungen, bei denen die Variable sowohl im Exponenten als auch als Basis auftritt.
Unter den Exponentialgleichungen, bei denen die Variable nur im Exponenten auftritt, werden vor allem zwei Klassen unterschieden:

1. Auf beiden Seiten der Gleichung stehen nur Konstanten und Terme der Form $a^{f(x)}$ oder Produkte aus solchen. In diesem Fall kann man durch Logarithmieren der Gleichung eine Gleichung herstellen, deren

Lösbarkeit im wesentlichen von der Struktur der Terme abhängt, die ursprünglich als Exponenten standen.

2. Es treten auch Summen von Konstanten und Termen der Form $a^{f(x)}$ auf. Hier ist es nur in Sonderfällen möglich, die Gleichung auf eine Form zu bringen, die eine geschlossene Auflösung ermöglicht.

BEISPIELE

1. $2^x = 3^{2-5x}$

Durch Logarithmieren ergibt sich

$$x \lg 2 = (2 - 5x) \lg 3.$$

Diese lineare Gleichung hat die Lösung

$$\underline{\underline{x = \frac{2 \lg 3}{\lg 2 + 5 \lg 3} = 0{,}35518}}$$

2. $10^x + 10^{-x} = 2$

Diese Gleichung muß erst durch geeignete Umformung auf die gewünschte Form gebracht werden. Multiplikation mit 10^x ergibt

$$10^{2x} + 1 = 2 \cdot 10^x.$$

Durch die Substitution

$$u = 10^x, \quad u > 0$$

erhält man die quadratische Gleichung

$$u^2 - 2u + 1 = 0$$

mit der Doppellösung

$$u_{1,2} = 1.$$

Aus $10^x = 1$ folgt durch Logarithmieren unmittelbar die Lösung

$$\underline{\underline{x = 0}}.$$

3. $$\frac{2^x + 2^{-x}}{2^x - 2^{-x}} = 3$$

Erweitern des Quotienten mit 2^x und Multiplikation der Gleichung mit dem Nenner ergibt

$$2^{2x} + 1 = 3 \cdot 2^{2x} - 3$$

$$2 \cdot 2^{2x} = 4$$

$$2^{2x} = 2^1$$

$$2x = 1$$

$$\underline{\underline{x = \tfrac{1}{2}}}$$

4.
$$
\begin{aligned}
2^x - 3^{x+1} &= 2^{x+2} - 3^{x+3}\\
2^x - 2^x \cdot 2^2 &= 3^x \cdot 3^1 - 3^x \cdot 3^3\\
2^x (1 - 2^2) &= 3^x (3^1 - 3^3)\\
(\tfrac{2}{3})^x &= 8\\
\underline{\underline{x}} &\underline{\underline{= -5{,}63}} \text{ (durch Logarithmieren)}
\end{aligned}
$$

10.4.2. Logarithmische Gleichungen

Logarithmische Gleichungen enthalten die Variablen im Numerus eines Logarithmensymbols. Sie lassen sich stets in Potenzform schreiben (vgl. 8.3.1.). So sind beispielsweise die Gleichungen

$$\log_5 x = 2 \quad \text{und} \quad 5^2 = x$$

äquivalent. Symbolisch:

$$(\log_5 x = 2) \Leftrightarrow (5^2 = x)$$

BEISPIELE

1. $\lg (x^2 - 2x - 20) = 2$

$$
\begin{aligned}
x^2 - 2x - 20 &= 10^2\\
x^2 - 2x - 120 &= 0\\
\underline{\underline{x_1 = 12}}; \quad &\underline{\underline{x_2 = -10}}
\end{aligned}
$$

Probe für $x_1 = 12$	Probe für $x_2 = -10$
$\lg (144 - 24 - 20) \mid 2$	$\lg (100 + 20 - 20) \mid 2$
$\lg 100 \qquad \mid 2$	$\lg 100 \qquad \mid 2$
$2 = 2$	$2 = 2$

Die Lösungen der logarithmischen Gleichung sind $x_1 = 12$ und $x_2 = -10$.

2. $2 \lg (6 - x) - \lg (x - 6) = \lg (x - 6)$; x reell

$L = \emptyset$ wegen $6 - x > 0$, also $x < 6$ und $x - 6 > 0$, also $x > 6$.

10.4.3. Goniometrische Gleichungen

Die in 15.3.3. hergeleiteten Beziehungen werden oft beim Lösen **goniometrischer Gleichungen** benötigt. Darunter versteht man Gleichungen, bei denen die Variable u.a. im Argument einer Winkelfunktion vorkommt.
Goniometrische Gleichungen gehören zu den transzendenten Gleichungen (vgl. 10.2.). Sie sind nicht immer geschlossen lösbar.

10.4.3.1. Grundform der goniometrischen Gleichungen

Die Grundform liegt vor, wenn eine einzige Winkelfunktion gleich einer Zahl ist und die Variable nur im Argument dieser Funktion vorkommt.

BEISPIEL

$$\cos(x - 13°) = -0{,}8660$$

Das Auflösen geschieht durch Aufschlagen in der Funktionswertetafel.

$$\left.\begin{aligned} x_1 - 13° &= 180° - 30° \pm k \cdot 360° \\ x_1 &= \underline{\underline{163° \pm k \cdot 360°}} \\ x_2 - 13° &= 180° + 30° \pm k \cdot 360° \\ x_2 &= \underline{\underline{223° \pm k \cdot 360°}} \end{aligned}\right\} k = 0, 1, 2, \ldots$$

10.4.3.2. Einfache goniometrische Gleichungen in einer Variablen

Kommt die Variable mehrfach, z. B. in den Argumenten verschiedener Funktionen vor, so muß unter Anwendung der Grundbeziehungen (vgl. 15.3.3.3.) oder der Umrechnungsformeln aus 15.3.3.6. zunächst die Grundform hergestellt werden.

BEISPIELE

1. $\sin x = 3 \cos x$

$$\frac{\sin x}{\cos x} = 3 \quad (\cos x \neq 0)$$

$$\tan x = 3$$

$$x = \underline{\underline{71{,}56° \pm k \cdot 180°}} \quad (k = 0, 1, 2, \ldots)$$

2. $\tan(x - 60°) = \cot x - 1$

$$\frac{\tan x - \tan 60°}{1 + \tan x \cdot \tan 60°} = \cot x - 1$$

$$\tan x - \sqrt{3} = \cot x - 1 + \sqrt{3} - \sqrt{3} \tan x$$

$$(1 + \sqrt{3}) \tan x - \frac{1}{\tan x} + (1 - 2\sqrt{3}) = 0$$

$$\tan^2 x + \frac{1 - 2\sqrt{3}}{1 + \sqrt{3}} \cdot \tan x - \frac{1}{1 + \sqrt{3}} = 0$$

$$\tan x = -\frac{1 - 2\sqrt{3}}{2 + 2\sqrt{3}} \pm \frac{\sqrt{17}}{2 + 2\sqrt{3}}$$

$\tan x_1 \approx +1{,}207$	$\tan x_2 \approx -0{,}3036$
$\underline{\underline{x_1 \approx 50{,}35^\circ \pm k \cdot 180^\circ}}$	$x_2 \approx 180^\circ - 16{,}89^\circ \pm k \cdot 180^\circ$
	$= \underline{\underline{163{,}11^\circ \pm k \cdot 180^\circ}}$

$$k = 0, 1, 2, \ldots$$

Die Proben zeigen, daß x_1 und x_2 tatsächlich Lösungen sind.

10.4.3.3. Einfache goniometrische Gleichungssysteme in zwei Variablen

Goniometrische Gleichungssysteme werden i. allg. durch Substitution auf eine Gleichung in einer Variablen zurückgeführt.

BEISPIELE

1. $\dfrac{\sin x}{\sin y} = \dfrac{4}{3}$

$x + y = 80^\circ \quad | \quad y = 80^\circ - x$

$$\frac{\sin x}{\sin(80^\circ - x)} = \frac{4}{3}$$

$$3 \sin x = 4 \sin 80^\circ \cdot \cos x - 4 \cos 80^\circ \cdot \sin x$$

$$\frac{\sin x}{\cos x} = \frac{4 \cdot \sin 80^\circ}{3 + 4 \cdot \cos 80^\circ}$$

$$\tan x \approx 1{,}066$$

$$x = 46{,}83^\circ \pm k \cdot 180^\circ; \quad y = 33{,}17^\circ \pm k \cdot 180^\circ$$

Beachte:

1. Die Bedingung $x + y = 80^\circ$ verlangt, daß bei dem *einen Winkel* $k \cdot 180^\circ$ *addiert*, beim *anderen* entsprechend aber *subtrahiert* werden muß: $46{,}83^\circ + k \cdot 180^\circ + 33{,}17^\circ - k \cdot 180^\circ = 80^\circ$. Deshalb muß die *Lösung* heißen:

$$\left.\begin{array}{l} \underline{\underline{x_1 = 46{,}83^\circ + k \cdot 180^\circ; \quad y_1 = 33{,}17^\circ - k \cdot 180^\circ}} \\ \underline{\underline{x_2 = 46{,}83^\circ - k \cdot 180^\circ; \quad y_2 = 33{,}17^\circ + k \cdot 180^\circ}} \end{array}\right\} (k = 0, 1, 2, \ldots)$$

2. Da bei der Addition bzw. Subtraktion von $k \cdot 180^\circ$ beide Winkel in gleicher Weise verändert werden, d. h. stets im gleichen Quadranten liegen, bleibt das Verhältnis $\dfrac{\sin x}{\sin y} = \dfrac{4}{3}$ *auch dem Vorzeichen* nach erhalten.

2. $\sin x + \sin y = 1$

$\cos x - \cos y = 0{,}1$

Nach 15.3.3.6.3. kann dafür geschrieben werden:

$$2 \sin \frac{x+y}{2} \cdot \cos \frac{x-y}{2} = 1$$

$$-2 \sin \frac{x+y}{2} \cdot \sin \frac{x-y}{2} = 0{,}1$$

Durch Division entsteht:

$$\frac{\sin \frac{x-y}{2}}{\cos \frac{x-y}{2}} = \tan \frac{x-y}{2} = -0{,}1$$

$$\frac{x-y}{2} = 180^\circ - 5{,}71^\circ \pm k \cdot 180^\circ = 174{,}29^\circ \pm k \cdot 180^\circ$$

$(k = 0, 1, 2, \ldots)$

$$\sin \frac{x+y}{2} = \frac{1}{2 \cdot \cos (174{,}29^\circ \pm k \cdot 180^\circ)}$$

ergibt

I. für $k = 0, 2, 4, \ldots$: $\sin \frac{x+y}{2} = -\frac{1}{2 \cdot \cos 5{,}71^\circ} \approx -0{,}5025$

II. für $k = 1, 3, 5, \ldots$: $\sin \frac{x+y}{2} = +\frac{1}{2 \cdot \cos 5{,}71^\circ} \approx +0{,}5025$

Folglich gehören zusammen:

I. $\frac{x-y}{2} = 174{,}29^\circ \pm k \cdot 360^\circ$

a) $\frac{x+y}{2} = 210{,}17^\circ \pm k \cdot 360^\circ$ b) $\frac{x+y}{2} = 329{,}83^\circ \pm k \cdot 360^\circ$

II. $\frac{x-y}{2} = 354{,}29^\circ \pm k \cdot 360^\circ$

a) $\frac{x+y}{2} = 30{,}17^\circ \pm k \cdot 360^\circ$ b) $\frac{x+y}{2} = 149{,}83^\circ \pm k \cdot 360^\circ$

Da jedoch aus I. und II. dieselben x- und y-Werte resultieren, gibt es *nur folgende Lösungen:*

$x_1 = 24{,}46^\circ \pm k \cdot 360^\circ$	$x_2 = 144{,}12^\circ \pm k \cdot 360^\circ$
$y_1 = 35{,}88^\circ \pm k \cdot 360^\circ$	$y_2 = 155{,}54^\circ \pm k \cdot 360^\circ$

$(k = 0, 1, 2, \ldots)$

Die Probe zeigt die Richtigkeit beider Lösungen.

10.5. Näherungsverfahren

10.5.1. Prinzipien und Hilfsmittel

Nullstellenprinzip

Jede Gleichung in x läßt sich in der Form

$$f(x) = 0$$

darstellen. Die Lösungen dieser Gleichung sind die Nullstellen der Funktion

$$y = f(x).$$

Sie entsprechen den Schnittstellen der Kurve dieser Funktion mit der x-Achse (vgl. 14.4.).

Schnittstellenprinzip

Jede Gleichung läßt sich in der Form

$$g(x) = h(x)$$

darstellen. Die Lösungen dieser Gleichung sind solche x-Werte, denen durch die beiden Funktionen

$$y = g(x) \quad \text{und} \quad y = h(x)$$

jeweils ein und derselbe Funktionswert zugeordnet wird. Sie entsprechen den Schnittstellen der Kurven dieser beiden Funktionen miteinander.

Berechnen von Funktionswerten

Sowohl bei grafischen als auch bei numerischen Näherungsverfahren ist es erforderlich, Funktionswerte zu berechnen. Dies geschieht zweckmäßigerweise in einem übersichtlichen Rechenschema. Insbesondere werden Funktionswerte ganzrationaler Funktionen prinzipiell im HORNER-Schema berechnet (vgl. 15.2.2.5.).

Eingrenzung des Bereiches möglicher Lösungen

Für ganzrationale Funktionen gilt folgender

Satz

Tritt bei positivem Argumentwert in der letzten Zeile des HORNER-Schemas Vorzeichengleichheit auf, d.h., haben für einen positiven x-Wert alle Zwischensummen gleiches Vorzeichen, so folgt für größeres x sicher keine Nullstelle mehr.

Tritt bei negativem Argumentwert in der letzten Zeile des HORNER-Schemas ständig Vorzeichenwechsel auf, d.h., haben für einen negativen x-Wert die Zwischensummen abwechselndes (alternierendes) Vorzeichen, so folgt für kleineres x (d.h. betragsmäßig größeres, aber negatives x) keine Nullstelle mehr.

BEISPIEL

Der Bereich möglicher Nullstellen der Funktion

$$y = x^3 + 3x^2 - 2x - 3$$

ist einzugrenzen.

	1	3	-2	-3
$x = 1$		1	4	2
	1	4	2	$\underline{\underline{-1}}$
$x = 2$		2	10	16
	1	5	8	$\underline{\underline{13}}$

Vorzeichengleichheit

	1	3	-2	-3
$x = -1$		-1	-2	4
	1	2	-4	$\underline{\underline{1}}$
$x = -2$		-2	-2	8
	1	1	-4	$\underline{\underline{5}}$
$x = -3$		-3	0	6
	1	0	-2	$\underline{\underline{3}}$
$x = -4$		-4	4	-8
	1	-1	2	$\underline{\underline{-11}}$

Vorzeichenwechsel!

Alle Nullstellen liegen im Intervall $-4 \ldots +2$.

10.5.2. Grafische Näherungsverfahren

Vorteile: Anschaulichkeit, Übersichtlichkeit.
Nachteil: Geringe Genauigkeit.
Die erreichte Genauigkeit hängt von der Zeichengenauigkeit (Strichdicke usw.) und von der Größe der Zeichnung und damit von der Ablesegenauigkeit ab. Eine nennenswerte Erhöhung der Genauigkeit erfordert eine wesentliche Erhöhung des Aufwands.

10.5.2.1. Nullstellenverfahren

Es beruht auf dem Nullstellenprinzip (vgl. 10.5.1.).
Die gegebene Gleichung wird auf die Form

$$f(x) = 0$$

gebracht. Zur Funktion

$$y = f(x)$$

wird eine Wertetabelle aufgestellt und die Kurve gezeichnet. Ist $f(x)$ ein Polynom, so wird die Wertetabelle mittels HORNER-Schema aufgestellt und dabei auf Vorzeichengleichheit bzw. Vorzeichenwechsel der Zwischensummen bei positivem bzw. negativem x-Wert geachtet (vgl. 10.5.1.).
Zweckmäßig wird die Wertetabelle zunächst nur grob aufgestellt und nur in der Umgebung der Nullstellen verfeinert.

Die x-Werte der Schnittpunkte der gezeichneten Kurve mit der x-Achse werden abgelesen und stellen Näherungswerte für die gesuchten Lösungen der gegebenen Gleichung dar.

BEISPIELE

1. Gegebene Gleichung: $x^3 = 3x^2 - 1$
   Umgeformte Gleichung: $x^3 - 3x^2 + 1 = 0$
   Zugehörige Funktion: $y = x^3 - 3x^2 + 1$
   Grobe Wertetabelle:

x	-1	0	$+1$	$+2$	$+3$	$+4$
y	-3	$+1$	-1	-3	$+1$	$+17$

Die Nullstellen liegen in den Bereichen $-1 \ldots 0$, $0 \ldots +1$ und $+2 \ldots +3$.

Verfeinerte Wertetabellen:

x	$-0{,}7$	$-0{,}5$	$-0{,}3$
y	$-0{,}813$	$+0{,}125$	$+0{,}703$

x	$+0{,}3$	$+0{,}5$	$+0{,}7$
y	$+0{,}757$	$+0{,}375$	$-0{,}127$

x	$+2{,}3$	$+2{,}5$	$+2{,}7$
y	$-2{,}703$	$-2{,}125$	$+1{,}187$

Kurve:

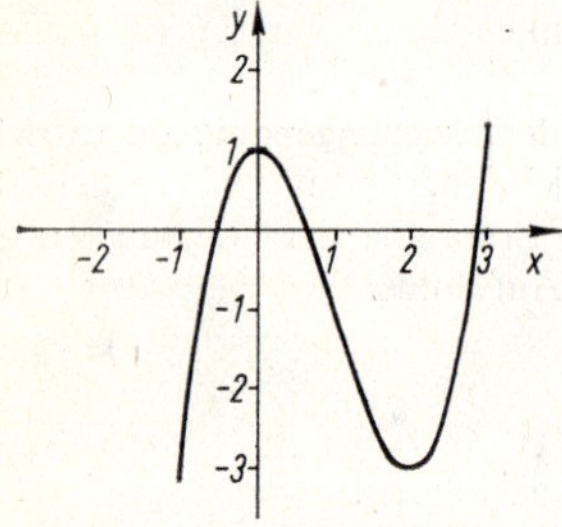

Abgelesene Näherungswerte für Nullstellen:

$$x_1 \approx -0{,}55 \quad x_2 \approx +0{,}65 \quad x_3 \approx +2{,}90$$

Nach dem Satz von VIETA ist das Produkt der drei Nullstellen gleich dem vorzeichenverkehrten Absolutglied, die Summe der drei Nullstellen gleich dem vorzeichenverkehrten Koeffizienten des quadratischen Gliedes, vorausgesetzt, daß das kubische Glied den Koeffizienten 1 hat.

Für obige Lösungen erhält man:

$$x_1 \cdot x_2 \cdot x_3 \approx -1{,}04$$
$$x_1 + x_2 + x_3 \approx +3{,}00$$

Dies ist im Rahmen der geforderten Genauigkeit hinreichend.

2. Die Lösungen der Gleichung

$$\sin 2x + 2 \sin x = 2{,}1$$

sind im Bereich 0° … 90° zu ermitteln.
Umgeformte Gleichung: $\sin 2x + 2 \sin x - 2{,}1 = 0$
Zugehörige Funktion: $y = \sin 2x + 2 \sin x - 2{,}1$
Aufstellen der Wertetabelle in einem übersichtlichen Rechenschema:

x	$2x$	$\sin x$	$2 \sin x$	$\sin 2x$	$2 \sin x + \sin 2x$	y
0°	0°	0,000	0,000	0,000	0,000	−2,100
10°	20°	0,174	0,348	0,342	0,690	−1,410
20°	40°	0,342	0,684	0,643	1,327	−0,773
30°	60°	0,500	1,000	0,866	1,866	−0,234
40°	80°	0,643	1,286	0,985	2,271	+0,171
50°	100°	0,766	1,532	0,985	2,517	+0,417
60°	120°	0,866	1,732	0,866	2,598	+0,498
70°	140°	0,940	1,880	0,643	2,523	+0,423
80°	160°	0,985	1,970	0,342	2,312	+0,212
90°	180°	1,000	2,000	0,000	2,000	−0,100

Nach dieser Wertetabelle wird die Kurve gezeichnet:

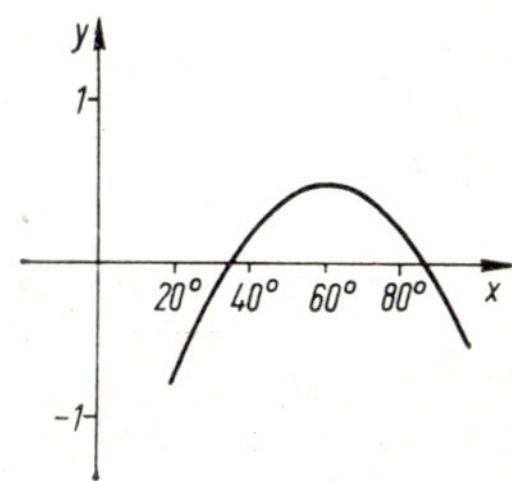

Abgelesene Lösungen:

$\underline{\underline{x_1 \approx 35{,}5°}}$; $\underline{\underline{x_2 \approx 87°}}$

10.5.2.2. Schnittstellenverfahren

Es beruht auf dem Schnittstellenprinzip (vgl. 10.5.1.).
Die gegebene Gleichung wird auf die Form

$$g(x) = h(x)$$

gebracht, wobei anzustreben ist, daß $y = g(x)$ und $y = h(x)$ Funktionen sind, deren Wertetabellen in Tafeln fertig vorliegen oder deren Kurven einfach zu zeichnen sind (z. B. Geraden oder Kurven, für die Kurvenlineale vorliegen) oder deren Kurven in einem „Kurvenatlas" zu finden sind.

Die x-Werte der Schnittpunkte der beiden Kurven miteinander werden abgelesen und stellen Näherungswerte für die gesuchten Lösungen der gegebenen Gleichung dar.

BEISPIEL

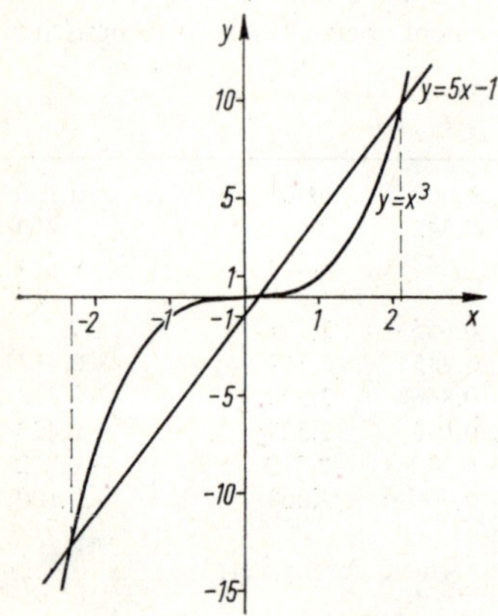

Gegebene Gleichung:

$$x^3 + 1 = 5x$$

Umgeformte Gleichung:

$$x^3 = 5x - 1$$

Unter Verwendung einer Kubik-Tafel oder eines Kurvenlineals ist die Kurve der Funktion $y = x^3$ leicht zu zeichnen. Die Gerade mit der Gleichung $y = 5x - 1$ erhält man, indem man zwei Punkte der Geraden, z. B. $P_1(-3, -16)$ und $P_2(+3, +14)$, mit dem Lineal verbindet.

Man liest die Schnittpunkte

$$S_1(-2{,}35; -12{,}6), \quad S_2(0{,}20; 0{,}01), \quad S_3(2{,}12; 9{,}6)$$

ab und erhält somit die gesuchten Lösungen

$$\underline{\underline{x_1 \approx -2{,}35}} \quad \underline{\underline{x_2 \approx +0{,}20,}} \quad \underline{\underline{x_3 \approx +2{,}12}}$$

Ist eine Gleichung $x^3 + ax^2 + bx + c = 0$ mit $a \neq 0$ gegeben, so ist das Zeichen der zweiten Kurve wegen des quadratischen Gliedes etwas aufwendiger.
Jedoch führt die Substitution $x = u - \frac{1}{3}a$
auf eine Gleichung $u^3 + du + e = 0$
mit $d = b - \frac{1}{3}a^2$ und $e = \frac{2}{27}a^3 - \frac{1}{3}a \cdot b + c$.

BEISPIEL

Gegebene Gleichung:	$x^3 + 6x^2 + 7x - 1 = 0$
Substitution:	$x = u - 2$
Transformierte Gleichung:	$u^3 - 5u + 1 = 0$

10.5.3. Numerische Näherungsverfahren

Die hier dargestellten numerischen Näherungsverfahren beruhen sämtlich auf dem Nullstellenprinzip (vgl. 10.5.1.). Sie haben gegenüber den grafischen Näherungsverfahren den Vorteil, daß sie bei erträglicher

Erhöhung des Aufwands eine genügende Steigerung der Genauigkeit ermöglichen.
Jedoch sind die numerischen Näherungsverfahren naturgemäß weniger anschaulich als die grafischen Näherungsverfahren. Voraussetzung für ihre Anwendbarkeit ist, daß die Funktion, deren Nullstellen zu ermitteln sind, in der Umgebung dieser Nullstellen stetig ist (vgl. 17.4.).

10.5.3.1. Verfahren der fortgesetzten Unterteilung

Gesucht sind die Nullstellen der Funktion

$$y = f(x).$$

Zu dieser Funktion wird zunächst eine grobe Wertetabelle (etwa für ganzzahlige x-Werte) aufgestellt. An den Vorzeichen der Funktionswerte erkennt man die ungefähre Lage der Nullstellen. Es seien x_1 und x_2 zwei in dieser Wertetabelle benachbarte Argumentwerte, deren zugehörige Funktionswerte y_1 und y_2 verschiedene Vorzeichen haben. Dann liegt zwischen x_1 und x_2 eine Nullstelle $\bar{x}$ der Funktion $y = f(x)$.
Im Bereich $x_1 \dots x_2$ wird nun eine verfeinerte Wertetabelle (etwa mit Argumentschritt 0,1) aufgestellt. In dieser finden sich zwei benachbarte Argumentwerte x_3 und x_4, deren zugehörige Funktionswerte y_3 und y_4 verschiedene Vorzeichen haben, zwischen denen also eine Nullstelle $\bar{x}$ liegt.
Im Bereich $x_3 \dots x_4$ wird nun eine verfeinerte Wertetabelle (etwa mit Argumentschritt 0,01) aufgestellt usw.
Auf diese Art kann der gesuchte Wert $\bar{x}$ beliebig eng eingegrenzt, d.h. mit jeder beliebigen Genauigkeit approximiert (angenähert) werden.
Selbstverständlich wird man bei der Unterteilung eines Bereiches nicht alle neun Zwischenwerte berechnen, sondern zunächst den mittleren und sodann nur in dem Teilbereich weiterrechnen, in dem gemäß Vorzeichen der Funktionswerte die Nullstelle $\bar{x}$ liegen muß.

BEISPIEL

Man ermittle die kleinste Lösung der Gleichung

$$x^3 = 3x^2 - 1,$$

d.h. die kleinste Nullstelle der Funktion

$$y = x^3 - 3x^2 + 1,$$

auf $\pm 0{,}005$ genau. (Rechnungen mit Rechenstab!)

Grobe Wertetabelle:

x	−1	0	+1	+2	+3	+4
y	−3	+1	−1	−3	+1	+17

Die gesuchte Lösung liegt zwischen $x_1 = -1$ und $x_2 = 0$.

Unterteilung des Intervalls $-1 \ldots 0$:

x	y	$\bar{x}$ liegt zwischen
$-0{,}5$	$+0{,}125$	$-1{,}0$ und $-0{,}5$
$-0{,}7$	$-0{,}831$	$-0{,}7$ und $-0{,}5$
$-0{,}6$	$-0{,}296$	$-0{,}6$ und $-0{,}5$

Die gesuchte Lösung liegt zwischen $x_3 = -0{,}6$ und $x_4 = -0{,}5$.
Unterteilung des Intervalles $-0{,}6 \ldots -0{,}5$:

x	y	$\bar{x}$ liegt zwischen
$-0{,}55$	$-0{,}073$	$-0{,}55$ und $-0{,}50$
$-0{,}53$	$+0{,}010$	$-0{,}55$ und $-0{,}53$
$-0{,}54$	$-0{,}033$	$-0{,}54$ und $-0{,}53$

Die gesuchte Lösung liegt zwischen $x_5 = -0{,}54$ und $x_6 = -0{,}53$.
Unterteilung des Intervalles $-0{,}54 \ldots -0{,}53$:

x	y	$\bar{x}$ liegt zwischen
$-0{,}535$	$-0{,}011$	$-0{,}535$ und $-0{,}530$

Damit ist die geforderte Genauigkeit erreicht, denn jeder der Werte $-0{,}535$ und $-0{,}530$ unterscheidet sich um weniger als 0,005 von $\bar{x}$.

Ergebnis: $\underline{\underline{-0{,}535 < \bar{x} < -0{,}530}}$

Eine wesentlich größere Genauigkeit ist mit dem Rechenstab nicht zu erreichen.

Beachte:

Das angegebene Verfahren ist bei Anwendung konventioneller Rechenhilfsmittel verhältnismäßig aufwendig, jedoch wegen seiner einfachen Struktur (zyklische Wiederholung weniger einfacher Arbeitsschritte) für die Abarbeitung auf programmgesteuerten Rechenmaschinen gut geeignet.

10.5.3.2. Verfahren der linearen Interpolation (regula falsi)

Dieses Verfahren ist auch unter den Bezeichnungen **regula falsi**, **Sekantenverfahren** und **Sehnenverfahren** bekannt.
Es dient dazu, die Anzahl der erforderlichen Zwischenwerte beim Verfahren der fortgesetzten Unterteilung dadurch zu reduzieren, daß man sich Klarheit über die ungefähre Lage der gesuchten Nullstellen innerhalb eines bereits ermittelten Bereiches verschafft. Dies geschieht in folgender Weise:
Es seien x_1 und x_2 zwei benachbarte Argumentwerte, deren zugehörige Funktionswerte y_1 und y_2 verschiedene Vorzeichen haben. Zu den bei-

den Wertepaaren (x_1, y_1) und (x_2, y_2) bestimmt man die lineare Interpolationsfunktion $y = l(x)$, deren grafisches Bild die Gerade durch $P_1(x_1, y_1)$ und $P_2(x_2, y_2)$ ist (*Sekante* zur Kurve der Funktion $y = f(x)$). Diese Interpolationsfunktion hat die implizite Darstellung (vgl. 14.2.2. und 22.4.1.2.)

$$\frac{y - y_1}{x - x_1} = \frac{y_2 - y_1}{x_2 - x_1}.$$

Sofern die Kurve der Funktion $y = f(x)$ im Intervall $x_1 \ldots x_2$ nicht zu stark gekrümmt ist, liegt die gesuchte Nullstelle $\bar{x}$ der Funktion $y = f(x)$ relativ nahe an der Nullstelle $x_{1,2}$ der linearen Interpolationsfunktion $y = l(x)$, d. h., $x_{1,2}$ ist ein gegenüber x_1 und x_2 verbesserter Näherungswert für $\bar{x}$. Diesen verbesserten Näherungswert erhält man, wenn man in der Gleichung der Interpolationsfunktion $y = 0$ und $x = x_{1,2}$ setzt und die Gleichung nach $x_{1,2}$ umstellt:

$$x_{1,2} = x_1 - \frac{x_2 - x_1}{y_2 - y_1} \cdot y_1$$

In der Nähe von $x_{1,2}$ sucht man nun zwei Argumentwerte x_3 und x_4, die eine gültige Dezimale mehr aufweisen als x_1 und x_2 und deren Funktionswerte y_3 und y_4 verschiedene Vorzeichen haben. Mit x_3 und x_4 verfährt man wie vorher mit x_1 und x_2.

$$x_{3,4} = x_3 - \frac{x_4 - x_3}{y_4 - y_3} \cdot y_3$$

usw.

BEISPIEL

Von den Lösungen der Gleichung

$$x^3 + 1 = 5x,$$

d. h., von den Nullstellen der Funktion

$$y = x^3 - 5x + 1,$$

berechne man diejenige mit dem kleinsten Betrag auf $\pm 0{,}001$ genau.

Grobe Wertetabelle:

x	-3	-2	-1	0	$+1$	$+2$	$+3$
y	-11	$+3$	$+5$	$+1$	-3	-1	$+13$

Die gesuchte Lösung liegt zwischen 0 und +1.

$$x_1 = 0 \quad y_1 = +1$$

$$x_2 = +1 \quad y_2 = -3$$

$$x_{1,2} = 0 - \frac{(+1) - 0}{(-3) - (+1)} \cdot (+1) = 0{,}25$$

x_3 und x_4 liegen vermutlich in der Nähe von 0,25.

$$x_3 = +0{,}2 \quad y_3 = +0{,}008$$

$$x_4 = +0{,}3 \quad y_4 = -0{,}473$$

$$x_{3,4} = +0{,}2 - \frac{(+0{,}3) - (+0{,}2)}{(-0{,}473) - (+0{,}008)} \cdot (+0{,}008)$$
$$= +0{,}202$$

x_5 und x_6 liegen vermutlich in der Nähe von +0,202.

$$x_5 = +0{,}20 \quad y_5 = +0{,}008$$

$$x_6 = +0{,}21 \quad y_6 = -0{,}040$$

$$x_{5,6} = +0{,}20 - \frac{(+0{,}21) - (+0{,}20)}{(-0{,}040) - (+0{,}008)} \cdot (+0{,}008)$$
$$= +0{,}2017$$

x_7 und x_8 liegen vermutlich in der Nähe von +0,2017.

$$x_7 = +0{,}201 \quad y_7 = +0{,}003$$

$$x_8 = +0{,}202 \quad y_8 = -0{,}002$$

Mit diesen Werten ist die geforderte Genauigkeit erreicht.

Ergebnis: $\underline{\underline{+0{,}201 < \bar{x} < 0{,}202}}$

10.5.3.3. Verfahren der quadratischen Interpolation

Ist die Kurve der Funktion $y = f(x)$ in der Umgebung der gesuchten Nullstelle $\bar{x}$ stark gekrümmt, so ist das Verfahren der linearen Interpolation unvorteilhaft. In diesem Fall verwendet man zweckmäßig eine quadratische Interpolationsfunktion, wodurch die Krümmung berücksichtigt wird.

Es sei x_1 derjenige Wert aus der Wertetabelle, der der Nullstelle $\bar{x}$ vermutlich am nächsten liegt, $x_{1+} = x_1 + h$ ein etwas größerer und $x_{1-} = x_1 - h$ ein etwas kleinerer Wert. Die zugehörigen Funktionswerte sind $y_{1-} = f(x_{1-})$, $y_1 = f(x_1)$, $y_{1+} = f(x_{1+})$. Zu den Wertepaaren $(x_{1-}; y_{1-})$, $(x_1; y_1)$, $(x_{1+}; y_{1+})$ bestimmt man die quadratische Inter-

polationsfunktion $y = q(x)$. Deren näher bei x_1 gelegene Nullstelle, die mit x_2 bezeichnet werden soll, ist nun ein gegenüber x_1 verbesserter Näherungswert für $\bar{x}$.
Ohne Beweis wird ein Formelsatz zur Berechnung von x_2 aus x_{1-}, x_1, x_{1+} und den zugehörigen Funktionswerten gegeben:

Hilfsgrößen:

$$a = y_1, \quad b = \frac{y_{1+} - y_{1-}}{2 \cdot h}, \quad c = \frac{y_{1+} - 2 \cdot y_1 + y_{1-}}{2 \cdot h^2}$$

Aus diesen Hilfsgrößen wird x_2 berechnet:

$$x_2 = x_1 + \frac{b}{2 \cdot c}\left(\sqrt{1 - \frac{4 \cdot a \cdot c}{b^2}} - 1\right)$$

Gegebenenfalls ist x_2 in gleicher Weise weiter zu verbessern.

BEISPIEL

Die in der Nähe von $+2$ gelegene Nullstelle $\bar{x}$ der Funktion

$$y = x^3 - 5x + 1$$

ist auf $\pm 0{,}001$ genau zu bestimmen.
Mit $h = 0{,}1$ ergibt sich

$$x_{1-} = +1{,}9, \quad y_{1-} = -1{,}641$$

$$x_1 = +2{,}0, \quad y_1 = -1{,}000$$

$$x_{1+} = +2{,}1, \quad y_{1+} = -0{,}239$$

Daraus erhält man die Hilfsgrößen

$$a = -1{,}000, \quad b = 7{,}010, \quad c = 6{,}000$$

Aus diesen berechnet man

$$x_2 = 2 + \frac{7{,}010}{12{,}000}\left(\sqrt{1 - \frac{-24{,}000}{7{,}010^2}} - 1\right) = 2{,}1284$$

Da $f(2{,}128) = -0{,}004$ und $f(2{,}129) = +0{,}005$ verschiedene Vorzeichen haben, ist die geforderte Genauigkeit erreicht.

Ergebnis: $\underline{\underline{2{,}128 < \bar{x} < 2{,}129}}$

10.6. Gleichungssysteme

Im folgenden wird nur der Sonderfall behandelt, daß die Anzahl der Variablen mit der Anzahl der Gleichungen übereinstimmt. Dieser Fall hat in der praktischen Anwendung besondere Bedeutung.

10.6.1. Zwei lineare Gleichungen in zwei Variablen

10.6.1.1. Allgemeines

Begriff des Gleichungssystems

Eine lineare Gleichung in zwei Variablen kann stets auf die Normalform

$$ax_1 + bx_2 = c$$

gebracht werden (x_1 und x_2 sind die Variablen; a, b und c beliebige reelle Konstanten). Jedem Wert der Variablen x_1 läßt sich ein bestimmter Wert der Variablen x_2 zuordnen und umgekehrt.

BEISPIEL

$$5x_1 - 4x_2 = 16$$

x_1	0	+1	−1
x_2	−4	$-\frac{11}{4}$	$-\frac{21}{4}$

Es gibt also unendlich viele Zahlenpaare $[x_1, x_2]$, die die Gleichung $5x_1 - 4x_2 = 16$ erfüllen.

Ist eine zweite Gleichung gegeben, die von der ersten unabhängig ist und mit ihr nicht im Widerspruch steht („unabhängig" bedeutet, daß die zweite Gleichung nicht durch Umformung aus der ersten Gleichung hervorgegangen ist; „widerspruchsfrei" bedeutet, daß beide Gleichungen miteinander verträglich sind und ihre Forderungen einander nicht gegenseitig ausschließen, wie z.B. bei $5x_1 - 4x_2 = 16$ und $5x_1 - 4x_2 = 17$), so gibt es genau ein Zahlenpaar, das *sowohl* die erste *als auch* die zweite Gleichung erfüllt.
Die Gleichungen

$$a_1x_1 + b_1x_2 = c_1$$

$$a_2x_1 + b_2x_2 = c_2$$

bilden ein System von zwei linearen Gleichungen in zwei Variablen (Gleichungssystem). Die Konstanten $a_1, a_2, b_1, b_2, c_1, c_2$ sind reelle Zahlen.

Lösung des Gleichungssystems

Ein geordnetes Zahlenpaar $[x_1, x_2]$, das beide Gleichungen des Systems erfüllt, heißt **Lösung** des Gleichungssystems.
Unter **Auflösung des Gleichungssystems** versteht man die Ermittlung der Lösung des Systems. Die Auflösung kann rechnerisch oder zeichnerisch erfolgen.

Die **Probe** besteht im Einsetzen des Wertepaares $[x_1, x_2]$ in die beiden Ausgangsgleichungen. Erhält man zwei wahre Gleichheitsaussagen, so ist das geordnete Zahlenpaar $[x_1, x_2]$ eine Lösung des Gleichungssystems.

10.6.1.2. Rechnerische Auflösung

Methode der Elimination

Das Prinzip dieser Methode besteht in der Zurückführung eines neuen auf ein bereits gelöstes Problem. Aus den beiden gegebenen Gleichungen wird eine dritte Gleichung hergeleitet, die nur noch eine der beiden Variablen enthält; die andere Variable wird beseitigt (eliminiert). Diese Elimination kann durch verschiedene Verfahren erreicht werden. Welche Variable eliminiert wird bzw. welches Verfahren im Einzelfall zu bevorzugen ist, hängt von der Form der gegebenen Gleichungen ab.

Methode der Elimination

Verfahren	Grundgedanke	Anwendung
1. Additionsverfahren (Verfahren der gleichen Koeffizienten)	Man multipliziert die Gleichungen derart mit geeigneten Zahlen, daß die Koeffizienten der einen Variablen in beiden Gleichungen entgegengesetzte Zahlen werden. Durch anschließende Addition entsprechender Gleichungsseiten fällt dann diese Variable heraus.	Die Beträge der Koeffizienten der einen Variablen sind in beiden Gleichungen gleich oder können leicht gleich gemacht werden.
2. Einsetzungsverfahren (Substitutionsverfahren)	Eine der beiden Gleichungen wird nach einer der beiden Variablen aufgelöst. Der erhaltene Term wird in die andere Gleichung an Stelle dieser Variablen eingesetzt.	Eine der Gleichungen ist bereits nach einer Variablen aufgelöst, oder dies ist leicht zu erreichen.
3. Gleichsetzungsverfahren (Kombinationsverfahren)	Beide Gleichungen löst man nach ein und derselben Variablen auf und setzt die gefundenen Terme einander gleich.	Jede der Gleichungen ist bereits nach ein und derselben Variablen aufgelöst, oder dies ist leicht zu erreichen.

BEISPIELE

Elimination der einen und Berechnung der anderen Variablen	Berechnung der eliminierten Variablen
zu 1. $8x_1 + 3x_2 = -5$ $5x_1 + x_2 = -4$ Multiplikation der zweiten Gleichung mit (-3) und Addition ergibt $-7x_1 = 7$ (Eine Gleichung in einer Variablen; x_2 ist eliminiert) $\underline{\underline{x_1 = -1}}$	x_2 erhält man durch Einsetzen des für x_1 gefundenen Wertes in eine der beiden Ausgangsgleichungen (hier in die zweite Gleichung): $5(-1) + x_2 = -4$ $\underline{\underline{x_2 = +1}}$
zu 2. $x_1 = 3x_2 - 15$ $4x_1 + 11x_2 = 124$ $4(3x_2 - 15) + 11x_2 = 124$ (Eine Gleichung in einer Variablen; x_1 ist eliminiert) $\underline{\underline{x_2 = 8}}$	Die eliminierte Variable erhält man aus der Substitutionsgleichung: $x_1 = 3 \cdot 8 - 15$ $\underline{\underline{x_1 = 9}}$
zu 3. $x_1 = 2x_2 + 10$ $x_1 = \frac{2}{3}x_2 + 6$ $2x_2 + 10 = \frac{2}{3}x_2 + 6$ (Eine Gleichung in einer Variablen; x_1 ist eliminiert) $\underline{\underline{x_2 = -3}}$	x_1 erhält man aus einer der beiden Gleichungen (in diesem Fall aus der ersten): $x_1 = 2(-3) + 10$ $\underline{\underline{x_1 = +4}}$

WEITERE BEISPIELE

1. $$\begin{array}{rl} ax_1 + bx_2 = a^2 + 2ab - b^2 & \mid \cdot b \\ ax_2 - bx_1 = a^2 - 2ab - b^2 & \mid \cdot a \end{array}$$

$$abx_1 + b^2x_2 = a^2b + 2ab^2 - b^3$$
$$-abx_1 + a^2x_2 = a^3 - 2a^2b - ab^2$$
$$(a^2 + b^2)\,x_2 = a^3 - a^2b + ab^2 - b^3$$
$$\underline{\underline{x_2 = a - b}}$$

Aus der ersten Gleichung folgt

$$ax_1 = a^2 + 2ab - b^2 - b\,(a - b)$$
$$ax_1 = a^2 + 2ab - b^2 - ab + b^2$$
$$\underline{\underline{x_1 = a + b}}$$

Probe:

1. Gleichung: $a\,(a + b) + b\,(a - b) \mid a^2 + 2ab - b^2$
$$a^2 + 2ab - b^2 = a^2 + 2ab - b^2$$

2. Gleichung: $a(a-b) - b(a+b) \mid a^2 - 2ab - b^2$
$$a^2 - 2ab - b^2 = a^2 - 2ab - b^2$$

Bisweilen ist die Einführung neuer Variablen von Vorteil. Die Bezeichnung derselben hat selbstverständlich keinen Einfluß auf das Ergebnis.

2. $\frac{x+3}{5} + \frac{y-6}{4} = \frac{12}{5}$

$\frac{x+3}{4} + \frac{y-6}{5} = \frac{51}{20}$

Man setzt $x + 3 = u$; $y - 6 = v$ und erhält:

$$\frac{u}{5} + \frac{v}{4} = \frac{12}{5}$$
$$\frac{u}{4} + \frac{v}{5} = \frac{51}{20}$$

Normalform: $4u + 5v = 48 \mid \cdot(+5)$
$5u + 4v = 51 \mid \cdot(-4)$

Addition entsprechender Gleichungsseiten ergibt $9v = 36$; $v = 4$.
Aus der ersten Gleichung folgt $4u = 48 - 5 \cdot 4$; $u = 7$.

$$x + 3 = 7; \quad \underline{\underline{x = 4.}} \qquad y - 6 = 4; \quad \underline{\underline{y = 10}}$$

Allgemeine Lösung

Das lineare Gleichungssystem

$$a_1x_1 + b_1x_2 = c_1$$
$$a_2x_1 + b_2x_2 = c_2$$

hat die Lösung

$$\underline{\underline{x_1 = \frac{c_1b_2 - c_2b_1}{a_1b_2 - a_2b_1}}}; \quad \underline{\underline{x_2 = \frac{a_1c_2 - a_2c_1}{a_1b_2 - a_2b_1}}} \quad \text{(vgl. 12.1.3.).}$$

Bei Verwendung dieser Formeln zur Auflösung eines linearen Systems braucht der Prozeß des Eliminierens nicht durchgeführt zu werden. Die Formeln sind allerdings schwer einzuprägen (vgl. 12.1.3.).

10.6.1.3. Zeichnerische Auflösung

Arbeitsschritte

1. Die beiden Gleichungen des Systems werden als Gleichungen von Funktionen aufgefaßt. Die Bilder dieser Funktionen im x, y-Koordinatensystem sind Geraden.
2. Die Schnittpunktkoordinaten sind aus der Zeichnung abzulesen; sie stellen die Lösung des Gleichungssystems dar.
3. Die zeichnerisch gefundene Lösung (Näherungslösung) ist stets an den Ausgangsgleichungen zu überprüfen.

BEISPIEL

$$5y - 25 = 3(x + 2)$$
$$2x + 3y = 11$$

Die erste Gerade ist durch die Punkte [3, 8] und [−7, +2] bestimmt, die zweite Gerade durch die Punkte [−5, +7] und [1, 3].

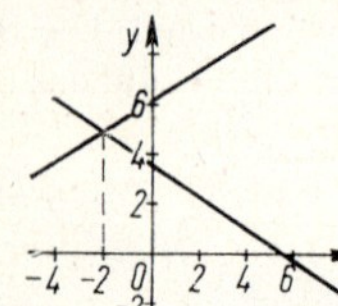

Setzt man z. B. in die erste Gleichung für x die frei gewählte Zahl 3 ein, so erhält man $y = 8$. Die anderen Zahlenpaare ergeben sich entsprechend.

Koordinaten des Schnittpunktes: [−2, +5].

Probe: Erste Gleichung — Zweite Gleichung

$5 \cdot 5 - 25 \mid 3(-2+2)$ — $2(-2) + 3 \cdot 5 \mid 11$

$0 = 0$ — $11 = 11$

Vorteil: Anschaulichkeit.
Nachteil: Geringe Genauigkeit, insbesondere bei „schleifendem Schnitt".

10.6.1.4. Existenz und Eindeutigkeit der Lösung

In der allgemeinen Lösung (10.6.1.2.) stellen sich x_1 und x_2 als Quotienten mit dem Nenner $a_1b_2 - a_2b_1$ dar. Für die Existenz und Eindeutigkeit der Lösung ist $a_1b_2 - a_2b_1 \neq 0$ Voraussetzung, da die Division durch Null nicht erklärt ist.

Bedingung	Gleichungen	Anzahl der Lösungen	Geometrische Deutung
$a_1b_2 - a_2b_1 \neq 0$	$a_1x_1 + b_1x_2 = c_1$ $a_2x_1 + b_2x_2 = c_2$ Die Gleichungen sind weder voneinander abhängig, noch widersprechen sie einander. **BEISPIEL** $-2x + 5y = 5$ $2x + 5y = 25$ $(-2) \cdot 5 - 2 \cdot 5 \neq 0$	Genau eine Lösung [5, 3]	Die beiden Geraden haben einen Punkt gemeinsam. Die Koordinaten des Schnittpunktes stellen die Lösung dar. Zugeordnete lineare Funktionen: $y = \frac{2}{5}x + 1$ $y = -\frac{2}{5}x + 5$

Der Fall $a_1b_2 - a_2b_1 = 0$ (d. h., $a_1b_2 = a_2b_1$ oder $a_1 : a_2 = b_1 : b_2$ oder $a_1 = ka_2$; $b_1 = kb_2$) ist in der folgenden Übersicht behandelt.

Bedingung		Gleichungen	Anzahl der Lösungen	Geometrische Deutung
$a_1b_2 - a_2b_1 = 0$ d.h., $\frac{a_1}{a_2} = \frac{b_1}{b_2} = k$	$c_1 = kc_2$	$ka_2x_1 + kb_2x_2 = kc_2$ $a_2x_1 + b_2x_2 = c_2$ Die Gleichungen sind *voneinander abhängig* (die erste Gleichung geht aus der 2. durch Multiplikation mit k hervor). **BEISPIEL** $-2x + 5y = 5$ $-x + \frac{5}{2}y = \frac{5}{2}$ $(-2) \cdot \frac{5}{2} - (-1) \cdot 5 = 0$ $k = 2$: $2 \cdot \frac{5}{2} = 5$	Unendlich viele Lösungen z.B. $[5, 3]$ oder $[0, 1]$ oder $[-5, -1]$	Die beiden Geraden fallen aufeinander; die Koordinaten aller Punkte der Geraden sind Lösungen. 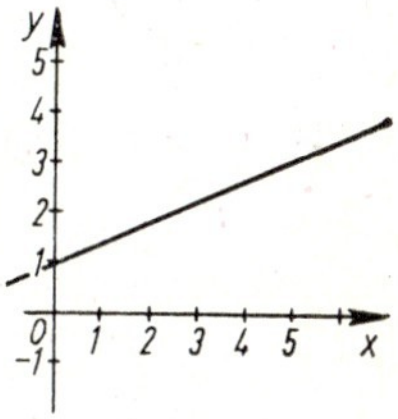 Zugeordnete lineare Funktionen: $y = \frac{2}{5}x + 1$ $y = \frac{2}{5}x + 1$
	$c_1 \neq kc_2$	$ka_2x_1 + kb_2x_2 = c_1$ $a_2x_1 + b_2x_2 = c_2$ Die Gleichungen *widersprechen einander* ($c_1 \neq kc_2$). **BEISPIEL** $-2x + 5y = 5$ $-2x + 5y = -10$ $(-2) \cdot 5 - (-2) \cdot 5 = 0$ $k = 1$: $1 \cdot (-10) \neq 5$	keine Lösung	Die beiden Geraden laufen parallel; sie haben keinen Punkt gemeinsam; keine Lösung. 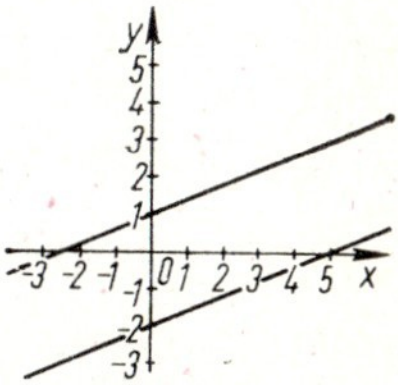 Zugeordnete lineare Funktionen: $y = \frac{2}{5}x + 1$ $y = \frac{2}{5}x - 2$

10.6.2. Lineare Gleichungen in mehr als zwei Variablen

Die für Gleichungen in zwei Variablen geltenden Aussagen lassen sich auf Systeme in drei und mehr Variablen übertragen. Normalform des Gleichungssystems in drei Variablen:

$$a_1x_1 + b_1x_2 + c_1x_3 = d_1$$
$$a_2x_1 + b_2x_2 + c_2x_3 = d_2$$
$$a_3x_1 + b_3x_2 + c_3x_3 = d_3$$

Ein geordnetes Wertetripel $[x_1, x_2, x_3]$, das alle drei Gleichungen erfüllt, heißt **Lösung** des Systems. Man erhält genau eine Lösung, wenn die drei Gleichungen voneinander unabhängig sind und einander nicht widersprechen.
Sind zwei oder alle drei Gleichungen voneinander abhängig, so hat das System unendlich viele Lösungen. Stehen zwei oder drei Gleichungen des Systems im Widerspruch, so hat das System keine Lösung.
Die **Probe** besteht im Einsetzen der Wertetripels $[x_1, x_2, x_3]$ in die drei Ausgangsgleichungen. Erhält man drei wahre Gleichheitsaussagen, so ist das Wertetripel die Lösung des Gleichungssystems.
Die Auflösung des Gleichungssystems in drei Variablen erfolgt in folgenden Schritten:

a) Es wird durch Elimination von einer der drei Variablen auf ein System von zwei Gleichungen in zwei Variablen zurückgeführt.
b) Das System in zwei Variablen wird aufgelöst nach 10.6.1.2.
c) Den Wert der dritten Variablen erhält man, indem man die für die beiden anderen Variablen ermittelten Werte in eine der Ausgangsgleichungen einsetzt und die sich ergebende Gleichung nach der dritten Variablen auflöst.

BEISPIEL

$$\text{(I)}\quad (2x_1 + x_2) \cdot 3 = (2x_1 + x_3) \cdot 2 - (2x_2 + x_3) \cdot 3 + 170$$
$$\text{(II)}\quad (5x_1 - x_2) + (2x_1 + x_3) \cdot 3 = (3x_2 - x_3)\,4 + 75$$
$$\text{(III)}\quad 3\,(7x_1 - x_2) - 4\,(x_1 + 2x_3) + 5\,(2x_1 - 3x_3) = 187$$

Normalform: (Ia) $2x_1 + 9x_2 + x_3 = 170$

(IIa) $11x_1 - 13x_2 + 7x_3 = 75$

(IIIa) $27x_1 - 3x_2 - 23x_3 = 187$

Aus (Ia) folgt $x_3 = 170 - 2x_1 - 9x_2$.

Der für x_3 gefundene Term wird in (IIa) und (IIIa) eingesetzt (Einsetzungsverfahren).
Man erhält dann zwei Gleichungen in den Variablen x_1 und x_2.

(IIb) $3x_1 + 76x_2 = 1115$

(IIIb) $73x_1 + 204x_2 = 4097$

Aus (IIb): $x_1 = \frac{1115 - 76x_2}{3}$

aus (IIIb): $x_1 = \frac{4097 - 204x_2}{73}$

Durch Gleichsetzung bekommt man eine Gleichung in x_2:

$$\frac{1115 - 76x_2}{3} = \frac{4097 - 204x_2}{73}$$

$\underline{\underline{x_2 = 14}}$

Aus (IIb): $\underline{\underline{x_1}} = \frac{1115 - 76 \cdot 14}{3} = \underline{\underline{17}}$; aus (Ia): $\underline{\underline{x_3 = 10}}$

Der gezeigte Rechengang ist nur einer von vielen möglichen Wegen.

10.6.3. Gleichungssysteme höheren Grades in zwei Variablen

10.6.3.1. Rechnerische Auflösung

Da es schwer ist, allgemeine Regeln für die Auflösung von Systemen höheren Grades zu geben, sollen in folgendem lediglich einige einfache Sonderfälle besprochen werden. Die gegebenen Gleichungen müssen voneinander unabhängig sein und dürfen einander nicht widersprechen. Der Grundgedanke ist auch hier immer die schrittweise Elimination einzelner Variablen. Im allgemeinen führen die Verfahren für lineare Systeme (vgl. 10.6.1.2.) zum Ziel.

BEISPIELE

1. (I) $3x^2 + 4y^2 = 48$

   (II) $x + 4y = 14$

   Die erste Gleichung ist in x und y *quadratisch*, die zweite *linear* (*Einsetzungsverfahren*).

   Aus (II): $x = 14 - 4y$.

   Wird $14 - 4y$ für x in (I) eingesetzt, so erhält man eine quadratische Gleichung in einer Variablen (y):

   $$3(14 - 4y)^2 + 4y^2 = 48$$
   $$y^2 - \tfrac{84}{13}y + \tfrac{135}{13} = 0$$
   $$\underline{\underline{y_1 = \tfrac{45}{13}}};\ \underline{\underline{y_2 = 3}}$$

   Aus (II): $\underline{\underline{x_1 = \tfrac{2}{13}}}$; $\underline{\underline{x_2 = 2}}$

   Die Lösung des Systems besteht aus den Wertepaaren $[x_1, y_1] = [\tfrac{2}{13}, \tfrac{45}{13}]$ und $[x_2, y_2] = [2, 3]$.

Die **Probe** besteht im Einsetzen beider Wertepaare in die Ausgangsgleichungen; es müssen sich in diesem Falle vier wahre Gleichheitsaussagen ergeben.
Geometrische Deutung: $\frac{2}{13}$ und $\frac{45}{13}$ bzw. 2 und 3 sind die Koordinaten der Schnittpunkte der Ellipse (I) und der Geraden (II).

2. (I) $(x-2)^2 + (y+3)^2 = 64$
(II) $(x+\frac{5}{2})^2 + (y-\frac{3}{2})^2 = \frac{65}{2}$
Beide Gleichungen sind in x und y *quadratisch.*
Subtraktion entsprechender Gleichungsseiten nach Ausrechnung der Quadrate gibt die in x und y lineare Gleichung

$$y = x + 3.$$

Ersetzt man y in (I) durch $(x+3)$, so erhält man die quadratische Gleichung

$$x^2 + 4x - 12 = 0;$$

daraus $x_1 = 2;\quad x_2 = -6$
und aus $y = x + 3$ die Werte

$$y_1 = 5,\quad y_2 = -3.$$

Die Wertepaare $\underline{\underline{x_1 = 2}}$; $\underline{\underline{y_1 = 5}}$ bzw. $\underline{\underline{x_2 = -6}}$; $\underline{\underline{y_2 = -3}}$ sind die Lösungen des gegebenen quadratischen Systems.
Geometrische Deutung: 2 und 5 bzw. −6 und −3 sind die Koordinaten der Schnittpunkte der Kreise (I) und (II).

3. (I) $x^2 + y^2 = 39$
(II) $x \cdot y = 18$

Beide Gleichungen sind quadratisch, davon eine infolge des Produktes der Variablen $(x \cdot y)$. Gleichung (II) wird mit 2 multipliziert. Addition bzw. Subtraktion entsprechender Gleichungsseiten gibt

(Ia) $x^2 + 2xy + y^2 = 75$
(IIa) $x^2 - 2xy + y^2 = 3$
(Ib) $(x+y)^2 = 75$
(IIb) $(x-y)^2 = 3$
(Ic) $x + y = +5\sqrt{3};\quad x + y = -5\sqrt{3}$
(IIc) $x - y = +\sqrt{3};\quad x - y = -\sqrt{3}$
(Ic) und (IIc) stehen für vier Gleichungspaare.

Erneute Addition bzw. Subtraktion liefert die vier Wertepaare

$\underline{\underline{3\sqrt{3}, 2\sqrt{3}}}\quad \underline{\underline{-3\sqrt{3}, -2\sqrt{3}}}\quad \underline{\underline{2\sqrt{3}, 3\sqrt{3}}}\quad \underline{\underline{-2\sqrt{3}, -3\sqrt{3}}}$

als Lösungen des gegebenen Systems.
Geometrische Deutung: Der Kreis (I) und die Hyperbel (II) schneiden einander in vier Punkten.

10.6.3.2. Zeichnerische Auflösung

Die zeichnerische Auflösung, die sich besonders für schwierigere Systeme eignet, besteht im Aufsuchen der Koordinaten der Schnittpunkte oder Berührungspunkte der Kurven, die zu den gegebenen Gleichungen gehören.
Die Schnitt- oder Berührungspunktkoordinaten sind die reellen Lösungen des Systems.

BEISPIELE

1. (I) $x^2 - 8x + y^2 - 6y = 0$

(II) $4x^2 - 32x + 25y^2 + 200y + 364 = 0$

(Ia) $(x - 4)^2 + (y - 3)^2 = 25$

(IIa) $\dfrac{(x - 4)^2}{5^2} + \dfrac{(y + 4)^2}{2^2} = 1$

Beide Kurven berühren einander im Punkt $[4, -2]$.

Das Wertepaar $[4, -2]$ ist die einzige reelle Lösung des gegebenen Systems.

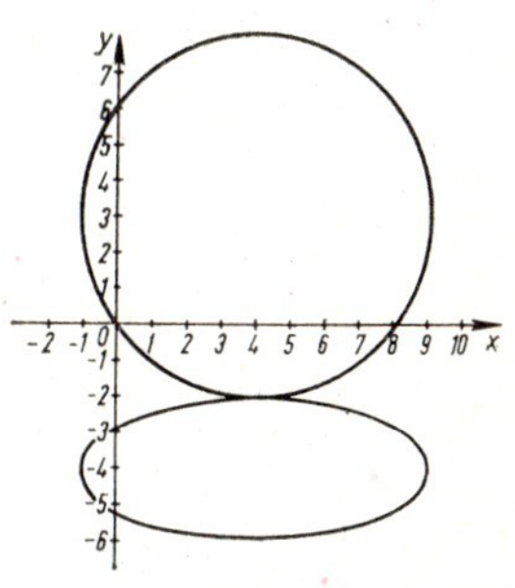

Kreis mit M [4; 3] und $r = 5$;
Ellipse mit M [4; −4]
und den Halbachsen $a = 5$; $b = 2$

2. (I) $4x^2 + 40x + 9y^2 + 36y + 100 = 0$

(II) $y^2 - 6y - 4x + 17 = 0$

(Ia) $\dfrac{(x + 5)^2}{9} + \dfrac{(y + 2)^2}{4} = 1$

(IIa) $(y - 3)^2 = 2 \cdot 2 \cdot (x - 2)$

Die Kurven haben keinen Punkt gemeinsam. Das Gleichungssystem hat keine reellen Lösungen.

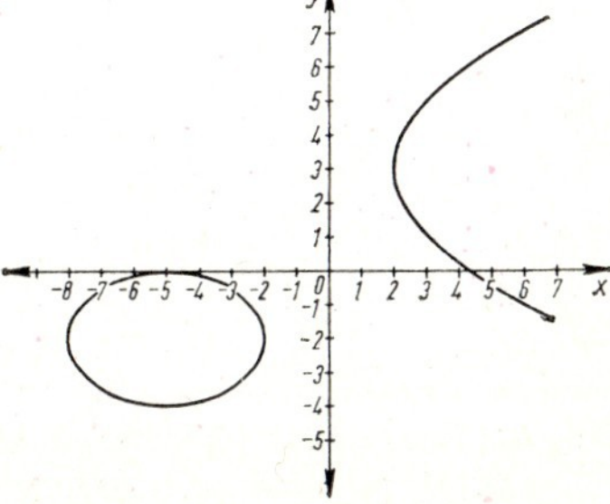

Ellipse mit M [−5; −2]
und den Halbachsen $a = 3$;
$b = 2$; Parabel mit dem Scheitel S [2; 3] und dem Parameter $2p = 4$

10.7. Textaufgaben

10.7.1. Arbeitsschritte für das Auflösen von Textaufgaben durch Ansetzen von Gleichungen

Die folgenden Arbeitsschritte erleichtern ein zielbewußtes und planvolles Vorgehen.

1. Gründliches Erfassen des Sinngehaltes der Aufgabe (Analyse der Aufgabenstellung) durch
   a) Begriffserklärungen (z.B. Quersumme; Differenz der dritten Potenzen zweier Zahlen; Quadrat der Geschwindigkeit usw.).
   b) Feststellung der unmittelbar gegebenen bzw. bekannten und gesuchten Größen und Beziehungen. Die auftretenden Größen können im Text ziemlich versteckt enthalten sein. Zeichnungen! Modelle!
   c) Feststellung von Termen, zwischen denen eine Gleichheitsbeziehung besteht.
   d) Überschlagsrechnung (soweit möglich).
   e) Formulierung der Aufgabe mit eigenen Worten.
2. Ansetzen von Gleichungen
   a) Es ist schriftlich in einem vollständigen Satz festzulegen, für welche Größe (Größen) Variablen eingeführt werden. Nicht immer ist es zweckmäßig, für die gesuchten Größen selbst Variablen einzuführen. Es ist erhebliche Umsicht nötig, um so vorzugehen, daß die weitere Rechnung möglichst einfach wird.
   b) Die sprachlich formulierten Operationen und Relationen sind mit Hilfe der mathematischen Symbolik darzustellen. Bei schwierigeren Aufgaben kann es nützlich sein, diesen Schritt dadurch vorzubereiten, daß statt der Variablen zunächst Zahlen verwendet werden.
   c) Terme, zwischen denen eine Gleichheitsbeziehung besteht, bilden die Seiten einer Gleichung. Wenigstens einer dieser Terme muß die Variable enthalten. Wenn der Ansatz nicht zustande kommen will, ist zu prüfen, ob alle Bedingungen der Aufgabe berücksichtigt worden sind.
3. Auflösen der Gleichung
   a) Erkennen des Gleichungstyps und Wahl eines geeigneten Lösungsverfahrens.
   b) Ermitteln der Lösungsmenge der Gleichung.
4. Kritik der Lösungen
   a) Die Probe deckt Fehler beim Ansetzen der Gleichung nicht auf. Man prüft deshalb die Lösungen der Gleichung an Hand des Aufgabentextes.
   b) Aber nicht jede Lösung der Gleichung ist für die gestellte Aufgabe brauchbar.
   c) Das Ergebnis ist, soweit möglich, zu deuten.
   d) Auf die in der Aufgabe gestellte Frage ist abschließend eine schriftliche Antwort zu geben.

Die Anwendung dieser Arbeitsschritte, die für mehrere Variablen sinngemäß abzuwandeln sind, kann im Einzelfall wegen der Vielgestaltigkeit der Aufgabenstellungen erhebliche Beweglichkeit des Denkens erforderlich machen.

10.7.2. Erkennen und Darstellen von Gleichheitsbeziehungen

Zur Erleichterung dieses erfahrungsgemäß besonders schwierigen Arbeitsschrittes können folgende Hinweise dienen:

1. Die Beziehung der Gleichheit kann im Aufgabentext unmittelbar gegeben sein.
   BEISPIELE: „ist gleich", „so erhält man gleiche Werte", „hat ebensoviel wie", „a und b betragen zusammen c".
2. Die Beziehung der Gleichheit kann mittelbar gegeben sein.
   BEISPIEL: Vier Zahlen sollen eine Proportion bilden. Diese ist eine Verhältnisgleichung (Gleichheitsbeziehung zwischen Verhältnissen).
3. Die Beziehung der Gleichheit kann sich aus mathematischen, physikalischen, technischen Formeln oder Sätzen ergeben.
   BEISPIEL: Im Aufgabentext ist von den Dreieckswinkeln die Rede. Dann hilft evtl. der Lehrsatz: Die Summe der Dreieckswinkel beträgt 180°.
4. Es kann eine Beziehung der Ungleichheit gegeben sein, aus der eine Gleichheitsbeziehung entwickelt werden kann.

BEISPIELE

„a übertrifft b um c", Darstellung: $a - b = c$ oder $a = b + c$;

„a ist doppelt so groß wie b", Darstellung: $a = 2b$ oder $\frac{a}{2} = b$.

„Der Flächeninhalt A_1 eines Rechtecks wächst um A, wenn man die Rechteckseiten vergrößert. Der neue Flächeninhalt sei A_2." Darstellung: $A_1 + A = A_2$ oder $A_2 - A_1 = A$.

10.7.3. Sprachliche Darstellung von Termen und Gleichungen

Besonders wichtig ist in diesem Zusammenhang die Fähigkeit, Terme und Gleichungen sprachlich darzustellen bzw. sprachlich gegebene Beziehungen zwischen Größen mathematisch darzustellen.

BEISPIELE

1. $\frac{x - 6}{a}$ „Der a-te Teil der um 6 verminderten Zahl x".
2. $\frac{x}{a} - 6$ „Der um 6 verminderte a-te Teil von x".
3. $\frac{x}{2} + 2 = 2x - 2$ „Welche Zahl gibt halbiert und um 2 vermehrt dasselbe wie verdoppelt und um 2 vermindert?"

10.7.4. Mathematische Darstellung sprachlich gegebener Größen und Beziehungen

Sprachliche Formulierung	Mathematische Darstellung
Quersumme der Zahl $100x + 10y + z$	$x + y + z$
Zweistellige Zahl (x Zehner, y Einer)	$10x + y$
Dreistellige Zahl (x Hunderter, y Zehner, z Einer)	$100x + 10y + z$
Das Quadrat der auf die ganze Zahl n folgenden ganzen Zahl	$(n + 1)^2$
Arithmetisches Mittel der Zahlen a und b	$\frac{a + b}{2}$
Geometrisches Mittel der Zahlen a und b	$\sqrt{a \cdot b}$
Das Reziproke von $\frac{a}{b}$	$\frac{b}{a}$
Die Zahlen a, b, c, d bilden in dieser Reihenfolge eine Proportion	$a : b = c : d$

10.7.5. Beispiele

Arithmetische Aufgaben

1. Zwei Zahlen verhalten sich wie $(1 + n)$ zu $(1 - n)$. Wie heißen diese, wenn ihre Summe $2a$ beträgt?

   Lösung: Der erste Summand sei x.

   Dann ist der zweite Summand $2a - x$.

   Das Verhältnis dieser Zahlen ist $\frac{x}{2a - x}$.

   Terme, zwischen denen eine Gleichheitsbeziehung besteht, sind

   $\frac{x}{2a - x}$ und $\frac{1 + n}{1 - n}$.

   Gleichung für x: $\frac{x}{2a - x} = \frac{1 + n}{1 - n}$

   Auflösung: $x(1 - n) = (1 + n)(2a - x)$

   $$x - xn = 2a + 2an - x - xn$$

   $$2x = 2a(1 + n)$$

   $$\underline{\underline{x = a(1 + n)}}$$

Für den zweiten Summanden erhält man

$$2a - x = 2a - a(1 + n) = \underline{\underline{a(1 - n)}}$$

Probe: Verhältnisbildung: $\dfrac{a(1 + n)}{a(1 - n)} = \dfrac{1 + n}{1 - n}$

Summenbildung: $a(1 + n) + a(1 - n) = a + an + a - an = 2a$

Ergebnis: Die Zahlen heißen $a(1 + n)$ und $a(1 - n)$.

2. Wenn man zu dem Quadrat einer ganzen Zahl 17 addiert, so erhält man das Quadrat der nächst größeren ganzen Zahl. Wie heißt die ursprüngliche Zahl?

Lösung: Die ursprüngliche Zahl sei z.
Das Quadrat der Zahl z ist z^2.
Die auf z folgende ganze Zahl ist $z + 1$.
Das Quadrat dieser Zahl ist $(z + 1)^2$.
Terme, zwischen denen eine Gleichheitsbeziehung besteht, sind $(z^2 + 17)$ und $(z + 1)^2$.
Gleichung für z: $z^2 + 17 = (z + 1)^2$

Auflösung: $z^2 + 17 = z^2 + 2z + 1$

$$2z = 16$$

$$\underline{\underline{z = \ 8}}$$

Probe: $8^2 + 17 \mid 9^2$

$$64 + 17 \mid 81$$

$$81 = 81$$

Ergebnis: Die ursprüngliche Zahl heißt 8.

3. Welche Zahl gibt durch ihren 34. Teil geteilt gerade 34?
Lösung: Die gesuchte Zahl sei x.

Der 34. Teil dieser Zahl ist $\dfrac{x}{34}$.

Die gesuchte Zahl, dividiert durch ihren 34. Teil, ergibt

$$\frac{x}{\frac{x}{34}} \quad (x \neq 0).$$

Terme, zwischen denen eine Gleichheitsbeziehung besteht, sind $\dfrac{x}{\frac{x}{34}}$ und 34.

Gleichung für x: $\dfrac{x}{\frac{x}{34}} = 34$

Auflösung: $x \cdot \frac{34}{x} = 34$

Deutung:

Die Gleichung $x \cdot \frac{34}{x} = 34$ wird für jedes x außer $x = 0$ erfüllt (vgl. 1.2. und 10.1.).

Ergebnis: Jede Zahl mit Ausnahme der Null gibt durch ihren 34. Teil geteilt 34.

4. Welche gleiche Grundziffer muß man an die Zahlen 1, 2, 7, 12 hängen, damit eine Proportion entsteht?

   Lösung: Die gesuchte Ziffer sei x.

   Die 1. Zahl besteht dann aus 1 Zehner und x Einern: $10 \cdot 1 + x$
   Die 2. Zahl besteht dann aus 2 Zehnern und x Einern: $10 \cdot 2 + x$
   Die 3. Zahl besteht dann aus 7 Zehnern und x Einern: $10 \cdot 7 + x$
   Die 4. Zahl besteht dann aus 12 Zehnern und x Einern: $10 \cdot 12 + x$

   Gleichung für x:

$$(10 + x):(20 + x) = (70 + x):(120 + x)$$

   Auflösung: $\underline{\underline{x = 5}}$

   Probe: $15:25 \mid 75:125$

   $3:5 = 3:5$

   Ergebnis: Es ist an jede der gegebenen Zahlen die Ziffer 5 anzuhängen. Die Proportion lautet: $15:25 = 75:125$.

Geometrische Aufgaben

1. Die Höhe auf der Hypotenuse eines rechtwinkligen Dreiecks ist um 35 m größer als der eine und um 84 m kleiner als der andere Hypotenusenabschnitt. Wie groß ist die Höhe?

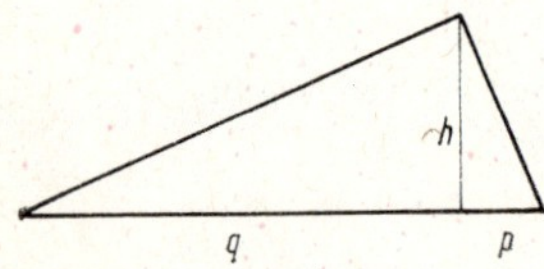

   Lösung: Die Höhe h betrage x m. Aus $h = x\,\mathrm{m}$ folgt $\frac{h}{\mathrm{m}} = x$. Ferner gilt

   (1) $p = h - 35\,\mathrm{m}$ (1a) $\frac{p}{\mathrm{m}} = \frac{h}{\mathrm{m}} - 35$, (1b) $\frac{p}{\mathrm{m}} = x - 35$

   (2) $q = h + 84\,\mathrm{m}$ (2a) $\frac{q}{\mathrm{m}} = \frac{h}{\mathrm{m}} + 84$, (2b) $\frac{q}{\mathrm{m}} = x + 84$

Nach dem Höhensatz (vgl. 20.8.1.1.) gilt $h^2 = p \cdot q$. Es liegt nahe, die linken und rechten Seiten der Gleichungen (1b) und (2b) miteinander zu multiplizieren.

$$\frac{p}{\text{m}} \cdot \frac{q}{\text{m}} = (x - 35)(x + 84)$$

$$\left(\frac{h}{\text{m}}\right)^2 = (x - 35)(x + 84)$$

Wegen $\frac{h}{\text{m}} = x$ folgt:

$$x^2 = x^2 - 35x + 84x - 35 \cdot 84$$

$$\underline{\underline{x = 60}}$$

$$h = 60\ \text{m}$$

Probe: $p = 60\ \text{m} - 35\ \text{m} = 25\ \text{m}$

$q = 60\ \text{m} + 84\ \text{m} = 144\ \text{m}$

$25\ \text{m} \cdot 144\ \text{m} \mid (60\ \text{m})^2$

$3600\ \text{m}^2 = 3600\ \text{m}^2$

Ergebnis: Die Höhe beträgt 60 m.

2. Eine quadratische Säule hat ein Volumen von 800 cm³. Setzt man auf sie eine zweite mit gleicher Grundfläche und einer Höhe h_1 von 3 cm Länge, so erhält man einen Würfel. Wie groß ist dessen Kantenlänge a?

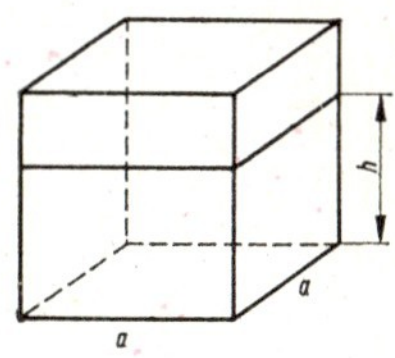

Lösung: Die Kantenlänge a betrage x cm. Aus $a = x$ cm folgt $x = \frac{a}{\text{cm}}$. Ferner gilt $h = a - 3\ \text{cm} = (x - 3)\ \text{cm}$.

Wertgleich: $a^2h = x^2(x - 3)\ \text{cm}^3$ und $800\ \text{cm}^3$.
Gleichung für x: $x^2(x - 3) = 800$.
Wegen der Auflösung der kubischen Gleichung $x^3 - 3x^2 - 800 = 0$ vgl. 10.5.

Ergebnis: Die Kantenlänge a beträgt 10,4 cm.

3. Der Achsenschnitt eines geraden Kegels ist ein gleichseitiges Dreieck und hat die Flächengröße $A = 10{,}83\ \text{cm}^2$. Wie groß ist der Rauminhalt V des Kegels?

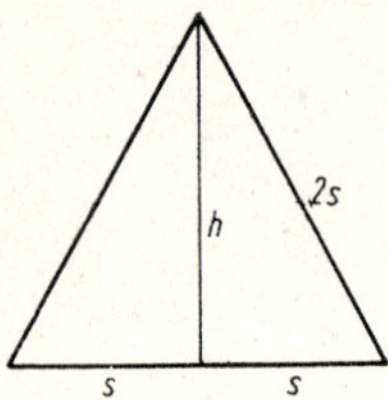

Lösung: Aus A läßt sich die Länge des Grundkreisradius s berechnen. V ist durch s und damit durch A darstellbar.

$$A = s^2\sqrt{3}$$

$$s^2 = \frac{A}{\sqrt{3}}; \quad s^3 = \frac{A\sqrt{A}}{\sqrt[4]{3^3}}; \quad V = \frac{1}{3}\cdot s^2\pi\cdot h; \quad h = s\sqrt{3}$$

$$V = \frac{\pi\sqrt{3}}{3}\cdot s^3 = \frac{\pi}{3\sqrt[4]{3}}\,A\sqrt{A} \approx \underline{\underline{28{,}4\ \text{cm}^3}}$$

Physikalische Aufgabe

Zwei Radfahrer, die 63 km ($= s_0$) voneinander entfernt wohnen, fahren einander entgegen. Geschwindigkeit des ersten Radfahrers: $v_1 = 12\,\frac{\text{km}}{\text{h}}$; Geschwindigkeit des zweiten Radfahrers: $v_2 = 15\,\frac{\text{km}}{\text{h}}$.

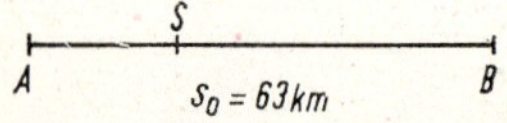

Wann und wo treffen sich die Radfahrer, wenn sie gleichzeitig von ihren Orten abfahren?

Lösung durch Ansetzen einer Gleichung

a) Einführung der Variablen x: Beide Fahrer befinden sich nach x Stunden in S.
b) Größen, zwischen denen eine Gleichheitsbeziehung besteht: Die Summe der von beiden Fahrern zurückgelegten Wege und die Entfernung s_0.

c) Die von beiden Fahrern nach x Stunden zurückgelegten Wege:

Erster Fahrer:	Zweiter Fahrer:
Weg in 1 Stunde: 12 km;	Weg in 1 Stunde: 15 km;
Weg in x Stunden: $12x$ km;	Weg in x Stunden: $15x$ km;
$\overline{AS} = 12x$ km;	$\overline{BS} = 15x$ km;
$\frac{\overline{AS}}{\text{km}} = 12x$	$\frac{\overline{BS}}{\text{km}} = 15x$

Summe der Wege: $\overline{AS} + \overline{BS}$; $s_0 = 63$ km; $\frac{s_0}{\text{km}} = 63$

d) Gleichung

$$12x + 15x = 63$$

$$\underline{\underline{x = 2\tfrac{1}{3}}}$$

$$\overline{AS} = 12x \text{ km} = 12 \cdot \tfrac{7}{3} \text{ km} = 28 \text{ km}$$

Ergebnis: Die Fahrer treffen sich nach 2 h 20 min, 28 km von A entfernt.

Lösung durch Betrachtung funktionaler Zusammenhänge

Es sei s_1 bzw. s_2 die Entfernung des 1. bzw. 2. Fahrers von A zur Zeit $t = x$h.

Erster Fahrer:	Zweiter Fahrer:
$s_1 = v_1 \cdot t$	$s_2 = v_2 \cdot t + 63$ km
$s_1 = 12 \frac{\text{km}}{\text{h}} \cdot x \text{ h}$	$s_2 = -15 \frac{\text{km}}{\text{h}} \cdot x \text{ h} + 63$ km
$\frac{s_1}{\text{km}} = 12x$	$\frac{s_2}{\text{km}} = -15x + 63$
$f_1(x) = 12x$, wenn	$f_2(x) = -15x + 63$, wenn
$\frac{s_1}{\text{km}} = f_1(x)$ gesetzt wird.	$\frac{s_2}{\text{km}} = f_2(x)$ gesetzt wird.

Beachte:

$v_2 < 0$, da beide Fahrer einander entgegenfahren und $v_1 > 0$ gesetzt wurde.

Aus der grafischen Darstellung liest man die Koordinaten des Schnittpunktes beider Geraden ab. Die Abszisse des Schnittpunktes ist die Maßzahl der in Stunden gemessenen Zeitspanne,

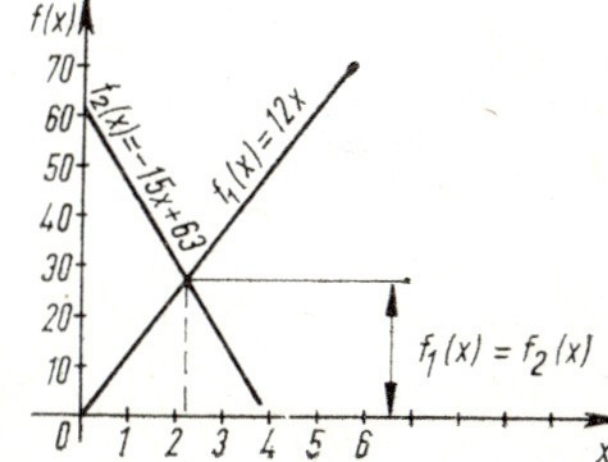

nach deren Ablauf sich beide Fahrer in S treffen. Die Ordinate des Schnittpunktes ist die Maßzahl der Entfernung des Treffpunktes von A.

Formelumstellungen

Das Wort **Formel** kommt aus dem Lateinischen (formula heißt u.a. Vorschrift). So kann der Flächeninhalt eines Kreisrings aus den Durchmessern beider Kreise ($d_1 > d_2$) nach der Vorschrift (Formel) berechnet werden:

$$A = \frac{\pi}{4}(d_1^2 - d_2^2).$$

A ergibt sich aus dem Produkt der Faktoren $\frac{\pi}{4}$ und $(d_1^2 - d_2^2)$. Sind von den auftretenden Größen (A; d_1; d_2) zwei gegeben, so läßt sich jeweils die dritte Größe durch Formelumstellungen ausrechnen. Dabei ist auf Äquivalenz der Umformungen (vgl. 10.1.) zu achten.

BEISPIEL

Die Formel für das Volumen der Kugelschicht ist nach r_1 umzustellen.
Einer Formelsammlung entnimmt man

$$V = \frac{\pi H}{6}(3r_1^2 + 3r_2^2 + H^2),$$

wobei H eine Variable für die Höhe der Kugelschicht ist.
Äquivalente Umformungen ergeben:

$$\frac{6V}{\pi H} = 3r_1^2 + 3r_2^2 + H^2$$

$$r_1^2 = \frac{2V}{\pi H} - r_2^2 - \frac{1}{3}H^2.$$

Diese in r_1^2 reinquadratische Gleichung hat wegen $r_1 > 0$ genau eine Lösung:

$$r_1 = \sqrt{\frac{2V}{\pi H} - r_2^2 - \frac{1}{3}H^2}.$$

11. Ungleichungen

11.1. Allgemeines

Das Rechnen mit Ungleichungen ist keineswegs weniger bedeutsam als das Rechnen mit Gleichungen (vgl. Abschnitt 10.).
Zwei reelle Zahlen x und y sind entweder gleich ($x = y$) oder ungleich ($x \neq y$). Im Fall der Ungleichheit ist dann entweder x größer als y ($x > y$), was gleichwertig mit $y < x$ ist, oder es ist x kleiner als y ($x < y$), was gleichwertig mit $y > x$ ist. $a \leqq b$ (a kleiner gleich b) ist gleichwertig mit $b \geqq a$ (b größer gleich a) und bedeutet, daß a höchstens gleich b (b mindestens gleich a) ist. Die Zeichen $\lessgtr$ (kleiner oder größer) und $\neq$ bringen lediglich die Verschiedenheit der zu vergleichenden Zahlen oder Terme zum Ausdruck.
Ist $x < y$ und $y < z$, so kann man für beide Ungleichungen die fortlaufende Ungleichung (Doppelungleichung) $x < y < z$ schreiben. Entsprechend lassen sich die Ungleichungen $u < v$ und $v \leqq w$ zu $u < v \leqq w$ zusammenfassen usw. (vgl. 11.3.).

Wird zwischen zwei Termen T_1, T_2 eines der Relationszeichen $<$, $\leqq$, $>$, $\geqq$, $\lessgtr$, $\neq$ gesetzt, so ergeben sich Zeichenreihen, die **Ungleichungen** genannt werden, z. B. $T_1 < T_2$.

T_1 heißt linke, T_2 rechte Seite der Ungleichung.
Ungleichungen der Form $T_1 < T_2$; $T_3 < T_4$ heißen gleichsinnig (gleichgerichtet), solche der Form $T_1 < T_2$; $T_5 > T_6$ ungleichsinnig (nicht gleichgerichtet).
Ist $T_1(x) = 2x$ und $T_2(x) = 3x - 1$ (x reell) und verwendet man das Zeichen „>", ergibt sich die Ungleichung $2x > 3x - 1$ in einer Variablen (mit den reellen Zahlen als Grundbereich). Ungleichungen wie $2x > 3x - 1$ sind Aussageformen, also weder wahr noch falsch (vgl. 1.4.). Enthält eine Ungleichung Variablen, so ist anzugeben, aus welchem Zahlenbereich Zahlen für die Variablen eingesetzt werden dürfen.
Durch Einsetzen von Zahlen für die Variablen werden aus den Aussageformen entweder wahre oder falsche Aussagen. Ergibt sich eine wahre Aussage, so sagt man, daß die Ungleichung durch die eingesetzten Zahlen erfüllt wird. Diejenigen Zahlen, die eine Ungleichung erfüllen, heißen **Lösungen** der betreffenden Ungleichung. Sie werden zur Lösungsmenge (Erfüllungsmenge) zusammengefaßt. Eine Ungleichung auflösen heißt sämtliche Lösungen zu ermitteln. Die Lösungen von Ungleichungen in

den Variablen x_1, x_2 sind geordnete Zahlenpaare $[x_1, x_2]$. Die Lösungen von Ungleichungen in den Variablen $x_1, \ldots, x_n$ sind geordnete n-Tupel $[x_1, \ldots, x_n]$ (vgl. 3.1.1.).

Ob eine Ungleichung Lösungen hat, hängt

a) von der Ungleichung selbst,
b) vom vorgegebenen Grundbereich ab.

Die Lösungsmenge L einer Ungleichung kann mit dem Variablenbereich G übereinstimmen: $L = G$. Dann ist die Ungleichung stets erfüllt (allgemeingültig) über G.
Ist $L = \emptyset$, so ist die Ungleichung unerfüllbar bezüglich G. Gibt es mindestens eine Zahl, die die vorgelegte Ungleichung erfüllt, so ist diese erfüllbar über dem Grundbereich.
Die Lösungsmenge L ist stets Teilmenge (vgl. 2.5.) von G: $L \subseteqq G$.

BEISPIELE

1. Ungleichung: $a < 2$
   Grundbereich: Menge der natürlichen Zahlen $L = \{0, 1\}$
2. Ungleichung: $a < +2$
   Grundbereich: Menge der ganzen Zahlen
   L ist eine unendliche Menge. Elemente sind z.B. $-10, -9, -2, 0, +1$.
3. $|x| \geqq x$ ist allgemeingültig über der Menge der reellen Zahlen.
4. $\sqrt{x + 3} < -4$ ist unerfüllbar, da $\sqrt{x + 3}$ nicht negativ ist (vgl. 8.2.2.).
5. $2x + 3 > 4y - 1$ (x, y natürliche Zahlen)
   Die Elemente von L sind hier geordnete Paare $[x; y]$. So ist z.B. $[3; 2] \in L$, da $2 \cdot 3 + 3 > 4 \cdot 2 - 1$, während etwa $[2; 3] \notin L$.

11.2. Äquivalente Ungleichungen

Es gibt Ungleichungen, die sich im Kopf oder durch Probieren lösen lassen. Gelegentlich führen bereits Betrachtungen des Definitionsbereichs einer Ungleichung zum Ziel, so daß aufwendige Rechnungen unnötig sind. Auch grafische Darstellungen (vgl. 11.4.7.) können das Auffinden der Lösungsmenge erheblich erleichtern. Im allgemeinen aber werden Ungleichungen durch schrittweises Umformen gelöst. In diesem Zusammenhang ist der Begriff der Äquivalenz von Ungleichungen von Bedeutung.

Definition

Eine Ungleichung heißt äquivalent (gleichwertig) zu einer anderen Ungleichung, wenn beide ein und dieselbe Lösungsmenge über dem selben Grundbereich haben.

So sind z.B. die Ungleichungen $3x + 2 > x + 8$ und $x > 3$ zueinander äquivalent. Mit Hilfe der Ungleichung $x > 3$ kann aber die Lösungsmenge unmittelbar abgelesen werden. Man kommt von $3x + 2 > x + 8$ zu $x > 3$ durch schrittweises, zielgerichtetes und äquivalentes Umformen. Eine Umformung, durch die eine Ungleichung in eine zu ihr äquivalente Ungleichung übergeht, heißt äquivalente Umformung.

Beachte:

1. Eine Kontrolle der ermittelten Lösungsmenge (Probe) erübrigt sich, wenn nur äquivalente Umformungen vorgenommen wurden.
2. Durch nichtäquivalente Umformungen können Scheinlösungen (sogar unendlich viele) auftreten, oder es können Lösungen (sogar unendlich viele) verlorengehen.
3. Proben dienen in erster Linie zum Aufdecken von Fehlern bei den Umformungen.

Man erhält zu einer Ungleichung eine äquivalente Ungleichung, wenn man folgende **Sätze** anwendet:

1. $T_1 < T_2$ ist äquivalent mit $T_1 + T < T_2 + T$
2. $T_1 < T_2$ ist äquivalent mit $T_1 - T < T_2 - T$
3. $T_1 < T_2$ ist äquivalent mit $T_1 \cdot T < T_2 \cdot T$ (für $T > 0$)
4. $T_1 < T_2$ ist äquivalent mit $\frac{T_1}{T} < \frac{T_2}{T}$ (für $T > 0$)
5. $T_1 < T_2$ ist äquivalent mit $T_1 \cdot T > T_2 \cdot T$ (für $T < 0$)
6. $T_1 < T_2$ ist äquivalent mit $\frac{T_1}{T} > \frac{T_2}{T}$ (für $T < 0$)

Dabei ist T eine Zahl oder ein Term, der im Variablenbereich der zu lösenden Ungleichung definiert ist.

Satz 1 würde z.B. in Worten lauten: Addiert man ein und dieselbe Zahl (ein und denselben Term) auf beiden Seiten einer Ungleichung, so ist die neue Ungleichung äquivalent zur ursprünglichen. Entsprechende Sätze ergeben sich für die anderen Formen von Ungleichungen (z.B. $T_1 \geqq T_2$).

BEISPIEL

$x - 10 < 6 - \frac{1 + x}{3}$	(x reell)
$3x - 30 < 18 - (1 + x)$	Nach Multiplikation mit 3 (Satz 3) ist die Ungleichung nennerfrei geworden.
$4x - 30 < 17$	Addition von x; Satz 1
$4x < 47$	Addition von 30; Satz 1
$x < \frac{47}{4}$	Division durch 4; Satz 4

Durch schrittweises äquivalentes Umformen hat man eine Ungleichung erhalten, deren Lösungsmenge unmittelbar ablesbar ist. Für $x = 12$ erhält man eine falsche, für $x = 10$ eine wahre Ungleichheitsaussage.

11.3. Intervalle

Ungleichungen, insbesondere Doppelungleichungen, spielen eine wesentliche Rolle bei der Kennzeichnung von Intervallen. Die Menge der reellen Zahlen, die zwischen den reellen Zahlen a und b ($a < b$) liegt, wird **Intervall** genannt.
Im einzelnen trifft man folgende Unterscheidungen:

Bezeichnung	Symbolik	Bemerkungen
Beiderseits offenes Intervall	(a, b)	$a < x < b$ (Weder a noch b gehört zum Intervall.)
Beiderseits abgeschlossenes Intervall	$\langle a, b\rangle$	$a \leqq x \leqq b$ (Sowohl a als auch b gehören zum Intervall.)
Nach links offenes, nach rechts abgeschlossenes Intervall (halboffenes Intervall)	$(a, b\rangle$	$a < x \leqq b$ (Nicht a, aber b gehört zum Intervall.)
Nach links abgeschlossenes, nach rechts offenes Intervall (halboffenes Intervall)	$\langle a, b)$	$a \leqq x < b$ (Nicht b, aber a gehört zum Intervall.)

Statt $\langle a, b\rangle$ wird zuweilen auch $[a, b]$ verwendet.
Sonderfälle: Als unbeschränkte Intervalle bezeichnet man die Menge aller reellen Zahlen x, für die gilt:

$$x < a;\ x \leqq a;\ x > b;\ x \geqq b.$$

Dafür schreibt man:

$$(-\infty, a);\ (-\infty, a\rangle;\ (b, +\infty);\ \langle b, +\infty).$$

11.4. Auflösen von Ungleichungen durch Umformungen

11.4.1. Lineare Ungleichungen in einer Variablen

Lineare Ungleichungen (Ungleichungen ersten Grades) lassen sich stets auf die Form

$$ax < b$$

bringen, und zwar ist $x < \dfrac{b}{a}$ für $a > 0$; $x > \dfrac{b}{a}$ für $a < 0$.

BEISPIELE

1. $\frac{x+2}{6} < \frac{x-2}{4}$ (x reell)

$2(x+2) < 3(x-2)$	Die gegebene Ungleichung wurde mit dem Hauptnenner 12 multipliziert.
$2x + 4 < 3x - 6$	
$3x - 6 > 2x + 4$	$a < b$ ist gleichwertig mit $b > a$.
$x - 6 > 4$	Subtraktion von $2x$
$x > 10$	Addition von 6

Alle Umformungen waren äquivalent. Eine Probe ist also aus mathematischen Gründen nicht erforderlich. Will man sich überzeugen, daß keine Rechenfehler aufgetreten sind, so kann man von der Ungleichung $x > 10$ zur Gleichung $x = 10 + r$ ($r > 0$; reell) übergehen und x durch $10 + r$ in der Ausgangsgleichung ersetzen. Man erhält

$$\frac{10 + r + 2}{6} < \frac{10 + r - 2}{4}$$

$$2 + \frac{r}{6} < 2 + \frac{r}{4}.$$

Wegen $\frac{r}{4} = \frac{r}{6} + \frac{r}{12}$ gilt:

$$2 + \frac{r}{6} < 2 + \frac{r}{6} + \frac{r}{12}.$$

Die letzte Ungleichung gilt für alle $r > 0$. Also erfüllen alle reellen Zahlen größer als 10 die gegebene Ungleichung.

2. Welche ganzen Zahlen x erfüllen das folgende lineare Ungleichungssystem?

$$\begin{array}{l|} 2x + 5 < 3x + 8 \\ 9 + 4x > 3x + 5 \\ \hline \end{array}$$

Gesucht werden diejenigen ganzen Zahlen, die sowohl die erste als auch die zweite Ungleichung erfüllen.
Die erste Ungleichung ist äquivalent mit $x > -3$, die zweite mit $x > -4$.
Das Ungleichungspaar wird daher von den ganzen Zahlen $-2, -1, 0, +1, \ldots$ erfüllt.

Zur Probe setzt man $x = -3 + g$ ($g > 0$; ganzzahlig). Dann geht die erste Ungleichung in die für alle $g > 0$ wahre Aussage $2g - 1 < 2g - 1 + g$ über. Die zweite Ungleichung führt auf $3g - 4 + (g + 1) > 3g - 4$.

11.4.2. Quadratische Ungleichungen in einer Variablen

11.4.2.1. Reinquadratische Ungleichungen

Es sei x eine reelle Variable, r eine fest gewählte reelle Zahl.

1. $x^2 < r$

   a) $r > 0$: $|x| < \sqrt{r}$, d.h., $-\sqrt{r} < x < +\sqrt{r}$
   b) $r < 0$: Kein reelles x erfüllt die Ungleichung.
   c) $r = 0$: Kein reelles x erfüllt die Ungleichung.

2. $x^2 > r$

   a) $r > 0$: $|x| > \sqrt{r}$, d.h., $x > +\sqrt{r}$ oder $x < -\sqrt{r}$
   b) $r < 0$: Jedes reelle x erfüllt die Ungleichung.
   c) $r = 0$: Jedes reelle $x \neq 0$ erfüllt die Ungleichung.

BEISPIEL

$x^2 > 16$ (Fall 2a) wird erfüllt von jedem reellen x, für das gilt: $|x| > 4$, d.h., $x > = +4$ oder $x < -4$.

11.4.2.2. Quadratische Ungleichungen in Normalform

Es sei x eine reelle Variable; p und q seien fest gewählte reelle Zahlen.

1. $x^2 + p \cdot x + q < 0$	2. $x^2 + p \cdot x + q > 0$

Quadratische Ergänzung (vgl. 10.3.2.1.) führt auf

$\left(x + \frac{p}{2}\right)^2 < \left(\frac{p}{2}\right)^2 - q$	$\left(x + \frac{p}{2}\right)^2 > \left(\frac{p}{2}\right)^2 - q$

Substitution $z = x + \frac{p}{2}$, $r = \left(\frac{p}{2}\right)^2 - q$ ergibt die reinquadratische Ungleichung (vgl. 11.4.2.1.)

$z^2 < r$	$z^2 > r$

11.4.2.3. Quadratische Ungleichungen in allgemeiner Form

Es sei x eine reelle Variable; a, b und c seien fest gewählte reelle Zahlen, $a \neq 0$.

1. $a \cdot x^2 + b \cdot x + c < 0$	2. $a \cdot x^2 + b \cdot x + c > 0$
(a) $a > 0$ (b) $a < 0$	(a) $a > 0$ (b) $a < 0$

Division durch a und Substitution $p = \frac{b}{a}$, $q = \frac{c}{a}$ ergibt

im Fall 1a und 2b	im Fall 1b und 2a

die quadratische Ungleichung in Normalform (vgl. 11.4.2.2.)

$x^2 + p \cdot x + q < 0$	$x^2 + p \cdot x + q > 0$

BEISPIEL

$$-2x^2 + 6x - \tfrac{5}{2} > 0$$
$$x^2 - 3x + \tfrac{5}{4} < 0$$
$$(x - \tfrac{3}{2})^2 < 1$$
$$|x - \tfrac{3}{2}| < 1, \quad \text{d.h.,} \quad -1 < x - \tfrac{3}{2} < +1$$
$$\tfrac{1}{2} < x < \tfrac{5}{2}$$

11.4.3. Bruchungleichungen

Charakteristisch für Bruchungleichungen ist das Auftreten von Variablen in Nennern.

BEISPIEL

$$\frac{1}{1-x} \leqq 5 \quad (x \text{ reell}; \ x \neq 1)$$

Die Ungleichung ist nennerfrei zu machen. Das geschieht durch Multiplikation mit $(1 - x)$. Hierbei ist eine Fallunterscheidung erforderlich.

1. Fall: $1 - x > 0$ $\qquad 1 \leqq 5(1 - x)$

$\qquad x < 1 \qquad x \leqq \frac{4}{5}$

In diesem Fall wird die Ungleichung von Zahlen erfüllt, die sowohl kleiner als 1 als auch kleiner gleich $\frac{4}{5}$ sind, also $x \leqq \frac{4}{5}$.

2. Fall: $1 - x < 0$ $\qquad 1 \geqq 5(1 - x)$

$\qquad x > 1 \qquad x \geqq \frac{4}{5}$

In diesem Fall gilt also $x > 1$.
Die Lösungsmenge der Ungleichung besteht demnach aus reellen Zahlen, die größer als 1 oder kleiner gleich $\frac{4}{5}$ sind.
Ein anderer Lösungsweg führt auf zwei lineare Ungleichungspaare (vgl. 11.4.1.).

$$\frac{1}{1-x} - 5 \leqq 0$$
$$\frac{1}{1-x} - \frac{5(1-x)}{1-x} \leqq 0$$
$$\frac{5x-4}{1-x} \leqq 0$$

Das Gleichheitszeichen gilt für $x = \frac{4}{5}$, da dann der Zähler gleich Null wird, der Nenner aber verschieden von Null ist.
Wir betrachten also die Ungleichung

$$\frac{5x - 4}{1 - x} < 0,$$

die durch die beiden Systeme

$$\left.\begin{array}{r} 5x - 4 < 0 \\ 1 - x > 0 \end{array}\right| \qquad \left.\begin{array}{r} 5x - 4 > 0 \\ 1 - x < 0 \end{array}\right|$$

ersetzt werden kann. Das erste System wird erfüllt, wenn $x < \frac{4}{5}$ ist. Das zweite System wird von allen Zahlen erfüllt, die größer als 1 sind.

11.4.4. Wurzelungleichungen

Wurzelungleichungen enthalten die Variablen im Radikanden (z.B. $\sqrt{2x} - 6 < 0$; dagegen ist $\sqrt{2} \cdot x - 6 < 0$ eine lineare Ungleichung und keine Wurzelungleichung).
Der Wurzelbegriff ist in 8.2.2. definiert. Danach hat weder $\sqrt{x} < 0$ noch $\sqrt{x} < -a$ $(a > 0)$ Lösungen.
$\sqrt{x} < b$ mit $x \geqq 0$ und $b > 0$ hat als Lösungsmenge das halboffene Intervall $0 \leqq x < b^2$, denn durch Quadrieren erhält man $x < b^2$.
Im Fall $\sqrt{-x} < u$ mit $x \leqq 0$ ($-x$ ist positiv für $x < 0$) und $u > 0$ ergibt sich $-u^2 < x \leqq 0$.

BEISPIELE

1. $\sqrt{4x - 4} < 4 - x$ (x reell)
   Die Ungleichung ist definiert für $1 \leqq x < 4$ ($\sqrt{4x - 4} \geqq 0$, $4x - 4 \geqq 0$, also $x \geqq 1$, $4 - x > 0$, also $x < 4$).
   Nach Quadrieren erhält man $x^2 - 12x + 20 > 0$ und daraus (vgl. 11.4.2.) $x > 10$ oder $x < 2$.
   Lösungsmenge: $+1 \leqq x < +2$
2. An der Wurzelungleichung

   $$\sqrt{16 - x} + 1 < \sqrt{x}$$

   soll gezeigt werden, daß formales Umformen zu einem falschen Ergebnis führen kann.
   Zweimaliges Quadrieren ergäbe die quadratische Ungleichung $(x - 8)^2 > \frac{31}{4}$, die gleichwertig wäre mit $x > 8 + \frac{\sqrt{31}}{2}$ oder $x < 8 - \frac{\sqrt{31}}{2}$ (vgl. 11.4.2.). Für $x = 4 < 8 - \frac{\sqrt{31}}{2}$ erhielte man aber die falsche Aussage $\sqrt{12} < 1$.

Zum richtigen Ergebnis $\left(8 + \frac{\sqrt{31}}{2} < x \leqq 16\right)$ führen folgende Überlegungen:

a) Feststellung des Definitionsbereichs der Ungleichung
Der Radikand muß größer gleich Null sein, also $16 - x \geqq 0$ und $x \geqq 0$, d.h., der Definitionsbereich ist $0 \leqq x \leqq 16$.

b) Die Ungleichung wird auf die Form $\sqrt{T_1(x)} < T_2(x)$, also $\sqrt{16 - x} < \sqrt{x} - 1$ gebracht. $\sqrt{16 - x}$ ist größer gleich Null und für $0 \leqq x \leqq 16$ definiert. Man bestimmt nun diejenigen x, für die $\sqrt{x} - 1$ nichtnegativ ist: $\sqrt{x} - 1 \geqq 0$; $x \geqq 1$. Für $1 \leqq x \leqq 16$ ist das Quadrieren eine äquivalente Umformung. Für $0 \leqq x \leqq 1$ hat $\sqrt{16 - x} < \sqrt{x} - 1$ keine Lösungen.

$$16 - x < x - 2\sqrt{x} + 1$$

$$\sqrt{x} < x - \frac{15}{2}$$

c) Es liegt wieder die Form $\sqrt{T_3(x)} < T_4(x)$ vor.
Für $x \geqq \frac{15}{2}$ ist das Quadrieren eine äquivalente Umformung.

$$x < x^2 - 15x + \frac{225}{4}$$

$$(x - 8)^2 > \frac{31}{4}$$

$$x > \frac{\sqrt{31}}{2} + 8 \quad \text{oder} \quad x < 8 - \frac{\sqrt{31}}{2}$$

Wegen $\frac{15}{2} \leqq x \leqq 16$ besteht die Lösungsmenge aus allen Zahlen x mit $8 + \frac{\sqrt{31}}{2} < x \leqq 16$.

11.4.5. Goniometrische Ungleichungen

Goniometrische Ungleichungen enthalten Terme wie $\sin x$, $\cos \sqrt{x}$, $\tan 2x$, $\cot^2 x$ usw.

BEISPIELE

1. $\sin x > \frac{1}{2}$ $\quad (0 \leqq x \leqq 2\pi)$

Da $\sin x = \frac{1}{2}$ für $x = \frac{\pi}{6}$ und $x = \frac{5\pi}{6}$ gilt, ist mit Rücksicht auf den

Verlauf der Sinusfunktion im Intervall $0 \leqq x \leqq 2\pi$ die Lösungsmenge durch $\frac{\pi}{6} < x < \frac{5\pi}{6}$ darstellbar. Im Intervall $-\infty < x < +\infty$ gilt auf Grund der Periodizität $\frac{\pi}{6} + 2h\pi < x < \frac{5\pi}{6} + 2h\pi$ (h ganzzahlig).

2. $\sin x < \frac{1}{2} \quad (0 \leqq x \leqq 2\pi)$

   Lösungsmenge: $0 \leqq x < \frac{\pi}{6}$ oder $\frac{5\pi}{6} < x \leqq 2\pi$

3. $\sin^2 x > \frac{1}{4} \quad (0 \leqq x \leqq 2\pi)$ ist gleichwertig mit (vgl. 11.4.2.)

   $\sin x > \frac{1}{2}$ oder $\sin x < -\frac{1}{2}$.

   Lösungsmenge: $\frac{\pi}{6} < x < \frac{5\pi}{6}$ oder $\frac{7\pi}{6} < x < \frac{11\pi}{6}$

4. $\sin^2 x < \frac{1}{4} \quad \left(-\frac{\pi}{2} \leqq x \leqq +\frac{\pi}{2}\right)$

   Die Ungleichung ist gleichwertig mit $-\frac{1}{2} < \sin x < +\frac{1}{2}$, also $-\frac{\pi}{6} < x < +\frac{\pi}{6}$.

11.4.6. Betragsungleichungen

Der Begriff des absoluten Betrages ist in 7.3.1. definiert. Die Betragsungleichung $|x| < a$ ist mit $-a < x < +a$ gleichwertig. Entsprechend kann $|x| \leqq a$ durch $-a \leqq x \leqq a$ ersetzt werden. Ferner ist $|x - a| \leqq \varepsilon$ gleichwertig mit

$$-\varepsilon \leqq x - a \leqq +\varepsilon$$

$$a - \varepsilon \leqq x \leqq a + \varepsilon$$

BEISPIELE

1. In der Theorie der Grenzwerte (vgl. 16.4.2. und 17.3.) ist der Begriff der ε-Umgebung sehr wichtig.
   Definition: Unter der ε-Umgebung einer Zahl a, symbolisch $U_\varepsilon(a)$, versteht man das beiderseits offene Intervall $(a - \varepsilon, a + \varepsilon)$, wobei ε eine positive reelle Zahl ist.
   $U_\varepsilon(a)$ ist damit die Menge derjenigen reellen Zahlen x, für die die Betragsungleichung

   $$|x - a| < \varepsilon$$

   gilt, was mit $a - \varepsilon < x < a + \varepsilon$ gleichwertig ist.

   $a-\varepsilon$ a $a+\varepsilon$

2. Gibt es reelle Zahlen x, die die Betragsungleichung

$$|4x - 2| < |x - 2| \text{ erfüllen?}$$

Lösung durch Fallunterscheidung:

1. Fall:	$4x - 2 \geqq 0$ und $x - 2 \geqq 0$ $x \geqq \frac{1}{2}$ und $x \geqq 2$ Für $x \geqq 2$ ist sowohl $4x - 2$ als auch $x - 2$ nichtnegativ.	$+ (4x - 2) < + (x - 2)$ $x < 0$ In diesem Fall ist die Lösungsmenge leer.
2. Fall:	$4x - 2 \geqq 0$ und $x - 2 < 0$ $x \geqq \frac{1}{2}$ und $x < 2$ Für $\frac{1}{2} \leqq x < 2$ ist $4x - 2$ nichtnegativ und $x - 2$ negativ.	$+ (4x - 2) < - (x - 2)$ $x < \frac{4}{5}$ Lösungsmenge: $\frac{1}{2} \leqq x < \frac{4}{5}$
3. Fall:	$4x - 2 < 0$ und $x - 2 < 0$ $x < \frac{1}{2}$ und $x < 2$ Für $x < \frac{1}{2}$ ist sowohl $4x - 2$ als auch $x - 2$ negativ.	$- (4x - 2) < - (x - 2)$ $x > 0$ Lösungsmenge: $0 < x < \frac{1}{2}$

Als Lösungsmenge der gegebenen Ungleichung erhält man $\emptyset$ oder $\frac{1}{2} \leqq x < \frac{4}{5}$ oder $0 < x < \frac{1}{2}$, d.h., $0 < x < \frac{4}{5}$ (x reell). Die Ungleichung $|4x - 2| < |x - 2|$ läßt sich auch dadurch lösen, daß man zunächst beide Seiten quadriert und gemäß 11.4.2. verfährt. Das Quadrieren ist in diesem Fall eine äquivalente Umformung, da für nichtnegative a und b die beiden Ungleichungen $a < b$ und $a^2 < b^2$ äquivalent sind.

3. Für welche reellen x gilt $|x^2 - 4x + 3| < 8$?

$$-8 < x^2 - 4x + 3 < +8$$

$$x^2 - 4x + 3 > -8 \quad \text{und} \quad x^2 - 4x + 3 < +8$$

$$x^2 - 4x + 4 > -7 \quad \text{und} \quad x^2 - 4x + 4 < +9$$

$$(x - 2)^2 > -7 \quad \text{und} \quad (x - 2)^2 < +9$$

Die Ungleichung $(x - 2)^2 > -7$ gilt für alle x;
$(x - 2)^2 < +9$ ist gleichwertig mit $-3 < x - 2 < +3$, also mit $-1 < x < +5$.

Ergebnis: Alle x mit $-1 < x < +5$ erfüllen die Betragsungleichung.

4. Man beweise, daß $\left|\frac{2a-1}{a^2+1}\right| < 2$ für alle reellen a gilt.

$$-2 < \frac{2a-1}{a^2+1} < +2$$

$-2(a^2+1) < 2a-1 < +2(a^2+1)$ ist äquivalent mit

$$\left(a+\frac{1}{2}\right)^2 > -\frac{1}{4} \quad \text{und} \quad \left(a-\frac{1}{2}\right)^2 > -\frac{5}{4}.$$

Beide Ungleichungen gelten für alle reellen a. Also trifft das auch für die gegebene Ungleichung zu.

11.4.7. Ungleichungen in zwei Variablen

Lineare Ungleichungen

Die Lösungsmenge der linearen Ungleichung $ax + by + c < 0$ $(a > 0,\ b > 0)$ enthält alle Zahlenpaare $[x, y]$ mit $y < -\frac{a}{b}x - \frac{c}{b}$ $\left(ax + by + c < 0 \text{ ist äquivalent mit } y < -\frac{a}{b}x - \frac{c}{b}\right)$.

Lineare Ungleichungen in zwei und mehr als zwei Variablen sind von großer Bedeutung u.a. bei Optimierungsproblemen.

BEISPIELE

1. Bestimmen Sie die Lösungsmenge der linearen Ungleichung

   $10 > 5y - 15x.$

   $10 > 5y - 15x$

   $y < 3x + 2$

   Alle Zahlenpaare $[x, y]$ mit $y < 3x + 2$ erfüllen die gegebene Ungleichung. Für $x = 2$ wird $y < 3 \cdot 2 + 2$, also $y < 8$. Die Paare $[2, 1{,}5]$, $[2, -2]$, $[2, 0]$ sind beispielsweise Elemente der Lösungsmenge. Diese läßt sich durch alle Punkte derjenigen Halbebene darstellen, die unterhalb der Geraden mit der Gleichung $y = 3x + 2$ liegt.

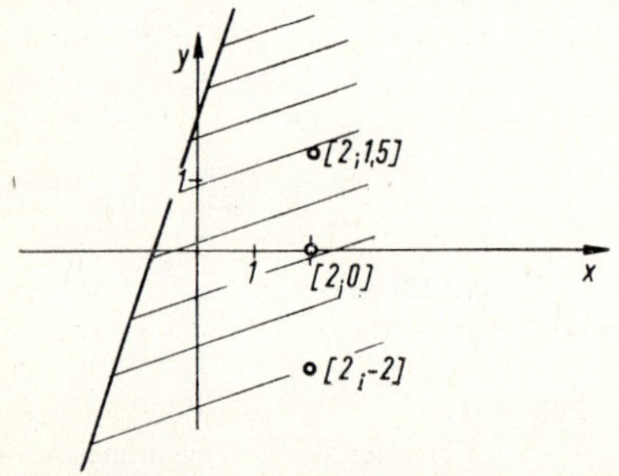

2. Die Lösungsmenge des folgenden Ungleichungssystems ist zu ermitteln.

$$2x - 3y < 3$$
$$y + 4x > -1$$

Die erste Ungleichung wird von allen Zahlenpaaren $[x, y]$ mit $y > \frac{2}{3}x - 1$, die zweite von allen Paaren $[x, y]$ mit $y > -4x - 1$ erfüllt. Die Lösungsmenge des Systems wird durch die schraffierte Fläche veranschaulicht.

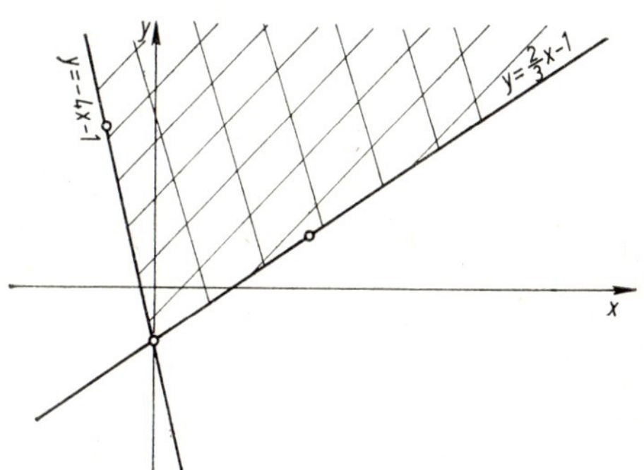

3. Gesucht ist die Lösungsmenge des folgenden Systems aus einer Gleichung und einer Ungleichung.

$$y = 2x - 3$$
$$6x + 6y > 0$$

Die Gleichung gilt für alle Zahlenpaare $[x, 2x - 3]$. Aus der Ungleichung folgt $6x + 6(2x - 3) > 0$, also $x > 1$. Demnach besteht die Lösungsmenge aus allen Paaren $[x, 2x - 3]$, falls $x > 1$ ist. Sie ist darstellbar durch denjenigen Teil der Geraden $y = 2x - 3$, der in der Halbebene oberhalb der Geraden $y = -x$ liegt ($6x + 6y > 0$ ist gleichwertig mit $y > -x$).

Nichtlineare Ungleichungen

BEISPIEL

Gegeben sei die Relation $x^2 + y^2 < 16$ (nichtlineare Ungleichung in den reellen Variablen x und y mit $-4 < x < +4$ und $-4 < y < +4$). Ihre Lösungsmenge enthält alle Zahlenpaare $[x, y]$ mit $y^2 < 16 - x^2$. Zur Veranschaulichung der Lösungsmenge kann ein Kreis mit dem Radius 4 um den Ursprung eines kartesischen Koordinatensystems dienen (vgl. 22.5.). Die Koordinaten aller Punkte, die im Inneren des Kreises liegen, erfüllen die Relation (Ungleichung) $x^2 + y^2 < 16$. So erhält man für $P(1, 2)$ die wahre Aussage $2^2 < 16 - 1$.

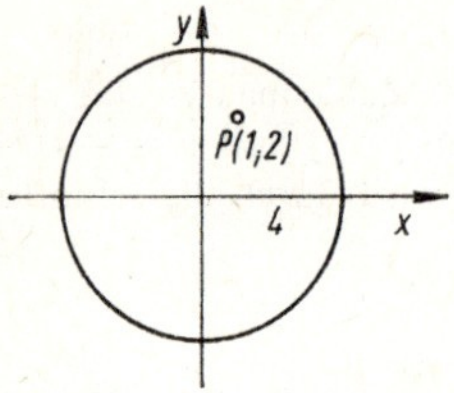

Zur Veranschaulichung der Lösungsmenge der Ungleichung $|4x - 2| < |x - 2|$ aus 11.4.6. zeichnet man die Graphen der Relationen mit den Gleichungen

$$f(x) = |4x - 2|$$

$$g(x) = |x - 2|$$

in ein kartesisches Koordinatensystem ein. Entsprechend kann bei anderen Ungleichungen vorgegangen werden.

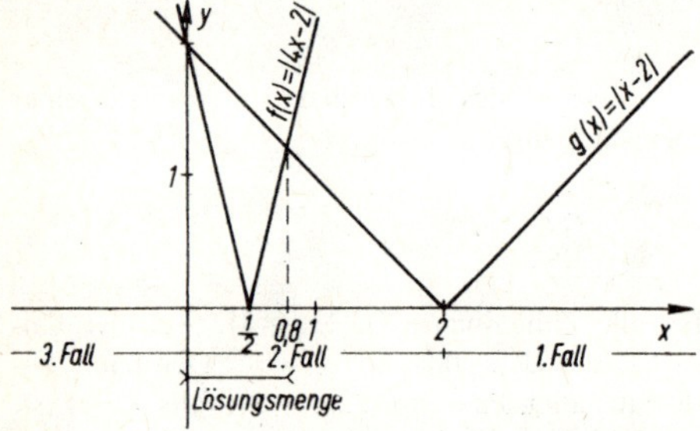

11.5. Abschätzungen

Ist $a > b$ (bzw. $a \geqq b$), so sagt man auch, daß a durch b nach unten abgeschätzt wird. Entsprechend wird a durch b nach oben abgeschätzt, wenn $a < b$ (bzw. $a \leqq b$) gilt. In vielen Fällen ist es nämlich gar nicht entscheidend, eine physikalische, technische oder ökonomische Größe genau zu berechnen, sondern oft genügt es bereits, eine Größe abzuschätzen in dem Sinn, daß sie nicht größer (kleiner) als eine vorgegebene Größe sein kann. Im folgenden werden einige wichtige Abschätzungsformeln zusammengestellt.

11.5.1. Dreiecksungleichung

▌ $|a + b| \leqq |a| + |b|$ für alle reellen Zahlen a und b

Der Betrag einer Summe ist nicht größer als die Summe der Beträge der Summanden (Abschätzung des Absolutbetrages einer Summe nach oben). Der Name Dreiecksungleichung kommt daher, daß in der Geometrie der Satz gilt: In jedem Dreieck ist die Summe der Längen zweier Seiten größer als die der dritten.

Beweis der Ungleichung: Es ist $\pm a \leqq |a|$ und $\pm b \leqq |b|$; also gilt $\pm (a + b) \leqq |a| + |b|$ und damit $|a + b| \leqq |a| + |b|$.

Die Dreiecksungleichung gilt für alle a und b, also auch für a und $(-b)$:

$$|a + (-b)| \leqq |a| + |-b|$$

$$|a - b| \leqq |a| + |b|.$$

Für eine beliebige Anzahl n von Summanden $a_1, a_2, \ldots, a_n$ gilt:

$$|a_1 + a_2 + \ldots + a_n| \leqq |a_1| + |a_2| + \ldots + |a_n|.$$

Das Gleichheitszeichen trifft nur zu, wenn alle a_i gleiches Vorzeichen haben.

Beweis durch vollständige Induktion (vgl. 1.10. und 4.3.2.)

1. Induktionsanfang: Für $n = 2$ ist die Ungleichung oben bewiesen worden.

2.1. $H(h): |a_1 + a_2 + \ldots + a_h| \leqq |a_1| + |a_2| + \ldots + |a_h|$

2.2. $H(h + 1): |a_1 + a_2 + \ldots + a_h + a_{h+1}|$
$\leqq |a_1| + |a_2| + \ldots + |a_h| + |a_{h+1}|$

2.3. $|(a_1 + a_2 + \ldots + a_h) + a_{h+1}|$
$\leqq |a_1 + a_2 + \ldots + a_h| + |a_{h+1}|$ (nach 1.)
$\leqq |a_1| + |a_2| + \ldots + |a_h| + |a_{h+1}|$ (nach 2.1.)

Eine Abschätzung des Absolutbetrages einer Summe nach unten gibt die Ungleichung

$$|a + b| \geqq ||a| - |b|| \quad \text{für alle } a, b.$$

Der Betrag einer Summe ist nicht kleiner als der Betrag der Differenz aus den Beträgen der Summanden.

Für $a = -2$; $b = -4$ ist $|-2 + (-4)| \geqq ||-2| - |-4||$, also $+6 \geqq |+2 - 4|$; $+6 \geqq +2$.

BEISPIEL

Zur Abschätzung des Produkts $a \cdot b$, wobei α ein Näherungswert für a, β ein solcher für b und $|a - \alpha| \leqq \alpha_1$, $|b - \beta| \leqq \alpha_2$ ist, wird folgendermaßen vorgegangen. Es wird gebildet:

$$ab - \alpha\beta = [(a - \alpha) + \alpha]\,[(b - \beta) + \beta] - \alpha\beta$$
$$= (a - \alpha)(b - \beta) + \alpha(b - \beta) + \beta(a - \alpha)$$

Dann ist $|ab - \alpha\beta| \leqq |a - \alpha|\,|b - \beta| + |\alpha||b - \beta| + |\beta||a - \alpha|$

$|ab - \alpha\beta| \leqq \alpha_1\alpha_2 + \alpha_2|\alpha| + \alpha_1|\beta|$

11.5.2. Arithmetisches und geometrisches Mittel

$\sqrt{a \cdot b} \leqq \frac{a+b}{2}$ für alle nichtnegativen Zahlen a und b

Das geometrische Mittel zweier nichtnegativer Zahlen ist nicht größer als das aus ihnen gebildete arithmetische Mittel. Das Gleichheitszeichen gilt für $a = b$.

Beweis: $(a - b)^2 \geqq 0$ für alle a und b

$$a^2 - 2ab + b^2 \geqq 0$$

$$a^2 + 2ab + b^2 \geqq 4ab$$

$$(a + b)^2 \geqq 4ab$$

$$\frac{a+b}{2} \geqq \sqrt{ab}$$

Das arithmetische Mittel ist mindestens gleich dem geometrischen Mittel.

Mit $a > 0$ und $b = \frac{1}{a}$ erhält man die wichtige Abschätzung

$$a + \frac{1}{a} \geqq 2 \quad \text{für alle } a > 0.$$

Das Gleichheitszeichen gilt nur für $a = 1$.
Ferner gilt

$$\sqrt[n]{a_1 a_2 \ldots a_n} \leqq \frac{a_1 + \ldots + a_n}{n}$$

$(n = 2;\ a_1, \ldots, a_n$ nichtnegativ)

Das Gleichheitszeichen gilt nur, wenn alle n Zahlen gleich sind.

11.5.3. Bernoullische Ungleichung

$(1 + a)^n > 1 + n \cdot a \quad (a \in P,\ a > -1,\ a \neq 0,\ n \in N,\ n > 1)$

Der Beweis kann durch vollständige Induktion erfolgen.

BEISPIEL

$1{,}03^4 = (1 + 0{,}03)^4 > 1 + 4 \cdot 0{,}03 = 1{,}12$

Zum Vergleich: Tafelwert: $1{,}03^4 = 1{,}1255$

11.5.4. Cauchy-Schwarzsche Ungleichung

$$\left(\sum_{i=1}^{n} a_i \cdot b_i\right)^2 \leqq \left(\sum_{i=1}^{n} a_i^2\right) \cdot \left(\sum_{i=1}^{n} b_i^2\right)$$

a_i und b_i sind beliebige reelle Zahlen, n ist eine natürliche Zahl, $n \geqq 1$.
Für $n = 3$ ergibt sich

$$(a_1b_1 + a_2b_2 + a_3b_3)^2 \leqq (a_1^2 + a_2^2 + a_3^2)(b_1^2 + b_2^2 + b_3^2)$$

Das Gleichheitszeichen gilt nur, falls

$n = 1$ oder $a_1 : b_1 = a_2 : b_2 = a_3 : b_3 = \ldots = a_n : b_n$

11.5.5. Einige weitere Abschätzungen

Unmittelbar aus dem binomischen Lehrsatz (vgl. 7.5.5.2.) folgt

$a^n + b^n \leqq (a + b)^n$ ($n \in N$, $n \geqq 1$, a und b nichtnegativ, reell)

Durch vollständige Induktion kann man beweisen:

$2^n > n$ ($n \in N$)(vgl. 1.9.)

12. Determinanten

12.1. Determinanten zweiter Ordnung

12.1.1. Allgemeines

Bei vielen mathematischen Rechnungen treten Differenzen der Form $mq - pn$ (Minuend und Subtrahend sind also Produkte aus je zwei Faktoren) auf, die man symbolisch durch

$$\begin{vmatrix} m & n \\ p & q \end{vmatrix}$$

darstellt und **Determinante zweiter Ordnung** nennt (lat. determinare, bestimmen; der Name *Determinante* stammt von C. F. GAUSS). Die Einführung des Determinantenbegriffs hat sich als sehr geeignet für das Erkennen und Darstellen mathematischer Gesetzmäßigkeiten erwiesen. Außerdem entlasten Determinanten in hohem Maße das Gedächtnis.

Bezeichnungen:

Die in zwei senkrechte Striche eingefaßten 2^2 Größen nennt man die **Elemente** der Determinante.
Als Determinantenelemente sollen in diesem Abschnitt reelle Zahlen auftreten.
Elemente, die waagerecht nebeneinander stehen, bilden eine **Zeile** der Determinante. Senkrecht untereinander stehende Elemente bilden eine **Spalte**. Die gemeinsame Bezeichnung für Zeilen und Spalten ist **Reihe**. Eine Determinante zweiter Ordnung wird auch zweireihig genannt. Die Elemente m und q bilden die **Hauptdiagonale**. Die andere, von den Elementen p und n gebildete Diagonale der Determinante heißt **Nebendiagonale**.
Oft ist es zweckmäßig, die Elemente einer Determinante mit ein und demselben Buchstaben und Doppelindizes zu bezeichnen, wobei der erste Index die von oben gezählte Zeilennummer, der zweite die von links gezählte Spaltennummer angibt:

$$\begin{vmatrix} a_{11} & a_{12} \\ a_{21} & a_{22} \end{vmatrix}$$

Das Element a_{21} (gelesen: „a zwei eins", nicht etwa: „a einundzwanzig") beispielsweise steht in der zweiten Zeile und in der ersten Spalte.

Bezeichnet man den Zeilenindex mit i und den Spaltenindex mit j, so kann man die Determinante durch das kürzere Symbol

$$|a_{ij}| \quad (i, j = 1, 2)$$

angeben.

Definition

Unter einer zweireihigen Determinante (Determinante zweiter Ordnung) versteht man die Differenz

$$D = a_{11}a_{22} - a_{21}a_{12}$$

Man erhält also D, indem man vom Produkt der Elemente der Hauptdiagonale das Produkt der Elemente der Nebendiagonale subtrahiert. D ist eine algebraische Summe von 2! (= 2) Gliedern zu je zwei Faktoren. Jedes Glied enthält aus jeder Zeile und Spalte genau einen Faktor.

Merkhilfe:

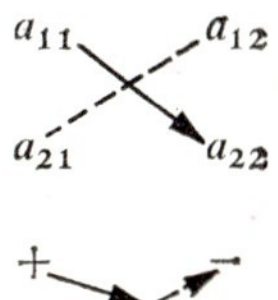

BEISPIELE

1. $\begin{vmatrix} 4 & -3 \\ -5 & 2 \end{vmatrix} = 4 \cdot 2 - (-5) \cdot (-3) = -7$

2. $\begin{vmatrix} \cos\varphi & -\sin\varphi \\ \sin\varphi & \cos\varphi \end{vmatrix} = \cos\varphi\cos\varphi - \sin\varphi\,(-\sin\varphi) = 1$

3. $\begin{vmatrix} \sin\alpha & \cos\alpha \\ \sin\beta & \cos\beta \end{vmatrix} = \sin\alpha\cos\beta - \cos\alpha\sin\beta = \sin(\alpha - \beta)$

12.1.2. Eigenschaften von Determinanten zweiter Ordnung

Die folgenden Sätze, die auch für Determinanten beliebiger Ordnung gelten, gestatten eine vereinfachte Berechnung von Determinanten.

Satz 1

Eine Determinante behält ihren Wert, wenn man die Zeilen mit den entsprechenden Spalten vertauscht (*Spiegelung* an der Hauptdiagonale, *Stürzen* der Determinante).

Was daher für die Zeilen einer Determinante bewiesen wird, gilt auch für die Spalten und umgekehrt.

Satz 2

Eine Determinante wechselt ihr Vorzeichen, wenn man zwei ihrer Parallelreihen miteinander vertauscht.

BEISPIEL

$$\begin{vmatrix} -3 & -6 \\ 5 & 1 \end{vmatrix} = -\begin{vmatrix} -6 & -3 \\ 1 & 5 \end{vmatrix} = \begin{vmatrix} 1 & 5 \\ -6 & -3 \end{vmatrix}$$

$$(-3) \cdot 1 - 5 \cdot (-6) = -[(-6) \cdot 5 - 1 \cdot (-3)]$$
$$= 1 \cdot (-3) - 5 \cdot (-6)$$

Satz 3

Eine Determinante hat den Wert Null, wenn zwei Parallelreihen miteinander übereinstimmen.

BEISPIEL

$$\begin{vmatrix} 8 & 3 \\ 8 & 3 \end{vmatrix} = 0$$

$$8 \cdot 3 - 8 \cdot 3 = 0$$

Satz 4

Eine Determinante wird mit einem Faktor multipliziert, indem man die Elemente irgendeiner Reihe mit diesem Faktor multipliziert.

BEISPIEL

$$5\begin{vmatrix} 2 & 1 \\ 7 & 9 \end{vmatrix} = \begin{vmatrix} 5 \cdot 2 & 5 \cdot 1 \\ 7 & 9 \end{vmatrix} = \begin{vmatrix} 5 \cdot 2 & 1 \\ 5 \cdot 7 & 9 \end{vmatrix}$$

$$5(2 \cdot 9 - 7 \cdot 1) = 5 \cdot 2 \cdot 9 - 7 \cdot 5 \cdot 1 = 5 \cdot 2 \cdot 9 - 5 \cdot 7 \cdot 1$$

Es gibt auch die *Umkehrung*

Enthalten alle Elemente einer Reihe einen gemeinsamen Faktor, so darf dieser vor die Determinante gezogen werden.

BEISPIEL

$$\begin{vmatrix} 12 & 10 \\ 20 & 9 \end{vmatrix} = \begin{vmatrix} 4 \cdot 3 & 10 \\ 4 \cdot 5 & 9 \end{vmatrix} = 4\begin{vmatrix} 3 & 10 \\ 5 & 9 \end{vmatrix}$$

$$12 \cdot 9 - 20 \cdot 10 = 4 \cdot 3 \cdot 9 - 4 \cdot 5 \cdot 10 = 4(3 \cdot 9 - 5 \cdot 10)$$

Daraus folgt: Eine Determinante hat den Wert Null, wenn alle Elemente einer Reihe gleich Null sind.

BEISPIEL

$$\begin{vmatrix} 6 & -2 \\ 0 & 0 \end{vmatrix} = 0 \qquad 6 \cdot 0 - (-2) \cdot 0 = 0$$

Satz 5

Eine Determinante hat den Wert Null, wenn die Elemente irgendeiner Reihe den entsprechenden Elementen einer anderen parallelen Reihe proportional sind.

BEISPIEL

$$\begin{vmatrix} 5 & 7 \\ 10 & 14 \end{vmatrix} = \begin{vmatrix} 5 & 7 \\ 2 \cdot 5 & 2 \cdot 7 \end{vmatrix} = 2 \begin{vmatrix} 5 & 7 \\ 5 & 7 \end{vmatrix}$$

$$5 \cdot 14 - 10 \cdot 7 = 5 \cdot 2 \cdot 7 - 2 \cdot 5 \cdot 7 = 2\,(5 \cdot 7 - 5 \cdot 7) = 0$$

Satz 6

Sind in einer Determinante alle Elemente einer Reihe Binome, so läßt sich die Determinante folgendermaßen als Summe zweier Determinanten darstellen:

$$\begin{vmatrix} a & b + c \\ d & e + f \end{vmatrix} = \begin{vmatrix} a & b \\ d & e \end{vmatrix} + \begin{vmatrix} a & c \\ d & f \end{vmatrix}$$

BEISPIEL

$$\begin{vmatrix} 5 + 3 & 4 + 8 \\ 9 & 7 \end{vmatrix} = \begin{vmatrix} 5 & 4 \\ 9 & 7 \end{vmatrix} + \begin{vmatrix} 3 & 8 \\ 9 & 7 \end{vmatrix} = \begin{vmatrix} 5 & 8 \\ 9 & 7 \end{vmatrix} + \begin{vmatrix} 3 & 4 \\ 9 & 7 \end{vmatrix}$$

$$(5 + 3) \cdot 7 - (4 + 8) \cdot 9 = (5 \cdot 7 - 4 \cdot 9) + (3 \cdot 7 - 8 \cdot 9)$$
$$= (5 \cdot 7 - 8 \cdot 9) + (3 \cdot 7 - 4 \cdot 9)$$

$$\begin{vmatrix} 5 - 3 & 4 - 8 \\ 9 & 7 \end{vmatrix} = \begin{vmatrix} 5 & 4 \\ 9 & 7 \end{vmatrix} - \begin{vmatrix} 3 & 8 \\ 9 & 7 \end{vmatrix}$$

$$(5 - 3) \cdot 7 - (4 - 8) \cdot 9 = (5 \cdot 7 - 4 \cdot 9) - (3 \cdot 7 - 8 \cdot 9)$$

Umkehrung

Wenn zwei Determinanten in allen Elementen außer denen einer Reihe übereinstimmen, dann addiert (subtrahiert) man diese Determinanten, indem man die übereinstimmenden Elemente beibehält und in der übrigbleibenden Reihe die Summe (Differenz) der entsprechenden Elemente bildet.

BEISPIEL

$$\begin{vmatrix} a & 5 \\ b & 7 \end{vmatrix} + \begin{vmatrix} a & 6 \\ b & 2 \end{vmatrix} = \begin{vmatrix} a & 5 + 6 \\ b & 7 + 2 \end{vmatrix} = \begin{vmatrix} a & 11 \\ b & 9 \end{vmatrix}$$

$$(7a - 5b) + (2a - 6b) = (7 + 2) \cdot a - (5 + 6) \cdot b$$
$$9a - 11b = 9a - 11b$$

Satz 7

Eine Determinante behält ihren Wert, wenn man die Elemente irgendeiner Reihe nach Multiplikation mit demselben beliebigen Faktor zu den entsprechenden Elementen einer anderen, parallelen Reihe addiert.

BEISPIELE

1. $$\begin{vmatrix} 3 & 4 \\ 2 & 5 \end{vmatrix} = \begin{vmatrix} 3 + 6 \cdot 4 & 4 \\ 2 + 6 \cdot 5 & 5 \end{vmatrix}$$

$$3 \cdot 5 - 2 \cdot 4 = (3 + 6 \cdot 4) \cdot 5 - (2 + 6 \cdot 5) \cdot 4$$

(Die Elemente der zweiten Spalte sind nach Multiplikation mit $k = 6$ zu den entsprechenden Elementen der ersten Spalte addiert worden.)

2. Man wählt k derart, daß sich die Berechnung der Determinanten vereinfacht. Im folgenden Beispiel ist $k = 1$.

$$\begin{vmatrix} 48 & -48 \\ 9 & 2 \end{vmatrix} = \begin{vmatrix} 48 + 1 \cdot (-48) & -48 \\ 9 + 1 \cdot (2) & 2 \end{vmatrix} = \begin{vmatrix} 0 & -48 \\ 11 & 2 \end{vmatrix}$$

$$= 0 \cdot 2 - 11 \cdot (-48) = +528$$

BEISPIELE für die Berechnung von Determinanten

1. Die Determinanten a) $\begin{vmatrix} 36 & 60 \\ 24 & 40 \end{vmatrix}$ und b) $\begin{vmatrix} -105 & -21 \\ 5 & 3 \end{vmatrix}$

sind möglichst geschickt zu berechnen.

a) $\begin{vmatrix} 36 & 60 \\ 24 & 40 \end{vmatrix} = \begin{vmatrix} 6 \cdot 6 & 6 \cdot 10 \\ 4 \cdot 6 & 4 \cdot 10 \end{vmatrix} = 6 \cdot 10 \begin{vmatrix} 6 & 6 \\ 4 & 4 \end{vmatrix} = 0$ (nach Satz 3)

b) $\begin{vmatrix} -105 & -21 \\ 5 & 3 \end{vmatrix} = -7 \begin{vmatrix} 15 & 3 \\ 5 & 3 \end{vmatrix} = (-7) \cdot 5 \begin{vmatrix} 3 & 3 \\ 1 & 3 \end{vmatrix} = (-7) \cdot 5 \cdot 3 \begin{vmatrix} 1 & 1 \\ 1 & 3 \end{vmatrix}$

$= (-7) \cdot 5 \cdot 3 \cdot 2 = -210$

2. Die folgende Determinante schreibe man als Produkt aus einer Zahl und einer Determinante, deren Elemente ganze Zahlen sind.

$$\begin{vmatrix} \frac{3}{8} & \frac{5}{6} \\ 5 & -3 \end{vmatrix} = \begin{vmatrix} \frac{9}{24} & \frac{20}{24} \\ 5 & -3 \end{vmatrix} = \frac{1}{24} \begin{vmatrix} 9 & 20 \\ 5 & -3 \end{vmatrix}$$

12.1.3. Regel von Cramer

Auf Determinanten zweiter Ordnung führt die Frage der Auflösung eines Systems von zwei linearen Gleichungen in zwei Variablen. Diese sollen mit x_1 und x_2 bezeichnet werden. Es ist immer möglich, die gegebenen Gleichungen auf die Normalform

$$a_{11}x_1 + a_{12}x_2 = b_1$$

$$a_{21}x_1 + a_{22}x_2 = b_2$$

zu bringen, wobei die Koeffizienten $a_{11}, a_{12}, a_{21}, a_{22}, b_1, b_2$ Zahlen sind.

Die Anwendung der in 10.6. dargestellten Verfahren ergibt für x_1 und x_2 die Gleichungen

$$(a_{11}a_{22} - a_{21}a_{12})\,x_1 = b_1a_{22} - b_2a_{12}$$
$$(a_{11}a_{22} - a_{21}a_{12})\,x_2 = a_{11}b_2 - a_{21}b_1,$$

in denen die in 12.1.1. erwähnten Differenzen der Form $mq - pn$ auftreten. Führt man die Determinanten

$$D = \begin{vmatrix} a_{11} & a_{12} \\ a_{21} & a_{22} \end{vmatrix}, \quad D_1 = \begin{vmatrix} b_1 & a_{12} \\ b_2 & a_{22} \end{vmatrix}, \quad D_2 = \begin{vmatrix} a_{11} & b_1 \\ a_{21} & b_2 \end{vmatrix}$$

ein, so bekommt das Gleichungssystem die Gestalt

$$D \cdot x_1 = D_1$$
$$D \cdot x_2 = D_2$$

Falls $D \neq 0$ ist, hat das System genau eine Lösung:

$$x_1 = \frac{D_1}{D}, \quad x_2 = \frac{D_2}{D}$$

Das ist der Inhalt der **Regel von Cramer** (Gabriel Cramer, 1704 bis 1752):
Das System hat eine und nur eine Lösung, wenn die Koeffizientendeterminante $D \neq 0$ ist.
Die Werte der Variablen x_1 und x_2 lassen sich als Quotienten zweier Determinanten zweiter Ordnung darstellen. Im Nenner dieser Quotienten steht die Koeffizientendeterminante D. Die jeweilige Zählerdeterminante D_i ($i = 1, 2$) erhält man aus D, indem man in D die Koeffizienten der Variablen x_i durch die rechten Seiten der Gleichungen des Systems in der Normalform ersetzt.

Beachte:

> Die Bedeutung der *Cramerschen Regel* liegt darin, daß sie sich auf n lineare Gleichungen in n Variablen erweitern läßt. Bei einer großen Zahl von Gleichungen ist allerdings ihre Anwendung nicht mehr vorteilhaft. Für die Auflösung solcher Systeme gibt es spezielle Methoden, deren Darstellung jedoch über den Rahmen des vorliegenden Buches hinausgeht.

BEISPIEL

Das Gleichungssystem $y - \frac{2}{3}x - 3 = 0$

$$y + \tfrac{4}{3}x - 9 = 0$$

ist mit Hilfe der Cramerschen Regel zu lösen.

Zunächst sind die Gleichungen auf die Normalform zu bringen, wobei die Gleichungen nennerfrei gemacht werden:

$$4x + 3y = 27$$

$$-2x + 3y = 9$$

$$D = \begin{vmatrix} 4 & 3 \\ -2 & 3 \end{vmatrix} = 18 \neq 0$$

(Die CRAMERsche Regel kann angewendet werden, da $D \neq 0$ ist.)

$$D_1 = \begin{vmatrix} 27 & 3 \\ 9 & 3 \end{vmatrix} = 3 \cdot 9 \begin{vmatrix} 3 & 1 \\ 1 & 1 \end{vmatrix} = 54$$

$$D_2 = \begin{vmatrix} 4 & 27 \\ -2 & 9 \end{vmatrix} = 2 \cdot 9 \begin{vmatrix} 2 & 3 \\ -1 & 1 \end{vmatrix} = 90$$

$$x = \frac{D_1}{D} = \frac{54}{18} = 3; \quad y = \frac{D_2}{D} = \frac{90}{18} = 5$$

Wenn $D = 0$ gilt, aber wenigstens eines der Elemente $a_{11}, a_{12}, a_{21}, a_{22}$ verschieden von Null ist, so sind *zwei Fälle* zu unterscheiden.

a) *Das Gleichungssystem ist nicht lösbar*

BEISPIEL

$$-2x + 5y = -5$$

$$-4x + 10y = -20$$

Dividiert man alle Glieder der zweiten Gleichung durch 2, so erhält man $-2x + 5y = -10$. Nach der ersten Gleichung ist aber $-2x + 5y = -5$. Es kann kein Zahlenpaar geben, das beide Gleichungen zugleich erfüllt. Die Auflösung des gegebenen Systems ist unmöglich. Für die Determinanten erhält man

$$D = \begin{vmatrix} -2 & 5 \\ -4 & 10 \end{vmatrix} = 0; \quad D_1 = \begin{vmatrix} -5 & 5 \\ -20 & 10 \end{vmatrix} = 50 \neq 0;$$

$$D_2 = \begin{vmatrix} -2 & -5 \\ -4 & -20 \end{vmatrix} = 20 \neq 0$$

Da die Division durch Null nicht definiert ist, kann die Darstellung der Variablen nicht in Quotientenform erfolgen. Man erhält:

$$D \cdot x = D_1 \qquad D \cdot y = D_2$$

$$0 \cdot x = 50 \qquad 0 \cdot y = 20$$

Die Gleichungen $0 \cdot x = 50$ und $0 \cdot y = 20$ haben keine Lösungen. Das gegebene Gleichungssystem ist nicht lösbar.

b) *Das Gleichungssystem hat unendlich viele Lösungen*

BEISPIEL

$$-2x + 5y = -5$$
$$-4x + 10y = -10$$

Die zweite Gleichung entsteht aus der ersten durch Multiplikation aller Glieder mit 2. Sie ist also eine äquivalente Umformung der ersten Gleichung. Eine der beiden Gleichungen ist überflüssig. Jede der gegebenen Gleichungen hat unendlich viele Lösungen. Nimmt man z. B. $x = 1$ an, so erhält man aus jeder der beiden Gleichungen $y = -\frac{3}{5}$; nimmt man $x = 2$ an, so erhält man $y = -\frac{1}{5}$. Sowohl $[x, y] = [1, -\frac{3}{5}]$ als auch $[x, y] = [2, -\frac{1}{5}]$ ist Lösung des Gleichungssystems. Welchen Wert man auch für x annimmt, stets kann aus jeder der Gleichungen ein zugehöriges y errechnet werden, so daß $[x, y]$ Lösung des gegebenen Systems ist. Für dieses Beispiel ergibt sich $D = 0$, $D_1 = 0$, $D_2 = 0$.

Homogene lineare Gleichungssysteme

Das System
$$a_{11}x_1 + a_{12}x_2 = b_1$$
$$a_{21}x_1 + a_{22}x_2 = b_2$$

heißt **inhomogen,** wenn mindestens ein b_i $(i = 1, 2)$ von Null verschieden ist. Ein **homogenes** System liegt vor für $b_1 = b_2 = 0$. In diesem Falle bekommt man

$$D \cdot x_1 = 0, \quad D \cdot x_2 = 0.$$

Mit Sicherheit ist $x_1 = 0, x_2 = 0$ stets eine Lösung (sog. triviale Lösung). Es sind wieder *zwei Fälle* zu unterscheiden.

a) $D \neq 0$

$x_1 = 0, \quad x_2 = 0$ ist die einzige Lösung.

BEISPIEL

$$7x_1 + 9x_2 = 0$$
$$2x_1 - 5x_2 = 0$$
$$D = -53 \neq 0; \quad D_1 = 0; \quad D_2 = 0$$
$$x_1 = \frac{0}{-53} = 0; \quad x_2 = \frac{0}{-53} = 0$$

b) $D = 0$

Außer $x_1 = 0, x_2 = 0$ gibt es noch weitere (unendlich viele) Lösungen.

BEISPIEL

$$3x_1 + 2x_2 = 0$$
$$15x_1 + 10x_2 = 0$$

Man erhält $D = D_1 = D_2 = 0$.
Das System hat unendlich viele Lösungen, z. B. $x_1 = 2$; $x_2 = -3$.
Allgemein: Jedes Wertepaar $[x_1, x_2]$ mit beliebigem x_1 und $x_2 = -\frac{3}{2}x_1$ ist Lösung des Systems.

12.2. Determinanten dritter Ordnung

12.2.1. Allgemeines

Die für zweireihige Determinanten eingeführten Bezeichnungen lassen sich sinngemäß auf Determinanten dritter Ordnung übertragen.

Definition

Unter einer dreireihigen Determinante (Determinante dritter Ordnung) versteht man die algebraische Summe

$$D = a_{11}a_{22}a_{33} + a_{12}a_{23}a_{31} + a_{13}a_{21}a_{32} - a_{13}a_{22}a_{31} - a_{11}a_{23}a_{32} - a_{12}a_{21}a_{33}.$$

Man kann auch schreiben:

$$D = \begin{vmatrix} a_{11} & a_{12} & a_{13} \\ a_{21} & a_{22} & a_{23} \\ a_{31} & a_{32} & a_{33} \end{vmatrix} = |a_{ij}| \quad (i, j = 1, 2, 3)$$

D besitzt 3! (=6) Glieder zu je 3 Faktoren. Jedes Glied enthält aus jeder Zeile und Spalte genau einen Faktor.
Zur Berechnung von dreireihigen Determinanten dient die **Regel von Sarrus** (1798 bis 1861):

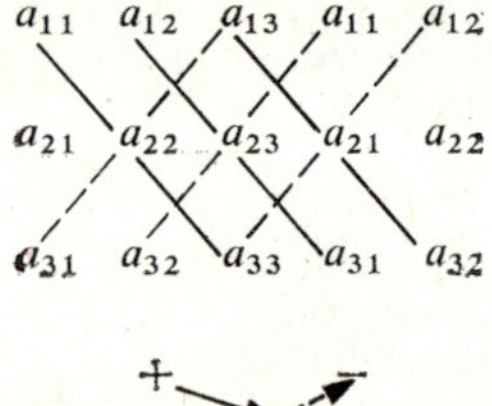

Man schreibt hinter die drei Spalten der Determinante die erste und zweite Spalte noch einmal und bildet die Produkte der in Richtung jeder Diagonale stehenden dreimal drei Elemente. Die Produkte in Richtung der Hauptdiagonale behalten ihr Vorzeichen, die in Richtung der Nebendiagonale erhalten das entgegengesetzte Vorzeichen. Dann ist D die algebraische Summe dieser sechs Produkte.

Beachte:

Die *Regel von Sarrus* gilt nur für *dreireihige* Determinanten.

BEISPIEL

$$D = \begin{vmatrix} 2 & -1 & 3 \\ 1 & 3 & 1 \\ 2 & 1 & -2 \end{vmatrix}$$

Lösung:
$$\begin{array}{ccccc} 2 & -1 & 3 & 2 & -1 \\ 1 & 3 & 1 & 1 & 3 \\ 2 & 1 & -2 & 2 & 1 \end{array}$$

$$D = 2 \cdot 3 \cdot (-2) + (-1) \cdot 1 \cdot 2 + 3 \cdot 1 \cdot 1 - 2 \cdot 3 \cdot 3 - 1 \cdot 1 \cdot 2$$
$$- (-2) \cdot 1 \cdot (-1) = -12 - 2 + 3 - 18 - 2 - 2 = -33.$$

Die für zweireihige Determinanten geltenden Sätze lassen sich auf Determinanten beliebiger Ordnung übertragen.

BEISPIELE

1. Es ist die Differenz $\begin{vmatrix} 84 & 63 & -19 \\ 55 & -31 & 27 \\ 92 & 18 & 50 \end{vmatrix} - \begin{vmatrix} 84 & 55 & 92 \\ 63 & -31 & -18 \\ -19 & 27 & 50 \end{vmatrix}$ zu berechnen.

   Lösung:

   Die Differenz beträgt Null. Beide Determinanten ergeben bei der Berechnung die gleiche Zahl. Die zweite Determinante ist aus der ersten durch Spiegelung an der Hauptdiagonale hervorgegangen.

2. $$D = \begin{vmatrix} 1 & a & b \\ 0 & 1 & c \\ 0 & 0 & 1 \end{vmatrix}$$

   Lösung:
   $$\begin{array}{ccccc} 1 & a & b & 1 & a \\ 0 & 1 & c & 0 & 1 \\ 0 & 0 & 1 & 0 & 0 \end{array}$$

   $$D = 1 \cdot 1 \cdot 1 + 0 + 0 - 0 - 0 - 0$$
   $$D = 1$$

   Allgemein gilt:

   Eine Determinante ist gleich dem Produkt aus den Elementen der Hauptdiagonale, wenn die Elemente unter oder über der Hauptdiagonale gleich Null sind.

3. $$D = \begin{vmatrix} \cos\alpha & 1 & 0 \\ 1 & 2\cos\alpha & 1 \\ 0 & 1 & 2\cos\alpha \end{vmatrix}$$

   Lösung:
   $$\begin{array}{ccccc} \cos\alpha & 1 & 0 & \cos\alpha & 1 \\ 1 & 2\cos\alpha & 1 & 1 & 2\cos\alpha \\ 0 & 1 & 2\cos\alpha & 0 & 1 \end{array}$$

   $$D = 4\cos^3\alpha - \cos\alpha - 2\cos\alpha = 4\cos^3\alpha - 3\cos\alpha$$

4.
$$D = \begin{vmatrix} -3 & 8 & -3 \\ 5 & 1 & 5 \\ 4 & 2 & 1 \end{vmatrix}$$

Lösung:
$$\begin{array}{ccccc} 0 & 8 & -3 & 0 & 8 \\ 0 & 1 & 5 & 0 & 1 \\ 3 & 2 & 1 & 3 & 2 \end{array}$$

$$D = 8 \cdot 5 \cdot 3 - (-3) \cdot 1 \cdot 3$$

$$D = 129$$

(Die dritte Spalte wurde zunächst von der ersten subtrahiert. Dadurch werden zwei Elemente der Determinante gleich Null, was die Berechnung von D vereinfacht.)

12.2.2. Auflösung eines Systems von drei linearen Gleichungen in drei Variablen

Es ist immer möglich, die gegebenen Gleichungen auf die Normalform

$$a_{11}x_1 + a_{12}x_2 + a_{13}x_3 = b_1$$
$$a_{21}x_1 + a_{22}x_2 + a_{23}x_3 = b_2$$
$$a_{31}x_1 + a_{32}x_2 + a_{33}x_3 = b_3$$

zu bringen.
Für die Variablen x_1, x_2, x_3 erhält man nach etwas langwieriger Rechnung die wenig übersichtlichen Quotienten

$$x_1 = \frac{b_1a_{22}a_{33}+a_{12}a_{23}b_3+a_{13}b_2a_{32}-a_{13}a_{22}b_3-b_1a_{23}a_{32}-a_{12}b_2a_{33}}{a_{11}a_{22}a_{33}+a_{12}a_{23}a_{31}+a_{13}a_{21}a_{32}-a_{13}a_{22}a_{31}-a_{11}a_{23}a_{32}-a_{12}a_{21}a_{33}}$$

$$x_2 = \frac{a_{11}b_2a_{33}+b_1a_{23}a_{31}+a_{13}a_{21}b_3-a_{13}b_2a_{31}-a_{11}a_{23}b_3-b_1a_{21}a_{33}}{a_{11}a_{22}a_{33}+a_{12}a_{23}a_{31}+a_{13}a_{21}a_{32}-a_{13}a_{22}a_{31}-a_{11}a_{23}a_{32}-a_{12}a_{21}a_{33}}$$

$$x_3 = \frac{a_{11}a_{22}b_3+a_{12}a_{31}b_2+b_1a_{21}a_{32}-b_1a_{22}a_{31}-a_{11}b_2a_{32}-a_{12}a_{21}b_3}{a_{11}a_{22}a_{33}+a_{12}a_{23}a_{31}+a_{13}a_{21}a_{32}-a_{13}a_{22}a_{31}-a_{11}a_{23}a_{32}-a_{12}a_{21}a_{33}}$$

Führt man die dreireihigen Determinanten

$$D = \begin{vmatrix} a_{11} & a_{12} & a_{13} \\ a_{21} & a_{22} & a_{23} \\ a_{31} & a_{32} & a_{33} \end{vmatrix}, \quad D_1 = \begin{vmatrix} b_1 & a_{12} & a_{13} \\ b_2 & a_{22} & a_{23} \\ b_3 & a_{32} & a_{33} \end{vmatrix},$$

$$D_2 = \begin{vmatrix} a_{11} & b_1 & a_{13} \\ a_{21} & b_2 & a_{23} \\ a_{31} & b_3 & a_{33} \end{vmatrix}, \quad D_3 = \begin{vmatrix} a_{11} & a_{12} & b_1 \\ a_{21} & a_{22} & b_2 \\ a_{31} & a_{32} & b_3 \end{vmatrix}$$

ein, so bekommt man die einprägsamen und übersichtlichen Formeln

$$D \cdot x_1 = D_1, \quad D \cdot x_2 = D_2, \quad D \cdot x_3 = D_3$$

(CRAMERsche Regel)

und für $D \neq 0$

$$x_1 = \frac{D_1}{D}, \quad x_2 = \frac{D_2}{D}, \quad x_3 = \frac{D_3}{D}.$$

Ist $D = 0$, so hat das System entweder keine Lösung (die Gleichungen stehen dann miteinander im Widerspruch) oder das System hat unendlich viele Lösungen (die Gleichungen sind voneinander abhängig; notwendig, aber nicht hinreichend dafür ist, daß die Zählerdeterminanten alle gleich Null sind).

Ein System von drei homogenen linearen Gleichungen in drei Variablen hat immer die Lösung $x_1 = x_2 = x_3 = 0$. Soll es durch Zahlen erfüllt werden, die nicht alle gleich Null sind, so muß die Koeffizientendeterminante verschwinden.

BEISPIELE

1. $$\begin{aligned} 3x_1 - 2x_2 + 8x_3 &= -39 \\ 9x_1 + 12x_2 - x_3 &= 19 \\ 6x_1 - x_2 - 5x_3 &= 12 \end{aligned}$$

   Die Determinanten sind mit Hilfe der Regel von SARRUS durch geschickte Anwendung der Sätze über Determinanten zu berechnen.

$$D = \begin{vmatrix} 3 & -2 & 8 \\ 9 & 12 & -1 \\ 6 & -1 & -5 \end{vmatrix} = -909 \neq 0, \quad D_1 = \begin{vmatrix} -39 & -2 & 8 \\ 19 & 12 & -1 \\ 12 & -1 & -5 \end{vmatrix} = 909$$

$$D_2 = \begin{vmatrix} 3 & -39 & 8 \\ 9 & 19 & -1 \\ 6 & 12 & -5 \end{vmatrix} = -1818, \quad D_3 = \begin{vmatrix} 3 & -2 & -39 \\ 9 & 12 & 19 \\ 6 & -1 & 12 \end{vmatrix} = 3636$$

$$x_1 = \frac{D_1}{D} = \frac{909}{-909} = -1, \; x_2 = \frac{D_2}{D} = \frac{-1818}{-909} = 2,$$

$$x_3 = \frac{D_3}{D} = \frac{3636}{-909} = -4$$

2. $$\begin{aligned} x + y + z &= 36 \\ 3y &= 4x \\ 3z &= 2x \end{aligned}$$

Man sollte nicht sagen: In der zweiten Gleichung kommt z nicht vor; sondern: In der zweiten Gleichung hat z den Koeffizienten Null. Zur Bildung der Determinanten empfiehlt es sich, gleiche Variablen untereinander zu schreiben.

$$\begin{aligned} x + y + z \quad &= 36 \\ -4x + 3y - 0 \cdot z &= 0 \\ -2x + 0 \cdot y + 3z &= 0 \end{aligned}$$

$$D = \begin{vmatrix} 1 & 1 & 1 \\ -4 & 3 & 0 \\ -2 & 0 & 3 \end{vmatrix} = 27 \neq 0, \quad D_1 = \begin{vmatrix} 36 & 1 & 1 \\ 0 & 3 & 0 \\ 0 & 0 & 3 \end{vmatrix} = 36 \cdot 3 \cdot 3 = 324$$

$$D_2 = \begin{vmatrix} 1 & 36 & 1 \\ -4 & 0 & 0 \\ -2 & 0 & 3 \end{vmatrix} = 432, \quad D_3 = \begin{vmatrix} 1 & 1 & 36 \\ -4 & 3 & 0 \\ -2 & 0 & 0 \end{vmatrix} = 216$$

$$x = \frac{324}{27} = 12, \quad y = \frac{432}{27} = 16, \quad z = \frac{216}{27} = 8.$$

3. $$\begin{aligned} x_1 - 2x_2 + 3x_3 &= 9 \\ 4x_1 - 8x_2 + 12x_3 &= 36 \\ 3x_1 + x_2 - x_3 &= 3 \end{aligned}$$

$D = D_1 = D_2 = D_3 = 0$. Die zweite Gleichung entsteht aus der ersten durch Multiplikation mit 4. Es gibt unendlich viele Lösungen, z.B. $x_1 = 2$, $x_2 = -2$ und $x_3 = 1$ oder $x_1 = 5$, $x_2 = -32$ und $x_3 = -20$.

4. $$\begin{aligned} 5x_1 - x_2 + 2x_3 &= 0 \\ 2x_1 + 3x_2 - x_3 &= 0 \\ x_1 - x_2 + 3x_3 &= 0 \end{aligned}$$

Homogenes System mit $D = 37 \neq 0$. Es hat nur die Lösung

$$x_1 = x_2 = x_3 = 0.$$

12.3. Entwicklung einer Determinante nach den Elementen irgendeiner Reihe

Die Regel von SARRUS gilt nur für dreireihige Determinanten. Das folgende Verfahren dagegen kann zur *Entwicklung von Determinanten beliebiger Ordnung* verwendet werden.

Eine dreireihige Determinante kann (auf sechs Arten) als Summe von Vielfachen von drei Determinanten zweiter Ordnung dargestellt werden, z. B.:

$$\begin{vmatrix} a_{11} & a_{12} & a_{13} \\ a_{21} & a_{22} & a_{23} \\ a_{31} & a_{32} & a_{33} \end{vmatrix} = a_{11} \begin{vmatrix} a_{22} & a_{23} \\ a_{32} & a_{33} \end{vmatrix} - a_{12} \begin{vmatrix} a_{21} & a_{23} \\ a_{31} & a_{33} \end{vmatrix} + a_{13} \begin{vmatrix} a_{21} & a_{22} \\ a_{31} & a_{32} \end{vmatrix}$$

$$= a_{11}(a_{22}a_{33} - a_{32}a_{23}) - a_{12}(a_{21}a_{33} - a_{31}a_{23}) + a_{13}(a_{21}a_{32} - a_{31}a_{22})$$

$$= a_{11}a_{22}a_{33} - a_{11}a_{23}a_{32} + a_{12}a_{23}a_{31} - a_{12}a_{21}a_{33} + a_{13}a_{21}a_{32} - a_{13}a_{22}a_{31} \qquad (*)$$

Um die hier bestehenden Gesetzmäßigkeiten erfassen zu können, macht sich die Einführung neuer Begriffe nötig.

Begriff der Unterdeterminante

Streicht man in der dreireihigen Determinante die i-te Zeile und die j-te Spalte, in deren Schnittpunkt das Element a_{ij} steht, so bleiben vier Elemente stehen.

$$\begin{vmatrix} a_{11} & a_{12} & a_{13} \\ a_{21} & a_{22} & a_{23} \\ a_{31} & a_{32} & a_{33} \end{vmatrix}$$

Die aus diesen zusammengesetzte Determinante zweiter Ordnung heißt der zu a_{ij} gehörige **Minor** (die zu a_{ij} gehörende **Unterdeterminante**) der ursprünglichen Determinante dritter Ordnung. Er soll mit D_{ij} bezeichnet werden.

BEISPIELE

Zum Element a_{23} gehört der Minor $D_{23} = \begin{vmatrix} a_{11} & a_{12} \\ a_{31} & a_{32} \end{vmatrix}$,

zu a_{12} gehört $D_{12} = \begin{vmatrix} a_{21} & a_{23} \\ a_{31} & a_{33} \end{vmatrix}$.

In der Beziehung (*) treten D_{11}, D_{12} und D_{13} auf.

Begriff der Adjunkte

Die mit dem Faktor $(-1)^{i+j}$ multiplizierte Unterdeterminante zweiter Ordnung D_{ij} heißt das algebraische Komplement von a_{ij} oder die dem Element a_{ij} adjungierte Unterdeterminante oder kürzer die **Adjunkte** (lat. adiungere, anfügen) von a_{ij}. Bezeichnung: A_{ij}.
Es gilt: $A_{ij} = (-1)^{i+j} \cdot D_{ij}$

BEISPIELE

1. $A_{11} = (-1)^{1+1} \begin{vmatrix} a_{22} & a_{23} \\ a_{32} & a_{33} \end{vmatrix} = (+1) \begin{vmatrix} a_{22} & a_{23} \\ a_{32} & a_{33} \end{vmatrix} = a_{22}a_{33} - a_{23}a_{32}$

2. $A_{32} = (-1)^{3+2} \begin{vmatrix} a_{11} & a_{13} \\ a_{21} & a_{23} \end{vmatrix} = (-1) \begin{vmatrix} a_{11} & a_{13} \\ a_{21} & a_{23} \end{vmatrix}$

$$= -(a_{11}a_{23} - a_{21}a_{13}) = a_{13}a_{21} - a_{11}a_{23}$$

Man erkennt, daß in der Beziehung (*) die Adjunkten von a_{11}, a_{12} und a_{13} auftreten.
Den hinzuzunehmenden Faktor erhält man sehr bequem mit Hilfe des sogenannten Schachbrettschemas der Vorzeichen:

$$\begin{matrix} + & - & + \\ - & + & - \\ + & - & + \end{matrix}$$

Ist die Summe $(i + j)$ der Indizes des Elementes a_{ij} der dreireihigen Determinante gerade, so bekommt die zugehörige Unterdeterminante den Faktor $+1$, ist sie ungerade, den Faktor -1.

Beziehungen zwischen den Elementen einer dreireihigen Determinante und ihren Adjunkten

Satz 1

Wenn man die Elemente irgendeiner Reihe mit ihren eigenen Adjunkten multipliziert und die Produkte addiert, so erhält man den Wert der Determinante.

Eine derartige Darstellung einer Determinante nennt man ihre **Entwicklung nach den Elementen einer Zeile oder Spalte.** Sie gilt für Determinanten beliebiger Ordnung.

BEISPIELE

1. Die Determinante $D = \begin{vmatrix} 2 & -1 & 3 \\ 3 & 0 & 2 \\ 5 & 1 & 4 \end{vmatrix}$ ist

a) nach den Elementen der ersten Zeile,
b) nach den Elementen der zweiten Spalte zu entwickeln.

a) $A_{11} = + \begin{vmatrix} 0 & 2 \\ 1 & 4 \end{vmatrix} = -2, \quad A_{12} = - \begin{vmatrix} 3 & 2 \\ 5 & 4 \end{vmatrix} = -2,$

$A_{13} = + \begin{vmatrix} 3 & 0 \\ 5 & 1 \end{vmatrix} = +3.$

$$D = a_{11}A_{11} + a_{12}A_{12} + a_{13}A_{13}$$

$$D = 2(-2) + (-1)(-2) + 3(+3) = 7$$

b) $D = a_{12}A_{12} + a_{22}A_{22} + a_{32}A_{32}$

$D = (-1)\,A_{12} + 0 \cdot A_{22} + 1 \cdot A_{32}$

$$A_{12} = -2, \quad A_{32} = -\begin{vmatrix} 2 & 3 \\ 3 & 2 \end{vmatrix} = +5$$

$D = (-1)(-2) + 0 + 1(+5) = 7$

Da eine dreireihige Determinante drei Zeilen und drei Spalten besitzt, kann sie auf $2 \cdot 3$ (= 6) Arten entwickelt werden.

2. Die Determinante

$$\begin{vmatrix} 1 & 1 & -8 \\ -10 & 13 & -43 \\ 6 & 7 & 10 \end{vmatrix}$$

ist zu berechnen.

$$\begin{vmatrix} 1 & 1 & -8 \\ -10 & 13 & -43 \\ 6 & 7 & 10 \end{vmatrix} = \begin{vmatrix} 1 & 0 & 0 \\ -10 & 23 & -123 \\ 6 & 1 & 58 \end{vmatrix}$$

Entwicklung nach den Elementen der ersten Zeile (zwei Elemente sind gleich Null!) liefert

$$D = 1 \cdot A_{11} + 0 + 0$$

$$D = A_{11} = \begin{vmatrix} 23 & -123 \\ 1 & 58 \end{vmatrix} = 1457$$

3. Die folgende Determinante zweiter Ordnung ist

a) nach den Elementen der zweiten Zeile,
b) nach den Elementen der ersten Spalte zu entwickeln.

a) $D = \begin{vmatrix} a_{11} & a_{12} \\ a_{21} & a_{22} \end{vmatrix} = a_{21}A_{21} + a_{22}A_{22} = a_{21}(-a_{12}) + a_{22}\,(+a_{11})$

$= a_{11}a_{22} - a_{12}a_{21}$

b) $D = \begin{vmatrix} a_{11} & a_{12} \\ a_{21} & a_{22} \end{vmatrix} = a_{11}A_{11} + a_{21}A_{21} = a_{11}a_{22} + a_{21}(-a_{12})$

$= a_{11}a_{22} - a_{12}a_{21}$

(in Übereinstimmung mit 12.1.1.)

Satz 2

Wenn man die Elemente irgendeiner Reihe mit den Adjunkten einer anderen, dazu parallelen multipliziert, so ist die Summe der Produkte stets gleich Null.

BEISPIEL

$$D = \begin{vmatrix} 2 & 1 & -3 \\ 0 & 5 & 0 \\ 4 & 2 & 1 \end{vmatrix}$$

Es werde die Summe $a_{11}A_{31} + a_{12}A_{32} + a_{13}A_{33}$ gebildet:

$$2\begin{vmatrix} 1 & -3 \\ 5 & 0 \end{vmatrix} + 1 \cdot (-1)\begin{vmatrix} 2 & -3 \\ 0 & 0 \end{vmatrix} - 3\begin{vmatrix} 2 & 1 \\ 0 & 5 \end{vmatrix} = 2 \cdot 15 - 0 - 3 \cdot 10 = 0$$

12.4. Determinanten *n*-ter Ordnung

Die Determinante n-ter Ordnung

$$D = \begin{vmatrix} a_{11} & a_{12} \dots a_{1n} \\ a_{21} & a_{22} \dots a_{2n} \\ \dots\dots & \dots\dots\dots \\ a_{n1} & a_{n2} \dots a_{nn} \end{vmatrix} = |a_{ij}| \quad (i, j = 1, 2, \dots, n)$$

kann nach den Elementen jeder Reihe entwickelt werden. Es ergeben sich also $2 \cdot n$ Möglichkeiten, z. B.

$$D = a_{11}A_{11} + a_{12}A_{12} + \dots + a_{1n}A_{1n}$$

A_{1j} ist die Adjunkte zu a_{1j} $(j = 1, 2, \dots, n)$. Beispielsweise ist

$$A_{11} = (-1)^{1+1}\begin{vmatrix} a_{22} & a_{23} \dots a_{2n} \\ a_{32} & a_{33} \dots a_{3n} \\ \dots\dots & \dots\dots\dots \\ a_{n2} & a_{n3} \dots a_{nn} \end{vmatrix}$$

Die für Determinanten zweiter und dritter Ordnung eingeführten Bezeichnungen gelten sinngemäß für Determinanten beliebiger Ordnung. Entsprechendes gilt für die in 12.1.2. formulierten Sätze.

BEISPIELE

1. Man berechne die Determinante fünfter Ordnung

$$D = \begin{vmatrix} 3 & 2 & 5 & 2 & -1 \\ 0 & 7 & 3 & 4 & 2 \\ 1 & -4 & 2 & -1 & 0 \\ 0 & 3 & 9 & 27 & 3 \\ 2 & 3 & 7 & -2 & 5 \end{vmatrix}$$

Lösung:

$$D = 3\begin{vmatrix} 3 & 2 & 5 & 2 & -1 \\ 0 & 7 & 3 & 4 & 2 \\ 1 & -4 & 2 & -1 & 0 \\ 0 & 1 & 3 & 9 & 1 \\ 2 & 3 & 7 & -2 & 5 \end{vmatrix} = 3\begin{vmatrix} 0 & 14 & -1 & 5 & -1 \\ 0 & 7 & 3 & 4 & 2 \\ 1 & -4 & 2 & -1 & 0 \\ 0 & 1 & 3 & 9 & 1 \\ 0 & 11 & 3 & 0 & 5 \end{vmatrix}$$

(3. Zeile, multipliziert mit -3, wurde addiert zur 1. Zeile; 3. Zeile, multipliziert mit -2, wurde addiert zur 5. Zeile)

$$= 3\begin{vmatrix} 14 & -1 & 5 & -1 \\ 7 & 3 & 4 & 2 \\ 1 & 3 & 9 & 1 \\ 11 & 3 & 0 & 5 \end{vmatrix} = 3\begin{vmatrix} 14 & -1 & 5 & -1 \\ 6 & 0 & -5 & 1 \\ 43 & 0 & 24 & -2 \\ 4 & 0 & -4 & 3 \end{vmatrix}$$

$$= 3\begin{vmatrix} 6 & -5 & 1 \\ 43 & 24 & -2 \\ 4 & -4 & 3 \end{vmatrix} = 3\begin{vmatrix} 6 & -5 & 1 \\ 55 & 14 & 0 \\ -14 & 11 & 0 \end{vmatrix}$$

Entwicklung nach den Elementen der dritten Spalte ergibt:

$$3\begin{vmatrix} 55 & 14 \\ -14 & 11 \end{vmatrix} = 2403$$

2. Als VANDERMONDEsche Determinante bezeichnet man

$$V = \begin{vmatrix} 1 & 1 \ldots & 1 \\ x_1 & x_2 \ldots & x_n \\ x_1^2 & x_2^2 \ldots & x_n^2 \\ \ldots & \ldots & \ldots \\ x_1^{n-1} & x_2^{n-1} & \ldots x_n^{n-1} \end{vmatrix}$$

Es ist zu zeigen, daß sie sich für $n = 3$ durch das Produkt $(x_2 - x_1)(x_3 - x_2)(x_3 - x_1)$ darstellen läßt.

$$\begin{vmatrix} 1 & 1 & 1 \\ x_1 & x_2 & x_3 \\ x_1^2 & x_2^2 & x_3^2 \end{vmatrix} = \begin{vmatrix} 1 & 1 & 1 \\ 0 & x_2 - x_1 & x_3 - x_1 \\ 0 & x_2^2 - x_1^2 & x_3^2 - x_1^2 \end{vmatrix}$$

$$= \begin{vmatrix} x_2 - x_1 & x_3 - x_1 \\ x_2^2 - x_1^2 & x_3^2 - x_1^2 \end{vmatrix}$$

$$= \begin{vmatrix} x_2 - x_1 & x_3 - x_1 \\ (x_2 - x_1)(x_2 + x_1) & (x_3 - x_1)(x_3 + x_1) \end{vmatrix}$$

$$= (x_2 - x_1)(x_3 - x_1)\begin{vmatrix} 1 & 1 \\ x_2 + x_1 & x_3 + x_1 \end{vmatrix}$$

$$= (x_2 - x_1)(x_3 - x_1)(x_3 + x_1 - x_2 - x_1)$$

$$= (x_2 - x_1)(x_3 - x_2)(x_3 - x_1)$$

3. Das folgende Gleichungssystem ist mit Hilfe der CRAMERschen Regel aufzulösen:

$$\begin{aligned} 6x_1 - x_2 - 3x_3 + 5x_4 &= 42 \\ -6x_1 + x_2 + 3x_3 &= -7 \\ 14x_2 - x_3 &= -14 \\ 7x_2 + 8x_4 &= 49 \end{aligned}$$

Zunächst schreibt man gleiche Variablen untereinander:

$$\begin{aligned} 6x_1 - \quad x_2 - 3x_3 + \quad 5x_4 &= 42 \\ -6x_1 + \quad x_2 + 3x_3 + 0 \cdot x_4 &= -7 \\ 0 \cdot x_1 + 14x_2 - \quad x_3 + 0 \cdot x_4 &= -14 \\ 0 \cdot x_1 + \quad 7x_2 + 0x_3 + \quad 8x_4 &= 49 \end{aligned}$$

Nach der *Cramerschen Regel* gilt für $D \neq 0$

$$x_j = \frac{D_j}{D} \quad (j = 1, 2, \ldots, n)$$

Im vorliegenden Beispiel ist $n = 4$. Man erhält

$$D = \begin{vmatrix} 6 & -1 & -3 & 5 \\ -6 & 1 & 3 & 0 \\ 0 & 14 & -1 & 0 \\ 0 & 7 & 0 & 8 \end{vmatrix} = \begin{vmatrix} 0 & 0 & 0 & 5 \\ -6 & 1 & 3 & 0 \\ 0 & 14 & -1 & 0 \\ 0 & 7 & 0 & 8 \end{vmatrix}$$

$$= -5 \begin{vmatrix} -6 & 1 & 3 \\ 0 & 14 & -1 \\ 0 & 7 & 0 \end{vmatrix} = (-5) \cdot (-6) \begin{vmatrix} 14 & -1 \\ 7 & 0 \end{vmatrix}$$

$$= 210 \neq 0$$

$$D_1 = \begin{vmatrix} 42 & -1 & -3 & 5 \\ -7 & 1 & 3 & 0 \\ -14 & 14 & -1 & 0 \\ 49 & 7 & 0 & 8 \end{vmatrix} = 210$$

$$D_2 = \begin{vmatrix} 6 & 42 & -3 & 5 \\ -6 & -7 & 3 & 0 \\ 0 & -14 & -1 & 0 \\ 0 & 49 & 0 & 8 \end{vmatrix} = -210$$

$$D_3 = \begin{vmatrix} 6 & -1 & 42 & 5 \\ -6 & 1 & -7 & 0 \\ 0 & 14 & -14 & 0 \\ 0 & 7 & 49 & 8 \end{vmatrix} = 0$$

$$D_4 = \begin{vmatrix} 6 & -1 & -3 & 42 \\ -6 & 1 & 3 & -7 \\ 0 & 14 & -1 & -14 \\ 0 & 7 & 0 & 49 \end{vmatrix} = 1470$$

$$x_1 = \frac{D_1}{D} = \frac{210}{210} = 1, \quad x_2 = \frac{D_2}{D} = \frac{-210}{210} = -1,$$

$$x_3 = \frac{D_3}{D} = \frac{0}{210} = 0, \quad x_4 = \frac{D_4}{D} = \frac{1470}{210} = 7$$

Das System hat genau eine Lösung:

$$x_1 = 1, \quad x_2 = -1, \quad x_3 = 0, \quad x_4 = 7.$$

13. Vektoralgebra

13.1. Allgemeines

Die Vektorrechnung hat in den letzten Jahrzehnten eine immer größere Verbreitung gefunden.
Da die Vektorrechnung dem geometrischen, physikalischen und technischen Denken hervorragend angepaßt ist, war es möglich, vielen naturwissenschaftlichen und technischen Erkenntnissen eine prägnante, übersichtliche und anschauliche Darstellung zu geben, was sich vorteilhaft auf deren Anwendbarkeit ausgewirkt hat.
Als Begründer der Vektorrechnung gelten insbesondere der Mathematiker HERMANN GROSSMANN (1809 bis 1877) und der englische Physiker ROBERT HAMILTON (1805 bis 1865), von dem der Name Vektor stammt. Beide haben etwa gleichzeitig, aber unabhängig voneinander und von verschiedenen Gesichtspunkten ausgehend, ihre neuen Methoden geschaffen. Diese fanden zunächst nur geringe Beachtung. Aber nach und nach setzten sich die neuen Begriffe und Denkweisen durch. Dabei war der Widerstand mancher Mathematiker zu überwinden.
Der vor reichlich hundert Jahren eingeführte Vektorbegriff war in erheblichem Maß mit anschaulich-geometrischen Vorstellungen verknüpft, während man heute das Rechnen mit Vektoren auch außerhalb der Geometrie unseres Anschauungsraumes in sehr vielen Gebieten der Mathematik, Physik und Ökonomie verwendet. Die Lehre von den Vektoren (in der Fachsprache sagt man: die Theorie der Vektorräume) ist eine algebraische Theorie, die als Bindeglied zwischen Geometrie und moderner Algebra aufgefaßt werden kann.
In 13.3. wird der Begriff des Vektorraumes erläutert. Die Frage, was ein Vektor ist, läßt sich dann unzweideutig beantworten:

▌ Ein Vektor ist ein Element eines Vektorraumes.

Diese Definition, die in 13.2. vorbereitet wird, gibt die Möglichkeit, daß Formulierungen, wie „Eine Geschwindigkeit ist ein Vektor.", „Ein Vektor ist eine Größe, die einen Betrag und eine Richtung besitzt.", „Ein Vektor ist eine Strecke mit bestimmter Länge und Richtung.", nicht mißverstanden werden können.
Das Verständnis der Vektorrechnung (die Vektoralgebra ist ein Teilgebiet derselben) bereitet erfahrungsgemäß Schwierigkeiten. Diese sind nicht zuletzt darin begründet, daß das räumliche Vorstellungsvermögen vieler Menschen ungenügend entwickelt ist. In der Vektorrechnung

treten aber häufig räumliche Probleme auf. Es ist daher wichtig, sich gewisse Aussagen der Vektorrechnung durch einfache Hilfsmittel (Stäbe als „Vektoren"; die Zimmerecke als Koordinatensystem usw.) zu veranschaulichen.

Die im folgenden zu entwickelnden Rechengesetze für Vektoren entsprechen nur zum Teil den Gesetzen für das Rechnen mit reellen Zahlen (Kommutativität der Addition und Multiplikation, Assoziativität der Addition und Multiplikation, eindeutige Umkehrbarkeit der Addition und Multiplikation, Distributivität, Nullteilerfreiheit).

Die reellen Zahlen verwendet man zur quantitativen Beschreibung von Zusammenhängen zwischen skalaren Größen. Diese, oft kurz **Skalare** genannt, sind nach Festlegung einer Maßeinheit durch Angabe *einer einzigen* reellen Zahl vollständig bestimmt. Man kann eine skalare Größe durch einen Punkt auf einer Zahlengeraden (Skale) darstellen. Zur Bezeichnung skalarer Größen verwendet man große und kleine lateinische und griechische Buchstaben, die evtl. noch mit Indizes versehen sind.

BEISPIELE

Zeit: $t = 5{,}2\ \mathrm{s}$; Dichte: $\varrho = 1\ \frac{\mathrm{kg}}{\mathrm{m}^3}$; Masse: $m = 2{,}183\ \mathrm{kg}$;

Arbeit: $W = 6\ \mathrm{Nm}$

Allgemein gilt: Skalare Größe = Zahlenwert mal Einheit. In formelmäßiger Darstellung:

$$u = \{u\} \cdot [u],$$

wenn $\{u\}$ der Zahlenwert und $[u]$ die Einheit der Größe u bedeutet. Es ist zu beachten, daß es auch skalare Größen ohne Einheit, sog. dimensionslose Größen, gibt (z.B. das Teilungsverhältnis zweier Strecken). Skalare Größen sind Größen ohne Richtung.

Demgegenüber sind **vektorielle Größen** (z.B. Geschwindigkeit, Kraft, Impuls, elektrische Feldstärke) dadurch ausgezeichnet, daß sie durch Angabe einer einzigen Zahl noch nicht eindeutig festgelegt sind.

BEISPIEL

Durch die Angabe des Betrages der Geschwindigkeit, die man einem Körper erteilt (z.B. 8 m/s), ist diese physikalische Größe noch nicht vollständig bestimmt. Dazu ist noch die Festlegung der Richtung nötig, in der die Bewegung erfolgt.

Vektorielle Größen, wie Geschwindigkeit, Kräfte, Verschiebungen (Translationen), können durch Pfeile, d.h. von einem Anfangspunkt zu einem Endpunkt gezogene gerichtete Strecken, dargestellt werden. Das ist auch der Ursprung für den Namen Vektor [vehere (lat.) fahren].

13.2. Translationen

13.2.1. Begriff der Translation

Beachte:

> Die Ausführungen in 13.2. treffen auch zu, wenn an allen Stellen für Translation (Verschiebung) das Wort Vektor gesetzt wird. Translationen sind Vektoren im Sinn des modernen Vektorbegriffs.

Soll ein durch seinen Schwerpunkt S angedeuteter Körper um a verschoben werden, so liegt der Punkt S' nach erfolgter Bewegung irgendwo auf der Oberfläche einer Kugel um S mit dem Radius a. Die neue Lage des Schwerpunktes S' wird erst eindeutig, wenn noch die Richtung der Verschiebung angegeben wird (etwa durch die gerichtete Strecke $\overrightarrow{SS'}$). Das Zeichen $\boldsymbol{a}$ möge sowohl die Verschiebung als auch deren geometrisches Bild kennzeichnen.

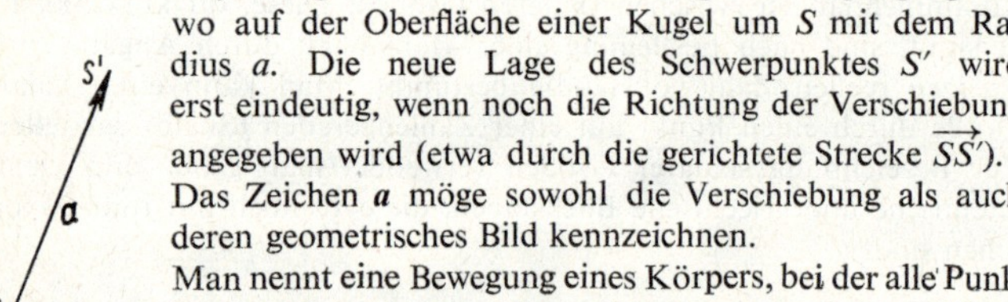

Man nennt eine Bewegung eines Körpers, bei der alle Punkte desselben gleichgerichtete Strecken von gleicher Länge zurücklegen, eine **Translation** (Parallelverschiebung).
Jede dieser Strecken kann zur eindeutigen Kennzeichnung der Translation verwendet werden. Die Lage ihrer Anfangspunkte im Raum ist

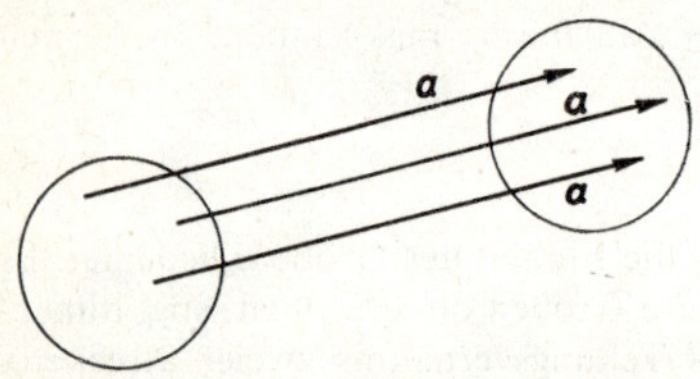

ohne Bedeutung. Die Pfeile gelten als gleichwertig, weshalb sie durch ein und dasselbe Zeichen gekennzeichnet werden können.
Man unterscheidet Verschiebungen einer Ebene, einer Geraden und Verschiebungen des Raumes.

Definition

> Verschiebung einer Ebene (einer Geraden; des Raumes) ist eine eindeutig umkehrbare Abbildung dieser Ebene (der Geraden; des Raumes) auf sich, wobei für Punkte P_1 und P_2 (Originalpunkte) und ihre Bildpunkte P_1' und P_2' gilt, daß
> a) die Geraden $\overline{P_1P_1'}$ und $\overline{P_2P_2'}$ zueinander parallel,
> b) die Strahlen $\overline{P_1P_1'}$ und $\overline{P_2P_2'}$ gleich orientiert und
> c) die Strecken $\overline{P_1P_1'}$ und $\overline{P_2P_2'}$ gleich lang sind.

Jedem Originalpunkt ist genau ein Bildpunkt, jedem Bildpunkt ist genau ein Originalpunkt zugeordnet. Jeder Originalpunkt ist bei einer Verschiebung zugleich Bildpunkt eines anderen Originalpunktes.

Verschiebungen bezeichnet man meist durch kleine halbfette Buchstaben. [Weitere Möglichkeiten: Frakturbuchstaben; übergesetzte Pfeile, besonders bei griechischen Buchstaben (z.B. $\vec{\omega}$) und bei Verwendung von Punkten (z.B. $\overrightarrow{P_3P_3'}$).]

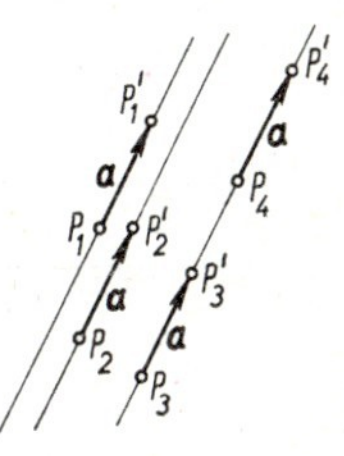

Eine Verschiebung $\boldsymbol{a}$ kann auch als eine Menge geordneter Punktepaare $[P; P']$ aufgefaßt werden, wobei die erste Komponente einen Originalpunkt und die zweite Komponente den zugeordneten Bildpunkt bezeichnet. Jedes dieser Punktepaare ist ein Repräsentant der Verschiebung $\boldsymbol{a}$, wenn alle durch P und P' festgelegten gerichteten Strecken parallel sind und gleiche Länge und Orientierung haben.

Die Länge der Strecke $\overrightarrow{PP'}$ wird **Verschiebungsweite** oder Betrag der Verschiebung genannt. Symbolisch: $|\boldsymbol{a}| = |\overrightarrow{PP'}| = a$.

Unter der **identischen Verschiebung** oder Nullverschiebung (Zeichen: $\boldsymbol{o}$), die jeden Punkt in Ruhe läßt, versteht man eine Verschiebung mit der Verschiebungsweite Null:

$$|\boldsymbol{o}| = 0.$$

Der Sinn dieser (vielleicht merkwürdig anmutenden) Begriffsbildung liegt darin, daß man diesen sehr wichtigen Sonderfall nicht auszuschließen braucht.

Unter einer **Einheitsverschiebung** versteht man eine Verschiebung mit dem Betrag 1.

Zwei Verschiebungen $\boldsymbol{a}_1$ und $\boldsymbol{a}_2$ sind gleich genau dann, wenn $|\boldsymbol{a}_1| = |\boldsymbol{a}_2|$ ist und wenn ihre Verschiebungspfeile parallel sind und gleiche Orientierung haben. Die Anfangs- und Endpunkte der beiden Pfeile brauchen nicht übereinzustimmen. Ein Verschiebungspfeil kann also parallel zu sich im Raum beliebig verschoben werden, ohne daß sich dabei die Verschiebung ändert (vgl. aber 13.2.5.).

13.2.2. Nacheinanderausführen von Translationen

Sollen die beiden Translationen $\boldsymbol{a}_1$ und $\boldsymbol{a}_2$ hintereinander (nacheinander) ausgeführt werden, so erreicht der Körper eine Endlage, in die er auch durch die direkte Verschiebung $\boldsymbol{a}_3$ (resultierende Translation) hätte gebracht werden können (Parallelogramm der Bewegungen). Die Zusammensetzung der Translationen $\boldsymbol{a}_1$ und $\boldsymbol{a}_2$ hat den Charakter einer **Addition**, weshalb man sie auch mit Verwendung des Gleichheitszeichens und des Pluszeichens durch die Gleichung

$$\boldsymbol{a}_1 + \boldsymbol{a}_2 = \boldsymbol{a}_3$$

zum Ausdruck bringen kann. Das Pluszeichen hat in diesem Zusammenhang natürlich eine andere Bedeutung als bei der Addition reeller Zahlen (Zusammensetzung von Größen im geometrischen oder physikalischen Sinn).

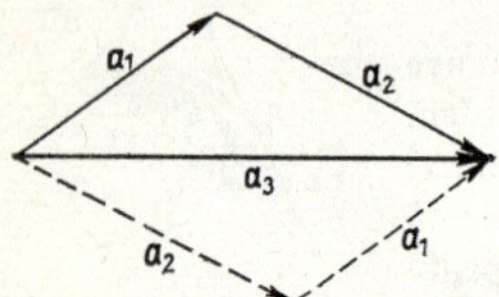

Zu je zwei Translationen $\boldsymbol{a}_1, \boldsymbol{a}_2$ gibt es eine eindeutig bestimmte Summe $\boldsymbol{s}$, die mit $\boldsymbol{a}_1 + \boldsymbol{a}_2$ bezeichnet wird.

Die Pfeile für $\boldsymbol{a}_1$ und $\boldsymbol{a}_2$ werden so aneinander gelegt, daß der Anfangspunkt von $\boldsymbol{a}_2$ und der Endpunkt von $\boldsymbol{a}_1$ zusammenfallen. Dann wird $\boldsymbol{s}$ durch den Pfeil mit dem Anfangspunkt von $\boldsymbol{a}_1$ und dem Endpunkt von $\boldsymbol{a}_2$ dargestellt. Die folgenden Gesetze rechtfertigen den Namen „Addition" für das Nacheinanderausführen von Translationen.

Für beliebige Verschiebungen $\boldsymbol{a}_1, \boldsymbol{a}_2, \boldsymbol{a}_3$ gilt:

$\boldsymbol{a}_1 + \boldsymbol{a}_2 = \boldsymbol{a}_2 + \boldsymbol{a}_1$ (Kommutativgesetz)

$(\boldsymbol{a}_1 + \boldsymbol{a}_2) + \boldsymbol{a}_3 = \boldsymbol{a}_1 + (\boldsymbol{a}_2 + \boldsymbol{a}_3)$ (Assoziativgesetz)

Da die Reihenfolge der Zusammenfassung beliebig ist, erweisen sich die Klammern als überflüssig.

$|\boldsymbol{a}_1 + \boldsymbol{a}_2| \leqq |\boldsymbol{a}_1| + |\boldsymbol{a}_2|$ (Dreiecksungleichung)

In einem Dreieck ist die dritte Seite stets kleiner als die Summe der beiden anderen Seiten. Das Gleichheitszeichen gilt für den Fall, daß $\boldsymbol{a}_1$ und $\boldsymbol{a}_2$ gleiche Richtung haben.

Für n Verschiebungen gilt:

$$|\boldsymbol{a}_1 + \boldsymbol{a}_2 + \ldots + \boldsymbol{a}_n| \leqq |\boldsymbol{a}_1| + |\boldsymbol{a}_2| + \ldots + |\boldsymbol{a}_n|.$$

$\boldsymbol{a} + \boldsymbol{o} = \boldsymbol{o} + \boldsymbol{a} = \boldsymbol{a}$

$\boldsymbol{o} + \boldsymbol{o} = \boldsymbol{o}$

Die Nullverschiebung spielt bei der Addition von Verschiebungen dieselbe Rolle wie die Zahl Null bei der skalaren Addition.

Beim geschlossenen Polygonzug gilt:

$$\sum_{i=1}^{n} \boldsymbol{a}_i = \boldsymbol{o}.$$

Zeichnung für $i = 5$:

$$\boldsymbol{a}_1 + \boldsymbol{a}_2 + \boldsymbol{a}_3 + \boldsymbol{a}_4 + \boldsymbol{a}_5 = \boldsymbol{o}.$$

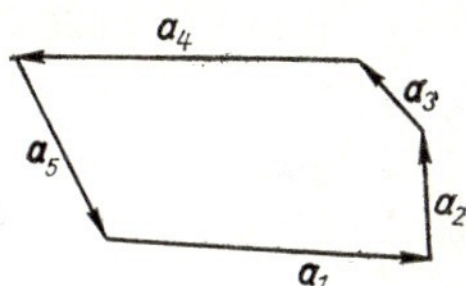

BEISPIELE

1. Drei Verschiebungen $\boldsymbol{a}$, $\boldsymbol{b}$, $\boldsymbol{c}$ vom gleichen Betrag bilden ein Dreieck mit einheitlichem Umlaufsinn.

   a) Welche Gleichung bringt diesen Sachverhalt zum Ausdruck?
   b) Wie groß sind die Winkel zwischen den Verschiebungen?

   Zu a) $\boldsymbol{a} + \boldsymbol{b} + \boldsymbol{c} = \boldsymbol{o}$
   Zu b) Es ist $|\boldsymbol{a}| = |\boldsymbol{b}| = |\boldsymbol{c}|$, d.h., es liegt ein gleichseitiges Dreieck vor.

   Unter dem Winkel ε zwischen den Verschiebungen $\boldsymbol{u}$ und $\boldsymbol{v}$ versteht man denjenigen Winkel, den $\boldsymbol{u}$ überstreicht, wenn $\boldsymbol{u}$ auf kürzestem Wege in die Lage von $\boldsymbol{v}$ gedreht wird.
   Es gilt also stets $0 \leqq \varepsilon \leqq \pi$.
   Die gesuchten Winkel betragen jeweils

   $\frac{2\pi}{3}$.

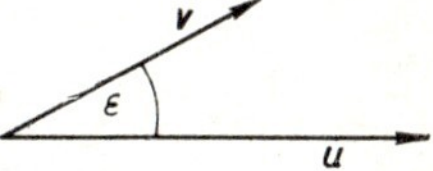

2. Für die Verschiebungen $\boldsymbol{a} = \overrightarrow{AB}$ und $\boldsymbol{b} = \overrightarrow{AC}$ mit $|\boldsymbol{a}| = 5$ cm, $|\boldsymbol{b}| = 2$ cm und $\sphericalangle CAB = 45^\circ$ sind zeichnerisch und rechnerisch zu ermitteln

   a) $|\boldsymbol{a} + \boldsymbol{b}|$, wobei $\boldsymbol{a} + \boldsymbol{b} = \overrightarrow{AD}$ ist,
   b) $\sphericalangle DAB$.

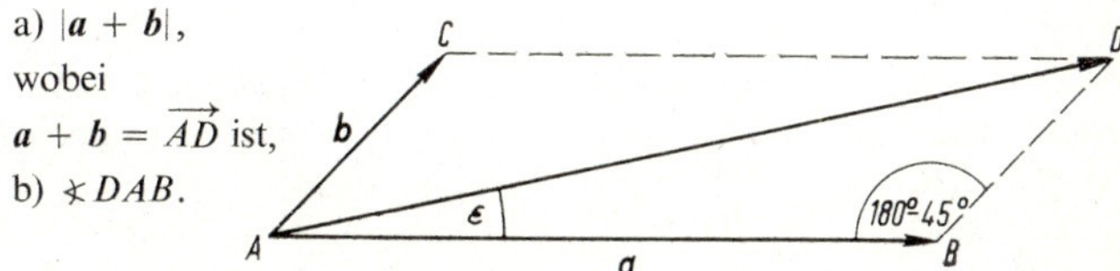

Man entnimmt der Zeichnung:

$$|\boldsymbol{a} + \boldsymbol{b}| \approx 6{,}5 \text{ cm}; \quad \varepsilon \approx 14^\circ.$$

Rechnerisch wird $|\boldsymbol{a} + \boldsymbol{b}| = \overrightarrow{AD}$ mit Hilfe des Cosinussatzes bestimmt:

$$\overline{AD}^2 = |\boldsymbol{a}|^2 + |\boldsymbol{b}|^2 - 2|\boldsymbol{a}|\,|\boldsymbol{b}| \cos(180^\circ - 45^\circ)$$

$$\overline{AD}^2 = 25 \text{ cm}^2 + 4 \text{ cm}^2 - 2 \cdot 5 \text{ cm} \cdot 2 \text{ cm} \cdot \cos 135^\circ = 43{,}14 \text{ cm}^2$$

$$\overline{AD} = \sqrt{43{,}14} \text{ cm}; \quad \overline{AD} \approx 6{,}57 \text{ cm}.$$

Den Winkel ε berechnet man durch Anwendung des Sinussatzes:

$$\overline{AD} : \overline{BD} = \sin(180^\circ - 45^\circ) : \sin \varepsilon$$
$$6{,}57 \text{ cm} : 2 \text{ cm} = \sin 135^\circ : \sin \varepsilon$$

$$\sin \varepsilon = \frac{2 \cdot \sin 45^\circ}{6{,}57}; \quad \varepsilon = 12{,}4^\circ.$$

13.2.3. Subtraktion von Translationen

Sind $\boldsymbol{a}_1$ und $\boldsymbol{a}_2$ zwei beliebige Verschiebungen, so hat die Gleichung $\boldsymbol{a}_1 + \boldsymbol{x} = \boldsymbol{a}_2$ stets genau eine Lösung. Sie wird mit $\boldsymbol{a}_2 - \boldsymbol{a}_1$ bezeichnet.

Die Addition von Verschiebungen ist also eine umkehrbare Operation. Man bezeichnet $\boldsymbol{x}$ als Differenz von $\boldsymbol{a}_2$ und $\boldsymbol{a}_1$. Werden $\boldsymbol{a}_1$ und $\boldsymbol{a}_2$ in ein und demselben Punkt angetragen, so kann $\boldsymbol{a}_2 - \boldsymbol{a}_1$ durch einen Pfeil dargestellt werden, der vom Endpunkt von $\boldsymbol{a}_1$ zum Endpunkt von $\boldsymbol{a}_2$ führt.

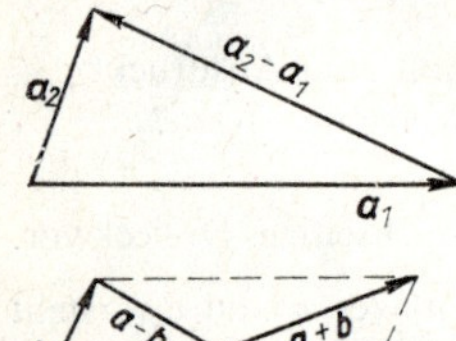

Wie die Summe von Verschiebungen kann man auch die Differenz an einem Parallelogramm veranschaulichen, das von den Verschiebungen $\boldsymbol{a}$ und $\boldsymbol{b}$ aufgespannt wird.

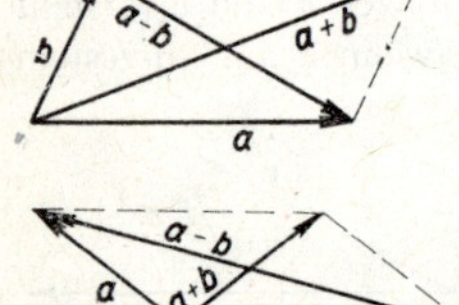

Der Betrag der Verschiebung $\boldsymbol{a} + \boldsymbol{b}$ muß nicht immer größer sein als der Betrag von $\boldsymbol{a} - \boldsymbol{b}$ (siehe Zeichnung).

Die Gleichung $\boldsymbol{a} + \boldsymbol{x} = \boldsymbol{o}$ hat die Lösung $\boldsymbol{x} = \boldsymbol{o} - \boldsymbol{a}$. Man schreibt kurz $\boldsymbol{x} = -\boldsymbol{a}$.

Es ist $(-\boldsymbol{a})$ diejenige Translation, die $\boldsymbol{a}$ rückgängig macht. Man nennt $(-\boldsymbol{a})$ die zu $\boldsymbol{a}$ entgegengesetzte Verschiebung. Die Pfeile von $\boldsymbol{a}$ und $(-\boldsymbol{a})$ haben gleiche Länge und sind parallel. Ihre Orientierung ist aber entgegengesetzt.

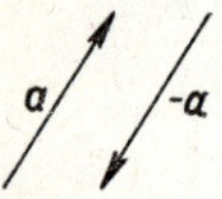

Da $\boldsymbol{a} - \boldsymbol{b} = \boldsymbol{a} + (-\boldsymbol{b})$ für alle $\boldsymbol{a}$ und $\boldsymbol{b}$ gilt, kann die Subtraktion von Verschiebungen auf die Addition zurückgeführt werden.

Rechengesetze

$$\boldsymbol{a} - \boldsymbol{a} = \boldsymbol{o}$$
$$\boldsymbol{a} - \boldsymbol{o} = \boldsymbol{a}$$
$$\boldsymbol{o} - \boldsymbol{a} = -\boldsymbol{a}$$
$$\boldsymbol{o} - \boldsymbol{o} = \boldsymbol{o}$$
$$\boldsymbol{a} = -(-\boldsymbol{a})$$

$$\boldsymbol{a} + (-\boldsymbol{b}) = \boldsymbol{a} - \boldsymbol{b}$$
$$-(\boldsymbol{a} - \boldsymbol{b}) = \boldsymbol{b} - \boldsymbol{a}$$
$$-(\boldsymbol{a} + \boldsymbol{b}) = -\boldsymbol{a} - \boldsymbol{b}$$

Betragsabschätzung für eine Differenz

$||a| - |b|| \leqq |a - b| \leqq |a| + |b|$

BEISPIELE

1. $[v - (u - w)] + u - [w + v - (u + w)] - (u + (w - u)]$

   ist zu vereinfachen.
   Man erhält

   $v - u + w + u - w - v + u + w - u - w + u = u.$

2. Man beweise $|a - b| \leqq |a| + |b|$.
   Es gilt $a - b = a + (-b)$

   $|a - b| = |a + (-b)| \leqq |a| + |-b| = |a| + |b|$

   $|a - b| \leqq |a| + |b|$.

3. Es sind die Bedingungen anzugeben für

   a) $|a - b| < |a + b|$,

   b) $|a - b| = |a + b|$,

   c) $|a - b| > |a + b|$.

   Der Winkel zwischen a und b ist bei a) kleiner als 90°, bei b) gleich 90°, bei c) größer als 90°.

4. In den beiden folgenden Figuren sind die Differenzen durch Bildung der Nullverschiebung zu kontrollieren.

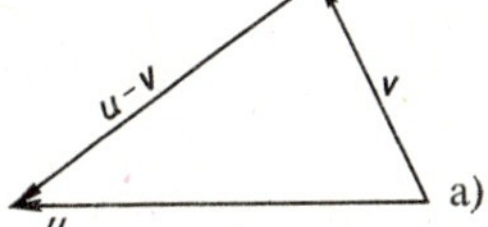

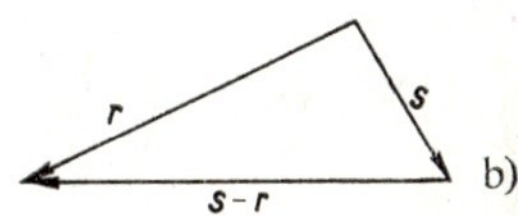

   zu a) $v + (u - v) + (-u) = v + u - v - u = o$

   Die Differenz ist richtig bezeichnet.

   zu b) $s + (s - r) + (-r)$ müßte die Nullverschiebung ergeben.

   $s + s - r - r = 2s - 2r \neq o$

   Die Differenz ist falsch bezeichnet. Richtige Bezeichnung: $r - s$. Man erhält dann

   $s + (r - s) + (-r) = s + r - s - r = o.$

5. Unter welcher Bedingung stehen die Verschiebungen $(a + b)$ und $(a - b)$ aufeinander senkrecht?
   $a + b$ und $a - b$ sind die Diagonalen des durch a und b aufgespannten Parallelogramms. Die Diagonalen stehen senkrecht aufeinander im Fall eines Rhombus. Bedingung: $|a| = |b|$.

13.2.4. Multiplikation einer Translation mit einer reellen Zahl

Die durch Wiederholung der Translation $\boldsymbol{a}$ erzeugte Translation kann folgendermaßen dargestellt werden:

$$\boldsymbol{a} + \boldsymbol{a} = 2\boldsymbol{a}.$$

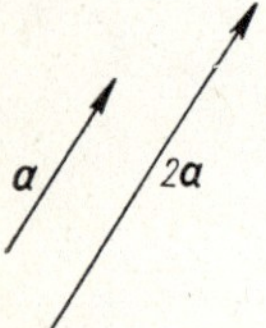

Die Verschiebung $2\boldsymbol{a}$ hat den doppelten Betrag wie $\boldsymbol{a}$. Im Hinblick auf Richtung und Orientierung stimmen beide Verschiebungen überein.
Für $2\boldsymbol{a}$ wird auch $2 \cdot \boldsymbol{a}$ geschrieben. Wir lassen den Malpunkt weg (vgl. 13.7.).
Es sei nun $\boldsymbol{a}$ eine beliebige Verschiebung und λ eine beliebige reelle Zahl. Es hat sich als sinnvoll erwiesen, verallgemeinernd unter dem Produkt

$$\boldsymbol{b} = \lambda\boldsymbol{a} = \boldsymbol{a}\lambda$$

das λ-fache der Verschiebung $\boldsymbol{a}$ zu verstehen. Man sagt auch, $\boldsymbol{b}$ aus $\boldsymbol{a}$ entsteht durch **Streckung** mit dem Faktor λ. Für den Betrag des Produkts gilt:

$$|\lambda\boldsymbol{a}| = |\lambda| \cdot |\boldsymbol{a}|.$$

Den Malpunkt könnte man weglassen; er darf gesetzt werden, da die Faktoren reelle Zahlen sind.
Für $\lambda > 1$ ist die Streckung eine Dehnung; für $0 < \lambda < 1$ spricht man von einer Stauchung. Für $\lambda < 0$ kehrt sich die Orientierung um, außerdem ist entweder eine Dehnung oder eine Stauchung zu vollziehen.
Aus der Erklärung des Produkts $\lambda\boldsymbol{a}$ folgt:

$$0\boldsymbol{a} = \boldsymbol{o}; \quad \lambda\boldsymbol{o} = \boldsymbol{o}; \quad 1\boldsymbol{a} = \boldsymbol{a}; \quad (-1)\,\boldsymbol{a} = -\boldsymbol{a}.$$

Ferner gelten noch folgende Gesetze:

$$\lambda_1(\lambda_2\boldsymbol{a}) = (\lambda_1\lambda_2)\,\boldsymbol{a} = \lambda_1\lambda_2\,\boldsymbol{a} \qquad \text{(Assoziativgesetz)}$$
$$(\lambda_1 + \lambda_2)\,\boldsymbol{a} = \lambda_1\boldsymbol{a} + \lambda_2\boldsymbol{a} \qquad \text{(1. Distributivgesetz)}$$
$$\lambda(\boldsymbol{a}_1 + \boldsymbol{a}_2) = \lambda\boldsymbol{a}_1 + \lambda\boldsymbol{a}_2 \qquad \text{(2. Distributivgesetz)}$$

Durch vollständige Induktion (vgl. 1.10.) beweist man die Verallgemeinerungen der letzten beiden Gesetze:

$$(\lambda_1 + \lambda_2 + \ldots + \lambda_n)\,\boldsymbol{a} = \lambda_1\boldsymbol{a} + \lambda_2\boldsymbol{a} + \ldots + \lambda_n\boldsymbol{a}$$
$$\lambda(\boldsymbol{a}_1 + \boldsymbol{a}_2 + \ldots + \boldsymbol{a}_n) = \lambda\boldsymbol{a}_1 + \lambda\boldsymbol{a}_2 + \ldots + \lambda\boldsymbol{a}_n.$$

Zwei Verschiebungen $\boldsymbol{a}_1$ und $\boldsymbol{a}_2$ werden parallel genannt (Zeichen $\boldsymbol{a}_1 \parallel \boldsymbol{a}_2$), wenn sich die eine durch Streckung aus der anderen ergibt. Folgende Gleichungen bringen die Parallelität zum Ausdruck:

$$\lambda_1\boldsymbol{a}_1 = \lambda_2\boldsymbol{a}_2$$
$$\boldsymbol{a}_1 = \lambda\boldsymbol{a}_2, \quad \boldsymbol{a}_2 = \mu\boldsymbol{a}_1$$
$$\boldsymbol{a}_1 - \lambda\boldsymbol{a}_2 = \boldsymbol{o}, \quad \boldsymbol{a}_2 - \mu\boldsymbol{a}_1 = \boldsymbol{o}, \quad \lambda_1\boldsymbol{a}_1 - \lambda_2\boldsymbol{a}_2 = \boldsymbol{o}$$

Zwei Verschiebungen, zwischen denen eine dieser Relationen besteht, werden **kollinear** genannt, weil ihre Verschiebungspfeile in ein und derselben Geraden liegen.

Ferner gilt:

$\boldsymbol{a}_1 \uparrow\uparrow \boldsymbol{a}_2$ genau dann, wenn $\boldsymbol{a}_1 \neq \boldsymbol{o}$; $\boldsymbol{a}_2 = \lambda \boldsymbol{a}_1$ $(\lambda > 0)$ (gleichgerichtete Verschiebungen)

$\boldsymbol{a}_1 \uparrow\downarrow \boldsymbol{a}_2$ genau dann, wenn $\boldsymbol{a}_1 \neq \boldsymbol{o}$; $\boldsymbol{a}_2 = \lambda \boldsymbol{a}_1$ $(\lambda < 0)$ (entgegengesetzt gerichtete Verschiebungen)

Die Erklärung der Multiplikation einer Verschiebung mit einem Skalar gibt die Möglichkeit, alle Verschiebungen $\boldsymbol{a}$ ein und derselben Richtung und Gegenrichtung mit Hilfe einer von ihnen, die wir Grundverschiebung $\boldsymbol{e}$ nennen wollen, und einer reellen Zahl λ in der Form

$$\boldsymbol{a} = \lambda \boldsymbol{e}$$

darzustellen.

Division einer Verschiebung durch einen Skalar

Ist der Skalar $\lambda \neq 0$, so gilt

$$\frac{\boldsymbol{a}}{\lambda} = \frac{1}{\lambda}\boldsymbol{a}.$$

Die Division durch einen Skalar wird also auf die Skalar-Translation-Multiplikation zurückgeführt. Besondere Bedeutung kommt der Division einer Verschiebung durch ihren Betrag zu. Bezeichnet man die der Verschiebung $\boldsymbol{a}$ gleichgerichtete Einheitsverschiebung mit $\boldsymbol{a}^0$ (gelesen: Einheitsverschiebung zu $\boldsymbol{a}$; auch: $\boldsymbol{a}$ hoch Null, falls man beachtet, daß $\boldsymbol{a}^0$ keine Potenz ist), also $|\boldsymbol{a}^0| = 1$, so kann man jede Verschiebung als Produkt aus ihrem Betrag und der zu ihr gehörenden Einheitsverschiebung darstellen:

$$\boldsymbol{a} = |\boldsymbol{a}|\, \boldsymbol{a}^0.$$

In dieser Gleichung fungiert $\boldsymbol{a}^0$ als Grundverschiebung. Es folgt

$$\boldsymbol{a}^0 = \frac{1}{|\boldsymbol{a}|}\boldsymbol{a} = \frac{\boldsymbol{a}}{|\boldsymbol{a}|}.$$

Schließlich sollen noch die Relationen erwähnt werden:

$$\boldsymbol{a} = -|\boldsymbol{a}|\,(-\boldsymbol{a})^0,$$

$$\boldsymbol{a} = -|\boldsymbol{a}|\,[-(\boldsymbol{a}^0)],$$

wobei $(-\boldsymbol{a})^0$ die Einheitsverschiebung der zu $\boldsymbol{a}$ entgegengesetzten Verschiebung ist, während $-(\boldsymbol{a}^0)$ die entgegengesetzte Verschiebung der Einheitsverschiebung von $\boldsymbol{a}$ darstellt.

BEISPIELE

1. Durch welche Gleichungen kann zum Ausdruck gebracht werden, daß die Verschiebungen $\boldsymbol{v}$ und $\boldsymbol{w}$ parallel sind?
   Lösung: Beispielsweise durch

   $\boldsymbol{v} = \lambda \boldsymbol{w}$ oder $\boldsymbol{w} = \mu \boldsymbol{v}$ oder $\lambda_1 \boldsymbol{v} + \lambda_2 \boldsymbol{w} = \boldsymbol{o}$.

2. Zu einer gegebenen Verschiebung $\boldsymbol{v}$ sind die Verschiebungen $\boldsymbol{a} = -2\boldsymbol{v}$ und $\boldsymbol{b} = \sqrt{2}\,\boldsymbol{v}$ zu zeichnen.

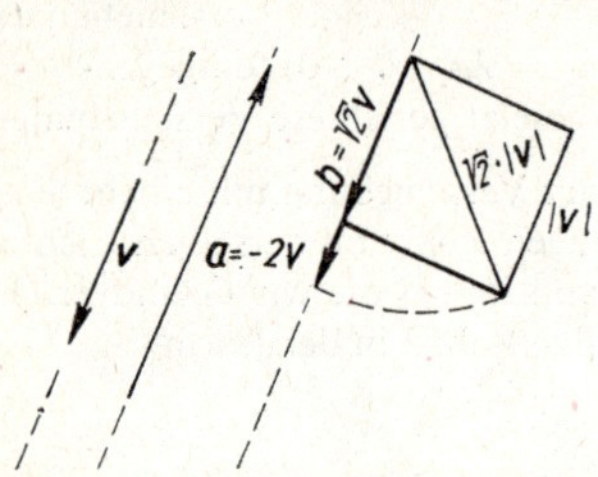

3. Gibt es Verschiebungen $\boldsymbol{a}$ und $\boldsymbol{b}$ derart, daß ihre Summe und ihre Differenz parallel sind?

$\boldsymbol{a} + \boldsymbol{b} = \lambda(\boldsymbol{a} - \boldsymbol{b})$ [Parallelität von $(\boldsymbol{a} + \boldsymbol{b})$ und $(\boldsymbol{a} - \boldsymbol{b})$]

$\boldsymbol{a} + \boldsymbol{b} = \lambda\boldsymbol{a} - \lambda\boldsymbol{b}$

$\boldsymbol{b}(\lambda + 1) = \boldsymbol{a}(\lambda - 1)$

Dann ist $\boldsymbol{b} = \dfrac{\lambda - 1}{\lambda + 1}\boldsymbol{a}$, falls $\lambda \neq -1$; bzw. $\boldsymbol{a} = \dfrac{\lambda + 1}{\lambda - 1}\boldsymbol{b}$, falls

$\lambda \neq +1$ (Parallelität von $\boldsymbol{a}$ und $\boldsymbol{b}$).
Ergebnis: $\boldsymbol{a}$ und $\boldsymbol{b}$ müssen parallel sein. Für $\lambda = +1$ ist $\boldsymbol{b} = \boldsymbol{o}$, für

$\lambda = -1$ ist $\boldsymbol{a} = \boldsymbol{o}$.

4. Zwei Verschiebungen $\boldsymbol{a}$ und $\boldsymbol{b}$ bilden den Winkel φ.
   a) Es ist eine Verschiebung zu bestimmen, die den Winkel φ halbiert.
   b) Welche Verschiebung $\boldsymbol{w}$ halbiert den Nebenwinkel des Winkels φ?
   c) Kann die Verschiebung $\boldsymbol{s} = \boldsymbol{a}^0 + \boldsymbol{b}^0$ Einheitsverschiebung sein?

   Zu a) Die Verschiebungen $\boldsymbol{a}^0$ und $\boldsymbol{b}^0$ bestimmen einen Rhombus, dessen Diagonale $\boldsymbol{s} = \boldsymbol{a}^0 + \boldsymbol{b}^0$ den Winkel φ halbiert. Alle Verschiebungen $\boldsymbol{v} = \lambda\boldsymbol{s} = \lambda(\boldsymbol{a}^0 + \boldsymbol{b}^0)$ kennzeichnen die Winkelhalbierende.

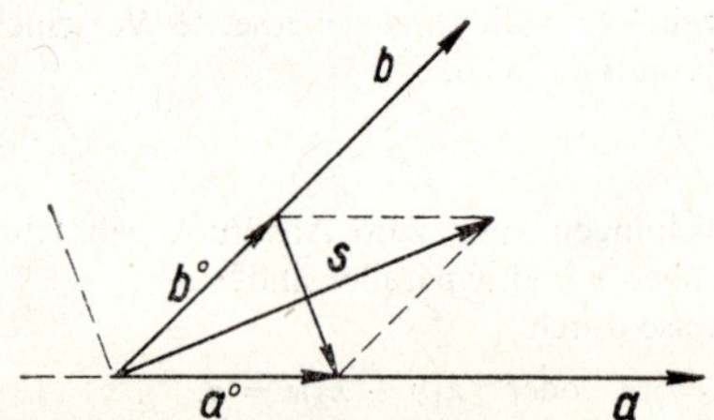

Zu b) Die andere Diagonale $\boldsymbol{a}^0 - \boldsymbol{b}^0$ hat die Richtung der Winkelhalbierenden des Nebenwinkels: $\boldsymbol{w} = \mu(\boldsymbol{a}^0 - \boldsymbol{b}^0)$.

Zu c) Es ist $|\boldsymbol{s}| = 1$ nur für $\varphi = \dfrac{2\pi}{3}$.

5. Die Diagonalen eines Parallelogramms seien $\boldsymbol{a}$ und $\boldsymbol{b}$. Seine Seiten sind durch $\boldsymbol{a}$ und $\boldsymbol{b}$ auszudrücken.
Es gilt:

$$\boldsymbol{u} + \boldsymbol{v} = \boldsymbol{a}$$
$$\boldsymbol{u} - \boldsymbol{v} = \boldsymbol{b}$$
$$2\boldsymbol{u} = \boldsymbol{a} + \boldsymbol{b} \qquad 2\boldsymbol{v} = \boldsymbol{a} - \boldsymbol{b}$$
$$\underline{\underline{\boldsymbol{u} = \tfrac{1}{2}(\boldsymbol{a} + \boldsymbol{b})}} \qquad \underline{\underline{\boldsymbol{v} = \tfrac{1}{2}(\boldsymbol{a} - \boldsymbol{b})}}$$

Probe: $\boldsymbol{u} + \boldsymbol{v} = \tfrac{1}{2}(\boldsymbol{a} + \boldsymbol{b}) + \tfrac{1}{2}(\boldsymbol{a} - \boldsymbol{b})$
$$= \tfrac{1}{2}[(\boldsymbol{a} + \boldsymbol{b}) + (\boldsymbol{a} - \boldsymbol{b})] = \tfrac{1}{2}(\boldsymbol{a} + \boldsymbol{b} + \boldsymbol{a} - \boldsymbol{b})$$
$$= \tfrac{1}{2} \cdot 2\boldsymbol{a} = \boldsymbol{a}$$
$$\boldsymbol{u} - \boldsymbol{v} = \tfrac{1}{2}(\boldsymbol{a} + \boldsymbol{b}) - \tfrac{1}{2}(\boldsymbol{a} - \boldsymbol{b})$$
$$= \tfrac{1}{2}[(\boldsymbol{a} + \boldsymbol{b}) - (\boldsymbol{a} - \boldsymbol{b})] = \tfrac{1}{2}(\boldsymbol{a} + \boldsymbol{b} - \boldsymbol{a} + \boldsymbol{b})$$
$$= \tfrac{1}{2} \cdot 2\boldsymbol{b} = \boldsymbol{b}$$

6. Man beweise, daß sich die Schwerlinien (Seitenhalbierenden) eines Dreiecks in einem Punkt schneiden, der die Schwerlinien im Verhältnis 2:1 teilt.
Lösung: Ansatz siehe Zeichnung

$$\boldsymbol{a} + \boldsymbol{b} + \boldsymbol{c} = \boldsymbol{o};$$
$$\boldsymbol{c} = -(\boldsymbol{a} + \boldsymbol{b})$$

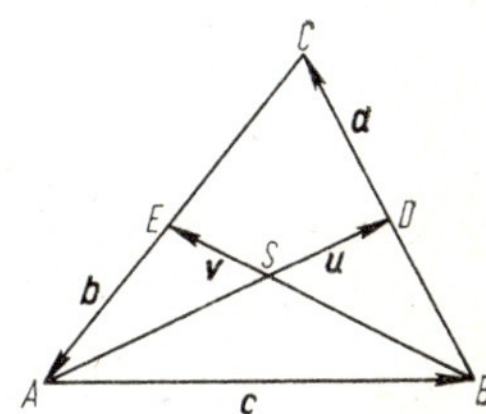

Zunächst werden $\boldsymbol{u}$ und $\boldsymbol{v}$ durch $\boldsymbol{a}$, $\boldsymbol{b}$ und $\boldsymbol{c}$ dargestellt:

$$\boldsymbol{u} + \tfrac{1}{2}\boldsymbol{a} + \boldsymbol{b} = \boldsymbol{o} \qquad \boldsymbol{v} - \tfrac{1}{2}\boldsymbol{b} - \boldsymbol{a} = \boldsymbol{o}$$
$$\boldsymbol{u} = -\tfrac{1}{2}\boldsymbol{a} - \boldsymbol{b} \qquad \boldsymbol{v} = \boldsymbol{a} + \tfrac{1}{2}\boldsymbol{b}$$

Mit $\overrightarrow{AS} = \lambda_1 \overrightarrow{AD} = \lambda_1 \boldsymbol{u}$ und $\overrightarrow{BS} = \lambda_2 \overrightarrow{BE} = \lambda_2 \boldsymbol{v}$ erhält man:

$$\overrightarrow{AS} - \overrightarrow{BS} - \overrightarrow{AB} = \boldsymbol{o}$$
$$\overrightarrow{AS} = \overrightarrow{BS} + \overrightarrow{AB}$$
$$\lambda_1 \boldsymbol{u} = \lambda_2 \boldsymbol{v} + \boldsymbol{c}$$
$$\lambda_1(-\tfrac{1}{2}\boldsymbol{a} - \boldsymbol{b}) = \lambda_2(\boldsymbol{a} + \tfrac{1}{2}\boldsymbol{b}) - \boldsymbol{a} - \boldsymbol{b}$$
$$(1 - \tfrac{1}{2}\lambda_1 - \lambda_2)\,\boldsymbol{a} = (-1 + \lambda_1 + \tfrac{1}{2}\lambda_2)\,\boldsymbol{b}$$

Da $\boldsymbol{a}$ und $\boldsymbol{b}$ keine parallelen Verschiebungen sind, kann diese Gleichung nur für Nullverschiebungen erfüllt werden, d.h., wenn die Klammern den Wert Null haben.

$$1 - \tfrac{1}{2}\lambda_1 - \lambda_2 = 0$$

$$-1 + \lambda_1 + \tfrac{1}{2}\lambda_2 = 0$$

Aus diesen beiden Gleichungen für λ_1 und λ_2 erhält man

$$\lambda_1 = \lambda_2 = \tfrac{2}{3}.$$

$\overline{AD}$ und $\overline{BE}$ werden also durch S im Verhältnis $\frac{2}{3} : \frac{1}{3} = 2 : 1$ geteilt. Geht man von zwei anderen Schwerlinien aus, so ergibt sich das gleiche Teilungsverhältnis.
Ergebnis: Jede Schwerlinie wird von den beiden anderen in demselben Verhältnis geteilt. Die Seitenhalbierenden schneiden sich in ein und demselben Punkt.

13.2.5. Ortsverschiebungen

In 13.2.1. wurde ausdrücklich betont, daß ein Verschiebungspfeil parallel zu sich im Raum beliebig verschoben werden darf. Es ist aber häufig zweckmäßig, Verschiebungen zu betrachten, die an einen festen Punkt gebunden sind. Man kann derartige Verschiebungen als **Ortsverschiebungen** bezeichnen.

BEISPIELE

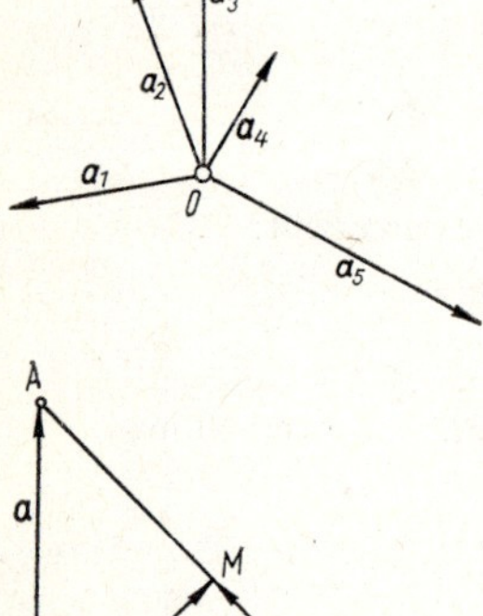

1. Wo liegen die Endpunkte aller Einheitsverschiebungen, wenn sie Ortsverschiebungen sein sollen, die an einen festen Punkt gebunden sind?
   Lösung: Auf der Oberfläche einer Kugel mit dem Radius $r = 1$ und dem festen Punkt als Mittelpunkt.
2. M sei der Mittelpunkt einer Strecke $\overline{AB}$. Es ist die Ortsverschiebung $\boldsymbol{x}$ von M anzugeben.

$$\boldsymbol{u} = \tfrac{1}{2}(\boldsymbol{a} - \boldsymbol{b})$$

$$\boldsymbol{x} = \boldsymbol{b} + \boldsymbol{u}$$

$$\boldsymbol{x} = \boldsymbol{b} + \tfrac{1}{2}(\boldsymbol{a} - \boldsymbol{b})$$

$$\boldsymbol{x} = \boldsymbol{b} + \tfrac{1}{2}\boldsymbol{a} - \tfrac{1}{2}\boldsymbol{b}$$

$$\boldsymbol{x} = \tfrac{1}{2}(\boldsymbol{a} + \boldsymbol{b})$$

Mit $\boldsymbol{a}$ und $\boldsymbol{b}$ kennt man also auch $\boldsymbol{x}$. Der Endpunkt von $\boldsymbol{x}$ ist aber gerade der Mittelpunkt der Strecke $\overline{AB}$.

3. In der nebenstehenden Zeichnung ist das Dreieck $P'Q'R'$ eine Vergrößerung des Dreiecks PQR derart, daß die Verbindungslinien von Originalpunkten und Bildpunkten in genau einem Punkt, nämlich P_0, einander schneiden.

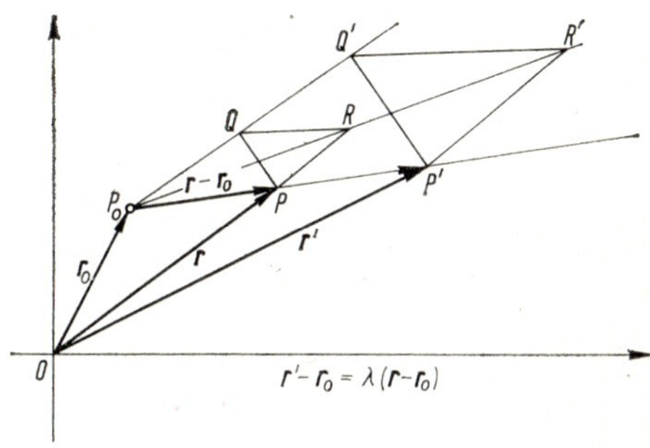

In einem solchen Fall spricht man von einer **zentralen Streckung.** Der Schnittpunkt P_0 wird Zentrum der zentralen Streckung genannt.

Die Größe $\lambda = \dfrac{\overline{P_0P'}}{\overline{P_0P}} = \dfrac{\overline{P_0R'}}{\overline{P_0R}} = \dfrac{\overline{P_0Q'}}{\overline{P_0Q}}$ heißt Streckungsfaktor.

Bei Verwendung von Verschiebungen und Ortsverschiebungen stellt sich die zentrale Streckung sehr einfach dar durch die Relation

$$\boldsymbol{r}' = \boldsymbol{r}_0 + \lambda(\boldsymbol{r} - \boldsymbol{r}_0)$$

$$\boldsymbol{r}' = \boldsymbol{r}_0 + \lambda\boldsymbol{r} - \lambda\boldsymbol{r}_0$$

$$\boldsymbol{r}' = \boldsymbol{r}_0(1 - \lambda) + \lambda\boldsymbol{r}.$$

Wer den Begriff der zentralen Streckung beherrscht, wird sich aber auch die Lehre von Figuren in Ähnlichkeitslage schnell erarbeiten. Auch dieses Beispiel zeigt wieder die in 13.1. genannten Vorzüge der Vektorrechnung.

13.3. Der Begriff des Vektorraumes

Zunächst sollen einige Eigenschaften von Translationen zusammengestellt werden, die für die folgenden Betrachtungen entscheidend sind.
In der Menge V der Verschiebungen des Raumes (einer Ebene, einer Geraden) gibt es

1. eine Vorschrift, durch die beliebigen Elementen $\boldsymbol{u}$, $\boldsymbol{v}$ aus V eindeutig ein Element $(\boldsymbol{u} + \boldsymbol{v}) \in V$ zugeordnet ist; $\boldsymbol{u} + \boldsymbol{v}$ heißt Summe aus $\boldsymbol{u}$ und $\boldsymbol{v}$,

2. eine Vorschrift, durch die jeder reellen Zahl λ und jedem Element $\boldsymbol{u} \in V$ eindeutig ein Element $\lambda \boldsymbol{u} \in V$ zugeordnet ist; $\lambda \boldsymbol{u}$ heißt Produkt aus λ und $\boldsymbol{u}$.

Für diese Operationen gelten folgende **Gesetze**:

1.1. $\boldsymbol{u} + \boldsymbol{v} = \boldsymbol{v} + \boldsymbol{u}$ (für alle $\boldsymbol{u}, \boldsymbol{v} \in V$)
1.2. $(\boldsymbol{u} + \boldsymbol{v}) + \boldsymbol{w} = \boldsymbol{u} + (\boldsymbol{v} + \boldsymbol{w})$ (für alle $\boldsymbol{u}, \boldsymbol{v}, \boldsymbol{w} \in V$)
1.3. Zu je zwei Elementen $\boldsymbol{u}, \boldsymbol{v} \in V$ gibt es genau ein Element $\boldsymbol{x} \in V$ derart, daß gilt: $\boldsymbol{u} + \boldsymbol{x} = \boldsymbol{v}$ $(\boldsymbol{x} = \boldsymbol{v} - \boldsymbol{u})$
2.1. $1\boldsymbol{u} = \boldsymbol{u}$ (für alle $\boldsymbol{u} \in V$)
2.2. $(\lambda_1 + \lambda_2)\, \boldsymbol{u} = \lambda_1 \boldsymbol{u} + \lambda_2 \boldsymbol{u}$ (für alle $\boldsymbol{u} \in V$ und für alle reellen λ_1, λ_2)
2.3. $\lambda\,(\boldsymbol{u} + \boldsymbol{v}) = \lambda \boldsymbol{u} + \lambda \boldsymbol{v}$ (für alle $\boldsymbol{u}, \boldsymbol{v} \in V$ und für alle reellen λ)
2.4. $\lambda_1\,(\lambda_2 \boldsymbol{u}) = (\lambda_1 \lambda_2)\, \boldsymbol{u}$ (für alle $\boldsymbol{u} \in V$ und für alle reellen λ_1, λ_2)

Außer der Menge der Verschiebungen gibt es noch viele andere Mengen, für deren Elemente eine Addition und eine Multiplikation mit reellen Zahlen erklärt sind derart, daß die Gesetze 1.1. bis 2.4. gelten. Aus diesem Grunde wird die folgende Definition nahegelegt.

Definition

Eine Menge V, für deren Elemente eine Addition und eine Multiplikation mit reellen Zahlen definiert sind derart, daß die Gesetze 1.1. bis 2.4. gelten, heißt ein **Vektorraum** über der Menge der reellen Zahlen.
Jedes Element der Menge V wird **Vektor** genannt.

Der Raum der Parallelverschiebungen ist ein Beispiel eines Vektorraumes. Translationen sind Vektoren.

Beachte:

1. In diesem Zusammenhang bedeutet **Raum** eine Gesamtheit von irgendwelchen Objekten, nicht etwa den dreidimensionalen Anschauungsraum.
2. Es wurde zuerst der Begriff Vektorraum und dann der Begriff Vektor definiert.
3. Vektoren sind nicht notwendig physikalische oder geometrische Objekte. Der moderne Vektorbegriff wurde durch einen typischen Abstraktionsprozeß gewonnen. Für Vektorräume sind nicht Längen und Richtungen das Entscheidende, sondern die Operationen Addition und Skalarmultiplikation.
4. Die Bedeutung der Definition des sehr allgemeinen Begriffs des Vektorraums liegt darin, daß gewisse Gesetzmäßigkeiten für sehr unterschiedliche Bereiche gelten und nicht immer von neuem (etwa für Impulse oder Kräfte oder Beschleunigungen oder n-Tupel) abgeleitet werden müssen.

BEISPIELE

1. Die Menge aller geordneten Zahlenpaare $[x, y]$ bildet einen Vektorraum (x, y reell).
Unter der Summe zweier Zahlenpaare $[x_1, y_1]$ und $[x_2, y_2]$ soll das Zahlenpaar $[x_1 + x_2, y_1 + y_2]$ verstanden werden, während das Produkt eines Zahlenpaares mit einer reellen Zahl durch $\lambda [x, y] = [\lambda x, \lambda y]$ erklärt ist.
Man hat zu zeigen, daß die Gesetze 1.1. bis 2.4. gültig sind. Wir beweisen die Kommutativität der Addition (Gesetz 1.1.).

$$[x_1, y_1] + [x_2, y_2] = [x_1 + x_2, y_1 + y_2] \quad \text{(nach Definition der Addition)}$$

$$[x_2, y_2] + [x_1, y_1] = [x_2 + x_1, y_2 + y_1] \quad \text{(nach Definition der Addition)}$$

Die beiden Zahlenpaare der rechten Seiten sind aber gleich, da $x_1 + x_2 = x_2 + x_1$ und $y_1 + y_2 = y_2 + y_1$ gilt wegen des Kommutativgesetzes für die Addition reeller Zahlen.
In den Räumen der n-Tupel reeller Zahlen ($n \geqq 2$), Bezeichnung: T^n, hat man einfache und besonders wichtige Beispiele für Vektorräume zu sehen. Im vorliegenden Beispiel wurde T^2 (Raum der Zweitupel) betrachtet.
2. Die Menge der reellen Zahlen ist ein Vektorraum.
Hier ist zu beachten, daß jede reelle Zahl zugleich als Vektor (im Sinne der obigen Definition) und als Skalar auftritt. Das Gesetz 1.3. lautet bei diesem Beispiel:
Zu je zwei reellen Zahlen u und v existiert genau eine reelle Zahl x, die der Gleichung $u + x = v$ genügt. Mit Rücksicht auf die Eindeutigkeit der Subtraktion ist 1.3. erfüllt.
Entsprechend zeigt man die Gültigkeit der anderen sechs Gesetze.
3. In der Menge aller Polynome höchstens n-ten Grades gelten die Gesetze 1.1. bis 2.4. Wir betrachten den Fall $n = 1$. Es sei $u = a_0 + a_1 x$, $v = b_0 + b_1 x$ (Koeffizienten reell).
Ferner sei $u + v = (a_0 + b_0) + (a_1 + b_1) x$, $\lambda u = \lambda a_0 + \lambda a_1 x$.
Es gilt z.B. 2.4., denn man erhält:

$$\lambda_1 (\lambda_2 u) = \lambda_1 (\lambda_2 a_0 + \lambda_2 a_1 x) = \lambda_1 \lambda_2 a_0 + \lambda_1 \lambda_2 a_1 x$$

$$(\lambda_1 \cdot \lambda_2) u = \lambda_1 \lambda_2 (a_0 + a_1 x) = \lambda_1 \lambda_2 a_0 + \lambda_1 \lambda_2 a_1 x.$$

4. In der Menge der ganzen Zahlen hat man ein Beispiel dafür, daß die Gesetze 1.1. bis 2.4. nicht in allen Mengen Gültigkeit haben. Begründung: λu (λ reell; u ganze Zahl) müßte nach Definition wieder eine ganze Zahl sein. Für $\lambda = \sqrt{2}$ wäre aber λu eine irrationale Zahl.
Weitere Beispiele für Vektorräume sind
5. der Vektorraum der komplexen Zahlen (vgl. Abschn. 9.)

6. der Vektorraum aller Geschwindigkeiten eines Massenpunktes:
   6.1. Bewegung eines Bootes, das über einen Fluß setzt

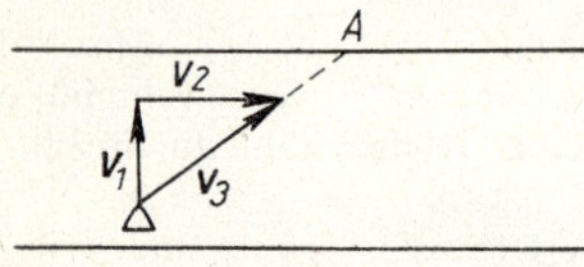

Das Boot erreicht den Punkt *A*

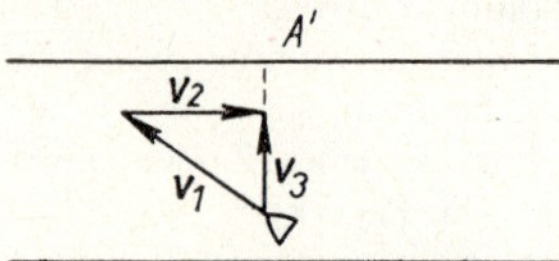

Das Boot erreicht den Punkt *A'*

$\boldsymbol{v}_1$ Geschwindigkeit des Bootes in bezug auf die Wasseroberfläche
$\boldsymbol{v}_2$ Geschwindigkeit des Flusses in bezug auf das Ufer
$\boldsymbol{v}_3$ Geschwindigkeit des Bootes in bezug auf das Ufer

$$\boldsymbol{v}_3 = \boldsymbol{v}_1 + \boldsymbol{v}_2$$

6.2. Eine Punktmasse bewegt sich mit der unveränderten Geschwindigkeit $\boldsymbol{v}$ von *A* nach *B*. Sie braucht für diese Bewegung die Zeit *t*. Dann gilt

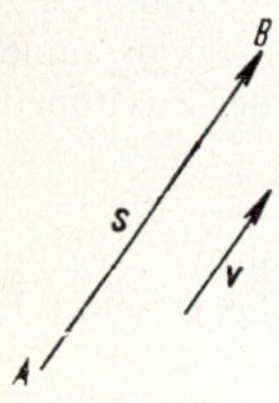

$$\boldsymbol{v} = \frac{1}{t}\boldsymbol{s}.$$

7. der Vektorraum der an einem festen Punkt angreifenden Kräfte. An sich sind Kräfte reale Größen. Mit der Formulierung *Eine Kraft ist ein Vektor* ist gemeint, daß sich Kräfte wie Vektoren eines Vektorraums addieren und mit reellen Zahlen multiplizieren lassen.

7.1. Gleichgewicht von Kräften. Die Vektoren $\boldsymbol{a}$, $\boldsymbol{b}$, $\boldsymbol{c}$ und $\boldsymbol{d}$ kann man als Darstellungen von Kräften auffassen, die in einem Punkt *P* eines Körpers (z.B. eines Telegrafenmastes) angreifen. Der Summenvektor $\boldsymbol{s}$ als Darstellung der resultierenden Kraft ist der Summe der Vektoren der vier Einzelkräfte gleichwertig:

$$\boldsymbol{s} = \boldsymbol{a} + \boldsymbol{b} + \boldsymbol{c} + \boldsymbol{d}.$$

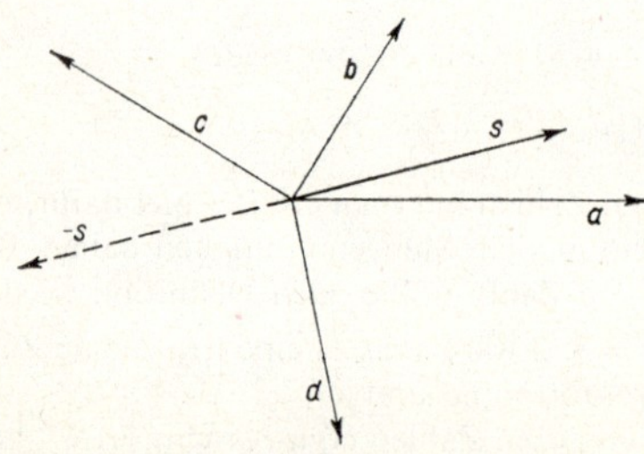

Durch die Gegenkraft $-\boldsymbol{s}$ wird erreicht, daß der Mast nicht auf Biegung beansprucht wird:

$$\boldsymbol{s} + (-\boldsymbol{s}) = \boldsymbol{s} - \boldsymbol{s} = \boldsymbol{o}$$

$$\boldsymbol{a} + \boldsymbol{b} + \boldsymbol{c} + \boldsymbol{d} - \boldsymbol{s} = \boldsymbol{o}.$$

Für den Fall, daß der Vektor der resultierenden Kraft der Nullvektor ist, befinden sich die Einzelkräfte im Gleichgewicht.

7.2. Grundgleichung der Mechanik für die fortschreitende Bewegung

$$\boldsymbol{F} = m\boldsymbol{a}$$

$\boldsymbol{F}$ bedeutet die vektorielle Größe Kraft, $\boldsymbol{a}$ die vektorielle Größe Beschleunigung und m die skalare Größe Masse.

Die Gesetze 1.1. bis 2.4. nennt man auch **Axiome.** Aus ihnen werden weitere Rechenregeln abgeleitet, z. B.

$$\boldsymbol{a} + \boldsymbol{o} = \boldsymbol{a}, \quad \boldsymbol{a} - \boldsymbol{o} = \boldsymbol{a}, \quad 0\boldsymbol{a} = \boldsymbol{o}, \quad \lambda\boldsymbol{o} = \boldsymbol{o} \text{ usw.}$$

BEISPIEL

Es sei bereits bewiesen, daß es in jedem Vektorraum V ein Element $\boldsymbol{o}$ gibt, Nullvektor genannt, mit

$$\boldsymbol{a} + \boldsymbol{o} = \boldsymbol{o} + \boldsymbol{a} = \boldsymbol{a} \quad \text{für alle } \boldsymbol{a} \in V$$

und daß $\boldsymbol{o}$ der einzige Vektor ist, der diese Eigenschaft hat.
Zu beweisen ist der Satz:
In jedem Vektorraum V gilt:

$$0\boldsymbol{a} = \boldsymbol{o} \quad \text{für alle } \boldsymbol{a} \in V.$$

$$\boldsymbol{a} = 1\boldsymbol{a} \quad \text{(Axiom 2.1.)}$$

$$\boldsymbol{a} = (1 + 0)\,\boldsymbol{a} \quad \text{(}1 = 1 + 0 \text{ gilt im Bereich der reellen Zahlen)}$$

$$\boldsymbol{a} = 1\boldsymbol{a} + 0\boldsymbol{a} \quad \text{(Axiom 2.2.)}$$

$$\boldsymbol{a} = \boldsymbol{a} + 0\boldsymbol{a} \quad \text{(Axiom 2.1.)}$$

Die letzte Gleichung gilt aber nur für $0\boldsymbol{a} = \boldsymbol{o}$.
Man könnte einwenden, daß es sich bei dem Axiom $1\boldsymbol{a} = \boldsymbol{a}$ und bei dem Satz $0\boldsymbol{a} = \boldsymbol{o}$ um Selbstverständlichkeiten handelt. Ein derartiger Einwand verkennt aber völlig das Wesen des wissenschaftlichen Arbeitens und der mathematischen Theoriebildung (vgl. 1.8.).

13.4. Lineare Abhängigkeit, Begriff der Basis

Linear abhängige Vektoren

Es sei V ein Vektorraum über der Menge der reellen Zahlen. Die Vektoren $\boldsymbol{a}_1, \ldots, \boldsymbol{a}_n$ seien Elemente aus V und $\lambda_1, \ldots, \lambda_n$ seien reelle Zahlen.

Definition

Linearkombination der Vektoren $\boldsymbol{a}_1, \ldots, \boldsymbol{a}_n$ heißt ein Vektor $\boldsymbol{b}$, für den gilt:

$$\boldsymbol{b} = \lambda_1 \boldsymbol{a}_1 + \lambda_2 \boldsymbol{a}_2 + \ldots + \lambda_n \boldsymbol{a}_n.$$

Die Faktoren $\lambda_1, \ldots, \lambda_n$ werden **Koeffizienten** der Linearkombination genannt.

BEISPIEL

Die Linearkombination $\boldsymbol{b} = 3\boldsymbol{a}_1 - \boldsymbol{a}_2 + 4\boldsymbol{a}_3$ ist bei gegebenen Vektoren $\boldsymbol{a}_1, \boldsymbol{a}_2, \boldsymbol{a}_3$ zu veranschaulichen.

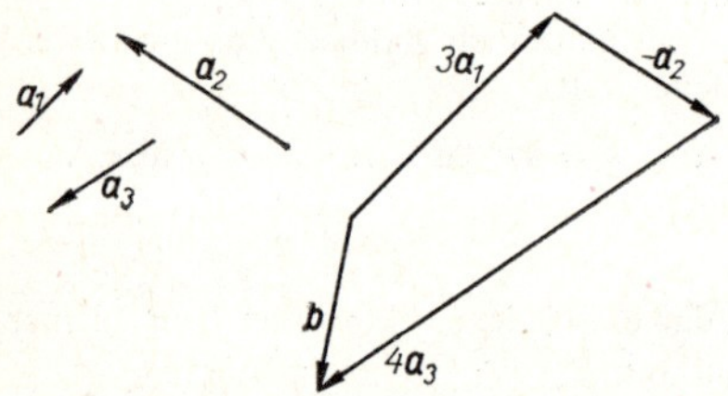

Der Nullvektor ist eine Linearkombination von beliebigen Vektoren $\boldsymbol{a}_1, \ldots, \boldsymbol{a}_n$:

$$0\boldsymbol{a}_1 + 0\boldsymbol{a}_2 + \ldots + 0\boldsymbol{a}_n = \boldsymbol{o}.$$

Mitunter läßt sich aber der Nullvektor als Linearkombination derart darstellen, daß nicht alle Koeffizienten verschwinden. So gilt für zwei parallele, vom Nullvektor verschiedene Vektoren (vgl. 13.2.4.)

$$\lambda_1 \boldsymbol{a}_1 + \lambda_2 \boldsymbol{a}_2 = \boldsymbol{o} \quad (\lambda_1 \neq 0, \quad \lambda_2 \neq 0).$$

Sind dagegen zwei Vektoren nicht parallel, so läßt sich der Nullvektor nur auf folgende Weise linear kombinieren:

$$\boldsymbol{o} = 0\boldsymbol{a}_1 + 0\boldsymbol{a}_2.$$

Entsprechende Zusammenhänge ergeben sich für mehr als zwei Vektoren.

Definition

Vektoren $\boldsymbol{a}_1, \boldsymbol{a}_2, \ldots, \boldsymbol{a}_n$ heißen **linear abhängig,** wenn es n Zahlen $\lambda_1, \ldots, \lambda_n$ gibt, die nicht alle gleich Null sind, und wenn gilt

$$\lambda_1 \boldsymbol{a}_1 + \lambda_2 \boldsymbol{a}_2 + \ldots + \lambda_n \boldsymbol{a}_n = \boldsymbol{o}.$$

Dagegen heißen m Vektoren $\boldsymbol{b}_1, \ldots, \boldsymbol{b}_m$ **linear unabhängig,** wenn aus

$$\mu_1 \boldsymbol{b}_1 + \mu_2 \boldsymbol{b}_2 + \ldots + \mu_m \boldsymbol{b}_m = \boldsymbol{o}$$

$\mu_1 = \mu_2 = \ldots = \mu_m = 0$ folgt.

BEISPIELE

1. Die Vektoren $\boldsymbol{u}_1$ und $\boldsymbol{u}_2$ seien nicht parallel. Es ist zu beweisen, daß $\boldsymbol{a}_1 = \boldsymbol{u}_1 + \boldsymbol{u}_2$ und $\boldsymbol{a}_2 = \boldsymbol{u}_1 - \boldsymbol{u}_2$ linear unabhängig sind.
   Zu zeigen ist, daß $\lambda_1\boldsymbol{a}_1 + \lambda_2\boldsymbol{a}_2 = \boldsymbol{o}$ nur für $\lambda_1 = \lambda_2 = 0$ gilt.
   $$\lambda_1(\boldsymbol{u}_1 + \boldsymbol{u}_2) + \lambda_2(\boldsymbol{u}_1 - \boldsymbol{u}_2) = \boldsymbol{o}$$
   $$(\lambda_1 + \lambda_2)\boldsymbol{u}_1 + (\lambda_1 - \lambda_2)\boldsymbol{u}_2 = \boldsymbol{o}$$
   Da $\boldsymbol{u}_1$ und $\boldsymbol{u}_2$ nicht parallel sind, muß $\lambda_1 + \lambda_2 = 0$ und $\lambda_1 - \lambda_2 = 0$ sein, woraus folgt $\lambda_1 = \lambda_2 = 0$.
2. Die Vektoren $\boldsymbol{u}_1$ und $\boldsymbol{u}_2$ seien nicht parallel. Es soll ε so angegeben werden, daß die Vektoren $\boldsymbol{r} = 14\boldsymbol{u}_1 + \varepsilon\boldsymbol{u}_2$ und $\boldsymbol{s} = -2\boldsymbol{u}_1 - \boldsymbol{u}_2$ zueinander parallel sind.
   $$\boldsymbol{r} = \lambda\boldsymbol{s} \quad \text{(wegen der Parallelität von } \boldsymbol{r} \text{ und } \boldsymbol{s})$$
   $$14\boldsymbol{u}_1 + \varepsilon\boldsymbol{u}_2 = \lambda(-2\boldsymbol{u}_1 - \boldsymbol{u}_2)$$
   $$(14 + 2\lambda)\boldsymbol{u}_1 = (-\varepsilon - \lambda)\boldsymbol{u}_2$$
   Da $\boldsymbol{u}_1$ und $\boldsymbol{u}_2$ nicht zueinander parallel sind, muß gelten
   $$\left.\begin{aligned} 14 + 2\lambda &= 0 \\ -\varepsilon - \lambda &= 0 \end{aligned}\right\}$$
   Dieses Gleichungssystem hat die Lösung $\lambda = -7$, $\varepsilon = 7$. Für $\varepsilon = 7$ sind $\boldsymbol{r}$ und $\boldsymbol{s}$ parallel.
3. Sind die drei Vektoren $\boldsymbol{u} = 3\boldsymbol{a} - \boldsymbol{b} + 2\boldsymbol{c}$, $\boldsymbol{v} = 2\boldsymbol{a} + \boldsymbol{c}$, $\boldsymbol{w} = 5\boldsymbol{a} - 3\boldsymbol{b} + 4\boldsymbol{c}$ linear abhängig? ($\boldsymbol{a}, \boldsymbol{b}, \boldsymbol{c}$ seien linear unabhängig)
   $$\lambda_1\boldsymbol{u} + \lambda_2\boldsymbol{v} + \lambda_3\boldsymbol{w} = \boldsymbol{o}$$
   $$(3\lambda_1 + 2\lambda_2 + 5\lambda_3)\boldsymbol{a} + (-\lambda_1 - 3\lambda_3)\boldsymbol{b} + (2\lambda_1 + \lambda_2 + 4\lambda_3)\boldsymbol{c} = \boldsymbol{o}$$
   $$\left.\begin{aligned} 3\lambda_1 + 2\lambda_2 + 5\lambda_3 &= 0 \\ -\lambda_1 \qquad\quad - 3\lambda_3 &= 0 \\ 2\lambda_1 + \lambda_2 + 4\lambda_3 &= 0 \end{aligned}\right\}$$
   Man erhält $\lambda_1 : \lambda_2 : \lambda_3 = (-3) : 2 : 1$. Die Vektoren $\boldsymbol{u}, \boldsymbol{v}, \boldsymbol{w}$ sind also linear abhängig. So wird etwa $\lambda_1\boldsymbol{u} + \lambda_2\boldsymbol{v} + \lambda_3\boldsymbol{w} = \boldsymbol{o}$ für $\lambda_1 = -9$, $\lambda_2 = 6$, $\lambda_3 = 3$.

Basisvektoren

Aus Gründen der Anschaulichkeit beziehen sich die folgenden Ausführungen auf den Vektorraum der Translationen einer beliebigen Ebene.

Die Vektoren $\boldsymbol{a}$ und $\boldsymbol{b}$ seien linear unabhängig. Dann folgt aus $x\boldsymbol{a} + y\boldsymbol{b} = \boldsymbol{o}$, daß $x = 0$ und $y = 0$ ist. Ferner folgt aus $x_1\boldsymbol{a} + y_1\boldsymbol{b} = x_2\boldsymbol{a} + y_2\boldsymbol{b}$, daß stets gilt $x_1 = x_2$ und $y_1 = y_2$. $x_1\boldsymbol{a} + y_1\boldsymbol{b} = x_2\boldsymbol{a}$

$+ y_2\boldsymbol{b}$ ist nämlich gleichwertig mit $(x_1 - x_2)\,\boldsymbol{a} + (y_1 - y_2)\,\boldsymbol{b} = \boldsymbol{o}$. Diese Gleichung gilt aber nur für $x_1 - x_2 = 0$, also $x_1 = x_2$ **und** $y_1 - y_2 = 0$, also $y_1 = y_2$ (Anwendung der sogenannten Methode des Koeffizientenvergleichs).
Als ganz entscheidend für das praktische Arbeiten mit Vektoren erweist sich der folgende

Satz

Wenn $\boldsymbol{a}$ und $\boldsymbol{b}$ linear unabhängig sind, so kann ein beliebiger Vektor $\boldsymbol{c}$ auf genau eine Art als Linearkombination

$$\boldsymbol{c} = \lambda_1\boldsymbol{a} + \lambda_2\boldsymbol{b}$$

dargestellt werden.

Jedes Paar linear unabhängiger Vektoren $\boldsymbol{a}$ und $\boldsymbol{b}$ wird **Basis** des Raumes der Vektoren der Ebene genannt. Bezeichnung: $\{\boldsymbol{a}; \boldsymbol{b}\}$. Die Vektoren $\boldsymbol{a}$ und $\boldsymbol{b}$ heißen **Basisvektoren.** In $\boldsymbol{c} = \lambda_1\boldsymbol{a} + \lambda_2\boldsymbol{b}$ heißen die Vektoren $\lambda_1\boldsymbol{a}$ und $\lambda_2\boldsymbol{b}$ die **Komponenten** von $\boldsymbol{c}$ bezüglich $\{\boldsymbol{a}; \boldsymbol{b}\}$.
$\boldsymbol{c} = \lambda_1\boldsymbol{a} + \lambda_2\boldsymbol{b}$ wird **Komponentendarstellung** von $\boldsymbol{c}$ genannt. λ_1 und λ_2 nennt man die **Koordinaten** von $\boldsymbol{c}$ bezüglich $\{\boldsymbol{a}; \boldsymbol{b}\}$. Die Bezeichnungsweise ist nicht einheitlich. Man schreibt

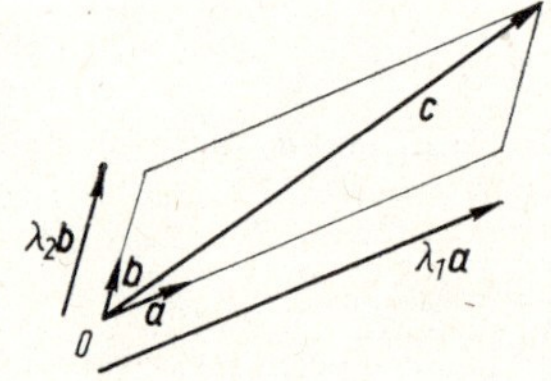

$$\boldsymbol{c} = \begin{pmatrix} \lambda_1 \\ \lambda_2 \end{pmatrix} = \{\lambda_1; \lambda_2\} = (\lambda_1; \lambda_2) \text{ (Koordinatendarstellung von } \boldsymbol{c}).$$

Hier soll die letzte Schreibweise verwendet werden.
Eine Basis des Vektorraums V der Vektoren der Ebene besteht aus zwei Vektoren. Man sagt, daß V die Dimension zwei hat oder ein zweidimensionaler Vektorraum ist (symbolisch: $\dim V = 2$). Allgemein gilt, daß man jedem Vektorraum V eine natürliche Zahl n zuordnen kann, die seine Dimension genannt wird. Jede Basis von V besteht aus n Vektoren; n linear unabhängige Vektoren des Vektorraums bilden eine Basis. Für $(n + 1)$ Vektoren oder für noch mehr Vektoren gilt, daß sie linear abhängig sind.

Beachte:

1. Ein beliebiger Vektor $\boldsymbol{a}$ und der Nullvektor sind stets linear abhängig wegen $0\boldsymbol{a} + 1\boldsymbol{o} = \boldsymbol{o}$.
2. Zwei linear abhängige Vektoren sind parallel; zwei parallele Vektoren sind linear abhängig.
3. Drei Vektoren sind linear abhängig genau dann, wenn sie komplanar sind (ein und derselben Ebene angehören oder zur selben Ebene parallel sind).
4. Drei und mehr Vektoren in der Ebene, mehr als drei Vektoren im (dreidimensionalen) Raum sind stets linear abhängig.

5. Es gibt auch unendlich-dimensionale Vektorräume. In diesen gibt es zu jeder natürlichen Zahl n noch n linear unabhängige Vektoren. Solche Vektorräume sind wichtig u.a. in der theoretischen Physik.

Rechenoperationen in Komponenten- und Koordinatendarstellung

Für die bisher eingeführten Rechenoperationen erhält man mit $\boldsymbol{c}_1 = x_1\boldsymbol{a} + y_1\boldsymbol{b}$, $\boldsymbol{c}_2 = x_2\boldsymbol{a} + y_2\boldsymbol{b}$, $\boldsymbol{c} = x\boldsymbol{a} + y\boldsymbol{b}$ die folgenden Darstellungen:

Rechen-operation	Komponenten-darstellung	Koordinaten-darstellung
Addition	$\boldsymbol{c}_1 + \boldsymbol{c}_2 = (x_1 + x_2)\,\boldsymbol{a} + (y_1 + y_2)\,\boldsymbol{b}$	$(x_1; y_1) + (x_2; y_2) = (x_1 + x_2; y_1 + y_2)$
Subtraktion	$\boldsymbol{c}_1 - \boldsymbol{c}_2 = (x_1 - x_2)\,\boldsymbol{a} + (y_1 - y_2)\,\boldsymbol{b}$	$(x_1; y_1) - (x_2; y_2) = (x_1 - x_2; y_1 - y_2)$
Multiplikation Skalar und Vektor	$\lambda\boldsymbol{c} = \lambda x\boldsymbol{a} + \lambda y\boldsymbol{b}$	$\lambda\,(x; y) = (\lambda x; \lambda y)$

In Worten könnte man für die Addition formulieren:
Die Koordinaten der Summe zweier Vektoren bezüglich einer Basis sind gleich der Summe der Koordinaten der Vektoren.
Begründung:
$\boldsymbol{c}_1 + \boldsymbol{c}_2 = (x_1\boldsymbol{a} + y_1\boldsymbol{b}) + (x_2\boldsymbol{a} + y_2\boldsymbol{b}) = (x_1 + x_2)\,\boldsymbol{a} + (y_1 + y_2)\,\boldsymbol{b}$

Diese Additionsvorschrift gilt sinngemäß für endlich viele Summanden und für n-dimensionale Vektoren.
Entsprechendes gilt für die Subtraktion und die Multiplikation mit einem Skalar.

BEISPIELE

1. Wie heißen die Komponenten und die Koordinaten der Vektoren
   a) $\boldsymbol{c}_1 = \boldsymbol{b} - (3\boldsymbol{a} + \boldsymbol{b})$
   b) $\boldsymbol{c}_2 = 4\,(2\boldsymbol{a} - \frac{4}{3}\boldsymbol{b})$
   c) $\boldsymbol{c}_3 = \boldsymbol{o}$ bezüglich der Basis $\{\boldsymbol{a}, \boldsymbol{b}\}$?
   Zu a) $\boldsymbol{c}_1 = \boldsymbol{b} - 3\boldsymbol{a} - \boldsymbol{b} = -3\boldsymbol{a} + 0\boldsymbol{b}$
   Zu b) $\boldsymbol{c}_2 = 8\boldsymbol{a} - \frac{16}{3}\boldsymbol{b} = 8\boldsymbol{a} + (-\frac{16}{3}\boldsymbol{b})$
   Zu c) $\boldsymbol{c}_3 = 0\boldsymbol{a} + 0\boldsymbol{b}$

Vektor	Komponenten	Koordinaten
$\boldsymbol{c}_1$	$-3\boldsymbol{a}; 0\boldsymbol{b}$	$-3; 0$
$\boldsymbol{c}_2$	$8\boldsymbol{a}; -\frac{16}{3}\boldsymbol{b}$	$8; -\frac{16}{3}$
$\boldsymbol{c}_3$	$0\boldsymbol{a}; 0\boldsymbol{b}$	$0; 0$

2. Gegeben seien die Vektoren $\boldsymbol{a} = 2\boldsymbol{i} - 3\boldsymbol{j}$ und $\boldsymbol{b} = \boldsymbol{i} + \boldsymbol{j}$. Man bestimme die Komponenten und die Koordinaten des Vektors $\boldsymbol{x} = 4(\boldsymbol{a} - 2\boldsymbol{b})$ bezüglich der Basis $\{\boldsymbol{i}, \boldsymbol{j}\}$.

$$\boldsymbol{x} = 4\,[2\boldsymbol{i} - 3\boldsymbol{j} - 2(\boldsymbol{i} + \boldsymbol{j})]$$

$$\boldsymbol{x} = 0\boldsymbol{i} - 20\boldsymbol{j} = 0\boldsymbol{i} + (-20)\boldsymbol{j}$$

Komponenten: $0\boldsymbol{i}$; $-20\boldsymbol{j}$ Koordinaten: 0; -20

3. Gegeben drei Vektoren $\boldsymbol{u} = (6; 1; 3)$, $\boldsymbol{v} = (-4; 2; 3)$, $\boldsymbol{w} = (0; 1; 1)$. Gesucht ist der Vektor $\boldsymbol{r} = \boldsymbol{u} - 2\boldsymbol{v} + 3\boldsymbol{w}$.

$$\boldsymbol{r} = (6; 1; 3) - 2(-4; 2; 3) + 3(0; 1; 1)$$

$$\boldsymbol{r} = [6 - (-8) + 3 \cdot 0;\quad 1 - 2 \cdot 2 + 3 \cdot 1;\quad 3 - 2 \cdot 3 + 3 \cdot 1]$$

$$\boldsymbol{r} = (14; 0; 0)$$

4. Wie heißt der Nullvektor des Vektorraums

   a) der komplexen Zahlen
   b) der reellen Zahlen
   c) der Zahlenpaare
   d) der Zahlentripel
   e) der n-Tupel
   f) der Polynome höchstens n-ten Grades?

   Zu a) $0 + 0\mathrm{i}$, b) 0, c) [0; 0], d) [0; 0; 0],
   e) [0; …; 0] (n-mal tritt die Null auf),
   f) $0 + 0x + 0x^2 + \ldots + 0x^n$.

5. Aus den Vektoraxiomen 1.1. bis 2.4. kann gefolgert werden: In jedem Vektorraum V gibt es zu jedem Vektor $\boldsymbol{a} \in V$ genau einen entgegengesetzten Vektor $(-\boldsymbol{a})$ mit $\boldsymbol{a} + (-\boldsymbol{a}) = \boldsymbol{o}$. Wie heißt jeweils der entgegengesetzte Vektor zu den folgenden Vektoren?

Vektorraum der	Vektor	entgegengesetzter Vektor	$\boldsymbol{a} + (-\boldsymbol{a})$
Zahlenpaare	$\left[-\frac{1}{8}; +3\right]$	$\left[+\frac{1}{8}; -3\right]$	[0; 0]
komplexen Zahlen	$+3 - 4\mathrm{i}$	$-3 + 4\mathrm{i}$	$0 + 0\mathrm{i}$
reellen Zahlen	$-\sqrt{2}$	$+\sqrt{2}$	0
Polynome höchstens n-ten Grades	$x^3 - x + 1$	$-x^3 + x - 1$	$0x^3 - 0x + 0$

13.5. Vektoren in Koordinatensystemen

Zum Begriff des Koordinatensystems vgl. Abschnitt 22.

	Ebenes Koordinatensystem	Räumliches Koordinatensystem
Schiefwinkliges Koordinatensystem	Koordinatenursprung: O Basis: $\{\boldsymbol{a}, \boldsymbol{b}\}$; $\boldsymbol{a}$, $\boldsymbol{b}$ nicht parallel Koordinatensystem: $\{O; \boldsymbol{a}, \boldsymbol{b}\}$ Komponenten von $\boldsymbol{r}$: $x\boldsymbol{a}$; $y\boldsymbol{b}$ Koordinaten von $\boldsymbol{r}$: $\boldsymbol{r} = (x; y)$ Koordinaten von P: $P(x; y)$ Ortsvektor des Punktes P: $\boldsymbol{r} = \overrightarrow{OP}$	Koordinatenursprung: O Basis: $\{\boldsymbol{a}, \boldsymbol{b}, \boldsymbol{c}\}$; $\boldsymbol{a}$, $\boldsymbol{b}$, $\boldsymbol{c}$ nicht komplanar Koordinatensystem: $\{O; \boldsymbol{a}, \boldsymbol{b}, \boldsymbol{c}\}$ Komponenten von $\boldsymbol{r}$: $x\boldsymbol{a}$; $y\boldsymbol{b}$; $z\boldsymbol{c}$ Koordinaten von $\boldsymbol{r}$: $\boldsymbol{r} = (x; y; z)$ Koordinaten von P: $P(x; y; z)$ Ortsvektor des Punktes P: $\boldsymbol{r} = \overrightarrow{OP}$
	Die Zuordnung zwischen den Paaren (Tripeln) reeller Zahlen und den Vektoren der Ebene (des Raumes) ist eindeutig umkehrbar.	
Rechtwinkliges (orthogonales) Koordinatensystem	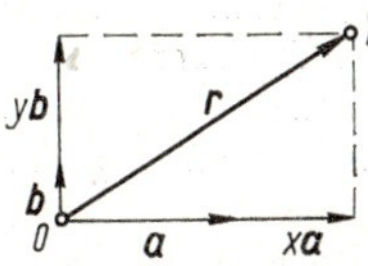 Die Vektoren $\boldsymbol{a}$ und $\boldsymbol{b}$ stehen senkrecht aufeinander. Die Basis $\{\boldsymbol{a}, \boldsymbol{b}\}$ heißt orthogonal.	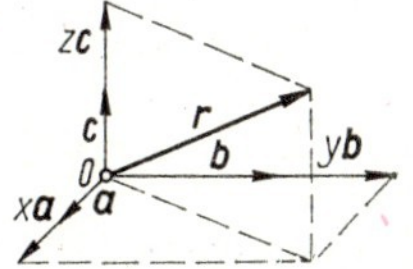 Die Vektoren $\boldsymbol{a}$, $\boldsymbol{b}$, $\boldsymbol{c}$ stehen paarweise senkrecht aufeinander. Die Basis $\{\boldsymbol{a}, \boldsymbol{b}, \boldsymbol{c}\}$ heißt orthogonal.

(Fortsetzung)

	Ebenes Koordinatensystem	Räumliches Koordinatensystem
Orthonormiertes Koordinatensystem	$\boldsymbol{i}$ und $\boldsymbol{j}$ stehen senkrecht aufeinander. $\boldsymbol{i}, \boldsymbol{j}$ sind Einheitsvektoren $\lvert\boldsymbol{i}\rvert = \lvert\boldsymbol{j}\rvert = 1$ Die Basis $\{\boldsymbol{i}, \boldsymbol{j}\}$ heißt orthonormiert.	$\boldsymbol{i}, \boldsymbol{j}, \boldsymbol{k}$ stehen paarweise senkrecht aufeinander. $\boldsymbol{i}, \boldsymbol{j}, \boldsymbol{k}$ sind Einheitsvektoren $\lvert\boldsymbol{i}\rvert = \lvert\boldsymbol{j}\rvert = \lvert\boldsymbol{k}\rvert = 1$ Die Basis $\{\boldsymbol{i}, \boldsymbol{j}, \boldsymbol{k}\}$ heißt orthonormiert.
	Ein orthogonales und normiertes Koordinatensystem heißt orthonormiert.	

Zu dieser Übersicht sei noch vermerkt:

a) Es gibt Probleme, für deren rechnerische Bearbeitung sich schiefwinklige Koordinatensysteme besonders eignen. Solche Systeme wurden schon von DESCARTES verwendet. Im allgemeinen aber benutzt man rechtwinklige Koordinatensysteme.

b) Das System $\{0; \boldsymbol{i}, \boldsymbol{j}, \boldsymbol{k}\}$ ist ein sogenanntes Rechtssystem. Zur Charakterisierung der Rechtsorientierung eines Koordinatensystems dient die Dreifingerregel (auch Rechte-Hand-Regel genannt): in der Reihenfolge $\boldsymbol{i}$, $\boldsymbol{j}$, $\boldsymbol{k}$ entsprechen diese Vektoren dem ausgespreizten Daumen, Zeige- und Mittelfinger der rechten Hand. Von der Spitze von $\boldsymbol{k}$ aus gesehen, erfolgt also die kürzeste Drehung, die $\boldsymbol{i}$ in die Richtung von $\boldsymbol{j}$ überführt, im Gegensinn der Bewegung eines Uhrzeigers (im mathematisch positiven Drehsinn).
Wenn $\boldsymbol{i}, \boldsymbol{j}, \boldsymbol{k}$ ein Rechtssystem bilden, so auch $\boldsymbol{j}, \boldsymbol{k}, \boldsymbol{i}$ und $\boldsymbol{k}, \boldsymbol{i}, \boldsymbol{j}$ ($\boldsymbol{j}, \boldsymbol{k}, \boldsymbol{i}$ und $\boldsymbol{k}, \boldsymbol{i}, \boldsymbol{j}$ gehen aus $\boldsymbol{i}, \boldsymbol{j}, \boldsymbol{k}$ durch zyklische Vertauschung hervor).
Beim Linkssystem zeigt $\boldsymbol{k}$ in diejenige Richtung, in der eine linksgängige Schraube fortschreitet, falls die Richtung von $\boldsymbol{i}$ auf kürzestem Wege in die Richtung von $\boldsymbol{j}$ gedreht wird.
In diesem Buch wird ausschließlich ein Rechtssystem verwendet.

c) Für die Koordinaten der Basisvektoren $\boldsymbol{i}, \boldsymbol{j}, \boldsymbol{k}$ gilt:
$\boldsymbol{i} = (1; 0; 0)$ $\boldsymbol{j} = (0; 1; 0)$ $\boldsymbol{k} = (0; 0; 1)$
$\boldsymbol{i}, \boldsymbol{j}, \boldsymbol{k}$ sind linear unabhängig:

$\lambda_1 \boldsymbol{i} + \lambda_2 \boldsymbol{j} + \lambda_3 \boldsymbol{k} = \boldsymbol{o}$ gilt nur für $\lambda_1 = \lambda_2 = \lambda_3 = 0$.
Der Nullvektor hat die Koordinaten (0; 0; 0).

d) *Ortsvektor im Koordinatenursprung*

Die Lage eines beliebigen Punktes $P_1\,(x_1; y_1; z_1)$ im Raum wird durch den Ortsvektor $\boldsymbol{r}$ charakterisiert, der vom Koordinatenursprung zum Punkt $P_1\,(x_1; y_1; z_1)$ führt:

$$\boldsymbol{r} = \overrightarrow{OP_1} = x_1 \boldsymbol{i} + y_1 \boldsymbol{i} + z_1 \boldsymbol{k}$$

Die Koordinaten des Ortsvektors stimmen mit den Punktkoordinaten der Pfeilspitze P_1 überein.

Beliebiger Vektor $\overrightarrow{P_1P_2}$

Liegt ein beliebiger Vektor $\overrightarrow{P_1P_2} = \boldsymbol{a}$ vor, so sind die Koordinaten des Endpunktes P_2 nicht zugleich die Koordinaten des Vektors $\boldsymbol{a}$. Um diese zu ermitteln, fassen wir den Vektor $\boldsymbol{a}$ als Differenz zweier zu seinem Anfangs- und Endpunkt gehörenden Ortsvektoren auf.

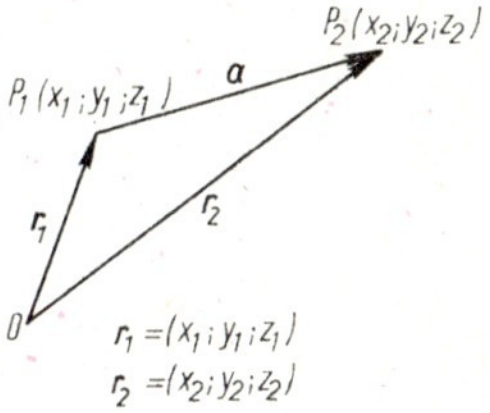

$$\boldsymbol{a} = \boldsymbol{r}_2 - \boldsymbol{r}_1$$

$$\overrightarrow{P_1P_2} = \boldsymbol{a} = (x_2 - x_1)\,\boldsymbol{i} + (y_2 - y_1)\,\boldsymbol{j} + (z_2 - z_1)\,\boldsymbol{k}$$

Bei einer Parallelverschiebung eines beliebigen Repräsentanten von $\boldsymbol{a}$ ändern sich dessen Komponenten nicht.

e) *Gleichheit von Vektoren*

Es sei $\boldsymbol{a} = x_1 \boldsymbol{i} + y_1 \boldsymbol{j} + z_1 \boldsymbol{k}$, $\boldsymbol{b} = x_2 \boldsymbol{i} + y_2 \boldsymbol{j} + z_2 \boldsymbol{k}$.
Aus $\boldsymbol{a} = \boldsymbol{b}$ folgt $\boldsymbol{a} - \boldsymbol{b} = \boldsymbol{o}$ und daraus

$$(x_1 \boldsymbol{i} + y_1 \boldsymbol{j} + z_1 \boldsymbol{k}) - (x_2 \boldsymbol{i} + y_2 \boldsymbol{j} + z_2 \boldsymbol{k}) = \boldsymbol{o}$$

$$(x_1 - x_2; y_1 - y_2; z_1 - z_2) = (0; 0; 0)$$

$$x_1 - x_2 = 0; \quad y_1 - y_2 = 0; \quad z_1 - z_2 = 0$$

$$x_1 = x_2; \quad y_1 = y_2; \quad z_1 = z_2.$$

Vektoren sind gleich genau dann, wenn ihre entsprechenden Koordinaten gleich sind.

Die Vektorgleichung $\boldsymbol{a} = \boldsymbol{b}$ ist einem System von drei skalaren Gleichungen gleichwertig. Entsprechendes gilt für die Gleichheit von Vektoren aus n-dimensionalen Vektorräumen.
Die Definition der Gleichheit von Vektoren bezieht sich auf Vektoren, die zuweilen frei genannt werden, weil man sie durch Parallelver-

schiebung ineinander überführen kann. Außer freien Vektoren treten auch auf

- an einen festen Anfangspunkt gebundene Vektoren (z.B. Ortsvektoren oder Kräfte an einem starren Körper mit gemeinsamem Angriffspunkt);
- linienflüchtige Vektoren, die nur längs der Geraden verschoben werden dürfen, in die der Vektor fällt (z.B. Kräfte an einem starren Körper).

f) *Betrag eines Vektors*

Diesen findet man durch zweimalige Anwendung des Lehrsatzes von PYTHAGORAS.

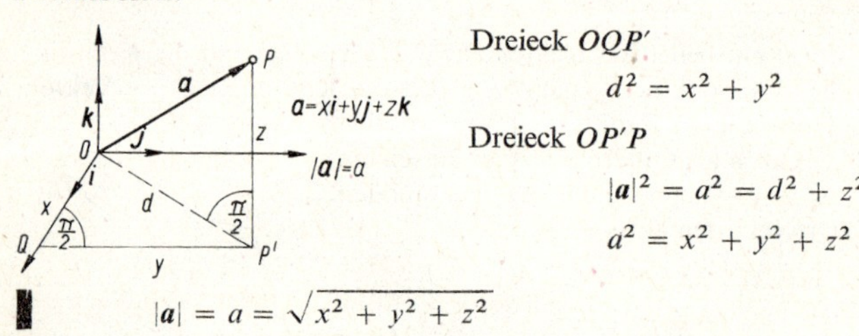

Dreieck OQP'

$$d^2 = x^2 + y^2$$

Dreieck $OP'P$

$$|\boldsymbol{a}|^2 = a^2 = d^2 + z^2$$

$$a^2 = x^2 + y^2 + z^2$$

$$|\boldsymbol{a}| = a = \sqrt{x^2 + y^2 + z^2}$$

g) *Einheitsvektor*

$$\boldsymbol{a}^0 = \frac{\boldsymbol{a}}{|\boldsymbol{a}|} = \frac{x\boldsymbol{i} + y\boldsymbol{j} + z\boldsymbol{k}}{a} = \frac{x}{a}\boldsymbol{i} + \frac{y}{a}\boldsymbol{j} + \frac{z}{a}\boldsymbol{k}$$

h) *Richtungscosinus*

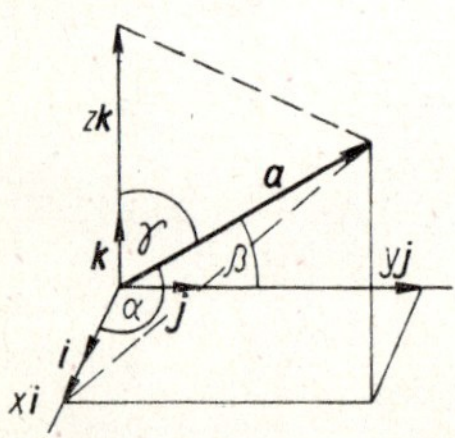

Eine Richtung des Raumes sei durch

$$\boldsymbol{a} = x\boldsymbol{i} + y\boldsymbol{j} + z\boldsymbol{k}$$

gegeben. Dann ist $\boldsymbol{a}^0 = \frac{\boldsymbol{a}}{a}$ $= \frac{x}{a}\boldsymbol{i} + \frac{y}{a}\boldsymbol{j} + \frac{z}{a}\boldsymbol{k}$.

Die Quotienten $\frac{x}{a}$; $\frac{y}{a}$; $\frac{z}{a}$ bezeichnet man als Richtungscosinus der durch $\boldsymbol{a}$ (bzw. $\boldsymbol{a}^0$) bestimmten Richtung. Der Name findet seine Erklärung dadurch, daß gilt:

$$\cos\alpha = \frac{x}{a}; \quad \cos\beta = \frac{y}{a}; \quad \cos\gamma = \frac{z}{a},$$

wobei α bzw. β bzw. γ die Winkel sind, die $\boldsymbol{a}$ mit den positiven Richtungen der x-Achse bzw. y-Achse bzw. z-Achse bildet. (Diese Winkel sind größer oder gleich Null und kleiner oder gleich π.) Durch drei Richtungscosinus wird genau eine Richtung festgelegt; eine Richtung legt umgekehrt drei Richtungscosinus fest.

Es gilt

$$\cos^2 \alpha + \cos^2 \beta + \cos^2 \gamma = 1,$$

d.h., die Summe der Quadrate der Richtungscosinus beträgt 1.

Begründung: $\left(\frac{x}{a}\right)^2 + \left(\frac{y}{a}\right)^2 + \left(\frac{z}{a}\right)^2 = \frac{x^2 + y^2 + z^2}{a^2} = \frac{a^2}{a^2} = 1$

Daraus folgt a) die drei Richtungscosinus sind voneinander abhängig; b) von den Winkeln α, β, γ kann stets nur einer kleiner als 45° sein (vgl. die folgenden Beispiele).

i) *Wahl der Lage eines Koordinatensystems*

Soll ein Problem durch Einführung eines Koordinatensystems gelöst werden, so wird man dieses derart legen, daß die anfallenden Rechnungen einen möglichst geringen Umfang annehmen.
Einige Hinweise:

1. Ausgezeichnete Punkte legt man möglichst in den Ursprung des Koordinatensystems.
2. Im Fall eines ebenen Problems legt man alle Vektoren in die $x; y$-Ebene.
3. Sind auf einen Vektor mehrere andere Vektoren bezogen, so legt man ihn in die Richtung einer Koordinatenachse.
4. Da möglichst viele skalare Komponenten gleich Null werden sollen, achtet man bei räumlichen Problemen darauf, daß viele Punkte und Vektoren in den Koordinatenebenen liegen.

j) *Transformation eines Koordinatensystems*

Vgl. hierzu Abschn. 22.

BEISPIELE

1. Gegeben sind zwei Punkte P_1 (2; 9; −1) und P_2 (5; 7; −3). Man bestimme den Vektor $\overrightarrow{P_1P_2}$.

$$\overrightarrow{P_1P_2} = [5 - 2; 7 - 9; -3 - (-1)] = (3; -2; -2)$$

2. Welche Koordinaten hat der Endpunkt P_2, wenn der Vektor

$\boldsymbol{a} = \overrightarrow{P_1P_2} = (-6; -1; 2)$ den Anfangspunkt P_1 (4; 1; −3) hat?

$x_2 = x_1 + a_1 = -2 \quad y_2 = y_1 + a_2 = 0 \quad z_2 = z_1 + a_3 = -1$

$P_2\,(-2; 0; -1)$

Allgemein gilt:

Der Vektor $\overrightarrow{P_1P_2} = (a_1; a_2; a_3)$ mit dem Anfangspunkt $P_1\,(x_1; y_1; z_1)$ hat den Endpunkt $P_2\,(x_1 + a_1; y_1 + a_2; z_1 + a_3)$.

3. Gegeben $\boldsymbol{a} = (5; 5; -5)$. Man berechne den Betrag und die Richtungswinkel

$$|\boldsymbol{a}| = \sqrt{5^2 + 5^2 + (-5)^2} = 5\sqrt{3}$$

$$\cos\alpha = \frac{5}{5\sqrt{3}} = \frac{\sqrt{3}}{3}; \ \cos\beta = \frac{\sqrt{3}}{3}; \ \cos\gamma = -\frac{\sqrt{3}}{3}$$

$$\alpha = \beta = 54{,}8^\circ; \quad \gamma = 125{,}2^\circ$$

4. Warum kann ein Vektor nicht die Richtungswinkel $\alpha = 20^\circ$ und $\beta = 30^\circ$ bei beliebigem Winkel γ haben?
$\cos^2 20^\circ + \cos^2 30^\circ > 1$; es muß aber gelten: $\cos^2\alpha + \cos^2\beta + \cos^2\gamma = 1$

5. Kann ein Vektor mit den drei Koordinatenachsen je einen Winkel von 45° bilden?

Nein, denn $3 \cdot \cos^2 45^\circ = 3 \cdot \left(\frac{\sqrt{2}}{2}\right)^2 = \frac{3}{2} \neq 1$

6. Welcher Vektor vom Betrag $a = \sqrt{3}$ hat die Richtungswinkel $\alpha = \beta = \gamma < 90^\circ$?

$$3\cos^2\alpha = 1$$

$$\cos\alpha = +\frac{1}{\sqrt{3}} \qquad a\cos\alpha = \sqrt{3} \cdot \frac{1}{\sqrt{3}} = 1$$

$$\boldsymbol{a} = (a\cos\alpha; a\cos\alpha; a\cos\alpha) = (1; 1; 1) = \boldsymbol{i} + \boldsymbol{j} + \boldsymbol{k}$$

7. Welche Beziehung besteht zwischen den Vektoren $\boldsymbol{b} = (2; -1; 3)$ und $\boldsymbol{a} = (-8; 4; -12)$?

$$\boldsymbol{a} = -4(2; -1; 3) = -4\boldsymbol{b}$$

Die Vektoren $\boldsymbol{a}$ und $\boldsymbol{b}$ sind entgegengesetzt gerichtet; $\boldsymbol{a}$ hat den vierfachen Betrag von $\boldsymbol{b}$.

8. Es ist $\boldsymbol{r} = 3\boldsymbol{a} - \boldsymbol{b} - 2\boldsymbol{c}$ für $\boldsymbol{a} = (2; 0; -1)$, $\boldsymbol{b} = (-5; 1; 4)$, $\boldsymbol{c} = (\frac{15}{2}; -4; -\frac{11}{2})$ zu berechnen. Welchen Winkel bildet $\boldsymbol{r}$ mit der $x; y$-Ebene?
$\boldsymbol{r} = (-4; 7; 4)$; $|\boldsymbol{r}| = 9$; $\cos\gamma = \frac{4}{9}$; $\gamma = 63{,}6^\circ$
Der gesuchte Winkel beträgt $(90^\circ - \gamma) = 26{,}4^\circ$.

13.6. Einfache Vektorgleichungen

In einer Vektorgleichung stehen auf beiden Seiten des Gleichheitszeichens Vektoren. Beispiel: $\lambda(\boldsymbol{a} + \boldsymbol{b}) = \lambda\boldsymbol{a} + \lambda\boldsymbol{b}$. Die Gleichung $|\boldsymbol{a} + \boldsymbol{b}| = |\boldsymbol{a}| + |\boldsymbol{b}|$ ist dagegen eine algebraische Gleichung.
Für Umformungen von Vektorgleichungen gelten entsprechende Regeln wie für Gleichungen zwischen Skalaren, soweit die Rechenoperationen für Vektoren definiert sind.

BEISPIELE

1. $2(\boldsymbol{a} + \boldsymbol{x}) = \boldsymbol{a} - 2\boldsymbol{x}$

   In Worten: Welcher Vektor $\boldsymbol{x}$ hat die Eigenschaft, daß die mit 2 multiplizierte Summe der Vektoren $\boldsymbol{a}$ und $\boldsymbol{x}$ gleich der Differenz von $\boldsymbol{a}$ und dem mit 2 multiplizierten Vektor $\boldsymbol{x}$ ist?

   Lösung:

$$2\boldsymbol{a} + 2\boldsymbol{x} = \boldsymbol{a} - 2\boldsymbol{x}$$
$$2\boldsymbol{x} + 2\boldsymbol{x} = \boldsymbol{a} - 2\boldsymbol{a}$$
$$4\boldsymbol{x} = -\boldsymbol{a}$$
$$\underline{\underline{\boldsymbol{x} = -\tfrac{1}{4}\boldsymbol{a}}}$$

   Probe: $2\left[\boldsymbol{a} + \left(-\tfrac{1}{4}\boldsymbol{a}\right)\right] \mid \boldsymbol{a} - 2\left(-\tfrac{1}{4}\boldsymbol{a}\right)$

$$2\left(\boldsymbol{a} - \tfrac{1}{4}\boldsymbol{a}\right) \quad \mid \boldsymbol{a} + \tfrac{1}{2}\boldsymbol{a}$$
$$\tfrac{3}{2}\boldsymbol{a} = \tfrac{3}{2}\boldsymbol{a}$$

   Der gesuchte Vektor $\boldsymbol{x}$ ist $-\tfrac{1}{4}\boldsymbol{a}$; $\boldsymbol{x}$ und $\boldsymbol{a}$ sind entgegengesetzt gerichtet. Der Betrag von $\boldsymbol{x}$ ist der vierte Teil des Betrages von $\boldsymbol{a}$.

2. Welche Werte müssen a, b und c annehmen, damit die Gleichung $14\boldsymbol{u} + 8\boldsymbol{v} + 2\boldsymbol{w} = a(\boldsymbol{u} + \boldsymbol{v} + \boldsymbol{w}) + b(\boldsymbol{u} - \boldsymbol{v} + \boldsymbol{w}) + c(\boldsymbol{u} + \boldsymbol{v} - \boldsymbol{w})$ erfüllt ist? ($\boldsymbol{u}$, $\boldsymbol{v}$, $\boldsymbol{w}$ seien linear unabhängig.)

$$14\boldsymbol{u} + 8\boldsymbol{v} + 2\boldsymbol{w} = (a + b + c)\,\boldsymbol{u} + (a - b + c)\,\boldsymbol{v} + (a + b - c)\boldsymbol{w}$$
$$(14 - a - b - c)\,\boldsymbol{u} + (8 - a + b - c)\,\boldsymbol{v} + (2 - a - b + c)\,\boldsymbol{w} = \boldsymbol{o}$$

   Wegen der linearen Unabhängigkeit gilt

$$14 - a - b - c = 0$$
$$8 - a + b - c = 0$$
$$2 - a - b + c = 0,$$

   woraus $a = 5$, $b = 3$, $c = 6$ folgt.

13.7. Das Skalarprodukt zweier Vektoren

In 13.2.4. wurde das Produkt eines Vektors mit einem Skalar definiert. Mit Rücksicht auf geometrische, physikalische und andere Zusammenhänge bildet man in der Vektoralgebra noch zwei weitere produktartige Verknüpfungen von Vektoren: das **skalare Produkt** und das **Vektorprodukt.** Es wird sich zeigen, daß die für diese Verknüpfungen zweier Vektoren geltenden Vorschriften erheblich von den für Zahlen geltenden Rechengesetzen abweichen.

Mit Hilfe des skalaren Produkts ist es möglich, die Länge eines Vektors, den Winkel zwischen zwei Vektoren und weitere geometrische Größen und Eigenschaften in die Betrachtungen von Vektorräumen einzubeziehen.

13.7.1. Winkel zwischen zwei Vektoren

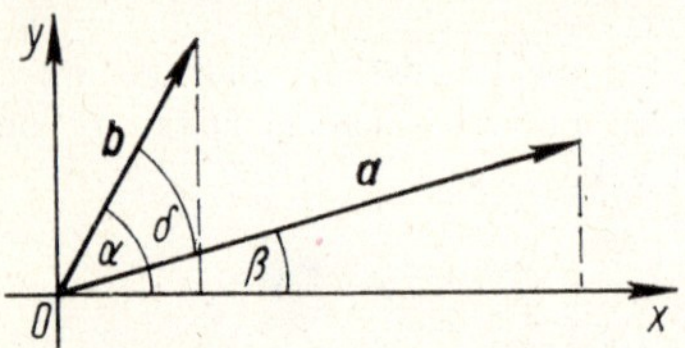

Gegeben seien zwei Vektoren $\boldsymbol{a} = a_1\boldsymbol{i} + a_2\boldsymbol{j}$ und $\boldsymbol{b} = b_1\boldsymbol{i} + b_2\boldsymbol{j}$, deren Richtungen den Winkel δ $(0 \leqq \delta \leqq \pi)$ einschließen.
Es soll δ (bzw. $\cos\delta$) durch die Beträge und die Koordinaten der Vektoren $\boldsymbol{a}$ und $\boldsymbol{b}$ ausgedrückt werden.
Man erhält

$$\cos\sphericalangle(\boldsymbol{a}, \boldsymbol{b}) = \cos\delta = \cos(\alpha - \beta) = \cos\alpha \cdot \cos\beta + \sin\alpha \cdot \sin\beta$$

$$|\boldsymbol{a}| = a = \sqrt{a_1^2 + a_2^2}, \quad |\boldsymbol{b}| = b = \sqrt{b_1^2 + b_2^2}$$

$$\cos\beta = \frac{a_1}{a}, \quad \sin\beta = \frac{a_2}{a}, \quad \cos\alpha = \frac{b_1}{b}, \quad \sin\alpha = \frac{b_2}{b}$$

$$\cos\sphericalangle(\boldsymbol{a}, \boldsymbol{b}) = \frac{a_1}{a}\frac{b_1}{b} + \frac{a_2}{a}\frac{b_2}{b} = \frac{a_1b_1 + a_2b_2}{ab}$$

Für Vektoren im Raum erhält man entsprechend

$$\cos\sphericalangle(\boldsymbol{a}, \boldsymbol{b}) = \frac{a_1b_1 + a_2b_2 + a_3b_3}{ab}.$$

Daraus folgt

$$ab\cos\sphericalangle(\boldsymbol{a}, \boldsymbol{b}) = a_1b_1 + a_2b_2 + a_3b_3.$$

13.7.2. Definition des skalaren Produktes zweier Vektoren

Das Produkt $ab\cos\sphericalangle(\boldsymbol{a}, \boldsymbol{b}) = |\boldsymbol{a}|\,|\boldsymbol{b}|\cos\sphericalangle(\boldsymbol{a}, \boldsymbol{b})$ tritt so häufig auf, daß es angebracht ist, dafür ein besonderes Symbol einzuführen, nämlich

$\boldsymbol{a} \cdot \boldsymbol{b}$ (sprich: $\boldsymbol{a}$ Punkt $\boldsymbol{b}$ oder $\boldsymbol{a}$ skalar mal $\boldsymbol{b}$).

Auch die Symbole $(\boldsymbol{ab})$ und $\boldsymbol{ab}$ werden verwendet.
Man nennt $\boldsymbol{a} \cdot \boldsymbol{b}$ das skalare oder innere Produkt der Vektoren $\boldsymbol{a}$ und $\boldsymbol{b}$.
Das Ergebnis dieser multiplikativen Verknüpfung zweier Vektoren führt aus dem Bereich der Vektoren heraus, es ist ein Skalar (daher der Name *skalares Produkt*).

▌ $\boldsymbol{a} \cdot \boldsymbol{b} = |\boldsymbol{a}|\,|\boldsymbol{b}|\cos\sphericalangle(\boldsymbol{a}, \boldsymbol{b}) = a_1b_1 + a_2b_2 + a_3b_3$

In der Form $\boldsymbol{a} \cdot \boldsymbol{b} = ab\cos\sphericalangle(\boldsymbol{a}, \boldsymbol{b})$ ist das skalare Produkt unabhängig von einem Koordinatensystem. Für den Cosinus eines Winkels zwischen zwei Vektoren (vgl. 13.7.1.) kann nunmehr kurz

$$\cos\sphericalangle(\boldsymbol{a}, \boldsymbol{b}) = \frac{\boldsymbol{a} \cdot \boldsymbol{b}}{|\boldsymbol{a}|\,|\boldsymbol{b}|}$$

geschrieben werden.

Geometrische Deutung des skalaren Produktes

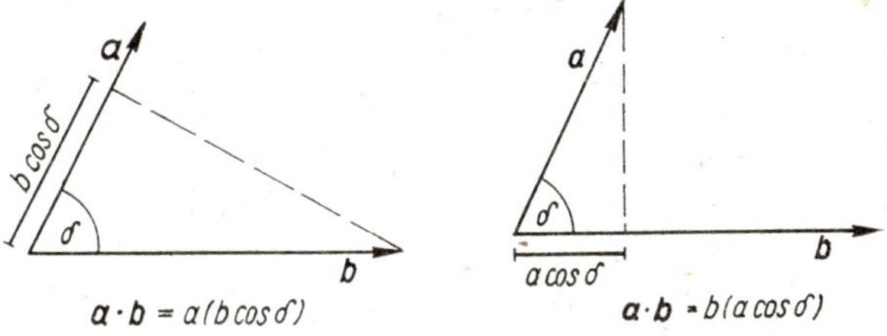

Das skalare Produkt zweier Vektoren ist das Produkt des Betrages des einen Vektors und der Projektion des anderen auf ihn (sog. *innere Komponente*, daher *inneres Produkt*).

13.7.3. Auftreten des skalaren Produktes in der Mechanik

Wenn ein Körper unter der Einwirkung einer konstanten Kraft $\boldsymbol{F}$ eine Verschiebung $\boldsymbol{s}$ in Richtung der Kraft erfährt, so ist die Arbeit $W = |\boldsymbol{F}|\,|\boldsymbol{s}|$ verrichtet worden. Bilden dagegen die Kraft $\boldsymbol{F}$ und die Verschiebung $\boldsymbol{s}$ den Winkel $\alpha = \sphericalangle(\boldsymbol{F}, \boldsymbol{s})$, so ergibt sich die Arbeit als Produkt der Projektion der Kraft auf die Wegrichtung mit dem zurückgelegten Weg:

$$W = |\boldsymbol{F}|\,|\boldsymbol{s}| \cos \sphericalangle(\boldsymbol{F}, \boldsymbol{s})$$

$$= \boldsymbol{F} \cdot \boldsymbol{s}$$

Die Arbeit, die eine konstante Kraft $\boldsymbol{F}$ längs eines Weges $\boldsymbol{s}$ verrichtet, wenn $\boldsymbol{F}$ und $\boldsymbol{s}$ einen Winkel $\alpha = \sphericalangle(\boldsymbol{F}, \boldsymbol{s})$ miteinander bilden, stellt sich dar als das skalare Produkt der Vektoren $\boldsymbol{F}$ und $\boldsymbol{s}$. Die Arbeit W ist eine skalare Größe.

13.7.4. Rechengesetze für das skalare Produkt

Das skalare Produkt hat einige *Eigenschaften der Multiplikation von Zahlen*. Es gelten die folgenden Gesetze:

a) **Kommutativgesetz**

$$\boldsymbol{a} \cdot \boldsymbol{b} = \boldsymbol{b} \cdot \boldsymbol{a}$$

b) **Assoziativgesetz für die Multiplikation mit einem Skalar**

$$(\lambda \boldsymbol{a}) \cdot \boldsymbol{b} = \boldsymbol{a} \cdot (\lambda \boldsymbol{b}) = \lambda\,(\boldsymbol{a} \cdot \boldsymbol{b}) = \lambda \boldsymbol{a} \cdot \boldsymbol{b}$$

c) **Distributivgesetz**

$$\boldsymbol{a} \cdot (\boldsymbol{b} + \boldsymbol{c}) = \boldsymbol{a} \cdot \boldsymbol{b} + \boldsymbol{a} \cdot \boldsymbol{c}$$

Wegen $\boldsymbol{b} - \boldsymbol{c} = \boldsymbol{b} + (-\boldsymbol{c})$ gilt auch

$$\boldsymbol{a} \cdot (\boldsymbol{b} - \boldsymbol{c}) = \boldsymbol{a} \cdot \boldsymbol{b} - \boldsymbol{a} \cdot \boldsymbol{c}.$$

Wiederholte Anwendung des Distributivgesetzes liefert bei einem Produkt zweier Summen:

$$\begin{aligned}(\boldsymbol{a} + \boldsymbol{b}) \cdot (\boldsymbol{c} + \boldsymbol{d}) &= \boldsymbol{a} \cdot (\boldsymbol{c} + \boldsymbol{d}) + \boldsymbol{b} \cdot (\boldsymbol{c} + \boldsymbol{d}) \\ &= \boldsymbol{a} \cdot \boldsymbol{c} + \boldsymbol{a} \cdot \boldsymbol{d} + \boldsymbol{b} \cdot \boldsymbol{c} + \boldsymbol{b} \cdot \boldsymbol{d}\end{aligned}$$

Sonderfälle:

$$(\boldsymbol{a} + \boldsymbol{b}) \cdot (\boldsymbol{a} + \boldsymbol{b}) = \boldsymbol{a} \cdot \boldsymbol{a} + 2\boldsymbol{a} \cdot \boldsymbol{b} + \boldsymbol{b} \cdot \boldsymbol{b}$$

$$(\boldsymbol{a} - \boldsymbol{b}) \cdot (\boldsymbol{a} - \boldsymbol{b}) = \boldsymbol{a} \cdot \boldsymbol{a} - 2\boldsymbol{a} \cdot \boldsymbol{b} + \boldsymbol{b} \cdot \boldsymbol{b}$$

$$(\boldsymbol{a} + \boldsymbol{b}) \cdot (\boldsymbol{a} - \boldsymbol{b}) = \boldsymbol{a} \cdot \boldsymbol{a} - \boldsymbol{b} \cdot \boldsymbol{b}$$

Es bestehen auch *Unterschiede zwischen* den Gesetzen der *skalaren Multiplikation zweier Vektoren* und der *Multiplikation gewöhnlicher Zahlen.*

a) Das skalare Produkt ist eine Zahl, während die Faktoren, aus denen es gebildet wird, Vektoren sind.
b) Die Frage nach der *Assoziativität des skalaren Produkts* ist daher gegenstandslos, da eine Produktbildung $\boldsymbol{a} \cdot \boldsymbol{b} \cdot \boldsymbol{c}$ nicht möglich ist. $\boldsymbol{a} \cdot \boldsymbol{b}$ ist nämlich ein Skalar, und ein solcher kann nicht skalar mit einem Vektor multipliziert werden.
c) Hingegen ist die Produktform $(\boldsymbol{a} \cdot \boldsymbol{b})\, \boldsymbol{c}$ möglich. Dabei gilt aber im allgemeinen

$$(\boldsymbol{a} \cdot \boldsymbol{b})\, \boldsymbol{c} \neq \boldsymbol{a}\, (\boldsymbol{b} \cdot \boldsymbol{c}) \neq (\boldsymbol{a} \cdot \boldsymbol{c})\, \boldsymbol{b}.$$

$(\boldsymbol{a} \cdot \boldsymbol{b})\, \boldsymbol{c}$ ist ein zu $\boldsymbol{c}$ paralleler Vektor,
$\boldsymbol{a}\, (\boldsymbol{b} \cdot \boldsymbol{c})$ ist ein zu $\boldsymbol{a}$ paralleler Vektor,
$(\boldsymbol{a} \cdot \boldsymbol{c})\, \boldsymbol{b}$ ist ein zu $\boldsymbol{b}$ paralleler Vektor.

Orthogonale Vektoren

Wenn zwei Vektoren aufeinander senkrecht stehen, hat ihr skalares Produkt den Wert Null, denn $\cos \sphericalangle (\boldsymbol{a}, \boldsymbol{b}) = \cos \frac{\pi}{2} = 0$.

Orthogonalitätsbedingung

Wenn	$\boldsymbol{a} \perp \boldsymbol{b}$,
dann	$\boldsymbol{a} \cdot \boldsymbol{b} = a_1 b_1 + a_2 b_2 + a_3 b_3 = 0$

Aus $\boldsymbol{a} \cdot \boldsymbol{b} = 0$ folgt $\boldsymbol{a} = \boldsymbol{o}$ oder $\boldsymbol{b} = \boldsymbol{o}$ oder $\boldsymbol{a} \perp \boldsymbol{b}$. Also folgt aus $\boldsymbol{a} \cdot \boldsymbol{b} = 0$ nicht notwendig, daß einer der Vektoren $\boldsymbol{a}$ und $\boldsymbol{b}$ der Nullvektor ist.

Parallele Vektoren

Für $\boldsymbol{a} \uparrow\uparrow \boldsymbol{b}$ wird $\boldsymbol{a} \cdot \boldsymbol{b} = ab$, denn $\sphericalangle (\boldsymbol{a}, \boldsymbol{b}) = 0$; $\cos 0 = 1$.
Für $\boldsymbol{a} \uparrow\downarrow \boldsymbol{b}$ wird $\boldsymbol{a} \cdot \boldsymbol{b} = -ab$, denn $\sphericalangle (\boldsymbol{a}, \boldsymbol{b}) = \pi$; $\cos \pi = -1$.

Für *spitze Winkel* ist $\boldsymbol{a} \cdot \boldsymbol{b} > 0$, weil der Cosinus eines spitzen Winkels größer als Null ist.
Für *stumpfe Winkel* ist $\boldsymbol{a} \cdot \boldsymbol{b} < 0$, weil der Cosinus eines stumpfen Winkels kleiner als Null ist.

Skalarprodukt eines Vektors mit sich selbst

$$\boldsymbol{a} \cdot \boldsymbol{a} = |\boldsymbol{a}|\,|\boldsymbol{a}| \cos \sphericalangle (\boldsymbol{a}, \boldsymbol{a}) = |\boldsymbol{a}|^2 = a_1^2 + a_2^2 + a_3^2$$

Das skalare Produkt eines Vektors mit sich selbst ist das Quadrat seines Betrages. Für $\boldsymbol{a} \cdot \boldsymbol{a}$ hat sich die Schreibweise $\boldsymbol{a}^2$ eingebürgert:

$$\boldsymbol{a} \cdot \boldsymbol{a} = \boldsymbol{a}^2$$

Betrag eines Vektors

$$|\boldsymbol{a}|^2 = a^2 = \boldsymbol{a}^2 = \boldsymbol{a} \cdot \boldsymbol{a}$$

$$|\boldsymbol{a}| = a = \sqrt{\boldsymbol{a}^2} = \sqrt{\boldsymbol{a} \cdot \boldsymbol{a}}$$

Der Betrag eines Vektors kann durch Verwendung des skalaren Produkts dargestellt werden.

Beachte:

$\sqrt{\boldsymbol{a}^2}$ darf nicht etwa radiziert werden: $\sqrt{\boldsymbol{a}^2} \neq \boldsymbol{a}$.

Skalarprodukte aus Einheitsvektoren

$$\boldsymbol{a}^0 \cdot \boldsymbol{b}^0 = 1 \cdot 1 \cdot \cos \sphericalangle (\boldsymbol{a}^0, \boldsymbol{b}^0) = \cos \sphericalangle (\boldsymbol{a}, \boldsymbol{b})$$

$$\boldsymbol{a}^0 \cdot \boldsymbol{a}^0 = 1 \cdot 1 \cdot \cos 0 = 1$$

Skalarprodukte aus den Basisvektoren

$$\boldsymbol{i} \cdot \boldsymbol{i} = \boldsymbol{j} \cdot \boldsymbol{j} = \boldsymbol{k} \cdot \boldsymbol{k} = 1$$

$$\boldsymbol{i} \cdot \boldsymbol{j} = \boldsymbol{j} \cdot \boldsymbol{k} = \boldsymbol{k} \cdot \boldsymbol{i} = 0$$

Skalarprodukt in Komponentendarstellung

$$\boldsymbol{a} \cdot \boldsymbol{b} = (a_1\boldsymbol{i} + a_2\boldsymbol{j} + a_3\boldsymbol{k}) \cdot (b_1\boldsymbol{i} + b_2\boldsymbol{j} + b_3\boldsymbol{k})$$

$$\boldsymbol{a} \cdot \boldsymbol{b} = a_1b_1\boldsymbol{i} \cdot \boldsymbol{i} + a_2b_1\boldsymbol{j} \cdot \boldsymbol{i} + a_3b_1\boldsymbol{k} \cdot \boldsymbol{i} + a_1b_2\boldsymbol{i} \cdot \boldsymbol{j} + a_2b_2\boldsymbol{j} \cdot \boldsymbol{j} + a_3b_2\boldsymbol{k} \cdot \boldsymbol{j} + a_1b_3\boldsymbol{i} \cdot \boldsymbol{k} + a_2b_3\boldsymbol{j} \cdot \boldsymbol{k} + a_3b_3\boldsymbol{k} \cdot \boldsymbol{k}$$

$$\boldsymbol{a} \cdot \boldsymbol{b} = a_1b_1 + a_2b_2 + a_3b_3$$

Diese Beziehung ermöglicht die Berechnung des skalaren Produktes zweier Vektoren, ohne deren Beträge und den Winkel zwischen ihnen zu kennen (vgl. Definition des Skalarproduktes in 13.7.2.).

BEISPIELE

1. Gegeben seien die Vektoren $\boldsymbol{a} = (2; 8; -1)$ und $\boldsymbol{b} = (-7; 2; 2)$. Man berechne das skalare Produkt $\boldsymbol{a} \cdot \boldsymbol{b}$ und deute das Ergebnis.

   $\boldsymbol{a} \cdot \boldsymbol{b} = 2 \cdot (-7) + 8 \cdot 2 + (-1) \cdot 2 = 0$ Deutung: $\boldsymbol{a} \perp \boldsymbol{b}$

2. Gegeben sind die Vektoren $\boldsymbol{a} = \boldsymbol{i} + 3\boldsymbol{j} - 2\boldsymbol{k}$, $\boldsymbol{b} = -2\boldsymbol{j} + \boldsymbol{k}$, $\boldsymbol{c} = 3\boldsymbol{i} - \boldsymbol{k}$. Man berechne

   a) $(\boldsymbol{a} + \boldsymbol{b}) \cdot (\boldsymbol{a} - \boldsymbol{b})$ und $\boldsymbol{a}^2 - \boldsymbol{b}^2$

   b) $(\boldsymbol{a} \cdot \boldsymbol{b})\, \boldsymbol{c}$ und $\boldsymbol{a}\,(\boldsymbol{b} \cdot \boldsymbol{c})$

   c) $|\boldsymbol{a}|$, $|\boldsymbol{b}|$, $|\boldsymbol{c}|$

   Lösung:

   a) $(\boldsymbol{a} + \boldsymbol{b}) \cdot (\boldsymbol{a} - \boldsymbol{b}) = (\boldsymbol{i} + \boldsymbol{j} - \boldsymbol{k}) \cdot (\boldsymbol{i} + 5\boldsymbol{j} - 3\boldsymbol{k}) = 1 + 5 + 3 = 9$

   $\boldsymbol{a}^2 - \boldsymbol{b}^2 = \boldsymbol{a} \cdot \boldsymbol{a} - \boldsymbol{b} \cdot \boldsymbol{b} = 1 + 9 + 4 - (0 + 4 + 1) = 9$

   b) $(\boldsymbol{a} \cdot \boldsymbol{b})\, \boldsymbol{c} = (0 - 6 - 2)(3\boldsymbol{i} - \boldsymbol{k}) = -8\,(3\boldsymbol{i} - \boldsymbol{k}) = -24\boldsymbol{i} + 8\boldsymbol{k}$

   $\boldsymbol{a}\,(\boldsymbol{b} \cdot \boldsymbol{c}) = (\boldsymbol{i} + 3\boldsymbol{j} - 2\boldsymbol{k})(0 + 0 - 1) = -\boldsymbol{i} - 3\boldsymbol{j} + 2\boldsymbol{k}$

   c) $|\boldsymbol{a}| = \sqrt{\boldsymbol{a}^2} = \sqrt{1 + 9 + 4} = \sqrt{14}$

   $|\boldsymbol{b}| = \sqrt{\boldsymbol{b}^2} = \sqrt{0 + 4 + 1} = \sqrt{5}$

   $|\boldsymbol{c}| = \sqrt{\boldsymbol{c}^2} = \sqrt{9 + 0 + 1} = \sqrt{10}$

3. Welchen Zahlenwert hat die Summe $\boldsymbol{u} \cdot \boldsymbol{x} + \boldsymbol{v} \cdot \boldsymbol{x} + \boldsymbol{w} \cdot \boldsymbol{x}$, wenn $\boldsymbol{u}$, $\boldsymbol{v}$, $\boldsymbol{w}$ die Seiten eines Dreiecks mit einheitlichem Umlaufsinn sind?

$$\boldsymbol{u} + \boldsymbol{v} = -\boldsymbol{w}$$

$$\boldsymbol{u} \cdot \boldsymbol{x} + \boldsymbol{v} \cdot \boldsymbol{x} - (\boldsymbol{u} + \boldsymbol{v}) \cdot \boldsymbol{x} = \boldsymbol{u} \cdot \boldsymbol{x} + \boldsymbol{v} \cdot \boldsymbol{x} - \boldsymbol{u} \cdot \boldsymbol{x} - \boldsymbol{v} \cdot \boldsymbol{x} = 0$$

4. Es ist zu zeigen, daß der Vektor $\dfrac{\boldsymbol{u} \cdot \boldsymbol{v}}{\boldsymbol{u}^2}\,\boldsymbol{u} - \boldsymbol{v}$ senkrecht auf $\boldsymbol{u}$ steht, unabhängig davon, welcher Vektor $\boldsymbol{v}$ verwendet wird.

$$\left(\frac{\boldsymbol{u} \cdot \boldsymbol{v}}{\boldsymbol{u}^2}\,\boldsymbol{u} - \boldsymbol{v}\right) \cdot \boldsymbol{u} = \frac{\boldsymbol{u} \cdot \boldsymbol{v}}{\boldsymbol{u}^2}\,\boldsymbol{u}^2 - \boldsymbol{u} \cdot \boldsymbol{v} = \boldsymbol{u} \cdot \boldsymbol{v} - \boldsymbol{u} \cdot \boldsymbol{v} = 0$$

   Die Orthogonalitätsbedingung ist erfüllt.

5. Welche Bedeutung haben $(\boldsymbol{a} \cdot \boldsymbol{b})^2$ und $\boldsymbol{a}^2\boldsymbol{b}^2$?

$$(\boldsymbol{a} \cdot \boldsymbol{b})^2 = [ab \cos \sphericalangle (\boldsymbol{a}, \boldsymbol{b})]^2 = a^2b^2 \cos^2 \sphericalangle (\boldsymbol{a}, \boldsymbol{b})$$

$$\boldsymbol{a}^2\boldsymbol{b}^2 = a^2b^2$$

6. Unter welchen Bedingungen ist die Gleichung $\boldsymbol{a} \cdot \boldsymbol{b} = \boldsymbol{a} \cdot \boldsymbol{c}$ erfüllt?

$$\boldsymbol{a} \cdot \boldsymbol{b} - \boldsymbol{a} \cdot \boldsymbol{c} = 0$$

$$\boldsymbol{a} \cdot (\boldsymbol{b} - \boldsymbol{c}) = 0$$

   Bedingungen: 1. $\boldsymbol{a} = \boldsymbol{o}$ oder

   2. $\boldsymbol{b} - \boldsymbol{c} = \boldsymbol{o}$, d.h., $\boldsymbol{b} = \boldsymbol{c}$ oder

   3. $\boldsymbol{a} \perp (\boldsymbol{b} - \boldsymbol{c})$, $\boldsymbol{a} \neq \boldsymbol{o}$, $\boldsymbol{b} - \boldsymbol{c} \neq \boldsymbol{o}$

7. Gegeben ist $\boldsymbol{a} = 5\boldsymbol{i} - 5\boldsymbol{j} + 4\boldsymbol{k}$, $\boldsymbol{b} = b_1\boldsymbol{i} + 2\boldsymbol{j}$. Wie groß muß b_1 sein, damit $\boldsymbol{a} \cdot \boldsymbol{b}$ gleich 1 wird?

$$\boldsymbol{a} \cdot \boldsymbol{b} = 1$$
$$5b_1 - 5 \cdot 2 + 4 \cdot 0 = 1$$
$$5b_1 = 11$$
$$b_1 = \tfrac{11}{5}$$
$$\boldsymbol{b} = \tfrac{11}{5}\,\boldsymbol{i} + 2\boldsymbol{j}$$

8. Der Angriffspunkt der Kraft $\boldsymbol{F} = 8\boldsymbol{i} - \boldsymbol{j} + 4\boldsymbol{k}$ (Einheit N) wird vom Punkt P_1 (1; −8; 2) zum Punkt P_2 (5; −1; 8) (Koordinaten in m) geradlinig verschoben. Man berechne a) die Größe der Kraft, b) den Vektor der Verschiebung $\boldsymbol{s}$, c) die auf den Körper zwischen P_1 und P_2 übertragene Energie.

a) $|\boldsymbol{F}| = \sqrt{64 + 11 + 6} = 9$. Die Kraft beträgt 9 N.

b) $\boldsymbol{s} = [5 - 1;\ (-1) - (-8);\ 8 - 2] = (4; 7; 6)$

c) $W = \boldsymbol{F} \cdot \boldsymbol{s} = (8; -1; 4) \cdot (4; 7; 6) = 49$. Die übertragene Energie ist 49 Nm.

13.7.5. Anwendungen

1. Berechnung der Winkel eines Dreiecks

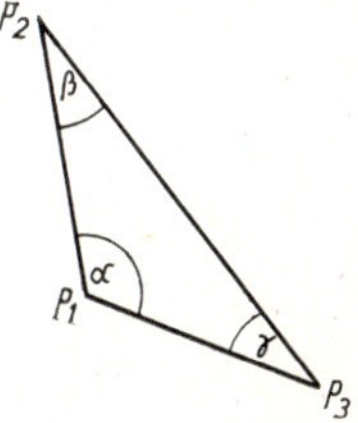

BEISPIEL

Man berechne die Winkel des Dreiecks mit den Eckpunkten

P_1 (2; 0; 1), P_2 (3; 1; −1),

P_3 (2; −2; 1).

Berechnung von α

$$\overrightarrow{P_1P_2} = (3 - 2; 1 - 0; -1 - 1) = (1; 1; -2)$$
$$\overrightarrow{P_1P_3} = (2 - 2; -2 - 0; 1 - 1) = (0; -2; 0)$$

$$\cos\alpha = \frac{1 \cdot 0 + 1(-2) + (-2) \cdot 0}{\sqrt{1 + 1 + 4} \cdot \sqrt{0 + 4 + 0}}$$
$$= \frac{-2}{2\sqrt{6}} = -\frac{1}{\sqrt{6}} = -\frac{1}{6}\sqrt{6}$$

$$\underline{\underline{\alpha = 114°06'}}$$

Entsprechend werden die beiden anderen Winkel berechnet.
Man erhält: $\beta = 29°12'$; $\gamma = 36°42'$.
Kontrolle: $\alpha + \beta + \gamma = 180°$

2. Cosinussatz der ebenen Trigonometrie

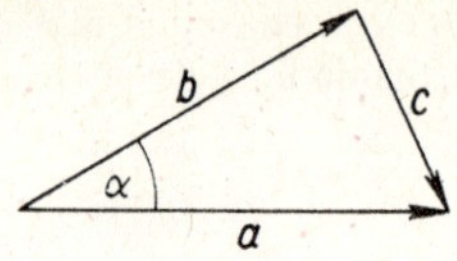

Multipliziert man in der Gleichung

$$c = a - b$$

jede Seite skalar mit sich selbst, so erhält man

$$c^2 = a^2 - 2a \cdot b + b^2$$

$$c^2 = a^2 + b^2 - 2ab \cos \alpha$$

Damit ist der Cosinussatz der ebenen Trigonometrie hergeleitet.

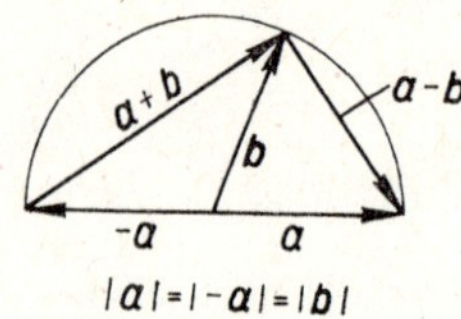

3. Satz des Thales

Der Satz des Thales ist vektoriell zu beweisen.

Ansatz: $(a + b) \cdot (a - b) = a^2 - b^2 = a^2 - b^2 = a^2 - a^2 = 0$

Die Orthogonalitätsbedingung ist erfüllt.

4. Komponentendarstellung eines Vektors mit Hilfe des skalaren Produktes

$$a = a_1 i + a_2 j + a_3 k$$

Skalare Multiplikation beider Seiten der Gleichung mit i ergibt

$$a \cdot i = a_1 i \cdot i + a_2 j \cdot i + a_3 k \cdot i$$

$$a \cdot i = a_1$$

$$a_1 = a \cdot i$$

Entsprechend erhält man $a_2 = a \cdot j$, $a_3 = a \cdot k$ und daraus

$$a = (a \cdot i)\, i + (a \cdot j)\, j + (a \cdot k)\, k$$

5. Komponente eines Vektors längs eines anderen

Die Komponente eines Vektors b in der Richtung a (Komponente von b längs a) wird b_a geschrieben. Die Komponente b'_a heißt Normalkomponente. Berechnung von b_a:

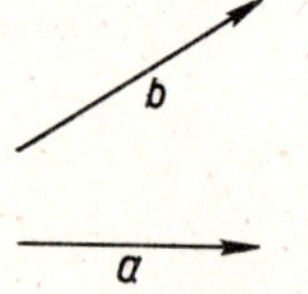

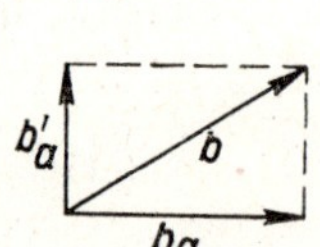

$$|b_a| = |b| \cos \sphericalangle (a, b)$$

$$b_a = |b| \cos \sphericalangle (a, b)\, a^0 = |b| \frac{a \cdot b}{|a|\,|b|} a^0$$

$$= \frac{a \cdot b}{|a|} \frac{a}{|a|} = \frac{a \cdot b}{a^2} a$$

$$b_a = \frac{a \cdot b}{a^2} a$$

Hinweis

$\boldsymbol{a} \cdot \boldsymbol{b}$, $\boldsymbol{a}^2$ und $\dfrac{\boldsymbol{a} \cdot \boldsymbol{b}}{\boldsymbol{a}^2}$ sind Skalare, $\dfrac{\boldsymbol{a} \cdot \boldsymbol{b}}{\boldsymbol{a}^2}\,\boldsymbol{a}$ ist aber ein Vektor und darf nicht etwa durch Kürzen vereinfacht werden.

Berechnung von $\boldsymbol{b}'_a$:

$$\boldsymbol{b}_a + \boldsymbol{b}'_a = \boldsymbol{b}$$

$$\boldsymbol{b}'_a = \boldsymbol{b} - \boldsymbol{b}_a$$

BEISPIEL

$$\boldsymbol{b} = -3\boldsymbol{i} + \boldsymbol{j} + 2\boldsymbol{k}; \quad \boldsymbol{a} = 2\boldsymbol{i} - \boldsymbol{j} + 3\boldsymbol{k}$$

$$\boldsymbol{b}_a = \frac{-6 - 1 + 6}{4 + 1 + 9}\,\boldsymbol{a} = -\frac{1}{14}(2\boldsymbol{i} - \boldsymbol{j} + 3\boldsymbol{k})$$

$$\boldsymbol{b}_a = -\tfrac{2}{14}\boldsymbol{i} + \tfrac{1}{14}\boldsymbol{j} - \tfrac{3}{14}\boldsymbol{k}$$

$$\boldsymbol{b}'_a = (-3\boldsymbol{i} + \boldsymbol{j} + 2\boldsymbol{k}) - \left(-\tfrac{2}{14}\boldsymbol{i} + \tfrac{1}{14}\boldsymbol{j} - \tfrac{3}{14}\boldsymbol{k}\right)$$

$$\boldsymbol{b}'_a = -\tfrac{40}{14}\boldsymbol{i} + \tfrac{13}{14}\boldsymbol{j} + \tfrac{31}{14}\boldsymbol{k}$$

Die Vektoren $\boldsymbol{b}_a$ und $\boldsymbol{a}$ sind entgegengesetzt gerichtet.

13.7.6. Unmöglichkeit der Umkehrung der skalaren Multiplikation

Die Vektoren $\boldsymbol{b}_1, \boldsymbol{b}_2, \boldsymbol{b}_3, \ldots$ haben dieselbe Projektion auf $\boldsymbol{a}$. Es ist also $\boldsymbol{a} \cdot \boldsymbol{b}_1 = \boldsymbol{a} \cdot \boldsymbol{b}_2 = \boldsymbol{a} \cdot \boldsymbol{b}_3 = \ldots$

Die Gleichung $\boldsymbol{a} \cdot \boldsymbol{b} = c$ hat für gegebene $\boldsymbol{a}$ und c keine Lösung, wenn $\boldsymbol{a} = \boldsymbol{o}$, $c \neq 0$ ist. Sie hat unendlich viele Lösungen für $\boldsymbol{a} \neq \boldsymbol{o}$ oder $c = 0$.

Der Quotient $\dfrac{c}{\boldsymbol{a}}$ ist daher sinnlos.

Zur skalaren Multiplikation gibt es keine inverse Operation.

In 13.3. wurden die komplexen Zahlen als Elemente (Vektoren) eines Vektorraumes gekennzeichnet. Daher entspricht der Addition zweier komplexer Zahlen z_1 und z_2 in der GAUSSschen Zahlenebene die Addition der Ortsvektoren, die zu z_1 bzw. z_2 gehören. Dagegen entspricht dem Produkt zweier komplexer Zahlen kein Produkt nach 13.7. bzw. 13.8. Damit hängt zusammen, daß die Division zweier komplexer Zahlen $\dfrac{z_1}{z_2}$ ($z_2 \neq 0$) definiert werden kann (vgl. 9.1.3. und 9.3.6.).

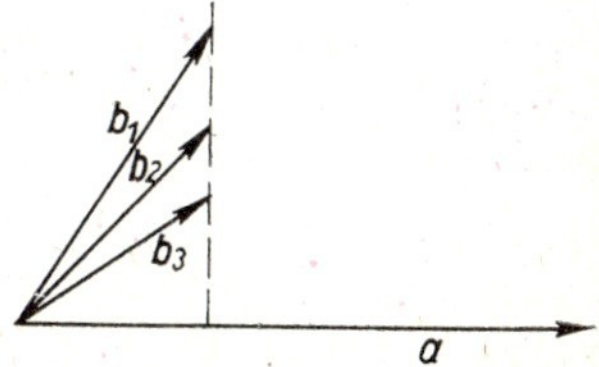

13.8. Vektorprodukt

13.8.1. Definition des Vektorproduktes

Ein Vektor ist durch Betrag und Richtung eindeutig bestimmt. Translationen und Geschwindigkeiten sind Beispiele für Größen, die von Natur aus diese Eigenschaften haben. Es gibt aber auch Größen, denen man diese Eigenschaften nachträglich zuweisen kann.

BEISPIEL

Jedem *Parallelogramm im Raum* läßt sich ein Vektor $\boldsymbol{v}$ zuordnen, der senkrecht auf der von $\boldsymbol{a}$ und $\boldsymbol{b}$ gebildeten Ebene steht und einen Betrag hat, der gleich dem Flächeninhalt des durch die Vektoren $\boldsymbol{a}$ und $\boldsymbol{b}$ bestimmten Parallelogramms ist:

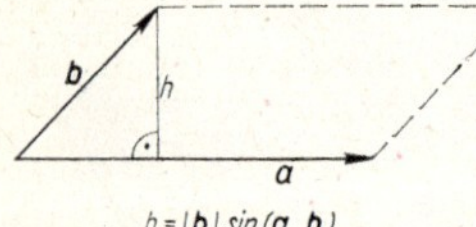

$$|\boldsymbol{v}| = |\boldsymbol{a}|\,|\boldsymbol{b}| \sin \sphericalangle (\boldsymbol{a}, \boldsymbol{b}).$$

$\boldsymbol{v}$ ist so orientiert, daß $\boldsymbol{a}$, $\boldsymbol{b}$, $\boldsymbol{v}$ in dieser Reihenfolge ein Rechtssystem bilden sollen. Mit $\boldsymbol{v}^0$ erhält man

$$\boldsymbol{v} = |\boldsymbol{a}|\,|\boldsymbol{b}| \sin \sphericalangle (\boldsymbol{a}, \boldsymbol{b})\, \boldsymbol{v}^0$$

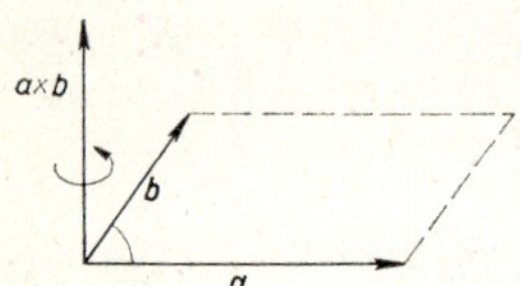

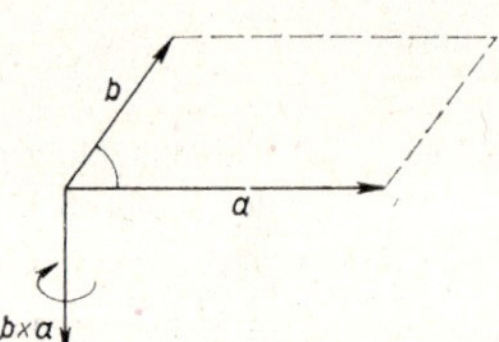

Man bezeichnet $\boldsymbol{v}$ als das **Vektorprodukt (vektorielles Produkt; äußeres Produkt; Kreuzprodukt)** der Vektoren $\boldsymbol{a}$ und $\boldsymbol{b}$ und schreibt

$$\boldsymbol{v} = \boldsymbol{a} \times \boldsymbol{b}$$

(sprich: Vektorprodukt $\boldsymbol{a}$, $\boldsymbol{b}$ oder $\boldsymbol{a}$ Kreuz $\boldsymbol{b}$).
Andere Schreibweisen: $[\boldsymbol{a}\,\boldsymbol{b}]$ oder $[\boldsymbol{a}, \boldsymbol{b}]$

Das Vektorprodukt $\boldsymbol{v} = \boldsymbol{a} \times \boldsymbol{b} = |\boldsymbol{a}|\,|\boldsymbol{b}| \sin \sphericalangle (\boldsymbol{a}, \boldsymbol{b})\, \boldsymbol{v}^0$ ist also wie folgt definiert:

a) $|\boldsymbol{v}| = v = ab \sin \sphericalangle (\boldsymbol{a}, \boldsymbol{b}) \quad (0 \leqq \sphericalangle (\boldsymbol{a}, \boldsymbol{b}) \leqq \pi)$

b) $\boldsymbol{v} \perp \boldsymbol{a}$

c) $\boldsymbol{v} \perp \boldsymbol{b}$

d) $\boldsymbol{a}$, $\boldsymbol{b}$, $\boldsymbol{v}$ bilden in dieser Reihenfolge ein Rechtssystem

Das Vektorprodukt ist im Gegensatz zum skalaren Produkt nicht ein Skalar, sondern ein *Vektor*.

Die vektorielle Multiplikation kann als Erweiterung der Berechnung des Flächeninhalts eines Rechteckes aus den Seiten aufgefaßt werden. Durch die Bildung des Vektorprodukts $\boldsymbol{a} \times \boldsymbol{b}$ sind von dem durch die Vektoren $\boldsymbol{a}$ und $\boldsymbol{b}$ bestimmten Parallelogramm festgelegt der Flächeninhalt durch $|\boldsymbol{v}|$, die Stellung im Raum durch die Ebene senkrecht zu $\boldsymbol{v}$ und der Umlaufsinn (von der Spitze des Vektors $\boldsymbol{v}$ aus gesehen erfolgt die kürzeste Drehung von $\boldsymbol{a}$ nach $\boldsymbol{b}$ im mathematisch positiven Sinne [Gegenuhrzeigersinn]). Über die Form des Parallelogramms, die in diesem Zusammenhang unwesentlich ist, sagt $\boldsymbol{v}$ nichts aus.
Die von $\boldsymbol{a}$ und $\boldsymbol{b}$ bestimmte Fläche nennt man auch **Plangröße,** den Vektor $\boldsymbol{a} \times \boldsymbol{b}$ ihre **Ergänzung.**
Allgemein kann jedes ebene Flächenstück im Raum durch einen Vektor dargestellt werden, dessen Betrag durch einen Flächeninhalt, dessen Richtung durch die Normalenrichtung und dessen Orientierung durch den Umlaufsinn des Ebenenstückes gegeben ist. Diese Vereinbarungen hat man mit Rücksicht auf geometrische und physikalische Zusammenhänge getroffen.

13.8.2. Moment einer Kraft

Ein starrer Körper sei um den festen Punkt O drehbar. Die im Punkt P angreifende Kraft $\boldsymbol{F}$, die mit dem Vektor $\overrightarrow{OP} = \boldsymbol{r}$ den Winkel $\sphericalangle(\boldsymbol{r}, \boldsymbol{F})$ bildet, bewirkt ein Drehmoment $\boldsymbol{M}$, dessen Achse senkrecht auf der Ebene von $\boldsymbol{r}$ und $\boldsymbol{F}$ steht und dessen Drehsinn dadurch bestimmt ist, daß $\boldsymbol{r}, \boldsymbol{F}, \boldsymbol{M}$ ein Rechtssystem bilden sollen.
Es hat den Betrag

$$|\boldsymbol{M}| = M = |\boldsymbol{r}|\,|\boldsymbol{F}|,$$

falls $\boldsymbol{r}$ und $\boldsymbol{F}$ aufeinander senkrecht stehen.

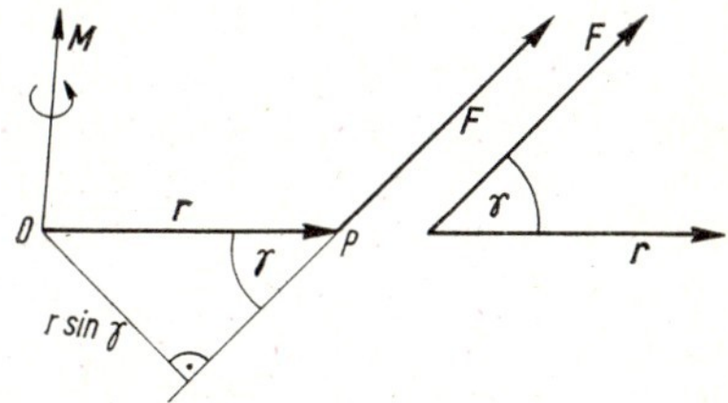

Wenn aber $\boldsymbol{r}$ mit $\boldsymbol{F}$ einen Winkel $\sphericalangle(\boldsymbol{r}, \boldsymbol{F})$ einschließt, so erhält man ein Drehmoment vom Betrage

$$|\boldsymbol{M}| = |\boldsymbol{r}|\,|\boldsymbol{F}| \sin \sphericalangle(\boldsymbol{r}, \boldsymbol{F})$$

Das Produkt $rF \sin \sphericalangle(\boldsymbol{r}, \boldsymbol{F})$ stellt den Flächeninhalt des von den Vektoren $\boldsymbol{r}$ und $\boldsymbol{F}$ bestimmten Parallelogramms dar.

Es ist naheliegend, das Drehmoment $\boldsymbol{M}$ durch das Vektorprodukt $\boldsymbol{r} \times \boldsymbol{F}$ darzustellen. Es ist durch folgende Eigenschaften charakterisiert:

$\boldsymbol{M} \perp \boldsymbol{r}$; $\boldsymbol{M} \perp \boldsymbol{F}$; $\boldsymbol{r}, \boldsymbol{F}, \boldsymbol{M}$ ein Rechtssystem; $|\boldsymbol{M}| = rF \sin \sphericalangle (\boldsymbol{r}, \boldsymbol{F})$ $(0 \leqq \sphericalangle (\boldsymbol{r}, \boldsymbol{F}) \leqq \pi)$.

Die Vektorgleichung $\boldsymbol{M} = \boldsymbol{r} \times \boldsymbol{F}$ ist inhaltsreicher als die gewöhnliche Gleichung $M = rF \sin \sphericalangle (\boldsymbol{r}, \boldsymbol{F})$, da sie nicht nur den Betrag, sondern auch die Drehebene und den Drehsinn angibt.

13.8.3. Rechengesetze für das Vektorprodukt

a) Der Vektor $\boldsymbol{b} \times \boldsymbol{a}$ ist der entgegengesetzte Vektor zu $\boldsymbol{a} \times \boldsymbol{b}$. Das Kommutativgesetz gilt für die vektorielle Multiplikation also nicht. An seine Stelle tritt das **Alternativgesetz** [alternare (lat.) abwechseln]:

$$\boldsymbol{a} \times \boldsymbol{b} = -\boldsymbol{b} \times \boldsymbol{a}.$$

b) Hinsichtlich der Multiplikation mit einem Skalar gilt das **Assoziativgesetz:**

$$(\lambda \boldsymbol{a}) \times \boldsymbol{b} = \boldsymbol{a} \times (\lambda \boldsymbol{b}) = \lambda (\boldsymbol{a} \times \boldsymbol{b}) = \lambda \boldsymbol{a} \times \boldsymbol{b}.$$

c) **Dreifache Vektorprodukte** zu bilden ist erlaubt. Für sie gilt aber das Assoziativgesetz im allgemeinen nicht:

$$\boldsymbol{a} \times (\boldsymbol{b} \times \boldsymbol{c}) \neq (\boldsymbol{a} \times \boldsymbol{b}) \times \boldsymbol{c}.$$

d) Dagegen bleibt das **Distributivgesetz** erhalten:

$$\boldsymbol{a} \times (\boldsymbol{b} + \boldsymbol{c}) = \boldsymbol{a} \times \boldsymbol{b} + \boldsymbol{a} \times \boldsymbol{c} \quad \text{und}$$

$$(\boldsymbol{b} + \boldsymbol{c}) \times \boldsymbol{a} = \boldsymbol{b} \times \boldsymbol{a} + \boldsymbol{c} \times \boldsymbol{a}.$$

Beachte:

1. Es gilt auch dann, wenn in der Klammer eine Differenz steht; also z.B.

$$\boldsymbol{a} \times (\boldsymbol{b} - \boldsymbol{c}) = \boldsymbol{a} \times \boldsymbol{b} - \boldsymbol{a} \times \boldsymbol{c}.$$

2. Beim Auflösen der Klammern ist streng auf die Reihenfolge der Faktoren zu achten wegen der Nichtkommutativität der vektoriellen Multiplikation.
3. Das Distributivgesetz kann auch auf mehr als zwei Summanden angewendet werden.

Besondere Fälle

a) Aus $\boldsymbol{a} \times \boldsymbol{b} = \boldsymbol{o}$ mit $\boldsymbol{a} \neq \boldsymbol{o}$ und $\boldsymbol{b} \neq \boldsymbol{o}$ folgt die Parallelität von $\boldsymbol{a}$ und $\boldsymbol{b}$, da $\sin \sphericalangle (\boldsymbol{a}, \boldsymbol{b}) = 0$ sein muß. Dann ist $\sphericalangle (\boldsymbol{a}, \boldsymbol{b})$ gleich Null oder π. Die Vektoren $\boldsymbol{a}$ und $\boldsymbol{b}$ haben gleiche Richtung und gleiche oder entgegengesetzte Orientierung. Auch die Umkehrung gilt: Das Vektorprodukt zweier kollinearer Vektoren ist gleich Null.
Ist $\boldsymbol{a} \times \boldsymbol{b} = \boldsymbol{o}$, so kann also $\boldsymbol{a} = \boldsymbol{o}$ oder $\boldsymbol{b} = \boldsymbol{o}$ oder $\boldsymbol{a} \parallel \boldsymbol{b}$ sein.

b) Für $\boldsymbol{a} \perp \boldsymbol{b}$ gilt wegen $\sin \sphericalangle (\boldsymbol{a}, \boldsymbol{b}) = \sin \frac{\pi}{2} = 1$

$$|\boldsymbol{a} \times \boldsymbol{b}| = ab.$$

Auch das Vektorprodukt liefert also eine *Orthogonalitätsbedingung*. Sie ist aber weniger gebräuchlich als die Bedingung $\boldsymbol{a} \cdot \boldsymbol{b} = 0$.

c) Ferner gilt $\boldsymbol{a} \times \boldsymbol{a} = \boldsymbol{o}$ wegen $\sin \sphericalangle (\boldsymbol{a}, \boldsymbol{a}) = 0$.
Im Gegensatz zum skalaren Produkt wird beim Vektorprodukt das Quadratsymbol nicht verwendet.

BEISPIELE

1. Es ist $(\boldsymbol{a} - \boldsymbol{b}) \times (\boldsymbol{a} + \boldsymbol{b})$ zu berechnen.

   Lösung:

$$\begin{aligned} &\boldsymbol{a} \times \boldsymbol{a} + \boldsymbol{a} \times \boldsymbol{b} - \boldsymbol{b} \times \boldsymbol{a} - \boldsymbol{b} \times \boldsymbol{b} \\ &= \boldsymbol{o} + \boldsymbol{a} \times \boldsymbol{b} + \boldsymbol{a} \times \boldsymbol{b} - \boldsymbol{o} \\ &= \underline{\underline{2\boldsymbol{a} \times \boldsymbol{b}}} \end{aligned}$$

2. Die Summe $\boldsymbol{a} \times \boldsymbol{b} + \boldsymbol{b} \times \boldsymbol{c} + \boldsymbol{c} \times \boldsymbol{a}$ ist zu einem einzigen Vektorprodukt zusammenzufassen.

   Lösung:

   Mit $\boldsymbol{b} \times \boldsymbol{b} = \boldsymbol{o}$ erhält man

$$\begin{aligned} &\boldsymbol{a} \times \boldsymbol{b} - \boldsymbol{a} \times \boldsymbol{c} - \boldsymbol{b} \times \boldsymbol{b} + \boldsymbol{b} \times \boldsymbol{c} \\ &= \underline{\underline{(\boldsymbol{a} - \boldsymbol{b}) \times (\boldsymbol{b} - \boldsymbol{c})}} \end{aligned}$$

3. Es ist $(\boldsymbol{a} \times \boldsymbol{b})^2 + (\boldsymbol{a} \cdot \boldsymbol{b})^2$ zu berechnen.

   Lösung:

$$\begin{aligned} (\boldsymbol{a} \times \boldsymbol{b})^2 &= |\boldsymbol{a} \times \boldsymbol{b}|^2 = a^2 b^2 \sin^2 \sphericalangle (\boldsymbol{a}, \boldsymbol{b}) \\ (\boldsymbol{a} \cdot \boldsymbol{b})^2 &= [ab \cos \sphericalangle (\boldsymbol{a}, \boldsymbol{b})]^2 = a^2 b^2 \cos^2 \sphericalangle (\boldsymbol{a}, \boldsymbol{b}) \\ (\boldsymbol{a} \times \boldsymbol{b})^2 + (\boldsymbol{a} \cdot \boldsymbol{b})^2 &= a^2 b^2 [\sin^2 \sphericalangle (\boldsymbol{a}, \boldsymbol{b}) + \cos^2 \sphericalangle (\boldsymbol{a}, \boldsymbol{b})] \\ &= \underline{\underline{a^2 b^2}} \end{aligned}$$

   Daraus folgt die Beziehung

$$\boxed{(\boldsymbol{a} \times \boldsymbol{b})^2 = a^2 b^2 - (\boldsymbol{a} \cdot \boldsymbol{b})^2}$$

   Diese Formel gestattet die Berechnung des Betrages des Kreuzproduktes zweier Vektoren aus ihren skalaren Komponenten.

13.8.4. Vektorprodukt in Komponentendarstellung

Für die **Basisvektoren** gelten folgende Beziehungen:

$$\boldsymbol{i}\times\boldsymbol{i} = \boldsymbol{j}\times\boldsymbol{j} = \boldsymbol{k}\times\boldsymbol{k} = \boldsymbol{o}$$

$$\boldsymbol{i}\times\boldsymbol{j} = -\boldsymbol{j}\times\boldsymbol{i} = \boldsymbol{k}$$

$$\boldsymbol{j}\times\boldsymbol{k} = -\boldsymbol{k}\times\boldsymbol{j} = \boldsymbol{i}$$

$$\boldsymbol{k}\times\boldsymbol{i} = -\boldsymbol{i}\times\boldsymbol{k} = \boldsymbol{j}$$

Merkhilfe: Die Basisvektoren i, j, k werden im Sinne des Uhrzeigers im Kreise angeordnet. Das Kreuzprodukt zweier aufeinanderfolgenden Basisvektoren ist gleich dem dritten, und zwar mit positivem Zeichen bei Bewegung mit dem Uhrzeiger, mit negativem Zeichen bei Bewegung gegen ihn.

BEISPIELE

1. Man berechne $(-\boldsymbol{j}\times\boldsymbol{i})\times[\boldsymbol{i}\times(-\boldsymbol{k})]$.

   Lösung:

$$\begin{aligned}&(\boldsymbol{i}\times\boldsymbol{j})\times(\boldsymbol{k}\times\boldsymbol{i})\\ &\quad= \boldsymbol{k}\times\boldsymbol{j}\\ &\quad= \underline{\underline{-\boldsymbol{i}}}\end{aligned}$$

2. Es ist die Gültigkeit des Assoziativgesetzes für
   a) $(\boldsymbol{i}\times\boldsymbol{j})\times\boldsymbol{k}$,
   b) $(\boldsymbol{i}\times\boldsymbol{j})\times\boldsymbol{j}$ zu untersuchen.

   Lösung:

   a) $(\boldsymbol{i}\times\boldsymbol{j})\times\boldsymbol{k} = \boldsymbol{k}\times\boldsymbol{k} = \boldsymbol{o}$ $\qquad$ $\boldsymbol{i}\times(\boldsymbol{j}\times\boldsymbol{k}) = \boldsymbol{i}\times\boldsymbol{i} = \boldsymbol{o}$

   b) $(\boldsymbol{i}\times\boldsymbol{j})\times\boldsymbol{j} = \boldsymbol{k}\times\boldsymbol{j} = -\boldsymbol{i}$ $\qquad$ $\boldsymbol{i}\times(\boldsymbol{j}\times\boldsymbol{j}) = \boldsymbol{i}\times\boldsymbol{o} = \boldsymbol{o}$

   Ergebnis: Das Assoziativgesetz gilt im allgemeinen nicht.

Vektorprodukt in Komponentendarstellung

Es sei $\quad \boldsymbol{a} = a_1\boldsymbol{i} + a_2\boldsymbol{j} + a_3\boldsymbol{k}$ und $\boldsymbol{b} = b_1\boldsymbol{i} + b_2\boldsymbol{j} + b_3\boldsymbol{k}$.

Dann folgt:

$$\begin{aligned}\boldsymbol{a}\times\boldsymbol{b} &= (a_1\boldsymbol{i} + a_2\boldsymbol{j} + a_3\boldsymbol{k})\times(b_1\boldsymbol{i} + b_2\boldsymbol{j} + b_3\boldsymbol{k})\\ &= a_1b_1\boldsymbol{i}\times\boldsymbol{i} + a_1b_2\boldsymbol{i}\times\boldsymbol{j} + a_1b_3\boldsymbol{i}\times\boldsymbol{k} + a_2b_1\boldsymbol{j}\times\boldsymbol{i}\\ &\quad + a_2b_2\boldsymbol{j}\times\boldsymbol{j} + a_2b_3\boldsymbol{j}\times\boldsymbol{k} + a_3b_1\boldsymbol{k}\times\boldsymbol{i} + a_3b_2\boldsymbol{k}\times\boldsymbol{j}\\ &\quad + a_3b_3\boldsymbol{k}\times\boldsymbol{k}\\ &= a_1b_2\boldsymbol{k} - a_1b_3\boldsymbol{j} - a_2b_1\boldsymbol{k} + a_2b_3\boldsymbol{i} + a_3b_1\boldsymbol{j} - a_3b_2\boldsymbol{i}\\ &= (a_2b_3 - a_3b_2)\,\boldsymbol{i} + (a_3b_1 - a_1b_3)\,\boldsymbol{j} + (a_1b_2 - a_2b_1)\,\boldsymbol{k}\end{aligned}$$

Mit Determinanten erhält man die einprägsame Form:

$$\boldsymbol{a}\times\boldsymbol{b} = \begin{vmatrix} \boldsymbol{i} & \boldsymbol{j} & \boldsymbol{k} \\ a_1 & a_2 & a_3 \\ b_1 & b_2 & b_3 \end{vmatrix}$$

BEISPIELE

1. $\boldsymbol{a} = 2\boldsymbol{i} - 3\boldsymbol{k}$, $\boldsymbol{b} = \boldsymbol{i} + 5\boldsymbol{j} + 4\boldsymbol{k}$. Man berechne $\boldsymbol{a}\times\boldsymbol{b}$.

$$\boldsymbol{a}\times\boldsymbol{b} = 15\boldsymbol{i} - 11\boldsymbol{j} + 10\boldsymbol{k}$$

Es muß gelten: $\boldsymbol{a}\times\boldsymbol{b} \perp \boldsymbol{a}$. Anwendung der Orthogonalitätsbedingung ergibt

$$(15\boldsymbol{i} - 11\boldsymbol{j} + 10\boldsymbol{k})\cdot(2\boldsymbol{i} - 3\boldsymbol{k}) = 15\cdot 2 - 10\cdot 3 = 0.$$

Wegen $\boldsymbol{a}\times\boldsymbol{b} \perp \boldsymbol{b}$ erhält man

$$(15\boldsymbol{i} - 11\boldsymbol{j} + 10\boldsymbol{k})\cdot(\boldsymbol{i} + 5\boldsymbol{j} + 4\boldsymbol{k}) = 15 - 55 + 40 = 0$$

2. Die Vektoren $\boldsymbol{a} = 2\boldsymbol{i} + \boldsymbol{j}$, $\boldsymbol{b} = \boldsymbol{i} - \boldsymbol{k}$, $\boldsymbol{c} = -3\boldsymbol{i} - \boldsymbol{j} + \boldsymbol{k}$ erfüllen die Bedingung $\boldsymbol{a} + \boldsymbol{b} + \boldsymbol{c} = \boldsymbol{o}$.
   a) Welche Beziehung besteht zwischen $\boldsymbol{a}\times\boldsymbol{b}$, $\boldsymbol{b}\times\boldsymbol{c}$ und $\boldsymbol{c}\times\boldsymbol{a}$?
   b) Das Ergebnis ist geometrisch zu deuten.

   a) $\boldsymbol{a}\times\boldsymbol{b} = -\boldsymbol{i} + 2\boldsymbol{j} - \boldsymbol{k}$
   $\boldsymbol{b}\times\boldsymbol{c} = -\boldsymbol{i} + 2\boldsymbol{j} - \boldsymbol{k}$
   $\boldsymbol{c}\times\boldsymbol{a} = -\boldsymbol{i} + 2\boldsymbol{j} - \boldsymbol{k}$

   Die drei Vektorprodukte sind einander gleich.
   Das ergibt auch die allgemeine Rechnung:

$$\boldsymbol{a} + \boldsymbol{b} + \boldsymbol{c} = \boldsymbol{o}; \quad \boldsymbol{a} + \boldsymbol{b} = -\boldsymbol{c}$$

$$\boldsymbol{b}\times\boldsymbol{c} = -\boldsymbol{c}\times\boldsymbol{b} = (\boldsymbol{a} + \boldsymbol{b})\times\boldsymbol{b} = \boldsymbol{a}\times\boldsymbol{b} + \boldsymbol{b}\times\boldsymbol{b}$$

$$= \boldsymbol{a}\times\boldsymbol{b} + \boldsymbol{o} = \boldsymbol{a}\times\boldsymbol{b}$$

   Entsprechend ergibt sich $\boldsymbol{c}\times\boldsymbol{a} = \boldsymbol{a}\times\boldsymbol{b}$.

   b) $|\boldsymbol{a}\times\boldsymbol{b}| = |\boldsymbol{b}\times\boldsymbol{c}| = |\boldsymbol{c}\times\boldsymbol{a}| = \sqrt{(-1)^2 + 2^2 + (-1)^2} = \sqrt{6}$
   (Maßzahl des Flächeninhaltes des von den Vektoren $\boldsymbol{a}$ und $\boldsymbol{b}$ bzw. $\boldsymbol{b}$ und $\boldsymbol{c}$ bzw. $\boldsymbol{c}$ und $\boldsymbol{a}$ aufgespannten Parallelogramms)

13.8.5. Anwendungen

1. Flächeninhalt eines Dreiecks

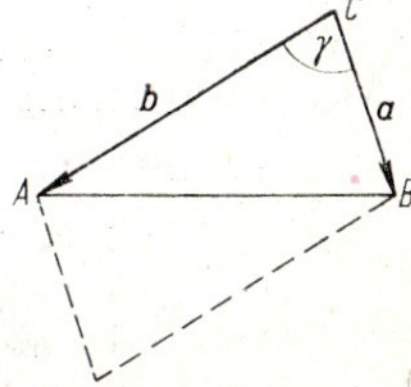

Der Betrag der Vektorprodukte $a\times b$, $b\times c$, $c\times a$ ist gleich dem doppelten Flächeninhalt des von den Vektoren $\boldsymbol{a}$, $\boldsymbol{b}$, $\boldsymbol{c}$ gebildeten Dreiecks.

$$A = \tfrac{1}{2}\,|\boldsymbol{a}\times\boldsymbol{b}| = \tfrac{1}{2}\,ab\sin\gamma,$$

da $|\boldsymbol{a}\times\boldsymbol{b}| = 2A$ die Fläche des von $\boldsymbol{a}$ und $\boldsymbol{b}$ aufgespannten Parallelogramms ist.

BEISPIEL

Es ist der Flächeninhalt des Dreiecks zu berechnen, dessen Eckpunkte $P_1\,(2;\,5;\,3)$, $P_2\,(1;\,-1;\,4)$, $P_3\,(-2;\,5;\,3)$ sind.

$$\overrightarrow{OP_1} = \boldsymbol{r}_1;\quad \overrightarrow{OP_2} = \boldsymbol{r}_2;\quad \overrightarrow{OP_3} = \boldsymbol{r}_3$$

$$\overrightarrow{P_1P_2} = \boldsymbol{r}_2 - \boldsymbol{r}_1 = (-1;\,-6;\,1)$$

$$\overrightarrow{P_1P_3} = \boldsymbol{r}_3 - \boldsymbol{r}_1 = (-4;\,0;\,0)$$

$$(\boldsymbol{r}_2 - \boldsymbol{r}_1)\times(\boldsymbol{r}_3 - \boldsymbol{r}_1) = -4\boldsymbol{j} - 24\boldsymbol{k}$$

$$A = \tfrac{1}{2}\,|(\boldsymbol{r}_2 - \boldsymbol{r}_1)\times(\boldsymbol{r}_3 - \boldsymbol{r}_1)| = \tfrac{1}{2}\sqrt{0 + 16 + 576} = \tfrac{1}{2}\sqrt{592}$$

2. Sinussatz der ebenen Trigonometrie

Um den Sinussatz herzuleiten, multipliziert man die Vektorgleichung

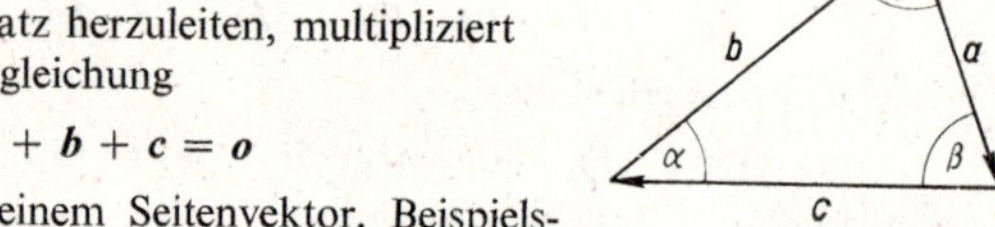

$$\boldsymbol{a} + \boldsymbol{b} + \boldsymbol{c} = \boldsymbol{o}$$

vektoriell mit einem Seitenvektor. Beispielsweise ergibt die vektorielle Multiplikation mit $\boldsymbol{a}$:

$$\boldsymbol{a}\times(\boldsymbol{a} + \boldsymbol{b} + \boldsymbol{c}) = \boldsymbol{a}\times\boldsymbol{o}$$

$$\boldsymbol{a}\times\boldsymbol{a} + \boldsymbol{a}\times\boldsymbol{b} + \boldsymbol{a}\times\boldsymbol{c} = \boldsymbol{o}$$

$$\boldsymbol{o} + \boldsymbol{a}\times\boldsymbol{b} - \boldsymbol{c}\times\boldsymbol{a} = \boldsymbol{o}$$

$$\boldsymbol{a}\times\boldsymbol{b} = \boldsymbol{c}\times\boldsymbol{a}$$

$$|\boldsymbol{a}\times\boldsymbol{b}| = |\boldsymbol{c}\times\boldsymbol{a}|$$

$$ab\sin\gamma = ca\sin\beta$$

$$b : c = \sin\beta : \sin\gamma$$

3. Satz über geschlossene konvexe Polyeder

Es gilt der Satz: Für jedes geschlossene konvexe Polyeder verschwindet die Summe der nach außen orientierten Flächenvektoren.

BEISPIEL

Dreiseitige Pyramide

Bezeichnet man die von einer Ecke nach den drei anderen führenden Vektoren mit $\boldsymbol{a}$, $\boldsymbol{b}$, $\boldsymbol{c}$, so erhält man für die drei in der Spitze zusammenstoßenden Dreiecke die Vektoren $\frac{1}{2}\boldsymbol{a}\times\boldsymbol{b}$, $\frac{1}{2}\boldsymbol{b}\times\boldsymbol{c}$, $\frac{1}{2}\boldsymbol{c}\times\boldsymbol{a}$ und für die Grundfläche $\frac{1}{2}(\boldsymbol{c} - \boldsymbol{a})\times(\boldsymbol{b} - \boldsymbol{a})$. Die Addition dieser vier Vektoren ergibt den Nullvektor:

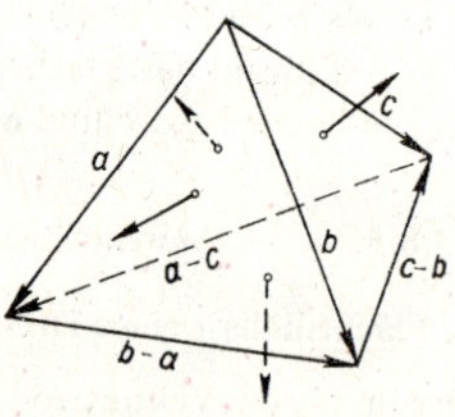

$$\begin{aligned}
&\tfrac{1}{2}\boldsymbol{a}\times\boldsymbol{b} + \tfrac{1}{2}\boldsymbol{b}\times\boldsymbol{c} + \tfrac{1}{2}\boldsymbol{c}\times\boldsymbol{a} + \tfrac{1}{2}(\boldsymbol{c} - \boldsymbol{a})\times(\boldsymbol{b} - \boldsymbol{a})\\
&\quad = \tfrac{1}{2}\,\boldsymbol{a}\times\boldsymbol{b} + \tfrac{1}{2}\,\boldsymbol{b}\times\boldsymbol{c} + \tfrac{1}{2}\,\boldsymbol{c}\times\boldsymbol{a}\\
&\qquad + \tfrac{1}{2}\,\boldsymbol{c}\times\boldsymbol{b} - \tfrac{1}{2}\,\boldsymbol{a}\times\boldsymbol{b} - \tfrac{1}{2}\,\boldsymbol{c}\times\boldsymbol{a} + \tfrac{1}{2}\,\boldsymbol{a}\times\boldsymbol{a}\\
&\quad = \tfrac{1}{2}\,\boldsymbol{b}\times\boldsymbol{c} - \tfrac{1}{2}\,\boldsymbol{b}\times\boldsymbol{c} = \boldsymbol{o}
\end{aligned}$$

Die Summe der nach außen gerichteten Flächenvektoren eines beliebigen konvexen Polyeders ergibt aber auch den Nullvektor, da es aus dreiseitigen Pyramiden zusammengesetzt werden kann.

4. Drehmoment

Eine Kraft von 84 N wirkt in Richtung des Vektors $6\boldsymbol{i} + 3\boldsymbol{j} + 2\boldsymbol{k}$. Der Hebelarm (Länge in cm) ist gegeben durch den Vektor $3\boldsymbol{i} - \boldsymbol{j} + \boldsymbol{k}$. Welches Drehmoment bewirkt die Kraft?

$$\boldsymbol{M} = \boldsymbol{r} \times \boldsymbol{F}$$

$$\boldsymbol{r} = 3\boldsymbol{i} - \boldsymbol{j} + \boldsymbol{k}$$

Einheitsvektor der Kraft:

$$\frac{6\boldsymbol{i} + 3\boldsymbol{j} + 2\boldsymbol{k}}{\sqrt{36 + 9 + 4}} = \frac{1}{7}(6\boldsymbol{i} + 3\boldsymbol{j} + 2\boldsymbol{k})$$

Vektor der Kraft:

$$84 \cdot \tfrac{1}{7}(6\boldsymbol{i} + 3\boldsymbol{j} + 2\boldsymbol{k}) = 72\boldsymbol{i} + 36\boldsymbol{j} + 24\boldsymbol{k}$$

$$\boldsymbol{M} = (3\boldsymbol{i} - \boldsymbol{j} + \boldsymbol{k}) \times (72\boldsymbol{i} + 36\boldsymbol{j} + 24\boldsymbol{k}) = -60\boldsymbol{i} + 180\boldsymbol{k}$$

$$|\boldsymbol{M}| = \sqrt{60^2 + 180^2} = \sqrt{36000} \approx 190$$

Das Drehmoment hat den Betrag von rund 190 Ncm = 1,9 Nm.

13.8.6. Unmöglichkeit der Umkehrung des Vektorproduktes

Ebenso wie die skalare Multiplikation läßt auch die vektorielle Multiplikation keine Umkehrung zu. Es gilt

$$\boldsymbol{c} = \boldsymbol{a} \times \boldsymbol{b}_1 = \boldsymbol{a} \times \boldsymbol{b}_2 = \boldsymbol{a} \times \boldsymbol{b}_3 = \ldots$$

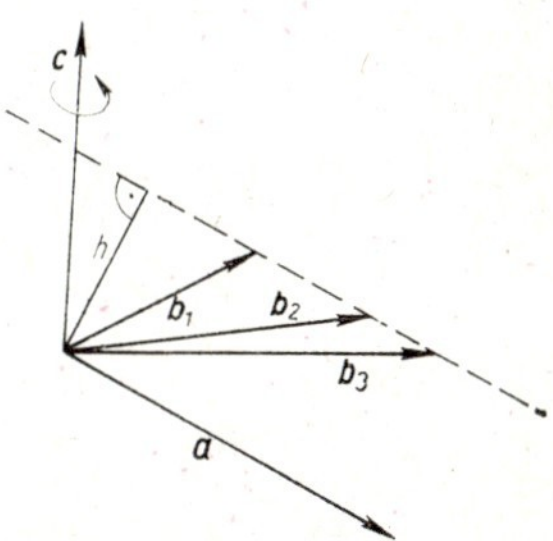

Die von $\boldsymbol{a}$ und $\boldsymbol{b}_1$ bzw. $\boldsymbol{b}_2$ bzw. $\boldsymbol{b}_3$ bestimmten Parallelogramme stimmen im Flächeninhalt überein, da sie dieselbe Höhe h haben. Es gibt unendlich viele Vektoren $\boldsymbol{b}$, die die Gleichung $\boldsymbol{c} = \boldsymbol{a} \times \boldsymbol{b}$ bei gegebenen $\boldsymbol{c}$ und $\boldsymbol{a}$ $(\boldsymbol{c} \perp \boldsymbol{a})$ erfüllen. Die vektorielle Multiplikation läßt keine Umkehrung zu (vgl. 13.7.6.).

13.8.7. Zusammenfassende Übersicht zum Skalarprodukt und zum Vektorprodukt

Name	Skalarprodukt (inneres Produkt)	Vektorprodukt (äußeres Produkt)
Symbol Sprechart Definition	$\boldsymbol{a} \cdot \boldsymbol{b}$ $\boldsymbol{a}$ Punkt $\boldsymbol{b}$ $\boldsymbol{a} \cdot \boldsymbol{b} = ab \cos \sphericalangle (\boldsymbol{a}, \boldsymbol{b})$ $\boldsymbol{a} \cdot \boldsymbol{b}$ ist ein Skalar	$\boldsymbol{a} \times \boldsymbol{b}$ $\boldsymbol{a}$ Kreuz $\boldsymbol{b}$ $\lvert\boldsymbol{a} \times \boldsymbol{b}\rvert = ab \sin \sphericalangle (\boldsymbol{a}, \boldsymbol{b})$ $\boldsymbol{a} \times \boldsymbol{b} \perp \boldsymbol{a}$; $\boldsymbol{a} \times \boldsymbol{b} \perp \boldsymbol{b}$ $\boldsymbol{a}, \boldsymbol{b}, \boldsymbol{a} \times \boldsymbol{b}$ bilden in dieser Reihenfolge ein Rechtssystem $\boldsymbol{a} \times \boldsymbol{b}$ ist ein Vektor
Gesetze	Kommutativgesetz $\boldsymbol{a} \cdot \boldsymbol{b} = \boldsymbol{b} \cdot \boldsymbol{a}$	Alternativgesetz $\boldsymbol{a} \times \boldsymbol{b} = -(\boldsymbol{b} \times \boldsymbol{a})$
	Assoziativgesetz für die Multiplikation mit einem Skalar $(\lambda \boldsymbol{a}) \cdot \boldsymbol{b} = \boldsymbol{a} \cdot (\lambda \boldsymbol{b})$ $= \lambda (\boldsymbol{a} \cdot \boldsymbol{b}) = \lambda \boldsymbol{a} \cdot \boldsymbol{b}$ Distributivgesetz $\boldsymbol{a} \cdot (\boldsymbol{b} + \boldsymbol{c}) = \boldsymbol{a} \cdot \boldsymbol{b} + \boldsymbol{a} \cdot \boldsymbol{c}$	 $(\lambda \boldsymbol{a}) \times \boldsymbol{b} = \boldsymbol{a} \times (\lambda \boldsymbol{b})$ $= \lambda (\boldsymbol{a} \times \boldsymbol{b}) = \lambda \boldsymbol{a} \times \boldsymbol{b}$ Distributivgesetze $\boldsymbol{a} \times (\boldsymbol{b} + \boldsymbol{c}) = \boldsymbol{a} \times \boldsymbol{b} + \boldsymbol{a} \times \boldsymbol{c}$ $(\boldsymbol{b} + \boldsymbol{c}) \times \boldsymbol{a} = \boldsymbol{b} \times \boldsymbol{a} + \boldsymbol{c} \times \boldsymbol{a}$
Umkehrung	keine Umkehrung möglich	keine Umkehrung möglich
Sonderfälle $\boldsymbol{a} \perp \boldsymbol{b}$ $\boldsymbol{a} \uparrow\uparrow \boldsymbol{b}$ $\boldsymbol{a} \uparrow\downarrow \boldsymbol{b}$	 $\boldsymbol{a} \cdot \boldsymbol{b} = 0$ $\boldsymbol{a} \cdot \boldsymbol{b} = ab$ $\boldsymbol{a} \cdot \boldsymbol{b} = -ab$	 $\lvert\boldsymbol{a} \times \boldsymbol{b}\rvert = ab$ $\left.\begin{matrix} \\ \end{matrix}\right\rbrace \boldsymbol{a} \times \boldsymbol{b} = \boldsymbol{o}$
Basisvektoren	$\boldsymbol{i} \cdot \boldsymbol{i} = \boldsymbol{j} \cdot \boldsymbol{j} = \boldsymbol{k} \cdot \boldsymbol{k} = 1$ $\boldsymbol{i} \cdot \boldsymbol{j} = \boldsymbol{j} \cdot \boldsymbol{i} = 0$ $\boldsymbol{j} \cdot \boldsymbol{k} = \boldsymbol{k} \cdot \boldsymbol{j} = 0$ $\boldsymbol{k} \cdot \boldsymbol{i} = \boldsymbol{i} \cdot \boldsymbol{k} = 0$	$\boldsymbol{i} \times \boldsymbol{i} = \boldsymbol{j} \times \boldsymbol{j} = \boldsymbol{k} \times \boldsymbol{k} = \boldsymbol{o}$ $\boldsymbol{i} \times \boldsymbol{j} = \boldsymbol{k} \quad \boldsymbol{j} \times \boldsymbol{i} = -\boldsymbol{k}$ $\boldsymbol{j} \times \boldsymbol{k} = \boldsymbol{i} \quad \boldsymbol{k} \times \boldsymbol{j} = -\boldsymbol{i}$ $\boldsymbol{k} \times \boldsymbol{i} = \boldsymbol{j} \quad \boldsymbol{i} \times \boldsymbol{k} = -\boldsymbol{j}$
Komponentenschreibweise	$\boldsymbol{a} \cdot \boldsymbol{b} = a_1 b_1 + a_2 b_2 + a_3 b_3$	$\boldsymbol{a} \times \boldsymbol{b} = \begin{vmatrix} \boldsymbol{i} & \boldsymbol{j} & \boldsymbol{k} \\ a_1 & a_2 & a_3 \\ b_1 & b_2 & b_3 \end{vmatrix}$

FUNKTIONENLEHRE – INFINITESIMALRECHNUNG

14. Darstellung und Eigenschaften von Funktionen

14.1. Historische Bemerkungen zum Funktionsbegriff

Die in 3.3.1. gegebene moderne Definition des Funktionsbegriffs konnte sich erst im ersten Drittel des 20. Jahrhunderts allgemein durchsetzen. Der Funktionsbegriff war ursprünglich (in der ersten Hälfte des 18. Jahrhunderts) sehr eng gefaßt, und die auf JOHANN BERNOULLI (1667 bis 1748) und LEONHARD EULER (1707 bis 1783) zurückgehenden und lange Zeit hindurch üblichen Definitionen trafen wohl für gewisse Funktionen zu, waren aber wenig verallgemeinerungsfähig, z. B.:

1. Eine Funktion ist eine *veränderliche Größe*, die von einer anderen veränderlichen Größe *abhängt*. (Davon stammen die früher üblichen und auch heute noch gelegentlich anzutreffenden Bezeichnungen unabhängige und abhängige Veränderliche, von denen zumindest die zweite überholt und abzulehnen ist.)
2. Eine Funktion ist ein *analytischer Ausdruck*, der aus einer Veränderlichen und konstanten Zahlen zusammengesetzt ist.
3. Eine Funktion ist eine beliebige in einem x, y-Koordinatensystem aus freier Hand gezeichnete *Kurve*.

Die diesen Definitionen anhaftenden Mängel (bei 2. und 3. u.a. auch die verhängnisvolle Identifizierung von „Funktion“ und „Funktionsdarstellung“; vgl. 14.2.) wurden im Laufe des 19. Jahrhunderts erkannt und korrigiert, u.a. von den französischen Mathematikern JOSEPH-LOUIS LAGRANGE (1736 bis 1813), JOSEPH DE FOURIER (1768 bis 1830) und P. G. L. DIRICHLET (1805 bis 1859). Der letztere benutzte wohl als erster den Begriff „Zuordnung einzelner Werte“ an Stelle von „Abhängigkeit veränderlicher Größen“ und erkannte die Schwierigkeiten einer Definition mit Hilfe eines analytischen Ausdrucks (die bis 1850 im Vordergrund stand) bei, wie er sich ausdrückte, „ganz willkürlichen Funktionen“. HERMANN HANKEL (1839 bis 1873) setzte diese Gedanken 1871 in einer Veröffentlichung über unstetige Funktionen fort und verallgemeinerte erneut den Funktionsbegriff. Erst mit Hilfe der Mengenlehre, die durch GEORG CANTOR (1845 bis 1918) entwickelt wurde, konnten die Schwierigkeiten bei der Definition des Funktionsbegriffs endgültig überwunden werden (vgl. 3.3.1.).

14.2. Darstellung von Funktionen

14.2.1. Übersicht über die verschiedenen Arten der Darstellung

Der *Begriff der Funktion* wurde in 3.3.1. wie folgt *definiert:*

▌ Jede eindeutige Abbildung wird Funktion genannt.

Funktionen können in verschiedener Art *beschrieben* und *dargestellt* werden, nämlich

a) durch Erklärung der Funktion in *Worten*,
b) durch eine *Wertetafel*,
c) durch eine *Gleichung in zwei Variablen* (**Funktionsgleichung**),
d) durch ein geometrisches Gebilde in Form einer *grafischen Darstellung* (**Funktionsbild** oder auch **Graph** genannt),
e) durch eine *Doppelleiter*.

Dabei ist die Darstellung nach a) stets für den gesamten Definitionsbereich möglich. Die Darstellungen nach b), d) und e) umfassen nicht immer die gesamte Menge der geordneten Paare, da mitunter aus natürlichen oder künstlichen Gründen oder mit Rücksicht auf den Sachverhalt eine Einschränkung zweckmäßig ist. Die Darstellungen nach c) und e) versagen oft bei Funktionen, die konkrete Sachverhalte wiedergeben bzw. aus diesen durch Abstraktion gewonnen werden.

14.2.2. Explizite und implizite Formen von Funktionsgleichungen

Eine Gleichung in zwei Variablen x und y kann vorkommen in

a) **expliziter Form,** wobei auf der einen Gleichungsseite nur das lineare Glied x oder nur das lineare Glied y, je mit der Vorzahl 1, auf der anderen Seite aber ein Term ohne diese Variable steht, z. B. $y = 3x^2 + 7x$ bzw. $x = \sin y + 5$;
b) **impliziter Form,** wobei die Glieder mit x und y in beliebiger Reihenfolge auf einer oder auf beiden Seiten der Gleichung stehen können, z. B. $x^2 + y^2 - 5 = 0$ oder $x^2 + y^2 = 5$ oder $x^2 = 5 - y^2$ oder $x^2 - 5 = -y^2$.

Sofern durch solche Gleichungen *eindeutige* Zuordnungen von x zu y bzw. von y zu x beschrieben [wie bei den obigen Beispielen unter a)] oder durch zusätzliche Bedingungen solche eindeutigen Zuordnungen gesichert sind [etwa durch $x \geqq 0$; $y \geqq 0$ bei dem obigen Beispiel unter b)], sind durch diese Gleichungen *Funktionen* dargestellt. Solche *Funktionsgleichungen* werden allgemein meist *symbolisiert* durch
bei a) $y = f(x)$ bzw. $x = \varphi(y)$; bei b) $F(x, y) = 0$.

Beachte:

1. Zur Symbolisierung können statt f, φ und F auch andere Buchstaben verwendet werden.

2. Nicht jede Gleichung in zwei Variablen x und y ist eine Funktionsgleichung; sie kann vielmehr (beim Fehlen der Eindeutigkeit) auch eine (mehrdeutige) Abbildung darstellen.
3. Funktionsgleichungen können zur Darstellung von Funktionen dienen, sie dürfen aber nicht mit den Funktionen selbst (vgl. die Definition in 14.2.1.) schlechthin identifiziert werden. Formulierungen wie „Die Funktion $y = f(x)$" (statt „Die durch $y = f(x)$ dargestellte Funktion") sind an sich unkorrekt, aber als bequeme Abkürzung weitgehend in Gebrauch.
4. Für eine Gleichung in x und y gibt es stets *mehrere implizite* Formen, aber nur *je eine explizite* Form in x bzw. y, falls eine Auflösung nach diesen Variablen überhaupt möglich ist.
5. Existiert zu einer durch $F(x, y) = 0$ oder $y = f(x)$ dargestellten Funktion infolge einer zugrunde liegenden eineindeutigen Abbildung eine *Umkehrfunktion* (vgl. 3.3.3.), so kann deren Funktionsgleichung $x = f^{-1}(y)$ durch Auflösen von $F(x, y) = 0$ oder $y = f(x)$ nach x gewonnen werden, falls das möglich ist.
6. Über die Bedeutung der mitunter nötigen Darstellung von $x = f^{-1}(y)$ durch mehrere Gleichungen vgl. 14.3.6. und 15.2.4.

BEISPIELE

1. Zu $2x - 3y + 6 = 0$ können beide expliziten Formen angegeben werden: $y = \frac{2}{3}x + 2$; $x = \frac{3}{2}y - 3$
2. Zu $y^5 - x^5 + y - x = 0$ kann keine explizite Form angegeben werden.
3. Zu $y = f(x) = e^x + 2$ gehört $x = f^{-1}(y) = \ln(y - 2)$ mit $y > 2$.
4. Zu $y = f(x) = x + \lg x$ mit $x > 0$ kann $x = f^{-1}(y)$ nicht angegeben werden, obwohl die Umkehrfunktion existiert.
5. Zu $y = f(x) = x^4$ gehören $x = f_1^{-1}(y) = +\sqrt[4]{y}$ und $x = f_2^{-1}(y) = -\sqrt[4]{y}$ mit $y \geqq 0$.

14.2.3. Grafische Darstellung von Funktionen

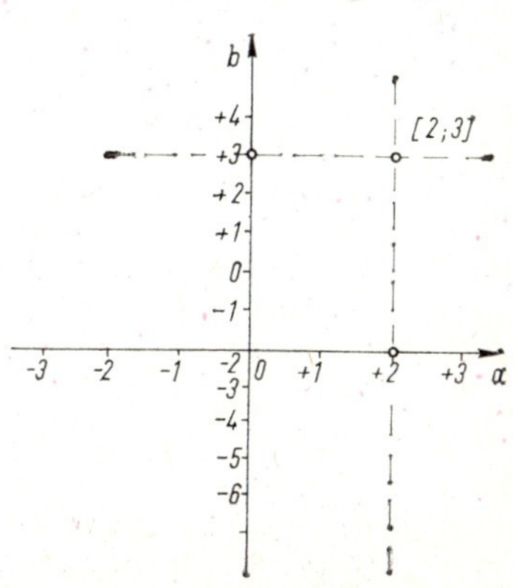

Mit Hilfe der grafischen Darstellung können z. B. geordnete Zahlenpaare, Wertetafeln, Funktionen durch geometrische Gebilde veranschaulicht werden.
Die *Grundlage* jeder grafischen Darstellung ist ein *festes Bezugssystem*, ein ebenes *Koordinatensystem*. Vorwiegend wird das **kartesische Koordinatensystem** (nach RENÈ DESCARTES, franzö-

sischer Mathematiker und Philosoph; 1596 bis 1650) verwendet, das aus *zwei senkrecht aufeinanderstehenden Geraden*, den **Koordinatenachsen,** besteht, auf denen *lineare Maßskalen* abgetragen sind. Um z.B. ein geordnetes Wertepaar $[a; b]$ oder $[x_0; f(x_0)]$ (im Bild [2; 3]) grafisch darzustellen, werden a bzw. x_0 auf der Maßskale der einen (meist der waagerechten) Achse, b bzw. $f(x_0)$ auf der anderen Achse aufgesucht und durch diese beiden Punkte die Parallelen jeweils zur anderen Achse gelegt. Ihr Schnittpunkt wird als geometrisches Abbild (als grafische Darstellung) des Wertepaares festgelegt. Auf diese Weise werden dargestellt

ein geordnetes Zahlenpaar $[a; b]$	durch einen Punkt
eine Wertetafel	durch eine Anzahl diskreter Punkte
eine stetige Funktion	durch eine zusammenhängende Kurve

Beachte:

1. Die Zahlen a und b, die den Punkt festlegen, heißen seine **Koordinaten**; a seine **Abszisse**, b seine **Ordinate**. Danach erhalten auch die Koordinatenachsen ihre Namen: **Abszissen-** bzw. **Ordinatenachse**.
2. Die Koordinaten der Punkte P einer Kurve (eines Funktionsbildes) werden meist mit x (Abszisse) und y (Ordinate) symbolisiert und die Punkte selbst mit $P(x; y)$. Dabei entsprechen die Abszissen den Argumenten, die Ordinaten den Funktionswerten der Funktion.

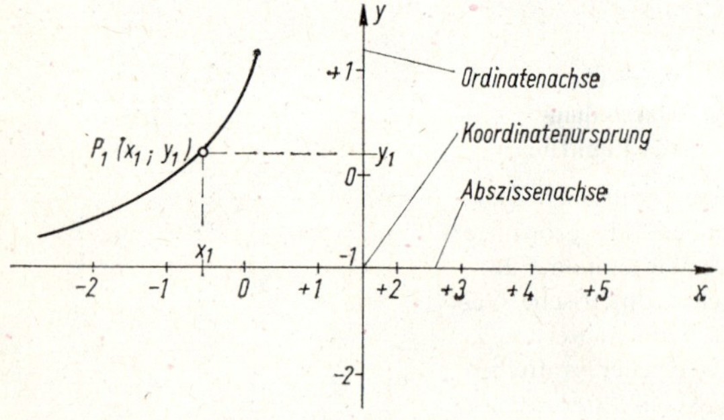

3. Das Funktionsbild (die Kurve) darf nicht mit der Funktion selbst identifiziert werden, es ist vielmehr nur eine Darstellung von ihr. Sprechweisen wie „Die Gerade ist eine lineare Funktion“ (statt „Die

Gerade ist die Darstellung einer linearen Funktion“) sind daher unkorrekt und irreführend.

Die *Wahl der Einheiten und der Nullpunktlage* der beiden Maßskalen richtet sich nach den bei den darzustellenden Funktionsteilen vorkommenden Argumenten und Funktionswerten. Wenn es auch anzustreben ist, die Nullpunkte beider Skalen in den Koordinatenursprung zu legen und für beide Skalen gleiche Einheiten zu verwenden, so läßt sich das jedoch mit Rücksicht auf die Genauigkeit der Darstellung und die Größe des Bildes nicht immer verwirklichen. Bei der Verwendung des kartesischen Koordinatensystems in der *analytischen Geometrie* steht diese Frage allerdings anders (vgl. 22.1.2.).

14.2.4. Doppelleitern

Doppelleitern bestehen meist aus einer Geraden, an die auf beiden Seiten je eine (lineare oder auch nichtlineare) Maßskale angetragen ist. Bei der Verwendung zur Darstellung einer Funktion werden diese Skalen nach Art und gegenseitiger Lage so gewählt, daß zugeordnete Zahlen einander gegenüberstehen.

BEISPIEL

Doppelleiter mit Zentimeter- und Zollskale (Praxis: Meßschieber)

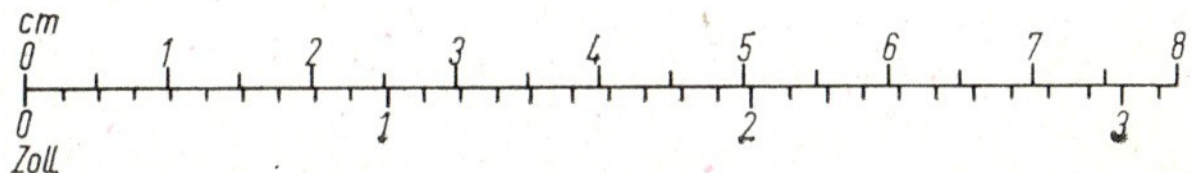

Beachte:

1. Der Vorteil dieser Darstellungsart liegt u.a. in der Möglichkeit des Abschätzens von Zwischenwerten.
2. Auch der Rechenstab (vgl. 8.4.) stellt bei ruhender Zunge eine Doppelleiter dar.
3. Das Hauptanwendungsgebiet ist die **Nomografie,** auf die aber im Rahmen dieses Buches nicht näher eingegangen werden kann.

14.2.5. Beispiele für die Darstellung von Funktionen

Die bei den Beispielen verwendeten Unterteilungen a) bis e) beziehen sich auf die Übersicht in 14.2.1.

1. a) Der Seitenlänge x eines Quadrates ist die Flächengröße y eindeutig zugeordnet.

b)

x	1	2	2,5	3
y	1	4	6,25	9

Definitionsbereich: $x > 0$
Wertevorrat: $y > 0$

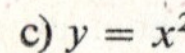

c) $y = x^2$

d)

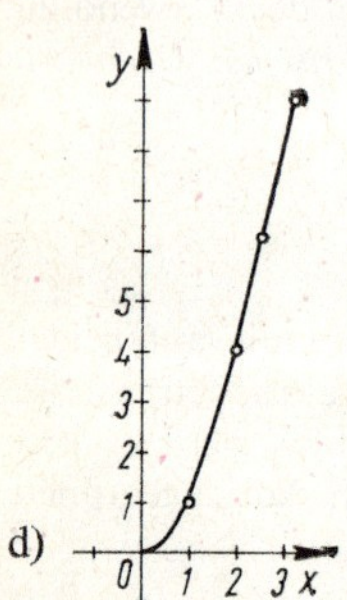

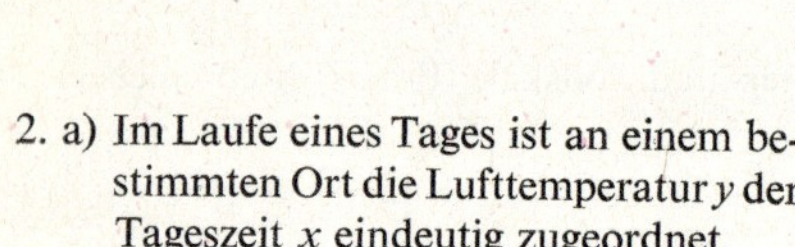

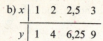

2. a) Im Laufe eines Tages ist an einem bestimmten Ort die Lufttemperatur y der Tageszeit x eindeutig zugeordnet.

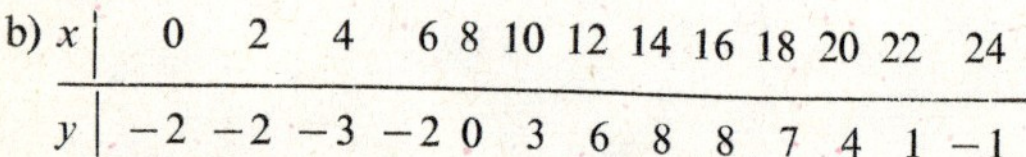

b)

x	0	2	4	6	8	10	12	14	16	18	20	22	24
y	−2	−2	−3	−2	0	3	6	8	8	7	4	1	−1

Definitionsbereich: $0 \leqq x \leqq 24$

Wertevorrat: Hängt von Jahreszeit, Witterung und Lage des Beobachtungsortes ab; im gewählten Beispiel: $-3 \leqq y \leqq 8$.

d)

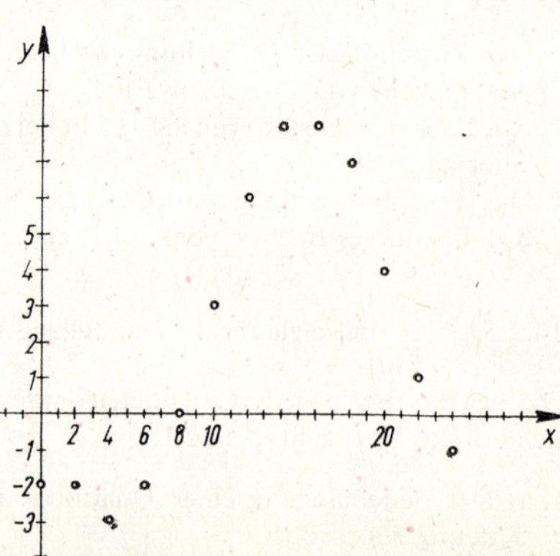

c) und e) entfallen, da ein Gesetz für diesen funktionalen Zusammenhang nicht bekannt ist.

3. a) Allen reellen Zahlen x aus dem Bereich $-2 \leqq x \leqq +2$ sollen diejenigen nicht positiven reellen Zahlen y zugeordnet werden, die der Bedingung $x^2 + y^2 = 4$ genügen.

b)

x	-2	-1	0	$+1$	$+2$	$-2 \leqq x \leqq 2$
y	0	$-\sqrt{3}$	-2	$-\sqrt{3}$	0	$-2 \leqq y \leqq 0$

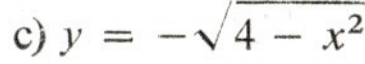

c) $y = -\sqrt{4 - x^2}$

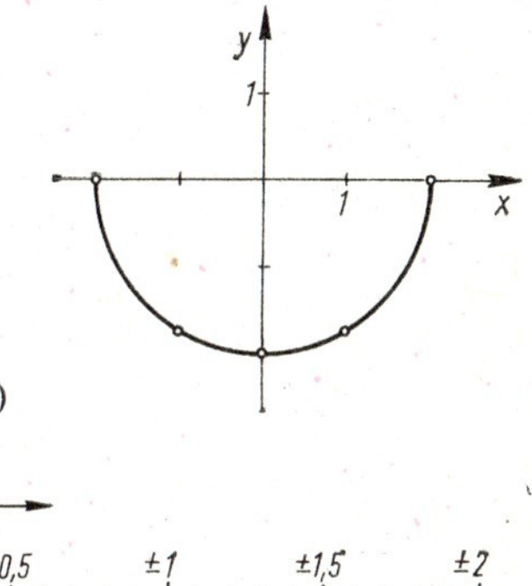

d)

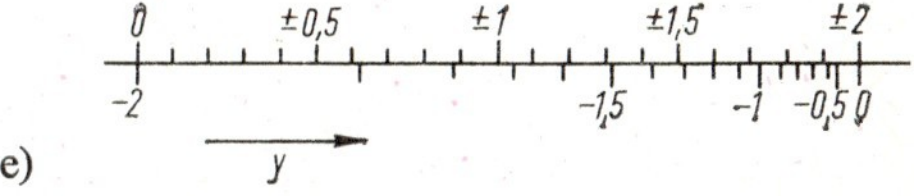

e)

Beachte:

1. Die Wertetafeln im Beispiel 1 und 3 stellen nur Ausschnitte dar. Auf Grund der Funktionsgleichung könnten noch beliebig viele weitere Paare berechnet werden. Die grafische Darstellung ist eine *zusammenhängende Kurve.*
2. Die Wertetafel im Beispiel 2 enthält alle Beobachtungswerte; weitere sind nicht bekannt und lassen sich, da eine Funktionsgleichung fehlt, auch nicht berechnen. Die grafische Darstellung besteht nur aus den 13 **diskreten Punkten,** die den 13 Beobachtungsdaten entsprechen. Andere Werte lassen sich auch aus der grafischen Darstellung durch etwaige Interpolation nicht ermitteln. Gelegentlich werden die Punkte durch *Strecken* verbunden, um den Verlauf der Temperatur durch diesen Streckenzug mehr ins Auge springen zu lassen. Das ist zwar gestattet, aber nicht zweckmäßig. Denn der Temperaturablauf zwischen den Beobachtungsstellen wird dadurch nicht wiedergegeben.

14.3. Funktionen mit besonderen Eigenschaften

14.3.1. Beschränkte Funktionen

Es gibt Funktionen, deren Werte in einem gewissen Intervall (z.B. im Definitionsbereich) beliebig große Beträge annehmen können (Beispiel 1), während die Werte anderer Funktionen im betrachteten Intervall nicht kleiner als eine gewisse Zahl, also nicht beliebig klein (Beispiel 2), oder nicht größer als eine gewisse Zahl, also nicht beliebig groß (Beispiel 3), oder weder beliebig klein noch beliebig groß (Beispiel 4) werden können.

BEISPIELE

1. $y = 2x - 3$ für $-\infty < x < +\infty$:
   $-\infty < f(x) < +\infty$,
   d.h., $|f(x)| < +\infty$
2. $y = x^2$ für $-\infty < x < +\infty$:
   $f(x) > 0$
3. $y = -x^4 + 2x^2 + 3$ für $-\infty < x < +\infty$:
   $f(x) \leqq 4$
4. $y = \sin x - 1/2$ für $-\infty < x < +\infty$:
   $-3/2 \leqq f(x) \leqq +1/2$,
   d.h., $|f(x)| \leqq 3/2$

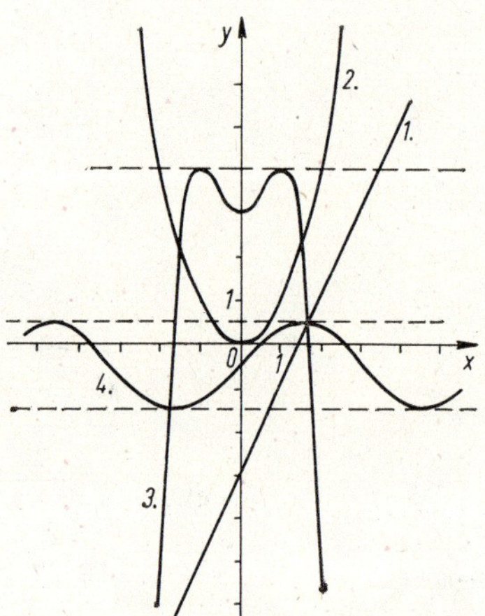

Definition

Eine Funktion heißt in einem Intervall **nach unten** (bzw. **nach oben**) **beschränkt,** wenn es eine Konstante K_u (bzw. K_o) gibt, so daß für jedes x im betrachteten Intervall $f(x) \geqq K_u$ (bzw. $f(x) \leqq K_o$) gilt. K_u heißt eine **untere,** K_o eine **obere Schranke** der Funktion in diesem Intervall. Besitzt eine Funktion in einem Intervall sowohl eine untere als auch eine obere Schranke, gilt also $K_u \leqq f(x) \leqq K_o$ bzw. $|f(x)| \leqq K$ für jedes x im betrachteten Intervall (wobei K der größere der beiden Beträge $|K_u|$ oder $|K_o|$ ist), so wird die Funktion in diesem Intervall **schlechthin** oder **beidseitig beschränkt** genannt. Existiert im Endlichen keinerlei Schranke, so heißt die Funktion **unbeschränkt.**

In den obigen Beispielen ist die Funktion unter

1. unbeschränkt; 2. nach unten beschränkt ($K_u = 0$);
3. nach oben beschränkt ($K_o = 4$); 4. beidseitig beschränkt ($K_u = -3/2$; $K_o = +1/2$; $K = |-3/2| = 3/2$).

Beachte:

Das Bild einer einseitig beschränkten Funktion liegt stets nur auf einer Seite einer Parallelen zur x-Achse, das Bild einer beidseitig beschränkten Funktion zwischen zwei solchen Parallelen.

Für die Funktion unter 2. ist jede Zahl $z < 0$, etwa -5 oder $-0{,}7$, eine untere Schranke, denn auch hierfür gilt $f(x) > z$.
Ebenso ist für die Funktion unter 3. jede Zahl >4 eine obere Schranke, und bei 4. ergibt jede Zahl $>K$ weitere Schranken. Es gibt also für beschränkte Funktionen i.allg. stets beliebig viele Schranken. Es läßt sich zeigen, daß es bei den unteren Schranken eine größte und bei den oberen Schranken eine kleinste gibt.

Definition

Die *größte untere* Schranke heißt **untere Grenze,** die *kleinste obere* Schranke **obere Grenze** der Funktion in dem betreffenden Intervall.

Beachte:

Die in den obigen Beispielen 2., 3., 4. genannten unteren bzw. oberen Schranken waren zugleich die unteren bzw. oberen Grenzen der jeweiligen Funktion in dem betrachteten Intervall.

14.3.2. Gerade und ungerade Funktionen

Definition

Eine Funktion $f(x)$ heißt

gerade,	ungerade,

wenn für alle $x \in \mathrm{Db}$ gilt

$f(-x) = f(+x)$	$f(-x) = -f(+x)$

Aus der Definition folgt sofort:

Zu jedem Punkt des Bildes einer

geraden	*ungeraden*

Funktion gibt es einen zweiten Kurvenpunkt

achsensymmetrisch zur y-Achse.	*zentralsymmetrisch zum Koordinatenursprung.*
Die *y-Achse*	Der *Koordinatenursprung*

ist also für das gesamte Funktionsbild

Symmetrieachse.
Beispiele für
gerade Funktionen:
$y = x^2 - 1$; $y = \cos x$;
$y = |x|$

Symmetriezentrum.
Beispiele für
ungerade Funktionen:
$y = x^3$; $y = \sin x$;
$y = -\frac{1}{2}x$

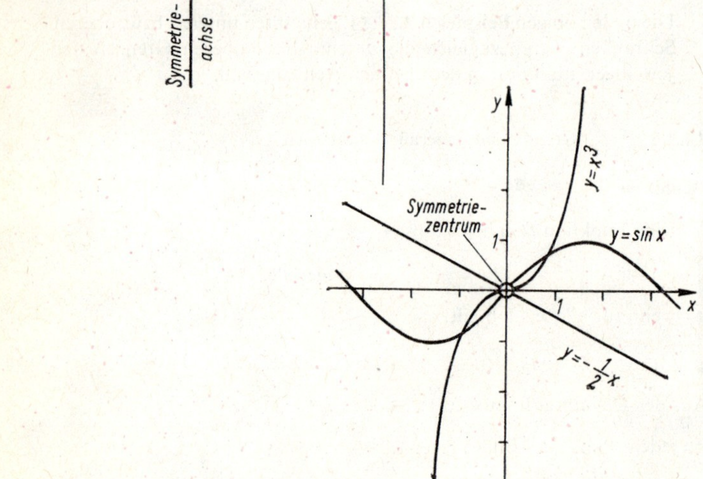

Beachte:

1. *Gerade und ungerade* Funktionen besitzen *besondere Stellen* (z.B. Nullstellen, Extremstellen, Wendepunkte; vgl. 18.2.1.), deren Argumente nicht gleich 0 sind, stets paarweise, wobei diese jeweils entgegengesetzte Zahlen sind (z.B. $x_2 = -x_1$).
2. Die meisten Funktionen sind *weder gerade noch ungerade.*

BEISPIELE

1. $f_1(x) = x^3 - 1$
   a) Angenommen, $f_1(x)$ wäre eine gerade Funktion. Dann müßte für alle $x \in \mathrm{Db}$ $f_1(-x) = f_1(x)$, also $(-x)^3 - 1 = x^3 - 1$ gelten. Das ist äquivalent mit $2x^3 = 0$, was nur für $x = 0$, aber nicht für alle $x \in \mathrm{Db}$ erfüllt ist.
   b) Wäre $f_1(x)$ eine ungerade Funktion, müßte für alle $x \in \mathrm{Db}$ $-f_1(-x) = f_1(x)$, also $-[(-x)^3 - 1] = x^3 - 1$ gelten. Äquivalente Umformungen führen aber auf den Widerspruch $0=2$.

   $f_1(x)$ ist also weder eine gerade noch eine ungerade Funktion.
2. $f_2(x) = e^x$
   Entsprechende Überlegungen wie bei 1. ergeben hier bei
   a) $e^{2x} = 1$, nur erfüllt für $x = 0$;
   b) $e^{2x} = -1$, für kein x erfüllt.
3. $f_3(x) = (x - 1)^2$
   a) $4x = 0$, nur erfüllt für $x = 0$;
   b) $x^2 = -1$, für kein (reelles) x erfüllt.

14.3.3. Monotone Funktionen

Definition

Eine Funktion, für die in einem gewissen Intervall (z. B. im Definitionsbereich) für jedes beliebige $x_2 > x_1$ gilt

$f(x_2) \geqq f(x_1)$,	$f(x_2) \leqq f(x_1)$,
heißt in diesem Intervall	
monoton nichtfallend.	**monoton nichtwachsend.**
Bei Forderung der strengeren Bedingung	
$f(x_2) > f(x_1)$,	$f(x_2) < f(x_1)$,
also $f(x_2) \neq f(x_1)$, wird die Funktion	
monoton wachsend	**monoton fallend**

genannt. In diesen Fällen wird auch von **strenger Monotonie** gesprochen.

Jedes Intervall, in dem eine Funktion ausschließlich monoton nicht fällt bzw. wächst oder ausschließlich monoton nicht wächst bzw. fällt, heißt ein **Monotonieintervall** und der entsprechende Teil des Funktionsbildes ein **Monotoniebogen.**

Beachte:

1. $f(x_2) = f(x_1)$ für jedes $x_2 > x_1$ in einem gewissen Intervall bedeutet, daß die *Funktionswerte* in diesem Intervall *konstant* sind, das *Funktionsbild* also dort *parallel zur x-Achse* verläuft.
2. Wenn $f(x)$ in einem gewissen Intervall wächst, so fällt $-f(x)$ in diesem Intervall.

BEISPIELE

1. *Monoton nichtfallend:*

$$f(x) = \begin{cases} 2x & (-\infty < x \leqq 2) \\ 4 & (2 < x < 6) \\ 2(x-4) & (6 \leqq x < +\infty) \end{cases}$$

Solche funktionalen Zusammenhänge bestehen z. B. beim Erwärmen eines Stoffes in der Umgebung seines Schmelzpunktes zwischen gleichmäßig zugeführten Wärmemengen und der Temperatur des Stoffes.

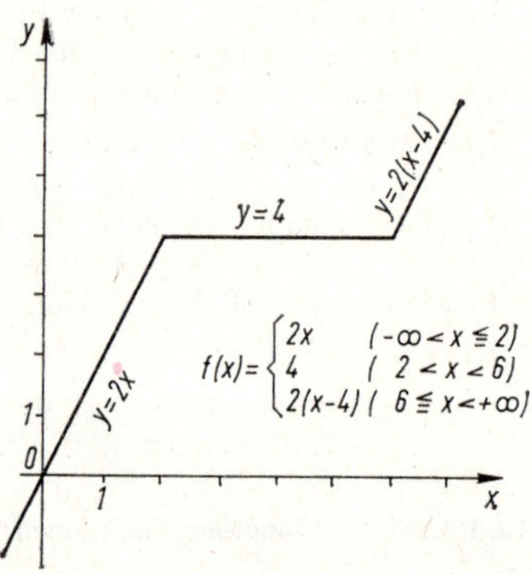

2. *Streng monoton*

wachsend:

$y = 2x \; (-\infty < x < +\infty)$

$y = x^2 \; (0 \leqq x < +\infty)$

$y = \sin x \left(-\frac{\pi}{2} \leqq x \leqq +\frac{\pi}{2} \right)$

fallend:

$y = -2x \; (-\infty < x < +\infty)$

$y = x^2 \; (-\infty < x \leqq 0)$

$y = \cos x \; (0 \leqq x \leqq \pi)$

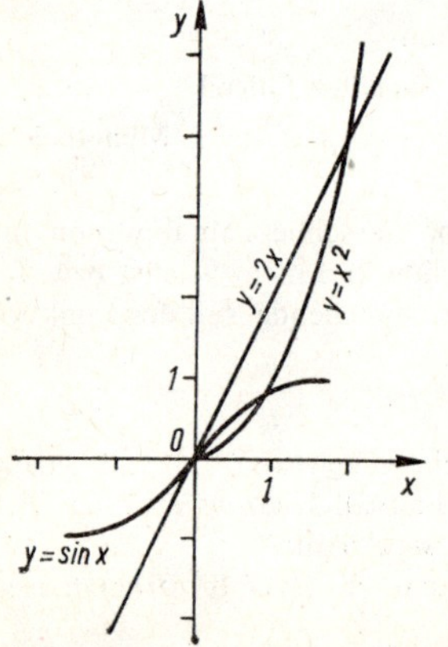

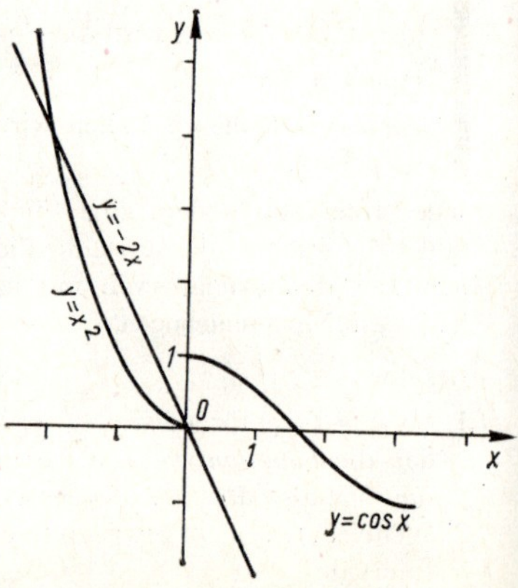

14.3.4. Periodische Funktionen

Die Winkelfunktionen (vgl. 15.3.3.) sind u.a. dadurch ausgezeichnet, daß sich die Funktionswerte in bestimmten Abständen längs der x-Achse wiederholen. So gilt z.B. $\sin\frac{\pi}{4} = \sin\left(\frac{\pi}{4} + 2\pi\right) = \sin\left(\frac{\pi}{4} + 4\pi\right)$
$= \sin\left(\frac{\pi}{4} + 6\pi\right) = \ldots$

Allgemein: $\sin x = \sin(x + k \cdot 2\pi)$ mit $k \in G$.

Diese Eigenschaft heißt **Periodizität**, 2π die (**kleinste** oder **primitive**) **Periode** p. Im Funktionsbild zeigt sich das darin, daß das Bildstück, das zur Periode $p = 2\pi$ gehört, längs der x-Achse nach beiden Seiten verschoben und immer wieder aneinander gesetzt erscheint.

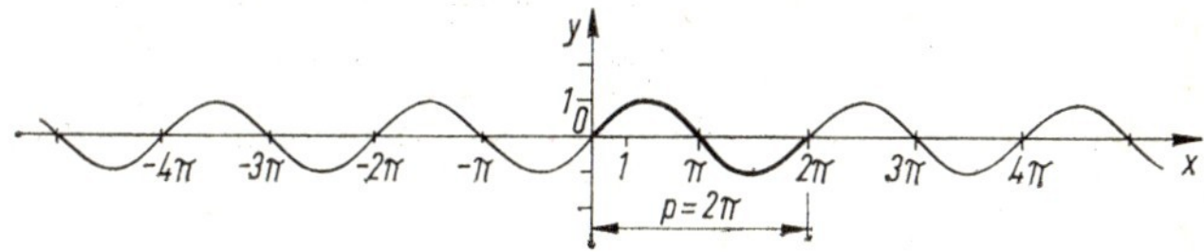

Allgemein wird **definiert**

> Eine Funktion f heißt **periodisch** genau dann, wenn es eine Zahl $p > 0$ gibt, so daß für jedes $x \in$ Db gilt:
>
> $f(x) = f(x + k \cdot p)$ mit $k \in G$.

Das kleinste solche p heißt die **kleinste** oder **primitive Periode**, doch können auch alle $k \cdot p$ als (größere) Perioden aufgefaßt werden. Sie stellen im Funktionsbild größere Bildstücke dar, die sich aber längs der x-Achse ebenfalls zum gesamten Funktionsbild aneinanderreihen.

BEISPIEL

$y = \frac{1}{2 - \cos x}$. Wegen $p = 2\pi$ gilt

$$\frac{1}{2 - \cos x} = \frac{1}{2 - \cos(x + k \cdot 2\pi)} \quad \text{mit} \quad k \in G.$$

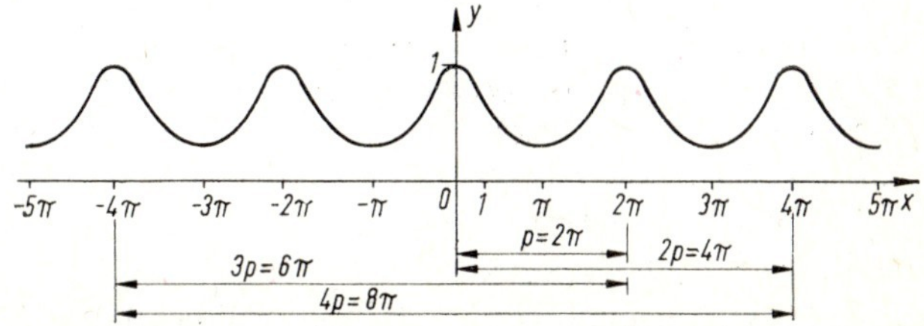

14.3.5. Verkettete Funktionen

Bei vielen Funktionen werden auf das Argument x nacheinander mehrere Operationen angewendet (vgl. dazu auch 3.4.).

BEISPIEL

$y = \sqrt[3]{\sin x}$

Anwendung der

a) Sinusfunktion unmittelbar auf x ($\sin x = z$)

b) Wurzelfunktion unmittelbar auf die Zwischenvariable z $\left(\sqrt[3]{z} = y\right)$ und damit mittelbar auf x $\left(\sqrt[3]{\sin x}\right)$.

Durch die Verkettung beider Funktionen wird x demnach mittelbar auch der Variablen y zugeordnet $\left(\sqrt[3]{\sin x} = y\right)$.

Solche Funktionen heißen deshalb **mittelbare** oder **verkettete Funktionen.**
Allgemein gilt also:

$$y = v(x) = f[\varphi(x)] \quad \text{oder} \quad y = f(z) \text{ mit } z = \varphi(x)$$

verkettete — äußere — innere

Funktion

Unter der verketteten Funktion v der Funktionen φ [mit $z = \varphi(x)$] und f [mit $y = f(z)$] ist demnach die Menge der geordneten Paare $[x; y]$ zu verstehen, für die ein z mit $[x; z] \in \varphi$ und $[z; y] \in f$ existiert:

$$y = v(x) = f(z) = f[\varphi(x)].$$

Dazu ist erforderlich, daß Wb(φ) und Db(f) *gemeinsame Elemente* haben, aus denen sich schließlich Db(v) und Wb(v) ergeben.
Zu deren Ermittlung sind ebenso wie für die Zeichnung des Funktionsbildes von $y = v(x)$ im genannten Definitionsbereich oft die *Bilder* von $y = f(z)$ und $z = \varphi(x)$ von Nutzen.

BEISPIELE

1. $y = v(x) = \sqrt{4 - x^4}$ Definitionsbereich? Funktionsbild?

$y = f(z) = \sqrt{z}$;	$z = \varphi(x) = 4 - x^4$
Wb(f): $y \geqq 0$	Db(φ): $-\infty < x < +\infty$
Db(f): $z \geqq 0$	Wb(φ): $z \leqq 4$

$0 \leqq z \leqq 4$

also: Db(v): $-\sqrt{2} \leqq x \leqq +\sqrt{2}$

Wb(v): $0 \leqq y \leqq 2$ (s. Bild S. 405 oben)

2. $y = v(x) = \lg(1 - \sqrt{x})$ Definitionsbereich? Funktionsbild?

$y = f(z) = \lg z;$ $\qquad z = \varphi(x) = 1 - \sqrt{x}$

$\mathrm{Wb}(f): -\infty < y < +\infty$ $\qquad \mathrm{Db}(\varphi): x \geqq 0$

$\mathrm{Db}(f): z > 0$ $\qquad \mathrm{Wb}(\varphi): z \leqq 1$

$0 < z \leqq 1$

also: $\mathrm{Db}(v): 0 \leqq x < 1$

$\mathrm{Wb}(v): -\infty < y \leqq 0$

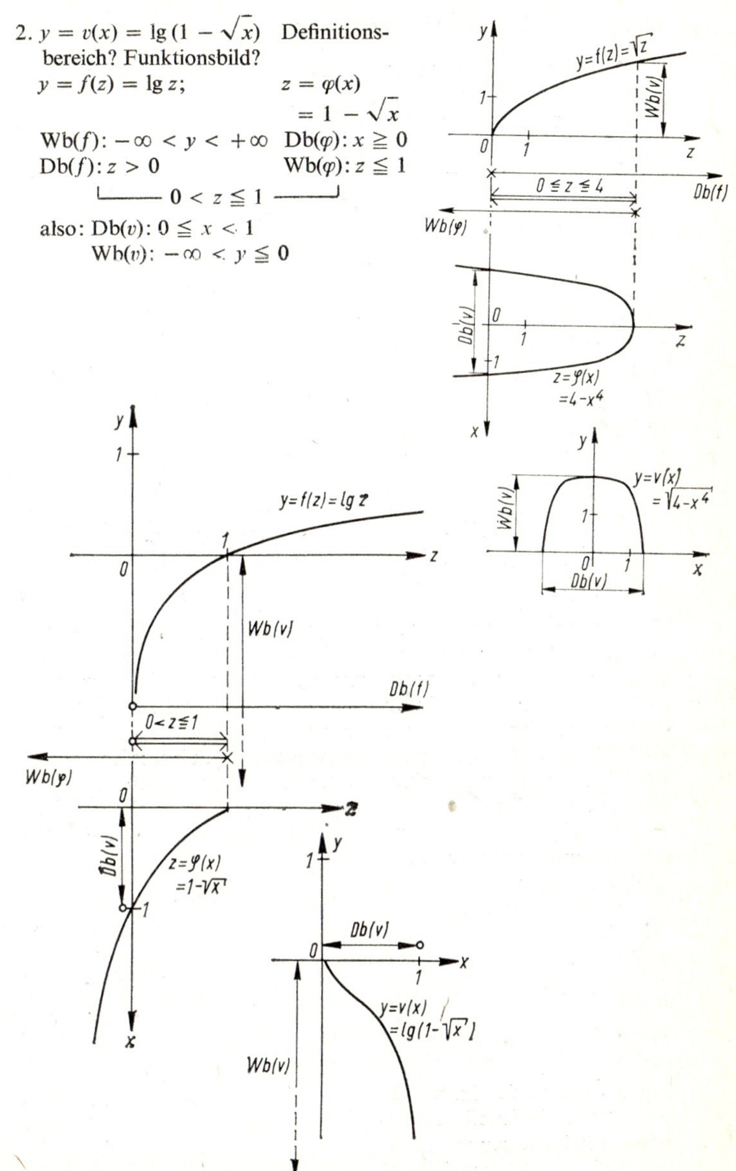

14.3.6. Zueinander inverse Funktionen

Zur Definition der inversen Funktion oder Umkehrfunktion f^{-1} zu einer eineindeutigen Funktion f vgl. 3.2. und 3.3.3.
In der folgenden Tabelle sind nochmals die Zusammenhänge zwischen f und f^{-1} übersichtlich zusammengestellt.

	f	f^{-1}
Zuordnung	$x \to y$	$y \to x$
Argument	$x \in M_1$	$y \in M_2$
Funktionswert	$y \in M_2$	$x \in M_1$
Definitionsbereich	M_1	M_2
Wertebereich	M_2	M_1
Geordnete Paare	$[x; y]$	$[y; x]$

BEISPIEL

$M_1 = \{4, 9, 16, 25\}$
$y = f(x) = \sqrt{x}$ für alle $x \in M_1$
Definitionsbereich: M_1
Wertebereich: M_2
$f = \{[4; 2], [9; 3], [16; 4], [25; 5]\}$

$M_2 = \{2, 3, 4, 5\}$
$x = f^{-1}(y) = y^2$ für alle $y \in M_2$
Definitionsbereich: M_2
Wertebereich: M_1
$f^{-1} = \{[2; 4], [3; 9], [4; 16], [5; 25]\}$

Zwei zueinander inverse Funktionen $y = f(x)$ und $x = f^{-1}(y)$ sind in demselben Koordinatensystem durch das *gleiche Funktionsbild* dargestellt, nur die Bedeutung von x und y (Argument oder Funktionswert) sowie Definitions- und Wertebereich sind gegeneinander ausgetauscht. Oft werden in der Funktionsgleichung der Umkehrfunktion *nachträglich die Variablen umbenannt*, so daß das Argument auch hier mit x und der Funktionswert mit y bezeichnet werden. Die Funktionsgleichungen der beiden inversen Funktionen lauten dann also $y = f(x)$ und $y = f^{-1}(x)$. In diesem Fall sind die beiden zueinander inversen Funktionen in demselben Koordinatensystem durch *zwei verschiedene*, symmetrisch zur Winkelhalbierenden des I. und III. Quadranten gelegene *Bilder* dargestellt.

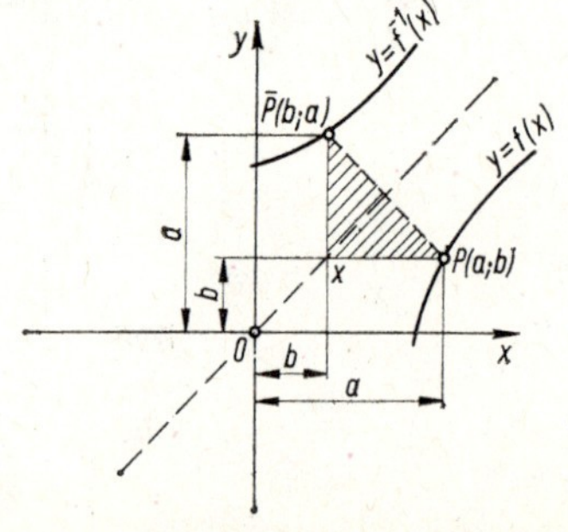

Begründung

Jedem Punkt $P\,(a; b)$ des Bildes von $y = f(x)$ entspricht ein Punkt $\bar{P}\,(b; a)$ des Bildes von $y = f^{-1}(x)$, die jeweils achsensymmetrisch zueinander in bezug auf die genannte Winkelhalbierende als Symmetrieachse liegen. (Beachte dazu in der beigegebenen Abbildung das gleichschenklig-rechtwinklige Dreieck $XP\bar{P}$ und seine Symmetrieachse!)

BEISPIELE

1. $y = 2^x$ oder $x = \log_2 y$

   $(-\infty < x < +\infty; y > 0)$

   und $y = \log_2 x$

   $(x > 0; -\infty < y < +\infty)$

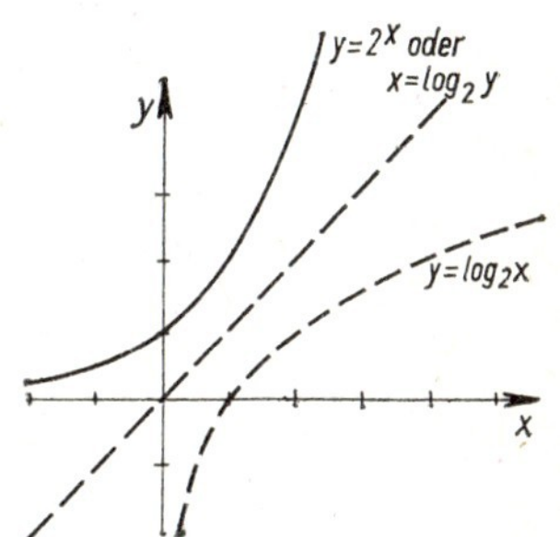

2. $y = x^3$

   $$\text{oder } x = \begin{Bmatrix} \sqrt[3]{y} \ (y \geqq 0) \\ -\sqrt[3]{-y} \ (y < 0) \end{Bmatrix}$$

   $(-\infty < x < +\infty;$

   $-\infty < y < +\infty)$

   $$\text{und } y = \begin{Bmatrix} \sqrt[3]{x} \ (x \geqq 0) \\ -\sqrt[3]{-x} \ (x < 0) \end{Bmatrix}$$

   $(-\infty < x < +\infty;$

   $-\infty < y < +\infty)$

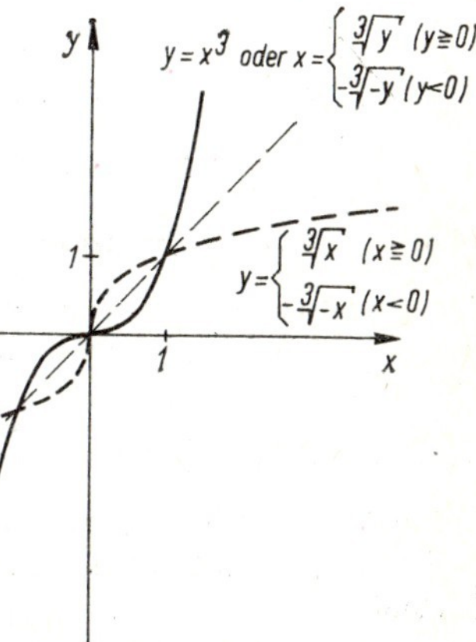

Mitunter ergibt sich bei der Umkehrung einer Funktion nicht im gesamten Bereich Eindeutigkeit. Diese kann dann meist durch *Unterteilung* des Definitions- bzw. Wertebereichs hergestellt werden. Die *inverse Funktion* $y = f^{-1}(x)$ besteht dann aus *mehreren Teilen* mit *verschiedenen Bereichen.*

BEISPIEL

$y = f(x) = x^4 - 4x^2$

$$y = \begin{cases} f_1^{-1}(x) = +\sqrt{2 + \sqrt{4 + x}} & (-4 \leqq x < +\infty;\, y \geqq \sqrt{2}) \\ f_2^{-1}(x) = -\sqrt{2 + \sqrt{4 + x}} & (-4 \leqq x < +\infty;\, y \leqq -\sqrt{2}) \\ f_3^{-1}(x) = +\sqrt{2 - \sqrt{4 + x}} & (-4 \leqq x \leqq 0;\, 0 \leqq y \leqq \sqrt{2}) \\ f_4^{-1}(x) = -\sqrt{2 - \sqrt{4 + x}} & (-4 \leqq x \leqq 0;\, -\sqrt{2} \leqq y \leqq 0) \end{cases}$$

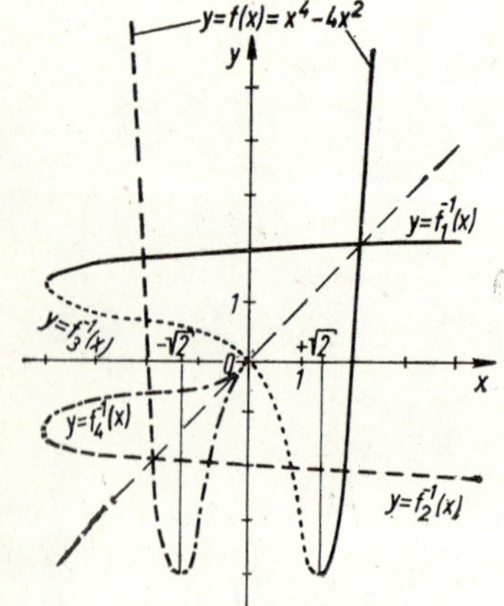

gehören als Umkehrfunktionen zu $y = f(x) = x^4 - 4x^2$ in deren Teilbereichen

$x \geqq \sqrt{2}\, [f_1^{-1}(x)]$;

$x \leqq -\sqrt{2}\, [f_2^{-1}(x)]$;

$0 \leqq x \leqq \sqrt{2}\, [f_3^{-1}(x)]$;

$-\sqrt{2} \leqq x \leqq 0\, [f_4^{-1}(x)]$.

14.4. Reelle Nullstellen von Funktionen

Von besonderer Bedeutung sind diejenigen Argumente aus dem Definitionsbereich einer Funktion, deren zugeordnete Funktionswerte gleich Null sind.

Definition

Ein Argument $x = x_0$ einer Funktion $y = f(x)$ heißt eine **Nullstelle** dieser Funktion genau dann, wenn gilt:
$f(x_0) = 0$.

Beachte:

1. *Nullstellen sind Zahlen*, die auf Grund der Definition *reell oder* auch *nicht-reell* sein können [z. B. für $y = x^2 + 4$: $x_{01} = 2\mathrm{i}$ und $x_{02} = -2\mathrm{i}$, denn $(2\mathrm{i})^2 + 4 = (-2\mathrm{i})^2 + 4 = 0$]. Da aber weiterhin nur Funktionen mit Db $\subseteqq P$ dargestellt werden, sind im folgenden mit „Null-

stellen“ grundsätzlich *reelle* Nullstellen gemeint, soweit nicht ausdrücklich etwas anderes vermerkt ist.

2. Eine Funktion kann eine oder mehrere (unter diesen evtl. auch einige gleiche, sogenannte **mehrfache) Nullstellen** haben, braucht aber auch keine zu besitzen. Das hängt von der jeweiligen Funktion ab und ist u.a. charakteristisch für diese.

In der *grafischen Darstellung der Funktion* sind die *einfachen* Nullstellen die *Abszissen der Schnittpunkte*, die *mehrfachen* die *Abszissen der Berührungspunkte* des Funktionsbildes mit der x-Achse, wobei im zweiten Fall bei geradzahlig-mehrfachen Nullstellen das Funktionsbild auf derselben Seite der x-Achse verbleibt, bei ungeradzahlig-mehrfachen Nullstellen aber auf die andere Seite übergeht. Im letzten Fall wird also die x-Achse vom Funktionsbild in ein und demselben Punkt sowohl berührt als auch geschnitten; sie ist eine **Wendetangente** (vgl. 18.2.1.4.).

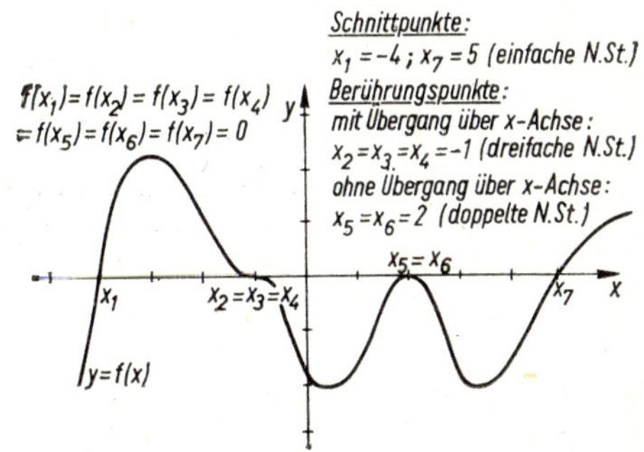

Die Bestimmung der reellen Nullstellen der Funktion $y = f(x)$ ist gleichbedeutend der Aufgabe, alle reellen Lösungen der Gleichung $f(x_0) = 0$ zu ermitteln (vgl. 10.3., 10.4., 10.5.).

15. Elementare Funktionen

15.1. Begriffsbestimmung und Übersicht

Ein Term, der (endlich viele) ausschließlich elementare Operationen zwischen Variablen und reellen Zahlen enthält, heißt **elementarer Term.** Dabei zählen zu den elementaren Operationen das Addieren, Subtrahieren, Multiplizieren, Dividieren, Potenzieren, Radizieren und Logarithmieren sowie Verknüpfungen durch Winkelfunktionen und die dazu inversen Funktionen.

Eine Funktion, die sich durch eine Gleichung darstellen läßt, die aus höchstens endlich vielen elementaren Termen in zwei Variablen zusammengesetzt ist, heißt **elementare Funktion.**

Sofern beim Aufbau einer Gleichung in zwei Variablen nur die vier Grundrechenoperationen, das Potenzieren mit konstanten Exponenten und das Radizieren mit konstanten Wurzelexponenten in endlicher Anzahl zugelassen werden, ergibt sich eine **algebraische Gleichung** in zwei Variablen.

Eine Funktion, die durch eine algebraische Gleichung in zwei Variablen dargestellt werden kann, heißt **algebraische Funktion.**

Treten aber in der Gleichung Potenzen mit Variablen in den Exponenten, Logarithmen mit Variablen als Logarithmanden oder Winkelfunktionen bzw. dazu inverse Funktionen mit variablen Argumenten auf, die sich auch durch geeignete Umformungen nicht beseitigen lassen, so wird dadurch eine **elementare transzendente Funktion** dargestellt, die stets auch irrational (genauer: **transzendent-irrational**) ist. Die weitere Untergliederung zeigt die folgende

Übersicht

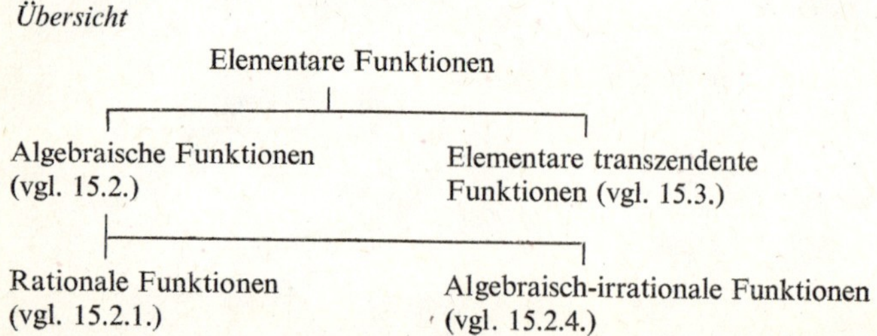

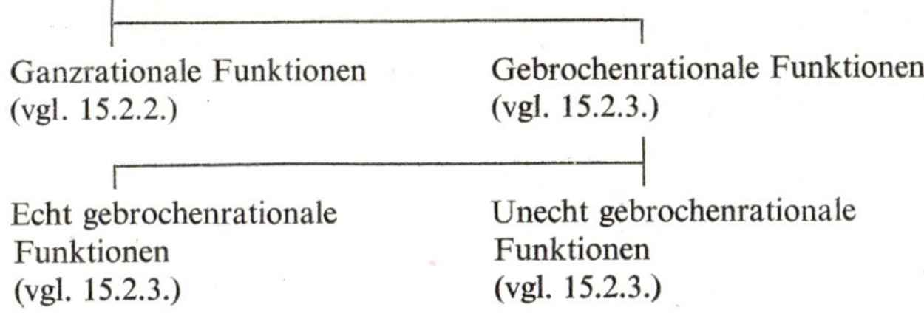

15.2. Algebraische Funktionen

15.2.1. Rationale Funktionen

Eine **rationale Funktion** liegt vor, wenn ihre Darstellung durch eine Gleichung in expliziter Form mittels eines elementaren Terms möglich ist, der nur rationale Operationen (Addieren, Subtrahieren, Multiplizieren, Dividieren) zwischen dem Argument und irgendwelchen reellen Zahlen, den **Koeffizienten** oder **Parametern** der Gleichung, sowie evtl. Potenzen des Arguments nur mit ganzzahligen Exponenten enthält.

Beachte:

Die Koeffizienten können auch bei rationalen Funktionen durchaus irrationale Zahlen sein.

BEISPIELE

$$y = \frac{\sqrt{3} \cdot x + \pi}{\sin 2{,}5}; \quad y = (\lg 15) \cdot x^2 - \mathrm{e} \cdot x + \cos 0{,}5$$

Wird in der Gleichung einer rationalen Funktion die Division durch einen Term, der das Argument enthält, ausgeschlossen, d.h., werden in den Potenzen des Arguments nur nichtnegative ganze Zahlen als Exponenten zugelassen, so ergibt sich die Gleichung einer **ganzrationalen** (vgl. 15.2.2.), andernfalls die einer **gebrochenrationalen** (vgl. 15.2.3.) **Funktion.**

15.2.2. Ganzrationale Funktionen

15.2.2.1. Allgemeine Eigenschaften

Die Gleichungen ganzrationaler Funktionen sind bei expliziter Darstellung von der Form

$$y = \sum_{i=0}^{n} a_i x^i = a_n x^n + a_{n-1} x^{n-1} + \ldots + a_2 x^2 + a_1 x + a_0 \qquad (i \in G;\ i \geqq 0;\ a_i \in P)$$

Der größte Exponent n des Polynoms in x heißt der **Grad der Funktion.**

$n = 0 : y = a_0$ **konstante Funktion**
$n = 1 : y = a_1x + a_0$ **lineare Funktion**
$n = 2 : y = a_2x^2 + a_1x + a_0$ **quadratische Funktion**
$n = 3 : y = a_3x^3 + a_2x^2 + a_1x + a_0$ **kubische Funktion**

Besondere Eigenschaften der ganzrationalen Funktionen

1. Jede ganzrationale Funktion hat als Definitionsbereich $-\infty < x < +\infty$. Sie ist stets im gesamten Definitionsbereich stetig, d.h., die grafische Darstellung ergibt eine kontinuierliche Kurve, die keine Unterbrechung aufweist (vgl. 17.4.2.).
2. Eine ganzrationale Funktion n-ten Grades hat höchstens n verschiedene Nullstellen, die nicht alle reell zu sein brauchen (vgl. 14.4.).
3. Jede ganzrationale Funktion

ungeraden Grades	*geraden Grades*
hat als	
unbeschränkte Funktion mindestens eine reelle Nullstelle; ihre Gesamtzahl ist ungerade.	einseitig beschränkte Funktion entweder keine oder eine gerade Anzahl reeller Nullstellen.

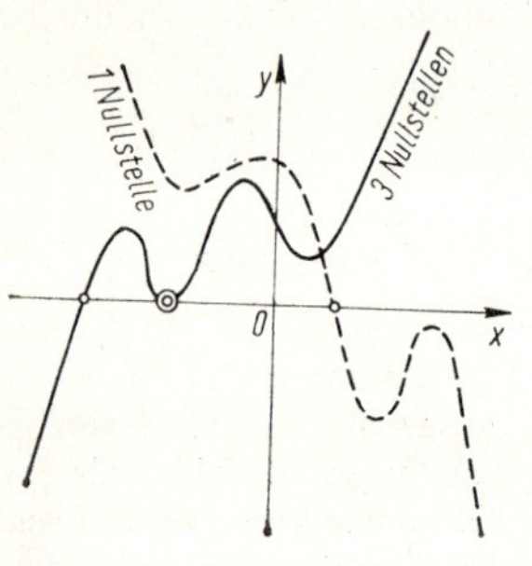

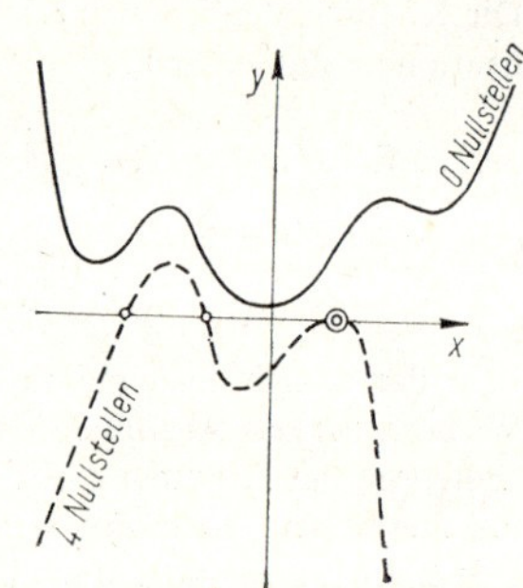

Beachte:

1. Es kann vorkommen, daß einzelne Nullstellen als sog. **mehrfache Nullstellen** bei der Bestimmung der Gesamtzahl entsprechend ihrer Vielfachheit mehrfach gezählt werden müssen.
2. Auf einen Beweis der genannten Eigenschaften der ganzrationalen Funktionen wird hier verzichtet.

15.2.2.2. Die Potenzfunktionen $y = x^n$ $(n \in G; n \geqq 0)$

Die grafische Darstellung dieser Funktionen ergibt Bilder, die **Parabeln n-ten Grades** heißen.

Besondere Eigenschaften

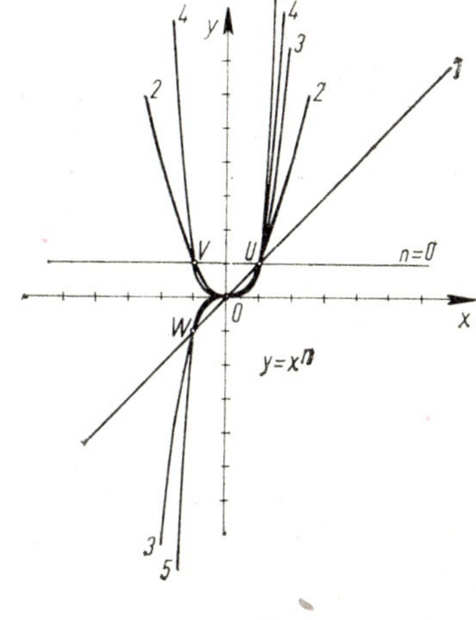

1. $x_0 = 0$ ist für alle Funktionen mit $n > 0$ eine n-fach zu zählende Nullstelle; $y = x^0$ hat keine Nullstelle, da x^0 für $x_0 = 0$ nicht definiert ist (vgl. 7.4.1.1.)
2. Alle Bilder gehen durch den Punkt $U(1; 1)$, auch das Bild von $y = x^0$ als Parallele zur x-Achse durch U.
3. Die Bilder der Funktionen mit $n > 0$ gehen außerdem durch den Punkt $O\,(0; 0)$, und zwar berühren die Bilder der Funktionen mit $n > 1$ hier die x-Achse, wobei die Bilder der Potenzfunktionen mit ungeraden Exponenten die x-Achse zugleich schneiden (vgl. 14.4.). Für das Bild von $y = x^1$ ist O nur Schnitt-, aber kein Berührungspunkt.
4. Die Bilder der Potenzfunktionen mit

ungeraden Exponenten	*geraden Exponenten*
gehen außerdem durch den Punkt	
$W(-1; -1)$.	$V(-1; +1)$.

5. Sie verlaufen im

III. und I. Quadranten,	II. und I. Quadranten,
und zwar im Intervall $-\infty < x \leqq 0$	
streng monoton wachsend	streng monoton fallend
und im Intervall $0 \leqq x < +\infty$	
streng monoton wachsend.	streng monoton wachsend (außer $y = x^0$).

6. Sie liegen als Bilder von

ungeraden	*geraden*
Funktionen	
zentralsymmetrisch zum Koordinatenursprung	achsensymmetrisch zur y-Achse.

7. Die Funktionen mit geraden Exponenten sind nach unten beschränkt mit einer unteren Grenze $K_u = 0$.

15.2.2.3. Die linearen Funktionen

Die grafische Darstellung jeder linearen Funktion $y = a_1x + a_0$ ergibt eine **Gerade.**

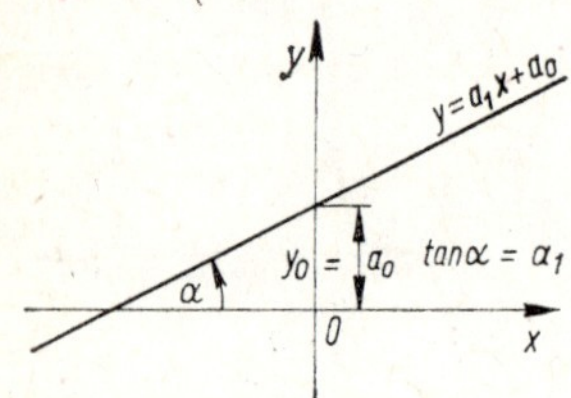

Ihr Anstiegswinkel α gegen die x-Achse (gemessen von deren positiver Seite aus im Gegenuhrzeigersinn) sowie ihre Lage (bestimmt durch den Achsenabschnitt y_0 auf der y-Achse) ergeben sich aus den Koeffizienten a_1 und a_0:

Anstieg: $\tan \alpha = a_1$ $(180° > \alpha \geqq 0°)$
bei gleichen Einslängen auf beiden Achsen

Lage: $y_0 = f(0) = a_0$

Beachte:

1. Für $a_1 > 0$ gilt $\tan \alpha > 0$; $0° < \alpha < 90°$: Verlauf durch Quadrant III und I (und evtl. ein Stück in II oder IV). Für $a_1 < 0$ gilt $\tan\alpha < 0$; $90° < \alpha < 180°$: Verlauf durch Quadrant II und IV (und evtl. ein Stück in I oder III).
2. Für $a_1 = 0$ gilt $\tan\alpha = 0$; $\alpha = 0°$: Parallele zur x-Achse im Abstand a_0 $(y = a_0)$.

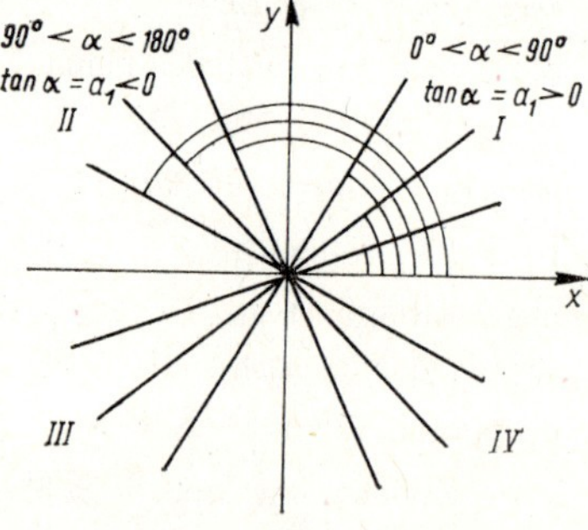

3. Die *inverse Funktion* zur linearen Funktion ist wieder eine lineare Funktion:

$$y = a_1x + a_0 = f(x) \to y = \frac{1}{a_1}x - \frac{a_0}{a_1} = f^{-1}(x)$$

4. Durch $y = k \cdot x$ ist die direkte Proportionalität zwischen x und y dargestellt (vgl. 6.6.3.).

15.2.2.4. Die quadratischen Funktionen

Die grafische Darstellung jeder quadratischen Funktion $y = a_2x^2 + a_1x + a_0$ ($a_2 \neq 0$) ergibt eine **Parabel (2. Grades),** deren Symmetrieachse parallel zur y-Achse liegt.

Der Schnittpunkt der Symmetrieachse mit der Parabel heißt ihr **Scheitel** A (vgl. 22.6.)
Steilheit und Öffnungsrichtungssinn der Parabel werden durch a_2 bestimmt, ihre Lage (Koordinaten des Scheitels A) durch a_2, a_1 und a_0.

Steilheit: Je größer der Betrag von a_2, desto steiler verläuft die Parabel (starke Krümmung in der Umgebung des Scheitels).

Öffnungsrichtungssinn: Für $a_2 \gtrless 0$ nach der $\begin{matrix}\text{positiven}\\\text{negativen}\end{matrix}$ Seite der y-Achse.

Lage: $A\left(-\frac{a_1}{2a_2}; -\left[\frac{a_1^2}{4a_2} - a_0\right]\right)$

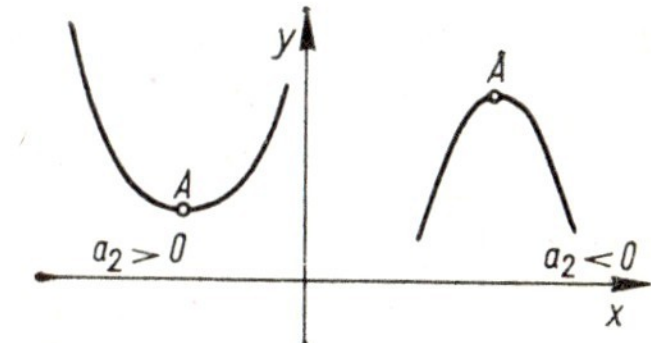

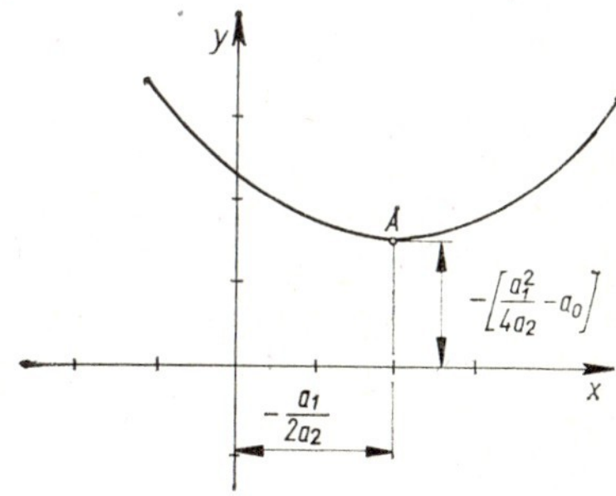

Beachte:

1. Für $a_2 = 1$ ergibt sich für die Funktionsgleichung die vereinfachte Form $y = x^2 + px + q$. Die zugehörige Parabel hat denselben Öffnungsrichtungssinn und dieselbe Gestalt wie das Bild von $y = x^2$ (vgl. 15.2.2.2.). Ihr Scheitel ist

$$A\left(-\frac{p}{2}; -\left[\left(\frac{p}{2}\right)^2 - q\right]\right).$$

2. Jede quadratische Funktion $y = a_2x^2 + a_1x + a_0$ $(a_2 \neq 0)$ besteht aus zwei *Monotonieintervallen* (I) und (II):

a_2	>0	<0
(I)	streng monoton	
$-\infty < x \leqq -\frac{a_1}{2a_2}$	fallend $+\infty > y \geqq a_0 - \frac{a_1^2}{4a_2}$	wachsend $-\infty < y \leqq a_0 - \frac{a_1^2}{4a_2}$
(II)	streng monoton	
$-\frac{a_1}{2a_2} \leqq x < +\infty$	wachsend $a_0 - \frac{a_1^2}{4a_2} \leqq y < +\infty$	fallend $a_0 - \frac{a_1^2}{4a_2} \geqq y < -\infty$

3. Die zugehörigen *inversen Funktionen* sind algebraisch-irrationale Funktionen (vgl. 15.2.4.).

15.2.2.5. Das einfache Horner-Schema

Ein wichtiges Hilfsmittel für die Berechnung von Funktionswerten ganzrationaler Funktionen ist das einfache HORNER-Schema. Es soll hier an einer Funktion 4. Grades erläutert werden. Gegeben ist eine Funktion 4. Grades:

$$y = f(x) = a_4x^4 + a_3x^3 + a_2x^2 + a_1x + a_0$$

Gesucht ist der Funktionswert $y = f(x_0)$ an der Stelle $x = x_0$. Es ist

$$\begin{aligned} f(x_0) &= a_4x_0^4 + a_3x_0^3 + a_2x_0^2 + a_1x_0 + a_0 \\ &= \{[(a_4x_0 + a_3)\,x_0 + a_2]\,x_0 + a_1\}\,x_0 + a_0. \end{aligned}$$

Berechnet man die Klammerausdrücke (vgl. 4.4.2.) von innen nach außen, so erhält man folgende Zwischenergebnisse:

$s_0 = a_4$ 0. Zwischensumme

(Durch diese „Umbezeichnung" wird eine einheitliche Bezeichnungsweise in den gleichartigen Berechnungsabschnitten (sog. Zyklen) erreicht, was besonders bei Benutzung der EDV große Vorteile für die Programmierung bringt.)

$p_1 = s_0x_0$	1. Zwischenprodukt	1. Zyklus
$s_1 = p_1 + a_3$	1. Zwischensumme	
$p_2 = s_1x_0$	2. Zwischenprodukt	2. Zyklus
$s_2 = p_2 + a_2$	2. Zwischensumme	
$p_3 = s_2x_0$	3. Zwischenprodukt	·
$s_3 = p_3 + a_1$	3. Zwischensumme	·
$p_4 = s_3x_0$	4. Zwischenprodukt	·
$f(x_0) = s_4 = p_4 + a_0$	4. Zwischensumme	= Funktionswert

Die Berechnung der Zwischenergebnisse (einschließlich des gesuchten Funktionswertes) erfolgt zweckmäßig in einer Anordnung, die als **einfaches Horner-Schema** (WILLIAM GEORGE HORNER, Mathematiker, 1786 bis 1837) bezeichnet wird:

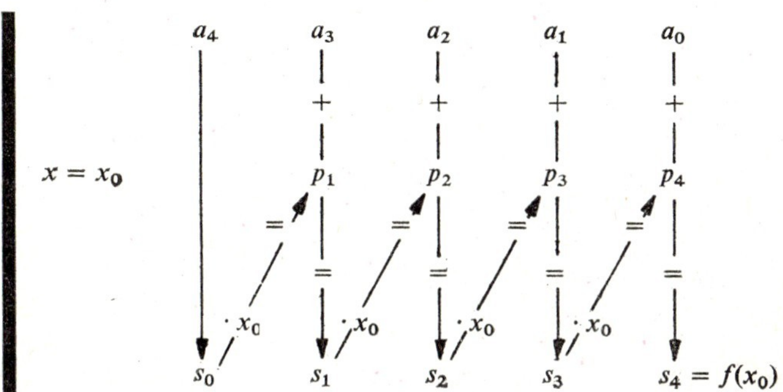

BEISPIEL

Zu berechnen ist der Funktionswert der Funktion

$$y = f(x) = 2x^4 + 5x^3 - 8x^2 + 2x - 7$$

a) an der Stelle $x = +2$

b) an der Stelle $x = -3$

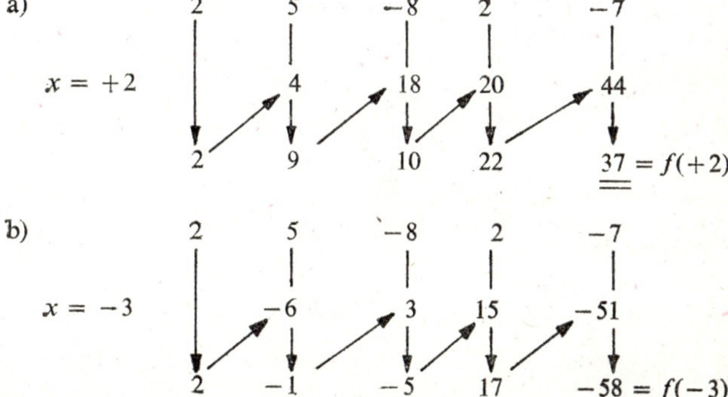

Beachte:

Tritt in der gegebenen Funktion eine Potenz des Argumentes x nicht auf, so ist an dieser Stelle in der Kopfzeile (Koeffizientenzeile) des HORNER-Schemas „0" zu setzen.

BEISPIEL

Zu berechnen ist der Funktionswert der Funktion

$$y = f(x) = 3x^4 - 5x^3 + x - 4$$

an der Stelle $x = +3$.

	3	−5	0	1	−4
$x = +3$		9	12	36	111
	3	4	12	37	$\underline{\underline{107}} = f(+3)$

15.2.3. Gebrochenrationale Funktionen

15.2.3.1. Allgemeine Eigenschaften

Die Gleichung jeder gebrochenrationalen Funktion läßt sich auf die Form

$$y = \frac{\sum\limits_{i=0}^{n} a_i x^i}{\sum\limits_{k=0}^{m} b_k x^k} = \frac{a_n x^n + a_{n-1} x^{n-1} + \ldots + a_2 x^2 + a_1 x + a_0}{b_m x^m + b_{m-1} x^{m-1} + \ldots + b_2 x^2 + b_1 x + b_0} = \frac{Z(x)}{N(x)}$$

$$(i \in G; \quad a_i \in P; \quad k \in G; \quad b_k \in P; \quad N(x) \neq 0)$$

bringen, d.h. als Quotient zweier Polynome vom Grade n bzw. m schreiben.
Die gebrochenrationalen Funktionen heißen für
$n < m$ **echt gebrochen.**

BEISPIELE

1. $y = \dfrac{x^2 - 2}{x^5 - 3x^3 + 4}$; 2. $y = \dfrac{1}{x^4 - x^2}$

$n \geqq m$ **unecht gebrochen.**

BEISPIELE

1. $y = \dfrac{x^3 + 2x - 4}{3x^3 - 4x^2 + 2}$; 2. $y = \dfrac{x^4 - 3}{x^2 + 4x - 5}$

Der Quotient, den jede in expliziter Form vorliegende Gleichung einer unecht gebrochenrationalen Funktion enthält, läßt sich durch Division des Zählerterms $Z(x)$ durch den Nennerterm $N(x)$ in eine Summe aus dem Term einer ganzrationalen Funktion $g(x)$ und dem einer echt gebrochenrationalen Funktion $e(x)$ aufspalten:

$$y = \frac{Z(x)}{N(x)} = g(x) + e(x)$$

BEISPIEL

$$y = \frac{2x^3 - 3x^2 + 5}{4x - 2}$$

$$y = (2x^3 - 3x^2 + 5) : (4x - 2) = \underbrace{\frac{1}{2}x^2 - \frac{1}{2}x - \frac{1}{4}}_{g(x)} + \underbrace{\frac{9}{2(4x - 2)}}_{e(x)}$$

Beachte:

1. *Nullstellen* von gebrochenen Funktionen sind solche Argumente, für die der *Zählerterm Null* wird, ohne daß zugleich der Nennerterm verschwindet.
2. Für Argumente, für die der *Nennerterm Null* wird, ohne daß zugleich der Zählerterm verschwindet, ist die gebrochene Funktion (wegen der Division durch Null; vgl. 4.4.1.) *nicht erklärt*. Ihr Bild ist an dieser Stelle unterbrochen. Die Funktion ist dort nicht stetig. Solche Argumente heißen **Polstellen** der Funktion. Die dort verlaufende Parallele zur y-Achse ist eine **Asymptote** des Funktionsbildes.

BEISPIEL

$$y = \frac{1}{(x + 2)(x - 3)} = \frac{Z(x)}{N(x)}$$

$N(-2) = 0;$

$Z(-2) = 1 \neq 0$

$N(3) = 0;$

$Z(3) = 1 \neq 0$

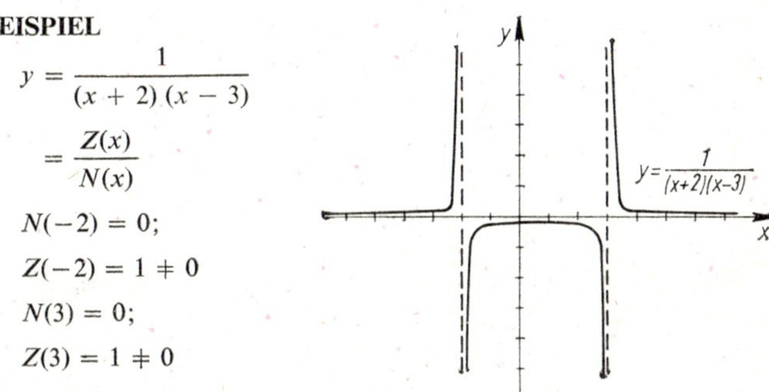

3. Falls für ein Argument x_1 *Zähler- und Nennerterm zugleich Null* werden, so ist an der Stelle $x = x_1$ die gebrochenrationale Funktion *nicht definiert*. In diesem Fall enthalten Zähler- und Nennerterm einen gemeinsamen Faktor $(x - x_1)^k$ $(k \in G;\ k > 0)$, durch den der gebrochenrationale Term für $x \neq x_1$ gekürzt werden kann.

15.2.3.2. Die Potenzfunktionen $y = x^n$ $(n \in G;\ n < 0)$

Die grafische Darstellung dieser Funktionen ergibt Bilder, die **Hyperbeln** ***n*-ten Grades** heißen.

Besondere Eigenschaften:

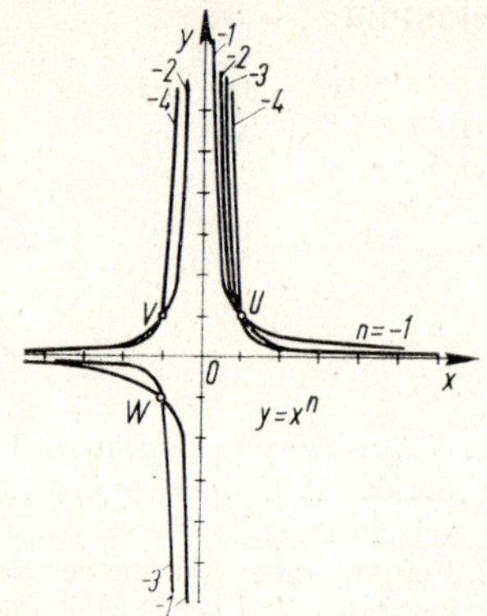

1. $x_0 = 0$ ist für alle Funktionen eine Polstelle, ihre Bilder haben also die y-Achse zur Asymptote. Eine zweite Asymptote ist die x-Achse.
2. Die Funktionen haben keine Nullstellen.
3. Die Bilder aller Funktionen gehen durch den Punkt $U(1; 1)$.
4. Die Bilder der Potenzfunktionen mit

ungeraden Exponenten	*geraden Exponenten*
gehen außerdem durch den Punkt	
$W(-1; -1)$.	$V(-1; +1)$.

5. Sie bestehen aus 2 Ästen, je einem im

III. und I. Quadranten.	II. und I. Quadranten.

6. Sie verlaufen im Intervall $-\infty < x < 0$

streng monoton fallend	streng monoton wachsend
und im Intervall $0 < x < +\infty$	
streng monoton fallend.	streng monoton fallend.

7. Sie liegen als Bilder von

ungeraden Funktionen zentralsymmetrisch zum Koordinatenursprung.	*geraden Funktionen* achsensymmetrisch zur y-Achse.

8. Die Funktionen mit geraden Exponenten sind nach unten beschränkt mit einer unteren Grenze $K_u = 0$.

Beachte:

1. Diese Funktionen gehören zu den echt gebrochenrationalen.
2. Durch $y = c \cdot x^{-1}$ ist die indirekte Proportionalität zwischen x und y dargestellt (vgl. 6.6.4.).

15.2.4. Algebraisch-irrationale Funktionen

15.2.4.1. Die Wurzelfunktionen $y = \sqrt[n]{x}$ $(n \in G;\, n > 1)$

Diese Funktionen können als Umkehrfunktionen zu den Potenzfunktionen $y = x^n$ $(n \in G;\, n > 1)$ aufgefaßt werden, sofern zweierlei beachtet wird:

1. Der *Definitionsbereich* von $y = x^n$ muß nach Monotonieintervallen *unterteilt* werden, um die für die Umkehrung erforderliche Eineindeutigkeit zu gewährleisten (vgl. 14.3.3. und 14.3.6.).
2. $y = \sqrt[n]{x}$ ist nur für $x \geqq 0$ und $y \geqq 0$ erklärt, $y = x^n$ aber auch für negative x und y. Deshalb ist eine *Unterteilung des Definitions-* bzw. *Wertebereichs* von $y = \sqrt[n]{x}$ in Teilbereiche mit $x \geqq 0$ und $x \leqq 0$ bzw. $y \geqq 0$ und $y \leqq 0$ sowie für jeden Teilbereich eine *besondere Fassung der Funktionsgleichung* unter Berücksichtigung der dargelegten Festsetzungen erforderlich (vgl. 8.2.2. und 8.2.3.).

BEISPIELE

1. $y = x^2$ umfaßt zwei Monotonieintervalle, ein wachsendes (I) und ein fallendes (II). Für jedes ergibt sich eine besondere Umkehrfunktion (I′) bzw. (II′):

   (I) $y = x^2$ mit $x \geqq 0;\ y \geqq 0$

   ergibt

   (I′) $y = +\sqrt{x}$ mit

   $x \geqq 0;\quad y \geqq 0.$

   (II) $y = x^2$ mit $x \leqq 0;\quad y \geqq 0$

   ergibt

   (II′) $y = -\sqrt{x}$ mit

   $x \geqq 0;\quad y \leqq 0.$

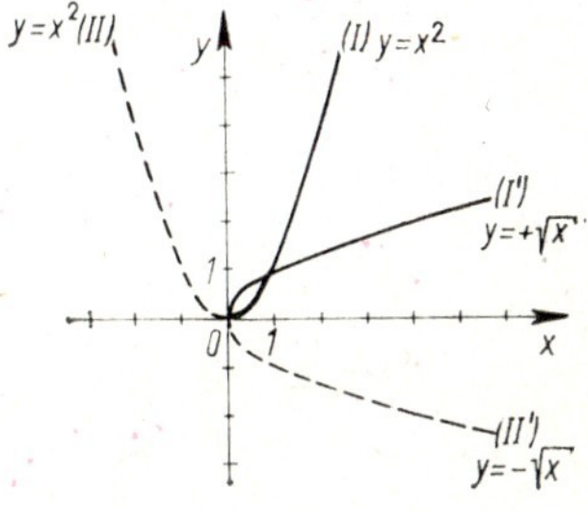

2. $y = x^3$ umfaßt zwar nur ein einziges Monotonieintervall, aber der Wertebereich $-\infty < y < +\infty$ erfordert eine Unterteilung in zwei Teilbereiche (I) mit $y \geqq 0;\ x \geqq 0$ und (II) mit $y \leqq 0;\ x \leqq 0$. Für jeden ergibt sich eine besondere Darstellung ein und derselben Umkehrfunktion (I′) bzw. (I″):

   (I) $y = x^3$ mit $x \geqq 0;\quad y \geqq 0$

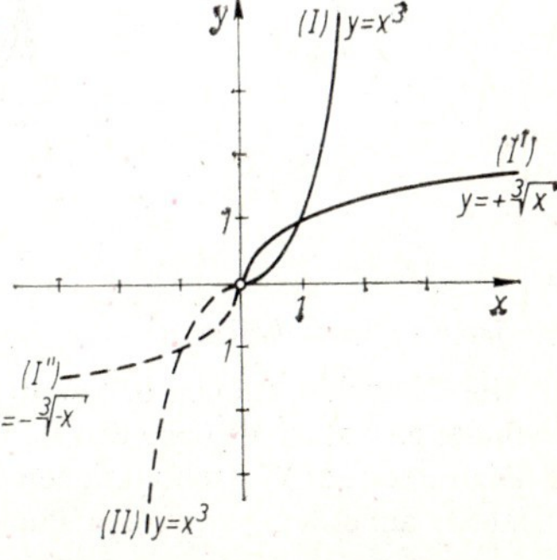

ergibt

(I′) $y = +\sqrt[3]{x}$ mit $x \geqq 0$; $y \geqq 0$

(II) $y = x^3$ mit $x \leqq 0$; $y \leqq 0$

ergibt

(I″) $y = -\sqrt[3]{-x}$ mit $x \leqq 0$; $y \leqq 0$.

Das läßt sich *verallgemeinern:*
Wird der *Definitionsbereich der Potenzfunktion* $y = x^n$ in *zwei Teilbereiche* (I) $0 \leqq x < +\infty$ und (II) $-\infty < x \leqq 0$ unterteilt, so ergeben sich dazu

a) bei *ungeraden Exponenten* $n = 2m + 1$ $(m \in G;\ m > 0)$ *zwei Wertebereiche*, nämlich zu (I) $0 \leqq y < +\infty$ bzw. zu (II) $-\infty < y \leqq 0$, als *Umkehrfunktion* aber nur *eine einzige Wurzelfunktion*, die in den beiden Teilbereichen verschieden darzustellen ist:

   (I′) $y = +\sqrt[2m+1]{x}$ $(x \geqq 0;\ y \geqq 0)$ bzw.

   (II′) $y = -\sqrt[2m+1]{-x}$ $(x \leqq 0;\ y \leqq 0)$;

b) bei *geraden Exponenten* $n = 2m$ $(m \in G;\ m > 0)$ jedoch zu (I) und (II) *derselbe Wertebereich* $0 \leqq y < +\infty$ mit *zwei verschiedenen Wurzelfunktionen* als *Umkehrfunktionen:*

   (I′) $y = +\sqrt[2m]{x}$ $(x \geqq 0;\ y \geqq 0)$ und

   (II′) $y = -\sqrt[2m]{x}$ $(x \geqq 0;\ y \leqq 0)$.

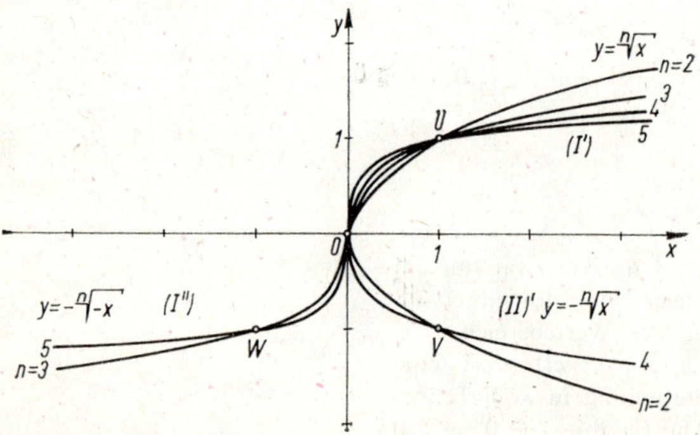

Besondere Eigenschaften

1. Alle Wurzelfunktionen haben $x_0 = 0$ als (einfache) Nullstelle. Ihre Bilder enthalten also alle den Punkt $O\,(0; 0)$.
2. Die Bilder der Wurzelfunktionen mit positiven Funktionswerten verlaufen außerdem durch den Punkt $U\,(+1; +1)$, die mit negativen

Funktionswerten bei geraden Wurzelexponenten durch den Punkt $V(+1; -1)$, bei ungeraden Wurzelexponenten durch den Punkt $W(-1; -1)$.

3. Die Bilder von $y = \sqrt[n]{x}$ entstehen durch Spiegelung an der Winkelhalbierenden des I. und III. Quadranten aus denjenigen Teilen der Bilder von $y = x^n$ ($n \in G$; $n > 1$), die jeweils nur in einem Quadranten liegen (vgl. 14.3.6. und 15.2.2.2.).
4. Infolgedessen verlaufen die Bilder der Wurzelfunktionen mit

ungeraden Wurzelexponenten im I. und III. Quadranten	*geraden Wurzelexponenten* im I. und IV. Quadranten

und zwar im

I. streng monoton wachsend, III. streng monoton wachsend.	I. streng monoton wachsend, IV. streng monoton fallend.

5. Die Bilder in den beiden Quadranten von *Wurzelfunktionen mit gleichen Wurzelexponenten* fügen sich jeweils zu einer einzigen Kurve zusammen, die

zentralsymmetrisch zum Koordinatenursprung liegt.	achsensymmetrisch zur x-Achse liegt.

15.2.4.2. Funktionsgleichungen mit Quadratwurzeln aus Polynomen

1. Die quadratische Funktion $y = a_2x^2 + a_1x + a_0 = f(x)$ (vgl. 15.2.2.4.) ergibt je nach der Beschränkung ihres Definitionsbereichs zwei verschiedene *Umkehrfunktionen* $f_1^{-1}(x)$ und $f_2^{-1}(x)$, die beide algebraisch-irrational sind:

(I) $\text{Db}(f)\colon -\infty < x \leqq -\dfrac{a_1}{2a_2}$ ergibt

$$y = -\frac{a_1}{2a_2} - \frac{1}{2|a_2|}\sqrt{a_1^2 - 4a_0a_2 + 4a_2x} = f_1^{-1}(x)$$

mit $\text{Wb}(f_1^{-1})\colon -\infty < y \leqq -\dfrac{a_1}{2a_2}$

(II) $\text{Db}(f)\colon -\dfrac{a_1}{2|a_2|} \leqq x < +\infty$ ergibt

$$y = -\frac{a_1}{2a_2} + \frac{1}{2a_2}\sqrt{a_1^2 - 4a_0a_2 + 4a_2x} = f_2^{-1}(x)$$

mit $\text{Wb}(f_2^{-1})\colon -\dfrac{a_1}{2a_2} \leqq y < +\infty$

Der Wertebereich von $f(x)$ und damit die Definitionsbereiche von $f_1^{-1}(x)$ und $f_2^{-1}(x)$ richten sich nach dem Vorzeichen von a_2 (vgl. Tabelle in 15.2.2.4.):

a_2	>0	<0
$\mathrm{Wb}(f) = \mathrm{Db}(f_1^{-1}) = \mathrm{Db}(f_2^{-1})$	$a_0 - \dfrac{a_1^2}{4a_2} \leqq x < +\infty$	$-\infty < x \leqq a_0 - \dfrac{a_1^2}{4a_2}$

Beachte:

Unabhängig vom Vorzeichen von a_2 ist die Funktion (I) $y = f_1^{-1}(x)$ nach oben $\left(K_o = -\dfrac{a_1}{2a_2}\right)$ und die Funktion (II) $y = f_2^{-1}(x)$ nach unten $\left(K_u = -\dfrac{a_1}{2a_2}\right)$ beschränkt.

2. Das zur Funktionsgleichung $y = \sqrt{1 - x^2} = f(x)$ mit Db: $-1 \leqq x \leqq +1$ und Wb: $0 \leqq y \leqq +1$ gehörende Bild ist der Halbkreis um O mit dem Radius 1 oberhalb der x-Achse. Er besitzt einen wachsenden (Db: $-1 \leqq x \leqq 0$) und einen fallenden (Db: $0 \leqq x \leqq +1$) Monotoniebogen (I) bzw. (II).

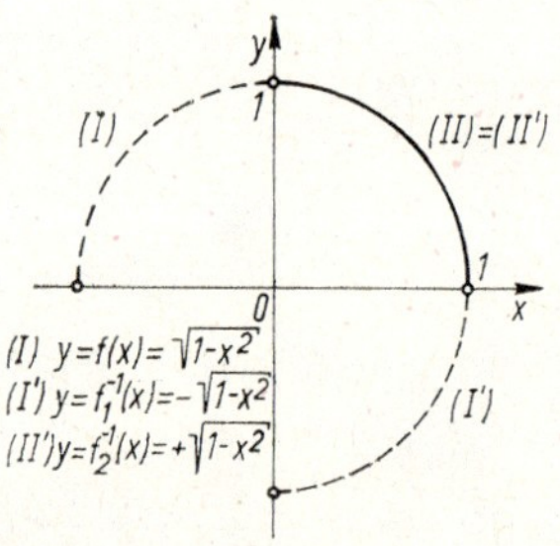

Die Terme $f_1^{-1}(x)$ und $f_2^{-1}(x)$ der beiden, zu den Monotonieintervallen (I) und (II) gehörenden Umkehrfunktionen sind beide dem Betrag nach gleich $f(x)$, nämlich:

zu (I): $y = -\sqrt{1 - x^2} = f_1^{-1}(x)$ (I′)

Db: $0 \leqq x \leqq +1$

Wb: $-1 \leqq y \leqq 0$

zu (II): $y = +\sqrt{1 - x^2} = f_2^{-1}(x)$ (II')

Db: $0 \leqq x \leqq +1$

Wb: $+1 \geqq y \geqq 0$

Beachte:

Die besondere Form der Funktionsgleichungen bewirkt, daß hier die Bilder der beiden im Monotonieintervall (II) zueinander inversen Funktionen identisch sind.

15.3. Elementare transzendente Funktionen

15.3.1. Die Exponentialfunktionen $y = a^x$ $(a > 0)$

Die Funktionen sind nur für $a > 0$ erklärt mit dem Definitionsbereich $-\infty < x < +\infty$ und dem Wertebereich $y > 0$, da für $a \leqq 0$ wohl einzelne Funktionswerte im Bereich der reellen Zahlen existieren [z.B. $(-2)^3 = -8$], aber andere dort nicht definiert sind [z.B. $(-2)^{1/2}$; $(-16)^{1/4}$].

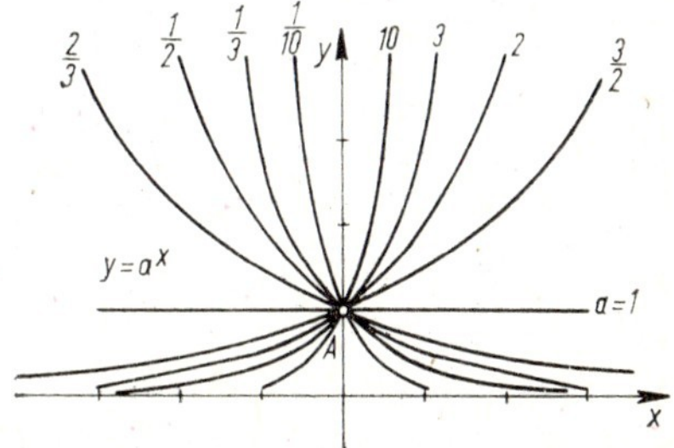

Besondere Eigenschaften

1. Alle Bilder verlaufen durch den Punkt A (0; 1).
2. Jedes Bild hat in A einen anderen Anstiegswinkel α, nämlich für

$a > 1$	$0^\circ < \alpha < 90^\circ$, d.h., die Bilder steigen an.
$0 < a < 1$	$90^\circ < \alpha < 180^\circ$, d.h., die Bilder fallen.
$a = 1$	$\alpha = 0^\circ$, d.h., das Bild ist die Parallele zur x-Achse durch A.

3. Die Exponentialfunktionen sind im gesamten Definitionsbereich für $a > 1$ streng monoton wachsend, für $0 < a < 1$ streng monoton fallend.
4. Alle Exponentialfunktionen mit $a \neq 1$ sind nach unten beschränkt ($K_u = 0$), und ihre Bilder haben die x-Achse zur Asymptote.
5. Die Bilder zu $y = a^x$ und $y = a^{-x} = \left(\frac{1}{a}\right)^x$ liegen für dasselbe a symmetrisch zueinander mit der y-Achse als Symmetrieachse.

6. Eine besonders wichtige Eigenart jeder Exponentialfunktion ist durch die folgenden *vier Grundgesetze* dargestellt:

$$a^{x_1+x_2} = a^{x1} \cdot a^{x2}; \quad a^{x1-x2} = a^{x1} : a^{x2};$$

$$a^{x_1 \cdot x_2} = (a^{x1})^{x2} = (a^{x2})^{x1}; \quad a^{\frac{x_1}{x_2}} = \sqrt[x2]{a^{x1}} \; (x_2 \neq 0).$$

Diese Beziehungen folgen aus den Gesetzen der Potenz- und Wurzelrechnung (vgl. 7.4.1.4.; 7.4.2.2.; 8.2.5.1.). Auf einen Beweis ihrer Gültigkeit für alle $x \in P$ muß im Rahmen dieser Darstellung verzichtet werden.

Beachte:

Von besonderer Bedeutung ist die Exponentialfunktion mit derjenigen Basis a_0, deren Bild in A den Anstiegswinkel 45° hat. Sie heißt die **natürliche Exponentialfunktion;** ihre Basis ist die (transzendente)

▌ EULERsche Zahl $a_0 = e = 2{,}71828 \ldots$ (vgl. 18.1.6.1.2.)

15.3.2. Die Logarithmusfunktionen $y = \log_a x$ $(a > 0; a \neq 1)$

Die Logarithmusfunktion $y = \log_a x$ ist die inverse Funktion zur Exponentialfunktion $y = a^x$. Infolgedessen ergeben sich die logarithmischen Kurven aus den Exponentialkurven durch Spiegelung an der Geraden $x = y$ und durch Übertragung der Eigenschaften der Exponentialfunktionen für die Logarithmusfunktionen entsprechende *besondere Eigenschaften*

1. $y = \log_a x$ ist nur für $a > 0$ und $a \neq 1$ definiert.
   Db: $0 < x$; Wb: $-\infty < y < +\infty$
2. Alle Funktionsbilder gehen durch den Punkt $B(1; 0)$.
3. Für den Anstiegswinkel β der Bilder in B gilt:

$a > 1$	$0° < \beta < 90°$, d.h., die Bilder steigen an.
$0 < a < 1$	$90° < \beta < 180°$, d.h., die Bilder fallen.

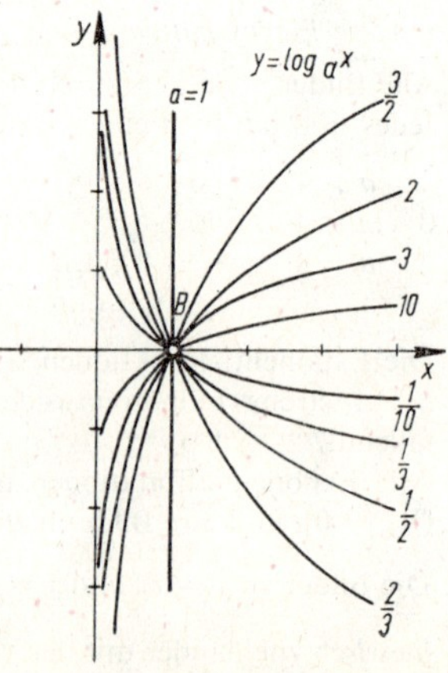

4. Alle logarithmischen Kurven haben die y-Achse zur Asymptote.
5. Die Logarithmusfunktionen sind unbeschränkt und für $a > 1$ streng monoton wachsend, für $0 < a < 1$ streng monoton fallend.
6. Die Bilder von $y = \log_a x$ und

$y = \log_{\frac{1}{a}} x$ liegen für dasselbe a symmetrisch zueinander mit der x-Achse als Symmetrieachse: $\log_a x = -\log_{\frac{1}{a}} x$.

7. *Grundgesetze* zu $y = \log_a x$, die aus den Gesetzen der Logarithmenrechnung (vgl. 8.3.3.2.) folgen:

$$\log_a (x_1 \cdot x_2) = \log_a x_1 + \log_a x_2; \quad \log_a (x_1 : x_2) = \log_a x_1 - \log_a x_2$$

$$\log_a (x_1^{x_2}) = x_2 \cdot \log_a x_1; \quad \log_a \sqrt[x_2]{x_1} = \frac{1}{x_2} \cdot \log_a x_1$$

$(x_1 > 0;\ x_2 > 0)$

Beachte:

Die Logarithmusfunktion $y = \log_e x = \ln x$ (mit $e \approx 2{,}71828\ldots$) hat besondere Bedeutung; sie heißt die Funktion der **natürlichen Logarithmen** (vgl. 18.1.6.2.).

15.3.3. Die Winkelfunktionen

In der Mathematik sind 6 Funktionen definiert, die gewissen Winkeln bestimmte Zahlenverhältnisse eindeutig zuordnen. Sie spielen u.a. eine große Rolle bei der

a) Berechnung von unbekannten Vieleckstücken (speziell Dreieckstücken) aus einzelnen gegebenen Stücken (vgl. 20.9.),
b) Beschreibung periodischer Vorgänge in Physik und Technik.

15.3.3.1. Das kartesische Koordinatensystem

Das **Achsenkreuz** jedes kartesischen Koordinatensystems (vgl. 14.2.3.) teilt die Ebene in vier **Quadranten**, die in der im Bild ersichtlichen Reihenfolge mit **I, II, III, IV** bezeichnet werden. Im vorliegenden Fall haben beide Maßskalen gleiche Einheiten und einen gemeinsamen, im Koordinatenursprung gelegenen Nullpunkt. Dadurch sind auf den **Koordinatenachsen** rechts bzw. oberhalb vom **Ursprung** positive, links bzw. unterhalb aber negative Zahlenwerte abgetragen. Das hat zur Folge, daß die **Koordinaten** x **(Abszisse)** und y **(Ordinate)** von Punkten in den verschiedenen Quadranten die folgenden Vorzeichen haben:

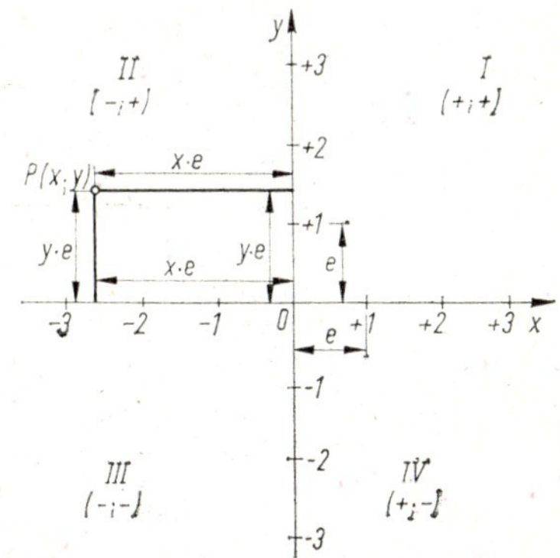

I: $++$; II: $-+$; III: $--$; IV: $+-$.

Beachte:

Koordinaten sind *Zahlenwerte*, die zur Veranschaulichung dienenden Strecken (Lote vom Punkt auf die Achsen bzw. Achsenabschnitte; vgl. Bild) aber *Größen*. Diese Strecken müßten deshalb in den Bildern eigentlich unter Verwendung der Einheit e mit $x \cdot e$ bzw. $y \cdot e$ beschriftet werden. Zur Vereinfachung wird aber gewöhnlich nur x bzw. y geschrieben.

15.3.3.2. Definition der Winkelfunktionen

Um den Ursprung O eines rechtwinkligen Koordinatensystems ist der Kreis mit dem Radius r geschlagen. Durch jeden Punkt $P(x; y)$ der Kreisperipherie ist eindeutig ein Zentriwinkel ($0° \leqq \alpha < 360°$) zwischen $\overline{OP}$ und der positiven Richtung der x-Achse festgelegt, wenn er von dieser aus im mathematisch positiven Drehsinn (Gegenuhrzeigersinn) gemessen wird. Das Lot l von P auf die x-Achse legt auf dieser die Projektion p des Radius $\overline{OP}$ fest. Durch die Zahlenwerte x und y der Strecken l und p, d.h. durch die Koordinaten von P, sowie durch den Zahlenwert $\{r\}$ des Radius r werden die sechs **Winkelfunktionen** folgendermaßen **definiert:**

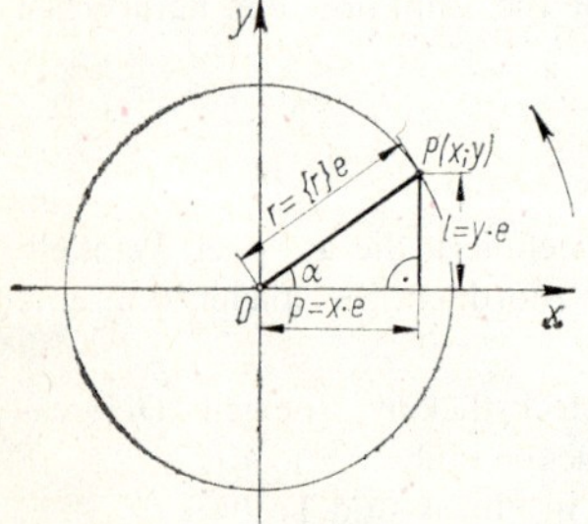

In Worten	In Kurzzeichen
Sinus von $\alpha = \dfrac{\text{Ordinate}}{\text{Radiuszahlenwert}}$	$\sin\alpha = \dfrac{y}{\{r\}}$
Cosinus von $\alpha = \dfrac{\text{Abszisse}}{\text{Radiuszahlenwert}}$	$\cos\alpha = \dfrac{x}{\{r\}}$
Tangens von $\alpha = \dfrac{\text{Ordinate}}{\text{Abszisse}}$	$\tan\alpha = \dfrac{y}{x}$
Cotangens von $\alpha = \dfrac{\text{Abszisse}}{\text{Ordinate}}$	$\cot\alpha = \dfrac{x}{y}$
Secans von $\alpha = \dfrac{\text{Radiuszahlenwert}}{\text{Abszisse}}$	$\sec\alpha = \dfrac{\{r\}}{x}$
Cosecans von $\alpha = \dfrac{\text{Radiuszahlenwert}}{\text{Ordinate}}$	$\operatorname{cosec}\alpha = \dfrac{\{r\}}{y}$

Dabei wird festgesetzt, daß der Radiuszahlenwert $\{r\}$ stets positiv sein soll, die Abszisse x und die Ordinate y von P aber mit den im kartesischen Koordinatensystem üblichen verschiedenen Vorzeichen verwendet werden sollen.

Beachte:

1. Die so definierten Winkelfunktionswerte sind unabhängig von der Größe des Radius, da für denselben Wert α gilt: $x \sim \{r\}$; $y \sim \{r\}$.
2. Die Funktionen Secans und Cosecans spielen nur in der Nautik eine Rolle. Sie werden im folgenden beiseite gelassen.
3. Alle *Winkelfunktionswerte* sind als Verhältnisse zweier Zahlenwerte selbst *Zahlenwerte*, die sich im einzelnen durch ihre Beträge und ihre Vorzeichen unterscheiden.
4. **Nicht definiert** sind

$$\left.\begin{aligned} \tan\alpha &= \frac{y}{x} \text{ für } \alpha = 90^\circ \text{ und } \alpha = 270^\circ \text{ wegen } x = 0 \\ \cot\alpha &= \frac{x}{y} \text{ für } \alpha = 0^\circ \text{ und } \alpha = 180^\circ \text{ wegen } y = 0 \end{aligned}\right\} \text{ an dieser Stelle.}$$

5. Als *Definitionsbereich* ergibt sich demnach für die Funktion

$\sin\alpha$	$\cos\alpha$	$\tan\alpha$	$\cot\alpha$
$0^\circ \leqq \alpha < 360^\circ$	$0^\circ \leqq \alpha < 360^\circ$	$0^\circ \leqq \alpha < 90^\circ$ $90^\circ < \alpha < 270^\circ$ $270^\circ < \alpha < 360^\circ$	$0^\circ < \alpha < 180^\circ$ $180^\circ < \alpha < 360^\circ$

6. Zur Definition der Winkelfunktionen vgl. auch 15.3.3.3.3.

15.3.3.3. Winkelfunktionswerte im I. Quadranten

Der Bereich $0^\circ \leqq \alpha < 360^\circ$ wird zweckmäßig ebenfalls in vier Quadranten eingeteilt. Da die Beträge von $\{r\}$, x und y im II., III. und IV. Quadranten keine anderen Werte als im I. Quadranten annehmen können, sind auch für die Funktionswerte der vier Winkelfunktionen in allen Quadranten nur solche Beträge möglich, die bereits im I. Quadranten ($0^\circ \leqq \alpha \leqq 90^\circ$) auftreten.

15.3.3.3.1. Änderungstendenzen der Winkelfunktionswerte

Wenn α kontinuierlich von 0° bis 90° zunimmt, ändern sich die Winkelfunktionswerte folgendermaßen:

Winkelfunktionswerte in Tafel S. 430

$f(\alpha) = \frac{Z}{N}$	Z	N	$f(\alpha)$	Grenzen		Wertevorrat
				$\alpha = 0°$	$\alpha = 90°$	
$\sin\alpha = \frac{y}{\{r\}}$	nimmt zu	konstant	nimmt zu	0	1	$0 \leqq \sin\alpha \leqq 1$
$\cos\alpha = \frac{x}{\{r\}}$	nimmt ab	konstant	nimmt ab	1	0	$1 \geqq \cos\alpha \geqq 0$
$\tan\alpha = \frac{y}{x}$	nimmt zu	nimmt ab	nimmt zu	0	–	$0 \leqq \tan\alpha < \infty$
$\cot\alpha = \frac{x}{y}$	nimmt ab	nimmt zu	nimmt ab	–	0	$\infty > \cot\alpha \geqq 0$

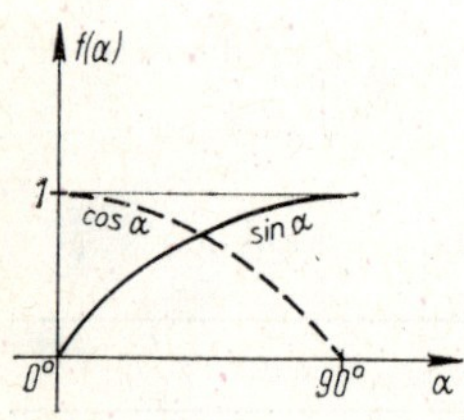

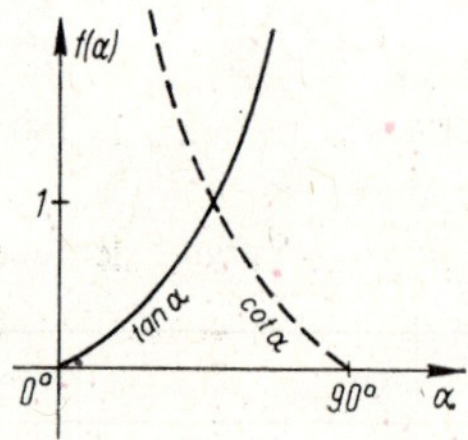

15.3.3.3.2. Grundlegende Zusammenhänge zwischen den Winkelfunktionen

1. $\sin\alpha = \frac{y}{\{r\}}$; $\cos\alpha = \frac{x}{\{r\}}$

$$\sin^2\alpha + \cos^2\alpha = \frac{y^2 + x^2}{\{r\}^2}; \quad x^2 + y^2 = \{r\}^2$$

$$\sin^2\alpha + \cos^2\alpha = 1$$

Beachte:

Das Symbol $\sin^2\alpha$ bedeutet das Quadrat des Funktionswertes $\sin\alpha$, also eigentlich $(\sin\alpha)^2$.

2. $\tan\alpha = \frac{y}{x}$; $\cot\alpha = \frac{x}{y}$

$$\tan\alpha \cdot \cot\alpha = 1$$

$$\tan\alpha = \frac{1}{\cot\alpha}; \quad \cot\alpha = \frac{1}{\tan\alpha}$$

3. $\frac{\sin\alpha}{\cos\alpha} = \frac{y \cdot \{r\}}{\{r\} \cdot x} = \frac{y}{x}$

$$\frac{\sin\alpha}{\cos\alpha} = \tan\alpha; \quad \frac{\cos\alpha}{\sin\alpha} = \cot\alpha$$

Beachte:

Diese Beziehung wird oft zur Definition der Tangens- bzw. Cotangensfunktion benutzt.

15.3.3.3.3. Winkelfunktionen im rechtwinkligen Dreieck und Komplementbeziehungen

Im Bild zu 15.3.3.2. können l auch als Gegenkathete von α, p als Ankathete von α und r als Hypotenuse des von l, p und r gebildeten rechtwinkligen Dreiecks bezeichnet werden. Dann lassen sich die Winkelfunktionen auch *an einem beliebigen rechtwinkligen Dreieck* wie folgt **definieren,** wobei meist statt l, p, r die in der Geometrie üblichen Symbole a, b, c verwendet werden:

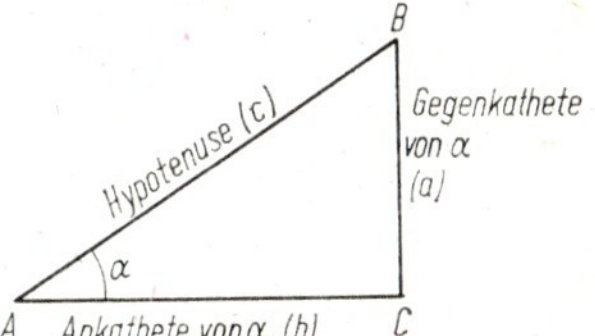

In Worten			In Kurzzeichen
Sinus von α	=	$\frac{\text{Gegenkathete von } \alpha}{\text{Hypotenuse}}$	$\sin\alpha = \frac{a}{c}$
Cosinus von α	=	$\frac{\text{Ankathete von } \alpha}{\text{Hypotenuse}}$	$\cos\alpha = \frac{b}{c}$
Tangens von α	=	$\frac{\text{Gegenkathete von } \alpha}{\text{Ankathete von } \alpha}$	$\tan\alpha = \frac{a}{b}$
Cotangens von α	=	$\frac{\text{Ankathete von } \alpha}{\text{Gegenkathete von } \alpha}$	$\cot\alpha = \frac{b}{a}$

Beachte:

1. Eigentlich müßte bei dieser Definition von den Zahlenwerten der Dreieckseiten gesprochen werden (vgl. 15.3.3.2.) und als Symbole müßten $\{a\}$, $\{b\}$, $\{c\}$ statt a, b, c geschrieben werden (vgl. 6.5.). Daß darauf meist verzichtet wird, läßt sich bei Voraussetzung gleicher Einheiten e wegen $\{a\} \cdot e = a$ usw. durch $\frac{\{a\}}{\{c\}} = \frac{\{a\} \cdot e}{\{c\} \cdot e} = \frac{a}{c}$ usw. rechtfertigen.
2. Die Funktionen sind bei dieser Definition im Definitionsbereich beschränkt auf $0° < \alpha < 90°$.

15.3.3.3.4. Winkelfunktion und Kofunktion

Wird zur Darstellung der Funktionen statt des Winkels α der Komplementwinkel $\beta = 90° - \alpha$ benutzt, so vertauschen sich die Begriffe Gegenkathete und Ankathete. Daraus folgt:

$$\sin\alpha = \frac{a}{c} = \cos\beta = \cos(90° - \alpha)$$

$$\cos\alpha = \frac{b}{c} = \sin\beta = \sin(90° - \alpha)$$

$$\tan\alpha = \frac{a}{b} = \cot\beta = \cot(90° - \alpha)$$

$$\cot\alpha = \frac{b}{a} = \tan\beta = \tan(90° - \alpha)$$

Festsetzung

Die Sinusfunktion soll die **Kofunktion** zur Cosinusfunktion (und umgekehrt), die Tangensfunktion die **Kofunktion** zur Cotangensfunktion (und umgekehrt) heißen.

> Der Funktionswert einer Winkelfunktion eines Winkels ist gleich dem Funktionswert der entsprechenden Kofunktion des Komplementwinkels:
>
> $\sin\alpha = \cos(90° - \alpha)$; $\tan\alpha = \cot(90° - \alpha)$
>
> $\cos\alpha = \sin(90° - \alpha)$; $\cot\alpha = \tan(90° - \alpha)$

BEISPIELE

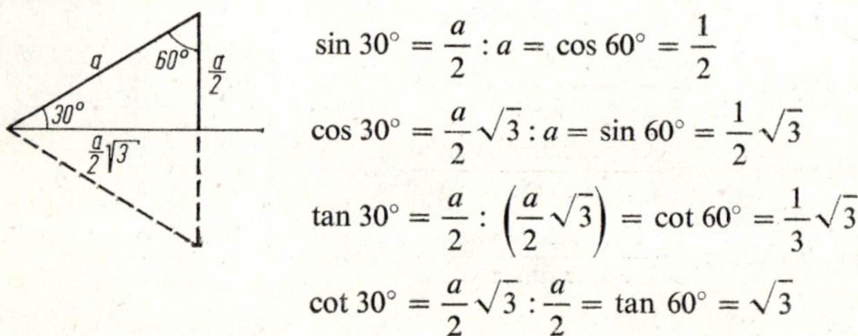

$$\sin 30° = \frac{a}{2} : a = \cos 60° = \frac{1}{2}$$

$$\cos 30° = \frac{a}{2}\sqrt{3} : a = \sin 60° = \frac{1}{2}\sqrt{3}$$

$$\tan 30° = \frac{a}{2} : \left(\frac{a}{2}\sqrt{3}\right) = \cot 60° = \frac{1}{3}\sqrt{3}$$

$$\cot 30° = \frac{a}{2}\sqrt{3} : \frac{a}{2} = \tan 60° = \sqrt{3}$$

15.3.3.3.5. Tafeln für Winkelfunktionswerte

Die meisten Funktionswerte der Winkelfunktionen sind *irrationale* Zahlen. In den Tafeln sind deshalb nur *Näherungswerte* tabelliert: vier-, fünf-, siebenstellige ... Tafeln. Anordnung und Gebrauch (Interpolieren) entsprechen dem der Potenz- und Wurzeltafeln (vgl. 8.2.6.), nur haben die trigonometrischen Tafeln zwei gegenläufige Eingänge, so daß sie auf Grund der Komplementbeziehungen (vgl. 15.3.3.3.4.) stets zugleich für Funktion und Kofunktion benutzt werden können.

Ausschnitt aus einer Tafel vierstelliger Sinus/Cosinus-Werte

sin 45° … sin 90°

Grad	,0	,1	,2	,3	,4	,5	,6	,7	,8	,9	(1,0)	
45	0,7071	7083	7096	7108	7120	7133	7145	7157	7169	7181	7193	44
46												43
…	…	…	…	…	…	…	…	…	…	…	…	…
66	0,9135	9143	9150	9157	9164	9171	9178	9184	9191	9198	9205	23
67	0,9205	9212	9219	9225	9232	9239	9245	9252	9259	9265	9272	22
…	…	…	…	…	…	…	…	…	…	…	…	…
88												1
89	0,9998	9999	9999	9999	9999	1,0000	1,0000	1,0000	1,0000	1,0000	1,0000	0
	(1,0)	,9	,8	,7	,6	,5	,4	,3	,2	,1	,0	Grad

cos 0° … cos 45°

Beachte:

1. Beim Sinus sind die linke und die obere, beim Cosinus die rechte und die untere Winkelspalte bzw. -zeile zu benutzen.

BEISPIELE

1. sin 66,4° = 0,9164; 2. cos 22,7° = 0,9225

2. Beim *Interpolieren eines Sinuswertes* ist wie üblich zu verfahren, beim *Interpolieren eines Cosinuswertes* ist die Interpolationsdifferenz aber vom Cosinuswert des kleineren Winkels zu subtrahieren, da die Cosinusfunktion eine fallende Funktion ist (vgl. 15.3.3.3.1.).

BEISPIELE

1. $$\sin 67{,}38° = \overbrace{0{,}9225}^{\sin 67{,}3°} + \frac{d}{10000} = \underline{\underline{0{,}9231}}$$

$$d = \frac{7 \cdot 8}{10} = 5{,}6 \approx 6$$

2. $$\cos 23{,}45° = \overbrace{0{,}9178}^{\cos 23{,}4°} - \frac{d}{10000} = \underline{\underline{0{,}9174}}$$

$$d = \frac{7 \cdot 5}{10} = 3{,}5 \approx 4$$

3. Beim *Interpolieren einer weiteren Winkeldezimale* wird immer vom Funktionswert des kleineren Winkels (das ist beim Cosinus der größere Funktionswert) ausgegangen.

BEISPIELE

1. $$\sin x = 0{,}9168; \quad x = \underbrace{66{,}4°}_{\triangleq\, 0{,}9164} + \frac{n°}{100} = \underline{\underline{66{,}46°}}$$

$$(0{,}9168 - 0{,}9164 = 4/10000)$$

$$\swarrow$$

$$n = \frac{4 \cdot 10}{7} = 5{,}7 \ldots \approx 6$$

2. $$\cos x = 0{,}9247; \quad x = \underbrace{22{,}3°}_{\triangleq\, 0{,}9252} + \frac{n°}{100} = 22{,}37°$$

$$(0{,}9252 - 0{,}9247 = 5/10000)$$

$$\swarrow$$

$$n = \frac{5 \cdot 10}{7} = 7{,}1 \ldots \approx 7$$

4. Die Tangens-Cotangens-Tafel entspricht in Aufbau und Benutzung der Sinus-Cosinus-Tafel.

5. Für $\left.\begin{matrix} 0^\circ < \alpha < 5^\circ \\ 85^\circ < \beta < 90^\circ \end{matrix}\right\}$ gilt $\left\{\begin{matrix} \sin\alpha \approx \tan\alpha \\ \cos\beta \approx \cot\beta. \end{matrix}\right.$

15.3.3.3.6. Algebraische Winkelfunktionswerte

Die meisten Winkelfunktionswerte sind transzendent (irrational). Abzählbar unendlich viele sind aber *algebraisch* (rational oder irrational), z.B. die zu 0°, 30°, 45°, 60° und 90° gehörenden Werte.

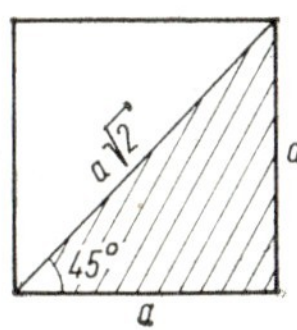

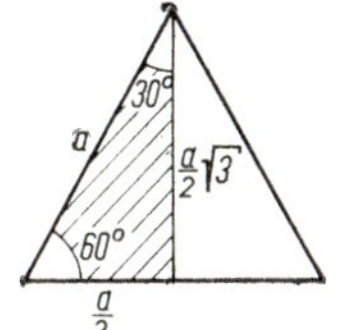

α	0°	30°	45°	60°	90°	
$\sin\alpha$	0	$\frac{1}{2}$	$\frac{1}{2}\sqrt{2}$	$\frac{1}{2}\sqrt{3}$	1	$\cos\beta$
$\tan\alpha$	0	$\frac{1}{3}\sqrt{3}$	1	$\sqrt{3}$	–	$\cot\beta$
	90°	60°	45°	30°	0°	β

Gedächtnisstütze für die Sinusfunktionswerte

α	0°	30°	45°	60°	90°
$\sin\alpha$	$\frac{1}{2}\sqrt{0}$	$\frac{1}{2}\sqrt{1}$	$\frac{1}{2}\sqrt{2}$	$\frac{1}{2}\sqrt{3}$	$\frac{1}{2}\sqrt{4}$

15.3.3.3.7. Logarithmen der Winkelfunktionswerte

Bei den Anwendungen machen sich oft logarithmische Rechnungen erforderlich, in die auch die Funktionswerte der Winkelfunktionen einbezogen werden müssen. Deshalb enthalten manche Tabellenwerke auch Tafeln der Logarithmen der Winkelfunktionswerte. Die äußere Gestaltung dieser Tafeln entspricht der der Tafeln der Winkelfunktionswerte (vgl. 15.3.3.3.5.). Für die tabellierten Logarithmen gilt in einer vierstelligen Tafel folgendes:

	Sinus		Tangens	
Winkel	0° bis 45°	45° bis 90°	0° bis 45°	45° bis 90°
Winkelfunktionswerte	0 bis 0,7	0,7 ... bis 1	0 bis 1	1 bis ∞
Logarithmen der Winkelfunktionswerte (vgl. Beachte 1.)	0, ... − *n* ($n = 3, 2, 1$) bzw. *m*, ... −10 ($m = 7, 8, 9$)	0, ... − 1 bzw. 9, ... −10	0, ... − *n* ($n = 3, 2, 1$) bzw. *m*, ... −10 ($m = 7, 8, 9$)	*n*, ... ($n = 0, 1, 2$)
Winkel	90° bis 45°	45° bis 0°	90° bis 45°	45° bis 0°
	Cosinus		Cotangens	

Beachte:

1. Um die Übersichtlichkeit der Tabellen zu erhöhen, werden *Logarithmen mit negativen Kennzahlen* grundsätzlich mit der Kennzahl −10 geschrieben, und diese wird in der Tabelle nicht mit angegeben.

BEISPIELE

1. lg sin 45° = 0,8495 − 1 wird tabelliert als 9,8495
2. lg tan 3° = 0,7194 − 2 wird tabelliert als 8,7194
3. lg cot 20° = 0,4389 wird tabelliert als 0,4389
4. lg tan 89,5° = 2,0591 wird tabelliert als 2,0591

2. Beim Gebrauch der Logarithmen im *Rechenschema* ist bei Beispiel 1 und 2 jeweils −10 zu ergänzen, bei 3 und 4 aber nicht. Eine Verwechslungsgefahr besteht nicht, da −10 nur dort zu ergänzen ist, wo die Einer große Zahlen (9, 8, 7) sind.
3. Zwischen lg sin 0° und lg sin 5° bzw. lg tan 0° und lg tan 5° ergeben sich beim Interpolieren auf Hundertstel Grad sehr ungenaue Funktionswerte. Deshalb enthalten die Tafelwerke für diese Intervalle meist *besondere Tabellen*, in denen die Funktionswerte bereits von Hundertstel zu Hundertstel Grad angegeben sind.
4. Auch in das *Stabrechnen* können die Winkelfunktionswerte einbezogen werden. Die Rechenstäbe enthalten dazu *trigonometrische Skalen*, deren Anordnung bei den verschiedenen Fabrikaten sehr unterschiedlich ist. Ihr Gebrauch muß aus der jeweils beigegebenen Anleitung entnommen und erlernt werden.

15.3.3.4. Winkelfunktionswerte im II., III. und IV. Quadranten

15.3.3.4.1. Beträge und Vorzeichen der Winkelfunktionswerte

Da die *Beträge der Funktionswerte* der vier Winkelfunktionen im II., III. und IV. Quadranten keine anderen als im I. Quadranten sind, können sie mit Hilfe der für $0° \leqq \alpha \leqq 90°$ tabellierten Winkelfunktionswerte bestimmt werden.

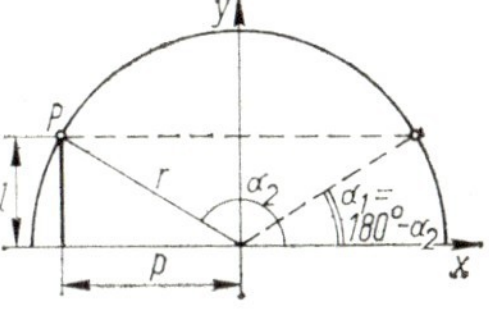

Dazu muß zu jedem Winkel im Bereich $90° < \alpha < 360°$ derjenige Winkel α_1 im I. Quadranten ermittelt werden, dessen Winkelfunktionswert mit dem Betrag des Winkelfunktionswertes des Winkels α_2, α_3 oder α_4 im II., III. oder IV. Quadranten übereinstimmt.

Aus der Symmetrie der Bilder werden folgende Gesetzmäßigkeiten entnommen:

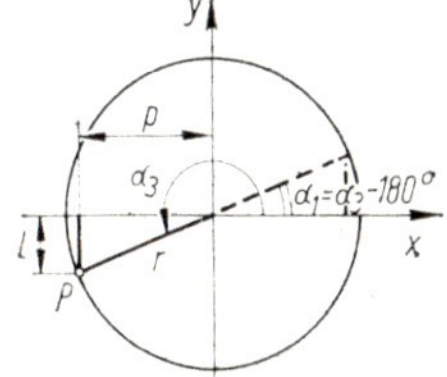

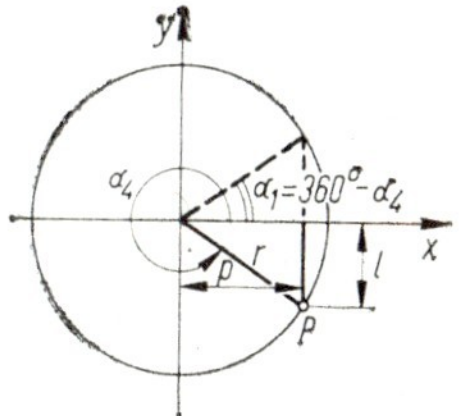

> Für jede Winkelfunktion gilt, daß die Beträge der Funktionswerte übereinstimmen für
>
> α_2 und $180° - \alpha_2$ $\quad (90° < \alpha_2 \leqq 180°)$
>
> α_3 und $\alpha_3 - 180°$ $\quad (180° < \alpha_3 \leqq 270°)$
>
> α_4 und $360° - \alpha_4$ $\quad (270° < \alpha_4 < 360°)$

Die *Vorzeichen der Winkelfunktionswerte* ergeben sich laut Definition (vgl. 15.3.3.2.) aus den Vorzeichen der Abszisse x und der Ordinate y:

Quadrant	Bereich	x	y	$\sin\alpha$	$\cos\alpha$	$\tan\alpha$	$\cot\alpha$
I	$0° \leqq \alpha_1 \leqq 90°$	+	+	+	+	+	+
II	$90° < \alpha_2 \leqq 180°$	−	+	+	−	−	−
III	$180° < \alpha_3 \leqq 270°$	−	−	−	−	+	+
IV	$270° < \alpha_4 < 360°$	+	−	−	+	−	−

BEISPIELE

1. $\sin 100^\circ = +\sin(180^\circ - 100^\circ) = +\sin 80^\circ \;= \underline{\underline{0{,}9848}}$
2. $\cos 200^\circ = -\cos(200^\circ - 180^\circ) = -\cos 20^\circ = \underline{\underline{-0{,}9397}}$
3. $\tan 300^\circ = -\tan(360^\circ - 300^\circ) = -\tan 60^\circ = \underline{\underline{-\sqrt{3}}}\,(\approx -1{,}732)$

Beachte:

1. Um beim Tafelgebrauch in derselben Funktion zu bleiben, werden die Winkel $90^\circ < \alpha < 360^\circ$ stets mit 180° oder 360°, niemals aber mit 90° oder 270° zusammengesetzt.

   BEISPIELE

   1. 100° = 180° − **80**° (nicht 90° + 10°)
   2. 271° = 360° − **89**° (nicht 270° + 1°)

2. Da bei jeder Funktion jedes der beiden Vorzeichen in zwei Quadranten vorkommt, ergeben sich beim Aufschlagen der Winkel zu gegebenen Funktionswerten im Bereich $0^\circ \leqq \alpha < 360^\circ$ stets *zwei* Winkel.

   BEISPIELE

   1. $\cos x = 0{,}9063$: $x_1 = \underline{\underline{25^\circ}}$;

      $x_2 = 360^\circ - 25^\circ = \underline{\underline{335^\circ}}$

   2. $\tan x = -1$: $x_1 = 180^\circ - 45^\circ = \underline{\underline{135^\circ}}$

      $x_2 = 360^\circ - 45^\circ = \underline{\underline{315^\circ}}$

15.3.3.4.2. Einheitskreis als Merkhilfe

Wird im Koordinatensystem der Radius des Kreises als Einheit verwendet ($r = 1 \cdot e$; $\{r\} = 1$: **Einheitskreis**), so ergibt sich:

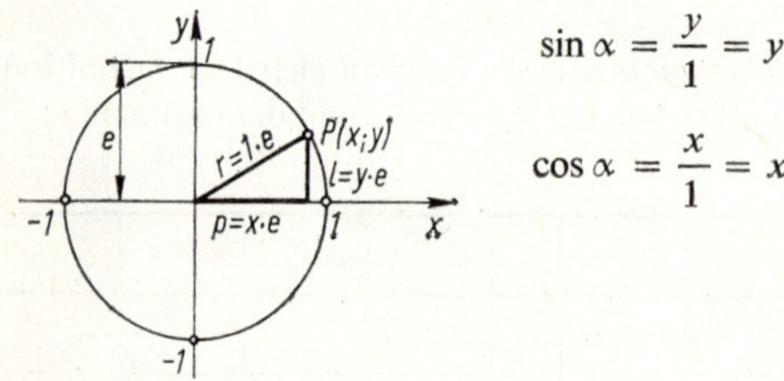

$$\sin\alpha = \frac{y}{1} = y$$

$$\cos\alpha = \frac{x}{1} = x$$

Im Einheitskreis entspricht die Ordinate von *P* (veranschaulicht durch das Lot) dem Sinuswert,
die Abszisse von *P* (veranschaulicht durch die Projektion) dem Cosinuswert des Winkels α.

Auch die Funktionswerte der Tangens- und der Cotangensfunktion lassen sich durch Strecken am Einheitskreis veranschaulichen. Dazu wird im Punkte (+1; 0) die **Haupttangente**, im Punkte (0; +1) die **Nebentangente** an den Kreis gelegt. Dann gilt:

$$\tan \alpha = \frac{\{h\}}{1} = \{h\}$$

$$\cot \alpha = \frac{\{n\}}{1} = \{n\}$$

Am Einheitskreis veranschaulicht der Haupttangentenabschnitt den Tangenswert, der Nebentangentenabschnitt den Cotangenswert des Winkels α.

Beachte:

Die *Haupttangente* liegt stets *rechts* (nie links), die *Nebentangente* stets *oben* (nie unten) am Kreis, auch wenn *P* im II., III. oder IV. Quadranten liegt.

Lot, Projektion, Haupt- und Nebentangentenabschnitt am Einheitskreis veranschaulichen
a) durch ihre Länge den Betrag,
b) durch ihre Richtung das Vorzeichen
des jeweiligen Funktionswertes.

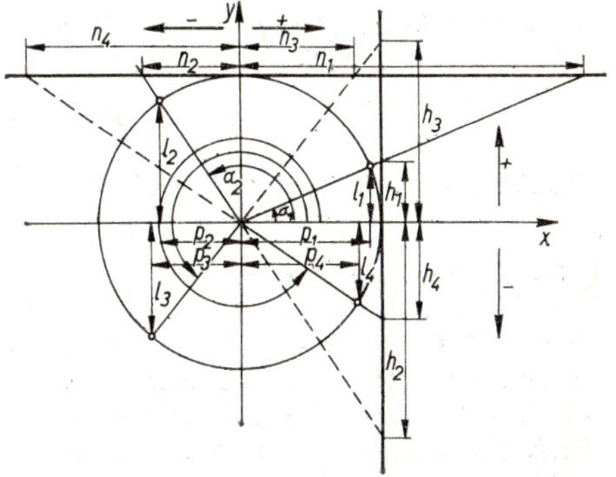

15.3.3.5. Winkelfunktionswerte für beliebige Winkel

15.3.3.5.1. Bogenmaß

Ein Winkel α kann gemessen werden

im **Gradmaß**: $\alpha = u^\circ$;

im **Bogenmaß**: $\alpha = \widehat{v} = \operatorname{arc} u^\circ = \dfrac{b}{r}$

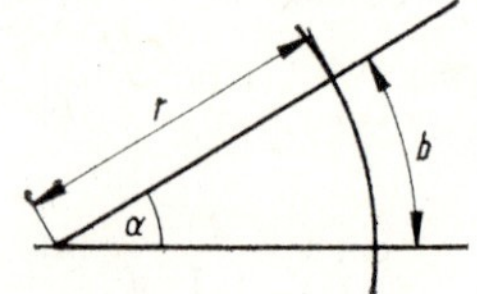

Zur *Umrechnung* des einen Maßes in das andere dienen

a) Umrechnungstafeln, die sich in jedem Tabellenwerk befinden,
b) die Grundbeziehungen (vgl. 20.1.3.5. und 20.8.4.3.):

$$\widehat{v} = \frac{\pi}{180^\circ} \cdot u^\circ \quad \text{bzw.} \quad u^\circ = \frac{180^\circ}{\pi} \cdot \widehat{v}$$

$$\left(\frac{\pi}{180^\circ} \approx 0{,}0175/^\circ\right) \left(\frac{180^\circ}{\pi} \approx 57{,}3^\circ\right)$$

BEISPIELE

1. $u_1{}^\circ = 100^\circ; \quad \widehat{v}_1 \approx 1{,}75$ 2. $u_2{}^\circ = 360^\circ; \quad \widehat{v}_2 = 2\pi$

3. $\widehat{v}_3 = 0{,}3; \quad u_3{}^\circ \approx 17{,}19^\circ$ 4. $\widehat{v}_4 = \dfrac{\pi}{4}; \quad u_4{}^\circ = 45^\circ$

Beachte:

1. Das *Bogenmaß* muß als Verhältnis zweier Gebilde der Dimension 1 in reinen *Zahlen* oder in *Radiant* (vgl. 20.1.3.5.) angegeben werden.
2. Nach Möglichkeit wird das Bogenmaß als *Vielfaches* von π angegeben.
3. Besonders in der höheren Mathematik ist es zweckmäßig, die Winkel bei den Winkelfunktionen im Bogenmaß anzugeben. Dabei wird meist statt $\widehat{x}$ nur x geschrieben.

15.3.3.5.2. Periodizität der Winkelfunktionen

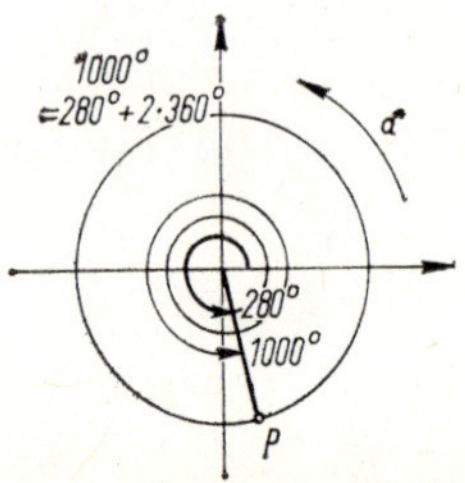

Wird zu einem Winkel α mit dem Maß x bzw. u° ein beliebiges Vielfaches von 2π bzw. 360° ($k \cdot 2\pi$ bzw. $k \cdot 360^\circ$; $k \in G$) addiert, so entstehen neue Winkel mit dem Maß $x + 2k\pi$ bzw. $u^\circ + k \cdot 360^\circ$, die am Kreis durch denselben Punkt P charakterisiert sind. Diesen Winkeln kommen deshalb auch dieselben Winkelfunktionswerte zu. Solche Winkel heißen **äquivalente Winkel**. Für sie gilt:

$$\left.\begin{aligned}\sin(x + 2k\pi) &= \sin x\\ \cos(x + 2k\pi) &= \cos x\\ \tan(x + 2k\pi) &= \tan x\\ \cot(x + 2k\pi) &= \cot x\end{aligned}\right\} k \in G$$

Die Winkelfunktionen sind periodisch mit der Periode 2π. Die Periode 2π ist für die Sinus- und Cosinusfunktion die kleinste (vgl. 14.3.4.), für die Tangens- und Cotangensfunktion ist die kleinste Periode aber π. Deshalb kann für die letzteren Funktionen auch geschrieben werden:

$$\left.\begin{aligned}\tan(x + k\pi) &= \tan x\\ \cot(x + k\pi) &= \cot x\end{aligned}\right\} k \in G$$

Grafische Darstellungen der Winkelfunktionen

im Definitionsbereich $-\infty < x < +\infty$

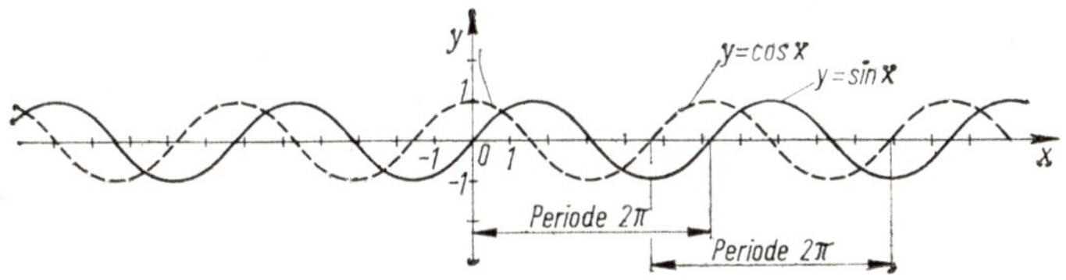

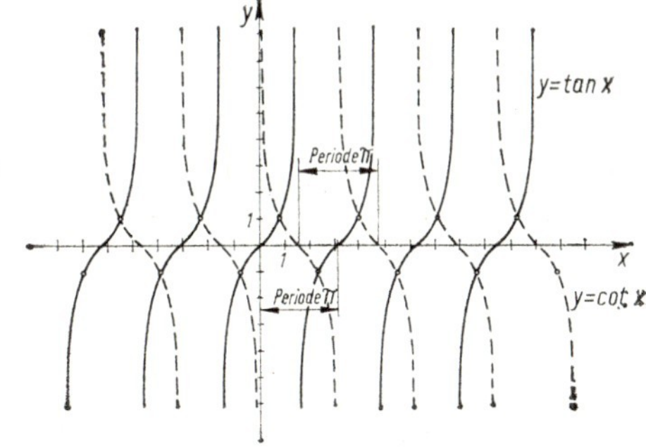

Beachte:

1. Es ist **nicht definiert**:

$$\left.\begin{aligned}&\text{die Tangensfunktion bei } x = (2k + 1)\cdot\frac{\pi}{2}\\ &\text{die Cotangensfunktion bei } x = k\cdot\pi\end{aligned}\right\} k \in G$$

2. Bei $k < 0$ können sich *negative Winkelmaße* ergeben. Sinngemäß entstehen solche Winkel am Kreis durch Drehen des Radius im mathematisch negativen Sinn (Uhrzeigersinn).

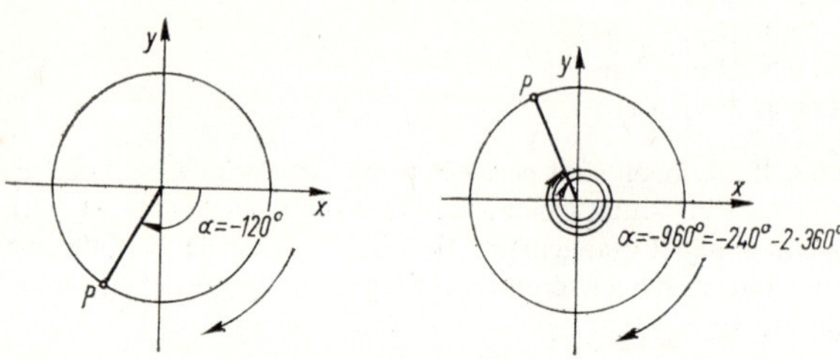

15.3.3.5.3. Aufschlagen von beliebigen Winkelfunktions- und Winkelwerten

1. Um den Winkelfunktionswert eines beliebigen Winkels mit Hilfe der Tafel zu bestimmen, wird so oft 360° addiert oder subtrahiert, bis ein Winkel α im Bereich $0° \leqq \alpha < 360°$ übrigbleibt. Dann wird nach 15.3.3.4.1. verfahren.

BEISPIELE

1. $\sin(-3400°) = \sin(-3400° + 10 \cdot 360°) = \sin 200°$
$= -\sin(200° - 180°) = -\sin 20° = \underline{\underline{-0{,}3420}}$

2. $\cot 6219° = \cot(6219° - 17 \cdot 360°) = \cot 99°$
$= -\cot(180° - 99°) = -\cot 81° = \underline{\underline{-0{,}1584}}$

2. Beim Aufsuchen des Winkels zu einem gegebenen Winkelfunktionswert ergeben sich nach 15.3.3.4.1. zunächst im Bereich $0° \leqq \alpha < 360°$ stets *zwei* Winkel. Aber auch allen zu diesen beiden Winkeln *äquivalenten Winkeln* (vgl. 15.3.3.5.2.) ist derselbe Winkelfunktionswert zugeordnet; diese sind also ebenfalls Lösungen der Aufgabe. Solche Aufgaben sind also grundsätzlich *unendlich vieldeutig*.

BEISPIELE

1. $\cos\alpha = -0{,}7151$

$$\left.\begin{aligned} \alpha_1 &= 180° - 44{,}35° + k \cdot 360° = \underline{\underline{135{,}65° + k \cdot 360°}} \\ \alpha_2 &= 180° + 44{,}35° + k \cdot 360° = \underline{\underline{224{,}35° + k \cdot 360°}} \end{aligned}\right\} k \in G$$

2. $\tan\alpha = 10$

$$\left.\begin{aligned} \alpha_1 &= \underline{\underline{84{,}30° + k \cdot 360°}} \\ \alpha_2 &= 180° + 84{,}30° + k \cdot 360° = \underline{\underline{264{,}30° + k \cdot 360°}} \end{aligned}\right\} k \in G$$

oder: $\alpha = \underline{\underline{84{,}30° + k \cdot 180°}}\ (k \in G)$

15.3.3.6. Wichtige Umrechnungsformeln

15.3.3.6.1. Additionstheoreme

Unter **Additionstheoremen** werden rechnerische Beziehungen verstanden, die es erlauben, die Winkelfunktionswerte der Summe oder der Differenz zweier Winkel aus den Winkelfunktionswerten der Einzelwinkel zu berechnen.
Aus (vgl. 20.9.2.1.)

$$c = b \cos\alpha + a \cos\beta \text{ (Projektionssatz) und}$$

$$a : b : c = \sin\alpha : \sin\beta : \sin(\alpha + \beta) \text{ (Sinussatz)}$$

folgt durch Eliminieren von b und c

$$\frac{a \sin(\alpha + \beta)}{\sin\alpha} = \frac{a \sin\beta \cdot \cos\alpha}{\sin\alpha} + a \cos\beta \text{ oder}$$

▌ A.T.I $\sin(\alpha + \beta) = \sin\alpha \cos\beta + \cos\alpha \sin\beta$

Mit $-\beta$ statt β ergibt sich aus A.T.I:

▌ A.T.II $\sin(\alpha - \beta) = \sin\alpha \cos\beta - \cos\alpha \sin\beta$

Mit $90^\circ - \alpha$ statt α ergibt sich aus A.T.II:

▌ A.T.III $\cos(\alpha + \beta) = \cos\alpha \cos\beta - \sin\alpha \sin\beta$

Mit $-\beta$ statt β ergibt sich aus A.T.III:

▌ A.T. IV $\cos(\alpha - \beta) = \cos\alpha \cos\beta + \sin\alpha \sin\beta$

Beachte:

Die Herleitung der Additionstheoreme erfolgte unter der Voraussetzung, daß α und β kleiner als 90° sind. Es läßt sich beweisen, daß die Beziehungen in gleicher Form gelten, wenn diese Einschränkung fallengelassen wird.

Auch für die Tangens- und die Cotangensfunktion lassen sich Additionstheoreme aus

$$\tan(\alpha \pm \beta) = \frac{\sin(\alpha \pm \beta)}{\cos(\alpha \pm \beta)} \text{ bzw. } \cot(\alpha \pm \beta) = \frac{\cos(\alpha \pm \beta)}{\sin(\alpha \pm \beta)}$$

mit Hilfe von A.T.I bis IV herleiten:

▌ A.T.V/VI $\tan(\alpha \pm \beta) = \dfrac{\tan\alpha \pm \tan\beta}{1 \mp \tan\alpha \tan\beta}$

▌ A.T.VII/VIII $\cot(\alpha \pm \beta) = \dfrac{\cot\alpha \cot\beta \mp 1}{\cot\beta \pm \cot\alpha}$

15.3.3.6.2. Winkelfunktionswerte von Vielfachen und Teilen von Winkeln

Werden in A.T.I und A.T.III die beiden Winkel α und β gleich groß angenommen, so ergeben sich Beziehungen zwischen Winkelfunktionswerten eines Winkels α und Winkelfunktionswerten des doppelten Winkels 2α:

$$\sin 2\alpha = 2 \sin \alpha \cos \alpha$$

$$\cos 2\alpha = \cos^2 \alpha - \sin^2 \alpha = 1 - 2 \sin^2 \alpha = 2 \cos^2 \alpha - 1.$$

$$\tan 2\alpha = \frac{2 \tan \alpha}{1 - \tan^2 \alpha}; \quad \cot 2\alpha = \frac{\cot^2 \alpha - 1}{2 \cot \alpha}$$

Oder mit α statt 2α und $\frac{\alpha}{2}$ statt α:

$$\sin^2 \frac{\alpha}{2} = \frac{1 - \cos \alpha}{2}; \quad \cos^2 \frac{\alpha}{2} = \frac{1 + \cos \alpha}{2}$$

$$\tan^2 \frac{\alpha}{2} = \frac{1 - \cos \alpha}{1 + \cos \alpha}; \quad \cot^2 \frac{\alpha}{2} = \frac{1 + \cos \alpha}{1 - \cos \alpha}$$

15.3.3.6.3. Summen und Produkte von Winkelfunktionswerten

Da beim logarithmischen Berechnen von Ausdrücken Summen und Differenzen störend sind, werden gelegentlich Formeln benötigt, die die Summe oder Differenz zweier Winkelfunktionswerte durch ein Produkt zu ersetzen erlauben.

Durch Addieren bzw. Subtrahieren von A.T.I und A.T.II oder A.T.III und A.T.IV ergibt sich mit

$$\alpha + \beta = x; \quad \alpha - \beta = y; \quad \text{also} \quad \alpha = \frac{x + y}{2}; \quad \beta = \frac{x - y}{2}:$$

$$\sin x + \sin y = 2 \sin \frac{x + y}{2} \cos \frac{x - y}{2}$$

$$\sin x - \sin y = 2 \sin \frac{x - y}{2} \cos \frac{x + y}{2}$$

$$\cos x + \cos y = 2 \cos \frac{x + y}{2} \cos \frac{x - y}{2}$$

$$\cos x - \cos y = -2 \sin \frac{x + y}{2} \sin \frac{x - y}{2}$$

15.3.4. Die zyklometrischen Funktionen

Die inversen Funktionen zu den Winkelfunktionen sind die **zyklometrischen Funktionen** oder **Arcusfunktionen.** Die Forderung der Eineindeutigkeit der Zuordnung verlangt bei den Winkelfunktionen eine Beschränkung des Definitionsbereichs auf ein Monotonieintervall:

Winkelfunktionen			
Symbol	Definitionsbereich	Wertebereich	
$y = \sin x$	$-\frac{\pi}{2} \leqq x \leqq +\frac{\pi}{2}$	$-1 \leqq y \leqq +1$	$x = \arcsin y$
$y = \cos x$	$0 \leqq x \leqq \pi$	$+1 \geqq y \geqq -1$	$x = \arccos y$
$y = \tan x$	$-\frac{\pi}{2} < x < +\frac{\pi}{2}$	$-\infty < y < +\infty$	$x = \arctan y$
$y = \cot x$	$0 < x < \pi$	$+\infty > y > -\infty$	$x = \operatorname{arccot} y$
	Wertebereich	Definitionsbereich	Symbol
	Zyklometrische Funktionen		

Werden bei den zyklometrischen Funktionen die Argumente mit x und die Funktionswerte mit y bezeichnet, so ergeben sich die Funktionsbilder wieder durch Spiegelung der als Definitionsbereiche festgelegten

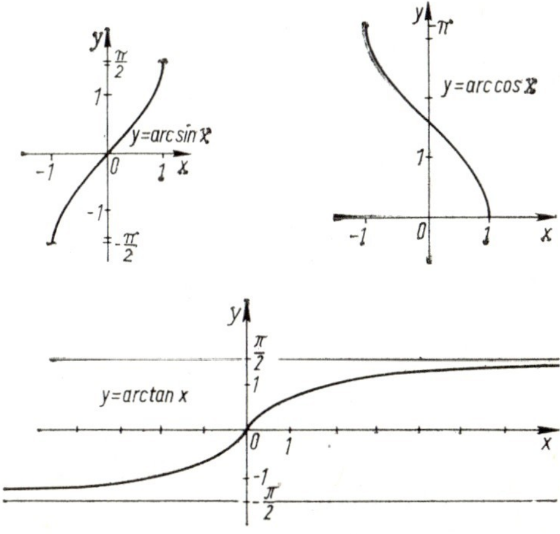

Monotonieintervalle der Winkelfunktionen an der Winkelhalbierenden des I. und III. Quadranten. Die zyklometrischen Funktionen erweisen sich dabei sämtlich als beidseitig beschränkte Funktionen.

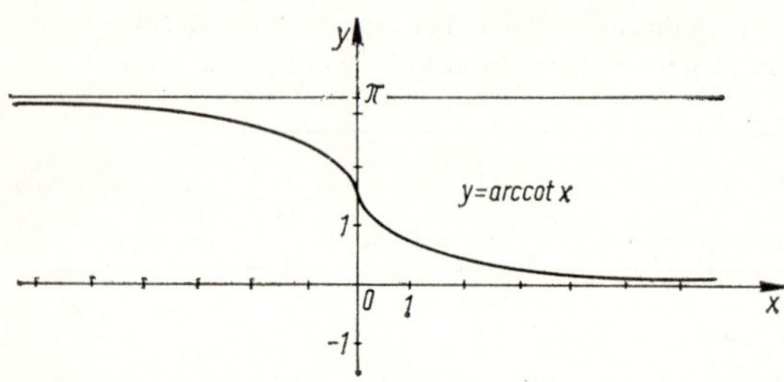

Beachte:

Die Wahl der als *Definitionsbereiche* der Winkelfunktionen verwendeten *Monotonieintervalle* war willkürlich. Bei der Sinusfunktion z.B. hätte statt des Intervalls $-\frac{\pi}{2} \leqq x \leqq +\frac{\pi}{2}$ auch jedes andere Monotonieintervall $(2k - 1)\frac{\pi}{2} \leqq x \leqq (2k + 1)\frac{\pi}{2}$ $(k \in G)$ eine eineindeutige Zuordnung und damit eine Umkehrung zur Arcussinusfunktion gewährleistet. Das trifft auch für die anderen Funktionen zu.

15.4. Einige weitere elementare Funktionen

Es gibt wichtige elementare Funktionen, für deren Darstellung durch eine Funktionsgleichung eine *besondere Symbolik* üblich ist.

BEISPIELE

1. $f(x)$ soll gleich der größten ganzen Zahl sein, die nicht größer als x ist, also:

   $f(x) = n$ mit $n \leqq x < n + 1$

   $(x \in P; \quad n \in G)$

   Kurzsymbol: $y = f(x) = [x]$

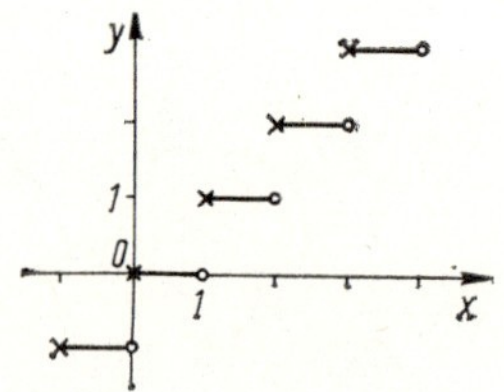

Anmerkung zur grafischen Darstellung:

Bei der Darstellung von Funktionsintervallen durch Strecken ○— × soll bedeuten:

×: Der Endpunkt der Strecke gehört zum Funktionsintervall.
○: Der Endpunkt gehört nicht zum Funktionsintervall.

2. $y = f(x) = |x|$, d. h.,

$$y = \begin{cases} -x \text{ für } x < 0 \\ x \text{ für } x \geqq 0 \end{cases}$$

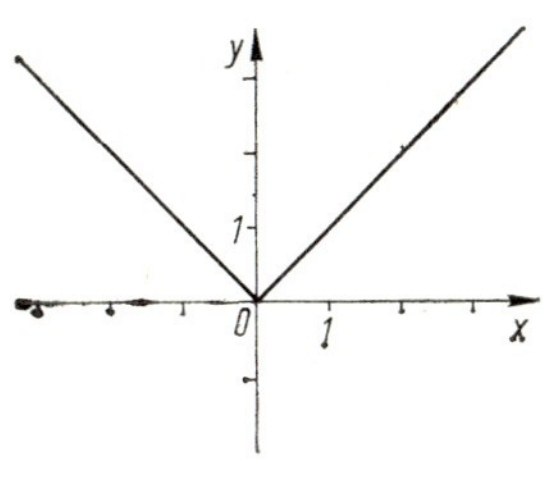

3.

$$y = f(x) = \begin{cases} -1 \text{ für } x < 0 \\ 0 \text{ für } x = 0 \\ +1 \text{ für } x > 0 \end{cases}$$

Kurzsymbol: $y = f(x) = \operatorname{sgn} x$

gelesen: **Signum von x**

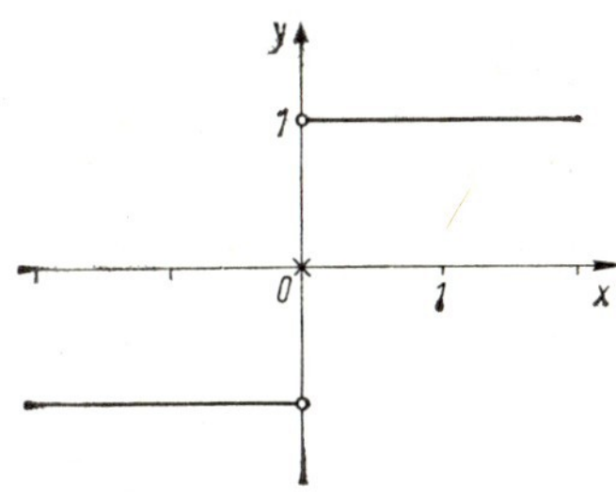

Beachte:

In der EDV sind für diese Funktionen auch andere Bezeichnungen üblich;

für $[x]$: int (x) oder entier (x)

für $|x|$: abs (x)

16. Zahlenfolgen und -reihen

16.1. Grundlegende Begriffe der Zahlenfolgen

16.1.1. Definition

Eine **Zahlenfolge** ist eine Funktion, deren Definitionsbereich die Menge oder eine Teilmenge der natürlichen Zahlen ist. Im ersten Fall handelt es sich um eine unendliche Zahlenfolge, im zweiten um eine unendliche oder eine endliche Zahlenfolge je nachdem, ob die Teilmenge unendlich oder endlich ist.

Die einzelnen Funktionswerte heißen die **Glieder** der Zahlenfolge. Sie werden im allgemeinen Fall durch Variablen mit Indizes bezeichnet:

$$a_1, a_2, a_3, \ldots, a_k, \ldots, a_n.$$

Insbesondere heißen:

a_1 **Anfangsglied**
a_k **Allgemeines** oder k-tes **Glied**
a_n **Endglied** (nur bei endlichen Folgen)

BEISPIELE

1. $3, 7, 11, \ldots, 415$
2. $3, -5, -13, -21, \ldots$
3. $1, \frac{1}{2}, \frac{1}{4}, \frac{1}{8}, \ldots$
4. $-3, -1, -\frac{1}{3}, \ldots, -\frac{1}{729}$
5. $+10, -1, +0{,}1, -0{,}01, +0{,}001, \ldots$
6. $7, 7, 7, \ldots$
7. $3, 5, 2, 9, 33, 87, 10$

Beachte:

1. Die 3 Punkte bei 1. bis 6. sollen bedeuten, daß jedes der dort ein- bzw. anzufügenden Glieder jeweils aus dem vorhergehenden nach demselben Gesetz zu bilden ist, das aus den angegebenen ersten Gliedern erkennbar ist.
2. Die Glieder einer Zahlenfolge bilden eine Gesamtheit, die sich in gewissen Punkten von einer Menge im üblichen Sinn (vgl. 2.2.) unterscheidet: Es existiert ein Bildungsgesetz, das eine bestimmte Ordnung der Elemente bewirkt, die aber andererseits nicht immer wohlunterschiedene Objekte (im Sinne der Mengenlehre) zu sein brauchen.

16.1.2. Besondere Eigenschaften einzelner Zahlenfolgen

1. $a_{k+1} > a_k$ für alle k: **(streng monoton) wachsende Folge** (Beispiele 1, 4)
2. $a_{k+1} < a_k$ für alle k: **(streng monoton) fallende Folge** (Beispiele 2, 3)
3. $a_{k+1} = a_k$ für alle k: **konstante Folge** (Beispiel 6)
4. $a_{k+1} \cdot a_k \leqq 0$ für alle k: **alternierende Folge** (Beispiel 5)
5. Gliederanzahl begrenzt: **endliche Folge** (Beispiele 1, 4, 7)
6. Gliederanzahl unbegrenzt: **unendliche Folge** (Beispiele 2, 3, 5, 6)

Beachte:

Meist ist ein Bildungsgesetz für die Glieder vorgegeben oder leicht erkennbar (Beispiele 1 bis 6), manchmal sind die Glieder aber auch scheinbar willkürlich gewählt, und ein Bildungsgesetz ist nicht ohne weiteres ersichtlich (Beispiel 7). Auch in solchen Fällen kann es zwar ermittelt werden, doch reichen dazu meist elementare mathematische Mittel nicht aus. Im folgenden werden solche Zahlenfolgen nicht untersucht.

16.1.3. Rekursive und independente Darstellung

Eine Zahlenfolge ist durch Angabe des allgemeinen Gliedes a_k mit der beliebigen Gliedernummer k eindeutig beschrieben.

Das kann geschehen

1. unter Zuhilfenahme des vorhergehenden Gliedes a_{k-1}: **rekursive Darstellung** von a_k,
2. unter alleiniger Benutzung der Gliedernummer k und etwaiger fest gegebener Zahlen: **independente Darstellung** von a_k.

Beachte:

1. Mit Hilfe der rekursiven Darstellung kann ein beliebiges Glied a_k nur angegeben werden, wenn alle vorhergehenden Glieder einschließlich des Anfangsgliedes bekannt sind. Bei der independenten Darstellung ist das nicht nötig.
2. Independente und rekursive Form beschreiben jede für sich eine Folge vollständig. Der Übergang von einer Form zur anderen ist im allgemeinen kompliziert und nicht immer möglich.

Soll nicht nur das Einzelglied a_k, sondern die gesamte Zahlenfolge gemeint sein, so wird das durch eine um das allgemeine Glied a_k gesetzte geschwungene Klammer *symbolisiert*: $\{a_k\}$.

BEISPIEL

Folge der natürlichen Zahlen: 1, 2, 3, ...
Allgemeines Glied:

1. rekursive Darstellung: $a_k = a_{k-1} + 1$ mit $a_1 = 1$
2. independente Darstellung: $a_k = k$

Gesamte Zahlenfolge:

mit 1: $\{a_k\}$ mit $a_k = a_{k-1} + 1$ und $a_1 = 1$
mit 2: $\{a_k\}$ mit $a_k = k$ oder kurz $\{k\}$

16.2. Abgeleitete endliche Zahlenfolgen

Durch rechnerische Verknüpfung der Glieder einer Zahlenfolge können neue Zahlenfolgen gewonnen werden, die **abgeleitete Zahlenfolgen** heißen.

16.2.1. Summenfolgen

Summenfolgen können entstehen, wenn die *Summen benachbarter Glieder* der gegebenen Folge gebildet und zu einer neuen Folge zusammengestellt werden, oder auch durch *Addition mehrerer Glieder der Ausgangsfolge*, z.B. aller Glieder vom Anfangsglied an bis zum nächsten, übernächsten, drittnächsten usw., und Zusammenstellen dieser Summen zu einer neuen Folge **(Partialsummenfolgen).**

16.2.1.1. Summenfolgen aus je zwei benachbarten Gliedern; Binomialkoeffizienten

Gegebene Folge:

$$a_1, \quad a_2, \quad a_3, \quad a_4, \quad a_5, \quad a_6$$

Summenfolgen:

$$a_1 + a_2, \quad a_2 + a_3, \quad a_3 + a_4, \quad a_4 + a_5, \quad a_5 + a_6$$

$$a_1 + 2a_2 + a_3, \; a_2 + 2a_3 + a_4, \; a_3 + 2a_4 + a_5, \; a_4 + 2a_5 + a_6$$

. . . .

Wird dabei von der endlichen konstanten Zahlenfolge $\{1\}$ ausgegangen und wird jede entstehende Summenfolge durch ein vorgesetztes und ein nachgestelltes Glied von der Größe 1 ergänzt, so ergeben sich die in den waagerechten Reihen des PASCALschen Dreiecks (BLAISE PASCAL, französischer Mathematiker; 1623 bis 1662) stehenden Zahlenfolgen, die die Koeffizienten in den Binompotenzen $(a + b)^n$ darstellen (vgl. 7.5.5.2.).

	Koeffizienten der Glieder von
1	
1 1	$(a + b)^1$
1 2 1	$(a + b)^2$
1 3 3 1	$(a + b)^3$
1 4 6 4 1	$(a + b)^4$
1 5 10 10 5 1	$(a + b)^5$
. . . .	. . . .

In Fortführung dieser Summenbildung ergeben sich bei $(a + b)^n$ Koeffizienten, die sich folgendermaßen schreiben lassen:

$$1, n, \frac{n(n-1)}{2}, \frac{n(n-1)(n-2)}{1 \cdot 2 \cdot 3}, \frac{n(n-1)(n-2)(n-3)}{1 \cdot 2 \cdot 3 \cdot 4}, \ldots$$

oder

$$1, \frac{n}{1!}, \frac{n(n-1)}{2!}, \frac{n(n-1)(n-2)}{3!}, \frac{n(n-1)(n-2)(n-3)}{4!}, \ldots$$

Für diese **Binomialkoeffizienten** ist folgende *Symbolik* üblich:

$$\binom{n}{0}, \binom{n}{1}, \binom{n}{2}, \binom{n}{3}, \binom{n}{4}, \ldots$$

Allgemein wird *definiert*:

$$\binom{n}{k} = \frac{n(n-1)(n-2)\ldots[n-(k-1)]}{k!}$$

$$(n, k \in N; \quad n, k > 0; \quad k \leqq n)$$

gelesen: n über k

Bau: Im Zähler und Nenner stehen gleich viele (k) Faktoren, im Zähler bei n beginnend und je um 1 abnehmend, im Nenner bei 1 beginnend und je um 1 zunehmend.

(Wegen 1!, 2!, 3!, …, k! vgl. 4.3.1. und 16.2.2.)

Aus der Definition folgt sofort für alle $n > 0$:

$$\binom{n}{n} = 1$$

Zusätzlich wird *festgesetzt:*

$$\binom{n}{0} = 1; \quad \binom{0}{0} = 1$$

Rekursive Definition der Binomialkoeffizienten:

$$\binom{n}{0} = 1, \quad \binom{n}{k+1} = \binom{n}{k} \cdot \frac{n-k}{k+1}$$

Eigenschaften der Binomialkoeffizienten:

1. *Bildungsgesetz:* $\binom{n}{k} + \binom{n}{k+1} = \binom{n+1}{k+1}$

2. *Symmetriegesetz:* $\binom{n}{k} = \binom{n}{n-k}$

3. Der *Variabilitätsbereich für n und k* kann durch Verallgemeinerung der Definition zweimal erweitert werden.

a) Die Einschränkung $k \leqq n$ wird fallengelassen. Dann ergibt sich:

$$\binom{n}{k} = 0 \quad (n, k \in N; \quad k > n)$$

b) Die Einschränkung $n \in N$ wird fallengelassen. Es wird $n \in R$ festgelegt. Wegen $k!$ muß aber $k \in N; k > 0$ beibehalten werden. Dann ergeben sich für $\binom{n}{k}$ beliebige *rationale Zahlen.*

BEISPIEL

$$\binom{\frac{1}{2}}{4} = \frac{\frac{1}{2} \cdot (-\frac{1}{2}) \cdot (-\frac{3}{2}) \cdot (-\frac{5}{2})}{1 \cdot 2 \cdot 3 \cdot 4} = \underline{\underline{-\frac{5}{128}}}$$

4. Der *binomische Lehrsatz* lautet dann für beliebige rationale Zahlen als Exponenten:

$$(a + b)^n = \binom{n}{0} a^n b^0 + \binom{n}{1} a^{n-1} b + \binom{n}{2} a^{n-2} b^2 + \ldots$$
$$+ \binom{n}{k} a^{n-k} b^k + \ldots$$

Ist n positiv und ganz, so endet die Summe mit den Gliedern.

$$\ldots + \binom{n}{n-2} a^2 b^{n-2} + \binom{n}{n-1} a b^{n-1} + \binom{n}{n} b^n$$

andernfalls enthält die Summe unbegrenzt viele Glieder (vgl. 16.5.).

5. Entsprechend läßt sich der Definitionsbereich für $\binom{n}{k}$ auf beliebige reelle n ausdehnen.

16.2.1.2. Partialsummenfolgen

Zu einer gegebenen Folge ist die *Folge ihrer Partialsummen* besonders wichtig.

Gegebene Folge: $a_1, a_2, a_3, a_4, a_5, \ldots$

Glieder der Partialsummenfolge $\{s_k\}$

$$\begin{cases} s_1 = a_1 \\ s_2 = a_1 + a_2 \\ s_3 = a_1 + a_2 + a_3 \\ s_4 = a_1 + a_2 + a_3 + a_4 \\ s_5 = a_1 + a_2 + a_3 + a_4 + a_5 \\ \ldots\ldots\ldots\ldots \end{cases}$$

Symbol für die Summe aus den ersten n Gliedern der Folge $\{a_k\}$:

$$s_n = \sum_{k=1}^{n} a_k = a_1 + a_2 + a_3 + \ldots + a_k + \ldots + a_{n-1} + a_n$$

Definition

Die *Folge der Partialsummen* s_k einer Zahlenfolge $\{a_k\}$ wird als **Reihe** bezeichnet.
Ist die Folge $\{a_k\}$ endlich, heißt die letzte Partialsumme s_n, d.i. die Gesamtsumme aller n Glieder der (endlichen) Folge $\{a_k\}$, **Reihensumme.**

Beachte:

1. *Zahlenfolgen* enthalten als Glieder (endlich oder unendlich viele) einzelne *Zahlen*. Die Glieder von *Zahlenreihen* sind *Zahlensummen*, die ihrerseits aus den Gliedern einer anderen (endlichen oder unendlichen) Zahlenfolge entstanden sind.

   BEISPIEL

   Zahlenfolge: 1, 4, 9, 16, 25, ...
   Zahlenreihe:
   $1, (1 + 4), (1 + 4 + 9), (1 + 4 + 9 + 16), (1 + 4 + 9 + 16 + 25), \ldots$

2. In diesem und im nächsten Abschnitt (16.2. und 16.3.) sind unter Folgen und Reihen stets endliche zu verstehen; über unendliche vgl. 16.4. und 16.5.
3. Wie aus $a_1 \ldots a_n$ die Partialsummen $s_1 \ldots s_n$ gebildet werden können, ist es auch möglich, aus $s_1 \ldots s_n$ die Glieder $a_1 \ldots a_n$ der zugrunde liegenden Zahlenfolge durch Differenzbildung benachbarter Glieder der Partialsummenfolge zu gewinnen.

16.2.2. Produktfolgen

Analog zu den Summenfolgen können **Produktfolgen** gebildet werden, wobei aber nur die den Partialsummenfolgen entsprechenden **Partialproduktfolgen** von Bedeutung sind.

Gegebene Folge: $a_1, a_2, a_3, a_4, a_5, \ldots$

Glieder der Partialproduktfolge $\{p_k\}$

$$\begin{cases} p_1 = a_1 \\ p_2 = a_1 \cdot a_2 \\ p_3 = a_1 \cdot a_2 \cdot a_3 \\ p_4 = a_1 \cdot a_2 \cdot a_3 \cdot a_4 \\ p_5 = a_1 \cdot a_2 \cdot a_3 \cdot a_4 \cdot a_5 \\ \ldots\ldots\ldots\ldots\ldots \end{cases}$$

Die Glieder der Produktfolge heißen **Teilprodukte** oder **Partialprodukte.** *Symbol* für das Produkt aus den ersten n Gliedern der Folge $\{a_k\}$:

$$p_n = \prod_{k=1}^{n} a_k = a_1 \cdot a_2 \cdot a_3 \cdot \ldots \cdot a_k \cdot \ldots \cdot a_{n-1} \cdot a_n$$

Besondere Bedeutung hat die *Partialproduktfolge der Folge der natürlichen Zahlen* $\{k\}$. Für deren Partialprodukte ist eine *besondere Symbolik* in Gebrauch:

$$p_1 = 1$$

$$p_2 = 1 \cdot 2 = 2! \qquad \text{gelesen: 2 } \textit{Fakultät}$$

$$p_3 = 1 \cdot 2 \cdot 3 = 3! \qquad \text{gelesen: 3 } \textit{Fakultät}$$

. . . .

$$p_n = 1 \cdot 2 \cdot 3 \cdot \ldots \cdot n = n! \quad \text{gelesen: } \textbf{n Fakultät}$$

Zweckmäßigerweise wird *definiert*: $0! = 1$; $1! = 1$ (vgl. 4.3.1.)

16.2.3. Differenzenfolgen

Durch *Differenzbildung aus benachbarten Gliedern* $a_{k+1} - a_k$ kann ebenfalls eine neue Zahlenfolge gewonnen werden, die **Differenzenfolge**. Wird mit der Differenzenfolge genauso verfahren und wird dies mehrfach wiederholt, so entstehen mehrere Differenzenfolgen, die als **Differenzenfolgen verschiedener Ordnung** bezeichnet werden.

Gegebene Folge:		5, 3, 5, 14, 33, 65, 113, 180, 269
Differenzenfolge	*1. Ordnung:*	−2, 2, 9, 19, 32, 48, 67, 89
	2. Ordnung:	4, 7, 10, 13, 16, 19, 22
	3. Ordnung:	3, 3, 3, 3, 3, 3
	4. Ordnung:	0, 0, 0, 0, 0

16.2.4. Quotientenfolgen

Analog zu den Differenzenfolgen können **Quotientenfolgen** durch $a_{k+1} : a_k$ gebildet werden:

Gegebene Folge:		$-256,\ +8,\ +\frac{1}{2},\ -\frac{1}{8},\ -\frac{1}{4},\ +8,\ +8192$
Quotientenfolge	*1. Ordnung:*	$-\frac{1}{32},\ +\frac{1}{16},\ -\frac{1}{4},\ +2,\ -32,\ +1024$
	2. Ordnung:	$-2,\ -4,\ -8,\ -16,\ -32$
	3. Ordnung:	$2,\ 2,\ 2,\ 2$
	4. Ordnung:	$1,\ 1,\ 1$

16.3. Einige wichtige endliche Zahlenfolgen und -reihen

16.3.1. Arithmetische Folgen und Reihen

Definition

Eine **arithmetische Zahlenfolge *n*-ter Ordnung** ist eine nicht konstante Zahlenfolge, deren Differenzenfolge *n*-ter Ordnung eine konstante Zahlenfolge mit von Null verschiedenen Gliedern ist.

16.3.1.1. Arithmetische Folgen 1. Ordnung

$$a_1, \quad a_2, \quad a_3, \ldots, a_{k-1} \quad a_k, \quad a_{k+1}, \ldots$$

$$a_2 - a_1 \quad a_3 - a_2 \quad \ldots \quad a_k - a_{k-1} \quad a_{k+1} - a_k$$

$$= d \quad = d \quad \ldots \quad = d \quad = d$$

Allgemeine Darstellung

$\{a_k\}$ mit $a_k = a_{k-1} + d$ *rekursive*
$\{a_k\}$ mit $a_k = a_1 + (k-1)\,d$ *independente*
} *Darstellung für die arithmetische Folge 1. Ordnung*

$(a_k, d \in P;\ d \neq 0;\ k \in N;\ k > 0)$

Von d hängt das Wachsen oder Fallen der Folge ab:

$d > 0$: wachsende
$d < 0$: fallende
} Folge

Aus $a_{k+1} - a_k = d = a_k - a_{k-1}$ folgt

$$a_k = \frac{a_{k+1} + a_{k-1}}{2}$$

Jedes Glied einer arithmetischen Folge erster Ordnung ist das *arithmetische Mittel* seiner beiden Nachbarglieder.

Daraus erklärt sich die Fachbezeichnung *arithmetische Folge.*

Beachte:

1. Bei arithmetischen Folgen 1. Ordnung sind die Glieder eine *lineare Funktion der Gliedernummer n.*
2. Die *konstante Zahlenfolge* wird gewöhnlich als **arithmetische Folge nullter Ordnung** bezeichnet ($d = 0$).

16.3.1.2. Arithmetische Reihen 1. Ordnung

Gegebene Folge:

$$a_1, a_1 + d, a_1 + 2d, a_1 + 3d, \ldots, \underbrace{a_1 + (n-1)\,d}_{a_n}$$

Partialsummen:

$$s_1 = a_1$$
$$s_2 = 2a_1 + d = 2a_1 + \frac{2 \cdot 1}{2}\,d$$
$$s_3 = 3a_1 + (1 + 2)\,d = 3a_1 + 3d = 3a_1 + \frac{3 \cdot 2}{2}\,d$$
$$s_4 = 4a_1 + (1 + 2 + 3)\,d = 4a_1 + 6d = 4a_1 + \frac{4 \cdot 3}{2}\,d$$
$$s_5 = 5a_1 + (1 + 2 + 3 + 4)\,d = 5a_1 + 10d = 5a_1 + \frac{5 \cdot 4}{2}\,d$$

. . . .

$$s_n = na_1 + [1 + 2 + 3 + 4 + \ldots + (n-1)]\,d = na_1 + \frac{n \cdot (n-1)}{2}\,d$$

$$s_n = \sum_{k=1}^{n} a_k = na_1 + \frac{n\,(n-1)}{2}\,d$$ *Reihensumme der endlichen arithmetischen Reihe 1. Ordnung (1. Form)*

Beweis durch *Summenbildung* nach C. F. Gauss (1777 bis 1855):

$$s_n = a_1 + (a_1 + d) + \ldots + [a_1 + (n - 2)\,d] + [a_1 + (n - 1)\,d]$$

$$s_n = [a_1 + (n - 1)\,d] + [a_1 + (n - 2)\,d] + \ldots + (a_1 + d) + a_1$$

Durch gliedweise Addition ergibt sich

$$2s_n = [2a_1 +)n - 1)\,d] + [2a_1 + (n - 1)\,d] + \ldots$$
$$+ [2a_1 + (n - 1)\,d] + [2a_1 + (n - 1)\,d]$$

$$2s_n = n \cdot [2a_1 + (n - 1)\,d]$$

$$s_n = na_1 + \frac{n(n - 1)}{2}\,d$$

Aus diesem Beweis ergibt sich noch:

$$s_n = \sum_{k=1}^{n} a_k = \frac{n}{2}(a_1 + a_n)$$

Reihensumme der endlichen arithmetischen Reihe 1. Ordnung (2. Form)

Ein *anderer Beweis* läßt sich mit Hilfe der *vollständigen Induktion* (vgl. 4.3.2.) führen.

16.3.1.3. Wichtige arithmetische Folgen und Reihen 1. Ordnung

1. *Natürliche Zahlen* 1, 2, 3, 4, …

$$\{a_k\} \text{ mit } a_k = k;\ \{s_n\} \text{ mit } s_n = \sum_{k=1}^{n} k = \frac{n(n + 1)}{2}$$

2. *Gerade Zahlen* 2, 4, 6, 8, …

$$\{a_k\} \text{ mit } a_k = 2k;\ \{s_n\} \text{ mit } s_n = \sum_{k=1}^{n} 2k = n(n + 1)$$

3. *Ungerade Zahlen* 1, 3, 5, 7, …

$$\{a_k\} \text{ mit } a_k = 2k - 1;\ \{s_n\} \text{ mit } s_n = \sum_{k=1}^{n} (2k - 1) = n^2$$

Beachte:

Die Partialsummenfolge der Folge der ungeraden Zahlen ist die Folge *der Quadratzahlen.*

$$1^2 = 1$$

$$2^2 = 1 + 3$$

$$3^2 = 1 + 3 + 5$$

$$4^2 = 1 + 3 + 5 + 7$$

. . . .

$$k^2 = 1 + 3 + 5 + 7 + \ldots + (2k - 1)$$

. . . .

16.3.1.4. Arithmetische Folgen und Reihen 2. Ordnung

Die Partialsummenfolge jeder arithmetischen Folge erster Ordnung ist eine arithmetische Folge zweiter Ordnung:

$$\{s_n\} \text{ mit } s_n = \sum_{k=1}^{n} a_k = na_1 + \frac{n(n-1)}{2} d = A_n$$

Die Glieder sind eine quadratische Funktion der Gliedernummer k:

$$A_k = \frac{d}{2} k^2 + \left(a_1 - \frac{d}{2}\right) k.$$

Auch die Folge der Quadratzahlen ist also eine arithmetische Folge 2. Ordnung.
Zur *Summation der Quadratzahlen* muß ihre Partialsummenfolge untersucht werden. Um deren allgemeine Gesetzmäßigkeit zu erkennen, werden die sechsfachen Partialsummen gebildet und in Produkte von je 3 Faktoren zerlegt:

$$6s_1 = 6 \cdot 1 = 6 = 1 \cdot 2 \cdot 3 = 1 \cdot (1 + 1)(2 \cdot 1 + 1)$$

$$6s_2 = 6(1 + 4) = 30 = 2 \cdot 3 \cdot 5 = 2 \cdot (2 + 1)(2 \cdot 2 + 1)$$

$$6s_3 = 6(1 + 4 + 9) = 84 = 3 \cdot 4 \cdot 7 = 3 \cdot (3 + 1)(2 \cdot 3 + 1)$$

$$6s_4 = 6(1 + 4 + 9 + 16) = 180 = 4 \cdot 5 \cdot 9 = 4 \cdot (4 + 1)(2 \cdot 4 + 1)$$

Daraus läßt sich die Vermutung herleiten:

$$s_n = \sum_{k=1}^{n} k^2 = \frac{n(n+1)(2n+1)}{6}$$ *Reihensumme der endlichen Reihe der Quadratzahlen*

Beweis durch *vollständige Induktion:*

(Wegen der Untergliederung B_1, B_2 a) b) c) vgl. 4.3.2.)

(B_1) Die Beziehung ergibt eine wahre Aussage für $n = 1$.
(B_2) a) Für $n = k$ wird als wahre Aussage vorausgesetzt:

$$s_k = \frac{k(k+1)(2k+1)}{6}$$

b) Für $n = k + 1$ müßte sich ergeben:

$$s_{k+1} = \frac{(k+1)(k+2)(2k+3)}{6}$$

c) s_{k+1} entsteht aus s_k durch Addition von $(k+1)^2$:

$$s_{k+1} = \frac{k(k+1)(2k+1)}{6} + (k+1)^2$$

$$= \frac{k(k+1)(2k+1) + 6(k+1)^2}{6}$$

$$= \frac{(k+1)(2k^2 + k + 6k + 6)}{6}$$

$$= \frac{(k+1)(k+2)(2k+3)}{6}$$

(Die Ergebnisse von b) und c) sind gleich.)

Folglich ist die vermutete Beziehung für alle $n \geqq 1$ richtig.

16.3.2. Geometrische Folgen und Reihen

Definition

Eine **geometrische Zahlenfolge** ist eine nicht konstante Zahlenfolge, deren Quotientenfolge erster Ordnung eine konstante Zahlenfolge ist.

16.3.2.1. Geometrische Folgen

$$a_1, \quad a_2, \quad a_3, \ldots, a_{k-1}, \quad a_k, \quad a_{k+1}, \ldots$$

$$\frac{a_2}{a_1} = q, \quad \frac{a_3}{a_2} = q, \ldots, \quad \frac{a_k}{a_{k-1}} = q, \quad \frac{a_{k+1}}{a_k} = q, \ldots$$

Allgemeine Darstellung:

$\{a_k\}$ mit $a_k = a_{k-1} \cdot q$ *rekursive*
$\{a_k\}$ mit $a_k = a_1 \cdot q^{k-1}$ *independente*
} *Darstellung für die geometrische Folge*

$(a_k, q \in P;\ a_k, q \neq 0;$
$q \neq 1;\ k \in N;\ k > 0)$

Von q hängt das Wachsen, Fallen oder Alternieren der Folge ab:

$$a_1 > 0; \begin{cases} q > 1: \\ 0 < q < 1: \\ q < 0: \end{cases} \text{oder } a_1 < 0; \begin{cases} 0 < q < 1: \text{wachsende} \\ q > 1: \text{fallende} \\ q < 0: \text{alternierende} \end{cases} \text{Folge}$$

Aus $\frac{a_k}{a_{k-1}} = \frac{a_{k+1}}{a_k}$ folgt $a_k^2 = a_{k-1} \cdot a_{k+1}$, also

$$|a_k| = \sqrt{a_{k-1} \cdot a_{k+1}}$$

Der Betrag jedes Gliedes einer geometrischen Folge ist das *geometrische Mittel* seiner beiden Nachbarglieder.

Daraus erklärt sich die Fachbezeichnung **geometrische Folge.**

Beachte:

Bei geometrischen Folgen sind die Glieder eine *Exponentialfunktion der Gliedernummern.* Das bedingt ein ganz anderes Wachstumsverhalten der Glieder geometrischer Folgen als das der Glieder arithmetischer Folgen.

16.3.2.2. Geometrische Reihen

Gegebene Folge

$$a_1, a_1q, a_1q^2, a_1q^3, \ldots, \underbrace{a_1q^{n-1}}_{a_n}$$

Partialsummen

$$s_1 = a_1$$

$$s_2 = a_1 + a_1q = a_1(1 + q)$$

$$s_3 = a_1 + a_1q + a_1q^2 = a_1(1 + q + q^2)$$

$$s_4 = a_1 + a_1q + a_1q^2 + a_1q^3 = a_1(1 + q + q^2 + q^3)$$

. . . .

$$s_n = a_1 + a_1q + a_1q^2 + a_1q^3 + \ldots + a_1q^{n-1}$$

$$= a_1(1 + q + q^2 + q^3 + \ldots + q^{n-1})$$

$$s_n = \sum_{k=1}^{n} a_k = a_1 \frac{1 - q^n}{1 - q} = a_1 \frac{q^n - 1}{q - 1}$$ *Reihensumme der endlichen geometrischen Reihe*

Beachte:

Der erste Bruch ist bei $q < 1$, der zweite bei $q > 1$ praktischer bei Berechnungen.

Beweis durch *Differenzbildung:*

$$s_n = a_1(1 + q + q^2 + q^3 + \ldots + q^{n-1})$$

$$q \cdot s_n = a_1(q + q^2 + q^3 + q^4 + \ldots + q^n)$$

Durch Subtraktion ergibt sich:

$$s_n(1-q) = a_1(1 + q + q^2 + q^3 + \ldots + q^{n-1}$$
$$- q - q^2 - q^3 - \ldots - q^{n-1} - q^n) = a_1(1-q^n)$$

$$s_n = a_1 \frac{1-q^n}{1-q}$$

Ein *anderer Beweis* kann mit Hilfe der *vollständigen Induktion* geführt werden (vgl. 4.3.2.).

16.4. Unendliche Zahlenfolgen

16.4.1. Konvergenz und Divergenz von Zahlenfolgen

In 16.1.2. wurde eine Zahlenfolge mit unbegrenzter Gliederanzahl als *unendliche Zahlenfolge* eingeführt. Dabei können deren Glieder bei unbegrenzt wachsender Gliedernummer n (Symbol: $n \to \infty$) entweder

a) sich immer weiter einer *eindeutig angebbaren Zahl* g nähern, oder
b) es läßt sich *keine solche Zahl* eindeutig angeben (z. B. wenn die Beträge der Glieder mit wachsender Gliedernummer immer größer werden).

Unendliche Zahlenfolgen der unter a) beschriebenen Art heißen **konvergent**, solche der unter b) erklärten Art **divergent**.

BEISPIELE

zu a) Alle unendlichen geometrischen Folgen mit $0 < |q| < 1$, etwa

1. $a_1 = 8$; $q = \frac{1}{2}$: $8, 4, 2, 1, \frac{1}{2}, \frac{1}{4}, \frac{1}{8}, \ldots$; $\quad g = 0$
2. $a_1 = -64$, $q = \frac{1}{4}$: $-64, -16, -4, -1, -\frac{1}{4}, -\frac{1}{16}, \ldots$; $\quad g = 0$
3. $a_1 = 4$; $q = -\frac{1}{2}$: $4, -2, +1, -\frac{1}{2}, +\frac{1}{4}, -\frac{1}{8}, \ldots$; $\quad g = 0$
4. Die Zahlenfolge $\{a_n\}$ mit $a_n = 3 - (\frac{1}{2})^{n-1}$:
   $2, 2\frac{1}{2}, 2\frac{3}{4}, 2\frac{7}{8}, 2\frac{15}{16}, \ldots$; $\quad g = 3$
5. Die Zahlenfolge $\{a_n\}$ mit $a_n = -4 + (-\frac{1}{2})^{n-1}$:
   $-3, -4\frac{1}{2}, -3\frac{3}{4}, -4\frac{1}{8}, -3\frac{15}{16}, \ldots$; $\quad g = -4$

zu b) Alle unendlichen arithmetischen Folgen, etwa

6. $a_1 = -3$; $d = 1{,}5$: $-3, -1{,}5, 0, +1{,}5, +3, +4{,}5, \ldots$
7. $a_1 = 4$; $d = -0{,}5$: $4, 3{,}5, 3, \ldots, 0, -0{,}5, -1, -1{,}5, -2, \ldots$

   Alle unendlichen geometrischen Folgen mit $a_1 \neq 0$, $|q| > 1$, etwa

8. $a_1 = 0{,}5$; $q = 2$: $0{,}5, 1, 2, 4, 8, \ldots$
9. $a_1 = -2$; $q = 2$: $-2, -4, -8, -16, \ldots$
10. $a_1 = -1$; $q = -\frac{3}{2}$: $-1, +\frac{3}{2}, -\frac{9}{4}, +\frac{27}{8}, -\frac{81}{16}, \ldots$

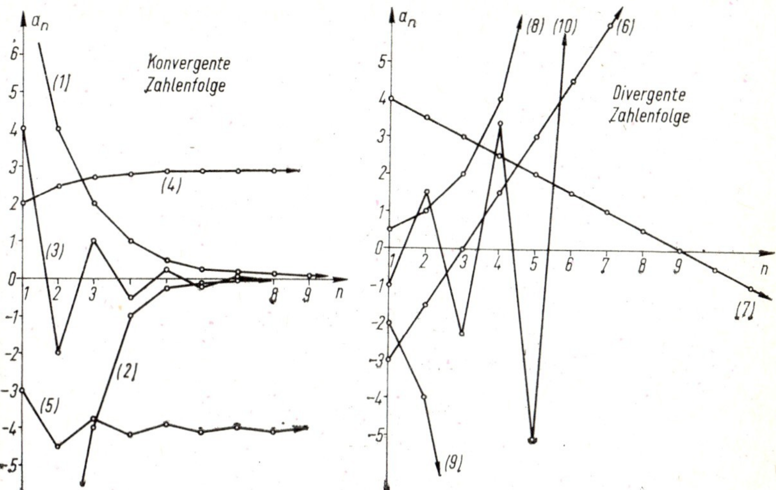

Beachte:

In der grafischen Darstellung der Zahlenfolgen durch Streckenzüge (vgl. die obigen Bilder) zeigt sich die Konvergenz durch eine Art asymptotischer Annäherung an die Parallele zur n-Achse im Abstand g bzw. an die n-Achse selbst, falls $g = 0$.

16.4.2. Konvergente Zahlenfolgen

16.4.2.1. Grenzwerte von Zahlenfolgen

Definition

Die eindeutig feststellbare Zahl g, der sich bei konvergenten Zahlenfolgen die Glieder mit wachsender Gliedernummer immer mehr nähern, heißt ihr **Grenzwert**.

Symbole: $\lim\limits_{n \to \infty} a_n = g$ oder $a_n \to g$ für $n \to \infty$

[lim von limes (lat.) Grenze]

Gelesen: Falls n größer wird als jede beliebig große Zahl, strebt a_n gegen g.

Dadurch soll ausgedrückt werden, daß a_n für immer größere n gewissermaßen immer weniger von g abweicht. Das läßt sich exakt folgendermaßen formulieren:

Satz

In jeder konvergenten Folge läßt sich für jedes beliebig klein vorgegebene $\varepsilon > 0$ stets eine Gliedernummer n_0 so angeben, daß für alle $n \geqq n_0$ die Beträge der Differenzen aus Glied und Grenzwert kleiner als ε sind, daß also stets gilt $|a_n - g| < \varepsilon$.

Statt $|a_n - g| < \varepsilon$ kann auch geschrieben werden: $g - \varepsilon < a_n < g + \varepsilon$.
Fachbezeichnung: a_n liegt in der **ε-Umgebung von** g.
Das muß bei Existenz eines Grenzwertes für alle Glieder mit Ausnahme von endlich vielen, nämlich denjenigen mit den Gliedernummern $n < n_0$, zutreffen.
Fachbezeichnung: Es trifft für **„fast alle“** zu.
Daraus ergibt sich folgende Formulierung:

Ein Grenzwert g einer Zahlenfolge liegt genau dann vor, wenn bei einem beliebig klein vorgegebenen $\varepsilon > 0$ fast alle Glieder in der ε-Umgebung von g liegen.

16.4.2.2. Nullfolgen

Definition

Eine Zahlenfolge mit dem Grenzwert $g = 0$ heißt **Nullfolge.**

Satz

Nullfolgen sind stets konvergent.

(Eine Umkehrung dieser Feststellung ergibt aber keine wahre Aussage.) Nullfolgen spielen bei Grenzwert- und Konvergenzuntersuchungen eine wichtige Rolle, zumal sich für sie die Symbole (vgl. 16.4.2.1.) vereinfachen zu:

$$\lim_{n \to \infty} a_n = 0 \quad \text{bzw.} \quad a_n \to 0 \quad \text{für} \quad n \to \infty, \text{ sowie}$$

$$|a_n| < \varepsilon \qquad \text{bzw.} \quad -\varepsilon < a_n < +\varepsilon$$

1. **Satz**

Alle *geometrischen Zahlenfolgen* $\{a_n\}$ mit $a_n = a_1 \cdot q^{n-1}$ und $0 < |q| < 1$ sind Nullfolgen.

Beweis:

Für jedes beliebig kleine vorgegebene $\varepsilon > 0$ gilt $|a_1| \cdot |q|^{n-1} < \varepsilon$

für alle $n > \dfrac{\lg |a_1| + \lg \dfrac{1}{\varepsilon}}{\lg \dfrac{1}{|q|}} + 1.$

BEISPIELE

1., 2., 3. aus 16.4.1.

Beachte:

Mit $|q| \geqq 1$ gibt es jedoch keine Gliedernummern n, die diese Bedingung erfüllen. Die geometrischen Zahlenfolgen mit $|q| \geqq 1$ sind also keine Nullfolgen, mit Ausnahme von $q = 1$ sind sie divergent.

BEISPIELE

8., 9., 10. aus 16.4.1.

2. Nicht nur geometrische Zahlenfolgen können Nullfolgen sein.

BEISPIELE

1. Die **harmonische Zahlenfolge** $\{a_k\}$ mit $a_k = \dfrac{1}{k}(k \in N;\ k > 0)$, also: $1, \frac{1}{2}, \frac{1}{3}, \frac{1}{4}, \frac{1}{5}, \ldots$
   Beweis: $|a_k| = \left|\dfrac{1}{k}\right| = \dfrac{1}{k} < \varepsilon$ ist erfüllt für alle $k > \dfrac{1}{\varepsilon}$. Ist z.B. ε mit 10^{-6} vorgegeben, erfüllen alle Glieder mit $k > 10^6$ diese Bedingung, etwa $a_{k'}$ mit $k' = 10^6 + 1$. Tatsächlich gilt $\dfrac{1}{1000001} < \varepsilon = \dfrac{1}{1000000}$.
2. $\{a_k\}$ mit $a_k = k \cdot c^k$ für $|c| < 1$
3. $\{a_k\}$ mit $a_k = c \cdot k^m$ für $m \in G;\ m < 0$
4. $\{a_k\}$ mit $a_k = c^{1/k} - 1$ für $c > 1$
5. $\{a_k\}$ mit $a_k = k^{1/k} - 1$
6. $\{a_k\}$ mit $a_k = \dfrac{1}{k} \lg k$
7. $\{a_k\}$ mit $a_k = \dfrac{Z(k)}{N(k)}$
   [$Z(k), N(k)$: Polynome in k; Grad $Z(k) <$ Grad $N(k)$]

16.4.2.3. Zahlenfolgen mit Grenzwerten $g \neq 0$

In 16.4.2.1. wurde festgesetzt, daß eine Zahl g genau dann Grenzwert einer Zahlenfolge $\{a_n\}$ heißen soll, wenn sich mit unbegrenzt wachsender Gliedernummer n die Glieder a_n immer weniger von g unterscheiden. Wird die Folge der Differenzen $a_n - g$ in Betracht gezogen, so ergibt das folgende neue Erklärung des Grenzwertes g einer konvergenten Zahlenfolge:

Ein **Grenzwert** g einer Zahlenfolge $\{a_n\}$ für $n \to \infty$ liegt genau dann vor, wenn die Differenzfolge $\{(a_n - g)\}$ eine Nullfolge ist, wenn also gilt: $\lim\limits_{n\to\infty} (a_n - g) = 0$

BEISPIELE

1. Es ist zu zeigen, daß die Folge $\{a_k\}$ mit $a_k = \dfrac{3k-2}{2k}$ für $k \to \infty$ gegen den Grenzwert $g = \frac{3}{2}$ konvergiert.
   Dazu wird die Differenzenfolge $\{(a_k - g)\}$ gebildet:
   $$a_k - g = \frac{3k-2}{2k} - \frac{3}{2} = \frac{3k-2-3k}{2k} = -\frac{1}{k}.$$
   In 16.4.2.2. wurde gezeigt, daß die Folge $\left\{\dfrac{1}{k}\right\}$ eine Nullfolge ist, was demnach auch für die Differenzenfolge $\{(a_k - g)\}$ zutrifft.

2. Ist die Zahlenfolge $\{a_n\}$ mit $a_n = \sqrt[n]{c}$ $(c > 1)$ konvergent, und wie lautet gegebenenfalls ihr Grenzwert g?
   Bei der Untersuchung läßt sich zeigen:

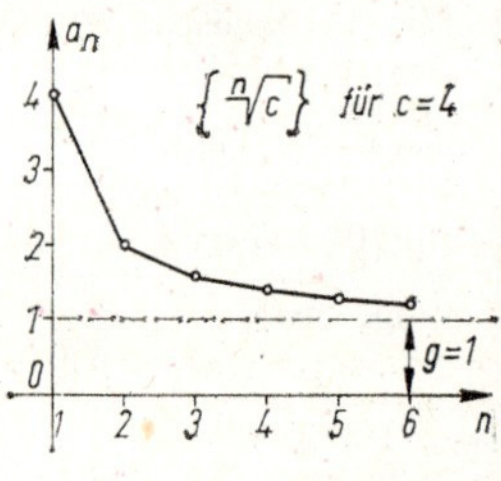

   a) Die Folge ist fallend,
      denn aus $c^{n+1} > c^n$ (für $c > 1$)
      folgt $(c^{n+1})^{\frac{1}{n\cdot(n+1)}} > (c^n)^{\frac{1}{n\cdot(n+1)}}$
      also $c^{\frac{1}{n}} > c^{\frac{1}{n+1}}$.

   b) Die Glieder der Folge unterschreiten die Zahl 1 nicht, denn aus $c > 1$ folgt $\sqrt[n]{c} > \sqrt[n]{1} = 1$.

   Aus diesen beiden Feststellungen kann vermutet werden, daß die Folge gegen 1 konvergiert. Das wird bestätigt durch:

   c) Die Differenzenfolge $\{(\sqrt[n]{c} - 1)\}$ ist eine Nullfolge, denn es lassen sich für ein beliebig klein vorgegebenes $\varepsilon > 0$ Gliedernummern n angeben, für die gilt:
      $\sqrt[n]{c} - 1 < \varepsilon$, nämlich:
      $$\frac{1}{n} < \frac{\lg(\varepsilon + 1)}{\lg c} \quad \text{oder} \quad n > \frac{\lg c}{\lg(\varepsilon + 1)}.$$

16.4.2.4. Grenzwertsätze

Bei der Bestimmung von Grenzwerten gewisser Zahlenfolgen sind mitunter umformende Operationen erforderlich, die Beziehung zu den vier Grundrechenoperationen haben. Sie werden durch vier sog. **Grenzwertsätze** festgelegt, die hier ohne Beweis mitgeteilt seien:

Sind $\{a_n\}$ und $\{b_n\}$ zwei konvergente Zahlenfolgen, d.h., existieren $\lim\limits_{n\to\infty} a_n$ und $\lim\limits_{n\to\infty} b_n$ als eindeutig feststellbare Zahlen, so sind auch die Zahlenfolgen $\{a_n + b_n\}$, $\{a_n - b_n\}$, $\{a_n \cdot b_n\}$ und (unter gewissen Bedingungen) $\left\{\frac{a_n}{b_n}\right\}$ konvergent, und ihre Grenzwerte für $n \to \infty$ lassen sich aus den Grenzwerten der Folgen $\{a_n\}$ und $\{b_n\}$ folgendermaßen berechnen:

I. $\lim\limits_{n\to\infty} (a_n + b_n) = \lim\limits_{n\to\infty} a_n + \lim\limits_{n\to\infty} b_n$

II. $\lim\limits_{n\to\infty} (a_n - b_n) = \lim\limits_{n\to\infty} a_n - \lim\limits_{n\to\infty} b_n$

III. $\lim\limits_{n\to\infty} a_n \cdot b_n = \lim\limits_{n\to\infty} a_n \cdot \lim\limits_{n\to\infty} b_n$

IV. $\lim\limits_{n\to\infty} \frac{a_n}{b_n} = \frac{\lim\limits_{n\to\infty} a_n}{\lim\limits_{n\to\infty} b_n}$, falls $b_n \neq 0$ für alle n und $\lim\limits_{n\to\infty} b_n \neq 0$.

Bei der Bestimmung von Grenzwerten mit Hilfe dieser Sätze ist zweierlei wichtig:

1. Solange der Grenzwert noch nicht gebildet, das lim-Symbol also noch vorhanden ist, kann der unter diesem stehende zu untersuchende Ausdruck noch in üblicher Weise, selbst unter Einbeziehung der die Grenzwertbildung verursachenden Größe n, arithmetisch umgeformt werden.
2. Der Grenzwert einer konstanten Zahlenfolge ist gleich dieser Konstanten.

BEISPIELE

1. $\lim\limits_{n\to\infty} \left(3 \pm \frac{1}{n}\right) = \lim\limits_{n\to\infty} 3 \pm \lim\limits_{n\to\infty} \frac{1}{n} = 3 \pm 0 = 3$

2. $\lim\limits_{n\to\infty} \frac{5}{n^3} = \lim\limits_{n\to\infty} 5 \cdot \lim\limits_{n\to\infty} \frac{1}{n} \cdot \lim\limits_{n\to\infty} \frac{1}{n} \cdot \lim\limits_{n\to\infty} \frac{1}{n} = 5 \cdot 0 \cdot 0 \cdot 0 = 0$

3. $\lim\limits_{n\to\infty} \frac{6n}{3n - 1} = \lim\limits_{n\to\infty} \frac{6}{3 - \frac{1}{n}}$

Bedingungen:

a) $b_n = 3 - \frac{1}{n} \neq 0$ für alle n

b) $\lim\limits_{n\to\infty}\left(3 - \frac{1}{n}\right) = \lim\limits_{n\to\infty} 3 - \lim\limits_{n\to\infty} \frac{1}{n} = 3 - 0 = 3 \neq 0$

$$\lim_{n\to\infty} \frac{6}{3 - \frac{1}{n}} = \frac{\lim\limits_{n\to\infty} 6}{\lim\limits_{n\to\infty} 3 - \lim\limits_{n\to\infty} \frac{1}{n}} = \frac{6}{3 - 0} = \frac{6}{3} = 2$$

Beachte:

Die Umkehrung der Grenzwertsätze ergibt keine wahre Aussage. So folgt z.B. aus der Konvergenz von $\{a_n + b_n\}$ nicht unbedingt die Konvergenz von $\{a_n\}$ und $\{b_n\}$. Für IV. folgt aus $\lim b_n = 0$ nicht unbedingt die Nichtkonvergenz der Folge $\left\{\frac{a_n}{b_n}\right\}$.

16.4.3. Divergente Zahlenfolgen

Alle Zahlenfolgen, die nicht konvergent sind, d.h. keine eindeutig feststellbare endliche Zahl als Grenzwert haben, heißen *divergent*. Es gibt verschiedene Ursachen für die Divergenz von Zahlenfolgen. Zwei davon sind besonders wichtig:

1. Die *Beträge der Glieder* werden mit wachsender Gliedernummer *unbegrenzt groß*. Haben dabei fast alle Glieder (d.h. alle bis auf endlich viele Ausnahmen) gleiches Vorzeichen, so spricht man von **bestimmter Divergenz.**

   BEISPIELE

   6., 7., 8., 9. in 16.4.1.

   In diesem Fall wird gelegentlich das Grenzwertsymbol in der Form $\lim\limits_{n\to\infty} a_n = +\infty$ bzw. $\lim\limits_{n\to\infty} a_n = -\infty$ verwendet und von einem **uneigentlichen Grenzwert** gesprochen.

2. Die Glieder der Zahlenfolge streben für $n \to \infty$ *mehr als einem Wert* zu, so daß keine eindeutig feststellbare Zahl als Grenzwert existiert (*Fachbezeichnung:* **unbestimmte Divergenz**).

   BEISPIEL

$$\left\{1 + (-1)^k \frac{2k}{k+1}\right\} = 0,\ +2\frac{1}{3},\ -\frac{1}{2},\ +2\frac{3}{5},\ -\frac{2}{3},\ +2\frac{5}{7},\ -\frac{3}{4},\ +2\frac{7}{9},\ -\frac{4}{5},\ldots$$

Die Folge läßt sich in 2 Teilfolgen zerlegen, nämlich in

a) eine mit nur geraden Gliedernummern:

$$\left\{1 + \frac{2k}{k+1}\right\} = 2\frac{1}{3}, 2\frac{3}{5}, 2\frac{5}{7}, 2\frac{7}{9}, \ldots \text{ und in}$$

b) eine mit nur ungeraden Gliedernummern:

$$\left\{1 - \frac{2k}{k+1}\right\} = 0, -\frac{1}{2}, -\frac{2}{3}, -\frac{3}{4}, -\frac{4}{5}, \ldots$$

Es läßt sich zeigen, daß jede dieser Teilfolgen konvergent mit je einem anderen Grenzwert ist:

$$\text{zu a) } g_a = \lim_{k\to\infty}\left(1 + \frac{2k}{k+1}\right) = \lim_{k\to\infty} 1 + \frac{\lim\limits_{k\to\infty} 2}{\lim\limits_{k\to\infty} 1 + \lim\limits_{k\to\infty} \frac{1}{k}}$$

$$= 1 + \frac{2}{1+0} = \underline{\underline{3}}$$

$$\text{zu b) } g_b = \lim_{k\to\infty}\left(1 - \frac{2k}{k+1}\right) = \lim_{k\to\infty} 1 - \frac{\lim\limits_{k\to\infty} 2}{\lim\limits_{k\to\infty} 1 + \lim\limits_{k\to\infty} \frac{1}{k}}$$

$$= 1 - \frac{2}{1+0} = \underline{\underline{-1}}$$

Die aus beiden Teilfolgen bestehende zu untersuchende Zahlenfolge besitzt also zwei Werte, denen die Glieder mit wachsender Gliedernummer zustreben, so daß eine für die Konvergenz erforderliche eindeutige Zahlenangabe nicht möglich ist. Das wird auch in der grafischen Darstellung durch abwechselnde Annäherung an zwei Parallelen zur k-Achse veranschaulicht.

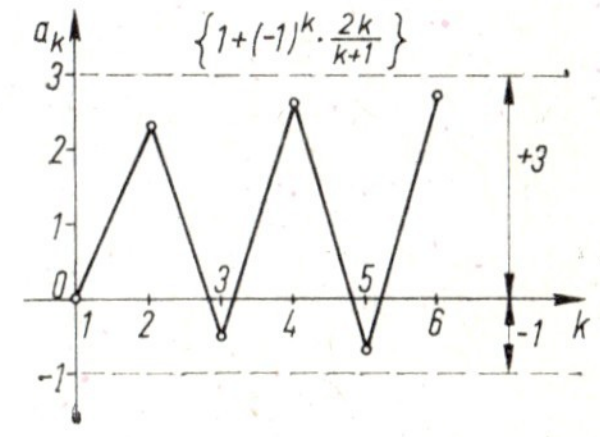

16.5. Unendliche Reihen

16.5.1. Grundlegende Begriffe

In 16.2.1.2. wurde die endliche Reihe als Folge $\{s_k\}$ der Partialsummen s_k einer endlichen Zahlenfolge $\{a_k\}$ eingeführt und die letzte Partialsumme s_n als Reihensumme definiert. Ist die Folge $\{a_k\}$ unendlich, trifft das auch für die Folge $\{s_k\}$ der Partialsummen, also für die Reihe zu.

Ist die Folge $\{s_k\}$ konvergent, so wird ihr Grenzwert für $k \to \infty$ als **Reihensumme** bezeichnet; ist sie divergent, so gibt es keine Reihensumme.

Im übrigen werden alle für die unendlichen Zahlenfolgen in 16.4. eingeführten Bezeichnungen, Erklärungen, Definitionen usw. sinngemäß auf die unendlichen Reihen übertragen, da diese letztlich auch Zahlenfolgen sind.

Beachte:

> Das Gebiet der unendlichen Reihen ist derartig umfangreich, daß eine auch nur annähernd umfassende Darstellung im Rahmen dieses Buches unmöglich ist. Es erfolgt deshalb von vornherein in sehr enger Auswahl eine Beschränkung auf ein einzelnes kleines Teilgebiet. Im übrigen muß auf spezielle Literatur verwiesen werden.

16.5.2. Die unendliche geometrische Reihe mit $0 < |q| < 1$

16.5.2.1. Die Reihensumme

Die Partialsummenfolgen von geometrischen Zahlenfolgen mit $|q| \geqq 1$ sind sicher divergent (vgl. 16.3.2.2.). Hingegen haben solche mit $0 < |q| < 1$ für $n \to \infty$ einen Grenzwert $g \neq 0$, d.h. eine *Reihensumme* s:

$$g = \lim_{n\to\infty} s_n = \lim_{n\to\infty} a_1 \frac{1-q^n}{1-q} = \sum_{n=1}^{\infty} a_1 \cdot q^{n-1} = s$$

Bestimmung des Grenzwertes g:

Es ist:

$$g = \lim_{n\to\infty} s_n = \lim_{n\to\infty} a_1 \cdot \frac{\lim\limits_{n\to\infty} 1 - \lim\limits_{n\to\infty} q^n}{\lim\limits_{n\to\infty} 1 - \lim\limits_{n\to\infty} q} = s.$$

Die geometrische Folge $\{q^n\}$ ist für $|q| < 1$ eine Nullfolge (vgl. 16.4.2.2.). Folglich ergibt sich:

$$g = \lim_{n\to\infty} s_n = a_1 \cdot \frac{1-0}{1-q} = \frac{a_1}{1-q} = s.$$

$$g = \lim_{n\to\infty} s_n = \frac{a_1}{1-q} = s$$

Reihensumme der unendlichen geometrischen Reihe für $0 < |q| < 1$

16.5.2.2. Anwendung auf periodische Dezimalzahlen

Gebrochene Zahlen $\frac{a}{b}$ $(a, b \in N; b \neq 0)$ können durch unendliche periodische oder endliche Dezimalzahlen dargestellt werden (vgl. 6.2.2. und 6.2.3.).

Unendliche periodische Dezimalzahlen sind Reihensummen unendlicher geometrischer Reihen.
Auf diesem Wege können sie in gemeine Brüche verwandelt werden.

BEISPIELE

1. $0,\overline{6} = \frac{6}{10^1} + \frac{6}{10^2} + \frac{6}{10^3} + \ldots = \sum_{n=1}^{\infty} \frac{6}{10^n}$.

   Die zugrunde liegende geometrische Zahlenfolge hat das Anfangsglied $a_1 = \frac{6}{10}$ und den Quotienten $q = \frac{1}{10}$. Daraus folgt:

   $$0,\overline{6} = \sum_{n=1}^{\infty} \frac{6}{10^n} = \frac{6}{10\left(1 - \frac{1}{10}\right)} = \frac{6 \cdot 10}{10 \cdot 9} = \frac{6}{9} = \underline{\underline{\frac{2}{3}}}$$

2. $0,\overline{24} = \frac{24}{100} + \frac{24}{100^2} + \frac{24}{100^3} + \ldots = \sum_{n=1}^{\infty} \frac{24}{100^n}$;

   $a_1 = \frac{24}{100}$; $q = \frac{1}{100}$

   $$0,\overline{24} = \frac{24}{100\left(1 - \frac{1}{100}\right)} = \frac{24 \cdot 100}{100 \cdot 99} = \frac{24}{99} = \underline{\underline{\frac{8}{33}}}$$

3. $$0,35\overline{711} = \frac{35}{100} + \frac{711}{10^5} + \frac{711}{10^8} + \frac{711}{10^{11}} + \ldots$$
   $$= \frac{35}{100} + \sum_{n=1}^{\infty} \frac{711}{10^2 \cdot 1000^n}$$

   $\frac{35}{100}$ bleibt zunächst getrennt; für $\sum_{n=1}^{\infty} \frac{711}{10^2 \cdot 1000^n}$ ergibt sich:

   $a_1 = \frac{711}{10^5}$; $q = \frac{1}{1000}$

   $$\sum_{n=1}^{\infty} \frac{711}{10^2 \cdot 1000^n} = \frac{711}{10^5\left(1 - \frac{1}{1000}\right)} = \frac{711}{10^2 \cdot 999} = \frac{79}{11100}$$

   $$0,35\overline{711} = \frac{35}{100} + \frac{79}{11100} = \frac{3885 + 79}{11100} = \frac{3964}{11100} = \underline{\underline{\frac{991}{2775}}}$$

17. Grenzwerte von Funktionen

17.1. Zahlenfolge und Funktion

In 16.1.1. wurde die Zahlenfolge als eine Funktion erklärt, deren Definitionsbereich auf den Bereich der natürlichen Zahlen beschränkt ist: $a_n = f(n)$ mit $n \in N$. Wird dieser Definitionsbereich erweitert (etwa auf den Bereich der reellen Zahlen), so kann oft ein Übergang zu einer Funktion $y = f(x)$ mit $x, y \in P$ erfolgen.

BEISPIELE

1. $\{a_n\}$ mit $a_n = a_1 + (n - 1)\,d$, eine arithmetische Folge 1. Ordnung, wird zur linearen Funktion $y = a_1 + (x - 1)\,d$ oder $y = dx + a_1 - d$.
2. $\{a_n\}$ mit $a_n = n^2$, die Folge der Quadratzahlen, wird zur quadratischen Funktion $y = x^2$.
3. $\{a_n\}$ mit $a_n = \frac{1}{n}$, die Folge der Reziproken der natürlichen Zahlen, wird zur gebrochenrationalen Funktion $y = \frac{1}{x}$.
4. $\{a_n\}$ mit $a_n = a \cdot q^{n-1}$, eine geometrische Folge, wird zur Exponentialfunktion $y = a_1 \cdot q^{x-1}$ oder $y = \frac{a_1}{q} \cdot q^x$

Auch das Umgekehrte ist möglich: Wird bei einer Funktion der Definitionsbereich eingeschränkt auf $x \in N$, so bilden die zugehörigen Funktionswerte eine Zahlenfolge. Dieser enge Zusammenhang bedingt, daß z.B. die Überlegungen über Grenzwerte von Zahlenfolgen (vgl. 16.4.2.) auch die Grundlage bei der Erörterung der Grenzwerte von Funktionen bilden können.

17.2. Grenzwerte für $x \to \pm\infty$

17.2.1. Begriffsbestimmung

Die Erklärung des Grenzwerts von Funktionen für $x \to +\infty$ entspricht völlig der für Zahlenfolgen (vgl. 16.4.2.1. und 16.4.2.2.):

> Eine Funktion $y = f(x)$ mit nach rechts unbeschränktem Definitionsbereich hat für $x \to +\infty$ genau dann einen endlichen Grenzwert g, wenn zu jedem beliebig klein vorgegebenen $\varepsilon > 0$ stets ein

Argument x_0 so angegeben werden kann, daß für alle $x \geqq x_0$ gilt:

$|f(x) - g| < \varepsilon$

Symbol: $\lim\limits_{x \to +\infty} f(x) = g$ oder $f(x) \to g$ für $x \to -\infty$

Die Funktion wird in diesem Fall **konvergent für** $x \to +\infty$ genannt. Während bei Zahlenfolgen wegen Db: $n \in N$ ein Grenzwert nur für $n \to +\infty$ möglich ist, existiert bei Funktionen mitunter bei nach links unbeschränktem Definitionsbereich auch ein endlicher Grenzwert für $x \to -\infty$. Für ihn gilt entsprechend:

Eine Funktion $y = f(x)$ mit nach links unbeschränktem Definitionsbereich hat für $x \to -\infty$ genau dann einen endlichen Grenzwert g, wenn zu jedem beliebig klein vorgegebenen $\varepsilon > 0$ stets ein Argument x_0 so angegeben werden kann, daß für alle $x \leqq x_0$ gilt:

$|f(x) - g| < \varepsilon$

Symbol: $\lim\limits_{x \to -\infty} f(x) = g$ oder $f(x) \to g$ für $x \to -\infty$

17.2.2. Untersuchung durch Zahlenfolgen

Der Grenzwert von Funktionen kann auch mit Hilfe von konvergenten Zahlenfolgen definiert und ermittelt werden. Diese werden so gebildet, daß aus dem Definitionsbereich der Funktion beliebige Folgen $\{x_n\}$ von Argumenten mit $x_n \to +\infty$ oder $x_n \to -\infty$ ausgewählt und zu diesen jeweils die Funktionswertfolgen $\{f(x_n)\}$ ermittelt werden. Dann gilt:

Eine Funktion $y = f(x)$ mit nach rechts bzw. links unbeschränktem Definitionsbereich hat genau dann einen endlichen Grenzwert g für $x \to +\infty$ bzw. $x \to -\infty$, wenn für jede aus beliebigen Argumenten aus dem Definitionsbereich gebildete Zahlenfolge $\{x_n\}$ gilt:

Wenn $x_n \to +\infty$, dann $f(x_n) \to g$, also $\lim\limits_{x_n \to +\infty} [f(x_n) - g] = 0$, bzw.

wenn $x_n \to -\infty$, dann $f(x_n) \to g$, also $\lim\limits_{x_n \to -\infty} [f(x_n) - g] = 0$.

Ohne Beweis sei vermerkt, daß in diesem Fall jede Folge $\{f(x_n)\}$ denselben Grenzwert und außerdem den gleichen Grenzwert wie die Funktion hat:

$$\lim_{x_n \to \infty} f(x_n) = \lim_{x_n' \to \infty} f(x_n') = \lim_{x_n'' \to \infty} f(x_n'') = \ldots = \lim_{x \to \infty} f(x) = g$$

Zur Bestimmung von g genügt deshalb, wenn die Konvergenz der Funktion erwiesen ist, eine einzige, beliebig ausgewählte Argumentenfolge $\{x_n\}$.

Sofern auch nur eine Folge $\{x_n\}$ existiert, deren zugeordnete Folge $\{f(x_n)\}$ einen anderen Grenzwert als die anderen Folgen oder gar keinen Grenzwert hat, ist die Funktion $y = f(x)$ für $x \to \infty$ **divergent,** d.h., ein endlicher Grenzwert $g = \lim\limits_{x \to \infty} f(x)$ existiert dann nicht.

Satz

Die für Zahlenfolgen gültigen *Grenzwertsätze* (vgl. 16.4.2.4.) gelten sinngemäß auch für Grenzwerte von Funktionen.

Die Grenzwertsätze können oft mit Vorteil bei der *Bestimmung von Grenzwerten von Funktionen* herangezogen werden.

BEISPIELE

1. Der Grenzwert der Funktion $y = f(x) = \dfrac{2x - 3}{3x + 5}$ für $x \to +\infty$ ist zu bestimmen.

$$\lim_{x \to +\infty} \frac{2x-3}{3x+5} = \lim_{x \to +\infty} \frac{2 - \dfrac{3}{x}}{3 + \dfrac{5}{x}} = \frac{\lim\limits_{x \to +\infty} 2 - \lim\limits_{x \to +\infty} \dfrac{3}{x}}{\lim\limits_{x \to +\infty} 3 + \lim\limits_{x \to +\infty} \dfrac{5}{x}}$$

$$= \frac{2-0}{3+0} = \frac{2}{3}$$

2. Es ist an zwei beliebigen, nach oben unbeschränkten Zahlenfolgen $\{x_k\}$ aus dem Definitionsbereich der Funktion $y = f(x) = \dfrac{2x - 3}{3x + 5}$ zu zeigen, daß die zugeordneten Funktionswertfolgen $\{f(x_k)\}$ denselben Grenzwert, und zwar den im 1. Beispiel bestimmten Grenzwert der Funktion $f(x)$ für $x \to +\infty$, nämlich $g = \dfrac{2}{3}$, haben.

Es läßt sich zeigen, daß jede Zahlenfolge $\{x_k\} = \{x^k\}$ mit $k \in N$ für $k \to +\infty$ und ein beliebiges $x \in \mathrm{Db}\,(f)$ $(x > 0)$ der Forderung genügt, daß also $\{f(x^k)\} = \left\{\dfrac{2 \cdot x^k - 3}{3 \cdot x^k + 5}\right\}$ für $k \to +\infty$ den Grenzwert $\dfrac{2}{3}$ hat. Es gilt nämlich:

$$\lim_{k \to +\infty} [f(x^k) - g] = \lim_{k \to +\infty} \left[\frac{2 \cdot x^k - 3}{3 \cdot x^k + 5} - \frac{2}{3}\right]$$

$$= \lim_{k \to +\infty} \frac{2 \cdot 3x^k - 3 \cdot 3 - 2 \cdot 3x^k - 2 \cdot 5}{3\,(3 \cdot x^k + 5)}$$

$$= \lim_{k \to +\infty} \frac{-19}{9 \cdot x^k + 15} = \lim_{k \to +\infty} \frac{-\dfrac{19}{x^k}}{9 + \dfrac{15}{x^k}}$$

$$= \frac{0}{9+0} = 0$$

Wegen der Möglichkeit, $x \in$ Db (f) $(x > 1)$ beliebig zu wählen, sind dadurch nicht nur zwei, sondern beliebig viele Zahlenfolgen $\{x_k\}$ in der geforderten Weise untersucht.

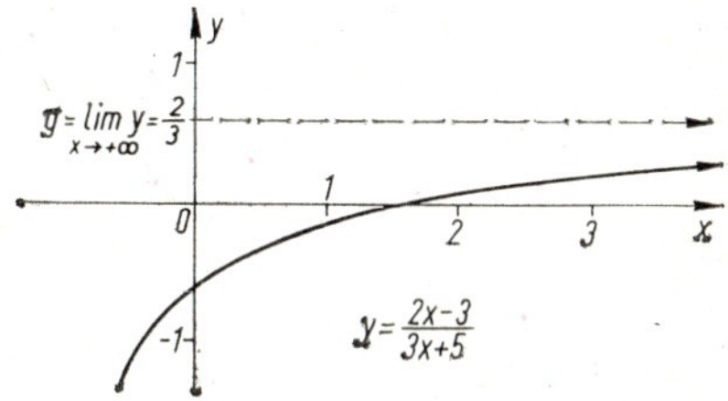

17.3. Grenzwerte für $x \to x_g$

17.3.1. Begriffsbestimmung

Es gibt Funktionen, für die sich mitunter Funktionswerte auch für endliche Argumente $x = x_g$ nicht berechnen lassen, so daß versucht werden muß, an diesen Stellen einen Grenzwert g zu bestimmen. Dazu ist erforderlich, daß die Funktion in der Umgebung von x_g (wenigstens auf einer Seite) existiert und erklärt ist. Ob das auch für das Argument x_g selbst zutrifft oder ob die Funktion dort nicht existiert (nicht erklärt ist), ist für die eventuelle Existenz und Bestimmbarkeit des Grenzwertes ohne Belang.

Fachbezeichnung:

Der Grenzwert g an einer Stelle x_g ist eine **infinitäre Eigenschaft der Funktion**, d.h., sie ist von der Verhaltensweise sämtlicher Funktionswerte in unmittelbarer Umgebung von x_g abhängig, den Funktionswert $f(x_g)$ an der Stelle x_g selbst aber ausgenommen.
In sinnvoller Anlehnung an die in 16.4.2. und 17.2. gegebenen Erklärungen für den Begriff des Grenzwerts ergibt sich folgende

Definition

Eine in der Umgebung von $x = x_g$ (gegebenenfalls unter Einschluß oder auch unter Ausschluß der Stelle x_g selbst) erklärte Funktion $y = f(x)$ hat an der Stelle $x = x_g$ den endlichen Grenzwert g, wenn sich zu jedem beliebig klein vorgegebenen $\varepsilon < 0$ ein $\delta > 0$ angeben läßt, so daß für alle $|x - x_g| < \delta$ stets $|f(x) - g| < \varepsilon$.
Symbol: $g = \lim\limits_{x \to x_g} f(x)$ oder $f(x) \to g$ für $x \to x_g$.
Dann gilt auch: $\lim\limits_{x \to x_g} [f(x) - g] = 0$

Die *Grenzwertsätze* (vgl. 16.4.2.4. und 17.2.2.) behalten auch für endliche Argumente $x \to x_g$ ihre Gültigkeit. Außerdem gilt der folgende, ohne Beweis mitgeteilte

Einschließungssatz für Grenzwerte

Der Grenzwert $\lim\limits_{x \to x_g} f(x)$ einer Funktion $f(x)$, die von zwei anderen Funktionen $f_1(x)$ und $f_2(x)$ derart eingeschlossen wird, daß $f_1(x) < f(x) < f_2(x)$ für alle x in der Umgebung von x_g gilt, ist, wenn $\lim\limits_{x \to x_g} f_1(x) = \lim\limits_{x \to x_g} f_2(x)$ erfüllt ist, ebenfalls gleich diesem Grenzwert:

$$\lim_{x \to x_g} f_1(x) = \lim_{x \to x_g} f_2(x) = \lim_{x \to x_g} f(x)$$

BEISPIELE

1. $y = \dfrac{x^2 - 4}{x - 2}$ ist für $x = x_g = 2$ nicht definiert, da der Nenner gleich Null wird. Folglich muß untersucht werden:

$$g = \lim_{x \to 2} \frac{x^2 - 4}{x - 2}$$

$$= \lim_{x \to 2} \frac{(x + 2)(x - 2)}{x - 2}$$

$$= \lim_{x \to 2} (x + 2) = 4$$

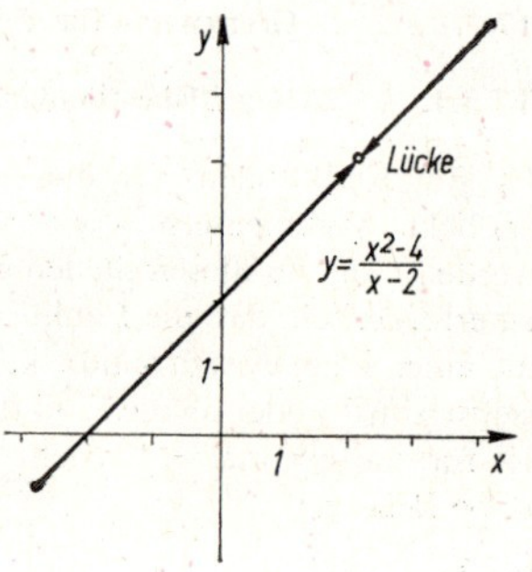

Die Funktion hat also an der Stelle $x_g = 2$ den Grenzwert $g = 4$, während ein Funktionswert an dieser Stelle nicht existiert. Im Bild gibt es dort keinen Punkt, sondern eine **Lücke** im Kurvenzug.

2. $y = \dfrac{1}{1 + \dfrac{1}{x}}$ ist für $x = x_g = 0$ wegen des Ausdrucks $\dfrac{1}{0}$ im Nenner nicht definiert.

Wohl aber läßt sich an dieser Stelle unter Verwendung der Grenzwertsätze der *Grenzwert* bestimmen:

$$\lim_{x \to 0} \frac{1}{1 + \frac{1}{x}} = \lim_{x \to 0} \frac{x}{x + 1} = \frac{\lim\limits_{x \to 0} x}{\lim\limits_{x \to 0} x + \lim\limits_{x \to 0} 1} = \frac{0}{0 + 1} = \underline{\underline{0}}$$

Beachte:

$$\frac{1}{1 + \frac{1}{x}} = \frac{x}{x + 1} \text{ gilt nur für } x \neq 0.$$

3. $f(x) = \sin \dfrac{1}{x}$ ist für $x = 0$ nicht definiert.

Es existiert auch kein Grenzwert dieser Funktion für $x \to 0$.

Begründung: Die zu der Nullfolge $\{x_k\} = \left\{\frac{1}{(k + \frac{1}{2})\pi}\right\}$ gehörige Funktionswertefolge $\{f(x_k)\} = \{\sin(k + \frac{1}{2})\pi\} = \{(-1)^{k+1}\} = \{+1, -1, +1, -1, \ldots\}$ ist divergent.

4. $f(x) = x \cdot \sin\frac{1}{x}$ ist für $x = 0$ nicht definiert.
Wegen $-|x| \leqq f(x) \leqq +|x|$ und $\lim\limits_{x \to 0} |x| = 0$ ergibt sich nach dem Einschließungssatz
$\lim\limits_{x \to 0} f(x) = 0$

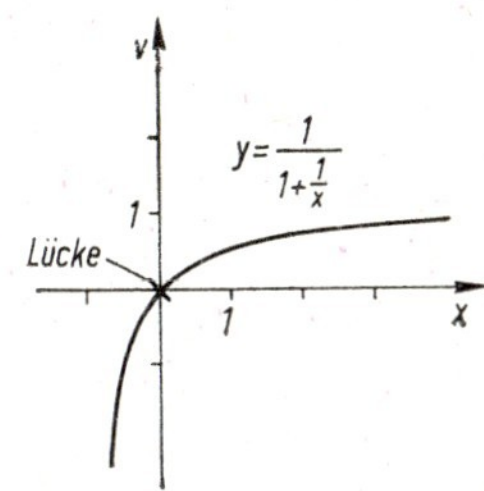

17.3.2. Rechts- und linksseitige Grenzwerte

Bei Grenzwerten für $x \to x_g$ ($x_g \neq \pm\infty$) ist zu beachten, daß die Annäherung an x_g sowohl von der *linken* ($x < x_g$) als auch von der *rechten Seite* ($x > x_g$) her erfolgen kann. Im ersten Fall soll g mit g_l, im zweiten mit g_r bezeichnet werden. Das ergibt folgende **Definition**:

Ist $y = f(x)$ eine für

$b < x < x_g$	$x_g < x < a$

erklärte Funktion und läßt sich zu jedem beliebig klein vorgegebenen $\varepsilon > 0$ ein $\delta > 0$ so angeben, daß für alle x mit

$0 < x_g - x < \delta$ stets $\lvert f(x) - g_l \rvert < \varepsilon$,	$0 < x - x_g < \delta$ stets $\lvert f(x) - g_r \rvert < \varepsilon$,

so heißt

g_l der **linksseitige Grenzwert**	g_r der **rechtsseitige Grenzwert**

der Funktion $y = f(x)$ für $x \to x_g$, *symbolisch*

$\lim\limits_{x \to x_g - 0} f(x) = g_l$	$\lim\limits_{x \to x_g + 0} f(x) = g_r$

[Auch diese Grenzwerte können *mit Hilfe von Zahlenfolgen* **definiert** werden (vgl. 17.2.2.)]

Als einseitige Grenzwerte können auch **uneigentliche Grenzwerte** (vgl. 16.4.3.) auftreten.

Falls g_l und g_r existieren, gibt es zwei Möglichkeiten:
1. $g_l \neq g_r$ 2. $g_l = g_r$.

Im zweiten Fall wird von einem **zweiseitigen Grenzwert** $g_l = g_r = g$ oder kurz von einem **Grenzwert** g gesprochen.

BEISPIELE

1. zu (1): $y = 10^{\frac{1}{x}}$
Die Funktion ist für $x = x_g = 0$ nicht erklärt, wohl aber für $x \lessgtr 0$.
Bei Annäherung an $x_g = 0$

a) von *links* her ($x < 0$) *fällt* die Funktion und nähert sich dem Funktionswert 0:

x	-4	-3	-2	-1	$-0{,}5\ldots$
y	0,6	0,5	0,3	0,1	0,01 …

$$g_l = \lim_{x \to x_g - 0} 10^{\frac{1}{x}} = 0$$

b) von *rechts* her ($x > 0$) *wächst* die Funktion über alle Grenzen:

x	4	3	2	1	0,5 …
y	1,8	2,2	3,2	10	100 …

$$g_r = \lim_{x \to x_g + 0} 10^{\frac{1}{x}} = +\infty$$

Ferner gilt: $\lim\limits_{x \to +\infty} 10^{\frac{1}{x}} = \lim\limits_{x \to -\infty} 10^{\frac{1}{x}} = 1$ (vgl. 15.3.1.).

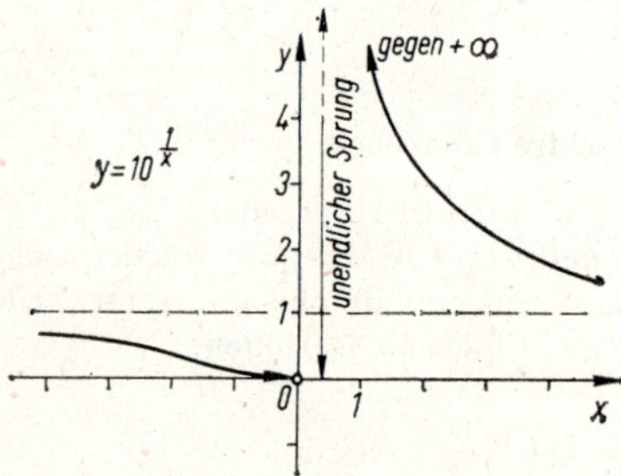

Bei dieser Funktion findet sich bei $x = x_g$ ein **unendlicher Sprung**.

2. zu (1): $y = \dfrac{2}{1 + 2^{\frac{1}{x}}}$

Die Funktion ist für $x = x_g = 0$ nicht erklärt, wohl aber für $x \gtrless 0$. Bei Annäherung an $x_g = 0$

a) von *links* her ($x < 0$) *wächst* die Funktion und nähert sich dem Funktionswert 2:

x	-4	-3	-2	-1	$-0{,}5$	$-0{,}25\ldots$
y	1,09	1,11	1,17	1,33	1,6	1,89 …

$$g_l = \lim_{x \to x_g - 0} \frac{2}{1 + 2^{\frac{1}{x}}} = 2,$$

b) von *rechts* her ($x > 0$) *fällt* die Funktion und nähert sich dem Funktionswert 0:

x	4	3	2	1	0,5	0,25 …
y	0,91	0,89	0,83	0,67	0,4	0,12 …

$$g_r = \lim_{x \to x_g + 0} \frac{2}{1 + 2^{\frac{1}{x}}} = 0$$

Außerdem gilt:

$$\lim_{x \to +\infty} \frac{2}{1 + 2^{\frac{1}{x}}} = \lim_{x \to -\infty} \frac{2}{1 + 2^{\frac{1}{x}}} = 1, \text{ da}$$

$$\lim_{x \to \pm\infty} 2^{\frac{1}{x}} = 1 \quad \text{(vgl. 15.3.1.).}$$

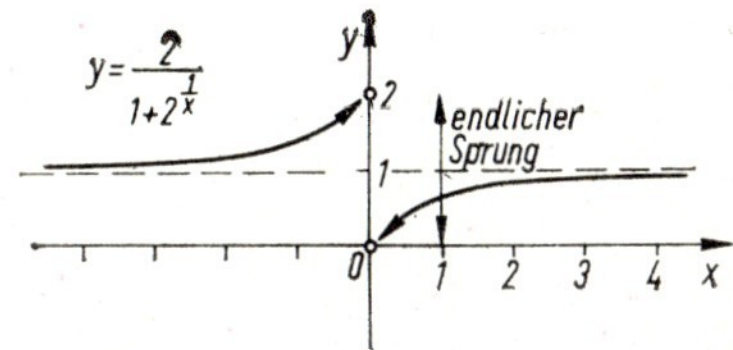

Bei dieser Funktion findet sich bei $x = x_g$ ein **endlicher Sprung**.

3. zu (2): $y = 10^{-\frac{1}{x^2}}$

Diese Funktion ist für $x_g = 0$ nicht erklärt, wohl aber für $x \gtrless 0$. Für $x \gtrless 0$ besteht das Bild, da die Funktion gerade ist (vgl. 14.3.2.), aus zwei spiegelbildlich gleichen Ästen, die von beiden Seiten gleichermaßen gegen den Koordinatenursprung streben:

$\lvert x \rvert$	4	3	2	1	0,5 …
y	0,9	0,8	0,6	0,1	0,0001 …

$$\lim_{x \to x_g - 0} 10^{-\frac{1}{x^2}} = \lim_{x \to x_g + 0} 10^{-\frac{1}{x^2}} = g = 0$$

Ferner gilt: $\lim_{x \to \pm\infty} 10^{-\frac{1}{x^2}} = 1$ (vgl. 15.3.1.).

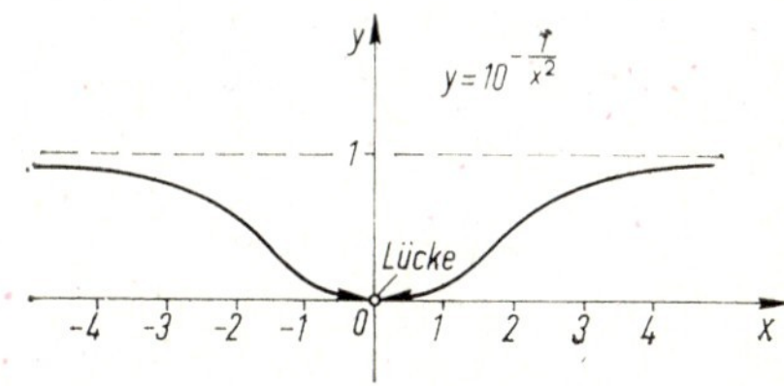

Bei dieser Funktion findet sich bei $x = x_g$ eine **Lücke**.

Beachte:

Auch für g_l und g_r ist es wie für g belanglos, ob die Funktion an der Stelle $x = x_g$ selbst erklärt ist oder nicht.

17.3.3. Einige wichtige Grenzwerte

1. $\lim\limits_{x\to 0} \dfrac{\sin x}{x} = 1$ ist zu beweisen.

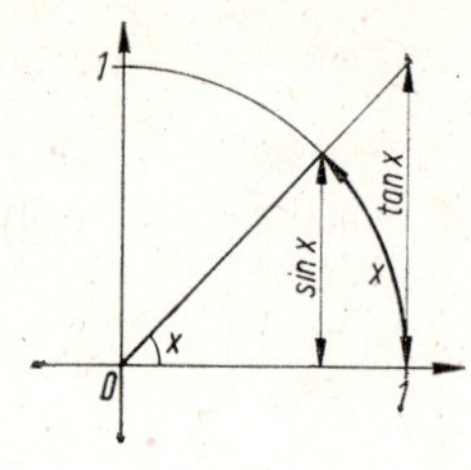

Für $0 < x < \dfrac{\pi}{2}$ gilt:

$$\sin x < x < \tan x \mid :\sin x$$

$$1 < \frac{x}{\sin x} < \frac{1}{\cos x} \text{ oder reziprok:}$$

$$1 > \frac{\sin x}{x} > \cos x$$

Da $\dfrac{\sin x}{x}$ und $\cos x$ gerade Funktionen sind (vgl. 14.3.2.), ist die letzte Ungleichung für alle x aus $0 < |x| < \dfrac{\pi}{2}$ richtig. Auf Grund des Einschließungssatzes (vgl. 17.3.1.) ergibt sich schließlich, da $\lim\limits_{x\to 0} 1 = 1$ und $\lim\limits_{x\to 0} \cos x = 1$, auch $\lim\limits_{x\to 0} \dfrac{\sin x}{x} = 1$.

2. *Grenzwerte von Differenzenquotienten von Funktionen*

Der Ausdruck $\dfrac{f(x_0 + h) - f(x_0)}{(x_0 + h) - x_0}$ mit $h \neq 0$ heißt der **Differenzenquotient** der Funktion $y = f(x)$ an der Stelle $x = x_0$, wenn x_0 und $x_0 + h$ zum Definitionsbereich der Funktion gehören (vgl. 18.1.1.1.).

Große Bedeutung hat sein Grenzwert für $h \to 0$. Sofern er existiert, stimmt er nach 17.2.2. überein mit den Grenzwerten aller konvergierenden Folgen von Differenzenquotienten, die irgendwelchen Nullfolgen $\{h_k\}$ aus dem vorgegebenen Definitionsbereich zugeordnet sind. Bei der Berechnung ist vor dem Übergang zum Grenzwert meist eine Umformung des Differenzenquotienten erforderlich, die bei den verschiedenen Funktionen unterschiedlich ist (vgl. 18.1.2.1.).

BEISPIEL

$y = x^2$

$$\lim_{h\to 0} \frac{(x_0 + h)^2 - x_0^2}{x_0 + h - x_0}$$

$$= \lim_{h\to 0} \frac{x_0^2 + 2hx_0 + h^2 - x_0^2}{h}$$

$$= \lim_{h\to 0} (2x_0 + h) = 2x_0$$

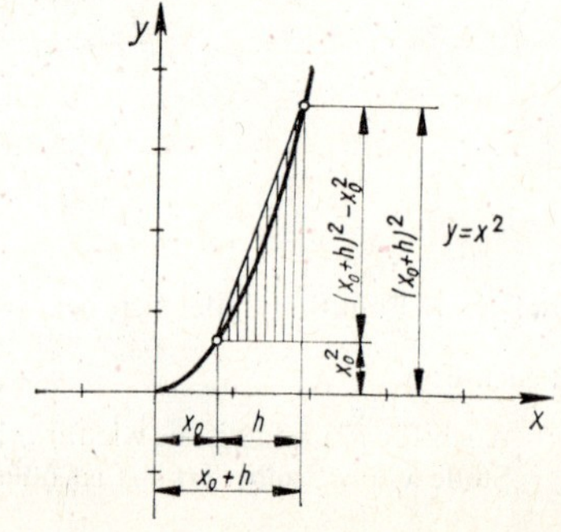

17.4. Stetigkeit von Funktionen

17.4.1. Begriffsbestimmung

Definition

Eine Funktion $y = f(x)$ heißt **stetig an einer Stelle** $x = x_g$, wenn gleichzeitig folgende *drei Bedingungen* erfüllt sind:

1. An der Stelle $x = x_g$ existiert ein *endlicher zweiseitiger Grenzwert* g.
2. Die *Funktion* ist an dieser Stelle *erklärt*.
3. Der *Funktionswert* ist an dieser Stelle *gleich dem Grenzwert* g, also $g = \lim\limits_{x \to x_g} f(x) = f(x_g)$.

Trifft das bei einer Funktion für alle Stellen in einem gewissen Intervall zu, so wird die Funktion **stetig in diesem Intervall** genannt.
Wenn eine Funktion an einer Stelle $x = x_g$ *nicht stetig* ist, so heißt sie dort **unstetig**. Es gibt *verschiedene Arten der Unstetigkeit*. Besonders wichtig sind die folgenden:

1. **Sprung**: An dieser Stelle existieren zwei verschiedene einseitige Grenzwerte $g_l \neq g_r$ (vgl. 17.3.2. Beispiele 1 und 2).
2. **Pol**: Sowohl links- als auch rechtsseitiger Grenzwert sind uneigentliche Grenzwerte. Dabei ist es unwesentlich, ob diese übereinstimmen oder nicht.
3. **Lücke**: In diesem Fall existieren an dieser Stelle zwei gleiche einseitige Grenzwerte $g_l = g_r$, die Funktion selbst ist aber dort nicht erklärt (vgl. 17.3.1. Beispiel 1 und 17.3.2. Beispiel 3).

17.4.2. Stetigkeitsverhalten einiger wichtiger Funktionen

Das Stetigkeitsverhalten hängt u.a. vom betrachteten Intervall ab.

BEISPIEL

Die Funktion $y = x^{-1}$ ist stetig für $0 < x < +\infty$ und für $-\infty < x < 0$, sie ist unstetig an der Stelle $x = 0$ (Pol).

Sicher sind die Funktionen $y = c$ und $y = x$ im Intervall $-\infty < x < +\infty$ stetig. Da aber als Folge der Grenzwertsätze mit zwei im Intervall $a < x < b$ stetigen Funktionen $f_1(x)$ und $f_2(x)$ auch die Funktionen $f_1(x) \pm f_2(x)$, $f_1(x) \cdot f_2(x)$ und [falls $f_2(x) \neq 0$] $\dfrac{f_1(x)}{f_2(x)}$ in diesem Intervall stetig sind, folgt hieraus:

1. Alle *ganzrationalen Funktionen* sind für $-\infty < x < +\infty$ stetig.
2. Die *gebrochenrationalen Funktionen* sind dort unstetig, wo die Nennerfunktion verschwindet. In den Zwischenintervallen sind sie stetig.

BEISPIEL

$y = \dfrac{9 - x^2}{x^2 - 5x}$ ist stetig in den Intervallen $-\infty < x < 0$, $0 < x < 5$ und $5 < x < +\infty$, unstetig an den Stellen $x_1 = 0$ und $x_2 = 5$.

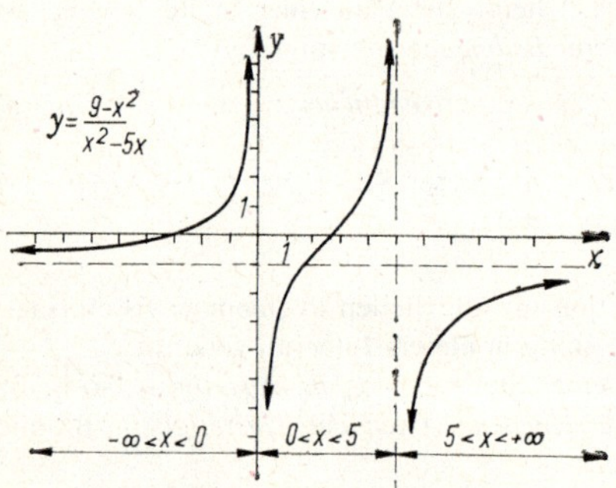

3. Die *Wurzelfunktionen* $y = \sqrt[n]{x}$ sind in ihren jeweiligen Definitionsbereichen stetig.

BEISPIELE

1. $y = \sqrt{x}$ ist stetig für $0 \leqq x < +\infty$
2. $y = \begin{cases} \sqrt[3]{x} \ (x \geqq 0) \\ -\sqrt[3]{-x} \ (x < 0) \end{cases}$ ist stetig für $-\infty < x < +\infty$

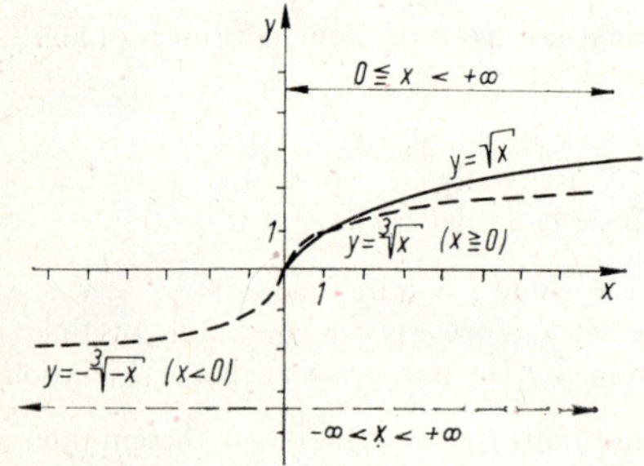

3. Die *Exponentialfunktionen* $y = a^x$ $(a > 0)$ sind stetig für $-\infty < x < +\infty$.
4. Die *Logarithmusfunktionen* $y = \log_a x$ $(a > 0)$ sind stetig für $0 < x < +\infty$.

5. Für die *Winkelfunktionen* ergeben sich folgende Stetigkeitsintervalle:

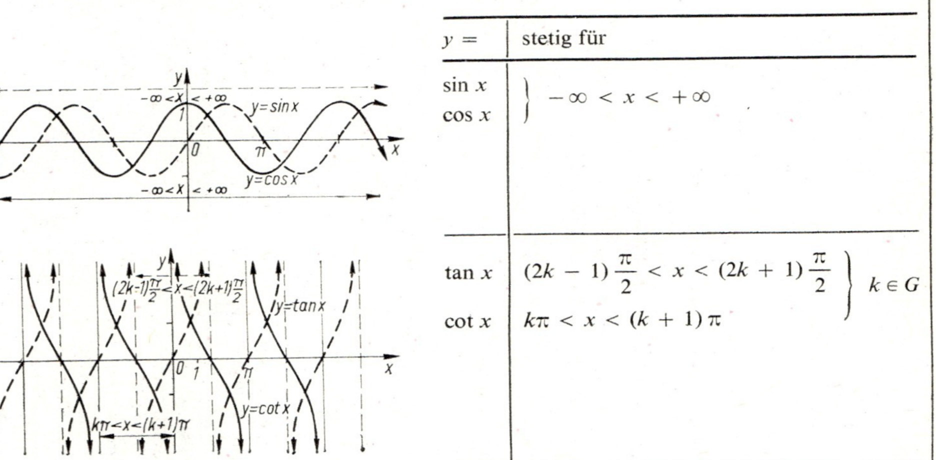

$y =$	stetig für	
$\sin x$	$-\infty < x < +\infty$	
$\cos x$	$-\infty < x < +\infty$	
$\tan x$	$(2k-1)\frac{\pi}{2} < x < (2k+1)\frac{\pi}{2}$	$k \in G$
$\cot x$	$k\pi < x < (k+1)\pi$	$k \in G$

18. Differentialrechnung

18.1. Ableitungen elementarer Funktionen

18.1.1. Grundlegende Begriffe und Gesetze

18.1.1.1. Sekantensteigung und Tangentensteigung

Die Steigung der *Sekante* zwischen zwei Punkten $P_0\,(x_0; y_0)$ und $P_1\,[(x_0 + h); f(x_0 + h)]$ des Bildes einer Funktion mit der Gleichung $y = f(x)$ ergibt sich bei gleichen Maßeinheiten auf beiden Achsen als

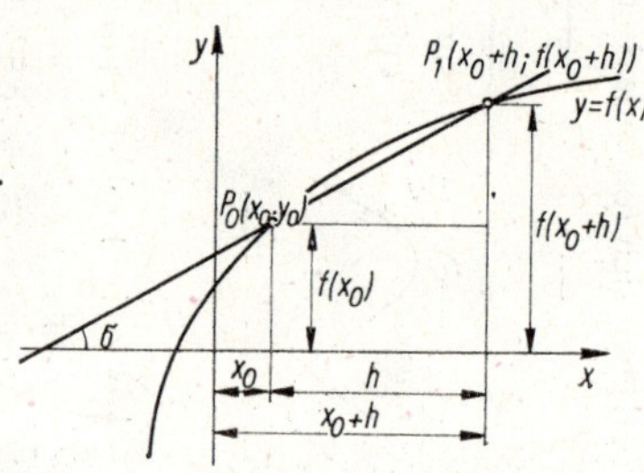

$$\tan\sigma = \frac{f(x_0 + h) - f(x_0)}{x_0 + h - x_0}.$$

Das ist nach 17.3.3. (2) unter der Voraussetzung, daß das Intervall x_0 bis $x_0 + h$ zum Definitionsbereich der Funktion gehört, der **Differenzenquotient von $y = f(x)$ an der Stelle x_0** bezüglich h. Wandert P_1 auf der Kurve gegen P_0 ($P_1 \to P_0$), so dreht sich die Sekante um P_0, bis sie im Grenzfall zur *Tangente* in P_0 wird. Deren Anstieg ergibt sich als **Grenzwert des Differenzenquotienten für $h \to 0$:**

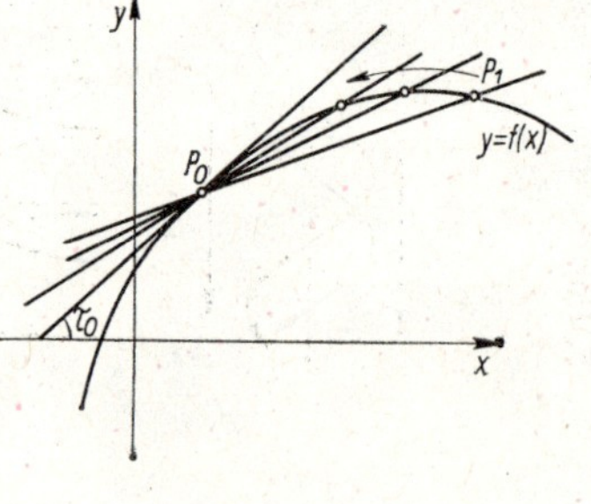

$$\tan\tau_0 = \lim_{h\to 0} \tan\sigma = \lim_{h\to 0} \frac{f(x_0 + h) - f(x_0)}{h}$$

18.1.1.2. Differenzenquotient und Differentialquotient

Ist die Funktion $y = f(x)$ in der Umgebung von $x = x_0$ erklärt, so daß auch $x_0 + h$ in dieser Umgebung liegt, und streben die Folgen der

Differenzenquotienten $\frac{f(x_0 + h_n) - f(x_0)}{h_n}$ für jede Nullfolge $\{h_n\}$ mit $h_n \neq 0$ demselben Grenzwert zu, so heißt dieser Grenzwert der **erste Differentialquotient** oder die **erste Ableitung** von $f(x)$ an der Stelle x_0, die Funktion $y = f(x)$ an der Stelle x_0 **differenzierbar** und das Bestimmen der ersten Ableitung das **Differenzieren der Funktion** an der Stelle x_0.

Methoden, Verfahren und Regeln für das Differenzieren von Funktionen sowie ihre Anwendung machen den Inhalt der **Differentialrechnung** aus.

Für die erste Ableitung von $y = f(x)$ an der Stelle x_0 gibt es *zwei Symbole:*

1. $y'|_{x=x_0} = f'(x_0)$ (Symbol von NEWTON[1])
   gelesen: y Strich an der Stelle x gleich x_0 gleich f Strich an der Stelle x_0
2. $\left.\frac{\mathrm{d}y}{\mathrm{d}x}\right|_{x=x_0}$ (Symbol von LEIBNIZ[1])
   gelesen: dy **nach** dx an der Stelle x = x$_0$ [vgl. 18.1.1.3 (4)]

Meist wird im *Differenzenquotienten* geschrieben für die
Differenz der *Funktionswerte* $f(x_0 + h) - f(x_0)$ im *Zähler:* Δy
Differenz der *Argumentwerte* $x_0 + h - x_0 = h$ im *Nenner:* Δx.

Für den Differenzenquotienten ergibt sich dann das Symbol $\frac{\Delta y}{\Delta x}$ und für den *Differentialquotienten*

$$\left.\frac{\mathrm{d}y}{\mathrm{d}x}\right|_{x=x_0} = y'|_{x=x_0} = f'(x_0) = \lim_{\Delta x \to 0} \left.\frac{\Delta y}{\Delta x}\right|_{x=x_0} = \lim_{h \to 0} \frac{f(x_0 + h) - f(x_0)}{h}$$

Beachte:

Oft wird statt $\frac{\mathrm{d}y}{\mathrm{d}x}$ auch $\frac{\mathrm{d}f(x)}{\mathrm{d}x}$ geschrieben, z. B. $\frac{\mathrm{d}(x^3)}{\mathrm{d}x}$.

18.1.1.3. Differenzen und Differentiale

1. Wird in dem Bild einer *nichtlinearen Funktion* $y = f(x)$ in einem Kurvenpunkt $P_0\,(x_0; y_0)$ die Tangente t und nach einem beliebigen zweiten Kurvenpunkt $P_1\,(x_0 + \Delta x; y_0 + \Delta y)$ die Sekante s eingezeichnet, so ergeben sich *zwei Steigungsdreiecke:*

   a) P_0QP_1 für s mit den Katheten $\overline{P_0Q} = \Delta x$ **(Argumentendifferenz)** und $\overline{QP_1} = \Delta y$ **(Funktionswertedifferenz),**

[1]) G. W. LEIBNIZ (1646 bis 1716) und I. NEWTON (1642 bis 1727) entwickelten unabhängig voneinander und fast gleichzeitig um 1670 die Differential- und Integralrechnung.

b) P_0QT für t mit den Katheten $\overline{P_0Q} = \Delta x$ **(Argumentendifferenz)** und $\overline{QT} = \mathrm{d}y$ [Fachbezeichnung: **Differential der Funktion** $y = f(x)$ an der Stelle $x = x_0$].

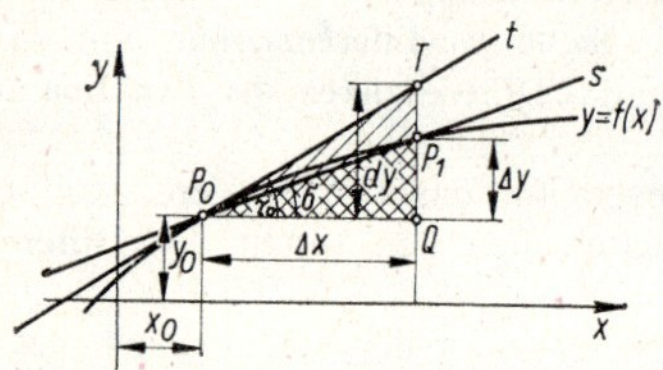

Offenbar gilt stets (vgl. 18.1.1.1. und 18.1.1.2.):

▌ $\Delta x \neq 0$; $\Delta y = \tan \sigma \cdot \Delta x$; $\mathrm{d}y = \tan \tau_0 \cdot \Delta x = f'(x_0) \cdot \Delta x$

Daraus folgt $s \neq t$, also $\sigma \neq \tau$:

▌ $\mathrm{d}y \neq \Delta y$.

2. Bei jeder *linearen Funktion* $y = mx + n$ fallen s mit t und beide mit dem Bild der Funktion zusammen. Deshalb gilt hier für jeden Punkt der Geraden:

▌ $\mathrm{d}y = \Delta y \quad \text{mit} \quad \mathrm{d}y = m \cdot \Delta x$

Bei der Funktion $y = x$ ergibt sich speziell wegen $m = 1$ $\mathrm{d}y = 1 \cdot \Delta x = \Delta x$ und wegen $y = x$, also $\mathrm{d}y = \mathrm{d}x$, schließlich

▌ $\mathrm{d}x = \Delta x$.

Für die Funktion $y = mx + n$ folgt aus $\mathrm{d}y = m \cdot \Delta x$ entsprechend

▌ $\mathrm{d}y = m \cdot \mathrm{d}x$.

3. Das trifft für jede lineare Funktion zu, auch für die, deren Bild die Tangente t an eine beliebige Kurve ist [vgl. oben (1)]. Deshalb kann für das Differential einer *beliebigen Funktion* $y = f(x)$ an der Stelle $x = x_0$ geschrieben werden:

▌ $\mathrm{d}y = f'(x_0) \cdot \mathrm{d}x$.

$\mathrm{d}x$ heißt in diesem Zusammenhang das **Differential des Argumentes.** Stets gilt:

▌ $\mathrm{d}x \neq 0$.

4. Der *Quotient der Differentiale* $\frac{\mathrm{d}y}{\mathrm{d}x}$ (gelesen: dy **durch** dx; vgl. 18.1.1.2.) hat für einen bestimmten Punkt P_0 für jedes beliebige $\mathrm{d}x$ denselben Wert ($\tan \tau_0$), der *Quotient der Differenzen* $\frac{\Delta y}{\Delta x}$ ändert für denselben Punkt P_0 aber seinen Wert mit der Wahl von Δx ($\tan \sigma$).

Im *Grenzfall* $\Delta x \to 0$ stimmen beide Quotienten überein:

$$\lim_{\Delta x \to 0} \frac{\Delta y}{\Delta x}\bigg|_{x=x_0} = \frac{dy}{dx}\bigg|_{x=x_0}$$

Der Differentialquotient $\frac{dy}{dx}$ kann deshalb wie ein echter Quotient behandelt und umgeformt werden.

18.1.1.4. Die Ableitung als Funktion

Wenn eine stetige Funktion $y = f(x)$ in einem gewissen Intervall erklärt und differenzierbar ist, können die Ableitungen $f'(x_0)$ den jeweiligen Argumenten x_0 zugeordnet werden. Auf diese Weise kann in dem gleichen Intervall eine *neue Funktion* **definiert** werden:

$y' = \varphi(x) = f'(x)$ (gelesen: y Strich gleich φ von x gleich f Strich von x)

Beachte:

Es muß streng unterschieden werden die Ableitung einer Funktion in einem bestimmten *Intervall* als *Funktion* von der Ableitung der Funktion an einer bestimmten *Stelle* als eindeutig bestimmbare *Zahl*.

18.1.1.5. Differenzierbarkeit und Stetigkeit

Ist eine Funktion $y = f(x)$ an der Stelle $x = x_0$ und in einer solchen Umgebung erklärt, daß auch $x = x_0 + h$ darin liegt, so gilt:

$$f(x_0 + h) - f(x_0) = \frac{f(x_0 + h) - f(x_0)}{h} \cdot h \quad (h \neq 0)$$

Ist $f(x)$ an der Stelle $x = x_0$ außerdem *differenzierbar*, so folgt nach 18.1.1.2. unter der Voraussetzung, daß die Grenzwerte existieren:

$$\lim_{h \to 0} [f(x_0 + h) - f(x_0)] = \lim_{h \to 0} \frac{f(x_0 + h) - f(x_0)}{h} \cdot \lim_{h \to 0} h.$$

$$\lim_{h \to 0} f(x_0 + h) - \lim_{h \to 0} f(x_0) = f'(x_0) \cdot \lim_{h \to 0} h$$

$$= f'(x_0) \cdot 0 = 0.$$

Also gilt: $\lim\limits_{h \to 0} f(x_0 + h) = \lim\limits_{h \to 0} f(x_0) = f(x_0)$.

Das ist aber (vgl. 17.4.1.) die Bedingung für die *Stetigkeit* von $y = f(x)$ an der Stelle $x = x_0$, die offenbar aus der Differenzierbarkeit folgt.

Ist eine Funktion $y = f(x)$ an einer Stelle $x = x_0$ differenzierbar, so ist sie dort auch stetig.

Beachte:

1. Die Umkehrung dieses Satzes ergibt keine wahre Aussage; eine an einer Stelle stetige Funktion braucht dort nicht unbedingt differenzierbar zu sein,

BEISPIEL

$$y = f(x) = |x|$$

Diese Funktion ist an der Stelle $x = x_0 = 0$ zwar stetig, aber dort nicht differenzierbar, da $\left\{\frac{f(x_0 + h) - f(x_0)}{h}\right\}$ für verschiedene Nullfolgen $\{h_n\}$ verschiedenen Werten, nämlich $+1$ und -1, zustrebt, also $\lim\limits_{h \to 0} \frac{f(x_0 + h) - f(x_0)}{h}$ nicht existiert.

2. Die Existenz einer Tangente in einem Punkt des Bildes einer Funktion bedeutet nicht, daß diese an dieser Stelle unbedingt differenzierbar sein müßte.

BEISPIEL

Das Bild der Funktion $y = \sqrt{x}$ hat im Punkt 0 (0; 0) die y-Achse zur Tangente. Als Differentialquotient ergibt sich aber:

$$\lim_{h \to 0} \frac{\sqrt{x_0 + h} - \sqrt{x_0}}{h} = \lim_{h \to 0} \frac{(\sqrt{x_0 + h} - \sqrt{x_0}) \cdot (\sqrt{x_0 + h} + \sqrt{x_0})}{h \cdot (\sqrt{x_0 + h} + \sqrt{x_0})}$$

$$= \lim_{h \to 0} \frac{x_0 + h - x_0}{h(\sqrt{x_0 + h} + \sqrt{x_0})} = \lim_{h \to 0} \frac{h}{h(\sqrt{x_0 + h} + \sqrt{x_0})}$$

$$= \lim_{h \to 0} \frac{1}{\sqrt{x_0 + h} + \sqrt{x_0}} = \frac{1}{2\sqrt{x_0}}.$$

Dieser Ausdruck ist aber für $x_0 = 0$ nicht erklärt.

18.1.1.6. Grenzwertsätze

Die in 16.4.2.4. bzw. 17.2.2. notierten Grenzwertsätze können auch beim Differenzieren angewendet werden, sofern die dabei vorkommenden Grenzwerte existieren.

18.1.2. Differenzieren ganzrationaler Funktionen

18.1.2.1. Prinzipieller Rechengang beim Differenzieren

Das Differenzieren jeder Funktion geht in 3 Schritten vor sich:

1. Schritt: Bilden des Differenzenquotienten;
2. Schritt: Umformen des Differenzenquotienten, so daß für die anschließende Grenzwertbildung die Bedingungen der Grenzwertsätze (vgl. 16.4.2.4. und 18.1.1.6.) erfüllt sind;
3. Schritt: Bilden der Grenzwertes.

Beachte:

Das Kernstück des Differenzierens ist das geschickte *Umformen des Differenzenquotienten*, bevor der Grenzwert gebildet wird (2. Schritt). Dafür lassen sich aber keine allgemeingültigen Regeln angeben, da bei den verschiedenen Funktionsarten oft sehr verschiedene Wege beschritten werden müssen.

BEISPIEL

$y = x^3$ ist zu differenzieren.

1. Schritt: $\frac{\Delta y}{\Delta x} = \frac{(x + h)^3 - x^3}{h}$

2. Schritt: $\frac{\Delta y}{\Delta x} = \frac{x^3 + 3x^2h + 3xh^2 + h^3 - x^3}{h}$

$$= \frac{h(3x^2 + 3xh + h^2)}{h} = 3x^2 + 3xh + h^2$$

3. Schritt: $y' = \lim\limits_{h \to 0} (3x^2 + 3xh + h^2) = 3x^2$

18.1.2.2. Erste Ableitung der Funktion $y = x^n$ $(n \in G;\ n > 0)$

1. Schritt: $\frac{\Delta y}{\Delta x} = \frac{(x + h)^n - x^n}{h}$

2. Schritt: [$(x + h)^n$ als Summe schreiben]

$$\frac{\Delta y}{\Delta x} = \frac{x^n + n \cdot x^{n-1} \cdot h + \frac{n(n-1)}{2} \cdot x^{n-2} \cdot h^2 + \ldots + h^n - x^n}{h}$$

$$= \frac{h \cdot n \cdot x^{n-1} + h^2 \cdot \left[\frac{n(n-1)}{2} \cdot x^{n-2} + \ldots + h^{n-2}\right]}{h}$$

$$= n \cdot x^{n-1} + h \cdot \left[\frac{n(n-1)}{2} \cdot x^{n-2} + \ldots + h^{n-2}\right]$$

3. Schritt: $y' = \lim\limits_{h \to 0} \left\{n \cdot x^{n-1} + h \cdot \left[\frac{n(n-1)}{2} \cdot x^{n-2} + \ldots + h^{n-2}\right]\right\}$

$$= n \cdot x^{n-1}$$

▌ Die erste Ableitung von $y = x^n$ $(n \in G;\ n > 0)$ ist $y' = n \cdot x^{n-1}$.

18.1.2.3. Erste Ableitung von $y = c$

1. Schritt: $\frac{\Delta y}{\Delta x} = \frac{c - c}{h}$

2. Schritt: $\frac{\Delta y}{\Delta x} = \frac{0}{h} = 0$

Beachte:

Nach 18.1.1.2. gilt beim Differenzenquotienten vor der Grenzwertbildung $h \neq 0$.

3. Schritt: $y' = \lim\limits_{h \to 0} 0 = 0$

Die erste Ableitung einer konstanten Funktion $y = c$ ist $y' = 0$.

Sonderfall:

$$c = 1; \quad y = 1; \quad y' = 0$$

Diese konstante Funktion $y = 1$ kann auch als Potenzfunktion $y = x^0$ $(x \neq 0)$ aufgefaßt (vgl. 7.4.1.1.) und versuchsweise formal nach der Potenzregel (vgl. 18.1.2.2.) differenziert werden:

$$y' = 0 \cdot x^{0-1} = 0 \, (x \neq 0)$$

Da dieser Weg offenbar zum gleichen Ergebnis führt, kann die Potenzregel wie folgt erweitert werden:

Die Differentiationsregel für Potenzfunktionen

$\frac{dy}{dx} = \frac{d(x^n)}{dx} = n \cdot x^{n-1}$ gilt für $n \in G$; $n \geqq 0$.

18.1.2.4. Höhere Ableitungen der Potenzfunktion $y = x^n$ $(n \in G; n \geqq 0)$

Jede als Funktion aufgefaßte Ableitung $y' = f'(x)$ einer Funktion $y = f(x)$ kann erneut differenziert werden, falls die dazu erforderlichen Bedingungen (vgl. 18.1.1.2.) erfüllt sind. Dadurch ergeben sich die *höheren Ableitungen* der Funktion $y = f(x)$. Sie werden *symbolisiert* durch

$y'', y''', y^{(4)}, y^{(5)}, \ldots, y^{(n)}$ oder

$f''(x), f'''(x), f^{(4)}(x), f^{(5)}(x), \ldots, f^{(n)}(x)$ oder

$\frac{d^2y}{dx^2}, \frac{d^3y}{dx^3}, \ldots, \frac{d^ny}{dx^n}$

(gelesen: y 2 Strich, y 3 Strich, y 4 Strich, …, y n Strich bzw. f zwei Strich von x, f drei Strich von x, f vier Strich von x, …, f n Strich von x bzw. d zwei y nach dx Quadrat, d drei y nach dx hoch drei, …, d n y nach dx hoch n)

BEISPIEL

$y = x^4$	$y'' = 12x^2$	$y^{(4)} = 24$	$y^{(6)} = 0$
$y' = 4x^3$	$y''' = 24x$	$y^{(5)} = 0$	...

(Hierbei wurde bereits von der in 18.1.2.5. genannten 2. Grundregel für das Differenzieren Gebrauch gemacht.)

Verallgemeinerung

Die höheren Ableitungen der Potenzfunktion $y = x^n$ ($n \in G$; $n \geqq 0$) sind (bis auf einen konstanten Faktor) wieder Potenzfunktionen, deren Grade von Ableitung zu Ableitung jeweils um 1 abnehmen, so daß die $(n + 1)$-te Ableitung und alle weiteren identisch Null werden.

18.1.2.5. Ableitungen der ganzrationalen Funktion

Eine ganzrationale Funktion n-ten Grades ist dargestellt durch

$$y = a_n x^n + a_{n-1} x^{n-1} + \ldots + a_2 x^2 + a_1 x + a_0$$
$$= \sum_{i=0}^{n} a_i x^i \; (i \in G;\; i \geqq 0;\; a_i \in P;\; a_n \neq 0)$$

Beim Bestimmen der Ableitungen dieser Funktion werden zwei **Grundregeln für das Differenzieren** benötigt, die sich aus den Grenzwertsätzen ergeben (vgl. 18.1.1.6.):

1. Die Ableitung einer *Summe von Funktionen* $[y = f_1(x) + f_2(x) + \ldots]$ ist gleich der Summe der Ableitungen dieser Funktionen $[y' = f_1'(x) + f_2'(x) + \ldots]$.
2. Ein *konstanter Faktor einer Funktion* $[y = k \cdot f(x)]$ bleibt beim Differenzieren unverändert erhalten $[y' = k \cdot f'(x)]$.

Mit Hilfe dieser Sätze und der Potenzregel ergibt sich für die Ableitungen der ganzrationalen Funktion n-ten Grades:

$$y' = a_n \cdot n x^{n-1} + a_{n-1} \cdot (n-1)\, x^{n-2} + \ldots + 2a_2 x + a_1$$
$$y'' = a_n \cdot n\,(n-1)\, x^{n-2} + a_{n-1} \cdot (n-1)\,(n-2)\, x^{n-3} + \ldots + 3 \cdot 2a_3 x + 2a_2$$
$$y''' = a_n \cdot n\,(n-1)\,(n-2)\, x^{n-3} + \ldots + 3 \cdot 2 \cdot a_3$$
$$\ldots\ldots\ldots\ldots\ldots\ldots\ldots\ldots$$
$$y^{(n)} = n\,(n-1)\,(n-2) \cdot \ldots \cdot 3 \cdot 2 \cdot 1 \cdot a_n = n! \cdot a_n$$
$$y^{(n+1)} = 0$$

Die Ableitungen der ganzrationalen Funktion n-ten Grades sind wieder ganzrationale Funktionen, deren Grade von Ableitung zu Ableitung jeweils um 1 kleiner werden. Die n-te Ableitung ist eine Konstante. Von der $(n + 1)$-ten Ableitung an werden alle höheren Ableitungen identisch Null.

18.1.3. Weitere Differentiationsregeln

18.1.3.1. Produktregel

Gegebene Funktion: $y = f_1(x) \cdot f_2(x) = u \cdot v$

1. Schritt: $\dfrac{\Delta y}{\Delta x} = \dfrac{f_1(x+h) \cdot f_2(x+h) - f_1(x) \cdot f_2(x)}{h}$

2. Schritt: (Addition und Subtraktion eines geeigneten Gliedes (∗) im Zähler)

$$\frac{\Delta y}{\Delta x} = \frac{f_1(x+h)f_2(x+h) \overbrace{- f_1(x)f_2(x+h) + f_1(x)f_2(x+h)}^{(*)} - f_1(x)f_2(x)}{h}$$

$$= \frac{f_1(x+h) - f_1(x)}{h} \cdot f_2(x+h) + f_1(x) \cdot \frac{f_2(x+h) - f_2(x)}{h}$$

3. Schritt:

$$y' = \lim_{h\to 0}\left(\frac{f_1(x+h) - f_1(x)}{h} \cdot f_2(x+h) + f_1(x) \cdot \frac{f_2(x+h) - f_2(x)}{h}\right)$$

$$= \lim_{h\to 0}\frac{f_1(x+h) - f_1(x)}{h} \cdot \lim_{h\to 0} f_2(x+h)$$

$$+ \lim_{h\to 0} f_1(x) \cdot \lim_{h\to 0}\frac{f_2(x+h) - f_2(x)}{h} = f_1'(x) \cdot f_2(x) + f_1(x) \cdot f_2'(x)$$

Die Ableitung des Produktes zweier Funktionen ($y = u \cdot v$) ist $y' = u' \cdot v + u \cdot v'$.

BEISPIEL

$$y = (x^2 + 3x - 4)(x^5 + 6x^4 + 3x - 2)$$

$$y' = (2x + 3)(x^5 + 6x^4 + 3x - 2)$$

$$+ (x^2 + 3x - 4)(5x^4 + 24x^3 + 3)$$

18.1.3.2. Quotientenregel

Gegebene Funktion: $y = \dfrac{f_1(x)}{f_2(x)} = \dfrac{u}{v} \quad [f_2(x) = v \neq 0]$

Die durch Umformung entstehende Funktion $u = y \cdot v$ kann nach 18.1.3.1. differenziert werden: $u' = y' \cdot v + y \cdot v'$.

Daraus folgt durch Auflösen nach y':

$$y' = \frac{u'}{v} - \frac{y \cdot v'}{v} = \frac{u'}{v} - \frac{u \cdot v'}{v^2} = \frac{u'v - uv'}{v^2}$$

Die Ableitung des Quotienten zweier Funktionen $\left(y = \frac{u}{v};\ v \neq 0\right)$ ist $y' = \dfrac{u' \cdot v - u \cdot v'}{v^2}$.

Beachte:

Während es bei der Produktregel gleichgültig ist, ob zuerst u oder v abgeleitet wird ($u' \cdot v + u \cdot v' = u \cdot v' + u' \cdot v$), muß bei der Quotientenregel wegen der Differenz im Zähler im ersten Zählerglied unbedingt die Ableitung u' der Zählerfunktion u stehen.

BEISPIEL

$$y = \frac{x^2 + 3x - 4}{x^5 + 6x^4 - 3x - 2}$$

$$y' = \frac{(2x+3)\cdot(x^5 + 6x^4 - 3x - 2) - (x^2 + 3x - 4)\cdot(5x^4 + 24x^3 - 3)}{(x^5 + 6x^4 - 3x - 2)^2}$$

18.1.3.3. Kettenregel

18.1.3.3.1. Differenzieren verketteter Funktionen

Die *erste Ableitung einer verketteten Funktion* $y = f[\varphi(x)] = f(z)$ (vgl. 14.3.5.) läßt sich mit Hilfe der **Kettenregel** ermitteln, die aus folgenden *drei Schritten* besteht:

1. *Differenzieren* der *äußeren* Funktion $y = f(z)$ nach z: $\dfrac{dy}{dz} = \dfrac{df(z)}{dz}$
2. *Differenzieren* der *inneren* Funktion $z = \varphi(x)$ nach x: $\dfrac{dz}{dx} = \dfrac{d\varphi(x)}{dx}$
3. *Zusammensetzen* durch Multiplizieren zu $\dfrac{dy}{dx}$:

$$\frac{dy}{dz} \cdot \frac{dz}{dx} = \frac{dy}{dx}$$ **Kettenregel**

Die Richtigkeit der Kettenregel ist nach 18.1.1.3. (4) plausibel; eine exakte Begründung kann jedoch hier nicht gegeben werden.

BEISPIEL

$y = (x^3 + 4x - 2)^6$

Äußere Funktion: $y = f(z) = z^6$	Innere Funktion: $z = \varphi(x) = x^3 + 4x - 2$
Ableitung nach z: $\dfrac{dy}{dz} = 6z^5$	Ableitung nach x: $\dfrac{dz}{dx} = 3x^2 + 4$

Zusammensetzen nach der Kettenregel:

$$\frac{dy}{dx} = \frac{dy}{dz} \cdot \frac{dz}{dx} = 6z^5 \cdot (3x^2 + 4) = 6 \cdot (x^3 + 4x - 2)^5 \cdot (3x^2 + 4)$$

Beachte:

Die Kettenregel läßt sich auf *mehrfach verkettete Funktionen* ausdehnen:

$y = f_1\{f_2 [f_3 \dots (f_k(x))]\}$ mit $y = f_1(z)$; $z = f_2(u)$; $u = f_3(v)$; ...; $r = f_{k-1}(s)$; $s = f_k(x)$

$$\frac{dy}{dx} = \frac{dy}{dz} \cdot \frac{dz}{du} \cdot \frac{du}{dv} \cdot \ldots \cdot \frac{dr}{ds} \cdot \frac{ds}{dx}$$

18.1.3.3.2. Differenzieren impliziter Formen

Die Kettenregel erlaubt, Gleichungen von Funktionen auch in der impliziten Form zu differenzieren.

BEISPIELE

1. $b^2x^2 + a^2y^2 - a^2b^2 = 0$

$$b^2 \cdot 2x + \underbrace{a^2 \cdot 2y \cdot \frac{dy}{dx}}_{\text{Kettenregel}} = 0$$

$$\frac{dy}{dx} = -\frac{b^2x}{a^2y}$$

2. $x^2y^3 - 2x^2 + y - 3 = 0$

$$\underbrace{2xy^3 + x^2 \cdot 3y^2 \cdot y'}_{\text{Produktregel und Kettenregel}} - 4x + y' = 0$$

$$y' = \frac{4x - 2xy^3}{3x^2y^2 + 1}$$

Falls es erforderlich und möglich ist, kann im Ergebnis y durch die explizite Form des gegebenen Ausdrucks $[y = f(x)]$ ersetzt werden.

18.1.3.4. Umkehrregel

Mit Hilfe dieser Regel können die *ersten Ableitungen von Funktionen* mit den *ersten Ableitungen ihrer Umkehrfunktionen* (vgl. 14.3.6.) in Beziehung gesetzt werden. Für eine Funktion $y = f(x)$ ergibt sich an einer Stelle $x = x_0$; $y = y_0 = f(x_0)$ als erste Ableitung $\left.\frac{dy}{dx}\right|_{x=x_0} = f'(x_0)$ und für die Umkehrfunktion $x = f^{-1}(y) = \varphi(y)$ an derselben Stelle $\left.\frac{dx}{dy}\right|_{y=y_0=f(x_0)} = \varphi'(y_0) = \varphi'[f(x_0)]$.

Nach 18.1.1.3. (4) gilt:

$$\left.\frac{dy}{dx}\right|_{x=x_0} \cdot \left.\frac{dx}{dy}\right|_{y=y_0=f(x_0)} = f'(x_0) \cdot \varphi'[f(x_0)] = 1 \quad \textbf{Umkehrregel}$$

Geometrische Deutung:

Die inversen Funktionen $y = f(x)$ und $x = \varphi(y)$ ergeben bei der grafischen Darstellung dasselbe Bild. Dann gilt für ein und denselben Punkt P_0:

$$\frac{dy}{dx} = \tan\alpha; \quad \frac{dx}{dy} = \cot\alpha$$

$$\tan\alpha \cdot \cot\alpha = 1$$

(vgl. 15.3.3.3.2.)

$$\left.\frac{dy}{dx}\right|_{x=x_0} \cdot \left.\frac{dx}{dy}\right|_{y=y_0=f(x_0)}$$

$$= f'(x_0) \cdot \varphi'[f(x_0)] = 1$$

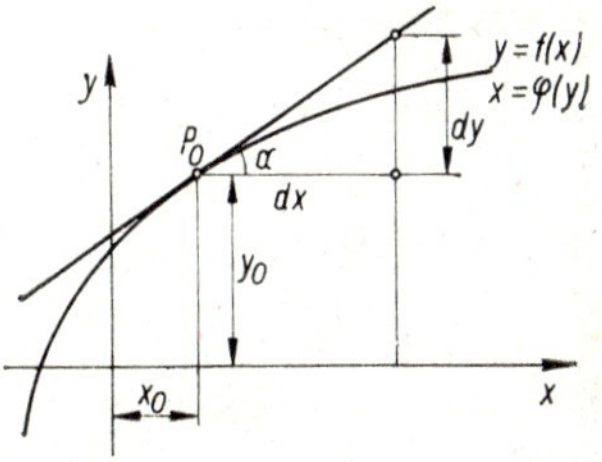

Die *praktische Anwendung* der Umkehrregel besteht darin, daß die Ableitungen von Funktionen aus den Ableitungen ihrer Umkehrfunktionen als Reziproke bestimmt werden können, wenn dieser Weg einfacher ist.

BEISPIEL

$y = \sqrt{3x - 5}$ ist an der Stelle $x = x_0$ zu differenzieren.

Umkehrfunktion: $x = \frac{1}{3}y^2 + \frac{5}{3}$

$$\left.\frac{dx}{dy}\right|_{y=y_0=\sqrt{3x_0-5}} = \frac{1}{3} \cdot 2y_0 = \frac{2}{3}y_0 = \frac{2}{3}\sqrt{3x_0 - 5}$$

$$\left.\frac{dy}{dx}\right|_{x=0} = \frac{1}{\left.\frac{dx}{dy}\right|_{y=y_0=\sqrt{3x_0-5}}} = \frac{1}{\frac{2}{3}\sqrt{3x_0 - 5}} = \frac{3}{2\sqrt{3x_0 - 5}}$$

18.1.4. Differenzieren gebrochenrationaler Funktionen

18.1.4.1. Ableitungen der Potenzfunktion $y = x^n$ $(n \in G;\ n < 0)$

Mit $n = -m$ ergibt sich aus $y = x^n$

$$y = x^{-m} = \frac{1}{x^m} \ (m \in G;\ m > 0)$$

Mit Hilfe der Quotientenregel (vgl. 18.1.3.2.) folgt:

$$u = 1; \quad v = x^m; \quad u' = 0; \quad v' = m \cdot x^{m-1}$$

$$\frac{dy}{dx} = \frac{0 \cdot x^m - 1 \cdot m \cdot x^{m-1}}{x^{2m}} = -m \cdot x^{-m-1} = n \cdot x^{n-1}$$

Die Differentiationsregel für Potenzfunktionen $\frac{d(x^n)}{dx} = n \cdot x^{n-1}$ (vgl. 18.1.2.2.) gilt auch für negative ganze n, also für alle ganzzahligen Exponenten.

BEISPIEL

$$y = \frac{1}{x^6} = x^{-6}; \quad y' = -6 \cdot x^{-6-1} = -6 \cdot x^{-7} = -\frac{6}{x^7}$$

Die erste Ableitung jeder Potenzfunktion $y = \frac{1}{x^m}$ mit $m \in G; m > 0$ ist also (bis auf einen konstanten Faktor) wieder eine solche Potenzfunktion, bei der aber der Grad der Nennerfunktion um 1 größer ist.
Die höheren Ableitungen sind infolgedessen ebenfalls solche Potenzfunktionen mit ständig wachsendem Grad der Nennerfunktion. Deshalb gibt es unbegrenzt viele höhere Ableitungen, von denen keine identisch Null ist.

18.1.4.2. Erste Ableitung der gebrochenrationalen Funktion

Der analytische Ausdruck jeder gebrochenrationalen Funktion kann als Quotient zweier Polynome dargestellt werden:

$$y = f(x) = \frac{Z(x)}{N(x)} = \frac{a_n x^n + a_{n-1} x^{n-1} + \ldots + a_2 x^2 + a_1 x + a_0}{b_m x^m + b_{m-1} x^{m-1} + \ldots + b_2 x^2 + b_1 x + b_0}$$

$$= \frac{\sum\limits_{i=0}^{n} a_i x^i}{\sum\limits_{k=0}^{m} b_k x^k}$$

$N(x) \neq 0; \quad i, k \in G; \quad i, k \geqq 0; \quad a_i, b_k \in P; \quad a_n, b_m \neq 0)$

Die *Differenz ihrer Grade* sei $n - m = \Delta_f$. Dann gilt

$\Delta_f < 0$ für *echt* gebrochene und

$\Delta_f \geqq 0$ für *unecht* gebrochene

Funktionen (vgl. 15.2.3.1.)

Als erste Ableitung ergibt sich mit Hilfe der Quotientenregel (vgl. 18.1.3.2.) wieder eine gebrochenrationale Funktion:

$$y' = f'(x) = \frac{Z'N - ZN'}{N^2} = \frac{P(x)}{Q(x)}.$$

Die Differenz der Grade von $P(x)$ und $Q(x)$ ist hierbei

$$\Delta_{f'} = (n + m - 1) - 2m = n - m - 1 = \Delta_f - 1.$$

Von Δ_f hängt es also wie folgt ab, ob $y' = f'(x)$ eine echt oder eine unecht gebrochene Funktion ist:

$f(x) = \frac{Z(x)}{N(x)}$	$\Delta_f = n - m$	n	$\Delta_{f'} = \Delta_f - 1$	$f'(x) = \frac{P(x)}{Q(x)}$
echt gebrochen	<0	$<m$	<-1	echt gebrochen
unecht gebrochen	$=0$	$=m$	$=-1$	echt gebrochen
	>0	$>m$	$\geqq 0$	unecht gebrochen

Die erste Ableitung einer echt gebrochenen Funktion und die einer unecht gebrochenen mit $n = m$ ist eine echt gebrochene, die einer unecht gebrochenen mit $n > m$ wieder eine unecht gebrochene Funktion.

18.1.4.3. Höhere Ableitungen der gebrochenrationalen Funktion

Da sich beim Differenzieren einer gebrochenrationalen Funktion mit der Differenz Δ_f der Grade von Zähler- und Nennerterm wieder eine gebrochenrationale Funktion mit der Graddifferenz $\Delta_{f'} = \Delta_f - 1$ ergibt (vgl. 18.1.4.2.), resultiert bei der k-ten Ableitung eine gebrochenrationale Funktion mit der Graddifferenz

$$\Delta_{f^{(k)}} = \Delta_f - k.$$

Ob $y^{(k)} = f^{(k)}(x)$ eine echt oder eine unecht gebrochene Funktion ist, hängt von Δ_f und k wie folgt ab:

$f(x) = \frac{Z(x)}{N(x)}$	Δ_f	k	$\Delta_{f^{(k)}}$	$f^{(k)}(x) = \frac{U(x)}{V(x)}$
echt gebrochen	<0	$\geqq 1$	<0	echt gebrochen
unecht gebrochen	$=0$	$\geqq 1$	<0	echt gebrochen
unecht gebrochen	>0	$>\Delta_f$	<0	echt gebrochen
unecht gebrochen	>0	$\leqq \Delta_f$	$\geqq 0$	unecht gebrochen

Die höheren Ableitungen einer echt gebrochenen Funktion und die einer unecht gebrochenen mit $n = m$ sind sämtlich echt gebrochene Funktionen. Die Ableitungen einer unecht gebrochenen Funktion mit $n > m$ sind zunächst wieder unecht gebrochene Funktionen, von der k-ten Ableitung mit $k = n - m + 1$ ab aber echt gebrochene Funktionen. Das heißt aber: Alle gebrochenrationalen Funktionen haben unbegrenzt viele Ableitungen, von denen keine identisch Null ist.

18.1.5. Differenzieren algebraisch-irrationaler Funktionen

18.1.5.1. Ableitungen der Potenzfunktion $y = x^n$ $(n \in R)$

Die Potenzfunktion $y = x^n$ mit $n = \frac{p}{q}$ $(p, q \in G;\ q > 0)$, also

$$y = x^{\frac{p}{q}} = \sqrt[q]{x^p},$$

läßt sich in impliziter Form $y^q - x^p = 0$ schreiben und dann nach 18.1.3.3.2. differenzieren:

$$q \cdot y^{q-1} \cdot y' - p \cdot x^{p-1} = 0$$

$$y' = \frac{p}{q} \cdot \frac{x^{p-1}}{y^{q-1}} = \frac{p}{q} \cdot \frac{x^{p-1}}{\left(x^{\frac{p}{q}}\right)^{q-1}} = \frac{p}{q} \cdot x^{p-1-\frac{p}{q}(q-1)}$$

$$= \frac{p}{q} \cdot x^{\frac{p}{q}-1} \quad \text{oder wegen} \quad \frac{p}{q} = n$$

$$y' = n \cdot x^{n-1}$$

Die Differentiationsregel für Potenzfunktionen $\frac{\mathrm{d}(x^n)}{\mathrm{d}x} = nx^{n-1}$ (vgl. 18.1.2.2. und 18.1.4.1.) gilt für alle rationalen Exponenten.

BEISPIEL

$$y = \sqrt[9]{x^7} = x^{\frac{7}{9}}; \quad n = \frac{7}{9}$$

$$y' = \frac{7}{9} \cdot x^{\frac{7}{9}-1} = \frac{7}{9} x^{-\frac{2}{9}} = \frac{7}{9\sqrt[9]{x^2}} = \frac{7\sqrt[9]{x^7}}{9x}$$

Die erste Ableitung einer Potenzfunktion mit rationalem Exponenten ist (bis auf einen konstanten Faktor) eine Funktion der gleichen Art, deren Exponent um 1 kleiner ist.
Die höheren Ableitungen sind infolgedessen ebenfalls Potenzfunktionen mit rationalen Exponenten, so daß es unbegrenzt viele Ableitungen gibt, von denen keine identisch Null ist.

18.1.5.2. Ableitungen allgemeinerer algebraisch-irrationaler Funktionen

Das Differenzieren erfolgt mit Hilfe der *Kettenregel* (vgl. 18.1.3.3.1.).

BEISPIEL

$$y = \sqrt[3]{(x^3 - 2x + 1)^4} \qquad z = x^3 - 2x + 1$$

$$= \sqrt[3]{z^4} = z^{\frac{4}{3}}$$

$$\frac{\mathrm{d}y}{\mathrm{d}z} = \frac{4}{3} \cdot z^{\frac{1}{3}} \qquad \frac{\mathrm{d}z}{\mathrm{d}x} = 3x^2 - 2$$

$$= \frac{4}{3} \sqrt[3]{x^3 - 2x + 1}$$

$$\frac{\mathrm{d}y}{\mathrm{d}x} = \frac{4}{3}(3x^2 - 2) \cdot \sqrt[3]{x^3 - 2x + 1}$$

Die Ableitungen algebraisch-irrationaler Funktionen sind im allgemeinen wieder algebraisch-irrationale Funktionen.

18.1.6. Differenzieren der Exponential- und Logarithmusfunktionen

18.1.6.1. Ableitungen der Exponentialfunktion $y = a^x \, (a > 0)$

18.1.6.1.1. Erste Ableitung von $y = a^x \, (a > 0)$

Die Ableitung wird nach 18.1.2.1. bestimmt:

1. Schritt: $\dfrac{\Delta y}{\Delta x} = \dfrac{a^{x+h} - a^x}{h}$

2. Schritt: $\dfrac{\Delta y}{\Delta x} = \dfrac{a^x \cdot a^h - a^x}{h} = \dfrac{a^h - 1}{h} \cdot a^x$

3. Schritt: $\dfrac{\mathrm{d}y}{\mathrm{d}x} = \lim\limits_{h \to 0} \dfrac{a^h - 1}{h} \cdot \lim\limits_{h \to 0} a^x = k_a \cdot a^x$

$k_a = \lim\limits_{h \to 0} \dfrac{a^h - 1}{h}$ ist eine nur von der Basis a abhängige Konstante, vorausgesetzt, daß der Grenzwert existiert (vgl. 18.1.6.1.4.).

Die erste Ableitung der Exponentialfunktion $y = a^x$ ist eine Exponentialfunktion, deren Funktionswerte denen der Ausgangsfunktion proportional sind: $y' = k_a \cdot a^x$.

18.1.6.1.2. Die Zahl e

Aus $y' = k_a \cdot a^x$ folgt für $x = 0$

$y'|_{x=0} = k_a \cdot a^0 = k_a$.

Der Proportionalitätsfaktor k_a ist also gleich dem Anstieg der Tangente an die jeweilige Exponentialkurve im Punkt A (0; 1).
Unter diesen Kurven gibt es offensichtlich eine mit dem Anstieg gleich 1. Deren Basis $a = a_0$ muß der Bedingung genügen:

$$k_{a0} = \lim_{h \to 0} \frac{a_0^h - 1}{h} = 1.$$

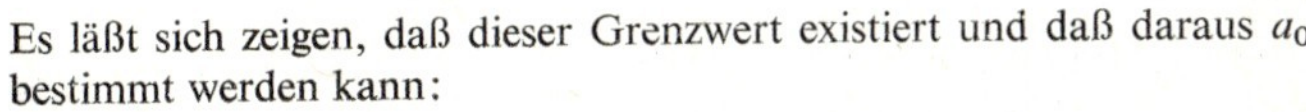

Es läßt sich zeigen, daß dieser Grenzwert existiert und daß daraus a_0 bestimmt werden kann:

$$a_0 = \lim_{t \to 0} (1 + t)^{\frac{1}{t}}$$

Dieser Grenzwert existiert und ist die irrationale (transzendente) Eulersche Zahl e (vgl. 15.3.1.)

$$a_0 = \mathrm{e} = 2{,}71828\ldots$$

e läßt sich mit jeder beliebigen Genauigkeit annähern durch die Partialsummen der Reihe

$$\sum_{k=0}^{\infty} \frac{1}{k!} = 1 + 1 + \frac{1}{2!} + \frac{1}{3!} + \dots \quad (k \in N)$$

(Auf einen Beweis dieser Fakten muß hier verzichtet werden.)

18.1.6.1.3. Ableitungen von $y = e^x$

Aus $\frac{d(a^x)}{dx} = k_a \cdot a^x$ und $k_a = 1$ für $a = e$ folgt $\frac{d(e^x)}{dx} = e^x$.

Sämtliche Ableitungen der natürlichen Exponentialfunktion $y = e^x$ sind gleich der Ausgangsfunktion:

$$y' = y'' = \dots = y^{(n)} = e^x$$

Beachte:

Die natürlichen Exponentialfunktionen $y = c \cdot e^x$ sind die einzigen, die mit ihren sämtlichen Ableitungen übereinstimmen.

18.1.6.1.4. Die Konstante k_a von $y' = k_a \cdot a^x$ $(a > 0)$

Aus der Definition des Logarithmus $b^{\log_b N} = N$ folgt für $b = e$:

$$N = e^{\ln N} \; (N > 0), \quad \text{d.h.:}$$

Jede Zahl $N > 0$ läßt sich als Potenz zur Basis e schreiben.
Die Exponentialfunktion $y = a^x$ $(a > 0)$ kann daher mit $a = e^{\ln a}$ geschrieben werden:

$$y = a^x = (e^{\ln a})^x = e^{x \ln a}.$$

Mit Hilfe der Kettenregel (vgl. 18.1.3.3.1.) ergibt sich daraus die *erste Ableitung der Exponentialfunktion* $y = a^x$ $(a > 0)$ wie folgt:

$$y = e^{x \ln a} = f(z) = e^z \qquad \Bigg| \qquad z = \varphi(x) = x \ln a$$

$$\frac{dy}{dz} = e^z = e^{x \ln a} = a^x \qquad \Bigg| \qquad \frac{dz}{dx} = \ln a$$

$$\frac{dy}{dx} = \frac{dy}{dz} \cdot \frac{dz}{dx} = (\ln a) \cdot a^x$$

Daraus folgt:

1. Der Proportionalitätsfaktor k_a (vgl. 18.1.6.1.1.) ist $k_a = \ln a$.

2. Die erste Ableitung der Exponentialfunktion $y = a^x$ $(a > 0)$ ist $y' = (\ln a) \cdot a^x$.

Beachte:

Die hier benutzte Beziehung $e^{\ln N} = N$ sowie entsprechende, wie $a^{\log_a N} = N$; $10^{\lg N} = N$, $2^{\operatorname{lb} N} = N$, sind oft bei Umformungen, speziell auch bei Bestimmungsgleichungen (vgl. 10.4.), von Nutzen.

18.1.6.1.5. Höhere Ableitungen von $y = a^x$ $(a > 0)$

Die höheren Ableitungen von $y = a^x$ $(a > 0)$ ergeben wegen $y' = (\ln a) \cdot a^x$ und wegen des dadurch bedingten wiederholten Differenzierens von a^x lauter gleichartige Exponentialfunktionen, die sich nur im Proportionalitätsfaktor unterscheiden:

$$y' = (\ln a) \cdot a^x$$
$$y'' = (\ln a)^2 \cdot a^x$$
$$\ldots\ldots\ldots$$
$$y^{(n)} = (\ln a)^n \cdot a^x$$

Die Ableitungen der Exponentialfunktion $y = a^x$ $(a > 0)$, von denen es unbegrenzt viele gibt, sind sämtlich Exponentialfunktionen der gleichen Art mit einem jeweils anderen Proportionalitätsfaktor, der bei der k-ten Ableitung $(\ln a)^k$ beträgt.

18.1.6.2. Ableitungen der Logarithmusfunktion $y = \log_a x$ $(a > 0)$

Nach der *Umkehrregel* $\dfrac{\mathrm{d}y}{\mathrm{d}x} = \dfrac{1}{\dfrac{\mathrm{d}x}{\mathrm{d}y}}$ (vgl. 18.1.3.4.) ergibt sich aus

$$y = \log_a x; \quad x = a^y; \quad \frac{\mathrm{d}x}{\mathrm{d}y} = a^y \cdot \ln a = x \cdot \ln a$$

als *erste Ableitung* von $y = \log_a x$ $(a > 0)$:

$$\frac{\mathrm{d}\,(\log_a x)}{\mathrm{d}x} = \frac{1}{x \cdot \ln a}.$$

Sonderfall: $a = \mathrm{e}$; Funktion der *natürlichen Logarithmen:* $y = \ln x$.

$$\frac{\mathrm{d}\,(\ln x)}{\mathrm{d}x} = \frac{1}{x \cdot \ln \mathrm{e}} = \frac{1}{x}.$$

Die erste Ableitung jeder Logarithmusfunktion ist eine echt gebrochenrationale Funktion; infolgedessen müssen auch alle *höheren Ableitungen* echt gebrochenrationale Funktionen sein (vgl. 18.1.4.3.).

$$\frac{\mathrm{d}^2\,(\log_a x)}{\mathrm{d}x^2} = -\frac{1}{x^2 \cdot \ln a} \qquad \frac{\mathrm{d}^2\,(\ln x)}{\mathrm{d}x^2} = -\frac{1}{x^2}$$

$$\frac{\mathrm{d}^3\,(\log_a x)}{\mathrm{d}x^3} = \frac{2}{x^3 \cdot \ln a} \qquad \frac{\mathrm{d}^3\,(\ln x)}{\mathrm{d}x^3} = \frac{2}{x^3}$$

$$\ldots\ldots\ldots \qquad \ldots\ldots\ldots$$

$$\frac{\mathrm{d}^n\,(\log_a x)}{\mathrm{d}x^n} = \frac{(-1)^{n+1} \cdot (n-1)!}{x^n \ln a} \qquad \frac{\mathrm{d}^n\,(\ln x)}{\mathrm{d}x^n} = \frac{(-1)^{n+1} \cdot (n-1)!}{x^n}$$

Sämtliche Ableitungen der Logarithmusfunktion $y = \log_a x$ $(a > 0)$, von denen es unbegrenzt viele gibt, sind echt gebrochenrationale Funktionen.

18.1.6.3. Differenzieren nach Logarithmieren

Da die Ableitung von $y = \ln x$ besonders einfach ist, ergeben sich mitunter Vorteile, wenn *beide Seiten* des zu differenzierenden analytischen Ausdrucks zur Basis e *logarithmiert* werden, bevor (unter Beachtung der Kettenregel) die Ableitung gebildet wird, besonders wenn der Ausdruck auf Grund seiner Form sich beim Logarithmieren vereinfacht.

BEISPIEL

$$y = x^x; \quad \ln y = x \cdot \ln x; \quad \frac{1}{y} \cdot y' = \ln x + x \cdot \frac{1}{x}$$

$$y' = y \ln x + y$$

$$y' = x^x (\ln x + 1)$$

18.1.7. Differenzieren der Winkelfunktionen

18.1.7.1. Erste Ableitung von $y = \sin x$

Die Ableitung wird nach 18.1.2.1. bestimmt:

1. Schritt: $\dfrac{\Delta y}{\Delta x} = \dfrac{\sin(x + h) - \sin x}{h}$

2. Schritt: Die Umformung erfolgt mit Hilfe der Beziehung

$$\sin\alpha - \sin\beta = 2\cos\frac{\alpha + \beta}{2} \cdot \sin\frac{\alpha - \beta}{2} \quad \text{(vgl. 15.3.3.6.3.) mit}$$

$$\alpha = x + h; \quad \beta = x, \quad \text{also} \quad \frac{\alpha + \beta}{2} = x + \frac{h}{2}; \quad \frac{\alpha - \beta}{2} = \frac{h}{2}:$$

$$\frac{\Delta y}{\Delta x} = \frac{2\cos\left(x + \frac{h}{2}\right) \cdot \sin\frac{h}{2}}{h} = \cos\left(x + \frac{h}{2}\right) \cdot \frac{\sin\frac{h}{2}}{\frac{h}{2}}.$$

3. Schritt:

$$\frac{dy}{dx} = \lim_{h \to 0} \cos\left(x + \frac{h}{2}\right) \lim_{h \to 0} \frac{\sin\frac{h}{2}}{\frac{h}{2}}$$

Wegen $\lim\limits_{h \to 0} \dfrac{\sin x}{x} = 1$ [vgl. 17.3.3. (1)] folgt:

$$\frac{dy}{dx} = \left[\lim_{x \to 0} \cos\left(x + \frac{h}{2}\right)\right] \cdot 1 = (\cos x) \cdot 1 = \cos x$$

▌ Die erste Ableitung der Funktion $y = \sin x$ ist $y' = \cos x$.

18.1.7.2. Erste Ableitungen von $y = \cos x$, $y = \tan x$, $y = \cot x$

Die Differentiation erfolgt in der Form

$$y^2 = \cos^2 x = 1 - \sin^2 x; \quad y = \tan x = \frac{\sin x}{\cos x};$$

$$y = \cot x = \frac{\cos x}{\sin x}$$

nach 18.1.3.3.2. bzw. 18.1.3.2.. Es ergibt sich:

$$\frac{\mathrm{d}(\cos x)}{\mathrm{d}x} = -\sin x$$

$$\frac{\mathrm{d}(\tan x)}{\mathrm{d}x} = \frac{1}{\cos^2 x} = 1 + \tan^2 x$$

$$\frac{\mathrm{d}(\cot x)}{\mathrm{d}x} = -\frac{1}{\sin^2 x} = -(1 + \cot^2 x)$$

Erläuterung

$$1 + \tan^2 x = 1 + \frac{\sin^2 x}{\cos^2 x} = \frac{\cos^2 x + \sin^2 x}{\cos^2 x} = \frac{1}{\cos^2 x}$$

$$-(1 + \cot^2 x) = -\left(1 + \frac{\cos^2 x}{\sin^2 x}\right)$$

$$= -\frac{\sin^2 x + \cos^2 x}{\sin^2 x} = -\frac{1}{\sin^2 x}$$

18.1.7.3. Höhere Ableitungen der Winkelfunktionen

Die höheren Ableitungen von $y = \sin x$ und $y = \cos x$ zeigen *periodisches Verhalten:*

$$\left.\begin{array}{rlrl} y &= \sin x & y &= \cos x \\ y^{(4k+1)} &= \cos x & y^{(4k+1)} &= -\sin x \\ y^{(4k+2)} &= -\sin x & y^{(4k+2)} &= -\cos x \\ y^{(4k+3)} &= -\cos x & y^{(4k+3)} &= \sin x \\ y^{(4k+4)} &= \sin x & y^{(4k+4)} &= \cos x \end{array}\right\} k \in G;\, k \geqq 0$$

Die höheren Ableitungen von $y = \tan x$ und $y = \cot x$ ergeben komplizierte Ausdrücke ohne erkennbare Regelmäßigkeiten.

18.1.8. Differenzieren der zyklometrischen Funktionen

Die *ersten Ableitungen* können mit Hilfe der *Umkehrregel* (vgl. 18.1.3.4.) aus den Ableitungen der Winkelfunktionen bestimmt werden. Dabei ist zu beachten, daß die *Eindeutigkeit der Zuordnung* $x \to y$ nur in begrenzten Intervallen gewährleistet ist (vgl. 15.3.4.) und daß sich in benachbarten Intervallen mitunter verschiedene Ableitungen ergeben. Außerdem sind manche Ableitungen an gewissen Stellen nicht erklärt. Das alles zeigt der folgende *Überblick*

Funktion			Erste Ableitung		
$f(x)$	Db	Wb	$f'(x)$	Db	Wb
arcsin x	$-1 \leqq x \leqq +1$	$-\frac{\pi}{2} \leqq y \leqq +\frac{\pi}{2}$	$+\frac{1}{\sqrt{1-x^2}}$	$-1 < x < +1$	$+1 \leqq y < +\infty$
$\pi - \arcsin x$	$-1 \leqq x \leqq +1$	$\frac{\pi}{2} \leqq y \leqq \frac{3\pi}{2}$	$-\frac{1}{\sqrt{1-x^2}}$	$-1 < x < +1$	$-\infty < y \leqq -1$
arccos x	$-1 \leqq x \leqq +1$	$0 \leqq y \leqq \pi$	$-\frac{1}{\sqrt{1-x^2}}$	$-1 < x < +1$	$-\infty < y \leqq -1$
$-\arccos x$	$-1 \leqq x \leqq +1$	$-\pi \leqq y \leqq 0$	$+\frac{1}{\sqrt{1-x^2}}$	$-1 < x < +1$	$+1 \leqq y < +\infty$
arctan x	$-\infty < x < +\infty$	$-\frac{\pi}{2} < y < +\frac{\pi}{2}$	$+\frac{1}{1+x^2}$	$-\infty < x < +\infty$	$0 < y \leqq +1$
arccot x	$-\infty < x < +\infty$	$0 < y < \pi$	$-\frac{1}{1+x^2}$	$-\infty < x < +\infty$	$-1 \leqq y < 0$

18.2. Anwendungen der Differentialrechnung

18.2.1. Funktionsuntersuchung und Kurvendiskussion

18.2.1.1. Begriffsbestimmung

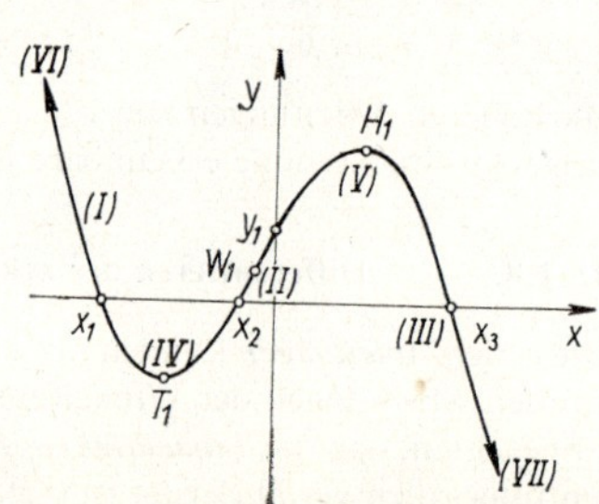

Um die Besonderheiten einer Funktion **(Funtionsuntersuchung)** festzustellen, werden gewöhnlich die Eigenarten der zugehörigen Kurve untersucht **(Kurvendiskussion)**, d.h., es wird festgestellt, in welchen Punkten bzw. Bereichen das Funktionsbild charakteristisches Verhalten zeigt. Die-

Gegenüberstellung von einander entsprechenden Besonderheiten von		
Kurve	*Funktion*	vgl.
Schnittpunkte mit der **x–Achse (X_1 ...)** **y–Achse (Y_1 ..)**	 **Nullstellen** **Funktionswerte zu $x = 0$**	18.2.1.2.
Monotoniebögen (I, II, III)	**Monotonieintervalle**	18.2.1.3.
Lokale Extrempunkte: **Hoch- (Maximum-) punkte** (H_1 ...) **Tief- (Minimum-) punkte** (T_1 ...)	**Extremstellen:** **Maxima** **Minima**	18.2.1.3.
Konvexbögen (IV) **Konkavbögen** (V)	**Intervalle mit $f''(x) \gtrless 0$**	18.2.1.4.
Wendepunkte (W_1 ...)	**Nullstellen von $f''(x)$**	18.2.1.4.
Verhalten im Unendlichen (VI, VII)	 **Grenzwerte für $x \to \pm\infty$**	18.2.1.5.
Bei gebrochenen Funktionen außerdem:		
Asymptoten	**Ganzrationale Teilfunktionen**	18.2.1.6.
Pole	**Polstellen**	18.2.1.7.

sen entsprechen stets Stellen bzw. Intervalle der Funktion mit besonderen Eigenschaften.
Von Fall zu Fall werden außerdem die *Tangentenrichtungen* in besonders wichtigen Punkten bestimmt, z. B. die der **Wendetangenten** in den Wendepunkten.

18.2.1.2. Schnittpunkte mit den Achsen

Notwendige und hinreichende Bedingung für die Schnittpunkte mit der y-Achse: $x = 0$; x-Achse: $y = 0$

Beachte:

Die Abszissen der Schnittpunkte des Funktionsbildes mit der x-Achse sind zahlenmäßig gleich den (reellen) Nullstellen der zugehörigen Funktion. Bei gebrochenen Funktionen sind diese gleich denjenigen Nullstellen der Zählerfunktion, die nicht zugleich Nullstellen der Nennerfunktion sind (vgl. 14.4. und 15.2.3.1.).

BEISPIEL

$$y = \frac{x^2 - 5x + 6}{x^2 + 2x - 8}$$

a) Ordinate des Schnittpunkts mit der y-Achse: $y_1 = -\frac{3}{4}$

b) Abszisse der Schnittpunkte mit der x-Achse:
Nullstellen der Zählerfunktion: $x_2 = 2$; $x_3 = 3$
Nennerfunktion als zweite Bedingung:

$$x_2^2 + 2x_2 - 8 = 0; \quad x_3^2 + 2x_3 - 8 = 7 \neq 0$$

Nur x_3 ist Abszisse eines Schnittpunktes mit der x-Achse.

18.2.1.3. Monotoniebögen und lokale Extrempunkte

Für zwei verschiedenartige Monotoniebögen des Bildes der Funktion $y = f(x)$ gilt:

Art der monotonen Änderung	$f(x+h) - f(x)$ für $h > 0$	Neigungswinkel der Tangente	$\tan\tau = f'(x)$
wachsend	>0	$0° \leqq \tau < 90°$	$\geqq 0$
fallend	<0	$90° < \tau \leqq 180°$	$\leqq 0$

Stoßen zwei solche Bögen in einem Punkt aneinander, so heißt dieser **lokaler (oder relativer) Extrempunkt**.
Der Übergang von einem zum anderen Bogen kann in diesem Punkt erfolgen:

a) ohne Knick; b) mit Knick; c) in einer Spitze.
(Im folgenden soll vorerst nur der Fall a) betrachtet werden, sofern nicht ausdrücklich anderes vermerkt ist.)

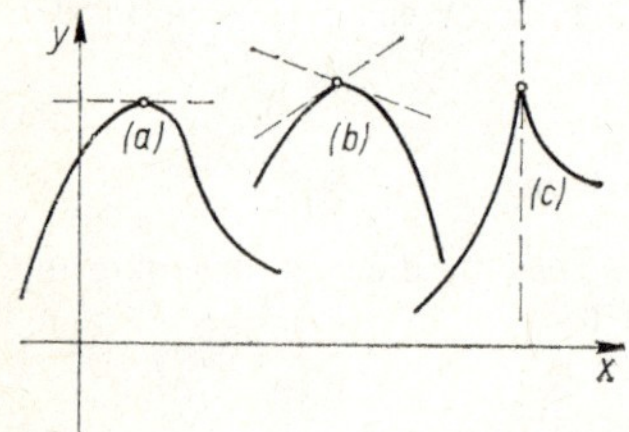

Ein lokaler (oder relativer) Extrempunkt liegt dort vor, wo zwei verschiedenartige Monotoniebögen ohne Knick aneinanderstoßen, die Tangente also parallel zur x-Achse verläuft.
Notwendige Bedingung: $f'(x_E) = 0$

Beachte:

> $y' = f'(x)$ muß in diesem Fall an der Stelle x_E existieren. Andernfalls liegt ein Übergang von Bogen zu Bogen mit Knick oder Spitze vor.

Die Bedingung $f'(x_E) = 0$ ist *nicht hinreichend*, denn es ist auch möglich, daß an einer Stelle $x = x_0$ die Bedingung $f'(x_0) = 0$ erfüllt ist, ohne daß ein Übergang in einen andersartigen Monotoniebogen stattfindet. Ein lokaler Extrempunkt hat eine größte bzw. kleinste Ordinate nur in bezug auf eine kleine Umgebung. Eine andere Frage ist die Ermittlung des überhaupt größten oder kleinsten Funktionswertes in einem bestimmten Intervall: **globales (absolutes) Extremum**.

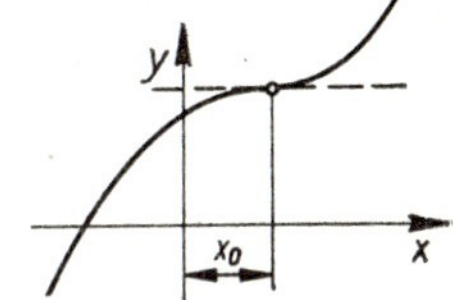

Die *Tatsache* des Übergangs eines Monotoniebogens in einen andersartigen (ohne Knick), also das Vorhandensein eines lokalen Extrempunktes, ist mit Hilfe der *ersten* Ableitung $y' = f'(x)$ festzustellen, die *Art* des Übergangs und des Extrempunktes (Tief- oder Hochpunkt) in diesem Fall mit Hilfe der *zweiten* Ableitung $y'' = f''(x)$.

Art des Extrempunktes	**Tiefpunkt**	**Hochpunkt**
Art des Überganges der Monotoniebögen	fallend → wachsend	wachsend → fallend
Vorzeichenwechsel bei $y' = f'(x)$	$- \to +$	$+ \to -$
$y' = f'(x)$ ist monoton	steigend	fallend
$y'' = f''(x)$	> 0	< 0

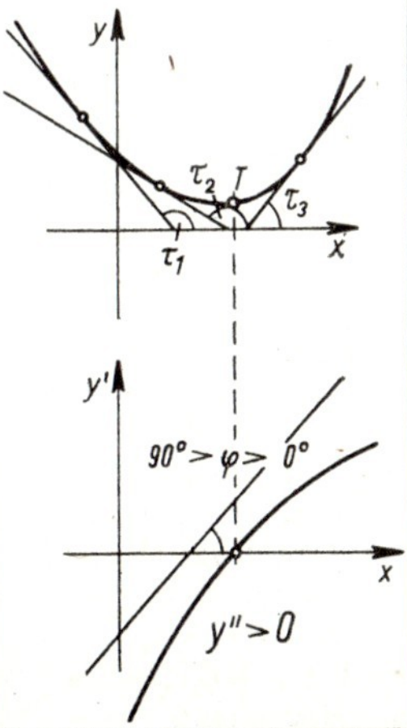

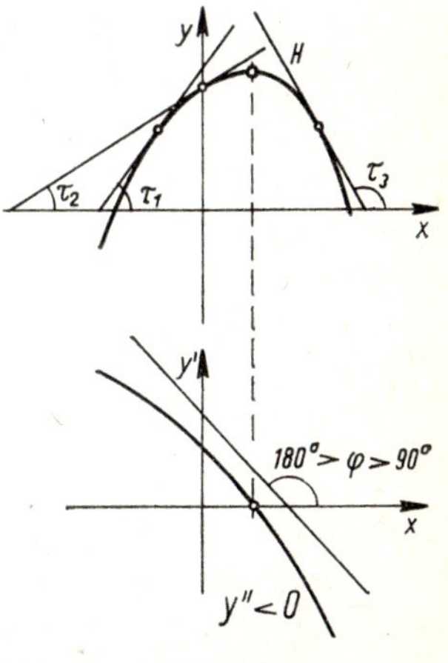

Es ist also eine *hinreichende Bedingung* für jeden lokalen *Extrempunkt*:

$$f'(x_E) = 0; \quad f''(x_E) \neq 0,$$

und zwar speziell für einen

lokalen *Minimumpunkt*:
lokalen *Maximumpunkt*:

$$\left.\begin{matrix} \text{lokalen Minimumpunkt:} \\ \text{lokalen Maximumpunkt:} \end{matrix}\right\} f'(x_E) = 0; \quad f''(x_E) \gtrless 0.$$

Die Bedingung ist *nicht notwendig*, denn es kann sehr wohl auch dann ein lokaler Extrempunkt vorliegen, wenn $f'(x_E) = f''(x_E) = 0$ erfüllt ist. Auf diese Fälle und die dabei erforderlichen Untersuchungen wird hier nicht eingegangen.

BEISPIEL

$$y = x^5 - \tfrac{5}{3}x^3 + \tfrac{1}{3}$$

$$y' = 5x^4 - 5x^2; \quad y'' = 20x^3 - 10x$$

Abszissen möglicher Extrempunkte:

$$5(x_0^4 - x_0^2) = 0$$

$$x_0^2(x_0^2 - 1) = 0; \quad x_1 = 0; \quad x_2 = 1; \quad x_3 = -1$$

Überprüfung an y'':

$$y_1'' = 0; \quad y_2'' = 10 > 0; \quad y_3'' = -10 < 0$$

Bei $x_1 = 0$ bleibt die Frage offen, ob ein Extrempunkt vorliegt.
Bei $x_2 = 1$ liegt ein Minimumpunkt T vor.
Bei $x_3 = -1$ liegt ein Maximumpunkt H vor.
Ordinaten (aus der Ausgangsfunktion):

$$y_1 = \tfrac{1}{3}$$

$$y_2 = -\tfrac{1}{3}$$

$$y_3 = 1$$

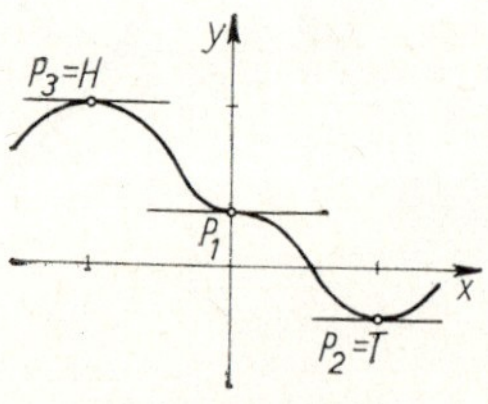

18.2.1.4. Konvex- und Konkavbögen und Wendepunkte

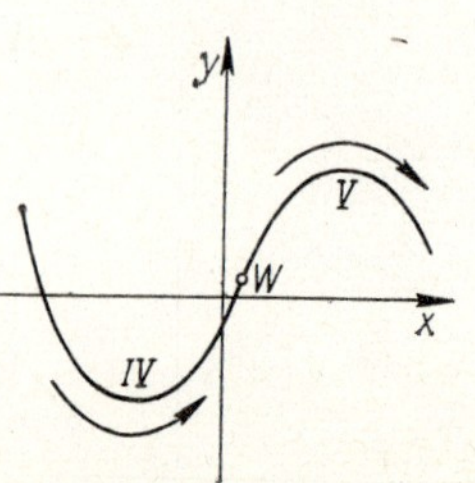

Wird das Funktionsbild nach der positiven Richtung der y-Achse zu betrachtet („von unten her"), so erscheint es im Bogen IV erhaben **(Konvexbogen)**, im Bogen V hohl **(Konkavbogen)**. Offenbar enthält jeder Konvexbogen einen Tiefpunkt, jeder Konkavbogen einen Hochpunkt.

Dann ergibt sich unter Berücksichtigung der Darlegungen in 18.2.1.3.:

Art des Bogens	Enthaltener Extrempunkt	$y' = f'(x)$ monoton	$y'' = f''(x)$
konvex	Tiefpunkt	steigend	>0
konkav	Hochpunkt	fallend	<0

Diejenigen Punkte, in denen ein Konvexbogen mit einem Konkavbogen ohne Knick zusammenstößt, heißen **Wendepunkte**.
Notwendige Bedingung: $f''(x_W) = 0$

Beachte:

$y'' = f''(x)$ muß an der Stelle x_W existieren.

Die Bedingung $f''(x_W) = 0$ ist *nicht hinreichend.* Ohne nähere Begründung sei eine *hinreichende Bedingung* genannt:

$f''(x_W) = 0; \quad f'''(x_W) \neq 0$

Diese Bedingung ist aber *nicht notwendig*, da auch ein Wendepunkt vorliegen kann, falls $f''(x_W) = f'''(x_W) = 0$ gilt. Dann sind Untersuchungen nötig, auf die hier nicht eingegangen wird.
In den Wendepunkten läßt sich jeweils eine Tangente an die Kurve legen, die die besondere Eigenart hat, daß dort die Kurve von der einen Seite der Tangente auf die andere hinüberwechselt. Die Kurve berührt also diese Gerade, wird aber zugleich im Berührungspunkt von ihr geschnitten. *Fachbezeichnung:* **Wendetangente.**
Falls außer $y'' = 0$ auch $y' = 0$ (P_1 im Beispiel aus 18.2.1.3.), liegt ein Wendepunkt mit zur x-Achse paralleler Wendetangente vor.
Fachbezeichnung: **Terrassenpunkt, Stufenpunkt** oder **Horizontalwendepunkt.**

BEISPIEL

$$y = \tfrac{1}{50}x^5 - \tfrac{1}{10}x^4 + 1 \qquad y'' = \tfrac{2}{5}x^3 - \tfrac{6}{5}x^2$$

$$y' = \tfrac{1}{10}x^4 - \tfrac{2}{5}x^3 \qquad y''' = \tfrac{6}{5}x^2 - \tfrac{12}{5}x$$

Abszissen möglicher Wendepunkte:

$$\tfrac{2}{5}(x_0^3 - 3x_0^2) = 0$$

$$x_0^2(x_0 - 3) = 0 \quad x_1 = 3; \quad x_2 = 0$$

Überprüfungen an y''':

$$y_1''' = \tfrac{18}{5} \neq 0; \quad y_2''' = 0$$

Bei $x_1 = 3$ liegt ein Wendepunkt W vor.
Bei $x_2 = 0$ bleibt die Frage offen, ob ein Wendepunkt vorliegt.
Ordinate (aus der Ausgangsfunktion):

$$y_1 = -\tfrac{112}{50}$$

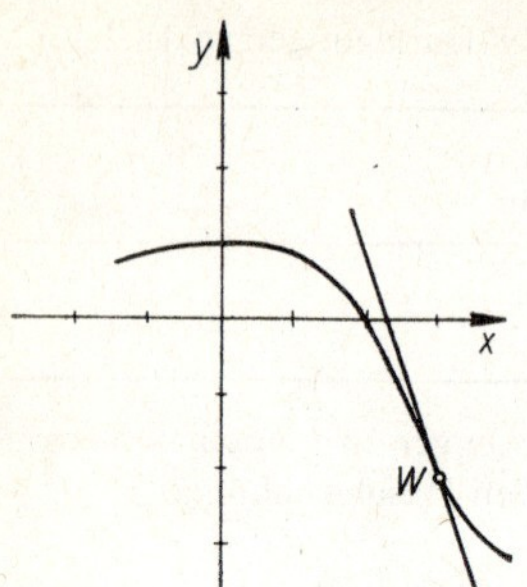

Wendetangentenanstieg (aus der ersten Ableitung):

$$y'_1 = -\tfrac{27}{10}$$

Dem entspricht ein Neigungswinkel der Tangente zur positiven Richtung der x-Achse von rund 110°.

18.2.1.5. Verhalten im Unendlichen

Unter dem Verhalten einer Kurve im Unendlichen versteht man den Kurvenverlauf in Bereichen, für deren Punkte die Abszissen beliebig groß oder beliebig klein werden.

Er läßt sich durch den Grenzwert der Ordinate für $x \to +\infty$ bzw. $x \to -\infty$, kurz für $x \to \pm\infty$ beschreiben:

$$\lim_{x \to +\infty} y \quad \text{bzw.} \quad \lim_{x \to -\infty} y, \quad \text{kurz} \quad \lim_{x \to \pm\infty} y$$

Die Bestimmung dieses Grenzwertes erfordert Umformungen des analytischen Ausdrucks der zugrunde liegenden Funktion, die sich nach der jeweiligen Form des Terms richten. Dabei können gegebenenfalls auch uneigentliche Grenzwerte Verwendung finden, doch ist dann Vorsicht bei der Anwendung der Grenzwertsätze geboten.

BEISPIEL

$$y = -2x^3 + x^2 + 3x - 5$$

$$\lim_{x \to \pm\infty} y = \lim_{x \to \pm\infty} (-2x^3 + x^2 + 3x - 5)$$

Umformung durch Ausklammern der höchsten Potenz der Variablen (bei allen ganzrationalen Funktionen möglich):

$$\lim_{x \to \pm\infty} \left(-2 + \frac{1}{x} + \frac{3}{x^2} - \frac{5}{x^3}\right) \cdot x^3$$

$$= \lim_{x \to \pm\infty} \left(-2 + \frac{1}{x} + \frac{3}{x^2} - \frac{5}{x^3}\right) \cdot \lim_{x \to \pm\infty} x^3$$

$$= -2 \cdot (\pm\infty) = \mp\infty$$

Also: $\lim\limits_{x \to +\infty} y = -\infty$; $\lim\limits_{x \to -\infty} y = +\infty$

Geometrische Deutung

Für $x \to +\infty$ ergibt sich $y \to -\infty$ } Kurvenverlauf im IV. Quadranten

Für $x \to -\infty$ ergibt sich $y \to +\infty$ } Kurvenverlauf im II. Quadranten

Die Kurve entfernt sich also mit $|x| \to \infty$ immer weiter von beiden Achsen.

18.2.1.6. Asymptoten bei gebrochenrationalen Funktionen

Für den analytischen Ausdruck $f(x)$ jeder gebrochenrationalen Funktion kann geschrieben werden (vgl. 15.2.3.1.):

$$f(x) = g(x) + e(x) \text{ mit } f(x) = \frac{Z(x)}{N(x)}; \quad g(x)\text{: ganzrational;} \quad e(x)\text{: echtgebrochen}$$

BEISPIELE

[Grad von $Z(x)$: n; von $N(x)$: m]

	$f(x)$	$f(x) =$	$g(x)$	$+ e(x)$
a)	echt gebrochen $n < m$	$\frac{x}{x^2 - 4} =$	0	$+ \frac{x}{x^2 - 4}$
b)	unecht gebrochen $n = m$	$\frac{2x + 3}{x - 4} =$	2	$+ \frac{11}{x - 4}$
c)	unecht gebrochen $n > m$	$\frac{x^3 + 13}{4x + 8} =$	$\frac{1}{4}x^2 - \frac{1}{2}x + 1$	$+ \frac{5}{4x + 8}$

Für jede *echt gebrochenrationale Funktion*, also auch für die Teilfunktionen $e(x)$, gilt:

$$\lim_{x \to \pm\infty} e(x) = 0.$$

Das ergibt sich durch Dividieren des Zähler- und Nennerterms durch die höchste vorkommende Potenz des Arguments und anschließende Grenzwertbildung. Folglich gilt:

$$\lim_{x \to \pm\infty} f(x) = \lim_{x \to \pm\infty} g(x)$$

Die Bilder der gebrochenrationalen Funktionen $f(x)$ nähern sich für $x \to \pm\infty$ asymptotisch den Bildern der ganzrationalen Teilfunktionen $g(x)$.

a) echt gebrochenen ($n < m$) die x-Achse $y = g(x) = 0$,
b) unecht gebrochenen ($n = m$) eine Parallele zur x-Achse $y = g(x) = \text{const.}$,
c) unecht gebrochenen ($n > m$) eine Kurve $y = g(x)$, die sog. **Asymptotenkurve.**

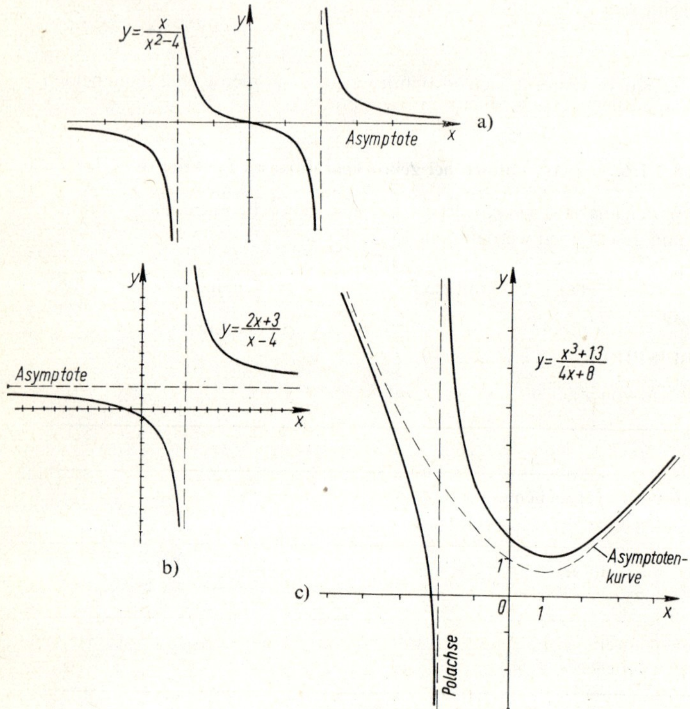

18.2.1.7. Polstellen bei gebrochenen Funktionen

Hat die Nennerfunktion einer gebrochenen Funktion eine Nullstelle x_p, die nicht zugleich Nullstelle der Zählerfunktion ist, so wird bei Annäherung an diese Stelle der Funktionswert absolut größer als jede beliebige Zahl:

$$y = f(x) = \frac{Z(x)}{N(x)}; \quad N(x_p) = 0; \quad Z(x_p) \neq 0; \lim_{x \to x_p} |y| = \infty$$

x_p ist eine *Unstetigkeitsstelle* der Funktion; *Fachbezeichnung:* **Polstelle**. Das Funktionsbild hat dort einen **Pol**, d.h., die Kurve nähert sich asymptotisch der Parallelen zur y-Achse im Abstand x_p, der sog. **Polachse**.

BEISPIEL

$$y = \frac{x^2 + 2x}{x^2 - 4}$$

Nennerfunktion:

$$x_p^2 - 4 = 0$$

$$x_{p1} = +2; \quad x_{p2} = -2$$

Zählerfunktion als zweite Bedingung:

$$(+2)^2 + 2 \cdot (+2) = 8 \neq 0; \quad (-2)^2 + 2 \cdot (-2) = 0$$

$x_{p1} = +2$ ist eine Polstelle, $x_{p2} = -2$ aber nicht.

18.2.1.8. Zusammenstellung

x	y	y'	y''	y'''	Besondere Punkte des Funktionsbildes
$=0$					Schnittpunkt mit y-Achse
	$=0$				Schnittpunkt mit x-Achse
		$=0$	<0		lokaler Maximumpunkt
		$=0$	>0		lokaler Minimumpunkt
		$=0$	$=0$	$\neq 0$	Terrassenpunkt
			$=0$	$\neq 0$	Wendepunkt

18.2.2. Praktische Anwendungen zur Extremwertbestimmung

In der Praxis treten häufig Probleme auf, die z. B. den größtmöglichen Nutzeffekt, die bestmögliche Ausnutzung, den kleinstmöglichen Verlust o. ä. zu ermitteln verlangen. Im Sinne der Mathematik führt das auf die Bestimmung des Extremwerts der Funktion, die den betreffenden Sachverhalt beschreibt.

Beachte:

1. Meist ist dabei durch zusätzliche Bedingungen, die sich aus dem Sachverhalt der Aufgabe ergeben, *Definitionsbereich* oder *Wertevorrat* Einschränkungen unterworfen.
2. Gewöhnlich interessiert hierbei (im Gegensatz zur Kurvendiskussion) der *globale Extremwert.* Außer den etwa im Definitionsbereich gelegenen lokalen Extremwerten sind deshalb stets noch die Funktionswerte an dessen Rändern zu untersuchen.
3. Voraussetzung für die Möglichkeit der Differentiation einer Funktion ist die *kontinuierliche Veränderlichkeit des Arguments.* Bei manchen Problemen der Praxis trifft das nicht zu. Sie können trotzdem als Extremwertaufgaben betrachtet und behandelt werden, wenn vor-

übergehend dem Argument der Charakter der kontinuierlichen Veränderlichkeit zugewiesen wird. Die Deutung der Ergebnisse erfordert dann aber oft besondere Untersuchungen.

4. Bei den meisten Aufgaben der Praxis bedeuten die vorkommenden Symbole physikalische Größen. Für den mathematischen Lösungsgang ist aber das Arbeiten mit Zahlenwerten zweckmäßig. Deshalb wird meist während des Rechenganges vorübergehend den Größensymbolen der Charakter von *Zahlenwertsymbolen* (vgl. 6.5.) zugewiesen.
5. Die Größe, die ein Extremum werden soll, muß stets *abhängige Variable* (Funktionswertvariable) sein.
6. Eine der Größen, die variabel sind und die so gewählt werden müssen, daß sich der gewünschte Extremwert ergibt, muß *unabhängige Variable* (Argumentwertvariable) werden.

BEISPIEL

Ein Wandschrank soll zwei 25 cm hohe Fächer erhalten und insgesamt 0,2 m^3 Rauminhalt haben. Welche Maße muß er erhalten, wenn möglichst wenig Holz verbraucht werden soll, welche, wenn außerdem gefordert wird, daß eine Tiefe von 40 cm nicht überschritten werden darf? (Von der Dicke der Bretter soll abgesehen werden.)
Abhängige Variable ist die Menge M des Holzes, d.h. die Flächengröße der benötigten Bretter in m^2.
Als *unabhängige Variable* kommen die Breite b des Schrankes oder die Tiefe t in Frage. (Die Höhe liegt mit 2 mal 25 cm fest.) Es soll die Tiefe t verwendet werden.
Dann muß die zugrunde liegende Funktion die Form $M = f(t)$ erhalten:

$$M = 3bt + 2 \cdot 50 \cdot b + 2 \cdot 50 \cdot t = 3bt + 100b + 100t$$

Als *Nebenbedingung* ist der Rauminhalt gegeben. Beim Ansatz müssen die Einheiten aufeinander abgestimmt werden.

$$200000 = 50 \cdot b \cdot t$$

Mit Hilfe dieser Bedingung wird b eliminiert: $b = \dfrac{4000}{t}$.

$$M = f(t) = 12000 + \frac{400000}{t} + 100\,t \quad \text{mit} \quad 0 < t < +\infty$$

Diese Funktion ist mit Hilfe der Differentialrechnung daraufhin zu untersuchen, ob im Definitionsbereich ein *lokales Minimum* vorhanden ist.

$$\frac{\mathrm{d}M}{\mathrm{d}t} = 100 - \frac{400000}{t^2}; \quad \frac{\mathrm{d}^2M}{\mathrm{d}t^2} = \frac{800000}{t^3} > 0$$

Da $\dfrac{\mathrm{d}^2M}{\mathrm{d}t^2}$ im Definitionsbereich positiv ist, sind hier etwaige Extremstellen auf jeden Fall Minima. Sie ergeben sich aus

$$100 - \frac{400000}{t_E^2} = 0 \quad \text{zu} \quad t_E = 20\sqrt{10} \approx 63.$$

Dazu gehört $b_E = \dfrac{4000}{20\sqrt{10}} = 20\sqrt{10} \approx 63$ und $M_E \approx 24600$.

Der Schrank muß also eine quadratische Grundfläche von etwa 63 cm Seitenlänge erhalten. Der Holzverbrauch beträgt dann rund 2,46m^2. Die zusätzliche Bedingung einer maximalen Tiefe von 40 cm schränkt den Definitionsbereich der Funktion $M = f(t)$ auf $0 < t \leqq t_0 = 40$ ein, und t_E liegt außerhalb dieses Bereichs. An Stelle eines nicht existenten lokalen Minimums kommt deshalb in diesem Fall das *globale Minimum* als Lösung in Frage. Da $\dfrac{dM}{dt}$ im gesamten Definitionsbereich negativ ist, die Funktion also monoton fällt, liegt es am Rand bei $t_0 = 40$. Dazu gehört $b_0 = \dfrac{4000}{40} = 100$ und $M_0 = 26000$. In diesem Fall muß der Schrank also eine Breite von 100 cm und eine Tiefe von 40 cm erhalten. Der Holzverbrauch ist dann 2,6 m^2.

18.2.3. Fehlerabschätzung

18.2.3.1. Absoluter und relativer Fehler

Meßwerte, gerundete Zahlen usw. sind immer mit einem **Fehler** ξ gegenüber dem **wahren Wert** x behaftet. Es sind also **Näherungswerte** a für x, d.h., es gilt $x \approx a$. ξ heißt der **absolute Fehler**; er kann positiv oder negativ sein. a wird auch **fehlerbehafteter Wert** genannt. Es wird festgesetzt:

Absoluter Fehler gleich fehlerbehafteter Wert minus wahrer Wert:

$$\xi = a - x.$$

Der Betrag des Verhältnisses des absoluten Fehlers zum wahren Wert $\left|\dfrac{\xi}{x}\right|$ heißt der **relative Fehler**. Er wird oft in Prozenten angegeben: $100 \cdot \left|\dfrac{\xi}{x}\right|$ %. Der relative Fehler ist stets eine positive dimensionslose Zahl.

18.2.3.2. Fehlerschranken

Zur Bestimmung des relativen Fehlers müssen der absolute Fehler ξ und der wahre Wert x bekannt sein.

BEISPIEL

Welchen absoluten und relativen Fehler macht man, wenn man für $x = \frac{1}{3}$ den Rundungswert $a = 0{,}3$ verwendet?

Absoluter Fehler: $\xi = a - x = 0{,}3 - \frac{1}{3} = -\frac{1}{30}$

Relativer Fehler: $\left|\frac{\xi}{x}\right| = \left|-\frac{1}{30} : \frac{1}{3}\right| = \frac{1}{10} = 100 \cdot \frac{1}{10}\,\% = 10\,\%$

In der Praxis ist aber meist zwar a, aber nicht x und damit auch nicht ξ bekannt. In diesen Fällen wird eine positive Zahl Δa gewählt, für die nachweisbar gilt

$\Delta a \geqq |\xi|$ und damit auch

$a - \Delta a \leqq x \leqq a + \Delta a$

Δa heißt **Schranke des absoluten Fehlers** von a.
Mit Hilfe von Δa wird eine **Schranke δ des relativen Fehlers** von a definiert:

$$\delta = \left|\frac{\Delta a}{a}\right| \quad \text{oder} \quad \Delta a = |a| \cdot \delta.$$

Auch diese Schranke wird, wie der relative Fehler selbst, oft in Prozenten angegeben: $100\delta\,\% = 100\left|\frac{\Delta a}{a}\right|\%$.

Daß hierbei als Bezugsgröße a statt x gewählt wird, ist in der Praxis meist nur von geringem Einfluß auf das Ergebnis, da dabei mit möglichst „guten" Näherungswerten gearbeitet wird, d.h. mit solchen, bei denen $\xi = a - x$ möglichst klein ist.

BEISPIEL

Wird im obigen Beispiel $\xi = \Delta a$ gesetzt, so ergibt sich als Schranke des relativen Fehlers:

$$\delta = \left|-\frac{1}{30} : 0{,}3\right| = \frac{10}{30 \cdot 3} = \frac{1}{9} = 100 \cdot \frac{1}{9}\,\% \approx 11{,}1\,\%.$$

Dieses Ergebnis weicht tatsächlich nur wenig von dem oben ermittelten relativen Fehler ab.

Mit einem Näherungswert a und den Schranken Δa bzw. δ lassen sich jetzt auch zwei **Schranken** (eine obere und eine untere) **für den wahren Wert** x angeben. Dafür sind folgende Schriftformen üblich:

$x = a \pm \Delta a$ bzw. $x = a \pm 100\delta\,\%$.

(Das obere Vorzeichen gilt dabei für die obere, das untere für die untere Schranke.)

Beachte:

Die zweite Gleichung ist an sich nicht exakt; sie müßte eigentlich lauten: $x = a \pm 100\,\delta \cdot |a|\,\%$.

BEISPIELE

1. a) Als derzeit bester Wert für die Lichtgeschwindigkeit im Vakuum gilt $c = (299792{,}5 \pm 0{,}15)\ \mathrm{km} \cdot \mathrm{s}^{-1}$. Wie groß ist die Genauigkeit des genannten Näherungswertes?

   b) Wie groß ist demgegenüber der relative Fehler bei Verwendung des meist benutzten Näherungswertes $c = 300000\ \mathrm{km} \cdot \mathrm{s}^{-1}$?

   Zu a) Die Genauigkeit läßt sich mit Hilfe der Schranke des relativen Fehlers beurteilen:
   Näherungswert $a = 299792{,}5\ \mathrm{km} \cdot \mathrm{s}^{-1}$; $\Delta a = 0{,}15\ \mathrm{km} \cdot \mathrm{s}^{-1}$
   Untere Schranke für c: $299792{,}35\ \mathrm{km} \cdot \mathrm{s}^{-1}$
   Obere Schranke für c: $299792{,}65\ \mathrm{km} \cdot \mathrm{s}^{-1}$
   d.h., $299792{,}35\ \mathrm{km} \cdot \mathrm{s}^{-1} < c < 299792{,}65\ \mathrm{km} \cdot \mathrm{s}^{-1}$

   $$\delta = \frac{\Delta a}{a} = \frac{0{,}15}{299792{,}5} \approx 0{,}00000050 = 0{,}00005\ \%$$

   Die Schranke des relativen Fehlers von $299792{,}5\ \mathrm{km} \cdot \mathrm{s}^{-1}$ ist sehr klein, die Genauigkeit also außerordentlich gut.

   Zu b) Näherungswert $a = 300000\ \mathrm{km} \cdot \mathrm{s}^{-1}$; $\Delta a = 207{,}5\ \mathrm{km} \cdot \mathrm{s}^{-1}$

   $$\delta = \frac{\Delta a}{a} = \frac{207{,}5}{300000} \approx 0{,}00069 \approx 0{,}07\ \%$$

   Auch dieser relative Fehler ist noch recht klein, so daß für die meisten Zwecke die Benutzung dieses Näherungswertes vertretbar ist.

2. Auf einem Hochohmwiderstand steht: 400 kΩ/10%. Was bedeutet das?

   Der Widerstand dieses Schaltelements ist:

   $$R = (400 \pm 10\%)\ \mathrm{k\Omega}.\ \text{Das heißt:}$$

   Näherungswert: $a = 400\ \mathrm{k\Omega}$

   Schranke des relativen Fehlers von a: $\delta = 10\% = \dfrac{10}{100} = 0{,}1$

   Schranke des absoluten Fehlers von a: $\Delta a = \delta \cdot |a| = 0{,}1 \cdot 400\ \mathrm{k\Omega} = 40\ \mathrm{k\Omega}$

   Also: $R = (400 \pm 40)\ \mathrm{k\Omega}$

   untere Schranke für R: 360 kΩ
   obere Schranke für R: 440 kΩ

   d.h., $360\ \mathrm{k\Omega} \leqq R \leqq 440\ \mathrm{k\Omega}$

   Es muß also damit gerechnet werden, daß der Widerstand des Schaltelements nicht exakt 400 kΩ beträgt, sondern irgendeinen Wert zwischen 360 kΩ und 440 kΩ besitzt.

18.2.3.3. Das Fehlerfortpflanzungsgesetz

Wird mit Hilfe einer Funktionsgleichung (Rechenanweisung, Formel) $y = f(x)$ zu einem fehlerbehafteten Argument $x = a$ der Funktionswert $y_a = f(a)$ berechnet, so enthält auch dieser einen Fehler.

Fachbezeichnung:

▌ Der Fehler pflanzt sich bei der Rechnung fort.

Wird die Schranke des absoluten Fehlers von a mit Δa, die von y_a mit Δy_a bezeichnet, so gilt für wachsendes $f(x)$

$$y_a + \Delta y_a = f(a + \Delta a).$$

Wegen $\Delta a > 0$ und $\Delta y_a > 0$ (vgl. 18.2.3.2.) folgt für beliebiges $f(x)$:

$$\Delta y_a = |f(a + \Delta a) - y_a| = |f(a + \Delta a) - f(a)|$$

$$\Delta y_a = \left|\frac{f(a + \Delta a) - f(a)}{\Delta a} \cdot \Delta a\right|.$$

Da a variabel ist und Δa möglichst klein gehalten werden soll, gilt für $\Delta a \to 0$:

$$\lim_{\Delta a \to 0} \frac{f(a + \Delta a) - f(a)}{\Delta a} = f'(a) \quad \text{und schließlich:}$$

$$\Delta y_a = |f'(a)| \cdot \Delta a \quad \textbf{Fehlerfortpflanzungsgesetz}$$

Das Gesetz dient vornehmlich zwei Zwecken:

a) Abschätzung des absoluten Fehlers eines Rechenergebnisses, wenn mit einem Näherungswert gerechnet wird;

b) Abschätzung des zulässigen absoluten Fehlers eines in eine Rechnung eingehenden Näherungswertes für eine vorgegebene Genauigkeit des Rechenergebnisses.

BEISPIELE

1. zu a) Welcher maximale Fehler ergibt sich bei der Berechnung des Flächeninhalts A eines gleichseitigen Dreiecks, dessen Seite durch Abmessen zu $(6{,}25 \pm 0{,}05)$ cm bestimmt wurde?

   Gegeben: $a = 6{,}25$ cm; $\Delta a = 0{,}05$ cm;

   $$A = \frac{a^2}{4}\sqrt{3} = f(a) \approx 16{,}91\ \text{cm}^2; \quad f'(a) = \frac{a}{2}\sqrt{3} \approx 5{,}41\ \text{cm}$$

   Gesucht: $\Delta A = |f'(a)| \cdot \Delta a \approx 5{,}41 \cdot 0{,}05\ \text{cm}^2 \approx 0{,}27\ \text{cm}^2$

   Ergebnis: $16{,}64\ \text{cm}^2 < A < 17{,}18\ \text{cm}^2$

   Die Schranken für die relativen Fehler von a und A sind:

   $$\delta_a = \left|\frac{\Delta a}{a}\right| = \frac{0{,}05}{6{,}25} = 0{,}008 = 0{,}8\ \%$$

   $$\delta_A = \left|\frac{\Delta A}{A}\right| \approx \frac{0{,}27}{16{,}91} \approx 0{,}016 = 1{,}6\%$$

Der relative Fehler des Abmessens hat sich also in der Rechnung verdoppelt.

2. Zu b) Ein Fadenpendel mit einer Fadenlänge von 99,4 cm benötigt in mittleren Breiten ($g = 9{,}81\ \text{m} \cdot \text{s}^{-2}$) für einen Hin- und Hergang T gerade 2 s, für eine Einzelschwingung also 1 s. Es heißt deshalb Sekundenpendel. Welche Abweichung darf die Fadenlänge haben, wenn die Periodendauer um nicht mehr als $\frac{1}{4}\%$ differieren soll?
Gegeben: $l = 99{,}4\ \text{cm}$; $\delta_T = \frac{1}{4}\%$

$$T = 2\pi\sqrt{\frac{l}{g}} = 2\pi\sqrt{\frac{99{,}4}{981}}\ \text{s} = 2\ \text{s};$$

$$\frac{\mathrm{d}T}{\mathrm{d}l} = \frac{\pi}{\sqrt{g \cdot l}} = \frac{\pi}{\sqrt{981 \cdot 99{,}4}}\ \text{s cm}^{-1} \approx 0{,}01\ \text{s cm}^{-1}$$

Gesucht: $\Delta l = \dfrac{\Delta T}{\left|\dfrac{\mathrm{d}T}{\mathrm{d}l}\right|}$

Aus $\delta_T = \dfrac{1}{4}\%$ folgt mit $\delta_T = \left|\dfrac{\Delta T}{T}\right|$:

$$\Delta T = |T| \cdot \delta_T = 2 \cdot \frac{0{,}25}{100}\ \text{s} = 0{,}005\ \text{s}$$

$$\Delta l = \frac{0{,}005}{0{,}01}\ \text{cm} = 0{,}5\ \text{cm}, \quad \text{d.h.,}$$

$$98{,}9\ \text{cm} < l < 99{,}9\ \text{cm}$$

Das bedeutet eine Schranke für den relativen Fehler von l:

$$\delta_l = \frac{0{,}5}{99{,}4} \approx 0{,}005 = 0{,}5\%.$$

Der relative Fehler für die Pendellänge darf also doppelt so groß sein wie der für die Periodendauer vorgegebene.

18.2.4. Anwendungen der Differentialrechnung in der Physik

1. **Geschwindigkeit v und Beschleunigung a aus dem Weg-Zeit-Gesetz** $s = s(t)$:

$$v(t) = \frac{\mathrm{d}s}{\mathrm{d}t} = s' = \dot{s}$$

$$a(t) = \frac{\mathrm{d}v}{\mathrm{d}t} = v' = \dot{v} = \frac{\mathrm{d}^2 s}{\mathrm{d}t^2} = s'' = \ddot{s}$$

Beachte:

Beim Differenzieren nach der Zeit wird in der Physik meist statt des Striches im Ableitungssymbol ein übergesetzter Punkt geschrieben.

BEISPIEL

Gedämpfte Schwingung $y(t) = A\,e^{-Bt} \cdot \sin(Ct)$:
(Dem Weg s entspricht hier die Elongation $y = y(t)$; A, B, C sind für die jeweilige Schwingung charakteristische Konstanten.)
$v(t) = \dot{y} = A\,e^{-Bt} \cdot [C\cos(Ct) - B\sin(Ct)]$
$a(t) = \dot{v} = \ddot{y} = A\,e^{-Bt} \cdot [(B^2 - C^2)\sin(Ct) - 2BC\cos(Ct)]$

2. **Kraft F, Masse m, Beschleunigung a** (Newtonsches Gesetz):

$$F = m \cdot a = m \cdot \dot{v} = m \cdot \ddot{s}$$

3. **Arbeit (Energie) W und Leistung P in einem Zeitpunkt t:**

$$P = \frac{\mathrm{d}W(t)}{\mathrm{d}t} = \dot{W}$$

4. **Stärke I des elektrischen Stromes und transportierte Ladungsmenge** $Q = Q(t)$:

$$I = \frac{\mathrm{d}Q}{\mathrm{d}t} = \dot{Q}$$

5. **Magnetischer Kraftfluß Φ und induzierte Spannung U in einer Spule:**

$$U = -N\frac{\mathrm{d}\Phi}{\mathrm{d}t} = -N\dot{\Phi} \quad \text{mit} \quad \Phi = \Phi(t) = \frac{\mu AN}{l} \cdot I(t),$$

also: $U = -\dfrac{\mu AN^2}{l} \cdot \dfrac{\mathrm{d}I}{\mathrm{d}t} = -L \cdot \dfrac{\mathrm{d}I}{\mathrm{d}t} = -L \cdot \dot{I}$

(μ: Induktionskonstante; A: Spulenquerschnitt; N: Spulenwindungszahl; l: Spulenlänge; L: Induktivität der Spule)

6. **Magnetische Feldstärke H und induzierte Spannung U in einer Spule**

$$U = -\mu AN\frac{\mathrm{d}H}{\mathrm{d}t} \quad \text{mit} \quad H = H(t) = \frac{N}{l}I(t)$$

Zwei Spulen mit verschiedenen Windungszahlen N_1 bzw. N_2, die nebeneinander auf demselben Spulenkern sitzen, haben gleichen Querschnitt A und unterliegen derselben Feldstärkeänderung $\dfrac{\mathrm{d}H}{\mathrm{d}t}$:

$$U_1 = -\mu AN_1 \cdot \frac{\mathrm{d}H}{\mathrm{d}t} \quad \text{bzw.} \quad U_2 = -\mu AN_2 \cdot \frac{\mathrm{d}H}{\mathrm{d}t}$$

Durch Division entsprechender Seiten dieser Gleichungen folgt daraus das *Gesetz für den unbelasteten Transformator:*

$$U_1 : U_2 = N_1 : N_2$$

19. Integralrechnung

19.1. Unbestimmte und bestimmte Integrale

19.1.1. Unbestimmte Integrale

19.1.1.1. Begriffsbestimmung

Zu jeder differenzierbaren Funktion $y = F_1(x)$ läßt sich genau eine erste Ableitung $y' = F'_1(x) = f(x)$ ermitteln. Die umgekehrte Aufgabe, zur Funktion $f(x)$ die Funktion $F_1(x)$ zu bestimmen, deren erste Ableitung $F'_1(x)$ gleich $f(x)$ ist, ist aber nicht eindeutig lösbar. Denn außer $y = F_1(x)$ ist auch jede Funktion $y = F_1(x) + C = F(x)$ eine Lösung dieser Aufgabe, wobei C eine beliebige Konstante (die **Integrationskonstante**) ist. Denn offenbar gilt:

$$\frac{\mathrm{d}F(x)}{\mathrm{d}x} = \frac{\mathrm{d}\,[F_1(x) + C]}{\mathrm{d}x} = \frac{\mathrm{d}F_1(x)}{\mathrm{d}x} = f(x)$$

Die Menge $y = F(x)$ aller Funktionen, deren erste Ableitung gleich der gegebenen Funktion $y = f(x)$ ist, heißt das **unbestimmte Integral** von $f(x)\,\mathrm{d}x$, jedes einzelne Element dieser Menge, z.B. $y = F_1(x)$, eine **Stammfunktion** von $y = f(x)$.
Symbol: $\int f(x)\,\mathrm{d}x = F(x)$

(gelesen: Integral von $f(x)\,\mathrm{d}x$ oder Integral über $f(x)\,\mathrm{d}x$.)
$f(x)$ heißt der **Integrand**, das Ermitteln von $F(x)$ aus $f(x)$ das **Integrieren der Funktion** $f(x)$ **nach** x. Es ist die Grundaufgabe der **Integralrechnung.**

Beachte:

> Das *Integrieren* ist auf Grund der oben gegebenen Erklärung die *umgekehrte Operation zum Differenzieren*, so daß es möglich ist, die Richtigkeit der Lösung einer Integrationsaufgabe durch Differenzieren zu überprüfen.

Jede Stammfunktion, z.B $y = F_2(x)$, unterscheidet sich von einer beliebigen anderen, z.B. $y = F_1(x)$, nur durch eine additive Konstante.

$$F_2(x) = F_1(x) + C_2$$

Beweis: Es sei $D(x) = F_2(x) - F_1(x)$. Dann folgt, da $F'_1(x) = F'_2(x)$ vorausgesetzt ist, $D'(x) = F'_2(x) - F'_1(x) \equiv 0$. Das ist aber nur für eine konstante Funktion $D(x) = \text{const.} = C_2$ möglich. Also gilt $D(x) = F_2(x) - F_1(x) = C_2$, d.h., $F_2(x) = F_1(x) + C_2$. Es kann also auch definiert werden:

> Das unbestimmte Integral $F(x) = \int f(x)\,dx$ einer Funktion $y = f(x)$ ist die Menge aller Stammfunktionen, die sich von einer beliebigen von ihnen nur durch additive Konstanten unterscheiden:
> $F(x) = \int f(x)\,dx = F_1(x) + C$

19.1.1.2. Geometrische Deutung

Die grafische Darstellung jedes unbestimmten Integrals ist eine **Schar äquidistanter Kurven,** das sind Kurven, die durch Verschiebung in gleichbleibender Richtung (Translation), hier in Richtung der y-Achse, auseinander hervorgehen. Wird mit $y = F_1(x)$ die Stammfunktion bezeichnet, deren Bild durch den Koordinatenursprung verläuft, so stellt die Integrationskonstante C jeweils den Abschnitt auf der y-Achse dar, den das Bild der Stammfunktion $y = F_1(x) + C$ abschneidet.

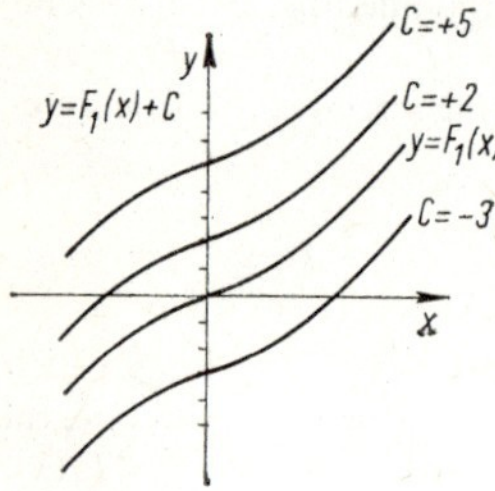

Beachte:

1. Äquidistant und parallel ist nicht gleichbedeutend.
   Parallel bedeutet gleichen, senkrecht zu den Kurven gemessenen Abstand (z.B. parallele Geraden, konzentrische Kreise), *äquidistant* ist das Ergebnis einer Translation. (Mitunter sind äquidistante Kurven auch parallel, z.B. Geraden.)
2. Als Stammfunktion $y = F_1(x)$, auf die alle anderen Stammfunktionen $y = F_1(x) + C$ bezogen werden, kann auch eine beliebige andere, deren Bild nicht durch den Koordinatenursprung verläuft, verwendet werden. Dadurch ändern sich allerdings die Integrationskonstanten.

19.1.1.3. Grundintegrale

Durch das Integrieren wird gewissermaßen das Differenzieren rückgängig gemacht. Folglich kann jede gelöste Differentiationsaufgabe auch unter Verwendung des Integralsymbols geschrieben werden. Die den Differentiationsregeln der elementaren Funktionen entsprechenden Integrationsregeln heißen **Grundintegrale.**

Differentiationsregeln	Grundintegrale
$\left.\begin{array}{l}\dfrac{\mathrm{d}(x^n)}{\mathrm{d}x} = n \cdot x^{n-1} \\ \dfrac{\mathrm{d}\,(\ln x)}{\mathrm{d}x} = \dfrac{1}{x} = x^{-n}\end{array}\right\}$	$\int x^m \,\mathrm{d}x \begin{cases} = \dfrac{x^{m+1}}{m+1} + C & (m \neq -1) \\ = \ln \lvert x \rvert + C & (m = -1) \end{cases}$
$\dfrac{\mathrm{d}(\mathrm{e}^x)}{\mathrm{d}x} = \mathrm{e}^x$	$\int \mathrm{e}^x \,\mathrm{d}x = \mathrm{e}^x + C$
$\dfrac{\mathrm{d}(a^x)}{\mathrm{d}x} = a^x \ln a$	$\int a^x \,\mathrm{d}x = \dfrac{a^x}{\ln a} + C$
$\dfrac{\mathrm{d}\,(\log_a x)}{\mathrm{d}x} = \dfrac{1}{x \ln a}$	$\int \dfrac{\mathrm{d}x}{x} = \ln a \cdot \log_a \lvert x \rvert + C$ $= \ln \lvert x \rvert + C$
$\dfrac{\mathrm{d}\,(\sin x)}{\mathrm{d}x} = \cos x$	$\int \cos x \,\mathrm{d}x = \sin x + C$
$\dfrac{\mathrm{d}\,(\cos x)}{\mathrm{d}x} = -\sin x$	$\int \sin x \,\mathrm{d}x = -\cos x + C$
$\dfrac{\mathrm{d}\,(\tan x)}{\mathrm{d}x} = \dfrac{1}{\cos^2 x}$	$\int \dfrac{\mathrm{d}x}{\cos^2 x} = \tan x + C$
$\dfrac{\mathrm{d}\,(\cot x)}{\mathrm{d}x} = -\dfrac{1}{\sin^2 x}$	$\int \dfrac{\mathrm{d}x}{\sin^2 x} = -\cot x + C$
$\left.\begin{array}{l}\dfrac{\mathrm{d}\,(\arcsin x)}{\mathrm{d}x} = \dfrac{1}{\sqrt{1-x^2}} \\ \dfrac{\mathrm{d}\,(\arccos x)}{\mathrm{d}x} = -\dfrac{1}{\sqrt{1-x^2}}\end{array}\right\}$	$\int \dfrac{\mathrm{d}x}{\sqrt{1-x^2}} \begin{cases} = \arcsin x + C \\ = -\arccos x + C^* \end{cases}$ $\left(C^* = C + \dfrac{\pi}{2}\right)$
$\left.\begin{array}{l}\dfrac{\mathrm{d}\,(\arctan x)}{\mathrm{d}x} = \dfrac{1}{1+x^2} \\ \dfrac{\mathrm{d}\,(\operatorname{arccot} x)}{\mathrm{d}x} = -\dfrac{1}{1+x^2}\end{array}\right\}$	$\int \dfrac{\mathrm{d}x}{1+x^2} \begin{cases} = \arctan x + C \\ = -\operatorname{arccot} x + C^* \end{cases}$ $\left(C^* = C + \dfrac{\pi}{2}\right)$

19.1.1.4. Integrationsregeln und -verfahren

Die Differenzierbarkeit von Funktionen unterliegt viel strengeren Bedingungen als die Integrierbarkeit. Gerade umgekehrt verhält es sich aber mit der formalen Ausführbarkeit dieser Operationen. Während im

allgemeinen jede differenzierbare Funktion geschlossen, d.h. in der Form $y = f(x)$, differenziert werden kann, ist das Integrieren in geschlossener Form nur für solche Integranden möglich, die sich durch geeignete Umformungen auf Grundintegrale zurückführen lassen.
Dazu dienen zwei der Differentialrechnung entsprechende **Integrationsregeln** sowie einige besondere **Integrationsverfahren.**

19.1.1.4.1. Integrationsregeln

Differentiationsregeln	Integrationsregeln
$[a \cdot f(x)]' = a \cdot f'(x)$	$\int a \cdot f(x)\,\mathrm{d}x = a \int f(x)\,\mathrm{d}x$
$[f_1(x) \pm f_2(x)]'$ $= f_1'(x) \pm f_2'(x)$	$\int [f_1(x) \pm f_2(x)]\,\mathrm{d}x$ $= \int f_1(x)\,\mathrm{d}x \pm \int f_2(x)\,\mathrm{d}x$

19.1.1.4.2. Integrationsverfahren der Substitution einer neuen Integrationsveränderlichen

Wie beim Differenzieren mit Hilfe der Kettenregel (vgl. 18.1.3.3.) müssen bei komplizierteren Integralen oft gewisse Teile $\varphi(x)$ des Integranden als innere Funktion betrachtet und durch eine *neue Integrationsvariable* z ersetzt **(substituiert)** werden. Ziel dieser Umgestaltung des Integranden ist es, möglichst einfache Grundintegrale herzustellen, um dadurch das Integrieren entweder überhaupt erst zu ermöglichen oder rationeller zu gestalten. Der darauf beruhende *Lösungsweg* heißt **Verfahren der Substitution einer neuen Integrationsveränderlichen**. Er besteht aus 5 *Schritten:*

a) Aufstellen der *Substitutionsgleichung* $\varphi(x) = z$, um im Integral für x eine neue Integrationsvariable z einzuführen;
b) *Differenzieren* beider Seiten dieser Gleichung nach x, um daraus eine Beziehung zwischen $\mathrm{d}x$ und $\mathrm{d}z$ zu erhalten und im Integral auch $\mathrm{d}x$ durch $\mathrm{d}z$ ersetzen zu können:

$$\frac{\mathrm{d}z}{\mathrm{d}x} = \frac{\mathrm{d}\varphi(x)}{\mathrm{d}x} = \varphi'(x), \quad \text{also} \quad \mathrm{d}x = \frac{\mathrm{d}z}{\varphi'(x)};$$

c) Aufstellen des (Grund-) *Integrals* in z
d) *Auswerten* dieses Integrals in z;
e) *Rücksubstitution* von x an Stelle von z mit Hilfe von a).

Dieses Verfahren ist sehr mannigfach anwendbar und führt u.a. in folgenden Fällen zum Ziel:

1. Bei Integralen, deren Integrand einen substituierbaren *linearen Term* enthält: **Lineare Substitution**

BEISPIEL

$\int (3x - 5)^7 \, dx$

a) $\varphi(x) = 3x - 5 = z$

b) $\varphi'(x) = 3 = \frac{dz}{dx}; \quad dx = \frac{1}{3} dz$

c) $\int z^7 \cdot \frac{1}{3} dz$

d) $\frac{1}{3} \int z^7 \, dz = \frac{1}{3} \cdot \frac{1}{8} z^8 + C$

e) $\int (3x - 5)^7 \, dx = \frac{1}{24} (3x - 5)^8 + C$

2. Mitunter sind außer einer linearen Substitution auch noch *andere* möglich.

BEISPIEL

$$\int \frac{1}{\sqrt{2x + 3}} dx$$

a) $\varphi_1(x) = 2x + 3 = z$	oder $\varphi_2(x) = \frac{1}{2x + 3} = w$	oder $\varphi_3(x) = \sqrt{2x + 3} = v$
b) $\varphi'_1(x) = 2 = \frac{dz}{dx}$ $dx = \frac{1}{2} dz$	aus $w^{-1} = 2x + 3$: $-w^{-2} \cdot \frac{dw}{dx} = 2$ $dx = -\frac{1}{2} w^{-2} \, dw$	aus $2x + 3 = v^2$: $2 = 2v \cdot \frac{dv}{dx}$ $dx = v \, dv$
c) $\int \frac{1}{2} \frac{1}{\sqrt{z}} dz$	$\int -\frac{1}{2} w^{-\frac{3}{2}} dw$	$\int dv$

An dieser Stelle zeigt sich, welche Substitution auf das *einfachste Grundintegral* führt, also am rationellsten ist: hier offenbar die dritte. Mit dieser wird weiter gearbeitet. (Die lineare Substitution ist also nicht immer die günstigste.)

d) $\int dv = v + C$

e) $\int \frac{1}{\sqrt{2x + 3}} dx = \sqrt{2x + 3} + C$

3. Bei Integralen mit *gebrochenen Integranden*, deren Zählerfunktion die erste Ableitung der Nennerfunktion ist. In diesem Fall wird die Nennerfunktion durch eine neue Integrationsvariable ersetzt.

BEISPIEL

$$\int \frac{3x^2 - 4x + 2}{x^3 - 2x^2 + 2x - 5}\,\mathrm{d}x \quad [(x^3 - 2x^2 + 2x - 5)' = 3x^2 - 4x + 2]$$

a) $\varphi(x) = x^3 - 2x^2 + 2x - 5 = z$

b) $\varphi'(x) = 3x^2 - 4x + 2 = \dfrac{\mathrm{d}z}{\mathrm{d}x}; \quad \mathrm{d}x = \dfrac{\mathrm{d}z}{3x^2 - 4x + 2}$

c) $\displaystyle\int \frac{(3x^2 - 4x + 2)\cdot \mathrm{d}z}{z \cdot (3x^2 - 4x + 2)} = \int \frac{\mathrm{d}z}{z}$

d) $\displaystyle\int \frac{\mathrm{d}z}{z} = \ln|z| + C$

e) $\displaystyle\int \frac{3x^2 - 4x + 2}{x^3 - 2x^2 + 2x - 5}\,\mathrm{d}x = \ln|x^3 - 2x^2 + 2x - 5| + C$

Allgemein gilt:

$$\int \frac{\varphi'(x)}{\varphi(x)}\,\mathrm{d}x$$

a) $\varphi(x) = z$

b) $\varphi'(x) = \dfrac{\mathrm{d}z}{\mathrm{d}x}; \quad \mathrm{d}x = \dfrac{\mathrm{d}z}{\varphi'(x)}$

c) $\displaystyle\int \frac{\varphi'(x)\cdot \mathrm{d}z}{z \cdot \varphi'(x)} = \int \frac{\mathrm{d}z}{z}$

d) $\displaystyle\int \frac{\mathrm{d}z}{z} = \ln|z| + C$

e) $\displaystyle\int \frac{\varphi'(x)}{\varphi(x)}\,\mathrm{d}x = \ln|\varphi(x)| + C$

Beachte:

C kann auch als natürlicher Logarithmus geschrieben werden: $C = \ln C^*$ $(C^* > 0)$. Dann nimmt das Ergebnis die Form $\ln|\varphi(x)| + \ln C^* = \ln[C^* \cdot |\varphi(x)|]$ an.

4. Mitunter lassen sich Integranden, die ein *Produkt aus zwei Termen* enthalten, so umgestalten, daß eine gebrochene Funktion mit der unter 3. genannten Besonderheit entsteht.

BEISPIEL

$$\int \frac{\mathrm{d}x}{x \cdot \ln x} = \int \frac{\frac{1}{x}}{\ln x}\,\mathrm{d}x \quad \left[(\ln x)' = \frac{1}{x}\right]$$

a) $\varphi(x) = \ln x = z$

b) $\varphi'(x) = \frac{1}{x} = \frac{\mathrm{d}z}{\mathrm{d}x}$; $\quad \mathrm{d}x = x \cdot \mathrm{d}z$

c) $\int \frac{x \cdot \mathrm{d}z}{x \cdot z} = \int \frac{\mathrm{d}z}{z}$

d) $\int \frac{\mathrm{d}z}{z} = \ln |z| + C$

e) $\int \frac{\mathrm{d}x}{x \cdot \ln x} = \ln |\ln x| + C$

5. Manchmal führen Substitutionen zum Ziel, die zunächst eine scheinbare *Komplizierung des Integranden* bewirken. Das trifft besonders für die Einführung von *Winkelfunktionen* zu. Auch müssen mitunter *mehrere Substitutionen nacheinander* ausgeführt werden.

BEISPIELE

1. $\int \sqrt{1 - x^2}\,\mathrm{d}x$

1. Substitution:

$x = \cos t$; $\mathrm{d}x = -\sin t\,\mathrm{d}t$

$$= -\int \sqrt{1 - \cos^2 t}\,\sin t\,\mathrm{d}t$$

$$= -\int \sin^2 t\,\mathrm{d}t$$

2. Substitution:

$2t = u$; $\quad \mathrm{d}t = \frac{1}{2}\,\mathrm{d}u$

$$= -\frac{1}{2}\int (1 - \cos 2t)\,\mathrm{d}t$$

$$= -\frac{1}{4}\int (1 - \cos u)\,\mathrm{d}u$$

$$= -\frac{1}{4}(u - \sin u) + C$$

$$= -\frac{t}{2} + \frac{1}{4}\sin 2t + C$$

$$= -\frac{\arccos x}{2} + \frac{x\sqrt{1 - x^2}}{2} + C$$

Rücksubstitution:

$$\sin 2t = 2\cos t \sin t = 2\cos t\sqrt{1 - \cos^2 t} = 2x\sqrt{1 - x^2}$$

$t = \arccos x$

2. $\int \frac{dx}{\sqrt{1+x^2}^3} = \int \frac{1+\tan^2 t}{\sqrt{1+\tan^2 t}^3}\,dt = \int \frac{dt}{\sqrt{1+\tan^2 t}}$

$= \int \cos dt = \sin t + C$

$= \frac{\tan t}{\sqrt{1+\tan^2 t}} + C$

$= \frac{x}{\sqrt{1+x^2}} + C$

$x = \tan t;$

$dx = (1+\tan^2 t)\,dt$

$\sqrt{1+\tan^2 t} = \sqrt{1+\frac{\sin^2 t}{\cos^2 t}} = \sqrt{\frac{\sin^2 t+\cos^2 t}{\cos^2 t}} = \frac{1}{\cos t}$

19.1.1.4.3. Integrationsverfahren der partiellen Integration

Die **Regel für die partielle Integration** entsteht aus der Produktregel der Differentiation (vgl. 18.1.3.1.) durch Umstellen und gliedweises Integrieren:

$u' \cdot v = (u \cdot v)' - u \cdot v'$ | $\cdot\, dx$ und Integralbildung:

$\int u' \cdot v\,dx = \int (u \cdot v)'\,dx - \int u \cdot v'\,dx$ | wegen $\int (u \cdot v)'\,dx = u \cdot v$:

▌ $\int u' \cdot v\,dx = u \cdot v - \int u \cdot v'\,dx$

Die Regel führt zum Ziel, wenn drei *Bedingungen* erfüllt sind:

1. Der Integrand muß ein *Produkt aus zwei Funktionen* sein oder in dieser Form geschrieben werden können.
2. Zu einer dieser Funktionen muß eine *Stammfunktion* angegeben werden können ($\int u'\,dx = u$).
3. Das *zweite Integral* ($\int u \cdot v'\,dx$) muß
   a) geschlossen ausgewertet werden können oder
   b) gleich dem Aufgabenintegral · konst. sein oder
   c) von dem gleichen Typus wie dieses, aber einfacher sein.

BEISPIELE

1. zu 3a) $\int e^x \cdot x\,dx$

$e^x = u' \qquad x = v$

$u = \int e^x\,dx = e^x \qquad v' = 1$

$\int e^x \cdot x\,dx = e^x \cdot x - \int e^x \cdot 1\,dx = e^x x - e^x + C = \underline{\underline{e^x(x-1) + C}}$

Beachte:

1. Würde man für das erste Teilintegral eine andere Stammfunktion, z.B. $u + C_1$, verwenden, ergäbe sich trotzdem dasselbe Endergebnis.

$$u = \int e^x \, dx = e^x + C_1$$

$$\int e^x \cdot x \, dx = (e^x + C_1) \cdot x - \int (e^x + C_1) \cdot 1 \cdot dx$$

$$= x e^x + C_1 x - e^x - C_1 x + C = \underline{\underline{e^x (x - 1) + C}}$$

2. Die Wahl von u' und v ist nicht willkürlich. Mit $x = u'$ und $e^x = v$ würde das zweite Integral komplizierter als das Aufgabenintegral und nicht ohne weiteres auswertbar werden.

2. zu 3b) $\int \sin x \cos x \, dx$

$$\sin x = u' \qquad \cos x = v$$

$$u = \int \sin x \, dx = -\cos x \qquad v' = -\sin x$$

$$\int \sin x \cos x \, dx = -\cos^2 x - \int \sin x \cos x \, dx$$

$$2 \int \sin x \cos x \, dx = -\cos^2 x$$

$$\int \sin x \cos x \, dx = -\tfrac{1}{2} \cos^2 x + C$$

Beachte:

Es ist notwendig, daß das dem Aufgabenintegral gleiche *zweite Integral nicht den Koeffizienten* 1 trägt, sonst ist der Weg erfolglos.

3. zu 3c) $\int a^x x^4 \, dx$

$$a^x = u' \qquad x^4 = v$$

$$u = \int a^x \, dx = \frac{a^x}{\ln a} \qquad v' = 4x^3$$

$$\int a^x x^4 \, dx = \frac{a^x x^4}{\ln a} - \int \frac{a^x}{\ln a} \cdot 4x^3 \, dx = \frac{a^x x^4}{\ln a} - \frac{4}{\ln a} \int a^x x^3 \, dx$$

$\int a^x x^3 \, dx$ ist vom gleichen Typus wie $\int a^x x^4 \, dx$, nur einfacher. Es läßt sich wie das Aufgabenintegral durch eine neue entsprechende partielle Integration bearbeiten und wird dabei auf das Integral $\int a^x x^2 \, dx$ reduziert. Diese **Reduktion** kann wiederholt werden, bis zum Schluß ein geschlossen integrierbares Integral übrigbleibt. Durch schrittweises rückläufiges Einsetzen der Teilergebnisse folgt schließlich:

$$\int a^x x^4 \, dx = \frac{a^x x^4}{\ln a}$$

$$- \frac{4}{\ln a} \left\{ \frac{a^x x^3}{\ln a} - \frac{3}{\ln a} \left[\frac{a^x x^2}{\ln a} - \frac{2}{\ln a} \left(\frac{a^x x}{\ln a} - \frac{a^x}{(\ln a)^2} \right) \right] \right\} + C$$

$$= \underline{\underline{\frac{a^x x^4}{\ln a} - \frac{4a^x x^3}{(\ln a)^2} + \frac{12 a^x x^2}{(\ln a)^3} - \frac{24 a^x x}{(\ln a)^4} + \frac{24 a^x}{(\ln a)^5} + C}}$$

Jeder Integrand, der nur aus einer *einzigen Funktion* besteht, kann durch Beifügen des Faktors 1 *in ein Produkt verwandelt* werden. Mitunter läßt sich das Integral dann mit Hilfe der partiellen Integration auswerten. Dabei muß der Faktor 1 stets als u' angesetzt werden.

BEISPIEL

$$\int \ln |x| \, dx = \int 1 \cdot \ln |x| \, dx \qquad 1 = u' \qquad v = \ln |x|$$

$$u = \int 1 \, dx = x \qquad v' = \frac{1}{x}$$

$$\int \ln |x| \, dx = x \ln |x| - \int x \cdot \frac{1}{x} \, dx = x \ln |x| - x + C$$

$$= \underline{\underline{x \cdot (\ln |x| - 1) + C}}$$

19.1.2. Bestimmte Integrale

19.1.2.1. Begriffsbestimmung als Grenzwert einer Summe

1. Zur *anschaulichen Einführung* mag folgende Überlegung dienen: $y = f(x)$ sei eine im Intervall $a \leqq x \leqq b$ erklärte und monoton wachsende, stetige Funktion, die dort ausschließlich positive Funktionswerte habe.
Durch das Bild von $y = f(x)$, die x-Achse und die Parallelen zur y-Achse $x = a$ und $x = b$ wird ein Flächenstück begrenzt, für dessen Inhalt A die Maßzahl $\{A\}$ folgendermaßen berechnet werden kann:

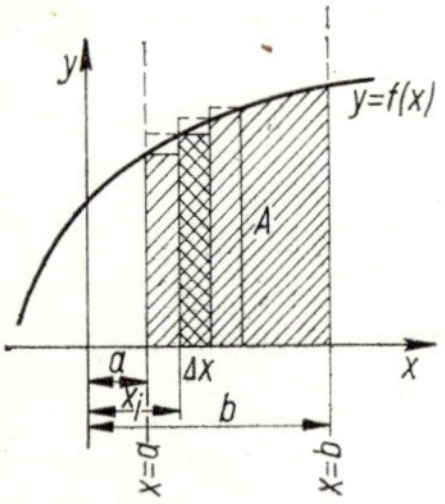

Das Flächenstück wird in n Streifen von gleicher Breite Δx zerlegt ($n \cdot \Delta x = b - a$). Diese Streifen werden durch Parallelstrecken zur x-Achse abgeschnitten, so daß Rechtecke von der Größe $f(x_i) \times \Delta x$ entstehen. Das kann einmal dadurch erreicht werden, daß die Rechtecke ganz innerhalb der Fläche liegen, oder dadurch, daß sie über die Fläche hinausragen. Die Summen ihrer Flächeninhalte sind jeweils annähernd gleich A, und zwar ist die Summe der innenliegenden Rechtecke (**Untersumme** A_U) etwas zu klein, die der darüber hinausragenden (**Obersumme** A_0) etwas zu groß.
Um $\{A\}$ selbst zu erhalten, müssen noch die Grenzwerte von $\{A_U\}$ und $\{A_0\}$ untersucht werden.

2. Das *mathematische Kernstück* dieser Betrachtung ist das Aufstellen zweier *Folgen von Funktionswerten* der Funktion $y = f(x)$ im Intervall von a bis b:

$$\{f(x_i)\} \quad \text{von } i = 0 \text{ bis } i = n - 1 \quad \text{und}$$

$$\{f(x_i)\} \quad \text{von } i = 1 \text{ bis } i = n \quad \text{mit} \quad x_0 = a \quad \text{und } x_n = b$$

Nach Multiplikation jedes Funktionswertes mit dem Argumentenintervall Δx lassen sich die *Summen zweier Produktfolgen* $\{f(x_i) \cdot \Delta x\}$ bilden, nämlich:

$$I_U = \sum_{i=0}^{n-1} f(x_i) \cdot \Delta x \quad \text{und} \quad I_0 = \sum_{i=1}^{n} f(x_i) \cdot \Delta x$$

mit $x_{i+1} - x_i = \Delta x$, $x_0 = a$ und $x_n = b$, also $n \cdot \Delta x = b - a$. Es läßt sich zeigen, daß $\{I_0 - I_U\}$ für $n \to \infty$, d.h. für $\Delta x \to 0$, eine *Nullfolge* ist. Folglich ergibt sich:

$$I = \lim_{\Delta x \to 0} \sum_{i=0}^{n-1} f(x_i)\,\Delta x = \lim_{\Delta x \to 0} \sum_{i=1}^{n} f(x_i)\,\Delta x$$

Dieser Grenzwert I heißt das **bestimmte Integral** der Funktion $y = f(x)$ in den Grenzen von a bis b.

Symbol: $I = \int_a^b f(x)\,dx$

[gelesen: Integral über $f(x)$ dx von a bis b (oder: in den Grenzen a und b)]
a heißt die **untere**, b die **obere Grenze.**
Durch das Symbol ist eine *Zahl* dargestellt, falls für $f(x)$ der analytische Ausdruck einer im Intervall von a bis b stetigen Funktion und für a und b Zahlen aus ihrem Definitionsbereich eingesetzt werden.

Beachte:

1. Das bestimmte Integral bedeutet etwas ganz anderes als das unbestimmte Integral $\int f(x)\,dx = F(x)$, das eine Schar von Funktionen darstellt.
2. Die unter 1. verwendete anschauliche Einführung darf nicht dazu verleiten, das bestimmte Integral schlechthin mit dem Zahlenwert eines Flächeninhalts zu identifizieren. Vielmehr ist es ein rein mathematischer Begriff, der unter 2. exakt definiert wurde. Unter den mannigfachen Anwendungen spielt allerdings auch die Berechnung von Flächeninhalten eine hervorragende Rolle (vgl. 19.3.1.).
3. Wegen $\lim_{\Delta x \to 0} I_U = \lim_{\Delta x \to 0} I_0 = I$ genügt es, zur Berechnung des bestimmten Integrals nur einen dieser beiden Grenzwerte zu ermitteln.
4. Ist $f(x)$ nicht, wie oben angenommen, monoton wachsend, sondern monoton fallend oder überhaupt nicht monoton, so führen ähnliche, teilweise etwas kompliziertere Überlegungen zum gleichen Ergebnis, wie hier ohne nähere Begründung mitgeteilt sei.

BEISPIELE

1. $y = \frac{1}{5}x^2;\quad a = 2;\quad b = 5$

$$I = \int_2^5 \frac{1}{5} x^2 \, dx$$

$$= \lim_{\Delta x \to 0} \left\{ \frac{1}{5} \cdot 2^2 \Delta x + \frac{1}{5} (2 + \Delta x)^2 \Delta x + \frac{1}{5} (2 + 2 \Delta x)^2 \Delta x \right.$$

$$\left. + \ldots + \frac{1}{5} [2 + (n - 1) \Delta x]^2 \Delta x \right\} \quad \text{mit} \quad n \cdot \Delta x = 5 - 2 = 3$$

$$I = \frac{1}{5} \lim_{\Delta x \to 0} [2^2 \Delta x + 2^2 \Delta x + 4 (\Delta x)^2 + (\Delta x)^3 + 2^2 \Delta x$$

$$+ 8 (\Delta x)^2 + 4 (\Delta x)^3 + \ldots + 2^2 \Delta x + 4 (n - 1) (\Delta x)^2$$

$$+ (n - 1)^2 (\Delta x)^3]$$

$$= \frac{1}{5} \lim_{\Delta x \to 0} \{n \cdot 2^2 \Delta x + 4 (\Delta x)^2 [1 + 2 + 3 + \ldots + (n - 1)]$$

$$+ (\Delta x)^3 [1 + 4 + 9 + \ldots + (n - 1)^2]\}$$

$$= \frac{1}{5} \lim_{\Delta x \to 0} \left[n \cdot 2^2 \Delta x + 4 (\Delta x)^2 \cdot \frac{n (n - 1)}{2} \right.$$

$$\left. + (\Delta x)^3 \cdot \frac{n (n - 1) (2n - 1)}{6} \right]$$

Mit $n = \dfrac{3}{\Delta x}$ ergibt sich:

$$I = \frac{1}{5} \lim_{\Delta x \to 0} \left[3 \cdot 2^2 + 4 \cdot \frac{3 (3 - \Delta x)}{2} + \frac{3 (3 - \Delta x) (6 - \Delta x)}{6} \right]$$

$$= \frac{1}{5} (3 \cdot 2^2 + 2 \cdot 3 \cdot 3 + 3 \cdot 3) = \frac{1}{5} \cdot 39 = \underline{\underline{\frac{39}{5}}}$$

2. $y = \dfrac{1}{2} x - 4; \quad a = 3; \quad b = 7$

$$I = \int_3^7 \left(\frac{1}{2} x - 4 \right) dx$$

$$= \lim_{\Delta x \to 0} \left\{ \left(\frac{1}{2} \cdot 3 - 4 \right) \Delta x + \left[\frac{1}{2} (3 + \Delta x) - 4 \right] \Delta x \right.$$

$$+ \left[\frac{1}{2} (3 + 2\Delta x) - 4 \right] \Delta x$$

$$\left. + \ldots + \left[\frac{1}{2} (3 + \langle n - 1 \rangle \Delta x) - 4 \right] \Delta x \right\}$$

mit $\quad n \cdot \Delta x = 7 - 3 = 4$

$$I = \lim_{\Delta x \to 0} \left\{ n \left(\frac{1}{2} \cdot 3 - 4 \right) \Delta x + \frac{1}{2} [1 + 2 + \ldots + (n-1)] (\Delta x)^2 \right\}$$

$$= \lim_{\Delta x \to 0} \left[-\frac{5n}{2} \Delta x + \frac{1}{2} \cdot \frac{n(n-1)}{2} (\Delta x)^2 \right]$$

Mit $n = \dfrac{4}{\Delta x}$ ergibt sich:

$$I = \lim_{\Delta x \to 0} \left[-\frac{5}{2} \cdot 4 + \frac{1}{2} \cdot \frac{16}{2} - \frac{1}{4} \cdot 4 \cdot \Delta x \right] = -10 + 4 = \underline{\underline{-6}}$$

19.1.2.2. Grundregeln für bestimmte Integrale

1. Durch Zusammensetzen der Unterteilung von a bis b $\left(\Delta x = \dfrac{b-a}{n};\ n > 0 \right)$ aus zwei Teilen von a bis c $\left(\Delta x = \dfrac{c-a}{m};\ m > 0 \right)$ und von c bis b $\left(\Delta x = \dfrac{b-c}{n-m};\ n - m > 0 \right)$ ergibt sich

   $\sum\limits_{i=0}^{n-1} f(x_i)\, \Delta x = \sum\limits_{i=0}^{m-1} f(x_i)\, \Delta x + \sum\limits_{i=m}^{n-1} f(x_i)\, \Delta x$, also auch:

$$\int_a^b f(x)\,\mathrm{d}x = \int_a^c f(x)\,\mathrm{d}x + \int_c^b f(x)\,\mathrm{d}x$$

2. Ist $b = a$, so folgt mit $\Delta x = \dfrac{a-a}{n};\ n > 0$ sofort $\Delta x = 0$, also $\sum\limits_{i=0}^{n-1} f(x_i) \cdot \Delta x = 0$, und damit:

$$\int_a^a f(x)\,\mathrm{d}x = 0$$

3. Aus den Beziehungen unter 1. und 2. folgt weiter:

$$\int_a^b f(x)\,\mathrm{d}x + \int_b^a f(x)\,\mathrm{d}x = \int_a^a f(x)\,\mathrm{d}x = 0.$$

   Daraus ergibt sich:

$$\int_a^b f(x)\,\mathrm{d}x = -\int_b^a f(x)\,\mathrm{d}x$$

4. Da die Integrationsvariable beim bestimmten Integral im Ergebnis nicht vorkommt, gilt unabhängig von dieser:

$$\int_a^b f(x)\,\mathrm{d}x = \int_a^b f(t)\,\mathrm{d}t = \int_a^b f(\alpha)\,\mathrm{d}\alpha = \ldots$$

19.1.2.3. Mittelwertsatz der Integralrechnung

$y = f(x)$ sei eine im Intervall $a \leqq x \leqq b$ erklärte Funktion. Das Intervall werde in n gleiche Teilintervalle $\Delta x = \frac{b-a}{n}$ zerlegt. Das *arithmetische Mittel* M_a *der Funktionswerte* $f(x_i)$ mit $x_i = a + i \cdot \frac{b-a}{n}$ $(i = 1, 2, 3, \ldots, n)$ ist dann:

$$M_a = \frac{1}{n} \sum_{i=1}^{n} f(x_i) = \sum_{i=1}^{n} f(x_i) \cdot \frac{1}{n} \cdot \frac{b-a}{b-a}$$

$$= \frac{1}{b-a} \sum_{i=1}^{n} f(x_i) \cdot \frac{b-a}{n} = \frac{1}{b-a} \sum_{i=1}^{n} f(x_i) \Delta x$$

Mit $\Delta x \to 0$ strebt M_a gegen den Grenzwert m_a:

$$m_a = \lim_{\Delta x \to 0} \frac{1}{b-a} \sum_{i=1}^{n} f(x_i) \Delta x = \frac{1}{b-a} \int_a^b f(x) \, \mathrm{d}x$$

Fachbezeichnung: **Mittelwert der Funktion** $f(x)$ **im Intervall** $a \leqq x \leqq b$
Bedeutung: Arithmetisches Mittel sämtlicher Funktionswerte in diesem Intervall
Falls $y = f(x)$ in diesem Intervall stetig ist, gibt es sicher eine Stelle $\xi (a \leqq \xi \leqq b)$, für die gilt: $f(\xi) = m_a$. Daraus ergibt sich der **Mittelwertsatz der Integralrechnung**:

Ist $y = f(x)$ eine im Intervall $a \leqq x \leqq b$ stetige Funktion, so gibt es (mindestens) ein ξ $(a \leqq \xi \leqq b)$, so daß gilt:

$$\int_a^b f(x) \, \mathrm{d}x = (b-a) f(\xi).$$

Geometrische Bedeutung

Der Inhalt der Fläche zwischen der x-Achse und dem Bild von $y = f(x)$ von $x = a$ bis $x = b$ ist gleich dem Flächeninhalt eines Rechtecks mit den Seiten $(b - a)$ und $f(\xi)$, wobei ξ mit $a \leqq \xi \leqq b$ ein ganz bestimmtes Argument im genannten Intervall ist.

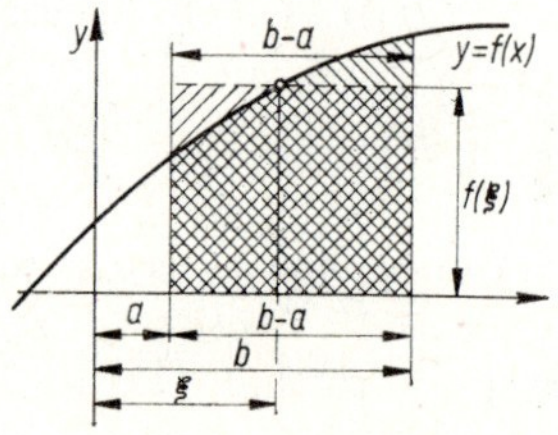

19.1.2.4. Bestimmtes Integral mit veränderlicher oberer Grenze

Entsprechend dem Integral $\int_a^b f(t) \, \mathrm{d}t$ können Integrale über beliebige Teilintervalle von a bis x $(a \leqq x \leqq b)$ gebildet werden, von denen jedes genau eine Zahl $F_a(x)$ darstellt:

$$\int_a^x f(t) \, \mathrm{d}t = F_a(x).$$

Diese Zahlen $F_a(x)$ sind den Zahlen x eindeutig zugeordnet, so daß $y = F_a(x)$ bei variablem x eine in $a \leqq x \leqq b$ erklärte *Funktion* ist.

BEISPIELE

1. $y = f(t) = \frac{1}{5} t^2$

Es entspricht dem Beispiel 1. in 19.1.2.1., doch wird jetzt geschrieben: t statt x, a statt 2, x statt 5, $x - a$ statt 3, $F_a(x)$ statt I.

$$F_a(x) = \int_a^x \frac{1}{5} t^2 \, \mathrm{d}t = \lim_{\Delta t \to 0} \left\{ \frac{1}{5} a^2 \Delta t + \frac{1}{5} (a + \Delta t)^2 \Delta t \right.$$

$$\left. + \frac{1}{5} (a + 2\Delta t)^2 \Delta t + \ldots + \frac{1}{5} [a + (n - 1) \Delta t]^2 \Delta t \right\}$$

mit $n \cdot \Delta t = x - a$

Die weitere Umformung erfolgt wie in 19.1.2.1., bis sich schließlich mit $n = \frac{x - a}{\Delta t}$ ergibt:

$$F_a(x) = \frac{1}{5} \lim_{\Delta t \to 0} \left\{ (x - a) a^2 + \frac{2a (x - a) (x - a - \Delta t)}{2} \right.$$

$$\left. + \frac{(x - a) (x - a - \Delta t)[2 (x - a) - \Delta t]}{6} \right\}$$

$$= \frac{1}{5} \left[xa^2 - a^3 + ax^2 - 2a^2 x + a^3 + \frac{x^3}{3} - x^2 a + xa^2 - \frac{a^3}{3} \right]$$

$$= \frac{1}{5} \left[\frac{x^3}{3} - \frac{a^3}{3} \right]$$

2. $y = f(t) = \frac{1}{2} t - 4$ (entspricht Beispiel 2. in 19.1.2.1.)

$$F_a(x) = \int_a^x \left(\frac{1}{2} t - 4 \right) \mathrm{d}t = \lim_{\Delta t \to 0} \left\{ \left(\frac{1}{2} a - 4 \right) \Delta t \right.$$

$$+ \left[\frac{1}{2} (a + \Delta t) - 4 \right] \Delta t + \left[\frac{1}{2} (a + 2\Delta t) - 4 \right] \Delta t$$

$$\left. + \ldots + \left[\frac{1}{2} (a + \langle n - 1 \rangle \Delta t) - 4] \right] \Delta t \right\}$$

mit $n \cdot \Delta t = x - a$

Nach weiterer Umformung wie in 19.1.2.1. ergibt sich mit $n = \dfrac{x-a}{\Delta t}$

$$F_a(x) = \lim_{\Delta t \to 0} \left[\left(\frac{1}{2} a - 4 \right) (x-a) + \frac{1}{2} \cdot \frac{(x-a)^2}{2} - \frac{1}{4} (x-a) \Delta t \right] = \left(\frac{1}{2} a - 4 \right) (x-a) + \frac{(x-a)^2}{4}$$

$$= \underline{\underline{\frac{1}{4} (x^2 - a^2) - 4(x-a).}}$$

19.1.2.5. Hauptsatz der Differential- und Integralrechnung

Er stellt eine Beziehung zwischen dem *bestimmten* und dem *unbestimmten* Integral her.
Die in 19.1.2.4. im Bereich $a \leqq x \leqq b$ erklärte Funktion

$$\int_a^x f(t)\,\mathrm{d}t = F_a(x) \quad \text{ergibt für}$$

$$x = b: \int_a^b f(t)\,\mathrm{d}t = F_a(b) \qquad +$$

$$x = a: \underbrace{\int_a^a f(t)\,\mathrm{d}t}_{=0 \quad (\text{vgl. } 19.1.2.2.)} = F_a(a) \qquad -$$

Seitenweise Subtraktion dieser beiden Gleichungen führt auf

$$\int_a^b f(t)\,\mathrm{d}t = F_a(b) - F_a(a)$$

Zur weiteren Ausdeutung dieser Beziehung wird nun ein neuer Zusammenhang zwischen $F_a(x)$ und $f(x)$ erarbeitet. Dazu wird die Funktion $F_a(x)$ an einer Stelle x_0 $(a \leqq x_0 \leqq b)$ *differenziert*.
Zunächst wird der *Differenzenquotient* gebildet:

$$\frac{F_a(x_0 + h) - F_a(x_0)}{h} = \frac{1}{h} \left[\int_a^{x_0+h} f(t)\,\mathrm{d}t - \int_a^{x_0} f(t)\,\mathrm{d}t \right]$$

$$= \frac{1}{h} \left[\int_a^{x_0+h} f(t)\,\mathrm{d}t + \int_{x_0}^{a} f(t)\,\mathrm{d}t \right] = \frac{1}{h} \int_{x_0}^{x_0+h} f(t)\,\mathrm{d}t$$

Nach dem Mittelwertsatz (vgl. 19.1.2.3.) folgt, falls $f(t)$ im betrachteten Intervall stetig ist:

$$\frac{1}{h} \int_{x_0}^{x_0+h} f(t)\,\mathrm{d}t = \frac{1}{h} [(x_0 + h) - x_0] f(\xi) = f(\xi)$$

mit $\quad x_0 \leqq \xi \leqq x_0 + h$

also: $\dfrac{F_a(x_0+h) - F_a(x_0)}{h} = f(\xi)$ mit $x_0 \leqq \xi \leqq x_0 + h.$

Wegen $\lim\limits_{h\to 0} \dfrac{F_a(x_0+h) - F_a(x_0)}{h} = F'_a(x_0)$ und

$\lim\limits_{h\to 0} f(\xi) = f(x_0)$ (da mit $h \to 0$ auch $\xi \to x_0$)

ergibt sich schließlich für jedes x_0 aus $a \leqq x_0 \leqq b$:

$$F'_a(x_0) = f(x_0)$$

Da x_0 jede Stelle im genannten Intervall einnehmen kann, heißt das m.a.W., daß die Funktion $F_a(x) = \int_a^x f(t)\,\mathrm{d}t$ im gesamten Bereich $a \leqq x \leqq b$ differenzierbar und die erste Ableitung $F'_a(x)$ gleich dem Integranden $f(t)$ an der oberen Grenze $t = x$, also gleich $f(x)$ ist:

$$F'_a(x) = \frac{\mathrm{d}}{\mathrm{d}x}\int_a^x f(t)\,\mathrm{d}t = f(t)|_{t=x} = f(x)$$

$F'_a(x) = f(x)$ bedeutet aber, daß $F_a(x)$ eine der Stammfunktionen ist, die zum Integranden $f(x)$ gehören, so daß also gilt:

$$\int f(x)\,\mathrm{d}x = F_a(x) + C.$$

Die eingangs zur Darstellung des bestimmten Integrals $\int_a^b f(t)\mathrm{d}t$ benutzten Funktionswerte $F_a(b)$ und $F_a(a)$ gehören also zu einer Stammfunktion des unbestimmten Integrals $\int f(x)\,\mathrm{d}x$. Wird statt $F_a(x)$ eine beliebige andere Stammfunktion $F_0(x) = F_a(x) + C$ benutzt, so ändert sich das Ergebnis nicht, denn

$$\begin{aligned} F_0(b) - F_0(a) &= [F_a(b) + C] - [F_a(a) + C] \\ &= F_a(b) - F_a(a). \end{aligned}$$

Folglich gilt allgemein:

$$\int_a^b f(x)\,\mathrm{d}x = F_0(b) - F_0(a) \quad \text{mit} \quad \int f(x)\,\mathrm{d}x = F_0(x) + C$$

Hauptsatz der Differential- und Integralrechnung

Dieser Satz erlaubt, ein bestimmtes Integral $\int_a^b f(x)\,\mathrm{d}x$ von einer im Intervall $a \leqq x \leqq b$ stetigen Funktion $f(x)$ mit Hilfe einer beliebigen Stammfunktion $F_0(x)$ des entsprechenden unbestimmten Integrals $\int f(x)\,\mathrm{d}x$ zu ermitteln.

BEISPIEL

Zu berechnen ist das bestimmte Integral $\int_{-2}^{3} x^4\,\mathrm{d}x.$

Zunächst wird eine beliebige Stammfunktion des unbestimmten Integrals ermittelt, am einfachsten die mit $C = 0$:

$$\int x^4 \,\mathrm{d}x = \frac{x^5}{5}$$

Jetzt wird einmal $x = 3$, dann $x = -2$ eingesetzt und die Differenz gebildet.

$$\int_{-2}^{3} x^4 \,\mathrm{d}x = \frac{3^5}{5} - \frac{(-2)^5}{5} = \frac{243}{5} - \left(-\frac{32}{5}\right) = \frac{275}{5} = 55$$

Symbolik für diesen Rechengang:

$$\int_{-2}^{3} x^4 \,\mathrm{d}x = \frac{x^5}{5}\bigg|_{-2}^{3} = \frac{243}{5} + \frac{32}{5} = \frac{275}{5} \doteq 55$$

19.1.2.6. Vorzeichen des bestimmten Integrals

1. $I = \int_a^b f(x) \,\mathrm{d}x$ ist entsprechend der Definition als Grenzwert einer Summe von Produkten (vgl. 19.1.2.1.) sicher dann *positiv*, wenn alle diese Produkte $f(x)_i \cdot \Delta x$ positiv sind, und sicher *negativ*, wenn alle negativ sind. Das richtet sich bei einer im Integrationsbereich stetigen Funktion danach, ob alle *Funktionswerte* $f(x_i)$ im gesamten Integrationsbereich positiv oder negativ sind, und welche von den beiden *Integrationsgrenzen* a oder b (wegen $\Delta x = \frac{b-a}{n}$) die größere und welche die kleinere ist.

Übersichtsschema für die Vorzeichen von $\int_a^b f(x) \,\mathrm{d}x$:

	$a < b$	$a > b$
$f(x) \geqq 0$	+	−
$f(x) \leqq 0$	−	+

[$f(x)$ mit $a \leqq x \leqq b$ bzw. $a \geqq x \geqq b$]

Bereiche mit nur positiven Funktionswerten werden von Bereichen mit nur negativen Funktionswerten durch *Nullstellen* der Funktion getrennt. Doch trifft das nur für solche Nullstellen x_k zu, für die außer $f(x_k) = 0$ auch noch die Bedingung $f'(x_k) \neq 0$ oder die Bedingung $f'(x_k) = f''(x_k) = 0$ erfüllt ist.

BEISPIEL

$I = \int_a^b f(x)\,\mathrm{d}x$ ist für $f(x) = x^3 - 9x$ in verschiedenen Grenzen a und b zu berechnen, wobei im Bereich $a \leqq x \leqq b$ oder im Bereich $a \geqq x \geqq b$ jeweils nur positive oder nur negative Funktionswerte vorkommen sollen.

Zur Bestimmung dieser Bereiche werden die Nullstellen ermittelt:
$f(x_k) = x_k^3 - 9 \cdot x = 0$ ergibt $x_1 = 0$; $x_2 = 3$; $x_3 = -3$.
Bedingungen: $f'(x) = 3x^2 - 9$; $f''(x) = 6x$
für x_1: $f'(x_1) = -9 \neq 0$,
für x_2 und x_3: $f'(x_2) = f'(x_3) = 18 \neq 0$
Alle drei Nullstellen erfüllen die oben genannte Bedingung, d.h., sie trennen tatsächlich Bereiche mit Funktionswerten verschiedenen Vorzeichens, so daß es vier solche Bereiche gibt:

$$-\infty < x \leqq -3: f(x) \leqq 0$$

$$-3 \leqq x \leqq 0: f(x) \geqq 0$$

$$0 \leqq x \leqq +3: f(x) \leqq 0$$

$$+3 \leqq x < +\infty: f(x) \geqq 0$$

1. $a = 4$; $b = 6$; $a < b$; $f(x) \geqq 0$; $I > 0$

$$\int_4^6 (x^3 - 9x)\,\mathrm{d}x = \left(\frac{x^4}{4} - \frac{9x^2}{2}\right)\Bigg|_4^6$$

$$= (324 - 162) - (64 - 72) = +170$$

2. $a = 1$; $b = 2$; $a < b$; $f(x) \leqq 0$; $I < 0$

$$\int_1^2 (x^3 - 9x)\,\mathrm{d}x = \left(\frac{x^4}{4} - \frac{9x^2}{2}\right)\Bigg|_1^2$$

$$= (4 - 18) - \left(\frac{1}{4} - 4\frac{1}{2}\right) = -9\frac{3}{4}$$

3. $a = 0$; $b = -2$; $a > b$; $f(x) \geqq 0$; $I < 0$

$$\int_0^{-2} (x^3 - 9x)\,\mathrm{d}x = \left(\frac{x^4}{4} - \frac{9x^2}{2}\right)\Bigg|_0^{-2}$$

$$= (4 - 18) - (0 - 0) = -14$$

4. $a = -4$; $b = -5$; $a > b$; $f(x) \leqq 0$; $I > 0$

$$\int_{-4}^{-5} (x^3 - 9x)\,\mathrm{d}x = \left(\frac{x^4}{4} - \frac{9x^2}{2}\right)\Bigg|_{-4}^{-5}$$

$$= \left(156\frac{1}{4} - 112\frac{1}{2}\right) - (64 - 72) = +51\frac{3}{4}$$

2. Liegen *im Integrationsintervall Nullstellen*, die Bereiche mit nur positiven Funktionswerten von solchen mit nur negativen Funktionswerten trennen, so sind *Teile* der Produktsumme *positiv*, andere *Teile negativ*. Dadurch kann die *gesamte Summe*, also auch ihr Grenzwert *I*, *positiv* oder *negativ* oder auch *gleich Null* werden.

BEISPIEL

Beim Integral $I = \int_a^b f(x)\,\mathrm{d}x$ mit $f(x) = x^3 - 9x$ [vgl. Beispiel unter 1.] sind verschiedene Grenzen so zu wählen, daß wenigstens eine der oben berechneten Nullstellen im Integrationsintervall liegt. Welche Vorzeichen ergeben sich für I?

1. $a = -6$; $b = -2$; im Intervall liegt $x_3 = -3$.

$$\int_{-6}^{-2} (x^3 - 9x)\,\mathrm{d}x = \left(\frac{x^4}{4} - \frac{9x^2}{2}\right)\Bigg|_{-6}^{-2}$$
$$= (4 - 18) - (324 - 162) = -176$$

2. $a = 4$; $b = -5$; im Intervall liegen $x_1 = 0$; $x_2 = 3$; $x_3 = -3$.

$$\int_{4}^{-5} (x^3 - 9x)\,\mathrm{d}x = \left(\frac{x^4}{4} - \frac{9x^2}{2}\right)\Bigg|_{4}^{-5}$$
$$= \left(156\frac{1}{4} - 112\frac{1}{2}\right) - (64 - 72) = 51\frac{3}{4}$$

3. $a = 4$; $b = -\sqrt{2}$; im Intervall liegen $x_1 = 0$; $x_3 = 3$.

$$\int_{4}^{-\sqrt{2}} (x^3 - 9x)\,\mathrm{d}x = \left(\frac{x^4}{4} - \frac{9x^2}{2}\right)\Bigg|_{4}^{-\sqrt{2}}$$
$$= (1 - 9) - (64 - 72) = 0$$

19.2. Gegenüberstellung von Differentiation und Integration

So wie Addition und Subtraktion bzw. Multiplikation und Division entgegengesetzte Rechenarten sind, sind auch Differentiation und Integration *formal entgegengesetzte Operationen*, die sich gegenseitig aufheben (vgl. 19.1.1.1. und 19.1.1.3.):

$$\int \frac{\mathrm{d}f(x)}{\mathrm{d}x}\,\mathrm{d}x = f(x) + C; \quad \frac{\mathrm{d}}{\mathrm{d}x}\int f(x)\,\mathrm{d}x = f(x)$$

Deshalb kann die Richtigkeit der Lösung einer Integralaufgabe durch „Rückdifferenzieren" überprüft werden.
Den Grund dafür veranschaulicht folgende Gegenüberstellung:

Integrieren	Differenzieren
Das bestimmte *Integral*	Die erste *Ableitung*
ist der Grenzwert für $\Delta x \to 0$ von	
einer *Summe* von *Produkten*:	einem *Quotienten* von *Differenzen*:
$\lim\limits_{\Delta x \to 0} \sum\limits_{i=1}^{n} f(x_i) \cdot \Delta x = \int_a^b f(x)\,\mathrm{d}x$	$\lim\limits_{\Delta x \to 0} \dfrac{f(x + \Delta x) - f(x)}{(x + \Delta x) - x} = f'(x)$

Schematische Übersicht (in Pfeilrichtung lesen!)

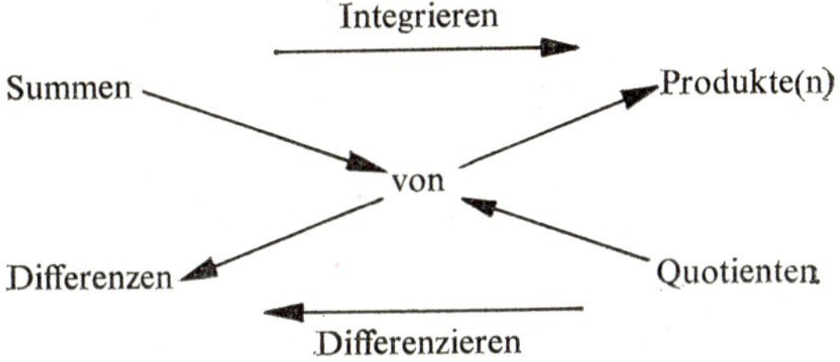

19.3. Anwendungen der Integralrechnung

19.3.1. Flächeninhaltsberechnungen

19.3.1.1. Flächen zwischen Kurven und Koordinatenachsen

1. Die in 19.1.2.1. wiedergegebene anschauliche Einführung des bestimmten Integrals zeigt zugleich die Möglichkeit, durch $I = \int_a^b f(x)\,\mathrm{d}x$ den Zahlenwert $\{A\}$ des Inhalts der Fläche A zu bestimmen, die zwischen dem Bild der Funktion $f(x)$, der x-Achse und den beiden Parallelen zur y-Achse durch die Punkte $P(a; 0)$ und $P(b; 0)$ liegt. Damit $\{A\} = I$ gilt, ist allerdings Voraussetzung, daß die Kurve im Intervall $a \leqq x \leqq b$ ausschließlich oberhalb der x-Achse verläuft und $a < b$ gilt, oder für $a > b$ ausschließlich unterhalb liegt. Sind diese Bedingungen nicht erfüllt, so kann (vgl. 19.1.2.6.) I auch negativ sein, während der Zahlenwert $\{A\}$ des Flächeninhalts stets positiv ist. Deshalb gilt ohne Ausnahme:

> Der Zahlenwert $\{A\}$ des Inhalts der Fläche zwischen der im Bereich $a \leqq x \leqq b$ bzw. $a \geqq x \geqq b$ *ausschließlich auf derselben Seite der x-Achse* verlaufenden Kurve, die Bild der dort stetigen Funktion $f(x)$ ist, der x-Achse und den Parallelen zur y-Achse in den Abständen a und b ist
>
> $$\{A\} = \left| \int_a^b f(x)\,\mathrm{d}x \right|.$$

BEISPIEL

Es ist $\{A\}$ zu bestimmen für $f(x) = \frac{1}{x}$ mit 1. $a_1 = 1$; $b_1 = 3$ und 2. $a_2 = -1$; $b_2 = -0{,}5$.

1. $\{A_1\} = \left| \int_1^3 \frac{1}{x}\,\mathrm{d}x \right| = \left| \ln|x| \Big|_1^3 \right| = |\ln 3 - 0| = \ln 3 \approx \underline{\underline{1{,}099}}$

$$2.\ \{A_2\} = \left| \int_{-1}^{-0,5} \frac{1}{x}\,\mathrm{d}x \right| = \left| \ln|x| \Big|_{-1}^{-0,5} \right| = |\ln|-0,5| - 0|$$

$$= |\ln 0,5| \approx |-0,693| = \underline{\underline{0,693}}$$

Das Beispiel zeigt eine interessante geometrische Deutung der natürlichen Logarithmen mit Hilfe der gleichseitigen Hyperbel.

2. Finden sich *im Intervall* $a \leqq x \leqq b$ bzw. $a \geqq x \geqq b$ *Nullstellen* x_k der Funktion $f(x)$, die der Bedingung $f'(x_k) \neq 0$ oder $f'(x_k) = f''(x_k) = 0$ genügen, so tritt dort jeweils das Funktionsbild von der einen Seite der x-Achse auf die andere über, und es ergeben sich *Flächenteile* zwischen x-Achse und Funktionsbild *auf beiden Seiten der x-Achse.* Diesen Flächenteilen entsprechen positive bzw. negative Teilsummen der dem Integral $\int_a^b f(x)\,\mathrm{d}x$ zugrunde liegenden Produktsumme (vgl. 19.1.2.6.), so daß der Betrag dieses Integrals in diesem Fall nicht gleich dem Zahlenwert $\{A\}$ des Inhalts der gesamten Fläche, d.h. sämtlicher Flächenteile zwischen dem Funktionsbild, der x-Achse und den Geraden $x = a$ und $x = b$ sein kann. Vielmehr ist hier eine *Unterteilung des Integrationsintervalls* an den genannten Nullstellen erforderlich, und $\{A\}$ ergibt sich durch *Addition der Beträge dieser Teilintegrale:*

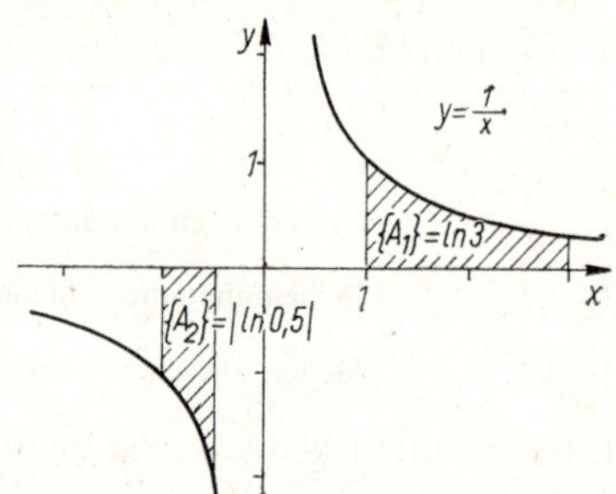

$$\{A\} = \left| \int_a^{x_1} f(x)\,\mathrm{d}x \right| + \left| \int_{x_1}^{x_2} f(x)\,\mathrm{d}x \right| + \ldots + \left| \int_{x_k}^{b} f(x)\,\mathrm{d}x \right|$$

BEISPIEL

Gesucht ist:

1. $|I| = \left| \int_{-1}^{4} \frac{1}{2}(x-1)^3\,\mathrm{d}x \right|$
2. $\{A\}$ für das vom Bild der Funktion $y = \frac{1}{2}(x-1)^3$, der x-Achse und den Geraden $x = -1$ und $x = 4$ begrenzte Flächenstück. Die Funktion hat bei $x_1 = +1$ eine Nullstelle, für die $f'(x_1) = \frac{3}{2}(x_1 - 1)^2 = f''(x_1) = 3(x_1 - 1) = 0$ erfüllt ist.

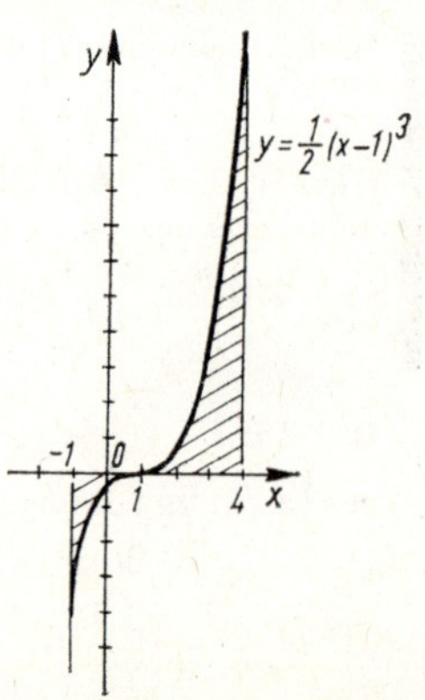

1. $$|I| = \left|\int_{-1}^{+4} \frac{1}{2}(x-1)^3\,dx\right| = \left|\frac{1}{2}\int_{-1}^{+4}(x^3 - 3x^2 + 3x - 1)\,dx\right|$$
$$= \left|\frac{1}{2}\left(\frac{x^4}{4} - x^3 + \frac{3}{2}x^2 - x\right)\Big|_{-1}^{+4}\right| = \left|10 - \frac{15}{8}\right| = \underline{\underline{\frac{65}{8}}}$$

2. $$\{A\} = \left|\int_{-1}^{+1} \frac{1}{2}(x-1)^3\,dx\right| + \left|\int_{+1}^{+4} \frac{1}{2}(x-1)^3\,dx\right|$$
$$= \left|\frac{1}{2}\left(\frac{x^4}{4} - x^3 + \frac{3}{2}x^2 - x\right)\Big|_{-1}^{+1}\right|$$
$$+ \left|\frac{1}{2}\left(\frac{x^4}{4} - x^3 + \frac{3}{2}x^2 - x\right)\Big|_{+1}^{+4}\right| = |-2| + \left|\frac{81}{8}\right| = \underline{\underline{\frac{97}{8}}}$$

Wie zu erwarten, stimmen $|I|$ und $\{A\}$ nicht überein.

3. Ob das zur Berechnung eines Flächenteils benutzte Integral $I = \int_a^b f(x)\,dx$ positiv oder negativ ausfällt, läßt sich auch an der *Figur* erkennen. Wird nämlich die betreffende Fläche längs ihrer Umrandung so umlaufen, daß auf der x-Achse von a nach b begonnen wird, so ist beim Umlaufen

im $\begin{matrix}\text{Gegenzeigersinn}\\ \text{Uhrzeigersinn}\end{matrix}$ $\left(\text{Fläche bleibt } \begin{matrix}\text{links!}\\ \text{rechts!}\end{matrix}\right)$ $I \gtrless 0$.

Es heißt dafür auch, die Fläche sei **positiv / negativ orientiert.**

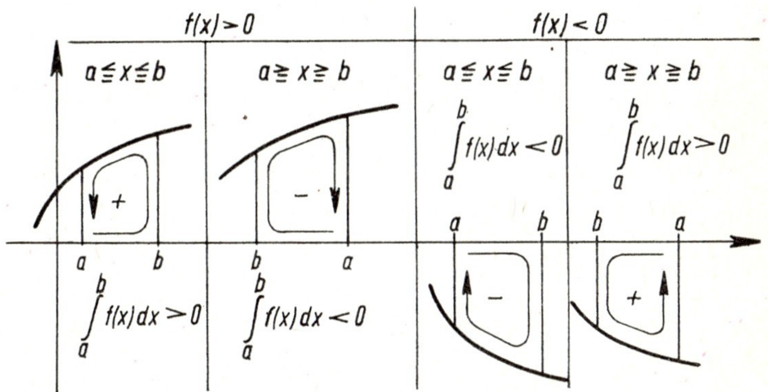

19.3.1.2. Allseitig von Kurven begrenzte Flächen

1. Der Zahlenwert des Inhalts eines von *zwei einander schneidenden Kurven* begrenzten Flächenstücks kann, wenn *beide Funktionsbilder* zwischen ihren Schnittpunkten ausschließlich *auf derselben Seite*

der x-Achse verlaufen, als *Betrag der Differenz zweier bestimmter Integrale* berechnet werden, die beide als Grenzen die Abszissen der Schnittpunkte und als Integranden je eine der zu den Kurven gehörenden Funktionsgleichungen haben:

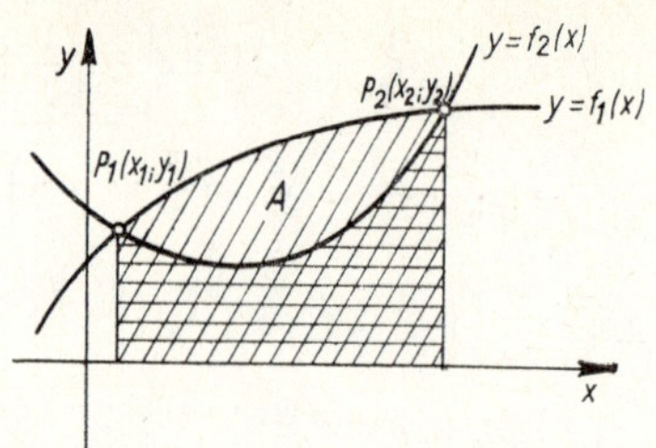

$$\{A\} = \left|\int_{x_1}^{x_2} f_1(x)\,\mathrm{d}x - \int_{x_1}^{x_2} f_2(x)\,\mathrm{d}x\right| = \left|\int_{x_1}^{x_2} [f_1(x) - f_2(x)]\,\mathrm{d}x\right|$$

2. Liegen von einer oder beiden Funktionen *Nullstellen im Integrationsintervall*, so ist in diesem Fall eine *Unterteilung* an diesen Stellen [vgl. 19.3.1.1. (2)] *nicht nötig*. Denn durch eine Parallelverschiebung der x-Achse kann stets erreicht werden, daß die Schnittpunkte mit der x-Achse wegfallen. Auf die Berechnung des Zahlenwertes des Inhalts des Flächenstücks zwischen den Funktionsbildern hat die Verschiebung der x-Achse keinen Einfluß:

Vor der Achsenverschiebung	Nach
$y = f_1(x)$	$y = f_1(x) + d$
$y = f_2(x)$	$y = f_2(x) + d$
$\{A\} = \left\|\int_{x_1}^{x_2} [f_1(x) - f_2(x)]\,\mathrm{d}x\right\|$	$\{A\} = \left\|\int_{x_1}^{x_2} [f_1(x) + d - f_2(x) - d]\,\mathrm{d}x\right\| = \left\|\int_{x_1}^{x_2} [f_1(x) - f_2(x)]\,\mathrm{d}x\right\|$

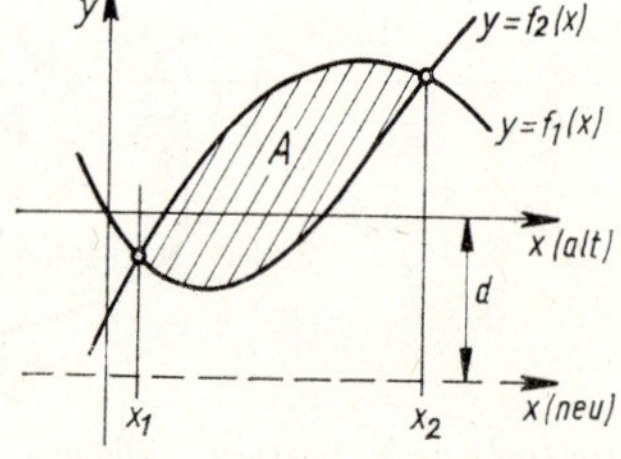

BEISPIEL

$y = f_1(x) = 1 - x^2;$

$y = f_2(x) = x^2 - 2$

Integrationsgrenzen:

$$x_0^2 - 2 = 1 - x_0^2; \quad x_{1,2} = \pm\frac{1}{2}\sqrt{6}$$

$$\{A\} = \left|\int_{-\frac{1}{2}\sqrt{6}}^{+\frac{1}{2}\sqrt{6}} [(1 - x^2) - (x^2 - 2)]\,\mathrm{d}x\right| = \left|\int_{-\frac{1}{2}\sqrt{6}}^{+\frac{1}{2}\sqrt{6}} (3 - 2x^2)\,\mathrm{d}x\right|$$

$$= \left|\left(3x - \frac{2}{3}x^3\right)\Bigg|_{-\frac{1}{2}\sqrt{6}}^{+\frac{1}{2}\sqrt{6}}\right| = \left|\frac{3}{2}\sqrt{6} - \frac{1}{2}\sqrt{6} + \frac{3}{2}\sqrt{6} - \frac{1}{2}\sqrt{6}\right|$$

$$= \underline{\underline{2\sqrt{6}}}$$

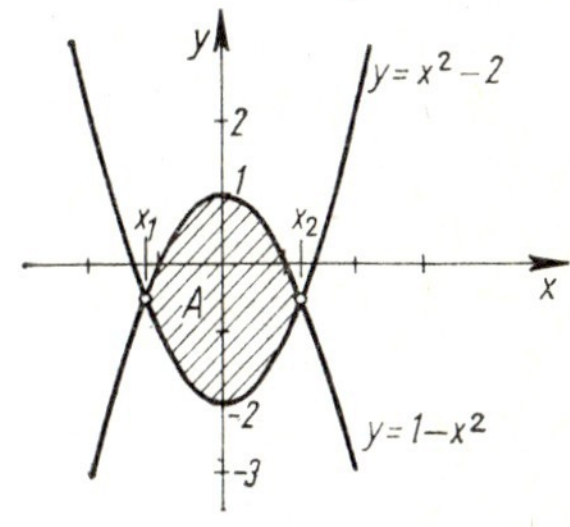

3. *Kreisfläche*

Beachte:

1. Zur Vereinfachung der Rechnung wird der Kreis in Mittelpunktlage angenommen (vgl. 22.5.1.1.) und nur die Fläche des im I. Quadranten gelegenen Viertelkreises berechnet.
2. Bei bestimmten Integralen können grundsätzlich nur *Zahlen* (z. B. Zahlenwerte von Größen; vgl. 6.5.) vorkommen. In der Praxis ist es aber üblich, bei Berechnungen mit Integralen die *Symbole der Größen* an Stelle der *Symbole der Zahlenwerte* zu verwenden, z. B. A statt $\{A\}$; r statt $\{r\}$. In diesem und den folgenden Abschnitten wird ebenfalls so verfahren.

Integrand: $\sqrt{r^2 - x^2}$

Grenzen: $a = 0; \quad b = r$

Flächeninhalt des Viertelkreises:

$$A = \int_0^r \sqrt{r^2 - x^2}\,\mathrm{d}x$$

Berechnung des unbestimmten Integrals:

$\int \sqrt{r^2 - x^2}\,dx$	1. Substitution: $x = r \sin t$
$= \int \sqrt{r^2 - r^2 \sin^2 t} \cdot r \cos t\,dt$	$dx = r \cos t \cdot dt$
$= r^2 \int \cos^2 t\,dt$	
$= \frac{r^2}{2} \int (1 + \cos 2t)\,dt$	2. Substitution: $2t = z$
$= \frac{r^2}{4} \int (1 + \cos z)\,dz$	$dt = \frac{dz}{2}$
$= \frac{r^2}{4} (z + \sin z) + C$	
$= \frac{r^2}{4} (2t + \sin 2t) + C$	
$= \frac{r^2}{4} (2t + 2 \sin t \cos t) + C$	
$= \frac{r^2}{2} (t + \sin t \sqrt{1 - \sin^2 t}) + C$	$\sin^2 t = \frac{x^2}{r^2}$; $\sin t = \frac{x}{r}$
$= \frac{r^2}{2} \arcsin \frac{x}{r} + \frac{x}{2} \sqrt{r^2 - x^2} + C$	$t = \arcsin \frac{x}{r}$

Berechnung des Flächeninhaltes des Viertelkreises:

$$A = \left(\frac{r^2}{2} \arcsin \frac{x}{r} + \frac{x}{2} \sqrt{r^2 - x^2}\right)\Bigg|_0^r$$

$$= \frac{r^2}{2} \cdot \frac{\pi}{2} + 0 - 0 - 0 = \frac{\pi r^2}{4}$$

Inhalt der Kreisfläche: $A_{\text{Kreis}} = \pi r^2$

19.3.2. Berechnung der Längen von Kurvenbogen

Die Länge b des Bogens einer Kurve in den Grenzen von x_1 bis x_2 wird als Grenzwert der Längen aller möglichen Sehnenzüge erklärt, die ohne Unterbrechung vom Anfang bis zum Ende des Bogens längs der Kurve verlaufen. Der Grenzwert wird für $\Delta s \to 0$ gebildet, wenn Δs die Länge des einzelnen Sehnenelementes ist.

$$\Delta s_i = \sqrt{(\Delta x)^2 + (\Delta y_i)^2}$$

$$= \sqrt{1 + \left(\frac{\Delta y_i}{\Delta x}\right)^2} \cdot \Delta x$$

$$b = \lim_{\Delta s \to 0} \sum_{i=1}^{n} \Delta s_i$$

$$= \lim_{\Delta x \to 0} \sum_{i=1}^{n} \sqrt{1 + \left(\frac{\Delta y_i}{\Delta x}\right)^2} \cdot \Delta x$$

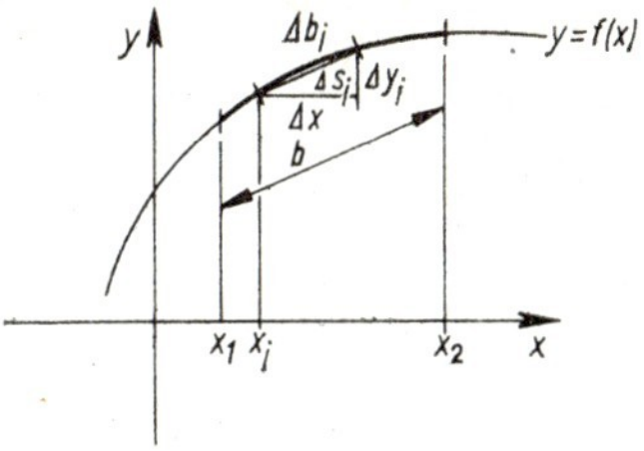

$$b = \int_{x_1}^{x_2} \sqrt{1 + \left(\frac{\mathrm{d}y}{\mathrm{d}x}\right)^2} \cdot \mathrm{d}x = \int_{x_1}^{x_2} \sqrt{1 + [f'(x)]^2}\, \mathrm{d}x$$

Beachte:

Voraussetzung ist, daß im Integrationsintervall $f(x)$ überall differenzierbar und $f'(x)$ stetig ist.

Ein Kurvenstück, für das die genannten Bedingungen zutreffen, heißt **rektifizierbar.**

Das Differential $\sqrt{1 + [f'(x)]^2}\, \mathrm{d}x = \mathrm{d}b$ heißt **Bogenelement.**

BEISPIEL

Kreisumfang

Berechnet wird die Länge u des *Viertelkreisbogens.*

$$y = f(x) = \sqrt{r^2 - x^2} \qquad y' = f'(x) = -\frac{x}{\sqrt{r^2 - x^2}}$$

$$[f'(x)]^2 = \frac{x^2}{r^2 - x^2}$$

$$u = \int_0^r \sqrt{1 + \frac{x^2}{r^2 - x^2}}\, \mathrm{d}x = r \int_0^r \frac{\mathrm{d}x}{\sqrt{r^2 - x^2}}$$

Berechnung des unbestimmten Integrals:

$$\int \frac{\mathrm{d}x}{\sqrt{r^2 - x^2}} = \frac{1}{r} \int \frac{\mathrm{d}x}{\sqrt{1 - \left(\frac{x}{r}\right)^2}} \quad \Bigg| \quad \text{Substitution: } \frac{x}{r} = z, \quad \mathrm{d}x = r \cdot \mathrm{d}z$$

$$= \int \frac{\mathrm{d}z}{\sqrt{1 - z^2}} = \arcsin z + C = \arcsin \frac{x}{r} + C$$

Berechnung der Länge des Viertelkreisbogens:

$$u = r \cdot \arcsin \frac{x}{r}\Bigg|_0^r = r \cdot \left(\frac{\pi}{2} - 0\right) = \frac{\pi r}{2}$$

Länge des Kreisumfangs: $u_{\text{Kreis}} = 2\pi r$

Beachte:

1. Hierbei kommen Differentiationen und Integrationen vor. (Regeln nicht verwechseln!)
2. Vor Berechnung des unbestimmten Integrals Wurzelausdruck möglichst weitgehend vereinfachen!

19.3.3. Volumenberechnungen

19.3.3.1. Allgemeine Volumenberechnung

Das Volumen V eines Körpers wird als Grenzwert der Summen der Volumina ΔV aller möglichen einbeschriebenen Prismen erklärt, die lückenlos von x_1 bis x_2 aneinanderliegen. Der Grenzwert wird für $\Delta x \to 0$ gebildet, wenn Δx die Höhe jedes einzelnen Prismas ist.

Voraussetzungen für diese Erklärung sind:

1. Der Körper kann in geeigneter Weise in ein räumliches Koordinatensystem gelegt werden, wobei er sich in Richtung der x-Achse von x_1 bis x_2 erstrecken möge.
2. Parallel zur y,z-Ebene kann an jeder beliebigen Stelle x_i durch den Körper ein ebener Schnitt gelegt werden, so daß der Flächeninhalt Q_i jeder so entstehenden Schnittfigur (jedes sogenannten Querschnitts) a) meßbar und b) in Abhängigkeit von x darstellbar ist.
3. Diese Querschnittsfunktion $Q(x)$ ist im Intervall von x_1 bis x_2 integrierbar.
4. Die einbeschriebenen Prismen liegen so aneinander, daß jeweils die Deckfläche des einen mit der Grundfläche des nächsten zusammenfällt.

$$\Delta V_i \approx Q(x_i) \cdot \Delta x$$

$$V = \lim_{\Delta x \to 0} \sum_{i=1}^{n} \Delta V_i$$

$$= \lim_{\Delta x \to 0} \sum_{i=1}^{n} Q(x_i) \cdot \Delta x$$

$$V = \int_{x_1}^{x_2} Q(x)\,\mathrm{d}x$$

Das Differential $Q(x)\,\mathrm{d}x = \mathrm{d}V$ heißt **Volumenelement**.

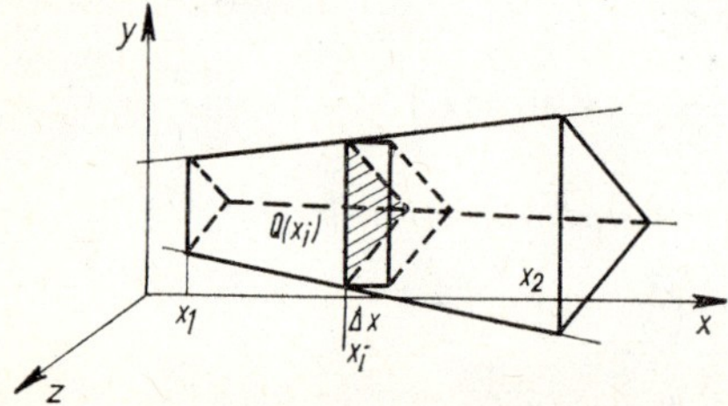

BEISPIEL

Volumen der Pyramide

Grundfläche: G; Flächeninhalt: A_G; Höhe: h; Volumen: V

$$Q(x) : A_G = x^2 : h^2; \quad Q(x) = \frac{A_G}{h^2} \cdot x^2$$

$$V = \int_0^h \frac{A_G}{h^2} x^2 \, dx = \frac{A_G}{h^2} \cdot \frac{x^3}{3} \bigg|_0^h = \frac{A_G}{h^2} \cdot \frac{h^3}{3}$$

Volumen der Pyramide:

$$V_{\text{Pyramide}} = \frac{A_G \cdot h}{3}$$

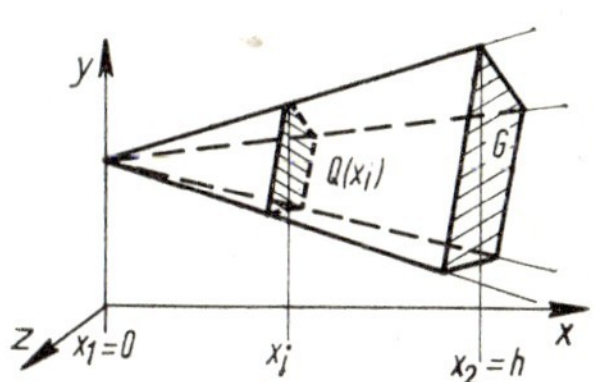

19.3.3.2. Der Cavalierische Satz

Zwei unterschiedlich gestaltete Körper [$Q_1(x)$; h_1 bzw. $Q_2(x)$; h_2] haben im allgemeinen verschiedene Volumen:

$$V_1 = \int_0^{h_1} Q_1(x) \, dx \quad \text{bzw.} \quad V_2 = \int_0^{h_2} Q_2(x) \, dx$$

Aus $Q_1(x) = Q_2(x)$ und $h_1 = h_2$ folgt aber $V_1 = V_2$.

Auch die Grundflächen sind solche Querschnitte (für $h = 0$). Die Körper haben also auch gleich große Grundflächen: $A_{G1} = A_{G2}$. Das ist der Beweis für den **Satz von Cavalieri**, der ursprünglich von CAVALIERI ausgesprochen, aber noch nicht bewiesen wurde (vgl. 21.2.):

Haben zwei Körper gleich große Gesamthöhen und sind in beliebigen Höhen gelegte Querschnitte jeweils flächengleich, dann haben die Körper gleiche Volumen.

19.3.3.3. Volumen von Rotationskörpern

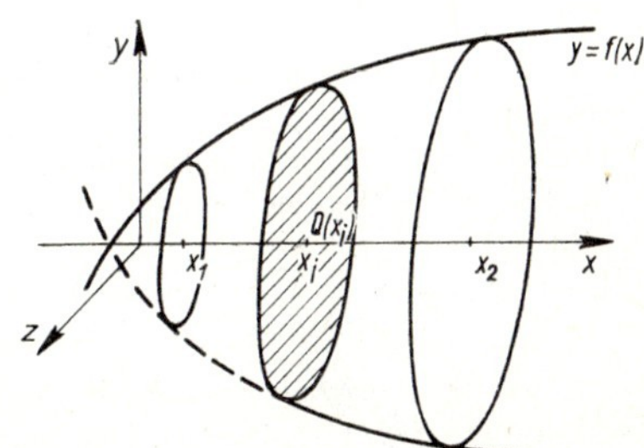

Rotationskörper sind Körper, die durch Rotation einer Fläche um eine Achse entstehen. Ihre *Querschnittsfiguren* sind *Kreise*. Die Radien dieser Kreise sind gleich den Funktionswerten der Funktion $y = f(x)$, deren Bild die rotierende Fläche begrenzt, an der jeweiligen Stelle x_i, wenn die *x-Achse als Rotationsachse* gewählt wird:

$$Q(x) = [f(x)]^2 \pi$$

Volumen des Rotationskörpers bei Rotation um die x-Achse:

$$V_x = \pi \int_{x_1}^{x_2} [f(x)]^2 \, dx$$

Bei *Rotation um die y-Achse* ergibt sich mit der zu $y = f(x)$ inversen Funktion $x = f^{-1}(y) = \varphi(y)$:

Volumen des Rotationskörpers bei Rotation um die *y-Achse*:

$$V_y = \pi \int_{y_1}^{y_2} [\varphi(y)]^2 \, dy$$

BEISPIEL

Volumen der Kugel

$y = \sqrt{r^2 - x^2}$; Grenzen: $-r$ und $+r$

$$V = \pi \int_{-r}^{+r} (r^2 - x^2) \, dx = \pi \left(r^2 x - \frac{x^3}{3} \right) \Bigg|_{-r}^{+r}$$

$$= \pi \left(r^3 - \frac{r^3}{3} + r^3 - \frac{r^3}{3} \right)$$

Volumen der Kugel: $V_{\text{Kugel}} = \dfrac{4}{3} \pi r^3$

19.3.4. Berechnung der Mantelflächeninhalte von Rotationskörpern

Der Inhalt A_{MR} der Mantelfläche eines Rotationskörpers wird als Grenzwert der Summen der Mantelflächeninhalte A_{MK} aller möglichen einbeschriebenen Kreiskegelstümpfe erklärt, die lückenlos von x_1 bis x_2 aneinanderliegen. Der Grenzwert wird für $\Delta x \to 0$ gebildet, wenn Δx die Höhe des einzelnen Kegelstumpfes ist.

Voraussetzungen für diese Erklärung sind:

1. Das Bild der Funktion $y = f(x)$, das die Mantelfläche des Rotationskörpers erzeugt, rotiert um die x-Achse und möge sich von x_1 bis x_2 erstrecken.
2. Die einbeschriebenen Kegelstümpfe liegen so aneinander, daß jeweils die Deckfläche des einen mit der Grundfläche des nächsten zusammenfällt.
3. Im Intervall $x_1 \leqq x \leqq x_2$ ist $f(x)$ überall differenzierbar und $f'(x)$ stetig.

Die *Mantellinien der Kegelstümpfe* sind Sehnenelemente Δs des Bildes der Funktion $y = f(x)$ (vgl. 19.3.2.). Der Mantelflächeninhalt $A_{MK} = \Delta A_{MR}$

eines einzelnen einbeschriebenen Kegelstumpfes ist (vgl. 21.4.2.4.):

$$\Delta A_{MR} = A_{MK} = \pi \cdot \Delta s_i \times [f(x_i) + f(x_i + \Delta x)]$$

$$= \pi \sqrt{1 + \left(\frac{\Delta y_i}{\Delta x}\right)^2} \times [f(x_i) + f(x_i + \Delta x)] \cdot \Delta x.$$

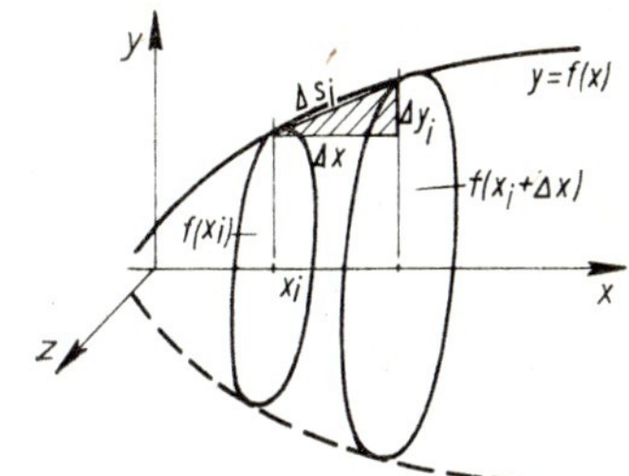

Für die Mantelfläche A_{MR} des Rotationskörpers ergibt sich als Inhalt:

$$A_{MR} = \lim_{\Delta x_i \to 0} \sum_{i=1}^{n} \Delta A_{MR}$$

$$= \lim_{\Delta x_i \to 0} \sum_{i=1}^{n} \pi \sqrt{1 + \left(\frac{\Delta y_i}{\Delta x}\right)^2} [f(x_i) + f(x_i + \Delta x)] \cdot \Delta x$$

$$A_{MR} = \int_{x_1}^{x_2} \pi \sqrt{1 + [f'(x)]^2} \cdot [f(x) + f(x)] \, dx$$

Mantelflächeninhalt des Rotationskörpers bei Rotation um die *x-Achse*:

$$A_{MR} = 2\pi \int_{x_1}^{x_2} f(x) \cdot \sqrt{1 + [f'(x)]^2} \, dx$$

Das Differential $2\pi f(x) \sqrt{1 + [f'(x)]^2} \, dx = dA_0$ heißt **Oberflächenelement,** da mitunter (z. B. bei der Kugel) Mantelfläche A_{MR} und Oberfläche A_{OR} übereinstimmen.
Für die *Rotation um die y-Achse* läßt sich eine entsprechende Formel herleiten.

BEISPIEL

Oberfläche der Kugel

$$y = f(x) = \sqrt{r^2 - x^2}; \quad \text{Grenzen: } -r \text{ und } +r$$

$$f'(x) = -\frac{x}{\sqrt{r^2 - x^2}}; \quad [f'(x)]^2 = \frac{x^2}{r^2 - x^2}$$

$$A_0 = 2\pi \int_{-r}^{+r} \sqrt{r^2 - x^2} \cdot \sqrt{1 + \frac{x^2}{r^2 - x^2}} \, dx$$

$$= 2\pi \int_{-r}^{+r} \sqrt{r^2 - x^2} \cdot \frac{r}{\sqrt{r^2 - x^2}} \, dx = 2\pi \int_{-r}^{+r} r \, dx = 2\pi r x \Big|_{-r}^{+r}$$

$$= 2\pi (r^2 + r^2) = 4\pi r^2$$

Oberflächeninhalt der Kugel: $A_{0\,\text{Kugel}} = 4\pi r^2$

19.3.5. Einige Anwendungen der Integralrechnung in der Physik

19.3.5.1. Bestimmung von Schwerpunkten

Unter dem Schwerpunkt eines mit Masse belegten Gebildes (Kurvenbogen, Fläche, Körper) versteht man den Punkt, bei dessen Unterstützung das Gebilde gegenüber der Schwerkraft im indifferenten Gleichgewicht ist. Das ist der Fall, wenn die Summe der Drehmomente aller Massenelemente in bezug auf eine Achse oder Ebene gleich ist dem Drehmoment der im Schwerpunkt vereinigt gedachten Gesamtmasse des Gebildes in bezug auf dieselbe Achse oder Ebene. Daraus lassen sich die Koordinaten des Schwerpunkts ermitteln.

19.3.5.1.1. Schwerpunkt eines mit Masse belegten Kurvenstücks

Ein Kurvenstück b des zu $y = f(x)$ gehörenden Funktionsbildes sei mit Masse von der Dichte ϱ belegt. Dann ist

das *einzelne Massenelement*: $\varrho \cdot \Delta b \approx \varrho \cdot \Delta s = \varrho \sqrt{(\Delta x)^2 + (\Delta y)^2}$,

sein *Drehmoment* in bezug auf die y-Achse: $g \cdot \varrho \cdot x \cdot \sqrt{1 + \left(\frac{\Delta y}{\Delta x}\right)^2} \cdot \Delta x$,

die *Summe der Drehmomente aller Massenelemente* von b:

$$g \cdot \varrho \int_{x_1}^{x_2} x \sqrt{1 + [f'(x)]^2}\, \mathrm{d}x,$$

(x_1; x_2: Abszissen der Endpunkte von b; g: Fallbeschleunigung)
das *Drehmoment der Gesamtmasse* $b \cdot \varrho$ von b im Schwerpunkt $S\,(x_S; y_S)$:

$$g \cdot \varrho \cdot x_S \int_{x_1}^{x_2} \sqrt{1 + [f'(x)]^2}\, \mathrm{d}x.$$

Durch Gleichsetzen der letzten beiden Terme ergibt sich:

$$x_S = \frac{\int_{x_1}^{x_2} x \sqrt{1 + [f'(x)]^2}\, \mathrm{d}x}{\int_{x_1}^{x_2} \sqrt{1 + [f'(x)]^2}\, \mathrm{d}x}$$

Abszisse des Schwerpunktes des Bogens.

Durch eine entsprechende Rechnung mit auf die x-Achse bezogenen Drehmomenten folgt:

$$y_S = \frac{\int_{x_1}^{x_2} f(x) \sqrt{1 + [f'(x)]^2}\, \mathrm{d}x}{\int_{x_1}^{x_2} \sqrt{1 + [f'(x)]^2}\, \mathrm{d}x}$$

Ordinate des Schwerpunktes des Bogens.

19.3.5.1.2. Schwerpunkt eines mit Masse belegten Flächenstücks

Das Flächenstück wird begrenzt von dem Bild der Funktion $y = f(x)$, der x-Achse und den Parallelen zur y-Achse $x = x_1$ und $x = x_2$. Als Massenelemente werden homogen mit Masse belegte Flächenstreifen parallel zur y-Achse von der Breite Δx benutzt; ihre Masse ist also jeweils $\varrho \cdot f(x) \cdot \Delta x$. Ähnliche Überlegungen wie in 19.3.5.1.1. ergeben für die *Koordinaten des Schwerpunktes der Fläche* $S\,(x_S; y_S)$ die Beziehungen

$$x_S = \frac{\int_{x_1}^{x_2} x f(x)\,\mathrm{d}x}{\int_{x_1}^{x_2} f(x)\,\mathrm{d}x}; \quad y_S = \frac{\int_{x_1}^{x_2} [f(x)]^2\,\mathrm{d}x}{2\int_{x_1}^{x_2} f(x)\,\mathrm{d}x}$$

19.3.5.1.3. Die Guldinschen Regeln

1. Wird die Beziehung für die Ordinate des Schwerpunkts eines Kurvenstücks (vgl. 19.3.5.1.1.) auf beiden Seiten mit

$2\pi \int_{x_1}^{x_2} \sqrt{1 + [f'(x)]^2}\,\mathrm{d}x$ multipliziert, so folgt

$$\underbrace{2\pi \int_{x_1}^{x_2} f(x)\sqrt{1 + [f'(x)]^2}\,\mathrm{d}x}_{\swarrow} = \underbrace{\int_{x_1}^{x_2} \sqrt{1 + [f'(x)]^2}\,\mathrm{d}x}_{\swarrow} \cdot \underbrace{2\pi y_S}_{\searrow}$$

[Mantelflächeninhalt des Rotationskörpers, der durch Drehen des Kurvenstücks um die x-Achse entsteht] = [Länge des rotierenden Kurvenstücks] · [Weglänge des Schwerpunkts dieses Kurvenstücks bei der Rotation]

Erste Guldinsche Regel

2. Entsprechend kann mit der Beziehung für die Ordinate des Schwerpunkts eines Flächenstücks (vgl. 19.3.5.1.2.) verfahren werden.

$$\underbrace{\pi \int_{x_1}^{x_2} [f(x)]^2\,\mathrm{d}x}_{\searrow} = \underbrace{\int_{x_1}^{x_2} f(x)\,\mathrm{d}x}_{\downarrow} \cdot \underbrace{2\pi y_S}_{\searrow}$$

[Volumen des Rotationskörpers, der durch Drehen des Flächenstücks um die x-Achse entsteht] = [Größe des rotierenden Flächenstücks] · [Weglänge des Schwerpunkts dieses Flächenstücks bei der Rotation]

Zweite Guldinsche Regel

19.3.5.1.4. Anwendungen der Guldinschen Regeln

Die GULDINschen Regeln gestatten oft auf sehr einfachem Wege, Mantel- oder Oberflächeninhalt bzw. Volumen eines Rotationskörpers oder auch die Lage von Schwerpunkten zu bestimmen.

BEISPIELE

1. *Mantelflächeninhalt eines Kegels* (Grundkreisradius r, Höhe h, Mantellinie s) aus der Länge des Wegs des Schwerpunkts von s:
   Nach der 1. GULDINschen Regel ergibt sich:

$$A_M = s \cdot 2 \frac{r}{2} \pi$$

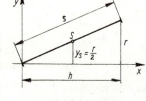

$$= \pi r s.$$

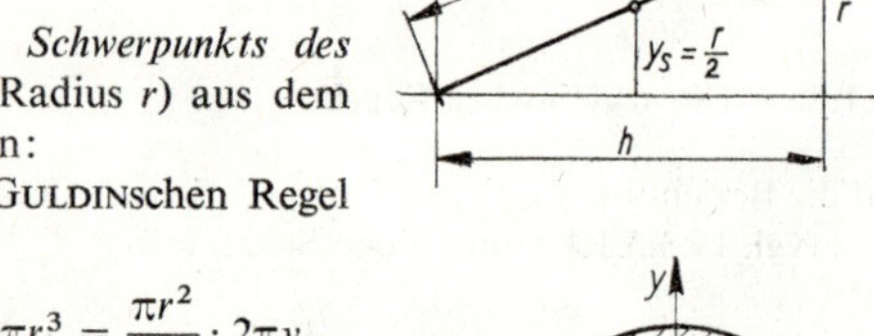

2. Ordinate des *Schwerpunkts des Halbkreises* (Radius r) aus dem Kugelvolumen:
   Nach der 2. GULDINschen Regel ergibt sich:

$$\frac{4}{3} \pi r^3 = \frac{\pi r^2}{2} \cdot 2\pi y_S$$

$$y_S = \frac{4r}{3\pi} \approx \frac{2}{5} r.$$

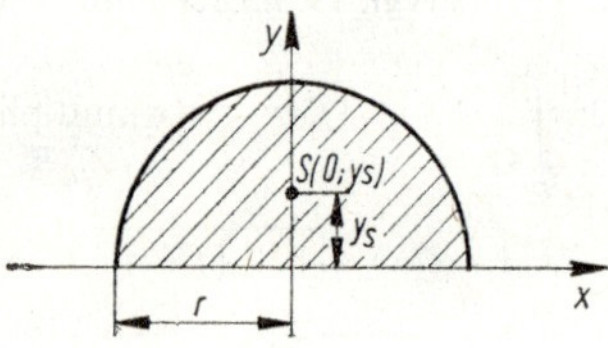

19.3.5.2. Verschiedene andere Anwendungen

1. Weg s, Geschwindigkeit v, Beschleunigung a:

Durch Umkehrung der in 18.2.4. (1) genannten Beziehungen ergibt sich:

$$s = \int v \, dt; \quad v = \int a \, dt$$

BEISPIEL

Beim *freien Fall* gilt $a = g \approx 9{,}8 \text{ m} \cdot \text{s}^{-2}$. Daraus folgt:

$v = \int g \, dt = gt + C_1$

$s = \int (gt + C_1) \, dt = \frac{1}{2} gt^2 + C_1 t + C_2.$

Die Konstanten C_1 und C_2 ergeben sich aus **Anfangs-** oder **Randbedingungen**:

Wenn z. B. der Fall zur Zeit $t_0 = 0$ mit $v_0 = 0$ beginnt und s von dort ab gemessen wird, also zur Zeit t_0 auch $s_0 = 0$ gilt, so folgt:

$v_0 = 0 = gt_0 + C_1 = 0 + C_1$, also $C_1 = 0$

$s_0 = 0 = \frac{1}{2} g t_0^2 + C_1 t_0 + C_2 = 0 + 0 + C_2$, also $C_2 = 0.$

Für diesen Fall lautet das Weg-Zeit-Gesetz des freien Falls also:
$s = \frac{1}{2} gt^2.$

2. **Arbeit (Energie)** W **einer veränderlichen Kraft** $F(s)$ **in einem Wegabschnitt** $s_2 - s_1$**:**

$$W = \int_{s_1}^{s_2} F(s)\,\mathrm{d}s$$

BEISPIEL

Bei einer *elastischen Feder* ist die Zugkraft F proportional der durch die Dehnung bewirkten Verlängerung Δl, die dem zurückgelegten Weg s entspricht: $F(s) = k \cdot s$. Dann ergibt sich bei einer Federdehnung um l als verrichtete *Arbeit*:

$$W = \int_0^l k \cdot s\,\mathrm{d}s = \frac{1}{2}k \cdot s^2 \Big|_0^l = \frac{1}{2}k \cdot l^2.$$

W stellt auch die in der gespannten Feder enthaltene *Energie* dar.

3. **Impuls** I**:**

Aus $F = m \cdot \frac{\mathrm{d}v}{\mathrm{d}t}$ [vgl. 18.2.4.(2)] folgt $F\,\mathrm{d}t = m\,\mathrm{d}v$ und

$$\int_{t_1}^{t_2} F(t)\,\mathrm{d}t = \int_{v_1}^{v_2} m\,\mathrm{d}v = mv\Big|_{v_1}^{v_2} = m(v_2 - v_1) = I.$$

4. **Mechanische Arbeit** W **aus der Leistung** P **in einer Zeitspanne** t**:**

$$W = \int_0^t P\,\mathrm{d}t$$

5. **Kinetische Energie** W_k **einer mit der Geschwindigkeit** v **bewegten Masse** m**:**

$$W_k = m \int v\,\mathrm{d}v = \frac{1}{2}mv^2$$

6. **Stromarbeit** W **in einer Zeitspanne** t **bei einer elektrischen Spannung** U**, einer Stromstärke** I **und einem Leitungswiderstand** R**:**

$$W = \int_0^t U \cdot I\,\mathrm{d}t = \int_0^t \frac{U^2}{R}\,\mathrm{d}t = \int_0^t I^2 R\,\mathrm{d}t$$

GEOMETRIE

20. Planimetrie

20.1. Grundlegende Begriffe

20.1.1. Geometrische Grundgebilde

Die **Dimension** eines geometrischen Gebildes unserer Umwelt ist eine natürliche Zahl. Sie gibt an, wie viele der Ausdehnungen nach Länge, Breite und Höhe bei dem Gebilde vorkommen, also bei der Beschreibung und Vermessung berücksichtigt werden müssen. Nach der Dimension richtet sich die Maßeinheit (z.B. cm, cm^2, cm^3).

Dimension	Unbegrenzte Gebilde	Begrenzte Gebilde
3	Raum	Körper
2	Fläche (Sonderfall: Ebene)	Figur (Sonderfall: ebene Figur)
1	Linie (Sonderfall: Gerade)	Linienstück (Bogen) (Sonderfall: Geradenstück [Strahl, Strecke])
0		Punkt

Beachte:

1. Die begrenzten Gebilde können als Ausschnitte (Teile) der entsprechenden unbegrenzten Gebilde aufgefaßt werden.
2. Unbegrenzte Gebilde der Dimension 0 gibt es nicht.

Wichtigste Teilgebiete der Geometrie sind Planimetrie und Stereometrie.

20.1.2. Gebilde der Planimetrie

In der **Planimetrie** werden solche geometrischen Gebilde untersucht, die sich vollständig in eine Ebene legen lassen. Dazu gehören: **Punkt, Gerade** und ihre Teile, **Linien** und ihre Teile (sofern sie nicht, wie z.B. die

Schraubenlinie, räumlich gestaltet sind) und **ebene Figuren.** Letztere können verschiedenartig begrenzt sein:

nur **krummlinig**	**krumm- und geradlinig**	nur **geradlinig**
(Beispiel: Kreis)	(Beispiel: Kreissektor)	(Beispiel: Vielecke)

Die übrigen Grundgebilde, insbesondere alle der Dimension 3, die gekrümmten Flächen, auf diesen gelegene Linien oder Linienstücke und Figuren werden in der Stereometrie (vgl. 21.) abgehandelt.

20.1.3. Richtung und Winkel

20.1.3.1. Richtungsbegriff

Beim Anvisieren eines Sterns muß in derselben Richtung geblickt werden, in der auch der Lichtstrahl vom Stern zum Auge des Beobachters gelangt. Zum mathematischen Begriff **Richtung** gehört nicht (wie etwa zum physikalischen Begriff Bewegungsrichtung) die Auszeichnung der einen Seite als Ausgang und der anderen als Ziel. Eine solche zusätzliche Angabe beinhaltet der Begriff **Richtungssinn (Durchlaufsinn).**
Es muß also unterschieden werden:

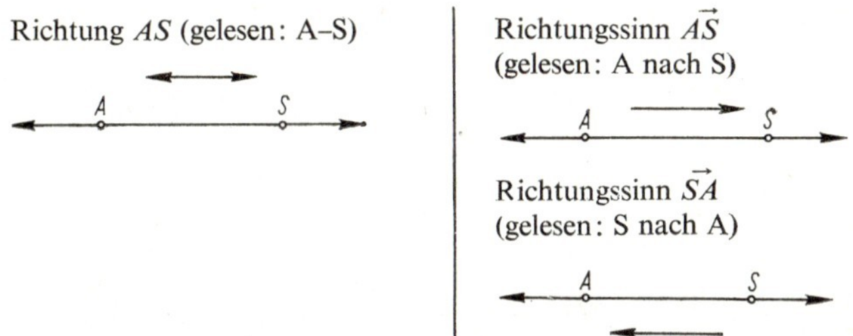

20.1.3.2. Gerade, Strahl, Strecke

1. **Eine Gerade** g ist die Bahn eines Punktes, der sich ohne Änderung der Richtung unbegrenzt in beiderlei Richtungssinn bewegt.

Beachte:

1. Eine Gerade ist beidseitig unbegrenzt.
2. Einer Geraden kommt eine eindeutige Richtung, gewöhnlich aber kein Richtungssinn zu.
3. Wird der Geraden ein Richtungssinn zugewiesen, so heißt sie eine **orientierte Gerade.**

2. Die Menge aller Punkte einer Geraden, die

auf demselben der beiden durch einen Punkt O getrennten Teile	zwischen zwei Punkten A und B

dieser Geraden liegen (O bzw. A und B selbst mit eingeschlossen), bildet

einen **Strahl** $\overrightarrow{OX}$. | eine **Strecke** $\overline{AB}$.

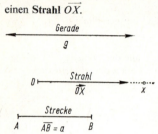

Beachte:

1. Ein Strahl ist einseitig, eine Strecke beidseitig begrenzt.
2. Ein Strahl hat stets einen eindeutigen Richtungssinn, eine Strecke gewöhnlich aber nur eine Richtung.
3. Wird einer Strecke $\overline{AB}$ ein Richtungssinn zugewiesen, so wird das durch $\overrightarrow{AB}$ bzw. $\overrightarrow{BA}$ symbolisiert. Sie heißt dann **orientiert.**
4. Die Strecke ist die kürzeste Verbindung zwischen zwei Punkten.

20.1.3.3. Parallelität

Geraden mit gleicher Richtung heißen untereinander **parallel.**

Zwei parallele Geraden g und h (Symbol: $g \| h$) haben überall den gleichen **Abstand,** infolgedessen (im Endlichen) keinen gemeinsamen Punkt (keinen Schnittpunkt).

Beachte:

1. Der Abstand a eines Punktes P von einer Geraden g wird stets senkrecht (vgl. 20.1.3.6.) zu dieser Geraden gemessen. Es ist die kürzeste aller Strecken, die sich von P nach irgendwelchen Punkten von g ziehen lassen.
2. Unter dem Abstand a einer Geraden von einer zweiten zu ihr parallelen wird der Abstand irgendeines ihrer Punkte von der anderen Geraden verstanden.

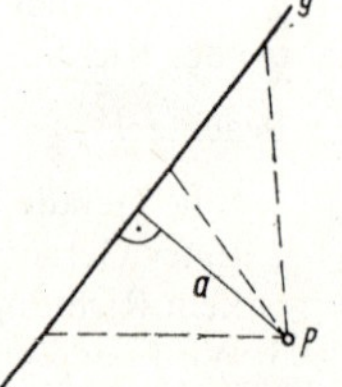

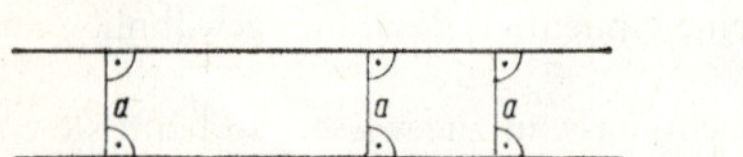

3. Haben zwei parallele orientierte Geraden g und h den gleichen Richtungssinn, so heißen sie **gleichsinnig parallel** (Symbol: $g \uparrow\uparrow h$), andernfalls **ungleichsinnig parallel** oder **antiparallel** (Symbol: $g \uparrow\downarrow h$).
4. Zur Parallelität beliebiger Kurven vgl. 19.1.1.2.

20.1.3.4. Winkelbegriff

In der Planimetrie wird unter einem Winkel der **Richtungsunterschied zweier Strahlen** a und b, die von demselben Punkt S ausgehen, verstanden.

Der Winkel kann auch dadurch bestimmt werden, daß der eine Strahl, etwa a, durch *Drehung* um S mit b zur Deckung gebracht wird; er überstreicht dabei den Winkel (a, b). Eine Drehung von b bis zur Deckung mit a bestimmt entsprechend den Winkel (b, a). Erfolgt diese Drehung **im Gegenuhrzeigersinn,** so wird der überstrichene Winkel **positiv**, bei Drehung im **Uhrzeigersinn negativ** genannt.

Fachbezeichnungen:

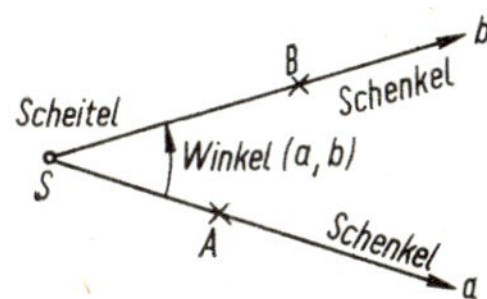

Andere Kurzzeichen für Winkel (a, b) bzw. (b, a):

1. $\sphericalangle ASB$ bzw. $\sphericalangle BSA$ (Scheitel in der Mitte!)
2. Kleine griechische Buchstaben: $\alpha, \beta, \gamma, \ldots, \varphi, \psi, \ldots$

20.1.3.5. Winkelmaße

Zur Festlegung der Winkelmaßeinheiten dient der **Vollwinkel.** Ein Vollwinkel ergibt sich, wenn von zwei aufeinander liegenden Strahlen mit gemeinsamem Ausgangspunkt S der eine so weit um S gedreht wird, bis er wieder mit dem festgehaltenen anderen Strahl zusammenfällt.

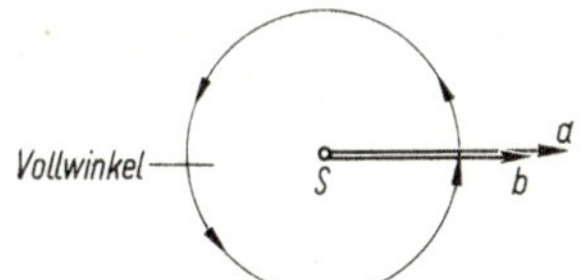

Maßart	Grundeinheit			Weitere Einheiten
	Name	Definition als Bruchteil des Vollwinkels	Kurzzeichen	
Gradmaß	**Grad**	$\frac{1}{360}$	1°	$1° = 60'$ (**Minuten**) $1' = 60''$ (**Sekunden**)
Bogenmaß	**Radiant**	$\frac{1}{2\pi}$	1 rad oder nur 1	Dezimale Unterteilung

Umrechnungen

Gradmaß	Bogenmaß
$180°$	π (rad)
$1°$	$\frac{\pi}{180} = 0{,}0174\ldots$ (rad)
$\frac{180°}{\pi} = 57{,}295\ldots°$	1 (rad)

Beachte:

1. Die Kurzzeichen ′ und ″ für *Winkelminute* und *Winkelsekunde* dürfen *nicht* zur Bezeichnung von *Zeiteinheiten* verwendet werden (z.B. 45 min, aber nicht 45′).
2. Zum *Bogenmaß* vgl. auch 15.3.3.5.1. und 20.8.4.3.
3. Um zu betonen, daß die Maßangabe eines Winkels α im *Bogenmaß* erfolgen soll, wird gelegentlich arc α geschrieben (gelesen: Arcus α; arcus (lat.) Bogen).
4. Der Praxis entsprechend wird im folgenden bei Angaben im *Bogenmaß* die Bezeichnung rad weggelassen.
5. Es ist üblich, das Bogenmaß nach Möglichkeit als Teil oder Vielfaches von π anzugeben $\left(\text{z.B. } \frac{\pi}{4};\ 3\pi\right)$.

Gelegentlich findet sich noch als *weitere Gradmaßeinheit* 1 **Neugrad** oder 1 **Gon** (Kurzzeichen: 1^g), definiert als $\frac{1}{400}$ des Vollwinkels, mit $1^g = 100^c$ **(Neuminuten)** und $1^c = 100^{cc}$ **(Neusekunden).** Diese Einheiten werden in der Praxis nur in Spezialgebieten und deshalb im folgenden nicht verwendet.

20.1.3.6. Besondere Winkelbezeichnungen

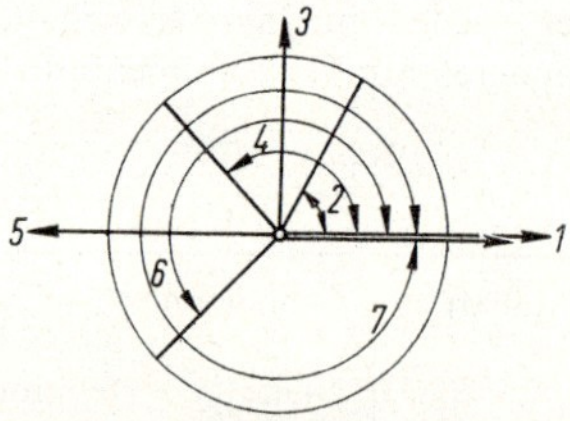

Einige Winkel bzw. Winkelbereiche tragen *besondere Namen*:

Nummer an der Figur	Größe	Bezeichnung
1	$0°$	*Nullwinkel*
2	$0° < \alpha < 90°$	*spitze Winkel*
3	$90°$	*rechter Winkel*
4	$90° < \alpha < 180°$	*stumpfe Winkel*
5	$180°$	*gestreckter Winkel*
6	$180° < \alpha < 360°$	*überstumpfe Winkel*
7	$360°$	*Vollwinkel*

Beachte:

1. Für den *rechten Winkel* gab es ein besonderes Symbol: 1 ∢ oder 1 R, und meist ist die *Kurzbezeichnung* „**Rechter**“ üblich.
2. Zwei Geraden, die einander unter 90° schneiden, stehen **senkrecht aufeinander** (verlaufen **orthogonal zueinander**).
3. Von senkrecht muß **lotrecht** unterschieden werden. Lotrecht hängt ein *Senklot*; darunter versteht man also die Richtung zum Erdmittelpunkt hin. Senkrecht bezeichnet einen Richtungsunterschied, lotrecht eine bestimmte Richtung.
4. Von zwei aufeinander senkrecht stehenden Geraden wird jede die **Senkrechte zur** anderen oder das **Lot auf die** andere genannt. (Letzteres auch dann, wenn das „Lot“ nicht „lotrecht“ verläuft.)

Zwei Winkel,
die zusammen 90° / 180° betragen, heißen **Komplementwinkel.** / **Supplementwinkel.**

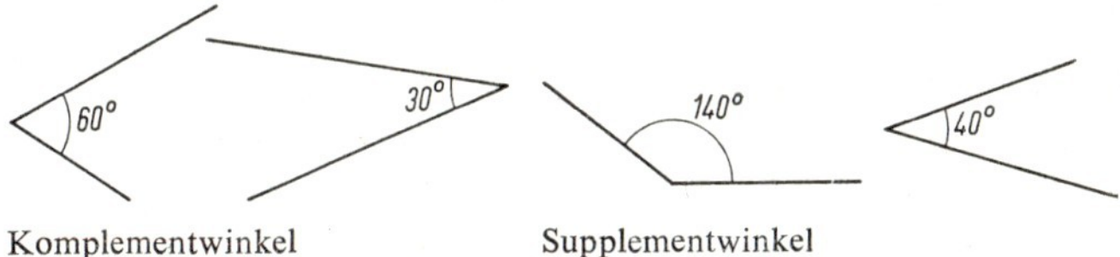

Komplementwinkel Supplementwinkel

Beachte:

Von zwei Komplementwinkeln kann keiner >90° sein, von zwei Supplementwinkeln muß der eine ≧90°, der andere ≦90° sein.

20.2. Winkel an geschnittenen Geraden

20.2.1. Zwei einander schneidende Geraden

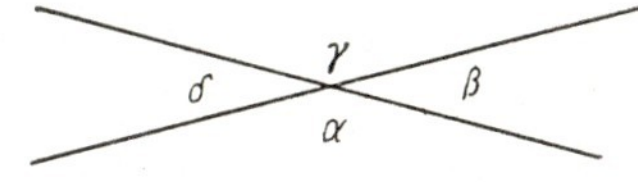

Besondere Winkelpaare

Name	**Scheitelwinkel**	**Nebenwinkel**
Aufzählung	α und γ, β und δ	α und β; β und γ; γ und δ; δ und α
Lehrsatz	Scheitelwinkel sind gleich groß.	Nebenwinkel betragen zusammen 180° (d.h., sie sind Supplementwinkel).

Beachte:

1. Sind Nebenwinkel gleich groß, so beträgt jeder 90°.
2. Eine Gerade durch den Scheitel eines Winkels, die diesen in zwei gleich große Teilwinkel zerlegt, heißt **Winkelhalbierende** dieses Winkels (Symbol: w).

Lehrsatz

> Die Winkelhalbierenden w_1 und w_2 von Nebenwinkeln stehen senkrecht aufeinander (Symbol: $w_1 \perp w_2$).

20.2.2. Drei einander schneidende Geraden

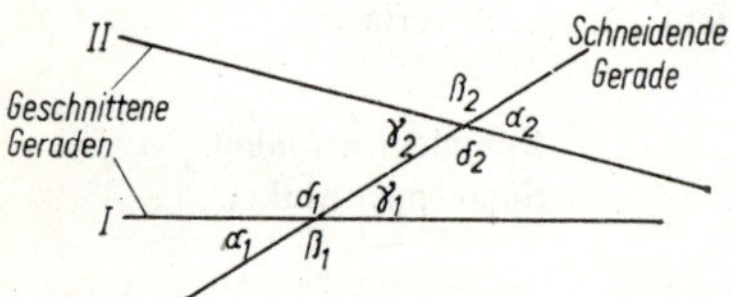

Besondere Winkelpaare

Name	Stufenwinkel	Wechselwinkel	Entgegengesetzt liegende Winkel
Aufzählung	α_1 und γ_2; β_1 und δ_2; γ_1 und α_2; δ_1 und β_2	α_1 und α_2; β_1 und β_2; γ_1 und γ_2; δ_1 und δ_2	α_1 und β_2; α_1 und δ_2; β_1 und α_2; β_1 und γ_2; γ_1 und δ_2; γ_1 und β_2; δ_1 und γ_2; δ_1 und α_2

Beachte:

Auch an dieser Figur kommen außerdem Scheitel- und Nebenwinkel vor.

Sonderfall:

Verlaufen die geschnittenen Geraden *I* und *II* parallel zueinander, so gilt folgender

Lehrsatz

> An geschnittenen Parallelen sind
> a) Stufenwinkel gleich groß,
> b) Wechselwinkel gleich groß,
> c) entgegengesetzt liegende Winkel Supplementwinkel.

Dieser Lehrsatz ergibt auch bei der Umkehrung eine wahre Aussage.

Konstruktive Anwendung

Zeichnen paralleler Geraden durch „Abschieben“ mit Hilfe von Zeichendreieck und Lineal.

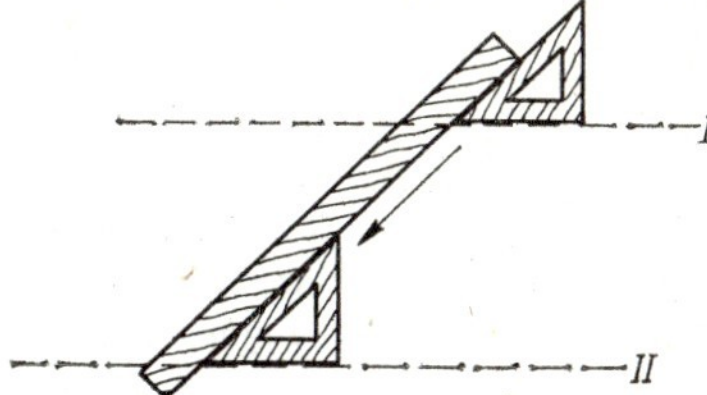

20.3. Symmetrie

20.3.1. In sich symmetrische Figuren

20.3.1.1. Achsensymmetrie

Jede quer durch eine Figur verlaufende Gerade oder vom Umfang begrenzte Strecke heißt **Transversale** der Figur.

Wird eine Figur durch eine Transversale in zwei nach Gestalt und Größe gleiche Teilfiguren zerlegt und kann die eine Teilfigur beim Umklappen um diese Transversale mit der anderen Teilfigur völlig zur Deckung gebracht werden, so heißt die Figur *in sich achsensymmetrisch*, die betreffende Transversale **Symmetrieachse** und alle Figurenteile (Punkte, Winkel, Strecken), die beim Umklappen aufeinander fallen, heißen **entsprechende Stücke.**

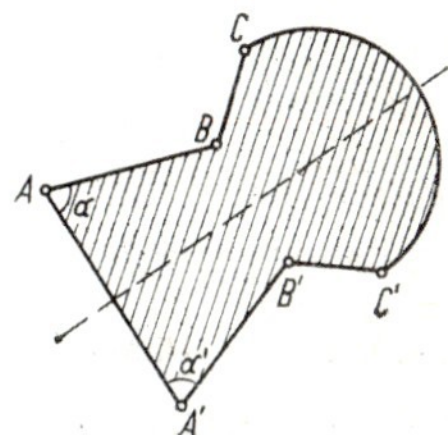

Beachte:

In sich achsensymmetrische Figuren können auch mehr als eine Symmetrieachse haben.

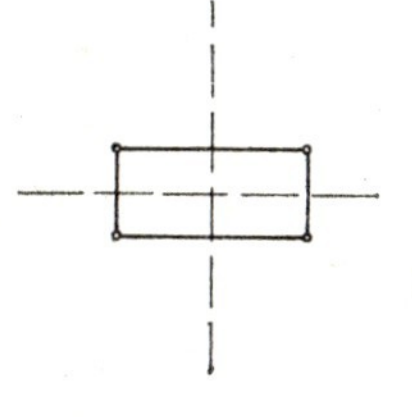

Zwei

Sechs Symmetrieachsen

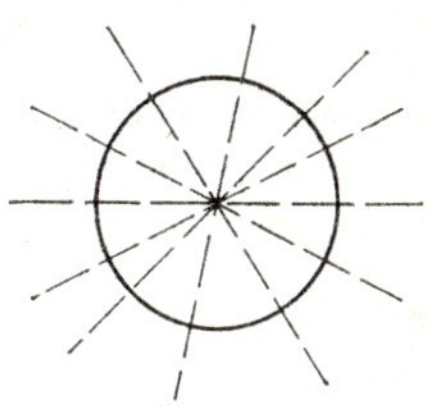

Beliebig viele

20.3.1.2. Zentralsymmetrie

Kann eine Figur mit einer Drehung um einen im Innern gelegenen Punkt durch einen Winkel $\varphi = 180°$ mit sich selbst völlig zur Deckung gebracht werden, so heißt die Figur **in sich (einfach) zentralsymmetrisch**, der Drehpunkt das **Symmetriezentrum** und der Drehwinkel der **Symmetriewinkel.** Aufeinander fallende Figurenteile heißen auch hier **entsprechende Stücke**.

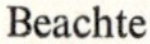

Beachte:

Manche Figuren führen bereits nach einer Drehung durch $\varphi = \frac{360°}{n}$ $(n \in N;\ n > 2)$ zur Deckung und dann immer wieder bei weiteren Drehungen durch diesen Winkel φ. Solche Figuren heißen **in sich mehrfach zentralsymmetrisch.**

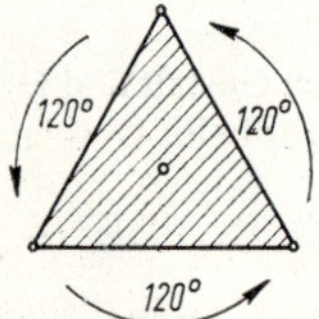

Dreifach zentralsymmetrisch

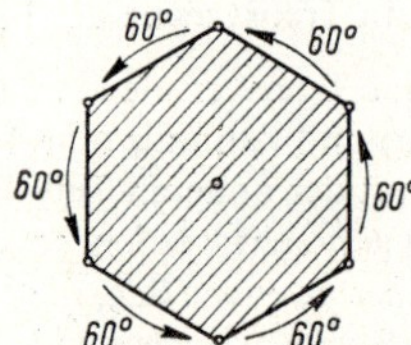

Sechsfach zentralsymmetrisch

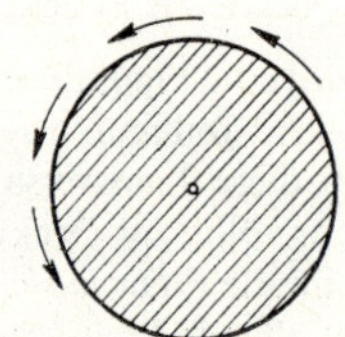

Unbegrenzt vielfach zentralsymmetrisch

20.3.2. Paare symmetrisch gelegener Figuren

Paare von nach Gestalt und Größe gleichen Figuren können so gelegen sein, daß die eine von ihnen durch

Umklappen um eine zwischen beiden Figuren gelegene Gerade	Drehen um einen zwischen beiden Figuren gelegenen Punkt durch 180°

mit der anderen völlig zur Deckung kommt. Solche Figuren heißen

(zueinander) achsensymmetrisch gelegen.	**(zueinander) zentralsymmetrisch gelegen.**

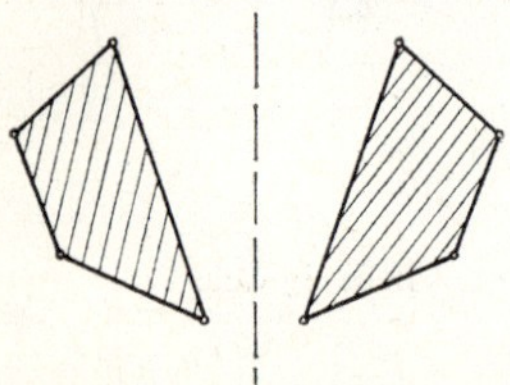

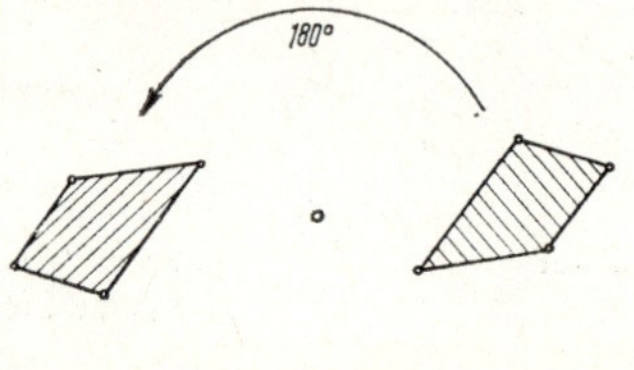

20.3.3. Sätze zur Symmetrie

(1) Für *zueinander*

achsensymmetrisch	*zentralsymmetrisch*

gelegene Figuren gelten folgende Sätze:

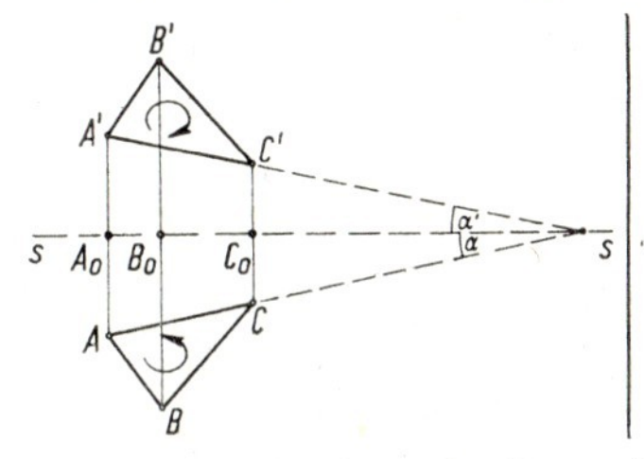

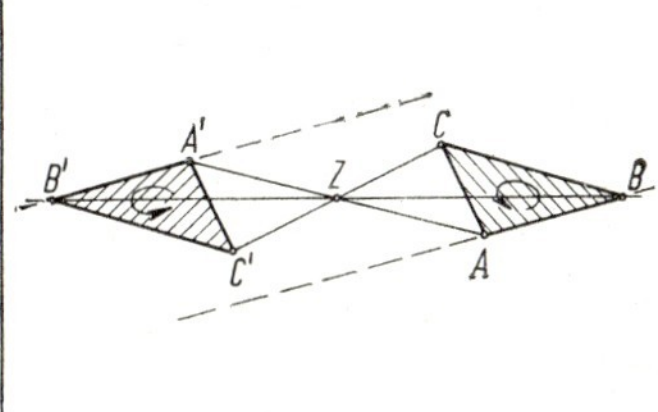

1. *Entsprechende Punkte* liegen gleich weit entfernt

von der Symmetrieachse (s).	vom Symmetriezentrum (Z).

2. Die *Verbindungsgerade entsprechender Punkte*

steht senkrecht auf der Symmetrieachse ($\overline{AA'} \perp s; \ldots$).	geht durch das Symmetriezentrum.

3. *Entsprechende Geraden* (Strecken oder ihre Verlängerungen)

schneiden einander auf der Symmetrieachse und bilden mit dieser gleich große Winkel ($\alpha = \alpha'; \ldots$).	verlaufen parallel zueinander ($\overline{AB} \parallel \overline{A'B'}; \ldots$).

4. Der **Umlaufsinn** der beiden Figuren ist

ungleichsinnig	**gleichsinnig**

d.h., entsprechende Ecken folgen aufeinander

in der einen Figur im Uhrzeigersinn, in der anderen im Gegenuhrzeigersinn.	in beiden Figuren gleichermaßen entweder im Uhrzeigersinn oder im Gegenuhrzeigersinn.

(2) *In sich achsensymmetrische* und *einfach zentralsymmetrische Figuren* können als Sonderfälle von Paaren zueinander symmetrisch gelegener Figuren aufgefaßt werden, wenn die Lage der letzteren so gewählt wird, daß sie einander zum Teil überschneiden. Wird einer der beiden übereinander liegenden Teile weggelassen, so ergibt sich eine in sich symmetrische Figur. Die unter (1) genannten Sätze gelten deshalb auch für in sich symmetrische Figuren.

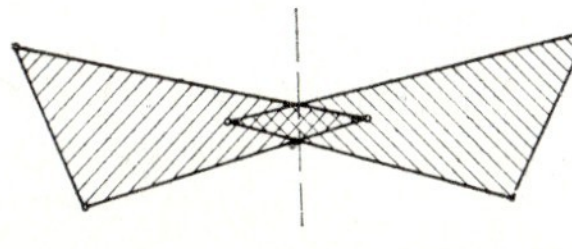

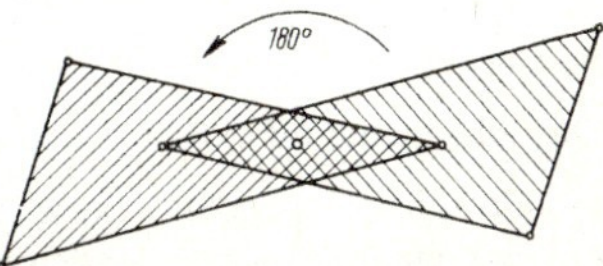

20.3.4. Die vier Grundkonstruktionen

Es gibt vier Konstruktionen, die auf den Eigenschaften achsensymmetrisch gelegener Figuren (vgl. 20.3.3.) beruhen. Diese heißen **Grundkonstruktionen:**

a) Eine *Strecke* ist zu *halbieren.*
b) Auf einer Geraden ist in einem Punkt die *Senkrechte zu errichten.*
c) Auf eine Gerade ist von einem Punkt das *Lot zu fällen.*
d) Ein *Winkel* ist *zu halbieren.*

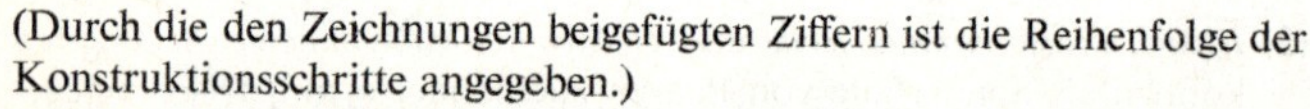

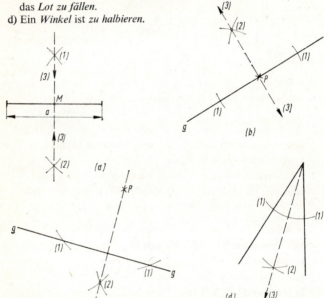

(Durch die den Zeichnungen beigefügten Ziffern ist die Reihenfolge der Konstruktionsschritte angegeben.)

20.4. Ebene Vielecke

20.4.1. *n*-Eck

20.4.1.1. Allgemeines *n*-Eck

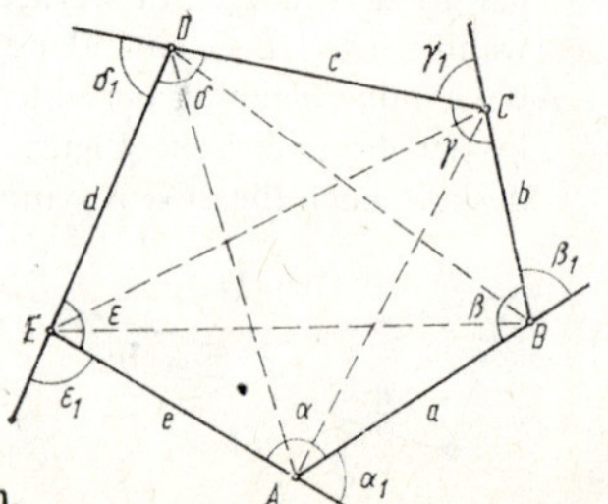

Festsetzungen

Das allgemeine *n*-Eck hat

a) keine einspringenden Ecken,
b) keine einander schneidenden Seiten,

c) keine drei aufeinander folgenden Ecken, die auf einer Geraden liegen.

Bauelemente	Anzahl	Bezeichnungen
Ecken	n	$A, B, C, \ldots$ im Gegenuhrzeigersinn
Seiten	n	$\overline{AB} = a$; $\overline{BC} = b$; $\overline{CB} = c$; …
Innenwinkel	n	$\sphericalangle\, EAB = \alpha$; $\sphericalangle\, ABC = \beta$; …
Außenwinkel	n	α_1 (zu α gehörend); β_1; γ_1; …
Diagonalen	$\frac{n(n-3)}{2}$	—

Beachte:

Seiten verbinden benachbarte Ecken des n-Ecks, Diagonalen verbinden nicht benachbarte Ecken.

Sätze über das allgemeine n-Eck

1. Die Summe der Innenwinkel eines n-Ecks beträgt $(n - 2) \cdot 180°$.
2. Die Summe der Außenwinkel eines n-Ecks beträgt 360°.
3. Ein Innenwinkel und sein zugehöriger Außenwinkel betragen als Nebenwinkel zusammen 180°.
4. Die Winkelhalbierende eines Innenwinkels und die des zugehörigen Außenwinkels stehen senkrecht aufeinander.

20.4.1.2. Regelmäßiges n-Eck

Ein n-Eck mit lauter gleich langen Seiten und lauter gleich großen (Innen- bzw. Außen-)Winkeln heißt **regelmäßig.**

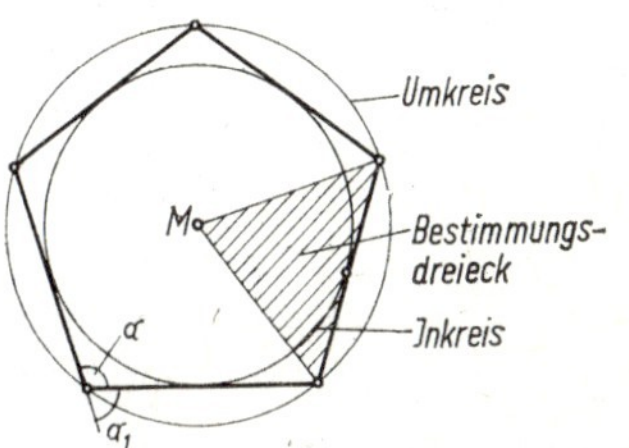

Sätze über das regelmäßige n-Eck

1. Jedes regelmäßige n-Eck ist n-fach zentralsymmetrisch.
2. Um jedes regelmäßige Vieleck läßt sich ein Kreis beschreiben, der durch alle Ecken geht: **Umkreis.**
3. In jedes regelmäßige Vieleck läßt sich ein Kreis beschreiben, der jede Seite in der Seitenmitte von innen berührt: **Inkreis.**
4. Das gemeinsame Zentrum von Um- und Inkreis heißt der **Mittelpunkt** M des Vielecks.
5. Durch Verbinden des Mittelpunktes mit den Ecken wird das regelmäßige Vieleck in n kongruente gleichschenklige Dreiecke zerlegt: **Bestimmungsdreiecke** des Vielecks.
6. Jeder Innenwinkel im regelmäßigen n-Eck beträgt $\frac{n-2}{n}\,180°$.
7. Jeder Außenwinkel im regelmäßigen n-Eck beträgt $\frac{360°}{n}$.

Beachte:

Im *regelmäßigen Sechseck* sind die Seite und der Radius des Umkreises gleich lang. (*Konstruktion:* Umkreis zeichnen; Radius sechsmal als Sehne abtragen.)

20.4.2. Dreieck

20.4.2.1. Dreieckformen

Einteilung nach den Seiten

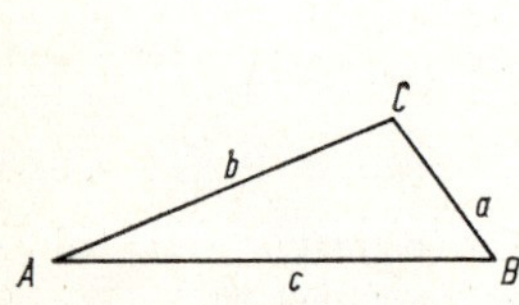

3 verschieden lange Seiten ($a \neq b \neq c$): **ungleichseitiges oder schiefwinkliges**

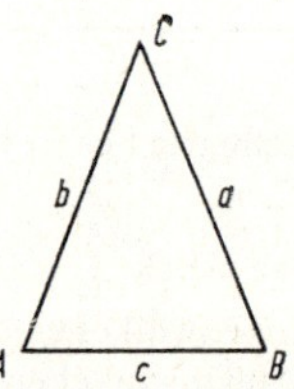

2 gleich lange Seiten ($a = b$): **gleichschenkliges Dreieck**

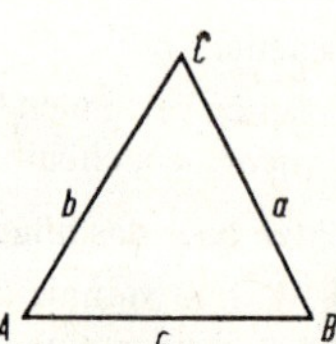

3 gleich lange Seiten ($a = b = c$): **gleichseitiges**

Einteilung nach den Winkeln

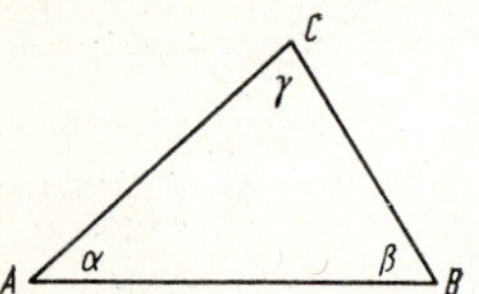

3 spitze Winkel ($\alpha, \beta, \gamma < 90°$) **spitzwinkliges Dreieck**

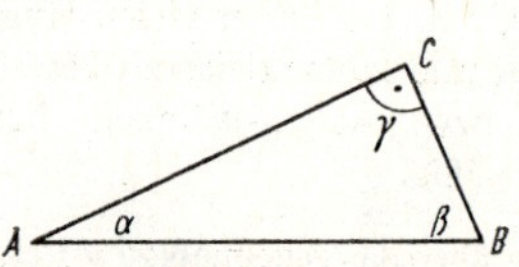

1 rechter, 2 spitze Winkel ($\gamma = 90°; \alpha, \beta < 90°$) **rechtwinkliges Dreieck**

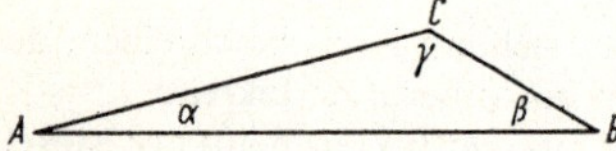

1 stumpfer, 2 spitze Winkel ($180° > \gamma > 90°; \alpha, \beta < 90°$) **stumpfwinkliges Dreieck**

Übersicht über mögliche und unmögliche Kombinationen

	ungleichseitig	gleichschenklig	gleichseitig
spitzwinklig	möglich	möglich	möglich
rechtwinklig	möglich	möglich	unmöglich
stumpfwinklig	möglich	möglich	unmöglich

20.4.2.2. Allgemeines Dreieck

Beachte:

Im Dreieck werden die Winkel wie im allgemeinen n-Eck (vgl. 20.4.1.1.) bezeichnet, die Seiten hingegen anders als dort:

a liegt A gegenüber;
b liegt B gegenüber;
c liegt C gegenüber.

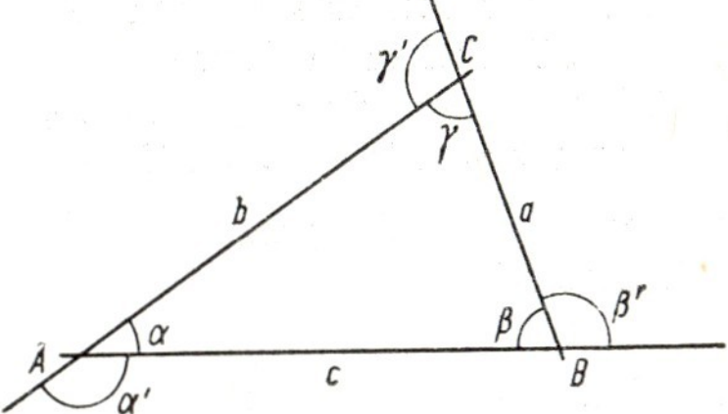

Sätze über das allgemeine Dreieck

Beachte:

1. Die Summe der Längen zweier Dreieckseiten ist größer, ihre Differenz ist kleiner als die Länge der dritten
($a + b > c$; $b + c > a$; $c + a > b$;
$b - a < c$; $c - b < a$; $c - a < b$, falls $a \leqq b \leqq c$).
2. Im Dreieck liegen einander gegenüber
die größte Seite und der größte Winkel ($c > a, b$; $\gamma > \alpha, \beta$);
die kleinste Seite und der kleinste Winkel ($a < b, c$; $\alpha < \beta, \gamma$);
gleich lange Seiten und gleich große Winkel ($a = b$; $\alpha = \beta$).
3. Die Winkelsumme im Dreieck beträgt 180°
($\alpha + \beta + \gamma = 180°$).
4. Ein Außenwinkel eines Dreiecks ist gleich der Summe der beiden nicht zu ihm gehörenden Innenwinkel
($\alpha' = \beta + \gamma$; $\beta' = \gamma + \alpha$; $\gamma' = \alpha + \beta$).

Beachte:

Satz 1 ist die sog. **Dreiecksungleichung** (in einfachster Form; vgl. 11.5.1., 13.2.2.).

20.4.2.3. Gleichschenkliges Dreieck

Fachbezeichnungen

$\overline{AB} = c$: **Basis** oder **Grundlinie**
a, b: **Schenkel** ($a = b$)
C: **Spitze**
α, β: **Basiswinkel**
γ: **Winkel an der Spitze**

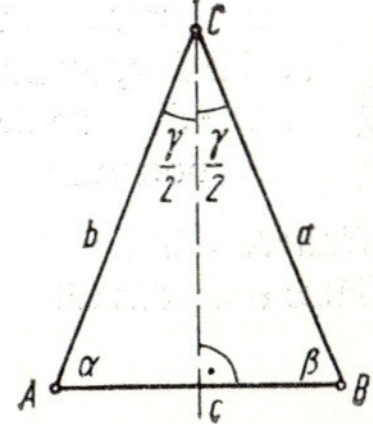

Sätze über das gleichschenklige Dreieck

1. Das gleichschenklige Dreieck ist in sich achsensymmetrisch. Die Symmetrieachse verbindet die Spitze mit der Basismitte.
2. Die Symmetrieachse steht senkrecht auf der Basis und halbiert den Winkel an der Spitze.
3. Die Basiswinkel sind gleich groß, folglich gilt: $\alpha = \beta = 90° - \frac{\gamma}{2}$ bzw. $\gamma = 180° - 2\alpha = 180° - 2\beta$.

Außerdem gelten sinngemäß alle Sätze über das allgemeine Dreieck (vgl. 20.4.2.2.).

20.4.2.4. Gleichseitiges Dreieck

Sätze über das gleichseitige Dreieck

1. Das gleichseitige Dreieck ist in sich achsensymmetrisch; es hat 3 Symmetrieachsen.
2. Das gleichseitige Dreieck ist in sich dreifach zentralsymmetrisch.
3. Die drei Winkel im gleichseitigen Dreieck sind gleich groß. Jeder beträgt 60°.

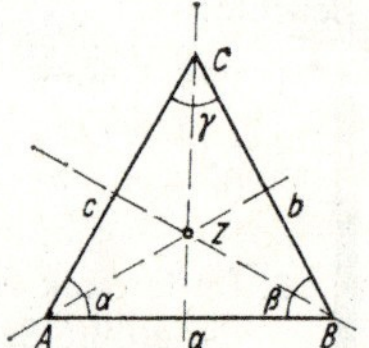

Außerdem gelten sinngemäß alle Sätze über das allgemeine und das gleichschenklige Dreieck (vgl. 20.4.2.2. und 20.4.2.3.)

20.4.2.5. Rechtwinkliges Dreieck

Fachbezeichnungen

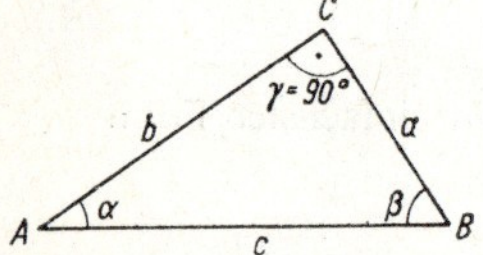

c: **Hypotenuse**
a, b: **Katheten**

Sätze über das rechtwinklige Dreieck

1. Die nicht rechten Winkel im rechtwinkligen Dreieck sind spitz und betragen zusammen 90° ($\alpha + \beta = 90°$).
2. Die Hypotenuse ist die größte Seite ($c > a, b$).
3. Die Summe der Längen der Katheten ist größer als die Länge der Hypotenuse ($a + b > c$).

Weitere Sätze siehe unter 20.8.1.1. Außerdem gelten sinngemäß alle Sätze über das allgemeine Dreieck (vgl. 20.4.2.2.).

20.4.2.6. Besondere Linien und merkwürdige Punkte im Dreieck

Zu jeder Dreieckseite gehören vier Transversalen von besonderer Wichtigkeit **(besondere Linien des Dreiecks):**

Höhe h; **Seitenhalbierende** s; **Winkelhalbierende** w; **Mittelsenkrechte** m.

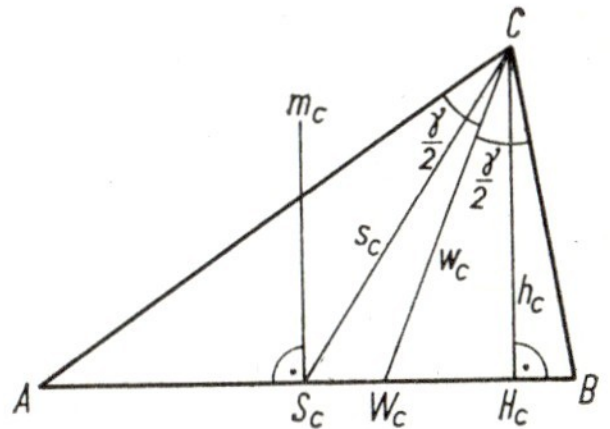

(Der Index a, b, c kennzeichnet jeweils die betreffende Seite.)
Drei gleichartige besondere Linien im Dreieck schneiden einander jeweils in einem Punkt. Diese vier Schnittpunkte (H; S; W; M) heißen die **merkwürdigen Punkte des Dreiecks.** Ihnen kommt ebenfalls besondere Bedeutung zu:

H	S	W	M
–	**Schwerpunkt**	Mittelpunkt des	
		Inkreises	Umkreises

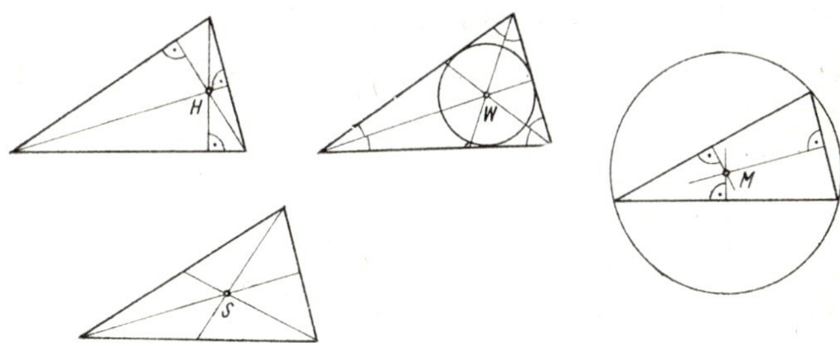

S, H und M liegen stets auf einer gemeinsamen Geraden, der sogenannten **Eulerschen Geraden.**

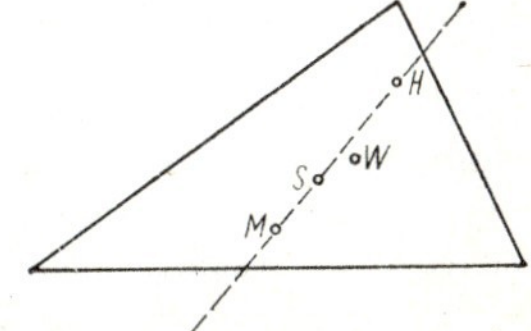

Beachte:

1. Im rechtwinkligen Dreieck fällt die EULERsche Gerade mit s der Hypotenuse zusammen, im gleichschenkligen Dreieck mit h, s, w und m der Basis und damit mit der Symmetrieachse. Im letzten Fall liegt auch W auf der EULERschen Geraden.
2. Im gleichseitigen Dreieck fallen H, S, W, M und das Symmetriezentrum zusammen. Die EULERsche Gerade entfällt.
3. S und W liegen stets innerhalb des Dreiecks, H und M aber nur beim spitzwinkligen Dreieck. Beim stumpfwinkligen liegen H und M außerhalb und beim rechtwinkligen auf der Umrandung (H im Scheitel des rechten Winkels, M im Mittelpunkt der Hypotenuse).

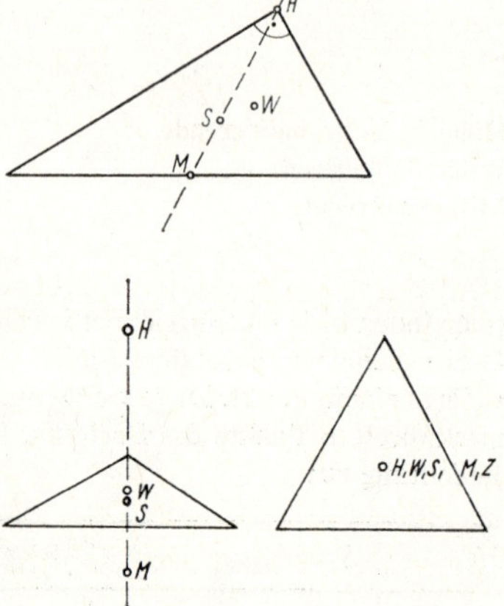

20.4.3. Viereck

20.4.3.1. Allgemeines Viereck

Satz über das allgemeine Viereck

▌ Die Winkelsumme im Viereck beträgt 360°.

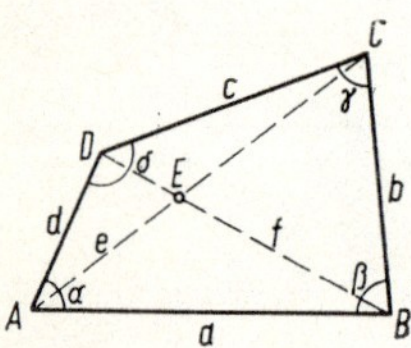

20.4.3.2. Sonderformen des Vierecks

Bei Besonderheiten gewisser Viereckseiten in bezug auf Länge und gegenseitige Lage oder gewisser Viereckwinkel bezüglich ihrer Größe ergeben sich *Sonderformen mit speziellen Eigenschaften.* Manche dieser Vierecke lassen sich nach gleichen Gesichtspunkten noch weiter spezialisieren, so daß sich eine Art „Stammbaum“ aller Vierecke ergibt. Dabei weist jedes „abgeleitete Viereck“ stets alle Eigenschaften seiner „Stammväter“ auf.

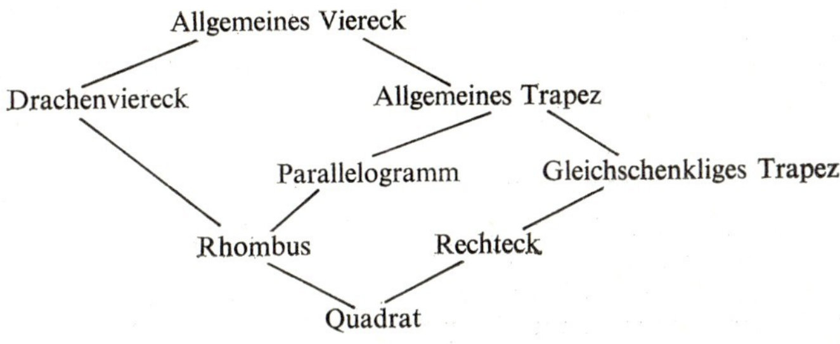

Die je zwei Sonderformen des allgemeinen Vierecks und des allgemeinen Trapezes sowie die drei des Parallelogramms ergeben sich wie folgt:

Sonderformen des allgemeinen Vierecks

2 Paar gleich lange *Nachbarseiten*	1 Paar parallele *Gegenseiten*

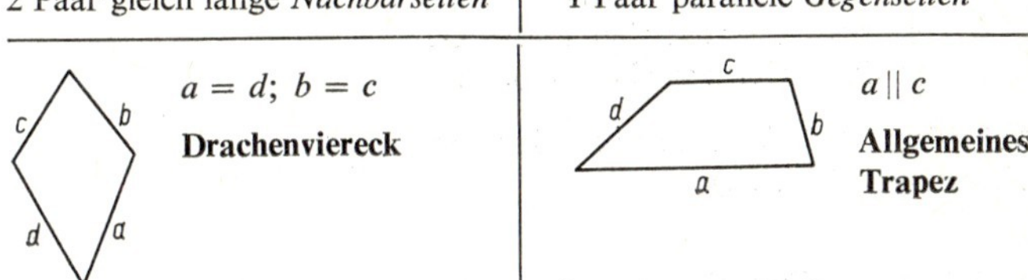

Sonderformen des allgemeinen Trapezes ($a \parallel c$)

Trapezschenkel gleich lang und

parallel	nicht parallel

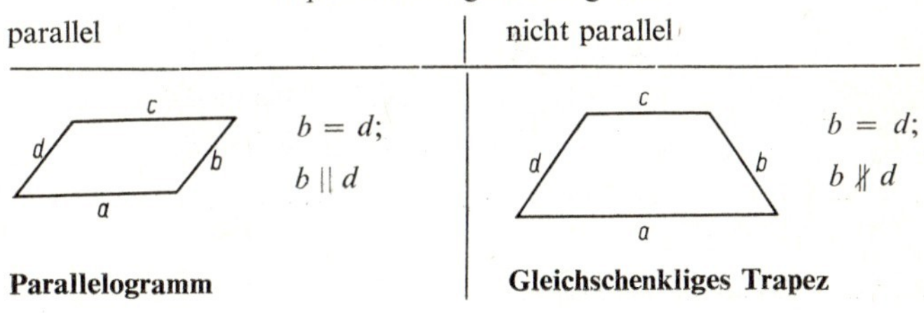

Sonderformen des Parallelogramms

gleich lange *Seiten*	gleich große *Winkel* $\left(\text{je } \frac{360°}{4} = 90°\right)$

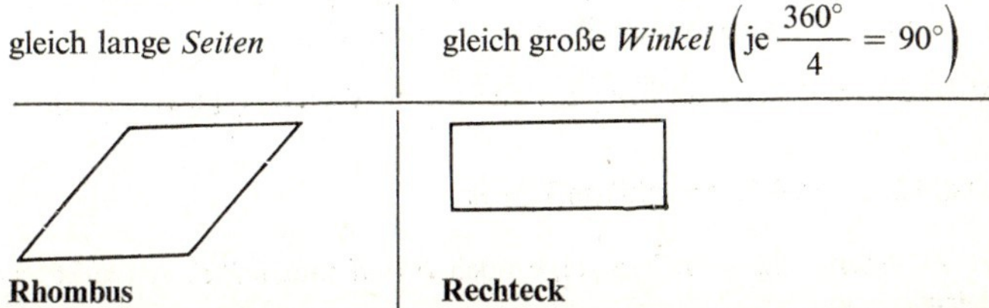

gleich lange *Seiten* und gleich große *Winkel*

Quadrat (das *regelmäßige Viereck*)

20.4.3.3. Drachenviereck

Sätze über das Drachenviereck

1. Das Drachenviereck besteht aus zwei gleichschenkligen Dreiecken mit gemeinsamer Basis.
2. Das Drachenviereck ist in sich achsensymmetrisch; die Symmetrieachse ist die durch die Spitzen der gleichschenkligen Teildreiecke verlaufende Diagonale.
3. Die Diagonalen im Drachenviereck stehen aufeinander senkrecht ($e \perp f$).
4. Im Drachenviereck sind 1 Paar Gegenwinkel gleich groß ($\beta = \delta$).

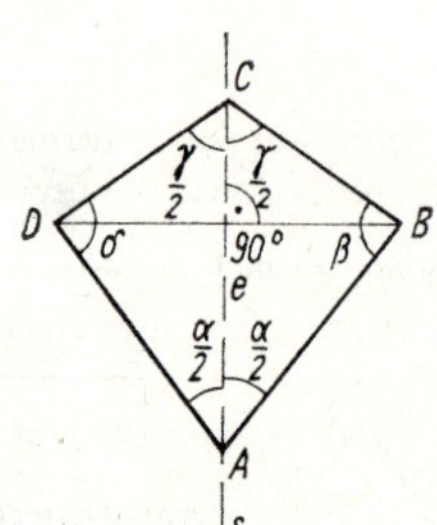

Außerdem gilt der Satz über das allgemeine Viereck (vgl. 20.4.3.1.).

20.4.3.4. Allgemeines Trapez

Fachbezeichnungen

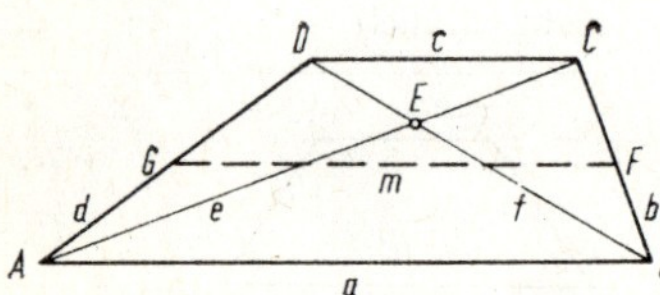

a, c: **Parallelseiten**
b, d: **Schenkel**
$m = \overline{FG}$: **Mittelparallele**

Satz über das allgemeine Trapez

Die Länge der Mittelparallele im Trapez ist gleich der halben Summe der Längen der Parallelseiten: $m = \frac{1}{2}(a + c)$.

Außerdem gilt der Satz über das allgemeine Viereck (vgl. 20.4.3.1.).

20.4.3.5. Gleichschenkliges Trapez

Ist in einem Trapez neben $a \parallel c$ noch $b = d$ und $b \nparallel d$, so heißt es **gleichschenklig.**

Sätze über das gleichschenklige Trapez

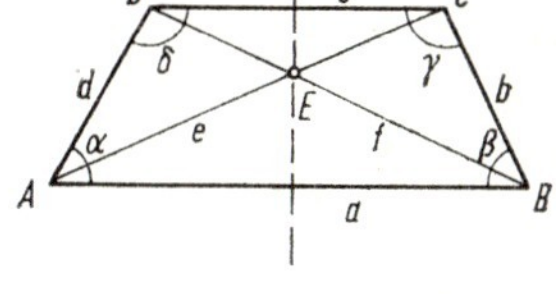

1. Das gleichschenklige Trapez ist in sich achsensymmetrisch, die Symmetrieachse verläuft durch die Mitten der Parallelseiten.
2. Die Diagonalen im gleichschenkligen Trapez sind gleich lang ($e = f$).
3. Winkel an derselben Parallelseite eines gleichschenkligen Trapezes sind gleich groß ($\alpha = \beta$; $\gamma = \delta$).

Außerdem gilt der Satz über das allgemeine Trapez und der über das allgemeine Viereck (vgl. 20.4.3.4. und 20.4.3.1.).

20.4.3.6. Parallelogramm

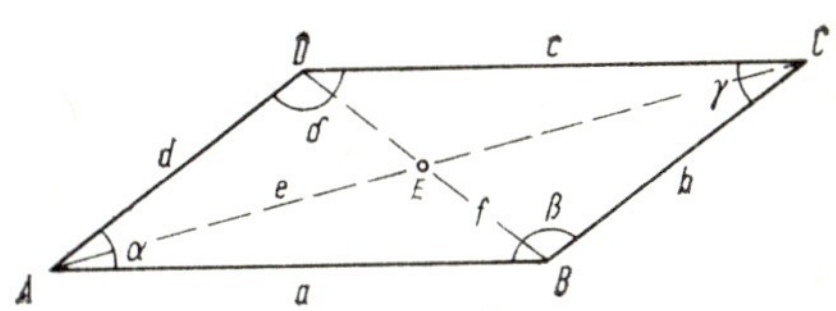

Sätze über das Parallelogramm

1. Das Parallelogramm ist in sich zentralsymmetrisch; Symmetriezentrum ist der Diagonalenschnittpunkt E.
2. Gegenseiten im Parallelogramm sind gleich lang ($a = c$; $b = d$).
3. Gegenwinkel im Parallelogramm sind gleich groß ($\alpha = \gamma$; $\beta = \delta$).
4. Nachbarwinkel im Parallelogramm betragen zusammen 180° ($\alpha + \beta = \beta + \gamma = \gamma + \delta = \delta + \alpha = 180°$).
5. Die Diagonalen im Parallelogramm halbieren einander ($\overline{AE} = \overline{CE}$; $\overline{BE} = \overline{DE}$).
6. Jede Diagonale zerlegt das Parallelogramm in zwei deckungsgleiche Dreiecke (*ABC* und *CDA* bzw. *ABD* und *BCD*).
7. Beide Diagonalen zerlegen das Parallelogramm in vier Teildreiecke, von denen jeweils die gegenüberliegenden deckungsgleich sind (*ABE* und *CDE* bzw. *BCE* und *DAE*).

Außerdem gelten die Sätze über das allgemeine Trapez und das allgemeine Viereck (vgl. 20.4.3.4. und 20.4.3.1.).

20.4.3.7. Rhombus, Rechteck, Quadrat

Da diese drei Vierecke Sonderformen des Parallelogramms und damit auch des allgemeinen Trapezes und des allgemeinen Vierecks sind, außerdem Rhombus und Quadrat als Sonderformen des Drachenvierecks sowie Rechteck und Quadrat als Sonderformen des gleichschenkligen Trapezes aufgefaßt werden können (vgl. 20.4.3.2.), trifft folgendes zu: Für Rhombus, Rechteck und Quadrat gelten sinngemäß alle Sätze über das Parallelogramm, das allgemeine Trapez und das allgemeine Viereck (vgl. 20.4.3.6., 20.4.3.4., 20.4.3.1.), für Rhombus und Quadrat außerdem die Sätze über das Drachenviereck (vgl. 20.4.3.3.) und für Rechteck und Quadrat zusätzlich die über das gleichschenklige Trapez (vgl. 20.4.3.5.). Das ergibt folgende *besondere Eigenschaften von Rhombus, Rechteck und Quadrat*

		Rhombus	Rechteck	Quadrat
Symmetrieachsen		2 (durch die Ecken)	2 (durch die Seitenmitten)	4 (durch die Ecken und die Seitenmitten)
Diagonalen		senkrecht zueinander	gleich lang	senkrecht zueinander und gleich lang
Teildreiecke; entstehend durch	1 Diagonale	gleichschenklig	rechtwinklig	gleichschenklig und rechtwinklig
	beide Diagonalen	rechtwinklig	gleichschenklig	rechtwinklig und gleichschenklig

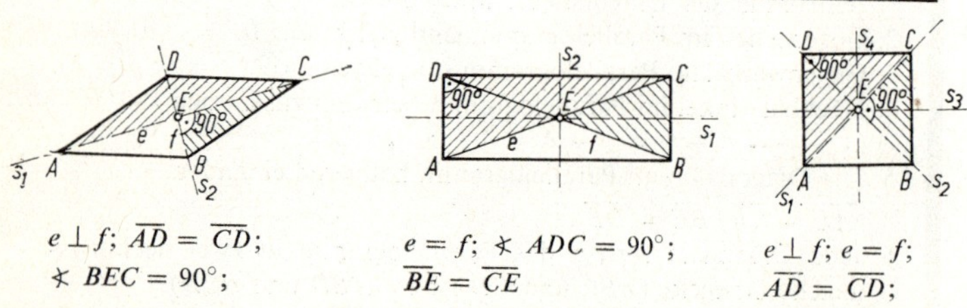

$e \perp f$; $\overline{AD} = \overline{CD}$; $\sphericalangle\, BEC = 90°$;

$e = f$; $\sphericalangle\, ADC = 90°$; $\overline{BE} = \overline{CE}$

$e \perp f$; $e = f$; $\overline{AD} = \overline{CD}$; $\sphericalangle\, BEC = 90°$ $\overline{BE} = \overline{CE}$ $\sphericalangle\, ADC = 90°$;

20.5. Kreis

Das Wort Kreis ist doppeldeutig. Es kann die **Kreislinie** oder die **Kreisfläche** bedeuten. Falls diese Unterscheidung wichtig ist, muß das Wort Kreis deshalb vermieden werden.

Zur **Definition** wird die **Kreislinie** als Menge derjenigen Punkte einer Ebene festgelegt, die von einem festen Punkt dieser Ebene gleich weit entfernt sind.

20.5.1. Grundlegende Begriffe

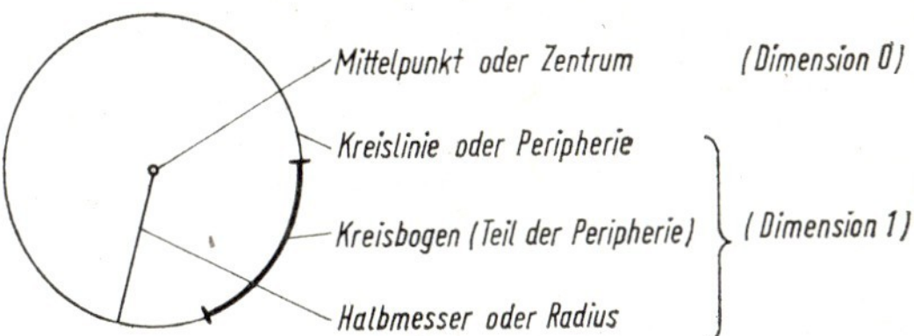

Gebilde der Dimensionen 0 und 1

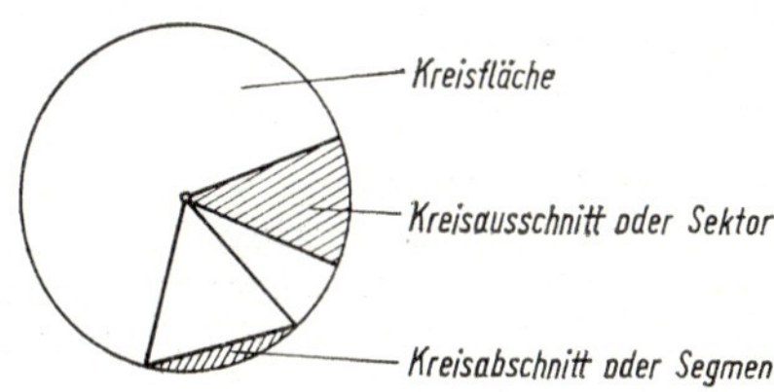

Gebilde der Dimension 2

1. **Passante**
2. **Sekante**
3. **Sehne**
4. **Zentrale** (Sekante durch den Mittelpunkt)
5. **Durchmesser**
6. **Tangente**

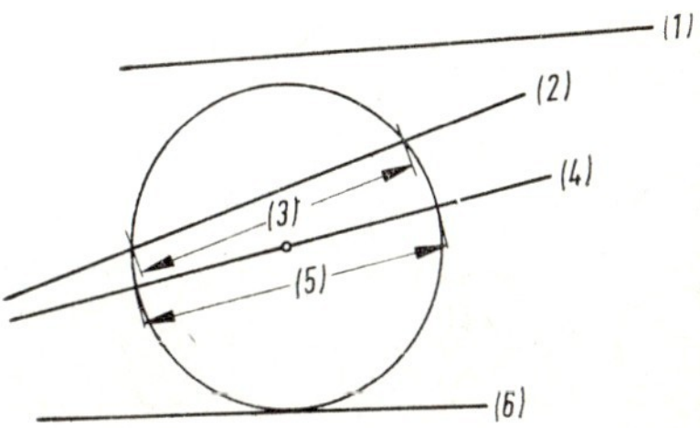

Kreis und Gerade

α: zum Kreisbogen b gehörender **Umfangswinkel** oder **Peripheriewinkel.**
β: zum Kreisbogen b gehörender **Mittelpunktswinkel** oder **Zentriwinkel.**
γ: zum Kreisbogen b gehörender **Sekantentangentenwinkel** (auch: **Sehnentangentenwinkel**).

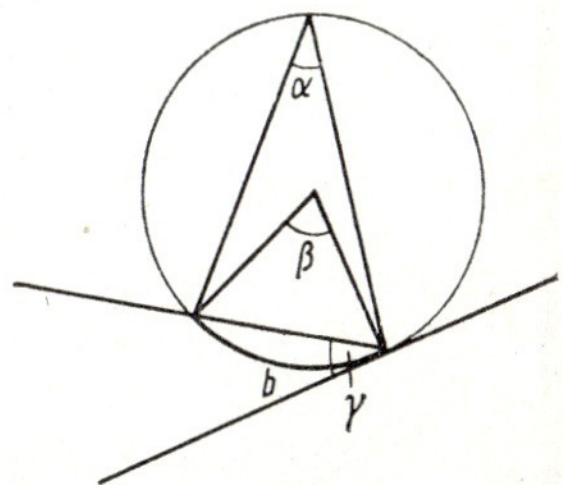

Kreis und Winkel

20.5.2. Kreissehne

20.5.2.1. Symmetrieeigenschaften des Kreises

1. Der Kreis ist unbegrenzt vielfach zentralsymmetrisch; Symmetriezentrum ist der Mittelpunkt.
2. Der Kreis ist unbegrenzt vielfach achsensymmetrisch; Symmetrieachse ist jede Zentrale bzw. jeder Durchmesser.

20.5.2.2. Sätze über die Kreissehne

Zu jeder *Kreissehne* (mit Ausnahme des Durchmessers) gehören stets *zwei* verschieden große *Bögen*, *Zentriwinkel*, *Sektoren* und *Segmente*. In den folgenden Sätzen soll mit „zugehörig zur Sehne" jeweils das kleinere der beiden Gebilde gemeint sein.

1. Der zu einer Sehne senkrechte Durchmesser halbiert diese Sehne s, den zugehörigen Bogen b, Zentriwinkel β und Sektor sowie das zugehörige Segment und die entsprechenden nicht zugehörigen Gebilde (als Folge der Achsensymmetrie).
2. Zu *gleich* langen *Sehnen* in *demselben* Kreis gehören gleich große Mittelpunktabstände a, Bogen, Zentriwinkel, Sektoren und Segmente (als Folge der Zentralsymmetrie).

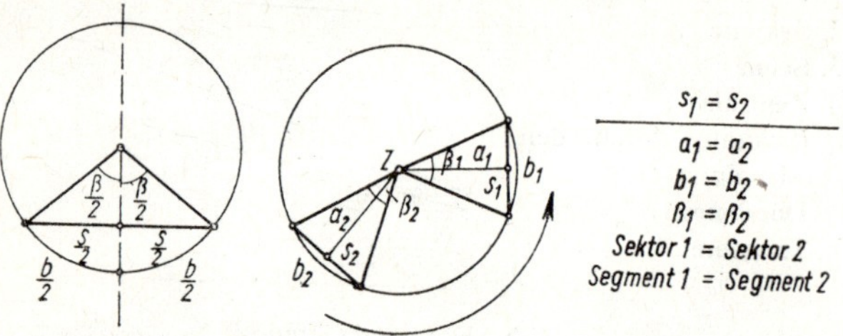

3. Bei *verschieden* langen *Sehnen* in *demselben* Kreis gehören zur kleineren von zweien der größere Mittelpunktabstand, der kleinere Bogen, Zentriwinkel und Sektor sowie das kleinere Segment.

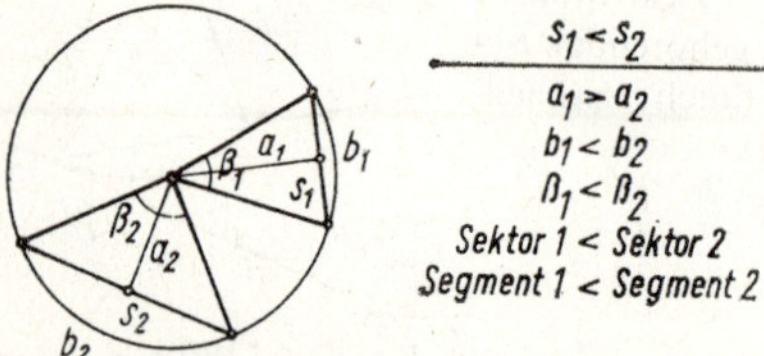

4. Zu *gleich* großen *Zentriwinkeln* in Kreisen mit *verschieden* großen *Radien* gehören in dem Kreis mit dem kleineren Radius die kleinere Sehne, der kleinere Mittelpunktabstand, Bogen und Sektor sowie das kleinere Segment.

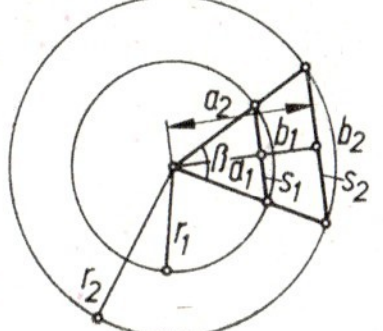

$r_1 < r_2$; $\beta_2 = \beta_1 = \beta$

$s_1 < s_2$
$a_1 < a_2$
$b_1 < b_2$
Sektor 1 < Sektor 2
Segment 1 < Segment 2

Beachte:

Kreise mit demselben Mittelpunkt heißen **konzentrische Kreise.**

20.5.3. Kreistangente

Die *Kreistangente* entsteht als *Grenzlage aus der Sekante*, wenn diese

parallel zu sich *verschoben* wird,	um den einen ihrer beiden Schnittpunkte mit der Kreislinie *gedreht* wird,

bis die zwei Schnittpunkte der Sekante mit der Kreislinie in einem Punkt *B* zusammenfallen: **Berührungspunkt** der Tangente.

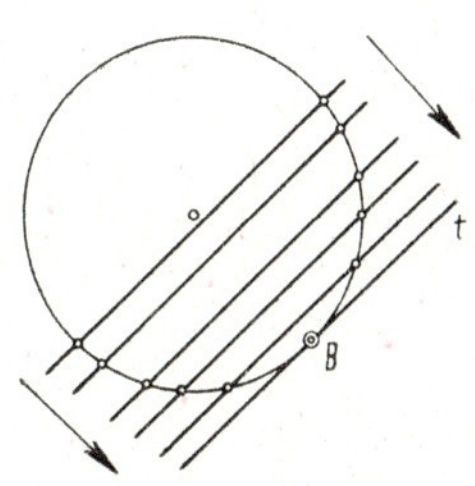

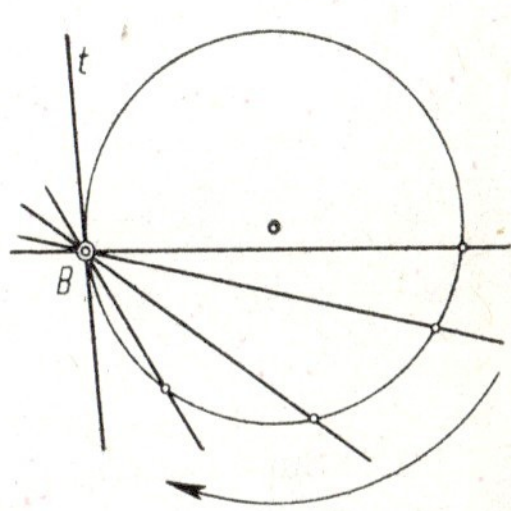

Lehrsatz

Die Kreistangente steht senkrecht auf dem Berührungsradius $\overline{MB}$.

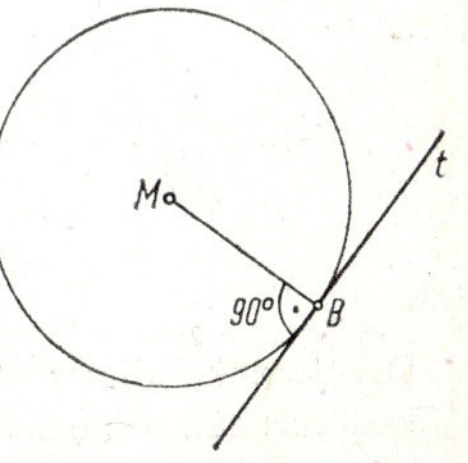

Konstruktion der Tangente an einen gegebenen Kreis *in einem* gegebenen *Peripheriepunkt B*:

B mit *M* verbinden und auf $\overline{MB}$ in *B* die Senkrechte errichten.

20.5.4. Winkel am Kreis

20.5.4.1. Peripherie- und Zentriwinkel

Von den einem Kreisbogen zugeordneten Peripherie- und Zentriwinkeln heißen diejenigen *die zum Bogen gehörenden* Winkel, die den betreffenden Bogen zwischen ihren Schenkeln einschließen: b_1, α_1, β_1 bzw. b_2, α_2, β_2.

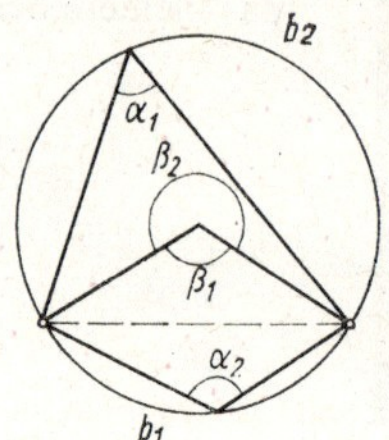

Sätze über Peripheriewinkel

1. Alle zu demselben Bogen gehörenden Peripheriewinkel sind gleich groß, und zwar halb so groß wie der zum gleichen Bogen gehörende Zentriwinkel $\left(\alpha = \frac{\beta}{2}; \quad \beta = 2\alpha\right)$.

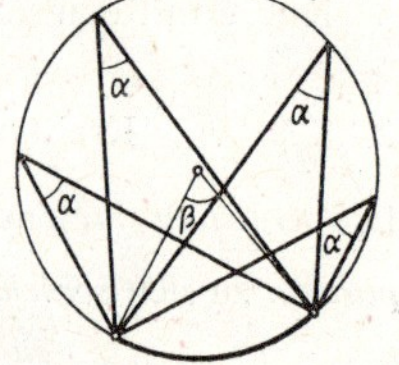

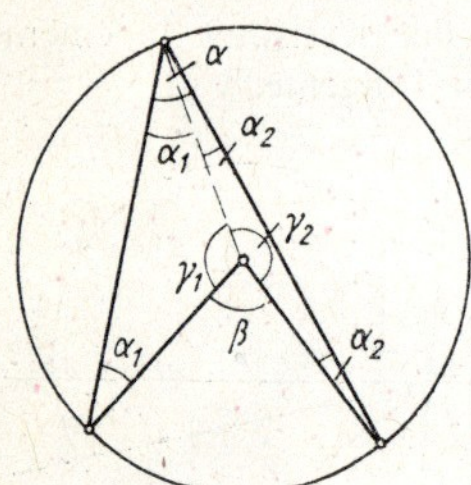

Andeutung des *Beweises*:

$$\begin{aligned} 2\alpha_1 + 2\alpha_2 &= 2\alpha \\ &= 180° - \gamma_1 + 180° - \gamma_2 \\ &= 360° - (\gamma_1 + \gamma_2) = \beta \end{aligned}$$

2. Die Summe zweier Peripheriewinkel, die zu derselben Sehne, aber verschiedenen Bögen gehören, beträgt 180° ($\alpha_1 + \alpha_2 = 180°$).

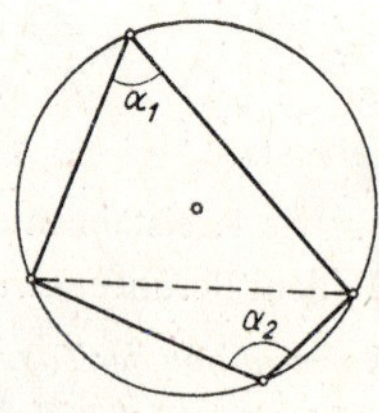

Beachte:

Die Schenkel dieser Winkel bilden ein Viereck, das den Kreis als Umkreis hat. Seine Seiten sind Sehnen. Es heißt **Sehnenviereck.**

Lehrsatz

In jedem Sehnenviereck beträgt die Summe gegenüberliegender Winkel je 180° ($\alpha + \gamma = \beta + \delta = 180°$).

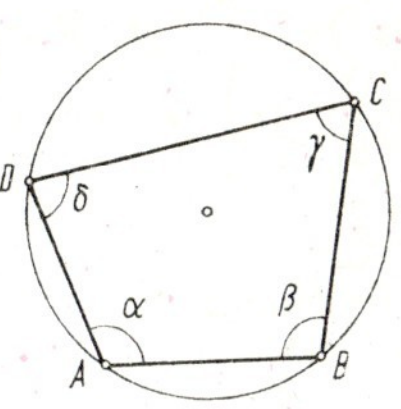

20.5.4.2. Satz des Thales

Zum Halbkreis als Bogen gehören der Zentriwinkel $\beta = 180°$, also die Peripheriewinkel $\alpha = 90°$.

Lehrsatz des Thales

Die Peripheriewinkel im Halbkreis sind Rechte.

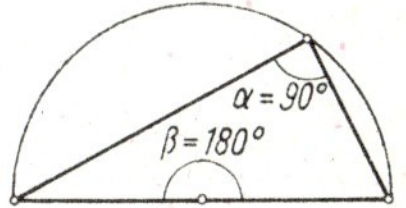

Beachte:

Der Satz des THALES ermöglicht eine einfache Konstruktion aller rechten Winkel, deren Schenkel durch zwei gegebene Punkte verlaufen.

Das wird z. B. benötigt bei der

Konstruktion der Tangenten von einem Punkt P an einen gegebenen Kreis: Über $\overline{MP}$ zwei Halbkreise (d. h. den Vollkreis) schlagen; Schnittpunkte mit der gegebenen Kreislinie sind die Berührungspunkte B_1 und B_2 der gesuchten Tangenten.

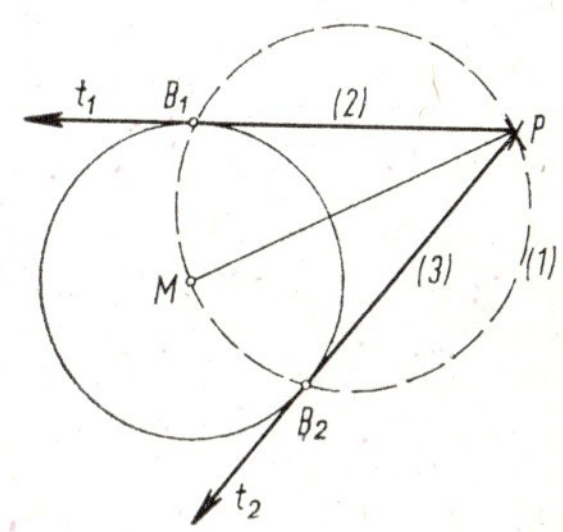

20.5.4.3. Sekantentangentenwinkel

Ein Sekantentangentenwinkel soll als *zu demjenigen Kreisbogen gehörend* bezeichnet werden, der zwischen seinen Schenkeln liegt.

Lehrsatz

Ein Sekantentangentenwinkel ist ebenso groß wie jeder zum gleichen Bogen gehörende Peripheriewinkel ($\gamma = \alpha$).

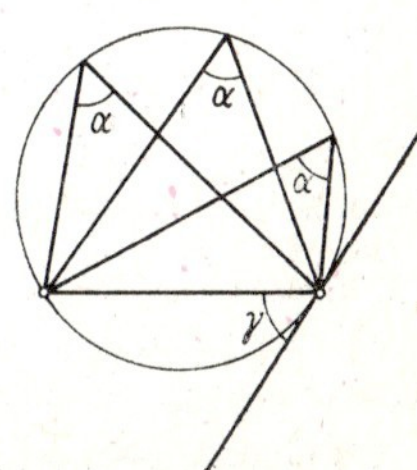

20.6. Geometrische Örter

Unter einem **geometrischen Ort** (Plural: geometrische Örter) versteht man die Menge aller Punkte, die ein und derselben Bedingung genügen.

Sie ist immer eine echte Teilmenge (vgl. 2.5.) der Menge aller Punkte des Raumes bzw. in der Planimetrie der Menge aller Punkte derjenigen Ebene, in der die planimetrischen Untersuchungen durchgeführt werden. In der *Planimetrie* sind die geometrischen Örter *Linien.* Diese können u.a. zur Festlegung (Bestimmung) gewisser Punkte dienen. Deshalb werden sie gelegentlich auch **Bestimmungslinien** genannt.

20.6.1. Geraden als geometrische Örter

1. Die Menge aller Punkte, die von zwei gegebenen Parallelen gleich weit entfernt sind, stellt deren Mittelparallele dar.
2. Die Menge aller Punkte, die von zwei gegebenen einander schneidenden Geraden gleich weit entfernt sind, stellt die beiden Winkelhalbierenden der von den Geraden gebildeten Winkel dar.

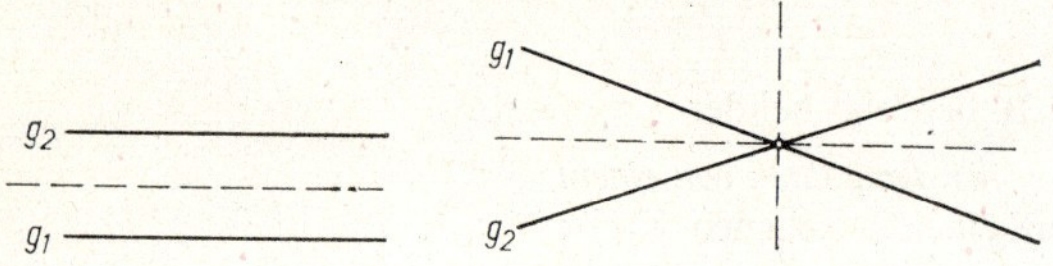

3. Die Menge aller Punkte, die von zwei gegebenen Punkten jeweils gleich weit entfernt sind, stellt die Mittelsenkrechte auf der Verbindungsstrecke dieser Punkte dar.
4. Die Menge aller Punkte, die von einer gegebenen Geraden den Abstand a haben, stellt die beiden Parallelen zu dieser Geraden im Abstand a dar.

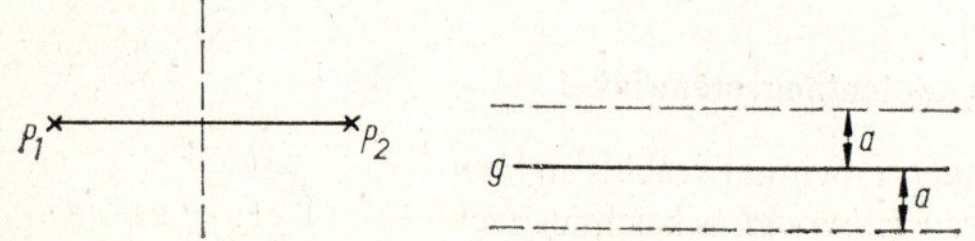

20.6.2. Kreise als geometrische Örter

1. **Satz des Thales** in neuer Fassung (vgl. 20.5.4.2.):
   Die Menge der Scheitel aller rechten Winkel, deren Schenkel durch zwei gegebene Punkte A und B gehen, stellt die Kreislinie über $\overline{AB}$ als Durchmesser (ohne die Punkte A und B selbst) dar.

2. **Satz 1 über die Peripheriewinkel** in neuer Fassung (vgl. 20.5.4.1.): Die Menge der Scheitel aller Winkel α, deren Schenkel durch zwei gegebene Punkte A und B gehen, stellt den Kreisbogen dar, der $\overline{AB}$ als Sehne und α als einen zu dieser Sehne gehörenden Peripheriewinkel hat (ohne die Punkte A und B selbst).
Die *Konstruktion des Mittelpunktes M* dieses Kreises erfolgt mit Hilfe des Sekantentangentenwinkels (Senkrechte auf seinem freien Schenkel in B und Mittelsenkrechte auf $\overline{AB}$).

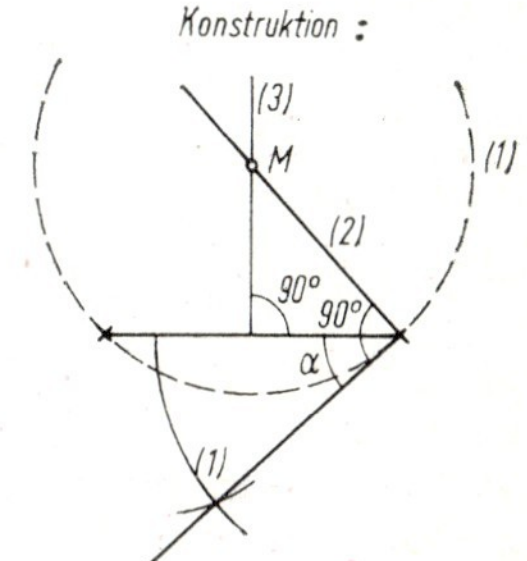

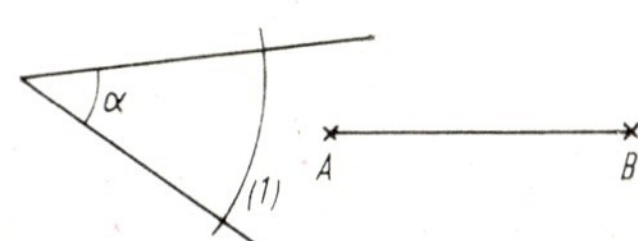

20.7. Geometrische Verwandtschaften

Ebene Figuren, die in gewissen Eigenschaften übereinstimmen, heißen **geometrisch verwandt.**

20.7.1. Kongruenz

20.7.1.1. Allgemeine Eigenschaften

Wird zu einer ebenen Figur durch Verschieben, Drehen oder Umklappen eine zweite in derselben Ebene erzeugt, so stimmt diese mit der ersten in Form und Größe überein, d.h., alle einander entsprechenden (*Fachbezeichnung:* **homologen) Stücke** wie Seiten, Winkel, Diagonalen, Radien, ... sind jeweils gleich groß. Beide Figuren können durch die entgegengesetzte Bewegung *zur Deckung gebracht* werden.

▌ Solche Figuren heißen **kongruent** oder **deckungsgleich.** *Symbol*: $\cong$

Unterschieden wird:

gleichsinnige Kongruenz | ungleichsinnige Kongruenz

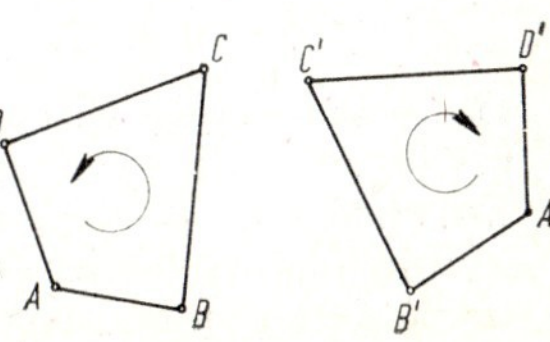

Umlaufsinn der Figuren:

gleich	entgegengesetzt

Deckung kann erreicht werden durch:

Schieben oder Drehen oder beides	Umklappen oder Umklappen und Schieben

Beachte:

1. Für die Kongruenz ist die Lage der Figuren ohne Belang.
2. Zueinander *symmetrisch gelegene Figuren* (vgl. 20.3.2.) sind durch eine besondere Anordnung ausgezeichnete *kongruente Figuren*, und zwar bei Achsensymmetrie mit ungleichsinniger, bei Zentralsymmetrie mit gleichsinniger Kongruenz.

20.7.1.2. Kongruenzsätze für Dreiecke

Vielecke sind kongruent, wenn einander entsprechende *Teildreiecke* kongruent sind, und zwar alle gleichsinnig oder alle ungleichsinnig.

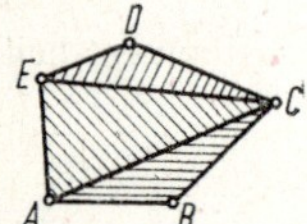

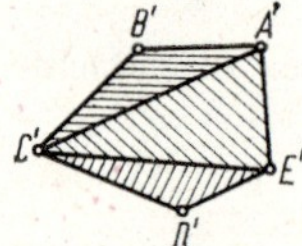

Die Kongruenz von *Dreiecken*, d.h., die Übereinstimmung in sämtlichen homologen Stücken, ist schon dann gewährleistet, wenn Übereinstimmung in drei geeigneten Stücken feststeht.

Kongruenzkriterien oder Kongruenzsätze für Dreiecke

Dreiecke sind kongruent, wenn sie übereinstimmen in

(I) den drei Seiten oder	SSS
(II) zwei Winkeln und einer Seite oder	WWS
(III) zwei Seiten und dem eingeschlossenen Winkel oder	SWS
(IV) zwei Seiten und dem Gegenwinkel der größeren von diesen Seiten.	SSW

Beachte:

Die besondere Bedingung bei Satz IV, daß der Winkel der größeren der beiden Seiten gegenüber liegen muß, ist deshalb erforderlich, weil andernfalls die Kongruenz nicht eindeutig gesichert und eine Konstruktion nach diesem Satz entweder gar nicht oder nur doppeldeutig ausführbar wäre (vgl. 20.9.2.2.).

BEISPIEL

Übereinstimmung mit $\triangle ABC$ in $c = 3$ cm, $a = 2$ cm und $\alpha = 30°$ zeigt sowohl $\triangle A_1B_1C_1$ als auch $\triangle A_1B_1C_2$, doch gilt nur $\triangle ABC \cong \triangle A_1B_1C_1$.

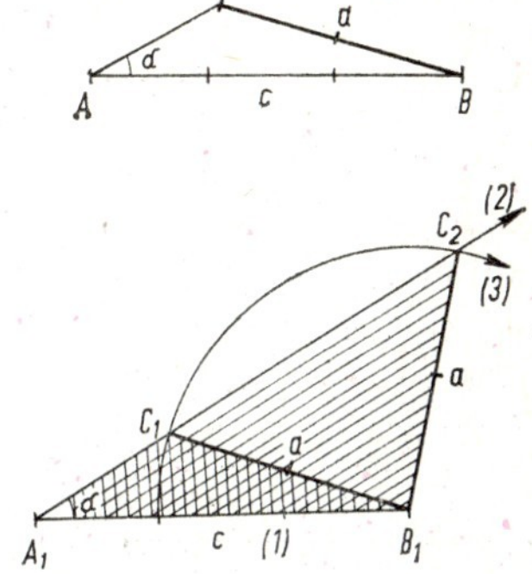

20.7.1.3. Anwendungen der Kongruenzsätze

(1) *Beim Beweisen von Lehrsätzen*

BEISPIEL

Ein Viereck, dem sich ein Inkreis einbeschreiben läßt, heißt **Tangentenviereck.** Für das Tangentenviereck gilt folgender **Lehrsatz,** der zu beweisen ist:

In jedem Tangentenviereck ist die Summe zweier Gegenseiten gleich der Summe der beiden anderen.

Beweis:

$\sphericalangle MHD = \sphericalangle MGD = 90°$ 1.

$\overline{MD} = \overline{MD}$ 2.

$\overline{HM} = \overline{GM} = r$

$\triangle\ HMD \cong \triangle\ MGD$ 3.

$\overline{HD} = \overline{GD}$

Entsprechend läßt sich zeigen:
$\overline{HA} = \overline{EA}$; $\overline{EB} = \overline{FB}$; $\overline{FC} = \overline{GC}$.
Daraus folgt $\overline{HD} + \overline{HA} + \overline{FB} + \overline{FC} = \overline{GC} + \overline{GD} + \overline{EA} + \overline{EB}$ und $\overline{DA} + \overline{BC} = \overline{CD} + \overline{AB}$, was zu beweisen war.

Begründungen

1. Der Berührungsradius steht senkrecht auf der Tangente.
2. Jede Größe ist sich selbst gleich.
3. Da $\overline{MD}$ als Hypotenuse die größte Seite im Dreieck ist, ist der Kongruenzsatz IV erfüllt: Übereinstimmung in zwei Seiten und dem Gegenwinkel der größeren von diesen Seiten.

(2) *Beim Konstruieren von Vielecken* aus gegebenen Stücken

Grundgedanke

Die Figur wird in solche Teildreiecke zerlegt, daß eins von ihnen auf Grund eines der vier Kongruenzsätze völlig bestimmt ist und daher konstruiert werden kann. Weitere Punkte werden mit Hilfe von Bestimmungslinien (vgl. 20.6.) festgelegt und konstruiert.

BEISPIEL

Ein Parallelogramm ist aus zwei nicht parallelen Seiten a und b und der Höhe h_a zu konstruieren.

Gegeben:

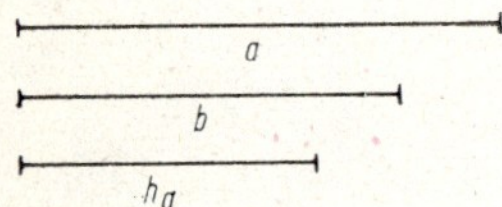

Vorfigur (zum Planen der Konstruktion):

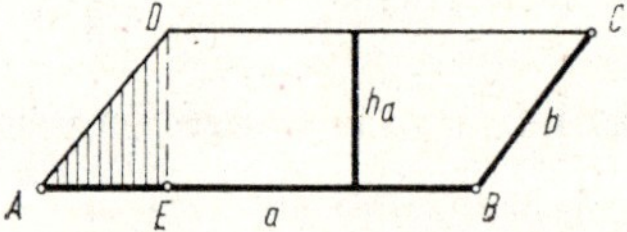

Plan der Konstruktion

Das Lot von D auf $\overline{AB}$ schneidet das Teildreieck $\overline{AED}$ ab, das nach dem Kongruenzsatz IV (gegebene Stücke: $\overline{AD} = b$; $\overline{DE} = h_a$; $\sphericalangle\ AED = 90°$) bestimmt ist und konstruiert werden kann.

Bestimmungslinien für

B: 1. Verlängerung von $\overline{AE}$
2. Kreis mit a um A

C: 1. Kreis mit b um B
2. Kreis mit a um D

Konstruktion

1. Winkel von 90° zeichnen; Scheitel: E.
2. Kreis mit h_a um E; Schnittpunkt auf dem einen Schenkel: D.
3. Kreis mit b um D; Schnittpunkt auf dem anderen Schenkel: A.

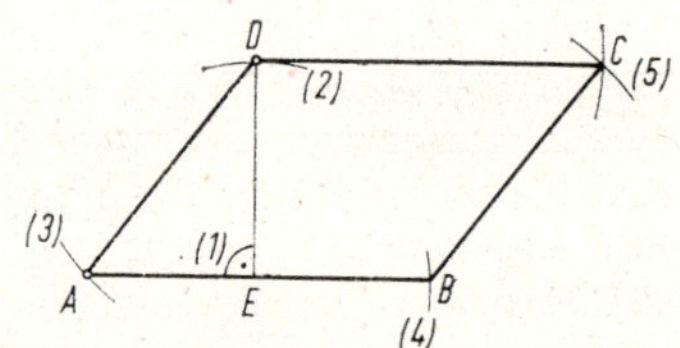

4. Kreis mit a um A; Schnittpunkt auf der Verlängerung von AE: B.
5. Kreis mit a um D und mit b um B; Schnittpunkt: C.

Beachte:

Oft gibt es mehrere Schnittpunkte. Dadurch können beim Konstruieren auch mehrere Figuren entstehen. Diese sind aber alle untereinander kongruent, falls die gegebenen Stücke die Figur eindeutig bestimmen.

(3) *Beim Berechnen von Dreiecken* (vgl. 20.9.2.2.).

20.7.2. Ähnlichkeit

20.7.2.1. Allgemeine Eigenschaften

Ebene Figuren, die (ohne Rücksicht auf die Größe) in der Form übereinstimmen, heißen **ähnlich** oder **äquiform** (Symbol: ~).

Das ist genau dann der Fall, wenn sämtliche einander entsprechenden Winkel jeweils gleich groß sind.

Beachte:

1. Bei n-Ecken ($n > 3$) muß sich diese Übereinstimmung außer auf die Vieleckswinkel auch auf die von den Diagonalen gebildeten Winkel erstrecken, wenn Ähnlichkeit vorliegen soll.

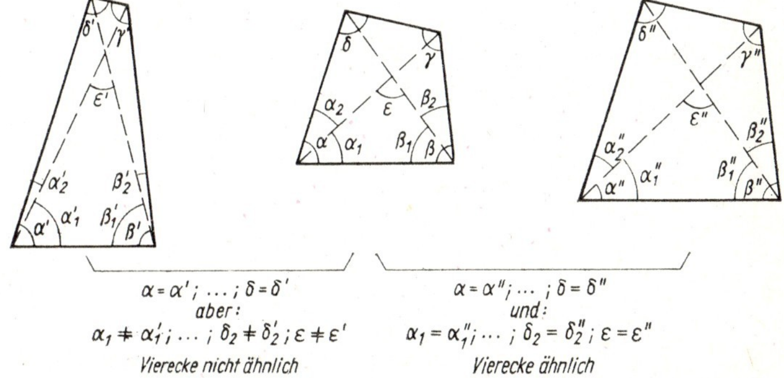

$\alpha = \alpha'; \ldots; \delta = \delta'$
aber:
$\alpha_1 \neq \alpha_1'; \ldots; \delta_2 \neq \delta_2'; \varepsilon \neq \varepsilon'$
Vierecke nicht ähnlich
$\alpha = \alpha''; \ldots; \delta = \delta''$
und:
$\alpha_1 = \alpha_1''; \ldots; \delta_2 = \delta_2''; \varepsilon = \varepsilon''$
Vierecke ähnlich

2. Bei Dreiecken genügt die Übereinstimmung in den Dreieckswinkeln.
3. Für die Ähnlichkeit ist die Lage der Figuren ohne Belang.
4. Je nach dem Umlaufsinn wird unterschieden (vgl. 20.7.1.1.):

gleichsinnige Ähnlichkeit | **ungleichsinnige Ähnlichkeit**

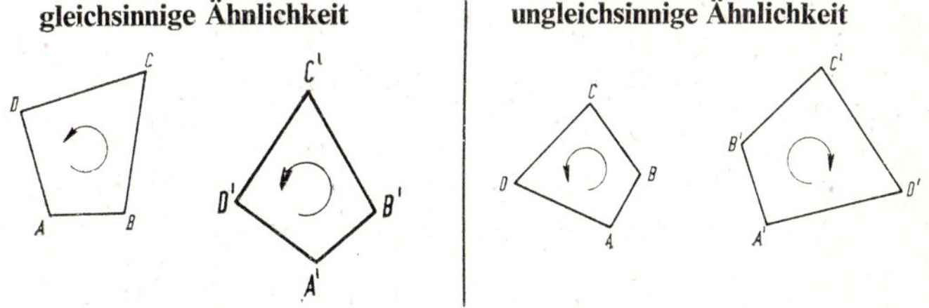

20.7.2.2. Sätze über die Seiten ähnlicher Vielecke

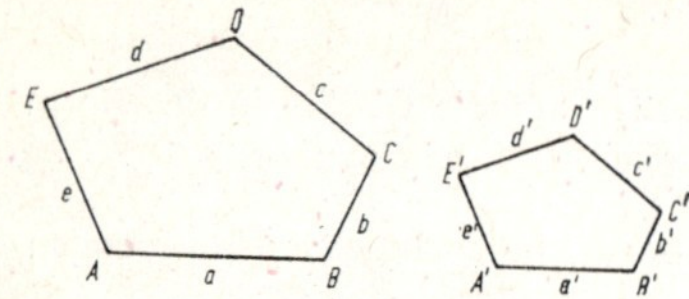

1. In ähnlichen Vielecken verhalten sich die Seiten der einen Figur untereinander wie die entsprechenden Seiten jeder dazu ähnlichen Figur:

   $a : b : c : \ldots = a' : b' : c' : \ldots$

2. Entsprechende Seiten ähnlicher Vielecke sind einander proportional; der Proportionalitätsfaktor heißt das **Ähnlichkeitsverhältnis** k der beiden Figuren:

   $a : a' = b : b' = c : c' = \ldots = k.$

3. Die Proportionalität mit dem Ähnlichkeitsverhältnis k gilt auch für alle entsprechenden Strecken (besondere Linien, Radien von Um- und Inkreisen, Transversalen, Diagonalen, ...) sowie für die Umfänge der Figuren:

   $h_a : h'_a = s_b : s'_b = r : r' = \ldots = u : u' = k.$

20.7.2.3. Ähnlichkeitssätze für Dreiecke

Vielecke sind ähnlich, wenn einander entsprechende *Teildreiecke* ähnlich sind, und zwar alle gleichsinnig oder alle ungleichsinnig.

Die Ähnlichkeit von *Dreiecken* ist schon dann gewährleistet, wenn die Übereinstimmung in zwei geeigneten Winkeln oder Seitenverhältnissen feststeht.

Ähnlichkeitskriterien oder Ähnlichkeitssätze für Dreiecke

Dreiecke sind ähnlich, wenn sie übereinstimmen in
(I) zwei Seitenverhältnissen oder
(II) zwei Winkeln oder
(III) einem Seitenverhältnis und dem eingeschlossenen Winkel oder
(IV) einem Seitenverhältnis und dem Gegenwinkel der größeren von diesen Seiten.

Beachte:

1. Die Ähnlichkeitssätze entsprechen völlig den Kongruenzsätzen (vgl. 20.7.1.2.), nur ist an Stelle von dort vorkommenden zwei Seiten

jeweils ein Seitenverhältnis (bei drei Seiten in Satz I zwei Verhältnisse!) zu setzen, und bei Satz II kommt die Einzelseite in Wegfall.
2. Der für die praktische Anwendung wichtigste ist der Satz (II), der sog. **Hauptähnlichkeitssatz.**

20.7.2.4. Ähnliche Figuren in Ähnlichkeitslage

20.7.2.4.1. Ähnlichkeitsstrahlen und Ähnlichkeitspunkte

Die Menge aller Geraden ein und derselben Ebene, die einen gemeinsamen Schnittpunkt haben, heißt ein **Geradenbüschel.**

Wenn ähnliche Figuren so zueinander gelegen sind, daß entsprechende Punkte jeweils auf derselben Geraden ein und desselben Geradenbüschels liegen, spricht man von einer **Ähnlichkeitslage** dieser Figuren. Die Geraden dieses Büschels heißen **Ähnlichkeitsstrahlen,** ihr Schnittpunkt P der **Ähnlichkeitspunkt.**
Nach der Lage entsprechender Punkte der ähnlichen Figuren in bezug auf den Ähnlichkeitspunkt werden *unterschieden:*

äußerer Ähnlichkeitspunkt P_a

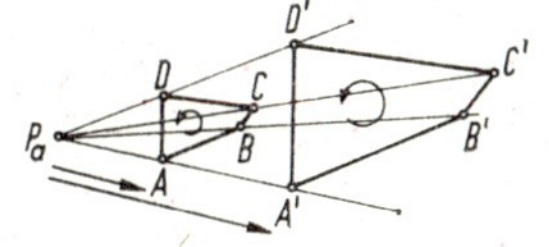

innerer Ähnlichkeitspunkt P_i

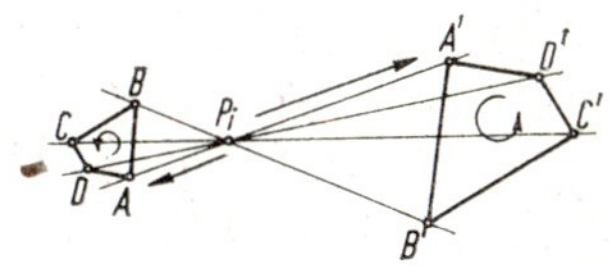

Kennzeichen:

Entsprechende Punkte liegen auf ihrem Ähnlichkeitsstrahl von

P_a aus nach derselben Seite. | P_i aus nach verschiedenen Seiten.

Beachte:

1. Ähnliche Figuren in Ähnlichkeitslage sind stets gleichsinnig ähnlich.
2. Entsprechende Seiten ähnlicher Vielecke in Ähnlichkeitslage verlaufen parallel zueinander.
3. Sowohl P_a als auch P_i können außerhalb oder innerhalb der Figuren oder auch auf ihren Umrissen (auf einer Seite oder in einer Ecke) liegen. Diese Lage ist unabhängig von der Eigenschaft, äußerer oder innerer Ähnlichkeitspunkt zu sein.

Infolgedessen gibt es *acht verschiedene Möglichkeiten* der gegenseitigen Anordnung der zwei ähnlichen Figuren und ihres Ähnlichkeitspunktes. Zwei davon sind oben dargestellt (P_a und P_i je außerhalb der Figuren). Zwei weitere zeigen folgende

BEISPIELE

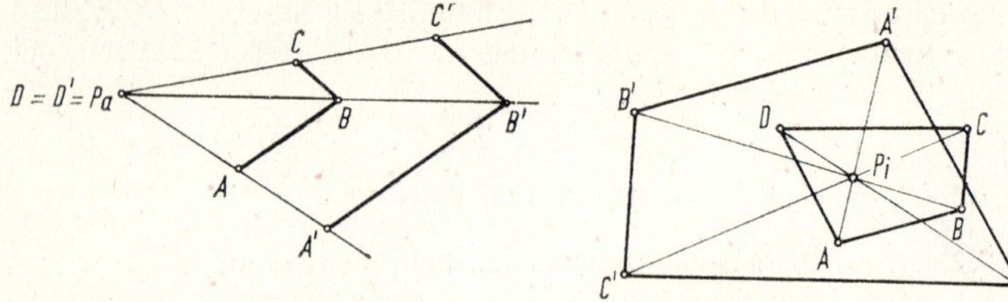

P_a auf dem Umriß (Ecke) $\qquad$ P_i innerhalb der Figuren

20.7.2.4.2. Strahlensatz

Die Sätze über die Streckenverhältnisse in ähnlichen Dreiecken (vgl. 20.7.2.2.) lassen sich bei *Dreiecken in Ähnlichkeitslage* mit dem Ähnlichkeitspunkt in einer Ecke (in der Figur: innerer Ähnlichkeitspunkt) auch als **Strahlensatz** formulieren:

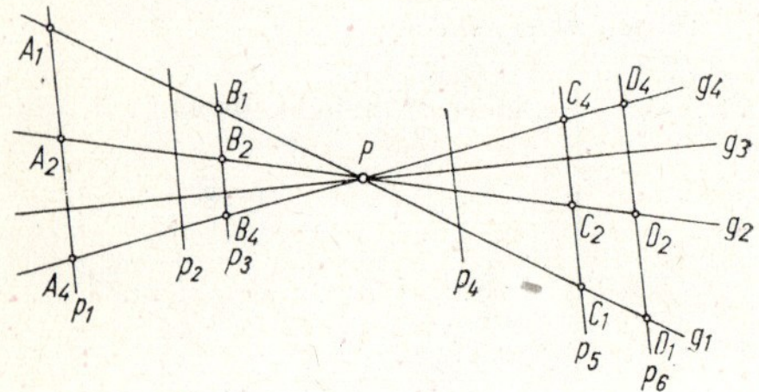

Wird ein Geradenbüschel (g) von einem Parallelenbüschel (p) geschnitten, so verhalten sich

a) irgendwelche Abschnitte auf einer Geraden wie die entsprechenden Abschnitte auf einer anderen Geraden,
b) irgendwelche Abschnitte auf einer Parallelen wie die entsprechenden Abschnitte auf einer anderen Parallelen,
c) irgendwelche Abschnitte auf verschiedenen Parallelen zwischen denselben Geraden wie die auf einer Geraden vom Ähnlichkeitspunkt P aus bis zu der jeweiligen Parallelen gemessenen Abschnitte.

BEISPIELE

zu a) $\overline{A_2B_2} : \overline{PC_2} : \overline{C_2D_2} = \overline{A_4B_4} : \overline{PC_4} : \overline{C_4D_4}$

zu b) $\overline{A_1A_2} : \overline{A_2A_4} : \overline{A_1A_4} = \overline{B_1B_2} : \overline{B_2B_4} : \overline{B_1B_4}$

$= \overline{C_1C_2} : \overline{C_2C_4} : \overline{C_1C_4}$

zu c) $\overline{A_2A_4} : \overline{B_2B_4} : \overline{C_2C_4} = \overline{PA_1} : \overline{PB_1} : \overline{PC_1}$

Beachte:

Der Strahlensatz stellt keinen neuen Lehrsatz dar. Er formuliert nur den Lehrsatz über die Gleichheit der Streckenverhältnisse in ähnlichen Dreiecken (vgl. 20.7.2.2.) in anderer Weise. Ähnliche Dreiecke sind dabei z. B.:

$\triangle PA_1A_2 \sim \triangle PB_1B_2 \sim \triangle PC_1C_2 \ldots$

$\triangle PA_2A_4 \sim \triangle PB_2B_4 \sim \triangle PC_2C_4 \ldots$ usw.

20.7.2.5. Anwendungen der Ähnlichkeitssätze bzw. des Strahlensatzes

(1) *Beim Beweisen von Lehrsätzen*

BEISPIEL

Zu beweisen ist der **Lehrsatz**:

> Verbindet man die Mitten zweier Dreiecksseiten, so ist die Verbindungsstrecke zur dritten Seite parallel.

Beweis:

$\overline{AC} : \overline{DC} = \overline{BC} : \overline{EC} = 2:1$	1.
$\gamma = \gamma$	2.
$\triangle ABC \sim \triangle DEC$	3.
$\sphericalangle ABC = \sphericalangle DEC$	4.

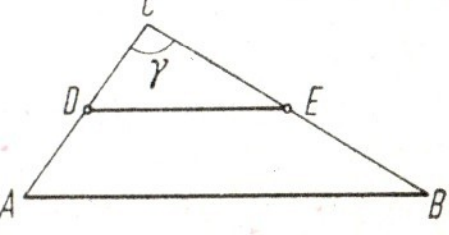

d.h., $\overline{AB} \parallel \overline{DE}$,

was zu beweisen war.

Begründungen

1. D soll Mittelpunkt von $\overline{AC}$ und E Mittelpunkt von $\overline{BC}$ sein.
2. Jede Größe ist sich selbst gleich.
3. Ähnlichkeitssatz III: Übereinstimmung in einem Seitenverhältnis und dem eingeschlossenen Winkel.
4. In ähnlichen Figuren sind entsprechende Winkel gleich groß.

(2) *Beim Teilen von Strecken*

1. Aufgabe: Eine Strecke a ist in n gleiche Teile zu teilen.

BEISPIEL $n = 5$ (vgl. Bild auf S. 590)

2. Aufgabe: Eine Strecke a ist im Verhältnis $m : n$ zu teilen.

BEISPIEL $m : n = 2 : 3$

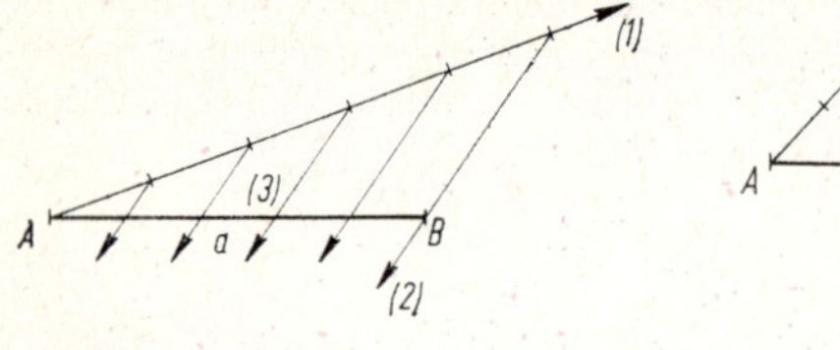

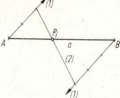

zur 1. Aufgabe

zur 2. Aufgabe

Beachte:

Der bei der 2. Aufgabe konstruierte Teilpunkt ist innerer Ähnlichkeitspunkt P_i der entstandenen Figur. Er heißt **innerer Teilpunkt** von a. Die Teilung der Strecke kann auch mit Hilfe des äußeren Ähnlichkeitspunktes P_a, des **äußeren Teilpunktes** von a, durchgeführt werden.

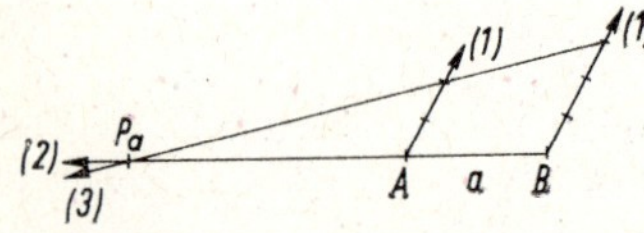

(3) *Beim Konstruieren von Vielecken* aus gegebenen Stücken

Grundgedanke

Sind in einem *Teildreieck* Streckenverhältnisse oder solche Stücke gegeben, daß nach einem der vier Ähnlichkeitssätze zunächst die *Form* des Dreiecks festliegt, so wird erst ein zum endgültigen *ähnliches Hilfsdreieck* konstruiert. Dieses wird dann in einem zweiten Konstruktionsgang auf die verlangte Größe gebracht.

BEISPIEL

In einem rechtwinkligen Dreieck soll die Hypotenuse doppelt so lang wie die kleinere der beiden Katheten sein. Außerdem ist die Länge der Höhe h zur Hypotenuse gegeben.

Gegeben.

$c : a = 2 : 1.$

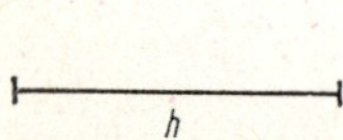

Vorfigur

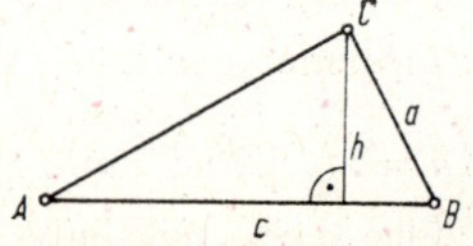

Plan der Konstruktion

Durch $c : a = 2 : 1$ und $\gamma = 90°$ ist nach dem Ähnlichkeitssatz IV die Gestalt des Dreiecks festgelegt. Daher kann mit einer beliebigen Einheit e aus $c = 2e$, $a = 1e$ und $\gamma = 90°$ das Hilfsdreieck $A'B'C'$ ($\sim \triangle ABC$) konstruiert werden.
Dann wird C' als äußerer Ähnlichkeitspunkt benutzt und h' auf die vorgeschriebene Größe h gebracht.

Konstruktion

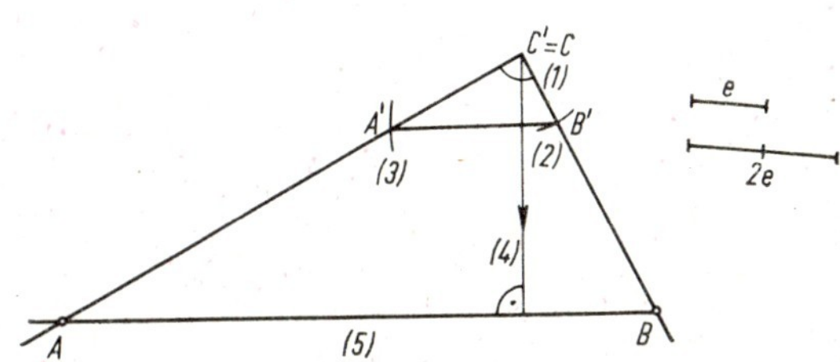

20.8. Elementare Berechnungen an planimetrischen Gebilden

20.8.1. Dreieck

20.8.1.1. Rechtwinkliges Dreieck

Fachbezeichnungen

h: **Höhe**
p, q: **Hypotenusenabschnitte** ($p + q = c$)

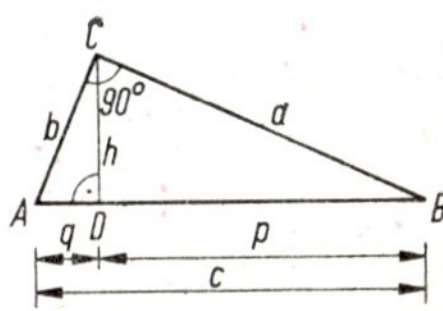

Grundlegender Lehrsatz

Die Höhe zerlegt das rechtwinklige Dreieck in zwei Teildreiecke, die untereinander und zum Ausgangsdreieck ähnlich sind:
$\triangle ADC \sim \triangle DBC \sim \triangle ABC$.

Daraus folgen vier wichtige **Sätze über das rechtwinklige Dreieck.**

1. $\triangle ADC \sim \triangle DBC$; $q : h = h : p$ oder

$$h^2 = p \cdot q$$

Das Quadrat über der Höhe ist flächengleich dem Rechteck aus den beiden Hypotenusenabschnitten (**Höhensatz**).

2. $\triangle DBC \sim \triangle ABC$; $p : a = a : c$ oder $\quad a^2 = p \cdot c$
$\triangle ADC \sim \triangle ABC$; $q : b = b : c$ oder $\quad b^2 = q \cdot c$

Das Quadrat über einer Kathete ist flächengleich dem Rechteck aus der Hypotenuse und dem zugehörigen Hypotenusenabschnitt (**Kathetensatz** oder **Satz des Euklid**).

3. $\left.\begin{array}{l} a^2 = p \cdot c \\ b^2 = q \cdot c \end{array}\right| +$

$a^2 + b^2 = p \cdot c + q \cdot c = (p + q) \cdot c = c \cdot c = c^2$

$a^2 + b^2 = c^2$

Die Summe der Flächen der Kathetenquadrate ist ebensogroß wie die Fläche des Hypotenusenquadrats (**Satz des Pythagoras**).

4. $\left.\begin{array}{l} a^2 = p \cdot c \\ b^2 = q \cdot c \end{array}\right| \cdot$

$a^2 b^2 = c^2 \cdot p \cdot q = c^2 \cdot h^2$

$a \cdot b = c \cdot h$

Das Rechteck aus den beiden Katheten ist flächengleich dem Rechteck aus der Hypotenuse und der Höhe.

Außerdem gilt für die Berechnung von

Umfangslänge: $u = a + b + c$

Flächeninhalt: $A = \frac{1}{2} a \cdot b = \frac{1}{2} c \cdot h$

20.8.1.2. Allgemeines Dreieck

Sätze über besondere Linien

1. Im Dreieck verhalten sich die Längen der *Höhen* umgekehrt wie die der zugehörigen Seiten:

$$h_a : h_b : h_c = \frac{1}{a} : \frac{1}{b} : \frac{1}{c}.$$

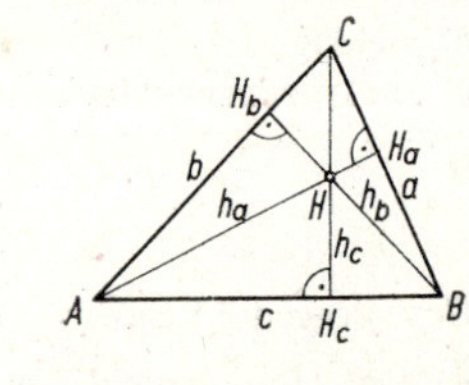

2. Der gemeinsame Schnittpunkt der *Seitenhalbierenden* eines Dreiecks teilt jede von ihnen im Verhältnis 2:1, wobei der größere Teil jeweils nach der Ecke zu liegt:

$$\overline{SA} : \overline{SS_a} = \overline{SB} : \overline{SS_b} = \overline{SC} : \overline{SS_c} = 2:1.$$

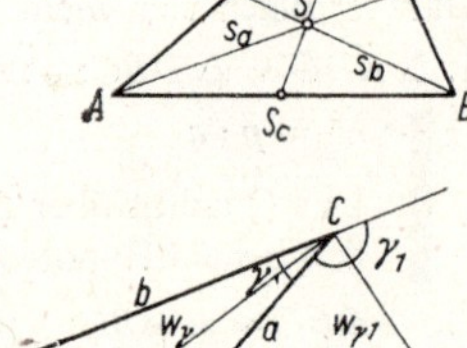

3. Im Dreieck teilt jede *Winkelhalbierende* eines Innenwinkels die Gegenseite von innen und die Winkelhalbierende des zugehörigen Außenwinkels dieselbe Seite von außen im Verhältnis der beiden anderen Seiten:

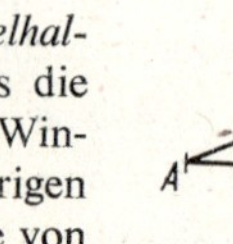

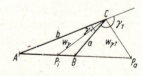

$$\overline{AP_i} : \overline{BP_i} = \overline{AP_a} : \overline{BP_a} = b : a.$$

Ferner gilt für die Berechnung von

Umfangslänge: $u = a + b + c$

Flächeninhalt: $A = \frac{1}{2}a \cdot h_a = \frac{1}{2}b \cdot h_b = \frac{1}{2}c \cdot h_c$

Der *Dreieckflächeninhalt* ist gleich dem halben Produkt aus den Längen irgendeiner Seite und der zugehörigen Höhe.

In *ähnlichen Dreiecken* mit dem Ähnlichkeitsverhältnis k der Seiten gilt für die *Flächeninhalte*:

$$A : A' = \frac{ah_a}{2} : \frac{a'h'_a}{2} = \frac{k \cdot a' \cdot k \cdot h'_a}{2} : \frac{a' \cdot h'_a}{2} = k^2.$$

Wegen der Zusammensetzung aus Dreiecken gilt das auch für ähnliche Vielecke, also:

Die *Flächeninhalte ähnlicher Figuren* sind einander proportional mit dem Quadrat des Ähnlichkeitsverhältnisses als Proportionalitätsfaktor: $A = k^2 \cdot A'$.

20.8.1.3. Gleichseitiges Dreieck

Im gleichseitigen Dreieck lassen sich alle Streckenlängen und auch der Flächeninhalt allein aus der Seite a berechnen:

Länge der *Höhe*,
Seitenhalbierenden,
Winkelhalbierenden: $h = s = w = \frac{a}{2}\sqrt{3}$

Umkreisradiuslänge: $r = \frac{a}{3}\sqrt{3}$

Inkreisradiuslänge: $\varrho = \frac{a}{6}\sqrt{3}$

Umfangslänge: $u = 3a$

Flächeninhalt: $A = \frac{a^2}{4}\sqrt{3}$

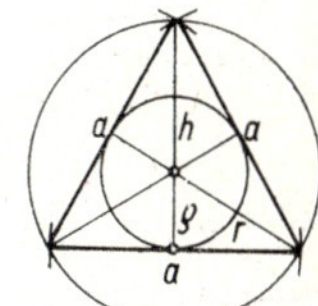

20.8.2. Viereck

20.8.2.1. Parallelogramm, Rechteck, Rhombus, Quadrat

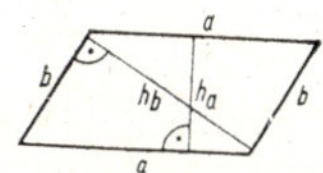

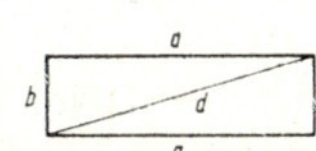

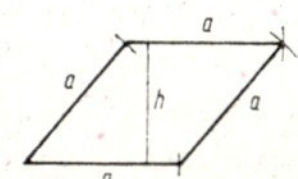

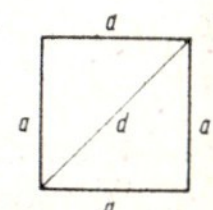

	Parallelogramm	Rechteck	Rhombus	Quadrat
Diagonalenlänge	–	$d=\sqrt{a^2+b^2}$	–	$d = a\sqrt{2}$
Umfangslänge	$u=2(a+b)$	$u=2(a+b)$	$u = 4a$	$u = 4a$
Flächeninhalt	$A = a \cdot h_a = b \cdot h_b$	$A = a \cdot b$	$A = a \cdot h$	$A = a^2$

20.8.2.2. Trapez

Mittelparallelenlänge: $m = \frac{1}{2}(a + c)$

Umfangslänge: $u = a + b + c + d$

Flächeninhalt: $A = m \cdot h = \frac{1}{2}(a + c) \cdot h$

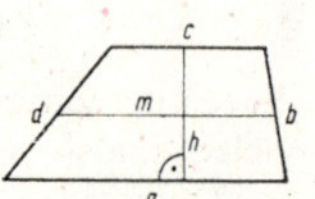

20.8.3. Regelmäßiges *n*-Eck

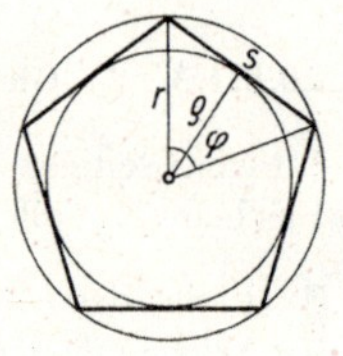

Das **Bestimmungsdreieck** ist ein *gleichschenkliges Dreieck* mit den Schenkeln r (Umkreisradius), der Basis s (Vieleckseite), dem Winkel an der Spitze $\varphi = \frac{360°}{n}$ und der Basishöhe ϱ (Inkreisradius). Daraus folgt für das regelmäßige n-Eck zur Berechnung von

Umfangslänge: $u = n \cdot s$

Flächeninhalt: $A = \frac{n}{2} \cdot s \cdot \varrho = \frac{n}{2} \cdot s \cdot \sqrt{r^2 - \frac{s^2}{4}}$

20.8.4. Kreis und Kreisteile

20.8.4.1. Umfang und Fläche

Die Länge des *Kreisumfangs* ist proportional zur Länge des Durchmessers, der *Kreisflächeninhalt* ist proportional zum Quadrat der Länge des Radius.

Es ergibt sich für die Berechnung von

Umfangslänge: $u = \pi d = 2\pi r$

Flächeninhalt: $A = \pi r^2 = \frac{\pi}{4} d^2$

In beiden Fällen tritt als Proportionalitätsfaktor die gleiche Zahl π (pi, das p des griechischen Alphabets) auf.

π ist eine transzendente (irrationale) Zahl: $\pi = 3{,}141592653589793\ldots$ Für praktische Rechnungen werden *Näherungswerte* für π verwendet, die nach der jeweils gewünschten oder erforderlichen Genauigkeit des Ergebnisses ausgewählt werden müssen:

$\pi \approx 3$ (für grobe Überschlagsrechnungen)

$\pi \approx 3{,}14$
$\pi \approx 3\frac{1}{7} = \frac{22}{7}$ (für die meisten Rechnungen ausreichend)

$\pi \approx 3{,}1416$ (für größere Genauigkeiten)

20.8.4.2. Berechnung von π

Grundgedanke

In und um den Kreis (Durchmesser d) wird je ein regelmäßiges n-Eck gleicher Eckenzahl gelegt (Seitenlängen s_{in} bzw. s_{an}; Umfangslängen $u_{in} = ns_{in}$ bzw. $u_{an} = ns_{an}$). Dann gilt für die Kreisumfangslänge πd die Einschrankung

$$u_{in} < \pi d < u_{an}$$

bzw. mit $p_{in} = \dfrac{u_{in}}{d}$ und $p_{an} = \dfrac{u_{an}}{d}$ für π die Einschrankung

$$p_{in} < \pi < p_{an}.$$

1. Schritt

n wird so gewählt, daß sich s_{in} und damit u_{in} und p_{in} leicht angeben lassen.
Mit Hilfe der Bestimmungsdreiecke der n-Ecke (vgl. linke Seite der Figur) können wegen

$$s_{in} : s_{an} = \sqrt{\left(\frac{d}{2}\right)^2 - \left(\frac{s_{in}}{2}\right)^2} : \frac{d}{2}$$

s_{an}, u_{an} und schließlich p_{an} durch p_{in} ausgedrückt werden:

$$p_{an} = \frac{p_{in}}{\sqrt{1 - \left(\dfrac{p_{in}}{n}\right)^2}}$$

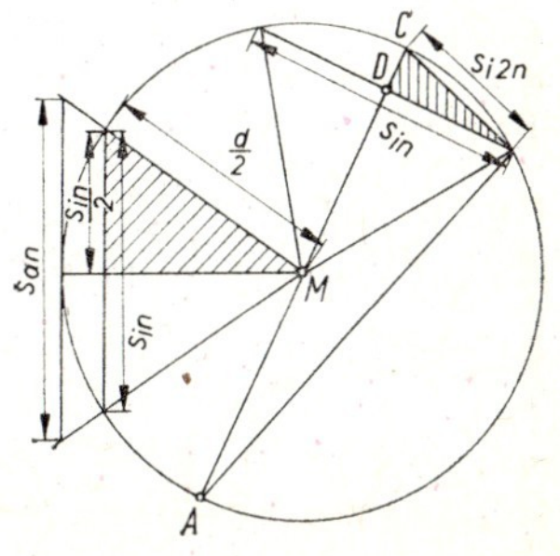

Das ergibt eine *erste Einschrankung für* π:

$$p_{in} < \pi < \frac{p_{in}}{\sqrt{1 - \left(\dfrac{p_{in}}{n}\right)^2}}$$

2. Schritt

Die Einschrankung wird statt mit n-Ecken jetzt mit den sich enger an den Kreisumfang anschmiegenden $2n$-Ecken durchgeführt. Dazu wird mit Hilfe der Bestimmungsdreiecke von n-Eck und $2n$-Eck (vgl. rechte Seite der Figur) über

$$s_{i2n}^2 = \overline{CA} \cdot \overline{CD} = d \cdot \sqrt{s_{i2n}^2 - \left(\frac{s_{in}}{2}\right)^2},$$

s_{i2n}, u_{i2n} und schließlich p_{i2n} durch p_{in} ausgedrückt:

$$p_{i2n} = \frac{p_{in}}{\sqrt{\frac{1}{2} + \frac{1}{2}\sqrt{1 - \left(\frac{p_{in}}{n}\right)^2}}}.$$

Weiterhin kann p_{a2n} durch p_{i2n} genau so dargestellt werden wie im 1. Schritt p_{an} durch p_{in}. Nach einiger Umformung läßt sich schließlich p_{a2n} durch p_{in} wie folgt ausdrücken:

$$p_{a2n} = \frac{2p_{in}}{1 + \sqrt{1 - \left(\frac{p_{in}}{n}\right)^2}}.$$

Das ergibt eine *zweite Einschrankung* für π:

$$\frac{p_{in}}{\sqrt{\frac{1}{2} + \frac{1}{2}\sqrt{1 - \left(\frac{p_{in}}{n}\right)^2}}} < \pi < \frac{2p_{in}}{1 + \sqrt{1 - \left(\frac{p_{in}}{n}\right)^2}}$$

Weitere Schritte

Erneute und wiederholte Verdoppelung der Eckenzahl auf $4n$, $8n$, ... ergibt unter Anwendung des oben im zweiten Schritt angegebenen Rechengangs eine immer engere Einschrankung der Kreisumfangslänge, wodurch eine Berechnung von π bis auf jede gewünschte Genauigkeit möglich wird.

BEISPIEL

1. Schritt

$$n = 6; \quad s_{i6} = \frac{d}{2}; \quad u_{i6} = 3d; \quad p_{i6} = 3$$

$$p_{a6} = \frac{3}{\sqrt{1 - \left(\frac{3}{6}\right)^2}} \approx 3{,}464; \quad 3 < \pi < 3{,}464; \quad \pi = 3, \ldots$$

2. Schritt

$$p_{i12} = \frac{3}{\sqrt{\frac{1}{2} + \frac{1}{2}\sqrt{1 - \left(\frac{3}{6}\right)^2}}}$$

$$= 6\sqrt{2 - \sqrt{3}} \approx 3{,}106$$

$$p_{a12} = \frac{2 \cdot 3}{1 + \sqrt{1 - \left(\frac{3}{6}\right)^2}} \approx 3{,}216$$

$$3{,}106 < \pi < 3{,}216; \quad \pi = 3, \ldots$$

3. Schritt

$$p_{i24} = \frac{6\sqrt{2 - \sqrt{3}}}{\sqrt{\frac{1}{2} + \frac{1}{2}\sqrt{1 - \left(\frac{6\sqrt{2 - \sqrt{3}}}{12}\right)^2}}} \approx 3{,}130$$

$$p_{a24} = \frac{2 \cdot 6\sqrt{2 - \sqrt{3}}}{1 + \sqrt{1 - \left(\frac{6\sqrt{2 - \sqrt{3}}}{12}\right)^2}} \approx 3{,}162$$

$$3{,}130 < \pi < 3{,}162; \quad \pi = 3{,}1 \ldots$$

20.8.4.3. Kreisbogen und Kreissektor

Die Längen von Kreisbögen und die Flächeninhalte von Kreissektoren sind proportional zur Größe ihrer Zentriwinkel:

$$b : \alpha = \pi d : 360^\circ; \quad S : \alpha = \pi r^2 : 360^\circ$$

Es ergibt sich für die Berechnung von

Bogenlänge: $b = \frac{\alpha}{360^\circ} \cdot d \cdot \pi = \frac{\alpha}{180^\circ} r\pi$

Sektorflächeninhalt: $A = \frac{\alpha}{360^\circ} r^2\pi = \frac{\alpha}{360^\circ} \frac{d^2}{4} \pi = \frac{1}{2} br = \frac{1}{4} bd$

Beachte:

Die Proportionalität $b \sim \alpha \cdot r$ bzw. $\frac{b}{r} \sim \alpha$ ist die Grundlage für das Winkelbogenmaß $\frac{b}{r} = \operatorname{arc}\alpha = \frac{\alpha}{180^\circ} \cdot \pi$ (vgl. 20.1.3.5. und 15.3.3.5.1.)

20.8.4.4. Sekanten- und Tangentensatz

Sekantensatz

Schneiden einander zwei Kreissekanten, so ist das Rechteck aus den vom Schnittpunkt bis zur Kreisperipherie gerechneten Abschnitten der einen Sekante flächengleich dem Rechteck aus den entsprechenden Abschnitten der anderen Sekante.

Der Schnittpunkt S kann dabei innerhalb (S_1) oder außerhalb (S_2) des Kreises liegen. In jedem Fall gilt:

$$\overline{SA} \cdot \overline{SB} = \overline{SC} \cdot \overline{SD}.$$

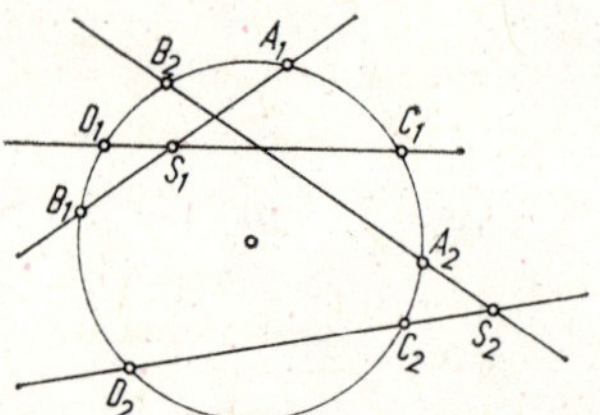

Sonderfall

Wird bei einem außerhalb des Kreises gelegenen Schnittpunkt die eine Sekante im Grenzfall zur Tangente, so gilt der Sekantensatz sinngemäß als

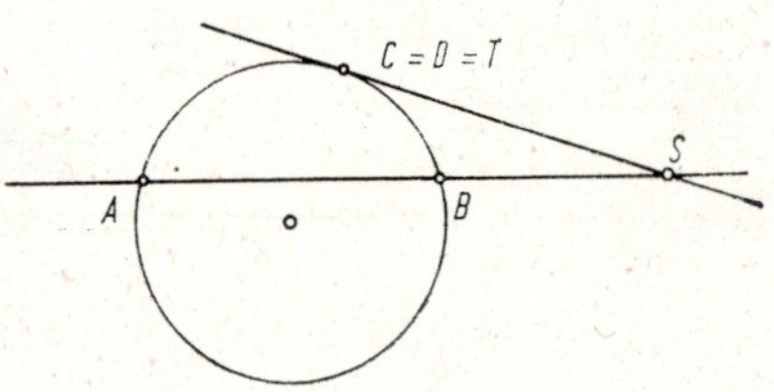

Tangentensatz

$$\overline{SC} = \overline{SD} = \overline{ST} \text{ (Tangentenabschnitt)}$$

Schneidet eine Sekante eine Tangente, so ist das Quadrat über dem Tangentenabschnitt flächengleich dem Rechteck aus den beiden Sekantenabschnitten: $\overline{ST}^2 = \overline{SA} \cdot \overline{SB}$.

20.8.5. Arithmetisches und geometrisches Mittel

Festsetzungen

1. Zu zwei gegebenen Zahlen a und b heißt
   $m_a = \frac{1}{2}(a + b)$ das **arithmetische Mittel** (der **Durchschnitt**),
   $m_g = \sqrt{a \cdot b}$ das **geometrische Mittel** ($a, b \geqq 0$).
   Stets gilt: $m_a \geqq m_g$.
2. Sind in einer Proportion die inneren Glieder gleich, gilt also $a : m = m : b$ oder $m^2 = a \cdot b$, so heißt m die **mittlere Proportionale** zu a und b.

   Aus $m_g = \sqrt{a \cdot b}$ folgt $m_g^2 = a \cdot b$. Das heißt: Mittlere Proportionale und geometrisches Mittel sind gleichwertige Begriffe.

BEISPIELE

1. *für das arithmetische Mittel*
   Mittelparallele im Trapez: $m = \frac{1}{2}(a + c)$

2. *für das geometrische Mittel*
   Höhe im rechtwinkligen Dreieck: $h = \sqrt{p \cdot q}$
   Katheten: $a = \sqrt{p \cdot c}$
   $b = \sqrt{q \cdot c}$
   Tangentenabschnitt: $ST = \sqrt{\overline{SA} \cdot \overline{SB}}$

20.9. Trigonometrische Berechnungen an Vielecken

20.9.1. Berechnungen am rechtwinkligen und gleichschenkligen Dreieck sowie am regelmäßigen Vieleck

Die Winkelfunktionen (vgl. 15.3.3.; speziell 15.3.3.3.3.) ermöglichen die *Berechnung unbekannter Stücke an rechtwinkligen Dreiecken.* Dazu gibt es *vier Grundaufgaben.*

Grund-aufgabe	Gegeben	Gesucht	Benötigte Winkelfunktionen
1	H, K	W; zweite K	sin; sin (oder tan)
2	K, K	W; H	tan; sin
3	H, W	zwei K	sin
4	K, W	zweite K; H	tan; sin

Beachte:

1. In der Tabelle bedeutet:
   H: Hypotenusenlänge; K: Kathetenlänge; W: Winkelgröße
2. Die in der dritten Tabellenspalte gewählte Reihenfolge der gesuchten Stücke ist auch die zweckmäßigste Reihenfolge der Berechnungsschritte.
3. Die beiden Winkel an der Hypotenuse sind Komplementwinkel; es genügt also, wenn einer ermittelt wird oder gegeben ist.
4. Statt der angegebenen Winkelfunktionen sind jeweils stets auch die Kofunktionen verwendbar.

Da grundsätzlich jedes ebene *Vieleck* durch geschickt gewählte Lote in rechtwinklige Dreiecke zerlegt werden kann, sind auf diese Weise auch jene der Berechnung zugänglich. Besonders geeignet für derartige Zerlegungen sind *gleichschenklige Dreiecke* und *regelmäßige Vielecke.*

BEISPIELE

1. Die Höhe x eines Hochspannungsmastes soll bestimmt werden. $s = 15$ m von seinem Fußpunkt entfernt, visiert man dazu mit einem Winkelmeßgerät **(Theodolit)** die Spitze an und stellt einen *Erhebungswinkel* von $\alpha = 50{,}3°$ fest. Die Augenhöhe des Beobachters ist $h = 1{,}60$ m. (Grundaufgabe 4)

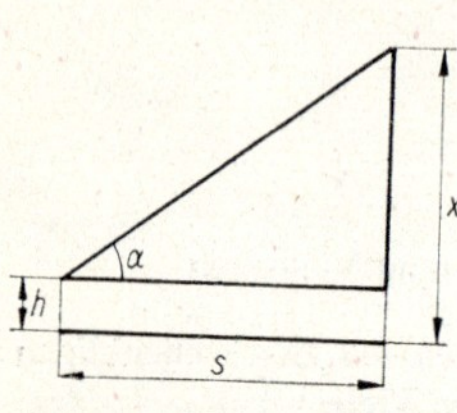

$$\frac{x-h}{s} = \tan\alpha$$

$$x = s \cdot \tan\alpha + h$$

$$x = 15\text{ m} \cdot \tan 50{,}3° + 1{,}60\text{ m}$$

$$= 15\text{ m} \cdot 1{,}205 + 1{,}60\text{ m}$$

$$x \approx 18{,}08\text{ m} + 1{,}60\text{ m} \approx \underline{\underline{19{,}70\text{ m}}}$$

2. Ein gleichschenkliges Dreieck hat eine Basislänge b von 12 cm und eine Schenkellänge s von 8 cm. Wie groß sind Winkel und Flächeninhalt A? Durch die Basishöhe wird das Dreieck in zwei kongruente rechtwinklige zerlegt. (Grundaufgabe 1)

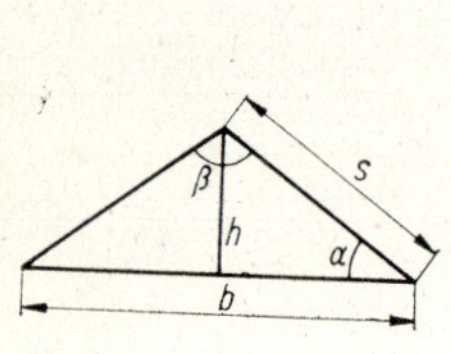

$$\cos\alpha = \frac{b}{2} : s = \frac{b}{2s}$$

$$\beta = 180° - 2\alpha$$

$$\frac{h}{s} = \sin\alpha; \quad h = s\sin\alpha$$

$$A = \frac{b \cdot h}{2} = \frac{b \cdot s \cdot \sin\alpha}{2}$$

$$\cos\alpha = \frac{12\text{ cm}}{16\text{ cm}} = 0{,}75; \quad \alpha \approx \underline{\underline{41{,}4°}}; \quad \beta \approx 180° - 82{,}8° = \underline{\underline{97{,}2°}}$$

$$A \approx \frac{1}{2} \cdot 12\text{ cm} \cdot 8\text{ cm} \cdot \sin 41{,}4° = 48 \cdot \sin 41{,}4°\text{ cm}^2 \approx \underline{\underline{32\text{ cm}^2}}$$

3. Sämtliche Kanten s einer regelmäßigen fünfseitigen Pyramide sind 10 cm lang. Wie groß ist das Volumen V? (Vgl. 21.4.2.1.; Grundaufgabe 4)

$$V = \frac{1}{3} A_G \cdot h_k; \quad A_G = 5 \cdot \frac{s \cdot h_g}{2};$$

$$h_k = \sqrt{s^2 - r^2}; \quad h_g = \frac{s}{2}\cot\frac{\alpha}{2}; \quad r = \frac{s}{2\sin\frac{\alpha}{2}}$$

$$V = \frac{5}{24} s^3 \cot\frac{\alpha}{2} \sqrt{4 - \frac{1}{\sin^2\frac{\alpha}{2}}}$$

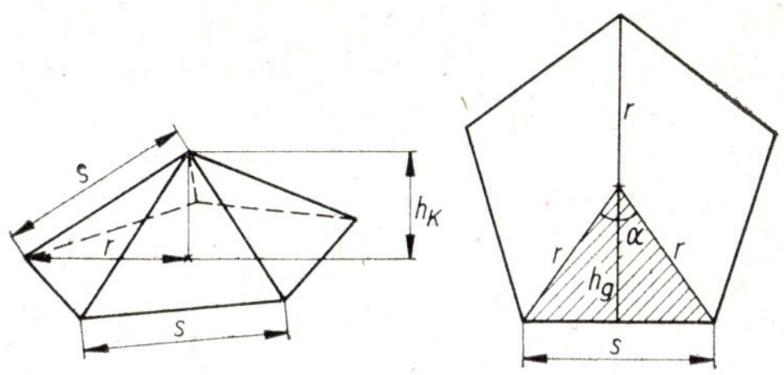

Wegen $\alpha = \dfrac{360°}{5} = 72°$ ergibt sich schließlich:

$$V = \frac{5000}{24} \cot 36° \sqrt{4 - \frac{1}{\sin^2 36°}}\ \mathrm{cm}^3$$

$$\approx \frac{625}{3} \cot 36° \sqrt{1{,}105}\ \mathrm{cm}^3 \approx \underline{\underline{300\ \mathrm{cm}^3}}$$

20.9.2. Berechnungen am schiefwinkligen Dreieck

20.9.2.1. Grundlegende Sätze und Formeln der Trigonometrie

Bei der Berechnung unbekannter Stücke aus gegebenen an schiefwinkligen Dreiecken (Seiten, Winkel, Fläche) ist es möglich, mit Hilfe gewisser Sätze und Formeln direkt, d.h. ohne Zerlegung des Dreiecks durch eine Höhe in rechtwinklige, zum Ziel zu kommen. Diese Beziehungen müssen so hergeleitet werden, daß ihre Gültigkeit für spitze und für stumpfe Dreieckwinkel gleichermaßen erwiesen ist.

Herleitung für

spitze Winkel

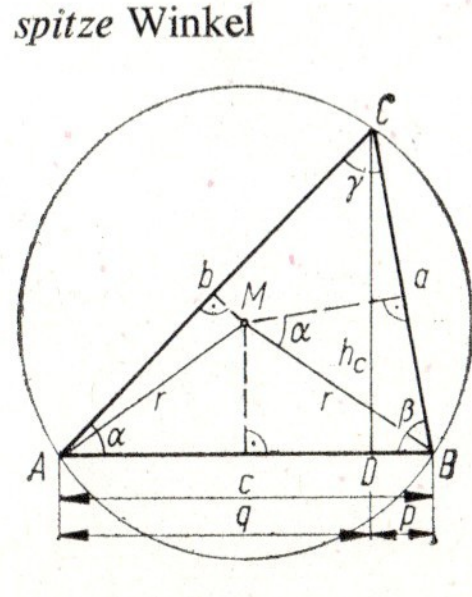

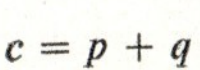

$c = p + q$

stumpfe Winkel

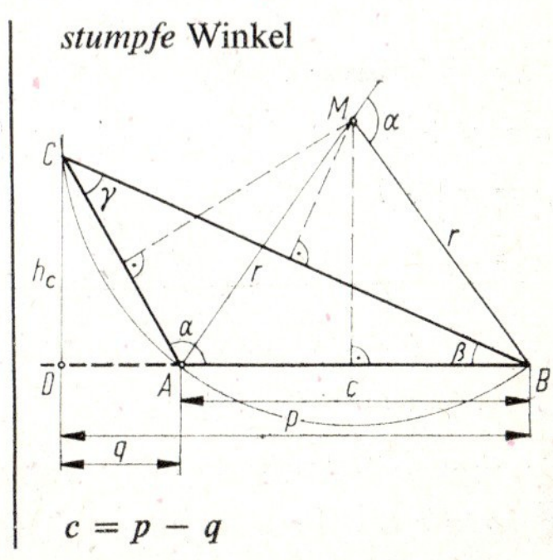

$c = p - q$

Als *Hilfslinien* werden die Höhe h_c und der Umkreisradius r (Mittelpunkt M) eingezeichnet. Dabei erscheint der Dreieckswinkel α nochmals als halber Zentriwinkel bei M.

1. Sinussatz

$h_c = b \cdot \sin\alpha$	$h_c = b \cdot \sin(180° - \alpha) = b \cdot \sin\alpha$
$h_c = a \cdot \sin\beta$	$h_c = a \cdot \sin\beta$

$$a \sin\beta = b \sin\alpha$$

$$\frac{a}{\sin\alpha} = \frac{b}{\sin\beta}$$

$\dfrac{a}{2r} = \sin\alpha$	$\dfrac{a}{2r} = \sin(180° - \alpha) = \sin\alpha$

$$\frac{a}{\sin\alpha} = \frac{b}{\sin\beta} = \frac{c}{\sin\gamma} = 2r$$

2. Cosinussatz

$$h_c^2 = b^2 - q^2 = a^2 - p^2$$

$p = c - q$	$p = c + q$
$b^2 - q^2 = a^2 - c^2 + 2cq - q^2$	$b^2 - q^2 = a^2 - c^2 - 2cq - q^2$
$q = b\cos\alpha$	$q = b \cdot \cos(180° - \alpha)$
	$= -b\cos\alpha$

$$a^2 = b^2 + c^2 - 2bc\cos\alpha$$

entsprechend:

$$b^2 = c^2 + a^2 - 2ca\cos\beta$$

$$c^2 = a^2 + b^2 - 2ab\cos\gamma$$

3. Projektionssatz

$c = p + q$	$c = p - q$
$p = a\cos\beta$	$p = a\cos\beta$
$q = b\cos\alpha$	$q = b\cos(180° - \alpha) = -b\cos\alpha$

$$c = a\cos\beta + b\cos\alpha$$

entsprechend:

$$a = b\cos\gamma + c\cos\beta$$

$$b = c\cos\alpha + a\cos\gamma$$

4. Flächensätze

$$A = \tfrac{1}{2} c h_c$$

$h_c = b \sin \alpha$	$h_c = b \cdot \sin(180° - \alpha) = b \sin \alpha$

I
$$A = \tfrac{1}{2} bc \sin \alpha$$
entsprechend:
$$A = \tfrac{1}{2} ca \sin \beta$$
$$A = \tfrac{1}{2} ab \sin \gamma$$

Durch Anwendung des Sinussatzes ergibt sich daraus eine zweite Formelgruppe:

II
$$A = \frac{1}{2} a^2 \frac{\sin \beta \sin \gamma}{\sin \alpha} = \frac{1}{2} b^2 \frac{\sin \gamma \sin \alpha}{\sin \beta} = \frac{1}{2} c^2 \frac{\sin \alpha \sin \beta}{\sin \gamma}$$

Beachte:

1. In *Formelsammlungen* finden sich mitunter noch weitere Berechnungsformeln, die gelegentlich für diese oder jene Sonderaufgabe Vorteile bringen können. Mit den genannten 4 Satzgruppen ist aber jede Dreieckaufgabe lösbar.
2. Alle Formelgruppen sind so regelmäßig gebaut, daß sie sich leicht einprägen lassen. Die wichtigste Merkhilfe ist das allen Formelgruppen innewohnende

Prinzip der zyklischen Vertauschung:

Werden in einer Formel alle vorkommenden Größen (Seiten und Winkel) so verändert, daß sie im Sinne des nebenstehenden Zyklus jeweils durch die nächstfolgende ersetzt werden, so entsteht eine neue, ebenfalls gültige Formel.

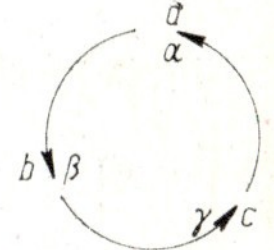

BEISPIEL

$$\begin{array}{ccccccc} a^2 & = & b^2 & + & c^2 & - & 2bc \cos \alpha \\ \downarrow & & \downarrow & & \downarrow & & \downarrow\downarrow \quad \downarrow \\ b^2 & = & c^2 & + & a^2 & - & 2ca \cos \beta \end{array}$$

20.9.2.2. Die vier Grundaufgaben der Dreieckberechnung

Den aus den Kongruenzsätzen folgenden vier Grundaufgaben der Dreieckkonstruktion (vgl. 20.7.1.2.) entsprechen *vier Grundaufgaben der Dreieckberechnung*.

Grundaufgabe	Gegeben	Gesucht	Benötigte trigonometrische Sätze
1	S, S, S	drei W; A	Cosinussatz (evtl. Sinussatz); Flächensatz I
2	W, W, S	dritte W; zwei S; A	– Sinussatz; Flächensatz II
3	S, W, S	dritte S; zwei W; A	Cosinussatz; Sinussatz (evtl. Cosinussatz); Flächensatz I
4	S, S, W	zwei W; dritte S; A	Sinussatz; Sinussatz; Flächensatz I

Beachte:

1. In der Tabelle bedeutet:
   S: Seitenlänge; W: Winkelgröße; A: Flächeninhalt.
2. Die in der dritten Tabellenspalte gewählte Reihenfolge der gesuchten Stücke ist zugleich die zweckmäßigste Reihenfolge der Berechnungsschritte.
3. Auch hier muß bei der Grundaufgabe 4 wie bei dem Kongruenzsatz IV die Bedingung erfüllt sein, daß der gegebene Winkel der größeren der beiden gegebenen Seiten gegenüber liegt, da sich sonst keine eindeutige rechnerische Lösung ergibt [vgl. 20.7.1.2. und 20.9.2.3.(3)].

BEISPIEL (Grundaufgabe 1)

Gegeben: $a = 12\text{ cm}; \quad b = 6\text{ cm}; \quad c = 7\text{ cm}$

Gesucht: α, β, γ, A

$$\cos\alpha = \frac{b^2 + c^2 - a^2}{2bc}$$

$$\sin\beta = \frac{b\sin\alpha}{a}$$

$$\gamma = 180° - (\alpha + \beta)$$

$$A = \frac{1}{2}bc\sin\alpha$$

$$\cos\alpha = \frac{6^2 + 7^2 - 12^2}{84} = -\frac{59}{84}; \quad \alpha = 180^\circ - 45{,}38^\circ = \underline{\underline{134{,}62^\circ}}$$

$$\sin\beta = \frac{6 \cdot \sin 134{,}62^\circ}{12} \approx \frac{0{,}7118}{2} = 0{,}3559;$$

$$\beta_1 = \underline{\underline{20{,}85^\circ}} \quad (\beta_2 = 180^\circ - 20{,}85^\circ = 159{,}15^\circ)$$

$$\gamma = 180^\circ - (134{,}62^\circ + 20{,}85^\circ) = 180^\circ - 155{,}47^\circ = \underline{\underline{24{,}53^\circ}}$$

$$A = \frac{1}{2} \cdot 6 \cdot 7 \cdot \sin 134{,}62^\circ \text{ cm}^2 \approx \underline{\underline{15 \text{ cm}^2}}$$

Beachte:

1. Der Cosinussatz liefert durch das Vorzeichen den Dreieckwinkel eindeutig, der Sinussatz aber doppeldeutig. Der Cosinussatz ist also in dieser Hinsicht praktischer, doch ist der Sinussatz für die logarithmische Rechnung geeigneter.
2. β_2 kommt hier nicht in Frage, da $\alpha + \beta_2 > 180^\circ$, was nicht möglich ist, und außerdem β als der der kleinsten Seite b gegenüberliegende Winkel kleiner als α und kleiner als γ sein muß.

20.9.2.3. Anwendungsaufgaben

BEISPIELE

1. Ein Flugzeug wird von zwei 25 km voneinander entfernten Beobachtungsstationen A und B, als es gerade senkrecht über $\overline{AB}$ fliegt, unter 25,2° bzw. 57,8° gegen die Waagerechte angepeilt. Flughöhe H? (Grundaufgabe 2)

$$H = \overline{AF} \cdot \sin\alpha; \quad \overline{AF} = \frac{s \cdot \sin\beta}{\sin(\alpha + \beta)}$$

$$H = \frac{s \cdot \sin\alpha \cdot \sin\beta}{\sin(\alpha + \beta)}$$

$$H = \frac{25 \cdot \sin 25{,}2^\circ \cdot \sin 57{,}8^\circ}{\sin 83^\circ} \text{ km} \approx \underline{\underline{9 \text{ km}}}$$

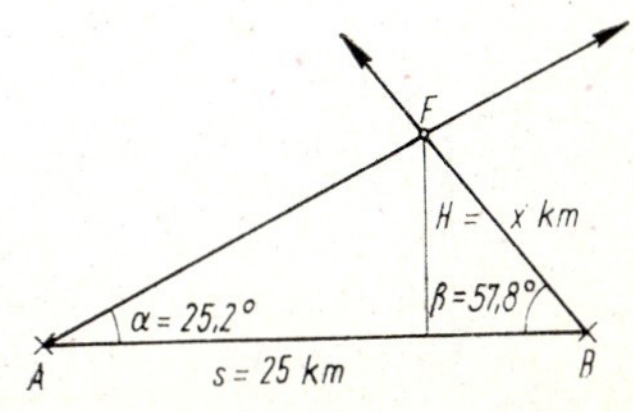

2. Durch ein Waldstück, das von zwei einander unter 75° schneidenden Schneisen begrenzt wird, soll von einer 93 m vom Schneisenschnittpunkt entfernten Stelle auf der einen Schneise aus nach einer 77 m vom Schneisenschnittpunkt entfernten Stelle auf der anderen Schneise ein gerader Querweg geschlagen werden. Unter welchen Winkeln α bzw. β gegen die Schneisen muß von beiden Seiten aus mit dem Einschlag begonnen werden? (Grundaufgabe 3)

$$\sin\alpha = \frac{a}{\overline{AB}} \cdot \sin\gamma; \quad \overline{AB} = \sqrt{a^2 + b^2 - 2ab\cos\gamma}$$

$$\sin\alpha = \frac{a\sin\gamma}{\sqrt{a^2 + b^2 - 2ab\cos\gamma}}$$

$$\beta = 180° - (\alpha + \gamma)$$

$$\sin\alpha = \frac{77\ \text{m} \cdot \sin 75°}{\sqrt{77^2 + 93^2 - 2 \cdot 77 \cdot 93 \cdot \cos 75°}\ \text{m}}$$

$$\alpha \approx 45{,}5°; \quad \beta \approx 180° - (45{,}5° + 75°) = 59{,}5°$$

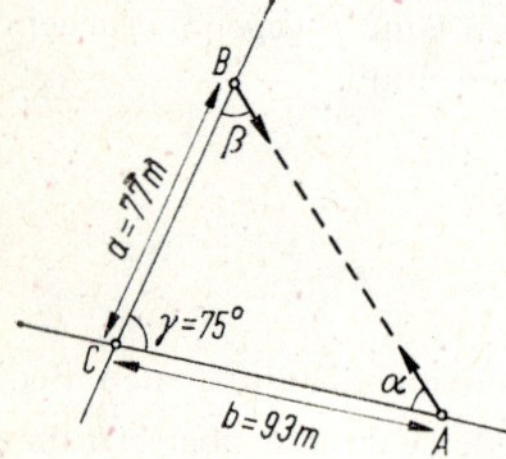

3. Drei Kräfte $F_1 = 800$ N, $F_2 = 620$ N und eine dritte F_3 von unbekannter Größe, die mit F_2 einen Winkel $\alpha_1 = 94°$ einschließt, greifen in einem Punkt so an, daß sie sich gegenseitig das Gleichgewicht halten. Wie groß ist F_3, und welchen Winkel α_3 schließt F_1 mit F_2 ein?

Lösung:

Die Kräfte können durch Ortsvektoren mit gemeinsamem Ausgangspunkt beschrieben und diese wiederum als Repräsentanten freier Vek-

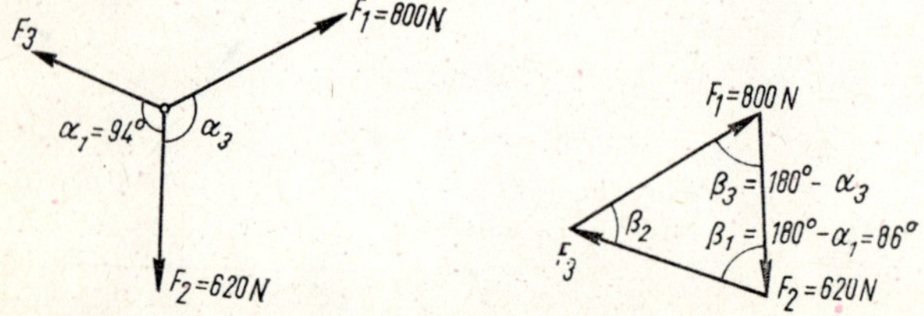

toren aufgefaßt werden. Gleichgewicht herrscht, wenn $\boldsymbol{F}_1 + \boldsymbol{F}_2 = -\boldsymbol{F}_3$ oder $\boldsymbol{F}_1 + \boldsymbol{F}_2 + \boldsymbol{F}_3 = \boldsymbol{o}$ gilt, d.h., wenn die Vektoren einen geschlossenen Vektorzug (ein Dreieck) bilden. Die Winkel zwischen den Kräften sind dabei die Außenwinkel dieses Dreiecks.
(Grundaufgabe 4, die wegen $F_1 > F_2$ eindeutig lösbar ist.)

$$\sin\beta_2 = \frac{F_2}{F_1}\sin\beta_1 = \frac{F_2}{F_1}\sin(180^\circ - \alpha_1) = \frac{F_2}{F_1}\sin\alpha_1$$

$$\beta_3 = 180^\circ - \beta_1 - \beta_2 = 180^\circ - (180^\circ - \alpha_1) - \beta_2 = a_1 - \beta_2$$

$$\alpha_3 = 180^\circ - (\alpha_1 - \beta_2)$$

$$F_3 = \frac{\sin\beta_3}{\sin\beta_1}\cdot F_1 = \frac{\sin(\alpha_1 - \beta_2)}{\sin\beta_1}\cdot F_1 = \frac{\sin(\alpha_1 - \beta_2)}{\sin\alpha_1}\cdot F_1$$

$$\sin\beta_2 = \frac{620\ \text{N}}{800\ \text{N}}\cdot\sin 94^\circ = \frac{620}{800}\cdot\sin 86^\circ$$

$$\beta_2 \approx 50{,}6^\circ$$

$$(\beta_2' \approx 129{,}4^\circ)$$

$$\beta_3 \approx 94^\circ - 50{,}6^\circ = 43{,}4^\circ$$

$$(\beta_3' < 0; \quad \text{entfällt})$$

$$\alpha_3 \approx \underline{\underline{137^\circ}}$$

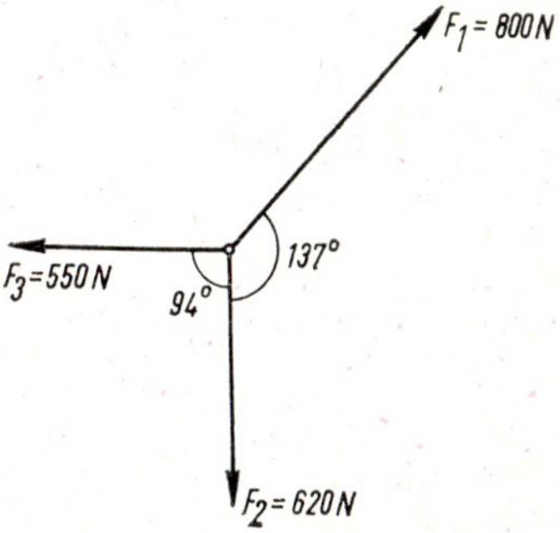

$$F_3 \approx \frac{\sin 43{,}4^\circ}{\sin 94^\circ}\cdot 800\ \text{N} \approx \frac{\sin 43{,}4^\circ}{\sin 86^\circ}\cdot 800\ \text{N} \approx \underline{\underline{550\ \text{N}}}$$

$F_1 = 800\,N$
137°
$F_3 = 550\,N$
94°
$F_2 = 620\,N$

Beachte:

Wäre $F_1 < F_2$ gegeben gewesen, z.B. a) $F_1 = 620$ N, $F_2 = 621$ N oder b) $F_1 = 620$ N, $F_2 = 800$ N, so hätten sich entweder zwei Lösungen (bei a) oder keine Lösung (bei b) ergeben.

Zu a) $\sin\beta_2 = \frac{621}{620}\cdot\sin 86^\circ$; $\beta_2 \approx 87{,}5^\circ$; $\beta_2' \approx 92{,}5^\circ$

$\beta_3 \approx 94^\circ - 87{,}5^\circ = 6{,}5^\circ$; $\alpha_3 \approx 173{,}5^\circ$ (Beide Winkel
$\beta_3' \approx 94^\circ - 92{,}5 = 1{,}5^\circ$; $\alpha_3' \approx 178{,}5^\circ$ sind möglich.)

Zu b) $\sin\beta_2 = \frac{800}{620}\sin 86^\circ > 1$ (entfällt)

21. Stereometrie

21.1. Grundlegende Begriffe

21.1.1. Gebilde der Stereometrie

Von den geometrischen Grundgebilden (vgl. 20.1.1.) sind der Untersuchung in der **Stereometrie** vor allem vorbehalten (vgl. 20.1.2.):

Raum und **Körper** (Dimension 3; Beispiel: Kugelkörper)
Gekrümmte Flächen und auf diesen gelegene **Figuren** (Flächenteile) (Dimension 2; Beispiele: Kegelmantel, Kugelkappe)
Krumme Linien, die sich nicht in eine Ebene legen lassen (Dimension 1; Beispiel: Schraubenlinie)

Beachte:

1. Nicht- ebene Flächen und Figuren heißen **gekrümmt**, nicht- gerade Linien und Linienstücke dagegen **krumm.**
2. Es können auch planimetrische Gebilde (Ebenen, ebene Figuren, Geraden und ihre Teile sowie Punkte) in der Stereometrie eine Rolle spielen, sofern sie in räumlicher Anordnung vorkommen, z. B. Wände, Fußboden und Decke eines Zimmers, die Zimmerkanten, in denen sie zusammenstoßen, sowie die Zimmerecken als Schnittpunkte der Kanten.

21.1.2. Körperformen

Als *begrenzende Flächen oder Flächenteile* (Figuren) kann ein Körper haben:

	nur ebene	ebene und gekrümmte	nur gekrümmte
Beispiele	Würfel, Quader, Pyramide, Pyramidenstumpf	Zylinder, Kegel, Kegelstumpf, Kugelabschnitt, Kugelschicht	Kugel, Ellipsoid, Kugelausschnitt

Für die Praxis besonders wichtig sind *zwei Körperformen*, deren Oberflächen aufgebaut werden können aus je einer *ebenen Figur als Grund-*

fläche (Vieleck oder krummlinig begrenzte Figur, z. B. Kreis) und einer *Schar von Geraden*, die von den Punkten der Umrandung der Grundfläche in den Raum führen und dabei so verlaufen, daß sie alle

entweder untereinander *parallel* liegen:

Prismatische Körper (vgl. 21.3.);

oder einander in einem Punkt des Raumes *schneiden:*

Pyramidenförmige Körper (vgl 21.4.).

21.1.3. Gekrümmte Flächen und Figuren

Wenn eine gekrümmte Fläche oder eine gekrümmte Figur in eine Ebene ausgebreitet und dadurch planimetrischen Betrachtungen zugänglich gemacht werden kann, so heißt sie **abwickelbar.**
Gekrümmte Flächen und auf ihnen gelegene Figuren

können also sein:

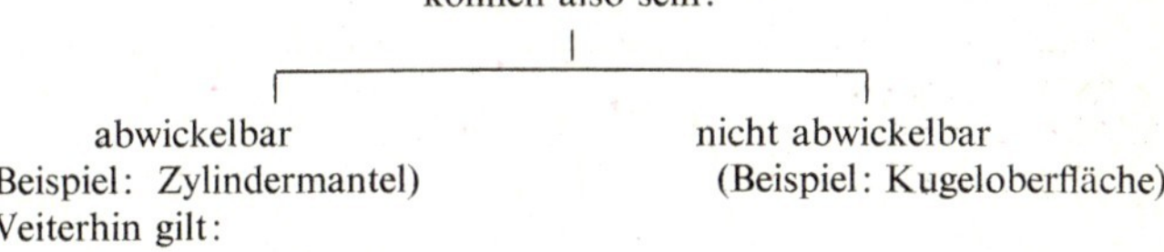

abwickelbar (Beispiel: Zylindermantel)

nicht abwickelbar (Beispiel: Kugeloberfläche)

Weiterhin gilt:

Figuren auf gekrümmten Flächen (Flächenteile)

können begrenzt sein:

nur krummlinig (Beispiel: Kugelzone)

krumm- und geradlinig (Beispiel: Kegelmantelausschnitt)

21.2. Cavalierisches Prinzip

Die Grundlage für die *elementare Berechnung des Volumens* von Körpern ist das CAVALIERIsche Prinzip (FRANCESCO CAVALIERI, 1598 bis 1647):

> Zwei Körper mit gleich großen Grundflächen und Höhen haben dann gleiche Volumen, wenn sich bei jedem Schnitt parallel zur Grundfläche in beliebiger, bei beiden Körpern aber gleicher Höhe gleich große Schnittfiguren ergeben.

Beachte:

Über die Grundflächen und entsprechende Schnittfiguren wird nur bezüglich der Flächengleichheit, aber nicht bezüglich der Gestalt eine Forderung ausgesprochen; sie brauchen also nicht kongruent zu sein.

Veranschaulichung

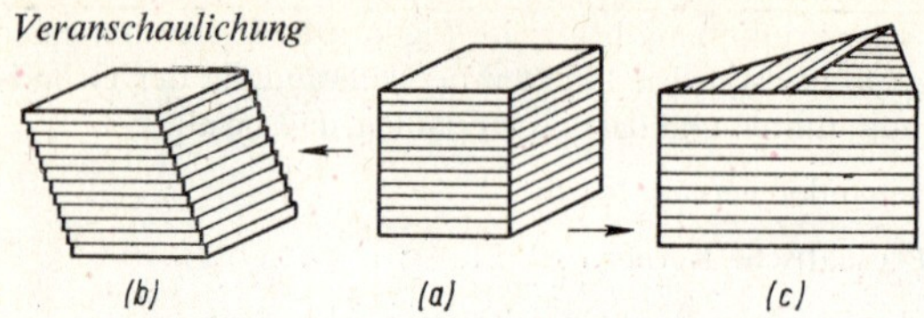

Wird ein Stapel quadratischer Karteikarten (a) seitlich verschoben (b) oder werden sämtliche Karteikarten diagonal zerschnitten, die Hälften durch Drehung und Verschiebung jeweils zu einem gleichschenklig rechtwinkligen Dreieck zusammengefügt und diese Dreiecke wiederum gestapelt (c), so ergeben sich drei verschieden gestaltete Körper, die aber offensichtlich alle dasselbe Volumen haben.

Beachte:

1. Der Körper (b) hat keine „glatten" Seitenflächen, sondern ist von einer Art „Treppe" begrenzt. Deren Stufen werden aber verschwindend klein, wenn die Blattdicke der Karten immer weiter herabgesetzt wird.
2. Diese Veranschaulichung kann einen schlüssigen Beweis des CAVALIERIschen Prinzips natürlich nicht ersetzen; dazu vgl. 19.3.3.2.

21.3. Prismatische Körper

21.3.1. Übersicht

Die Parallelen, die von den Punkten der Umrandung der **Grundfläche** ausgehen (vgl. 21.1.2.), werden gewöhnlich dadurch begrenzt, daß parallel zur Grundfläche ein ebener Schnitt gelegt wird. Dabei ergibt sich eine zur Grundfläche parallele, kongruente Schnittfigur, die **Deckfläche** des jetzt begrenzten prismatischen Körpers.
Je nach der Gestalt von Grund- und Deckfläche werden **Prisma** (Mehrzahl: **Prismen**) und **Zylinder** unterschieden, für die folgende Festsetzungen gelten:

	Prisma	*Zylinder*
	Grundfläche:	
1.	Vieleck	krummlinig begrenzte Figur, z.B. Kreis
	Die von den	
2.	Ecken	Punkten der gesamten Umrandung
	der Grundfläche zur Deckfläche führenden Strecken heißen	
	Seitenkanten	**Mantellinien**

	Prisma	*Zylinder*
3.	In ihnen stoßen aneinander die **Seitenflächen**, d.s. *Parallelogramme, Rechtecke* oder *Quadrate*	Sie bilden den **Mantel**, d.i. ein Teil einer gekrümmten, abwickelbaren Fläche.
4.	Sofern die Seitenkanten	Mantellinien
	senkrecht zur Grundfläche verlaufen, heißt das Prisma	der Zylinder
	gerade, andernfalls **schief**	
5.	*Prismen* werden nach der Seitenzahl der Grundfläche bezeichnet (n-seitiges Prisma). Ist ein Prisma gerade und seine Grundfläche ein regelmäßiges Vieleck, so heißt das ganze Prisma **regelmäßig**, andernfalls **unregelmäßig**.	

21.3.2. Berechnungen an prismatischen Körpern

21.3.2.1. Würfel und Quader

Würfel und **Quader** sind vierseitige Prismen mit rechtwinklig aufeinander stehenden Kanten.

Flächen- und Raumdiagonalen

Eine in einer Begrenzungsfläche verlaufende Diagonale heißt **Flächendiagonale** d, eine durch den Körper hindurch verlaufende **Raumdiagonale** D.

Würfel

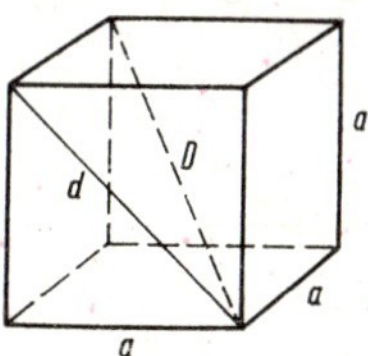

Im *Würfel* sind alle 12 Flächendiagonalen und alle 4 Raumdiagonalen jeweils untereinander gleich groß.

$d = a\sqrt{2}$ | $D = a\sqrt{3}$

Schnittwinkel zweier
Flächendiagonalen: 90°
Raumdiagonalen: ≈70°

Quader

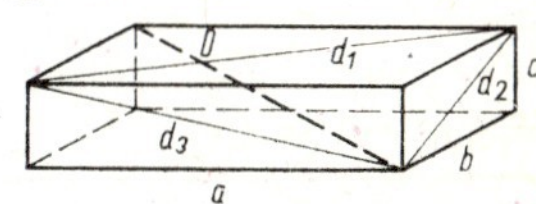

Im *Quader* gibt es 3 verschieden lange Flächendiagonalen (jede Länge kommt viermal vor); die 4 Raumdiagonalen sind alle gleich groß.

$d_1 = \sqrt{a^2 + b^2}$;

$d_2 = \sqrt{b^2 + c^2}$;

$d_3 = \sqrt{c^2 + a^2}$

$D = \sqrt{a^2 + b^2 + c^2}$

Beachte:

Mitunter wird der Quader mit quadratischer Grundfläche ($a = b$; dann c meist **Höhe** h genannt) als **quadratische Säule** bezeichnet.

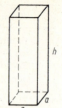

$$d_1 = a\sqrt{2}; \quad d_2 = \sqrt{a^2 + h^2}$$

$$D = \sqrt{2a^2 + h^2}$$

$$A_{O\,qu.S.} = 2a^2 + 4ah$$

$$V_{qu.S.} = a^2h$$

21.3.2.2. Prisma

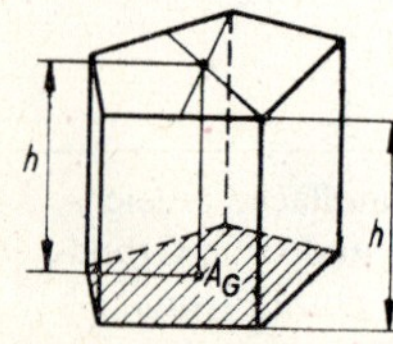

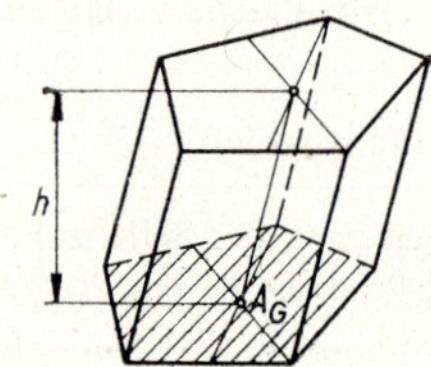

1. Beim Prisma heißt der (senkrechte) Abstand von Grund- und Deckfläche die **Höhe** h.
2. Beim geraden Prisma ist die Größe der Höhe gleich der Länge der Seitenkanten, beim schiefen Prisma aber nicht.
3. Für die Diagonalen lassen sich keine allgemeingültigen Formeln angeben.

Oberfläche und *Volumen*

(Grundfläche G: n-Eck; Flächeninhalt: A_G; Umfangslänge: u_G)

	Gerades Prisma	*Schiefes Prisma*
Oberfläche	$A_{O\,\text{Prisma}} = 2A_G + n$ Rechtecke $= 2A_G + u_G \cdot h$	$A_{O\,\text{Prisma}} = 2A_G$ $+ \; n$ Parallelogramme
Volumen	$V_{\text{Prisma}} = A_G h$	

Die Volumenformel folgt aus dem CAVALIERIschen Prinzip durch Vergleichen mit einem Quader, wenn dort $a \cdot b = A_G$ und $c = h$ gesetzt wird.

21.3.2.3. Kreiszylinder

Mantel des geraden Kreiszylinders

Der Mantel M des geraden Kreiszylinders ergibt beim Abwickeln ein Rechteck.

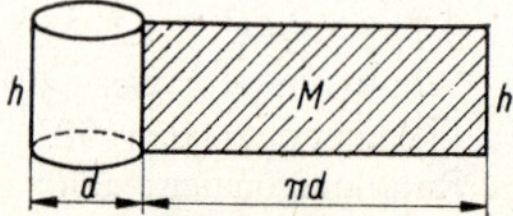

$$A_{M\,\text{gerader Kreiszylinder}} = \pi dh = 2\pi rh$$

Oberfläche und *Volumen*

Inhalt der *Oberfläche für den geraden Kreiszylinder:*

$$A_{O\,\text{gerader Kreiszylinder}} = \tfrac{1}{2}\pi d\,(d + 2h) = 2\pi r\,(r + h)$$

Beachte:

> Beim Abwickeln des *Mantels des schiefen Kreiszylinders* ergibt sich eine von zwei Strecken und zwei krummen Linien begrenzte Figur, deren Flächeninhalt sich mit elementaren Mitteln nicht berechnen läßt. Infolgedessen kann auch der *Oberflächeninhalt des schiefen Kreiszylinders* mit elementaren Mitteln nicht bestimmt werden.

Das *Volumen* läßt sich *für den geraden und den schiefen Kreiszylinder* nach 21.3.2.2. berechnen.

$$V_{\text{Kreiszylinder}} = \frac{\pi}{4} d^2 h = \pi r^2 h$$

21.4. Pyramidenförmige Körper

21.4.1. Übersicht

Die Geraden, die von den Punkten der Umrandung der Grundfläche ausgehen und einander in einem Punkte des Raumes schneiden (vgl. 21.1.2.), werden gewöhnlich von diesem Punkt, der **Spitze** des Körpers, begrenzt (Ausnahmen vgl. 22.6.1.). Gelegentlich wird aber zur Begrenzung wie bei den prismatischen Körpern (vgl. 21.3.1.) ein Schnitt parallel zur Grundfläche gelegt. Dabei ergibt sich als obere Begrenzung des Körpers eine zur Grundfläche parallele, ähnliche Schnittfigur, seine **Deckfläche.** Dieser Körper wird als **Stumpf** bezeichnet. Je nach der Gestalt der Grundfläche werden **Pyramiden (Pyramidenstümpfe)** und **Kegel (Kegelstümpfe)** unterschieden. Für sie gelten folgende Festsetzungen, die denen für Prisma und Zylinder (vgl. 21.3.1.) weitgehend entsprechen:

	Pyramide (Pyramidenstumpf)	*Kegel (Kegelstumpf)*
	Grundfläche:	
1.	Vieleck	krummlinig begrenzte Figur, z. B. Kreis
	Die von den	
2.	Ecken	Punkten der gesamten Umrandung
	der Grundfläche zur Spitze (Deckfläche) führenden Strecken heißen	
	Seitenkanten	**Mantellinien**

	Pyramide (Pyramidenstumpf)	*Kegel (Kegelstumpf)*
3.	In ihnen stoßen aneinander die **Seitenflächen**, d.s. *Dreiecke* (*Trapeze*).	Sie bilden den **Mantel**, d.i. ein Teil einer gekrümmten, abwickelbaren Fläche.
4.	Sofern bei der Grund- (und Deck-) Fläche Zentralsymmetrie vorliegt und der Fußpunkt des Lotes von der Spitze (vom Symmetriezentrum der Deckfläche) auf die Grundfläche mit deren Symmetriezentrum zusammenfällt, heißt die Pyramide (der Pyramidenstumpf)	der Kegel (der Kegelstumpf) **gerade**, andernfalls **schief**.
5.	*Pyramiden* (*Pyramidenstümpfe*) werden nach der Seitenzahl der Grundfläche bezeichnet: ***n*-seitige Pyramide (*n*-seitiger Pyramidenstumpf)**. Ist eine Pyramide (ein Pyramidenstumpf) gerade und die Grundfläche ein regelmäßiges Vieleck, so heißt die ganze Pyramide (der ganze Pyramidenstumpf) **regelmäßig**, andernfalls **unregelmäßig**.	

21.4.2. Berechnungen an pyramidenförmigen Körpern

21.4.2.1. Pyramide

Oberfläche

(Grundfläche G: n-Eck; Flächeninhalt: A_G; Umfangslänge: u_G)

Unregelmäßige Pyramide	Regelmäßige Pyramide
$A_{O\,\text{Pyramide}} = A_G + n$ Dreiecke	$A_{O\,\text{Pyramide}} = A_G + \frac{1}{2}u_G \cdot h_s$ (h_s: Länge der Höhe einer Seitenfläche)

Volumen

1. Aus dem Cavalierischen Prinzip folgt für unregelmäßige und regelmäßige Pyramiden:

   Pyramiden mit gleich großen Grundflächen und Höhen haben dasselbe Volumen.

   Die an sich nach diesem Prinzip (vgl. 21.2.) noch erforderliche Bedingung der gleichen Größe der Figuren, die sich beim Schnitt der verglichenen Körper durch zur Grundfläche parallele und von dieser in gleichen Abständen verlaufende Ebenen ergeben, ist bei Pyramiden stets erfüllt.

Begründung

Auf Grund der Ähnlichkeit von G und F bzw. G' und F' gilt:

$$\frac{A_F}{A_G} = \frac{e^2}{h^2}; \quad \frac{A_{F'}}{A_{G'}} = \frac{e^2}{h^2}$$

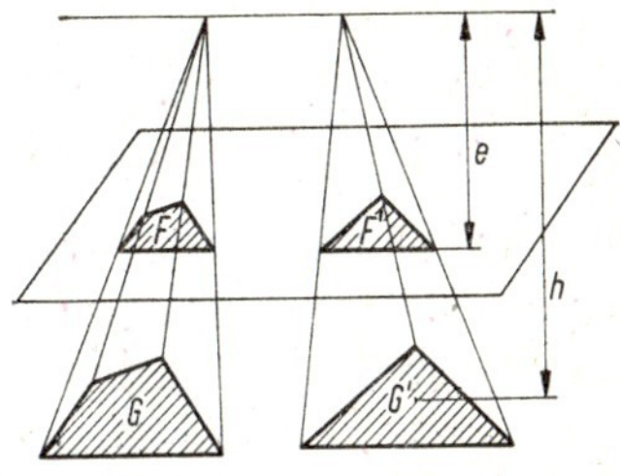

(vgl. 20.8.1.2.); also

$$\frac{A_F}{A_G} = \frac{A_{F'}}{A_{G'}}$$

Da $A_G = A_{G'}$ als Bedingung gesetzt ist, gilt stets: $A_F = A_{F'}$

2. Da sich zu jedem beliebigen Vieleck ein flächengleiches rechtwinkliges Dreieck konstruieren läßt (der hierzu mögliche konstruktive Weg soll hier nicht erörtert werden), kann zu jeder beliebigen n-seitigen Pyramide eine *volumengleiche dreiseitige* mit einem dem n-Eck flächengleichen *rechtwinkligen Dreieck als Grundfläche* und *gleich großer Höhe* angegeben werden. Von einer solchen Pyramide läßt sich aber leicht zeigen, daß ihr Volumen den dritten Teil des Volumens des Prismas ausmacht, das die gleiche Grundfläche und Höhe hat.
Zur Begründung wird ein *gerades Prisma* verwendet:

$\triangle ABC \cong \triangle LMN$ (Pyramidengrundflächen)

$\overline{BM} = \overline{AL}$ (Pyramidenhöhen)

$V_{(\text{Pyramide } ABCM)} = V_{(\text{Pyramide } LMNA)}$

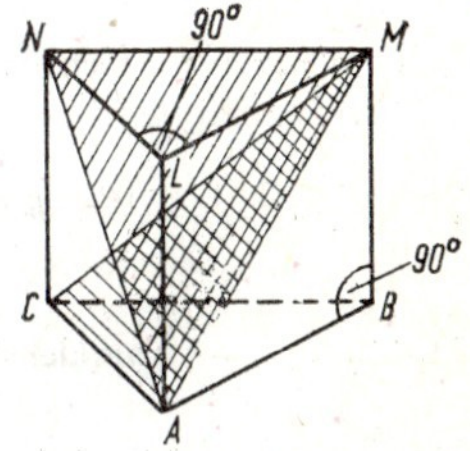

$\triangle ALN = \triangle ANC$ (Pyramidengrundflächen)

$\overline{LM} = \overline{LM}$ (Pyramidenhöhen)

$V_{(\text{Pyramide } ALNM)} = V_{(\text{Pyramide } ANCM)}$

Das Prisma läßt sich also in drei volumengleiche Pyramiden zerlegen.

3. Auf Grund der unter 2. dargestellten Überlegungen und wegen des CAVALIERIschen Prinzips gilt:

> Das **Volumen** jeder beliebigen geraden oder schiefen Pyramide ist gleich einem Drittel des Volumens eines Prismas mit gleich großer Grundfläche und gleich langer Höhe.

In Verbindung mit 21.3.2.2. folgt daraus:

$$V_{\text{Pyramide}} = \tfrac{1}{3} A_G h$$

21.4.2.2. Kreiskegel

Mantel des geraden Kreiskegels

Der Mantel M des geraden Kreiskegels ergibt beim Abwickeln einen Kreissektor.

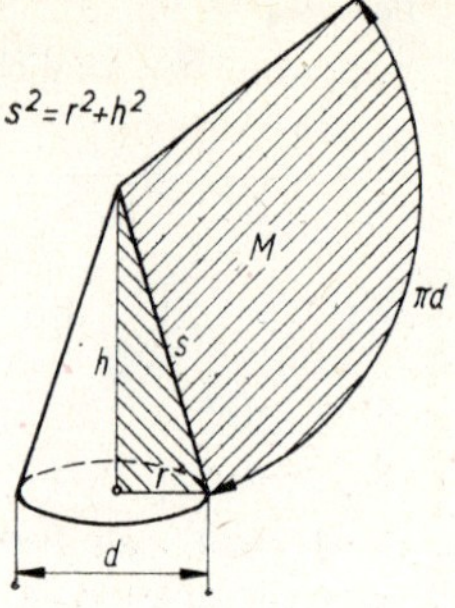

$$A_{M\,\text{gerader Kreiskegel}} = \tfrac{1}{2}\pi ds = \pi rs$$
$$= \pi r\sqrt{r^2+h^2}$$

Oberfläche und *Volumen*

Inhalt der *Oberfläche für den geraden Kreiskegel*:

$$A_{O\,\text{gerader Kreiskegel}} = \tfrac{1}{4}\pi d\,(d+2s) = \pi r\,(r+s)$$
$$= \pi r\left(r+\sqrt{r^2+h^2}\right)$$

Beachte:

Für *Mantel und Oberflächeninhalt des schiefen Kreiskegels* gilt sinngemäß das gleiche wie beim schiefen Kreiszylinder (vgl. 21.3.2.3.)

Das *Volumen* läßt sich *für den geraden und den schiefen Kreiskegel* nach 21.4.2.1. berechnen:

$$V_{\text{Kreiskegel}} = \tfrac{1}{3}\pi r^2 h = \tfrac{1}{12}\pi d^2 h$$

21.4.2.3. Pyramidenstumpf

Jeder Pyramidenstumpf läßt sich durch eine **Ergänzungspyramide** zu einer Pyramide vervollständigen.

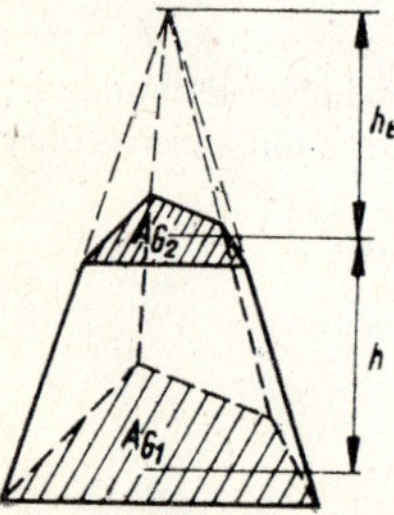

G_2: n-Eck
Flächeninhalt: A_{G2}
Umfangslänge: u_{G2}

G_1: n-Eck
Flächeninhalt: A_{G1}
Umfangslänge: u_{G1}

Oberfläche

Unregelmäßiger Pyramidenstumpf	Regelmäßiger Pyramidenstumpf
$A_{O\,\text{Pyr.St.}} = A_{G1} + A_{G2} + n$ Trapeze	$A_{O\,\text{Pyr.St.}} = A_{G1} + A_{G2} + \frac{1}{2}(u_{G1} + u_{G2})\,h_s$ (h_s: Länge der Höhe einer Seitenfläche)

Das *Volumen* wird *für den unregelmäßigen und den regelmäßigen Pyramidenstumpf* durch Differenzbildung berechnet:

$$V_{\text{Stumpf}} = V_{\text{gesamte Pyramide}} - V_{\text{Ergänzungspyramide}}$$

$$V_{\text{Stumpf}} = \tfrac{1}{3}A_{G1} \cdot (h + h_e) - \tfrac{1}{3}A_{G2} \cdot h_e$$

Zur Elimination von h_e wird aufgestellt:

$$h_e^2 : (h + h_e)^2 = A_{G2} : A_{G1} \quad \text{(vgl. 20.8.1.2.)}$$

$$h_e = \frac{h \cdot \sqrt{A_{G2}}}{\sqrt{A_{G1}} - \sqrt{A_{G2}}}$$

$$V_{\text{Pyramidenstumpf}} = \frac{h}{3}\left(A_{G1} + \sqrt{A_{G1}A_{G2}} + A_{G2}\right)$$

21.4.2.4. Kreiskegelstumpf

Mantel des geraden Kreiskegelstumpfes

Der Mantel M des geraden Kreiskegelstumpfes ergibt beim Abwickeln einen Kreisringausschnitt, dessen Flächeninhalt als Differenz der Flächeninhalte zweier abgewickelter Kreiskegelmäntel (Kreissektoren) bestimmt werden kann:

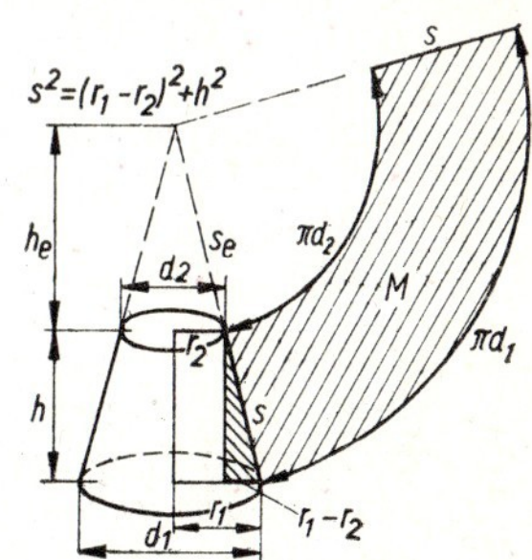

$$A_{M\,\text{Stumpf}} = \frac{1}{2}\pi d_1 (s + s_e) - \frac{1}{2}\pi d_2 s_e$$

$$s_e = \frac{d_2 s}{d_1 - d_2}$$

$$A_{M\,\text{gerader Kreiskegelstumpf}} = \tfrac{1}{2}\pi (d_1 + d_2)\, s = \pi (r_1 + r_2)\, s = \pi (r_1 + r_2)\sqrt{(r_1 - r_2)^2 + h^2}$$

Oberfläche und *Volumen*

Inhalt der *Oberfläche für den geraden Kreiskegelstumpf*:

$$A_{O\,\text{gerader Kreiskegelstumpf}} = \frac{\pi}{4}[d_1^2 + d_2^2 + 2(d_1 + d_2)s]$$
$$= \pi[r_1^2 + r_2^2 + (r_1 + r_2)s]$$
$$= \pi[r_1^2 + r_2^2 + (r_1 + r_2)\sqrt{(r_1 - r_2)^2 + h^2}]$$

Beachte:

Da die Berechnung auf den Kreiskegelmantel zurückgeführt wird, gilt die dort nötige Beschränkung (vgl. 21.4.2.2.) auch hier:
Die Berechnung des Inhalts der *Mantelfläche* und infolgedessen auch der *Oberfläche* ist mit elementaren Mitteln nur beim geraden, nicht aber beim *schiefen Kreiskegelstumpf* möglich.

Das *Volumen* läßt sich *für den geraden und den schiefen Kreiskegelstumpf* nach 21.4.2.3. berechnen:

$$V_{\text{Kreiskegelstumpf}} = \frac{\pi h}{3}(r_1^2 + r_1 r_2 + r_2^2) = \frac{\pi h}{12}(d_1^2 + d_1 d_2 + d_2^2)$$

21.5. Kugel und Kugelteile

21.5.1. Übersicht

Definition

Die **Kugelfläche** ist die Menge aller Raumpunkte, die von einem festen Punkt (dem **Mittelpunkt** M) um gleich große Strecken (den **Radius** r) entfernt sind.

Beachte:

Das Wort Kugel ist wie das Wort Kreis doppeldeutig (vgl. 20.5.); es wird sowohl für den **Kugelkörper** als auch für die **Kugelfläche** verwendet. Falls Mißverständnisse zu befürchten sind, sollte es deshalb vermieden werden.

Alle von der Kugelfläche begrenzten *Strecken*, die durch den Mittelpunkt gehen, heißen **Durchmesser** ($d = 2r$).
Eine *Ebene* schneidet die Kugelfläche in einem *Kreis* (Radius ϱ). Dieser ist um so größer, je geringer der Abstand a der Schnittebene vom Kugelmittelpunkt ist. Es werden unterschieden:

Hauptkreise (Großkreise): $\varrho = r;\quad a = 0$

Nebenkreise (Kleinkreise): $\varrho < r;\quad 0 < a < r$

Falls $a = r$, berührt die Ebene die Kugel: **Tangentialebene.** Wichtige *Kugelteile* entstehen beim *Schnitt* der Kugel *mit einer* Ebene oder *mit zwei parallelen* Ebenen. (Das sind Ebenen, die überall den gleichen Abstand haben.)

Dabei ergeben sich als Teile

des *Kugelkörpers*	der *Kugelfläche*
bei 1 Schnittebene	
2 Kugelabschnitte (Kugelsegmente),	2 Kugelkappen (Kugelhauben, Kugelkalotten),
zwischen 2 parallelen Schnittebenen	
1 **Kugelschicht**	1 **Kugelzone**
als Gebilde der	
Dimension 3.	Dimension 2.

Ferner spielt noch eine Rolle als weiteres Gebilde der Dimension 3 der **Kugelausschnitt (Kugelsektor)**, der aus einem Kugelabschnitt und dem auf seinem Schnittkreis aufgesetzten geraden Kreiskegel besteht, dessen Spitze im Kugelmittelpunkt liegt.

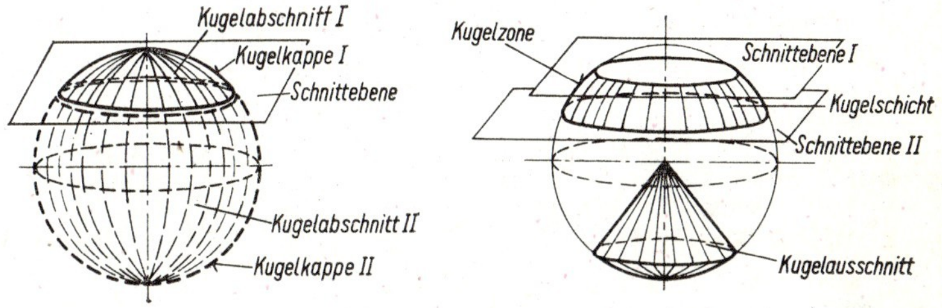

21.5.2. Kugel und Kugelteile als Rotationskörper

Die Kugel und ihre unter 21.5.1. zusammengestellten Teile können als **Dreh-** oder **Rotationskörper** (Dimension 3) bzw. als deren Oberflächen bzw. Oberflächenteile (Dimension 2) aufgefaßt werden.

Ein Rotationskörper entsteht durch Drehen einer ebenen Figur durch 360° um eine in ihrer Ebene gelegene Achse, z.B. einer in sich achsensymmetrischen Figur um ihre Symmetrieachse. Die Umrandung der Figur ergibt dabei die Oberfläche des Rotationskörpers.

Die rotierende Figur ist der **Achsenschnitt** des Drehgebildes, durch dessen Beschreibung bzw. Zeichnung letzteres vollständig bestimmt ist. Der

Achsenschnitt hat stets eine um 1 niedrigere Dimension als das entstehende Rotationsgebilde.

Kugelkörper(teile)	Achsenschnitte	Kugelflächen(teile)	Achsenschnitte
(Dimension 3)	(Dimension 2)	(Dimension 2)	(Dimension 1)
Kugelkörper	Kreisfläche	Kugelfläche	Kreislinie
Kugelabschnitt	Kreissegment	Kugelkappe	Kreisbogen
Kugelschicht	Kreisflächenstreifen zwischen zwei parallelen Sehnen	Kugelzone	zwei gleichgroße Kreisbögen
Kugelausschnitt	Kreissektor		

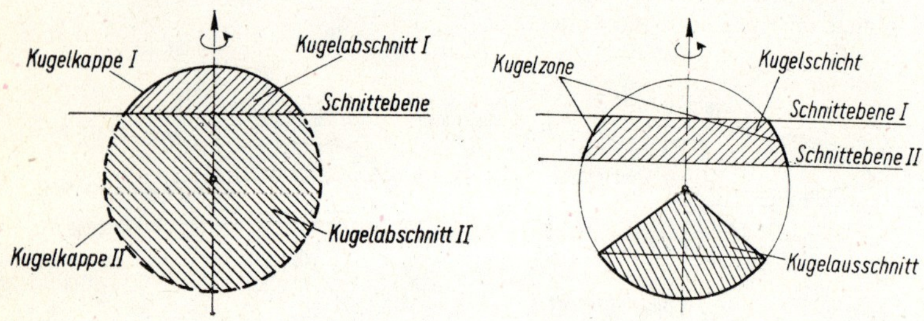

Beachte:

Auch der gerade Kreiszylinder, Kreiskegel und Kreiskegelstumpf können als Rotationskörper aufgefaßt werden. Ihre Achsenschnitte sind Rechteck, gleichschenkliges Dreieck bzw. gleichschenkliges Trapez.

21.5.3. Berechnungen an Kugel und Kugelteilen

21.5.3.1. Kugelvolumen

Mit dem Cavalierischen Prinzip (vgl. 21.2.) läßt sich beweisen:

Volumen der Halbkugel gleich Volumen eines Kreiszylinders minus Volumen eines Kreiskegels, deren Grundflächen gleich dem Kugelhauptkreis und deren Höhen gleich dem Kugelradius sind.

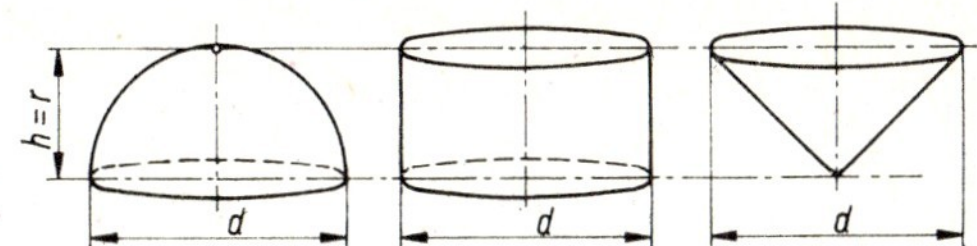

Zum *Beweis* denkt man sich den Kegel (mit der Spitze nach unten) aus dem Zylinder ausgebohrt und zeigt, daß der verbleibende Restkörper und die Halbkugel den Bedingungen des CAVALIERIschen Prinzips genügen, also volumengleich sind.
In Grundfläche und Höhe stimmen sie überein. Ein ebener Schnitt in beliebiger Höhe x $(0 < x < r)$ parallel zur Grundfläche ergibt folgende Schnittfiguren und Schnittflächeninhalte:

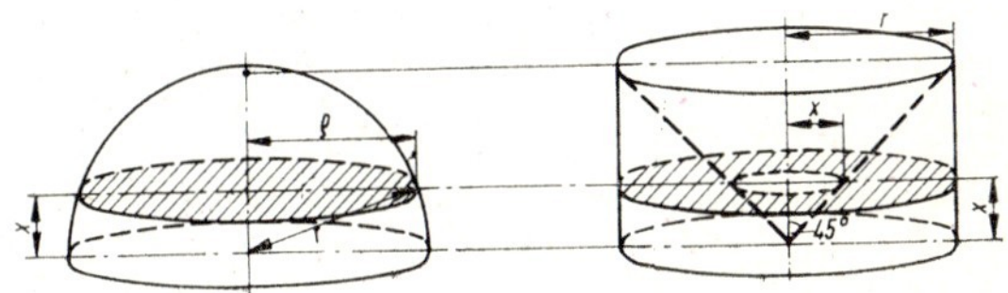

Bei der *Halbkugel* einen *Kreis* mit dem Radius ϱ:	Beim *Restkörper* einen *Kreisring* mit den Radien r und x:
$\pi\varrho^2 = \pi(r^2 - x^2)$	$\pi r^2 - \pi x^2$

Da diese Flächeninhalte für jedes x $(0 < x < r)$ jeweils gleich sind, sind alle Bedingungen des CAVALIERIschen Prinzips erfüllt, und es gilt:

$$\begin{aligned}\text{Volumen der Halbkugel} &= \text{Volumen des Restkörpers}\\ &= V_{\text{Kreiszylinder}} - V_{\text{Kreiskegel}}\\ V_{\text{Halbkugel}} &= \pi r^2 \cdot r - \tfrac{1}{3}\pi r^2 \cdot r\\ &= \tfrac{2}{3}\pi r^3\end{aligned}$$

$$V_{\text{Kugel}} = \frac{4}{3}\pi r^3 = \frac{1}{6}\pi d^3$$

Beachte:

1. Die Volumen der drei in Beziehung gesetzten Körper stehen in einem einfachen Verhältnis zueinander:

$$V_{\text{Kreiskegel}} : V_{\text{Halbkugel}} : V_{\text{Kreiszylinder}} = 1 : 2 : 3$$

2. Für eine grobe Abschätzung $(\pi \approx 3)$ gilt:

$$V_{\text{Kugel}} \approx \tfrac{1}{2} d^3$$

d. h., das Kugelvolumen ist etwa gleich der Hälfte des Volumens des der Kugel umbeschriebenen Würfels.

21.5.3.2. Kugeloberfläche

Der *Inhalt der Kugeloberfläche* ist gleich dem vierfachen Flächeninhalt eines Kugelgroßkreises:

$A_{O\,\text{Kugel}} = 4\pi r^2 = \pi d^2$

Beachte:

1. Diese Beziehung kann mit elementaren Mitteln nicht bewiesen werden (vgl. 19.3.4.).
2. Die viel benutzte anschauliche *Zerlegung der Kugel* in pyramidenähnliche Körper (Spitzen dieser Kugelteile im Kugelmittelpunkt, Höhen durch den Kugelradius r angenähert, Summe der Grundflächen gleich der Kugeloberfläche und Summe der Volumen gleich dem Kugelvolumen gesetzt) ist nur eine Plausibilitätsbetrachtung, aber *kein Beweis*;

$$V_{\text{Kugel}} = \frac{1}{3} A_{G1} r + \frac{1}{3} A_{G2} r + \ldots = \frac{4}{3} \pi r^3$$

$$\frac{1}{3} r \underbrace{(A_{G1} + A_{G2} + \ldots)}_{A_{O\,\text{Kugel}}} = \frac{4}{3} \pi r^3$$

$$A_{O\,\text{Kugel}} = \frac{4}{3} \pi r^3 \cdot \frac{3}{r} = 4\pi r^2$$

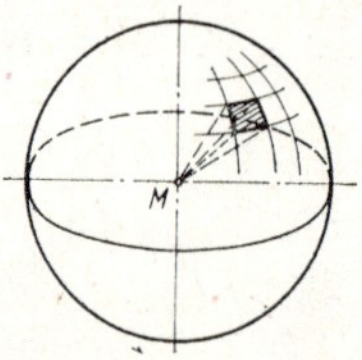

21.5.3.3. Kugelabschnitt, Kugelausschnitt, Kugelkappe

Bei der Berechnung werden die aus dem Achsenschnitt ersichtlichen Symbole r, ϱ und h verwendet.

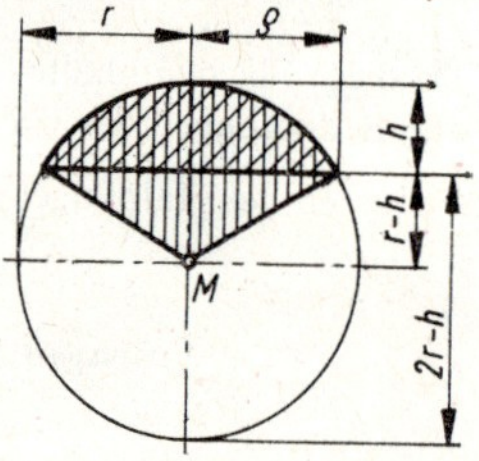

1. Oberfläche des Kugelabschnitts = Fläche der Kugelkappe + Kreisfläche mit dem Radius ϱ.
2. Für h gilt: $0 < h < 2r$
3. Zu jedem Kugelabschnitt gibt es einen zweiten mit der Höhe $h' = 2r - h$, der den ersten zur Vollkugel ergänzt. Entsprechendes gilt für die Kugelkappe.
4. h und ϱ werden als Bestimmungsstücke sowohl für Kugelabschnitt und Kugelkappe als auch für den Kugelausschnitt verwendet.

Kugelabschnitt

Das *Volumen des Kugelabschnitts* wird wie das der Halbkugel nach dem CAVALIERIschen Prinzip mit Hilfe eines Restkörpers berechnet, der aber diesmal durch Ausbohren eines Kreiskegelstumpfes aus einem Kreiszylinder entsteht:

Volumen des Kugelabschnitts gleich Volumen eines Kreiszylinders minus Volumen eines Kreiskegelstumpfes.

Dabei sind die Grundflächen von Zylinder und Stumpf gleich dem Hauptkreis der zum Abschnitt gehörenden Vollkugel und ihre Höhen gleich der Abschnittshöhe, während der Radius des Deckkreises vom Stumpf größengleich der Differenz aus Kugelradius und Abschnittshöhe ist (vgl. beistehendes Bild).

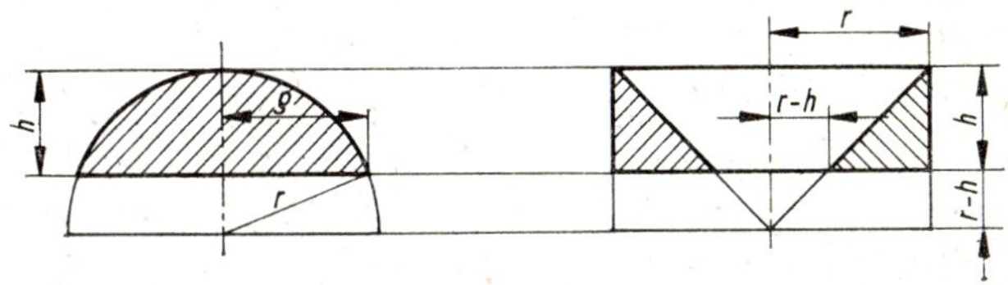

$$V_{\text{Kugelabschnitt}} = \pi r^2 h - \frac{\pi h}{3}[r^2 + r(r-h) + (r-h)^2]$$

$$V_{\text{Kugelabschnitt}} = \frac{\pi h^2}{3}(3r - h)$$

Kugelausschnitt

Volumen des Kugelausschnitts gleich Volumen des Kugelabschnitts plus Volumen des zugehörigen Kreiskegels.

$$V_{\text{Kugelausschnitt}} = \frac{\pi h^2}{3}(3r - h) + \frac{\pi \varrho^2}{3}(r - h)$$

Mit $\varrho^2 = h(2r - h)$ (Höhensatz) folgt:

$$V_{\text{Kugelausschnitt}} = \tfrac{2}{3}\pi r^2 h$$

Kugelkappe

Für den *Flächeninhalt der Kugelkappe* ergibt sich:

$$A_{\text{Kugelkappe}} = 2\pi r h$$

Beachte:

1. Auch diese Beziehung kann mit elementaren Mitteln nicht bewiesen werden (vgl. 19.3.4.).
2. Es ist aber eine Plausibilitätsbetrachtung wie in 21.5.3.2. möglich:

$$\frac{1}{3}A_{G1}r + \frac{1}{3}A_{G2}r + \dots = V_{\text{Kugelausschnitt}}$$

$$\frac{1}{3}r\underbrace{(A_{G1} + A_{G2} + \dots)}_{A_{\text{Kugelkappe}}} = \frac{2}{3}\pi r^2 h$$

$$A_{\text{Kugelkappe}} = \frac{2}{3}\pi r^2 h \cdot \frac{3}{r} = 2\pi r h$$

3. Der Flächeninhalt der Kugelkappe ist genau so groß wie der Flächeninhalt des Mantels des der Kugel umbeschriebenen Kreiszylinders, dessen Höhe dieselbe Größe wie die Höhe der Kappe hat.

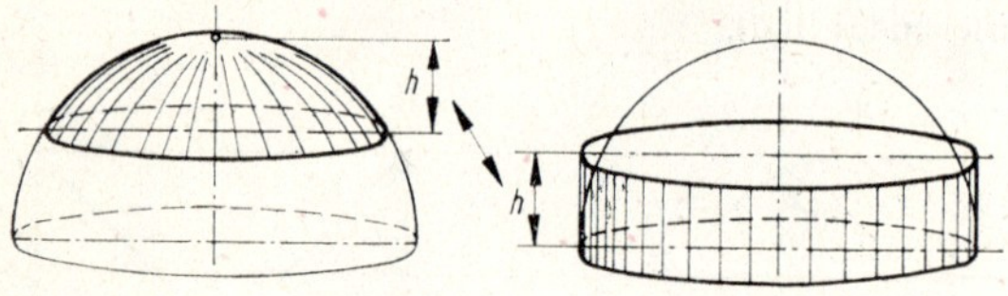

4. Das gilt auch für die Kugeloberfläche ($h = 2r$).

21.5.3.4. Kugelschicht und Kugelzone

Bei der Berechnung werden die aus dem Achsenschnitt ersichtlichen Symbole r, ϱ_1, ϱ_2, h, h_1 und h_2 verwendet.

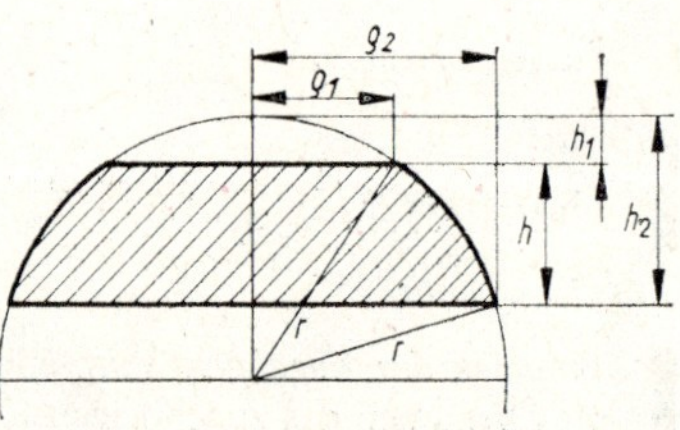

Beachte:

1. Oberfläche der Kugelschicht = Fläche der Kugelzone + 2 Kreisflächen mit den Radien ϱ_1 bzw. ϱ_2.
2. Für h gilt: $0 < h < 2r$
3. M kann außerhalb oder innerhalb der Kugelschicht liegen. Für $h > r$ muß M innerhalb liegen.

Kugelschicht

Das *Volumen der Kugelschicht* wird als Differenz der Volumen zweier Kugelabschnitte berechnet:

$$V = \frac{\pi h_2^2}{3}(3r - h_2) - \frac{\pi h_1^2}{3}(3r - h_1)$$

Jetzt werden h_1, h_2 und r eliminiert und dafür h, ϱ_1 und ϱ_2 eingeführt. Das ist möglich mit Hilfe der Beziehungen:

$$h_2 - h_1 = h$$

$$h_2^2 - h_1^2 = h(h_2 + h_1) \qquad h_1(2r - h_1) = \varrho_1^2$$

$$h_2^3 - h_1^3 = h^3 + 3h_2h_1h \qquad h_2(2r - h_2) = \varrho_2^2$$

Über $V = \frac{\pi}{3}[3r(h_2^2 - h_1^2) - (h_2^3 - h_1^3)]$ ergibt sich schließlich:

$$V_{\text{Kugelschicht}} = \frac{\pi h}{6}(3\varrho_1^2 + 3\varrho_2^2 + h^2)$$

Kugelzone

Der *Flächeninhalt der Kugelzone* wird als Differenz der Flächeninhalte zweier Kugelkappen berechnet:

$$A = 2\pi r h_2 - 2\pi r h_1 = 2\pi r (h_2 - h_1) = 2\pi r h$$

$$A_{\text{Kugelzone}} = 2\pi r h$$

Beachte:

Der Flächeninhalt einer Kugelzone ist genau so groß wie der einer Kugelkappe von gleicher Höhe und damit (vgl. 21.5.3.3.) wie der des Mantels des der Kugel umbeschriebenen Kreiszylinders von gleicher Höhe.

21.6. Polyeder

Ein Körper, der von ebenen Figuren sowie Kanten und Ecken begrenzt wird, heißt **Vielflächner** oder **Polyeder.**

Beachte:

Im folgenden sollen nur **konvexe Polyeder**, also solche ohne einspringende Ecken und Kanten, untersucht werden.

21.6.1. Eulerscher Polyedersatz

Für alle *konvexen Polyeder* gilt:

Zahl der Ecken plus Zahl der Flächen gleich Zahl der Kanten plus 2 ($E + F = K + 2$; **Eulerscher Polyedersatz**)

Polyeder	E	F	$E + F$	K	$K + 2$
Würfel, Quader	8	6	**14**	12	**14**
Dreiseitige Pyramide	4	4	**8**	6	**8**
Sechsseitiges Prisma	12	8	**20**	18	**20**
(Quadratische Säule mit aufgesetzter Pyramide)	9	9	**18**	16	**18**

21.6.2. Reguläre Polyeder

Ein Polyeder, dessen sämtliche Begrenzungsflächen regelmäßige, untereinander kongruente Vielecke sind, die außerdem überall unter demselben Winkel gegeneinander geneigt sind, so daß sich auch lauter kongruente räumliche Ecken ergeben, heißt **reguläres** oder **regelmäßiges Polyeder** oder **Platonischer Körper** (PLATON 427 bis 347 v. u. Z.).

Diese engen Bedingungen bewirken, daß es lediglich *5 reguläre Polyeder* gibt, deren Begrenzungsflächen nur regelmäßige Dreiecke, Vierecke und Fünfecke sein können. (Die an einer Ecke mindestens erforderlichen

3 Begrenzungsflächen würden nämlich bei regelmäßigen Sechsecken mit einer Winkelsumme von 360° bereits keine räumliche Ecke mehr bilden können.)

Die 5 regulären Polyeder

Begrenzungsflächen	E	F	K	Name	V	A_0
gleichseitige Dreiecke	4	4	6	**Tetraeder**	$\frac{1}{12} a^3 \sqrt{2}$	$a^2 \sqrt{3}$
	6	8	12	**Oktaeder**	$\frac{1}{3} a^3 \sqrt{2}$	$2a^2 \sqrt{3}$
	12	20	30	**Ikosaeder**	$\frac{5}{12} a^3 (3+\sqrt{5})$	$5a^2 \sqrt{3}$
Quadrate	8	6	12	**Hexaeder (Würfel)**	a^3	$6a^2$
regelmäßige Fünfecke	20	12	30	**Dodekaeder**	$\frac{1}{4} a^3 (15+7\sqrt{5})$	$3a^2 \times \sqrt{5(5+2\sqrt{5})}$

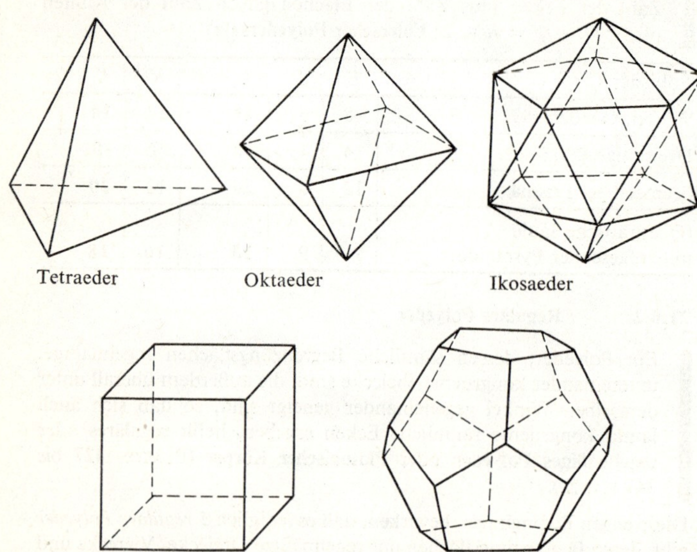
Tetraeder Oktaeder Ikosaeder

Hexaeder Dodekaeder

22. Ebene analytische Geometrie

22.1. Arbeitsweise der analytischen Geometrie

22.1.1. Grundgedanke

In der analytischen Geometrie werden geometrische Objekte (Punkte, Strecken, Figuren, Kurven, ...) durch arithmetische Gebilde (geordnete Zahlenpaare, Zahlengleichungen, Gleichungen zwischen zwei Variablen, evtl. Funktionsgleichungen, ...) beschrieben.
Dadurch ist es möglich, *geometrische Aufgaben* statt durch Konstruktionen *mit Hilfe rechnerischer Verfahren zu lösen*, die an den entsprechenden arithmetischen Gebilden ausgeführt werden, wenn deren Ergebnis am Ende wieder geometrisch gedeutet wird. Diese analytische Methode zur Lösung geometrischer Probleme wurde von Pierre de Fermat (1601 bis 1665) und René Descartes (1596 bis 1650) entwickelt. Sie steht in enger Beziehung zur grafischen Darstellung von Funktionen (vgl. 14.2.3.) insofern, als hier wie dort einander entsprechende arithmetische Gebilde und geometrische Objekte die Grundlage bilden, allerdings mit gewissermaßen entgegengesetzter Zielstellung:

	Grafische Darstellung von Funktionen	Analytische Geometrie
Gegeben	Gleichung in zwei Variablen	geometrisches Gebilde
Gesucht	geometrisches Gebilde	Gleichung in zwei Variablen
Zweck	Veranschaulichung der Funktion bzw. ihrer Gleichung	rechnerische Untersuchung geometrischer Probleme

22.1.2. Koordinatensysteme

Wie bei der grafischen Darstellung von Funktionen ist auch bei der analytischen Geometrie (auch **Koordinatengeometrie** genannt) die Grundlage ein *Koordinatensystem*. Dort wurde in 14.2.3. das *kartesische Koordinatensystem* eingeführt. Dieses wird auch in der analytischen

Geometrie gern benutzt, allerdings mit der *Einschränkung*, daß hier *auf beiden Achsen gleiche Einheiten* zugrunde liegen und die *Nullpunkte beider Maßskalen mit dem Koordinatenursprung* zusammenfallen. Daneben sind in der analytischen Geometrie aber auch andere Koordinatensysteme in Gebrauch.

Übersicht über wichtige Koordinatensysteme

Name		Grundgebilde	Geometrisch	Analytisch
			wird ein Punkt P_1 festgelegt durch	
Parallelkoordinatensysteme	schiefwinklige	zwei unter dem Winkel ω zueinander geneigte Geraden, die Koordinatenachsen	zwei von P_1 und den Achsen begrenzte Strecken: a) parallel zur Abszissenachse, b) parallel zur Ordinatenachse	zwei Zahlen, die Maßzahlen dieser Strecken: a) Abszisse x_1, b) Ordinate y_1
Parallelkoordinatensysteme	rechtwinklige (Sonderfall)	zwei unter 90° zueinander geneigte Geraden ($\omega = 90°$), die Koordinatenachsen	die zwei Lote von P_1 auf die Achsen: a) auf die Ordinatenachse, b) auf die Abszissenachse	zwei Zahlen, die Maßzahlen dieser Lote: a) Abszisse x_1, b) Ordinate y_1
Polarkoordinatensysteme		ein Strahl, die Achse	die vom Strahlursprung zu P_1 führende Strecke, den Radiusvektor	zwei Zahlen a) die Maßzahl r_1 der Länge des Radiusvektors, b) das Maß φ_1 des Neigungswinkels des Radiusvektors gegen den Strahl der Anomalie ($0° \leqq \varphi_1 < 360°$)

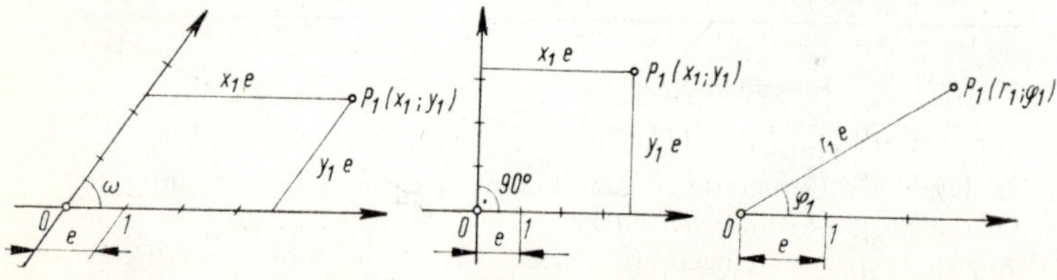

Beachte:

1. x_1, y_1 und r_1 sind *Zahlen*, die Längen der Strecken von P_1 zu den Achsen und zum Koordinatenursprung O aber *Größen*. Diese ergeben sich erst durch Multiplikation von x_1, y_1, r_1 mit der jeweiligen Einheit e: x_1e, y_1e, r_1e (vgl. Bild). In der Praxis wird aber meist nur kurz x_1, y_1, r_1 geschrieben. So wird auch in den folgenden Bildern verfahren.
2. x_1 und y_1 können positiv und negativ sein, r_1 ist stets positiv.

22.1.3. Vektorielle Darstellung

Seit der Entwicklung der Vektorrechnung werden in zunehmendem Maße zur Beschreibung der geometrischen Objekte in der analytischen Geometrie vektorielle Gebilde (Ortsvektoren, Vektorgleichungen) herangezogen. In den folgenden Darstellungen wird auch diese Methode verwendet und häufig der Koordinatenmethode zum Vergleich gegenübergestellt. (Vgl. dazu auch 13.)

22.2. Punkt

Ein Punkt P_1 kann durch einen **Ortsvektor** $\boldsymbol{p}_1$ im Ursprung O oder durch ein geordnetes Zahlenpaar, seine **Koordinaten** (**Abszisse** x_1 und **Ordinate** y_1 im kartesischen Koordinatensystem bzw. Maßzahl des **Radiusvektors** r_1 und der **Anomalie** φ_1 im Polarkoordinatensystem) dargestellt werden:

Mit Vektoren	Mit Koordinaten	
	kartesische Koordinaten	Polarkoordinaten
$\overrightarrow{OP_1} = \boldsymbol{p}_1$	$P_1\,(x_1; y_1)$	$P_1\,(r_1; \varphi_1)$
P_1, p_1, 0	y, x_1, $P_1\,(x_1; y_1)$, y_1, 1, $90°$, 0, 1, x	$P_1\,(r_1; \varphi_1)$, r_1, φ_1, 0

Zwischen diesen Darstellungen bestehen einfache Zusammenhänge:

$$\boldsymbol{p}_1 = x_1\boldsymbol{i} + y_1\boldsymbol{j}$$

$$|\boldsymbol{p}_1| = r_1 = \sqrt{x_1^2 + y_1^2}$$

$$x_1 = |\boldsymbol{p}_1| \cos\varphi_1 = r_1 \cos\varphi_1$$

$$y_2 = |\boldsymbol{p}_1| \sin\varphi_1 = r_1 \sin\varphi_1$$

$$\frac{y_1}{x_1} = \tan\varphi_1$$

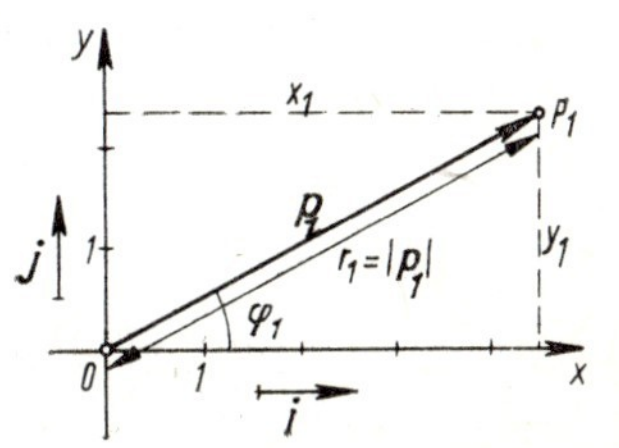

22.3. Strecke und Dreieck

22.3.1. Länge l einer Strecke $\overline{P_1P_2}$

Mit Vektoren	Mit Koordinaten

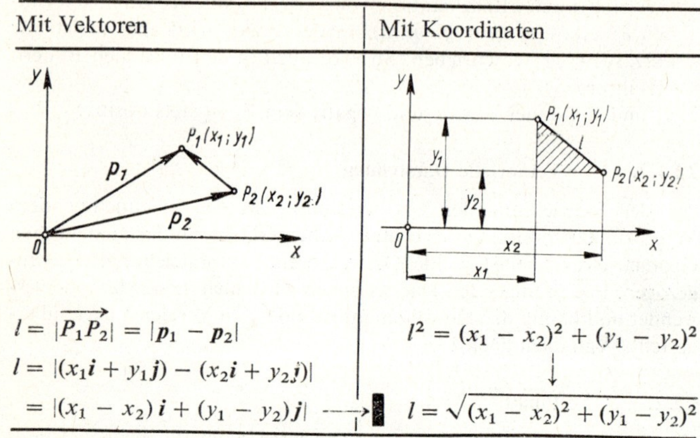

Mit Vektoren:

$$l = |\overrightarrow{P_1P_2}| = |\boldsymbol{p}_1 - \boldsymbol{p}_2|$$

$$l = |(x_1\boldsymbol{i} + y_1\boldsymbol{j}) - (x_2\boldsymbol{i} + y_2\boldsymbol{j})|$$

$$= |(x_1 - x_2)\,\boldsymbol{i} + (y_1 - y_2)\,\boldsymbol{j}| \longrightarrow$$

Mit Koordinaten:

$$l^2 = (x_1 - x_2)^2 + (y_1 - y_2)^2$$

$$\downarrow$$

$$l = \sqrt{(x_1 - x_2)^2 + (y_1 - y_2)^2}$$

22.3.2. Teilpunkt T einer Strecke $\overline{P_1P_2}$

22.3.2.1. Teilverhältnis

T_i T_a — P_1 a P_2

Für die Punkte P_1, P_2, T einer Geraden gilt:

$$\overrightarrow{P_1T} + \overrightarrow{TP_2} = \overrightarrow{P_1P_2} \quad \text{und} \quad \overrightarrow{P_1T} = \lambda\overrightarrow{TP_2}$$

Fachbezeichnung: T teilt die Strecke $\overline{P_1P_2} = a$ im (Teil-)Verhältnis λ.

Liegt T
innerhalb von $\overline{P_1P_2}$ (**innerer Teilpunkt** T_i), so gilt $\lambda > 0$;
außerhalb von $\overline{P_1P_2}$ (**äußerer Teilpunkt** T_a), so gilt $\lambda < 0$.

Für $\lambda = 0$ fällt T mit P_1 zusammen, für $\lambda = -1$ gibt es keinen Teilpunkt. Für $T = P_2$ ist kein Teilverhältnis erklärt, $\lambda = +1$ kennzeichnet den Mittelpunkt M von $\overline{P_1P_2}$.

$-1 < \lambda < 0$ | $0 < \lambda < 1$ | $1 < \lambda < +\infty$ | $-\infty < \lambda < -1$

$\lambda = 0$ (P_1), $\lambda = +1$ (M), λ nicht erklärt (P_2)

22.3.2.2. Längen der Teilstrecken $\overline{P_1T}$ und $\overline{P_2T}$

$\overrightarrow{P_1T}$ und $\overrightarrow{TP_2}$ lassen sich auch als Vielfache von $\overrightarrow{P_1P_2}$ darstellen. Über $\overrightarrow{P_1T} = \lambda\overrightarrow{TP_2} = \lambda(\overrightarrow{P_1P_2} - \overrightarrow{P_1T})$ ergeben sich

$$\overrightarrow{P_1T} = \frac{\lambda}{\lambda+1}\overrightarrow{P_1P_2} \quad \text{und} \quad \overrightarrow{TP_2} = \frac{1}{\lambda+1}\overrightarrow{P_1P_2},$$

und daraus als Beträge dieser Vektoren die *Längen der Teilstrecken*:

$$\overline{P_1T} = \left|\frac{\lambda}{\lambda+1}\right|a; \quad \overline{TP_2} = \left|\frac{1}{\lambda+1}\right|a$$

22.3.2.3. Koordinaten x_t, y_t des Teilpunktes T

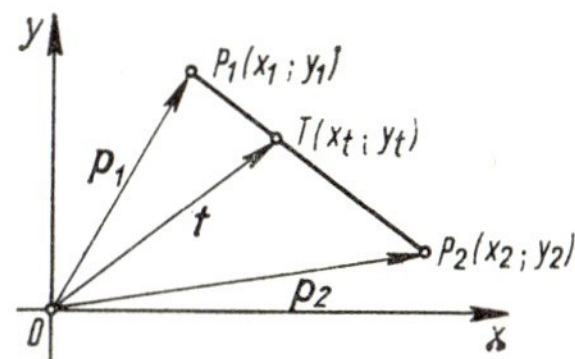

$$\boldsymbol{t} = \boldsymbol{p}_1 + \overrightarrow{P_1T} = \boldsymbol{p}_1 + \frac{\lambda}{\lambda+1}(\boldsymbol{p}_2 - \boldsymbol{p}_1)$$

$$x_t\boldsymbol{i} + y_t\boldsymbol{j} = \left[x_1 + \frac{\lambda}{\lambda+1}(x_2 - x_1)\right]\boldsymbol{i} + \left[y_1 + \frac{\lambda}{\lambda+1}(y_2 - y_1)\right]\boldsymbol{j}$$

$$x_t = x_1 + \frac{\lambda}{\lambda+1}(x_2 - x_1) = \frac{x_1 + \lambda x_2}{1+\lambda}$$

$$y_t = y_1 + \frac{\lambda}{\lambda+1}(y_2 - y_1) = \frac{y_1 + \lambda y_2}{1+\lambda}$$

Sonderfall

Ist $M(x_m; y_m)$ *Mittelpunkt* von $\overline{P_1P_2}$, dann gilt mit $\lambda = +1$:

$$x_m = \frac{x_1 + x_2}{2}; \quad y_m = \frac{y_1 + y_2}{2}.$$

22.3.3. Fläche des Dreiecks $P_1P_2P_3$

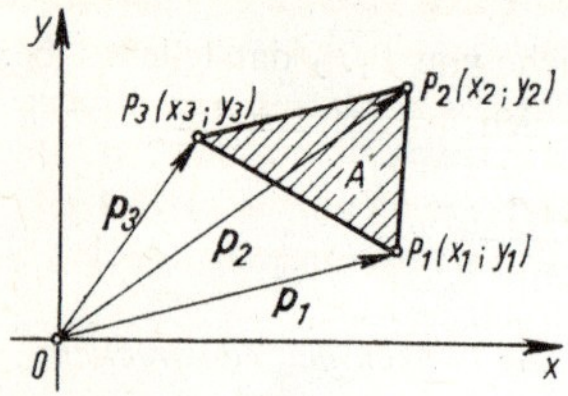

Mit Vektoren	Mit Koordinaten
$\overrightarrow{P_1P_2} = \boldsymbol{p}_2 - \boldsymbol{p}_1$ $\overrightarrow{P_1P_3} = \boldsymbol{p}_3 - \boldsymbol{p}_1$ $A = \frac{1}{2} \lvert(\boldsymbol{p}_2 - \boldsymbol{p}_1) \times (\boldsymbol{p}_3 - \boldsymbol{p}_1)\rvert$	$A = \frac{1}{2} \lvert[x_1 (y_2 - y_3) + x_2(y_3 - y_1) + x_3(y_1 - y_2)]\rvert$ $= \frac{1}{2} \left\lvert\begin{vmatrix} x_1 & y_1 & 1 \\ x_2 & y_2 & 1 \\ x_3 & y_3 & 1 \end{vmatrix}\right\rvert$

Beachte:

Eine direkte Herleitung der Flächenformel in der Koordinatenform ohne Zuhilfenahme von Vektoren ist mit Hilfe von drei Trapezen möglich, die entstehen, wenn von den Eckpunkten des Dreiecks Lote auf eine der Koordinatenachsen gefällt werden.

22.4. Gerade

Eine Gerade ist bestimmt

a) durch 1 Punkt $P_1 (x_1; y_1)$ und die Richtung, z.B. den Neigungswinkel α gegen die Abszissenachse, oder
b) durch 2 Punkte $P_1 (x_1; y_1)$ und $P_2 (x_2; y_2)$.

22.4.1. Geradengleichungen

Kurven werden in der analytischen Geometrie durch Gleichungen wiedergegeben, die außer Konstanten (für die gegebenen Bestimmungsstücke) die Variablen x und y (die Koordinaten des laufenden Punktes P) bzw. die Variable $\boldsymbol{x}$ (den Ortsvektor des laufenden Punktes P) enthalten.

„Laufender Punkt" bedeutet dabei, daß P jede beliebige Lage auf der Kurve annehmen kann, aber niemals außerhalb der Kurve liegen darf. Die Koordinaten bzw. die Ortsvektoren sämtlicher Kurvenpunkte bilden dann die Erfüllungsmenge der Gleichung dieser Kurve (vgl. 10.1.).

In der Gleichung einer Kurve sind im Gegensatz zu den Gleichungen von Funktionen (vgl. 14.2.2.) die *Variablen x* und *y völlig gleichberechtigt*: Eine Unterscheidung in abhängige und unabhängige Variablen ist deshalb unnötig. Überdies ist eine eindeutige Zuordnung $x \to y$ oder $y \to x$ nicht immer gegeben, so daß eine Kurvengleichung nicht immer Gleichung einer Funktion ist [vgl. die Geradengleichungen in 22.4.1.4. (II) und (III)]. Die übrigen Geradengleichungen sind allerdings zugleich Gleichungen linearer Funktionen.

22.4.1.1. Punktrichtungsform und Normalform

Bestimmungsstücke: 1 Punkt P_1 und die Richtung

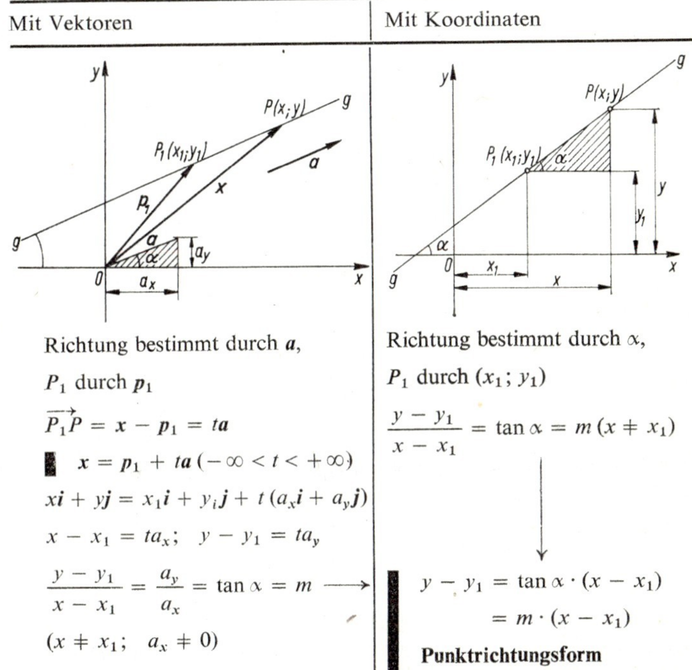

Mit Vektoren	Mit Koordinaten
Richtung bestimmt durch $\boldsymbol{a}$,	Richtung bestimmt durch α,
P_1 durch $\boldsymbol{p}_1$	P_1 durch $(x_1; y_1)$
$\overrightarrow{P_1P} = \boldsymbol{x} - \boldsymbol{p}_1 = t\boldsymbol{a}$	$\dfrac{y - y_1}{x - x_1} = \tan\alpha = m \quad (x \neq x_1)$
$\boldsymbol{x} = \boldsymbol{p}_1 + t\boldsymbol{a} \quad (-\infty < t < +\infty)$	
$x\boldsymbol{i} + y\boldsymbol{j} = x_1\boldsymbol{i} + y_1\boldsymbol{j} + t(a_x\boldsymbol{i} + a_y\boldsymbol{j})$	
$x - x_1 = ta_x; \quad y - y_1 = ta_y$	
$\dfrac{y - y_1}{x - x_1} = \dfrac{a_y}{a_x} = \tan\alpha = m \longrightarrow$	$y - y_1 = \tan\alpha \cdot (x - x_1)$ $= m \cdot (x - x_1)$
$(x \neq x_1; \quad a_x \neq 0)$	**Punktrichtungsform der Geradengleichung**

Beachte:

1. α wird von der positiven Richtung der Abszissenachse aus im Gegenuhrzeigersinn von 0° bis 180° gemessen, $\tan\alpha = m$ heißt der **Richtungsfaktor** der Geraden.

2. Der Faktor t in der Vektorgleichung heißt ihr **Parameter.** Er hat für jeden Geradenpunkt einen besonderen Wert, ist also eine Variable.
3. *Sonderfall*: Liegt P_1 auf der Ordinatenachse [P_1 $(0; b)$], so ergibt sich als Gleichung:

$$y = mx + b$$

Normalform der Geradengleichung

22.4.1.2. Zweipunkteform und Achsenabschnittsform

Bestimmungsstücke: 2 Punkte P_1 und P_2

Mit Vektoren

Punkte bestimmt durch

$\boldsymbol{p}_1$ und $\boldsymbol{p}_2$.

Wird $|\boldsymbol{a}| = \overline{P_1P_2}$ gewählt,

so folgt $\boldsymbol{a} = \boldsymbol{p}_1 - \boldsymbol{p}_2$

und nach 22.4.1.1.

$$\boldsymbol{p} = \boldsymbol{p}_1 + t(\boldsymbol{p}_2 - \boldsymbol{p}_1)$$
$$(-\infty < t < +\infty)$$

Analog zu 23.4.1.1.

folgt weiter:

$$\frac{y - y_1}{x - x_1} = \frac{y_2 - y_1}{x_2 - x_1} \longrightarrow$$

$(x \neq x_1;\ x_2 \neq x_1)$

Mit Koordinaten

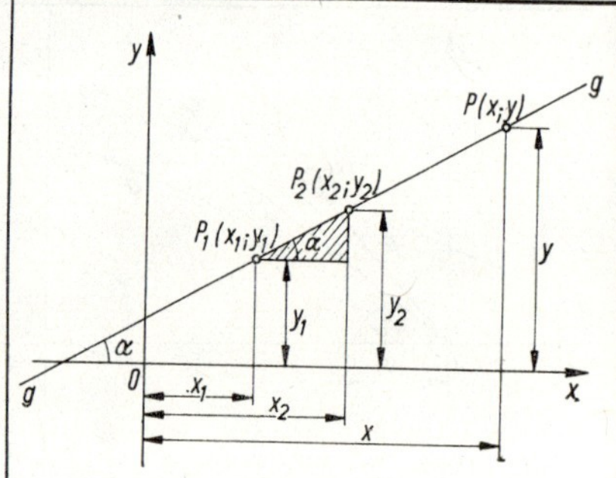

Punkte bestimmt durch

$(x_1; y_1)$ und $(x_2; y_2)$.

Mit $\tan\alpha = \dfrac{y_2 - y_1}{x_2 - x_1}$ $(x_2 \neq x_1)$

folgt nach 22.4.1.1.

$$\frac{y - y_1}{x - x_1} = \frac{y_2 - y_1}{x_2 - x_1}$$

$(x \neq x_1;\ x_2 \neq x_1)$

↓

$$(y - y_1)(x_2 - x_1) = (x - x_1)(y_2 - y_1)$$

Zweipunkteform der Geradengleichung

Sonderfall: Liegt P_1 auf der Abszissenachse [P_1 $(a; 0)$; $a \neq 0$] und P_2 auf der Ordinatenachse [P_2 $(0; b)$; $b \neq 0$], so kann die Gerade nicht durch den Koordinatenursprung und zu keiner der Koordinatenachsen parallel verlaufen. Dann ergibt sich als Gleichung:

$$\frac{x}{a} + \frac{y}{b} = 1$$

Achsenabschnittsform der Geradengleichung

Beachte:

1. a und b heißen die **Achsenabschnitte.**
2. Die Achsenabschnittsform ist besonders geeignet, um die Gerade rasch in ein Koordinatensystem einzuzeichnen.

BEISPIEL

$$3x - 4y - 6 = 0$$

$$\frac{x}{2} + \frac{y}{-3/2} = 1$$

Die Achsenabschnitte sind also:

$$a = 2; \quad b = -\frac{3}{2}$$

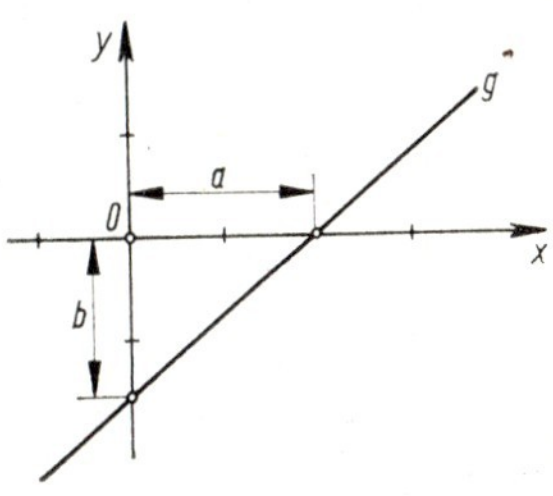

Daraus ergibt sich das Bild der Geraden g.

22.4.1.3. Allgemeine Form der Geradengleichung

Jede Geradengleichung ist in x und y linear.

$$Ax + By + C = 0$$

Allgemeine Form der Geradengleichung

Umgekehrt stellt auch jede in x und y lineare Gleichung eine Gerade dar. (Auf einen Beweis dieser Behauptungen wird hier verzichtet.) Nach Umformung zu

$$y = -\frac{A}{B}x - \frac{C}{B} \quad \text{bzw.} \quad \frac{x}{-\frac{C}{A}} + \frac{y}{-\frac{C}{B}} = 1$$

folgt durch Vergleich mit der Normalform (22.4.1.1.) bzw. der Achsenabschnittsform (22.4.1.2.):

$$-\frac{A}{B} = m; \quad -\frac{C}{A} = a; \quad -\frac{C}{B} = b.$$

Für die vektorielle Darstellung ergibt sich:

$$\boldsymbol{a} = a_x \cdot \left(\boldsymbol{i} - \frac{A}{B}\boldsymbol{j}\right) = a_y \cdot \left(-\frac{B}{A}\boldsymbol{i} + \boldsymbol{j}\right)$$

$$\boldsymbol{p}_{1,2} = x_{1,2}\,\boldsymbol{i} - \left(\frac{A}{B}x_{1,2} + \frac{C}{B}\right)\boldsymbol{j} = -\left(\frac{B}{A}y_{1,2} + \frac{C}{A}\right)\boldsymbol{i} + y_{1,2}\,\boldsymbol{j}$$

22.4.1.4. Gleichungen besonderer Geraden

Sind von den Konstanten A, B, C eine oder zwei gleich Null, so ergeben sich Gleichungen von *Geraden in spezieller Lage.*

Mit Vektoren	Mit Koordinaten
(I) $A \neq 0;\quad B \neq 0;\quad C = 0$:	$Ax + By = 0$
$\boldsymbol{p}_1 = \boldsymbol{o};\quad \boldsymbol{a} \neq \boldsymbol{o}$	$y = -\frac{A}{B}x$
$\boldsymbol{x} = t\boldsymbol{a}$ $(-\infty < t < +\infty)$	$y = mx$

Gerade durch den Koordinatenursprung $O\,(0;\,0)$

Beachte:

1. Es gilt allgemein für algebraische Gleichungen:

Enthält die Gleichung einer Kurve kein absolutes Glied, so verläuft die Kurve durch den Koordinatenursprung.

2. Der Satz ergibt auch in der Umkehrung eine wahre Aussage.

Mit Vektoren	Mit Koordinaten
(II) a) $A = 0;\quad B \neq 0;\quad C \neq 0$:	$By + C = 0$
$\boldsymbol{a}^0 = \boldsymbol{i};\quad \boldsymbol{p}_1 \neq \boldsymbol{o}$	$y = -\frac{C}{B}$
$\boldsymbol{x} = \boldsymbol{p}_1 + t\boldsymbol{i}$ $(-\infty < t < +\infty)$	$y = b$

Parallele zur Abszissenachse im Abstand b

Mit Vektoren	Mit Koordinaten
b) $A = 0;\quad B \neq 0;\quad C = 0$:	$By = 0$
$\boldsymbol{p}_1 = \boldsymbol{o};\quad \boldsymbol{a}^0 = \boldsymbol{i}$	
$\boldsymbol{x} = t\boldsymbol{i}$ $(-\infty < t < +\infty)$	$y = 0$

Abszissenachse

(III) a) $A \neq 0;\quad B = 0;\quad C \neq 0\quad : Ax + C = 0$

$\boldsymbol{a}^0 = \boldsymbol{j};\quad \boldsymbol{p}_1 \neq \boldsymbol{o}$	$x = -\dfrac{C}{A}$
$\boldsymbol{x} = \boldsymbol{p}_1 + t\boldsymbol{j}$ $(-\infty < t < +\infty)$	$x = a$

Parallele zur Ordinatenachse im Abstand a

b) $A \neq 0;\quad B = 0;\quad C = 0\quad : Ax = 0$

$\boldsymbol{p}_1 = \boldsymbol{o};\quad \boldsymbol{a}^0 = \boldsymbol{j}$	
$\boldsymbol{x} = t\boldsymbol{j}$ $(-\infty < t < +\infty)$	$x = 0$

Ordinatenachse

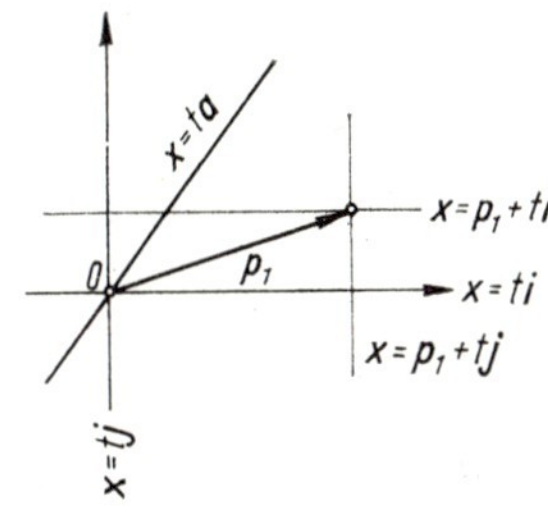

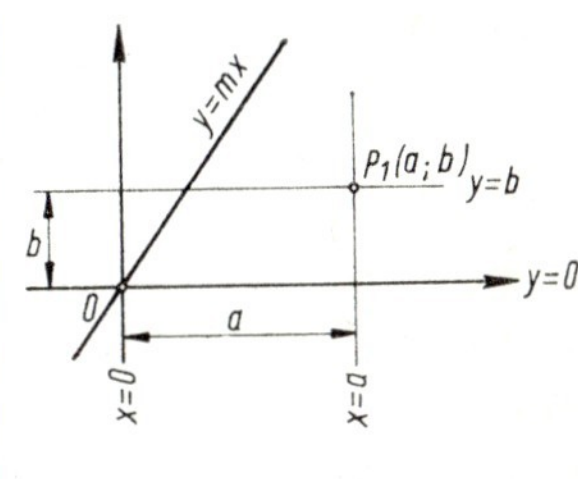

Beachte:

Die Geradengleichung $Ax + By + C = 0$ ist zugleich die Gleichung einer linearen Funktion in impliziter Form, wenn x und y als Variablen betrachtet werden, da die Eindeutigkeit der Zuordnung $x \to y$ (oder auch $y \to x$) im Variabilitätsbereich der reellen Zahlen gegeben ist. Das trifft auch für den speziellen Fall (I) zu. Im Fall (III) ist aber die Gleichung $(Ax + 0y + C = 0)$ durch $x = -\dfrac{C}{A}$ und *beliebige* Werte für y im genannten Variabilitätsbereich erfüllt, d.h., es liegt keine eindeutige Zuordnung $x \to y$ vor. Infolgedessen ist $x = a$ wohl eine Gleichung einer Geraden im Sinne der analytischen Geometrie, aber nicht die Gleichung einer Funktion mit x als unabhängiger Variabler. Dasselbe träfe für die unter (II) genannten Gleichungen zu, wenn y als unabhängige Variable angesehen würde. Dann wäre eine eindeutige Zuordnung $y \to x$ nicht gegeben.

22.4.1.5. Einzelne Geradenpunkte

Von besonderer praktischer Bedeutung sind drei Probleme:

(I) Liegt ein Punkt $P_0\,(x_0; y_0)$ auf der Geraden mit der Gleichung $Ax + By + C = 0$?

Das ist genau dann der Fall, wenn seine Koordinaten die Gleichung erfüllen, wenn also gilt:

$$Ax_0 + By_0 + C = 0.$$

(II)
(III) Wie lautet die $\begin{Bmatrix}\text{Abszisse } a\\ \text{Ordinate } b\end{Bmatrix}$ des Schnittpunktes $\begin{Bmatrix}U\,(a; 0)\\ V\,(0; b)\end{Bmatrix}$ der Geraden mit der Gleichung $Ax + By + C = 0$ mit der $\begin{Bmatrix}x\text{-Achse}\\ y\text{-Achse}\end{Bmatrix}$?

Die betreffende Koordinate läßt sich bestimmen aus

$$\begin{Bmatrix}A \cdot a + B \cdot 0 + C = 0\\ A \cdot 0 + B \cdot b + C = 0\end{Bmatrix}.$$

BEISPIELE

$3x - 9y + 12 = 0$

zu (I) $P_1\,(8; 4)$? $3 \cdot 8 - 9 \cdot 4 + 12 = 0 : P_1$ auf g

$P_2\,(-2; 5)$? $3 \cdot (-2) - 9 \cdot 5 + 12 = -39 \neq 0$: P_2 nicht auf g

zu (II) $3a - 9 \cdot 0 + 12 = 0$; $a = -4$

zu (III) $3 \cdot 0 - 9b + 12 = 0$; $b = \frac{4}{3}$

22.4.2. Schnittpunkt zweier Geraden

Grundgedanke

Da der gesuchte Schnittpunkt S auf beiden Geraden liegt, müssen seine Koordinaten $x_S; y_S$ bzw. sein Ortsvektor $\boldsymbol{x}_S$ beide Geradengleichungen erfüllen. Dadurch entsteht ein lineares Gleichungssystem, aus dem sich x_S und y_S bzw. $\boldsymbol{x}_S$ bestimmen lassen.

Allgemeiner Lösungsweg

Mit Vektoren	Mit Koordinaten
Gegeben	*Gegeben*
(I) $\boldsymbol{x} = \boldsymbol{p}_1 + t\,(\boldsymbol{p}_2 - \boldsymbol{p}_1)$	(I) $A_1x + B_1y + C_1 = 0$
(II) $\boldsymbol{x} = \boldsymbol{p}_3 + r\,(\boldsymbol{p}_4 - \boldsymbol{p}_3)$	(II) $A_2x + B_2y + C_2 = 0$
Gesucht	*Gesucht*
$\boldsymbol{x}_S = x_S\boldsymbol{i} + y_S\boldsymbol{j}$	$x_S; y_S$
Bedingungen	*Bedingungen*
$\boldsymbol{x}_S = \boldsymbol{p}_1 + t_S\,(\boldsymbol{p}_2 - \boldsymbol{p}_1)$	$A_1x_S + B_1y_S + C_1 = 0$
$\boldsymbol{x}_S = \boldsymbol{p}_3 + r_S\,(\boldsymbol{p}_4 - \boldsymbol{p}_3)$	$A_2x_S + B_2y_S + C_2 = 0$

Mit Vektoren	Mit Koordinaten
Unbekannte t_S, r_S (und damit auch $\boldsymbol{x}_S$) *Lösungsgang* Es genügt, t_S *oder* r_S zu bestimmen. Dazu gliedweise skalare Multiplikation von $\boldsymbol{p}_1 + t_S(\boldsymbol{p}_2 - \boldsymbol{p}_1) = \boldsymbol{p}_3 + r_S(\boldsymbol{p}_4 - \boldsymbol{p}_3)$ mit einem senkrecht zu $(\boldsymbol{p}_2 - \boldsymbol{p}_1)$ oder zu $(\boldsymbol{p}_4 - \boldsymbol{p}_3)$ verlaufenden Vektor.	*Unbekannte* x_S, y_S *Lösungsgang* Auflösen des Gleichungssystems $\left\| \begin{matrix} A_1 x_S + B_1 y_S = -C_1 \\ A_2 x_S + B_2 y_S = -C_2 \end{matrix} \right\|$

BEISPIEL

Gegeben: Gerade I durch $P_1(-1; 4)$; $P_2(4; 9)$
Gerade II durch $P_3(-4; 4)$; $P_4(2; 1)$
Gesucht: Koordinaten des Schnittpunktes

Mit Vektoren	Mit Koordinaten
$\boldsymbol{p}_1 = -\boldsymbol{i} + 4\boldsymbol{j}$; $\boldsymbol{p}_2 = 4\boldsymbol{i} + 9\boldsymbol{j}$ $\boldsymbol{p}_3 = -4\boldsymbol{i} + 4\boldsymbol{j}$; $\boldsymbol{p}_4 = 2\boldsymbol{i} + \boldsymbol{j}$ (I) $\boldsymbol{x} = -\boldsymbol{i} + 4\boldsymbol{j} + t(5\boldsymbol{i} + 5\boldsymbol{j})$ (II) $\boldsymbol{x} = -4\boldsymbol{i} + 4\boldsymbol{j} + r(6\boldsymbol{i} - 3\boldsymbol{j})$ *Bedingungen* $\boldsymbol{x}_S = -\boldsymbol{i} + 4\boldsymbol{j} + t_S(5\boldsymbol{i} + 5\boldsymbol{j})$ $\boldsymbol{x}_S = -4\boldsymbol{i} + 4\boldsymbol{j} + r_S(6 \quad - 3\boldsymbol{j})$ *Lösungsgang* Bestimmung von r_S durch gliedweise skalare Multiplikation von $3\boldsymbol{i} + t_S(5\boldsymbol{i} + 5\boldsymbol{j}) = r_S(6\boldsymbol{i} - 3\boldsymbol{j})$ mit $(\boldsymbol{i} - \boldsymbol{j})$: $3\boldsymbol{i} \cdot (\boldsymbol{i} - \boldsymbol{j}) + t_S(5\boldsymbol{i} + 5\boldsymbol{j}) \cdot (\boldsymbol{i} - \boldsymbol{j})$ $= r_S(6\boldsymbol{i} - 3\boldsymbol{j}) \cdot (\boldsymbol{i} - \boldsymbol{j})$ $3 + t_S(5 - 5) = r_S(6 + 3)$ *Lösung* $r_S = \frac{1}{3}$ und aus (II) $\boldsymbol{x}_S = -2\boldsymbol{i} + 3\boldsymbol{j}$, also $\underline{\underline{S(-2; +3)}}$	(I) $(y - 4)(4 + 1) = (x + 1)(9 - 4)$ (II) $(y - 4)(2 + 4) = (x + 4)(1 - 4)$ *Bedingungen* $x_S - y_S + 5 = 0$ $x_S + 2y_S - 4 = 0$ *Lösungsgang* Auflösen des Gleichungssystems $\left\| \begin{matrix} x_S - y_S + 5 = 0 \\ x_S + 2y_S - 4 = 0 \end{matrix} \right\|$ *Lösung* $\underline{\underline{x_S = -2;\ y_S = +3}}$ 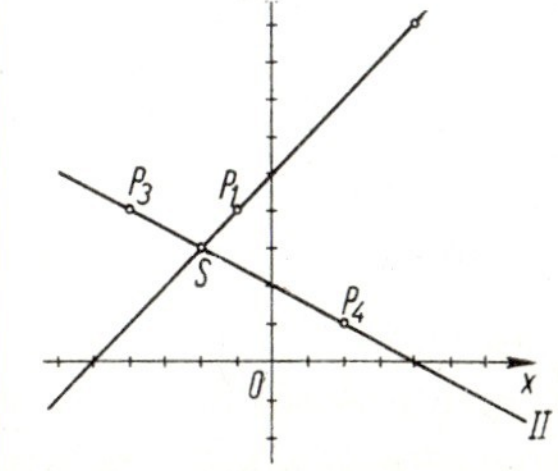

Beachte:

Die vektorielle Methode hat hier wie auch sonst den Vorzug, daß sie auch im Raum anwendbar ist.

22.4.3. Schnittwinkel zweier Geraden

Mit Vektoren

Gegeben

(I) $\boldsymbol{x} = \boldsymbol{p}_1 + t\boldsymbol{a}$

(II) $\boldsymbol{x} = \boldsymbol{p}_2 + t\boldsymbol{b}$

mit $\boldsymbol{a} = a_x\boldsymbol{i} + a_y\boldsymbol{j}$

$\boldsymbol{b} = b_x\boldsymbol{i} + b_y\boldsymbol{j}$

Gesucht: Schnittwinkel δ

δ ist der Winkel zwischen ihren Richtungsvektoren $\boldsymbol{a}$ und $\boldsymbol{b}$:

$$\delta = \sphericalangle (\boldsymbol{a}, \boldsymbol{b})$$

$$\tan \delta = \frac{|\boldsymbol{a} \times \boldsymbol{b}|}{\boldsymbol{a} \cdot \boldsymbol{b}}$$

(vgl. 13.8.)

$$\tan \delta = \frac{|a_x b_y - a_y b_x|}{a_x b_x + a_y b_y} = \frac{\left|\frac{b_y}{b_x} - \frac{a_y}{a_x}\right|}{1 + \frac{a_y}{a_x} \cdot \frac{b_y}{b_x}} = \frac{|\tan \alpha_2 - \tan \alpha_1|}{1 + \tan \alpha_1 \cdot \tan \alpha_2} = \frac{\tan \alpha_2 - \tan \alpha_1}{1 + \tan \alpha_2 \cdot \tan \alpha_1}$$

(für $\alpha_2 > \alpha_1$)

Mit Koordinaten

Gegeben

(I) $y = m_1 x + b_1$
$\quad = \tan \alpha_1 \cdot x + b_1$

(II) $y = m_2 x + b_2$
$\quad = \tan \alpha_2 \cdot x + b_2$

Gesucht: Schnittwinkel δ

δ ergibt sich aus den beiden Neigungswinkeln der Geraden gegen die positive Richtung der x-Achse α_1 und α_2.

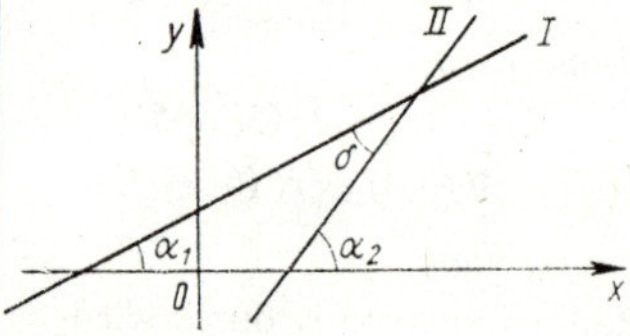

Für $\alpha_2 > \alpha_1$ gilt:

$$\alpha_1 + \delta = \alpha_2$$

$$\delta = \alpha_2 - \alpha_1$$

$$\tan \delta = \frac{\tan \alpha_2 - \tan \alpha_1}{1 + \tan \alpha_2 \cdot \tan \alpha_1}$$

Mit $\tan \alpha_1 = m_1$; $\tan \alpha_2 = m_2$:

↓

$$\tan \delta = \frac{m_2 - m_1}{1 + m_2 \cdot m_1}$$

Beachte:

Die Vektorbeziehung $\tan \delta = \dfrac{|\boldsymbol{a} \times \boldsymbol{b}|}{\boldsymbol{a} \cdot \boldsymbol{b}}$ wurde hier verwendet, um auf möglichst geradem Wege die Endformel in Koordinaten zu gewinnen. Falls δ unmittelbar aus der vektoriellen Darstellung ermittelt werden soll, ist diese Beziehung wenig geeignet (unbequem und nicht eindeutig). In diesem Falle empfiehlt sich die Berechnung von δ aus $\cos \delta = \dfrac{\boldsymbol{a} \cdot \boldsymbol{b}}{|\boldsymbol{a}|\,|\boldsymbol{b}|}$ (vgl. 13.7.2.).

Sonderfälle

1. **Parallele Geraden:** $\delta = 0$; $\tan \delta = 0$

$\lvert a_x b_y - a_y b_x \rvert = 0$ $\dfrac{a_y}{a_x} = \dfrac{b_y}{b_x}$ ⟶	$\tan \alpha_1 = \tan \alpha_2$ ↓ $m_1 = m_2$

2. **Orthogonale Geraden:** $\delta = \dfrac{\pi}{2}$; $\cot \delta = 0$

$a_x b_x + a_y b_y = 0$ $1 + \dfrac{a_y b_y}{a_x b_x} = 0$ $\dfrac{a_y}{a_x} = -\dfrac{1}{\dfrac{b_y}{b_x}}$ ⟶	$1 + \tan \alpha_2 \cdot \tan \alpha_1 = 0$ $\tan \alpha_1 = -\dfrac{1}{\tan \alpha_2}$ ↓ $m_1 = -\dfrac{1}{m_2}$ oder $m_1 \cdot m_2 = -1$

22.4.4. Hessesche Normalform

Mitunter ist es zweckmäßig, die Geradengleichung in der **Hesseschen Normalform** zu benutzen. Bei ihr dient das **Lot** (die **Normale**) vom Koordinatenursprung auf die Gerade mit Länge und Richtung als *Bestimmungsstück*. Zur Herleitung wird die Punktrichtungsform der Geradengleichung (22.4.1.1.) benutzt.

Mit Vektoren	Mit Koordinaten

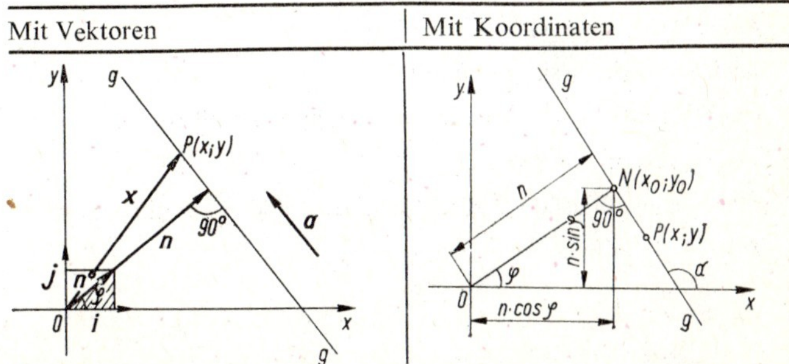

Mit Vektoren	Mit Koordinaten
Gegeben: Normalenvektor $\mathbf{n}$ vom Koordinatenursprung zur Geraden.	*Gegeben:* Lot vom Koordinatenursprung auf die Gerade durch seine Länge n und seinen Neigungswinkel φ gegen die positive Richtung der x-Achse [Fußpunkt: $N(x_0; y_0)$].
Geradengleichung in Punktrichtungsform: $\mathbf{x} = \mathbf{n} + t\mathbf{a}$	*Geradengleichung* in Punktrichtungsform: $y - y_0 = m(x - x_0)$ mit $m = \tan\alpha$
Umformung durch gliedweise skalare Multiplikation mit $\mathbf{n}^0$: $\mathbf{x} \cdot \mathbf{n}^0 = \mathbf{n} \cdot \mathbf{n}^0 + t\mathbf{a} \cdot \mathbf{n}^0$ $\mathbf{n} \cdot \mathbf{n}^0 = n\mathbf{n}^0 \cdot \mathbf{n}^0 = n$ $\mathbf{a} \cdot \mathbf{n}^0 = 0$, da $\mathbf{a} \perp \mathbf{n}$ ▌ $\mathbf{x} \cdot \mathbf{n}^0 - n = 0$ $\mathbf{x} = x\mathbf{i} + y\mathbf{j}$ $\mathbf{n}^0 = (\cos\varphi)\,\mathbf{i} + (\sin\varphi)\,\mathbf{j}$ $(x\mathbf{i} + y\mathbf{j}) \cdot [(\cos\varphi)\,\mathbf{i} + (\sin\varphi)\,\mathbf{j}] - n = 0$ ⟶	*Umformung* mit $x_0 = n\cos\varphi;\ y_0 = n\sin\varphi;$ $m \cdot \tan\varphi = -1$ (da $n \perp g$): $y - n\sin\varphi = -\cot\varphi\,(x - n\cos\varphi)$ $y\sin\varphi - n\sin^2\varphi = -x\cos\varphi + n\cos^2\varphi$ $x\cos\varphi + y\sin\varphi = n(\sin^2\varphi + \cos^2\varphi) = n \cdot 1$ ↓ ▌ $x\cos\varphi + y\sin\varphi - n = 0$ **Hessesche Normalform**

Umwandlung der allgemeinen Form der Geradengleichung in die HESSEsche Normalform

Gegeben: $Ax + By + C = 0$

Gesucht: $x\cos\varphi + y\sin\varphi - n = 0$

Wegen $f \cdot (Ax + By + C) = x\cos\varphi + y\sin\varphi - n$ gilt:

▌ $f \cdot A = \cos\varphi; \quad f \cdot B = \sin\varphi; \quad f \cdot C = -n$

Der Proportionalitätsfaktor f läßt sich aus A und B berechnen:

$$f^2A^2 + f^2B^2 = \cos^2\varphi + \sin^2\varphi = 1$$

▌

$$f = \pm\frac{1}{\sqrt{A^2 + B^2}}$$

Das Vorzeichen ergibt sich aus dem Vorzeichen von C, sofern die Gerade nicht durch den Koordinatenursprung geht:

▌ $f \gtrless 0$, falls $C \lessgtr 0$

BEISPIEL

$$3x - 4y + 5 = 0$$

$$C = +5 > 0$$

$$f = -\frac{1}{\sqrt{3^2 + 4^2}} = -\frac{1}{5},$$

Hessesche Normalform:

$$-\frac{3}{5}x + \frac{4}{5}y - 1 = 0$$

$$\left.\begin{aligned} \cos\varphi &= -\frac{3}{5} \\ \sin\varphi &= +\frac{4}{5} \end{aligned}\right\} \quad \underline{\underline{\varphi \approx 127^\circ;}} \quad \underline{\underline{n = 1}}$$

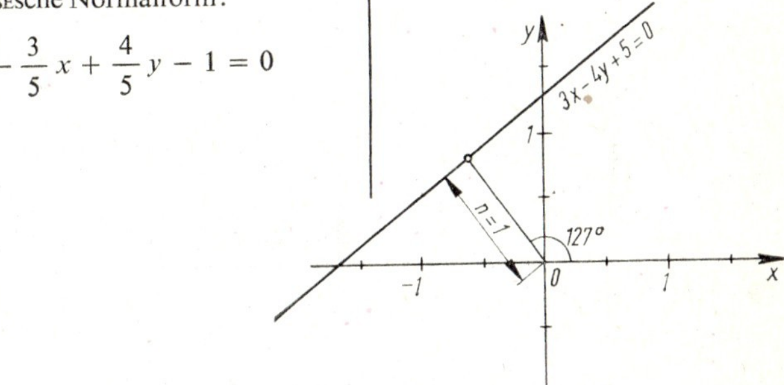

22.5. Kreis

Ein Kreis ist bestimmt durch den Mittelpunkt $M(c; d)$ und den Radius r.

22.5.1. Kreisgleichungen

In der analytischen Geometrie wird unter der *Kreisgleichung* stets, soweit nicht ausdrücklich etwas anderes vermerkt ist, die *Gleichung der Kreislinie* verstanden.

22.5.1.1. Normalform der Kreisgleichung

Die Kreisgleichung stellt die analytische Form der **Definition** dar:

▌ Die *Kreislinie* ist die Menge aller Punkte einer Ebene, die von einem Punkt M dieser Ebene den gleichen Abstand r haben.

Mit Vektoren	Mit Koordinaten
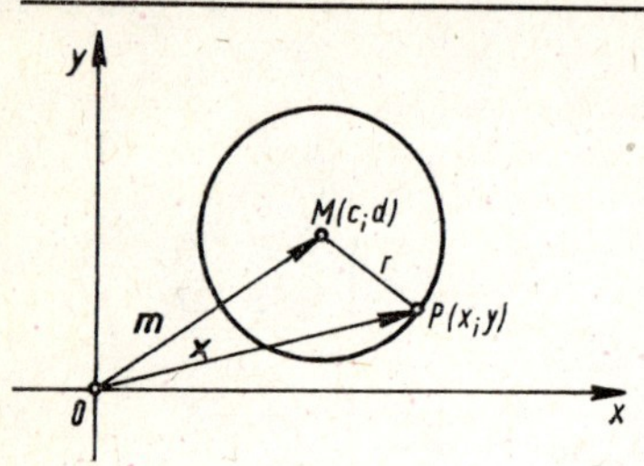	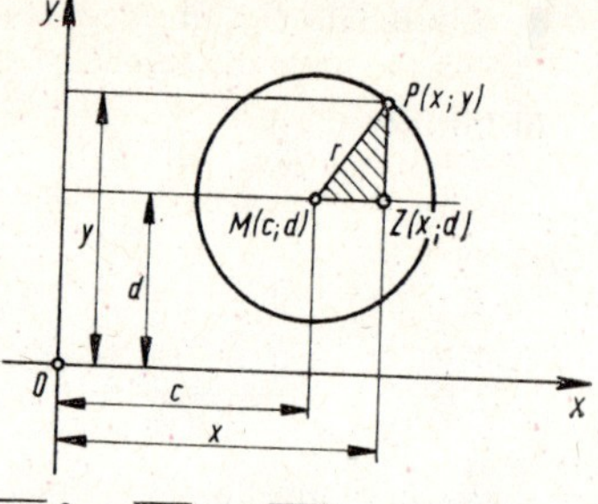
$\overrightarrow{MP} = \mathbf{x} - \mathbf{m}$ $= (x\mathbf{i} + y\mathbf{j}) - (c\mathbf{i} + d\mathbf{j})$ $\lvert\mathbf{x} - \mathbf{m}\rvert = r$ $\lvert\mathbf{x} - \mathbf{m}\rvert = \sqrt{(x-c)^2 + (y-d)^2} \rightarrow$	$\overline{MZ}^2 + \overline{PZ}^2 = \overline{MP}^2$ ↓ $(x-c)^2 + (y-d)^2 = r^2$ **Kreisgleichung für die allgemeine Lage (Normalform)**

Sonderfall: Kreis in Mittelpunktlage, d.h. *M* fällt mit *0* zusammen.

$\mathbf{m} = \mathbf{o}$ $\lvert\mathbf{x}\rvert = r$	$c = d = 0$ $x^2 + y^2 = r^2$ **Kreisgleichung für die Mittelpunktlage**

Durch die Ungleichung

$\lvert\mathbf{x} - \mathbf{m}\rvert \leqq r$ bzw. $\lvert\mathbf{x}\rvert \leqq r$	$(x-c)^2 + (y-d)^2 \leqq r^2$ bzw. $x^2 + y^2 \leqq r^2$

ist offenbar die Menge aller Punkte der Ebene beschrieben, die auf und innerhalb der Kreislinie liegen, also die *Kreisfläche*. Mit > statt ≦ stellen die Ungleichungen die Menge aller Ebenenpunkte außerhalb der Kreislinie dar.

22.5.1.2. Allgemeine Form der Kreisgleichung

Beim Auflösen der Quadrate in $(x-c)^2 + (y-d)^2 = r^2$ ergibt sich

$$x^2 \underbrace{- 2cx}_{A} + y^2 \underbrace{- 2dy}_{B} + \underbrace{c^2 + d^2 - r^2}_{C} = 0$$

$$x^2 + Ax + y^2 + By + C = 0$$

Allgemeine Form der Kreisgleichung

Beachte:

1. Die Gleichung enthält die quadratischen Glieder beider Variablen mit den gleichen Koeffizienten 1.
2. Mitunter muß die gegebene Gleichung erst auf diese Form gebracht werden. Das ist stets möglich, wenn beide quadratischen Glieder vorhanden sind und gleiche Vorzeichen und Koeffizientenbeträge aufweisen. Dann und nur dann kann die Gleichung einen Kreis darstellen.

BEISPIEL

$$x + 2y - \frac{x^2}{2} - \frac{y^2}{2} + 4 = 0$$

$$-2x - 4y + x^2 + y^2 - 8 = 0$$

3. Bei einer Kreisgleichung können eine oder zwei der Zahlen A, B, C gleich Null sein, doch niemals alle drei.

BEISPIELE

$$x^2 + y^2 - 2x - 5 = 0 \quad (B = 0)$$

$$x^2 + y^2 + 8y = 0 \quad (A = C = 0)$$

4. Um die *Lage des Mittelpunktes* und den *Radius* angeben zu können, muß die Gleichung mit Hilfe quadratischer Ergänzungen (vgl. 10.3.2.1.) auf die *Normalform* gebracht werden. Dabei ergibt sich ein reeller Radius $r > 0$ nur, wenn $A^2 + B^2 > 4C$ gilt. Andernfalls folgt $r^2 \leqq 0$.

Damit eine quadratische Gleichung von der Form $x^2 + Ax + y^2 + By + C = 0$ eine Kreisgleichung ist, muß außer den unter 2. und 3. genannten noch die Bedingung

$$A^2 + B^2 > 4C$$

erfüllt sein.

BEISPIEL

$$x^2 - 4x + y^2 + 7y + \frac{9}{4} = 0$$

$$(A^2 + B^2 = 16 + 49 > 4C = 9)$$

$$x^2 - 4x + \underline{4} + y^2 + 7y + \underbrace{\frac{49}{4}} + \frac{9}{4} = \underline{4} + \underbrace{\frac{49}{4}}$$

$$(x - \underline{2})^2 + \left(y + \underbrace{\frac{7}{2}}\right)^2 = 14 \quad \underline{\underline{M\left(2; -\frac{7}{2}\right)}}; \quad \underline{\underline{r = \sqrt{14}}}$$

5. Jede Kreisgleichung ordnet (mit je zwei Ausnahmen) jedem Wert von x aus der zugelassenen Menge zwei verschiedene Werte von y

und jedem Wert von y aus der zugelassenen Menge zwei verschiedene Werte von x zu. Eine *eindeutige Zuordnung* ist also im allgemeinen *nicht* gegeben, gleichgültig, welche Variable man als unabhängige und welche man als abhängige ansieht.

Die *Kreisgleichung* ist also im allgemeinen *in keinem Fall* die *Gleichung einer Funktion.*

22.5.1.3. Kreis durch drei Punkte

Ein Kreis ist durch drei nicht auf einer Geraden liegende Punkte $P_1\,(x_1; y_1)$, $P_2\,(x_2; y_2)$, $P_3\,(x_3; y_3)$ eindeutig bestimmt. Es gibt zwei Möglichkeiten, um daraus die Kreisgleichung aufzustellen.

1. Die Gleichung hat sicher die Form $(x - a)^2 + (y - b)^2 = r^2$. Die Koordinaten der drei gegebenen Punkte müssen diese Gleichung erfüllen, während die *Koeffizienten a, b, r* dabei zunächst *unbestimmt* sind. (Deshalb heißt dieses Verfahren auch **Methode der unbestimmten Koeffizienten.**) Es ergibt sich ein *Gleichungssystem* von drei quadratischen Gleichungen in a, b und r, das sich durch Subtraktion von je zweien von ihnen auf ein lineares System in den zwei Unbekannten a und b reduzieren läßt (vgl. Beispiel).
2. *Konstruktiv* läßt sich der Mittelpunkt des Kreises ermitteln, indem auf zweien von den drei möglichen Verbindungsstrecken der drei gegebenen Punkte die *Mittelsenkrechten* errichtet werden, deren *Schnittpunkt* der Kreismittelpunkt ist. So geht auch der zweite rechnerische Weg vor: Mittelpunktskoordinaten und Richtungsfaktor von z.B. $\overline{P_1P_2}$ und $\overline{P_2P_3}$ bestimmen, damit Punktrichtungsform der *Gleichungen der Mittelsenkrechten* von diesen Strecken aufstellen und die *Koordinaten* des *Schnittpunktes* der Mittelsenkrechten ermitteln (vgl. Beispiel).

BEISPIEL

Gegeben: $P_1\,(4; 6)$ $P_2\,(5; -1)$ $P_3\,(-2; -2)$
Gesucht: Die Gleichung des Kreises durch diese Punkte.

1. Weg: $(x - a)^2 + (y - b)^2 = r^2$ wird erfüllt, Koordinaten von

P_1: $(4 - a)^2 + (6 - b)^2 = r^2$ (I)

P_2: $(5 - a)^2 + (-1 - b)^2 = r^2$ (II)

P_3: $(-2 - a)^2 + (-2 - b)^2 = r^2$ (III)

$$\left.\begin{array}{ll}\text{(I)}-\text{(II)}: & 2a - 14b + 26 = 0\\ \text{(II)}-\text{(III)}: & -14a - 2b + 18 = 0\end{array}\right\}$$ Daraus $a = 1$; $b = 2$ und aus (I) $r = 5$.

2. Weg: zu $\overline{P_1P_2}$: $M_{12}\,(\frac{9}{2}; \frac{5}{2})$; $m_{12} = -7$ (I)

zu $\overline{P_2P_3}$: $M_{23}\,(\frac{3}{2}; -\frac{3}{2})$; $m_{23} = \frac{1}{7}$ (II)

Daraus Gleichungen der Mittelsenkrechten:

(I) $y - \frac{5}{2} = \frac{1}{7}\left(x - \frac{9}{2}\right)$; (II) $y + \frac{3}{2} = -7\left(x - \frac{3}{2}\right)$

Schnittpunkt S (1; 2). Daraus $(x - 1)^2 + (y - 2)^2 = r^2$ und mit P_1 (4; 6) $r = 5$.

Kreisgleichung: $(x - 1)^2 + (y - 2)^2 = 25$.

22.5.2. Koordinatentransformation durch Parallelverschiebung

Jede Kurve kann dadurch in eine andere Lage zum Koordinatensystem gebracht werden, daß das *Koordinatenkreuz* durch eine **Parallelverschiebung (Translation)** in eine andere Lage gebracht wird. Das bewirkt, daß alle Punkte andere Koordinaten $(x'_0; y'_0)$ bzw. Ortsvektoren $(\boldsymbol{x}'_0)$ bekommen, die aus den ursprünglichen $(x_0; y_0)$ bzw. $\boldsymbol{x}_0$ durch bestimmte **Transformationsgleichungen** errechnet werden können.

Mit Vektoren

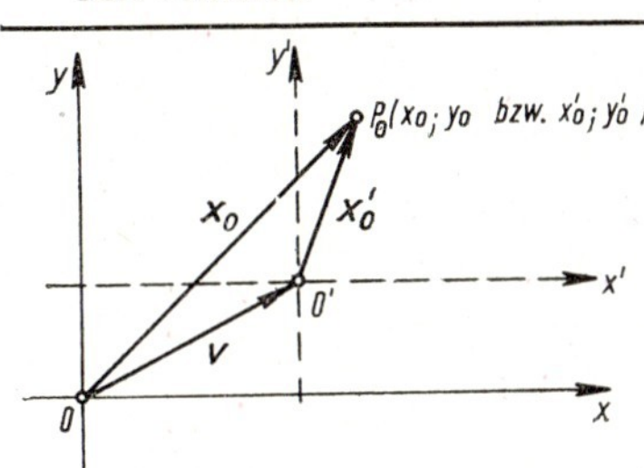

Verschiebungsvektor:

$\boldsymbol{v} = v_x\boldsymbol{i} + v_y\boldsymbol{j}$

Neuer Ortsvektor:

$\boldsymbol{x}'_0 = \boldsymbol{x}_0 - \boldsymbol{v}$

Daraus:

$\boldsymbol{x}_0 = \boldsymbol{x}'_0 + \boldsymbol{v}$

Mit Koordinaten

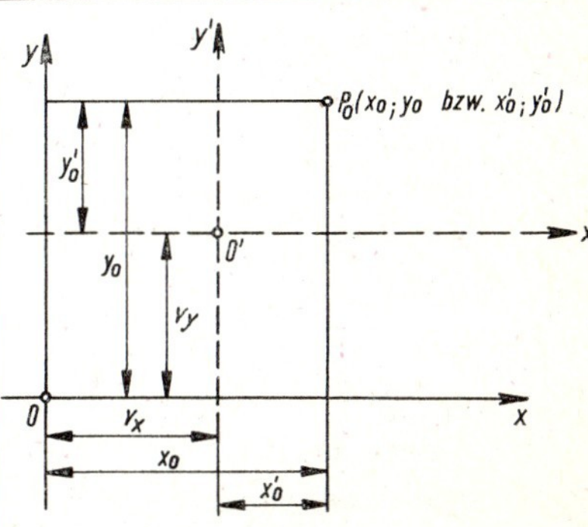

Verschobener Koordinatenursprung:

$0'\ (v_x; v_y)$

Neue Koordinaten:

$x'_0 = x_0 - v_x; \quad y'_0 = y_0 - v_y$

Daraus:

$x_0 = x'_0 + v_x\ ; y_0 = y'_0 + v_y$

Transformationsgleichungen für die Translation

BEISPIEL

Verschiebung eines Kreises aus allgemeiner Lage in Mittelpunktlage (vgl. 22.5.1.1.)

Mit Vektoren	Mit Koordinaten
$\|\boldsymbol{x} - \boldsymbol{m}\| = r$	$(x - c)^2 + (y - d)^2 = r^2$
$\boldsymbol{v} = \boldsymbol{m}$	$v_x = c; \quad v_y = d$
$\|(\boldsymbol{x}' + \boldsymbol{m}) - \boldsymbol{m}\| = r$	$[(x' + c) - c]^2 + [(y' + d) - d]^2 = r^2$
$\|\boldsymbol{x}'\| = r$	$x'^2 + y'^2 = r^2$

22.5.3. Schnittpunkte von Kreis und Gerade

Zur Berechnung der Schnittpunktkoordinaten bzw. des Schnittpunktortsvektors wird zunächst eine Transformation durchgeführt, so daß der Kreis in Mittelpunktlage kommt. Dann wird wie folgt gerechnet:

Mit Vektoren	Mit Koordinaten
Gegeben	*Gegeben*
Kreis: $\|\boldsymbol{x}\| = r$	Kreis: $x^2 + y^2 = r^2$
Gerade: $\boldsymbol{x} = \boldsymbol{p}_1 + t\boldsymbol{a}$	Gerade: $y = mx + b$
Gesucht	*Gesucht*
Schnittpunktortsvektor	Schnittpunktkoordinaten
$\boldsymbol{x}_s = x_s\boldsymbol{i} + y_s\boldsymbol{j}$	$x_s; y_s$
Bedingungen	*Bedingungen*
$\|\boldsymbol{x}_s\| = r$	$x_s^2 + y_s^2 = r^2$
$\boldsymbol{x}_s = \boldsymbol{p}_1 + t_s\boldsymbol{a}$	$y_s = mx_s + b$
Unbekannte: t_s	*Unbekannte:* $x_s; y_s$
Bestimmungsgleichung	*Gleichungssystem*
$(x_1 + t_s a_x)^2 + (y_1 + t_s a_y)^2 = r^2$	$\left\| \begin{matrix} x_s^2 + y_s^2 = r^2 \\ y_s = mx_s + b \end{matrix} \right\|$
$t_s = -\frac{x_1 a_x + y_1 a_y}{a_x^2 + a_y^2} \pm \frac{\sqrt{r^2(a_x^2 + a_y^2) - (x_1 a_y - y_1 a_x)^2}}{a_x^2 + a_y^2}$ ↘	↙

Lösung (in Koordinaten)

$$x_s = -\frac{mb}{1 + m^2} \pm \frac{1}{1 + m^2}\sqrt{r^2(1 + m^2) - b^2}$$

$$y_s = \frac{b}{1 + m^2} \pm \frac{m}{1 + m^2}\sqrt{r^2(1 + m^2) - b^2}$$

$D = r^2(1 + m^2) - b^2$ heißt die Diskriminante. Nach ihr richtet sich die Anzahl der gemeinsamen Punkte.

Diskriminante D		Zahl der gemeinsamen Punkte	Lage der Geraden zum Kreis
$r^2(1 + m^2) - b^2$	> 0	2	Schneiden (Sekante)
	$= 0$	1	Berühren (Tangente)
	< 0	0	Meiden (Passante)

BEISPIELE

Kreis: $x^2 + y^2 = 25$; $r = 5$

Geraden:

I: $y = x - 1$; $m = 1$; $b = -1$;

$D = 25(1 + 1) - 1 = 50 - 1 > 0$: Sekante

II: $y = \frac{4}{3}x + \frac{25}{3}$; $m = \frac{4}{3}$; $b = \frac{25}{3}$

$$D = 25\left(1 + \frac{16}{9}\right) - \frac{625}{9}$$

$$= \frac{25 \cdot 25}{9} - \frac{625}{9}$$

$= 0$: Tangente

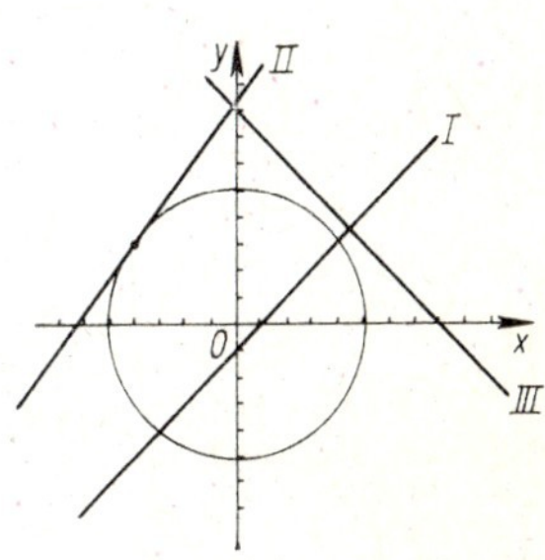

III: $y = -x + 8$; $m = -1$;

$b = 8$;

$D = 25(1 + 1) - 64$

$= 50 - 64 < 0$: Passante

22.5.4. Kreistangente

22.5.4.1. Tangentengleichungen

(1) *Herleitung mit Hilfe der Diskriminante D*

Falls $D = r^2(1 + m^2) - b^2 = 0$ (vgl. 22.5.3.), ist die Gerade $y = mx + b$ Tangente an den Kreis $x^2 + y^2 = r^2$ im Berührungspunkt B mit den Koordinaten

$$x_B = -\frac{mb}{1 + m^2} \quad \text{und} \quad y_B = \frac{b}{1 + m^2}.$$

$r^2(1 + m^2) = b^2$ heißt **Tangentenbedingung.**

Aus den Berührungspunktkoordinaten folgt

$$m = -\frac{x_B}{y_B}; \quad b = \sqrt{r^2\left(1 + \frac{x_B^2}{y_B^2}\right)} = \frac{r}{y_B}\sqrt{x_B^2 + y_B^2} = \frac{r^2}{y_B}$$

und damit aus $y = mx + b$ die Tangentengleichung $y = -\frac{x_B}{y_B}x + \frac{r^2}{y_B}$ oder

$$xx_B + yy_B = r^2$$

Gleichung der Tangente in $B(x_B; y_B)$

an den Kreis $x^2 + y^2 = r^2$

(Mittelpunktlage)

Eine Transformation in allgemeine Lage $[M(c; d)]$ ergibt

$$(x - c)(x_B - c) + (y - d)(y_B - d) = r^2$$

Gleichung der Tangente in $B(x_B; y_B)$
an den Kreis $(x - c)^2 + (y - d)^2 = r^2$

(Allgemeine Lage)

(2) *Herleitung aus der Punktrichtungsform der Geradengleichung*

Die Gleichung der *Tangente an eine beliebige Kurve* in einem Punkt $B(x_B; y_B)$ kann mit Hilfe der Punktrichtungsform der Geradengleichung (vgl. 22.4.1.1.) hergeleitet werden, wenn für die Tangente als bestimmender Punkt B genommen wird und wenn es gelingt, ihre Richtung mit besonderen Mitteln, z.B. mit Hilfe der Differentialrechnung (vgl. 18.1.1.1.) oder aus einer speziellen Eigenschaft der betreffenden Kurve, zu bestimmen. Beim Kreis kann hierzu die Tatsache dienen, daß die *Kreistangente senkrecht auf dem Berührungsradius* steht.

Mit Vektoren	Mit Koordinaten
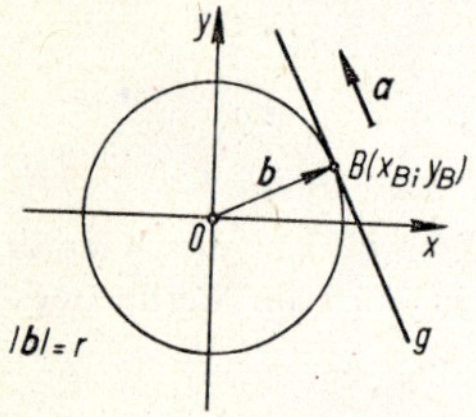	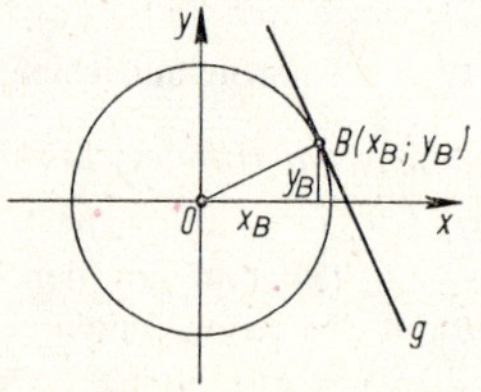
Gleichung der Tangente g:	Gleichung der Tangente g:
$\boldsymbol{x} = \boldsymbol{b} + t\boldsymbol{a}$ mit $\boldsymbol{b} = x_B\boldsymbol{i} + y_B\boldsymbol{j}$	$y - y_B = m_t(x - x_B)$

Mit Vektoren	Mit Koordinaten
Gliedweise skalare Multiplikation mit $\boldsymbol{b}$:	$m_t = -\frac{1}{m_r}$, da $g \perp r$
$\boldsymbol{x} \cdot \boldsymbol{b} = \boldsymbol{b} \cdot \boldsymbol{b} + t\boldsymbol{a} \cdot \boldsymbol{b}$	$m_r = \frac{y_B}{x_B}$
$\boldsymbol{b} \cdot \boldsymbol{b} = \lvert\boldsymbol{b}\rvert^2 = r^2$	
$\boldsymbol{a} \cdot \boldsymbol{b} = 0$, da $\boldsymbol{a} \perp \boldsymbol{b}$	$y - y_B = -\frac{x_B}{y_B}(x - x_B)$
	$x \cdot x_B + y \cdot y_B = x_B^2 + y_B^2 = r^2$
▮ $\boldsymbol{x} \cdot \boldsymbol{b} = r^2$	▮ $x \cdot x_B + y \cdot y_B = r^2$

22.5.4.2. Grundaufgabe I: Tangente *in* einem Punkt

Der gegebene Punkt B liegt *auf der Peripherie* des gegebenen Kreises und ist durch wenigstens eine seiner Koordinaten $x_B; y_B$ bestimmt.

BEISPIEL

Gegeben: Kreis: $x^2 + 10x + y^2 - 12y - 52 = 0$

Punkt: $B(3; y_B > 0)$

Lösungsweg:

Berechnung von y_B: $9 + 30 + y_B^2 - 12y_B - 52 = 0$

$$y_B = 13$$

Normalform der Kreisgleichung: $(x + 5)^2 + (y - 6)^2 = 113$

Tangentengleichung: $(x + 5)(x_B + 5) + (y - 6)(y_B - 6) = 113$

Mit $x_B = 3$; $y_B = 13$: $(x + 5) \cdot 8 + (y - 6) \cdot 7 = 113$

Gesuchte Tangentengleichung: $8x + 7y - 115 = 0$

22.5.4.3. Grundaufgabe II: Tangente *von* einem Punkt

Der gegebene Punkt P_0 liegt *außerhalb des Kreises* und ist durch seine beiden Koordinaten $x_0; y_0$ bestimmt.
Diese Aufgabe wird auf die Grundaufgabe I (vgl. 22.5.4.2.) zurückgeführt, indem zunächst die Koordinaten der Berührungspunkte $B_1(x_1; y_1)$ und $B_2(x_2; y_2)$ errechnet werden. Dazu dienen folgende *Bedingungen*:

1. B liegt auf der Kreisperipherie; x_B und y_B erfüllen also die Kreisgleichung: $(x_B - c)^2 + (y_B - d)^2 = r^2$
2. P_0 liegt auf der Kreistangente; x_0 und y_0 erfüllen also die Tangentengleichung: $(x_0 - c)(x_B - c) + (y_0 - d)(y_B - d) = r^2$

BEISPIEL

Gegeben: Kreis: $x^2 + y^2 - 6x - 10y + 29 = 0$

Punkt: $P_0\,(-2; 5)$

Lösungsweg:

Normalform der Kreisgleichung: $(x-3)^2 + (y-5)^2 = 5$

Tangentengleichung: $(x-3)(x_B-3) + (y-5)(y_B-5) = 5$

1. Bedingung: $(x_B-3)^2 + (y_B-5)^2 = 5$

2. Bedingung: $(-2-3)(x_B-3) + (5-5)(y_B-5) = 5$

Berechnung von $x_B; y_B$: $B_1\,(2; 7)$; $B_2\,(2; 3)$

Gesuchte Tangentengleichungen (nach 22.5.4.2.):

(I) $x - 2y + 12 = 0$; (II) $x + 2y - 8 = 0$

22.6. Kegelschnitte (Ausblick)

22.6.1. Einführung und Überblick

Definition

Jedes beim Schnitt einer Doppelkreiskegelfläche mit einer Ebene entstehende Schnittgebilde heißt Kegelschnitt.

Je nach der Lage der Schnittebene ergeben sich (vgl. nebenstehenden Achsenschnitt):

Uneigentliche	Eigentliche
Kegelschnitte	
1 Punkt (1) 1 Gerade (2) 2 einander schneidende Geraden (3)	**Kreis** (4) **Ellipse** (5) **Hyperbel** (6) **Parabel** (7)

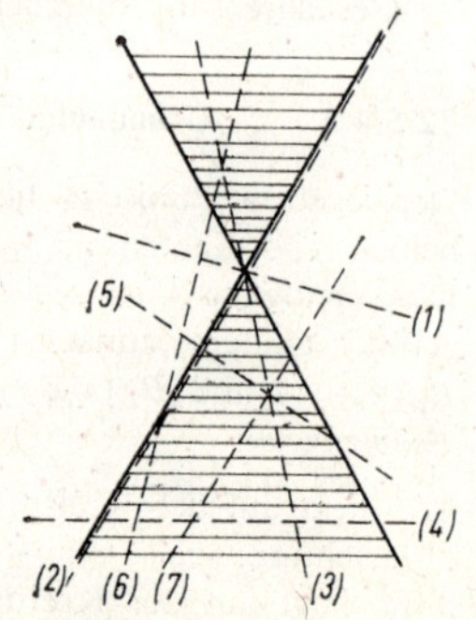

22.6.2. Analytische Grundbeziehungen der eigentlichen Kegelschnitte

(1) *Kreis* (vgl. 22.5.)

(2) *Ellipse* und *Hyperbel*

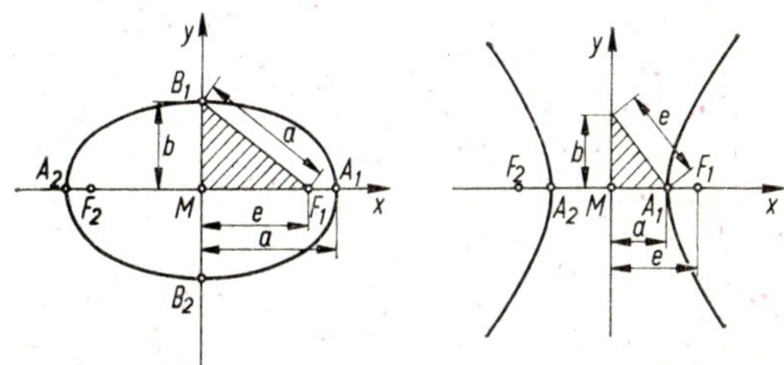

Fachbezeichnungen für	*Ellipse*	*Hyperbel*
M	**Mittelpunkt**	
F_1, F_2	**Brennpunkte**	
A_1, A_2	**Hauptscheitel**	**Scheitel**
B_1, B_2	**Nebenscheitel**	(entfällt)
$\overline{A_1A_2} = 2a$	**Große** oder **Hauptachse**	**Achse**
$\overline{MA_1} = \overline{MA_2} = a$	**Große Halbachse**	**Halbachse**
$\overline{B_1B_2} = 2b$	**Kleine** oder **Nebenachse**	(entfällt, da $b = \sqrt{e^2 - a^2}$ nur Rechengröße)
$\overline{MB_1} = \overline{MB_2} = b$	**Kleine Halbachse**	
$\overline{MF_1} = \overline{MF_2} = e$	**Lineare Exzentrizität**	
	$e^2 = a^2 - b^2$	$e^2 = a^2 + b^2$

Analytische Gleichungen für die	Oberes Vorzeichen: Ellipse Unteres Vorzeichen: Hyperbel
Ellipse und Hyperbel bei Mittelpunktlage $M(0:0)$	$b^2x^2 \pm a^2y^2 = a^2b^2$ oder $\frac{x^2}{a^2} \pm \frac{y^2}{b^2} = 1$

Analytische Gleichungen für die	Oberes Vorzeichen: Ellipse Unteres Vorzeichen: Hyperbel
Ellipse und Hyperbel bei achsenparalleler Lage $M(c; d)$	$b^2(x-c)^2 \pm a^2(y-d)^2 = a^2b^2$ oder $\dfrac{(x-c)^2}{a^2} \pm \dfrac{(y-d)^2}{b^2} = 1$
Tangenten an Ellipse und Hyperbel im Punkt $B(x_B; y_B)$	$b^2xx_B \pm a^2yy_B = a^2b^2$ bzw. $b^2(x-c)$ $\times (x_B - c) \pm a^2(y-d)(y_B-d) = a^2b^2$

(3) *Parabel*

Fachbezeichnungen

A	**Scheitel**
F	**Brennpunkt**
Gerade durch A, F	**Achse**
l	**Leitlinie**
$2\overline{AF} = p$	**Halbparameter**

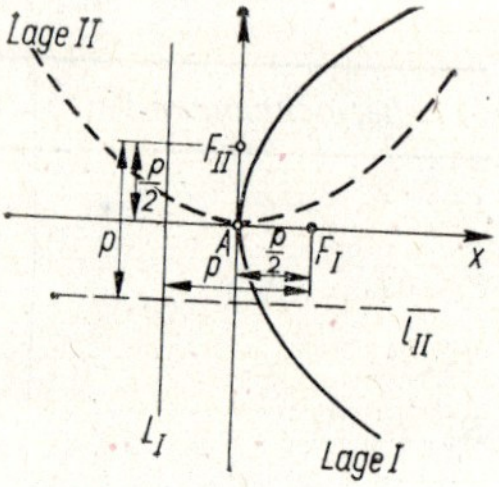

Analytische Gleichungen für die	in Lage (I)	in Lage (II)
Parabel bei Scheitellage $A(0; 0)$	$y^2 = 2px$	$x^2 = 2py$
Parabel bei achsenparalleler Lage $A(c; d)$	$(y-d)^2 = 2p(x-c)$	$(x-c)^2 = 2p(y-d)$
Tangenten an die Parabel im Punkt $B(x_B; y_B)$	$yy_B = p(x + x_B)$	$xx_B = p(y + y_B)$
	bzw.	
	$(y-d)(y_B-d)$ $= p(x + x_B - 2c)$	$(x-c)(x_B-c)$ $= p(y + y_B - 2d)$

22.6.3. Ortsdefinitionen und Konstruktionen der eigentlichen Kegelschnitte

(1) *Kreis* (vgl. 20.5.)

(2) *Ellipse und Hyperbel*

Definition

Die *Ellipse*	Die *Hyperbel*
ist die Menge aller Punkte einer Ebene, die von zwei festen Punkten dieser Ebene, den Brennpunkten,	
eine konstante Abstandssumme	einen konstanten Betrag der Abstandsdifferenz
haben.	

Konstruktionen

Gegeben sind zwei Punkte F_1 und F_2 ($\overline{F_1F_2} = 2e$) und eine Strecke

$2a > 2e$ bei der *Ellipse.*	$2a < 2e$ bei der *Hyperbel.*
$2a$ wird wiederholt beliebig von	
innen	außen

geteilt. Die mit den Teilstrecken m und n um F_1 bzw. F_2 geschlagenen Kreise schneiden einander jeweils in Kegelschnittpunkten.

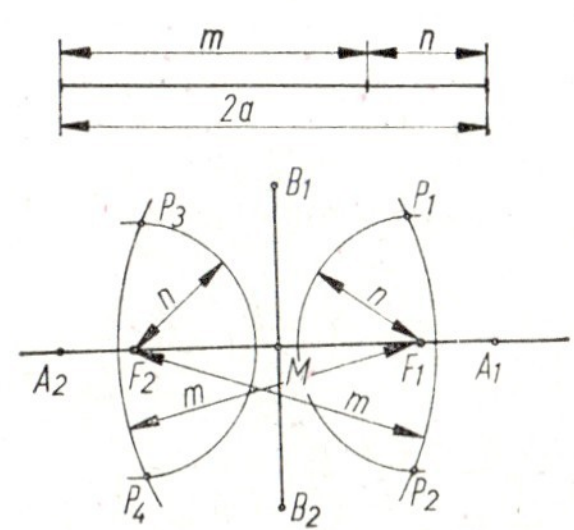

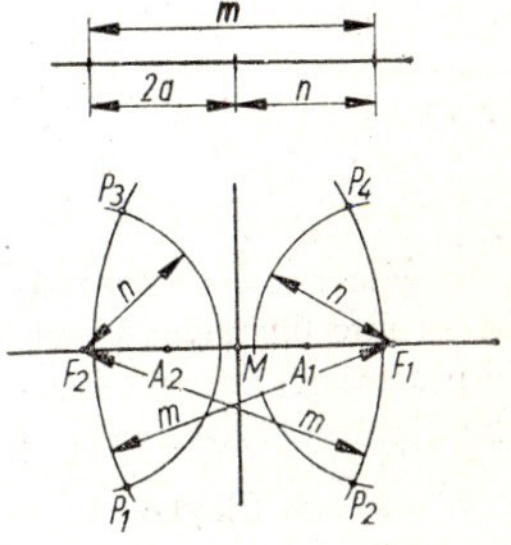

Für die *Ellipse* kann diese Konstruktion mechanisiert werden, indem die Enden eines Fadens von der Länge $2a$ in F_1 und F_2 befestigt werden und der Faden mit einem Zeichenstift o.ä. straff gespannt wird. Bei dessen Entlangführen am stets gestrafften Faden beschreibt er eine Ellipse. Wegen der Verwendung bei der Anlage elliptischer Blumenbeete heißt das Verfahren **Gärtnerkonstruktion** der Ellipse.

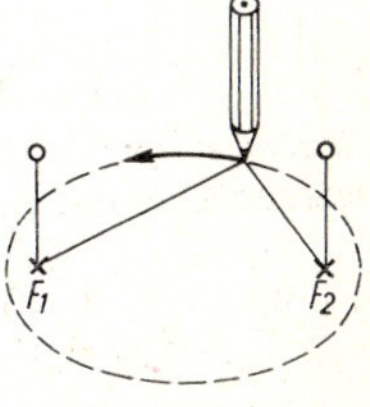

(3) *Parabel*

Definition

> Die Parabel ist die Menge aller Punkte einer Ebene, die von einem festen Punkt dieser Ebene, dem Brennpunkt, und einer festen Geraden dieser Ebene, der Leitlinie, jeweils gleich weit entfernt sind.

Konstruktion

Gegeben sind eine Gerade l und ein Punkt F (nicht auf l). In beliebigen Abständen $a \geqq \frac{\overline{FX}}{2}$ (X: Fußpunkt des Lotes von F auf l) werden Parallelen zu l gezogen und mit den gleichen a um F Kreise geschlagen. Diese schneiden die jeweils zu demselben a gehörende Parallele in Parabelpunkten.

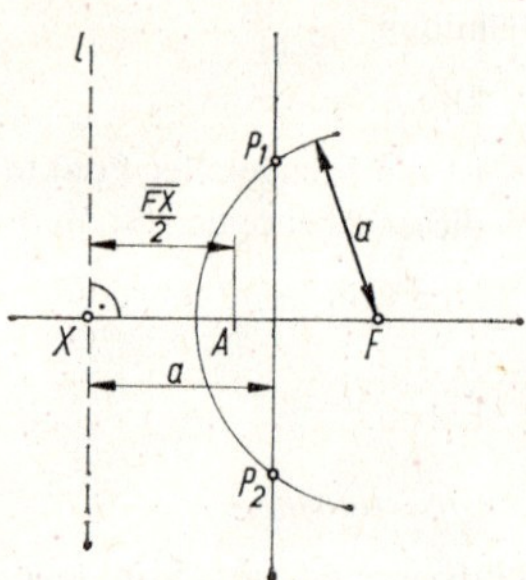

22.6.4. Gemeinsame Scheitelgleichung aller eigentlichen Kegelschnitte

Die gleiche Erklärung sämtlicher eigentlichen Kegelschnitte als Schnittfiguren einer Kreiskegelfläche bedingt eine gemeinsame Eigenschaft und eine für alle gültige analytische Gleichung.

Satz

> Bei jedem nicht kreisförmigen eigentlichen Kegelschnitt ist für jeden Kegelschnittpunkt P das Verhältnis der Abstände vom Brennpunkt F und von der Leitlinie l konstant:
>
> $\overline{PF} : \overline{PL} = \varepsilon > 0$ (L: Fußpunkt des Lotes von P auf l)

ε, die **numerische Exzentrizität,** ist eine für jeden Kegelschnitt andere, charakteristische Zahl, und zwar gilt:

> $0 < \varepsilon < 1$ Ellipse
>
> $\varepsilon = 1$ Parabel
>
> $\varepsilon > 1$ Hyperbel

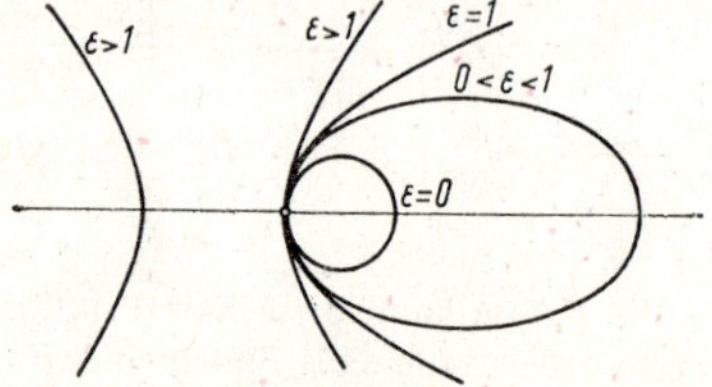

Als *gemeinsame Scheitelgleichung*, in die durch die Festsetzung $\varepsilon = 0$ auch der *Kreis* mit einbezogen werden kann, ergibt sich:

$$y^2 = 2px - (1 - \varepsilon)\,x^2 \text{ mit } p = \begin{cases} r \text{ für den Kreis} \\ \dfrac{b^2}{a} \text{ für Ellipse und Hyperbel} \end{cases}$$